GENERELLE MORPHOLOGIE
DER ORGANISMEN.

ALLGEMEINE GRUNDZÜGE

DER ORGANISCHEN FORMEN-WISSENSCHAFT,

MECHANISCH BEGRÜNDET DURCH DIE VON

CHARLES DARWIN

REFORMIRTE DESCENDENZ-THEORIE,

VON

ERNST HAECKEL.

ERSTER BAND:

ALLGEMEINE ANATOMIE
DER ORGANISMEN.

„E PUR SI MUOVE!“

MIT ZWEI PROMORPHOLOGISCHEN TAFELN.

BERLIN.
DRUCK UND VERLAG VON GEORG REIMER.
1866.

ALLGEMEINE ANATOMIE
DER ORGANISMEN.

KRITISCHE GRUNDZÜGE

DER MECHANISCHEN WISSENSCHAFT

VON DEN ENTWICKELTEN FORMEN

DER ORGANISMEN,

BEGRÜNDET DURCH DIE DESCENDENZ-THEORIE,

VON

ERNST HAECKEL,

DOCTOR DER PHILOSOPHIE UND MEDICIN, ORDENTLICHEM PROFESSOR DER ZOOLOGIE
UND DIRECTOR DES ZOOLOGISCHEN INSTITUTES UND DES ZOOLOGISCHEN MUSEUMS
AN DER UNIVERSITAET JENA.

„E PUR SI MUOVE!"

MIT ZWEI PROMORPHOLOGISCHEN TAFELN.

BERLIN.
DRUCK UND VERLAG VON GEORG REIMER.
1866.

„Die Natur schafft ewig neue Gestalten; was da ist, war noch nie; was war, kommt nicht wieder: Alles ist neu, und doch immer das Alte.

„Es ist ein ewiges Leben, Werden und Bewegen in ihr. Sie verwandelt sich ewig, und ist kein Moment Stillstehen in ihr. Für's Bleiben hat sie keinen Begriff, und ihren Fluch hat sie an's Stillstehen gehängt. Sie ist fest: ihr Tritt ist gemessen, ihre Gesetze unwandelbar. Gedacht hat sie und sinnt beständig; aber nicht als ein Mensch, sondern als Natur. Jedem erscheint sie in einer eigenen Gestalt. Sie verbirgt sich in tausend Namen und Termen, und ist immer dieselbe.

„Die Natur hat mich hereingestellt, sie wird mich auch herausführen. Ich vertraue mich ihr. Sie mag mit mir schalten; sie wird ihr Werk nicht hassen. Ich sprach nicht von ihr; nein, was wahr ist und was falsch ist, Alles hat sie gesprochen. Alles ist ihre Schuld, Alles ist ihr Verdienst."

Goethe.

SEINEM THEUREN FREUNDE UND COLLEGEN

CARL GEGENBAUR

WIDMET DIESE

GRUNDZÜGE DER ALLGEMEINEN ANATOMIE

IN TREUER DANKBARKEIT

DER VERFASSER.

An Carl Gegenbaur.

Indem ich den ersten Band der generellen Morphologie Dir, mein theurer Freund, den zweiten Band den drei Begründern der Descendenz-Theorie widme, will ich damit nicht sowohl die besondere Beziehung ausdrücken, welche Du als hervorragender Förderer der Anatomie, jene als Reformatoren der Entwickelungsgeschichte zu den beiden Zweigen der organischen Morphologie einnehmen, als vielmehr meiner dankbaren Verehrung gegen Dich und gegen Jene gleichmässigen Ausdruck geben. Denn wie es mir einerseits als eine Pflicht der Dankbarkeit erschien, durch Dedication der „allgemeinen Entwickelungsgeschichte“ an Charles Darwin, Wolfgang Goethe und Jean Lamarck das causale Fundament zu bezeichnen, auf welchem ich meine organische Morphologie errichtet habe, so empfand ich andererseits nicht minder lebhaft das Bedürfniss, durch Widmung der „allgemeinen Anatomie“ an Dich, mein treuer Genosse, die Verdienste dankbar anzuerkennen, welche Du um die Förderung meines Unternehmens besitzest.

Um diese Beziehungen in das rechte Licht zu stellen, müsste ich freilich eigentlich eine Geschichte unseres brüderlichen Freundschafts-Bündnisses schreiben, von dem Tage an, als ich Dich 1853 nach Deiner Rückkehr von Messina im Gutenberger Walde bei Würzburg zum ersten Male sah, und Du in mir die Sehnsucht nach den hesperischen Gestaden Siciliens wecktest, die mir sieben Jahre später in den Radiolarien so reiche Früchte tragen sollte. Seit jenem Tage hat ein seltener Parallelismus der Schicksale zwischen uns fester und fester die unauflöslichen Bande geknüpft, welche schon frühzeitig gleiche Empfänglichkeit für den Naturgenuss, gleiche Begeisterung für die Naturwissenschaft, gleiche Liebe für die Naturwahrheit in unseren gleichstrebenden Gemüthern vorbereitet hatte. Du warst es, der mich vor sechs Jahren veranlasste, meine akademische Lehrthätigkeit in unserem geliebten Jena zu beginnen, an der Thüringer Universität im Herzen Deutschlands, welche seit drei Jahrhunderten als das pulsirende Herz deutscher Geistes-Freiheit und deutschen Geistes-Kampfes nach allen Richtungen ihre lebendigen Schwingungen fortgepflanzt hat. An dieser Pflanzschule deutscher Philosophie und deutscher Naturwissenschaft, unter dem Schutze eines freien Staatswesens, dessen fürstliche Regenten jederzeit dem freien Worte eine Zufluchtsstätte gewährt, und ihren Namen mit der Reformations-Bewegung, wie mit der Blüthezeit der deutschen Poesie untrennbar verflochten haben, konnte ich mit Dir vereint wirken. Hier haben wir in der glücklichsten Arbeitstheilung unser gemeinsames Wissenschafts-Gebiet bebaut, treu mit einander gelehrt und gelernt, und in denselben Räumen, in welchen Goethe vor einem halben Jahrhundert seine Untersuchungen „zur Morphologie der Organismen“ begann, zum Theil noch mit denselben wissenschaftlichen Hülfsmitteln, die von ihm ausgestreuten Keime der vergleichenden und denkenden Naturforschung gepflegt. Wie wir in dem harten Kampfe des Lebens Glück und Unglück brüderlich mit einander getheilt, so haben sich auch unsere wissenschaftlichen Bestrebungen in so inniger und beständiger Wechselwirkung entwickelt und befestigt, in täglicher Mittheilung und Besprechung so gegenseitig durchdrungen und geläutert, dass es uns wohl Beiden unmöglich sein würde, den speciellen Antheil eines Jeden an unserer geistigen Gütergemeinschaft zu bestimmen. Nur im Allgemeinen kann ich sagen, dass das Wenige, was meine rasche und rastlose Jugend hie und da Dir bieten konnte, nicht in Verhältniss steht zu dem Vielen, was ich von Dir, dem acht Jahre älteren, erfahrneren und reiferen Manne empfangen habe.

So ist denn Vieles, was in dem vorliegenden Werke als meine Leistung erscheint, von Dir geweckt und genährt. Vieles, von dem ich Förderung unserer Wissenschaft hoffe, ist die gemeinsame Frucht des Ideen-Austausches, der uns ebenso daheim in unserer stillen Werkstätte erfreute, wie er uns draussen auf unseren erfrischenden Wanderungen durch die felsigen Schluchten und über die waldigen Höhen des reizenden Saalthales begleitete. Manches dürfte selbst das

Product des erhebenden gemeinsamen Naturgenusses sein, welchen uns die malerischen Formen der Jenenser Muschelkalk-Berge bereiteten, wenn sie im letzten Abendsonnenstrahl uns durch die Farben-Harmonie ihrer purpur-goldigen Felsenflanken und violett-blauen Schlagschatten die entschwundenen Zauberbilder der calabrischen Gebirgskette wieder vor Augen führten.

Es dürfte befremdend erscheinen, einer „mechanischen Morphologie“ solche Erinnerungen voranzuschicken. Und dennoch geschieht es mit Fug und Recht. Denn wie jeder Organismus, wie jede Form und jede Function des Organismus, so ist auch das vorliegende Werk weiter Nichts, als das nothwendige Product aus der Wechselwirkung zweier Factoren, der Vererbung und der Anpassung. Wenn dasselbe, wie ich zu hoffen wage, zur weiteren Entwickelung unserer Wissenschaft beitragen sollte, so bin ich weit entfernt, mir dies als mein freies Verdienst anzurechnen. Denn die persönlichen Eigenschaften, welche mir die grosse und schwierige

Aufgabe zu erfassen und durchzuführen erlaubten, habe ich zum grössten Theile durch Vererbung von meinen trefflichen Eltern erhalten. Unter den vielen Anpassungs-Bedingungen aber, welche in Wechselwirkung mit jenen erblichen Functionen das Werk zur Reife brachten, nehmen die angeführten Verhältnisse die erste Stelle ein.

In diesem Sinne, mein theurer Freund, als mein Gesinnungs-Genosse und mein Schicksals-Bruder, als mein akademischer College und mein Wander-Gefährte, nimm die Widmung dieser Zeilen freundlich auf, und lass uns auch fernerhin treu und fest zusammenstehen in dem grossen Kampfe, in welchen uns die Pflicht unseres Berufes treibt, und in welchen das vorliegende Werk entschlossen eingreift — in dem heiligen Kampfe um die Freiheit der Wissenschaft und um die Erkenntniss der Wahrheit in der Natur.

Vorwort.

Von allen Hauptzweigen der Naturwissenschaft ist die Morphologie der Organismen bisher am meisten zurückgeblieben. Der ausserordentlich schnelle und reiche, quantitative Zuwachs an empirischen Kenntnissen, welcher in den letzten Jahrzehnten alle Zweige der Anatomie und Entwickelungsgeschichte zu einer vielbewunderten Höhe getrieben hat, ist in der That nicht mit einer entsprechenden qualitativen Vervollkommnung dieser Wissenschaften gepaart gewesen. Während ihre nicht minder rasch entwickelte Zwillingsschwester, die Physiologie, in den letzten Decennien mit ihrer dualistischen Vergangenheit völlig gebrochen und sich auf den mechanisch-causalen Standpunkt der anorganischen Naturwissenschaften erhoben hat, ist die Morphologie der Organismen noch weit davon entfernt, diesen Standpunkt als den einzig richtigen allgemein anerkannt, geschweige denn erreicht zu haben. Die Frage nach den bewirkenden Ursachen der Erscheinungen, und das Streben nach der Erkenntniss des Gesetzes in denselben, welche dort allgemein die Richtschnur aller Untersuchungen bilden, sind hier noch den Meisten unbekannt. Die alten teleologischen und vitalistischen Dogmen, welche aus der Physiologie und Anorganologie jetzt gänzlich verbannt sind, finden wir in der organischen Morphologie nicht allein geduldet, sondern sogar noch herrschend, und allgemein zu Erklärungen benutzt, die in der That keine Erklärungen sind. Die meisten Morphologen begnügen sich sogar mit der blossen Kenntniss der Formen, ohne überhaupt nach ihrer Erklärung zu streben und nach ihren Bildungsgesetzen zu fragen.

So bietet uns denn der gegenwärtige Zustand unserer wissenschaftlichen Bildung das seltsame Schauspiel von zwei völlig getrennten Arten der Naturwissenschaft dar: auf der einen Seite die gesammte Wissenschaft von der anorganischen Natur (Abiologie), und neben ihr die Physiologie der Organismen, auf der anderen Seite allein die Morphologie der Organismen, Entwickelungsgeschichte und Anatomie — jene monistisch, diese dualistisch; jene nach wahren bewirkenden Ursachen, diese nach zweckthätigen Scheingründen suchend; jene mechanisch, diese vitalistisch erklärend. Während die Physiologen in richtiger kritischer Erkenntniss den Organismus als eine nach mechanischen Gesetzen gebaute und wirkende Maschine ansehen und untersuchen, betrachten ihn die Morphologen nach Darwin's treffendem Vergleiche immer noch ebenso, wie die Wilden ein Linienschiff.

Die vorliegenden Grundzüge der „generellen Morphologie der Organismen“ unternehmen zum ersten Male den Versuch, diesen heillosen und grundverkehrten Dualismus aus allen Gebietstheilen der Anatomie und Entwickelungsgeschichte völlig zu verdrängen, und die gesammte Wissenschaft von den entwickelten und von den entstehenden Formen der Organismen durch mechanisch-causale Begründung auf dieselbe feste Höhe des Monismus zu erheben, in welcher alle übrigen Naturwissenschaften seit längerer oder kürzerer Zeit ihr unerschütterliches Fundament gefunden haben. Der grossen Schwierigkeiten und der vielen Gefahren dieses Unternehmens bin ich mir vollkommen bewusst. Noch stehen alle allgemeinen morphologischen Anschauungen in Zoologie und Botanik unter der Herrschaft eines gelehrten Zunftwesens, welches nur in der scholastischen Gelehrsamkeit des Mittelalters seines Gleichen findet. Dogma und Autorität, wechselseitig zur Unterdrückung jedes freien Gedankens und jeder unmittelbaren Naturerkenntniss verschworen, haben eine doppelte und dreifache chinesische Mauer von Vorurtheilen aller Art rings um die Festung der organischen Morphologie aufgeführt, in welche sich der allerorts verdrängte Wunderglaube jetzt als in seine letzte Citadelle zurückgezogen hat. Dennoch gehen wir siegesgewiss und furchtlos in diesen Kampf. Der Ausgang desselben kann nicht mehr zweifelhaft sein, nachdem Charles Darwin vor sieben Jahren den Schlüssel zu jener Festung gefunden, und durch seine bewundrungswürdige Selections-Theorie die von Wolfgang Goethe und Jean Lamarck aufgestellte Descendenz-Theorie zur siegreichen Eroberungs-Waffe gestaltet hat.

Ein Werk, welches eine so umfassende und schwierige Aufgabe unternimmt, ist nicht das flüchtige Product vorübergehender Gedanken-Bewegungen, sondern das langsam gereifte Resultat langjähriger und inniger Erkenntniss-Mühen, und ich darf wohl sagen, dass viele der hier dargelegten Ansichten mich beschäftigt haben, seit ich überhaupt mit kritischem Bewusstsein in das Wundergebiet der organischen Formen-Welt einzudringen versuchte. Die allgemeinste Streitfrage der organischen Morphologie, welche gewissermaassen das Feldgeschrei der beiden feindlichen Heere bildet, das Problem von der Constanz oder Transmutation der Species hat mich schon lebhaft interessirt, als ich vor nunmehr zwanzig Jahren, als zwölfjähriger Knabe, zum ersten Male mit leidenschaftlichem Eifer die „guten und schlechten Species“ der Brombeeren und Weiden, Rosen und Disteln vergeblich zu bestimmen und zu unterscheiden suchte. Mit heiterer Genugthuung muss ich jetzt der kritischen Beängstigungen gedenken, welche damals mein zweifelsüchtiges Knabengemüth in die schmerzlichste Aufregung versetzten, da ich beständig hin und her schwankte, ob ich (nach Art der meisten sogenannten „guten Systematiker“) die „guten“ Exemplare allein in das Herbarium aufnehmen und die „schlechten“ ausweisen, oder aber durch Aufnahme der letzteren eine vollständige Kette von vermittelnden Uebergangsformen zwischen den „guten Arten“ herstellen sollte, welche die Illusion von deren „Güte“ vernichteten. Ich beseitigte diesen Zwiespalt damals durch einen Compromiss, welchen ich allen Systematikern zur Nachahmung empfehlen kann: ich legte zwei Herbarien an, ein officielles, welches den theilnehmenden Beschauern alle Arten in „typischen“ Exemplaren als grundverschiedene Formen, jede mit ihrer schönen Etikette beklebt, vor Augen führte, und ein geheimes, nur einem vertrauten Freunde zugängliches, in welchem nur die verdächtigen Genera Aufnahme fanden, welche Goethe treffend die „charakterlosen oder liederlichen Geschlechter“ genannt hat, „denen man vielleicht kaum Species zuschreiben darf, da sie sich in gränzenlose Varietäten verlieren“: *Rubus, Salix, Verbascum, Hieracium, Rosa, Cirsium* etc. Hier zeigten Massen von Individuen, nach Nummern in eine lange Kette geordnet, den unmittelbaren Uebergang von einer guten Art zur andern. Es waren die von der Schule verbotenen Früchte der Erkenntniss, an denen ich in stillen Mussestunden mein geheimes, kindisches Vergnügen hatte.

Jene vergeblichen Bemühungen, des eigentlichen Wesens der „Species“ habhaft zu werden, leiteten mich seitdem bei allen meinen Formen-Beobachtungen, und als ich später das unschätzbare Glück hatte, in unmittelbarem Verkehr mit meinem unvergesslichen Lehrer Johannes Müller die empirischen Grundlagen und die herrschenden Anschauungen der dualistischen Morphologie nach ihrem ganzen Umfang und Inhalt kennen zu lernen, bildete sich bereits im Stillen jene monistische Opposition aus, welche in dem vorliegenden Werke ihren entschiedenen Ausdruck findet. Nicht wenig trug dazu auch der kritische Einfluss meines hochverehrten Lehrers und Freundes Rudolph Virchow bei, dessen ich hierbei dankbarst erwähnen muss. Als sein Assistent lernte ich in der „Cellular-Pathologie“ des menschlichen Organismus jene wunderbare Biegsamkeit und Flüssigkeit, jene erstaunliche Veränderlichkeit und Anpassungsfähigkeit der organischen Formen kennen, welche für deren Verständniss so unendlich wichtig ist, und von der doch nur die wenigsten Morphologen eine ungefähre Idee haben. Man wird nun begreifen, weshalb ich, um mich Bär's Ausdrucks zu bedienen, Darwin's That „mit so jubelndem Entzücken begrüsste, als ob ich von einem Alp, der bisher auf der Kenntniss der Organismen ruhte, mich befreit fühlte“. Es fielen mir in der That „die Schuppen von den Augen“.

Durch eine Reihe von akademischen Vorträgen, welche sich abwechselnd über alle einzelnen Gebietstheile der organischen Morphologie, und ausserdem jährlich über das Gesammtgebiet der Zoologie erstreckten, war ich in die glückliche Lage versetzt, die in dem vorliegenden Werke begründeten Anschauungen schon seit längerer Zeit zu einem bestimmten Ausdruck vorbereitet und durch vielfache Betrachtung von allen Seiten mir selbst zu voller Klarheit gebracht zu haben. Gleichzeitig war ich bemüht, durch fortgesetzte specielle Detail-Untersuchungen mir den festen empirischen Boden zu erhalten, ohne welchen jeder generelle Gedanken-Bau nur zu leicht zum speculativen Luftschloss wird. Während so die einzelnen Haupttheile der allgemeinen Anatomie und Entwickelungsgeschichte allmählig und langsam einer gewissen Reife entgegen gingen, wurde dagegen der wagnissvolle Plan, sie zu einem umfassenden, systematisch construirten Lehrgebäude der generellen Morphologie zusammenzufassen, erst vor verhältnissmässig kurzer Zeit in mir zum bestimmten Entschlusse. Innere und äussere Gründe verschiedener Art zwangen mich, die Ausarbeitung des Ganzen schneller und in viel kürzerer Zeit zu vollenden, als ich ursprünglich gewünscht und beabsichtigt hatte. Ein grosser Theil des ersten Bandes war bereits gedruckt, ehe der zweite zum Abschluss gelangte. Ausserdem griffen schmerzliche Schicksale vielfach störend in die Arbeit ein. Diese und andere, hier nicht weiter zu erörternde Hindernisse mögen die mancherlei Nachlässigkeiten in der Form des Ganzen, kleine Ungenauigkeiten im Einzelnen, und mannichfache Wiederholungen entschuldigen, welche der kritische Leser leicht herausfinden wird. So gern ich auch in dieser Beziehung die Arbeit wesentlich verbessert und formell einheitlicher abgerundet hätte, so wollte ich doch deshalb die Herausgabe des Ganzen nicht um Jahre verzögern. Bis dat, qui cito dat! Auch lege ich jenen Mängeln insofern nur untergeordnete Bedeutung bei, als sie der umfassenden Erkenntniss des grossen Ganzen der organischen Formenwelt, welche das Werk erstrebt, dem allgemeinen Ueberblick über die grossen Bildungsgesetze jenes herrlichen und gewaltigen Gestaltenreichs keinen Eintrag thun.

Was die Form des ganzen Werkes betrifft, so erschien es mir unerlässlich, bei der völligen Zerfahrenheit und Zerrissenheit, dem gänzlichen Mangel an Zusammenhang und Einheit, die auf allen Gebietstheilen der Anatomie und Entwickelungsgeschichte herrschen, die strenge Form eines systematisch geordneten Lehrgebäudes zu wählen. Vorläufig kann allerdings dieser erste Versuch eines solchen weiter Nichts sein, als ein nach einem bestimmten Plan und auf festem Fundament angelegtes Gerüst, ein Fachwerk von Balken, welches statt geschlossener Wände und bewohnbarer Zimmer grösstentheils nur durchbrochenes Zimmerwerk und leere Räume enthält. Mögen andere Naturforscher dieselben ausfüllen und das Ganze zu einem wohnlichen Gebäude gestalten. Mir schien schon viel gewonnen zu sein, wenn nur erst jenes feste Gerüst aufgerichtet, und der Raum zur geordneten und übersichtlichen Aufstellung der massenhaft angehäuften empirischen Schätze gewonnen wäre. Natürlich musste auch die Behandlung und Ausführung der einzelnen Theile sehr ungleich ausfallen, entsprechend dem höchst ungleichmässig entwickelten Zustande unserer Wissenschaft selbst, von welcher viele der wichtigsten und interessantesten Theile, wie namentlich die Genealogie, noch fast unangebaut daliegen. Einzelne Capitel, in denen ich speciellere Studien gemacht hatte, sind eingehender ausgeführt; andere, in denen mir weniger eigenes Material zu Gebote stand, flüchtiger skizzirt. Das siebente und achte Buch dürfen bloss als aphoristische Anhänge gelten, die ich bei der hohen Wichtigkeit der darin kurz berührten Fragen nicht weglassen mochte, deren specielle Ausführung aber, ebenso wie die des sechsten Buches, ich mir für eine andere Arbeit verspare. Dasselbe gilt von der „genealogischen Uebersicht des natürlichen Systems der Organismen“, welche ich als „systematische Einleitung in die allgemeine Entwickelungsgeschichte“ dem zweiten Bande vorangeschickt habe. Da dieselbe eine kurze Uebersicht der speciellen Phylogenie giebt, gehört sie eigentlich nicht in die „generelle Morphologie“ der Organismen oder könnte hier nur als specielle Erläuterung des vierundzwanzigsten Capitels ihre Stelle finden. Da jedoch die meisten Zoologen und Botaniker der Gegenwart überhaupt nur ein geringes oder gar kein Interesse für allgemeine und umfassende Fragen haben, sondern lediglich den Cultus des Einzelnen und Speciellen betreiben, so werden dieselben wohl gerade auf diese specielle Anwendung der Descendenz-Theorie das grösste Gewicht legen, und desshalb schien es mir passend, sie dem zweiten Bande voran zu stellen. Sie dient zugleich zur Erläuterung der angehängten genealogischen Tafeln, dem ersten Versuche dieser Art, der hoffentlich bald viele und bessere Nachfolger finden wird. Der Entwurf der organischen Stammbäume, obwohl gegenwärtig noch äusserst schwierig und bedenklich, wird meines Erachtens die wichtigste und interessanteste Aufgabe für die Morphologie der Zukunft bilden.

Besonderer Nachsicht bedarf der botanische Theil meiner Morphologie. Bei der ausserordentlich weit vorgeschrittenen Arbeitstheilung der neuesten Zeit ist die völlige Decentralisation aller biologischen Wissenschaftsgebiete zu dem Grade gediehen, dass es überhaupt nur noch sehr wenige Zoologen und Botaniker im vollen Sinne des Wortes giebt, und statt dessen auf der einen Seite Mastozoologen, Ornithologen, Malakozoologen, Entomologen, Mycetologen, Phycologen etc., auf der anderen Seite Histologen, Organologen, Embryologen, Palaeontologen etc. Unter diesen Umständen werden alle diese scholastischen, meist mit sehr langen Zöpfen versehenen Zunftgelehrten es für eine überhebliche Anmaassung erklären, dass „ein Einzelner“ es noch wagt, das Ganze der organischen Formenwelt mit einem Blick umfassen zu wollen. Namentlich aber werden die „eigentlichen“ Botaniker entrüstet sein, dass ein Zoologe sich einen Einfall in ihr abgegränztes Gebiet erlaubt. Dass ich dieses Wagniss dennoch unternehme, hat seinen zwiefachen Grund. Einerseits zeigt mir die kühle oder ganz negative Haltung des bei weitem grössten Theiles der Botaniker gegenüber Darwin's Selections-Theorie — diesem wahren Prüfstein aller echten, d. h. denkenden Naturforschung — dass die Pflanzenkunde noch weit mehr als die Thierkunde unter der gedankenlosen Specialkrämerei gelitten hat, welche man als „exacte Empirie“ zu verherrlichen liebt und dass man dort noch weit mehr als hier die grossen und erhabenen Ziele des Wissenschafts-Ganzen, das Bewusstsein ihrer Einheit und Zusammengehörigkeit verloren hat. Andererseits aber ist nach meiner festesten Ueberzeugung für alle fundamentalen Fragen der generellen Morphologie (wie überhaupt der gesammten Biologie), für alle tectologischen und promorphologischen, ontogenetischen und phylogenetischen Probleme, die gegenseitige Ergänzung der Zoologie und Botanik so äusserst werthvoll, ihre innigste Wechselwirkung so unbedingt nothwendig, dass ich durch blosse Beschränkung auf mein zoologisches Fachgebiet mir selbst die beste Quelle des Verständnisses verstopft hätte. Wenn ich in vielen allgemeinen Fragen einen guten Schritt weiter gekommen bin, so verdanke ich dies wesentlich der Vergleichung der thierischen und pflanzlichen Formen. Zweifelsohne würde der botanische Theil meiner Arbeit viel reichhaltiger und besser ausgefallen sein, wenn mir das Glück der Unterstützung eines Botanikers zu Theil geworden wäre, dessen offenes Auge auf das grosse Ganze der pflanzlichen Formenwelt und ihren genealogischen Causalnexus gerichtet ist. Da es mir aber nur dann und wann auf kurze Stunden gegönnt war, aus dem jugendfrischen und gedankenreichen Wissensquell meines hochverehrten Lehrers, Alexander Braun in Berlin, Belehrung und Rath zu erholen, so blieb ich grösstentheils auf die mangelhafte empirische Grundlage beschränkt, welche ich mir durch leidenschaftliche Zuneigung zur *Scientia amabilis* in früherer Zeit erworben hatte, ehe ich durch den überwiegenden Einfluss von Johannes Müller zur vergleichenden Anatomie der Thiere herübergezogen wurde.

Bei dem höchst unvollkommenen und niedrigen Entwickelungs-Zustande, auf welchem sich die allgemeine Anatomie und Entwickelungsgeschichte noch gegenwärtig befindet, musste der vorliegende Versuch, sie als einheitliches Ganzes zusammenzufassen, mehr eine Sammlung von bestimmt formulirten Problemen, als von bereits gelösten Aufgaben werden. Unter diesen Umständen schien es mir eines der dringendsten Bedürfnisse, besondere Aufmerksamkeit der scharfen Bestimmung und Umschreibung der morphologischen Begriffe zuzuwenden. In Folge der allgemeinen Vernachlässigung der unentbehrlichen philosophischen Grundlagen ist in der gesammten Zoologie und Botanik eine so weitgehende Unklarheit und eine so babylonische Sprachverwirrung eingerissen, dass es oft unmöglich ist, sich ohne weitläufige Umschreibungen über die allgemeinsten Grundbegriffe zu verständigen. Ueberall in der Anatomie und Entwickelungsgeschichte ist Ueberfluss an unnützen und Mangel an den unentbehrlichsten Bezeichnungen. Viele der wichtigsten und alltäglich gebrauchten Begriffe wie z. B. Zelle, Organ, regulär, symmetrisch, Embryo, Metamorphose, Species, Verwandtschaft u. s. w. haben gar keine bestimmte Bedeutung mehr, da fast jeder Morphologe, falls er sich überhaupt dabei etwas Bestimmtes denkt, etwas Anderes darunter versteht. In der Botanik und Zoologie, und ebenso in den einzelnen Zweigen dieser Wissenschaften, werden dieselben Objecte mit verschiedenen Namen und ganz verschiedene Objecte mit denselben Namen bezeichnet. Unter diesen Umständen war es unvermeidlich, eine ziemliche Anzahl von neuen Wörtern (dem internationalen Herkommen gemäss aus dem Griechischen gebildet) einzuführen, welche bestimmte und klare Begriffe fest und ausschliesslich bezeichnen sollen.

Die dunkeln Schattenseiten der herrschenden organischen Morphologie habe ich mir erlaubt scharf zu beleuchten und ihre Irrthümer rücksichtslos aufzudecken. Möge man in meiner offenen Sprache nicht eitle Selbstüberhebung oder Verkennung der wirklichen Verdienste Anderer erblicken, sondern lediglich den Ausdruck der festen Ueberzeugung, dass nur durch unumwundene Wahrheit der Fortschritt in der Wissenschaft gefördert werden kann.

Wenn ich auch alle meine Kräfte aufgeboten habe, um diesem ersten systematisch geordneten Versuche einer allgemeinen Anatomie und Entwickelungsgeschichte ein möglichst annehmbares Gewand zu geben, so bin ich mir doch wohl bewusst, dass das Erreichte weit, sehr weit hinter dem Erstrebten zurück geblieben ist. Das Werk soll aber auch nichts Fertiges, sondern nur Werdendes bieten. Handelt es sich ja doch noch um definitive Sicherstellung des festen Gerüstes jenes erhabenen Lehrgebäudes, welches die organische Morphologie der Zukunft ausführen soll. Meine Anstrengungen werden hinlänglich belohnt sein, wenn sie frische Kräfte zur Verbesserung des Gegebenen anregen, und wenn dadurch mehr und mehr der Grundgedanke zur Geltung kommt, welchen ich für die erste und nothwendigste Vorbedingung jedes wirklichen Fortschritts auf unserm Wissenschafts-Gebiete halte: der Gedanke von der Einheit der gesammten organischen und anorganischen Natur, der Gedanke von der allgemeinen Wirksamkeit mechanischer Ursachen in allen erkennbaren Erscheinungen, der Gedanke, dass die entstehenden und die entwickelten Formen der Organismen nichts Anderes sind, als das nothwendige Product ausnahmsloser und ewiger Naturgesetze.

Jena, am 14ten September 1866.

Ernst Heinrich Haeckel.

Inhaltsverzeichniss
des ersten Bandes
der generellen Morphologie.

Zweites Buch.

Drittes Buch.

Erster Theil der allgemeinen Anatomie.

Viertes Buch.

Zweiter Theil der allgemeinen Anatomie.

Anhang zum vierten Buche.

Berichtigungen:

Seite 45, Zeile 14 von oben, lies: Zellfusionen — statt: Zellenstöcke.
„ 50, „ 10 von oben, lies: Entwickelungsgeschichte — statt: Morphogenesis.
„ 53, „ 15 von unten, lies: Buche — statt: Abschnitt.
„ 57, „ 1 von oben, lies: fünften — statt: dritten.
„ 57, „ 3 und 6 von oben, lies: Zeugungskreise — statt: Eiproducte.
„ 59, „ 2 von unten, lies: Bionten — statt: Personen.
„ 60, „ 4 von oben, lies: Genealogie — statt: Phylogenesis.
„ 137, „ 19 von unten, setze: unmittelbar — vor: zugänglich.
„ 266, „ 7 von unten, streiche: Salpenketten.
„ 411, „ 17 von unten, lies: zwölf — statt: zwanzig.
„ 413, „ 10 von unten, lies: Pyramide — statt: Octaeder.
„ 413, „ 9 von unten, setze: ungleichpolige — vor: Hauptaxe.

Erstes Buch.

Kritische und methodologische Einleitung in die generelle Morphologie der Organismen.

„Wenn wir Naturgegenstände, besonders aber die lebendigen, dergestalt gewahr werden, dass wir uns eine Einsicht in den Zusammenhang ihres Wesens und Wirkens zu verschaffen wünschen, so glauben wir zu einer solchen Kenntniss am besten durch Trennung der Theile gelangen zu können; wie denn auch wirklich dieser Weg uns sehr weit zu führen geeignet ist. Was Chemie und Anatomie zur Ein- und Uebersicht der Natur beigetragen haben, dürfen wir nur mit wenig Worten den Freunden des Wissens in's Gedächtniss zurückrufen.

„Aber diese trennenden Bemühungen, immer und immer fortgesetzt, bringen auch manchen Nachtheil hervor Das Lebendige ist zwar in Elemente zerlegt, aber man kann es aus diesen nicht wieder zusammenstellen und beleben. Dieses gilt schon von vielen anorganischen, geschweige von organischen Körpern.

„Es hat sich daher auch in dem wissenschaftlichen Menschen zu allen Zeiten ein Trieb hervorgethan, die lebendigen Bildungen als solche zu erkennen, ihre äusseren sichtbaren greiflichen Theile im Zusammenhange zu erfassen, sie als Andeutungen des Inneren aufzunehmen, und so das Ganze in der Anschauung gewissermaassen zu beherrschen. Wie nahe dieses wissenschaftliche Verlangen mit dem Kunst- und Nachahmungstriebe zusammenhänge, braucht wohl nicht umständlich ausgeführt zu werden.

„Man findet daher in dem Gange der Kunst, des Wissens und der Wissenschaft mehrere Versuche, eine Lehre zu gründen und auszubilden, welche wir die Morphologie nennen möchten."

Goethe (Jena, 1807).

Erstes Capitel.

Begriff und Aufgabe der Morphologie der Organismen.

„Weil ich für mich und Andere einen freieren Spielraum in der Naturwissenschaft, als man uns bisher gegönnt, zu erringen wünsche, so darf man mir und den Gleichgesinnten keineswegs verargen, wenn wir dasjenige, was unseren rechtmässigen Forderungen entgegensteht, scharf bezeichnen und uns nicht mehr gefallen lassen, was man seit so vielen Jahren herkömmlich gegen uns verübte."

Goethe.

Die Morphologie oder Formenlehre der Organismen ist die gesammte Wissenschaft von den inneren und äusseren Formenverhältnissen der belebten Naturkörper, der Thiere und Pflanzen, im weitesten Sinne des Wortes. Die Aufgabe der organischen Morphologie ist mithin die Erkenntniss und die Erklärung dieser Formenverhältnisse, d. h. die Zurückführung ihrer Erscheinung auf bestimmte Naturgesetze.

Wenn die Morphologie ihre eigentliche Aufgabe erkennt und eine Wissenschaft sein will, so darf sie sich nicht begnügen mit der Kenntniss der Formen, sondern sie muss ihre Erkenntniss und ihre Erklärung erstreben, sie muss nach den Gesetzen suchen, nach denen die Formen gebildet sind. Es muss diese hohe Aufgabe unserer Wissenschaft desshalb hier gleich beim Eintritt in dieselbe ausdrücklich hervorgehoben werden, weil eine entgegengesetzte irrige Ansicht von derselben weit verbreitet, ja selbst heutzutage noch die bei weitem vorherrschende ist. Die grosse Mehrzahl der Naturforscher, welche sich mit den Formen der Organismen beschäftigen, Zoologen sowohl, als Botaniker, begnügt sich mit der blossen Kenntniss derselben; sie sucht die unendlich mannichfaltigen Formen, die äusseren und inneren Gestaltungs-Verhältnisse der thierischen und pflanzlichen Körper auf und ergötzt sich an ihrer Schönheit, bewundert ihre Mannichfaltigkeit und erstaunt über ihre Zweckmässigkeit; sie beschreibt und unterscheidet alle einzelnen Formen, belegt jede mit einem besonderen Namen und findet in deren systematischer Anordnung ihr höchstes Ziel.

Diese Kenntniss der organischen Formen gilt leider noch heute in den weitesten Kreisen als wissenschaftliche Morphologie der Organismen. Man verachtet und verspottet zwar die früher fast ausschliesslich herrschende oberflächliche Systematik, welche sich mit der blossen Kenntniss der äusseren Formenverhältnisse der Thiere und Pflanzen und mit deren systematischer Classification begnügte. Man vergisst dabei aber ganz, dass die gegenwärtig die meisten Zoologen und Botaniker beschäftigende Kenntniss der inneren Formenverhältnisse an sich betrachtet nicht um ein Haar höher steht, und ebenso wenig an und für sich auf den Rang einer erkennenden Wissenschaft Anspruch machen kann. Die anatomischen und histologischen Darstellungen einzelner Theile von Thieren und Pflanzen, sowie die anatomisch-histologischen Monographieen einzelner Formen, welche sich in unseren zoologischen und botanischen Zeitschriften von Jahr zu Jahr immer massenhafter anhäufen und in deren Production von den Meisten das eigentliche Ziel der morphologischen Wissenschaft gesucht wird, sind für diese von ebenso untergeordnetem Werthe, als die im vorigen Jahrhundert vorherrschenden Beschreibungen und Classificationen der äusseren Species-Formen. Die Zootomie und die Phytotomie sind an sich so wenig wirkliche Wissenschaften, als die von ihnen so verachtete, sogenannte Systematik; sie haben, wie diese, bloss den Rang einer unterhaltenden Gemüths- und Augen-Ergötzung. Alle Kenntnisse, die wir auf diesem Wege erlangen, sind nichts als Bausteine, aus deren Verbindung das Gebäude unserer Wissenschaft erst aufgerichtet werden soll.

Indem sich nun die grosse Mehrzahl der sogenannten Zoologen und Botaniker mit dem Aufsuchen, Ausgraben und Herbeischleppen dieser Bausteine begnügt, und in dem Wahne lebt, dass diese Kunst die eigentliche Wissenschaft sei, indem sie das Kennen mit dem Erkennen verwechselt, kann es uns nicht Wunder nehmen, wenn der Bau unseres wissenschaftlichen Lehrgebäudes selbst noch unendlich hinter den bescheidensten Anforderungen unserer heutigen Bildung zurück ist. Der denkenden Baumeister sind nur wenige, und diese wenigen stehen so vereinzelt, dass sie unter der Masse der Handlanger verschwinden und nicht von den letzteren verstanden werden.

So gleicht denn leider die wissenschaftliche Morphologie der Organismen heutzutage mehr einem grossen wüsten Steinhaufen, als einem bewohnbaren Gebäude. Und dieser Steinhaufen wird niemals dadurch ein Gebäude, dass man alle einzelnen Steine inwendig und auswendig untersucht und mikroskopirt, beschreibt und abbildet, benennt und dann wieder hinwirft. Wir kennen zwar die üblichen Phrasen von den riesenhaften Fortschritten der organischen Naturwissenschaften, und der Morphologie insbesondere; die Selbstbewunderung, mit der man die quantitative Vermehrung unserer zoologischen und botanischen Kenntnisse alljährlich anstaunt. Wo aber, fragen wir, bleibt die denkende und erkennende Verwerthung dieser Kenntnisse? Wo bleibt der qualitative Fortschritt in der Erkenntniss? Wo bleibt das erklärende Licht in dem dunklen Chaos der Gestalten? Wo bleiben die morphologischen Naturgesetze? Wir müssen offen gestehen, in diesem rein quantitativen Zuwachs mehr Ballast, als Nutzen zu sehen. Der Steinhaufen wird nicht dadurch zum Gebäude, dass er alle Jahr um so und so viel höher wird. Im Gegentheil, es wird nur schwieriger, sich in demselben zurechtzufinden, und die Ausführung des Baues wird dadurch nur in immer weitere Ferne gerückt.

Nicht mit Unrecht erhebt die heutige Physiologie stolz ihr Haupt über ihre Schwester, die armselige Morphologie. So lange die letztere nicht nach der Erklärung der Formen, nach der Erkenntniss ihrer Bildungsgesetze strebt, ist sie dieser Verachtung werth. Zwar möchte sie dann wenigstens auf den Rang einer descriptiven Wissenschaft Anspruch machen. Indessen ist diese Bezeichnung selbst ihr nicht zu gewähren. Denn eine bloss beschreibende Wissenschaft ist eine Contradictio in adjecto. Nur dadurch, dass der gesetzmässige Zusammenhang in der Fülle der einzelnen Erscheinungen gefunden wird, nur dadurch erhebt sich die Kunst der Formbeschreibung zur Wissenschaft der Formerkenntniss.

Wenn wir nun nach den Gründen fragen, warum die wissenschaftliche Morphologie noch so unendlich zurück ist, warum noch kaum die ersten Grundlinien dieses grossen und herrlichen Gebäudes gelegt sind, warum der grosse Steinhaufen noch roh und ungeordnet ausserhalb dieser Grundlinien liegt, so finden wir freilich die rechtfertigende Antwort theilweis in der ausserordentlichen Schwierigkeit der Aufgabe. Denn die wissenschaftliche Morphologie der Organismen ist vielleicht von allen Naturwissenschaften die schwierigste und unzugänglichste. Wohl in keiner andern Naturwissenschaft steht die reiche Fülle der Erscheinungen in einem solchen Missverhältnisse zu unseren dürftigen Mitteln, sie zu erklären, ihre Gesetzmässigkeit zu erkennen und zu begründen. Das Zusammenwirken der verschiedensten Zweige der Naturwissenschaft, welches z. B. die Physiologie in dem letzten Decennium auf eine so ansehnliche Höhe erhoben hat, kommt der Morphologie nur in äusserst geringem Maasse zu statten. Und die untrügliche mathematische Sicherheit der messenden und rechnenden Methode, welche die Morphologie der anorganischen Naturkörper, die Krystallographie, auf einen so hohen Grad der Vollendung erhoben hat, ist in der Morphologie der Organismen fast nirgends anwendbar.

Zum grossen Theil aber liegt der höchst unvollkommene Zustand unserer heutigen Morphologie der Organismen auch an dem unwissenschaftlichen Verfahren der Morphologen, welches wir in den obigen Sätzen bei weitem noch nicht so scharf gerügt haben, wie es gerügt zu werden verdiente. Vor Allem ist es die übermässige Vernachlässigung strenger Denkthätigkeit, der fast allgemeine Mangel an wirklich vergleichender und denkender Naturbetrachtung, dem wir hier den grössten Theil der Schuld beimessen müssen. Freilich ist es unendlich viel bequemer, irgend eine der unzähligen Thier- und Pflanzen-Formen herzunehmen, sie mit den ausgebildeten anatomischen und mikroskopischen Hülfsmitteln der Neuzeit eingehend zu untersuchen, und die gefundenen Formenverhältnisse ausführlich zu beschreiben und abzubilden; freilich ist es unendlich viel bequemer und wohlfeiler solche sogenannte „Entdeckungen" zu machen, als durch methodische Vergleichung, durch angestrengtes Denken das Verständniss der beobachteten Form zu gewinnen und die Gesetzmässigkeit der Form-Erscheinung nachzuweisen. Insbesondere in den letzten acht Jahren, seit dem allzufrühen und nicht genug zu beklagenden Tode von Johannes Müller (1858), dessen gewaltige Autorität bei seinen Lebzeiten noch einigermaassen strenge Ordnung auf dem weiten Gebiete der organischen Morphologie aufrecht zu erhalten wusste, ist eine fortschreitende Verwilderung und allgemeine Anarchie auf demselben eingerissen, so dass jede strenge Vergleichung der quantitativ so bedeutend wachsenden jährlichen Leistungen einen eben so jährlich beschleunigten qualitativen Rückschritt nachweist. In der That nimmt die denkende Betrachtung der organischen Formen heutzutage in demselben Verhältnisse alljährlich ab, als die gedankenlose Production des Rohmaterials zunimmt. Sehr richtig sprach in dieser Beziehung schon Victor Carus vor nunmehr 13 Jahren die freilich wenig beherzigten Worte: „Wie es für unsere Zeit charakteristisch ist, dass fast alle Wissenschaften sich in endlose Specialitäten verlieren und nur selten zu dem rothen Faden ihrer Entwickelung zurückkommen, so scheut man sich auch in der Biologie (und ganz vorzüglich in der Morphologie!) vor Anwendung selbst der ungefährlichsten Denkprocesse."

Neben der fast allgemein herrschenden Denkträgheit ist es freilich auch sehr oft die höchst mangelhafte allgemeine Bildung, der Mangel an philosophischer Vorbildung und an Ueberblick der gesammten Naturwissenschaft, welcher den Morphologen unserer Tage den Gesichtskreis so verengt, dass sie das Ziel ihrer eigenen Wissenschaft nicht mehr sehen können. Die grosse Mehrzahl der heutigen Morphologen, und zwar sowohl der sogenannten „Systematiker," welche die äusseren Formen, als der sogenannten „vergleichenden Anatomen," welche den inneren Bau der Organismen beschreiben (ohne ihn zu vergleichen, und ohne über den Gegenstand überhaupt ernstlich nachzudenken!) hat das hohe und so weit entfernte Ziel unserer Wissenschaft völlig aus den Augen verloren. Sie begnügen sich damit, die organischen Formen (gleichgültig ob die äussere Gestalt oder den inneren Bau) ohne sich bestimmte Fragen vorzulegen, oberflächlich zu untersuchen und in dicken papierreichen und gedankenleeren Büchern weitläufig zu beschreiben und abzubilden. Wenn dieser ganz unnütze Ballast in den Jahrbüchern der Morphologie aufgeführt und bewundert wird, haben sie ihr Ziel erreicht.

Wir erlauben uns diesen traurigen Zustand hier rücksichtslos und scharf hervorzuheben, weil wir von der Ueberzeugung durchdrungen sind, dass nur durch die Erkenntniss desselben und durch die offene Beleuchtung des dunkeln Chaos, welches die sogenannte Morphologie gegenwärtig darstellt, eine bessere Behandlung derselben, eine wirklich fördernde Erkenntniss der Gestalten angebahnt werden kann. Erst wenn man allgemein danach streben wird, den gesetzmässigen Zusammenhang in den endlosen Reihen der einzelnen Gestalt-Erscheinungen aufzufinden, wird es möglich werden, an das grosse und gewaltige Gebäude der Morphologie selbst construirend heranzutreten. Erst wenn die Kenntniss der Formen sich zur Erkenntniss, wenn die Betrachtung der Gestalten sich zur Erklärung erheben wird, erst wenn aus dem bunten Chaos der Gestalten sich die Gesetze ihrer Bildung entwickeln werden, erst dann wird die niedere Kunst der Morphographie sich in die erhabene Wissenschaft der Morphologie verwandeln können.

Man wird uns von vielen Seiten entgegnen, dass die Zeit dafür noch nicht gekommen, dass unsere empirische Basis hierzu noch nicht genug breit, unsere Naturanschauung noch nicht genug reif, unsere Kenntniss der organischen Gestalten noch viel zu unvollkommen sei. Dieser selbst von hervorragenden Morphologen getheilten Anschauung müssen wir auf das Entschiedenste entgegentreten. Niemals wird ein so hohes und fernes Ziel, wie das der wissenschaftlichen Morphologie ist, erreicht werden, wenn man dasselbe nicht stets im Auge behält. Will man mit der Construction des Gebäudes, mit der Aufsuchung von allgemeinen Gestaltungs-Gesetzen warten, bis wir alle existirenden Formen kennen, so werden wir niemals damit fertig werden; ja wir werden niemals auch nur zum Fundament einer wissenschaftlichen Formenlehre gelangen. Des Ausbaues und der Verbesserung bedürftig wird das Gebäude ewig bleiben; das hindert aber nicht, dass wir uns wohnlich darin einrichten, und dass wir uns der Gesetzmässigkeit der Gestalten erfreuen, auch wenn wir wissen, dass unsere Erkenntniss derselben eine beschränkte ist.

Zweites Capitel.

Verhältniss der Morphologie zu den anderen Naturwissenschaften.

„Eine höchst wichtige Betrachtung in der Geschichte der Wissenschaft ist die, dass sich aus den ersten Anfängen einer Entdeckung Manches in den Gang des Wissens heran- und durchzieht, welches den Fortschritt hindert, sogar öfters lähmt. So hat auch jeder Weg, durch den wir zu einer neuen Entdeckung gelangen, Einfluss auf Ansicht und Theorie. Was würden wir von einem Architecten sagen, der durch eine Seitenthüre in einen Palast gekommen wäre, und nun, bei Beschreibung und Darstellung eines solchen Gebäudes, Alles auf diese erste untergeordnete Seite beziehen wollte? Und doch geschieht dies in den Wissenschaften jeden Tag." Goethe.

I. Morphologie und Biologie.

Den Begriff der Morphologie der Organismen haben wir im ersten Capitel dahin bestimmt, dass dieselbe die gesammte Wissenschaft von den inneren und äusseren Formenverhältnissen der belebten Naturkörper ist; wir haben ihr die Aufgabe gesteckt, diese Formen-Verhältnisse zu erklären und auf bestimmte Naturgesetze zurückzuführen. Wir haben nun zunächst den Umfang und Inhalt jenes Begriffs noch näher zu erläutern, indem wir das Verhältniss der Morphologie zu den anderen Naturwissenschaften ins Auge fassen.

Indem die Morphologie der Organismen die Bildungs-Gesetze der thierischen und pflanzlichen Formen untersucht, bildet sie einen Theil der Biologie oder Lebenswissenschaft, wenn wir unter diesem Namen, wie es neuerdings geschieht, die gesammte Wissenschaft von den Organismen oder belebten Naturkörpern unseres Erdballs zusammenfassen.[1]) Gewöhnlich wird die Morphologie als der eine der beiden

[1]) Indem wir den Begriff der Biologie auf diesen umfassendsten und weitesten Umfang ausdehnen, schliessen wir den engen und beschränkten Sinn aus, in welchem man häufig (insbesondere in der Entomologie) die Biologie mit der Oecologie verwechselt, mit der Wissenschaft von der Oeconomie, von der Lebensweise, von den äusseren Lebensbeziehungen der Organismen zu einander etc.

Haupttheile der Biologie betrachtet und ihr als zweiter Haupttheil der letzteren die Physiologie als die Wissenschaft von den Leistungen der Organismen gegenüber gestellt. Morphologie und Physiologie sind demnach als zwei coordinirte Disciplinen der allumfassenden Biologie untergeordnet. Da jedoch in dieser Beziehung sich sehr verschiedene Auffassungen geltend machen, und da sowohl das Verhältniss der Morphologie zur Biologie als dasjenige zur Physiologie vielfach verkannt wird, so erscheint es nothwendig dieses Verhältniss in nähere Erwägung zu ziehen und namentlich den Gebietsumfang der beiden coordinirten Wissenschaften scharf von einander abzugrenzen.

Wir schicken voraus, dass dieser Versuch, wie jede ähnliche systematisirende Bestimmung, nur einen bedingten Werth hat, indem es niemals möglich ist, die einzelnen Wissensgebiete vollkommen scharf von einander abzugrenzen. Vielmehr greifen dieselben, der Natur der Dinge gemäss, überall so vielfältig in einander über, dass die Grenzbestimmung der einzelnen Lehrgebiete immer mehr oder weniger dem subjectiven Gutdünken des philosophischen Naturforschers überlassen bleiben muss. Ferner bedingt der beständige Fortschritt aller Wissenschaften, die ungleich schnelle Entwickelung und ungleich hohe Ausbildung der einzelnen Disciplinen, der jeweilige Grad des herrschenden Interesses für die eine oder die andere, dass der Umfang der einzelnen Wissensgebiete ebenso wie ihr Inhalt einer beständigen Veränderung unterworfen ist. Auch sind ja die Gesichtspunkte der einzelnen Zeiten ebenso wie diejenigen der einzelnen Philosophen verschieden, und mit der fortschreitenden Erkenntniss, mit der sich entwickelnden Denkweise ändert sich zugleich die Sprache und ändern sich deren Begriffe.

Wir würden daher diese schwierigen allgemeinen Fragen gerne umgehen, wenn es nicht für eine klare Auffassung unserer eigenen Aufgabe nothwendig erschiene, den Umfang unseres morphologischen Forschungs-Gebiets scharf abzugrenzen und die grosse Verwirrung der Begriffe, welche hier herrscht, zu lichten. Schon die ganz verschiedene Bedeutung, welche selbst den Begriffen der Morphologie, Physiologie und Biologie zu verschiedenen Zeiten und von verschiedenen Seiten der Jetztzeit (z. B. von den sehr verschiedenen Richtungen und Schulen in der Zoologie und Botanik) beigelegt worden ist, zwingt uns zu dieser Erörterung. Wollen wir zu einer festen Begriffsbestimmung dieser Wissenschaften gelangen, so ist es aber nöthig, von den allgemeinsten Kategorieen der naturwissenschaftlichen Disciplinen auszugehen. Zunächst ist hier das Verhältniss der Biologie zur Anorganologie, demnächst das Verhältniss der gesammten Morphologie zur Physik und Chemie besonders zu berücksichtigen, und der Begriff dieser Wissenschaften seinem Umfang und Inhalt nach festzustellen. Denn wir müssen gleichzeitig die Morphologie der unorganischen und der organischen Naturkörper vergleichend ins Auge fassen, um die Stellung zu bestimmen, welche die Morphologie der Organismen unter, neben und über den benachbarten Naturwissenschaften einnimmt.

II. Morphologie und Physik.

(Statik und Dynamik.)

Wenn wir als Eintheilungsprincip der gesammten Naturwissenschaft die Anwesenheit oder den Mangel derjenigen eigenthümlichen Bewegungserscheinungen eines Theils der Naturkörper anwenden, welche man unter dem Begriffe des „Lebens" zusammenfasst, so müssen wir die Gesammtwissenschaft von den Naturkörpern unserer Erde eintheilen in die beiden Hauptzweige der Biologie und der Abiologie. Die Biologie oder Organismen-Lehre ist die Gesammtwissenschaft von den Organismen, oder den sogenannten „belebten" Naturkörpern, Thieren, Protisten und Pflanzen. Die Abiologie oder Anorganologie, die Anorganen-Lehre, ist die Gesammtwissenschaft von den Anorganismen (Abien) oder den sogenannten „leblosen" Naturkörpern, Mineralien, Wasser, atmosphärischer Luft etc.[1]) Wie diese beiden Hauptzweige der irdischen Naturwissenschaft,[2]) welche ihren gesammten Inhalt bilden, Biologie und Abiologie, sich coordinirt gegenüber stehen, so werden wir auch zwischen den ihnen subordinirten Disciplinen eine Parallele herstellen können, welche uns für die Werthschätzung und Rangordnung der einzelnen Zweige einen schätzenswerthen Maassstab liefert.

Wenn wir dagegen von den charaktistischen Lebenserscheinungen, welche die Organismen auszeichnen und von den Anorganen unterscheiden, zunächst absehen, so können wir an jedem Naturkörper drei verschiedene Qualitäten unterscheiden, nämlich 1, den Stoff oder die Materie; 2, die Form oder die Morphe; 3, die Kraft oder die Function. Hieraus würden sich als die drei Hauptzweige der Naturwissenschaft folgende drei Disciplinen ergeben: 1, die Stofflehre oder Chemie; 2, die Formlehre oder Morphologie (im weitesten Sinne des Worts); 3, die Kraftlehre oder Physik.

Die gesammte Natur, organische und anorganische, erkennen wir

---

[1]) Gewöhnlich wird der Biologie als coordinirter anderer Hauptzweig der Naturwissenschaft die Mineralogie gegenübergestellt, welche jedoch nur die Wissenschaft von den festen (nicht von den tropfbar flussigen und gasförmigen) leblosen Naturkörpern umfasst.

[2]) Von der Kosmologie, der Wissenschaft von den gesammten Weltkörpern, sehen wir hier ganz ab und beschranken uns auf die Betrachtung der irdischen Naturkörper.

als ein System von bewegenden Kräften, welche der Materie inhäriren und von dieser nicht trennbar sind. Wir kennen keine Kraft ohne Materie, ohne materielles Substrat, und keine Materie ohne Kraft, ohne Function. Die Gesammtheit der Functionen eines Theils der Materie oder eines Naturkörpers ist nichts Anderes, als die Gesammtheit der Bewegungs-Erscheinungen, welche an demselben als Resultanten auftreten aus seinen eigenen Kräften und den Kräften derjenigen anderen Naturkörper oder Theile der Materie, welche mit ihm in Wechselwirkung treten.

Da die gesammte Natur nichts Anderes als ein System von bewegenden Kräften ist, so folgt hieraus, dass wirkliche Ruhe nirgends existirt und dass da, wo scheinbare Ruhe in einem Theile der Materie vorhanden ist, diese bloss die Resultante aus der Wechselwirkung der verschiedenen bewegenden Kräfte ist, die in diesem Theile der Materie zusammentreffen und sich das Gleichgewicht halten. Sobald das Gleichgewicht aufhört, sobald eine der bewegenden Kräfte über die Andern das Uebergewicht gewinnt, tritt die Bewegung als solche wieder in die Erscheinung. Man kann demgemäss jeden Naturkörper entweder im Zustande des Gleichgewichts der bewegenden Kräfte, d. h. im Momente der Ruhe, oder im Zustande der Bewegung, d. h. im Momente des Uebergewichts einer oder mehrerer der bewegenden Kräfte untersuchen. Hierauf beruht die Eintheilung der gesammten Naturwissenschaft in eine statische und in eine dynamische. Die Statik oder Gleichgewichtslehre will die Gesetze erkennen, unter denen das Gleichgewicht der Bewegungen zu Stande kommt und untersucht das Resultat dieses Gleichgewichts. Die Dynamik oder Bewegungslehre dagegen untersucht die Gesetze der Bewegungen, welche in die Erscheinung treten, sobald das Gleichgewicht aller der Materie inhärirenden Kräfte durch das Uebergewicht einer oder mehrerer derselben vernichtet wird, und sucht das Resultat dieses Uebergewichts zu erklären.

Setzen wir nun die Materie der Naturkörper als das ursprünglich Gegebene voraus und suchen das Verhältniss der Form der Materie zu den beständig in ihr thätigen bewegenden Kräften mit Rücksicht auf die eben gegebenen Erläuterungen näher zu bestimmen, so wird uns sofort klar, dass die jeweilige Form der Materie nichts Anderes ist, als das in die Erscheinung tretende Resultat des Gleichgewichts aller bewegenden Kräfte in einem bestimmten Momente. Die Formenlehre oder Morphologie der Naturkörper im weitesten Sinne des Wortes ist mithin die Statik der Materie.

Wenn nun nach dieser Ableitung die Form als die Materie im Zustande des Gleichgewichts ihrer bewegenden Kräfte zu definiren ist, so erscheint sie streng genommen selbst schon als das

Resultat einer Function der Materie. Wir müssen daher, wollen wir die übliche Antithese von Form und Function festhalten, die Leistung, Kraft oder Function bestimmen als die Materie im Zustande der Bewegung, welche durch das Uebergewicht einer oder mehrerer ihrer bewegenden Kräfte über die anderen entsteht. Die Wissenschaft von den Leistungen oder Functionen, welche wir oben als Kraftlehre oder Physik bezeichnet haben, würde dann wesentlich die Dynamik der Materie sein.

Wenn wir von diesem Gesichtspunkte aus die Gesammtwissenschaft von den irdischen Naturkörpern eintheilen, wenn wir also von den eigenthümlichen „Lebenserscheinungen" ganz absehen und als Eintheilungsprincip lediglich die Anwesenheit oder den Mangel des Gleichgewichts der der Materie inhärirenden Kräfte betrachten, so spaltet sich die gesammte Naturwissenschaft in die beiden coordinirten Hauptzweige der Formenlehre oder Gleichgewichtslehre (Morphologie, Statik) und der Functionslehre oder Bewegungslehre (Physik, Dynamik).

III. Morphologie und Chemie.

Von der so eben begründeten Anschauungsweise wird die Materie selbst als gegeben und bekannt vorausgesetzt, und es wird mithin die Chemie oder Stofflehre, welche wir oben als die erste von den drei Fundamental-Wissenschaften aufgeführt haben, nicht mit in Betracht gezogen. Es entsteht nun aber die Frage, welche Stellung die Chemie den beiden coordinirten Zweigen der Statik oder Morphologie und der Dynamik oder Physik gegenüber eigentlich einnimmt. Die Beantwortung dieser Frage ist für uns desshalb von grosser Wichtigkeit, weil auch ein Theil der Chemie als zur Morphologie der Organismen gehörig beansprucht worden ist. Offenbar liegen hier drei Möglichkeiten vor: Entweder ist die Chemie der beiden coordinirten Disciplinen, der Dynamik (Physik) und der Statik (Morphologie) übergeordnet, oder sie ist ihnen als dritter gleichwerthiger Zweig beigeordnet, oder sie ist ihnen beiden oder einer von ihnen untergeordnet. Jede dieser drei möglichen Auffassungen lässt sich von ihrem eigenthümlichen und besonderen Standpunkte aus rechtfertigen.

I. Im ersten Falle, wenn man, wie es von mehreren Seiten, namentlich von manchen Physiologen geschieht, Statik und Dynamik als die beiden coordinirten Hauptzweige der Naturwissenschaft auffasst, welche der Stofflehre untergeordnet sind und ihren Inhalt bilden, erscheint die Chemie im allgemeinsten Sinne, als die allumfassende Naturwissenschaft selbst, als die einzige Fundamentalwissenschaft, welche alle übrigen in sich begreift. Diese Auffassung lässt sich damit rechtfertigen, dass die Kenntniss des Stoffs der Untersuchung aller Formen, aller Bewegungserscheinungen vorausgehen muss, dass in der That alle

Formen nur Erscheinungsweisen, Functionen des Stoffs, und zwar Gleichgewichtszustände der Materie sind, und dass andererseits alle die Functionen oder Kräfte, welche als Bewegungen in die Erscheinung treten, ebenso unmittelbar durch die Materie selbst bedingt sind, und von der Materie ausgehen. Da wir es hier nur mit Naturkörpern zu thun haben, welche den Raum erfüllen, und nicht mit den stofflosen Körpern der Mathematik, und da wir Naturkörper ohne Materie nicht kennen, so muss die Materie dieser Körper als gegeben voraus gesetzt werden, wenn wir ihre Formen und ihre Kräfte oder Leistungen untersuchen wollen. Von diesem Standpunkte aus (dem „materialistischen" im strengsten Sinne) ist die Chemie die allumfassende Naturwissenschaft, und Morphologie und Physik sind ihre beiden nächstuntergeordneten Hauptzweige.

II. Im zweiten Falle, wenn man, wie es gewöhnlich geschieht, Chemie, Physik (Dynamik) und Morphologie (Statik) als die drei coordinirten Hauptzweige der Naturwissenschaft auffasst, erscheint keiner der drei Begriffe hinsichtlich seines Umfangs vor den anderen beiden bevorzugt, und ihnen übergeordnet. Diese Anschauungsweise lässt sich damit begründen, dass, wie wir oben bereits gezeigt haben, zunächst bei der einfachsten Betrachtung jedes Naturkörpers Stoff, Form und Kraft als die drei allgemeinsten Grund-Eigenschaften desselben uns entgegentreten, welche gleichen Anspruch auf eine gesonderte und unabhängige wissenschaftliche Behandlung machen können. Dieser Forderung entspricht z. B. die gewöhnliche Untersuchungsweise und Vertheilung des Lehrstoffs in der Abiologie, indem meistens die Naturwissenschaft von den Anorganen in die drei coordinirten Lehrzweige der (anorganischen) Chemie, der Physik (im engeren Sinne) und der Mineralogie (im weitesten Sinne) gespalten wird. Wollte man dieselbe Eintheilung auch in der Biologie scharf durchführen (was aber niemals geschieht), so würde man als drei coordinirte Zweige derselben erhalten: 1, die Chemie der Organismen (organische Chemie im weitesten Sinne); 2, die (rein physikalische) Physiologie (Dynamik der Organismen); 3, die Morphologie der Organismen. Doch lässt sich die gegenseitige Abgrenzung der Gebiete der Chemie, Physik und Morphologie als drei coordinirter Disciplinen weder in dem Bereiche der organischen, noch der unorganischen Naturwissenschaft so scharf thatsächlich durchführen, als diese Begriffsbestimmung es erfordert.

III. Im dritten Falle, wenn man, wie es von Seiten vieler Biologen geschieht, die Chemie als eine Hülfswissenschaft betrachtet, und ihr einen Platz weder über, noch neben den beiden anderen Disciplinen der Statik und Dynamik gönnt, muss die Chemie den letzteren untergeordnet erscheinen, und es fragt sich dann nur, ob sie Beiden, oder ob sie einer von Beiden, — und im letzteren Falle, welcher von Beiden sie subordinirt ist.

Thatsächlich machen sich hier nun sehr verschiedenartige Auffassungen geltend. In der Biologie wird gewöhnlich, ja fast immer, die Chemie der Organismen als ein Theil der organischen Functionslehre, der Physiologie betrachtet; und die übliche Definition der Physiologie bestimmt sie als die „Physik und Chemie der Organismen." In physiologischen Lehrbüchern und Lehrvorträgen spielt die Chemie eine eben so hervorragende Rolle, als die Physik. Dagegen wird die organische Chemie von der Morphologie nur selten, oder nur ganz beiläufig als eine innerhalb ihres Umfanges stehende Hülfswissenschaft in Anspruch genommen. Ganz anders gestaltet sich dagegen die Stellung der Chemie in der Abiologie, indem hier, wie erwähnt, gewöhnlich Chemie, Physik und Morphologie (Krystallographie etc.) als coordinirte Disciplinen auftreten. Freilich lässt sich hier auch die Chemie als ein Inhaltstheil der Physik betrachten, indem man dieselbe als eine „Physik der Atome" auffasst. Die Beurtheilung dieses Verhältnisses wird verschieden ausfallen, je nachdem man den herrschenden atomistischen oder den entgegengesetzten dynamischen Ansichten von der fundamentalen Constitution der Materie huldigt.

Nach unserer Auffassung darf die Chemie, wenn man sie, wie dies in der Biologie thatsächlich geschieht, weder als übergeordnet noch als coordinirt der Statik und Dynamik anerkennen will, nicht ausschliesslich einer von diesen beiden Disciplinen untergeordnet werden. Vielmehr müssen wir dann die Chemie ebenfalls in einen statischen und in einen dynamischen Zweig spalten, von denen jener der Morphologie, dieser der Physik zufällt. Die statische Chemie, welche sich dann der Morphologie unterordnet, ist die Chemie der Substrate, und begnügt sich mit der analytischen Erkenntniss der chemischen Zusammensetzung des Naturkörpers, dessen Form Object der Betrachtung ist. Auf dem anorganischen Wissenschaftsgebiete gehört hierher z. B. der chemische Theil der Mineralogie, ferner die Lehre von der chemischen Zusammensetzung des Wassers, der atmosphärischen Luft etc. Auf dem organischen Wissenschaftsgebiete dagegen ist diese statische Chemie derjenige Theil der „organischen" (fälschlich „physiologisch" genannten) Chemie, welcher häufig als „descriptive Chemie" bezeichnet und als „Chemie der Substrate" von der Physiologie, vollkommen mit Unrecht, in Anspruch genommen wird. Denn es ist klar, dass dieser statische Theil der Chemie entschieden zur Morphologie gerechnet werden muss; thatsächlich wird derselbe auch vielfältig von der Morphologie als wesentlicher Inhaltstheil benutzt, selten aber ausdrücklich als solcher in Anspruch genommen. Victor Carus, dessen Behandlung der Morphologie sich so hoch über die allgemein übliche erhebt, sagt in dieser Beziehung mit Recht, „dass die Kenntniss der chemischen Natur des lebensfähigen Substrates einen integrirenden Theil der statischen Biologie ausmacht, insofern die während des Lebens auftretenden chemischen Vorgänge, (welche das Object der Physiologie bilden) nicht verstanden werden können ohne das Verständniss der chemischen Mittel, die das Substrat mit sich bringt.“ Freilich wird gewöhnlich auch dieser Theil der Chemie von der Physiologie beansprucht; so sehr aber auch praktische Gründe diese Annexion rechtfertigen (so vor Allem der Mangel an chemischen Kenntnissen bei den meisten Morphologen), so kann doch theoretisch dieselbe nicht zugestanden werden; vielmehr müssen wir die Chemie der Substrate von unserem Standpunkt aus als rein statisch der Morphologie zuweisen. So ist sie von Schleiden in seinen ausgezeichneten Grundzügen der wissenschaftlichen Botanik als „vegetabilische oder botanische Stofflehre“ der Lehre von der Pflanzenzelle und der Morphologie vorausgeschickt worden. Ebenso sollte auch die „thierische Stofflehre“ als erstes Capitel der thierischen Morphologie vorausgehen. Indess fügen wir dieser theoretisch berechtigten Forderung zugleich die Entschuldigung bei, dass der unvollkommene Zustand dieses Theils der Wissenschaft, und vor Allem unsere höchst mangelhafte Kenntniss von dem Causal-Zusammenhang zwischen Stoff und Form allerdings zunächst eine Ausscheidung der statischen Chemie aus dem Arbeitsgebiet der Morphologie rechtfertigen, und dass wir selbst aus diesen Gründen auf eine allgemeine Darstellung der chemischen Substrate der Organismen in unserer generellen Morphologie grösstentheils verzichten werden.

Die dynamische Chemie, welche sich der Physik unterordnet, ist die Chemie der Processe und strebt nach der Erkenntniss der chemischen Veränderungen, des Stoffwechsels in den Naturkörpern, deren Function Object der Betrachtung ist. Auf dem Gebiete der Abiologie würde hierher der chemische Theil der Meteorologie und der Geologie gehören, die Lehre von den in der anorganischen Natur auftretenden Zersetzungsprocessen der Mineralien, des Wassers, der atmosphärischen Luft etc. Auf dem Gebiete der Biologie dagegen würden wir hierher die eigentliche „physiologische Chemie“ im wahren Sinne des Worts rechnen müssen, d. h. die Lehre von den chemischen Processen der lebenden Naturkörper, die Lehre von den Veränderungen in ihrer chemischen Zusammensetzung, welche mit den Bewegungs-Erscheinungen, die wir Leben nennen, wesentlich verbunden sind. Dieser Theil der „Zoochemie“ und „Phytochemie“ ist es, welcher einen integrirenden und höchst wesentlichen Bestandtheil der Physiologie bildet, sobald wir die Chemie als der Statik und Dynamik subordinirt betrachten.

So gut wir nun auch nach dieser Erörterung im Stande sind, die beiden Hauptzweige der Chemie, den statischen und dynamischen, den beiden selbstständigen Naturwissenschaften der Statik und Dynamik unterzuordnen, und so sehr sich einerseits die Vereinigung der Morphologie mit der Chemie der Substrate und andererseits die Verschmelzung der Physik mit der Chemie der Processe rechtfertigen lässt, so können wir doch nicht umhin, auch die beiden anderen, vorher angeführten Auffassungsweisen als ebenfalls in ihrer Weise berechtigt anzuerkennen. Es zeigt sieh hierin wieder der innige Zusammenhang, indem alle diese einzelnen naturwissenschaftlichen Disciplinen unter einander stehen; und es zeigt sich zugleich, dass alle unsere künstlichen Eintheilungs-Versuche subjectiver Natur sind und der beschränkten Stellung entspringen, welche das menschliche Erkenntniss-Vermögen dem inneren Wesen der Naturkörper gegenüber einnimmt.

Mögen wir nun die Chemie als die oberste und umfassendste Naturwissenschaft betrachten, der die beiden gleichwerthigen Disciplinen der Statik (Morphologie) und Dynamik (Physik) untergeordnet sind — oder mögen wir Chemie, Physik und Morphologie, entsprechend den drei Grundeigenschaften der Naturkörper, Stoff, Kraft und Form, als drei coordinirte Hauptlehren der Gesammtnaturwissenschaft ansehen — oder mögen wir endlich nur die Statik und Dynamik als solche betrachten, und die Chemie der Substrate mit der Morphologie, die Chemie der Processe mit der Physik als untergeordnete Disciplin vereinigen, stets wird uns überall das innige Wechselverhältniss dieser verschiedenen Hauptzweige der Naturwissenschaft entgegentreten. Diese Beziehungen sind so innig, wie das Verhältniss, welches zwischen Stoff, Form und Kraft der Naturkörper selbst überall stattfindet. Wir sind als Menschen nicht vermögend, uns eine Materie ohne Kraft und ohne Form (sei letztere auch nur aus Aggregatszustand und Raum zusammengesetzt) vorzustellen; ebenso wenig können wir eine Kraft begreifen, welche ausserhalb der Materie steht und nie als Form in die Erscheinung tritt; ebenso wenig endlich können wir uns einen Naturkörper (keinen mathematischen Körper!) denken, welcher bloss als Form und nicht zugleich als Stoff und Kraft uns entgegentritt. Auf dem organischen, wie auf dem anorganischen Gebiete müssen stets Stoff, Form und Kraft zusammenwirken, um uns den Naturkörper zur vollständigen Anschauung zu bringen.

Ohne die innigen Wechselbeziehungen zwischen den eben behandelten Wissenschaften zu verkennen, erscheint doch behufs klaren Verständnisses eine scharfe Begriffsbestimmung und Abgrenzung ihres Gebiets sehr wünschenswerth. Vielleicht dürfte es sich nun in dieser Beziehung empfehlen, die Morphologie der Naturkörper im weitesten Sinne (mit Einbegriff der Chemie der Substrate) ausschliesslich mit dem Namen der Statik oder der Morphonomie zu bezeichnen, und den Begriff der Morphologie (im engeren Sinne) auf die Formenlehre nach Ausschluss der statischen Chemie zu beschränken. Dann würde dem entsprechend der Begriff der Physik auf die Functionslehre im engeren Sinne (nach Ausschluss der dynamischen Chemie) zu beschränken sein, während wir unter Dynamik oder Phoronomie die Physik im weitesten Sinne (mit Einbegriff der Chemie der Processe) verstehen würden. Die gegenseitigen Beziehungen dieser verschiedenen Disciplinen würden durch folgendes Schema übersichtlich dargestellt werden können:

GESAMMTWISSENSCHAFT
VON DEN LEBLOSEN UND BELEBTEN NATURKÖRPERN
DER ERDE.

Chemie

Morphonomie oder Statik (Morphologie im weiteren Sinne)		Phoronomie oder Dynamik (Physik im weiteren Sinne)	
Morphologie (im engeren Sinne)	[Chemie der Substrate]	[Chemie der Processe]	Physik (im engeren Sinne)

IV. Morphologie und Physiologie.

Nachdem wir das Verhältnis der Morphologie im Allgemeinen zur Physik und zur Chemie bestimmt haben, ohne auf den Unterschied der organischen und anorganischen Naturkörper Rücksicht zu nehmen, kehren wir zurück zur Betrachtung des Verhältnisses, welches dieser Unterschied in den genannten Wissenschaften bedingt. Hierbei erscheint es sehr lehrreich, die entsprechenden Wissenschaftsgebiete des organischen und des anorganischen Körperreichs vergleichend in Parallele zu stellen, weil die einfacheren Verhältnisse der Anorgane uns viele Beziehungen klar enthüllen, welche durch die complicirteren Beschaffenheiten der Organismen vielfach verdeckt werden. Die Abiologie kann hier, wie in vielen anderen Fällen, der Biologie als Leuchte auf ihrem dunkelen und schwierigen Pfade dienen.

Wie wir die Gesammtwissenschaft von den Naturkörpern der Erde in die drei Hauptzweige der Chemie, Statik (Morphologie) und Dynamik (Physik) gespalten haben, so ist diese Eintheilung auch auf die vom Gesichtspunkte des „Lebens“ aus unterschiedenen beiden Disciplinen der Biologie (Organismenlehre) und Abiologie (Anorganenlehre) anwendbar. Es werden sich die so entstehenden kleineren Zweige in beiden Wissenschaften vollkommen coordinirt gegenüberstehen. Wenn wir nun, gemäss dem unter No. II. im letzten Abschnitt entwickelten Standpunkt, Chemie, Morphologie und Physik als drei coordinirte Hauptwissenschaften betrachten, so erhalten wir durch ihre Spaltung in einen biologischen und in einen abiologischen Zweig folgendes Verhältniss von sechs coordinirten Disciplinen.

1, Die Chemie, und zwar die vereinigte Chemie der Substrate und der Processe, zerfällt in die beiden Aeste der anorganischen und organischen Stofflehre. Da diese Begriffe in mehrfach verschiedenem und unbestimmtem Sinne gebraucht werden, so wird die anorganische Chemie besser als abiologische oder als Chemie der Anorgane bezeichnet, die organische richtiger als biologische oder Chemie der Organismen.

2, Die Physik oder Dynamik spaltet sich in die beiden Aeste der anorganischen (Abiodynamik) und der organischen Kraftlehre (Biodynamik). Die anorganische oder abiologische Physik, welche die Leistungen der Anorgane untersucht, wird gewöhnlich als Physik im engsten Sinne bezeichnet. Dagegen ist für die organische oder biologische Physik (Biodynamik), welche die Functionen der Organismen erforscht, allgemein die Bezeichnung der Physiologie gebräuchlich. In dem beschränkten Sinne, in welchem letztere jetzt meistens aufgefasst wird, ist sie in der That lediglich eine „Dynamik der Organismen" und entspricht mithin vollkommen der Dynamik oder Physik der Anorgane. Es ist also der Begriff der heutigen Physiologie von beträchtlich geringerem Umfang und entsprechend grösserem Inhalt, als der Begriff der früheren Physiologie, welche nicht bloss die Function, sondern zugleich die Gestaltung der Organismen untersuchte und mit unserer heutigen Biologie identisch ist. So ist z. B. Johannes Müller's klassisches und unübertroffenes Werk, welches den bescheidenen Titel eines „Handbuchs der Physiologie des Menschen" führt, vielmehr eine umfassende allgemeine vergleichende Biologie der Thiere (und bis zu gewissem Grade selbst der Organismen, insofern auch die Biologie der Pflanzen darin vielfach vergleichend berücksichtigt wird).

3, Die Morphologie oder Statik endlich theilt sich in die beiden Aeste der anorganischen und organischen Formenlehre. Die anorganische oder abiologische Formenlehre (Abiostatik), umfasst die Krystallographie, die Lehre von der Form der tropfbaren und elastischen Flüssigkeiten im Gleichgewicht (Hydrostatik, Aërostatik etc.). Ihr steht coordinirt und parallel gegenüber die Morphologie der Organismen, die organische oder biologische Formenlehre (Biostatik), deren allgemeine Darstellung Gegenstand des vorliegenden Werkes ist.

Dass die sechs Wissenschaften, welche wir durch diese Eintheilung der Gesammtwissenschaft von den irdischen Naturkörpern erhalten, von dem oben sub II. erörterten Gesichtspunkte aus ihrem Range nach beigeordnet sind und neben einander stehen, liegt auf der Hand. Die biologische und die abiologische Chemie, die Physiologie und die Physik der Anorgane, die Morphologie der Organismen und der Anorgane, können in der That als sechs vollkommen coordinirte Naturwissenschaften angesehen werden.

Dieses Resultat ist für uns insofern von grosser Bedeutung, als dadurch die coordinirte Stellung der organischen Morphologie gegenüber und neben der Physiologie fest bestimmt wird. Dieses nebengeordnete Verhältniss der beiden gleichwerthigen biologischen Disciplinen ist gerade in neuerer Zeit sehr oft völlig verkannt worden. Indem nämlich die Physiologie sich in den beiden letzten Decennien als exacte „Physik der Organismen" oder als (unpassend) sogenannte „physikalische Physiologie" ungemein rasch und vielseitig zu einer ganz selbstständigen Disciplin entwickelt hat, während sie vorher in scheinbar untergeordnetem Verhältnisse auf das Engste mit der Morphologie verbunden war, ist ihr Selbstbewusstsein dadurch so übermässig gestiegen, dass sie nunmehr auf die überwundene Morphologie stolz herabsieht und diese lediglich als ihre Dienerin, als eine untergeordnete Hülfswissenschaft betrachtet. Insbesondere nimmt die Physiologie sehr häufig für sich den höheren Rang einer erklärenden Naturwissenschaft in Anspruch, während sie der Morphologie bloss den niederen Rang einer beschreibenden Disciplin zugesteht. Leider ist freilich diese Selbstüberhebung der Physiologie durch den traurigen Zustand und den zwar nicht extensiven, wohl aber intensiven Rückschritt der Morphologie nur zu sehr gerechtfertigt und begünstigt. Während die Physiologie auf streng naturwissenschaftlicher Basis Schritt für Schritt vordringt und ihr Ziel fest und klar im Auge behält, verliert die verwildernde Morphologie das Ihrige immer mehr aus dem Auge, und hat sich ebenso von einer denkenden Behandlung ihres Gegenstandes, wie von einer strengen Methode stets mehr und mehr entfernt. Während sie quantitativ immer mächtiger zu wachsen scheint, schreitet sie qualitativ immer weiter zurück. Aus jeglichem Mangel an denkender Erforschung und an fester Begriffsbestimmung dienen die meisten morphologischen Arbeiten mehr dazu, den Ballast der Wissenschaft zu häufen, statt ihren wirklichen Fortschritt zu fördern.

Dieser traurige augenblickliche Zustand unserer morphologischen Wissenschaft kann ihren Werth zwar zeitweise in den Augen der heutigen Physiologie tief herabdrücken; er vermag aber doch nicht, den coordinirten Rang, welcher der Morphologie neben der Physiologie gebührt, auf die Dauer verkennen zu lassen. Vielmehr müssen wir ausdrücklich behaupten, dass auch die Morphologie der Organismen, so gut wie ihre coordinirte Schwester, die Physiologie, nicht bloss eine beschreibende, sondern zugleich eine erklärende Wissenschaft ist, oder doch wenigstens sein soll. Beide verfolgen die hohe Aufgabe, die beobachteten Thatsachen zu erklären, d. h. auf allgemeine Naturgesetze zurückzuführen. Die Physiologie oder Biodynamik beschreibt und erklärt die Leistungen (Functionen, Bewegungen, Kräfte) der Organismen.[1] Die Morphologie beschreibt und erklärt die Formen (äussere Gestalt und innere formelle Zusammensetzung) der Organismen. Das Ziel wenigstens liegt klar vor ihr, und wenn sie es zeitweise aus den Augen zu verlieren scheint, so ist es die Schuld ihrer jeweiligen Vertreter. Morphologie und Physiologie sind demnach vollkommen coordinirte Wissenschaften, in gleichem Maasse und auf gleicher Stufe der Biologie untergeordnet, deren Inhalt sie bilden.

Dieses beigeordnete schwesterliche Verhältniss der Morphologie zur Physiologie wird auch durchaus nicht geändert, wenn wir die Chemie nicht (wie es so eben geschah) als coordinirt der Physik und Morphologie betrachten, sondern sie diesen beiden Disciplinen unterordnen, wie es in der vorhergehenden Betrachtung (p. 13 sub III) geschehen ist. Es ergiebt sich dann nämlich, wenn wir die biologische Chemie oder die Chemie der Organismen in die beiden Aeste der statischen und dynamischen Chemie spalten, dass wir die statische

---

[1]) Wenn wir hier einerseits der Physiologie der Neuzeit zugestanden haben, dass sie die organische Morphologie an bewusster Erkenntniss ihres Zieles und an klarem Verständniss der allein richtigen Methode weit überflügelt hat, so müssen wir doch andererseits darauf aufmerksam machen, dass sie in anderen Beziehungen weit hinter der Morphologie zurück ist. Insbesondere ist hier der thierischen Physiologie sowohl die allgemeine Vernachlässigung der Entstehungs-Verhältnisse der Functionen (embryonale Entwickelung und Differenzirung der Lebens-Erscheinungen) als der noch auffallendere Mangel an vergleichender Betrachtung der Functionen (Ableitung der complicirten Lebens-Erscheinungen höherer aus den einfacheren Functionen der verwandten niederen Organismen) zum Vorwurfe zu machen. Von einer genetischen Physiologie kann heutzutage noch ebenso wenig, als von einer vergleichenden Physiologie die Rede sein; mindestens befinden sich Beide noch in der ersten Kindheit. Und doch ist die genetische sowohl als die vergleichende Methode für die Physiologie ebenso unentbehrlich, als für die Morphologie, wo dies längst anerkannt ist. In keinem Gebiete der Physiologie wird sich diese Wahrheit schlagender zeigen, als in demjenigen Theile der Physiologie des Central-Nervensystems, welchen man gewöhnlich als „Psychologie" den nicht physiologisch gebildeten sogenannten „Philosophen" überlassen hat. Sobald man sich entschliessen wird, hier die genetische und die vergleichende Untersuchungsmethode in der weitesten Ausdehnung anzuwenden, wird dieses gänzlich uncultivirte und wüste Gebiet die reichsten und überraschendsten Früchte zur Reife bringen. Niemals aber wird man z. B. zu einer Psychologie des reifen Menschen gelangen, wenn man dieselbe nicht aus der genetischen Psychologie des Kindes, und aus der vergleichenden Psychologie der Wirbelthiere ableitet.

Organochemie oder die Chemie der organischen Substrate nothwendig mit der Morphologie, sowie andererseits die dynamische Organochemie oder die Chemie der organischen Processe mit der Physiologie verbinden müssen. Es ergiebt sich dies klar und unzweifelhaft, wenn wir das oben (p. 17) begründete Schema von dem Verhältniss der Morphologie und Physik zur Chemie, gemäss der Unterscheidung der Organismen und Anorgane, in die folgenden beiden vollkommen parallelen Schemata spalten:

I. Abiologie oder Anorganologie.

(Gesammtwissenschaft von den leblosen oder anorganischen Naturkörpern der Erde.)

(A. Mineralogie. B. Hydrologie. C. Meteorologie).

Abiologische Chemie.
(Chemie der Anorgane.)

Abiostatik oder anorganische Morphonomie (Anorganische Morphologie im weiteren Sinne.)			Abiodynamik oder anorganische Phoronomie. (Anorganische Physik im weiteren Sinne.)
Anorganische Morphologie im engeren Sinne. (Krystallographie, Hydrostatik, Aërostatik, Petrographie etc.)	[Chemie der anorganischen Substrate.]	[Chemie der anorganischen Processe.]	Anorganische Physik im engeren Sinne. („Physik" im engsten Sinne.)

II. Biologie oder Lebenskunde.

(Gesammtwissenschaft von den belebten oder organisirten Naturkörpern der Erde.)

(A. Zoologie. B. Protistologie. C. Botanik).

Biologische Chemie.
(Chemie der Organismen.)

Biostatik oder organische Morphonomie. (Organische Morphologie im weiteren Sinne.)			Biodynamik oder organische Phoronomie. (Physiologie im weiteren Sinne.)
Morphologie der Organismen (im engeren Sinne).	{ Chemie der organischen Substrate (Organische Stofflehre). }	{ Chemie der organischen Processe. (Physiologische Chemie.) }	Physiologie (im engeren Sinne).

Drittes Capitel.

Eintheilung der Morphologie in untergeordnete Wissenschaften.

„Indem sich jeder einzelne Wirkungskreis absondert, so vereinzelt, zersplittert sich auch in jedem Kreise die Behandlung. Nur ein Hauch von Theorie erregt schon Furcht; denn seit mehr als einem Jahrhundert hat man sie wie ein Gespenst geflohen und, bei einer fragmentarischen Erfahrung, sich doch zuletzt den gemeinsten Vorstellungen in die Arme geworfen. Niemand will gestehen, dass eine Idee, ein Begriff der Beobachtung zum Grunde liegen, die Erfahrung befördern, ja das Finden und Erfinden begünstigen könne." Goethe (1819).

I. Eintheilung der Morphologie in Anatomie und Morphogenie.

Nachdem wir den Begriff und die Aufgabe der Morphologie festgestellt und das Verhältniss betrachtet haben, welches dieselbe gegenüber anderen, theils beigeordneten, theils übergeordneten Naturwissenschaften einnimmt, werden wir nun zunächst die verschiedenen untergeordneten wissenschaftlichen Disciplinen zu betrachten haben, in welche die Morphologie der Organismen selbst einzutheilen ist. Auch diese Auseinandersetzung wird uns nicht weniger Schwierigkeiten als die vorhergehende bereiten. Denn es wiederholt sich hier, und sogar in noch höherem Grade, als bei der vorhergehenden Erörterung, die merkwürdige Erscheinung, dass durchaus keine festen, klaren und unzweideutigen Begriffe über Inhalt und Umfang der einzelnen Wissenschaftszweige existiren, und dass, während Tausende von Arbeitern in allen diesen Disciplinen unaufhörlich thätig sind, kaum Einer von Hunderten sich über die eigentlichen Aufgaben und das letzte Ziel seiner Wissenschaft klar zu werden sucht.

Indem wir die Begriffe der einzelnen untergeordneten Wissenschaften nach Inhalt und Umfang zu bestimmen suchen, aus denen sich die Morphologie der Organismen zusammensetzt, werden wir diese letztere Wissenschaft, ebenso wie bei allen folgenden Untersuchungen, in dem so eben näher bestimmten engeren Sinne fassen, in welchem die statische Organochemie oder die Chemie der organischen Substrate von der Morphologie ausgeschlossen wird. Es bleibt uns dann also als

Aufgabe lediglich die erklärende Betrachtung der organischen Formen an sich, ohne jede Rücksicht auf die ihnen zu Grunde liegenden chemischen Substrate und auf ihre stoffliche Zusammensetzung.

Da unsere Aufgabe nun dahin geht, die verschiedenen Formen der Organismen nicht allein kennen zu lernen und zu beschreiben, sondern dieselben auch vergleichend zu untersuchen und ihre Bildung auf allgemeine Gesetze zurückzuführen, so würde sich als nächste Eintheilung der Morphologie vielleicht die Spaltung in eine *beschreibende* und in eine *erklärende* Formenlehre darbieten. Diese Unterscheidung ist in der That theoretisch gemacht und häufig auch praktisch durchgeführt worden. Auf ihr beruht z. B. die Differenz zwischen der „*Zootomie*“ und der „*vergleichenden Anatomie*,“ von denen sich die erstere auf die Beschreibung aller einzelnen thierischen Organisations-Verhältnisse beschränkt, während die letztere dieselben zu erklären, d. h. auf allgemeine Gesetze zurückzuführen strebt. Während die Zootomie in dem Labyrinthe der zahllosen Einzelformen und in der unendlichen Mannichfaltigkeit der einzelnen Organisationsweisen sich verliert und es bloss zu einer einfachen Aneinanderreihung der beobachteten Thatsachen bringt, weiss die vergleichende Anatomie den leitenden Ariadne-Faden durch alle verwickelten Windungen des Labyrinthes hindurch festzuhalten und schwingt sich dadurch zum beherrschenden Ueberblick des Ganzen empor. So wesentlich dieser Unterschied zwischen beiden Disciplinen aber auch ist, so ist er doch im Grunde nur ein Unterschied in der Methode und in der Intentisät der Erkenntniss. Die *Zootomie* verfährt *analytisch* und begnügt sich mit der *Kenntniss*, die *vergleichende Anatomie* verfährt *synthetisch* und strebt nach der *Erklärung* der Erscheinungen; daher können wir eigentlich nur die letztere als wirklich wissenschaftliche Morphologie bezeichnen, welcher die erstere als untergeordnete Hülfswissenschaft nur das Material liefert. Die Spaltung der Morphologie in eine beschreibende (descriptive) und eine erklärende (philosophische) Formenlehre als zwei coordinirte Hauptzweige ist demnach zu verwerfen.

Weit wichtiger ist für uns der Unterschied zwischen der *werdenden* und der *vollendeten* Form der Organismen. Jedes *Sein* wird nur durch sein *Werden* erkannt. Dieser wichtige Grundsatz ist in der wissenschaftlichen Morphologie längst thatsächlich vielfach berücksichtigt und darauf hin die Entwickelungsgeschichte der organischen Formen als einer der wichtigsten Zweige der letzteren anerkannt worden. Wir theilen diese Anerkennung so sehr, dass wir der Wissenschaft von der werdenden und sich entwickelnden Form des Organismus den gleichen Werth, wie der Wissenschaft von der vollendeten Form zugestehen, und darauf hin die gesammte Morphologie in die beiden coordinirten Zweige der Anatomie und der Morphogenie oder Entwickelungsgeschichte spalten.

II. Eintheilung der Anatomie und Morphogenie in vier Wissenschaften.

Grössere Schwierigkeiten als die Unterscheidung bietet uns die weitere Eintheilung der genannten beiden Hauptzweige der Morphologie dar. Die Anatomie wird gewöhnlich in die beiden Zweige der gröberen Anatomie oder Organologie und der feineren (mikroskopischen) Anatomie oder Histologie gespalten; der ersteren wird die Untersuchung der Zusammensetzung des Körpers aus seinen verschiedenen Organen zugewiesen, der letzteren die Erforschung der Zusammensetzung seiner Gewebe aus den Elementartheilen. Indess beruht diese Unterscheidung auf unvollständiger Basis der Erkenntniss und kann, wie wir unten zeigen werden, nicht in dieser Weise beibehalten werden.

Um zu einer weiteren Eintheilung der Anatomie und der Morphogenie in untergeordnete Wissenschaftszweige zu gelangen, erscheint es nothwendig, die verschiedenen Qualitäten der organischen Formen, welche das Object jener Disciplinen bilden, eingehender zu betrachten. Diese stellen sich am deutlichsten und klarsten heraus, wenn man die anorganischen und organischen Formen mit einander vergleicht.

Alle Naturkörper der Erde, Organismen und Anorgane, haben das mit einander gemein, dass sie uns entweder als bestimmt abgeschlossene räumliche Einheiten, als Individuen, unmittelbar entgegentreten, oder dass sie sich in mehrere derartige concrete Raumeinheiten oder Individuen zerlegen lassen. Diese Individuen, deren Form des Morphologen concretes und nächstes Object ist, sind nun bei Organismen und Anorganen von wesentlich verschiedener Qualität.

Die anorganischen Individuen, wie z. B. die einzelnen Krystalle, die einzelnen amorphen Körner unkrystallinischer Verbindungen, die einzelnen Wassertropfen etc., zeigen sich fast stets durch und durch homogen, in sich gleichartig, aus Molekülen einer und derselben Art zusammengesetzt. Da sie im Inneren nicht aus ungleichartigen Theilen zusammengesetzt sind, so können wir, wenigstens im gröberen Sinne, keine Organe an denselben unterscheiden; und die ganze Morphologie dieser Körper wird sich daher wesentlich auf eine Untersuchung ihrer äusseren Form beschränken. Von einer Organologie kann bei den Anorganen eben so wenig, als von einer Zusammensetzung des Körpers aus Individuen verschiedener Ordnung die Rede sein. [1])

---

[1]) Wir stellen hier absichtlich die wesentlichen Formunterschiede zwischen Organismen und Anorganen so scharf und durchgreifend gegenuber, wie dies

Ganz anders zeigen sich schon auf den ersten oberflächlichen Blick die organischen Individuen, wie z. B. die einzelnen Wirbelthiere. Diese Körper sind durch und durch heterogen, in sich ungleichartig, aus Molekülen nicht nur, sondern auch aus gröberen Theilen von ganz verschiedener Art zusammengesetzt. Die ungleichartigen Theile, welche ihren Körper zusammensetzen, können wir, entweder in gröberem oder in feinerem Sinne, Organe nennen. Diese Zusammensetzung des organischen Körpers aus verschiedenen Organen ist es, welche in der gewöhnlichen Anschauung den Organismus macht. Die Morphologie dieser Körper kann sich mithin unmöglich auf die Untersuchung ihrer äusseren Form beschränken, sondern sie muss neben dieser nothwendig ebenso auch die innere Form berücksichtigen, d. h. den Bau (die Structur) des Organismus, oder seine Zusammensetzung aus verschiedenen gleichartigen und ungleichartigen Theilen; sowie dann weiterhin die Form dieser Theile selbst, ihr gegenseitiges Lagerungs- und Verbindungs-Verhältniss, und endlich ihre eventuelle weitere Zusammensetzung aus verschiedenartigen Formtheilen, Gegenstand der organischen Morphologie sein wird. In diesem Sinne könnte man die Morphologie der Organismen auch als Organologie im weitesten Sinne bezeichnen, oder besser noch als Merologie, als Lehre von den Theilen, oder als Tectologie, als Lehre von der Zusammensetzung des Körpers aus ungleichartigen Theilen. Gegen diesen wichtigsten Theil der Morphologie der Organismen tritt die Betrachtung ihrer äusseren Form ganz zurück, oder erscheint vielmehr nur als ein secundäres Resultat der ersteren. Von anderem Gesichtspunkte aus könnten wir diesen wichtigsten Theil unserer Wissenschaft auch als Lehre von den Individuen bezeichnen, da nämlich, wie das dritte Buch zeigen wird, die constituirenden Theile der Individuen, die wir so eben als Organe verschiedener Ordnung unterschieden haben, selbst wieder im gewissen Sinne Individuen sind, so dass wir den ganzen individuellen Organismus als ein System von einheitlich verbundenen Individuen verschiedener Ordnung betrachten können.

Ein zweiter wesentlicher Unterschied in der Form zwischen den organischen und anorganischen Individuen beruht darauf, dass die Form der anorganischen Individuen (wenn es nicht vollkommen unregelmässig gestaltete, ganz amorphe Körper sind) einer vollkommen exacten mathematischen Betrachtung ohne Weiteres zugänglich ist, und

---

fast von allen Naturforschern geschieht. Im zweiten und sechsten Buche werden wir dagegen zeigen, dass diese Unterschiede keineswegs so absoluter Natur sind und dass auch hier wahre Uebergangsbildungen und Zwischenstufen vorkommen.

dass mit der stereometrischen Ausmessung derselben die Aufgabe ihrer morphologischen Erkenntniss völlig gelöst ist. Die anorganischen Individuen sind fast immer von ebenen Flächen, geraden Linien und bestimmten messbaren Winkeln begrenzt. Die Hauptaufgabe der Krystallographie, welche den grössten Theil der abiologischen Morphologie ausmacht, ist daher die Ausmessung und Berechnung dieser relativ einfachen geometrischen Form-Verhältnisse.

In vollem Gegensatz hierzu sind organische Individuen, deren Form einer stereometrischen Behandlung zugänglich ist, seltene Ausnahmen. Fast immer ist ihr Körper von gekrümmten Flächen, gebogenen Linien und unmessbaren sphärischen Winkeln begrenzt. Die Curven, welche hier sich finden, sind so zusammengesetzter und dabei meist scheinbar so unbestimmter Natur, dass ihre Ausmessung und Berechnung als ein unlösbares Problem erscheint. Zwar wird die stereometrische Behandlung der organischen Formen sehr häufig als Ziel einer späteren vollendeteren, exact-mathematischen Methode ihrer Untersuchung hingestellt. Indessen müssen wir unseres Theils diese weit verbreitete Ansicht als eine irrige bezeichnen. Es wird nämlich durch die unbegrenzte Variabilität aller organischen Formen, welche im sechsten Buche erläutert werden wird, bereits die Möglichkeit einer exacten geometrischen Behandlung, wie sie die Krystallographie durchführt, von vornherein ausgeschlossen. Da nämlich factisch schon nächstverwandte Individuen einer und derselben Species, z. B. verschiedene Geschwister die von einem und demselben Elternpaar abstammen, in Beziehung auf äussere und innere Form unendlich viele, gröbere und feinere individuelle Verschiedenheiten zeigen, da niemals bei allen Individuen einer und derselben organischen Species sämmtliche gekrümmte Flächen, Linien und Winkel des Körpers und seiner einzelnen Theile absolut identisch, sondern stets nur annähernd gleich oder ähnlich sind, so ist eine derartige absolute mathematische Betrachtungsweise der organischen Form, wie sie gewöhnlich gefordert wird, gar nicht möglich; und wenn man selbst die complicirten Curven etc. bei allen einzelnen Individuen berechnen und dann vergleichen könnte, so hätte eine solche mühsame Arbeit nicht das mindeste Interesse und die Arbeit selbst wäre eine wahre Danaiden-Arbeit. Dagegen ist eine anderweitige mathematische Betrachtungsweise der organischen Formen, welche der krystallographischen Methode ähnlich, aber doch wesentlich verschieden ist, allerdings möglich. Es lassen sich nämlich, wie das vierte Buch unseres Werkes zeigen wird, gewisse einfache stereometrische Grundformen der Organismen auffinden, welche unter den scheinbar ganz unzugänglichen Curvensystemen der unberechenbar complicirten Formen der organischen Individuen versteckt liegen. Diese neue Lehre von den Grundformen (Promorphen[1]) oder Promorphologie werden wir als einen besonderen und höchst wesentlichen Theil der Morphologie der Organismen auszubauen haben. Er wird uns das Aequivalent einer organischen Krystallographie sein. Die Betrachtung der Form der einzelnen Individuen verschiedener Ordnung, welche den Organismus zusammensetzen, wird sich stets an diese Betrachtung der geometrischen Grundformen als an ihr festes und sicheres Skelet anlehnen müssen. Wie dies zu verstehen ist, wird das vierte Buch zeigen.

Während die beiden wesentlichen eben hervorgehobenen Unterschiede in der Formbildung der Organismen und der Anorgane die vollendete Form betreffen, so finden wir zwei andere nicht minder bedeutende Differenzen zwischen beiden Hauptreihen von Naturkörpern in der Entstehung der Formen. Die Formen der anorganischen Individuen entstehen dadurch, dass sich die gleichartigen Moleküle der homogenen Materie, aus der sie bestehen, nach bestimmten physikalischen Gesetzen um einen bestimmten Mittelpunkt herum ansammeln. Die Form des Individuums (z. B. des Krystalls) ist hier zu jeder Zeit seiner Existenz dieselbe; sobald der Krystall überhaupt in bestimmter Form gebildet ist, bleibt diese mathematisch bestimmbare Form, so lange er besteht, dieselbe, mag das Individuum nachher noch so sehr an Grösse zunehmen. Jedes Wachsthum der Anorgane beruht bloss auf Apposition neuer Moleküle von aussen her. Weder die innere Gleichartigkeit der Substanz, noch die äussere charakteristische Form wird durch dieses Wachsthum irgendwie verändert. Das anorganische Individuum entwickelt sich nicht.

Grundverschieden von dieser Wachsthums-Art der Anorgane durch äussere Apposition ist das Wachsthum der Organismen, welches durch innere Intussusception geschieht und welches nicht bloss eine Veränderung der Grösse, sondern auch der Form des organischen Individuums herbeiführt. Das organische Individuum entwickelt sich. Es durchläuft während seines Lebens eine Reihe von verschiedenen Formen. Wir können daher niemals die Form des concreten organischen Individuums aus einem einzigen gegebenen Formzustand wahrhaft erkennen, sondern müssen zu diesem Zwecke die ganze Kette von auf einander folgenden Formen untersuchen und vergleichen, welche das organische Individuum während der ganzen Zeit seines Lebens von Anfang bis zu Ende durchläuft. Diese Aufgabe löst die Entwicklungsgeschichte oder die Embryologie, welche passender Ontogenie heissen würde (siehe unten). Die allgemeinen Grundzüge dieser Wissenschaft werden wir im fünften Buche festzu-

---

[1]) *προμορφή, ἡ*, die Grundform, Vorform, Urform.

stellen haben. Die Ontogenie wird immer einen wesentlichen und nicht zu entbehrenden Bestandtheil der wissenschaftlichen Morphologie ausmachen. Durch sie wird die letztere mit der Physiologie auf das engste verbunden.

Ein vierter und letzter sehr wesentlicher Unterschied zwischen den Formen der anorganischen und der organischen Individuen betrifft nicht die Beschaffenheit oder Entstehung der Form der concreten einzelnen Individuen, sondern diejenige der abstracten Einheiten, welche man Arten nennt. Unter dem Namen der Art oder Species fasst man gewöhnlich oberflächlich alle diejenigen Individuen zusammen, welche einander gleich oder ähnlich sind, d. h. welche in allen sogenannten wesentlichen Characteren übereinstimmen. Alle unorganischen Individuen, welche zu einer und derselben Art gehören, z. B. zu einer bestimmten Krystall-Art, haben vollkommen dieselbe Form (feste Krystallform) und dieselbe chemische Zusammensetzung. Die einzelnen Individuen jeder anorganischen Species unterscheiden sich lediglich durch ihre Grösse. Andererseits gehören alle anorganischen Individuen, welche entweder durch ihr chemisches Substrat oder durch ihre Form (Krystallform etc.) verschieden sind, verschiedenen Arten an. Die Form jeder anorganischen Art ist aber unveränderlich, und die Kochsalzkrystalle, welche zu allererst auf unserer Erde entstanden sind, werden in keiner Beziehung verschieden von denjenigen gewesen sein, die heutzutage sich bilden.

Eine ganz andere Bedeutung hat der Begriff der Art oder Species für die Form der organischen Individuen. Hier ist das Kriterium der Species nicht die Gleichheit der Form aller Individuen, auch nicht einmal die Aehnlichkeit derselben. Denn in vielen Fällen sind Larven und Erwachsene, Männchen und Weibchen derselben Art so gänzlich verschiedene Formen, dass sie in keinem einzigen speciellen Formcharacter übereinstimmen, und dass man sie nur in eine einzige Species zusammenstellt, weil sie von einem und demselben gemeinsamen Stammvater abstammen. Nun sind aber diese „Arten“ oder Species, welche der Inbegriff aller Descendenten einer einzigen Stammform sind, keineswegs unveränderlich. Es erzeugt nicht Gleiches nur Gleiches, wie gewöhnlich falsch gesagt wird, sondern Aehnliches erzeugt Aehnliches, und nach Verlauf eines gewissen Zeitraums gehen die organischen Species unter, während neue sich aus ihnen entwickeln. — Die Form jeder organischen Species ist also durchaus veränderlich, und die Species selbst mithin keine abgeschlossene Einheit. Wohl aber ist eine solche reale und vollkommen abgeschlossene Einheit die Summe aller Species, welche aus einer und derselben gemeinschaftlichen Stammform allmählig sich entwickelt haben, wie z. B.

alle Wirbelthiere. Diese Summe nennen wir Stamm (Phylon).[1] Die Untersuchung der Entwicklung dieser Stämme und die Feststellung der genealogischen Verwandtschaft aller Species, die zu einem Stamm gehören, halten wir für die höchste und letzte besondere Aufgabe der organischen Morphologie. Im sechsten Buche werden wir die Grundzüge dieser Phylogenie oder Entwicklungsgeschichte der organischen Stämme (Kreise oder „Typen") festzustellen haben. Das Material zu dieser bisher gänzlich vernachlässigten Wissenschaft liefert uns vor Allem die Palaeontologie, die Erkenntniss der ausgestorbenen Lebensformen, welche die Stammeltern und Blutsverwandten der jetzt lebenden Organismen sind. Die ganze Disciplin könnte aber auch als organische Verwandtschaftslehre oder Genealogie bezeichnet werden, wie wir deren Bedeutung im sechsten Buche feststellen werden.

Aus den vorausgehenden Erörterungen über die charakteristischen Qualitäten der organischen Formen haben sich uns nun bereits von selbst die speciellen einzelnen Aufgaben entwickelt, welche die Morphologie der Organismen als die erklärende organische Formenlehre zu lösen haben wird. Es wird jede der vier angeführten Qualitäten der organischen Form ihre gesonderte Behandlung verlangen, und es wird diese Aufgabe vier gesonderten Disciplinen zufallen.

Wir werden zunächst als die beiden Hauptzweige, in welche sich die Morphologie der Organismen (nach Ausschluss der statischen Organochemie) spaltet, zu unterscheiden haben: I) die Wissenschaft von der vollendeten organischen Form oder die Anatomie, und II) die Wissenschaft von der werdenden organischen Form oder die Entwickelungsgeschichte, Morphogenie.

Die Anatomie (im weitesten Sinne) oder die gesammte Formenlehre des vollendeten Organismus, wird auch häufig als Organologie oder als Morphologie bezeichnet, und von Anderen wieder als ein Theil der Systematik betrachtet. Die verschiedenen hierüber herrschenden Ansichten, sowie die verschiedenen Eintheilungen der Anatomie in untergeordnete Disciplinen, werden wir sogleich einer gesonderten Betrachtung unterwerfen. Nach unserer Anschauung, die wir so eben entwickelt haben, spaltet sich die Anatomie zunächst in zwei verschiedene Disciplinen: I) die Lehre von der Zusammensetzung des Organismus aus gleichartigen und ungleichartigen Theilen, welche man passend entweder Zusammensetzungslehre oder Baulehre (Tectologie) oder Lehre von den Theilen (Merologie) nennen könnte (drittes Buch), und II) die Lehre von den Formen der einzelnen Theile oder der einzelnen Individuen verschiedener Ordnung und insbesondere von

[1] φῦλον, τό; der Stamm (Volksstamm, Nation).

deren geometrischen Grundformen, Promorphologie, an welche sich unmittelbar die Betrachtung der nicht geometrisch bestimmbaren äusseren Formen derselben anschliessen wird. (Viertes Buch.)

Die Morphogenie oder die Entwickelungsgeschichte (im weitesten Sinne) als die Formenlehre des werdenden Organismus, zerfällt ebenfalls in zwei Disciplinen, welche nach unserer Anschauung nächstverwandt und eng verbunden sind, obwohl sie gewöhnlich als weit getrennte Wissenschaften behandelt werden. I) Die erste derselben untersucht die Entwickelungsgeschichte der Individuen und kann demgemäss als Ontogenie bezeichnet werden. Gewöhnlich wird sie „Embryologie“ genannt, obwohl dieser Begriff viel zu enge, und nur auf die höheren Organismen anwendbar ist. (Fünftes Buch.) II) Der andere Zweig der Morphogenie ist die Entwickelungsgeschichte der Stämme oder Phylogenie und untersucht die zusammenhängende Formenkette aller derjenigen organischen Individuen, die von einer und derselben gemeinsamen Stammform sich abgezweigt haben. Da so wesentlich die Erkenntniss der Verwandtschaft der organischen Formen ihre Aufgabe ist, könnte sie auch Genealogie der Organismen, und da ihr wesentliches empirisches Substrat die Petrefactenkunde ist, „wissenschaftliche Palaeontologie“ genannt werden. (Sechstes Buch.)

Das gegenseitige Verhältniss dieser vier Disciplinen, welche wir als die Hauptzweige der Morphologie der Organismen betrachten, ist bisher, theils wegen der einseitig herrschenden analytischen Erkenntniss-Methoden, theils wegen des allgemeinen Glaubens an das Species-Dogma, meist vollständig verkannt worden. Unsere Auffassung desselben dürfte durch folgendes Schema übersichtlich erläutert werden:

<table>
<tr><td colspan="4">Morphologie der Organismen
(im engeren Sinne, nach Ausschluss der statischen Chemie).</td></tr>
<tr><td colspan="2">Anatomie
oder Morphologie im engsten Sinne.
(Gesammtwissenschaft von der vollendeten Form der Organismen.</td><td colspan="2">Morphogenie
oder Entwickelungsgeschichte.
(Gesammtwissenschaft von der werdenden Form der Organismen.</td></tr>
<tr><td>Tectologie
(oder Structurlehre).</td><td>Promorphologie
(oder Grundformenlehre).</td><td>Ontogenie
(oder Embryologie).</td><td>Phylogenie
(oder Palaeontologie)</td></tr>
<tr><td>Wissenschaft von der Zusammmensetzung der Organismen aus organischen Individuen verschiedener Ordnung.</td><td>Wissenschaft von den äusseren Formen der organischen Individuen und deren stereometrischen Grundformen.</td><td>Entwickelungsgeschichte der organischen Individuen (Onta).</td><td>Entwickelungsgeschichte der organischen Stämme (Phyla).</td></tr>
</table>

III. Anatomie und Systematik.

Bevor wir die Disciplinen der Tectologie und der Promorphologie näher ins Auge fassen, erscheint es nothwendig, uns über das Verhältniss der Morphologie und insbesondere der Anatomie zu einigen Disciplinen zu verständigen, welche theils der Anatomie entgegengesetzt, theils derselben untergeordnet werden; dahin gehört insbesondere die Systematik, die Organologie und die Histologie. Auch die gebräuchliche Bezeichnung der Anatomie, welche wir im Folgenden als allgemeinen Ausdruck für unsere gesammten Kenntnisse von der vollendeten organischen Form beibehalten werden, bedarf einer gewissen Erläuterung und Rechtfertigung. Es werden nämlich die Ausdrücke der Anatomie und Morphologie auf den nächstverwandten und unmittelbar sich berührenden Gebieten der Zoologie und Botanik in einem so gänzlich verschiedenen Sinne und so wechselnd gebraucht, dass es durchaus nothwendig erscheint, diese Begriffe scharf zu definiren und ihnen eine bestimmte und bleibende Bedeutung beizulegen.

Die Zoologie (als Biologie der Thiere) gebraucht das Wort Anatomie meistentheils zur Bezeichnung der gesammten Structurverhältnisse des zu untersuchenden Organismus. Ursprünglich nur „Zergliederungskunde“ und die daraus folgende Erkenntniss des inneren Baues der Organismen bedeutend, hat sich späterhin der Begriff der Anatomie dahin erweitert, dass man darunter die gesammte Lehre von den Form-Verhältnissen des entwickelten Organismus versteht, also nicht nur die Lehre von der inneren Zusammensetzung, sondern auch von der äusseren Form. Dabei ist jedoch zu bemerken, dass die meisten sogenannten Zoologen mehr oder minder ausgesprochen einen Gegensatz von Systematik und Anatomie schon seit langer Zeit ausgebildet haben, und in der Praxis ist dieser Gegensatz so exclusiv geworden, dass die „reinen Systematiker“ die Anatomie als gar nicht zur Zoologie gehörig betrachten und ebenso die „reinen Anatomen“ die Systematik als eine ihnen fremde Wissenschaft ansehen. So stehen sich in der Anschauung sehr vieler Naturforscher (und nicht bloss vieler Zoologen) diese beiden Disciplinen ganz fremdartig einander gegenüber.

Dieses seltsame Verhältniss rührt daher, dass die grosse Mehrzahl aller Zoologen, die seit Linné und seit der durch diesen erfolgten Neubegründung der Zoologie als besonderer Wissenschaft sich deren Dienste gewidmet haben, von den eigentlichen Aufgaben der Zoologie entweder gar keine oder nur eine ganz dunkle Ahnung haben. Der allgemeine und schnelle Aufschwung, den Zoologie und Botanik durch Linné's ausserordentliche formelle Verdienste um die „systematische“ Kenntniss der Thiere und Pflanzen, durch die von ihm eingeführte binäre Nomenclatur und systematische Ordnung nahmen, die Leichtigkeit nach einem auf kurze bündige Beschreibung gegründeten künstlichen Systeme sich in dem Chaos der zahllosen Gestalten zurecht zu finden, führte zu dem Irrthum, dass dieses System selbst das Ziel der Wissenschaft sei, und dass man das System nur mit möglichst viel neuen Formen bereichern müsse, um sich um die zoologische und botanische „Wissenschaft" bleibende Verdienste zu erwerben So entstand denn die grosse und traurige Schaar der „Museumszoologen" und der „Herbariumsbotaniker", die zwar in ihrem Museum und ihrem Herbarium auf das genaueste Bescheid wussten und jede von ihren tausend Species mit Namen auswendig benennen konnten, dafür aber auch von den gröberen und feineren Structurverhältnissen dieser Species, von ihrer Entwickelung und Lebensgeschichte, von ihren physiologischen und anatomischen Verhältnissen nicht das Mindeste wussten. Mit der wachsenden Zahl der verschiedenen Formen, die neu bekannt und benannt wurden, wuchs die Zahl dieser sammelnden „Systematiker", denen das Museum und Herbarium nicht Mittel und Material zum Studium der Organismen, sondern selbst Zweck wurde und die über diesem nebensächlichen Mittel den Hauptzweck ganz vergassen. So kam denn die Zeit, wo (wie Schleiden sehr treffend sagt) „ein Mann, der 6000 Pflanzen mit Namen zu nennen wusste, schon desshalb ein Botaniker, einer der 10,000 Pflanzen zu nennen wusste, ein grosser Botaniker genannt wurde", ein Missverständniss, welches auch in der Zoologie gleicherweise herrschte.

Wenn man bedenkt, welche unendlichen Massen der besten Kräfte und Mittel, welcher Aufwand von Arbeit und Mühe, von Geld und Zeit, von Papier und Druckerschwärze vergeudet wurde, bloss um möglichst viele verschiedene Formen in den zoologischen Museen und in den botanischen Herbarien aufzuspeichern, und wenn man mit diesem ungeheuren Aufwande von Mitteln den äusserst langsamen und unterbrochenen Fortschritt vergleicht, den der wirklich wissenschaftliche Kern der Zoologie und Botanik in dem ganzen vorigen Jahrhundert und in der ersten Hälfte des gegenwärtigen gemacht hat, so kann man nur in die gerechten Klagen und Vorwürfe einstimmen, welche Schleiden seiner Zeit gegen die herrschende Systematik auf dem Gebiete der Pflanzenkunde schleuderte. Leider steht es aber mit der Thierkunde nicht viel besser Auch die grosse Mehrzahl der Zoologen vergass das Ziel der wissenschaftlichen Erkenntniss über der Beschaffung der Mittel und Wege, die dazu führen sollen. Das „System" wurde für diese wie für jene das Ideal und das eigentliche Ziel der Wissenschaft.

Im Grossen und Ganzen betrachtet haben nun die meisten dieser systematischen Bestrebungen, so weit sie sich lediglich mit Betrachtung, Unterscheidung und Benennung der äusseren Form der „Species" beschäftigen, nicht mehr Werth, als die gleichen systematischen Bestrebungen, welche zur Anlegung aller möglichen Curiositäten-Sammlungen führen. Auch die Liebhaber und Sammler von Kunst-Gegenständen aller Art können den gleichen Anspruch auf wissenschaftliche Leistung erheben. Systematisch geordnete Sammlungen von Wappen z. B., von alten Meubles, Waffen, Kostümen, von den neuerdings so beliebten Briefmarken und anderen derartigen Kunstprodukten können mit eben so viel Specifications-Sinn, mit eben so viel Freude und Interesse an den verschiedenen Formen und ihrer systematischen Gruppirung gepflegt werden und sind sehr häufig mit mehr logischem Sinne geordnet und classificirt, als die Sammlungen von Schneckenschalen, Muschelschalen, Vogelbälgen u. s. w., deren Liebhaber „Zoologen" zu sein glauben. Man frage nur die sogenannten Ornithologen, die jede Vogel-Species mit Namen kennen, ob sie vom Bau der Federn, oder gar von der Structur des Gehirns und des Auges irgend eines Vogels, von der Entwickelungsgeschichte des Hühnchens im Ei, von den innigen Verwandtschaftsverhältnissen der Vögel zu den nächststehenden Reptilien irgend welche eingehende Kenntnisse besitzen? Oder man frage die Entomologen, die sich mit ihren kostbaren Käfer- und Schmetterlings-Sammlungen brüsten, ob sie den Bau und die Entwickelung der Chitinausscheidungen, mit deren Form sie sich ausschliesslich beschäftigen, kennen, ob sie die Entwickelungsgeschichte einer einzigen Form von Anfang an verfolgt haben, ob sie von den fossilen Insecten oder von den den Insecten nächstverwandten Spinnen etwas wissen? Leider wird man in den allermeisten Fällen auf die erstaunlichste Beschränktheit und auf die gröbste Unwissenheit in den wichtigsten Zweigen der Zoologie selbst auf dem kleinen und engbegränzten Felde stossen, welches diese „Systematiker" für ihr Specialfach ausgeben. So lange dieser systematische Dilettantismus, der mit der Heraldik und der Briefmarkologie vollkommen auf einer Stufe der „Wissenschaft" steht, nichts Anderes sein will, als eine harmlose Gemüths- und Augen-Ergötzung, kann man ihn ruhig gewähren lassen. Von λόγος ist in der einen Logie so viel als in der anderen. Sobald er aber den Anspruch macht, „Zoologie" oder „Phytologie" zu sein, muss er auf den ihm gebührenden Platz aufmerksam gemacht werden.

Nur durch das Ueberwuchern dieser ganz oberflächlichen Systematik, welche sich mit der Betrachtung der äusserlichsten und oberflächlichsten Formverhältnisse begnügte, und dennoch sich für die „eigentliche Zoologie" ausgab, war es möglich, dass der Gegensatz zwischen Systematik und Anatomie in der Weise sich ausbildete, wie er noch heutzutage von sehr vielen Seiten festgehalten wird. Diese Systematik, die sich so scharf der Anatomie gegenübersetzt, ist selbst nur ein ganz kleines und unbedeutendes Bruchstück derselben. Denn die Anatomie kann sich nicht begnügen mit der Erkenntniss bloss des inneren Baues, der Structur und Verbindungsweise der Organe, sondern sie muss zugleich stets die äussere Form mit in Betracht ziehen. Die Anatomie hat demnach die gröberen und feineren Form- und Structur-Verhältnisse des ganzen Körpers zu ermitteln. Jeder Zweifel an dieser Nothwendigkeit muss schwinden beim Studium der niedersten Organismen-Gruppen. Während es bei den höheren Thieren und Pflanzen wenigstens möglich ist, die Trennung zwischen „Systematik" als Lehre von der äusseren Form, und „Anatomie" als Lehre vom inneren Bau durchzuführen, so stösst diese künstliche Trennung dagegen bei den niederen Pflanzen und Thieren überall auf unüberwindliche Schwierigkeiten.

Anders als in der Zoologie hat sich der Begriff der Anatomie und ihr Gegensatz zur Systematik in der Botanik (als Biologie der Pflanzen) gestaltet. Da nämlich vorwiegend, vorzüglich wenn man die höheren Formen beider Reiche vergleicht, die Organ-Entwickelung bei den frei beweglichen Thieren im Innern des Körpers, bei den festsitzenden Pflanzen dagegen auf der Oberfläche stattfindet, so dass hier die äussere, dort die innere Form-Entfaltung vorherrscht, so ist die Morphologie, soweit sie die Gestaltung der Organe und nicht die der Elementartheile erfassen will, bei den höheren Pflanzen nur selten, bei den höheren Thieren dagegen immer genöthigt, in das Innere einzudringen und wirklich zergliedernd zur Anatomie zu werden. Von den Botanikern wird daher auch gewöhnlich unter Anatomie nur diejenige der Elementartheile, d. h. die Histologie verstanden, während die „gröbere Anatomie", welche bei den Thieren schlechtweg so genannt wird, hier bald Organologie, bald Morphologie genannt wird. Unter Organologie verstehen dagegen andere Botaniker (z. B. Schleiden) wieder die eigentliche Physiologie der Pflanzen, die wieder von Anderen mit der Biologie verwechselt wird.

Dagegen hat sich der Gegensatz zwischen Systematik und Morphologie im engeren Sinne oder Anatomie auf dem Gebiete der Botanik nicht so, wie auf dem der Zoologie entwickelt. Da hier eben die meisten Organe, wie vor allen die Ernährungs-Organe (Blätter, Wurzeln etc.) und die Fortpflanzungs-Organe (Blüthen, Früchte etc.) ganz äusserlich entwickelt sind, so mussten sie nothwendig von der Systematik weit mehr, als dies in der Zoologie der Fall war, berücksichtigt und benutzt werden, und lieferten meistens sogar die Hauptstütze derselben. Umgekehrt musste die thierische Systematik, da sie jedes Eindringen in das Innere des Körpers und somit jede tiefere Erkenntniss der Organisation vermied, zu den unbedeutendsten äusserlichen Form-Modificationen der äusseren Körperoberflache und ihrer Anhängsel greifen, um ihre systematischen Charactere zu gewinnen.

So ist es denn gekommen, dass die Systematik im Sinne der Botaniker einen weit grösseren Theil der Anatomie (eigentlich nur die Histologie ausgeschlossen) umfasst, als im Sinne der Zoologen Was diese letzteren Histologie nennen, heisst bei den ersteren Anatomie, und was die Botaniker gewöhnlich unter Organologie verstehen, ist bei den Zoologen ein Theil der Physiologie. Vergleicht man aber über diesen Gegenstand, der doch von so fundamentaler Wichtigkeit ist, eine grössere Anzahl von botanischen und zoologischen Handbüchern (namentlich die einleitenden Capitel zu morphologischen und physiologischen Werken) so wird man erstaunen über die unglaublichen Widersprüche und die gänzlich verschiedenen Ansichten, welche die verschiedenen Autoren über die wechselseitigen Beziehungen der Hauptzweige ihrer Wissenschaft hegen.

Soll eine gegenseitige Verständigung möglich werden, so ist es durchaus nothwendig, Inhalt und Umfang der einzelnen Disciplinen scharf zu umschreiben und die so gewonnene Definition des Wortes consequent in derselben Bedeutung festzuhalten. Wenn dies geschieht, ist es unseres Erachtens nicht schwer, auf sehr einfachem Wege eine befriedigende Lichtung und Klärung der Begriffe herbeizuführen.

Was zunächst die Systematik betrifft, so kann sie nicht, wie es bisher meist geschah, als eine besondere Wissenschaft der Morphologie gegenüber gestellt werden. In diesen Irrthum, der sehr verbreitet erscheint, ist selbst Victor Carus in seinem System der thierischen Morphologie gefallen, indem er gleich im Eingange sagt, dass die statische Biologie „auf zwei ihrem innersten Wesen nach verschiedene Zweige der wissenschaftlichen Erkenntniss führt. Der eine hiervon ist das Streben nach einer vollständigen Classification der Pflanzen und Thiere, die organische Systematik, Biotaxie, welche sich vorläufig mit dem Aufsuchen der Verwandtschaft der organischen Geschöpfe beschäftigt; der andere ist die Kenntniss von der äusseren und inneren Gestaltung derselben, die Anatomie, pflanzliche und thierische Formenlehre, Morphologie. In beiden wird die Organisation der Pflanze, des Thieres untersucht, jedoch bloss bei der letzteren als Object, bei der ersteren nur als Mittel zum Zweck. Während die Systematik nur so viel anatomische Thatsachen zu verwerthen braucht, als die organische Verwandtschaft zu ihrem Nachweise bedarf, sind die organischen Formen an sich Gegenstand der letzteren." Nach dieser Definition, die Carus noch weiter ausführt, würde also die Anatomie die eigentliche Formenlehre sein, indem sie die Formen der Organismen an sich in Betrachtung zieht, wogegen die coordinirte Systematik oder Biotaxie wesentlich eine Verwandtschaftslehre sein würde, welche die Organismen rücksichtlich ihrer Form vergleicht, sie darauf hin zu classificiren sucht, und aus der Vergleichung und Zusammenstellung der verwandten Formen das System construirt. Offenbar ist aber der Unterschied, der so nach Carus die Systematik und die Anatomie als zwei ihrem innersten Wesen nach verschiedene Zweige der Biostatik trennen würde, lediglich ein Unterschied einerseits der Methode oder der Betrachtungsweise, andererseits der formalen Darstellung. Die Systematik verfährt synthetisch, vergleichend, die Morphologie oder Anatomie dagegen, wie sie hier definirt ist, rein analytisch, nicht vergleichend. Es würde mithin auf dem Gebiete der thierischen Biostatik die letztere (die Morphologie) der „Zootomie", die erstere (die Systematik) wesentlich der „vergleichenden Anatomie" entsprechen. Denn die Verwandtschaftslehre, wie sie Carus hier zeichnet, ist nicht die gewöhnliche Systematik, sondern die vergleichende Anatomie in der Form des Systems; während die Morphologie oder Anatomie in dem dort bezeichneten Sinne die rein analytische Zootomie sein würde, welche die Formen der Thiere an sich untersucht, ohne sie vergleichend zusammen zu stellen und ohne sie in systematischer Form übersichtlich zu machen. Ein weiterer Unterschied zwischen Morphologie und Biotaxie, wie sie thatsächlich einander gegenüberstehen, würde nach der Definition von Carus darin bestehen, dass die Systematik sich mit einer oberflächlichen Erkenntniss des innern Baues begnügt, und vorzugsweise die äusseren Formen vergleicht, während die Anatomie den inneren Bau gründlich untersucht und der äusseren Form nur eine beiläufige Berücksichtigung schenkt. Dieser Unterschied hat sich allerdings in der Praxis zwischen Systematik und Morphologie herausgebildet; er beruht aber auf einer fehlerhaften und leichtfertigen Methode beider Disciplinen. Wenn die Systematik die wirklichen natürlichen Verwandtschafts-Verhältnisse der Organismen vollständig erkennen will, so bedarf sie der vollständigsten morphologischen Kenntnisse der inneren sowohl, als der äusseren Form-Verhältnisse. Die Anatomie ist dann also nur ein Theil der Systematik. Umgekehrt, wenn die Anatomie vollständige Morphologie der Organismen sein will, so muss sie nothwendig neben dem inneren

Bau ganz ebenso die äussere Form, und zwar vergleichend berücksichtigen, und wenn sie die so erworbenen Kenntnisse in kürzester Form zusammenfassen, und übersichtlich darstellen will, so muss sie sich dazu der Form des Systems bedienen. Die Systematik ist dann also nur die allumfassende Anatomie der Organismen in Form eines Specifications-Systems.

Wir haben hier absichtlich als Beispiel einer irrigen Auffassung des Verhältnisses der Systematik zur Morphologie die Definition von Victor Carus gewählt, weil dieser Morphologe sehr hoch über den meisten Anderen steht, und sich sonst besonders durch richtige Auffassung allgemeiner derartiger Beziehungen auszeichnet. Auch beweist sein „System der thierischen Morphologie" selbst, dass er diese Wissenschaft nicht in dem engen Sinne seiner Definition als „Erkenntniss der Form an sich" auffasst, sondern ihr das höhere Ziel einer wirklichen vergleichenden Verwandtschaftslehre steckt, wenn auch nicht in systematischer Form. Noch weit irriger, unklarer und dunkler sind aber die Vorstellungen, welche die meisten anderen Morphologen über den Werth und die gegenseitigen Beziehungen der Morphologie und ihrer einzelnen Zweige zur Systematik hegen. Wie überhaupt Ziel und Aufgabe der Morphologie und der einzelnen ihr untergeordneten Disciplinen meist gänzlich verkannt wird, und wie die wechselseitigen Beziehungen der Organologie und Anatomie, der Zootomie und vergleichenden Anatomie, in der verschiedenartigsten Weise betrachtet werden, so ist ganz besonders das Verhältniss der Morphologie zur Systematik von den verschiedenen Autoren in so gänzlich verschiedenem Sinne aufgefasst worden, dass es uns unerlässlich erscheint, diejenige bestimmte Auffassung dieses Verhältnisses, welche wir für die allein richtige halten, an diesem Orte ausführlich zu begründen.[1])

[1]) Es gilt hier von der Systematik dasselbe, was leider von so vielen Arbeiten auf den anderen oben genannten Gebieten behauptet werden muss. Mit wie vielen „vergleichend anatomischen" und „comparativ morphologischen" Arbeiten hat uns die neuere Zeit beschenkt, in denen kaum eine Spur von „Vergleichung" zu entdecken ist! Wie viele „anatomische" und „zootomische" Monographieen lassen in ihrer Untersuchung die wesentlichsten morphologischen Beziehungen, z. B. die äusseren Form-Verhältnisse, ganz ausser Acht! Wie viele „morphologische" Untersuchungen erscheinen nicht, die weder von Logik, noch von Logos die Spur an sich tragen; und in denen man den λόγος ebenso wenig erblicken kann, als in den descriptiven „systematischen" Arbeiten auf dem Gebiete der Ornithographie, Entomographie, Malakographie etc., die sich allerdings mit dem Namen der Ornithologie, Entomologie, Malakologie u. s. w. brüsten. Die Form des Systems, welche zunächst eben nur die übersichtlichste und bequemste Darstellungsform der complicirten verwandtschaftlichen Beziehungen der Organismen sein soll, ist an sich das Ziel der Bestrebungen und der Endzweck der Morphologie geworden, während der Inhalt selbst dabei in der oberflächlichsten Weise vernachlässigt worden ist. Nach unserer Ansicht kann allerdings das System wirklich als der höchste Zweck der Wissenschaft hingestellt werden; dann muss es aber nach Inhalt und Form gleich vollendet sein. Der Inhalt muss durch die Form des Systems nur seinen übersichtlichsten und kürzesten Ausdruck finden.

Die Systeme der Organismen, deren Construction gewöhnlich als die Hauptaufgabe der sogenannten Systematik hingestellt wird, und welche einen so grossen Bestandtheil der zoologischen und botanischen Literatur ausmachen, führen uns die verschiedenen Formen der Organismen in einer übersichtlich geordneten Reihenfolge vor, indem sie dieselben specificiren oder classificiren, indem sie nach dem grösseren oder geringeren Grade der Verwandtschaft, d. h. der Formähnlichkeit, die verwandten oder ähnlichen Formen in kleinere und grössere Gruppen ordnen. Welchen Werth und welche Bedeutung diese Gruppenbildung oder die Specification hat, wird im sechsten Buche ausführlich auseinander gesetzt werden.

Bekanntlich werden diese zoologischen und botanischen Systeme allgemein in natürliche und künstliche Systeme eingetheilt, und der Unterschied dieser beiden Classifications-Weisen gewöhnlich dahin bestimmt, dass die ersteren die organischen Formen im Ganzen vergleichend betrachten und demnach aus der Gesammtheit aller ihrer morphologischen Eigenthümlichkeiten sich ein Bild von ihrem verwandtschaftlichen Zusammenhange machen, während dagegen die künstlichen Systeme nur ein einziges oder einige wenige Merkmale der Formen herausnehmen und diese als Classifications-Basis benutzen. Dass diese letzteren keinen wissenschaftlichen Werth haben, und lediglich zum analytischen Bestimmen, zur speciellen Orientirung in dem Chaos der mannichfaltigen Gestalten dienen können, liegt auf der Hand und wird allgemein anerkannt. Ueber Werth und Bedeutung des sogenannten natürlichen Systems dagegen wurden früher und noch heutzutage die verschiedensten Ansichten laut. Nach der Ansicht der Einen giebt es ein natürliches System, nach der Ansicht Anderer mehrere; noch Andere aber leugnen seine reale Existenz völlig. Ohne auf diese sehr verschiedenen Ansichten und auf die sehr weitläufigen und oft höchst seltsamen Streitigkeiten, welche über diese Frage geführt worden sind, hier einzugehen, wollen wir nur ganz kurz unsere eigene Ansicht von der Bedeutung des natürlichen Systems darlegen, welche unten im sechsten Buche noch näher begründet werden soll.

Nach unserer Ansicht giebt es ein natürliches System der Organismen, und dies System ist der natürliche Stammbaum der Organismen, welcher uns den realen verwandtschaftlichen Zusammenhang, die Blutsverwandtschaft zwischen allen Organismen enthüllt, die ursprünglich von einer und derselben Stammform abstammen. Indem nun das natürliche System zahlreiche engere und weitere über und neben einander geordnete Gruppen bildet, indem es die zahlreichen verwandten Formen classificirt, drückt es durch die Einreihung der einzelnen verwandten Formen in diese Gruppen den verschiedenen

Grad der Verwandtschaft in der kürzesten und übersichtlichsten Form aus und gewährt uns auf dem engsten Raume den klarsten Einblick in die verwickelten Beziehungen jenes Stammbaumes. Dasselbe also, was die Morphologie in allen Einzelnheiten ausführlich begründet, was sie als „vergleichende Anatomie" durch ausgedehnte synthetische Untersuchungsreihen nachweist, was sie als comparative „Embryologie" durch die Uebereinstimmung der individuellen Entwickelungsgeschichten, als Palaeontologie durch die parallelen Entwickelungsreihen der Stämme nachweist, dasselbe soll uns das wahre natürliche System auf dem engsten Raume in der kürzesten, übersichtlichsten und klarsten Form auf einen Blick enthüllen. Das natürliche System der Organismen verhält sich demgemäss nach unserer Anschauung zur gesammten Morphologie, wie der Stammbaum einer alten preussischen Adels-Familie oder einer arabischen Pferde-Familie, der in Form einer einzigen übersichtlichen Stammtafel das gesammte historische Verwandtschafts-Verhältniss derselben enthüllt, sich zu ihrer ausführlichen Familien-Chronik sammt speciellen Biographieen aller einzelnen Individuen verhält.

Freilich sind dann von unserem Standpunkte aus ganz andere Anforderungen an das natürliche System zu machen, als die meisten derartigen Systeme bisher erfüllt haben. Wir verlangen als Grundlage jedes wirklich natürlichen Systems die ausgedehnteste Berücksichtigung sämmtlicher morphologischer Verhältnisse der betreffenden Organismengruppe. Wir verlangen gleichmässig eingehende und sorgfältige Berücksichtigung aller inneren und äusseren Formverhältnisse, der gröberen und feineren Structur, gleichmässig vollständiges und übersichtliches Eingehen auf alle embryologischen und palaeontologischen Verhältnisse der betreffenden Gruppe, auf alle Entwickelungsreihen der physiologischen und der genealogischen Individuen. Während nun so das natürliche System alle verschiedenen morphologischen Verhältnisse der Organismen in der kürzesten, klarsten und übersichtlichsten Weise auf dem engsten Raum darstellen soll, wird doch durch diese übersichtliche Darstellung selbst ein Verhältniss vor allen bedeutend in den Vordergrund treten, welches gewissermaassen der concentrirte Extract aller vergleichenden Morphologie ist: das verschiedene Verwandtschafts-Verhältniss aller Formen, die von einer und derselben Stammform abstammen. Wenn das natürliche System die von uns gestellten Anforderungen erfüllt, so wird es dann von selbst zur natürlichen „Verwandtschaftslehre" oder Genealogie der Organismen. Wir werden aber desshalb keineswegs genöthigt sein, einen besonderen Wissenschaftszweig für diese Disciplin zu begründen. Vielmehr ist diese genealogische Systematik dann der wesentlichste Kern der gesammten Morphologie der Organismen selbst.

Wenn diese unsere Auffassung richtig ist — und wir können nicht daran zweifeln — so können wir nicht länger die Systematik als eine besondere Wissenschaft neben der Morphologie fortführen, oder sie als einen besonderen Zweig derselben betrachten. Es ist dann vielmehr die Systematik der concentrirte Extract aller Resultate der gesammten Morphologie selbst; es ist lediglich die übersichtliche und compacte Darstellungsform, welche die Systematik auszeichnet, während der Morphologie die Aufsuchung und Begründung, die Erklärung und specielle Betrachtung aller der einzelnen morphologischen Verhältnisse anheimfällt, über welche uns das System gewissermassen ein übersichtlich nach der Blutsverwandtschhft geordnetes Sach- und Namen-Register liefert.

Die Kluft, welche diese unsere Auffassnng des Verhältnisses der Systematik zur Morphologie von den gewöhnlichen Ansichten der Systematiker trennt, ist freilich gross. Wir können aber in der Systematik, soll sie überhaupt eine wissenschaftliche Aufgabe verfolgen, und nicht blosse Spielerei zur Gemüths- und Augen-Ergötzung sein, nichts Anderes — und, sagen wir, nichts Geringeres — finden, als die systematische Darstellungsform der gesammten Morphologie selbst. Die sogenannte Systematik der Thiere und Pflanzen ist die concentrirte Morphologie der Organismen im knappen systematischen Gewande.

Freilich sind die allermeisten Systeme unserer Zeit noch sehr weit entfernt davon, dieser Anforderung sich auch nur zu nähern. Da finden wir Hunderte und Tausende von einzelnen Formen beschrieben, die man ganz willkührlich als „Species" bezeichnet. Diese werden kurz mit ihren unterscheidenden Characteren aufgeführt, und dann die nächstverwandten Arten in eine Gattung, die verwandten Gattungen in eine Familie zusammengestellt u. s. w. Je höher wir in den Kategorieen des Systems hinaufsteigen, desto kürzer und unvollkommener wird meist ihre Charakteristik, während diese gerade bei den höheren und umfassenderen Kategorieen (Klasse, Ordnung etc.) am ausführlichsten und vollständigsten alle wesentlichen Charactere kurz hervorheben sollte. Gewöhnlich wird aber diese Hauptaufgabe der Systematik, namentlich die Begründung der Blutsverwandtschafts-Verhältnisse, vollkommen über der ganz untergeordneten Aufgabe der Species-Unterscheidung übersehen.[1])

[1]) Die noch fast uberall verbreitete Verkennung dieser eigentlichen hohen Aufgabe des Systems lässt sich nur durch die mangelhafte allgemein-morphologische Bildung und durch den gänzlichen Mangel an Uebersicht der Morphologie erklären, der die meisten Systematiker auszeichnet. In der That sieht die grosse Mehrzahl, wie das Sprichwort sagt, „den Wald vor lauter Bäumen nicht." Wie Schnecken oder flügellose Insecten-Larven kriechen sie unter der Rinde und auf den einzelnen Blattern der Bäume umher, aus deren Verwandtschafts-Beziehungen sie die

Die gegenwärtig leider noch fast allgemein herrschende systematische Kleinigkeitskrämerei und Speciesfabrication verhält sich zur Systematik der Zukunft, deren Aufgabe wir hier formuliren, ungefähr so, wie etwa die Statistik einzelner Staaten, die Chronikschreiberei einzelner Städte und die Biographie einzelner Menschen zu der Völkergeschichte (oder sogenannten Weltgeschichte), welche die Aufgabe des Historikers ist. Wie der Historiker den gesetzmässigen Zusammenhang in der Masse der einzelnen Erscheinungen erfassen und aus den Biographieen der einzelnen hervorragenden Individuen, den Chroniken der Städte und den Statistiken der Staaten sich das Bild der Völker und die Entwickelungsgeschichte der Nationen construiren soll, so soll der Systematiker als wirklicher vergleichender Morphologe aus der Kenntniss der Species sich das Bild der Klasse, und aus der Entwickelungsgeschichte der Arten diejenige der Stämme construiren. Die Geschichtstabellen des Historikers sollen dasselbe für die Völkergeschichte, wie das morphologische System für die Geschichte der Organismen leisten.

Die Anatomie haben wir bereits oben als die Lehre von der vollendeten Form der Organismen definirt und sie als solche der coordinirten Morphogenie oder Entwickelungsgeschichte entgegengesetzt, welche die Lehre von der werdenden Form der Organismen ist. Wenn man die Entwickelungs-Geschichte, wie es streng genommen bei vollkommener Erkenntniss ihrer Gesetze der Fall sein müsste, von der Morphologie trennen und als dynamische Disciplin zur Physiologie hinüberstellen wollte, so würde die Anatomie (im weitesten Sinne) als alleiniger Inhalt der Morphologie übrig bleiben und würden mithin diese beiden Begriffe zusammenfallen.

Welches Verhältniss die Anatomie im Ganzen zur Systematik hat, der man sie so häufig als eine besondere coordinirte Disciplin gegenüberstellt, wird aus dem Vorhergehenden klar geworden sein. Es ist hier nur nochmals ausdrücklich zu wiederholen, dass die Anatomie die gesammte vollendete Form des Organismus (d. h. äussere Gestalt und innere Structur-Verhältnisse) zu betrachten hat, und dass es auf einer vollkommen schiefen Auffassung beruht, wenn man, wie es

---

Kategorieen ihres Systems bilden sollten. Wie viele Morphologen (sowohl Anatomen als Systematiker) giebt es nicht, die ihre Lebtage nicht von einem solchen Blatte heruntergekommen, die niemals unter der Baumrinde hervorgekrochen sind, und die dennoch in dem Wahne arbeiten, eine vollkommene Uebersicht des ganzen Baumes nicht nur, sondern des ganzen Waldes zu haben! Diese Uebersicht kann nur das vollendete Insect sich erwerben, welches den flügellosen Larvenzustand überwunden, die Puppenhülle abgestreift und sich mittelst seiner Flügel über den engen Bezirk der Einzelbetrachtung erhoben hat, auf welche es im flügellosen Zustande allein beschränkt war.

sehr häufig geschieht, der Anatomie bloss die Untersuchung des inneren Organismus, der Systematik dagegen die Darstellung der äusseren Form desselben zuweisen will. Aeussere Gestalt und innere Structur und Zusammensetzung sind so unzertrennlich verbunden, dass jede gesonderte Betrachtung des Einen und des Anderen nur zu einer unvollständigen und daher fehlerhaften Erkenntniss des Organismus führen kann. Beide fallen gleichmässig der Anatomie und der Systematik anheim, und die letztere soll nur das Wichtigste desjenigen in kürzester übersichtlicher Form darstellen, was die erstere auf ihrem langen mühsamen Wege im Einzelnen alles gewonnen und ausführlich bewiesen hat.

Wollen wir den üblichen Unterschied von Anatomen und Systematikern, der in der zoologischen und botanischen Praxis so vielfach gebraucht wird, festhalten, so können wir nur sagen: der „reine Systematiker" begnügt sich mit der oberflächlichsten Erkenntniss der Organismen und legt allen Werth auf möglichst extensive (und möglichst wenig intensive!) Kenntniss zahlreicher verschiedener Formen und ihrer äusserlich unterscheidenden Charaktere. Er versteht wenig oder nichts von den wesentlichsten und den für die Erkenntniss der Verwandtschaft wichtigsten (inneren) Form-Verhältnissen. Der „reine Anatom" dagegen legt auf letztere mit Recht den Hauptwerth, kommt dadurch der Erkenntniss der wahren Blutsverwandtschaft der Organismen viel näher und nähert sich beim Aufbau eines Systems viel mehr dem natürlichen Systeme, als es der eigentliche Systematiker thut, der nur die äusseren, viel minder wichtigen Charactere benutzt. Die letzteren sind viel unzuverlässiger, weil sie grossentheils nur durch Anpassung erworben sind, während die inneren oder anatomischen Charactere weniger durch Anpassung verändert sind, und daher den erblichen Character des gemeinsamen Stammes in weit höherem Grade, als die äusseren Körperformen beibehalten haben. Dagegen verliert der exclusive reine Anatom, welcher die Systematik vernachlässigt, dadurch den Ueberblick der unendlichen Formen-Mannichfaltigkeit, welche durch das innere Band der Verwandtschaft zu einem harmonischen Ganzen geordnet wird, und die Genealogie der Organismen, die Phylogenie oder Entwickelungsgeschichte der Stämme (Phyla) bleibt ihm verschlossen.

Wenn bei den höheren Thieren, insbesondere bei den Wirbel-, Glieder- und Weichthieren der übliche Sprachgebrauch noch einigermaassen im Stande ist, die Systematik als „Betrachtung der äusseren Körperform" von der Anatomie als „Betrachtung des inneren Körperbaues" zu unterscheiden, so ist dagegen diese Unterscheidung bei den meisten niederen Thieren, ebenso wie bei den meisten Pflanzen, ganz unmöglich. Bei allen rein mikroskopischen Organismen, sowie bei allen vollkommen durchsichtigen Thieren fällt von selbst die Betrachtung des inneren und äusseren Organismus zusammen. Hier ist eine Anatomie im eigentlichen Sinne des Worts, eine Zergliederungskunde, in den meisten Fällen weder nöthig, noch überhaupt nur möglich. Wo, wie bei den meisten Coelenteraten und den meisten Phanerogamen, die Organentwickelung vorwiegend äusserlich ist und an der Oberfläche des Körpers stattfindet, da ist eine Untersuchung des inneren feinen Baues für die organologische (nicht histologische) Erkenntniss durchaus überflüssig. Aus diesem Grunde hat denn auch bei den Botanikern der Begriff der „Anatomie" die Bedeutung der „Histologie" gewonnen, während sie die „eigentliche Morphologie," d. h. die auf die äussere Form beschränkt bleibende Organologie jener inneren „Anatomie" (die sich aber bloss mit den Geweben, nicht mit den Organen beschäftigt) gegenüberstellen. So gelangt z. B. Schleiden zu dem Ausspruche, dass, wenn man das Wort Anatomie in seiner eigentlichen, ursprünglichen Bedeutung nimmt, es gar keine Pflanzenanatomie giebt, oder doch nur höchstens bei den Fortpflanzungsorganen einiger weniger Pflanzen. „Wenn wir aber Anatomie als die Lehre von den Organen ansehen, so wird dieselbe Wissenschaft bei den Thieren vorzugsweise eine Untersuchung des Inneren (Anatomie), bei den Pflanzen eine Betrachtung des Aeusseren (Morphologie)." Indess lässt sich diese Unterscheidung durchaus nicht streng durchführen. Wir dürften sonst auch bei den meisten Coelenteraten und insbesondere bei den Anthozoen und Hydroidpolypen nicht von Anatomie reden, ebenso nicht bei den meisten Protisten etc. Es ist allerdings richtig, dass, wenn wir unter Anatomie nicht bloss die durch Zergliederung, mit Messer und Pincette erworbenen Kenntnisse, sondern die Gesammtwissenschaft von der vollendeten Form (äusseren Gestalt und innerem Bau) des Organismus verstehen, die ursprüngliche Bedeutung des Worts als „Zergliederungskunde" verloren geht. Allein mit wie unendlich vielen anderen Begriffen ist es ganz derselbe Fall! Brauchen wir ja doch die allermeisten wissenschaftlichen Begriffe nicht in ihrer ursprünglichen und eigentlichen, sondern in einer abgeleiteten und metaphorischen Bedeutung! So hat sich z. B. der Begriff der Physiologie, der ursprünglich mit Biologie identisch war, gegenwärtig bedeutend durch die fortschreitende Arbeitstheilung in der wissenschaftlichen Praxis verengt. Umgekehrt hat sich in der letzteren thatsächlich der Begriff der Anatomie immer mehr erweitert, und wir dürfen, wenn wir den Begriff bestimmt umschreiben und uns dabei an die gegebenen Verhältnisse möglichst anlehnen wollen, unter Anatomie nichts Anderes verstehen, als die gesammte Wissenschaft von der vollendeten (inneren und äusseren) Form der Organismen. Dabei ist es vollkommen gleichgültig, ob wir dabei zergliedernd, oder lediglich beobachtend in das Geheimniss des inneren Baues eindringen, ob wir dabei Messer und Pincette, oder bloss Auge und Mikroskop verwenden.

IV. Organologie und Histologie.

Um unsere Eintheilung der Anatomie in Tectologie und Promorphologie zu rechtfertigen, ist es nöthig, die Unbrauchbarkeit und Unvollständigkeit der bisher üblichen Eintheilung der Anatomie nachzuweisen. Wir können daher hier eine kurze Erörterung der letzteren nicht umgehen.

Wie schon bemerkt, ist die Eintheilung der Anatomie in untergeordnete Disciplinen, ebenso wie ihr Begriff selbst, auf den verschiedenartigen Gebieten der Biologie und von den verschiedenen Autoren in sehr abweichender und mannichfaltiger Weise aufgefasst worden. Als die wichtigsten und allgemein gültigsten Ansichten dieser Verhältnisse dürfen wohl in erster Linie Anspruch auf Beachtung die anatomischen Behandlungsweisen desjenigeu Organismus machen, der am genauesten von allen untersucht und der am längsten Gegenstand anatomischer Forschungen gewesen ist, die Anatomie des Menschen selbst.

Die Anatomie des Menschen, welche in der That nach dem gewöhnlichen Sprachgebrauch vollkommen dem Begriffe der Anatomie entspricht, wie wir ihn als „die gesammte Formenlehre des vollendeten Organismus“ hingestellt haben, wird von den verschiedenen Anthropotomen selbst wieder in sehr abweichender Weise in untergeordnete Disciplinen eingetheilt. Viele von diesen Disciplinen sind gar keine Wissenschaften, sondern Künste, so z. B. die sogenannte praktische Anatomie, die topographische Anatomie, die chirurgische Anatomie, die plastische Anatomie. Andere von diesen Disciplinen behandeln die Lehre von den Formen des Organismus, wie sie sich unter bestimmten Bedingungen modificirt haben, so z. B. die pathologische Anatomie. Alle diese Zweige der menschlichen Anatomie kommen natürlich hier nicht in Betracht; ebenso sehen wir von den seltsamen Eintheilungen älterer Anatomen ab.

Die wissenschaftliche Anatomie des Menschen, die sogenannte „normale Anatomie,“ wird von den meisten Anthropotomen in zwei Hauptzweige eingetheilt, die Anatomie der Organe und die Anatomie der Elementartheile. Letztere wird gewöhnlich als Histologie, erstere oft als Organologie bezeichnet. Beide Wissenschaften untersuchen die gesammten Formqualitäten von bestimmten Formbestandtheilen des Körpers, also ihre äussere Gestalt und inneren Bau, ihre gegenseitige Lagerung und Verbindungsweise, ihre Grösse und Farbe, ihre Zusammensetzung aus untergeordneten Formbestandtheilen u. s. w. Die Histologie untersucht in allen diesen Beziehungen die feineren und kleineren, dem blossen Auge meist nicht wahrnehmbaren Formbestandtheile oder die sogenannten Elementartheile (Zellen und Zellenderivate) und die aus ihnen zunächst zusammengesetzten „Gewebe;“ die Organologie dagegen beschäftigt sich in allen genannten Beziehungen mit den sogenannten „gröberen“ und grösseren Formbestandtheilen, welche aus jenen zusammengesetzt sind und welche man allgemein als „Organe, Organ-Systeme, Organ-Apparate“ u. s. w. zusammenfasst. Die Histologie oder Gewebelehre wird auch häufig sehr unpassend mit dem Namen der „allgemeinen Anatomie“ oder der

„mikroskopischen Anatomie“ bezeichnet. Die Organologie oder Organlehre wird ihr unter dem ebenso unpassenden Namen der „besonderen oder speciellen,“ der beschreibenden oder descriptiven, oder der systematischen Anatomie (letzteres im Gegensatz zur „topographischen“ Anatomie) entgegengesezt.

Der Unterschied, worauf man diese fast allgemein übliche Eintheilung der Anatomie in die Organologie und Histologie gründet, liegt also weder in der verschiedenen Behandlungsmethode des Anatomen, noch in den verschiedenen Qualitäten oder Beziehungen des einzelnen an sich betrachteten Formbestandtheiles des Körpers, sondern in dem differenten Verhalten der verschiedenen Formbestandtheile zu einander und zum ganzen Körper. Es ist der qualitative Unterschied der „Gewebe“ und „Elementartheile“ von den „Organen,“ worauf jene Unterscheidung basirt, und nicht etwa der Unterschied der verschiedenen Beziehungen und Eigenschaften, welche das einzelne Organ oder der einzelne Elementartheil oder das einzelne Gewebe an sich zeigt.

Beiderlei Formbestandtheile des Organismus, die gröberen und zusammengesetzteren oder Organe, und die feineren und einfacheren oder Elementartheile und Gewebe, gehören zu denjenigen räumlich abgeschlossenen Formeinheiten, welche wir oben als „Individuen verschiedener Ordnung“ bezeichnet haben. Die übliche Eintheilung der Anatomie in die Organologie und Histologie würde nun haltbar und logisch richtig sein, wenn die Organe und die Elementartheile die einzigen derartigen Individuen verschiedener Ordnung wären, welche den Organismus zusammensetzen. Nun haben wir aber, wie im dritten Buche gezeigt werden wird, nicht diese z w e i, sondern s e c h s verschiedene Ordnungen von Individuen zu unterscheiden, welche das complicirte Gebäude des Organismus zusammensetzen. Diese sechs Ordnungen von subordinirten Individuen sind: 1. die P l a s t i d e n (Cytoden und Zellen) oder die sogenannten „Elementartheile;“ 2. die O r g a n e (selbst wieder verschiedener Ordnung: Zellenstöcke, einfache und zusammengesetzte Organe, Organ-Systeme, Organ-Apparate); 3. die A n t i m e r e n oder Gegenstücke, oder homotypischen Theile; 4. die M e t a m e r e n oder Folgestücke, oder homodynamen Theile; 5. die P e r s o n e n oder Prosopen, oder Individuen im engeren Sinne; 6. die S t ö c k e oder Cormen, Colonieen etc.

Will man nun die qualitativen Unterschiede, welche zwischen diesen Individuen verschiedener Ordnung herrschen, zur Eintheilungsbasis der Anatomie machen, so wird man nicht nur die üblichen zwei Disciplinen der Histologie und Organologie, sondern man wird deren sechs verschiedene unterscheiden müssen. Jede dieser Wissenschaften wird zur Aufgabe die gesammte Formenlehre der Individuen einer und derselben Ordnung haben. Die Aufgaben der sechs Disciplinen würden in folgender Weise zu bestimmen sein:

1. Histologie oder Plastidologie, die Anatomie der Plastiden (Cytoden und Zellen) oder der „Elementartheile" (die Formenlehre der „Zelle" etc.). Diese Wissenschaft würde im Ganzen der gegenwärtig geltenden „Gewebelehre" entsprechen, nur dass wir die Behandlung der sogenannten „höheren Elementartheile" und der sogenannten „zusammengesetzten Gewebe" ausschliessen würden, da diese complexen Formelemente bereits zu den Organen gehören.

2. Organologie oder Organlehre, die Anatomie der Organe. Da die Organe selbst wiederum sich nach den niederen und höheren Graden ihrer Zusammensetzung als Organe von fünf verschiedenen Ordnungen unterscheiden lassen, so würde sich die Organologie weiter gliedern in 1) die Anatomie der Zellenstöcke oder Cytocormen; 2) die Anatomie der einfachen oder homoplastischen Organe; 3) die Anatomie der zusammengesetzten oder heteroplastischen Organe; 4) die Anatomie der Organ-Systeme; 5) die Anatomie der Organ-Apparate.

3. Antimerologie oder Homotypenlehre, die Anatomie der Antimeren (Gegenstücke) oder homotypischen Theile. Dieser wichtige und selbstständige Zweig der Anatomie ist bis jetzt so gut wie gar nicht cultivirt und doch ist er für das tiefere Verständniss der Gesammtform des Organismus von der grössten Bedeutung. Ist es doch lediglich das verschiedenartige Verhältniss der Antimeren zu einander und zum Ganzen, welches die allgemeine Grundform, den „strahligen" oder „regulären" und „bilateralen" oder „symmetrischen" Bau etc. bedingt.

4. Metamerologie oder Homodynamenlehre, die Anatomie der Metameren (Folgestücke) oder homodynamen Theile. Auch dieser wichtige und selbstständige Zweig der Anatomie ist bis jetzt im höchsten Grade vernachlässigt, und doch ist auch die Bildung der Metameren für die charakteristischen Gesammtformen der Organismen von der allergrössten Bedeutung. Da die Metamerenbildung allein es ist, welche die äussere Gliederung der Articulaten und die innere Gliederung der Vertebraten bestimmt, da auf ihr allein die Bildung der Stengelglieder bei den Phanerogamen beruht, so bedarf es für die grosse Zukunft, welche auch dieser Zweig der Anatomie haben wird, keines Beweises.

5. Prosopologie oder Personenlehre, die Anatomie der Personen oder Prosopen, welche man bei den höheren Thieren gewöhnlich schlechtweg als Individuen bezeichnet. Da bei den letzteren, insbesondere bei den Wirbel- und Glieder-Thieren, sowie bei den Echinodermen, das physiologische Individuum stets in der Form des morphologischen Individuums fünfter Ordnung oder der Person erscheint,

so würde dieser Zweig der Anatomie hier Alles zu behandeln haben, was sich auf die Form des Organismus als Person bezieht, also die gesammte äussere Form des Ganzen, seine Zusammensetzung aus den untergeordneten Individuen niederer Ordnung, und insbesondere die Gesetze, nach denen die Metameren und Antimeren zur Bildung des Ganzen zusammentreten. Da dieser Zweig der Anatomie bei denjenigen Organismen, bei denen das physiologische Individuum als Person (nicht als Metamer etc.) auftritt, ganz vorzugsweise die äussere Gestalt, und die äussere Topographie des Organismus zu berücksichtigen hätte, so würde hierher namentlich ein grosser Theil sogenannter Systematik zu ziehen sein.

6. Cormologie oder Stocklehre, die Anatomie der Stöcke (Cormen) oder Colonieen. Auch dieser ebenso wichtige als interessante Zweig der Anatomie ist gleich der Antimerenlehre und der Metamerenlehre noch in hohem Grade vernachlässigt, wie sich dies schon daraus ergiebt, dass nicht einmal irgend eine technische Bezeichnung für diese drei wichtigen Disciplinen existirt, und dass wir gezwungen gewesen sind, einen neuen Namen dafür zu bilden. Die Cormologie ist natürlich nur bei denjenigen Organismen möglich, welche wirklich morphologische Individuen sechsten Grades oder Stöcke (Colonieen) bilden, also im Thierreiche nur bei den niederen Thieren, insbesondere bei den Coelenteraten; im Pflanzenreiche dagegen, wo die Stockbildung so allgemein herrschend ist, bei der grossen Mehrzahl aller Pflanzen. Die Aufgabe der Cormologie würde in der gesammten Anatomie der Stöcke bestehen, also in der Untersuchung ihrer äusseren Gesammtform, und in der Erforschung der Gesetze, nach denen die Personen zur Bildung der Stöcke zusammentreten. Aus dem botanischen Gebiete würde die Lehre von der Sprossfolge hierher gehören.

V. Tectologie und Promorphologie.

Wenn wir so eben als Zweige der Anatomie sechs verschiedene Disciplinen unterschieden haben, welche die gesammte Anatomie der Individuen von sechs verschiedenen Ordnungen behandeln, so legten wir dabei als Eintheilungsprincip die Unterschiede zu Grunde, welche sich zwischen diesen sechs Ordnungen von Individuen wirklich vorfinden. Diese Eintheilungsweise der Anatomie besteht insofern zum Theil thatsächlich, als zwei der so entstehenden Disciplinen, die Organologie und die Histologie, wirklich von den meisten Anatomen als die beiden Hauptzweige der Anatomie angesehen werden. Dagegen bestehen die vier anderen, ihnen coordinirten Disciplinen zwar zum Theil, unter einem selbstständigen Namen aber noch gar nicht; und der Gegenstand, den sie behandeln, wird entweder ganz vernachlässigt (wie die Antimerologie) oder er wird unmerklich in die Organologie verflochten (wie die Prosopologie). Will man jenes Eintheilungsprincip beibehalten und consequent sein, so muss man alle sechs Wissenschaften als coordinirte Hauptzweige der Anatomie betrachten.

Will man diese sechs anatomischen Disciplinen dann weiter eintheilen, so würde jede derselben in zwei Wissenschaftszweige zerfallen, einen tectologischen und einen promorphologischen. Ersterer würde die Zusammensetzungsart, letzterer die äussere Gestalt und die Grundform, welche jedem Individuum einer bestimmten Ordnung zum Grunde liegt, zu behandeln haben. Nehmen wir z. B. die Organologie, so würde der tectologische Theil derselben die Art und Weise zu beschreiben und die Gesetze zu erläutern haben, nach denen das zusammengesetzte Organ aus den einfacheren, und diese aus den Plastiden zusammengesetzt sind. Der promorphologische Theil der Organologie würde hieraus die äussere Gestalt des betreffenden Organs erklären und die geometrische Grundform desselben aufzusuchen haben. Oder nehmen wir, um ein concretes Beispiel zu wählen, die Prosopologie eines sogenannten bilateral-symmetrischen Seeigels, z. B. eines *Spatangus* oder *Clypeaster*, so würde der tectologische Theil derselben die Zusammensetzung des gesammten Körpers aus den fünf verschiedenen Antimeren und den zahlreichen Metameren zu beschreiben und zu erklären haben, wogegen der promorphologische Theil die hieraus resultirende äussere Form zu beschreiben und die stereometrische Grundform zu erklären hätte, die der letzteren zu Grunde liegt. Oder um ein concretes Beispiel aus dem Pflanzenreich hinzuzufügen, so würde die Cormologie eines Baumes in einen tectologischen Theil zerfallen, der die Zusammensetzung desselben aus seinen zahlreichen Sprossen darzulegen und auf Gesetze zurückzuführen hätte; und in einen promorphologischen Theil, welcher die hieraus hervorgehende Gesammtform zu untersuchen und auf eine geometrische Grundform zu reduciren hätte.

Wir selbst haben es oben (p. 30) vorgezogen, den Unterschied zwischen der Zusammensetzungsweise des Organismus aus verschiedenen Theilen (Ordnungen von Individuen) und der daraus resultirenden Form (nebst der ihr zu Grunde liegenden geometrischen Grundform) als oberstes Eintheilungs-Princip an die Spitze der gesammten Anatomie zu stellen, und erst in zweiter Linie die Unterschiede zwischen den Individuen verschiedener Ordnung selbst näher in Betracht zu ziehen. Es scheint uns diese Methode desshalb passender, weil dadurch die einheitliche Betrachtung des vorliegenden Objectes besser gewahrt bleibt, und weil es ausserdem nur mittelst dieser Methode möglich ist, die Anatomie aller Organismen gleichmässig zu behandeln und einzutheilen. Letzteres ist nicht möglich, wenn man die Anatomie von vorn herein in die sechs soeben besprochenen coordinirten Zweige spaltet; denn es giebt zahlreiche Organismen, welche als physiologische Individuen bloss den morphologischen Werth eines Organs oder eines Metamers erhalten, und welche sich niemals zum Range einer Person oder eines Stockes erheben.

Aus diesen Gründen und aus anderen, die sich aus den Betrachtungen des dritten und vierten Buches von selbst ergeben werden, benutzen wir also den wichtigen Unterschied zwischen der Zusammensetzungsweise oder Tectonik (Structur) und der hieraus resultirenden (inneren und äusseren) Form des Organismus, welcher sich an eine geometrische Grundform (Promorphe) anlehnt, als das erste und oberste Eintheilungsprincip der Anatomie und unterscheiden demnach, wie bereits oben (p. 29) begründet, bei der Anatomie eines jeden Organismus als die beiden Hauptzweige die Tectologie oder Structurlehre und die Promorphologie oder Grundformenlehre. Die Tectologie untersucht gewissermaassen die innere Form des ganzen Organismus, d. h. die Gesetze, nach denen der ganze Organismus aus allen Formbestandtheilen (oder Individuen verschiedener Ordnung) zusammengesetzt ist. Die Promorphologie beschreibt und erklärt die äussere Form des ganzen Organismus und aller seiner einzelnen Formbestandtheile (oder Individuen verschiedener Ordnung) an sich, und sucht diese Formen auf geometrische Grundformen zurückzuführen. [1])

Wollen wir diese beiden Hauptzweige der Anatomie dann noch weiter in untergeordnete Disciplinen zerlegen, so würde dies auf Grund der qualitativen Unterschiede der Individuen verschiedener Ordnung geschehen können, und wir würden demnach sowohl in der Tectologie als in der Promorphologie sechs untergeordnete Wissenschaften zu unterscheiden haben, welche den sechs verschiedenen Ordnungen von Individuen entsprechen. Welche Aufgabe diesen einzelnen Disciplinen speciell zufällt, wird sich aus dem dritten und vierten Buche des vorliegenden Werkes ergeben, welche die Aufgabe und Bedeutung der Tectologie und der Promorphologie wissenschaftlich zu begründen suchen. Eine Uebersicht des gegenseitigen Verhältnisses der so entstehenden zwölf anatomischen Disciplinen giebt das nachstehende Schema:

---

[1]) Diese gesonderte Behandlung der Tectologie und Promorphologie wird sich namentlich für die generelle und synthetische Anatomie der gesammten Organismen oder einer einzelnen Gruppe empfehlen, wogegen es in der speciellen und analytischen Anatomie einer einzelnen Gruppe oder eines einzelnen Organismus oft passender sein wird, Tectologie und Promorphologie vereinigt in den p. 45 aufgeführten sechs Disciplinen abzuhandeln.

Anatomie.

Gesammtwissenschaft von der vollendeten Form der Organismen.

I. Tectologie oder Baulehre. Structurlehre.

II. Promorphologie oder Grundformenlehre.

1) Histologie oder Plastidenlehre.

Formenlehre der Plastiden (Cytoden und Zellen) oder Anatomie der Form-Individuen erster Ordnung.

I. 1) Tectologie der Plastiden. Lehre von der formellen inneren Zusammensetzung der Plastiden, von den Formbestandtheilen, welche im Inneren der Cytoden und Zellen vorkommen.

II. 1) Promorphologie der Plastiden. Lehre von der äusseren Form der Plastiden und der ihr zu Grunde liegenden stereometrischen Grundform.

2) Organologie oder Organlehre.

Formenlehre der Organe, (Zellenstöcke, einfache Organe, zusammengesetzte Organe, Organ-Systeme, Organ-Apparate) oder Anatomie der Form-Individuen zweiter Ordnung.

I. 2) Tectologie der Organe. Lehre von der formellen inneren Zusammensetzung der Organe aus Plastiden (Cytoden und Zellen) oder Form-Individuen erster Ordnung.

II. 2) Promorphologie der Organe. Lehre von der äusseren Form der Organe und der ihr zu Grunde liegenden stereometrischen Grundform.

3) Antimerologie oder Homotypenlehre.

Formenlehre der Antimeren (Gegenstücke oder homotypischen Theile) oder Anatomie der Form-Individuen dritter Ordnung.

I. 3) Tectologie der Antimeren. Lehre von der formellen inneren Zusammensetzung der Antimeren aus Organen (Organen verschiedener Ordnung) oder Form-Individuen zweiter Ordnung.

II. 3) Promorphologie der Antimeren. Lehre von der äusseren Form der Antimeren und der ihr zu Grunde liegenden stereometrischen Grundform.

4) Metamerologie oder Homodynamenlehre.

Formenlehre der Metameren (Folgestücke oder homodynamen Theile) oder Anatomie der Form-Individuen vierter Ordnung.

I. 4) Tectologie der Metameren. Lehre von der formellen inneren Zusammensetzung der Metameren aus Antimeren (Gegenstücken) oder Form-Individuen dritter Ordnung.

II. 4) Promorphologie der Metameren. Lehre von der äusseren Form der Metameren und der ihr zu Grunde liegenden stereometrischen Grundform.

5) Prosopologie oder Personenlehre.

Formenlehre der Personen oder Prosopen (Individuen im gewöhnlichen Sinne) oder Anatomie der Form-Individuen fünfter Ordnung.

I. 5) Tectologie der Personen. Lehre von der formellen inneren Zusammensetzung der Personen aus Metameren (Folgestücken) oder Form-Individuen vierter Ordnung.

II. 5) Promorphologie der Personen. Lehre von der äusseren Form der Personen und der ihr zu Grunde liegenden stereometrischen Grundform.

6) Cormologie oder Stocklehre.

Formenlehre der Stöcke oder Cormen (Colonieen) oder Anatomie der Form-Individuen sechster Ordnung.

I. 6) Tectologie der Stöcke. Lehre von der formellen inneren Zusammensetzung der Stöcke aus Personen (Prosopen) oder Form-Individuen fünfter Ordnung.

II. 6) Promorphologie der Stöcke. Lehre von der äusseren Form der Stöcke und der ihr zu Grunde liegenden stereometrischen Grundform.

VI. Morphogenie oder Entwickelungsgeschichte.

Unter den vielen Schwierigkeiten, welche die vielfach sehr verwickelten Beziehungen der einzelnen biologischen Disciplinen, ihre mannichfach gekreuzten und unter einander zusammenhängenden Verkettungen, einer Einreihung in das oben aufgestellte Schema ihrer Specification entgegensetzen, ist eine für uns von besonderer Bedeutung. Es ist dies das Verhältniss der Entwickelungsgeschichte der Organismen oder der Morphogenie einerseits zur statischen, andererseits zur dynamischen Biologie. Während nämlich auf der einen Seite die Morphogenesis oder Morphogenie als ein Theil der Morphologie angesehen wird, nehmen sie Andere als eine Disciplin der Physiologie in Anspruch. Beide entgegengesetzte Auffassungen lassen sich durch triftige Gründe rechtfertigen.

Vom Standpunkte der oben gegebenen Eintheilung der Biologie streng theoretisch betrachtet, könnte es keinem Zweifel zu unterliegen scheinen, dass die wissenschaftliche, d. h. nicht bloss beschreibende, sondern auch erklärende Entwickelungsgeschichte eine dynamische Disciplin, also ein Theil der Biodynamik oder Physiologie sei, indem sie die continuirliche Kette von Bewegungs-Erscheinungen untersucht und auf allgemeine Gesetze zurückzuführen strebt, als deren Endresultat die reife Form des Organismus erscheint. Dies gilt sowohl von der Entwickelungsgeschichte der individuellen Organismen oder der Embryologie, als von der Entwickelungsgeschichte der Organismen-Stämme oder Phylen (Typen), der Palaeontologie. Bei Beiden handelt es sich um die Erkenntniss der Reihe von Veränderungen, die der Organismus (im ersteren Falle das Individuum, im letzteren der Stamm oder Typus) während der Entwickelungsbewegungen durchmacht, und es könnte demnach als bewiesen erscheinen, dass die Biostatik, welche sich nur mit dem Organismus im Gleichgewichtszustand seiner bewegenden Kräfte zu beschäftigen hat, keinen Anspruch auf die Morphogenie erheben dürfe.

Ganz anders gestaltet sich dagegen die Stellung der Entwickelungs-Geschichte in der biologischen Praxis. Gewöhnlich wird sowohl in den Lehrvorträgen als in den Lehrbüchern über Physiologie die Morphogenie entweder gar nicht oder nur ganz beiläufig berücksichtigt; fast immer wird sie von den Physiologen den Morphologen überwiesen, die sich mit ebenso grossem Eifer der Entwickelungsgeschichte annehmen, als die ersteren sie vernachlässigen. Auch sind fast alle unsere Kenntnisse auf dem Gebiete der Biogenie ausschliesslich den Bemühungen der Morphologen zu verdanken, während die Physiologen fast Nichts dafür gethan haben.

Diese scheinbare Anomalie ist in sehr verschiedenen Umständen begründet, zunächst darin, dass die Kenntniss der Formentwickelung für das Verständniss der entwickelten Form unerlässlich ist, und dass nur die vollständige Erkenntniss der continuirlichen Bewegungen, als deren Endproduct die Form erscheint, die Bedeutung der letzteren richtig zu erfassen gestattet. Für die wissenschaftliche Morphologie ist also die Morphogenesis eine nothwendige Vorbedingung, eine wirkliche Lebensbedingung. Andererseits hat die Physiologie, wenigstens in dem heutigen Stadium ihrer Entwickelung, an der Morphogenie ein untergeordnetes Interesse. Von allen Bewegungs-Erscheinungen des Organismus sind ihr diejenigen, welche die Bildung der organisirten Form veranlassen, verhältnissmässig am Gleichgültigsten. Auf keinem Gebiete der Biologie ist der Zusammenhang von Stoff, Kraft und Form, die Abhängigkeit der Form von der Function des Stoffes so wenig ersichtlich und so ganz unbekannt, als auf dem der Morphogenie. Daher sind wir hier weiter als irgendwo von dem Ziele der Erklärung der Form-Veränderungen entfernt, und die gesammte Entwickelungsgeschichte erscheint daher noch heutzutage so weit von einer gesetzlichen Begründung entfernt, dass sie weit mehr eine descriptive als eine erklärende Disciplin ist. Schon aus diesem Grunde haben die Physiologen das Feld der Entwickelungsgeschichte fast ganz den Morphologen überlassen. Dazu kommt noch, dass die Methoden der Untersuchung auf dem Gebiete der Embryologie und Palaeontologie sehr verschieden von denjenigen sind, welche auf den übrigen Gebieten der Physiologie vorzugsweise angewendet werden, während die Morphologen mit diesen Methoden und mit dem ihnen zu unterwerfenden Materiale weit besser vertraut sind.

Aus diesen, durch die biologische Praxis gerechtfertigten Gründen wird im gegenwärtigen Stadium unserer wissenschaftlichen Entwickelung die Morphogenie eine viel nähere Beziehung zur Morphologie, für die sie ein Bedürfniss ist, als zur Physiologie, zu der sie eigentlich gehört, von der sie aber höchst stiefmütterlich behandelt wird, beibehalten. Und selbst wenn es künftighin der Physiologie gelingen sollte, die allgemeinen Gesetze der organischen Form-Entwickelung physiologisch zu erklären, d. h. die Erscheinungsreihen der Morphogenie auf chemisch-physikalische Gesetze zurückzuführen; so würde durch diesen grossen biologischen Fortschritt doch das innige Verhältniss der Entwickelungsgeschichte zur Anatomie und ihr Abhängigkeits-Verhältniss von der ihr übergeordneten Morphologie keineswegs gelockert werden. Vielmehr würde durch diese innigere Verkettung der Morphogenie und der Physiologie das jetzt sehr gelockerte Band zwischen der letzteren und der Anatomie wieder fester geschlungen werden, und eine einheitliche biologische Betrachtungsweise der Organismen wieder mehr in den Vordergrund treten.

Wenn die Morphogenie diesen höchsten Grad der Vollkommenheit erreicht haben wird (was vorläufig nicht entfernt zu hoffen ist), wenn es ihr gelungen sein wird, mit Hülfe der Physiologie die Entwickelungs-Vorgänge der Organismen — und zwar sowohl diejenigen der Individuen (Ontogenese) als diejenigen der Stämme (Phylogenese) — als die nothwendigen Folgen des Zusammenwirkens einer Reihe von physikalischen und chemischen Bedingungen nachzuweisen, so wird sich der Streit der Physiologie und der Morphologie, ob die Entwickelungsgeschichte zur einen oder zur anderen gehöre, einfach durch ein Beiden gerechtes Urtheil entscheiden lassen, welches die Morphogenie in zwei Hälften spaltet. Wir werden dann als zwei coordinirte Hauptzweige der Entwickelungsgeschichte eine dynamische oder physiologische und eine statische oder morphologische Entwickelungsgeschichte zu unterscheiden haben. Die morphologische oder statische Morphogenie, welche der Morphologie anheimfällt, wird dann fernerhin, wie bisher die gesammte Morphogenie, die Aufgabe verfolgen, die verschiedenen Formen, welche bei der Entwickelung des Organismus — und zwar sowohl des Individuums als des Stammes, — nach einander auftreten, einzeln aufzusuchen und anatomisch zu erklären, den Zusammenhang der zusammengehörigen Formen nachzuweisen und daraus die continuirlich-zusammenhängende Formenreihe herzustellen. Der physiologischen oder dynamischen Morphogenie dagegen, welche zur Physiologie zu rechnen sein würde, müsste die Aufgabe anheimfallen, die absolute Nothwendigkeit dieser Erscheinungsreihen nachzuweisen, ihre physikalisch-chemischen Ursachen aufzusuchen, und die Gesetze zu bestimmen, nach denen der Organismus — und zwar eben sowohl das Individuum als der Stamm — eine bestimmte Reihe verschiedener Formen durchlaufen muss.

Nun ist aber eine physiologische Entwickelungsgeschichte der Organismen in dem so eben geforderten Sinne gegenwärtig noch gänzlich unentwickelt. Ihre Aufgabe, wie wir sie hier formulirt haben, ist kaum genannt, geschweige denn ausgeführt, oder auch nur allgemein begonnen. Kein Zweig der gesammten Biologie ist in dieser Beziehung noch so weit von seinem eigentlichen Ziele entfernt. Die gesammte Morphogenie, wie sie gegenwärtig existirt, und zwar sowohl die Entwickelungsgeschichte der Individuen, als der Stämme, denkt noch nicht daran, die physikalischen und chemischen Bedingungen der Entwickelungs-Vorgänge zu erforschen, und begnügt sich noch vollständig mit der thatsächlichen Feststellung derselben, und selbst auf diesem rein morphologischen Gebiete ist sie noch so weit zurück, dass wir überall mehr von einzelnen zerrissenen und zusammenhangslosen Skizzen, als von einer zusammenhängenden Geschichte sprechen können. Aus diesem Grunde können wir die Entwickelungsgeschichte der Organismen, wie sie heute ist, und wie sie voraussichtlich noch sehr lange sein wird, als eine rein morphologische Disciplin für uns in Anspruch nehmen, und wir sind hierzu um so mehr berechtigt, ja verpflichtet, als die Kenntniss des Werdens der organischen Formen uns allein das Verständniss ihres Seins gewährt, und als die Anatomie der Organismen nur durch die Wechselwirkung mit der Morphogenie in den Stand gesetzt wird, die Bildung der organischen Formen gesetzlich zu erklären. Die wissenschaftliche Morphologie kann nur durch die innigste gegenseitige Ergänzung und Wechselwirkung der Anatomie und der Morphogenie ihr eigentliches Ziel erreichen.

VII. Entwickelungsgeschichte der Individuen.

Wir haben im Vorhergehenden den Begriff der Morphogenie oder Entwickelungsgeschichte der Organismen in seinem weitesten Sinne gefasst, indem wir die Gesammtwissenschaft von den werdenden Organismen darunter verstanden. In dem gewöhnlichen Sinne des Worts versteht man aber unter Entwickelungsgeschichte nur diejenige der Individuen oder die sogenannte Embryologie, welche besser als Ontogenie bezeichnet wird. Nach unserer eigenen Auffassung ist diese Disciplin jedoch nur ein Theil, ein Zweig der Morphogenie und diesem steht als anderer coordinirter Hauptzweig der letzteren die Entwickelungsgeschichte der Stämme (Phyla) oder die Phylogenie gegenüber, eine Wissenschaft, deren wesentlichste Grundlage die Palaeontologie ist. Entgegen dem gewöhnlichen Sprachgebrauche würden wir also die Entwickelungsgeschichte in die beiden Zweige der Embryologie und der Palaeontologie zu spalten haben. Wir halten diese beiden Hauptzweige der Morphogenie für nächstverwandte Disciplinen, welche zu einander die innigsten und nächsten Beziehungen haben, und welche nur durch gemeinsames Zusammenwirken und gegenseitiges Erläutern hoffen können, ihr gemeinsames Ziel, eine Erklärung des organischen Werdens zu erreichen. Nach der gewöhnlichen biologischen Anschauungsweise sind nun aber die Embryologie und die Palaeontologie ganz verschiedenartige und weit von einander entfernte Zweige der Biologie, die nichts als das Object des Organismus mit einander gemein haben. Wir werden daher unsere entgegengesetzte Anschauung, welche im fünften und sechsten Abschnitt ausführlich begründet werden wird, hier zunächst dadurch zu erläutern haben, dass wir den Begriff der Embryologie (Ontogenie) und der Palaeontologie (Phylogenie) nach Umfang und Inhalt scharf bestimmen.

Die Entwickelungsgeschichte der Individuen oder die Ontogenie ist derjenige Hauptzweig der Morphogenie, welcher von der gewöhnlichen Biologie heutzutage allein als „Entwickelungsgeschichte" betrachtet und mit dem unpassenden Namen der Embryologie belegt wird. Wenn der Ausdruck „Embryo" einen bestimmten Begriff bezeichnen soll, so kann darunter, wie unten im sechsten Buche gezeigt werden wird, nur „der Organismus innerhalb der Eihüllen" verstanden werden, und die häufig gebrauchte Bezeichnung der „freien Embryonen" für gewisse Larvenformen niederer Thiere ist eine Contradictio in adjecto. Sobald der Embryo die Eihüllen durchbrochen und verlassen hat, ist er nicht mehr Embryo, sondern entweder bereits das Junge oder der jugendliche Organismus selbst (wenn er durch blosses Wachsthum zum erwachsenen und geschlechtsreifen Organismus wird), oder eine Larve (wenn noch eine Reihe von Formveränderungen mit dem Wachsthum verbunden ist), oder eine Amme (wenn er mittelbar erst, durch Dazwischentreten einer zweiten oder mehrerer Generationen, in die Form des geschlechtsreifen erwachsenen Organismus zurückkehrt). Unter Embryologie können wir daher, wenn dieser Ausdruck einen bestimmten Sinn haben soll, nur die Wissenschaft von denjenigen Formveränderungen und Formenreihen verstehen, welche der Organismus innerhalb der Eihüllen durchläuft.

Die Bezeichnung „Embryologie" ist der Entwickelungsgeschichte der Wirbelthiere entnommen, bei denen fast immer (nur die Amphibien, Cyclostomen und einige Fische ausgenommen), sämmtliche wesentliche Formveränderungen des Körpers innerhalb der Eihüllen durchlaufen werden. Hier kann daher der Ausdruck Embryologie mit einigem Rechte zur Bezeichnung der gesammten Entwickelungsgeschichte des Organismus verwandt werden, zumal die späteren oder postembryonalen Formveränderungen (z. B. diejenigen, welche die Senilität einleiten und die Decrescenz begleiten) in der Regel nicht von der Morphologie in Betracht gezogen werden (obschon sie es verdienten). Ganz anders gestaltet sich aber die Bedeutung der Embryologie bei den wirbellosen Thieren, bei denen, gleichwie bei den Amphibien, Cyclostomen etc. bedeutende Formveränderungen, und zwar häufig die grössten und wichtigsten, erst in der Periode des Larvenlebens eintreten, wenn der Embryo die Eihüllen verlassen und damit seinen embryonalen Character aufgegeben hat. Wollen wir bei diesen Organismen, welche also eine „Metamorphose" durchlaufen, für die Erkenntniss der embryonalen Formveränderungen die Bezeichnung der Embryologie beibehalten, so können wir diese nur als einen Zweig ihrer Entwickelungsgeschichte ansehen, und müssen diesem den anderen Zweig der Wissenschaft von den postembryonalen Formveränderungen (Metamorphosen etc.) entgegen setzen; dieser liesse sich dann passend als Metamorphologie (Metamorphosenlehre) oder als Schadonologie[1]) (Larvenlehre) bezeichnen.

Die gesammte Entwickelungsgeschichte der Individuen würde demnach in zwei Theile zerfallen, die Embryologie oder Entwickelungsgeschichte des Organismus innerhalb der Eihüllen, und die Schadonologie oder Entwickelungsgeschichte des Organismus ausserhalb der Eihüllen. Für die gesammte Entwickelungsgeschichte des Individuums, welche sich aus diesen beiden Disciplinen zusammensetzt, würden wir,

---

[1]) σχαδών, ἡ, die Larve, besonders die Insecten-Larve (Aristoteles).

da es an einer technischen Bezeichnung für dieselbe gänzlich fehlt, den Ausdruck Ontogenesis oder Ontogenie vorschlagen. Onta[1]) sind die concreten Individuen (räumlich abgeschlossene Formeinheiten), welche zu einer gegebenen Zeit concretes Object der Betrachtung und der Untersuchung sind, und die Onta oder Individuen in diesem Sinne stehen gegenüber den Phyla oder Individuen-Stämmen, unter welchen wir die abstracte Summe aller durch Blutsverwandtschaft verbundenen concreten Onta verstehen. Hieraus ergiebt sich schon zum Theil, inwiefern wir die Ontogenie der Phylogenie entgegen setzen können.

Wenn wir unter Onta demgemäss allgemein die organischen Individuen als selbstständige und räumlich abgeschlossene Formeinheiten und unter Ontogenie die Entwickelungsgeschichte dieser Individuen verstehen, so drängt sich nun zunächst die Frage auf, zu welcher von den oben aufgezählten sechs Ordnungen organischer Individuen diese Onten gehören. Hierauf ist zu antworten, dass jede dieser sechs verschiedenen Individualitäten ihre eigene Entwickelungsgeschichte hat, und dass sie demnach alle sechs als Onten betrachtet und so Object der Entwickelungsgeschichte oder Ontogenie werden können. Diese Wissenschaft würde demgemäss wiederum in sechs untergeordnete Disciplinen zerfallen, welche den sechs morphologischen Individualitäten verschiedener Ordnung entsprechen, nämlich:

1) Ontogenie der Plastiden oder Individuen erster Ordnung. Entwickelungsgeschichte der Plastiden (Cytoden und Zellen). Plastidogenie. Diese Disciplin, welche noch sehr jugendlichen Alters ist, wird gewöhnlich als Histogenie oder Entwickelungsgeschichte der Gewebe bezeichnet, und als solche der Histologie (Plastidologie) angefügt. Diese Bezeichnung ist aber insofern nicht correct, als ein Theil der „Gewebe" bereits zu den Organen oder Individuen zweiter Ordnung gehört.

2) Ontogenie der Organe oder Individuen zweiter Ordnung. Entwickelungsgeschichte der Organe verschiedener Ordnung (Zellenstöcke, einfache Organe, zusammengesetzte Organe, Organ-Systeme, Organ-Apparate). Diese Wissenschaft bildet den grössten Bestandtheil der gewöhnlich so genannten „Embryologie" und wird bisweilen als Organogenie den übrigen Theilen derselben und insbesondere der Histogenie entgegengesetzt.

3) Ontogenie der Antimeren oder Individuen dritter Ordnung. Entwickelungsgeschichte der Gegenstücke oder homotypischen Theile. Antimerogenie. Diese wichtige Disciplin, welche für unser Verständniss der Gesammtform der Organismen von der grössten Wichtig-

---

[1]) ὄντα, τά, die concreten, wirklichen Körper, im Gegensatz zu den abstracten, gedachten.

keit ist, ist bisher fast gänzlich unbeachtet geblieben und gehört, wie die gesammte Antimerologie, der Zukunft an, in der sie sicher eine bedeutende Entwickelung erreichen wird.

4) Ontogenie der Metameren oder Individuen vierter Ordnung. Entwickelungsgeschichte der Folgestücke oder homodynamen Theile. Metamerogenie. Diese Wissenschaft, welche in der Entwickelungsgeschichte aller aus Metameren zusammengesetzten Organismen, der Wirbelthiere, Gliederthiere, Echinodermen, Phanerogamen, eine bedeutende Rolle spielt, wird ebenfalls erst in der Zukunft ihre volle Würdigung finden. Es gehört hierher z. B. die Lehre von dem successiven Auftreten und der Entwickelung der einzelnen Urwirbel bei den Wirbelthieren, der Zoniten (Segmente) bei den Gliederthieren, der Stengelglieder bei den Phanerogamen.

5) Ontogenie der Personen oder Individuen fünfter Ordnung. Entwickelungsgeschichte der „Individuen" im engsten Sinne, der Prosopen oder Personen. Prosopogenie. Dieser Zweig der Entwickelungsgeschichte begreift in der Embryologie der Wirbelthiere (welche bisher vor allen anderen thierischen Entwickelungsgeschichten sich durch planvolle und denkende Behandlung ausgezeichnet hat) denjenigen Theil, welcher gewöhnlich als „Entwickelung der äusseren Körperform" bezeichnet wird. Seine Hauptaufgabe ist die Darstellung der Entwickelung der Person aus den differenzirten Metameren.

6) Ontogenie der Stöcke oder Individuen sechster Ordnung. Entwickelungsgeschichte der Stöcke (Cormi) oder Colonieen. Cormogenie. Diese Wissenschaft, welche natürlich nur bei denjenigen Organismen existirt, bei denen Personen zur Bildung von Stöcken zusammentreten, würde die Gesetze zu bestimmen haben, nach denen dieser Zusammentritt stattfindet. In der Botanik ist diese Disciplin als die „Lehre von der Sprossfolge" in hohem Grade entwickelt, auf den entsprechenden Gebieten der Zoologie dagegen (z. B. bei den Coelenteraten, deren Stockbildung auf ganz ähnlichen Gesetzen, wie die der Phanerogamen beruht) kaum begonnen.

Die Gesammtsumme der Formen, welche jeder individuelle Organismus von seiner ersten Entstehung im Ei an bis wieder zur Production von Eiern durchläuft, ist von verschiedenen Morphologen (insbesondere von Huxley) als das organische „Individuum" κατ' ἐξοχήν hingestellt worden; eine Auffassung, welche besonders in England vielen Beifall gefunden hat. Diese Formenreihe wird bald nur durch ein einziges physiologisches Individuum, bald aber (beim Generationswechsel) durch eine Mehrzahl von physiologischen Individuen, welche alle einem und demselben Ei ihre Entstehung verdanken, repräsentirt, Von einem gewissen Gesichtspunkt aus lässt sich die Auffassung dieser continuirlich zusammenhängenden Formenkette (als eines zeitlichen Individuums) allerdings rechtfertigen. Im dritten Buche, wo wir dies näher ausführen werden, haben wir diese Individualität als ein „genealogisches Individuum erster Ordnung" oder als „Eiproduct" bezeichnet. Die Ontogenie könnte daher genauer auch als Entwickelungsgeschichte der genealogischen Individuen erster Ordnung oder als Entwickelungsgeschichte der Eiproducte bezeichnet werden.

VIII. Entwickelungsgeschichte der Stämme.

Der Ontogenie oder der Entwickelungsgeschichte der Individuen steht als zweiter coordinirter Hauptzweig der Morphogenese die Phylogenie oder die Entwickelungsgeschichte der Stämme (Phyla) gegenüber. Unter einem Stamm oder Phylon verstehen wir, wie schon bemerkt, die Summe aller derjenigen Organismen-Formen, welche, wie z. B. alle Wirbelthiere oder alle Coelenteraten, von einer und derselben Stammform ihren gemeinsamen Ursprung ableiten. Diese Stämme lassen sich, wie wir unten im dritten Buche zeigen werden, als „genealogische Individuen dritter Ordnung" den „Eiproducten" oder genealogischen Individuen erster Ordnung, welche Object der Ontogenie sind, entgegenstellen. Die wesentlichste Grundlage der Phylogenie, welche demgemäss der Ontogenie nächst verwandt ist, bildet die wissenschaftliche Palaeontologie.

Unter Palaeontologie versteht man gewöhnlich die Wissenschaft von den Versteinerungen, welche auch oft mit dem barbarischen Namen der „Petrefactologie" belegt wird. Es hat sich diese Disciplin bisher in der grössten Abhängigkeit von der Geologie befunden, in deren Dienste sie sich überhaupt erst entwickelt hat. Für die Geologie ist die Petrefactenkenntniss die nothwendigste Grundlage. Denn nur mittelst der versteinerten Reste und der in den Erdschichten zurückgelassenen Abdrücke der Organismen, welche unsere Erde in den verschiedenen Perioden ihrer historischen Entwickelung bevölkerten, ist die Geologie im Stande, das relative Alter der verschiedenen Schichtengruppen und Formationen, welche die Erdrinde bilden, zu erkennen und daraus die Geschichte unseres Planeten selbst zu construiren. Während aber so die Petrefacten als „Leitmuscheln," als Denkmünzen, welche in den verschiedenen Perioden geprägt sind, für die Geologie vom höchsten Werthe sind, ist die historische Entwickelungsgeschichte der Organismen, welche sich aus denselben erkennen lässt, für sie nur von untergeordnetem Werthe. Es ist dem Geologen und Geognosten an sich gleichgültig, welchen verwandtschaftlichen Zusammenhang die Organismen-Arten der verschiedenen Erdperioden unter einander besitzen, und welche Formenreihen auf einander gefolgt sind. Wenn die Petrefacten das relative Alter der Schichten, in denen sie sich finden, sicher bestimmen, erfüllen sie ihren Zweck für die Geognosie und Geologie vollkommen.

Ganz anders und ungleich bedeutender ist das Interesse, welches die Biologie und ganz besonders die Morphologie an den Petrefacten haben muss. Sie vergleicht die Formenreihen der ausgestorbenen Organismen unter einander und mit den jetzt lebenden, und entwirft sich daraus ein Bild von den ganz verschiedenen Floren und Faunen, welche im Verlaufe der Erdgeschichte auf der Oberfläche unseres Planeten nach einander erschienen sind. Freilich hatte diese Erkenntniss der ausgestorbenen Organismen für die meisten Palaeontologen bisher nur ein ähnliches Interesse, wie die geographische Verbreitung der Thiere und Pflanzen in der Jetztzeit noch für die meisten Biologen besitzt. Man bewunderte die Mannichfaltigkeit und Seltsamkeit der zahlreichen Organismen-Formen, welche in der „Vorzeit" die Erdoberfläche belebt haben, man ergötzte sich an der abnormen Entwickelung einzelner Theile, an der riesenmässigen Grösse, welche Viele derselben zeigten, man beschäftigte seine Phantasie mit der Reconstruction der abenteuerlichen und fremdartigen Gestalten, deren Skelete uns allein erhalten sind. Aber nur den wenigsten Palaeontologen fiel es ein, den Grund und den gesetzlichen Zusammenhang dieser seltsamen Erscheinungsreihen aufzusuchen, die Erkenntniss der Verwandtschaft der auf einander folgenden Gestaltenketten anzustreben, und eine zusammenhängende Entwickelungsgeschichte des Thier- und Pflanzenlebens auf der Erde zu entwerfen.

Ihre eigentliche Bedeutung konnte freilich die Palaeontologie erst gewinnen, seitdem 1859 durch Darwin das Signal zu einer denkenden Erforschung und vergleichenden Betrachtung der organischen Verwandtschaften gegeben war, und seitdem von ihm in der Blutsverwandtschaft zwischen den Thieren und Pflanzen aller Zeiten die entscheidende Lösung des „heiligen Räthsels" von der Aehnlichkeit der verschiedenen Gestalten gefunden war. Die von Darwin neu begründete Descendenztheorie verknüpft die unendliche Menge der einzelnen palaeontologischen Thatsachen durch den erleuchtenden Gedanken ihres causalen genealogischen Zusammenhangs und findet demgemäss in der Palaeontologie die zeitliche Entwickelungsgeschichte der Organismen-Reihen. Wie wir im sechsten Buche zeigen werden, erlaubt uns die Summe der gesammten jetzt bekannten biologischen Thatsachen, und vor Allem die unschätzbare dreifache Parallele zwischen der palaeontologischen, embryologischen und systematischen Entwickelung den sicheren Schluss, dass alle jetzt lebenden Organismen und alle diejenigen, die zu irgend einer Zeit auf der Erde gelebt haben, die blutsverwandten Nachkommen von einer verhältnissmässig geringen Anzahl spontan entstandener Stammformen sind. Wenn wir die Summe aller Organismen, welche von einer und derselben einfachsten, spontan entstandenen Stammform ihren gemeinschaftlichen Ursprung ableiten, als einen organischen Stamm oder Phylon bezeichnen, so können wir demnach die Palaeontologie die Entwickelungsgeschichte der Stämme oder Phylogenie nennen.

Allerdings existirt die Palaeontologie in diesem Sinne noch kaum als Wissenschaft; und erst nachdem durch Darwin die Abstammungslehre neu begründet war, haben in den letzten Jahren einige Palaeontologen angefangen, hier und da den genealogischen Massstab an die palaeontologischen Entwickelungsreihen anzulegen, und in der Formen-Aehnlichkeit der nach einander auftretenden Arten ihre wirkliche Blutsverwandtschaft zu erkennen. Wir können aber nicht daran zweifeln, dass dieser kaum erst emporgekeimte Samen sich rasch zu einem gewaltigen Baume entwickeln wird, dessen Krone bald eine ganze Reihe von anderen wissenschaftlichen Disciplinen in ihren Schatten aufnehmen und überdecken wird. So wird es hoffentlich, um nur eine hieraus sich ergebende Perspective zu eröffnen, nicht mehr lange dauern, bis der thatsächlich schon theilweis bekannte Stammbaum unseres eigenen Geschlechts sich auf dieser Basis neu wird aufrichten lassen. Von keinem Stamme der Organismen ist bis jetzt die palaeontologische Entwickelungsgeschichte so genau gekannt, als von demjenigen, zu dem wir selbst gehören, vom Stamme der Wirbelthiere. Wir wissen, dass auf die ältesten, tiefstehenden silurischen Fische vollkommenere folgten, aus denen sich die Amphibien hervorbildeten, dass erst weit später die höheren Wirbelthiere, die Säugethiere erschienen, und zwar zunächst nur didelphe, niedere Beutelthiere, und erst später die monodelphen, aus deren affenartigen Formen das Menschengeschlecht selbst sich erst sehr spät und allmählig entwickelt hat. Wie anders wird das Studium der historischen menschlichen Entwickelung, welche wir mit echt menschlichem verblendetem Hochmuthe die „Weltgeschichte“ zu nennen pflegen, sich gestalten, wenn diese Thatsache erst allgemein anerkannt sein wird, und wenn diese Weltgeschichte mit ihren wenigen tausend Jahren nur als ein ganz kleiner, winziger Ausläufer von der Millionen-Reihe von Jahrtausenden erscheinen wird, innerhalb deren unsere Verwandten und unsere Vorfahren, die Wirbelthiere, sich langsam und allmählig aus niederen Amphioxus ähnlichen Fischen entwickelt haben, deren gemeinsame Stammwurzel auf eine einfache, spontan entstandene Plastide zurückzuführen ist.

Die wissenschaftliche Palaeontologie ist für uns also ebenso die Entwickelungsgeschichte der organischen Stämme, wie die Embryologie die Entwickelungsgeschichte der Individuen oder Personen. Die überraschende parallele Stufenleiter, welche zwischen diesen beiden aufsteigenden Entwickelungsreihen stattfindet, bestätigt diese Auffassung vollständig. Da der Name der palaeontologischen Entwickelungsgeschichte aber schleppend ist, so wäre für denselben vielleicht besser der Ausdruck Phylogenie, oder Phylogenesis, Entwickelungsgeschichte der Stämme einzuführen. Phylogenie und Ontogenie wären demnach die beiden coordinirten Zweige der Morphogenie. Die Phylogenie ist die Entwickelungsgeschichte der abstracten genealogischen Individuen, die Ontogenie dagegen die Entwickelungsgeschichte der concreten morphologischen Individuen.

IX. Generelle und specielle Morphologie.

Die Morphologie der Organismen kann in eine allgemeine (generelle) und eine besondere (specielle) Morphologie gespalten werden, von denen jede wiederum in alle die einzelnen Disciplinen zerfällt, die wir im Vorhergehenden als Hauptzweige und Zweige der gesammten Morphologie überhaupt unterschieden haben.

Die generelle Morphologie der Organismen, deren Grundzüge allein wir in dem vorliegenden Werke festzustellen versuchen, hat die Aufgabe, in vergleichender Uebersicht die allgemeinsten Formen Verhältnisse (Anatomie und Morphogenie) sämmtlicher Organismen zu erklären, ohne auf die einzelnen Gruppen und Untergruppen derselben einzugehen, und ohne die einzelnen inneren und äusseren Formen-Verhältnisse anatomisch und genetisch zu beschreiben und zu erklären. Die generelle Morphologie hat mithin nur die obersten und allgemeinsten, für die gesammte organische Natur gültigen Gesetze der organischen Formbildung überhaupt zu ermitteln, und zwar sowohl die anatomischen als die genetischen Gesetze.

Sie hat also zunächst als generelle Anatomie (im weitesten Sinne) die Art und Weise zu untersuchen und zu erklären, nach welcher die vollendeten Organismen überhaupt aus gleichartigen und ungleichartigen Theilen (Individuen verschiedener Ordnung) zusammengesetzt sind, und hat die allgemein gültigen Gesetze zu bestimmen, nach denen der Zusammentritt dieser Theile zu einem Ganzen, die Zusammenfügung der Individuen verschiedener Ordnung zu einer höheren Einheit erfolgt: Allgemeine Baulehre oder generelle Tectologie (Drittes Buch). Weiterhin fällt dann zweitens der allgemeinen Formenlehre des vollendeten Organismus oder der generellen Anatomie die Aufgabe zu, die verschiedenen stereometrischen Grundformen aufzusuchen, welche den realen Formen jener Individuen verschiedener Ordnung zu Grunde liegen, und nachzuweisen, dass die unendliche Mannichfaltigkeit der existirenden Formen auf jene einfachen mathematisch bestimmbaren Fundamental-Gestalten zurückzuführen, und dass auch gleicherweise eine allgemeine Gesetzmässigkeit in den äusseren Formen der Organismen überhaupt nachzuweisen ist: Allgemeine Grundformenlehre oder generelle Promorphologie der Organismen (Viertes Buch).

Diesen beiden Hauptzweigen der generellen Anatomie würden sich als coordinirte Disciplinen die beiden Hauptzweige der generellen Morphogenie gegenüberstellen: die allgemeine Ontogenie und die allgemeine Phylogenie. Die Bestimmung der grossen allgemeinen Gesetze, nach denen sich die einzelnen organischen Individuen überhaupt entwickeln, und meistens innerhalb der genealogischen Einheit des Eiproducts eine bestimmte Reihe von Formen durchlaufen, die allgemeine Betrachtung der wichtigsten und höchsten Modificationen, welche hier möglich sind, die Untersuchung der hauptsächlichsten Verschiedenheiten in den Entwickelungs-Vorgängen, welche man als Epigenese, Metamorphose, Metagenese etc. bezeichnet, und endlich die Feststellung allgemeiner Bildungsgesetze der genealogischen Individuen erster Ordnung oder der Eiproducte, diese Aufgaben würden zu lösen sein von der allgemeinen Entwickelungsgeschichte der Individuen (Eiproducte) oder der generellen Ontogenie (Fünftes Buch.) An diese würde dann endlich als letzte und höchste, bisher fast ganz vernachlässigte Aufgabe, sich unmittelbar anschliessen die Feststellung der allgemeinen grossen Gesetze, nach denen sich alle verschiedenen Organismen-Formen unserer Erde durch allmählige Umänderung im Laufe unendlicher Zeiträume aus einigen wenigen einfachen, spontan entstandenen Grundformen entwickelt haben. Die Summe aller verschiedenen Organismen, welche von einer und derselben Stammform abstammen, betrachten wir selbst wieder als eine zusammenhängende Formeinheit höheren Ranges und werden dieselbe unten als genealogisches Individuum dritter Ordnung oder Stamm (Phylon) näher ins Auge fassen. Die Begründung der allgemeinen Gesetze, nach denen jene allmählige Entwickelung zahlreicher und mannichfaltiger Organismen-Formen aus diesen wenigen, höchst einfachen, spontan entstandenen Stammformen erfolgt ist und immer noch weiter erfolgt, würde sich daher auch bezeichnen lassen als allgemeine Entwickelungsgeschichte der Stämme oder generelle Phylogenie (Sechstes Buch).

Die specielle Morphologie der Organismen, deren Behandlung ausserhalb des Plans dieses Werkes liegt, hat alle die verschiedenen Seiten der Formenerkenntniss, die wir in der generellen Morphologie nur ganz im Allgemeinen erörtern, auf einen einzelnen Organismus oder auf eine bestimmte Gruppe von Organismen (eine Klasse, Familie etc.) im Einzelnen anzuwenden und vollständig auszuführen und im weitesten Sinne alle Organismen in dieser Weise vergleichend zu untersuchen. Es wird also die specielle Morphologie jedes einzelnen Organismus oder jeder einzelnen Organismen-Gruppe zunächst in die beiden Hauptzweige ihrer speciellen Anatomie und speciellen Morphogenie zerfallen, von denen die erstere dann wieder in Tectologie und Promorphologie, die letztere in Morphogenie und Phylogenie zu spalten wäre.

Während eine generelle Morphologie der Organismen bisher von den meisten Morphologen gar nicht in Erwägung gezogen und von keinem ernstlich in Angriff genommen war, so dass wir mit diesem ersten gewagten Versuche überall Gefahr laufen, in dem unabsehbar weiten Gebiete unser eben so hohes als entferntes Ziel aus den Augen zu verlieren und uns auf trügerischen Seitenpfaden zu verirren, so liegt dagegen für die specielle Morphologie vieler einzelner grösserer und kleinerer Organismen-Gruppen schon sehr viel werthvolles, durch den Fleiss zahlreicher emsiger Arbeiter gehäuftes Material vor, welches oft nur des verbindenden Gedankens bedarf, um als ein leidlich vollkommenes und relativ fertiges Ganzes zu erscheinen.

Eine ganz vollkommene und allen Anforderungen menschlicher Erkenntniss entsprechende specielle Morphologie giebt es freilich trotz der zahllosen einzelnen morphologischen Arbeiten noch von keinem einzigen Organismus, geschweige von einer ganzen Organismen-Gruppe. Selbst die Form-Erkenntniss desjenigen Organismus, der bei weitem am genauesten von den zahlreichsten Arbeitern untersucht ist, und den wir daher im Ganzen genommen am besten kennen, die Morphologie des Menschen, zeigt dennoch so zahlreiche und grosse Lücken, dass wir von einem vollständigen Verständniss noch weit entfernt sind. Dies gilt sowohl von der Anatomie (Tectologie und Promorphologie) des Menschen, als von der Ontogenie, und ganz besonders von der Phylogenie desselben, die überhaupt von allen Zweigen der Morphologie nicht allein der wichtigste, sondern auch der am meisten vernachlässigte ist. Die zukünftige Phylogenie des Menschen hat die hohe Aufgabe, seine allmählige Entwickelung aus dem Wirbelthier-Stamme und die stufenweise historische Differenzirung desselben bis zum Anfange der sogenannten „Weltgeschichte“ hinauf zu verfolgen. Die vergleichende Ethnographie (oder die comparative Anthropologie im engeren Sinne), ein höchst wichtiger Zweig der menschlichen Biologie, der aber noch ganz in der Wiege liegt, wird hier das unlösbare Band zu knüpfen haben, welches die vergleichende Anatomie nnd Physiologie der Wirbelthiere mit der Völkergeschichte (oder der sogenannten „Weltgeschichte“) unmittelbar zu einem grossen, harmonischen Ganzen verbindet. Hier, wie überall in unserer Wissenschaft, liegen aber noch die einzelnen Haufen des rohen Baumaterials unverbunden neben einander, und es wird wohl noch lange dauern, ehe auch nur das Bewusstsein von der Nothwendigkeit ihrer Verbindung in der Wissenschaft wird allgemein geworden sein.

Viertes Capitel.

Methodik der Morphologie der Organismen.

„Wenn ein Wissen reif ist, Wissenschaft zu werden, so muss nothwendig eine Krise entstehen: denn es wird die Differenz offenbar zwischen denen, die das Einzelne trennen und getrennt darstellen, und solchen, die das Allgemeine im Auge haben und gern das Besondere an- und einfügen möchten. Wie nun aber die wissenschaftliche, ideelle, umgreifendere Behandlung sich mehr und mehr Freunde, Gönner und Mitarbeiter wirbt, so bleibt auf der höheren Stufe jene Trennung zwar nicht so entschieden, aber doch genugsam merklich." Goethe.

Viertes Capitel: Erste Hälfte.

KRITIK DER NATURWISSENSCHAFTLICHEN METHODEN, WELCHE SICH GEGENSEITIG NOTHWENDIG ERGÄNZEN MÜSSEN.

I. Empirie und Philosophie.

(Erfahrung und Erkenntniss.)

„Die wichtigsten Wahrheiten in den Naturwissenschaften sind weder allein durch Zergliederung der Begriffe der Philosophie, noch allein durch blosses Erfahren gefunden worden, sondern durch eine denkende Erfahrung, welche das Wesentliche von dem Zufälligen in der Erfahrung unterscheidet, und dadurch Grundsätze findet, aus welchen viele Erfahrungen abgeleitet werden. Dies ist mehr als blosses Erfahren, und wenn man will, eine philosophische Erfahrung." Johannes Müller (Handbuch der Physiologie des Menschen. II. p. 522.)

„Vergleichen wir die morphologischen Wissenschaften mit den physikalischen Theorieen, so müssen wir uns gestehen, dass erstere in jeder Hinsicht unendlich weit zurück sind. Die Ursache dieser Erscheinung liegt nun allerdings zum Theil in dem Gegenstande, dessen verwickeltere Verhältnisse sich noch am meisten der mathematischen Behandlung entziehen; aber grossentheils ist auch die grosse Nichtachtung methodologischer Verständigung daran schuld, indem man sich einerseits durchaus nicht um scharfe Fassung der leitenden Principien bekümmert, andererseits selbst die allgemeinsten und bekanntesten Anforderungen der Philosophie hintangesetzt hat, weil bei dem weiten Abstande ihrer allgemeinen Aussprüche von den Einzelheiten, mit denen sich die empirischen Naturwissenschaften beschäftigen, die Nothwendigkeit ihrer Anwendung sich der unmittelbaren Auffassung entzog. So sind gar viele Arbeiter in dieser Beziehung durchaus nicht mit ihrer Aufgabe verständigt, und die Fortschritte in der Wissenschaft hängen oft rein vom Zufall ab.“ Schleiden (Grundzüge der wissenschaftlichen Botanik. „§. 3. Methodik oder über die Mittel zur Lösung der Aufgaben in der Botanik.“)

Wir erlauben uns, dieses methodologische Capitel, welches die Mittel und Wege zur Lösung unserer morphologischen Aufgaben zeigen soll, mit zwei vortrefflichen Aussprüchen von den beiden grössten Morphologen einzuleiten, welche im fünften Decennium unseres Jahrhunderts die organische Naturwissenschaft in Deutschland beherrschten. Wie Johannes Müller für die Zoologie, so hat Schleiden damals für die Botanik mit der klarsten Bestimmtheit den Weg gewiesen, welcher uns allein auf dem Gebiete der Biologie, und insbesondere auf dem der Morphologie, zu dem Ziele unserer Wissenschaft hinzuführen vermag. Dieser einzig mögliche Weg kann natürlich kein anderer sein, als derjenige, welcher für alle Naturwissenschaften — oder, was dasselbe ist, für alle wahren Wissenschaften — ausschliessliche Gültigkeit hat. Es ist dies der Weg der denkenden Erfahrung, der Weg der philosophischen Empirie. Wir könnten ihn ebenso gut als den Weg des erfahrungsmässigen Denkens, den Weg der empirischen Philosophie bezeichnen.

Absichtlich stellen wir die bedeutenden Aussprüche dieser beiden grossen „empirischen und exacten“ Naturforscher an die Spitze dieses methodologischen Capitels, weil wir dadurch hoffen, die Aufmerksamkeit der heutigen Morphologen und der Biologen überhaupt intensiver auf einen Punkt zu lenken, der nach unserer innigsten Ueberzeugung für den Fortschritt der gesammten Biologie, und der Morphologie insbesondere, von der allergrössten Bedeutung ist, der aber gerade im gegenwärtigen Zeitpunkte in demselben Maasse von den allermeisten Naturforschern völlig vernachlässigt wird, als er vor allen anderen hervorgehoben zu werden verdiente. Es ist dies die gegenseitige Ergänzung von Beobachtung und Gedanken, der innige Zusammenhang von Naturbeschreibung und Naturphilosophie, die nothwendige Wechselwirkung zwischen Empirie und Theorie.

Einer der grössten Morphologen, den unser deutsches Vaterland erzeugt hat, der jetzt noch lebende Nestor der deutschen Naturforscher, Carl Ernst v. Bär, hat dem classischen Werke, durch welches er die thierische Ontogenie, eine sogenannte „rein empirische und descriptive Wissenschaft," neu begründete, den Titel vorangesetzt: „Ueber Entwickelungsgeschichte der Thiere. Beobachtung und Reflexion." Wenn seine Nachfolger diese drei Worte stets bei ihren Arbeiten im Auge behalten hätten, würde es besser um unsere Wissenschaft aussehen, als es jetzt leider aussieht. „Beobachtung und Reflexion" sollte die Ueberschrift jeder wahrhaft naturwissenschaftlichen Arbeit lauten können. Bei wie vielen aber ist dies möglich? Wenn wir ehrlich sein wollen, können wir ihre Zahl kaum gering genug anschlagen, und finden unter hunderten kaum eine. Und dennoch können nur durch die innigste Wechselwirkung von Beobachtung und Reflexion wirkliche Fortschritte in jeder Naturwissenschaft, und also auch in der Morphologie, gemacht werden. Hören wir weiter, was C. E. v. Bär, der „empirische und exacte" Naturforscher, in dieser Beziehung sagt:

„Zwei Wege sind es, auf denen die Naturwissenschaft gefördert werden kann, Beobachtung und Reflexion. Die Forscher ergreifen meistens für den einen von beiden Partei. Einige verlangen nach Thatsachen, andere nach Resultaten und allgemeinen Gesetzen, jene nach Kenntniss, diese nach Erkenntniss, jene möchten für besonnen, diese für tiefblickend gelten. Glücklicherweise ist der Geist des Menschen selten so einseitig ausgebildet, dass es ihm möglich wird, nur den einen Weg der Forschung zu gehen, ohne auf den anderen Rücksicht zu nehmen. Unwillkührlich wird der Verächter der Abstraction sich von Gedanken bei seiner Beobachtung beschleichen lassen; und nur in kurzen Perioden der Fieberhitze ist sein Gegner vermögend, sich der Speculation im Felde der Naturwissenschaft mit völliger Hintansetzung der Erfahrung hinzugeben. Indessen bleibt immer, für die Individuen sowohl als für ganze Perioden der Wissenschaft, die eine Tendenz die vorherrschende, der man mit Bewusstsein des Zwecks sich hingiebt, wenn auch die andere nicht ganz fehlt.[1])"

Mit diesen wenigen Worten ist das gegenseitige Wechselverhältniss von Beobachtung und Reflexion, die nothwendige Verbindung von empirischer Thatsachen-Kenntniss und von philosophischer Gesetzes-Erkenntniss treffend bezeichnet. Aber auch die Thatsache, dass in den einzelnen Naturforschern sowohl als in den einzelnen Perioden der Naturwissenschaft selten beide Richtungen in harmonischer Eintracht und gegenseitiger Durchdringung zusammenwirken, vielmehr eine von Beiden fast immer bedeutend über die andere überwiegt, ist von Bär sehr richtig hervorgehoben worden, und gerade dieser Punkt ist

[1]) C. E. v. Bär. Zwei Worte über den jetzigen Zustand der Naturgeschichte. Königsberg 1821. — Treffliche Worte, welche auch heute noch in den weitesten Kreisen Beherzigung verdienen!

es, auf den wir hier zunächst die besondere Aufmerksamkeit lenken möchten. Denn wenn wir einerseits überzeugt sind, dass wir nur durch die gemeinsame Thätigkeit beider Richtungen dem Ziele unserer Wissenschaft uns nähern können, und wenn wir andererseits zu der Einsicht gelangen, welche von beiden Richtungen im gegenwärtigen Stadium unserer wissenschaftlichen Entwickelung die einseitig überwiegende ist, so werden wir auch die Mittel zur Hebung dieser Einseitigkeit angeben und die Methode bestimmen können, welche die Morphologie gegenwärtig zunächst und vorzugsweise einzuschlagen hat.

Es bedarf nun keines allzutiefen Scharfblicks und keines allzuweiten Ueberblicks, um alsbald zu der Ueberzeugung zu gelangen, dass in dem ganzen zweiten Viertel des neunzehnten Jahrhunderts, und darüber hinaus bis jetzt, und zwar vorzüglich vom Jahre 1840—1860, die rein empirische und „exacte" Richtung ganz überwiegend in der Biologie, und vor Allem in der Morphologie geherrscht, und dass sie diese Alleinherrschaft in fortschreitendem Maasse dergestalt ausgedehnt hat, dass die speculative oder philosophische Richtung im fünften Decennium unseres Jahrhunderts fast vollständig von ihr verdrängt war. Auf allen Gebieten der Biologie, sowohl in der Zoologie, als in der Botanik, galt während dieses Zeitraums allgemein die Naturbeobachtung und die Naturbeschreibung als „die eigentliche Naturwissenschaft," und die „Naturphilosophie" wurde als eine Verirrung betrachtet, als ein Phantasiespiel, welches nicht nur nichts mit der Beobachtung und Beschreibung zu thun habe, sondern auch gänzlich aus dem Gebiete der „eigentlichen Naturwissenschaft" zu verbannen sei. Freilich war diese einseitige Verkennung der Philosophie nur zu sehr gefördert und gerechtfertigt durch das verkehrte und willkührliche Verfahren der sogenannten „Naturphilosophie," welche im ersten Drittel unseres Jahrhunderts die Naturwissenschaft zu unterwerfen suchte, und welche, statt von empirischer Basis auszugehen, in der ungemessensten Weise ihrer wilden und erfahrungslosen Phantasie die Zügel schiessen liess. Diese namentlich von Oken, Schelling u. s. w. ausgehende Naturphantasterei musste ganz natürlich als anderes Extrem den crassesten Empirismus hervorrufen. Der natürliche Rückschlag gegen diese letztere in demselben Grade einseitige Richtung trat erst im Jahre 1859 ein, als Charles Darwin seine grossartige Entdeckung der „natürlichen Züchtung" veröffentlichte und damit den Anstoss zu einem allgemeinen Umschwung der gesammten Biologie, und namentlich der Morphologie gab. Die gedankenvolle Naturbetrachtung, der im besten Sinne philosophische, d. h. naturgemäss denkende Geist, welcher sein epochemachendes Werk durchzieht, wird der vergessenen und verlassenen Naturphilosophie wieder zu dem ihr gebührenden Platze verhelfen und den Beginn einer neuen Periode der Wissenschaft bezeichnen. Freilich ist dieser gewaltige Umschwung bei weitem noch nicht zu allgemeinem Durchbruch gelangt; die Mehrzahl der Biologen ist noch zu sehr und zu allgemein in den Folgen der vorher überall herrschenden einseitig empirischen Richtung befangen, als dass wir die Rückkehr zur denkenden Naturbetrachtung als eine bewusste und allgemeine bezeichnen könnten. Indess hat dieselbe doch bereits in einigen Kreisen begonnen, an vielen Stellen feste Wurzel geschlagen, und wird voraussichtlich nicht allein in den nächsten Jahren schon das verlorene Terrain wieder erobern, sondern in wenigen Decennien sich so allgemeine Geltung verschafft haben, dass man (wohl noch vor Ablauf unseres Jahrhunderts) verwundert auf die Beschränktheit und Verblendung zahlreicher Naturforscher zurückblicken wird, die heute noch die Philosophie von dem Gebiete der Biologie ausschliessen wollen. Wir unsererseits sind unerschütterlich davon überzeugt, dass man in der wahrhaft „erkennenden" Wissenschaft die Empirie und die Philosophie gar nicht von einander trennen kann. Jene ist nur die erste und niederste, diese die letzte und höchste Stufe der Erkenntniss. Alle wahre Naturwissenschaft ist Philosophie und alle wahre Philosophie ist Naturwissenschaft. Alle wahre Wissenschaft aber ist in diesem Sinne Naturphilosophie.[1])

In der That könnte heute schon die allgemein übliche einseitige Ausschliessung der Philosophie aus der Naturwissenschaft jedem objectiv dies Verhältniss betrachtenden Gebildeten als ein befremdendes Räthsel erscheinen, wenn nicht der Entwickelungsgang der Biologie selbst ihm die Lösung dieses Räthsels sehr nahe legte. Wenn wir die Geschichte unserer Wissenschaft in den allgemeinsten Zügen überblicken, so bemerken wir alsbald, dass die beiden scheinbar entgegengesetzten, in der That aber innig verbundenen Forschungsrichtungen in der Naturwissenschaft, die beobachtende oder empirische und die denkende oder philosophische, zwar stets mehr oder minder eng verbunden neben einander herlaufen, dass aber doch, wie es

---

[1]) Wir zweifeln nicht, dass diese Sätze, welche wir für unumstössliche Wahrheiten halten, bei dem gegenwärtigen niederen Zustande unserer allgemeinen wissenschaftlichen Bildung noch sehr wenig Aussicht haben, allgemeine Geltung zu erlangen. Durch die alpenhohe Gebirgskette von Vorurtheilen, welche wir durch lange Generationsreihen ererbt, und Jahrtausende hindurch in unserer allgemeinen Weltanschauung befestigt haben, durch den äusserst mangelhaften, verkehrten und oft geradezu verderblichen Jugendunterricht, durch welchen wir in der bildsamsten Lebenszeit mit den absurdesten Irrthümern, statt mit natürlichen Wahrheiten angefüllt werden, ist unser gesammter geistiger Horizont gewöhnlich so beschränkt, unser natürlicher Blick so getrübt, dass wir als reife und erwachsene Männer gewöhnlich die grösste Mühe haben, den einfachen Weg zu unserer Mutter „Natur" zurückzufinden. Sind ja die meisten sogenannten „Wissenschaften," z. B. die historischen, gewohnt, den Menschen als etwas ausser und über der Natur Stehendes hinzustellen!

Bär sehr richtig ausdrückt, immer die eine der beiden Richtungen über die andere bedeutend überwiegt, und zwar „sowohl für die Individuen, als für ganze Perioden der Wissenschaft." So finden wir ein beständiges Oscilliren, einen Wechsel der beiden Richtungen, der uns zeigt, dass niemals in gleichmässigem Fortschritt, sondern stets in wechselnder Wellenbewegung die Biologie ihrem Ziele sich nähert. Die Excesse, welche jede der beiden Forschungsrichtungen begeht, sobald sie das Uebergewicht über die andere gewonnen hat, die Ausschliesslichkeit, durch welche jede in der Regel sich als die allein richtige, als die „eigentliche" Methode der Naturwissenschaft betrachtet, führen nach längerer oder kürzerer Dauer wieder zu einem Umschwung, welcher der überlegenen Gegnerin abermals zur Herrschaft verhilft.

Wie dieser regelmässige Regierungs-Wechsel von empirischer und philosophischer Naturforschung auf dem gesammten Gebiete der Biologie uns überall entgegentritt, so sehen wir ganz besonders bei einem allgemeinen Ueberblick des Entwickelungsganges, den die Morphologie vom Anfang des vorigen Jahrhunderts an genommen, dass die beiden feindlichen Schwestern, die doch im Grunde nicht ohne einander leben können, stets abwechselnd die Herrschaft behauptet haben. Nachdem Linné die Morphologie der Organismen zum ersten Male in feste wissenschaftliche Form gebracht, und ihr das systematische Gewand angezogen hatte, wurde zunächst der allgemeine Strom der neubelebten Naturforschung auf die rein empirische Beobachtung und Beschreibung der zahllosen neuen Formen hingelenkt, welche unterschieden, benannt und in das Fachwerk des Systems eingeordnet werden mussten. Die systematische Beschreibung und Benennung, als Mittel des geordneten Ueberblicks der zahllosen Einzelformen, wurde aber bald Selbstzweck, und damit verlor sich die Formbeobachtung der Thiere und Pflanzen in der gedankenlosesten Empirie. Das massenhaft sich anhäufende Roh-Material forderte mehr und mehr zu einer denkenden Verwerthung desselben auf, und so entstand die Schule der Naturphilosophen, als deren bedeutendsten Forscher, wenn auch nicht (wegen mangelnder Anerkennung) als deren eigentlichen Begründer wir Lamarck bezeichnen müssen[1]. In Deutschland vorzüglich durch Oken und Goethe, in Frankreich durch Lamarck und Etienne Geoffroy S. Hilaire vertreten, war diese ältere Naturphilosophie eifrigst bemüht, aus dem Chaos der zahllosen Einzelbeobachtungen, die sich immer mehr zu einem unübersehbaren Berge häuften, allgemeine Gesetze abzuleiten und den Zusammenhang der Erscheinungen zu ermitteln. Wie weit sie schon damals auf diesem

[1]) Selten ist wohl das Verdienst eines der bedeutendsten Männer so völlig von seinen Zeitgenossen verkannt und gar nicht gewürdigt worden, wie es mit Lamarck ein halbes Jahrhundert hindurch der Fall war. Nichts beweist dies vielleicht so schlagend, als der Umstand, dass Cuvier in seinem Bericht über die Fortschritte der Naturwissenschaften, in welchem auch die unbedeutendsten Bereicherungen des empirischen Materials aufgeführt werden, des bedeutendsten aller biologischen Werke jenes Zeitraums, der Philosophie zoologique von Lamarck, mit keinem Worte Erwähnung thut!

Wege gelangte, zeigt die classische Philosophie zoologique von Lamarck (1809) und die bewunderungswürdige Metamorphose der Pflanzen von Goethe (1790). Doch war die empirische Basis, auf welcher diese Heroen der Naturforschung ihre genialen Gedankengebäude errichteten, noch zu schmal und unvollkommen, die ganze damalige Kenntniss der Organismen noch zu sehr bloss auf die äusseren Form-Verhältnisse beschränkt, als dass ihre denkende Naturbetrachtung die festesten Anhaltspunkte hätte gewinnen und die darauf gegründeten allgemeinen Gesetze schon damals eine weitere Geltung hätten erringen können. Entwickelungsgeschichte und Palaeontologie existirten noch nicht, und die vergleichende Anatomie hatte kaum noch Wurzeln geschlagen. Wie weit aber diese Genien trotzdem ihrer Zeit vorauseilten, bezeugt vor Allem die (in der ersten Hälfte unseres Jahrhunderts fast allgemein ignorirte) Thatsache, dass Beide, sowohl Lamarck, als Goethe, die wichtigsten Sätze der Descendenz-Theorie bereits mit voller Klarheit und Bestimmtheit aussprachen. Erst ein volles halbes Jahrhundert später sollte Darwin dafür die Beweise liefern.

Die eigentliche Blüthezeit der älteren Naturphilosophie fällt in die ersten Decennien unseres Jahrhunderts. Aber schon im zweiten und noch schneller im dritten näherte sie sich ihrem jähen Untergange, theils durch eigene Verblendung und Ausartung, theils durch Mangel an Verständniss bei der Mehrzahl der Zeitgenossen, theils durch das rasche und glänzende Emporblühen der empirischen Richtung, welche in Cuvier einen neuen und gewaltigen Reformator fand. Gegenüber der willkührlichen und verkehrten Phantasterei, in welche die Naturphilosophie bald sowohl in Frankreich als in Deutschland damals ausartete, war es dem exacten, strengen und auf der breitesten empirischen Basis stehenden Cuvier ein Leichtes, die verwilderten und undisciplinirten Gegner aus dem Felde zu schlagen. Bekanntlich war es der 22. Februar 1830, an welchem der Conflict zwischen den beiden entgegengesetzten Richtungen in der Pariser Akademie zum öffentlichen Austrage kam, und damit definitiv geendigt zu sein schien, dass Cuvier seinen Hauptgegner E. Geoffroy S. Hilaire mit Hülfe seiner überwiegenden empirischen Beweismittel in den Augen der grossen Mehrheit vollständig besiegte. Dieser merkwürdige öffentliche Conflict, durch welchen die Niederlage der älteren Naturphilosophie besiegelt wurde, ist in mehrfacher Beziehung vom höchsten Interesse, vorzüglich auch desshalb, weil er von Goethe in der meisterhaftesten Form in einem kritischen Aufsatze dargestellt wurde, welchen derselbe wenige Tage vor seinem Tode (im März 1832) vollendete. Dieser höchst lesenswerthe Aufsatz, das letzte schriftliche Vermächtniss, welches der deutsche Dichterfürst uns hinterlassen, enthält nicht allein eine vortreffliche Characteristik von Cuvier und Geoffroy S. Hilaire, sondern auch eine ausgezeichnete Darstellung der beiden entgegengesetzten von ihnen vertretenen Richtungen, „des immerwährenden Conflictes zwischen den Denkweisen, in die sich die wissenschaftliche Welt schon lange trennt; zwei Denkweisen, welche sich in dem menschlichen Geschlechte meistens getrennt und dergestalt vertheilt finden, dass sie, wie überall, so auch im Wissenschaftlichen, schwer zusammen verbunden angetroffen werden, und wie sie getrennt sind, sich nicht wohl vereinigen mögen. Haben wir die Geschichte der Wissenschaften und eine eigene lange Erfahrung vor Augen, so möchte man befürchten, die menschliche Natur werde sich von diesem Zwiespalt kaum jemals retten können."

Die Niederlage der älteren Naturphilosophie, welche Cuvier als der Heerführer der neu erstehenden „exacten Empirie" herbeigeführt und in jenem Conflict offenbar gemacht hatte, war so vollständig, dass in den folgenden drei Decennien, von 1830—1860, unter der nun allgemein sich ausbreitenden empirischen Schule von Philosophie gar keine Rede mehr war. Mit den Träumereien und Phantasiespielen jener ausgearteten Naturphantasterei wurden auch die wahren und grossen Verdienste der alten Naturphilosophie vergessen, aus der jene hervorgegangen war, und man gewöhnte sich sehr allgemein an die Vorstellung, dass Naturwissenschaft und Philosophie in einem unversöhnlichen Gegensatze zu einander ständen. Dieser Irrthum wurde dadurch insbesondere begünstigt, dass die verbesserten Instrumente und Beobachtungs-Methoden der Neuzeit, und vor Allem die sehr verbesserten Mikroskope, der empirischen Naturbeobachtung ein unendlich weites Feld der Forschung eröffneten, auf welchem es ein Leichtes war, mit wenig Mühe und ohne grosse Gedanken-Anstrengung, Entdeckungen neuer Formverhältnisse in Hülle und Fülle zu machen. Während die Beobachtungen der ersten empirischen Periode, welche sich aus Linné's Schule entwickelte, vorzugsweise nur auf die äusseren Formenverhältnisse der Organismen gerichtet gewesen waren, wandte sich nun die zweite empirische Periode, welche aus Cuvier's Schule hervorging, vorwiegend der Beobachtung des inneren Baues der Thiere und Pflanzen zu. Und in der That gab es hier, nachdem Cuvier durch Begründung der vergleichenden Anatomie und der Palaeontologie ein weites neues Feld der Beobachtung geöffnet, nachdem Bär durch Reformation der Entwickelungsgeschichte und Schwann durch Begründung der Gewebelehre auf dem thierischen, Schleiden auf dem pflanzlichen Gebiete neue und grosse Ziele gesteckt, nachdem Johannes Müller die gesammte Biologie mit gewaltiger Hand in die neu geöffneten Bahnen der exacten Beobachtung hineingewiesen hatte, überall so unendlich Viel zu beobachten und zu beschreiben, es wurde so leicht, mit nur wenig Geduld, Fleiss und Beobachtungsgabe neue Thatsachen zu entdecken, dass wir uns nicht wundern können, wenn darüber die leitenden Principien der Naturforschung gänzlich vernachlässigt und die erklärende Gedanken-Arbeit von den meisten völlig vergessen wurde. Da noch im gegenwärtigen Augenblick diese „rein empirische" Richtung die allgemein überwiegende ist, da die Bezeichnung der Naturphilosophie noch in den weitesten naturwissenschaftlichen Kreisen nur als Schimpfwort gilt und selbst von den hervorragendsten Biologen nur in diesem Sinne gebraucht wird, so haben wir nicht nöthig, die grenzenlose Einseitigkeit dieser Richtung noch näher zu erläutern, und werden nur noch insofern näher darauf eingehen, als wir gezwungen sind, unseren Zeitgenossen ihr „exact-empirisches," d. h. gedankenloses und beschränktes Spiegelbild vorzuhalten. Theilweise ist dies schon im vorigen Capitel geschehen. Wiederholt wollen wir hier nur nochmals auf die seltsame Selbsttäuschung hinweisen, in welcher die neuere Biologie befangen ist, wenn sie die nackte gedankenlose Beschreibung innerer und feinerer, insbesondere mikroskopischer Formverhältnisse als „wissenschaftliche Zoologie“ und „wissenschaftliche Botanik“ preist und mit nicht geringem Stolze der früher ausschliesslich herrschenden reinen Beschreibung der äusseren und gröberen Formverhältnisse gegenüberstellt, welche die sogenannten „Systematiker“ beschäftigt. Sobald bei diesen beiden Richtungen, die sich so scharf gegenüber zu stellen belieben, die Beschreibung an sich das Ziel ist (— gleichviel ob der inneren oder äusseren, der feineren oder gröberen Formen —), so ist die eine genau so viel werth, als die andere. Beide werden erst zur Wissenschaft, wenn sie die Form zu erklären und auf Gesetze zurückzuführen streben.

Nach unserer eigenen innigsten Ueberzeugung ist der Rückschlag, der gegen diese ganz einseitige und daher beschränkte Empirie nothwendig früher oder später erfolgen musste, bereits thatsächlich erfolgt, wenn auch zunächst nur in wenigen engen Kreisen. Die 1859 von Charles Darwin veröffentlichte Entdeckung der natürlichen Zuchtwahl im Kampfe ums Dasein, eine der grössten Entdeckungen des menschlichen Forschungstriebes, hat mit einem Male ein so gewaltiges und klärendes Licht in das dunkle Chaos der haufenweis gesammelten biologischen Thatsachen geworfen, dass es auch den crassesten Empirikern fernerhin, wenn sie überhaupt mit der Wissenschaft fortschreiten wollen, nicht mehr möglich sein wird, sich der daraus emporwachsenden neuen Naturphilosophie zu entziehen. Indem die von Darwin neu begründete Descendenz-Theorie die ganze gewaltige Fülle der seither empirisch angehäuften Thatsachen-Massen durch einen einzigen genialen Gedanken erleuchtet, die schwierigsten Probleme der Biologie aus dem einen obersten Gesetze der „wirkenden Ursachen“ vollständig erklärt, die unzusammenhängende Masse aller biologischen Erscheinungen auf dieses eine einfache grosse Naturgesetz zurückführt, hat sie bereits thatsächlich die bisher ausschliesslich herrschende Empirie völlig überflügelt und einer neuen und gesunden Philosophie die weiteste und fruchtbarste Bahn geöffnet. Es ist eine Hauptaufgabe des vorliegenden Werkes, zu zeigen, wie die wichtigsten Erscheinungsreihen der Morphologie sich mit Hülfe derselben vollständig erklären und auf grosse und allgemeine Naturgesetze zurückführen lassen.

Wenn wir das Resultat dieses flüchtigen Ueberblickes über den inneren Entwickelungsgang der Morphologie in wenigen Worten zusammenfassen, so können wir füglich von Beginn des achtzehnten Jahrhunderts an bis jetzt vier, abwechselnd empirische und philosophische Perioden der Morphologie unterscheiden, welche durch die Namen von Linné, Lamarck, Cuvier, Darwin bezeichnet sind, nämlich: I. Periode: Linné (geb. 1707). Erste empirische Periode (Achtzehntes Jahrhundert). Herrschaft der empirischen äusseren Morphologie (Systematik) II. Periode: Lamarck (geb. 1744) und Goethe (geb. 1749 [1]). Erste philosophische Periode. (Erstes

[1]) Wir nennen hier absichtlich Lamarck und Goethe als die geistvollsten Repräsentanten der älteren Naturphilosophie, wenngleich sie sich entfernt nicht

Drittel des neunzehnten Jahrhunderts). Herrschaft der phantastisch-philosophischen Morphologie (Aeltere Naturphilosophie). III. Periode: Cuvier (geb. 1769).[1]) Zweite empirische Periode. (Zweites Drittel des neunzehnten Jahrhunderts). Herrschaft der empirischen inneren Morphologie (Anatomie). IV. Periode: Darwin (geb. 1808). Zweite philosophische Periode. Begonnen 1859. Herrschaft der empirisch-philosophischen Morphologie (Neuere Naturphilosophie).

Indem wir die beiden Richtungen der organischen Morphologie, die empirische und philosophische, so schroff einander gegenüberstellen, müssen wir ausdrücklich bemerken, dass nur die grosse Masse der beschränkteren und gröber organisirten Naturforscher es war, welche diesen Gegensatz in seiner ganzen Schärfe ausbildete und entweder die eine oder die andere Methode als die allein seligmachende pries und für die „eigentliche“ Naturwissenschaft hielt. Die umfassenderen und feiner organisirten Naturforforscher, und vor Allen die grossen Coryphaeen, deren Namen wir an die Spitze der von ihnen beherrschten Perioden gestellt haben, waren stets mehr oder minder überzeugt, dass nur eine innige Verbindung von Beobachtung und Theorie, von Empirie und Philosophie, den Fortschritt der Naturwissenschaft wahrhaft fördern könnte. Man pflegt gewöhnlich Cuvier als den strengsten und exclusivsten Empiriker, als den abgesagtesten Feind jeder Naturphilosophie hinzustellen. Und sind nicht seine besten Arbeiten, seine werthvollsten Entdeckungen, wie z. B. die Aufstellung der 4 thierischen Typen (Stämme), die Begründung des Gesetzes von der Correlation der Theile, von den Causes finales, Ausflüsse der reinsten Naturphilosophie? Ist nicht die von ihm neu begründete „vergleichende Anatomie“ ihrem ganzen Wesen nach eine rein philosophische Wissenschaft, welche das empirische Material der Zootomie bloss als Basis braucht? Ist es nicht lediglich der Gedanke, die Theorie, welche auf der rein empirischen Zootomie als nothwendiger Grundlage das philosophische Lehrgebäude der vergleichenden Anatomie errichten? Und wenn Cuvier aus einem einzigen Zahne oder Knochen eines fossilen Thieres die ganze Natur und systematische Stellung desselben mit Sicherheit erkannte, war dies Beobachtung oder war es Reflexion? Betrachten wir andererseits den Stifter der älteren Naturphilosophie, Lamarck, so brauchen wir, um den Vorwurf der Einseitigkeit zu widerlegen, bloss darauf hinzuweisen, dass dieser eminente Mann seinen Ruf als grosser Naturforscher grösstentheils einem vorwiegend descriptiven Werke, der berühmten „Histoire naturelle des animaux sans vertebres“ verdankte. Seine „Philosophie zoologique,“ welche die Descendenz-Lehre zum

---

desselben Einflusses und derselben Anerkennung zu erfreuen hatten, wie Etienne Geoffroy S. Hilaire (geb. 1771) und Lorenz Oken (geb. 1779), die gewöhnlich als die Coryphaeen dieser Richtung vorangestellt werden.

[1]) Als hervorragende Coryphaeen dieser Periode würden wir hier noch Johannes Müller, Schleiden und einige Andere hervorzuheben haben, wenn nicht gerade diese bedeutendsten Männer, als wahrhaft philosophische Naturforscher, sich von der grossen Einseitigkeit frei gehalten hätten, welche Cuvier's Schule und der grosse Tross der Zeitgenossen zum extremsten Empirismus ausbildete.

ersten Male als vollkommen abgerundete Theorie aufstellte, eilte mit ihrem prophetischen Gedankenfluge seiner Zeit so voraus, dass sie von seinen Zeitgenossen gar nicht verstanden und ein volles halbes Jahrundert hindurch (1809—1859) todtgeschwiegen wurde. Johannes Müller, den wir Deutschen mit gerechtem Stolz als den grössten Biologen der ersten Hälfte des neunzehnten Jahrhunderts unser eigen nennen, und der in den Augen der meisten jetzt lebenden Biologen als der strengste Empiriker und Gegner der Naturphilosophie gilt, verdankt die Fülle seiner zahlreichen und grossen Entdeckungen viel weniger seinem ausgezeichneten sinnlichen Beobachtungstalent, als seinem combinirenden Gedankenreichthum und der natürlichen Philosophie seiner wahrhaft denkenden Beobachtungsmethode. Charles Darwin, der grösste aller jetzt lebenden Naturforscher, überragt uns Alle nicht allein durch Ideenreichthum und Gedankenfülle seines die ganze organische Natur umfassenden Geistes, sondern eben so sehr durch die intensiv und extensiv gleich bedeutende und fruchtbare Methode seiner empirischen Naturbeobachtung.

Nach unserer festesten Ueberzeugung können nur diejenigen Naturforscher wahrhaft fördernd und schaffend in den Gang der Wissenschaft eingreifen, welche, bewusst oder unbewusst, eben so scharfe Denker, als sorgfältige Beobachter sind. Niemals kann die blosse Entdeckung einer nackten Thatsache, und wäre sie noch so merkwürdig, einen wahrhaften Fortschritt in der Naturwissenschaft herbeiführen, sondern stets nur der Gedanke, die Theorie, welche diese Thatsache erklärt, sie mit den verwandten Thatsachen vergleichend verbindet, und daraus ein Gesetz ableitet. Betrachten wir die grössten Naturforscher, welche zu allen Zeiten auf dem biologischen Gebiete thätig gewesen sind, von Aristoteles an, Linné und Cuvier, Lamarck und Goethe, Bär und Johannes Müller und wie die Reihe der glänzenden Sterne erster Grösse, bis auf Charles Darwin herab, weiter heisst — sie alle sind ebenso grosse Denker, als Beobachter gewesen, und sie alle verdanken ihren unsterblichen Ruhm nicht der Summe der einzelnen von ihnen entdeckten Thatsachen, sondern ihrem denkenden Geiste, der diese Thatsachen in Zusammenhang zu bringen und daraus Gesetze abzuleiten verstand. Die rein empirischen Naturforscher, welche nur durch Entdeckung neuer Thatsachen die Wissenschaft zu fördern glauben, können in derselben ebenso wenig etwas leisten, als die rein speculativen Philosophen, welche der Thatsachen entbehren zu können glauben und die Natur aus ihren Gedanken construiren wollen. Diese werden zu phantastischen Träumern, jene im besten Falle zu genauen Copirmaschinen der Natur. Im Grunde freilich gestaltet sich das thatsächliche Verhältniss überall so, dass die reinen Empiriker sich mit einer unvollständigen und unklaren, ihnen selbst nicht bewussten Philosophie, die reinen Philosophen dagegen mit einer eben solchen, unreinen und mangelhaften Empirie begnügen. Das Ziel der Naturwissenschaft ist die Herstellung eines vollkommen architectonisch geordneten Lehrgebäudes. Der reine Empiriker bringt statt dessen einen ungeordneten Steinhaufen zusammen; der reine Philosoph auf der andern Seite baut Luftschlösser, welche der erste empirische Windstoss über den Haufen wirft. Jener begnügt sich mit dem Rohmaterial, dieser mit dem Plan des Gebäudes. Aber nur durch die innigste Wechselwirkung von empirischer Beobachtung und philosophischer Theorie kann das Lehrgebäude der Naturwissenschaft wirklich zu Stande kommen.

Wir schliessen diesen Abschnitt, wie wir ihn begonnen, mit einem Ausspruch von Johannes Müller: „Die Phantasie ist ein unentbehrliches Gut; denn sie ist es, durch welche neue Combinationen zur Veranlassung wichtiger Entdeckungen gemacht werden. Die Kraft der Unterscheidung des isolirenden Verstandes sowohl, als der erweiternden und zum Allgemeinen strebenden Phantasie sind dem Naturforscher in einem harmonischen Wechselwirken nothwendig. Durch Störung dieses Gleichgewichts wird der Naturforscher von der Phantasie zu Träumereien hingerissen, während diese Gabe den talentvollen Naturforscher von hinreichender Verstandesstärke zu den wichtigsten Entdeckungen führt.[1])

II. Analyse und Synthese.

„Ein Jahrhundert, das sich bloss auf die Analyse verlegt, und sich vor der Synthese gleichsam fürchtet, ist nicht auf dem rechten Wege; denn nur beide zusammen, wie Aus- und Einathmen, machen das Leben der Wissenschaft. — Die Hauptsache, woran man bei ausschliesslicher Anwendung der Analyse nicht zu denken scheint, ist, dass jede Analyse eine Synthese voraussetzt. — Sondern und Verknüpfen sind zwei unzertrennliche Lebensacte. Vielleicht ist es besser gesagt, dass es unerlässlich ist, man möge wollen oder nicht, aus dem Ganzen ins Einzelne, aus dem Einzelnen ins Ganze zu gehen; und je lebendiger diese Functionen des Geistes, wie Aus- und Einathmen, sich zusammen verhalten, desto besser wird für die Wissenschaften und ihre Freunde gesorgt sein."

Die vorstehenden Worte von Goethe bezeichnen das nothwendige Wechselverhältniss zwischen der sondernden Analyse und der verknüpfenden Synthese so treffend, dass wir mit keinen besseren Worten die folgende Betrachtung einleiten konnten. Wenn wir hier diese wichtigen gegenseitigen Beziehungen zwischen der analytischen und synthetischen, der auflösenden und zusammensetzenden Naturforschung kurz einer gesonderten Betrachtung unterziehen, so geschieht es hauptsächlich, weil wir die vielfach verkannte nothwendige Wechselwirkung zwischen diesen wichtigen Methoden für die Morphologie besonders eindringlich hervorzuheben wünschen, und weil gerade im gegenwärtigen Zeitpunkte eine klare Beleuchtung dieses Verhältnisses von besonderer Wichtigkeit erscheint. Da die analytische oder sondernde

---

[1]) Johannes Müller, Archiv fur Anatomie etc. I. Jahrgg. 1834. p. 4.

Methode vorzugsweise von der empirischen Naturbeobachtung, die synthetische oder verknüpfende Methode vorzugsweise von der philosophischen Naturbetrachtung angewendet wird, so schliessen sich die folgenden Bemerkungen darüber unmittelbar an das im vorigen Abschnitt Gesagte an. Hiervon ausgehend werden wir schon im Voraus sagen können, dass ein Grundfehler der gegenwärtig in der Biologie herrschenden Richtung in der einseitigen Ausbildung der Analyse, und in der übermässigen Vernachlässigung der Synthese liegen wird. Und so verhält es sich auch in der That. Auf allen Gebieten der organischen Morphologie, in der Organologie und in der Histologie, in der Entwickelungsgeschichte der Individuen und in derjenigen der Stämme, ist man seit langer Zeit fast ausschliesslich analytisch verfahren und hat die synthetische Betrachtung eigentlich nur selten, und in so geringer Ausdehnung, mit so übertriebener Scheu angewendet, dass man sich ihrer Fruchtbarkeit, ja ihrer Unentbehrlichkeit gar nicht bewusst geworden ist. Und doch ist es die Synthese, durch welche die Analyse erst ihren wahren Werth erhält, und durch welche wir zu einem wirklichen Verständniss des durch die Analyse uns bekannt gewordenen Organismus gelangen.

Bei einem Rückblicke auf die beiden empirischen Perioden der Morphologie, die wir im vorigen Abschnitt charakterisirt haben, finden wir, dass zwar Beide, im Gegensatz zu der dazwischen liegenden, vorzugsweis der Synthese zugewandten Periode der Naturphilosophie, vorwiegend die Analyse cultivirten, dass aber die zweite empirische Periode, seit Cuvier, in dieser Beziehung sich noch viel einseitiger entwickelte, als die erste empirische Periode, seit Linné. Denn die von der letzteren fast ausschliesslich betriebene Unterscheidung und Beschreibung der äusseren Körperformen führte immer zuletzt zur Systematik hin, welche an sich schon einen gewissen Grad von synthetischer Thätigkeit erfordert, wogegen die analytische Untersuchung und Darstellung der inneren Körperformen, die „Anatomie" im engeren Sinne, welche Cuvier's Nachfolger vorzugsweise beschäftigte, der Synthese in weit höherem Maasse entbehren konnte. Zwar hatte Cuvier der letzteren das hohe Ziel gesteckt, durch Vergleichung (und das ist ja eben auch Synthese) sich zur vergleichenden Anatomie zu erheben; indess wurde eine wahrhaft philosophische Vergleichung, wie Cuvier selbst und Johannes Müller sie so fruchtbar und so vielfach geübt hatten, von der Mehrzahl ihrer Nachfolger so selten angewandt, dass die meisten Arbeiten, welche sich „vergleichend anatomisch" nennen, diesen Namen nicht verdienen. Diese einseitige Ausbildung der Analyse, welche sich mit der Kenntniss der einzelnen Theile des Organismus begnügt, ohne die Erkenntniss des Ganzen im Auge zu behalten, hat sich in den letzten drei Decennien jährlich in zunehmender Progression gesteigert, insbesondere seitdem Jedermann mit dem Mikroskop anfing „Entdeckungen“ zu machen. Eine möglichst vollständige histologische Analyse des Körpers wurde bald allgemein das höchste Ziel; und über der Beschreibung und Abbildung der einzelnen Zellenformen vergass man völlig den ganzen Organismus, welchen dieselben zusammensetzen.

Nun ist zwar nach unserer Ansicht durch Darwin, welcher die Synthese wieder im grossartigsten Maassstabe aufgenommen und mit dem überwältigendsten Erfolge in der gesammten organischen Morphologie angewandt hat, deren hohe Bedeutung so sehr zu Tage getreten, dass die bisherige einseitige Analyse sich in ihrer exclusiven Richtung nicht fürder wird behaupten können. Indess halten wir es doch nicht für überflüssig, die äusserst wichtige Wechselbeziehung zwischen der analytischen Untersuchung des Einzelnen und und der synthetischen Betrachtung des Ganzen hier nochmals ausdrücklich zu betonen. Allerdings muss die erstere der letzteren vorausgehen, aber nur als die erste Stufe der Erkenntniss, welche erst mit der letzteren ihren wahren Abschluss erreicht. Bleibt die Naturforschung, wie es nur zu häufig geschieht, bei dem Resultate der reinen Analyse stehen, so kommt bei ihr der Spruch von Goethe[1]) zur Anwendung:

„Wer will was Lebendig's erkennen und beschreiben,
Sucht erst den Geist herauszutreiben;
Dann hat er die Theile in seiner Hand,
Fehlt leider nur das geistige Band.“

Der grosse Nachtheil, den die einseitige Ausbildung der Analyse und die Vernachlässigung der Synthese unserer Wissenschaft gebracht hat, zeigt sich vielleicht nirgends in so auffallendem Maassstabe, als in den Folgen, welche für die Morphologie das eben so verderbliche als seltsame Dogma von der Constanz und von der absoluten Individualität der Species gehabt hat. Wer die Geschichte unserer Wissenschaft seit Linné, der sich durch Aufstellung des Species-Begriffs ein grosses Verdienst um die formelle Ausbildung derselben erwarb, kennt, der weiss, dass dieses

[1]) Eine vorzügliche Schilderung des Gegensatzes der Analyse und Synthese, an den hervorragenden Personlichkeiten von Cuvier und Geoffroy S. Hilaire durchgeführt, hat Goethe in seiner merkwürdigen oben erwähnten Kritik der „Philosophie zoologique“ gegeben. Es heisst darin unter Anderem: „Cuvier arbeitet unermüdlich als Unterscheidender, das Vorliegende genau Beschreibender, und gewinnt sich eine Herrschaft uber eine unermessliche Breite. Geoffroy Saint-Hilaire hingegen ist im Stillen um die Analogieen der Geschöpfe und ihre geheimnissvollen Verwandtschaften bemüht; jener geht aus dem Einzelnen in ein Ganzes, welches zwar vorausgesetzt, aber als nie erkennbar betrachtet wird; dieser hegt das Ganze im inneren Sinne, und lebt in der Ueberzeugung fort, das Einzelne könne daraus nach und nach entwickelt werden.“

Dogma seitdem fast allgemein geherrscht hat, und dass nur in der ersten naturphilosophischen Periode Lamarck und eine Anzahl anderer bedeutender Naturforscher die allgemeine Vorstellung von der Wesenheit und Beständigkeit der organischen „Art“ zu verwerfen wagten, während in den beiden empirischen Perioden selbst die bedeutendsten Coryphaeen der Biologie sich dem harten Joche dieses wunderlichen Dogma beugten. Kein anderer Irrthum hat sich so allgemeine Geltung erworben, hat so sehr geschadet als dieser, und auf keinen ist in höherem Grade der bekannte Spruch von Goethe anwendbar: „Immerfort wiederholte Phrasen verknöchern sich zuletzt zur Ueberzeugung, und verstumpfen völlig die Organe des Anschauens.“

Das Dogma von der Constanz der Species behauptet bekanntlich, dass alle organischen Formen sich in den Begriff der Species einpferchen lassen, d. h. in einen geschlossenen und selbstständigen Formenkreis, innerhalb dessen zwar der Species oder Art ein gewisser Grad der Variation zugestanden wird, dessen scharf bestimmte Grenzen aber die Art niemals überschreiten soll. Jede Species ist für sich, unabhängig von den anderen, erschaffen worden, keine ist durch Abänderung aus einer andern hervorgegangen. Als das morphologische Kriterium der Art wird dabei gewöhnlich die Constanz aller „wesentlichen“ Merkmale (und die Variabilität der „unwesentlichen“ Charaktere) angeführt; als das physiologische Kriterium dagegen die Fähigkeit aller Varietäten einer Species, unter sich fruchtbare Bastarde zu erzeugen (und die Unfähigkeit jeder Species, mit irgend einer anderen Art vermischt fruchtbare Bastarde zu erzeugen). Obgleich nun diese Kriterien der Species, gleich allen anderen die man aufzustellen versucht hat, sich leicht und sicher als vollkommen unhaltbare und willkührliche Voraussetzungen ausweisen lassen (wie im dritten Buche gezeigt werden soll), obgleich die Gesammtheit aller allgemeinen organischen Erscheinungs-Reihen auf das Entschiedenste dagegen spricht, obgleich nicht zwei Naturforscher in allen Fällen über die Begrenzung der Species einig sind, so hat dennoch dieses Dogma von der Species-Constanz die gesammte Biologie bis auf Darwin fast allgemein beherrscht. Erst Darwin's gewaltige Argumente vermochten eine Bresche in diese Zwingburg des Wunderglaubens zu schiessen, eine entscheidende Bresche, welche den unüberwindlichen Gedanken des combinirenden synthetischen Verstandes den Weg in dieses innerste Asyl vitalistischer Thorheiten öffnete.

Ohne uns hier weiter auf eine eingehende Widerlegung des Species-Dogma einlassen zu wollen, die späteren Capiteln vorbehalten bleibt, führen wir dasselbe hier nur an, um zu zeigen, welchen verderblichen Einfluss eine ausschliesslich analytische Methode in den Naturwissenschaften ausüben kann. Denn durch keinen Umstand ist das Species-Dogma so sehr gestützt, so allgemein in Geltung und Ansehen erhalten worden, als durch die allgemein vorherrschende analytische Beobachtung einzelner Individuen, und durch den Mangel an synthetischer und vergleichender Betrachtung der Individuen-Summe, welche die Species erst zusammensetzt. Indem man seit Linné fast allgemein und ausschliesslich bemüht war, möglichst viele neue Formen von Organismen als sogenannte Species einzeln aufzustellen, und diese durch präcise Unterschiede von einander möglichst scharf zu unterscheiden, verlor man gänzlich den Blick für die grosse und allgemeine Uebereinstimmung, welche alle verwandten Species auf das Innigste verbindet. Man wandte bei Vergleichung derselben seine ganze Aufmerksamkeit auf die Unterscheidung und Hervorhebung der unbedeutenden äusserlichen Formunterschiede, welche dieser oder jener Theil des thierischen und pflanzlichen Körpers darbot, und man vergass dabei gänzlich die völlige oder doch grosse Uebereinstimmung, welche in allen übrigen wesentlichen Theilen, und insbesonders fast in allen einzelnen Verhältnissen des innern Baues, die verwandten Species zeigen. Ueber einem einzigen unterscheidenden Charakter zweier Formen übersah man völlig die hunderttausend Charaktere, welche beiden gemein sind, und um beide als Species unterscheiden zu können, hob man den ersteren ganz allein hervor, während man von den übrigen völlig schwieg.

Im weiteren Gange der sich entwickelnden Systematik trat nun bald allgemein diese kleinliche Analyse so sehr in den Vordergrund, dass die Unterscheidung der einzelnen Formen, welche ursprünglich nur Mittel zur systematischen Anordnung und Benennung gewesen war, nunmehr selbst Zweck wurde, und dass die Synthese, welche stets mit der Analyse Hand in Hand gehen sollte, nur ganz zuletzt in Anwendung kam, wenn aus den einzelnen isolirten Bausteinen der Species das System aufgebaut werden sollte, in welchem dieselben sich scharf und glatt von einander absetzen mussten. Da nun bei diesem Geschäfte den Systematikern nichts hinderlicher war, als die zahlreichen Mittelformen und Uebergangsstufen, welche die verwandten Arten verbinden, so wurden diese fast allgemein gänzlich vernachlässigt, und statt diesen wichtigsten Wegweisern der natürlichen Verwandtschaft eine besondere Aufmerksamkeit zu schenken, wandte man sich meistens von ihnen mit Widerwillen ab. Nur durch dieses verkehrte Verfahren, durch diese gänzliche Verkennung des natürlichen Zusammenhanges der Arten, und durch diese gegenseitige Zuschärfung der analytischen Untersuchungsmethode und der Species-Dogmatik, war es möglich, das Ansehen der letzteren so allgemein und so lange zu erhalten, und sich der Erkenntniss von der genealogischen Verwandtschaft der Species zu verschliessen, auf welche alle allgemeinen Erscheinungsreihen der organischen Natur mit zwingender Gewalt hindeuten.

Hieraus ergiebt sich nun von selbst, dass wir, um einen neuen Aufschwung der Morphologie herbeizuführen, vor Allem die vergessene und verlassene Synthese wieder in ihre alten Rechte einzusetzen haben. Viele Zweifel gegen die Descendenz-Theorie, viele eingerostete Vorurtheile gegen die Veränderlichkeit der Species werden von selbst fortfallen, sobald man die bereits bekannten Thatsachen-Reihen der Biologie, statt wie bisher sondernd vom analytischen, nun auch einmal verknüpfend vom synthetischen Standpunkte aus betrachtet. In der That genügt in vielen Fällen die einfache Zusammenstellung und Vergleichung einer Reihe von einzelnen Thatsachen, um zu einem ganz entgegengesetzten allgemeinen Schlusse zu gelangen, als dieselben vorher einzeln und für sich betrachtet, ziehen liessen. Nur durch Synthese ist es möglich, zu den wichtigsten allgemeinen Naturgesetzen zu gelangen, zu denen die ausgedehnteste Analyse niemals hinführt.

Wenn man bedenkt, wie höchst einseitig von der gesammten Biologie, insbesondere in den letzten 30 Jahren, die empirische Analyse betrieben worden ist, wie man stets nur bedacht war, das Ganze in seine Theile zu zerlegen, die isolirten Theile zu untersuchen, und sich nicht weiter um den Zusammenhang derselben zu kummern, so wird man über den Widerstand, den die Descendenz-Theorie bei den meisten Biologen noch heute findet, nicht erstaunt sein. Denn es ist ohne Weiteres klar, dass diese Theorie, wie alle ähnlichen grossen und umfassenden Theorieen, wesentlich auf der ausgedehntesten philosophischen Synthese beruht, und dass nur durch die denkende Verknüpfung der zahllosen, von der beobachtenden Analyse gewonnenen Einzelheiten die allgemeinen Gesetze gewonnen werden können, zu denen uns jene Theorie hinführt. Aus diesen Gründen erwarten wir zunächst von einer durchgreifenden und allgemeinen Synthese auf dem gesammten Gebiete der organischen Morphologie den grössten Fortschritt, und sind fest überzeugt, dass durch diese allein schon unsere ganze Wissenschaft ein verjüngtes Ansehen gewinnen wird. Vergessen wir dabei aber niemals, dass empirische Analyse und philosophische Synthese sich gegenseitig bedingen, ergänzen und durchdringen mussen; denn „nur Beide zusammen, wie Ein- und Aus-Athmen, machen das Leben der Wissenschaft."

III. Induction und Deduction.

„Die allein richtige Methode in den Naturwissenschaften ist die inductive. Ihre wesentliche Eigenthümlichkeit, worin eben die Sicherheit der durch sie gewonnenen Resultate begründet ist, besteht darin, dass man mit Verwerfung jeder Hypothese ohne alle Ausnahme (z. B. der Hypothese einer besonderen Lebenskraft) von dem unmittelbar Gewissen der Wahrnehmung ausgeht, durch dieselbe sich zur Erfahrung erhebt, indem man die einzelne Wahrnehmung mit dem anderweit schon Festgestellten in Verbindung setzt, aus Vergleichung verwandter Erfahrungen durch Induction bestimmt, ob sie unter einem Gesetze, und unter welchem sie stehen und so fort, indem man mit den so gefundenen Gesetzen ebenso verfährt, rückwärts fortschreitet, bis man bei sich selbst genügenden, mathematischen Axiomen angekommen ist." Schleiden (Grundzüge der wissenschaftlichen Botanik §. 3. Methodik). [1])

[1]) „Von den Thatsachen werden wir weiter geführt zur Theorie hauptsächlich durch Induction, Hypothese und Analogie. Alle drei sind blosse Wahrscheinlichkeitsschlusse und können also fur sich nie logische Gewissheit geben. Wenn man sie daher richtig gebrauchen will, so muss man sehr genau uber das Verhaltniss derselben zum Ganzen unserer Erkenntnissthätigkeit orientirt sein; denn so wie sie richtig gebraucht die einzigen Förderungsmittel

„Die Methode der Untersuchung, welche uns wegen der Unanwendbarkeit der directen Methoden der Beobachtung und des Experimentirens als die Hauptquelle unserer Kenntnisse, die wir in Beziehung auf die Bedingungen und Gesetze der Wiederkehr der verwickelteren Naturerscheinungen besitzen oder erlangen können, übrig bleibt, wird in dem allgemeinsten Ausdruck die deductive Methode genannt. — Dieser deductiven Methode verdankt der menschliche Geist seine rühmlichsten Triumphe in der Erforschung der Natur. Ihr verdanken wir alle Theorieen, durch welche ausgedehnte und verwickelte Naturerscheinungen in wenigen Gesetzen umfasst werden, und die, als Gesetze dieser grossen Erscheinungen betrachtet, durch directes Studium nie hätten entdeckt werden können.[1])

---

aller Erfahrungswissenschaft sind, so werden sie, fehlerhaft oder leichtfertig angewendet, auch die Quelle aller Verkehrtheiten und Phantasieen, die beständig in der Geschichte der Wissenschaft auftauchen, dieselbe verwirren und in ihrem Fortschritt hemmen.

Alle drei, Induction, Hypothese und Analogie, sind unvollständige divisive Schlüsse, die Induction unter kategorischer Form, indem ich von vielen Fällen (statt von allen) auf die Gültigkeit einer allgemeinen Regel, die Hypothese unter hypothetischer Form, indem ich von einigen Folgen (statt von allen) auf die Einheit des Grundes schliesse, endlich die Analogie, welche eigentlich nur der durch Induction gefundenen Regel unterordnet, wo es also allein auf die Gültigkeit der Induction ankommt. Dass wir einem solchen unvollstandigen Schlusse, bei dem bloss logisch gar keine Schlusskraft vorhanden ist, vollen Glauben beimessen, liegt in der Natur der erkennenden Vernunft, welche überall Einheit und Zusammenklang in ihren Erkenntnissen fordert. Die Schlussformen gelten aber desshalb auch nur im Einklang mit der ganzen Erkenntnisskraft und den daraus abzuleitenden Principien." Schleiden (l. c.) § 4. Von der Induction insbesondere.

[1]) „Die deductive Methode ist bei dem gegenwärtigen Stande der Wissenschaft unwiderruflich bestimmt, den Gang der wissenschaftlichen Untersuchung von nun an zu beherrschen. Friedlich und allmählig geht in der Wissenschaft eine Revolution vor sich, das Gegentheil von der, an welche Bacon seinen Namen knüpfte. Dieser grosse Mann verwandelte die deductive Methode der Wissenschaften in eine experimentelle, die sich nun wieder in die deductive umkehrt. Aber die Deductionen, welche Bacon verbannte, waren aus voreilig erhaschten oder willkührlich angenommenen Prämissen abgeleitet. Die Principien waren weder durch die gesetzmässigen Regeln der experimentellen Forschung festgesetzt, noch waren die Resultate durch jenes unentbehrliche Element einer rationellen deductiven Methode, die Bestatigung durch die specifische Erfahrung geprüft.

„Unter den unseren Fähigkeiten zugänglichen Gegenständen sind diejenigen, welche noch in einem Zustande von Düsterheit und Ungewissheit verweilen (indem das Aufeinanderfolgen ihrer Erscheinungen noch nicht unter feste und erkennbare Gesetze gebracht worden ist), meistens von einer verwickelten Natur, solche in denen viele Agentien thätig sind, deren Wirkungen sich fortwährend aufheben oder vermischen. Die Entwirrung dieses Knäuels ist eine Aufgabe,

Die deductive Methode besteht aus drei Operationen: die erste ist eine directe Induction, die zweite eine Folgerung, die dritte eine Bestätigung. Ich nenne den ersten Schritt in dem Verfahren eine inductive Operation, weil eine directe Induction als die Basis des Ganzen vorhanden sein muss, obgleich in vielen besonderen Untersuchungen die Induction von einer früheren Deduction vertreten werden kann; die Prämissen dieser früheren Deduction müssen aber von einer Induction abgeleitet sein. — Die Gesetze einer jeden besonderen Ursache, die Antheil an der Erzeugung der Wirkung nimmt, zu ermitteln, ist daher das erste Erforderniss (das erste Stadium) der deductiven Methode; — der zweite Theil (das zweite Stadium) derselben ist die Bestimmung aus den Gesetzen der Ursachen, welche Wirkung eine gegebene Combination dieser Ursachen hervorbringen wird. Dies ist ein Process der Berechnung in dem weitesten Sinne des Wortes, und schliesst häufig eine Berechnung in dem engeren Sinne ein. — Den dritten wesentlichen Bestandtheil (das dritte Stadium) der deductiven Methode, und ohne welchen alle Resultate, die sie gewähren kann, keinen anderen Werth haben, als den einer Vermuthung, bildet die Bestätigung (Verification) oder Probe der Folgerung. Um das Vertrauen auf die durch Deduction erhaltenen allgemeinen Schlüsse zu rechtfertigen, müssen diese Schlüsse bei einer sorgfältigen Vergleichung mit den Resultaten der directen Beobachtung, wo man sie immer haben kann, übereinstimmend befunden werden." John Stuart Mill (die inductive Logik. Braunschweig, 1849; p. 180, 181, 187, 190).

An die Spitze dieses Abschnittes, welcher die höchst wichtige und nothwendige Wechselwirkung der inductiven und der deductiven Methode erläutern soll, stellen wir die Aussprüche zweier ausgezeichneter Männer, von denen der eine als „Naturforscher", der andere als „Philosoph" die grössten Verdienste hat. Auf den ersten Blick scheinen sich vielleicht beide geradezu zu widersprechen. Schleiden preist die inductive, Mill die deductive Methode, welche diametral von der ersteren verschieden zu sein scheint, als die „allein richtige" und ausschliesslich zu befolgende Methode der Naturwissenschaft. Indessen ergiebt eine genauere Betrachtung ihrer Erklärungen alsbald, dass dieser Gegensatz nur ein theilweiser, nur insofern vorhanden ist,

---

welche von Schwierigkeiten begleitet ist, die, wie bereits gezeigt wurde, nur durch die Deduction allein gelöst werden können. Deduction heisst das grosse wissenschaftliche Werk unserer und der zukünftigen Zeiten. Der Theil, welcher fortan der specifischen Erfahrung bei der Vervollkommnung der Wissenschaft bewahrt ist, besteht hauptsächlich darin, dass sie dem deductiven Forscher Winke giebt, die er zu verfolgen hat, und in der Bestätigung oder Einschränkung seiner Schlüsse." John Stuart Mill (l. c.) p. 223, 224.

als Schleiden für die philosophische Naturwissenschaft eine engere, Mill eine weitere Grenze der Schlussfolgerung aus der Beobachtung zieht. Allerdings will der erstere zunächst nur die Induction gelten lassen und schliesst die Deduction ganz aus, während der letztere die Induction ausdrücklich nur als eine Voraussetzung, als das nothwendige „erste Stadium“ der Deduction gelten lässt. Nach Schleiden würde die Erfahrung nur vom Einzelnen aus in das Ganze, vom Besonderen aus in das Allgemeine gehen und nur von der Wirkung aus auf die Ursache, von der Thatsache aus auf das Gesetz schliessen dürfen. Nach Mill dagegen darf die Naturwissenschaft nicht auf dieser Stufe stehen bleiben, sondern sie darf und muss auch den umgekehrten Weg der Schlussfolgerung gehen; sie darf und muss von dem Ganzen auf das Einzelne, von dem Allgemeinen auf das Besondere schliessen; sie darf und muss aus der Ursache die Wirkung, aus dem Gesetze die Thatsache folgern können.

Die hier offen zu Tage tretende thatsächliche Differenz über die wichtigste Methode der Naturforschung zwischen zwei scharfsinnigen Männern, die beide mit tiefem philosophischen Blick die Geistesoperationen der naturwissenschaftlichen Schlussfolgerungen untersucht haben, ist desshalb für uns von hohem Interesse, weil sie uns auf zwei verschiedene Denkweisen unter den biologischen Naturforschern hinweist, die gerade jetzt im Begriffe sind, sich mit mehr oder weniger klarem Bewusstsein von einander zu trennen und einseitig sich gegenüber zu treten. Es kann nämlich keinem Zweifel unterliegen, dass die von Schleiden als die allein richtige Methode gepriesene Induction, welche damals allerdings, den phantastischen Träumereien und den unreifen Deductionen der früheren Naturphilosophen gegenüber, vollkommen am Platze war, durch ihre ausschliessliche Geltung sehr viel zu der einseitigen „exact-empirischen“ Richtung beigetragen hat, die in den letzten Decennien mehr und mehr die herrschende geworden ist. Indem man hier immer allgemeiner nur die Induction allein als die „eigentliche“ Methode der Naturforschung gelten liess und die Deduction völlig ausschloss, beraubte man sich selbst des fruchtbarsten Denkprocesses, der gerade in den biologischen Disciplinen zu den grössten Entdeckungen führt. Zum Wenigsten wollte man Nichts von demselben wissen, wenn gleich man unbewusst sich desselben häufig und mit dem grössten Erfolge bediente. Denn es ist nicht schwer nachzuweisen, dass die wichtigsten Entdeckungen, welche in dem letztverflossenen Zeitraum gemacht wurden, und insbesondere die allgemeineren biologischen Gesetze, zu denen man gelangte, zwar durch vorhergehende und höchst wesentliche, aber nicht durch ausschliessliche Hülfe der Induction gemacht wurden, dass vielmehr fast immer die der Induction nachfolgende, meist unbewusste Deduction die allgemeine und sichere Geltung der Erfahrung erst begründete.

Wenn die Induction ausschliesslich in dem strengsten Sinne, wie Schleiden will, die Methode der naturwissenschaftlichen Untersuchung und Schlussfolgerung sein und bleiben sollte, so würde der Fortschritt unserer Erkenntnisse und ganz besonders der Fortschritt in der Feststellung allgemeiner Gesetze nur ein äusserst langsamer und allmähliger sein; ja, wir würden sogar zur Aufstellung der allgemeinsten und wichtigsten Naturgesetze niemals gelangen, und den allgemeinen Zusammenhang der grössten und umfassendsten Erscheinungsreihen niemals erkennen. Zu diesen können wir immer nur durch deductive Verstandes-Operationen gelangen, und zwar nur durch reichliche und häufige, allerdings aber auch nur durch richtige und sehr vorsichtige Anwendung der Deduction.

Induction und Deduction stehen nach unserer Ansicht in der innigsten und nothwendigsten Wechselwirkung, in ähnlicher Weise, wie es Goethe von der Analyse und Synthese ausspricht: „Nur Beide zusammen, wie Aus- und Ein-Athmen, machen das Leben der Wissenschaft.“ Mill ist sicher im vollkommensten Rechte, wenn er der Deduction die grösste Zukunft prophezeit, und die Induction vorzüglich nur als die erste Stufe, als das erste Stadium der Deduction gelten lässt. Diese Vorbedingung ist für eine richtige Deduction aber auch unerlässlich. Entweder muss eine directe Induction die Basis der ganzen deductiven Operation bilden, oder es muss statt jener directen Induction eine andere Deduction zu Grunde liegen, die selbst wieder direct oder indirect durch eine Induction sicher begründet ist. Es muss also in allen Fällen, — und dies hervorzuheben ist sehr wichtig — eine Induction die Basis, den ersten Schritt des ganzen Schlussverfahrens bilden, und erst auf dieser Basis kann sich dann die Deduction sicher aufbauen.

Es wird also dadurch, dass man die deductive Methode als die wichtigste, fruchtbarste und bedeutendste der naturwissenschaftlichen Forschung hinstellt, die Bedeutung der inductiven Methode keineswegs geschmälert, sondern vielmehr nur insofern modificirt, als sie die nothwendige Basis, die unentbehrliche Einleitung der ersteren sein muss. Wir können mithin allgemein aussprechen, dass die Induction die erste, unentbehrlichste und allgemeinste Methode der Naturforschung sein muss, dass aber die letztere, wenn sie zu allgemeinen Gesetzen gelangen, diese mit Sicherheit beweisen und den fundamentalen und allgemeinen Zusammenhang der Erscheinungen erkennen will, nicht bei der Induction stehen bleiben darf, sondern sich zur Deduction wenden muss. Die Induction gelangt durch vergleichende Zusammenstellung vieler einzelner verwandter specieller Erfahrungen zur Aufstellung eines allgemeinen Gesetzes. Die Deduction folgert aus diesem generellen Gesetze eine einzelne specielle Thatsache. Wird diese letztere nun nachher durch die Erfahrung als wirklich erwiesen, so war die deductive Folgerung richtig, und durch die Probe oder Verification, welche diese nachträgliche Erfahrung liefert, ist das Gesetz bestätigt, ist die allgemeine Gültigkeit des Gesetzes mit weit grösserer Sicherheit festgestellt, als es durch die Induction jemals hätte geschehen können.

Eine klare und vollständige Erkenntniss von dem Wesen dieser beiden wichtigsten Verstandes-Operationen, eine vollkommene Ueberzeugung von der Nothwendigkeit ihrer präcisen Anwendung, und eine richtige Auffassung des innigen gegenseitigen Wechselverhältnisses, in welchem Induction und Deduction zu einander stehen, halten wir für äusserst wichtig, und für einen jeden Naturforscher, der die Mittel zur Lösung seiner Aufgabe klar erkennen und sein Ziel mit Bewusstsein verfolgen will, ganz unerlässlich. Wenn die meisten Naturforscher gegenwärtig von diesen Methoden, sowie überhaupt von einer streng philosophischen Behandlung ihrer Aufgabe, Nichts wissen und leider auch meist Nichts wissen wollen, so ist es ihr eigener schlimmer Nachtheil. Denn thatsächlich können sie diese beiden wichtigsten Geistesoperationen des Naturforschers nirgends entbehren, und thatsächlich bedienen sie sich derselben fortwährend, wenn auch ganz unbewusst, und daher meist unvollständig. Inductive und deductive Methode sind keineswegs, wie Viele meinen, besondere Erfindungen der Philosophen, sondern es sind natürliche Operationen des menschlichen Geistes, welche wir überall und allgemein, wenn auch meist unklar, unvollständig und unbewusst anwenden. Wenn aber die wissenschaftliche Anwendung der Induction und Deduction mit Bewusstsein erfolgt, wenn sich der Naturforscher der Bedeutung und des Nutzens, der Tragweite und der Gefahren dieser Methoden bewusst ist, so kann er sich derselben mit weit grösserem Erfolge und mit weit vollkommnerer Sicherheit bedienen, als wenn er sie unklar, unbewusst und daher unvollständig und unvorsichtig anwendet. Jeder Wanderer, der auf verwickelten Wegen, durch Wald und Feld, über Berg und Thal, sein Wanderziel verfolgt, erreicht dasselbe rascher und sicherer, mit weniger Gefahr des Irrthums und mit geringerem Zeitaufwand, wenn er die Wege kennt, als wenn sie ihm unbekannt sind. Methoden, und zwar ganz vorzüglich die philosophischen Methoden der Naturwissenschaft, sind aber nichts Anderes, als Wege der Forschung, und wer diese Wege genau kennt und mit sicherem Bewusstsein verfolgt, wird sein wissenschaftliches Ziel ohne Zweifel immer besser und schneller erreichen, als derjenige, dem diese Kenntniss der richtigen Wege fehlt.

Obwohl Induction und Deduction zweifelsohne die wichtigsten psychischen Functionen des erkennenden Menschen, und vor Allem des am tiefsten und gründlichsten erkennenden Menschen, d. h. des Naturforschers sind, so mangelt es dennoch gänzlich an einer gründlichen psychologischen Erläuterung derselben. Freilich geht es hier diesen beiden Methoden nicht viel schlechter, als vielen anderen wichtigen Denkprocessen. Auf eine wahrhaft natürliche, d. h. genetische Erklärung derselben werden wir erst dann hoffen können, wenn ein naturwissenschaftlich und namentlich biologisch gebildeter Philosoph, d. h. ein an klares strenges Denken gewöhnter Naturforscher (eine seltene Erscheinung!) endlich einmal eine vergleichende Psychologie schaffen wird, d. h. eine Seelenlehre, welche die gesammten psychischen Functionen durch die ganze Thierreihe und namentlich durch die Stufenleiter des Wirbelthier-Stammes hindurch verfolgt und die allmählige Differenzirung derselben bis zu ihrer höchsten Blüthe im Menschen nachweist. Da diejenigen Functionen des Centralnervensystems, welche man unter dem Namen des „Seelenlebens“ zusammenfasst, durchaus nach denselben Gesetzen entstehen und sich entwickeln, durchaus in gleicher Weise an die sich differenzirenden Organe gebunden sind, wie die übrigen somatischen Functionen, so können wir zu einer richtigen Erkenntniss derselben (die einen Theil der Physiologie bildet) auch nur auf dem gleichen Wege wie bei den letzteren gelangen, d. h. auf dem vergleichenden und dem genetischen Wege. Nur allein die Vergleichung der verschiedenen Entwickelungsstufen des Seelenlebens bei unseren Verwandten, den übrigen Wirbelthieren, das Studium der allmähligen Entwickelung desselben von frühester Jugend an bei allen Vertebraten, und die Herstellung der vollständigen Stufenleiter von allmähligen Uebergangsformen, welche das Seelenleben von den niederen zu den höheren Wirbelthieren, und insbesondere von den niedersten Säugethieren an bis zu den höchsten, von den Beutelthieren durch die Reihe der Halbaffen und Affen hindurch bis zum Menschen darstellt — nur allein diese auf dem vergleichenden und genetischen Wege erlangten psychologischen Erkenntnisse werden uns das volle Verständniss unseres eigenen Seelenlebens eröffnen und uns die bewunderswürdig weit gehende Differenzirung der psychischen Functionen erkennen lassen, welche uns vor allen andern Wirbelthieren auszeichnet.[1])

[1]) Wenn wir hier die Differenzirung und Entwickelung der menschlichen Psyche im Ganzen genommen über diejenige aller anderen Wirbelthiere stellen, so wird vielleicht die vergleichende und genetische Psychologie diese Ansicht künftig insofern einschränken, als sie darthun, wird dass einzelne Seelenerscheinungen, welche den drei Functionsgruppen des Erkennens (Denkens), Wollens und Empfindens untergeordnet sind, bei einzelnen Wirbelthieren höher als beim Menschen entwickelt sind. Gegenwärtig lässt sich über diesen äusserst wichtigen und interessanten Gegenstand fast noch Nichts aussagen, da erst sehr wenige ernste Versuche zu einer wissenschaftlichen, d. h. vergleichenden und genetischen Psychologie der Wirbelthiere gemacht sind. Der gänzlich nichtssagende Ausdruck „Instinkt,“ mit welchem man das gesammte Seelenleben der Thiere, gegenüber dem des Menschen zu bezeich-

Dass die inductive und deductive Geistesoperation bei den uns nächstverwandten Wirbelthieren überall nach denselben Gesetzen und in derselben Weise, wie bei uns selbst, zu Stande kommt und angewendet wird, und dass hier nur quantitative, keine qualitativen Differenzen sich finden, lehrt jede nur einigermaassen unbefangene und sorgfältige Beobachtung, z. B. schon bei den uns am meisten umgebenden Hausthieren. Auch hier gehören inductive und deductive Erkenntnisse zu den allgemeinsten und wichtigsten psychischen Processen. Wenn z. B. Jagdhunde, wie bekannt, in die tödtlichste Angst gerathen, sobald der Jäger das Schiessgewehr auf sie anlegt, so ist diese Erregung die Folge eines vollständigen inductiven und deductiven Denkprocesses. Durch zahlreiche einzelne Erfahrungen haben sie die tödtliche Wirkung des Schiessgewehrs kennen gelernt. Sie schliessen daraus, dass diese Wirkung stets eintritt, sobald das Gewehr auf ein lebendes Wesen gerichtet wird. Aus diesem als allgemein erkannten Gesetze folgern sie, dass in diesem speciellen Falle dieselbe Wirkung eintreten werde, und wenn der Jäger nun wirklich auf sie schösse, so hätten sie den vollständigen Beweis von der Richtigkeit ihres deductiven Schlusses erhalten. Auf dieselben psychischen Operationen gründet sich auch die gesammte Erziehung der Hausthiere, wie der Menschenkinder, mittelst der gebräuchlichsten und allgemeinsten Erziehungsmittel, der Schläge. Ein Pferd z. B. macht in zahlreichen einzelnen Fällen die Erfahrung, dass mit einem bestimmten Zurufe des Kutschers Schläge verbunden sind, die aufhören, so bald es sich in Trab setzt. Es folgert daraus durch Induction das Gesetz (die Erziehungs-Maxime), dass diese Schläge constant und allgemein mit dem Zurufe verbunden sind, und setzt sich, um jene zu vermeiden, späterhin sofort von selbst in Trab, sobald der Zuruf ertönt. Das Pferd schliesst hier in jedem einzelnen Falle durch Deduction zurück, dass auf den Zuruf die Schläge erfolgen werden, und wenn sie wirklich erfolgen, so war die Verification seiner Deduction geliefert.

Diese einfachen Verhältnisse der Induction und Deduction, welche gewissermassen eine in sich selbst zurücklaufende Kette von Ideen-Associationen herstellen (indem von vielen Einzelnen auf das Allgemeine geschlossen und von diesem auf ein anderes Einzelnes zurück geschlossen wird), sind ganz dieselben, welche zur Erkenntniss der complicirtesten Verhältnisse und zur Entdeckung der wichtigsten Gesetze in der Naturwissenschaft geführt haben. Vor Allen in den am meisten „exacten" Wissen-

---

nen pflegt, ist nur ein trauriger Deckmantel für unsere bodenlose Unkenntniss. Wenn man freilich bedenkt, wie gänzlich verkehrt noch unser gesammter Jugendunterricht ist, wie wir von den Thieren, mit denen wir leben, und die unsere nächsten Verwandten sind, fast Nichts lernen, wie unsere sogenannten „gebildeten" Gesellschaftsklassen sich in der gröbsten Unkenntniss der Natur, die sie umgiebt, in der vollkommensten Unklarheit über ihre Beziehungen zu derselben befinden, so kann man sich nicht wundern, wenn gerade über diesen wichtigsten Punkt, über die qualitative Uebereinstimmung (und die nur quantitative Differenz) der menschlichen und thierischen Psyche die verkehrtesten Vorstellungen herrschen.

schaften, in der Astronomie und Mechanik, in der Chemie und Physik, in der Geologie und Mineralogie wird von der inductiven und der ergänzenden deductiven Methode allgemein der weiteste und fruchtbarste Gebrauch gemacht. Nur in den biologischen Wissenschaften, und ganz besonders in der Morphologie der Organismen, besteht noch allgemein eine solche Scheu vor Anwendung dieser wichtigsten Erkenntniss-Methoden, dass man sich lieber der rohesten und gedankenlosesten Empirie in die Arme wirft, als dass man zu ihnen seine Zuflucht nähme. Fragen wir nach den Gründen dieser seltsamen Erscheinung, so finden wir sie auch hier wieder theils in der allgemeinen Abneigung der Biologen, und namentlich der Morphologen, gegen alle strengen philosophischen Methoden, theils in der Unkenntniss derselben, theils in der Furcht vor den Schwierigkeiten ihrer Anwendung und vor den Gefahren, welche dieselben mit sich bringen.

Nun ist es allerdings richtig, dass diese Gefahren, welche in der natürlichen Unvollständigkeit, in der nur annähernden Sicherheit der inductiven und deductiven Methode selbst begründet sind, gerade auf dem Gebiete der organischen Morphologie grösser sind, als irgendwo. Denn nirgends so wie hier ist einer subjectiven und willkührlichen Erkenntniss Thür und Thor geöffnet; nirgends gelten so wenig feste unverbrüchliche Gesetze und Regeln als auf diesem Gebiete; und nirgends so wie hier, gehen factisch die Ansichten der verschiedenen Naturforscher über eine und dieselbe Sache auf das Weiteste aus einander. Allein wenn auch der Weg hier besonders schlüpfrig und gefährlich, wenn der Irrthum und Fehltritt hier besonders leicht und nahe ist, so müssen wir dennoch diesen Weg betreten, als den einzig möglichen, auf dem wir überhaupt vorwärts kommen können.

Auf allen Gebieten der organischen Morphologie, in der Tectologie wie in der Promorphologie, in der Ontogenie wie in der Phylogenie, überall werden wir der Induction und der darauffolgenden Deduction, deren Verification selbst erst die Induction sicher stellt, den weitesten Spielraum gönnen, die allgemeinste Anwendung geben müssen, wenn wir überhaupt zu unserm Ziele, zur Erkenntniss allgemeiner Bildungsgesetze gelangen wollen. Kaum werden wir aber so oft und so allgemein irgendwo inductive und deductive Methode verbunden zur Anwendung bringen müssen, als in der Phylogenie, in der paläontologischen Entwickelungsgeschichte und der genealogischen Verwandtschaftslehre der Organismen. Hier beruht geradezu jeder Fortschritt zu der Erkenntniss der allgemeinen Gesetze auf der weitesten und vollständigsten Anwendung der Deduction. Mit der Induction allein würden wir hier keinen Schritt vorwärts kommen. Die Induction fusst ausschliesslich auf der unmittelbaren sinnlichen Wahrnehmung. Da wir nun von keinem einzigen fossilen, ausgestorbenen Organismus den ganzen Körper, sondern stets nur einzelne Theile desselben, meist sogar nur unbedeutende Fragmente kennen, so müssen wir nothwendig zur Ergänzung derselben unsere Zuflucht zur Deduction nehmen. Wir haben aus der vergleichenden Anatomie der lebenden Verwandten des fossilen Organismus, von dem wir nur ein kleines, aber charakteristisches Fragment besitzen, die allgemeinen Organisationsgesetze inductiv erschlossen, welche dieser ganzen Gruppe eigenthümlich sind, und wir folgern daraus, dass auch diese ausgestorbene Art dieselben Verhältnisse gezeigt haben werde. Finden wir nun nachträglich noch vollständigere Reste derselben, welche diese Folgerung bestätigen, so ist unsere Deduction verificirt. Cuvier hatte durch die genauesten vergleichend anatomischen Untersuchungen sich (auf inductivem Wege) eine vollständige Kenntniss vom Bau der Beutelthiere gebildet. Als ihm eines Tages ein fossiler Unterkiefer gebracht wurde, schloss er aus einer gewissen Formeigenthümlichkeit desselben sofort (auf deductivem Wege), dass derselbe einem Beutelthier angehöre, und die nachfolgende Ausgrabung des ganzen Skelets verificirte diese Deduction vollständig, machte die Probe, die zu seiner Rechnung stimmte.

In äusserst zahlreichen Fällen bilden wir uns auf vergleichend anatomischem und embryologischem Wege, durch Induction, bestimmte allgemeine Vorstellungen von den natürlichen Verwandtschaftsverhältnissen ganzer Organismen-Gruppen. Diese drücken wir am kürzesten und anschaulichsten dadurch aus, dass wir dieselben in Form eines Stammbaums, einer genealogischen Tabelle zusammenstellen. Niemals aber ist dieser Stammbaum vollständig, indem immer zahlreiche (lebende oder fossile) Uebergangsglieder zwischen den verwandten Formen fehlen. Durch Deduction schliessen wir auf die (jetzige oder frühere) Existenz dieser verbindenden Uebergangsglieder, und wenn dieselben (wie das schon oftmals geschehen ist) nachträglich wirklich entdeckt werden, so ist unsere Deduction durch die nachfolgende Verification auf das Glänzendste gerechtfertigt.

Viertes Capitel: Zweite Hälfte.

Kritik der naturwissenschaftlichen Methoden, welche sich gegenseitig nothwendig ausschliessen müssen.

IV. Dogmatik und Kritik.

„In aller Bearbeitung der Wissenschaften treten sich stets zwei Methoden als unmittelbare Gegensätze gegenüber. Einerseits ist es die dogmatische Behandlung, die schon Alles weiss, der mit ihrem augenblicklichen Standpunkt die Geschichte ein Ende erreicht hat, die ihre Weisheit wohl vertheilt und wohl geordnet vorträgt, und von ihren Schülern keinen andern Bestimmungsgrund zur Annahme des Gehörten fordert, als das αὐτὸς ἔφα. Dieser in ihrem ganzen Wesen falschen Weise tritt nun die andere entgegen, die wir für die reine Philosophie die kritische, für die angewandte Philosophie und für die Naturwissenschaften die inductorische Methode nennen; die sich bescheidet noch wenig zu wissen; die ihren Standpunkt von vornherein nur als eine Stufe in der Geschichte der Menschheit ansieht, über welche hinaus es noch viele folgende und höhere giebt, die aber freilich nur als ihr folgende angesehen werden können; und die ihre Schüler auffordert, sie zu begleiten und unter ihrer Anleitung im eigenen Geist und in der Natur zu suchen und zu finden." [1]) Schleiden (Grundzüge der wissensch. Botanik, III. Aufl. p. 4).

Obgleich es wohl nach dem vorstehenden Ausspruche Schleidens, der den Gegensatz zwischen kritischer und dogmatischer Methode scharf characterisirt, scheinen könnte, als ob die kritische Methode mit der im vorigen Abschnitte erläuterten inductiven Methode identisch sei, so glauben wir doch, dass man richtiger die letztere nur als einen Inhaltstheil der ersteren, als eine ihr subordinirte Methode auffasst. Der Umfang des Begriffs der „Kritik" ist weiter, als derjenige der „Induction", und nach unserer Ueberzeugung muss auch die Deduction, welche doch von der Induction wesentlich verschieden und ihr gewissermaassen entgegengesetzt ist (indem sie umgekehrt verfährt), stets nicht minder „kritisch" zu Werke gehen, als die Induction selbst. Wir halten es daher nicht für überflüssig, die Bedeutung der kritischen Forschungsmethode hier noch besonders zu erörtern; um so mehr, als einerseits wir im vorigen Abschnitt die Induction nur im Gegensatz zur Deduction (und nicht zur Dogmatik) besprochen haben, andererseits aber die nur allzuhäufige Vernachlässigung der kritischen Methode den biologischen Naturwissenschaften, und ganz besonders den verschiedenen Zweigen der organischen Morphologie offenbar geschadet hat.

Denn wenn man die vielen grundverschiedenen Ansichten überblickt und vergleicht, welche von den verschiedenen Morphologen zur Erklärung sowohl zahlloser Einzel-Erscheinungen als auch grösserer Erscheinungsreihen auf dem botanischen und zoologischen Gebiete aufgestellt worden sind, so erkennt man bald, dass nicht bloss die Schwierigkeit des höchst verwickelten Gegenstandes selbst, sondern mehr noch Mangel an allgemeinem Ueberblick, und vor Allem Mangel an Kritik diese grellen und seltsamen Widersprüche bedingt. Statt umsichtiger

---

[1]) „Freilich ist die dogmatische Methode in ihrer strengsten Consequenz eine an sich unmögliche, und jeder Einzelne, der ihr anhängt, muss immer mehr oder weniger eine Zeit lang der kritischen Methode gefolgt sein, um nur zur dogmatischen Behandlungsweise kommen zu können; und seine wissenschaftliche Thätigkeit wird daher sehr verschiedene Abstufungen darbieten, je nachdem er mehr oder weniger die allein richtige kritische Methode in Anwendung gebracht und in seiner Darstellung durchscheinen lässt. Verfolgen wir nun von diesem Gesichtspunkte aus die Geschichte der Menschheit, so sehen wir, wie aller Fortschritt in den einzelnen Disciplinen immer nur an die Herrschaft der inductiven und kritischen Methoden geknüpft ist, und wie sich die einzelnen Methoden erst ganz allmählig eine nach der anderen das Bewusstsein der allein richtigen Methode erobern." Schleiden (l. c.) p. 5.

und auf breite inductive Basis wohl begründeter Theorieen, treffen wir vielmehr fast allenthalben höchst vage Hypothesen von durchaus dogmatischem Character an; ja bei aufrichtiger Prüfung des gegenwärtigen Zustandes unserer Wissenschaft müssen wir zu unserm Leidwesen gestehen, dass überall in derselben die dogmatische Richtung noch weit über die kritische überwiegt.

Leider ist dieser höchst schädliche Mangel an Kritik so allgemein und hat insbesondere in den letzten Decennien, gleichzeitig und in gleichem Schritt mit dem extensiven Wachsthum und der damit verbundenen Verflachung der organischen Morphologie, so sehr zugenommen, dass wir kein einzelnes Beispiel anzuführen und den unparteiischen Leser bloss zu ersuchen brauchen, einen Blick in eine beliebige Zeitschrift für „wissenschaftliche" Zoologie oder Botanik zu werfen, um sich von dem dogmatischen und kritiklosen Character der meisten Arbeiten zu überzeugen. Nirgends aber tritt dieser Character so nackt und abschreckend zu Tage, als in der Mehrzahl derjenigen Schriften, welche die Species-Frage behandeln, und insbesondere in denjenigen, welche die Descendenz-Theorie zu bekämpfen suchen. Dass gerade in dieser hochwichtigen allgemeinen Frage die gänzlich dogmatische und kritiklose Richtung der organischen Morphologie in ihrer ganzen Blösse und Schwäche auftritt, kann freilich Niemanden überraschen, der durch eigene systematische Studien sich einen Begriff von dem ausserordentlichen Gewicht dieser allgemeinen Frage gebildet und dabei die Ueberzeugung gewonnen hat, dass hier ein einziges colossales Dogma die gesammte Wissenschaft nach Art des drückendsten Absolutismus beherrscht. Denn nur als ein colossales Dogma, welches ebenso durch hohes Alter geheiligt, und durch blinden Autoritätenglauben mächtig, wie in seinen Praemissen haltlos und in seinen Consequenzen sinnlos ist, müssen wir hier offen die gegenwärtig immer noch herrschende Ansicht bezeichnen, dass die Species oder Art constant und eine für sich selbstständig erschaffene Form der Organisation ist.

„Immerfort wiederholte Phrasen verknöchern sich zuletzt zur Ueberzeugung und verstumpfen völlig die Organe des Anschauens." Dieses goldene Wort Goethe's findet nirgends in höherem Grade Geltung, als in dieser Frage. In der That, wenn man mit kritischer Vorurtheilslosigkeit unbefangen alle Voraussetzungen erwägt, auf welche die Anhänger des Species-Dogma sich stützen, und die Folgerungen zieht, welche nothwendig aus demselben gezogen werden müssen, so begreift man nur durch Annahme „einer völligen Verstumpfung der Organe des Anschauens," wie dieses in sich hohle und widerspruchsvolle Dogma 130 Jahre hindurch fast unangefochten bestehen, und wie dasselbe nicht allein die Masse der gedankenlosen Naturbeobachter, sondern auch die besten und denkendsten Köpfe der Wissenschaft beherrschen konnte. Seltsames Schauspiel! Einem Götzen gleich steht allmächtig und allbeherrschend dieses paradoxe Dogma da, welches Nichts erklärt und Nichts nützt, und welches zu der Gesammtheit aller allgemeinen biologischen Erscheinungsreihen sich im entschiedensten Widerspruche befindet. Während alle einzelnen grösseren und kleineren Thatsachen-Reihen, welche auf dem Gebiete der Biologie, und namentlich der Morphologie, seit mehr als hundert Jahren sich so massenhaft angehäuft haben, übereinstimmend und gleichsam spontan zu dem grossen Resultate hinleiten, dass die unendliche Mannichfaltigkeit der Thier- und Pflanzen-Formen die reich differenzirte Nachkommenschaft einiger weniger einfacher gemeinsamer Stammformen sei, während alle anatomischen und embryologischen, alle paläontologischen und geologischen Data ebenso einfach als nothwendig auf dieses gewaltige Resultat hinarbeiten, bleibt die entgegengesetzte, rein dogmatische und durch keine Thatsachen gestützte Ansicht über ein Jahrhundert lang allgemein herrschend! Credunt, quia absurdum est!

In Wahrheit ist diese Betrachtung für die Geschichte der Wissenschaft von hohem Interesse, und keine andere kann uns in so hohem Grade vor den Gefahren und Nachtheilen einer dogmatischen und lediglich durch die Autorität gestützten Anschauungsweise warnen, und so nachdrücklich auf die Nothwendigkeit einer strengen kritischen Untersuchungsmethode hinweisen. Wären die Morphologen nur mit etwas mehr Kritik verfahren und hätten sie die Autorität des Species-Dogma nur etwas weniger gefürchtet, so hätte dasselbe schon längst in sich zusammenstürzen müssen. Und wieviel weiter wären wir dadurch gekommen! So aber bewährt sich auch hier wieder der alte Spruch von Goethe: „Die Autorität verewigt im Einzelnen, was einzeln vorüber gehen sollte, lehnt ab und lässt vorüber gehen, was festgehalten werden sollte, und ist hauptsächlich Ursache, dass die Menschheit nicht vom Flecke kommt.“

Wenn wir näher nach den Ursachen fragen, welche dem Dogmatismus auf dem biologischen Gebiete eine so ausgedehnte Herrschaft und eine so feste Geltung verschafft haben, so finden wir sie auch hier wieder vorzugsweise in dem Mangel an allgemeiner philosophischer Vorbildung bei den meisten biologischen Naturforschern, und in der merkwürdigen Unklarheit, in welcher sich dieselben nicht allein über die eigentlichen Ziele ihrer Wissenschaft, sondern auch über die allein richtigen Wege, auf denen sie diese Ziele erreichen können, befinden. Der hochmüthige und thörichte Dünkel, mit welchem die meisten Biologen auf jede „Philosophie“ herabsehen, bestraft sich selbst zunächst durch den grossen Schaden, den ihnen diese Verschmähung ihres besten und wichtigsten Untersuchungs-Instruments unmittelbar bringt. Lieber wollen sie ihren schwierigen und an verführenden Irr-Pfaden so reichen Weg allein und im Dunkeln gehen, als geführt und erleuchtet von dem sicheren Lichte einer wahrhaft philosophischen Untersuchungsmethode. Lieber werfen sie sich, an einem hohen Berge von unerklärten Thatsachen angelangt, zur Umgehung desselben dem ersten besten Dogma in die Arme, als dass sie sich von einer streng kritischen und philosophischen Methode zur Entdeckung der in demselben verborgenen werthvollen Schätze, der Gesetze leiten liessen. Freilich spielt auch hier wieder nicht allein der Mangel an philosophischer Einsicht, sondern auch die schon früher gerügte Denkträgheit eine sehr schädliche Rolle. Die Anstrengung des erkennenden Geistes, welche eine streng denkende und kritische Naturbetrachtung nothwendig verlangt, ist der Mehrzahl der Biologen, und namentlich der Morphologen, viel zu unbequem; weit bequemer ist es, Thatsachen unmittelbar „exact" zu beobachten und zu beschreiben, und statt nach einer inductiven Erklärung zu suchen, sich dogmatisch dem ersten besten Einfalle zu überliefern. Dazu kommt, dass die Meisten keine Ahnung davon haben, wie ausserordentlich schädlich diese dogmatische Richtung der organischen Morphologie wirkt. Und doch geht dies so deutlich aus dem traurigen Zustande hervor, in dem sich der allgemeine Theil unserer Wissenschaft, trotz der zahllosen einzelnen und besonderen Arbeiten, immer noch befindet. Dem weitverbreiteten Mangel an Kritik müssen wir es wesentlich mit zuschreiben, dass es hier an allgemeinen Bildungsgesetzen fast noch gänzlich fehlt, und dass wir nur so selten dazu gelangen können, aus einer grösseren Reihe von höchst speciellen Arbeiten über einen und denselben Gegenstand uns eine sichere allgemeine Vorstellung über denselben zu bilden.

Eine mit dieser Denkträgheit eng verbundene weitere Ursache jener herrschenden dogmatischen Richtung und zugleich eine Ursache, welche derselben zur theilweisen Entschuldigung dienen kann, liegt in dem starken conservativen Hange und in dem Autoritätenglauben, welche der menschlichen Natur so fest anhaften, und welche zwei ihrer nachtheiligsten und dunkelsten Schattenseiten bilden. Wohl auf keinem Gebiete der Naturforschung sind dieselben stets so einflussreich gewesen und bis auf den heutigen Tag so mächtig geblieben, als auf dem der Biologie, und vor Allem der Morphologie der Organismen. Hier mehr als irgendwo gilt ein Dogma schon desshalb für heilig und unantastbar, weil es sich eine gewisse Reihe von Jahren hindurch einer allgemeinen Geltung erfreut hat, und eine dogmatische Hypothese schon desshalb für unangreifbar, weil eine bedeutende Autorität, ein Coryphaee der Wissenschaft sie aufgestellt hat. In dieser Beziehung sind die abiologischen Wissenschaften den biologischen weit voraus, und während in der Krystallographie, in der abiologischen Chemie und in der Physik von einer dogmatischen Richtung kaum noch die Rede ist, erscheint uns die organische Morphologie, die biologische Chemie und die Physiologie noch als ein weiter Tummelplatz der haltlosesten und verschiedenartigsten sich bekämpfenden Dogmen. Wie ausserordentlich schwierig es hier auch der bestgewaffneten Kritik wird, vorzudringen, weiss nur derjenige, der selbst einmal den Kampf mit einem eingewurzelten Dogma aufgenommen hat. In dieser Beziehung gleicht die ganze organische Morphologie einem dichten und undurchdringlichen Urwald, in welchem parasitische Lianenstämme die mächtigsten und gesundesten Bäume umschlingen und erdrücken, und in welchem das dichte Gewirr der Schlingpflanzen, das alle Zwischenräume ausfüllt, keinen Lichtstrahl in das unheimliche Dunkel fallen lässt. Was vermag solchem undurchdringlichen Gestrüpp gegenüber die kritische Axt eines Einzelnen, wenn sie auch noch so scharf geschliffen wäre? Allein den kommenden Generationen der jungen Ansiedler, die hier Schritt für Schritt mit klarem kritischen Scharfblick und das bewusste Ziel fest im Auge vordringen, wird es gelingen, diesen Urwald der dogmatischen Vorurtheile zu lichten, und die kritische Axt an die faulen Stämme der alten Autoritäten zu legen.

Verfolgt man eines der zahlreichen Dogmen, von denen es in der Morphologie wimmelt, näher bezüglich seiner Entstehung, so gewahrt man alsbald, dass dabei theils absolute Willkühr, theils aber auch unrichtige und unvollkommene Methode der Schlussfolgerung im Spiele ist. So ist es vor Allem mit dem allmächtigen und weitest verbreiteten Dogma von der Constanz und Selbstständigkeit der Species. Bei diesem, wie bei den meisten anderen derartigen Dogmen ist es weniger die reine Willkühr eines Phantasiegebildes, welche demselben Dauer und Geltung verleiht, als vielmehr die scheinbare Begründung des Dogma durch eine, allerdings meistens höchst unvollständige und unreine Induction. Wie Schleiden sehr richtig bemerkt, ist die dogmatische Methode in ihrer strengsten Consequenz eine an sich unmögliche, und man muss immer mehr oder weniger eine Zeit lang der kritischen Methode gefolgt sein, um nur zur dogmatischen Behandlungsweise kommen zu können. Schlagend zeigt sich hier wieder der grosse Schaden, den die Vernachlässigung einer streng denkenden Untersuchungsmethode und die Verachtung der nothwendigen philosophischen Vorbildung den Morphologen selbst zufügt. Freilich sind sie beständig gezwungen, mit dem unentbehrlichen philosophischen Rüstzeug zu operiren; sie bilden aus den unmittelbaren sinnlichen Wahrnehmungen durch Abstraction die Begriffe, sie verbinden die Begriffe zu Urtheilen, und ziehen aus der Combination der Urtheile ihre inductiven Schlüsse. Statt aber diese wichtigsten Geistes-Operationen mit klarem Bewusstsein vorzunehmen, sich ihrer hohen Bedeutung bewusst zu werden, ziehen es die Meisten vor, sie ganz unverstanden zu gebrauchen; und da ist es denn nicht zu verwundern, dass die kritische Erkenntniss des rechten Weges und Zieles verloren geht, und dass sich der Verstand auf dogmatische Abwege verliert. Wie viele Thorheiten und Irrthümer wären der biologischen Naturwissenschaft erspart worden, wenn die richtige Erkenntniss dieses Verhältnisses eine allgemeinere gewesen wäre, wenn man sich den kritischen Weg, der allein zum Ziele führt, klar gemacht und dadurch die nöthige Vorsicht gegen die vielen verführerischen Seitenpfade der dogmatischen Richtung gewonnen hätte, die nirgends so häufig und so gefährlich sind, als auf dem weiten und vielgestaltigen Boden der organischen Morphologie. Erfreuliche Resultate für diese können wir erst dann erwarten, wenn allgemein kritische Induction und Deduction als ausschliessliche Methode angewandt, und die dogmatische Methode in den Bann gethan wird.

V. Teleologie und Causalität.

(Vitalismus und Mechanismus.)

„Ein mechanisches Kunstwerk ist hervorgebracht nach einer dem Künstler vorschwebenden Idee, dem Zwecke seiner Wirkung. Eine Idee liegt auch jedem Organismus zu Grunde, und nach dieser Idee werden alle Organe zweckmässig organisirt; aber diese Idee ist ausser der Maschine, dagegen in dem Organismus, und hier schafft sie mit Nothwendigkeit und ohne Absicht. Denn die zweckmässig wirkende wirksame Ursache der organischen Körper hat keinerlei Wahl, und die Verwirklichung eines einzigen Plans ist ihre Nothwendigkeit; vielmehr ist zweckmässig wirken und nothwendig wirken in dieser wirksamen Ursache ein und dasselbe. Man darf daher die organisirende Kraft nicht mit etwas dem Geistesbewusstsein Analogen, man darf ihre blinde nothwendige Thätigkeit mit keinem Begriffbilden vergleichen. Organismus ist die factische Einheit von organischer Schöpfungskraft und organischer Materie." Johannes Müller (Handbuch der Physiologie des Menschen, I, p. 23; II, p. 505).

Indem wir in die Untersuchung des äusserst wichtigen Gegensatzes zwischen der teleologischen oder vitalistischen und der mechanischen oder causalistischen Naturbetrachtung eintreten, schicken wir einen Ausspruch Johannes Müller's voraus, der für das Wesen dieses Gegensatzes sehr characteristisch ist. Johannes Müller, den wir als den grössten Physiologen und Morphologen der ersten Hälfte unseres Jahrhunderts verehren, war bekanntlich seiner innersten Ueberzeugung nach Vitalist, trotzdem er mehr als irgend ein anderer Physiolog vor ihm, für den Durchbruch der mechanischen Richtung in der Physiologie gethan und in einer Reihe der glänzendsten und vorzüglichsten Arbeiten auf allen einzelnen physiologischen Gebietstheilen die alleinige Anwendbarkeit der mechanischen Methode bewiesen hatte. Es begegnete ihm nur bisweilen, wie auch anderen in diesem dualistischen Zwiespalt befangenen Naturforschern, dass er auch in seinen allgemeinen Aussprüchen, die doch eigentlich von vitalistischen Grundlagen ausgingen, sich von der allein richtigen mechanischen Beurtheilungsweise auch der organischen Naturkörper fortreissen liess. Und als ein solcher Ausspruch ist die obige Stelle, durch welche er seine Betrachtungen über das Seelenleben einleitet, von besonderem Interesse. [1]).

---

[1]) Aehnliche innere Widersprüche lassen sich häufig und leicht bei vielen geistvollen Naturforschern nachweisen, welche, theils in Folge vieler von früher Jugend an tief eingesogener Vorurtheile, theils in Folge eines Ueberwiegens der Gemüths-Bedürfnisse über die Verstandes-Erkenntnisse, im Allgemeinen zwar einer teleologischen oder vitalistischen Richtung zugethan sind, im Einzelnen aber dennoch stets gezwungen sind, die mechanische oder causalistische Rich-

Denn was ist eine in jedem Organismus liegende „Idee, welche mit Nothwendigkeit und ohne Absicht wirkt," anders, als die mit dem materiellen Substrate des Organismus unzertrennlich verbundene Kraft, welche „mit Nothwendigkeit und ohne Absicht" sämmtliche biologische Erscheinungen bedingt? Wenn, wie Müller sagt, zweckmässig wirken und nothwendig wirken in dieser wirksamen Ursache im Organismus eines und dasselbe ist, so fällt die zweckthätige Causa finalis mit der mechanischen Causa efficiens zusammen, so giebt die erstere sich selbst auf, um sich der letzteren unterzuordnen, so ist die mechanische Auffassung der Organismen als die allein richtige anerkannt.

Wir haben absichtlich das Beispiel Johannes Müllers gewählt, um diesen inneren Widerspruch der teleologischen Naturbetrachtung zu zeigen, einerseits weil dieser unser grosser Meister, der so erhaben über der grossen Mehrzahl der heutigen Physiologen und Morphologen dasteht, von vielen schwächeren Geistern als Autorität zu Gunsten der Teleologie angerufen wird, andererseits weil an ihm sich dieser innere Widerspruch recht auffallend offenbart. Wer sein klassisches „Handbuch der Physiologie des Menschen" studirt hat, wer seine bahnbrechenden, mechanischen Untersuchungen über die Physiologie der Stimme und Sprache, des Gesichtssinns und des Nervensystems etc. kennen gelernt hat, der wird von der allein möglichen Anwendung der causal-mechanischen Untersuchungs-Methode des Organismus aufs tiefste durchdrungen sein; und er wird sich in dieser Ueberzeugung durch die vitalistisch-teleologischen Irrthümer, welche

---

tung anzuerkennen und selbst zu befolgen. Und hie und da gewinnt dann bei ihnen die letztere Ueberzeugung auch in weiterer Ausdehnung das Uebergewicht über die erstere. So sagen z. B. Bergmann und Leuckart in ihrer vortrefflichen „anatomisch-physiologischen Uebersicht des Thierreichs," deren schwächste Seite in der vorwiegend teleologischen Beurtheilung der Organisations-Verhältnisse liegt (p. 22): „Dieselben Ursachen, welche es haben bewirken können, dass einst in so grosser Ausdehnung uber der Erkenntniss des Zweckes die Frage nach der Causalität vergessen wurde, bewirken es nun auch heutigen Tages noch, dass diess gar häufig auf dem Gebiete des organischen Lebens geschieht. Der Complex bewirkender Ursachen, durch welchen das organische Wesen entsteht, ist so höchst verwickelt, dass uns hier noch immer die Analyse an vielen Punkten vollständig im Stiche lässt. Da ist es nun natürlich, dass die ferne liegende Hoffnung einer solchen Aufklärung gar leicht ganz in den Hintergrund tritt, um so mehr als die Frage nach dem Zwecke nicht nur mannichfach leicht zu beantworten ist, sondern in ihrem Interesse auch noch durch den Egoismus erhöht wird." Selbst Kant, der die Teleologie für die einzig mögliche Beurtheilungsweise der Organismen erklärt, bemerkt einmal: „Die Zweckmassigkeit ist erst vom reflectirenden Verstande in die Welt gebracht, der demnach ein Wunder anstaunt, das er selbst erst geschaffen hat."

mit Müller's allgemeinen biologischen Bemerkungen verwebt sind, und welche bei schärferer Betrachtung zu unlösbaren Widersprüchen führen, nicht irre machen lassen. Wie du Bois-Reymond treffend bemerkt, „tritt bei Johannes Müller dieser Irrthum aus dem Nebel vitalistischer Träumereien klar und scharf hervor, mit Hand und Fuss, Fleisch und Bein zum Angriff bietend. Muss, wie aus Müllers Betrachtungen folgt, die Lebenskraft gedacht werden als ohne bestimmten Sitz, als theilbar in unendlich viele dem Ganzen gleichwerthige Bruchtheile, als im Tode oder Scheintode ohne Wirkung verschwindend, als mit Bewusstsein und im Besitze physikalischer und chemischer Kenntnisse nach einem Plane handelnd, so ist es so gut als ob man sagte: es giebt keine Lebenskraft; der apogogische Beweis für die andere Behauptung ist geführt.“ [1])

Es könnte wohl Manchem überflüssig erscheinen, hier die absolute Verwerflichkeit der vitalistisch-teleologischen Naturbetrachtung, und die alleinige Anwendbarkeit der mechanisch-causalistischen überhaupt noch hervorzuheben. Denn in den allermeisten naturwissenschaftlichen Disciplinen, vor Allem in der gesammten Physik und Chemie, ferner auch in der Morphologie der Anorgane (Krystallographie etc.), wie überhaupt in der gesammten Abiologie ist in Folge der enormen Erkenntniss-Fortschritte unseres Jahrhunderts jede teleologische und vitalistische Betrachtungsweise so vollständig verdrängt worden, dass sie sich mit Ehren nicht mehr sehen lassen kann. Dasselbe gilt von der Physiologie, in welcher jetzt die mechanisch-causale Methode die Alleinherrschaft gewonnen hat; nur derjenige, gänzlich uncultivirte Theil der Physiologie des Centralnervensystems, welcher das Seelenleben behandelt, und künftig einmal als empirische Psychologie die Grundlage der gesammten „reinen Philosophie“ werden wird, liegt noch gänzlich ausserhalb dieses Fortschrittes und ist noch gegenwärtig ein Tummelplatz der willkührlichsten vitalistischen und teleologischen Träumereien. Leider müssen wir nun dasselbe, was von der Physiologie der Psyche gilt, auch von der gesammten Morphologie der Organismen und vor Allen der Thiere sagen. Immer spukt hier noch am hellen Tage das Gespenst der „Lebenskraft“ oder der „zweckmässig wirkenden Idee im Organismus“, und wenn auch die wenigsten Morphologen mit klarem Bewusstsein demselben folgen und daran glauben, so beherrscht dasselbe desto mehr unbewusst die meisten Versuche, welche zu einer Erklärung der organischen Gestaltungsprocesse gemacht werden. Die noch allgemein in der vergleichenden Anatomie üblichen Ausdrücke des „Plans, Bauplans, der allgemeinen Idee“, welche diese oder jene

---

[1]) Emil du Bois-Reymond, Gedächtnissrede auf Johannes Müller. Berlin 1860, p. 89.

Formverhältnisse bedingen, die vielgebrauchte Wendung der „Absicht," des „Zwecks," welchen die „schöpferische" Natur durch diese oder jene „Einrichtung" erreichen will, endlich die neuerdings vielfach beliebte Phrase von dem „Gedanken", welchen der „Schöpfer" in diesem oder jenem Organismus „verkörpert" hat, bezeugen hinlänglich, wie tief hier die alte Irrlehre Wurzel geschlagen hat, und zwingen uns zu einer kurzen Widerlegung derselben.

Zunächst ist hier hervorzuheben, dass man die „vitalistische" und „teleologische" Beurtheilungsweise der Organismen, wie wir bereits gethan haben, als identisch annehmen, und der „mechanischen" Methode, welche ihrerseits mit der „causalistischen" zusammenfällt, gegenübersetzen kann. Denn es ist in der That vollkommen für die Sache gleichgültig, unter welchem Namen sich die erstere verbirgt, und ob sich das von der Materie verschiedene organisirende Princip, welches das „Leben" und den „Organismus" erzeugt und erhält, „Lebenskraft" nennt, oder „Vitalprincip", „organische Kraft" oder „Schöpferkraft", „systematischer Grundcharakter" (Reichert) „zweckmässiger Bauplan des Organismus", „Schöpfungsgedanke" (Agassiz), oder „ideale Ursache", „Endzweck" oder „zweckthätige Ursache (Endursache, Causa finalis)". Alle diese scheinbar so verschiedenen Ausdrücke sind im Grunde doch nur äusserlich verschiedene Bezeichnungen für eine und dieselbe irrige Vorstellung. Das Wesentliche in dieser Vorstellung bleibt immer, dass diese „Kraft" eine ganz besondere, von den chemischen und physikalischen Kräften verschiedene und nicht an die Materie gebunden ist, welche sie organisirt. Dadurch steht dieses Dogma von der Lebenskraft oder den Endursachen in einem scharfen und unversöhnlichen Gegensatze zu der „mechanischen" oder „causalen" Auffassung, nach welcher das Leben eine Bewegungserscheinung ist, die sich nur durch ihre complicirtere Zusammensetzung von den einfacheren physikalisch-chemischen „Kräften" der Anorgane (Mineralien, Wasser, Atmosphäre) unterscheidet, und welche ebenso unzertrennlich mit den zusammengesetzteren Materien des Organismus verbunden ist, wie die physikalischen und chemischen Eigenschaften der Anorgane mit ihrem materiellen Substrate. Diese Verbindung ist eine absolut nothwendige. Die gesammten complicirten „Lebenserscheinungen der Organismen" sind ebenso durch eine absolute Nothwendigkeit bedingt, wie die einfacheren „Functionen" oder „Kräfte" der anorganischen Naturkörper. Hier wie dort sind es allein mechanische Ursachen (Causae efficientes), welche der Materie inhäriren, und welche unter gleichen Bedingungen stets mit Nothwendigkeit die gleiche Wirkung äussern.

Hier tritt uns nun das einfache Causal-Gesetz, das Gesetz des nothwendigen Zusammenhanges von Ursache und Wirkung, als das erste und oberste aller Naturgesetze entgegen, welches die gesammte Natur, lebendige wie leblose, mit absoluter Nothwendigkeit beherrscht. Dieses wichtigste Naturgesetz, in welchem unsere gesammte Naturerkenntniss gipfelt, sagt zunächst aus, dass jede Wirkung ihre bestimmte wirkende Ursache (causa efficiens), sowie jede Ursache ihre nothwendige Wirkung (effectus) hat. Aus diesem nothwendigen und unlösbaren Zusammenhange von Ursache und Wirkung, welcher die Grundlage unserer ganzen Erkenntniss, unserer gesammten Verstandesthätigkeit ist, folgt dann weiter, dass verschiedene Wirkungen auf verschiedene Ursachen zurückgeführt werden müssen, sowie umgekehrt aus verschiedenen Ursachen stets verschiedene Wirkungen abzuleiten sind; und ebenso folgt daraus, dass gleiche Wirkungen den gleichen Ursachen zuzuschreiben sind, sowie auch umgekehrt gleiche Ursachen stets nothwendig gleiche Wirkungen haben müssen.

Nach diesem ersten und höchsten aller Naturgesetze ist Alles, was in der Natur existirt, entsteht und vergeht, das nothwendige Resultat aus einer Anzahl vorhergehender Factoren, und dieses Resultat ist selbst wieder ein Factor, der zur Hervorbringung anderer Resultate mit absoluter Nothwendigkeit mitwirkt. Diese absolute Nothwendigkeit des unmittelbaren Zusammenhanges von Ursache und Wirkung beherrscht die gesammte Natur ohne Ausnahme, da ja die gesammte Natur, lebendige und leblose, nichts Anderes ist, als ein Wechselspiel von Kräften, welche der gegebenen Summe von Materie inhäriren. Wenn man dem entgegen in der organischen Natur, in den belebten Naturkörpern, eine Wirkung ohne Ursache, eine Kraft ohne Stoff angenommen hat, welche mithin dem Causalgesetz nicht unterworfen wäre, so ist dieser Irrthum lediglich durch die weit grössere Complication der hier auftretenden Bewegungs-Erscheinungen hervorgerufen worden, durch die weit grössere Anzahl der verschiedenen Factoren, welche auf dem Lebensgebiete zur Hervorbringung jedes Resultats zusammenwirken, und durch die weit zusammengesetztere Natur dieser Factoren selbst. Da wir im zweiten und sechsten Buche auf dieses Verhältniss noch näher zurückkommen müssen, so möge diese Bemerkung genügen, und die ausdrückliche Hinweisung auf die Thatsache, dass in der ganzen Natur dieselben Kräfte wirksam sind, dass die organische Natur sich aus der anorganischen erst historisch entwickelt hat, und dass nur eine gänzliche Verkennung dieses Umstandes und die Uebertreibung des Unterschiedes der leblosen und belebten Naturkörper zu den gänzlich unbegründeten teleologischen und vitalistischen Dogmen hat verführen können. Alles was uns in der lebendigen Natur als das vorbedachte Resultat einer freien zweckthätigen Ursache, einer causa finalis erscheint, welche die physikalisch-chemischen

Ursachen beherrscht und von ihnen unabhängig ist, Alles das ist in der That weiter nichts, als die nothwendige Folge der Wechselwirkung zwischen den existirenden mechanischen Ursachen (den „existing causes“ oder den physikalisch-chemischen Ursachen), ist nichts, als die nothwendige Wirkung mehrerer Causae efficientes.[1])

Dass in der That freie zweckthätige Ursachen oder Causae finales in der gesammten Natur nicht existiren, dass vielmehr überall nur nothwendige mechanische Ursachen thätig sind, wird durch die Gesammtheit aller Erscheinungen in der organischen und anorganischen Natur auf das Unwiderleglichste bewiesen. Unter allen biologischen Erscheinungsreihen ist aber in dieser Beziehung keine von so ausserordentlicher Wichtigkeit, und dabei bisher so gänzlich fast von allen Philosophen und Naturforschern vernachlässigt, als die Wissenschaft von den rudimentären Organen, welche wir geradezu die

---

[1]) Die hochwichtige Erkenntniss von der allgemeinen Gültigkeit des einfachen Causalgesetzes in der gesammten Natur, von der nothwendigen Consequenz der causae efficientes in den Organismen, wie in den Anorganen, ist durch Nichts so sehr hintertrieben und umgangen worden, als durch die aprioristischen Speculationen der nicht empirisch gebildeten Philosophen, welche von vollkommen willkührlich aufgestellten Praemissen und von ganz unzureichenden Erfahrungen ausgehend, in der gesammten organischen Natur überall „Zwecke“ entdecken wollten, und dabei in der Regel von der Vergleichung des Organismus mit einer vom Menschen künstlich construirten Maschine ausgingen. Die Harmonie der Theile, das Wechselverhältniss derselben zum Ganzen, welches bei der künstlich construirten Maschine durch die bewusste Zweckthätigkeit menschlichen Verstandes und Willens erzielt wird, das sollte in den durch „natürliche Zweckmässigkeit“ entstehenden Organismen von einem der letzteren anolog wirkenden zweckthätigen Principe bewirkt werden. Sobald man dieses Princip, die Lebenskraft etc., in seiner Wirksamkeit näher zu bestimmen suchte, musste man natürlich immer tiefer in den groben Anthropomorphismus hineinsinken, auf dem dieser ganze Vergleich beruht. Ausserdem wurde aber eine grundfalsche Folgerung in denselben noch dadurch hineingebracht, dass man von der gänzlich unberechtigten und durch keine Erfahrung bewiesenen Annahme eines freien Willens beim Menschen ausging. Und doch musste jede einigermaassen aufrichtige und tiefer gehende Selbstprüfung zeigen, dass ein freier Wille nicht existirt, und dass jede scheinbar freie Willenshandlung, auch die einfachste, das absolut nothwendige Resultat aus der höchst complicirten Zusammenwirkung zahlreicher verschiedener Factoren ist. Jeder dieser Factoren ist abermals ein absolut nothwendiges Resultat aus dem complicirten Zusammenwirken vieler anderer Factoren (wirkender Ursachen) u. s. w. Wenn wir die unabsehbare Kette dieser mechanischen, mit Nothwendigkeit wirkenden Ursachen bis auf ihren ersten Ursprung zu verfolgen suchen, so gelangen wir endlich zu zweierlei verschiedenen Grundursachen, nämlich einmal den erblichen, d. h. den eigenen, der Materie des Organismus ursprünglich inhärenten, und sodann zu den fremden, welche der Organismus durch Anpassung, durch Wechselwirkung mit seiner Umgebung, erworben hat. Vergl. V. Buch.)

Unzweckmässigkeitslehre, Dysteleologie nennen könnten. Jeder höhere und entwickeltere Organismus, und wahrscheinlich die grosse Mehrzahl der Organismen überhaupt, ist im Besitz von Organen, welche keine Functionen haben, welche zu keiner Zeit des Lebens jemals thätig sind, und welche im besten Falle dem Organismus gleichgültig, häufig ihm aber geradezu nachtheilig sind. Diese rudimentären Organe, welche zu aller Zeit das grösste Kreuz der Teleologie waren, sind in der That für dieselbe das unübersteiglichste Hinderniss, und diese sowohl, als die zahlreichen anderen unzweckmässigen und unvollkommenen, oft sogar für den Organismus selbst höchst nachtheiligen und schädlichen Einrichtungen, welche bei zahlreichen Organismen vorkommen, lassen sich lediglich aus den mechanischen wirkenden Ursachen, und durchaus nicht aus zweckthätigen Endursachen erklären.[1]) Diese Erklärung ist nun zuerst von Darwin gegeben worden. Seine grosse Entdeckung der natürlichen Zuchtwahl im Kampfe um das Dasein erklärt alle diese Verhältnisse ganz vollkommen, wie im fünften und sechsten Buche gezeigt werden wird.

Da wir dort diese Verhältnisse noch ausführlich zu erörtern haben, so genügt hier der Hinweis auf das ganz besondere Verdienst, welches Darwin um die definitive Lösung dieser äusserst wichtigen Fundamental-Fragen hat. Wir erblicken in Darwins Entdeckung der natürlichen Zuchtwahl im Kampfe um das Dasein den schlagendsten Beweis für die ausschliessliche Gültigkeit der mechanisch wirkenden Ursachen auf dem gesammten Gebiete der Biologie, wir erblicken darin den definitiven Tod aller teleologischen und vitalistischen Beurtheilung der Organismen.[2])

[1]) Dass wirklich im Thier- und Pflanzenreich äusserst zahlreiche höchst unvollkommene und unpraktische, unnütze und schädliche Organisations-Verhältnisse existiren, welche die Existenz der betreffenden Organismen selbst in mehr oder minder hohem Grade gefährden, und sehr häufig ihren Untergang herbeiführen, ist eine bisher zwar wenig hervorgehobene, aber äusserst wichtige Thatsache, welche jedem Botaniker und Zoologen, der einen weiteren Ueberblick über sein Gebiet besitzt, bekannt ist. Den schlagendsten Beweis dafür liefern die complicirten Verhältnisse des Kampfes um das Dasein, in welchem in jedem Augenblick Tausende von Organismen zu Grunde gehen, um den vollkommeneren und weniger unzweckmässig organisirten Formen von derselben „Art" Platz zu machen. Die gesammte Palaeontologie bildet hierfür eine fortlaufende Beweiskette, und schon in dieser Beziehung allein den glänzendsten Beweis für die Wahrheit der genialen Lehre Darwin's.

[2]) Von der gänzlichen Verkennung und dem vollständigen Missverständniss, welche Darwin's Begründung der Descendenz-Theorie nicht allein bei vielen Laien, sondern auch bei zahlreichen, und selbst bei sehr berühmten Naturforschern gefunden hat, legt vielleicht kein Umstand schlagenderes Zeugniss ab, als die wahrhaft komische Thatsache, dass man Darwin's Lehre alles Ernstes

Die unschätzbaren Entdeckungen Darwins haben das Gesammtgebiet der organischen Natur plötzlich durch einen so hellen Lichtstrahl erleuchtet, dass wir fürderhin keine Thatsache auf demselben mehr als unerklärbar werden anzusehen haben. Wir sagen: „unerklärbar", nicht: „unerklärt". Denn erklärt ist auf diesem ganzen vasten Gebiet immer noch im Ganzen ausserordentlich wenig. Freilich hatte die strenge physikalisch-chemische Richtung in der Physiologie die Lebensfunctionen der bestehenden Organismen schon seit mehreren Decennien in so hohem Maasse aufgeklärt, und so viele, wenn auch zunächst nur beschränkte Gesetze gefunden, dass an einer vollständigen Erklärung aller Erscheinungen auf diesen Gebieten mittelst rein mechanisch wirkender Ursachen schon vor dem Erscheinen von Darwins epochemachendem Werk (1859) nicht gezweifelt werden konnte. Ganz anders aber sah es bis dahin auf dem Gebiete der Anatomie und der Entwickelungsgeschichte aus. Die Entstehung der organischen Formen, die Entwickelungsgeschichte der Organismen galten fast allgemein für Erscheinungsreihen, welche jeder mechanischen Causal-Erklärung vollständig unzugänglich seien, und auf welche nur durch teleologisch-vitalistische Betrachtungen ein erklärendes Licht geworfen werden könne[1]). Diesen Irr-

---

den Vorwurf einer teleologischen Naturbetrachtung gemacht hat! So sagt Kölliker, einer der an Kenntnissen (aber nicht an Erkenntnissen!) reichsten Mikroskopiker: „Mit Bezug auf Darwin's Grundanschauungen ist erstens hervorzuheben, dass Darwin im vollsten Sinne des Worts Teleolog ist" (!!) (Zeitschr. f. wiss. Zool. XIV). Kölliker stellt dann statt des Princips der natürlichen Züchtung, welches er durchaus als teleologisch verwirft, den „Grundgedanken" auf, „dass der Entstehung der gesammten organisirten Welt ein grosser Entwickelungsplan zu Grunde liegt" (!). Mit anderen Worten, Kölliker setzt an die Stelle des von Darwin entdeckten, höchst wichtigen thatsächlichen Verhältnisses, welches jede Teleologie ausschliesst, ein leeres und nichtssagendes Wort. Denn dieser „grosse Entwickelungsplan" ist entweder gar Nichts oder eine durchaus teleologische Vorstellung, welche Nichts erklärt. Richtiger hat Oskar Schmidt die Vernichtung, welche Darwin über die gesammte Teleologie verhängt, beurtheilt, indem er ihr als „wesentlichstes aprioristisches Bedenken entgegen hält, dass sie den Zufall zum Weltprincip macht." Auch schon von anderen Teleologen ist dieser Einwand als der wesentlichste hervorgehoben worden. Nach unserer Auffassnng zerfällt derselbe mit der ganzen Teleologie in Nichts. Denn es giebt einen „Zufall" so wenig, als einen „Zweck" in der Natur, so wenig als einen sogenannten „freien Willen." Vielmehr ist jede Wirkung nothwendig durch vorausgehende Ursachen bedingt, und jede Ursache hat nothwendig Wirkungen in ihrem Gefolge. In unserer Anschauung tritt an die Stelle des „Zufalls" in der Natur, ebenso wie an die Stelle des Zweckes und des freien Willens, die absolute Nothwendigkeit, die ἀνάγκη.

[1]) Dass in der That der beschränkte teleologisch-vitalistische Standpunkt, nur in den verschiedensten Nüancen der Consequenz abgestuft, und mit den verschiedensten Graden des Bewusstseins verfolgt, in der gesammten Morphologie der Organismen vor Darwin der allgemein herrschende gewesen sei (einzelne ehrenvolle Ausnahmen natürlich abgerechnet), könnte vielleicht Diesem oder Jenem, und besonders dem längst der Teleologie

thum hat Darwin vollständig und mit einem Schlage vernichtet. Darwin hat evident bewiesen, wie es die einfachsten mechanischen Causal-Verhältnisse sind, welche diese anscheinend so complicirten und für so ganz unerklärlich gehaltenen Lebens-Erscheinungen, die Formbildung und die Entwickelung regeln und beherrschen. Da wir dies im fünften und sechsten Buche auseinander zu setzen haben, so können wir hier darauf verweisen.

Nur ein Umstand möge hier noch besonders hervorgehoben werden, nämlich, dass durch die von Darwin thatsächlich erklärte Entstehung der complicirtesten organischen Formen bereits factisch die Hauptstütze der Teleologie vernichtet und zertrümmert ist. Alle einer teleologischen Betrachtung der organischen Naturerscheinungen geneigten Philosophen, und vor Allen Kant, dessen Einfluss auf die Entwickelung der Naturwissenschaft in unserem Jahrhundert (wegen seiner breiteren empirischen Grundlage) grösser geworden ist, als derjenige irgend eines anderen speculativen Philosophen, hatte ausdrücklich für die Nothwendigkeit einer teleologischen Beurtheilung der organischen Natur hervorgehoben, dass deren Processe vollkommen unerklärlich, dem Erkenntniss-Vermögen des Menschen nicht zugänglich, und dass insbesondere die Entstehung der complicirteren Organismen durch bloss mechanische Ursachen vollkommen unbegreiflich sei. Die Befugniss der mechanischen Ursachen zur Erklärung dieser Erscheinungen wurde von Kant ausdrücklich zugestanden, aber das Vermögen der Erklärung ihnen abgesprochen. Daher wollte er auch die „natürliche Zweckmässigkeit“ der Teleologie nur als Maxime der Beurtheilung, nicht als Erkenntnissprincip zulassen. Ausdrücklich sagte er desshalb, dass die lebendige Natur nicht Gegenstand der Erkenntniss, sondern bloss der Betrachtung sein könne, weil eben die bewegenden Kräfte der Materie nicht zur Erklärung der Organisation ausreichten. So gerieth denn auch Kant in die unauflösliche Antinomie zwischen Mechanismus und Teleologie. Während er in seinen „metaphysischen Anfangsgründen der Naturwissenschaft“ bewiesen hatte, dass Alles in der materiellen Natur mechanisch entstehe und aus bewegenden Kräften als mechanischen Ursachen erklärt werden müsse, war er nun in der „Analytik der teleologischen Urtheilskraft“ gezwungen zu erklären, dass Einiges in der materiellen Natur, nämlich das Organische, das

---

entwöhnten Physiologen und Abiologen, eine übertriebene Behauptung erscheinen. Indess liefert fast die gesammte morphologische Literatur hierfür die schlagendsten Beweise. Selten freilich ist dieser kurzsichtige Standpunkt mit solchem Bewusstsein und solcher Consequenz festgehalten worden, wie dies z. B. von Reichert geschehen ist. Wer die ganze Beschränktheit, die wahrhaft komischen Widersprüche, und den gänzlichen Mangel an Ueberblick der Gesammtnatur und an Einblick in ihr causales Wesen kennen lernen will, die gewöhnlich mit der extremen Consequenz des Vitalismus verbunden sind, dem empfehlen wir zur ebenso belehrenden als erheiternden Lectüre die höchst seltsamen und an philosophischer Verworrenheit das Maximum leistenden Aufsätze von Reichert in Müller's Archiv f. An. u. Ph. etc. 1855 p. 1 (über atomistische und systematische Naturauffassung) und 1856 p. 1 (die Morphologie auf dem Standpunkt der systematischen Naturauffassung).

Leben, nicht mechanisch entstehen und nicht aus bewegenden Kräften als rein mechanischen Ursachen erklärt werden könne. Hier ist die Achilles-Ferse der Kantischen Philosophie. Während Kant in allen seinen Erklärungen der anorganischen Natur, vor Allem in seiner Naturgeschichte des Himmels, ein bewunderungswürdiges Muster der exactesten denkenden naturwissenschaftlichen Forschung, der besten Naturphilosophie geliefert hatte, verliess er auf dem Gebiete der Biologie die allein mögliche Bahn der empirischen Philosophie gänzlich und warf sich der verführerischen Teleologie in die Arme, die ihn nun von Irrthum zu Irrthum weiter führte.

Wenn dieser grosse Irrthum einen so hervorragenden und kritischen Denker, wie Kant war, vollkommen gefangen halten und zu so starken dogmatischen Fehlern weiter verleiten konnte, so dürfen wir uns nicht wundern, dass zahlreiche unbedeutendere Philosophen demselben blindlings folgten, und dass das ganze Heer der Biologen, welche froh waren, nun nicht weiter denken zu brauchen, dem aufgepflanzten Banner mit grosser Genugthuung folgte. In der That war es so ausserordentlich bequem und leicht, mit irgend einer teleologischen Betrachtung jeden Versuch einer mechanischen Erklärung der organischen Natur abzuschneiden, dass die Teleologie bald zum allgemeinen Feldgeschrei der Biologie wurde. Niemand war froher darüber, als die grosse Mehrzahl der Morphologen, welche nun ungestört der Beobachtung, Beschreibung und Abbildung aller möglichen organischen Formen sich hingeben konnten, ohne durch irgend einen unbequemen kritischen Gedanken über die mögliche Bedeutung dieser Formen, über ihre mechanischen Ursachen und über den causalen Zusammenhang der Formbildungsreihen beunruhigt zu werden. Da die meisten Morphologen, sowohl die „Systematiker“ als die „Anatomen“ in diesem behaglichen und idyllischen Formgenusse vollkommene Befriedigung fanden, und da sie in diesem wissenschaftlichen Halbschlafe oder doch wenigstens in diesem gedankenarmen Traumleben von der eigentlichen Aufgabe ihrer Wissenschaft, von der Erklärung der organischen Formverhältnisse, keine Ahnung hatten, so erscheint uns schon hieraus die tiefe Entrüstung vollkommen erklärlich, als plötzlich Darwin's lauter Weckruf ertönte, und diesem behaglichen teleologischen Stillleben mit einem Male ein jähes und grausames Ende bereitete. Aus behaglichem Mittagsschlummer durch einen kritischen Stoss aufgeschreckt zu werden ist immer höchst unangenehm, und besonders wenn dieser sanfte Schlummerzustand habituell, fast zur anderen Natur geworden ist, wie bei unserer heutigen Morphologie.

Was Kant betrifft, so zweifeln wir nicht, dass wenn er heut' erstände, sein ganzes kritisches Lehrgebäude eine vollkommen andere Form erhalten würde, und dass er die von Darwin entdeckte mechanische Erklärung der Entstehung der Organismen und die von der neueren Physiologie festgestellte mechanische Erklärung ihrer Lebens-Erscheinungen, nach denen er so lange und so vergeblich gestrebt, acceptiren würde. Der biologische Theil der Kantischen Philosophie würde dann, mit Ausschluss aller Teleologie, die Erklärung der organischen Natur eben so vollkommen auf rein mechanische „wirkende Ursachen“ begründen, wie es der abiologische Theil schon damals in so vollendetem Maasse gethan hat.

Dadurch, dass wir die Teleologie Kant's für einen überwundenen Standpunkt erklären, wollen wir demselben natürlich in keiner Weise einen Vorwurf machen und es vermindert unsere Verehrung dieses grossen Philosophen und unsere Hochachtung vor seinen ausserordentlichen Verdiensten auf dem Gebiete der Abiologie nicht im Geringsten, wenn wir demselben die gleichen Verdienste auf dem biologischen Gebiete absprechen, und seine Kritik der teleologischen Urtheilskraft für ein von der Basis an irrthümliches Lehrgebäude halten. Wenn man bedenkt, auf welcher ausserordentlich niedrigen Stufe zu Kant's Zeit die gesammte empirische Biologie stand, wie die Physiologie, die Entwickelungsgeschichte, die Morphologie der Organismen, als selbstständige Wissenschaften damals noch gar nicht anerkannt waren, so finden wir hierin, und in den vitalistischen Vorurtheilen, die das ganze Zeitalter gefangen hielten, Grund genug dafür, dass Kant an der Möglichkeit einer wissenschaftlichen Biologie geradezu verzweifeln und die Erklärung der lebendigen Natur für etwas Unmögliches halten konnte. Mit anderen Worten heisst das nichts Anderes, als dass die gesammten Biologen gleiche Thoren sind, wie die vielen Träumer, welche den Stein der Weisen suchten. Wenn die gesammte organische Natur, wie Kant behauptet, in ihrem innersten Wesen unbegreiflich und unerkennbar ist, wenn deren Erscheinungen nicht aus mechanisch wirkenden Ursachen erklärt werden können, so sind alle Naturforscher, welche nach einer solchen Erklärung streben und suchen, kindische Thoren. In dieser nothwendigen Consequenz zeigt sich die ganze Unhaltbarkeit der Teleologie und des davon nicht trennbaren Vitalismus. Die Teleologie als wissenschaftliche Methode ist in der That unmöglich; sie verneint sich selbst.

Wenn wir bedenken, dass eine Anzahl von Erscheinungen der organischen Natur schon wirklich erklärt, dass die Gesetze für eine wenn auch relativ noch kleine Zahl von biologischen Thatsachen bereits wirklich gefunden sind, und dass diesen Gesetzen dieselbe absolute Geltung zugestanden werden muss, wie jedem physikalisch-chemischen Gesetze, wenn wir bedenken, dass eine wissenschaftliche Physiologie überhaupt nur durch die strengste Ausschliessung jeder Teleologie möglich ist, so werden wir die letztere auch aus dem Gebiete der organischen Morphologie vollständig verbannen dürfen. Und am wenigsten werden wir, wenn wir diese Lehre als wirkliche Wissenschaft ansehen, mit der heuchlerischen Miene, die viele Morphologen lieben, erklären dürfen, dass wir uns demüthig mit der blossen erbaulichen Betrachtung der Organismen begnügen und ja keinen indiscreten Blick in das uns verschlossene Geheimniss ihrer „inneren Natur“, ihres causalen Wesens thun wollen.

Einen Punkt müssen wir hierbei schliesslich noch offen berühren. Die meisten Morphologen der Neuzeit lieben es, die unversöhnliche Gegnerschaft zwischen teleologischer und mechanischer Biologie durch ein versöhnliches Mäntelchen zu verdecken und einen Compromiss zwischen den beiden entgegen gesetzten Extremen zu erstreben. Bis zu einer gewissen Grenze soll die organische Natur erkennbar sein, und von da an soll die Erkennbarkeit aufhören. Eine Reihe von biologischen Erscheinungen soll sich auf dem mechanischen Wege aus wirkenden Ursachen erklären lassen, der übrige Rest aber nicht. Dies ist allerdings insofern richtig, als unser menschliches Erkenntnissvermögen beschränkt ist, und als wir die letzten Gründe nicht von einer einzigen Erscheinung wahrhaft erkennen können. Dies gilt aber in ganz gleichem Maasse von der organischen und anorganischen Natur. Die Entstehung jedes Krystalls bleibt für uns in ihren letzten Gründen eben so räthselhaft, wie die Entstehung jedes Organismus. Die letzten Gründe sind uns hier nirgends zugänglich. Jenseits der Grenze des Erkenntnissvermögens können wir uns beliebige, ohne inductive Grundlage gebildete Vorstellungen, zu unserer persönlichen Gemüths-Befriedigung schaffen, niemals aber dürfen wir versuchen, diese rein dogmatischen Vorstellungen des Glaubens in die Wissenschaft einzuführen. Und ein solches Glaubens-Dogma ist jeder teleologische und vitalistische Erklärungs-Versuch.

Von allen denkenden Menschen fordern wir in erster Linie, dass sie consequent sind, und von allen Naturforschern, welche die Teleologie und den Vitalismus in der Biologie für unentbehrlich halten, fordern wir, dass sie diese Methode in strengster Consequenz für die Betrachtung aller Erscheinungen der organischen Natur ohne Ausnahme, für die gesammte Physiologie, Entwickelungsgeschichte und Morphologie, durchführen. Unseres Wissens liegt nur ein einziger derartiger Versuch im grössten Style aus der neueren Zeit vor. Das ist der äusserst merkwürdige „Essay on classification“ von Louis Agassiz, der fast gleichzeitig mit seinem vernichtenden Todfeinde, mit Darwin's Theorie, das Licht der Welt erblickte. Jedem Biologen, welcher sich nicht entschliessen kann zur absoluten Verwerfung der teleologischen und zur unbedingten Annahme der mechanischen Methode, empfehlen wir dieses höchst interessante Buch, welches trotz des grössten Aufwandes von Geist in jedem Capitel sich selbst vernichtet und negirt, zur aufmerksamen Lectüre. Und wenn er dann noch an dem Vitalismus oder der Teleologie festhalten kann, empfehlen wir ihm dieselbe dualistische Consequenz, wie Louis Agassiz.

VI. Dualismus und Monismus.

„Die Richtung des Denkens der Neuzeit läuft unverkennbar auf Monismus hinaus. Der Dualismus, fasse man ihn nun als Gegensatz von Geist und Natur, Inhalt und Form, Wesen und Erscheinung, oder wie man ihn sonst bezeichnen mag, ist für die naturwissenschaftliche Anschauung unserer Tage ein vollkommen überwundener Standpunkt. Für diese giebt es keine Materie ohne Geist (ohne die sie bestimmende Nothwendigkeit), aber ebenso wenig auch Geist ohne Materie. Oder vielmehr es giebt weder Geist noch Materie im gewöhnlichen Sinne, sondern nur Eins, das Beides zugleich ist. Diese auf Beobachtung beruhende Ansicht des Materialismus zu beschuldigen, ist eben so verkehrt, als wollte man sie des Spiritualismus zeihen.“ August Schleicher.[1])

[1]) August Schleicher, die Darwinsche Theorie und die Sprachwissenschaft. Weimar, 1863, p. 8. Indem ich meinem lieben Freunde und Collegen

Diese Worte des berühmten comparativen Linguisten, der die naturwissenschaftliche Untersuchungsmethode in der vergleichenden Sprachforschung durchgeführt, und als der Erste von allen Sprachforschern die Theorie Darwins mit eben so viel Geist als Erfolg auf diesen Theil der vergleichenden Physiologie angewandt hat, bezeichnen mit treffender Wahrheit den unversöhnlichen Gegensatz zwischen Dualismus und Monismus, der unsere gesammte Naturwissenschaft, wie die ganze Denkthätigkeit unserer Zeit in zwei feindliche Heerlager trennt. Wir können nicht umhin, hier am Schlusse unserer kritisch-methodologischen Einleitung noch kurz bei einer Betrachtung dieses Gegensatzes zu verweilen, obschon die vorhergehenden Abschnitte zur Genüge gezeigt haben werden, dass wir den Monismus in aller Schärfe und in seinem vollen Umfange für die einzig richtige Weltanschauung und folglich auch für die einzig richtige Methode in der gesammten Naturwissenschaft halten, und dass wir jede dualistische Erkenntniss-Methode unbedingt verwerfen.

Die thatsächliche Vereinigung und vollkommene Versöhnung, welche in dem Monismus solche scheinbare Gegensätze finden, wie es Kraft und Stoff, Geist und Körper, Freiheit und Natur, Wesen und Erscheinung sind, ist auf keinem Gebiete des Erkennens mehr hervorzuheben, als auf demjenigen der Biologie, und vor Allem auf dem der organischen Morphologie. Denn, wie schon im Vorhergehenden vielfach gezeigt worden ist, hat Nichts so sehr einer gesunden und natürlichen Entwickelung unserer Wissenschaft geschadet, als der künstlich erzeugte Dualismus, durch welchen man bei jeder Beurtheilung eines Organismus seiner materiellen körperlichen Erscheinung eine davon unabhängige Idee oder einen „Lebenszweck" entgegensetzte, ein Dualismus, welcher sich in der naturwissenschaftlichen Untersuchungs-Methode als Gegensatz von Philosophie und Naturwissenschaft, von

Schleicher, der diese kleine Schrift in Form eines öffentlichen Sendschreibens an mich publicirte, hierfür bei dieser Gelegenheit öffentlich meinen herzlichsten Dank abstatte, erlaube ich mir zugleich die Naturforscher, welche sich für die weitere Begründung der Descendenz-Theorie interessiren (und alle Biologen sollten dies thun!) auf die schlagende und überraschende Beweisführung hinzuweisen, welche Schleicher dort zu Gunsten derselben mit seinem linguistischen Materiale liefert. In der That treten viele Verhältnisse der natürlichen Zuchtwahl im Kampfe um das Dasein bei den Sprachen in viel klarerer und einfacherer Weise hervor, als es bei anderen Functionen des Thierleibes der Fall ist. Wenn die vergleichende Sprachforschung erst ihren natürlichen Platz als empirisch-philosophische Naturwissenschaft in der Physiologie des Menschen gefunden haben wird, so wird zweifelsohne dieses wichtige und interessante Verhältniss eine gerechtere und allgemeinere Würdigung finden, als es bisher der Fall gewesen ist.

Denken und Erfahren überall zum grössten Schaden einer natürlichen Erkenntniss entwickelt hat. Wie unendlich viel weiter würde unsere Wissenschaft jetzt sein, wenn man sich dieses künstlich erzeugten Zwiespalts bewusst geworden wäre, und wenn man mit klarem Bewusstsein die monistische Beurtheilungsweise als die einzig mögliche Methode einer wirklichen Natur-Erkenntniss befolgt hätte.

Indem der Monismus als philosophisches System nichts Anderes, als das reinste und allgemeinste Resultat unserer allgemeinen wissenschaftlichen Weltanschauung, unserer gesammten Natur-Erkenntniss ist, bildet seine unterste und festeste Grundlage das allgemeine Causal-Gesetz: „Jede Ursache, jede Kraft, hat ihre nothwendige Wirkung, und jede Wirkung, jede Erscheinung, hat ihre nothwendige Ursache." Schon hieraus ergiebt sich, dass derselbe jede Teleologie und jeden Vitalismus, welche Form dieser auch annehmen mag, absolut verneint, und insofern ist die monistische Methode in der Biologie zugleich die mechanische, die causale, deren alleinige Berechtigung der vorige Abschnitt dargethan hat. Da nun die vielbestrittene Geltung des mechanischen Causal-Gesetzes in der organischen Natur durch Nichts so sehr gefördert und so bestimmt begründet worden ist, als durch Darwins Theorie, so können wir auch diese Lehre als eine rein monistische bezeichnen. Und in der That beruht dieses ganze wundervolle Lehrgebäude, wie alle einzelnen Theile desselben, vollkommen auf reinen monistischen Anschauungen. Wenn wir dereinst mit Hülfe der Descendenz-Theorie die gesammte Morphologie der Organismen auf die allein sichere Grundlage der mechanischen Naturgesetze begründet, die Erscheinungen der organischen Morphologie mechanisch-causal, aus ihren wirkenden Ursachen werden erklärt haben, so wird das darauf gegründete System der Morphologie der Organismen ein absolut monistisches Lehrgebäude sein, wie es freilich jede wahre Wissenschaft, insofern sie Naturwissenschaft sein will und muss, mit Nothwendigkeit erstreben muss.

Da der Ausdruck Monismus in unzweideutiger Weise diejenige kritische Auffassung der gesammten (organischen und anorganischen) Natur, und diejenige kritische Methode ihrer Erkenntniss, welche wir auf den vorhergehenden Seiten als die allein mögliche und durchführbare dargethan haben, bezeichnet, so werden wir uns dieses kurzen und bequemen Ausdrucks stets bedienen, wo es darauf ankommt, an die von uns ausschliesslich befolgte Methode zu erinnern; andererseits werden wir als Dualismus stets kurz diejenigen verschiedenen, der unserigen entgegengesetzten Auffassungsweisen der Natur und Methoden ihrer Erkenntniss bezeichnen, welche als „teleologische" und „vitalistische," als „systematische" und „speculative" Dogmen für die Beurtheilung und Erkenntniss der organischen Natur andere Methoden fordern, als für die Beurtheilung und Erkenntniss der anorganischen Natur allgemein anerkannt sind.

Von allen Gegensätzen, welche der Dualismus künstlich erzeugt und aufstellt, und welche der Monismus versöhnt und aufhebt, ist keiner für die gesammte Wissenschaft wichtiger, als der auch jetzt noch meist so allgemein festgehaltene Gegensatz von Kraft und Stoff, von Geist und Materie, und der auf diese künstliche Antinomie gegründete Gegensatz von Erfahrung und Denken, von empirischer Naturwissenschaft und speculativer Philosophie. Wir haben oben im Eingange unserer methodologischen Erörterungen die absolute Nothwendigkeit einer Vereinigung dieser Richtungen nachzuweisen versucht, und wir müssen hier am Ende nochmals kurz darauf zurückkommen, da nach unserer festesten Ueberzeugung die versöhnende Aufhebung dieses Gegensatzes den Anfang und das Ende, das A und das O aller wirklichen „Wissenschaft" bildet. Leider wird ja immer noch von so vielen Seiten der durchaus künstliche Gegensatz, durch welchen man Empirie und Philosophie zu trennen sucht, und welcher vorzüglich einer höchst einseitigen Verfolgung jeder der beiden Richtungen entsprungen ist, so starr festgehalten, dass nicht genug auf die Nothwendigkeit ihrer Versöhnung durch den Monismus hingewiesen werden kann.

Die vollendete Philosophie der Zukunft, welche wir oben als das reife Resultat der nothwendigen und vollkommenen gegenseitigen Durchdringung von Empirie und Philosophie bezeichnet haben, wird in der That nichts weiter sein, als ein vollendetes System des Monismus. Freilich wird zur Erreichung dieses hohen Zieles vor Allem die erste Vorbedingung zu erfüllen sein, dass die Naturforscher Philosophen werden und dass sich die Philosophen in Naturforscher umwandeln, oder dass sich, mit anderen Worten, dieser durchaus künstliche und höchst schädliche Zwiespalt aufhebt. In der That ist, wenn wir an Beide die Anforderung einer vollständig reifen Ausbildung auf ihrem Gebiete stellen, nicht ein Unterschied — wir sagen, nicht ein Unterschied — zwischen Naturforschern und Philosophen, zwischen Natur-Wissenschaft und Natur-Philosophie ausfindig zu machen. Beide sind vielmehr stets und überall ein und dasselbe. Die höher entwickelte Zukunft wird diesen künstlich erzeugten Dualismus nicht mehr kennen. Ihre monistische Weltanschauung wird Naturwissenschaft und Philosophie zu dem grossen Ganzen einer einzigen allumfassenden Wissenschaft verschmelzen.

Von dieser absoluten Wahrheit des Monismus unerschütterlich durchdrungen, schliessen wir diese kritische und methodologische Einleitung, wie wir sie begonnen, mit einem Ausspruche unseres unvergleichlichen Goethe:

„Weil die Materie nie ohne Geist, der Geist nie ohne Materie existirt und wirksam sein kann, so vermag auch die Materie sich zu steigern, sowie sich's der Geist nicht nehmen lässt, anzuziehen und abzustossen; wie derjenige nur allein zu denken vermag, der genugsam getrennt hat, um zu verbinden, genugsam verbunden hat um wieder trennen zu mögen."

Zweites Buch.

Allgemeine Untersuchungen über die Natur und erste Entstehung der Organismen, ihr Verhältniss zu den Anorganen, und ihre Eintheilung in Thiere und Pflanzen.

„In's Innre der Natur —“
O Du Philister! —
„Dringt kein erschaffner Geist.“
Mich und Geschwister
Mögt ihr an solches Wort
Nur nicht erinnern;
Wir denken: Ort für Ort
Sind wir im Innern.
„Glückselig! wem sie nur
„Die äussre Schale weist!“
Das hör' ich sechzig Jahre wiederholen,
Ich fluche drauf, aber verstohlen;
Sage mir tausend tausendmale:
Alles giebt sie reichlich und gern;
Natur hat weder Kern noch Schale,
Alles ist sie mit einem Male;
Dich prüfe Du nur allermeist,
Ob Du Kern oder Schale seist.

Goethe.

Fünftes Capitel.

Organismen und Anorgane.

„Der Geist übt sich an dem würdigsten Gegenstande, indem er das Lebendige nach seinem innersten Werth zu kennen und zu zergliedern sucht."
Goethe.

I. Organische und anorganische Stoffe.

I) 1. Differentielle Bedeutung der organischen und anorganischen Materien.

Bevor wir an unsere eigentliche Aufgabe gehen, und nach den im ersten Buche festgestellten Methoden und Principien die Grundzüge der generellen Morphologie der Organismen zu entwerfen versuchen, scheint es uns unerlässlich, den Begriff des Organismus selbst, sowie sein Verhältniss zur anorganischen Natur, und die übliche Eintheilung der Organismen in Thiere und Pflanzen, einer allgemeinen kritischen Untersuchung zu unterwerfen. Indem wir diese wichtigen Grundbegriffe feststellen, gewinnen wir den festen Boden, auf welchem wir nachher sicher weiter bauen können, während die gewöhnliche Vernachlässigung der unentbehrlichen Fundamente zu der chaotischen Begriffs-Verwirrung führt, von welcher gegenwärtig unsere Wissenschaft ein so trauriges Bild liefert.

Um zu einer klaren Einsicht in „den innersten Werth des Lebendigen," in den wesentlichen Character der Organismen, der Thiere und Pflanzen, zu gelangen, erscheint es uns am zweckmässigsten, denselben die leblosen Naturkörper, die Anorgane, gegenüber zu stellen, und beide Hauptgruppen von Naturkörpern, lebendige und leblose, hinsichtlich aller allgemeinen Eigenschaften (in chemischer, morphologischer und physikalischer Beziehung) zu vergleichen. Indem wir hierbei sowohl synthetisch die Uebereinstimmungen, als analytisch die Unterschiede beider Körpergruppen hervorheben, werden wir zu einer tieferen Einsicht in die innerste Natur und die gegenseitigen Beziehungen derselben gelangen, als es durch eine blosse Definition der Begriffe möglich ist.

Der Begriff des Organismus ruht ursprünglich auf morphologischer Basis und bezeichnet einen Naturkörper, welcher aus „Organen“ zusammengesetzt ist, d. h. aus Werkzeugen oder ungleichartigen Theilen, welche zum Zwecke des Ganzen vereinigt zusammenwirken. Gegenwärtig haben wir nun zahlreiche „Organismen ohne Organe“ kennen gelernt, vor Allen die vollkommen homogenen und structurlosen Plasmakörper oder Moneren (*Protogenes*, *Protamoeba* etc.), ferner viele nächstverwandte einfache Plasmaklumpen, deren einziges discretes Organ eine einfache Schale oder eine contractile Blase ist (z. B. viele Rhizopoden und Protoplasten), sodann viele einzellige Organismen, deren einziges discretes Organ der im Plasma eingeschlossene Zellenkern, und bisweilen noch eine äussere Umhüllungshaut ist (viele Protisten und einzellige Pflanzen etc.) Da Vielen dieser einfachsten Organismen bestimmte morphologische Charactere ganz fehlen, und dieselben zum Theil gar keine, zum Theil nur solche differente geformte Theile besitzen, die kaum den Namen von „Organen“ verdienen, so können wir den Begriff des Organismus nur auf physiologischer Basis begründen, und nennen demgemäss Organismen alle jene Naturkörper, welche die eigenthümlichen Bewegungserscheinungen des „Lebens“, und namentlich ganz allgemein diejenigen der Ernährung zeigen[1]). Anorgane dagegen nennen wir alle diejenigen Naturkörper, welche niemals die Function der Ernährung, und auch keine der anderen specifischen „Lebensthätigkeiten“ (Fortpflanzung, willkührliche Bewegung, Empfindung) ausüben.

Da nun die Ernährungsthätigkeit der Organismen, gleich allen anderen Lebensfunctionen, ebenso eine unmittelbare Wirkung ihrer materiellen Zusammensetzung ist, wie jede physikalische Eigenschaft eines Anorganes unmittelbar in dessen Materie begründet ist, da überhaupt jede Eigenschaft, Kraft oder Function eines Körpers die unmittelbare Folge seiner materiellen Zusammensetzung und seiner Wechselwirkung mit der umgebenden Materie ist, so werden wir die nachfolgende Vergleichung der Organismen und Anorgane zunächst mit der vergleichenden Betrachtung ihres materiellen Substrates beginnen

---

[1]) Gewöhnlich werden als die allgemeinen Lebensthätigkeiten, welche allen Organismen zukommen, die drei Functionen der Ernährung, des Wachsthums und der Fortpflanzung bezeichnet. Das Wachsthum haben wir hier nicht aufgeführt, weil dasselbe auch gleicherweise den anorganischen Individuen zukommt, und die Fortpflanzung nicht, weil dieselbe vielen (geschlechtslosen) organischen Individuen abgeht.

müssen. Denn lediglich aus den Verschiedenheiten, welche sich in der feineren und gröberen Zusammensetzung der Materie zwischen Organismen und Anorganen zeigen, können wir uns die davon unmittelbar abhängigen Verschiedenheiten in den Formen und Kräften (Functionen) beider Gruppen von Naturkörpern erklären.

Da die Aufgabe des vorliegenden Werkes nur die generelle Morphologie der Organismen ist, so könnte es unnöthig erscheinen, auch die Anorgane hier noch besonders in Betracht zu ziehen und eine Vergleichung zwischen Beiden anzustellen. Indessen hoffen wir, durch diese Vergleichung selbst von dem Gegentheil zu überzeugen. Denn nach unserem Dafürhalten ist gerade die Verkennung der innigen Beziehungen, welehe zwischen den leblosen und belebten Naturkörpern überall existiren, vorzugsweise Schuld an der grundfalschen Beurtheilung, welche das Wesen der letzteren gewöhnlich erfahren hat, und an dem teleologisch-vitalistischen Standpunkt, welchen die Mehrzahl der Naturforscher den Organismen gegenüber eingenommen hat. Wie bei den meisten biologischen Untersuchungen, so hat man auch bei Vergleichung der Organismen und Anorgane fast immer von einseitig analytischem Standpunkte aus nur die trennenden Unterschiede beider Gruppen von materiellen Körpern hervorgehoben, und dagegen die verknüpfende Synthese, welche beide Gruppen durch Hervorhebung ihrer übereinstimmenden Charaktere als ein einheitliches grosses materielles Naturganzes darstellt, fast gänzlich vernachlässigt. Wir sind aber zur allseitigen Vergleichung der Organismen und Anorgane hier um so mehr aufgefordert, als die im folgenden Capitel zu besprechende Autogonie nur durch vorurtheilsfreie Würdigung aller Seiten dieses Verhältnisses erklärt werden kann.

Von allen Grenzlinien, durch welche wir bei unseren systematischen Eintheilungs-Versuchen die Naturkörper in natürliche Gruppen zu trennen streben, erscheint keine einzige so scharf, so deutlich, so unübersteiglich, als diejenige, welche wir zwischen den belebten und den leblosen Naturkörpern zu ziehen gewohnt sind. Während die beiden „Reiche" der Thiere und Pflanzen ganz allmählig in einander überzugehen und durch zahlreiche Zwischenformen unmittelbar verbunden zu sein scheinen, während jede einzelne grössere und kleinere Abtheilung des Thier- und Pflanzen-Reiches mit einer oder mehreren anderen Abtheilungen ebenfalls durch Zwischenformen so verknüpft ist, dass jede scharfe Grenzlinie hier mehr oder weniger gezwungen und künstlich erscheint, so sind dagegen Organismen und Anorgane im allgemeinen Bewusstsein der Menschen so vollkommen von einander geschieden, durch eine so unübersteigliche Kluft von einander getrennt, dass Niemand jemals im concreten Falle darüber in Zweifel sein zu können glaubt, ob der vorliegende Naturkörper als belebter oder als lebloser zu betrachten sei.

Dieser herrschenden Vorstellung gegenüber, welcher es schon überflüssig erscheinen dürfte, den „absoluten" Unterschied zwischen Organismen und Anorganen überhaupt nur in Frage zu ziehen, erscheint es doppelt nothwendig, hier ausdrücklich darauf hinzuweisen, dass auch diese Unterscheidung nur bis zu einer gewissen Grenze gültig ist. Denn die beiden Gruppen der leblosen und belebten Naturkörper sind durch keine absolut unausfüllbare Kluft von einander getrennt, und gehören nicht zwei verschiedenen Welten an; die ersten Organismen sind unmittelbar aus Anorganen entstanden. Diese Behauptung lässt sich schon als eine absolut nothwendige Folgerung aus der allgemein angenommenen Kant-Laplace'schen Theorie über die Entstehung der Himmelskörper und der Erde insbesondere ableiten. Denn was sagt diese Theorie Anderes, als dass das Leben auf unserer Erde zu einer bestimmten Zeit zum ersten Male auftrat? Und wenn wir diese erste Entstehung des Lebens auf der Erde nicht der herrschenden Vorstellung gemäss als einen „Schöpfungsakt“ ansehen wollen, d. h. als ein „Wunder“, welches sich als solches jeder naturwissenschaftlichen Betrachtung entzieht, so müssen wir nothwendig annehmen, dass in jenem Zeitpunkte anorganische Naturkörper zu organischen Verbindungen zusammentraten, dass die „leblose Materie“ sich belebte, dass Organismen aus Anorganen sich hervorbildeten. Ein Drittes giebt es nicht.

Wenn nun schon lediglich diese Erwägung uns zu der Behauptung berechtigt, dass der Uebergang aus anorganischen in organische und in wirklich „lebende“ Körper thatsächlich zu irgend einer Zeit erfolgt sein muss, so knüpft sich daran weiter die Frage, wie derselbe zu Stande kam, und zugleich die Aufgabe, die Unterschiede zwischen diesen beiden Gruppen von Naturkörpern scharf zu untersuchen. Diese Forderung erscheint um so mehr berechtigt, als offenbar jene trennenden Unterschiede bisher meist allzusehr betont, und dagegen die verknüpfenden gleichen Grundeigenschaften, welche Organismen und Anorgane innig verbinden, gewöhnlich nicht berücksichtigt wurden. Indem wir nun hier nicht bloss analytisch das Unterscheidende, sondern auch synthetisch das Gemeinsame der lebenden und der leblosen Naturkörper hervorheben, so werden wir dadurch alsbald nicht allein den Vortheil haben, den jede allseitige Vergleichung zweier Objecte bietet, dass wir nämlich den Character jedes einzelnen richtiger und vollständiger beurtheilen; sondern wir werden auch zu der äusserst wichtigen Anschauung gelangen, dass lebendige und leblose Natur in ebenso innigem und nothwendigem Zusammenhange stehen, als alle Theile der Natur überhaupt, und dass die gesammte Natur, organische und anorganische, zusammen ein einziges grosses zusammenhängendes Ganzes bildet, welches allenthalben und zu jeder Zeit von denselben einfachen, grossen und ewigen Gesetzen regiert wird.

Da diese nothwendige Vergleichung der Organismen und der Anorgane nur dann von Nutzen sein kann, wenn wir sämmtliche Seiten ihrer körperlichen Erscheinung vergleichend ins Auge fassen, so werden wir uns hier nicht bloss auf die Betrachtung der Form beschränken können, welche schon oben (p. 24) mit Vortheil verglichen wurde, sondern wir werden eben so auch den Stoff, welcher der Form zu Grunde liegt, und die Function, welche derselbe leistet, mit in Betracht ziehen müssen; wir werden uns also aus dem engeren Gebiete der Morphologie einen Ausflug auf das weitere Feld der allgemeinen Biologie und Abiologie (Chemie und Physik mit eingeschlossen), erlauben müssen (vergl. oben p. 21). In erster Linie werden wir dabei die organische und anorganische Materie zu vergleichen haben, da wir ja die Formen sowohl als die Functionen der Naturkörper lediglich als die unmittelbaren Folgen ihrer eigenen materiellen Zusammensetzung und ihrer Wechselwirkung mit der umgebenden Materie betrachten müssen. Sowohl die elementare Constitution der Materie, als ihre weitere Zusammensetzung durch Verbindung der Elemente, als endlich auch ihr Aggregatzustand sind dabei zu berücksichtigen. Erst wenn wir in allen diesen Beziehungen die Unterschiede sowohl als die Uebereinstimmungen der Materie zwischen den Organismen und Anorganen vorurtheilsfrei geprüft haben, werden wir im Stande sein, die Unterschiede und die Uebereinstimmungen der Formen und Functionen zwischen den Organismen und Anorganen als die nothwendige-Wirkung jener materiellen Ursachen zu erkennen, und die differentielle Bedeutung der organischen und anorganischen Materien richtig zu würdigen.

I) 2. Atomistische Zusammensetzung der organischen und anorganischen Materien.

Alle Organismen und alle Anorgane welche unserer wissenschaftlichen Erkenntniss zugänglich sind, zeigen ganz übereinstimmend eine gewisse Summe von ursprünglichen allgemeinen Eigenschaften, welche aller Materie nothwendig inhäriren. Diese generellen Qualitäten der Naturkörper, welche in ganz gleicher Weise sämmtlichen belebten, wie sämmtlichen leblosen Körpern zukommen, sind: Ausdehnung, Undurchdringlichkeit, Theilbarkeit, Ausdehnbarkeit, Zusammendrückbarkeit, Elasticität, Porosität, Trägheit, Schwere etc. Da wir diese allgemeinen Grund-Eigenschaften sämmtlicher Naturkörper als aus der Physik bekannte und allgemein anerkannte Thatsachen voraussetzen müssen, so haben wir nicht nöthig, hier näher darauf einzugehen, und wollen nur, was so oft vergessen wird, ausdrücklich constatiren, dass in allen diesen Beziehungen, in allen allgemeinen Grund-Eigenschaften der Materie nicht der geringste Unterschied zwischen den Organismen und den Anorganen existirt.

Aus diesen allgemeinsten Resultaten der Physik, haben sich die Naturforscher übereinstimmend eine allgemeine Grundanschauung über die primitive Constitution der Materie (organischer und anorganischer) gebildet, welche unter dem Namen der atomistischen Theorie von allen Physikern und Chemikern angenommen ist. Danach besteht die gesammte Materie aus Atomen, d. h. aus kleinsten, discreten, nicht weiter theilbaren Massentheilchen, welche der allgemeinen Massenanziehung, der Schwere unterworfen, sich gegenseitig durch diese Attractions-Kraft oder Cohäsion anziehen. Die allgemeinen Erscheinungen der Wärme, des Aggregatzustandes etc. zwingen ferner zu der Annahme, dass diese letzten unzerlegbaren Massentheilchen durch eine allgemein verbreitete indifferente Materie von nicht wahrnehmbarem Gewichte, den Aether, getrennt sind. Auf den Schwingungen dieses Aethers beruhen die Erscheinungen der Wärme und des Lichtes.

Dieser die Atome rings umgebende und von einander trennende Aether besteht selbst wieder, gleich der Materie, aus discreten Theilchen, welche von den Atomen angezogen werden, sich selbst aber unter einander durch ihre eigene Abstossungskraft oder Repulsivkraft (Expansion) abstossen. Diese atomistische Theorie erklärt in ganz gleicher Weise die allgemeinen Grundeigenschaften der Organismen und der Anorgane. Die fundamentale Constitution der Materie, ihre Zusammensetzung aus Atomen, ist also in sämmtlichen Naturkörpern, leblosen und belebten, dieselbe [1]).

Die mannichfaltigen Unterschiede in der Erscheinung und im Wesen der verschiedenen Naturkörper beruhen theils auf der ununterbrochenen Thätigkeit der allgemeinen Molekularkräfte (der Cohäsion der discreten Atome und der Expansion der discreten, die Atome umhüllenden und trennenden Aethertheilchen), theils auf der qualitativen Verschiedenheit der Atome. Diese letztere anzunehmen werden wir durch die allgemeinsten Resultate der Chemie gezwungen. Indem nämlich die Chemie in ihrem Bestreben, die Materie in ihre einfachsten Bestandtheile zu zerlegen, schliesslich überall eine geringe Zahl von unzerlegbaren, qualitativ verschiedenen Urstoffen oder chemischen Elementen als allgemeine Grundlage der gesammten Materie nachweist, führt sie in Verbindung mit jenen allgemeinsten Resultaten der Physik zu der Annahme, dass die qualitativen Verschiedenheiten der chemisch nicht weiter zerlegbaren Materien bedingt sind durch eine qualitative Verschiedenheit der Atome, welche diese Materien constituiren. Es würden also eben so viele verschiedene Atom-Arten, als chemische Elemente existiren [2]). Da sich die chemischen Elemente in bestimm-

---

[1]) Dieser jetzt allgemein von den Naturforschern angenommenen atomistischen Theorie, welche bis jetzt allein die sämmtlichen allgemeinen Erscheinungen der Körperwelt zu erklären im Stande ist, haben zwar viele speculative Philosophen unter dem Namen der dynamischen Theorie eine (übrigens mehrfach modificirte) andere Ansicht von der fundamentalen Constitution der Materie entgegengesetzt, wonach dieselbe nur aus widerstrebenden Kräften zusammengesetzt ist. Doch hat diese nicht zu einer allgemeinen Anerkennung gelangen konnen, weil sie eine grössere Anzahl von Thatsachen nicht erklärt, und anderen unmittelbar widerspricht.

[2]) Die Hypothese, dass die qualitative Verschiedenheit der chemischen Elemente, der durch die chemische Analyse nicht weiter zerlegbaren Grundstoffe, bedingt sei durch eine qualitative Verschiedenheit der Massen-Atome, welche die Elemente constituiren, ist von den Chemikern jetzt fast allgemein angenommen. Dieser Hypothese steht eine zweite, bisher noch wenig beachtete, unseres Erachtens aber richtigere Hypothese gegenüber, welche behauptet, dass es nur zweierlei Arten von Atomen giebt, Massen-Atome und Aether-Atome, und dass die Verschiedenheit der chemischen Elemente bedingt ist durch die verschiedenartige Zahl der gleichartigen Massen-Atome, welche zu verschiedenen Gruppen zusammentreten. Danach wäre also jedes sogenannte Atom eines

ten Gewichtsverhältnissen mit einander verbinden, so muss das Gewicht der verschiedenen Atom-Arten ein verschiedenes sein. Da nun diese qualitative Differenz der Atom-Arten und der aus ihnen zusammengesetzten chemischen Elemente die ganze Mannichfaltigkeit in den Naturkörpern bedingt, so drängt sich hier zunächst die Frage auf, ob in den Organismen andere Atom-Arten, d. h. andere chemische Elemente vorkommen, als in den Anorganen. Als negative Antwort hierauf haben wir hier zunächst das hochwichtige Gesetz hervorzuheben, dass alle chemischen Elemente, welche den Körper der Organismen zusammensetzen, auch in der anorganischen Natur vorkommen. Es giebt keinen unzerlegbaren Grundstoff in irgend einem Organismus, welcher nicht auch ausserhalb desselben als lebloser Naturkörper, als Anorgan, oder als Bestandtheil eines solchen auftritt.

Diese Thatsache ist zwar allbekannt, wird aber in ihrer ganzen Tragweite insofern meist nicht gehörig gewürdigt, als man daraus ge-

---

Elementes nichts Anderes, als eine Summe von Massen-Atomen, welche, jedes von einer Aether-Hülle (wie von einer Atmosphäre) umgeben, in bestimmter Zahl und zu einer bestimmten Gruppe verbunden sind. Für jedes Element wäre die Zahl, in welcher sich die Atome zu einer Gruppe verbinden, characteristisch und unveränderlich. Wenn gleiche Atom-Gruppen mit gleichen Aetherhüllen zusammentreten, so bilden sie einen Gruppenbau, den wir einen einfachen chemischen Körper (Element) nennen. „So viele verschiedene Gruppen es also giebt, so viele verschiedene Elemente, und der ursprünglich einzige Unterschied der Elemente besteht in der verschiedenen Anzahl der Massenatome in ihren Gruppen. Es giebt demnach in der Natur (als Körperwelt) zwei Materien, welche aus Atomen bestehen; diese Materien heissen Masse und Aether. Jedes Atom der Masse zieht alle übrigen Atome an; jedes Atom des Aethers stösst alle übrigen Atome ab. Anziehung und Abstossung erfolgen nach dem Newton'schen Gesetze". Es wächst also sowohl die Anziehung der Massen-Atome, als die Abstossung der Aether-Atome, in demselben Verhältnisse, in welchem die Anzahl der Atome zunimmt, und in welchem das Quadrat der Entfernung abnimmt. Die Aether-Atome und die Massen-Atome sind wahrscheinlich gleich grosse Kugeln, von sehr geringer Grösse. Die Zahl der Atome beider Materien ist unendlich gross, wie der Weltraum, welchen sie erfüllen. Die nähere Begründung dieser wichtigen Hypothese ist nachzusehen in der geistvollen kleinen Schrift von H. Wiechmann: Ueber den Bau der einfachen Körper. Eine Hypothese zur Erklärung der wichtigsten Naturerscheinungen. Oldenburg 1864; und in der dort citirten Schrift von C. Hullmann: das Grundgesetz der Materie. Oldenburg 1863. Es ist klar, dass diese Hypothese dem einfachen monistischen Grundcharacter der ganzen Natur weit besser entspricht, als die gegenwärtig herrschende Hypothese von der ursprünglich verschiedenen Qualität der Massen-Atome in den verschiedenen Elementen. Wir glauben, dass in derselben die erste Grundlage des monistischen kosmologischen Systems zu finden ist. Uebrigens ist sie zunächst für die uns hier vorliegende Frage gleichgültig, weil ja die Identität der Elemente in den Organismen und Anorganen (mögen nun die Elemente aus einfachen oder zusammengesetzten Atomen bestehen) empirisch bewiesen ist.

wöhnlich nicht den sich unmittelbar ergebenden Schluss zieht, dass bei der qualitativen Identität der Elementarstoffe, welche die Anorgane und die Organismen zusammensetzen, auch die fundamentalen Kräfte oder Functionen in beiden Klassen von Naturkörpern nicht qualitativ verschieden sein werden. Aus der Nichtexistenz eines besonderen Lebensstoffes wird daher der Monismus schon die Nichtexistenz einer besonderen Lebenskraft folgern müssen. Wie man nun in Folge unserer vorgeschrittenen chemischen Kenntnisse die frühere Annahme, dass besondere den Organismen eigenthümliche und ausserhalb derselben nicht vorkommende chemische Elemente, besondere „Lebensstoffe", die organischen Körper zusammensetzen und deren Lebenserscheinungen zu Grunde liegen, jetzt allgemein verlassen hat, so wird man ebenso nothwendig die auf gleich unvollständige Erkenntniss gegründete Hypothese fallen lassen müssen, dass es besondere „Lebenskräfte" sind, welche die Formen, wie die Functionen der Organismen bedingen.

Von den unzerlegbaren chemischen Elementen, welche bis jetzt auf unserer Erde gefunden worden sind, und deren Zahl sich bereits auf mehr als sechzig beläuft, ist nur ungefähr der dritte Theil im Körper der Organismen aufgefunden. Und von diesen ungefähr zwanzig chemischen Elementarstoffen ist es wiederum nur etwa die Hälfte, welche allgemein verbreitet und in grösserer Menge in den organischen Körpern vorkommt. Bekanntlich sind es vor Allen die vier Elemente: Kohlenstoff, Sauerstoff, Wasserstoff und Stickstoff, die vorzugsweise die sogenannten organischen Verbindungen im engeren Sinne zusammensetzen, und die man desshalb auch als „Organogene" besonders hervorgehoben hat. An der Spitze derselben steht der Kohlenstoff, dessen merkwürdige physikalische und chemische Eigenthümlichkeiten wir als die letzte Ursache aller der eigenthümlichen Functionen und Formen zu betrachten haben, welche die Organismen vor den Anorganen auszeichnen. An diese vier organogenen Elemente schliesst sich dann zunächst Schwefel und Phosphor an. Von den übrigen Elementen sind Chlor, Kalium, Natrium, Calcium und demnächst Eisen und Kiesel am weitesten verbreitet. Viel seltener und meist nur in sehr kleinen Quantitäten kommen Jod, Brom, Fluor, Magnium, Aluminium, Manganium, Strontium, Lithium und einige andere seltene Urstoffe in den Organismen vor.

I) 3. Verbindungen der Elemente zu organischen und anorganischen Materien.

Nachdem die Chemie nachgewiesen hatte, dass alle chemischen Grundstoffe oder Elemente, welche den Körper der Organismen zusammensetzen, sich auch ausserhalb desselben, in der anorganischen Natur vorfinden, dass mithin kein besonderes „organisches Element" existirt, glaubte man in der Art und Weise des Zusammentritts der Elemente zu zusammengesetzten Verbindungen einen absoluten Unterschied zwischen Organismen und Anorganen aufstellen zu können. Besondere Gesetze des „Lebens“ sollten die Vereinigung der Elemente innerhalb des Organismus regeln, und die mystische „Lebenskraft“ sollte die Elemente zum Eingehen von Verbindungen zwingen, welche ausserhalb des lebendigen Körpers nie sollten zu Stande kommen können. Diese irrthümliche Vorstellung, welche vorzüglich durch die Autoritäten von Berzelius und Johannes Müller in der Biologie zu sehr allgemeinem Ansehen gelangte, hat solchen Einfluss auf die allgemeine Beurtheilung der Organismen gewonnen, und behauptet denselben theilweis noch heute, dass wir dieselbe hier ausdrücklich als einen Irrthum bezeichnen müssen, der durch die neuere Chemie definitiv widerlegt ist.

Vollkommen richtig ist es, dass diejenigen eigenthümlichen Formen und Functionen, welche die Organismen von den Anorganen unterscheiden, einzig und allein die nothwendige Wirkung sind von den eigenthümlichen Verbindungen, welche die Elemente im Körper der Organismen eingehen, und welche man allgemein als „organische“ Materien zusammenfasst. Vollkommen falsch aber ist es, wenn man diese eigenthümlichen „organischen Verbindungen“ von etwas Anderem ableitet, als von der chemischen Wahlverwandtschaft der Elemente, welche in allen Fällen, selbstständig, vermöge der ihren Atomen unzertrennlich innewohnenden Kräfte, diese Verbindungen activ schaffen. Es existirt also auch in dieser Beziehung durchaus kein Unterschied zwischen den leblosen und den belebten Naturkörpern. Wie wir in der leblosen Natur die gewöhnlich einfacheren, sogenannten „anorganischen Verbindungen“ lediglich durch die ureigenen Kräfte der Elemente, nach den unabänderlichen und ewigen Gesetzen der chemischen Wahlverwandtschaft, entstehen sehen, so erkennen wir eben so bestimmt, dass innerhalb der lebendigen Körper die gewöhnlich verwickelteren, sogenannten „organischen Verbindungen“ lediglich nach denselben Gesetzen der chemischen Affinität, mit absoluter Nothwendigkeit, entstehen und vergehen.

Der einzige Unterschied, welcher in der chemischen Zusammensetzung der Organismen und Anorgane gefunden werden kann, besteht darin, dass in allen Organismen neben den einfacheren Verbindungen der Elemente, die allenthalben auch in der leblosen Natur vorkommen (Wasser, Kohlensäure etc.), eine Anzahl von verwickelteren Verbindungen des Kohlenstoffs (und namentlich allgemein gewisse Eiweisskörper) sich finden, welche gewöhnlich in der anorganischen Natur sich nicht zu bilden scheinen. Diese Verbindungen verdanken aber ihre Existenz nicht einer besonderen Lebenskraft, sondern den eigenthümlichen und äusserst verwickelten Verwandtschaftsbeziehungen des Kohlenstoffs zu den meisten übrigen Elementen. Vielleicht mit allen anderen Elementen, vorzüglich aber mit den drei Elementen: Wasserstoff, Sauerstoff und Stickstoff, vermag der Kohlenstoff eine endlose Reihe von äusserst verwickelten Verbindungen einzugehen, welche zum grössten Theil durchaus ohne Analogon unter den kohlenstofflosen Verbindungen dastehen. Wir müssen also die chemische und physikalische Natur des Kohlenstoffs und vor Allem seine in ihrer Art einzige Fähigkeit, mit anderen Elementen höchst complicirte Verbindungen einzugehen, als die erste und letzte, als die einzige Ursache aller derjenigen Eigenthümlichkeiten ansehen, welche die sogenannten organischen Verbindungen von den anorganischen unterscheiden.

Es würde desshalb richtiger sein die „organischen Verbindungen" concreter als „Kohlenstoff-Verbindungen" zu bezeichnen, wie man die „organische Chemie" neuerdings richtiger die „Chemie der Kohlenstoff-Verbindungen" genannt hat. Nur darf dabei nicht vergessen werden, dass, wie der reine Kohlenstoff selbst (als Diamant, Graphit), so auch einfachere Kohlenstoff-Verbindungen in der anorganischen Natur, ausserhalb der Organismen, weit verbreitet vorkommen, wie vor Allem die Kohlensäure, das Kohlenoxyd, einzelne Kohlenwasserstoffe u. s. w. Andererseits darf ebenso wenig vergessen werden, dass in allen Organismen ohne Ausnahme neben jenen „organischen", d. h. verwickelteren Kohlenstoff-Verbindungen, auch noch einfachere Kohlenstoff-Verbindungen und nicht kohlenstoffhaltige Verbindungen der Elemente, also sogenannte „anorganische" Verbindungen vorkommen (Wasser, Kohlensäure, Kochsalz etc.)

Die wesentlichsten Unterschiede in der Zusammensetzung der organischen und anorganischen Verbindungen glaubte man früher darin zu finden, dass in der anorganischen Natur sich nur „binäre" Verbindungen bilden, indem zunächst immer nur zwei Elemente zusammentreten, z. B. Kohlenstoff und Sauerstoff zur Kohlensäure, oder Wasserstoff und Stickstoff zum Ammoniak; eine solche einfache binäre Verbindung kann sich dann weiter mit einer anderen einfachen binären Verbindung zu einer zusammengesetzten binären Verbindung vereinigen, z. B. Kohlensäure und Ammoniak zum kohlensauren Ammoniak u. s. w. Dagegen sollten sogenannte „ternäre und quaternäre" Verbindungen, in welchen drei oder vier Elemente unmittelbar zu einer complexeren Verbindung zusammentreten, (z. B. Kohlenstoff, Sauerstoff, Wasserstoff und Stickstoff zu dem quaternären Harnstoff) ausschliesslich nur unter dem Einflusse des Lebens zu Stande kommen und niemals in der anorganischen Natur sich bilden. Als weiterer wesentlicher Unterschied zwischen diesen beiden Verbindungsgruppen wurde dann ferner gewöhnlich noch angeführt, dass die Mischungsgewichte in den ternären und quaternären „organischen" Verbindungen im Allgemeinen weit höhere und ihre Zahlenverhältnisse meist complicirtere sind, als dies in den binären „anorganischen" Verbindungen gewöhnlich der Fall ist.

So wesentlich nun gewiss diese gradweise, relative Differenz in der atomistischen Constitution vieler organischen und anorganischen Verbindungen für die Erklärung ihrer functionellen Differenzen ist, so hat man doch auch diesen Unterschied einseitig übertrieben. Zunächst ist hier erstens als sehr wesentlich hervorzuheben, dass kein Organismus lediglich aus den complicirteren „ternären und quaternären" Kohlenstoff-Verbindungen (Eiweiss, Fett etc.) besteht, dass vielmehr stets auch neben diesen noch einfache „binäre" Verbindungen vorhanden sind, Wasser, Kohlensäure, gewisse Salze etc. Jeder Organismus ohne Ausnahme erscheint in dieser Beziehung als ein Complex von einfachen (binären) „anorganischen" und complicirten (ternären oder quaternären) „organischen" Verbindungen. Die wesentlichsten Eigenthümlichkeiten der letzteren sind aber im Grunde nur abhängig von der ausgezeichneten Fähigkeit des Kohlenstoffes (des „organischen" Elements κατ' ἐξοχήν), sich in den verschiedensten Verhältnissen mit anderen Elementen zu verbinden. Diese in ihrer Art einzige Eigenschaft des Kohlenstoffes müssen wir als die Grundlage aller Eigenthümlichkeiten der sogenannten organischen Verbindungen bezeichnen.

Grosses Gewicht legte man früher darauf, dass diese characteristischen Kohlenstoff-Verbindungen sich ausschliesslich nur in den Organismen „unter dem Einfluss des Lebens" bilden könnten und dass niemals dergleichen durch Combination binärer Verbindungen künstlich in unseren Laboratorien herzustellen seien. Zuerst wurde dieses Dogma 1828 von Wöhler widerlegt, welcher auf rein künstlichem Wege Harnstoff (statt cyansauren Ammoniaks) aus den „anorganischen" Elementen (aus Cyan- und Ammoniak-Verbindungen) herstellte. In neuester Zeit hat man jedoch in dieser Beziehung so weite Fortschritte gemacht, und so viele „rein organische" complicirte Kohlenstoff-Verbindungen, Alkohol, Essigsäure, Ameisensäure etc. auf „rein anorganischem" Wege künstlich hergestellt, dass bald nur noch die höchststehende und complicirteste Gruppe der Eiweisskörper dieser künstlichen Synthese Schwierigkeiten in den Weg legen wird, Schwierigkeiten, welche die weiteren Fortschritte der Chemie zweifelsohne überwinden werden. Schon heute dürfen wir also sagen, dass ein sehr grosser Theil der complicirteren Kohlenstoff-Verbindungen, der „ternären und quaternären" Atomcomplexe, nicht ausschliesslich nur im Organismus entsteht, sondern ebenso auch künstlich, mit Ausschluss jeder Lebensthätigkeit, in unseren Laboratorien dargestellt werden kann, gleich den einfachsten („binären") anorganischen Verbindungen. Dieses Resultat ist aber desshalb für uns von äusserster Wichtigkeit, weil daraus hervorgeht, dass auch in der Natur, unter ähnlichen Bedingungen, wie wir sie in unseren Laboratorien künstlich herstellen, unbelebte anorganische Materien zur Bildung lebensfähiger organischer Stoffe, „binäre" Verbindungen und einfache Elemente zur Bildung „ternärer und quaternärer" Verbindungen zusammentreten können, eine Möglichkeit, welche für die Theorie von der Autogonie, einer Form der Generatio spontanea, die unentbehrliche Grundlage ist.

Als sehr wesentlicher Unterschied zwischen den anorganischen und den organischen Materien wurde früherhin oftmals hervorgehoben, dass die letzteren, dem Einflusse des Lebens entzogen, alsbald „faulen", sich „spontan zersetzen", während die ersteren dieses nicht thun. Allerdings ist es richtig, dass die meisten verwickelteren Kohlenstoff-Verbindungen längere oder kürzere Zeit nach dem Tode des Organismus „verfaulen", sich unter Fäulniss zersetzen und in die einfacheren binären Verbindungen auflösen. Indess gilt dies erstens nicht von allen, und zweitens sagt diese Thatsache weiter nichts aus, als dass diese faulenden organischen Substanzen, ihrer natürlichen Wahlverwandtschaft gemäss, Zersetzungsprocesse und Verbindungen mit den umgebenden Medien (Sauerstoff der atmosphärischen Luft, des Wassers etc.) eingehen, an deren Eintritt sie während des Lebens durch die stärkeren anderweitigen Wahlverwandtschaften gehindert wurden, welche die eingeführten Nahrungsmittel ausübten. Ganz ebenso wie die meisten organischen Verbindungen zersetzen sich an der Luft oder im Wasser auch viele anorganische Verbindungen, welche „verwittern", wie z. B. viele Salze.

Fassen wir die allgemeinsten und wichtigsten Resultate, welche uns diese Vergleichung der organischen und anorganischen Verbindungen liefert, kurz zusammen, so kommen wir zu folgenden, wichtigen Resultaten: Sämmtliche in den Organismen vorkommende chemische Elemente kommen auch ausserhalb in der anorganischen Natur vor. In sämmtlichen Organismen kommen sowohl einfache (binäre) Verbindungen dieser Elemente vor, wie in den Anorganen, als auch daneben zusammengesetztere Kohlenstoff-Verbindungen (ternäre und quaternäre Verbindungen), welche der Kohlenstoff gewöhnlich in der anorganischen Natur nicht zu bilden scheint. Dass dieselben jedoch sich hier ebenfalls, ohne jeden Einfluss des „Lebens", bilden können, geht daraus hervor, dass wir dieselben rein künstlich aus einfacheren Verbindungen und Elementen zusammensetzen können. Die Fäulniss der Organismen ist ein einfacher Zersetzungsprocess und erfolgt nach den Gesetzen der chemischen Wahlverwandtschaft, welche die gesammte organische und anorganische Materie gleicherweise unbedingt beherrschen.

I) 4. Aggregatzustände der organischen und anorganischen Materien.

Unter **Aggregatzustand** der Naturkörper verstehen wir den Grad der **Entfernung und der dadurch bedingten relativen Beweglichkeit ihrer Massen-Atome.** Die Differenzen der Aggregatzustände beruhen lediglich auf der Verschiedenheit der Entfernungen der Atome von einander, welche durch die Wechselwirkung zwischen der Cohäsions-Kraft der Atome und der Expansions-Kraft der Aethertheilchen modificirt werden. Bei den anorganischen Naturkörpern ist bekanntlich eine dreifache Differenz in dieser Beziehung möglich, und man unterscheidet demgemäss bei diesen drei Aggregatzustände, den festen, tropfbaren und gasförmigen.

Der **feste Aggregatzustand** kommt allen geformten Anorganen ohne Ausnahme zu. Hier liegen die Atome in solcher Nähe bei einander, dass die Cohäsion der Massen-Atome über die Expansion der Aethertheilchen überwiegt. Folge davon ist, dass die gegenseitige Lagerung der Atome stets dieselbe bleibt und dass sie nur bis zu einer gewissen Grenze sich von einander entfernen können (z. B. bei Ausdehnung durch Erwärmung) ohne den festen Aggregatzustand zu verlassen. Die Atome haben hier ein stabiles Gleichgewicht. Der Character der festen Körper liegt also darin, dass ihr Volum nur innerhalb enger Grenzen veränderlich ist und dass sie eine selbstständige bleibende Gestalt haben.

Beim tropfbaren oder flüssigen (tropfbar-flüssigen) Aggregatzustand liegen die Atome in solcher Entfernung von einander, dass die Cohäsion und Expansion sich das Gleichgewicht halten. Die Atome haben daher hier ein labiles Gleichgewicht, und können bei jeder Störung desselben ihre gegenseitige Lagerung nach allen Richtungen hin frei verändern. Der Character der tropfbar-flüssigen Körper liegt also darin, dass ihr Volum ebenfalls nur innerhalb enger Grenzen veränderlich ist, dass sie aber keine selbstständige Gestalt haben. In ein Gefäss eingeschlossen, nehmen die Flüssigkeiten die Form dieses Gefässes an, und wenn sie dieses nicht ganz erfüllen, bildet ihre Oberfläche eine horizontale Ebene. Dagegen nimmt jede Flüssigkeit, eingeschlossen in eine andere, damit nicht mischbare Flüssigkeit vom gleichen specifischen Gewicht, z. B. Oel in einem gleich schweren Gemenge von Weingeist und Wasser, selbstständig und bleibend die Kugelform an.

Der gasförmige oder luftförmige (elastisch-flüssige) Aggregatzustand endlich ist dadurch ausgezeichnet, dass in Folge grösserer Entfernung der Atome von einander die Expansion über die Cohäsion überwiegt. Die Aethertheilchen sind stärker als die Atome, und da sie sich gegenseitig abstossen, strebt die Materie, sich ins Unendliche auszudehnen. Durch diese Expansionskraft der Gase ist deren Character bedingt, sich soweit auszudehnen, als es die Begrenzung durch benachbarte feste oder flüssige Körper erlaubt. Die Atome können sich hier ohne Grenze von einander entfernen. Das Volum der Gase ist daher in den weitesten Grenzen veränderlich und eine selbstständige Form niemals vorhanden.

Da die Wärme eine Bewegung des Aethers ist, so erklärt es sich, wie die Anorgane unter verschiedenen Wärme-Graden alle drei Aggregatzustände annehmen können. Ist die Wärme-Bewegung des Aethers so gering, dass sie die Atome nicht von einander zu entfernen vermag, so ist der Körper fest. Wenn jene Bewegung stärker wird, so dass sie die Atome bis zu einer bestimmten Grenze, welche den Wirkungskreis der gegenseitigen Anziehung der Atome nicht überschreitet, auseinander zu treiben vermag, so wird der Körper flüssig. Wird endlich die Bewegung der Aethertheilchen, die wir Wärme nennen, so stark, dass die Atome über jene Grenze hinaus von einander entfernt und nun ins Unendliche auseinander gestossen werden, so wird der Körper gasförmig.

Vergleichen wir mit diesen drei bestimmten und stets leicht erkennbaren Aggregatzuständen der Anorgane diejenigen der Organismen, so haben wir zunächst zu constatiren, dass alle drei Aggregatzustände in Theilen des Körpers vieler Organismen eben so rein, wie in den Anorganen vorkommen, und dass einer davon, nämlich der flüssige, in allen lebenden Organismen ohne Ausnahme allgemein verbreitet ist. Die eigenthümlichen Bewegungs-Erscheinungen, welche wir unter dem Collectivnamen des Lebens zusammenfassen, können nur durch Mitwirkung dieses Aggregatzustandes zu Stande kommen und wir können daher den tropfbar flüssigen Zustand mindestens eines Theils der Materie als ein für alle Organismen nothwendiges Erforderniss bezeichnen. Die Hohlräume, welche diese für den Transport der Theilchen beim Stoffwechsel unentbehrlichen Flüssigkeiten einschliessen, sind theils (bei den höheren Thieren) besondere Gefässe (Blutgefässe, Wassergefässe, Leibeshöhle etc., theils wandungslose Hohlräume zwischen den Elementartheilen und im Inneren derselben (Vacuolen in den Plastiden etc.). Ausser dem rein tropfbaren kommt nun ferner auch der feste und der gasförmige Aggregatzustand vollkommen rein im Körper vieler (nicht aller!) Organismen vor. Zu den absolut festen Theilen der Organismen können wir z. B. die Otolithen im Gehörorgan, ferner die reinen Kieselskelete und die Skelete aus kohlensaurem Kalke rechnen, welche bei vielen wirbellosen Thieren, sowie die Krystalle, welche sich in vielen Pflanzen vorfinden. Ebenso kommen Gase in elastisch-flüssiger Form (nicht aufgelöst) im Körper vieler Organismen vor, entweder mit der Aussenwelt unmittelbar communicirend (z. B. in den Lungen, Luftröhren, in den pneumatischen Knochenhöhlen der Vögel etc.) oder in besonderen Räumen abgeschlossen (z. B. in der Luftblase der Siphonophoren, der Schwimmblase vieler Fische, den Gefässen derPflanzen etc.)

Ausser diesen drei Aggregatzuständen, welche also in belebten, wie in leblosen Naturkörpern gleicherweise vorkommen, zeichnen sich nun aber die Organismen noch durch einen vierten Aggregatzustand aus, welcher einem Theile der Kohlenstoff-Verbindungen ausschliesslich eigenthümlich ist und in den Anorganen nicht vorkommt, und welchen wir als festflüssigen oder gequollenen Aggregatzustand bezeichnen können. Es bildet dieser Zustand, wie schon der Name sagt, eine eigenthümliche Mittelbildung zwischen dem festen und flüssigen Zustand und ist in der That aus einer Verbindung beider hervorgegangen. Er kömmt dadurch zu Stande, dass Flüssigkeit in bestimmter (innerhalb gewisser Grenzen eingeschlossener) Quantität zwischen die Moleküle eines festen Körpers (einer Kohlenstoff-Verbindung) eindringt und dessen Intermolekularräume erfüllt. Diese Zwischenräume sind in denjenigen organischen Materien, welche einer solchen Flüssigkeitsaufnahme (Quellung oder Imbibition) fähig sind, offenbar von anderer Beschaffenheit, als bei denjenigen einfacheren organischen Verbindungen, welche, gleich allen anorganischen Verbindungen, nicht Flüssigkeit zwischen ihre Moleküle aufnehmen können, ohne selbst flüssig zu werden. Wahrscheinlich steht diese Fähigkeit im engsten Causal-Zusammenhang mit der complicirten Gruppirung der Atome in den betreffenden Kohlenstoff-Verbindungen. Denn gerade diejenigen organischen Materien, welche in diesen Beziehungen sich am weitesten von den Anorganen entfernen, sind es, welche den festflüssigen Aggregatzustand in der grössten Ausdehnung annehmen können. Gerade diese höchst complicirt und locker zusammengesetzten, leicht zersetzbaren Kohlenstoff-Verbindungen, vor Allen die Eiweissstoffe und deren Derivate, sind es aber auch, welche die complicirtesten Lebenserscheinungen vermitteln, und da diese Kohlenstoff-Verbindungen, als die eigentlichen activen, organogenen Stoffe in keinem Organismus fehlen, so finden wir auch den für sie charakteristischen gequollenen Aggregatzustand in allen Organismen ohne Ausnahme vor.

Die allgemeinen physikalischen Eigenschaften, welche die organische Materie durch die Quellung oder Imbibition erhält, sind für die Erklärung der Lebens-Erscheinungen von äusserster Wichtigkeit. Indem nämlich die festflüssigen oder gequollenen Materien gewisse Eigenthümlichkeiten des festen und des flüssigen Aggregatzustandes in sich vereinigen, indem sie Festigkeit mit einem bedeutenderen Grade von Formveränderlichkeit, Härte mit einem eigenthümlichen Grade von Weichheit verbinden, wird schon hieraus klar, warum die Functionen der organischen Materien weit differenzirter und complicirter sein können, als dies bei dem einfachen Aggregatzustand der Anorgane jemals der Fall sein kann.

Die wichtigsten aller sogenannten Lebenserscheinungen, und gerade diejenigen Functionen der organischen Körper, welche man gewöhnlich als die characteristischen Leistungen des Lebens zu bezeichnen pflegt, sind nur möglich dadurch, dass die Materie, von welcher sie ausgehen, sich wenigstens theilweis im vierten, im festflüssigen Aggregatzustande befindet. Die sogenannten „animalen“ Kräfte der Empfindung und Bewegung, welche von der Nerven- und Muskel-Substanz ausgehen, wie die sogenannten „vegetativen“ Kräfte der Ernährung und Fortpflanzung, welche den verschiedensten Substanzen der Organismen inhäriren, sind ohne den festflüssigen Aggregatzustand ihres materiellen Substrates gar nicht denkbar. Gerade die eigenthümliche Verbindung von Festigkeit und Flüssigkeit, von Härte und Weiche, von Starrheit und Beweglichkeit, welche durch die Imbibition gegeben wird, bedingt und ermöglicht die complicirteren Molecularbewegungen, welche den angeführten organischen Processen zu Grunde liegen. Aus diesen Gründen können wir den Quellungszustand der lebenden Materien gar nicht hoch genug anschlagen, und werden befugt sein, in diesem festflüssigen Aggregatzustande der meisten Kohlenstoff-Verbindungen, gleichwie in ihrer complicirteren Zusammensetzung aus verwickelten Atomgruppen (welche wahrscheinlich eng mit der Quellungsfähigkeit zusammenhängt) eine der wichtigsten Grundursachen des Lebens zu finden. Es wird daher zur Begründung unserer monistischen Lebens-Beurtheilung hier gestattet sein, bei dem Fundamental-Phaenomen der Imbibition noch etwas zu verweilen, zumal auch für die Form der Organismen dieser vierte Aggregatzustand von der grössten Bedeutung ist.

Da eine eigentliche Quellung oder Imbibition bei den Anorganen niemals vorkommt, so entsteht die Frage, ob hier ähnliche Modificationen der ersten drei Aggregatzustände vorkommen, welche der Imbibition in einigen Beziehungen gleichen. Hier tritt uns nun einerseits das Phaenomen der Tränkung oder Durchfeuchtung (Humidation), andererseits die Erscheinung der Lösung oder Auflösung (Solution) entgegen. Bei der Durchfeuchtung oder Humidation sehen wir Flüssigkeit in die Poren fester Körper eindringen, ohne dass eine wirkliche Imbibition und Quellung derselben stattfindet. Das ist z. B. der Fall bei Steinen (und zwar nicht nur bei auffallend „porösen", sondern auch bei den scheinbar dichtesten und festesten Gesteinarten), welche längere Zeit auf dem Grunde des Meeres gelegen haben. So wenig diese Durchfeuchtung den festen Aggregatzustand der Anorgane und damit ihr Volum zu ändern vermag, so wenig werden diese geändert, wenn die beträchtliche Menge der eingedrungenen Flüssigkeit durch Austrocknen wieder entfernt wird. Niemals kann daher auch die vollständigste Durchfeuchtung eine solche Beweglichkeit der Moleküle und damit eine solche Formveränderlichkeit der festen Körper herbeiführen, wie sie durch die Quellung gegeben wird. Andererseits aber ist hervorzuheben, dass bei den organischen Körpertheilen zwischen den höchsten Graden der Durchfeuchtung und den niedersten Graden der Quellung ein ganz allmähliger und unmerklicher Uebergang stattfindet, und wir können diesen Uebergang oft an einem und demselben Theile eines Organismus in continuo verfolgen. Insbesondere ist in dieser Beziehung eine Vergleichung continuirlich zusammenhängender Skelettheile von Interesse, und zwar gilt dies sowohl von den inneren, der Bindegewebsgruppe angehörigen Skelettheilen der Wirbelthiere, als von den äusseren, zu den Chitinausscheidungen zu rechnenden Skelettheilen der Gliederthiere. Der Aggregatzustand eines Knochens, (und zwar speciell der Intercellular- oder Grundsubstanz des Knochens, die hier zunächst in Frage kommt) ist an sich, als solcher, (abgesehen natürlich von den feineren Structurdifferenzen), nicht zu unterscheiden von dem festen Aggregatzustande vollkommen durchfeuchteter Mineralien, (z. B. Sandstein, Kalkstein), die lange in Wasser gelegen haben. Und dennoch geht dieser unzweifelhaft „feste" Aggregatzustand eines Knochens durch eine Reihenfolge der feinsten Uebergangsstufen ganz allmählig in den unzweifelhaft „festflüssigen", d. h. gequollenen Zustand des Knorpels, der Sehne u. s. w. über. In gleicher Weise sind die unzweifelhaft „festen" und bloss durchfeuchteten Chitindecken z. B. der Abdominalsegmente von Insecten durch eine ganz allmählige Stufenfolge der unmerklichsten Uebergänge des Aggregatzustandes mit den unzweifelhaft „festflüssigen" oder imbibirten weicheren intersegmentalen Chitindecken verbunden, welche jene Segmente unter einander verbinden. Hieraus ergiebt sich also das wichtige Gesetz, dass der festflüssige Aggregatzustand organischer Körpertheile ganz untrennbar in den festen übergeht.

Wie nun auf der einen Seite organische Körpertheile mit dem geringsten Grade der Quellungsfähigkeit nicht von den vollkommen durchfeuchteten festen Anorganen zu trennen sind, so finden wir es auf der anderen Seite nicht möglich, eine scharfe Grenze zu ziehen zwischen den flüssigen Lösungen der festen Anorgane und den organischen Körpertheilen mit dem höchsten Grade der Imbibitionsfähigkeit. Bei der Lösung oder Solution der festen Anorgane sehen wir, wie bei der Humidation, Flüssigkeit in die Poren des festen Körpers eindringen; nur ist die relative Quantität der Flüssigkeit eine sehr viel grössere und sogar eine unbegrenzte. Es wird nämlich bei der Solution so viel Fluidum in die Poren aufgenommen, und es werden dadurch die Moleküle soweit von einander entfernt, dass das Uebergewicht der Cohäsion über die Expansion überwunden wird, und dass der feste Aggregatzustand vernichtet und in den flüssigen selbst übergeführt wird. Der wesentliche Unterschied zwischen der Lösung und den höchsten Graden der Imbibition lässt sich dahin bestimmen, dass jeder quellungsfähige Körper ein Quellungsmaximum hat, eine Grenze, über welche hinaus kein Wasser mehr in die Poren aufgenommen wird. Die Verdünnungsfähigkeit der Lösungen dagegen ist unbegrenzt. Da nun die festen und löslichen Anorgane kein Imbibitions-Maximum besitzen, so nehmen sie immer so lange Wasser auf, bis sie in den flüssigen Zustand übergegangen sind. Andererseits aber ist hervorzuheben, dass bei den organischen Körpertheilen wiederum ein ganz allmähliger und unmerklicher Uebergang sich findet zwischen den höchsten Graden der Quellung und dem niedersten Graden der Tropfbarkeit einer concentrirten und zähflüssigen Solution. Schon die äusserst verschiedenen Consistenz-Grade des eiweissartigen Plasma in den verschiedenen Zellen liefern hierfür den Beweis. In grossem Maassstabe ist dasselbe am auffallendsten zu beobachten an dem sogenannten „Gallert-Gewebe" der Coelenteraten, sowohl bei vielen Hydromedusen, als insbesondere bei den Ctenophoren. Bei einigen der letzteren geht die Imbibitionsfähigkeit des äusserst weichen und wasserreichen Gewebes (und zwar speciell der Zwischensubstanz des gallertigen Bindegewebes) so weit, dass dasselbe in der That tropfbar flüssig wird, während dasselbe Gallertgewebe andererseits durch zahlreiche Zwischenstufen mit der viel weniger stark imbibirten Zwischensubstanz des festeren (oft knorpelharten) Bindegewebes continuirlich zusammenhängt. Sehr instructiv sind für diese Vergleichung ferner die eigenthümlichen, pathologisch beim Menschen (z. B. bei Cystenbildung im Eierstock) so oft vorkommenden Colloidsubstanzen oder Gallertmassen, deren albuminöse Substanz die verschiedensten Grade der Flüssigkeitsaufnahme zeigt. Während im einen Falle die Colloidsubstanz dieser pathologischen Producte eine ziemlich consistente Gallertmasse darstellt, welche auch isolirt ihre selbstständige Form behält und unzweifelhaft als ein mehr oder minder stark gequollener fester Körper angesehen werden muss, stellt dieselbe im anderen Falle eine vollkommen dünne tropfbare Flüssigkeit dar, welche alle Charactere einer vollständigen Lösung trägt. Zwischen diesen beiden Extremen finden sich alle möglichen, fein abgestuften Uebergänge, und bisweilen findet man in den zahlreichen Fächern einer solchen vielfächerigen Gallertgeschwulst alle diese verschiedenen Consistenzgrade des festflüssigen Körpers neben einander vor. Es ist hier ganz unmöglich, bei den consistenten, zähen, fadenziehenden Flüssigkeiten zu sagen, wo der eigentliche Imbibitionszustand der festen organischen Materie aufhört und wo die eigentliche Lösung derselben beginnt. Aehnlich verhalten sich auch viele andere organische Substanzen, insbesondere der Traganth, viele Schleim-Formen, Gummi etc., die sich nicht unmittelbar in der Flüssigkeit auflösen, sondern langsam und allmählig eine unbestimmte Quantität derselben imbibiren, dann aber in der Quellung keine Grenze zu finden scheinen und unendlich verdünnt werden können. Auch hier ist es ganz unmöglich, schliesslich zu unterscheiden, ob nur ein sehr hoher Grad von Quellung oder ob eine wirkliche Lösung der organischen Materie stattgefunden hat. Diese Erscheinungen zeigen deutlich, dass auch zwischen Lösung und Imbibition keine bestimmte Grenze existirt, und dass der festflüssige Aggregatzustand organischer Körpertheile ganz untrennbar in den flüssigen übergeht.

Zusammengehalten mit den vorhergehenden Resultaten erhalten wir also das Gesetz, dass der festflüssige oder gequollene Aggregatzustand, in welchen viele organische Körpertheile eintreten können, und welcher für das Zustandekommen der Lebenserscheinungen aller Organismen unentbehrlich ist, keineswegs absolut vom festen und vom flüssigen Aggregatzustande verschieden ist, sondern vielmehr durch eine continuirliche Reihe der feinsten Uebergangszustände mit Beiden unmittelbar verbunden ist.

So äusserst wichtig also auch dieser Imbibitionszustand für die Organismen ist, so werden wir doch in ihm keine Function derselben zu sehen haben, die ganz ausserhalb der Reihe der anorganischen Functionen liegt. Vielmehr stimmt er sowohl mit dem festen, aber durchfeuchteten, als mit dem flüssigen Aggregatzustand der Anorgane darin überein, dass Flüssigkeit zwischen die Moleküle der Materie eindringt und die Intermolekularräume erfüllt. Bei der Imbibition eines organischen Körpers ist das Maass dieser eindringenden Flüssigkeit für jede Materie bestimmt, wie bei der Humidation, während bei der Solution dieses Maass unbeschränkt ist. Andererseits wird durch die Imbibition Volum und Form des Flüssigkeit aufnehmenden festen Körpers verändert, wie bei der Solution, während dieselben von der Humidation nicht verändert werden. Bei der Quellung werden die Intermolecular-Räume des festen Körpers nur bis zu einer gewissen, durch die Cohäsion der Moleküle bestimmten Grenze erweitert, während bei der Lösung diese Erweiterung in das Unbegrenzte fortgehen kann; bei der Durchfeuchtung dagegen findet gar keine solche Erweiterung der feinen Intermolecular-Räume statt; die Flüssigkeit dringt hierbei wahrscheinlich gar nicht in diese, sondern in gröbere Substanzlücken (Poren) zwischen grösseren Gruppen von Molekülen ein und tritt hier an die Stelle der darin vertheilten Luft. Indem wir so die Quellung als eine physikalische Leistung der organischen Materie nachweisen, welche zwischen der Durchfeuchtung und der Lösung in der Mitte steht, entkleiden wir dieselbe des specifischen, vitalistischen Characters, welchen ihr viele Biologen beigelegt haben und constatiren, dass diese, für die Lebensbewegungen äusserst wichtige Function der organischen Materie nur relativ, nicht absolut von den verwandten Leistungen der anorganischen Materie (Lösung und Durchfeuchtung) verschieden ist.

Während wir nun einerseits den festflüssigen Aggregatzustand der Kohlenstoff-Verbindungen als eine der wichtigsten Grundursachen der Lebenserscheinungen betrachten, ist es doch andererseits von grosser Wichtigkeit darauf hinzuweisen, dass die Quellungsfähigkeit, welche allen Anorganen abgeht, ebenso auch nur einer beschränkten Anzahl von organischen Verbindungen zukommt, anderen dagegen gänzlich fehlt. So kommen viele Fette, organische Säuren, Alkaloide, Zucker etc. entweder nur in festem (krystallinischen) oder in flüssigem (geschmolzenen oder gelösten) Zustande im Körper der Organismen vor und sind durchaus keiner Imbibition fähig.

Endlich ist im Anschluss hieran das wichtige exclusive Verhältniss hervorzuheben, welches zwischen der Imbibitionsfähigkeit und der Krystallisationsfähigkeit existirt und welches schon von Schwann in seiner grossen Bedeutung für die organische Morphologie gewürdigt worden ist. Diese beiden Functionen der Materie schliessen sich gegenseitig aus.[1]) Krystallisirbare Materien können nicht aufquellen und quellungsfähige Stoffe können nicht krystallisiren, so lange ihre Molekularstructur sich nicht ändert. Dieses Gesetz ist äusserst wichtig für die allgemeine Verschiedenheit

---

[1]) Eine Ausnahme von diesem Gesetze glaubte Reichert (Müllers Archiv, 1849, p. 197) in Eiweisskrystallen gefunden zu haben, welche sich in dem Uterus eines trächtigen Meerschweinchens vorfanden, und welche mit der Krystallsubstanz des Blutes identisch sind, jener in den rothen Blutkörperchen der Wirbelthiere vorkommenden krystallisirbaren Eiweiss - Verbindung. Die Quellungsphänomene, welche Reichert von jenen Eiweisskrystallen schildert, zeigen sich nur an solchen Krystallen, welche durch die Einwirkung von Alkohol oder anderen Reagentien geronnen und in den unloslichen, imbibitionsfähigen Zustand übergeführt sind. Sie behalten dann als Afterkrystalle die frühere Krystallform bei. So lange diese Eiweiss-Modification löslich und krystallisirbar ist, kann sie keine Flüssigkeit durch Imbibition aufnehmen. Eine andere Ausnahme scheinen die besonders von Nägeli untersuchten „Krystalloide" zu bilden, welche in den Reservestoffbehältern (Samen etc.) vieler Pflanzen vorkommen. Diese krystallähnlichen Gebilde, welche constant Eiweissverbindungen nebst verschiedenen Beimengungen enthalten, können durch Einwirkung von Essigsäure, Ammoniak u. s. w. bis um das Doppelte aufquellen. Indess ist es wohl auch hier wahrscheinlich, dass durch die Einwirkung dieser Reagentien zugleich die krystallinische Molekularstructur vernichtet wird.

der inneren und äusseren Formenverhältnisse, welche zwischen den Organismen und Anorganen existirt. Da nun gerade die imbibitionsfähigen, nicht krystallisirbaren organischen Materien beim Zustandekommen der Lebensbewegungen die grösste Rolle spielen, so erklärt sich hieraus, warum krystallinische Formen, die in der anorganischen Natur als die höchst entwickelten Formzustände der Materie auftreten, in den Organismen nur eine verhältnissmässig geringe Bedeutung besitzen. Zwar kommen Krystalle in zahlreichen Organismen vor, meist aber nur als Ablagerungen nicht mehr gebrauchter Substanz, seltener als functionirende Bestandtheile von Organismen, wie z. B. die krystallinischen Otolithen vieler Thiere, die Krystalle in der silberglänzenden Haut vieler Fische etc. Krystallisirbare Materien in Lösung dagegen sind in den Organismen sehr weit und allgemein verbreitet.

Nachdem wir nun gezeigt haben, dass in allen elementaren Leistungen, in allen fundamentalen Functionen, in allen Grundkräften der Materie zwischen Organismen und Anorganen keine absoluten, sondern nur relative Unterschiede sich vorfinden, dass nur die complicirtere Verbindungsweise der Atome zu verwickelter zusammengesetzten Molekülen, und die daraus resultirenden höheren, mehr differenzirten Molekularfunctionen, und insbesondere die wahrscheinlich damit zusammenhängende Imbibitionsfähigkeit, der festflüssige Aggregatzustand, die Organismen vor den Anorganen auszeichnet, hätten wir die Frage zu beantworten, ob denn auch diejenigen Bewegungen der Materie, welche man als Lebenserscheinungen der Organismen im engeren Sinne bezeichnet, Empfindung und Willensbewegung, Ernährung und Stoffwechsel, Wachsthum und Fortpflanzung, lediglich als die nothwendigen Wirkungen jener complicirteren Ursachen aufgefasst werden können, und ob dieselben der complicirter gebauten und zusammengesetzten organischen Materie ebenso mit Nothwendigkeit inhäriren, wie die einfacheren physikalischen „Kräfte“ den Anorganen. Bevor wir diese Frage beantworten, müssen wir die Form der Organismen und Anorgane kurz einer vergleichenden Betrachtung unterziehen, da dieselbe für das Zustandekommen jener complicirteren Bewegungserscheinungen nicht weniger wesentlich und nothwendig ist, als die verwickeltere Zusammensetzungsweise der organischen Materie selbst.

II. Organische und anorganische Formen.

II) 1. Individualitat der organischen und anorganischen Gestalten.

So wenig zwischen den Organismen und Anorganen ein absoluter, allgemein durchgreifender Unterschied in der fundamentalen atomistischen Zusammensetzung der Materie, sowie in den fundamentalen Kräften, welche derselben inhäriren, zu finden ist, so wenig existirt ein solcher absoluter Unterschied zwischen beiden Gruppen von Naturkörpern auch in der Form, in der inneren Zusammensetzung und in der äusseren Gestalt. Die sehr auffallenden Differenzen, welche in allen diesen Beziehungen zwischen leblosen und belebten Körpern existiren, sind immer nur relativer Natur, indem sie sich allmählig abstufen, und indem die complicirtere Zusammensetzungsweise und die Imbibitionsfähigkeit der organischen Kohlenstoffverbindungen nothwendig eine complicirtere Function und eine complicirtere Form mit sich bringt. Allein auf der untersten Stufe der so reich differenzirten Organismen-Welt finden wir einfachste Formen, welche in Bezug auf Einfachheit der Zusammensetzung und Form nicht hinter den Anorganen zurückbleiben.

Wir haben bereits oben (p. 24 ff.) eine allgemeine Vergleichung der Organismen und Anorgane bezüglich der Zusammensetzung und Entstehung ihrer Formen angestellt, um die verschiedenen Seiten der Formbetrachtung, mit welchen wir uns beschäftigen werden, klar und scharf hervortreten zu lassen. Wir haben dort absichtlich, wie bemerkt (p. 24), „die wesentlichen Formunterschiede zwischen Organismen und Anorganen so scharf und durchgreifend gegenübergestellt, wie dies fast von allen Naturforschern geschieht." Nun haben wir aber gerechterweise auch die gewöhnlich ganz vernachlässigte Kehrseite jener Betrachtung hervorzuheben, und zu untersuchen, ob die dort hervorgehobenen Differenzen wirklich absolut durchgreifende sind.

An der Spitze unserer vergleichenden Betrachtung der organischen und anorganischen Form haben wir oben hervorgehoben, dass beiderlei Formen uns gewöhnlich als bestimmt abgeschlossene räumliche Einheiten, als **Individuen** entgegentreten. Hier ist nun zunächst hervorzuheben, dass dies bei den Anorganen keineswegs constant der Fall ist. Vielmehr tritt uns die leblose Materie sehr häufig nicht in individueller Form entgegen. Dies gilt zunächst von allen Gasen oder elastischen Flüssigkeiten. Dasselbe könnte ferner auch von allen tropfbaren Flüssigkeiten behauptet werden, falls man hier nicht die einzelnen Tropfen, welche, innerhalb einer nicht mit ihrem Stoff mischbaren Flüssigkeit, vermöge der Cohäsion ihrer Moleküle eine bestimmte Form (in einer Flüssigkeit vom gleichen specifischen Gewichte eine Kugelform) annehmen, als Individuen gelten lassen will. Auch die festen Anorgane treten sehr oft in einer nicht individualisirten Form auf, als „amorphe" unregelmässige Stücke u. s. w.

Als eigentliche ausgebildete anorganische Individuen können wir nur die **Krystalle** gelten lassen, welche auch schon von anderen Naturforschern (vorzüglich von **Schwann**) in dieser Beziehung untersucht und mit den organischen Individuen verglichen worden sind. Doch müssen wir auch hier die Uebergangsbildungen hervorheben, welche zwischen vollkommen **amorphen** und rein **krystallinischen** Körpern vorkommen, und welche man allgemein mit dem Namen der krystalloidischen Bildungen belegen kann.[1]) Während bei den vollkommen amorphen Anorganen die Atome oder Moleküle einfach aggregirt, ohne jedes bestimmte Gesetz an einander gelagert sind, finden wir bei den Krystalloiden eine bestimmte gesetzmässige Anlagerung und Verbindungsweise der Moleküle (z. B. in einer gewissen „strahligen“ oder „blätterigen“ inneren Structur) ausgesprochen, ohne dass dieselbe aber, wie es bei den echten Krystallen der Fall sein muss, zur Bildung einer symmetrischen oder regulären prismoiden Form führt, zu einer Form, welche von ebenen Flächen, geraden Linien und bestimmten unveränderlichen Winkeln und Ecken begrenzt ist.

Indem wir nun die Krystalle als die höchst entwickelten anorganischen Individuen den organischen Individuen oben vergleichend gegenüber gestellt haben, bemerkten wir zunächst, dass die ersteren durch und durch homogen, in sich gleichartig, aus Molekülen einer und derselben Art zusammengesetzt seien, während die letzteren im Inneren heterogen, in sich ungleichartig, und aus Molekülen nicht nur, sondern auch aus gröberen Theilen von ganz verschiedener Art zusammengesetzt seien. Auf diese Zusammensetzung des Organismus aus differenten Theilen, aus Organen, oder aus Individuen verschiedener Ordnung begründen wir im dritten Buche die Structurlehre oder Tectologie.

So wesentlich nun dieser Unterschied im Grossen und Ganzen ist, so haben wir hier doch zweierlei gegen seine allgemeine Gültigkeit einzuwenden. Erstens nämlich sind die Krystalle in ihrem Inneren durchaus nicht, wie man oft hervorhebt, vollkommen homogen. Wenn auch die chemische Natur ihrer Moleküle, die Zusammensetzung derselben aus Atomen, gleichartig ist, so gilt dies keineswegs von deren Lagerung und Verbindungsweise. Diese ist vielmehr, entsprechend den verschiedenen Axen des Krystalls, nach verschiedenen Richtungen hin verschieden, und gerade diese innere Ungleichartigkeit, die ungleiche Cohäsion der Moleküle in verschiedenen Richtungen, ist für die äussere Form des Krystalls sogar bedingend.[2]) Zugleich bedingt dieselbe die blätterige Structur im Innern des Krystalls, seine Zusam-

---

[1]) Vergl. Schumacher, die Krystallisation des Eises. Leipzig 1844, p. 27. ff. Vielleicht sind diesen anorganischen Krystalloiden auch die oben erwähnten Krystalloide von pflanzlichen Eiweiss-Verbindungen anzuschliessen.

[2]) Die teleologische oder dualistische Auffassung der Organismen, welche die Complication der organischen Form nicht aus der nothwendigen Wechselwirkung ihrer constituirenden Theile, sondern aus einer vorbedachten zweckmassigen „inneren Idee,“ einem „Bauplan“ ableitet, müsste consequenter Weise ganz ebenso auch für jede einzelne Krystallform eine solche „innere Idee“ postuliren, und in der gesetzmässigen inneren und äusseren Gestaltung des Krystalls eine „zweckmässige Einrichtung“ fur sein Bestehen, sowie für das Zustandekommen seiner physikalischen Eigenschaften erblicken.

mensetzung aus über einander liegenden Schichten von verschiedenen Cohäsions-Graden, die Blätterdurchgänge, welche nach verschiedenen Richtungen hin sich kreuzen und durchschneiden. Hierdurch ist dann wieder der verschiedene Widerstand bedingt, den der Krystall nach verschiedenen Richtungen hin dem Durchgange des Lichts, der Wärme, der Electricität etc. entgegensetzt. Kurz, wir sehen, dass der Krystall durchaus kein homogener, in sich gleichartiger Körper ist, wie ein amorphes Anorgan, sondern vielmehr eine innere Structur besitzt, wie der Organismus; und den Theil der Krystallographie, welcher von dieser inneren Structur handelt, könnte man die Anatomie der Krystalle, oder besser noch die Tectologie der Krystalle nennen.

Wie wir nun so einerseits sehen, dass die „innere Structur", die Zusammensetzung aus bestimmt angeordneten Theilen, durchaus keine ausschliessliche Eigenschaft des Organismus ist, so müssen wir zweitens andererseits hervorheben, dass es auch vollkommen homogene Organismen giebt, solche nämlich, welche, für unsere Hilfsmittel wenigstens, als durchaus homogene und structurlose Körper erscheinen. Dahin gehören mehrere, schon seit längerer Zeit bekannte, sogenannte „Amoeben", nämlich diejenigen einfachsten Amoeben-Formen, welche, ohne Kern und ohne contractile Blase, bloss einen structurlosen contractilen Eiweissklumpen darstellen. Insofern diese durchaus homogenen Amoeben, die sich durch Diosmose ernähren und durch Theilung fortpflanzen, selbstständige „Species" darstellen, wollen wir dieselben als „Protamoeba", von den eigentlichen, mit Kern und contractiler Blase versehenen Amoeben unterscheiden.[1]) Ferner ge-

[1]) Nachdem ich bei dem *Protogenes primordialis*, einem vollkommen homogenen Plasmaklumpen, den ich im Frühjahr 1864 im Mittelmeere bei Villafranca unweit Nizza beobachtet, die einfache Fortpflanzung durch Theilung nachgewiesen hatte, gelang es mir auch bei einem kleinen amoebenförmigen Wesen ohne Kern und ohne contractile Blase, welches ich schon früher in einem kleinen Tümpel bei Jena beobachtet hatte, denselben Vorgang festzustellen. Dieser lebende, vollkommen structurlose Plasmaklumpen, welcher *Protamoeba primitiva* heissen mag, von ungefähr 0,03—0,05 Mm. Durchmesser, gleicht im Habitus und äusserer Form ziemlich der von Auerbach (Zeitschr. für wissensch. Zool. 1856. Vol. VII. Tab. XXII., Fig. 11—16) beschriebenen und abgebildeten *Amoeba limax* Kern und contractile Blase, welche letztere besitzt, fehlen aber vollständig. Auch bei der starksten Vergrösserung war ich bei allen beobachteten Individuen nicht im Stande, in dem vollkommen homogenen Plasma etwas Anderes zu entdecken als bei vielen Individuen (aber nicht bei allen!) eine grössere oder kleinere Anzahl fettglänzender, in Essigsäure nicht löslicher Körnchen, welche entweder zufallig oder als Nahrung aus dem umgebenden feinen Schlamme, der viele zersetzte organische Stoffe enthielt, aufgenommen waren. Die structurlose Substanz der contractilen formlosen Körperchen war sehr blass, zart contourirt, schwach lichtbrechend. Die Bewegungen waren sehr

hören dahin die merkwürdigen „Protogenes“, welche ebenfalls vollkommen homogene lebende Eiweissklumpen (Cytoden) darstellen, sich aber durch sehr bedeutende Grösse auszeichnen und durch Anastomose der dünnflüssigeren (weicheren, weniger consistenten) formwechselnden Körperfortsätze von den dickflüssigeren (festeren) Protamoeben (ohne Anastomose der Pseudopodien) unterscheiden.[1]) In allen diesen äusserst merkwürdigen und wichtigen Organismen der niedrigsten Stufe, welche sich übrigens unmittelbar einerseits an die mit einer Schale versehenen Rhizopoden, andererseits an die Jugendzustände der Myxomyceten anschliessen, besteht der gesammte Organismus aus einem vollkommen homogenen lebenden Eiweissklumpen (Plasmaklumpen, Cytoden) welcher, offenbar lediglich vermöge seiner atomistischen Constitution als ein leicht zersetzbarer und imbibitionsfähiger Eiweissstoff, sämmtliche „Lebens“-Functionen zu vollziehen im Stande ist. Die Bewegung äussern diese primitiven Urwesen mittelst der formlosen und beständig wechselnden Fortsätze, welche sie von der Oberfläche ausstrecken und welche das Resultat der gegenseitigen Lageveränderung der Moleküle in der festflüssigen Eiweisssubstanz sind. Die Reizbarkeit oder Erregbarkeit äussern sie als Reflexbewegung durch bestimmte Reactionen, durch Modification der Bewegungen, z. B. Zurückziehen der Pseudopodien, bei Berührung mit einem reizausübenden fremden Körper, einer in Essigsäure getauchten Nadel etc. Die Ernährung vollziehen sie entweder dadurch, dass sie die in dem umgebenden Wasser gelösten einfacheren Verbindungen: Kohlensäure, Ammoniak etc.

---

schwach und langsam. Die rundlichen Protamoeben dehnten sich zu eiförmigen oder länglich runden Platten aus, welche bald nur einen, bald 3—4 kurze, stumpf abgerundete Fortsätze ausschickten, die allmählig wieder zurückgezogen wurden. Unmittelbar die Nahrungsaufnahme durch diese Pseudopodien zu beobachten gelang nicht. Dagegen hatten viele der kleinen Korperchen, einige Stunden nachdem ich ein wenig sehr fein zertheilten Indigo der umgebenden Flüssigkeit zugesetzt, einzelne Körnchen davon in ihr Inneres aufgenommen. Mehrere Protamoeben zeigten in der Mitte eine flachere oder tiefere Einschnürung, wie in Selbsttheilung begriffen, und bei zwei von diesen gelang es mir, durch lange anhaltende Beobachtuug, die völlige Trennung der beiden Hälften wirklich zu constatiren. Jede Hälfte rundete sich alsbald zu einem Kügelchen ab, welches die langsamen Formveränderungen des elterlichen Individuums bald wieder fortsetzte Der gesammte Körper dieser einfachsten aller Organismen, welcher die gewöhnlichen Eiweiss-Reactionen des Protoplasma zeigte, liess bei keiner mikrochemischen Behandlung eine Zusammensetzung aus heterogenen Theilen erkennen.

[1]) Ueber *Protogenes primordialis* vergl. Zeitschr. für wissenschaftl. Zool. XV, 1865, p. 342, 360, Taf. XXVI, Fig. 1, 2. Im ruhigen Zustande bildet dieses grosse Moner (welches sich von Max Schultzes *Amoeba porrecta* wesentlich nur durch viel bedeutendere Körpergrösse und Zahl der Pseudopodien unterscheidet, eine vollkommen kugelige homogene Eiweissmasse, von welcher nach allen Seiten sehr zahlreiche und feine Fäden ausstrahlen.

unmittelbar zu verwickelten Kohlenstoff-Verbindungen, zur Eiweisssubstanz des Protoplasma, combiniren; oder sie ernähren sich durch mechanische Aufnahme fester Stoffe mittelst der Pseudopodien, aus denen sie dann die brauchbaren Substanzen durch Zersetzung ausziehen und assimiliren. Die Fortpflanzung endlich geschieht durch einfache Selbsttheilung. Und doch haben diese Organismen keine „Organe"! Sie sind so vollkommen homogen als die Krystalle, morphologisch aber insofern noch unvollkommener, als ihre constituirenden Moleküle nach allen Richtungen frei verschiebbar sind, und das ganze Individuum keine feste bleibende Form besitzt.

Um diese einfachsten und unvollkommensten aller Organismen, bei denen wir weder mit dem Mikroskop noch mit den chemischen Reagentien irgend eine Differenzirung des homogenen Plasmakörpers nachzuweisen vermögen, von allen übrigen, aus ungleichartigen Theilen zusammengesetzten Organismen bestimmt zu unterscheiden, wollen wir sie ein für allemal mit dem Namen der Einfachen oder Moneren[1]) belegen. Gewiss dürfen wir auf diese höchst interessanten, bisher aber fast ganz vernachlässigten Organismen besonders die Aufmerksamkeit hinlenken, und auf ihre äusserst einfache Formbeschaffenheit bei völliger Ausübung aller wesentlichen Lebensfunctionen das grösste Gewicht legen, wenn es gilt, das Leben zu erklären, es aus der fälschlich sogenannten „todten" Materie abzuleiten, und die übertriebene Kluft zwischen Organismen und Anorganen auszugleichen. Indem bei diesen homogenen belebten Naturkörpern von differenten Formbestandtheilen, von „Organen" noch keine Spur zu entdecken ist, vielmehr alle Moleküle der structurlosen Kohlenstoffverbindung, des lebendigen Eiweisses, in gleichem Maasse fähig erscheinen, sämmtliche Lebensfunctionen zu vollziehen, liefern sie klar den Beweis, dass der Begriff des Organismus nur dynamisch oder physiologisch aus den Lebensbewegungen, nicht aber statisch oder morphologisch aus der Zusammensetzung des Körpers aus „Organen" abgeleitet werden kann.

So paradox und wunderbar übrigens auch zuerst die Ausübung der verschiedensten Lebensfunctionen durch diese Moneren, durch vollkommen organlose und formlose, in sich ganz gleichartige Eiweissklumpen erscheinen mag, so verliert doch diese Thatsache alles Wunderbare (d. h. Seltene und Ausserordentliche), wenn wir daran denken, dass gleiche individualisirte homogene Plasmaklumpen als Cytoden, und andere, nur durch einen differenten Kern ausgezeichnete Plasmaklumpen als Zellen in allen übrigen Organismen ebenfalls als mehr oder minder selbstständige Lebenseinheiten auftreten. Die Moneren sind, von diesem Standpunkte aus betrachtet, nichts als

---

[1]) μονήρης, einfach.

einzelne, isolirt lebende Cytoden. Die Moneren behalten diesen Charakter zeitlebens, während derselbe in den Jugendzuständen der Myxomyceten, Rhizopoden und anderer Protisten nur vorübergehend auftritt. Wenn wir die Zusammensetzung des Körpers aus verschiedenartigen Theilen als Haupt-Character der Organismen hervorheben wollten, so würde die Kluft zwischen jenen einfachen, lebenden Plasmaklumpen und den höheren, aus Individuen verschiedener Ordnung zusammengesetzten Organismen, viel grösser erscheinen, als die Kluft zwischen den ersteren einerseits und den Krystallen andererseits. Die Moneren stehen in dieser Beziehung wirklich auf der Grenze zwischen leblosen und lebenden Naturkörpern. Sie leben, aber ohne Organe des Lebens; alle Lebenserscheinungen, Ernährung und Fortpflanzung, Bewegung und Reizbarkeit, erscheinen hier lediglich als unmittelbare Ausflüsse der formlosen organischen Materie, einer Eiweiss-Verbindung.

Wir können demnach weder die Zusammensetzung des Körpers aus ungleichartigen Theilen (Organen etc.), noch auch nur die Zusammensetzung des Individuums aus mehreren gleichartigen Individuen niederer Ordnung, wie bisher geschehen, als allgemeinen Character der Organismen festhalten. Wir werden dies in Zukunft um so weniger können, als höchst wahrscheinlich eine vielseitigere Untersuchung der Anorgane nachweisen wird, dass auch hier bisweilen eine Zusammensetzung des Individuums aus mehreren Individuen niederer Ordnung vorkommt. Wir meinen hier die zusammengesetzten, theils rein krystallinischen, theils krystalloiden Bildungen, welche insbesondere das krystallisirende Wasser so leicht hervorbringt. Offenbar sind diese sehr mannichfaltigen, und oft äusserst zusammengesetzten Gestalten, welche wir als Eisblumen, Eisbäume etc. im Winter an unseren Fensterscheiben bewundern, und durch deren Namen schon das Volk gleichsam instinctiv ihre morphologische Aehnlichkeit mit Organismen andeutet, derartige „höhere, vollkommenere“ Anorgane, bei welchen die complicirte Gestalt des Ganzen aus einer gesetzmässigen Vereinigung untergeordneter Theile resultirt. Offenbar sind diese Eisblumen, Eisblätter etc. nach bestimmten Gesetzen gebildet; es sind Aggregate von zahlreichen einzelnen Krystallen, von vielen Individuen niederer Ordnung, welche zur Bildung des höheren Ganzen sich vereinigt haben. Eine bestimmte Summe von centralen Krystall-Individuen bildet die Axe, um welche sich die peripherischen Individuen, bestimmten Anziehungs- und Abstossungs-Verhältnissen jener Axe gehorchend, ansetzen. Bei den complicirteren Eisbäumen, welche den zusammengesetzteren Fiederblättern z. B. von Farrnen gleichen, scheint jede Fieder, jeder Seitenzweig der Hauptaxe selbst wieder die Ansatzlinie für eine neue Reihe noch mehr untergeordneter Individuen werden zu können etc. Auch vielfach sonst finden wir solche einfachere und zusammengesetztere Krystall-Aggregate (z. B. in vielen sogenannten Krystalldrusen) vor, welche ganz offenbar nicht gesetzlos zusammengeworfene Krystall-Haufen sind, sondern durch bestimmte Anziehungs- und Abstossungs-Verhältnisse geregelte, gesetzmässige Bildungen, in denen nothwendig die complicirte Form des Ganzen aus der complicirten Zusammenordnung der einzelnen Theile resultirt. Wenn diese merkwürdigen Bildungen erst näher untersucht sein werden, ist zu hoffen, dass auch bei diesen „Krystall-Stöcken", wie man sie nennen könnte, bestimmte Gesetze gefunden werden, welche den Zusammentritt der Individuen verschiedener Ordnung zum höheren Ganzen bestimmen. Die Feststellung dieser Gesetze würde für die Anorgane dieselbe Aufgabe sein, wie sie die Tectologie für die Organismen verfolgt.

II) 2. Grundformen der organischen und anorganischen Gestalten.

Als einen weiteren wesentlichen Unterschied der organischen und anorganischen Individuen haben wir oben (p. 25 ff.) die Verschiedenheit der äusseren Gestalt selbst bezeichnet. Bei den ausgebildeten anorganischen Individuen, den Krystallen, „ist die Form einer vollkommen exacten mathematischen Betrachtung ohne Weiteres zugänglich, und mit der stereometrischen Ausmessung derselben ist die Aufgabe ihrer morphologischen Erkenntniss wesentlich gelöst. Die anorganischen Individuen sind fast immer von ebenen Flächen, geraden Linien und bestimmten messbaren Winkeln begrenzt. Die organischen Individuen hingegen, deren Form einer stereometrischen Behandlung zugänglich ist, sind seltene Ausnahmen. Fast immer ist ihr Körper von gekrümmten Flächen, gebogenen Linien und unmessbaren sphärischen Winkeln begrenzt."

Auch dieser Unterschied, den wir absichtlich oben so schroff hingestellt haben, wie dies gewöhnlich geschieht, ist keineswegs so absolut und durchgreifend, wie man glaubt. Vielmehr kommen auch in dieser Beziehung, wie überall, Zwischenformen und Uebergangsbildungen vor. Zunächst ist hier hervorzuheben, dass auch vollkommen reine anorganische Krystalle sich finden, welche nicht, gleich den meisten anderen, von ebenen Flächen begrenzt sind, die in gradlinigen Kanten zusammenstossen. Am wichtigsten sind in dieser Beziehung die von gekrümmten Flächen eingeschlossenen Diamantkrystalle, welche um so bemerkenswerther sind, als der Kohlenstoff, der hier in reinster Form sphärische Krystallflächen hervorbringt, zugleich dasjenige chemische Element ist, welches an der Spitze der Organogene steht, und die wichtigste Rolle in der Bildung der organischen Verbindungen spielt. Dasselbe gilt auch vom Wasser, welches nicht minder unentbehrlich für das Zustandekommen und den Bestand der organischen

Formen ist. Die unendlich mannichfaltigen Krystallformen des Schnees und Eises, und vor Allem die sehr complicirten, eben hervorgehobenen „höheren und vollkommeneren“ Krystallformen (Eisblumen, Eisblätter etc.), welche aus Krystall-Individuen niederer Ordnung sich zusammensetzen, zeigen äusserst häufig höchst complicirte, einer stereometrischen Betrachtung gar nicht mehr zugängliche, gekrümmte Linien und Flächen.

Während so einerseits der Fall nicht selten ist, dass auch reine und vollkommen geformte anorganische Individuen, gleich den organischen, nur gekrümmte Begrenzungsflächen und krumme Kantenlinien zeigen, die in unmessbaren Ecken zusammenstossen, so kommt andererseits noch häufiger der Fall vor, dass auch organische Individuen, gleich den meisten anorganischen Krystallen, vollkommen ebene Begrenzungsflächen darbieten, welche sich in geraden Linien schneiden und in messbaren Raumecken zusammenstossen. Wir meinen hier nicht die Krystalle organischer Kohlenstoff-Verbindungen (z. B. Zucker, organische Säuren, Fette etc.), da wir diese nicht als wirkliche organische, d. h. physiologische Individuen, als Lebenseinheiten, ansehen können; wir meinen vielmehr die bisher auffallend vernachlässigten, äusserst interessanten Organismen aus dem Rhizopoden-Stamme, welche besonders in der Radiolarien-Klasse einen so ausserordentlichen Formenreichthum entwickeln und hier zum Theil vollständig, in ihrer gesammten Körperform, und vor Allem in ihrer Skeletbildung, die reinsten und regelmässigsten Krystallformen (Tetraeder, reguläre Octaeder, Quadrat-Octaeder, Rhomben-Octaeder, dreiseitige Prismen etc.) darstellen. Da wir diese höchst wichtige und bisher fast ganz vernachlässigte Erscheinung im vierten Buche ausführlich zu behandeln haben, so wollen wir hier nur darauf hinweisen, dass sämmtliche stereometrische Formen, welche als Grundformen der verschiedenen Krystallsysteme auftreten, auch in Form selbstständiger Organismen vorkommen. Die Radiolarien liefern hierfür die zahlreichsten und schlagendsten Beispiele.

Im Ganzen genommen ist freilich die Zahl dieser Organismen in Krystallform gering, und es muss ausdrücklich hinzugefügt werden, dass es immer nur ein Theil des Körpers ist (wenn auch oft der grösste, und häufig der einzige feste und geformte Theil), welcher die einfache Krystallform annimmt. Denn zu diesem (meist aus Kieselsäure gebildeten) Krystall-Skelet kommt stets noch zum Mindesten die amorphe Sarcode, das lebende Protoplasma, hinzu. Diese letztere kann allein die Lebensbewegungen vermitteln, denen auch jener Skelet-Krystall seine Entstehung verdankt.

Bei der Mehrzahl der Organismen ist die Krystallform gewöhnlich schon deshalb ganz oder grösstentheils ausgeschlossen, weil der ganze

Körper, oder doch der grösste Theil desselben, aus imbibitionsfähiger Materie besteht. Krystallisation und Imbibition schliessen sich aber, wie oben bemerkt, aus. Wir haben daher gewiss in der für das Leben unentbehrlichen Quellungsfähigkeit der organischen Materien die nächste Ursache für die nicht krystallinische Form der meisten Organismen zu suchen.

Nächst der Imbibitionsfähigkeit, und in der nächsten Beziehung und Verbindung mit ihr, ist es dann ferner die unbegrenzte Variabilität der Organismen, welche, wie oben bemerkt (p. 26), eine stereometrische Betrachtung, Ausmessung und Berechnung der meisten organischen Formen in gleicher Weise, wie sie die Krystallographie für die Anorgane giebt, illusorisch macht. Die Individuen der organischen „Arten" (Species) sind nicht, wie die Individuen der anorganischen Arten, einander (innerhalb des Species-Begriffes) gleich, oder auch nur in allen wesentlichen Stücken ähnlich. Vielmehr haben wir die allgemeine Veränderlichkeit und Anpassungsfähigkeit aller Organismen als eine äusserst wesentliche Grundeigenschaft derselben zu constatiren. Indem alle Individuen unter einander ungleich sind, und daher auch eine gemeinsame stereometrische Grundform nur für eine bestimmte Summe von Individuen, welche innerhalb eines beschränkten Zeitraums (z. B. einige geologische Perioden hindurch) existiren, aufgestellt werden kann, so würde die genaueste stereometrische Ausmessung und Berechnung der Organismen-Formen, ihrer complicirten gekrümmten Begrenzungsflächen, Linien etc., auch wenn sie möglich wäre, nur ein ganz untergeordnetes Interesse haben. Dagegen ist eine allgemeine Betrachtung der stereometrischen Grundformen, welche den Organismen-Formen zu Grunde liegen, allerdings möglich, und wie das vierte Buch zeigen wird, innerhalb gewisser Schranken ausführbar. In gewissem Sinne entspricht diese Promorphologie der Krystallographie, ist das Aequivalent einer „Krystallographie der Organismen", und man kann diesen Vergleich noch durch die Erwägung näher begründen, dass auch bei den reinen anorganischen Krystallen die vollkommene stereometrische Grundform äusserst selten (oder nie) in der Natur realisirt vorkommt, und daher stets mehr oder minder eine (durch Ergänzung vieler einzelner verglichener concreter Krystall-Individuen erhaltene) ideale Abstraction darstellt. Die Unvollkommenheiten der allermeisten realen Krystall-Individuen sind durch Anpassung ihrer Form an die Umgebung bestimmt, welche während ihrer Entstehung wirksam war.[1]) In gleicher Weise, nur in viel höherem Grade, wirkt

[1]) Ganz besonders merkwurdig erscheinen durch die unendliche Mannichfaltigkeit der individuellen Formen die complicirten Krystalle des Schnee's, welche zugleich desshalb von besonderem Interesse sind, weil hier die Anpassungs-Bedingungen verhältnissmassig einfache sind.

die Anpassung an die umgebenden Existenz-Bedingungen auf die werdenden Organismen ein, wesshalb hier die individuelle Verschiedenheit so sehr viel beträchtlicher ist, und, indem sie viele Generationen hindurch vererbt, und durch Vererbung in Verbindung mit fortdauernder Abänderung gehäuft wird, schliesslich zur Entstehung ganz neuer Formen führt.

III. Organische und anorganische Kräfte.

III) 1. Lebenserscheinungen der Organismen und physikalische Kräfte der Anorgane.

Durch die vorhergehenden Untersuchungen glauben wir gezeigt zu haben, dass sowohl in der elementaren Constitution und in der chemischen Zusammensetzung der Materie, als auch in der Form, in welcher sich dieselbe individualisirt, durchaus keine so wesentlichen und absoluten Unterschiede zwischen Organismen und Anorganen existiren, wie dies gewöhnlich angenommen wird. Die wirklich vorhandenen Unterschiede erklären sich aus der complicirteren Art und Weise, in welcher die Atome der Elemente in den organischen Körpern zu verwickelteren Atomgruppen (Molekülen) zusammentreten, und ganz besonders aus der ausserordentlichen Fähigkeit des Kohlenstoffs, mit mehreren verschiedenen Atomarten sich in sehr verwickelter Weise zu verbinden. Es ist lediglich diese verwickeltere atomistische Constitution der Kohlenstoff-Verbindungen und die damit zusammenhängende leichte Zersetzbarkeit derselben, die ungewöhnliche Neigung und Fähigkeit der Atome, ihre gegenseitige Lagerung und Gruppirung zu ändern, welche den organischen Materien zum Theil besondere physikalische Eigenschaften verleiht. Von diesen ist die wichtigste der festflüssige Aggregatzustand, die Quellungsfähigkeit. Nun entsteht aber die Frage, ob denn auch alle die verwickelteren Bewegungs-Erscheinungen der Materie, welche man unter dem Collectiv-Begriff des „Lebens" zusammenfasst, sich lediglich aus dieser complicirteren Constitution der organischen Materie und der dadurch bedingten imbibitionsfähigen Form erklären lassen. Wir haben den Beweis zu führen, dass dies in der That der Fall ist, und dass sämmtliche Lebenserscheinungen der Organismen ohne Ausnahme ebenso unmittelbare und nothwendige Wirkungen der geformten organischen Materie sind, als die physikalischen Eigenschaften jedes Krystalles unmittelbare und nothwendige Folgen seiner Form und stofflichen Qualität sind.

Bereits oben (p. 100) ist mit aller Schärfe hervorgehoben worden, dass wir die teleologische und vitalistische Betrachtungsweise der Organismen durchaus verwerfen, und dass wir als die *einzig mögliche wissenschaftliche Erkenntnissmethode* derselben die *mechanische* und *causale* anerkennen müssen. Da wir uns hier im vollsten Einklange mit den wesentlichsten Grundanschauungen der gesammten neueren Physiologie befinden, dürfte es überflüssig erscheinen, hier über diesen ersten und wichtigsten aller biologischen Grundsätze noch ein Wort zu verlieren. Wir sind aber zu dieser Erörterung gezwungen durch die allgemeine Verbreitung der verkehrtesten Vorstellungen, welche in dieser Beziehung noch heutzutage sowohl die organische Morphologie, als die speculative Philosophie zum grössten Theil beherrschen. Selten freilich begegnen wir diesen vitalistischen Irrthümern in einem so offenen und auffallenden Gegensatz zu der gesammten übrigen Naturwissenschaft, wie es in den consequent durchgeführten Ansichten von L. Agassiz der Fall ist, welcher sämmtliche Lebenserscheinungen als unmittelbare Gedanken-Ausflüsse des persönlichen Schöpfers ansieht, selten setzen sie sich zu jeder vernunftgemässen und harmonisch-denkenden Naturbetrachtung in einen so erklärten Widerspruch, wie in den gänzlich unklaren und verworrenen Theorieen von Reichert, der alle Lebenserscheinungen aus dem „systematischen Grundcharacter" der organischen Schöpfung ableitet. Vielmehr verstecken sich, da die Ausdrücke der „Lebenskraft", des Lebensprincips u. s. w. doch allmählig in ziemlich allgemeinen Misscredit gekommen sind, die meisten dualistischen Irrthümer der jetzigen organischen Morphologie unter unschuldigeren teleologischen Ausdrücken, als da sind: Bauplan der Organismen, innere Idee, zweckmässige Organisation, Endzweck der Organismen u. s. w. Alle diese Ausdrücke, welche mehr oder minder sich bemühen, den inneren Widerspruch der dualistischen Weltansicht unter dem Bilde eines teleologischen Gleichnisses zu verbergen, sind eben so absolut zu verwerfen, als die früher herrschenden Vorstellungen, dass jedes organische Individuum zur Erfüllung seines individuellen Lebenszweckes vom Schöpfer zweckmässig mit einer besonderen „Lebenskraft" ausgerüstet sei. Wir müssen als erste und unumgängliche Vorbedingung einer jeden wissenschaftlichen Erkenntniss der belebten Natur den monistischen Fundamentalsatz von dem nothwendigen Zusammenhange zwischen Ursache und Wirkung aufstellen, und aus diesem Causal-Gesetze wird sich dann für die gegenwärtige Betrachtung das Resultat ergeben, dass alle Lebenserscheinungen ohne Ausnahme, von den einfachsten Ernährungserscheinungen der Amoebe, bis zu den höchst complicirten psychischen Functionen des Menschen hinauf, eben so unmittelbare und nothwendige Folgen der complicirteren Zusammensetzung und Form der organischen Materie sind, als die physikalischen Eigenschaften jedes Krystalls aus der chemischen Natur seines Stoffes und der davon abhängigen prismoiden Form unmittelbar resultiren. In dieser Beziehung ist eine allgemeine Vergleichung der sogenannten „Lebenserscheinungen oder vitalen Functionen" der Organismen mit den vollkommen gleichwerthigen physikalischen und chemischen „Kräften" der Anorgane, und insbesondere der höchst individualisirten Anorgane, der Krystalle, besonders lehrreich und interessant.

III) 2. Wachsthum der organischen und anorganischen Individuen.

Der Ausdruck „Leben" ist, wie bemerkt, nichts Anderes, als eine Collectivbezeichnung für eine Summe von complicirteren Bewegungs-

Erscheinungen der Materie, welche nur den Organismen eigen sind, und den Anorganen allgemein fehlen. Es entsteht aber hier zunächst die Frage, ob denn wirklich alle sogenannten Lebens-Erscheinungen durchaus ohne Analogon in der leblosen Natur sind. Wenn wir nun in dieser Beziehung die molekularen Lebensbewegungen der organischen Individuen mit den molekularen Bewegungen, welche wir bei anorganischen Individuen, insbesondere bei Krystallen, wahrnehmen, vergleichen, so tritt uns als verwandte Erscheinung zunächst diejenige des Wachsthums entgegen.

Die Erscheinungen des Wachsthums in den anorganischen und organischen Individuen sind schon vielfach und mit Recht verglichen worden;[1]) und zweifelsohne ist hier der Punkt, von welchem unsere Vergleichung am besten ausgehen kann. Bei allen Naturkörpern besteht die Erscheinung des Wachsthums darin, dass die räumliche Ausdehnung und die Masse des Individuums allmählig zunimmt, indem dasselbe durch eigene Thätigkeit fremde, ausserhalb befindliche Massentheilchen anzieht. Bei den Krystall-Individuen wird sowohl ihr Wachsthum, als auch ihre erste Entstehung allgemein und ohne Widerspruch zurückgeführt auf elementare Gesetze der Anziehung und Abstossung der Moleküle einer homogenen Materie. Für die Wirksamkeit dieser Gesetze ist der flüssige Aggregatzustand (entweder als Lösung oder als Schmelzung) unbedingt erforderlich.

Zunächst ist hier die erste Entstehung des Krystalls aus der Flüssigkeit (Mutterlauge) zu verfolgen. Eine bestimmte Verbindung (z. B. Kochsalz), oder ein chemisches Element (z. B. Schwefel) befindet sich durch Lösung oder durch Schmelzung im flüssigen Aggregatzustande, in welchem die Cohäsion der Moleküle der Expansion der intermolekularen Aether-Atome das Gleichgewicht hält. Damit derselbe nun in den festen Aggregatzustand übergehe, oder damit der Korper krystallisire, ist entweder eine Uebersättigung der Lösung (Mutterlauge) oder eine Abkühlung der geschmolzenen Masse erforderlich. Dadurch entstehen einer oder mehrere Punkte in der Flüssigkeit, an denen die Cohäsion der benachbarten Molekule über die Expansion der sie trennenden Aether-Atome das Uebergewicht gewinnt, und folglich ein fester Körper entsteht. Die Form dieses ersten, äusserst kleinen, festen Körpers, der als Krystallkern nun weiter auf die umgebende Flüssigkeit wirkt, ist bereits eine gesetzmässig bestimmte, ist bereits die Grundform des Krystallsystems, in welchem die betreffende Materie unter den gegebenen Umständen (Temperatur, Electricität etc.) krystallisirt. Es treten also bereits bei der ersten Entstehung des Krystalls, im ersten Momente des Festwerdens, die benachbarten Mole-

[1]) Schon Linné stellte die Wachsthums-Erscheinungen der Organismen und Anorgane in Parallele, in der bekannten Diagnose der drei Reiche: Lapides crescunt, Plantae crescunt et vivunt, Animalia crescunt et vivunt et sentiunt.

küle nach einem bestimmten Gesetze zusammen, welches lediglich in den einfachen Anziehungs- und Abstossungs-Verhältnissen der Moleküle dieser bestimmten Materie begründet ist. Diese Gesetze sind uns vollkommen eben so unbekannt und ihrem innersten Wesen nach eben so räthselhaft, wie die Gesetze der ersten Entstehung lebender Materie aus lebloser.

Die „spontane" Entstehung eines einfachsten Organismus, wie es die structurlosen Plasmaklumpen, die Moneren sind, in einer leblosen oder anorganischen Flüssigkeit, welche die Elemente seiner Materie gelöst enthält, ist eine bestimmte Form der Generatio aequivoca, welche wir als Autogonie im nächsten Capitel noch besonders betrachten werden. Hier wollen wir vorläufig hervorheben, dass dieser Process uns seinem innersten Wesen nach in der That nicht minder, aber auch nicht mehr, unerklärlich und räthselhaft ist, als die „spontane" (d. h. scheinbar freiwillige, in der That aber nothwendige, gesetzlich bedingte!) Entstehung eines anorganischen Krystalls in einer anorganischen Flüssigkeit. Wir wissen nicht warum dieselbe anorganische Flüssigkeit unter scheinbar gleichen (in der That aber stets ungleichen) Umständen Krystalle liefert, welche an Zahl, Grösse, secundärer Form etc. oft sehr bedeutend von einander abweichen. Aber wir zweifeln niemals, dass es bestimmte ursächliche Verhältnisse der eigenen und der umgebenden Materie, bestimmte, uns unbekannte Bedingungen in den Anziehungs- und Abstossungs-Verhältnissen dieser Materie sind, welche in jedem Falle die bestimmte individuelle Form des entstehenden Krystalles regeln und bedingen. Ganz genau ebenso verhält sich in dieser Beziehung die erste Entstehung der einfachsten, homogenen Organismen, die Autogonie eines Moneres in einer Flüssigkeit, welche die Elemente seiner Materie in anderen Verbindungen, z. B. als Kohlensäure und Ammoniak, gelöst enthält, und welche die für die Autogonie nothwendigen Bedingungen bietet. Wir wissen nicht, warum hier eine bestimmte Anzahl von Atomen des Kohlenstoffs, des Sauerstoffs, des Wasserstoffs und des Stickstoffs in bestimmter Quantität zusammentritt, um eine plastische Materie, einen Eiweisskörper zu bilden, dessen Moleküle dann unter scheinbar gleichen (in der That aber stets ungleichen) Umständen sich zur Bildung von Moneren vereinigen, primitiven homogenen Organismen, welche an Entwickelungsfähigkeit so sehr von einander abweichen, und von denen das eine einer pflanzlichen, das andere einer thierischen Entwickelungsreihe den Ursprung giebt. Aber wir können und dürfen nicht zweifeln, dass es bestimmte ursächliche Verhältnisse der eigenen und der umgebenden Materie sind, bestimmte uns unbekannte Bedingungen, Modificationen in den Anziehungs- und Abstossungs-Verhältnissen dieser Materie, welche in jedem Falle die bestimmte (in bestimmter Richtung entwickelungsfähige) Qualität des entstehenden Urorganismus oder Moneres regeln und bedingen.

Offenbar sind es dieselben grossen und einfachen Gesetze der Massenanziehung und der chemischen Wahlverwandtschaft, welche die Autogonie verschiedener Moneren, d. h. die spontane Entstehung von homogenen structurlosen Urorganismen in einer anorganischen Flüssigkeit, und welche die gesonderte Entstehung der verschiedenen Krystalle in einer gemischten Mutterlauge bedingen. Hier wie dort erfolgt die Bildung der festen Körper aus der Flüssigkeit mit Nothwendigkeit, durch die ureigene Kraft der Materie, ohne Zuthun einer davon verschiedenen, zweckmässig wirkenden Kraft. Dieselbe fundamentale Uebereinstimmung zeigt sich nun auch weiterhin in dem Wachsthum der „spontan" entstandenen Formen. Das Wachsthum beruht in allen Fällen darauf, dass der vorhandene feste Körper als Attractionscentrum, als Anziehungsmittelpunkt wirksam ist, und dass die Anziehungskraft, welche die in demselben inniger verbundenen, sich näher liegenden Moleküle auf ihre Umgebung ausüben, die schwächere Cohäsion der in der umgebenden Flüssigkeit gelösten Moleküle überwiegt. Indem die letzteren weiter von einander abstehen, sich weniger stark in ihrer gegenseitigen Lage zu erhalten vermögen, folgen sie der stärkeren Anziehung, welche von dem bereits gebildeten festen Körper ausgeht, und gehen nun ihrerseits ebenfalls in den festen Aggregatzustand über.

Nun ist aber hier sogleich hervorzuheben, dass zwar die Grunderscheinung des Wachsthums bei den Krystallen und den Urorganismen dieselbe ist, und dass sowohl hier als dort lediglich die einfachsten Attractions-Verhältnisse der materiellen Moleküle es sind, welche dem zuerst entstandenen festen Centralkörper immer neue festwerdende Materie von aussen, aus der umgebenden Flüssigkeit her zuführen; dass aber andererseits die Verschiedenheit des Aggregatzustandes in den anorganischen und den organischen Individuen von vornherein Verschiedenheiten in der Wachsthumsweise bedingt, welche uns vollkommen die weiter auftretenden Differenzen der beiden Fälle erklären.

Dieser wichtigste Unterschied zwischen den in der Mutterflüssigkeit spontan entstehenden Krystallen und Moneren zeigt sich von vornherein darin, dass bei der ersten Anlage des Krystalls (des Kernkrystalls) die organische Materie sogleich unmittelbar aus dem vollkommen flüssigen in den vollkommen festen Aggregatzustand übergeführt wird, während bei der ersten Anlage des Moneres die organische Materie nicht unmittelbar aus dem vollkommen flüssigen in den vollkommen festen, sondern in den festflüssigen Aggregatzustand übergeht. Wenn bei der Krystallisation, wie es sehr häufig geschieht, aus der umgebenden Mutterlauge Wasser (Krystallwasser) in den entstehenden festen Körper mit übergeführt wird, so erscheint dieses an denselben chemisch gebunden und thut dem vollkommen festen Aggregatzustand nicht den mindesten Eintrag. Wenn dagegen bei der Autogonie ein Moner aus der Mutterflüssigkeit entsteht, wobei stets Wasser in den entstehenden festflüssigen Körper mit aufgenommen wird, so wird dieses Wasser nicht fest, wie es bei dem chemisch gebundenen Krystallwasser geschieht, sondern es bleibt flüssig, und bedingt durch seine eigenthümliche Verbindung mit der fest gewordenen organischen Materie den Imbibitionszustand des structurlosen Urwesens, und dadurch die bleibende Beweglichkeit seiner inneren Bestandtheile, welche für alle weiteren Entwickelungs-Bewegungen desselben die erste Bedingung ist.

Sehen wir nun aber von diesen wichtigen Grundunterschieden im Aggregatzustande der Organismen und der Anorgane zunächst ab, so finden wir andererseits in dem Wesen der Wachsthums-Bewegungen, welche bei der Bildung der Krystalle und der einfachsten organischen Individuen, der Moneren, sich zeigen, die wichtigste Uebereinstimmung. Besonders ist hier als ein sehr wichtiger allgemeiner Character des Wachsthums hervorzuheben, dass in allen Fällen die Aneignung der zum Wachsthum dienenden Stoffe aus der umgebenden Mutterflüssigkeit mit einer gewissen Auswahl erfolgt. Sowohl der wachsende Krystall, als das wachsende Moner zieht, wie jede andere Cytode und wie jede Zelle, aus der umgebenden Ernährungsflüssigkeit nur diejenigen Substanzen an, welche es zu seinem individuellen Wachsthum braucht, und trifft daher, wenn viele verschiedene ernährende Substanzen unter einander in der Flüssigkeit gelöst sind, zwischen diesen eine bestimmte Auswahl. Bei der Krystallisation der Anorgane zeigt sich dieses Phänomen ganz einfach darin, dass, wenn in einer Mutterlauge viele verschiedene Salzlösungen unter einander gemischt sich befinden, beim Abdampfen derselben alle einzelnen Salze gesondert heraus krystallisiren, indem das Gleiche stets das Gleiche anzieht. Beim Wachsthum aller Organismen zeigt sich dasselbe Grundgesetz in dem Phänomen der Assimilation, indem z. B. in einem Teiche, in welchem viele einzellige Algen und Protisten unter einander leben, jede nur diejenigen bestimmten Salze, diejenigen Quantitäten der organischen Verbindungs-Elemente in sich aufnimmt, welche zur Bildung von organischer Substanz Ihresgleichen dienen. Offenbar beruht diese wichtige Erscheinung, welche die Gleichartigkeit der chemischen Substanz ganz ebenso in dem structurlosen Monere, wie in dem Krystalle bedingt, auf denselben Gesetzen der molekularen Anziehung und Abstossung. Dieselben Gesetze der chemischen Wahlverwandtschaft und der physikalischen Massenanziehung bewirken zusammen in gleicher Weise das Wachsthum der Organismen und der Anorgane.

Wenn wir uns nun von den structurlosen Moneren zu den höheren Organismen wenden, deren Leib aus einem Complex von differenzirten Zellen besteht, so finden wir auch hier dieselben einfachen und grossen Gesetze wirksam, und nur dadurch häufig sehr versteckt, dass die unendlich verwickeltere Zusammensetzung der höheren organischen Individuen aus sehr verschiedenartigen Theilen auch immer unendlich verwickeltere Bedingung des Wachsthums und der Stoffauswahl setzt.

So z. B. zieht bei den höheren Thieren aus der gemeinsamen Ernährungsflüssigkeit, dem höchst zusammengesetzten Blute, jede einzelne Zelle, jedes einzelne Organ, nur diejenigen bestimmten Bestandtheile an sich, welche seines Gleichen sind, welche es zu seiner individuellen Vergrösserung braucht, und verschmäht die übrigen. Aber selbst für diesen complicirteren organischen Wachsthumsprocess giebt es Analoga in der anorganischen Natur. Dahin gehört das bekannte Experiment, welches schon von Reil 1796 in seiner klassischen Abhandlung „von der Lebenskraft“ benutzt wurde, um zu zeigen, dass die „Assimilation“, die Ernährung und das Wachsthum der Thiere nichts weiter seien, als eine „thierische Krystallisation“, d. h. „eine Anziehung thierischer Materie nach Gesetzen einer chemischen Wahlverwandtschaft“. Wenn man nämlich in eine Auflösung von Salpeter und Glaubersalz einen Salpeterkrystall hineinlegt, so krystallisirt nur der Salpeter heraus und das Glaubersalz bleibt gelöst; wenn man dagegen umgekehrt in dieselbe gemischte Auflösung einen Glaubersalzkrystall hineinlegt, so krystallysirt nur das Glaubersalz heraus, und der Salpeter bleibt gelöst.[1])

Diese wichtige Erscheinung, welche uns die Gleichheit der einfachen Grundursachen im Wachsthum der Organismen und Anorgane beweist, führt uns unmittelbar zu einem weiteren wichtigen Grundgesetz des Wachsthums, das sich ebenfalls auf bestimmte Verhältnisse der Massenanziehung gründet. Es folgt nämlich aus jenem instructiven Versuche unmittelbar, dass ein bereits gebildeter fester Körper in seiner Mutterlauge (d. h. in einer Flüssigkeit, welche die ihn zusammensetzenden eigenen Stoffe gelöst enthält) eine stärkere Anziehung auf die umgebenden in der Flüssigkeit gelösten Moleküle ausübt, als diese unter sich auszuüben vermögen. Ist daher einmal in einer solchen Bildungsflüssigkeit ein fester Körper vorhanden, so wirkt dieser als Anziehungsmittelpunkt, und vermag nun gleichartige Materie, welche in der Flüssigkeit gelöst ist, aus dem flüssigen in den festen Aggregatzustand überzuführen, und zwar unter Umständen, unter denen dieser Uebergang, das Festwerden, ohne Anwesenheit des festen Körpers nicht erfolgt wäre.[2]) Auch dieses wichtige Gesetz wird sicher in ganz

---

[1]) Die quantitativen Mischungs-Verhältnisse der Lösung, welche zur Anstellung dieses Experiments erforderlich sind, findet man von Reil naher angegeben in seinem Archiv für Physiologie, I. Vol. 1796, p. 77 Anm. 1.

[2]) Gewiss werden wir berechtigt sein, diese allgemeine wichtige Erscheinung bei Beurtheilung der ersten Entstehung und des weiteren Wachsthums jedes individuellen Naturkörpers zu berücksichtigen, ganz besonderen Werth aber darauf zu legen, wenn es sich darum handelt, die Analogie zwischen anorganischer Krystallisation und organischer Autogonie nachzuweisen. Hierauf hat schon Schwann in seinem berühmten Werk aufmerksam gemacht, indem er sagt (p. 252): „Bei Entwickelung der plastischen Erscheinungen an den Zellen stellt sich das Gesetz heraus, dass zur ersten Bildung einer Zelle eine concentrirtere Lösung er-

gleicher Weise für die Organismen wie für die Anorgane gelten und wird namentlich dann zu berücksichtigen sein, wenn es sich um die Autogonie der Moneren handelt, welche offenbar ein der primitiven Krystallbildung in der Mutterlauge ganz analoger Process ist.

Wenn wir nach diesen Ausführungen nochmals die wesentlichen Vorgänge, welche das Wachsthum der Naturkörper bedingen, vergleichend überblicken, so gelangen wir zu dem Resultate, dass dieselben überall, in der anorganischen wie in der organischen Natur, auf denselben einfachen und grossen Gesetzen beruhen, vor Allem auf den Gesetzen der gleichartigen Massen-Anziehung und der chemischen Wahlverwandtschaft. Jede Wachsthumserscheinung des lebenden Individuums, wie des leblosen Krystalls, beruht darauf, dass ein bereits vorhandener fester Körper gleichartige Materie anzieht, und sie nöthigt, aus dem flüssigen in den festflüssigen oder in den festen Aggregatzustand überzugehen, und dabei zugleich sich mit ihm zu verbinden. Die auffallenden Unterschiede, welche sich weiterhin im Wachsthum der Organismen und der Anorgane zeigen, lassen sich alle auf die Verschiedenheit des materiellen Substrats reduciren, nämlich auf den festflüssigen Aggregatzustand, welcher den Organismen allein eigenthümlich ist, und welcher seinerseits wieder bedingt ist durch die verwickelten Verbindungen, welche der Kohlenstoff, als das vorzugsweise organogene Element, mit den verschiedenen anderen Atom-Arten eingehen kann. Wir müssen annehmen, dass allein aus diesen wichtigen Differenzen in der chemischen Zusammensetzung und dem Aggregatzustande die Hauptverschiedenheiten im Wachsthum der Organismen und Anorgane abzuleiten sind. Der feste Aggregatzustand der anorganischen Individuen, und zunächst der Krystalle, erlaubt nur ein Wachsthum durch Apposition von aussen, während der festflüssige Aggregatzustand der organischen Individuen (und zunächst der einfachsten Urorganismen, der Moneren, weiterhin der Zellen etc.) ein inneres Wachsthum durch Intussusception gestattet. Offenbar ist in dieser Beziehung die innigere und festere Verbindung der Krystall-Moleküle, gegenüber der mehr lockeren und flüssigen Verbindung der Moneren-Moleküle von der grössten Bedeutung. In den Krystallen liegen die Moleküle der festen Materie und des daran chemisch gebundenen festen Wassers (des Krystallwassers) so nahe bei einander, dass sie nicht ihre gegenseitige Lage und Entfernung verändern können, ohne die Existenz des an-

---

forderlich ist, als zum Wachsthum einer schon gebildeten Zelle. Bei der gewöhnlichen Krystallisation muss die Auflösung mehr als gesättigt sein, wenn die Krystallisation beginnen soll. Ist aber die Krystallisation vor sich gegangen, so bleibt eine Mutterlange übrig, die nicht mehr bei dieser Temperatur gesättigt ist. Dies ist ganz dasselbe Phaenomen, wie bei den Zellen; es zeigt, dass zum Anfang der Krystallisation eine concentrirtere Auflösung erforderlich ist, als zum Wachsthum der schon gebildeten Krystalle." Offenbar stehen wir hier vor einem, übrigens noch wenig beachteten und nicht gehörig formulirten Grundgesetz der Materie, welches bei jeder Formbildung, bei jedem Uebergang flüssiger, formloser Materie in feste oder festflüssige geformte Materie, von der grössten Bedeutung ist.

organischen Individuums zu zerstören. Es können daher die neuen, fest werdenden Moleküle, welche aus der Mutterlauge von dem Krystall angezogen und in den festen Zustand übergeführt werden, sich nur aussen auf der äusseren Oberfläche des Krystalls ablagern. In den einfachsten Organismen dagegen (Moneren und anderen Cytoden) ist der Abstand der Moleküle von einander ein weiterer und sie müssen sogar nothwendig ihre gegenseitige Lage und Entfernung verändern, um die Existenz des organischen Individuums zu erhalten. Dies ist aber nur möglich mittelst des festflüssigen Aggregat-Zustandes, in welchem die Moleküle der Flüssigkeit mit den Molekülen der festen organischen Substanz in der eigenthümlichen Weise verbunden sind, und in der eigenthümlichen Art ihre Intermolekularräume ausfüllen, welche eben das Wesen der Imbibition ausmacht. Daher wird die Anziehungskraft, welche der festflüssige Ur-Organismus auf die umgebende Mutterlauge (Blastema) ausübt, nicht dabei stehen bleiben, die benachbarten, in der Flüssigkeit gelösten Theile der organischen Substanz aus dem flüssigen in den festflüssigen Aggregatzustand überzuführen, und sie auf der äusseren Oberfläche (durch Apposition) abzulagern, oder anzusetzen, sondern sie wird, weiter wirkend, dieselben dem Centrum immer mehr zu nähern, in das Innere des organischen Individuums hineinzuziehen streben, und indem der festflüssige Zustand desselben jenem starken anziehenden Einflusse des Centrums und der entsprechenden Wechselwirkung (der Centripetalkraft) der von aussen eindringenden Moleküle keinen hinreichenden Widerstand entgegensetzt, wird der Eintritt der neuen Moleküle in das Innere des Moneres thatsächlich erfolgen, d. h. der Organismus wächst durch Intussusception.

Die primitive und die wichtigste Differenz in der spontanen Entstehung und im weiteren Wachsthum der Organismen und der Anorgane liegt also in der Thatsache, dass die anorganischen Individuen, die Krystalle, vermöge ihres festen Aggregatzustandes, nur durch Apposition von aussen entstehen und wachsen können, während die organischen Individuen, vermöge ihres festflüssigen Aggregatzustandes, nur durch Intussusception nach innen entstehen und wachsen können und müssen. Wenn wir von dieser fundamentalen und äusserst wichtigen Thatsache ausgehen, und wenn wir dabei zugleich die nothwendigen Wechselbeziehungen ins Auge fassen, in denen sich jeder Naturkörper zu sämmtlichen ihn unmittelbar umgebenden Naturkörpern befindet, so wird sich aus der Differenz, welche diese Wechselbeziehungen bei den festen Krystallen und den festflüssigen Organismen zeigen, ohne Weiteres die Aussicht auf eine monistische, rein mechanische Erklärung der sämmtlichen Lebenserscheinungen eröffnen. Denn aus jener fundamentalen Differenz im Aggregatzustande ergiebt sich unmittelbar, dass jene molekularen Bewegungen, welche im Inneren des festflüssigen Organismus stattfinden, und welche das Wesen des „Lebens“ ausmachen, im Inneren des festen „leblosen“ Krystalls nicht stattfinden können. Wenn wir die einzelnen Lebenserscheinungen von diesem Gesichtspunkte aus betrachten, so werden wir ohne Weiteres einsehen, dass dieselben in dem festflüssigen Organismus allein möglich sind, nicht aber in dem festen Anorgan.

III) 3. Selbsterhaltung der organischen und anorganischen Individuen.

Gleich der Kraft des Wachsthums ist auch die Kraft der Selbsterhaltung eine allgemeine Function der Naturkörper. Jedes organische und jedes anorganische Individuum erhält sich einen beschränkten Zeitraum hindurch selbst, so lange nämlich, als es die Wechselwirkung seiner eigenen Materie mit derjenigen seiner Umgebung gestattet.

Die Thätigkeit der Selbsterhaltung ist nun zwar allen Naturkörpern gemeinsam, äussert sich aber doch bei den organischen und anorganischen Individuen in sehr verschiedenen Erscheinungen. Bei den Organismen ruft dieselbe die verwickelten Bewegungserscheinungen der Ernährung oder des Stoffwechsels hervor. Diese Functionen sind für den Bestand des organischen Individuums ebenso wie für seine sämmtlichen übrigen Lebenserscheinungen die nothwendige Unterlage. Denn alle anderen Functionen, Willensbewegung und Empfindung, Sinnesthätigkeit und Fortpflanzung, beruhen auf molekularen Bewegungs-Erscheinungen, welche erst durch den Stoffwechsel und die Ernährung möglich werden. Alle diese Bewegungen beruhen im Grunde darauf, dass durch Bildung chemischer Verbindungen gewisse bewegende Kräfte frei werden, welche in den unverbundenen Materien gebunden waren, darauf also, dass gebundene oder Spann-Kräfte in lebendige Kräfte übergehen.[1] Der Vorrath an Spannkraft, welcher bei dem Uebergang in lebendige Kraft verbraucht wurde, muss ersetzt werden, wenn das organische Individuum weiter existiren soll, und dieser nothwendige Ersatz wird durch die Ernährung geliefert. Die Ernährung beruht nun wieder, wie das Wachsthum der Organismen, darauf, dass die neu erworbenen, assimilirten Moleküle in das Innere des Körpers hineingeführt werden und hier die Stelle derjenigen Moleküle einnehmen, welche bei der Arbeitsleistung des Organismus verbraucht wurden. Diese Einführung neuer Substanz und ihre Assimilation, welche das Wesen der Ernährung ausmacht, ist wieder nur möglich mittelst des festflüssigen Aggregatzustandes, und es erklärt sich hieraus, warum die anorganischen Individuen der Ernährung nicht fähig sind. Sie sind ihrer aber auch nicht bedürftig. Sämmtliche belebte Naturkörper existiren nur, sie können ihre Existenz nur behaupten, indem sie sich beständig, wenn auch langsam zersetzen; alle sind sie eingeschlossen in ein Medium (Luft, Wasser, Inneres eines anderen Organismus), in welchem sie sich nothwendig zersetzen müssen. Denn die Bildung der Verbindungen, durch welche die lebendigen Kräfte frei

[1]) Ueber das äusserst wichtige Verhältniss der gebundenen oder potentiellen (Spann-)Kräfte zu den lebendigen oder actuellen (Bewegungs-)Kräften, auf welchem der Kraftwechsel in der gesammten Natur beruht, vergl. H. Helmholtz: Ueber die Wechselwirkung der Naturkräfte. Königsberg. 1854.

werden, ist verbunden mit einer Zersetzung der vorhandenen Materie. Die gebundenen Spannkräfte, welche eben bei dieser Zersetzung frei und zu lebendigen Kräften werden, veranlassen durch ihre Bewegungen die nothwendigen Lebens-Erscheinungen. Der dabei beständig wirksamen Gefahr des Unterganges, des Todes, entziehen sich die organischen Individuen durch die Ernährung, welche jener Zersetzung entgegenwirkt. Sie müssen daher, um ihre Existenz zu fristen, um zu „leben", sich in beständigem Stoffwechsel befinden, sich beständig zersetzen und ernähren, und dies ist nur mittelst der Imbibition möglich. Wenn diese Wechselwirkung zwischen der Zersetzung und der Ernährung der festflüssigen Materie aufhört, tritt der Tod ein. Sämmtliche anorganische Individuen dagegen können sich niemals zersetzen, ohne dadurch ihre Existenz als solche aufzugeben. Weil sie nicht imbibitionsfähig sind, können sie sich nicht ernähren, und wenn sie sich zersetzen, so ist dies ihr Tod. So wenig aber die Krystalle sich zersetzen können, ohne ihre individuelle Form und damit ihren individuellen Charakter aufzugeben, so wenig bedürfen sie der Zersetzung, um sich zu erhalten. Und hierin liegt gleichfalls ein wesentlicher Unterschied zwischen den organischen und anorganischen Individuen, der sich ebenfalls auf ihren verschiedenen Aggregatzustand zurückführen lässt. Denn der feste Aggregatzustand der Krystalle, welcher die inneren Bewegungs-Erscheinungen ausschliesst, die für das Leben des festflüssigen Organismus unentbehrlich sind, verleiht denselben zugleich die Fähigkeit der Selbsterhaltung, ohne dass Stoffwechsel für die Conservation erforderlich ist.

Gleichwie nun die Ernährung und der Stoffwechsel den Organismen vermöge ihres festflüssigen Aggregatzustandes allein eigenthümlich und nothwendig sind, und den Anorganen völlig fehlen, so können natürlich auch bei den letzteren alle die complicirteren Molekular-Bewegungen der organischen Materie nicht zu Stande kommen, welche wir als Empfindung, willkührliche Bewegung, als Sinnesthätigkeit, Fortpflanzung u. s. w. bezeichnen. Da dieselben die Ernährung als nothwendige Grundlage voraussetzen, so brauchen wir hier den nothwendigen Mangel derselben in den anorganischen Individuen nicht weiter zu beweisen, um so weniger, als viele dieser Functionen, und vorzüglich die höchsten und complicirtesten (wie die sogenannten Seelenthätigkeiten), nur einer gewissen Anzahl von Organismen, nämlich den höheren Thieren, eigenthümlich sind. Nur eine einzige Function müssen wir hier noch hervorheben, welche allen Anorganen ohne Ausnahme abgeht, und das ist die mit der Ernährung innig verbundene Function der Fortpflanzung.

Die Fortpflanzung der organischen Individuen ist eine ebenso allgemeine und fundamentale Function der Organismen, als die Ernährung und das Wachsthum, mit denen sie unmittelbar zusammenhängt. Ohne auf die complicirteren Formen der Fortpflanzung hier einzugehen, werfen wir blos einen Blick auf ihre einfachsten Formen, wie sie bei den unvollkommensten und niedrigst stehenden Organismen, die noch keine Sexual-Organe besitzen, als Selbsttheilung und als Knospenbildung auftreten. Die einfachsten aller Organismen, die homogenen Moneren (Protogenes, Protamoeba etc.), deren ganzer Körper einen formlosen contractilen Plasmaklumpen darstellt, pflanzen sich fort durch Selbsttheilung, indem ihr Körper sich in der Mitte einschnürt und in zwei Stücke zerfällt. Die gleiche einfache Vermehrungsweise treffen wir bei sehr vielen niederen Thieren und Pflanzen, zum Theil selbst bei solchen mit complicirter Organ-Differenzirung an. Bei anderen tritt statt der Theilung oder neben derselben Knospenbildung auf, indem aus der Oberfläche des organischen Individuums ein zweites hervorwächst, welches sich abschnürt und selbstständig weiter lebt. Endlich sehen wir bei vielen niederen Organismen, dass das Individuum, sobald es durch Wachsthum eine bestimmte Grösse erreicht hat, in eine Anzahl innerer Keime zerfällt, deren jeder sich alsbald wieder zu einem jungen Individuum entwickelt. Aus dieser inneren Keimbildung hat sich zweifelsohne im Laufe der Zeit die geschlechtliche Zeugung, und zwar zunächst die Zwitterbildung, viel später erst die Trennung der Geschlechter, entwickelt.

Fragen wir nun nach dem Wesen dieser einfachsten Fortpflanzungsprocesse, der Selbsttheilung, der äusseren Knospenbildung, der inneren Keimbildung, so werden wir uns in allen Fällen als die nächste Ursache derselben eine Ernährung des Organismus über das individuelle Maass hinaus vorstellen können. Sobald der primitive einfache Ur-Organismus durch Imbibition mehr Nahrung aufnimmt, als er in individueller Form aufspeichern kann, so wird das eine Individuum in zwei oder mehrere zerfallen, entweder durch Selbsttheilung, oder durch äussere Knospenbildung, oder durch innere Keimbildung. Auch diesen Vorgang können wir uns vollkommen mechanisch erklären. So lange das Individuum eines Moneres wächst, ohne sich zu vermehren, so lange bleibt das Centrum des individuellen Körpers der einzige Anziehungsmittelpunkt, welcher die assimilirbare und die assimilirte Materie rings um sich anhäuft. Sobald aber diese Anhäufung ein bestimmtes Maass überschreitet, welches durch die Cohäsion der Moleküle des betreffenden Eiweiss-Körpers (Plasma) bedingt wird, so verliert das einzige Attractions-Centrum die absolute Herrschaft über das Ganze, und zerfällt entweder in zwei getrennte Anziehungs-Mittelpunkte, die sich nun gegenseitig abstossen und von einander isolirt die übrigen Moleküle anzuziehen suchen, oder es entstehen neben dem alten einfachen Cohäsions-Heerde mehrere neue, so dass das Ganze in mehrere individuelle Theile zerfällt. Diese werden nun ihrerseits wieder bis zu einer gewissen Grenze hinauf assimilirbare Stoffe aufnehmen und wachsen, bis durch abermalige Ueberschreitung dieser Grenze jedes Individuum wiederum in eine Anzahl von neuen Einzelwesen zerfällt u. s. w. Da die neuen Individuen Theilstücke der alten sind, die sich selbstständig ergänzen müssen, so wird uns hierdurch zugleich ein erklärender Blick auf die beiden wichtigsten Grunderscheinungen der Formbildung, auf die Erblichkeit und die Anpassung eröffnet. Von diesen äusserst wichtigen Phänomenen, welche wir unten noch genauer zu betrachten haben, beruht die Vererbung auf dem unmittelbaren materiellen Zusammenhange zwischen dem elterlichen und dem neu entstandenen Organismus. Indem der letztere stets einen Theil des ersteren beibehält, musser nothwendig durch die gleiche Materie, die ihm bleibt, auch die gleichen Functionen äussern. Hierauf beruht die Erblichkeit, vermöge welcher jeder Organismus seinem elterlichen ähnlich ist. Der absoluten Gleichheit zwischen Beiden wirkt nun aber der andere Umstand entgegen, dass der jugendliche Organismus, der nur einen Theil des elterlichen bildet, gezwungen ist, sich durch Wachsthum selbstständig bis zu einer gewissen Grenze hinauf zu ergänzen. Indem nun diese selbstständige Ernährung des organischen Individuums, welche auf den einfachsten Massen-Anziehungen der umgebenden ernährenden Substanz beruht, durch die umgebenden Existenz-Bedingungen (Temperatur, Ausdehnung und Oberfläche der festen Körper in der Umgebung etc.) beeinflusst wird, indem z. B. das Quantum des Wassers in dem imbibitionsfähigen Organismus und das Quantum der neu aufnehmbaren festen Substanz durch bestimmte einfache Massen-Anziehungen der umgebenden festen Körper geregelt wird, entsteht ein gewisser Grad von Variabilität, von Veränderlichkeit in dem Quantum der assimilirbaren Stoffe, die in das imbibitionsfähige Plasma eindringen und das Wachsthum des Individuums vollenden. Auf dieser individuellen Variabilität beruht die Fähigkeit der Anpassung an die umgebenden Existenz-Bedingungen, welche der absoluten und allgemeinen Erblichkeit entgegen wirkt, und in Wechselwirkung mit dieser die ganze Mannichfaltigkeit der Organismen-Welt nach den von Darwin entwickelten Gesetzen erzeugt.

Indem wir die weitere Betrachtung dieses wichtigen Wechselspiels zwischen den beiden wichtigsten formbildenden Factoren der organischen Welt, Erblichkeit und Anpassung der organischen Individuen, dem fünften und sechsten Buche aufsparen, wollen wir uns hier auf eine Betrachtung der analogen Wechselwirkung zweier entgegengesetzter formbildender Potenzen beschränken, welche gleicherweise bei den anorganischen Individuen, den Krystallen, die individuellen Form-Eigenthümlichkeiten zu bestimmen im Stande ist. Allerdings kann von Fortpflanzung und also auch von Erblichkeit bei den anorganischen Individuen nicht die Rede sein. Der Mangel an Imbibitionsfähigkeit verhindert die molekularen Bewegungen im Innern des Körpers, welche zur Fortpflanzung gleicherweise wie zur Ernährung nothwendig sind. Dagegen findet beim Wachsthum und bei der Entstehung der anorganischen Individuen, bei der Krystallisation, eine Function der Materie statt, welche wir wohl als Anpassung bezeichnen können, und welche auf die Anpassung der werdenden Organismen ein bedeutendes Licht wirft.

III. 4. Anpassung der organischen und anorganischen Individuen.

Die Anpassung oder Adaptation ist diejenige formbildende Function der Naturkörper, welche die unendlich mannichfaltigen individuellen Charactere bedingt, durch welche sich alle Individuen einer und derselben Art von einander unterscheiden.

Wir haben oben (p. 28), wo wir absichtlich die Differenzen in der

Form und Entstehung der organischen und anorganischen Individuen möglichst schroff gegenüber stellten, einen der wichtigsten Unterschiede darin gefunden, dass alle anorganischen Individuen, die einer und derselben Art angehören und dieselbe chemische Zusammensetzung haben, auch vollkommen dieselbe wesentliche Form zeigen und sich nur durch ihre absolute Grösse unterscheiden. Die Krystalle einer anorganischen Species zeigen nicht die durch die Variabilität bedingten individuellen Verschiedenheiten, welche alle verschiedenen Individuen einer und derselben organischen Species auszeichnen, und es bleibt daher auch die anorganische Art im Laufe der Zeit vollkommen unveränderlich, constant, während die organischen Species durch fortschreitende Divergenz ihrer variablen Individuen eine endlose Reihe ganz verschiedener Formen erzeugen. Da den Anorganen die Fortpflanzung fehlt, so fehlt ihnen auch die Fähigkeit der erblichen Uebertragung von solchen Characteren, die durch Anpassung erworben sind.

Dennoch bedarf unsere obige Bemerkung einer bedeutenden Einschränkung. Individuelle Verschiedenheiten finden sich auch unter den anorganischen Individuen ganz allgemein vor, und zwar sind sie die Folge der Anpassung an die Verhältnisse, unter denen das Krystall-Individuum sich bildete. Bei Untersuchung dieses wichtigen Verhältnisses muss man vor Allem immer im Auge behalten, dass bei der Entstehung aller individualisirten Naturkörper, bei der Bildung jedes Krystalls, wie bei der Bildung jedes Organismus, stets zwei verschiedene Principien oder gestaltende Mächte einander entgegenwirken. Das eine Princip ist beim Krystall wie beim Organismus die Summe der specifischen physikalischen und chemischen Eigenschaften, welche seiner Materie inhäriren. Beim Organismus, der sich nicht selbst erzeugt, sondern von anderen Individuen seines Gleichen durch Fortpflanzung erzeugt wird, sehen wir diese Erscheinung als die nothwendige Wirkung der Erblichkeit an, welche alle wesentlichen Eigenschaften des Organismus auf seine Nachkommen überträgt. Beim Krystall dagegen betrachten wir diese Erscheinung als den unmittelbaren Ausfluss seiner materiellen Constitution, d. h. der specifisch bestimmten Art und Weise, in welcher sich gesetzmässig eine bestimmte Anzahl von Atomen zu bestimmten Molekülen zusammensetzt. Durch einfache Attraction dieser Moleküle entsteht die characteristische Form des Krystalls. Eine schärfere Vergleichung ergiebt nun alsbald, dass auch in dieser Beziehung kein wesentlicher Unterschied zwischen den Organismen und Anorganen existirt. Denn auch die Erblichkeit beruht auf der materiellen Continuität des elterlichen und des von ihm erzeugten Organismus, und wir können die fundamentale Erscheinung der Erblichkeit, der erblichen Uebertragung biologischer Functionen, durch nichts Anderes erklären, als durch die Uebertragung der specifisch constituirten Materie selbst. Die Erblichkeit der Organismen wirkt vollkommen aequivalent der atomistischen Constitution der Anorgane; hier wie dort ist es die Materie, welche sämmtliche allgemeinen Functionen (die Lebenserscheinungen der Organismen, die physikalischen und chemischen Kräfte der Anorgane) unmittelbar als Causa efficiens mit absoluter Nothwendigkeit bedingt.

Diesem mächtigen gestaltenden Princip, welches der Materie des sich bildenden Individuums (gleicherweise des Krystalls wie des Organismus) unmittelbar inhärirt, und welches wir demgemäss allgemein als die innere Gestaltungskraft oder den inneren Bildungstrieb bezeichnen werden, wirkt nun beständig und überall entgegen die zweite formbildende Macht, welche die zahllosen Eigenthümlichkeiten der individuellen Bildungen bedingt, durch die sich alle Einzelwesen jeder Art von einander unterscheiden. Diese nicht minder wichtige Function des werdenden, des sich gestaltenden Individuums können wir allgemein als Anpassung (Adaptatio, Accommodatio) bezeichnen, oder, im Gegensatz zu ihrem Antagonisten, als äussere Gestaltungskraft oder äusseren Bildungstrieb. Die allgemeine Existenz und Wirksamkeit dieser formbildenden Potenz wird einfach durch die Thatsache bedingt, dass kein einziger Naturkörper isolirt im Raume sich bildet und existirt, dass vielmehr sämmtliche Naturkörper sich bilden und existiren in Wechselwirkung mit den anderen Naturkörpern, welche sie unmittelbar von allen Seiten umgeben. Die allgemeine Wechselwirkung der gesammten Materie tritt uns hier als eines der obersten und wichtigsten Naturgesetze gegenüber, welches unmittelbar mit dem allgemeinen Causalgesetze zusammenhängt. Die innere Gestaltungskraft jedes Theils der Materie, der innere Bildungstrieb jedes einzelnen Naturkörpers, als die aus ihrer atomistischen Constitution unmittelbar entspringende Kraftsumme kann niemals rein und ungestört die individuelle Bildung vollenden. Denn beständig wird sie gestört von der entgegenwirkenden äusseren Gestaltungskraft der umschliessenden Materie, von dem äusseren Bildungstriebe aller einzelnen Naturkörper, welche sie unmittelbar oder mittelbar umgeben. Da nun die Summe dieser von aussen einwirkenden Kräfte überall eine verschiedenartige, überall aus verschiedenen Componenten zusammengesetzt ist, so muss auch ihre Wirkung auf ein und dieselbe Materie in jedem individuellen Falle verschieden sein, und lediglich diese Wechselwirkung jedes Individuums mit seiner gesammten Umgebung ist es, welche als Anpassung seine besonderen individuellen Charactere bedingt.

Versuchen wir diese äusserst wichtigen Fundamental-Verhältnisse der gesammten Körperwelt, welche für die anorganische und die organische Natur ganz gleiche Geltung haben, als allgemeines Gesetz zu formuliren, so liesse sich dieses etwa in folgenden Worten aussprechen: Jeder Theil der aus Atomen zusammengesetzten Materie wirkt auf jeden anderen Theil der Materie, entweder anziehend (durch Attraction) oder abstossend (durch Repulsion). Diese Wirkung erzeugt in erster Linie Bewegungen der auf einander wirkenden Atome, welche sich zu bestimmten Atomgruppen oder Molekülen gesetzmässig, in bestimmten Zahlenverhältnissen verbinden. Diese Moleküle wirken nun ebenso wieder auf einander, entweder anziehend oder abstossend, und diese Wirkung erzeugt in zweiter Linie Bewegungen der aufeinander wirkenden Moleküle, welche aus dem flüssigen in den festflüssigen oder festen Aggregatzustand übertretend, sich zu bestimmten individuellen Formen gesetzmässig, in bestimmten Richtungen, verbinden (amorphe Körner, krystalloide Körner, Krystalle, Moneren, Zellen, mehrzellige Organismen). Bei der Bildung jedes individuellen Naturkörpers treten zwei formbildende Kräfte in Wechselwirkung, der innere Bildungstrieb, die unmittelbare Wirkung der existirenden Materie des Individuums selbst (die Summe der bewegenden Kräfte aller Moleküle, welche das Individuum zusammensetzen), und ihm gegenüber der äussere Bildungstrieb, die unmittelbare Wirkung der Materie, welche ausserhalb des Individuums existirt und dasselbe umgiebt, die Summe der bewegenden Kräfte aller Moleküle, welche ausserhalb des Individuums existiren und auf dasselbe von aussen bewegend (anziehend oder abstossend) einwirken. Der innere Bildungstrieb oder die innere Gestaltungskraft äussert sich bei Bildung der anorganischen Individuen entweder als Aggregation (amorpher Körner) oder als Krystallisation (unvollkommener Krystalloide oder vollkommener Krystalle), bei Bildung der organischen Individuen entweder als Aggregation (bei der Autogonie der spontan entstehenden Moneren-Organismen) oder als Erblichkeit (bei der Fortpflanzung elterlich erzeugter Organismen). Der äussere Bildungstrieb oder die äussere Gestaltungskraft äussert sich allgemein als Anpassung, bei Bildung der anorganischen Individuen, indem sie die verschiedene Grösse und die untergeordneten Eigenthümlichkeiten der äusseren Form bedingt, durch welche sich die einzelnen Krystall-Individuen derselben Art unterscheiden, bei Bildung der organischen Individuen dagegen, indem sie die individuellen Charactere, die verschiedene Grösse und die unendlich mannichfaltigen untergeordneten Eigenthümlichkeiten der inneren und äusseren Form bedingt, durch welche sich die einzelnen Organismen derselben Art unterscheiden und welche nach Darwin's Divergenz-Lehre zur Bildung der verschiedenen Arten, Gattungen, Familien, Klassen u. s. w. führen. Die Anpassung der organischen und anorganischen Individuen unterscheidet sich nur insofern, als ihr verschiedener Aggregatzustand und ihre verschiedene atomistische Constitution hier bedingend wirken. Der festflüssige Aggregatzustand der Kohlenstoff-Verbindungen in den

Organismen, welche im Inneren des schon gebildeten Individuums eine fortwährende Bewegung der Moleküle, und eine Ersetzung der verbrauchten Stofftheile durch neue nicht allein erlaubt sondern auch bedingt, gestattet und verursacht durch diese beständigen inneren Veränderungen auch innere Anpassungen. Der feste Aggregatzustand der anorganischen Individuen dagegen, welcher keine Bewegung im Inneren des einmal gebildeten Individuums gestattet, ohne dessen individuelles Wesen zu vernichten, erlaubt dadurch zugleich auch keine innere Anpassung, sondern nur gewisse Anpassungen der von aussen neu sich ansetzenden Schichten, die wir im Gegensatz zu jenen äussere Anpassungen nennen können.

Die Anpassung der anorganischen Individuen, der Krystalle, ist für die Vergleichung derselben mit den Organismen äusserst wichtig, und da diese Verhältnisse bisher von den Biologen in dieser Beziehung sehr wenig gewürdigt sind, erlauben wir uns hier, ihre hohe Bedeutung besonders hervorzuheben.

Die äusseren Bedingungen, denen sich die Krystalle bei ihrer Entstehung anpassen (die äusseren Gestaltungskräfte) liegen theils in dem absoluten Grade der Temperatur, theils in dem relativen Zeitmaasse der Temperatur-Veränderung, bei welcher die Krystallisation stattfindet, theils in der Beimischung anderer Lösungen zu der Mutterlauge, aus welcher der Krystall entsteht, theils in der Mischung und Form der umgebenden festen Körper etc. Doch ist uns das Nähere über die gesetzliche Wirksamkeit dieser Anpassungs-Bedingungen zur Zeit noch grösstentheils unbekannt. Schon sehr feine Unterschiede in der Temperatur, in der Ruhe, in der Beimischung fremder Lösungen zu der Flüssigkeit, in der Form und Mischung des die Flüssigkeit umschliessenden Gefässes etc. vermögen in Grösse und Form der einzelnen Krystall-Individuen sehr beträchtliche Verschiedenheiten zu bedingen. Aber selten können wir ein bestimmtes gesetzliches Verhaltniss zwischen der unmerklichen Ursache und der auffallenden Wirkung nachweisen. Im Ganzen genommen sind uns diese Gesetze und die bei der Bildung der Krystalle auftretenden Causalbeziehungen nicht besser bekannt, ihrem innersten Wesen nach aber sind sie uns vollkommen eben so räthselhaft, als die Causal-Gesetze, welche bei Entstehung der Organismen die verschiedenen individuellen Formen aus einfacher gemeinsamer Grundlage hervorgehen lassen.[1])

---

[1]) Von den verhältnissmässig wenigen Fällen, in denen wir die wirkenden Ursachen kennen, welche die abgeleiteten Krystallformen bedingen, hat Bronn in seinen morphologischen Studien (p. 36, 37) eine Reihe (grösstentheils von Frankenheim, Mitscherlich, Lavalle und Beudant beobachtete Erscheinungen) zusammengestellt. Als Hauptursachen fur die Entstehung bestimmter abgeleiteter Krystall-Formen (eines und desselben Systems) werden dort angefuhrt. I. Die Anwesenheit stellvertretender und ausserwesentlicher Gemischtheile in dem Minerale oder in der Flussigkeit, woraus sich dasselbe bildet, und II. Die Beschaffenheit der krystallinischen Unterlage. a) Reiner Kalkspath be-

Viel wichtiger aber, als die Thatsache, dass selbst sehr geringfügige äussere Einflüsse („Anpassungs-Bedingungen“) genügen, um sehr beträchtliche Differenzen in Grösse und Form-Complication der anschiessenden Krystalle hervorzurufen, welche in einer und derselben Flüssigkeit nach einem und demselben Krystall-Systeme sich bilden, ist der Umstand, dass solche äussere Ursachen selbst auf die Wahl des Krystall-Systems von Einfluss sind, welches der anschiessende Krystall annimmt, und dass geringe Veränderungen der äusseren Einflüsse genügen, um den Krystall im einen Falle nach diesem, im anderen nach jenem System sich bilden zu lassen. Hierher gehören die zahlreichen Fälle vom Polymorphismus (meistens Dimorphismus, selten Trimorphismus etc.) der Krystalle, bei denen man allerdings nur selten die Ursache kennt, warum derselbe chemische Körper das eine Mal dieses, das andere Mal jenes Krystall-System sich auswählt.

Den grössten Einfluss scheint in dieser Beziehung wieder der Temperaturgrad zu haben, bei welchem die Krystalle sich bilden, sowie der Unterschied, ob der krystallisirende Körper aus einer concentrirten Lösung sich absetzt, oder ob er aus dem geschmolzenen Aggregatzustand durch Abkühlung in den festen übergeht. So z. B. können lediglich Temperatur-Unterschiede den kohlensauren Kalk bestimmen, bald als Kalkspath im hexagonalen, bald als Arragonit im rhombischen Systeme zu krystallisiren. Geschmolzener Schwefel schiesst beim langsamen Erkalten in klinorhombischen Säulen an, während derselbe Schwefel aus einem tropfbar-flüssigen Medium, in welchem er gelöst ist, bei dessen Verdunstung oder langsamer Abkühlung in Rhomben-Oktaedern krystallisirt.

Noch viel merkwürdiger aber ist es, dass schon der Contact mit einem fremden heterogenen Krystalle genügt, den gelösten Körper zum Aufgeben seiner eigenen und zur Annahme dieser fremden Krystallform zu bewegen So erscheint der Kali-Salpeter, welcher dem rhombischen Krystall-Systeme angehört, in rhomoboedrischen, dem Kalkspath isomorphen Krystallen des hexagonalen Systems, wenn er sich auf einem Minerale dieses Krystallsystems als Unterlage bildet.

---

sitzt eine viel grössere Anzahl abgeleiteter Flachen, als der mit isomorphen Salzen gemischte. b) Im Inneren einer reinen Auflösung krystallisirt das Mineral gewöhnlich in seiner reinen Kernform, während die Beschaffenheit der umschliessenden Gefässwände oder fremde Beimischungen in der Flüssigkeit Modificationen der Kernform veranlassen. So z. B. krystallisirt Kochsalz in Würfeln, bei anwesender Borsäure in Kubo-Octaedern, bei anwesendem Harnstoff in Octaedern etc. c) Blei-Azotat krystallisirt aus saurer Flüssigkeit als entecktes Octaeder, aus neutraler als vollkommenes Octaeder. d) Jodkalium, welches sonst als Würfel krystallisirt, erscheint auf Glimmer in Octaeder-Form. e) Selbst die Lage des Krystalls ist bei langsamer Bildung von Einfluss; wenn derselbe locker auf dem Boden des Gefässes liegt, wird die aufliegende Flache grösser, und entsprechend auch die gegenüberliegende. f) Die Winkel isomorpher Krystalle, welche bei 0° nur unbedeutend von einander verschieden sind, nehmen mit zunehmender Temperatur theils zu, theils ab, aber in verschiedenen Graden.

III) 5. Correlation der Theile in den organischen und anorganischen Individuen.

Von besonderer Bedeutung für die Analogie zwischen den organischen und anorganischen Individuen scheint uns endlich die Correlation oder Wechselbeziehung der Theile zu sein, welche gewöhnlich als eine besondere und charakteristische Eigenthümlichkeit der Organismen hingestellt wird, während sie doch in ganz ähnlicher Weise auch den Krystallen zukommt. In ähnlicher Weise, wie im Organismus alle einzelnen Theile unter einander und zum Ganzen in bestimmten, durch die Form des Organismus ausgedrückten Beziehungen stehen, so finden wir auch beim Krystalle, dass alle einzelnen Theile unter einander und zum Ganzen in bestimmten, durch die gesetzmässige Verschiedenheit der Cohäsion in bestimmten Richtungen (Axen) geregelten Beziehungen stehen. Diese nothwendige Wechselwirkung der Theile unter einander und auf das Ganze ist ganz ebenso im Organismus, wie im Krystall, durch die physikalischen Functionen und die chemische Zusammensetzung seiner Materie mit Nothwendigkeit bedingt.

Als Ausdruck dieser anorganischen Correlation der Theile betrachten wir zunächst das Symmetrie-Gesetz der Krystalle, wonach alle abgeleiteten Krystallformen, die als individuelle Variationen der Krystall-Grundformen auftreten, stets mehr oder minder symmetrisch modificirt auftreten. Alle gleichartigen Theile einer Krystallform erleiden bei Veränderung eines einzigen Theiles von ihnen dieser entsprechende Veränderungen. Wenn also eine Kante oder Ecke eines Octaeders durch eine bestimmte Fläche ersetzt wird, so müssen auch alle entsprechenden Kanten und Ecken desselben durch eine Fläche von gleicher Beschaffenheit ersetzt werden. Beim Quadrat-Octaeder, bei welchem die obere und untere Ecke von den vier unter sich gleichen (Quadrat-) Ecken des mittleren Umfangs verschieden sind, können zweierlei Ecken-Veränderungen (z. B. Abstumpfungen durch eine Fläche) eintreten, indem die eine Veränderung die correspondirende obere und untere Ecke, die andere Veränderung die vier anderen Ecken trifft. Beim Rhomben-Octaeder, wo alle sechs Ecken paarweis gleich, die drei Paare aber ungleich sind, können die sechs Ecken von drei verschiedenen Modificationen getroffen werden, indem jede Modification nur zwei gegenüberliegende Ecken trifft u. s. w. Die Krystallographie weisst nach, welche grosse Menge individuell verschiedener Krystallformen aus einer und derselben Grundform auf diese Weise, durch gleiche Modification entsprechender Ecken, Kanten und Flächen hervorgehen können. Die Betrachtung dieser Verschiedenheiten im Einzelnen berührt uns hier nicht, um so mehr aber das allgemeine Symmetrie-Gesetz, welches daraus hervorgeht, und welches zeigt, dass correspondirende (gleichartige oder gegenüberliegende) Theile des Krystalls in einer ebenso innigen Wechselbeziehung zu einander stehen, wie verschiedene correspondirende Theile eines Organismus. Vor allem sind es die Antimeren oder homotypischen Theile (aber auch die Metameren oder homodynamen Theile), welche im Organismus in einer ganz ähnlichen Wechselbeziehung zu einander stehen, wie die entsprechenden symmetrischen (wir könnten fast sagen homotypischen) Theile des Krystalles.

Der einzige wesentliche Unterschied, welchen die Correlation der Theile in den organischen und anorganischen Individuen zeigt, besteht darin, dass dieselbe bei den Organismen, deren Substanz zeitlebens in innerer Bewegung und Umänderung bleibt, auch ihr ganzes Leben hindurch wirksam ist, während dieselbe bei den Krystallen sich nur während der Zeit ihrer Bildung äussern kann, in dem einmal gebildeten Krystalle aber, bei welchem keine innere Bewegung ohne Zerstörung mehr stattfindet, nicht mehr als lebendige Kraft bildend wirksam sein kann. Aeusserst lehrreich ist in dieser Beziehung ein Experiment von Lavalle. Dieser zeigte, dass, wenn man einem in der Bildung begriffenen Octaeder eine Kante wegschneidet und so eine künstliche Fläche bildet, eine ähnliche Fläche sich von selbst an der correspondirenden gegenüber liegenden Kante bildet, während die übrigen sich scharf ausbilden.

Alle diese Erscheinungen der symmetrischen Krystallbildung beweisen uns evident, dass die innere Structur und die äussere Form der Krystalle ebenso unmittelbar zusammenhängen, und dass der ganze Krystall ebenso ein organisches Ganzes ist, wie der Organismus. Alle einzelnen, den Körper zusammensetzenden Theile haben in dem einzelnen Krystalle ebenso eine innere Beziehung zu einander und zu der Totalität des ganzen Individuums, wie in dem einzelnen Organismus. Wir können in beiden Fällen, sowohl bei dem sich entwickelnden organischen Individuum, als bei dem in Bildung begriffenen anorganischen Individuum, dem Krystalle, keinen Theil verletzen oder durch Einwirkung bestimmter Bedingungen (Anpassung) modificiren, ohne zugleich dadurch auf andere, nicht unmittelbar betroffene Theile mit einzuwirken, und so das Ganze zu alteriren. Es besteht also ein innerer nothwendiger Zusammenhang, eine Wechselwirkung der Theile ebenso im Krystalle, wie im Organismus.

III) 6. Zellenbildung und Krystallbildung.

Bei der Vergleichung, welche wir im Vorhergehenden zwischen Organismen und Anorganen anstellten, haben wir als Typus der vollkommensten anorganischen Individuen die Krystalle und als Typus der einfachsten und unvollkommensten Organismen die Moneren (*Protogenes*, *Protamoeba*) hingestellt. In letzteren konnten wir durchaus keine differenten Theile unterscheiden, fanden vielmehr ihren gesammten Körper aus einer vollkommen homogenen, formlosen Eiweissmasse gebildet. Dieser in sich völlig gleichartige Plasmaklumpen ist ein selbstständiges organisches Individuum, begabt mit den beiden wichtigsten Lebensfunctionen, der Ernährung und Fortpflanzung (durch Theilung).

Aehnliche structurlose Primitiv-Organismen, wie sie hier als Moneren isolirt lebend auftreten, kommen auch häufig als mehr oder minder selbstständige Elementartheile im Körperverbande anderer niederer Organismen (Protisten und niederer Pflanzen) vor, und versehen hier die Stelle der Zellen, welche in den meisten höheren Organismen fast allein die constituirenden Elementartheile (Individuen erster Ordnung) bilden. Der Begriff der organischen Zelle (Cellula, Cytos) ist, wie wir im dritten Buche begründen werden, auf diejenigen Elementartheile zu beschränken, welche aus zwei wesentlichen (und nie fehlenden!) Bestandtheilen bestehen, nämlich dem eiweissartigen festflüssigen Plasma (Protoplasma, Sarcode, Zellstoff) und dem vom Plasma eingeschlossenen Nucleus (Cytoblastus, Kern, Zellkern). Häufig, aber nicht immer, ist dieser kernhaltige Plasmakörper von einer (sehr verschieden gestalteten) vollständigen oder unvollständigen Membran eingeschlossen (Membrana cellulae, Zellhaut) und nach deren Mangel oder Anwesenheit können wir nackte Zellen oder Urzellen (Gymnocyta) und membranöse Zellen oder Hautzellen (Lepocyta) unterscheiden. Diesen echten, kernhaltigen Zellen, welche jetzt gewöhnlich allein als die eigentlichen Elementartheile der Organismen angesehen zu werden pflegen, stehen als wesentlich verschiedene, weil einfachere und unvollkommenere Elementartheile die von uns oben untersuchten homogenen Plasmaklumpen ohne Kern gegenüber, welche wir allgemein mit dem Namen der Plasmaklumpen oder Cytoden (zellenähnliche Elementar-Organismen) bezeichnen wollen. Solche frei lebende einfache Cytoden sind die Moneren *(Protogenes, Protamoeba)* und zahlreiche Protisten aus den Stämmen der Rhizopoden, Protoplasten etc. Man ist gewöhnt, diese einfachsten Organismen gewöhnlich als „einzellige" Wesen anzusehen; indessen stehen sie noch tiefer als die wirklich einzelligen Organismen, da ihr eiweissartiger Körper völlig homogen ist, und sich noch nicht in Plasma und Kern differenzirt hat. Auch diese Cytoden können, gleich den Zellen, entweder ganz nackt (Gymnocytoda) oder von einer Haut umschlossen sein (Lepocytoda). Die Cytoden und die Zellen zusammen, welche wir im dritten Buche als morphologische Individuen erster Ordnung näher untersuchen werden, vereinigen wir unter dem Namen der Plastiden.

Da man die Cytoden, welche als vollkommen homogene Plasmakörper die einfachsten selbstständigen Elementar-Organismen sind, bisher gänzlich vernachlässigt und fast ausschliesslich die Zellen, welche durch die Differenzirung von Plasma und Nucleus schon eine höhere Organisationsstufe darstellen, als die einfachsten selbstständigen Elementar-Organismen betrachtet hat, so ist auch die unmittelbare Uebergangsbildung, welche die homogenen Cytoden (als einfachste organische Individuen) von den niederen einzelligen Organismen zu den höchsten individualisirten Anorganen, den Krystallen, herstellen, bisher noch gar nicht gewürdigt worden. Es liegt aber zu Tage, dass sie wirklich von der grössten Bedeutung für die monistische Biologie sind, indem sie die von den Meisten für unüberwindlich gehaltene Kluft zwischen den Zellen und den Krystallen, mindestens in vielen Beziehungen, ausfüllen.

Ein allgemeiner Vergleich der Zellen mit den Krystallen und der Versuch, die Zellbildung in ähnlicher Weise wie die Krystallbildung auf einfache Molekular-Bewegungen der Materie zurückzuführen, stösst bereits auf sehr viel grössere Schwierigkeiten, weil wir in der Zelle schon mindestens zwei verschiedene Form-Elemente zu einem individuellen Ganzen verbunden haben, was bei den homogenen Cytoden noch nicht der Fall ist und bei den Krystallen niemals vorkommt. Um so wichtiger und interessanter ist es, dass wir bereits seit langer Zeit einen solchen Vergleich besitzen, der noch jetzt von hohem Werthe ist. Theodor Schwann nämlich hat in den epochemachenden „mikroskopischen Untersuchungen", durch welche er 1839 die Gewebelehre als besondere Wissenschaft neu begründete, den sehr anerkennenswerthen Versuch gemacht, in monistischem Sinne die Zellen als die eigentlichen Elementar-Organismen nachzuweisen, welche den Körper der höheren Organismen durch Aggregation zusammensetzen, und hat dabei die Zellen als die eigentlichen organischen Individuen mit den Krystallen als den anorganischen Individuen in Parallele gestellt. In der berühmten „Theorie der Zellen", welche den letzten Theil im dritten Abschnitte jenes Werkes bildet (p. 220—257) hat Schwann diesen Vergleich der Zellen mit den Krystallen durchzuführen versucht, und hat unseres Erachtens mit bewundernswürdiger Schärfe den schlagenden, wenn auch nicht vollständigen Beweis für die Theorie geführt, „dass die Bildung der Elementartheile der Organismen nichts als eine Krystallisation imbibitionsfähiger Substanz, der Organismus nichts als ein Aggregat solcher imbibitionsfähiger Krystalle ist."[1])

[1]) Für den vollständigen Beweis der Richtigkeit dieses Satzes hält Schwann noch den Nachweis zweier Punkte für nothwendig, nämlich: „I) dass die metabolischen Erscheinungen der Zellen ebenfalls wie die plastischen Erscheinungen nothwendige Folge der Imbibitionsfähigkeit, oder irgend einer anderen Eigenthümlichkeit der Zellensubstanz sind; II) dass, wenn sich eine Menge imbibitionsfähiger Krystalle bilden, diese sich nach gewissen Gesetzen zusammenfügen müssen, so dass sie ein, einem Organismus ähnliches, systematisches Ganze bilden." Was nun den ersten Punkt betrifft, so glaubt Schwann den Grund für die metabolischen Erscheinungen der Zellen „wahrscheinlicher in einer bestimmten Lage der Moleküle, die wahrscheinlich bei allen Zellen wesentlich dieselbe ist, als in der chemischen Zusammensetzung der Moleküle, die bei den verschiedenen Zellen sehr verschieden ist," finden zu müssen. Doch dürften wohl diese beiden Momente hier wirksam sein, und würde in letzterer Beziehung wohl vor Allem die complicirte chemische Zusammensetzung und die äusserst leichte Zer-

Es würde uns zu weit führen, wollten wir auf die Parallele zwischen der Krystallbildung und der Zellenbildung, welche Schwann so geistreich und scharfsinnig durchgeführt hat, hier näher eingehen. Wir können hier darauf um so eher verzichten, als die Membran der Plastiden (sowohl der kernhaltigen Zellen, als der kernlosen Cytoden, die Schwann nicht von den Zellen unterschied) in unseren Augen nicht mehr den hohen morphologischen und physiologischen Werth besitzt, den Schwann ihr beilegte; in der That fehlt sie ja häufig genug, und an den jugendlichen Plastiden fast immer. Nur darauf wollen wir noch besonders aufmerksam machen, wie einfach und klar derselbe den wesentlichen Unterschied im Wachsthum der Zellen und der Krystalle aus der Imbibitionsfähigkeit der ersteren erklärt. Der Krystall kann in Folge seines festen Aggregatzustandes nur durch schichtweise Apposition von aussen wachsen, und die einmal gebildeten Theile des Krystalls bleiben ganz unverändert, während die Zelle vermöge ihres festflüssigen Quellungszustandes durch Intussusception nach innen hinein neue Theile aufnehmen und durch nachträgliche Einwirkung derselben auch im Innern bereits gebildete Theile verändern kann.[1]) Aber

---

setzbarkeit der Eiweisskörper, welche stets das Plasma, die eigentliche active (plastische) „Lebensmaterie“ bilden, zu berücksichtigen sein, ferner die leichte und schnelle Zersetzungsfähigkeit dieser Eiweissverbindungen, und ihre Neigung, die eigenen Zersetzungsbewegungen auf die umgebenden Stoffe zu übertragen, wodurch sie dieselben schon zur Assimilation vorbereiten. Was dann den zweiten von Schwann berührten Punkt angeht, so finden wir dessen Erklärung in Darwin's Theorie der natürlichen Züchtung im Kampfe um das Dasein, welche auf die einzelnen Plastiden (Zellen und Cytoden), ebenso allgemein angewandt werden kann und muss, wie auf die einzelnen Organismen. Es ist also nicht ein vorbedachter zweckmässiger Plan, welcher die einzelnen Cytoden und Zellen („die imbibitionsfähigen Krystalle“) zu dem „systematischen Ganzen“ des Organismus zusammenfügt, sondern diese scheinbar zweckmässige Combination erfolgt durch die gegenseitige nothwendige Wechselwirkung, welche die aggregirten Zellen auf einander ausüben, nach den Gesetzen der Differenzirung und Divergenz des Characters, der Erblichkeit und Anpassung.

[1]) Eine allgemeine und höchst wichtige Structur-Eigenthümlichkeit der Krystalle ist ihre Schichtung, ihre innere Zusammensetzung aus Blättern, welche gewissen Flächen parallel laufen. „Die Existenz dieser Schichtung setzt eine doppelte Art der Apposition der Moleküle in den Krystallen voraus: in jeder Schicht nämlich verschmelzen die neu sich ansetzenden Moleküle mit den schon vorhandenen dieser Schichte zu einem Continuum; diejenigen Moleküle aber, welche die einander berührenden Flächen zweier Schichten bilden, verschmelzen nicht mit einander. Die mit einander verschmelzenden Moleküle lagern sich mithin mehr der Fläche nach neben einander, als der Dicke nach über einander ab, so dass jede Schicht auch nur eine bestimmte Dicke erreichen kann.“ Nimmt man nun mit Schwann an, dass dieses Grundgesetz der Krystallbildung auch für die Zellen gilt, und dass die Zellen „imbibitionsfähige Krystalle“ sind, so muss bei ihnen die Schichtenbildung ebenso wie bei den anorganischen Krystallen eintreten. Auch hier wird nur in den einzelnen Schichten (nicht zwischen denselben) eine möglichst innige Verbindung der Moleküle stattfinden. Wegen

nicht allein das Wachsthum der Zellen, sondern auch ihre erste spontane Entstehung (bei der „freien“ Zellbildung in einem Cytoblastem), die Differenzirung von Kern und Kernkörperchen, Plasma und Membran, lassen sich nach Schwann in der einfachsten Weise aus gleichen molekularen Bewegungsvorgängen (Anziehung und Abstossung der Moleküle in gewissen Richtungen) ableiten, wie dies bei Erklärung der Krystallbildung möglich ist. Die Theorie der organischen Zellenbildung auf diesem rein mechanischen Wege hat nach Schwann's geistreichem Versuche nicht mehr Schwierigkeit, als die Theorie der anorganischen Krystallbildung. Wir müssen diesen Versuch um so mehr bewundern, als zu jener Zeit (vor 27 Jahren) fast nur die höheren und vollkommeneren Zellformen bekannt waren, als damals noch drei oder vier Bestandtheile, (Kernkörperchen, Kern, Inhalt und Membran) für integrirende Zellbestandtheile galten und als man von den unentwickelteren Plastiden, den membranlosen Zellen und den kernlosen Cytoden noch keine sicheren Kenntnisse hatte. Durch die Erkenntniss der letzteren, welche (insbesondere die homogenen Gymnocytoden) gewissermaassen unmittelbare Uebergangsformen von den aus heterogenen Theilen zusammengesetzten Zellen zu den homogenen Krystallen bilden, hat die Vergleichung derselben mit „imbibitionsfähigen Krystallen“ noch bedeutend an Sicherheit gewonnen. Wir zweifeln mit Schwann nicht daran, dass es lediglich der Unterschied der complicirteren atomistischen Zusammensetzung der organischen Kohlenstoff-Verbindungen und besonders ihr festflüssiger Aggregatzustand, ihre Imbibitionsfähigkeit ist, welche die organischen Individuen erster Ordnung in Form von Plastiden (Cytoden und Zellen) auftreten lässt, während die binär zusammengesetzte und nicht quellungsfähige anorganische Materie ihren individuellen Bildungen die Krystallform giebt. Damit ist aber auch der mechanische Ursprung der Lebenserscheinungen

---

ihrer Imbibitionsfahigkeit ist aber „eine viel innigere Vereinigung derselben möglich, indem hier die neuen Moleküle sich durch Intussusception zwischen die vorhandenen ablagern können.“ Die Zahl der Moleküle, welche sich in jeder Schicht ablagern können, ist nun hier bei den Zellen nicht bestimmt beschränkt, wie bei den Krystallen. Wenn nun die Ablagerung der Moleküle neben einander in einer Schichte, und damit das Wachsthum der Schichte fortdauert, ohne dass sich eine neue Schichte bildet, „so wird die wachsende Schichte zunächst mehr condensirt; d. h. sie nimmt in denselben Raum mehr feste Substanz auf; dann aber wird sie sich ausdehnen und von dem fertigen Theil des Krystalls trennen, so dass zwischen ihr und dem Krystall ein hohler Zwischenraum entsteht, der sich durch Imbibition mit Flüssigkeit fullt. So erhalten wir also bei imbibitionsfahigen Körpern, statt einer neuen Schichte, die sich an die früher gebildeten Theile des Krystalls ansetzt, ein hohles Bläschen,“ welches durch Imbibition sehr bald eine rundliche Gestalt annehmen muss (falls es vorher, einem Krystallmantel entsprechend, eckig war). „Allein der früher gebildete Theil des Krystalles besteht ebenfalls aus imbibitionsfähiger Substanz, und es ist desshalb noch sehr zweifelhaft, ob er überhaupt eine eckige Form haben muss,“ gleich den meisten anorganischen nicht imbibitionsfahigen Krystallen. Die scharfsinnige weitere Ausführung dieses sehr wichtigen Vergleiches ist bei Schwann selbst nachzusehen (p. 241—251).

dargethan. Sowie sämmtliche physikalische Functionen des Krystalls aus seiner chemischen Mischung und der dadurch bedingten Form, so gehen auch sämmtliche Lebenserscheinungen der Plastide (und somit jedes Organismus) aus ihrer chemischen Mischung und der dadurch bedingten Form als nothwendige Wirkungen hervor.

IV. Einheit der organischen und anorganischen Natur.

Wir haben in den drei vorhergehenden Abschnitten die Uebereinstimmungen und die Unterschiede zu schätzen und zu messen versucht, welche die beiden grossen Hauptgruppen der irdischen Naturkörper, Organismen und Anorgane, hinsichtlich ihres Stoffes, ihrer Form und ihrer Function zeigen. Als das allgemeine Resultat dieser Vergleichung können wir nun schliesslich folgenden Satz aufstellen: „Alle uns bekannten Naturkörper der Erde, belebte und leblose, stimmen überein in allen wesentlichen Grundeigenschaften der Materie, in ihrer Zusammensetzung aus Massen-Atomen und darin, dass ihre Formen und ihre Functionen die unmittelbaren und nothwendigen Wirkungen dieser Materie sind. Die Unterschiede, welche zwischen beiden Hauptgruppen von Naturkörpern hinsichtlich ihrer Formen und Functionen existiren, sind lediglich die unmittelbare und nothwendige Folge der materiellen Unterschiede, welche zwischen Beiden durch die verschiedenartige chemische Verbindungs-Weise der in sie eintretenden Elemente bedingt werden. Die eigenthümlichen Bewegungs-Erscheinungen, welche man unter dem Namen des „Lebens“ zusammenfasst, und welche die eigenthümlichen Formen der Organismen bedingen, sind nicht der Ausfluss einer besonderen (innerhalb oder ausserhalb des Organismus befindlichen) Kraft (Lebenskraft, Bauplan, wirkende Idee etc.), sondern lediglich die unmittelbaren oder mittelbaren Leistungen der Eiweisskörper und anderer complicirter Verbindungen des Kohlenstoffs.“

Eine eingehendere Untersuchung und Vergleichung der individuellen Organismen und Anorgane hinsichtlich ihrer materiellen Zusammensetzung und der daraus unmittelbar resultirenden Form und Function wird leicht noch zahlreichere und schlagendere Beweise für die obigen Sätze sammeln können, als uns hier auf dem beschrankten Raum möglich war. Wir müssen uns daher begnügen, einige der wichtigsten Punkte hier besonders hervorgehoben zu haben, und müssen das Weitere einer künftigen synthetischen Untersuchung anheimgeben. Für uns kam es hier vor Allem darauf an, der bisher ganz einseitig ausgebildeten analytischen Unterscheidung der beiderlei Körper nun auch einmal ihre synthetische Vergleichung gegenüberzustellen und das weitverbreitete Dogma zu beseitigen, dass das „Leben“ etwas ganz Besonderes, absolut von der leblosen Natur Verschiedenes und von ihr Unabhängiges sei. Dass dies keineswegs der Fall sei, und dass nur relative Differenzen die leblosen und belebten Naturkörper trennen, glauben wir hinsichtlich aller drei Erscheinungs-Reihen, der stofflichen Zusammensetzung und der daraus resultirenden körperlichen Form und functionellen Leistung gezeigt zu haben. Wir fassen die wichtigsten Vergleichungspunkte hier kurz zusammen.

I) Die chemischen Urstoffe oder unzerlegbaren Elemente, welche die lebendigen und die leblosen Naturkörper zusammensetzen, sind dieselben Es giebt kein Element, welches nur in den Organismen vorkäme. Dagegen ist ein Element, der Kohlenstoff, welches auch in der leblosen Natur als Krystall-Individuum auftritt (als Diamant, als Graphit), dasjenige, welches in keinem Organismus fehlt, und welches durch seine ausserordentliche, keinem anderen Elemente eigene, Neigung zu verwickelteren Verbindungen mit den anderen Elementen, diejenige unendliche Mannichfaltigkeit der „organischen Stoffe" erzeugt, welche die unendliche Mannichfaltigkeit der organischen Formen und Lebenserscheinungen hervorbringen. Eine der wichtigsten Eigenschaften vieler dieser Kohlenstoff-Verbindungen ist ihre Fähigkeit, den festflüssigen Aggregatzustand anzunehmen, welcher in den Anorganen niemals vorkommt. Auf dieser Imbibitionsfähigkeit der organischen Materie, auf ihrer verwickelten atomistischen Zusammensetzung und auf ihrer leichten Zersetzbarkeit beruhen die sämmtlichen eigenthümlichen Bewegungs-Vorgänge, welche wir als die charakteristischen Erscheinungen des Lebens ansehen.

II) Die Organismen treten sämmtlich, die Anorgane theilweise in Form von räumlich abgeschlossenen Einzelkörpern oder Individuen auf. Die unvollkommensten organischen Individuen, die Moneren oder structurlosen Plasma-Individuen, stimmen mit den vollkommensten anorganischen Individuen durch die homogene Beschaffenheit ihres structurlosen Körpers mehr überein, als mit den höheren, aus Individuen verschiedener Ordnung zusammengesetzten Organismen. Diese Zusammensetzung des Individuums aus ungleichartigen Theilen ist allerdings den meisten, aber nicht allen Organismen eigenthümlich, und desshalb kein absolut unterscheidender Character von den Krystallen, welche ihrerseits ebenfalls bisweilen in Mehrzahl zur Bildung von Individuen höherer Ordnung zusammentreten (Krystallstöcken). In gleicher Weise wie die Organismen besitzen auch die Krystalle eine innere Structur, und zeigen gesetzmässige Beziehungen der einzelnen Theile unter einander und zum Ganzen Die äussere gesetzmässige Form ist hier wie dort der Ausdruck und das Resultat der inneren Structur, und hier wie dort durch die Wechselwirkung zweier formbildender Triebe oder Kräfte bedingt, des inneren Bildungstriebes (der materiellen Zusammensetzung) und des äusseren Bildungstriebes (der Anpassung). Sowohl den organischen als den anorganischen Individuen liegt meistens eine bestimmte stereometrische Grundform zu Grunde, welche bei den Krystallen meistens prismoid ist. Doch ist die prismoide Grundform der Krystalle (von ebenen Flächen, geraden Linien und messbaren Ecken begrenzt) nicht ausschliesslich für die anorganischen Individuen charakteristisch, da dieselbe sowohl bei vielen niederen Organismen (Radiolarien) vorkommt, als auch bei anderen anorganischen Individuen (Diamant-Krystallen und anderen krummflächigen Krystallen) fehlt. Wir können also so wenig in der individuellen Bildung, als in der formellen Zusammensetzung der Individuen, ebensowenig in der äusseren Form, als in der inneren Structur, ebensowenig in der stereometrischen Grundform, als in deren vielfältiger äusserlicher Modification, kurz, wir können in keiner Beziehung irgend einen absoluten, in allen Fällen durchgreifenden formellen Unterschied zwischen Organismen und Anorganen auffinden.

III) Die Functionen, Leistungen oder Kräfte der Naturkörper sind entweder feinere oder gröbere Bewegungen ihrer materiellen Theilchen, der Atome und der aus ihnen zusammengesetzten Moleküle. Sie sind also unmittelbare Ausflüsse der materiellen chemischen Zusammensetzung des Naturkörpers. Weil diese Leistungen bei den Organismen sehr viel mannichfaltiger und zusammengesetzter sind, als bei den Anorganen, bezeichnen wir sie als „Lebens-Erscheinungen“. Die einfachen, elementaren Functionen der Materie kommen sämmtlich, und die verwickelteren Functionen zum grossen Theil den Organismen und Anorganen in gleicher Weise zu; zum Theil aber (Lebensthätigkeiten im engeren Sinne) kommen die letzteren den Organismen ausschliesslich zu. Eine der wichtigsten und allgemeinsten körperlichen Functionen, welche allen leblosen und belebten individuellen Naturkörpern gemeinsam zukömmt, ist das Wachsthum der Individuen. Die Verschiedenheiten, welche sich im Wachsthum der organischen und anorganischen Individuen finden, sind in der verwickelteren chemischen Zusammensetzung und der Imbibitionsfähigkeit vieler Kohlenstoff-Verbindungen begründet. Aus diesen Verschiedenheiten des Wachsthums resultiren dann aber mit Nothwendigkeit für die Organismen die weiteren specifischen Lebens-Erscheinungen der Ernährung und Fortpflanzung, denen sich bei den höheren Organismen noch die complicirtesten Functionen der Ortsbewegung und Empfindung anschliessen. Wir sehen also im Ganzen, erstens, dass die anorganischen und organischen Individuen eine gewisse Summe von Leistungen in gleicher Weise ausüben, und zweitens, dass diejenigen zusammengesetzteren Leistungen, welche als Lebenserscheinungen im engeren Sinne den Organismen eigenthümlich sind (allgemein Ernährung und Fortpflanzung), lediglich in der verwickelteren chemischen Zusammensetzung der Kohlenstoff-Verbindungen und in den daraus resultirenden physikalischen Eigenthümlichkeiten (vor Allem der Imbibitionsfähigkeit) ihren unmittelbaren materiellen Grund haben.

Alle bekannten Erfahrungen zusammengenommen zwingen uns also zu der Ueberzeugung, dass die Differenzen zwischen den Organismen und Anorganen nur relativ, lediglich in der verwickelteren chemischen Zusammensetzung der Kohlenstoff-Verbindungen begründet sind, und dass die Materie hier wie dort denselben Gesetzen der Naturnothwendigkeit unterworfen ist. Diese feste Ueberzeugung ist von der grössten Wichtigkeit, sowohl allgemein für die allein richtige monistische Beurtheilung der Gesammt-Natur, als auch besonders für die richtige Beantwortung einer der schwierigsten biologischen Fragen, derjenigen von der Entstehung der ersten Organismen. Indem wir diese Frage im Folgenden zu beantworten versuchen, stützen wir uns unmittelbar auf jene feste Ueberzeugung von der Einheit der organischen und anorganischen Natur.

Sechstes Capitel.

Schöpfung und Selbstzeugung.

„Was wär' ein Gott, der nur von aussen stiesse,
Im Kreis das All am Finger laufen liesse!
Ihm ziemt's, die Welt im Innern zu bewegen,
Natur in Sich, Sich in Natur zu hegen,
So dass was in Ihm lebt und webt und ist,
Nie Seine Kraft, nie Seinen Geist vermisst."

Goethe.

I. Entstehung der ersten Organismen.

Alle grossen Erscheinungsreihen der organischen Natur, alle allgemeinen Resultate der zoologischen und botanischen, morphologischen und physiologischen Forschungen, führen uns übereinstimmend mit zwingender Gewalt zu dem gesetzlichen Schlusse, dass sämmtliche Organismen, welche heutzutage die Erde beleben, und welche sie zu irgend einer Zeit belebt haben, durch allmählige Umgestaltung und langsame Vervollkommnung sich aus einer verhältnissmässig geringen Anzahl von höchst einfachen Urwesen (Protorganismen) entwickelt haben. Diese Entwickelung geschah und geschieht auf dem Wege der materiellen Fortpflanzung, der elterlichen Zeugung, nach den Gesetzen der Erblichkeit und der die Erblichkeit modificirenden Variabilität und Anpassung. Alle, auch die höchsten und complicirtesten Organismen können nur auf diesem Wege, durch allmählige Differenzirung und Transmutation von einfachsten und niedrigsten Lebewesen enstanden sein.

Dieses äusserst wichtige Entwickelungs-Gesetz bildet den Kern derjenigen Theorie, welche wir ein für alle Mal kurz als die Abstammungslehre oder Descendenz-Theorie bezeichnen wollen, und deren Begründung wir vor Allen Lamarck, Goethe und Darwin verdanken. Sie zeigt uns, in Uebereinstimmung mit allen feststehenden Erfahrungen, wie aus den einfachsten und unvollkommensten Urwesen sich die höchsten und vollkommensten Organismen allmählig durch Divergenz nach verschiedenen Richtungen haben hervorbilden können. Diese Entwickelungstheorie lässt aber eine grosse und zunächst sich daran anknüpfende Frage unbeantwortet, nämlich: „Wie entstanden jene ersten und einfachsten Lebewesen, aus denen sich alle übrigen, vollkommeneren Organismen allmählich entwickelten?"

Die Beantwortung dieser äusserst wichtigen Frage von der ersten Entstehung des Lebens auf der Erde wird von den meisten Menschen, und selbst von sehr vielen Biologen, als eine ausserhalb aller exacten Naturforschung liegende, oder selbst als eine der Competenz unserer menschlichen Erkenntniss entzogene Frage bezeichnet. Wir können keiner von diesen Ansichten beipflichten, und müssen den, freilich sehr gewagten Versuch, die Frage hypothetisch zu beantworten, ebenso als unser gutes Recht, wie als unsere nothwendige Pflicht bezeichnen, wenn wir überhaupt die Erscheinungen der organischen Natur monistisch, d. h. causal erklären wollen.

Nichts zeigt wohl so sehr die äusserst niedrige Stufe der Entwickelung, auf der sich die gesammte Biologie, sowohl Morphologie als Physiologie, noch gegenwärtig befindet, als der Umstand, dass wir zunächst die Berechtigung dieser Frage, die doch jedem denkenden Menschen selbstverständlich erscheinen sollte, ausdrücklich hervorheben müssen. Denn so weit ist noch die herrschende Betrachtungsweise der Organismen vermöge ihres grundverkehrten Dualismus von der allein wissenschaftlichen Erkenntniss d. h. dem monistischen Verständniss der organischen Naturerscheinungen entfernt, dass nicht nur die meisten Laien, sondern selbst die meisten Naturforscher die Berechtigung jener Frage bestreiten, und sie als eine solche bezeichnen, zu deren wissenschaftlichen Erörterung wir weder befugt, noch befähigt seien.

Die Frage nach dem ersten Ursprung des Lebens auf der Erde, nach der Entstehung jener ersten, einfachsten Organismen, aus denen alle übrigen durch allmählige Umbildung sich entwickelten, ist nach unserer Ansicht vollkommen ebenso berechtigt, und muss von der Naturwissenschaft ebenso nothwendig gestellt werden, wie die Frage nach der Entstehung der Erde selbst, die Frage nach der Entstehung der anorganischen Naturkörper. Wie wir bei den letzteren sowohl die Thatsachen ihres allmähligen Werdens, als auch die Ursachen desselben in den Kreis unserer Forschung zu ziehen haben, so verhält es sich auch mit den Organismen. Wir werden also in diesem Capitel ebensowohl uns eine Theorie über die erste Entstehung der Organismen, wie über die Ursachen derselben zu bilden haben. Und wir sind hier um so mehr dazu verpflichtet, als Darwin in seinem classischen Werke gerade hier eine sehr empfindliche Lücke gelassen und erklärt hat, dass er „Nichts mit dem Ursprung der geistigen Grundkräfte, noch mit dem des Lebens selbst zu schaffen habe".[1]) Selbst viele von denjenigen Naturforschern und Philosophen, welche geneigt sind, die sämmtlichen Erscheinungen des bestehenden Lebens gleich allen anderen Naturerscheinungen als nothwendige Folgen mechanisch wirkender Ursachen, also monistisch zu erklären, nehmen für die erste Entstehung der lebenden Wesen zu der dualistischen Annahme einer freien Schöpfung ihre Zuflucht. Sie verzichten auf die rein causale, d. h. mechanische Erklärung der Entstehung des ersten Lebens, theils weil sie dadurch mit einigen der ältesten und stärksten von unseren allgemein herrschenden grossen Vorurtheilen zu collidiren fürchten, theils weil sie die Möglichkeit einer solchen Erklärung nicht einsehen.

In letzterer Beziehung sei nun zunächst hier hervorgehoben, dass selbst Kant, der für die gesammte organische Natur die dualistisch-teleologische, für die gesammte anorganische Natur aber die monistisch-mechanische Betrachtungsmethode und Erklärungsweise consequent durchführte, der letzteren zugestand, dass sie auch zur Erklärung der organischen Naturerscheinungen vollkommen berechtigt, und nur nicht dazu befähigt sei. Wir würden also, selbst nach Kant, wenn wir die Möglichkeit einer mechanischen Erklärung für die Entstehung des Lebens nachweisen, des Gesuches um Berechtigung hierzu gewiss überhoben sein. Doch ist das entgegenstehende Vorurtheil, welches sich durch die vererbten Irrthümer von Jahrtausenden ausserordentlich befestigt hat, so mächtig, dass wir nicht umhin können, hier die Unmöglichkeit einer sogenannten Schöpfung darzuthun und die Nothwendigkeit der Annahme einer Autogonie, d. h. einer mechanischen Entstehungsweise der ersten Lebensformen auf der Erde zu beweisen.

---

[1]) Aus dieser und aus verschiedenen Stellen seines epochemachenden Werkes, an denen man ein Eingehen auf die vorliegende Frage erwarten sollte, geht hervor, dass Darwin dieselbe absichtlich nicht berührt, und vollständig auf deren wissenschaftliche Beantwortung verzichtet, indem er annimmt, dass jenen einfachsten Urformen (gleichviel ob einer oder mehreren) „das Leben zuerst vom Schöpfer eingehaucht worden sei." Ich habe bereits 1862 in meiner Monographie der Radiolarien (p. 232), in welcher ich mich entschieden für Darwins Theorie ausgesprochen habe, bemerkt, dass der grösste Mangel derselben darin liege, dass sie für die Entstehung der Urorganismen, aus denen alle anderen sich allmählig hervorgebildet haben, gar keine Anhaltspunkte liefert, und dass man für diese ersten Species keinen besonderen Schöpfungs-Akt annehmen dürfe. In der That erscheint mir (wie dies auch von Gegnern Darwins hervorgehoben worden ist) die Annahme einer „Schöpfung" jener Urformen im gewöhnlichen Sinne als ein so widerspruchsvoller Dualismus und so unvereinbar mit dem sonst durchaus monistischen Geiste und Werke des grossen englischen Naturforschers, dass wir annehmen müssen, er sei absichtlich dieser allerdings gefährlichen und zu vielen Conflicten Anlass gebenden Schwierigkeit aus dem Wege gegangen. Wir können uns hier um so weniger entschliessen, auf die Beantwortung dieser Frage zu verzichten, als der ganze causale Zusammenhang der Descendenz-Theorie dieselbe durchaus erfordert, und erst dadurch die letzte Lücke in dem vollendeten kosmologischen Systeme des Monismus ausgefüllt wird.

II. Schöpfung.

Wenn wir alle die unendlich verschiedenen und mannichfaltigen Ansichten vergleichend in Erwähnung ziehen, welche von denkenden Menschen aller Zeiten über die erste Entstehung des Lebens auf der Erde aufgestellt worden sind, so können wir sie allesammt in zwei schroff gegenüberstehende Gruppen bringen, deren Losungswort Schöpfung und Urzeugung ist. Bei weitem die grössere Mehrzahl aller jener Ansichten ist dualistisch und glaubt an eine Schöpfung, d. h. an eine Entstehung der ersten lebendigen Wesen durch eine ausserhalb der Materie befindliche, zweckmässig wirkende Kraft. Nur verhältnissmässig wenige Ansichten sind monistisch und nehmen eine Urzeugung an, d. h. eine erste Entstehung lebendiger Körper durch die ureigenen, der Materie inne wohnenden, mit absoluter Nothwendigkeit gesetzlich wirkenden Kräfte.

Die vielen verschiedenartigen Schöpfungs-Theorieen weichen hauptsächlich darin von einander ab, dass die einen einen individuellen Schöpfungsakt für jeden einzelnen Organismus, die anderen einen besonderen Schöpfungsakt für jede „Species“ (aus der sich ihre Nachkommen durch natürliche Fortpflanzung entwickeln), die dritten endlich eine Schöpfung nur für jene einfachsten Urorganismen fordern, aus denen sich alle übrigen „Species“, gemäss der Descendenz-Theorie, allmählig entwickelt haben. Von diesen drei verschiedenen Ansichten brauchen wir blos die letzte hier zu discutiren. Denn die erste Annahme, dass jeder individuelle Organismus (z. B. jeder einzelne Tannenbaum, jede einzelne Diatomee, jede einzelne Stubenfliege, jeder einzelne Mensch) für sich vom Schöpfer besonders erschaffen sei, ist zwar unter den Menschenkindern (auch den sogenannten „Gebildeten“) noch sehr weit verbreitet, widerspricht aber so sehr den einfachsten und allgemeinsten naturwissenschaftlichen Erfahrungen, dass sie von keinem einzigen wahren Naturforscher mehr vertheidigt wird. Nicht so ist es mit der zweiten oben angeführten, übrigens nicht minder unwissenschaftlichen Ansicht, dass jede sogenannte „Species oder Art“ einem besonderen Schöpfungsakt ihre Entstehung verdanke, dass also von jeder Species einmal eines oder mehrere Individuen geschaffen worden sind, von denen alle übrigen auf dem Wege natürlicher Fortpflanzung erzeugt worden sind. Diese auch unter den Naturforschern noch weit verbreitete und gewöhnlich mit dem absurden Species-Dogma verkettete Ansicht bedarf hier ebenfalls keiner Widerlegung, da wir unten die Species selbst als eine ganz willkührliche und künstliche Abstraction, und die Vorstellung ihrer absoluten Constanz als ganz unhaltbar nachweisen werden. Wir haben also nur noch die letzte (auch von Darwin getheilte) Schöpfungs-Hypothese zu widerlegen, welche annimmt, dass die wenigen einfachsten Stammformen, aus welchen alle übrigen durch allmählige Differenzirung sich entwickelt haben, unmittelbar „erschaffen“ worden sind. Da wir diese Annahme dadurch widerlegen müssen, dass wir die Schöpfung überhaupt als undenkbar nachweisen, so werden dadurch zugleich sämmtliche übrige Schöpfungs-Annahmen widerlegt.

Der Begriff der Schöpfung ist entweder überhaupt undenkbar oder doch mit jeder reinen, auf empirische Basis gegründeten Naturanschauung vollkommen unverträglich. In der Abiologie ist auch nirgends mehr von einer Schöpfung die Rede, und nur in der Biologie ist man noch vielfach von diesem Irrthum befangen. Vollkommen undenkbar ist der Begriff der Schöpfung, wenn man darunter „ein Entstehen von Etwas aus Nichts“ versteht. Diese Annahme ist ganz unvereinbar mit einem der ersten und obersten Naturgesetze, welches auch allgemein anerkannt ist, dem grossen Gesetze nämlich, das alle Materie ewig ist, und dass nicht ein einziges Atom aus der Körperwelt verschwinden, so wenig als ein einziges neues hinzukommen kann. Der einzige denkbare Sinn, welcher daher für den Begriff der Schöpfung übrig bleibt, ist die Vorstellung, dass durch eine ausserhalb der Materie stehende Kraft Bewegungserscheinungen der Materie hervorgerufen werden und dass diese zur Bildung bestimmter Formen führen; gewöhnlich versteht man darunter speciell die Bildung individueller, vorzüglich organischer Formen, und in unserem speciellen Falle die Bildung jener einfachsten organischen Urformen. Die Annahme einer jeden solchen Schöpfung ist nun deshalb durchaus unstatthaft, weil wir in der ganzen Körperwelt, welche unserer naturwissenschaftlichen Erkenntniss zugänglich ist, nicht ein einziges Beispiel von einer ausser der Materie stehenden Kraft empirisch kennen. Alle Kräfte, die wir kennen, von den einfachen „physikalischen“ Kräften (z. B. der Lichtbrechung, Wärmeleitung) anorganischer Krystalle, bis zu den höchsten Lebenserscheinungen der Organismen (bis zu der Blüthenbildung der Bäume, bis zu dem Fluge der Insekten, bis zu den philosophischen Gehirn-Operationen des Menschen) sind mit absoluter Nothwendigkeit an die Materie gebunden, und ebenso ist jede Materie (organische und anorganische) nothwendig mit einer gewissen Summe von Kräften begabt. Einerseits also haben wir nicht einen einzigen, auch nur wahrscheinlichen Erfahrungsbeweis für die Existenz einer solchen, die Materie von aussen beherrschenden und „schaffenden“ Kraft (mag man dieselbe nun Lebenskraft, Schöpferkraft, oder wie immer nennen); andererseits aber gehört nur ein wenig tieferes Nachdenken dazu, um zu der festen Ueberzeugung zu gelangen, dass eine solche Kraft ganz undenkbar ist. Wie sollen wir uns eine Kraft ausserhalb der Materie nur irgend vorstellen, eine Kraft, der jeder Angriffspunkt, welchen die Materie bietet, als solcher unangreifbar ist? Eine Kraft, welche materielle Bewegungserscheinungen hervorruft, ohne selbst materiell zu sein? Eine Kraft, die eine Bewegung ohne Anziehung und ohne Abstossung, mithin eine Wirkung ohne Ursache hervorrufen würde? Wir gestehen offen, dass wir persönlich vollkommen unfähig sind, uns irgend eine denkbare Vorstellung von einer solchen immateriellen Kraft zu machen, und dass wir unter den zahllosen Definitionen und Darstellungen, welche von solchen immateriellen Kräften unter den verschiedensten Namen gegeben werden, nicht eine einzige gefunden haben, die nicht vollständig mit den allgemeinsten und unmittelbarsten sinnlichen Erfahrungen, sowie mit den wichtigsten und obersten Grundgesetzen der Naturwissenschaft (und vor Allem mit dem Causal-Gesetze) unvereinbar wäre.[1])

[1]) Den Physikern und Chemikern, sowie den Physiologen dürfte es überflüssig erscheinen, über diese ersten Grundsätze der Naturforschung noch ein Wort zu verlieren: kein Physiker, kein Chemiker, kein Physiolog — so lange er consequent und rücksichtslos denkt — kennt eine Kraft ohne Stoff oder glaubt an eine ausser der Materie stehende Kraft. Nur unter den Morphologen sind diese falschen Vorstellungen noch so verbreitet, dass wir sie hier nothwendig widerlegen müssen, und in einem Punkte, nämlich gerade in der hier vorliegenden Frage von der ersten Entstehung der Organismen, sind die alten eingerosteten dualistischen Vorurtheile sehr allgemein verbreitet, und werden selbst von vielen trefflichen, im Uebrigen vollkommen monistischen Naturforschern getheilt. Sobald man übrigens die verschiedenen immateriellen Kräfte, welche als „Geist, Seele, Lebenskraft, Schöpferkraft" etc. ein eben so verbreitetes als unverdientes Ansehen geniessen, eingehender untersucht, so ergiebt sich, dass diese sogenannten reinen, nicht materiellen Kräfte durchaus materiell vorgestellt werden, nämlich entweder als gasförmige Materien oder als feinere (schwerelose oder unwägbare) Materien, gleich dem Wärme-Aether etc. In der bewunderns-würdigen Widerlegung der Lebenskraft, welche schon vor 70 Jahren **Reil** im ersten Bande seines Archivs für Physiologie (1796) gegeben hat, findet sich hierüber folgende treffliche Analyse: „Anfangs fielen wohl nur die groben und trägen Massen den Menschen auf, und in der Folge beobachteten sie erst die Erscheinungen der feinen Stoffe in der Natur. Sie empfanden in der Luft und im Winde Wirkungen eines Wesens, das sie mit den Augen nicht wahrnahmen, und welches sich vorzüglich durch seine Beweglichkeit vor den trägen und groben Massen auszeichnete. Diese Beobachtung brachte sie nach und nach auf die Meinung, dass Bewegung und Leben von einem solchen feinen und unsichtbaren Wesen abhänge. Durch die Eigenschaften der feinen Stoffe wurden sie auf die *Idee von Geistern* geleitet, und sie *characterisirten dieselben durch die vorzüglichsten Merkmale der Luft, durch Unsichtbarkeit und Beweglichkeit.* Man legte sogar dem *Geiste* überhaupt in der hebräischen und fast in allen alten Sprachen die Namen *Luft* oder *Wind* (*Spiritus*) bei." (l. c. p. 11, 12). „Mit eben dem Rechte, mit welchem wir den Thieren (und also auch den Menschen) eine Seele beilegen, um ihre thierischen Wirkungen daraus zu erklären, können wir auch für die Schwere und Cohärenz eigene Geister annehmen, die erst der Materie die Eigenschaft, als schwere und zusammenhaftende Materie zu wirken, mittheilen." (l. c. p. 14).

Ist nun schon an sich der Begriff einer solchen immateriellen, ausserhalb der Materie befindlichen, von ihr unabhängigen, und dennoch auf sie wirkenden Kraft vollkommen unzulässig und undenkbar, so wird es in unserem Falle hier die schöpferische Kraft in um so höherem Maasse, als mit deren Vorstellung sich die unhaltbarsten teleologischen Vorstellungen und die handgreiflichsten Anthropomorphismen verbinden. Denn es ist klar, dass jenes schöpferische immaterielle Princip, welches bald als Lebenskraft, bald als Schöpferkraft, bald als persönlicher Schöpfer die Organismen „schaffen" soll, hierbei durchaus in analoger Weise zu Werke gehen soll, wie der Mensch oder andere Thiere bei „Schöpfung" irgend eines Kunstwerks, wie z. B. eine Wespe beim Bau ihres kunstvollen Nestes, oder wie der Schneidervogel beim Zusammennähen der Blätter, oder wie der Mensch beim Bauen eines Hauses, beim Modelliren einer Statue. Wie alle diese Thiere hierbei nach einem vorhergehenden Entwurfe ihren Bau construiren, so soll auch die Schöpferkraft oder der persönliche Schöpfer nach einem bestimmten Bauplan die Organismen zweckmässig construiren, und wenn seine Schöpfungsthätigkeit sich auf die Erschaffung jener wenigen einfachsten Urwesen beschränkt, aus denen sich die anderen hervorgebildet haben, so hat er jedem dieser Urwesen die bestimmten Bewegungserscheinungen verliehen, welche man als sein „Leben" bezeichnet. In allen diesen teleologischen Vorstellungen, und gleicherweise in sämmtlichen Schöpfungsgeschichten, welche die dichterische Phantasie der Menschen producirt hat, liegt der grobe Anthropomorphismus[1]) so auf der Hand, dass wir der Einsicht jedes

[1]) Wie durchgreifend diesen Schöpfungs-Ansichten überall die Vorstellung des thierischen und insbesondere des menschlichen freiwilligen Handelns nach einem bestimmten (natürlich causal bedingten) Willens-Impulse zu Grunde liegt, beweisen schon die allgemein gebräuchlichen Ausdrücke „des Bauplans, der zweckmässigen Einrichtung, des künstlichen Baues u. s. w." Offenbar wird hier stets das zu schaffende oder erschaffene „Geschöpf" als das Product eines vorbedachten Planes betrachtet, welchen der „Schöpfer" in ganz gleicher Weise entworfen, modificirt und ausgeführt hat, wie der Mensch bei Construction seiner zweckmässigen Maschinen und andere Wirbelthiere bei Ausführung ihrer oft äusserst künstlichen und zweckmässigen Nester, Bauten etc. thuen. Der Anthropomorphismus oder, allgemeiner gesagt: Zoomorphismus, welcher hier zur Vorstellung des persönlichen oder individuellen Schöpfers führt, ist um so seltsamer und auffallender, als dieser Schöpfer dabei zugleich als immaterielles Wesen oder Geist gedacht wird, also im Grunde, wie Reil in der so eben citirten Stelle treffend ausführt, als ein gasförmiger oder elastisch-flüssiger Körper, oder als ein Individuum, welches aus der feineren Materie des schwerelosen oder unwägbaren Aethers (dem Wärmestoff zwischen den Atomen und Molekülen der Materie) besteht. Einerseits also wird der die Materie modelnde und formende Schöpfer nach Art des Menschen oder eines anderen höheren Wirbelthieres denkend und planausführend, mithin als ein willkührlich bewegliches und mit

überhaupt denkenden und nicht allzusehr in traditionellen Vorurtheilen befangenen Lesers die Vernichtung dieser Schöpfungs-Vorstellung selbst überlassen können. Denjenigen Morphologen aber, welche nicht durch eigenes Nachdenken zu dieser Erkenntniss gelangen können, empfehlen wir zu aufmerksamer Lectüre den merkwürdigen „Essay on classification“ des geistvollen Agassiz, in welchem dieser berühmte Naturforscher die teleologische Vorstellung des Schöpfers und der Schöpfungs-Akte dadurch in glänzendster Weise widerlegt, dass er sie bis auf ihre extremen Consequenzen verfolgt und ihre unlöslichen Widersprüche überall lichtvoll an den Tag fördert.

Eine Schöpfung der Organismen ist mithin theils ganz undenkbar, theils aller empirisch erworbenen Naturkenntniss so vollständig zuwider laufend, dass wir uns zu dieser Hypothese auf keinen Fall entschliessen dürfen. Es bleibt mithin nichts übrig, als eine spontane Entstehung der einfachsten Organismen, aus denen sich alle vollkommneren durch allmählige Umbildung entwickelten, anzunehmen, eine Selbstformung oder Selbstgestaltung der Materie zum Organismus, welche gewöhnlich Urzeugung oder Generatio spontanea (aequivoca) genannt wird.

III. Urzeugung oder Generatio spontanea.

Die ursprüngliche mechanische Entstehung oder die elternlose Zeugung der einfachsten structurlosen Organismen, welche wir im folgenden Abschnitt als Selbstzeugung oder Autogonie näher betrachten werden, ist nicht oder nur theilweis identisch mit den verschiedenen Arten der freiwilligen oder Urzeugung, welche unter dem Namen der Generatio spontanea, aequivoca, heterogenea, originaria, automatica, primitiva, primigenia, primaria etc. seit so langer Zeit und mit so viel Interesse discutirt worden sind. Die Vorstellungen der verschiedenen Naturforscher über jene Urzeugung sind im Allgemeinen sehr verschieden, stimmen aber doch alle darin überein, dass durch jenen Process lebendige Wesen aus der nicht belebten (sogenannten „todten“) Materie, durch deren innewohnende, ureigene Kraft, ohne Dazwischentreten einer ausserhalb der Materie stehenden Schöpferkraft, hervor-

Organen handelndes Wirbelthier, vorgestellt, andererseits als ein gasförmiger, also organloser Körper (daher auch die Ausdrücke: Spiritus, Pneuma, Hauch des Schöpfers, Blasen und Wehen seines Odems etc.). Wir gelangen somit zu der paradoxen Vorstellung eines gasförmigen Wirbelthieres, einer Contradictio in adjecto. Im Ganzen gilt von diesen wie von den meisten ähnlichen anthropomorphen Vorstellungen der schöpferischen Persönlichkeit das Umgekehrte von dem, was die Priester sagen: „Gott schuf den Menschen nach seinem Bilde.“ Es müsste vielmehr heissen: „Der Mensch schafft Gott nach seinem Bilde;“ oder wie es der Dichter in dem bekannten Spruche ausdrückt: „In seinen Göttern malet sich der Mensch!“

gehen sollen. In diesem Sinne also können wir alle diese verschiedenen Vorstellungen zusammen als Hypothesen von der Urzeugung (Generatio spontanea) den so eben widerlegten Hypothesen von der Schöpfung (Creatio) gegenüberstellen.

Wie nun alle die mannichfaltigen Schöpfungs-Hypothesen sich in drei verschiedene Gruppen bringen liessen, die sich mehr oder weniger von der wissenschaftlichen Erkenntniss entfernen, so können wir auch die vielfältigen Urzeugungs-Hypothesen in drei verschiedene Gruppen bringen, welche sich mehr oder weniger der wissenschaftlichen Erkenntniss nähern, und von denen wir nur eine einzige als die für uns unentbehrliche Hypothese auswählen können.

Nach der einen Gruppe der Hypothesen sind von jeder Organismen-Art oder Species zu einer gewissen Zeit oder zu verschiedenen Zeiten der Erdgeschichte eines oder mehrere Individuen spontan entstanden, als deren durch unmittelbare Fortpflanzung entstandene Nachkommen wir alle übrigen Individuen derselben „Species“ anzusehen hätten, welche zu irgend einer Zeit der Erdgeschichte gelebt haben oder welche noch jetzt leben. Danach wären also z. B. alle einzelnen Individuen des Weinstocks, des Sperlings, des Menschen, welche jemals existirt haben, die unmittelbaren Nachkommen eines einzigen oder einer gewissen Zahl von Individuen des Weinstocks, des Sperlings, des Menschen, welche entweder einmal (zu einer bestimmten Zeit) oder zu wiederholten Malen spontan entstanden sind. Diese Hypothesen-Gruppe (bei der es uns hier gleichgültig ist, ob diese Entstehung nur einmal stattfand oder sich mehrmals wiederholte, ob dabei nur ein oder zwei oder mehrere Individuen entstanden, ob diese ersten Individuen als Eier oder als Erwachsene entstanden etc.) schliesst sich am nächsten an die vorher erwähnte, am weitesten verbreitete Schöpfungs-Vorstellung an, nach welcher von jeder Art ein Stammvater oder mehrere Ureltern geschaffen wurden; sie unterscheidet sich von jener Hypothese nur dadurch, dass an die Stelle des schöpferischen Planes oder Willens die blinde Kraft der „todten“ Materie tritt. Sie bedarf, wie jene, schon desshalb keiner Widerlegung, weil sie auf dem grundfalschen Dogma von der Constanz der Species fusst. Aber auch abgesehen hiervon, widerspricht die Vorstellung, dass so hoch organisirte und so verwickelt gebaute Organismen, wie es die höheren Thiere und Pflanzen sind, blos durch die Kraft nicht organisirter Materie unmittelbar entstehen können, so sehr den einfachsten Erkenntnissen und den bekanntesten Thatsachen, dass sich diese Hypothese niemals eine allgemeinere Anerkennung hat erringen können.

Die zweite Gruppe der Urzeugungs-Hypothesen behauptet, dass aus vorhandener organischer Substanz, lediglich durch die organisirende Kraft derselben, niedere Organismen, Thier- und Pflanzen-Formen von sehr einfacher Organisation, entstehen können. Hierher gehört die grosse Mehrzahl aller Vorstellungen, welche sich die Naturforscher der verschiedensten Zeiten über die Urzeugung gebildet haben. Schon Aristoteles behauptete, dass aus warmem Schlamme oder faulenden vegetabilischen Substanzen niedere Thiere (Würmer, Insecten etc.) entstünden. Als man später mit dem Mikroskop die Fülle von kleinen, dem blossen Auge unsichtbaren Organismen entdeckte, welche alle Gewässer bevölkern, nahm man für einen grossen Theil dieser kleinen Pflanzen und Thiere eine selbstständige Entstehung aus der zersetzten organischen Substanz an, welche von abgestorbenen Organismen geliefert wird und in allen Gewässern verbreitet ist. Diese Vorstellung von der Generatio aequivoca wurde um so mehr befestigt und verbreitet, als man bald entdeckte, dass in allen Flüssigkeiten, welche durch Uebergiessung (Infusion) organischer Substanzen mit Wasser bereitet werden, derartige niedere Thiere und Pflanzen gleichzeitig mit deren Zersetzung massenhaft entstehen (Infusorien, Rotatorien, Anguillulen, Pilze, Algen, vielerlei Protisten). Vorzüglich wurde diese Generatio aequivoca für die Eingeweidewürmer und andere Organismen angenommen, deren Entstehung an ihrem abgeschlossenen Wohnorte auf dem Wege der gewöhnlichen Zeugung man sich nicht erklären konnte. Als nun später die verwickelten und oft unter Wanderungen u. dgl. so versteckten Fortpflanzungsverhältnisse dieser Organismen entdeckt wurden, trat ein allgemeiner Rückschlag ein, indem man nun hieraus die homogene Fortpflanzung für alle Organismen deducirte und die Urzeugung für alle Organismen ohne Ausnahme bestritt. Dieser Satz wurde so dogmatisch verallgemeinert, dass der „Glaube an die Generatio aequivoca“ in den letzten Decennien fast allgemein für ein Kriterium einer unwissenschaftlichen biologischen Richtung galt. Wie einseitig dieser Rückschlag sich entwickelte, zeigen am deutlichsten die lebhaften Streitigkeiten, welche in den letzten Jahren wiederum im Schoosse der französischen Akademie geführt wurden, und in denen Pouchet für, Pasteur gegen die Generatio aequivoca eintrat.

Für die uns hier beschäftigende Frage von der ersten Entstehung der organischen Wesen hat diese Form der sogenannten Generatio aequivoca, bei welcher sich gewisse niedere Organismen aus vorhandener organischer Substanz entwickeln, die von zersetzten Organismen herrührt, gar kein Interesse oder doch nur einen ganz untergeordneten Werth.[1]) Denn das Vorhandensein dieser organischen Sub-

---

[1]) Als unsere rein subjective Ueberzeugung in dieser Frage wollen wir nur aussprechen, dass die Urzeugung oder Generatio aequivoca in diesem Sinne, wie sie von den allermeisten Naturforschern verstanden wird, uns durch alle bisherigen Untersuchungen, durch alle die zahlreichen Beobachtungen und Experimente, keinesfalls widerlegt, aber auch noch nicht bewiesen erscheint. Wir

stanzen, aus denen sich spontan Organismen entwickeln sollen, setzt bereits die Existenz anderer (abgestorbener) Organismen voraus und erklärt uns also nicht die erste spontane Entstehung lebender Wesen. Abgesehen hiervon aber ist die Art und Weise, in welcher diese Frage von den meisten Autoren, sowohl Gegnern als Anhängern der Urzeugung discutirt worden ist, eine so unwissenschaftliche, dass wir hier ganz darüber hinweg gehen können.

Wenn wir noch beiläufig einen flüchtigen Blick auf die Art und Weise werfen, in welcher diese Generatio aequivoca von zahlreichen Naturforschern untersucht und discutirt worden ist, so tritt uns hier, wie immer am deutlichsten in solchen allgemeinen Fragen, äusserst auffallend der grosse Mangel einer streng philosophischen Methode entgegen, welchen wir oben eingehend gerügt haben. Der Mangel an allgemeiner Uebersicht des Naturganzen und an philosophischer Erfassung desselben, die daraus hervorgehende Planlosigkeit und verkehrte Fragestellung an die Natur, die Inconsequenz der Untersuchungsmethoden und die Fehlerhaftigkeit der Schlüsse — alle diese Grundfehler einer falschen oder doch einer unvollkommenen Methode der Naturerkenntniss treten hier, nur oberflächlich verdeckt durch eine scheinbar vollkommen „exacte" Experimentalmethode, in so auffallendem Maasse hervor, dass es uns nicht Wunder nimmt, wenn hier noch gar kein Resultat, keine positive und keine negative Entscheidung, erreicht ist.

Was die experimentelle Begründung oder Widerlegung dieser Generatio aequivoca betrifft, auf welche die „exacte" Schule der Neuzeit so grossen Werth legt, so müssen wir in erster Linie hervorheben, dass eine positive Widerlegung dieser Frage dadurch bisher nicht herbeigeführt, aber auch gar nicht möglich ist. Denn was beweisen alle diese vielfachen und wegen ihrer raffinirten Complication zum Theil so bewunderten Experimente (z. B. von Pasteur und seinen Genossen) Anderes, als dass unter diesen oder jenen, äusserst complicirten, künstlichen und unnatürlichen Bedingungen eine mit Flussigkeit infundirte organische Substanz keine Organismen geliefert hat? Kann dies irgend etwas Anderes beweisen, und was ist mit diesem Beweise erreicht? Unserer Ansicht nach gar Nichts! Und wenn man diese künstlichen Experimente vertausendfachte, wenn man wirklich Bedingungen herstellte, die den in der freien Natur vorkommenden ähnlicher wären, und wenn hier bei Anwendung aller Vorsichtsmassregeln niemals Organismen in der Infusion entständen, so würde damit eben immer nur der Beweis geliefert sein, dass unter diesen oder jenen ganz bestimmten Bedingungen keine Organismen in einer solchen Infusion entstehen. Nie-

---

halten dieselbe als noch jetzt existirend für möglich und wahrscheinlich, jedoch nur in dem ganz beschränkten Sinne, dass aus solcher nicht organisirten und homogenen organischen Substanz (die aus Zersetzung anderer Organismen hervorgegangen ist) sich zunächst nur ganz einfache homogene Organismen oder Moneren (Vibrionen, Protamoeben etc.) bilden können. Es würde diese Form der Urzeugung sich schon unmittelbar an diejenige anschliessen, welche wir als Autogonie sogleich besprechen werden.

mals aber wird dadurch der Beweis geliefert werden, dass eine solche Generatio aequivoca unter keinen Bedingungen in der freien Natur möglich sei. Niemals wird sich dieselbe in dieser Weise experimentell widerlegen lassen.

Auf der anderen Seite müssen wir bemerken, dass uns durch die bisherigen Experimente allerdings auch der positive Beweis fur diese Art der Urzeugung nicht geliefert zu sein scheint, und dass dieser überhaupt sehr schwer zu liefern sein wird. Denn es wird sehr schwer sein, diese Experimente so vollkommen rein anzustellen, als es die positive Beantwortung dieser Frage erfordern würde. Wir wissen positiv, dass überall Keime organischer Wesen zerstreut sind (theils eingetrocknete Leiber entwickelter Individuen, z. B. von Infusorien, Räderthierchen, vielen Protisten und niederen Algen und Pilzen, theils Eier und Embryonen solcher Organismen), die, in Berührung mit Flüssigkeit gebracht, alsbald wieder zum Leben erwachen; wir wissen, dass jeder Windstoss Tausende solcher leichter Keime aus den austrocknenden Gewässern aufhebt, und überall mit sich herumführt; wir wissen, dass der Schmutz unserer Strassen, der Staub unserer Zimmer massenhaft solche Keime einschliesst und einschliessen muss, wir wissen, dass viele dieser Keime sowohl hohen Temperaturgraden, als auch zersetzenden Flüssigkeiten sehr lange Widerstand leisten, ohne ihre Lebensfähigkeit zu verlieren, und es wird äusserst schwer sein, auch bei sorgfältigster Handhabung der Instrumente, jedwede Verunreinigung mit diesen äusserst leichten, feinen und mikroskopisch kleinen Keimen vollständig auszuschliessen, so vollstandig, dass bei einem positiven Erfolge des Experiments jeder Zweifel an der absoluten Reinheit der Bedingungen verstummen muss.

Weiterhin werden gewöhnlich als solche Organismen, welche in dergleichen Infusionen entstehen, ganz kritiklos unter einander sehr einfache und sehr complicirt gebaute Organismen genannt, z. B. Vibrionen, Monaden, Rhizopoden, Diatomeen, einzellige Algen, niedere Pilze, höhere Algen und Pilze, Würmer, Raderthierchen etc. Nun ist es aber klar, dass nur die Entstehung höchst einfacher und nicht hoch differenzirter Organismen auf diesem Wege denkbar ist und dass nur die geringe, mikroskopische Grösse, welche allen diesen, sonst so verschieden differenzirten „Infusions"-Organismen gemein ist, zu einer collectiven Zusammenfassung derselben verleitet hat. Wollte man hier scharf und klar sehen, so müsste man die einzelnen Organismen aus so verschiedenen Klassen und Organisationshöhen, welche auf diese Weise entstehen, alle einzeln hinsichtlich ihrer Existenz- und Entstehungs-Bedingungen untersuchen, und würde dann finden, dass nur von den allerniedrigsten und einfachsten Organismen, entweder von den ganz homogenen und structurlosen Moneren (Vibrionen, Protamoeben etc.) oder doch höchstens von solchen, deren Körper noch nicht die Höhe einer differenzirten Zelle erreicht hat, eine solche spontane Entstehung zu erwarten ist.

Endlich aber, und dies ist hier vor Allem hervorzuheben, ist mit Constatirung der Thatsache wenig gewonnen, dass sich niedere Organismen aus solchen organischen Substanzen entwickeln, welche von anderen, schon dagewesenen Organismen herrühren. Hierdurch kann niemals die erste Entstehung des Lebens auf der Erde erklärt werden. Die erste spontane Entstehung jener einfachsten, homogenen Urwesen, aus denen sich alle übrigen durch Differenzirung und natürliche Züchtung allmählig entwickelt haben, lässt sich vielmehr einzig und allein durch eine dritte und letzte Urzeugungshypothese erklären, welche den unmittelbaren Uebergang anorganischer Substanz in individualisirte organische Substanz behauptet, ein Process, der der Krystallisation der Anorgane durchaus analog ist. Diese Urzeugung, welche also von der gewöhnlich angenommenen Generatio aequivoca wesentlich verschieden ist, wollen wir als Selbstzeugung oder Autogonie hier besonders in Erwägung ziehen.

IV. Selbstzeugung oder Autogonie.

Die Hypothese der Selbstzeugung oder Autogonie fordert, dass die äusserst einfachen und vollkommen homogenen, structurlosen Organismen (Moneren), welche wir als die Stammformen aller übrigen, durch Differenzirung daraus hervorgegangenen zu betrachten haben, unmittelbar aus dem Zusammentritt von Stoffen der anorganischen Natur in ähnlicher Weise sich in einer Flüssigkeit gebildet haben, wie es bei der Bildung von Krystallen in der Mutterlauge der Fall ist.

Von den so eben betrachteten Formen der Urzeugung oder Generatio aequivoca (spontanea etc.) wie sie gewöhnlich vorgestellt und besprochen werden, unterscheidet sich unsere Selbstzeugung oder Autogonie wesentlich dadurch, dass dort organische Materien (complicirtere Kohlenstoff-Verbindungen), welche von zersetzten Organismen herrühren, hier dagegen nur sogenannte anorganische Materien (d. h. einfachere Verbindungen) vorausgesetzt werden, aus denen sich zunächst verwickeltere Kohlenstoff-Verbindungen, und hieraus unmittelbar organische Individuen einfachster Art (Moneren) hervorbildeten. Uns erscheint diese Annahme für das Verständniss der gesammten organischen Natur vollkommen unentbehrlich, weil sie die einzige grosse Lücke ausfüllt, welche bisher in der gesammten Entwickelungsgeschichte der Erde und ihrer Bewohner bisher noch bestanden hat. Wir müssen diese Hypothese als die unmittelbare Consequenz und als die nothwendigste Ergänzung der allgemein angenommenen Erdbildungs-Theorie von Kant und Laplace hinstellen, und finden hierzu in der Gesammtheit der Naturerscheinungen eine so zwingende logische Nothwendigkeit, dass wir desshalb diese Deduction, die Vielen sehr gewagt erscheinen wird, als unabweisbar bezeichnen müssen.

Bekanntlich behauptet die Erdbildungs-Theorie, welche zuerst Kant in seiner „allgemeinen Naturgeschichte und Theorie des Himmels“ aufstellte, und welche später (unabhängig von Kant) Laplace in seiner „Exposition du système du monde“ ausführlich begründete, dass unser gesammter Erdkörper in früherer Zeit vermöge eines sehr hohen Hitzegrades sich in gasförmigem Aggregatzustande befunden habe, und dass dann dieser ungeheure Gasball, in Folge allmähliger Abkühlung, in den feurig-flüssigen Zustand übergegangen sei. Durch weitere Abgabe beträchtlicher Wärmemassen an den kalten Weltraum erkaltete der feurig-flüssige Ball, welcher durch beständige Rotation um seine Axe die Sphaeroid-Form annahm, immer mehr und es ging zuletzt die Rinde desselben aus dem flüssigen in den festen Aggregatzustand über, während der von dieser Rinde umschlossene Kern in geschmolzenem Zustande im Innern zurückblieb Erst nachdem die Rinde der Erde sich bis zu einem solchen Grade abgekühlt hatte, dass der in der Atmosphäre ringsum suspendirte Wasserdampf sich in tropfbar-flüssiger Form niederschlagen konnte, wurde die Erdrinde bewohnbar, wurde es möglich, dass belebte Naturkörper auf derselben auftraten, wurde es möglich, dass Leben entstand.

Diese Theorie der Erdbildung, welche von Kant und Laplace auf die einfachsten Gesetze der Anziehung und Abstossung der Materie zurückgeführt und dadurch ebenso fest als einfach causal begründet wurde, stimmt mit allen unseren empirischen Kenntnissen, allen Erfahrungen vom Bau und von der Entwickelung der Erde so vollständig überein, dass sie von allen Naturforschern ausnahmslos angenommen ist. Nun folgt aber hieraus unmittelbar als die erste, nothwendigste und für uns wichtigste Consequenz, dass das Leben auf der Erde zu irgend einer Zeit einen Anfang hatte, oder dass, mit anderen Worten, in irgend einem Zeitpunkt zum ersten Male anorganische Substanz in organische überging und sich zugleich in Form von Organismen individualisirte. Diese Folgerung, welche wir hier als die unentbehrliche Hypothese von der Autogonie oder Selbstzeugung näher formuliren und begründen wollen, erscheint uns so unabweisbar nothwendig, dass wir dieselbe unbedingt annehmen müssen und uns zunächst nur zu verständigen haben werden über die mögliche Art und Weise dieses Processes und über die Natur der daraus hervorgegangenen Organismen, über welche directe Erfahrungskenntnisse uns nicht zu Gebote stehen.

Hier kommen wir nun zurück auf die wichtigen allgemeinen Resultate des vorhergehenden Kapitels, in welchem wir zu zeigen versucht haben, dass die Differenz zwischen den Organismen und den Anorganen nicht so gross, und vor Allem nicht so absolut ist, wie dies gewöhnlich hingestellt wird. Wie dort nachgewiesen wurde, unterscheiden sich die vollkommensten anorganischen Individuen, die Krystalle, von den unvollkommensten organischen Individuen, den Moneren, wesentlich hinsichtlich ihrer stofflichen Zusammensetzung dadurch, dass die Atome der Elemente dort vorwiegend zu einfacheren („binären"), hier dagegen durch Einwirkung des Kohlenstoffs zu sehr complicirten und leicht zersetzbaren Verbindungen vereinigt auftreten; und dass der Aggregatzustand der Materie dort ein fester, hier ein festflüssiger ist. Hieraus folgt dann unmittelbar, dass der Krystall nur durch Apposition von aussen wachsen, und also auch nur äusserlich sich anpassen und verändern kann, während das Moner durch Intussusception nach innen hinein wachsen, und also auch innerlich sich anpassen und verändern kann. Zugleich folgt aus der complicirteren atomistischen Zusammensetzung und der Imbibitionsfähigkeit auch der einfachsten organischen Individuen, dass ihre Theilchen beständig ihre gegenseitige Lage ändern können, was bei dem festen Krystall nicht möglich ist, und dass, wenn das organische Individuum über ein bestimmtes individuelles Maass hinaus gewachsen ist, es sich in zwei Individuen theilen, sich fortpflanzen kann, was bei dem festen Krystall ebenfalls nicht möglich ist.

Zweifelsohne haben wir uns also den Akt der Autogonie, der ersten spontanen Entstehung einfachster Organismen ganz ähnlich zu denken, wie den Akt der Krystallisation. In einer Flüssigkeit, welche die den Organismus zusammensetzenden chemischen Elemente gelöst enthält, bilden sich in Folge bestimmter Bewegungen der verschiedenen Moleküle gegen einander bestimmte Anziehungsmittelpunkte, in denen Atome der organogenen Elemente (Kohlenstoff, Sauerstoff, Wasserstoff, Stickstoff) in so innige Berührung mit einander treten, dass sie sich zur Bildung complexer, „ternärer und quaternärer" Moleküle vereinigen. Diese erste organische Atomgruppe, vielleicht ein Eiweiss-Molekül, wirkt nun, gleich dem analogen Kernkrystall, anziehend auf die gleichartigen Atome, welche in der umgebenden Mutterlauge gelöst sind, und welche nun gleichfalls zur Bildung gleicher Moleküle zusammentreten. Hierdurch wächst das Eiweisskörnchen, und gestaltet sich zu einem homogenen organischen Individuum, einem structurlosen Moner oder Plasmaklumpen (einem isolirten Gymnocytoden), gleich einer ***Protamoeba*** etc. Dieses Moner neigt, vermöge der leichten Zersetzbarkeit seiner Substanz, beständig zur Auflösung seiner eben erst consolidirten Individualität hin, vermag aber, indem die beständig überwiegende Aufnahme neuer Substanz vermöge der Imbibition (Ernährung) das Uebergewicht über die Zersetzungsneigung gewinnt, durch Stoffwechsel sich am Leben zu erhalten. Das homogene organische Individuum oder Moner wächst nur so lange durch Intussusception, bis die Attractionskraft des Centrums nicht mehr ausreicht, die ganze Masse zusammen zu halten. Es bilden sich, in Folge der überwiegenden Divergenzbewegungen der Moleküle nach verschiedenen Richtungen hin, nun in dem homogenen Plasma zwei oder mehrere neue Anziehungsmittelpuncte, die nun ihrerseits anziehend auf die individuelle Substanz des einfachen Moneres wirken, und dadurch seine Theilung, seinen Zerfall in zwei oder mehrere Stücke herbeiführen (Fortpflanzung). Jedes Theilstück rundet sich alsbald wieder zu einem selbstständigen Eiweissindividuum oder Plasmaklumpen ab und es beginnt nun das ewige Spiel der Anziehung und Abstossung der Moleküle von Neuem, welches die Erscheinungen des Stoffwechsels oder der Ernährung und der Fortpflanzung vermittelt.

Wir haben hier absichtlich den denkbar einfachsten Fall der Autogonie eines Moneres hingestellt, welcher der Krystallisation eines Anorganes offenbar am nächsten steht; denn in beiden Fällen führen zur Bildung des in sich homogenen individuellen Naturkörpers molekulare Bewegungen innerhalb einer Flüssigkeit (organisches „Cytoblastem", anorganische „Mutterlauge"), welche die zur Bildung des Individuums unentbehrlichen Stoffe gelöst enthält. In beiden Fällen entsteht, in Folge des Ueberwiegens bestimmter

Molekularbewegungen (Anziehungen und Abstossungen) über die anderen, in der Bildungsflüssigkeit ein Anziehungsmittelpunkt (erstes Plasmaklümpchen, erster Krystallkern), welcher nun einfach anziehend auf die in der umgebenden Flüssigkeit gelösten gleichartigen Stoffe wirkt, und dieselben sowohl nöthigt, zu den complexen Molekülen zusammenzutreten, als auch den flüssigen Aggregatzustand zu verlassen Hier nun tritt erst die Differenz des organischen und des anorganischen Individuums hervor, indem das erstere blos in den festflüssigen Zustand übergeht, und dadurch die Imbibitionsfähigkeit und die damit verbundene Beweglichkeit der Moleküle erhält, welche die Erscheinungen der Ernährung und Fortpflanzung ermöglicht, wogegen das anorganische Individuum in den festen Zustand übergeht, und nunmehr blos noch äusserlich sich verändern, durch Apposition von aussen wachsen kann.

Fragen wir nun, wie wohl die ersten und denkbar einfachsten Organismen beschaffen gewesen sein mögen, welche zuerst auf unserer erkalteten Erdrinde in dem eben erst aus der heissen Dampf-Atmosphäre durch die fortschreitende Abkühlung niedergeschlagenen Urmeere sich gebildet haben, so können wir uns keine einfacheren organischen Individuen denken, als es die eben beschriebenen Moneren sind, vollkommen homogene Plasmaklumpen, welche noch keine bestimmte Form besitzen, deren ganzer Körper nach allen Richtungen hin, vermöge der Bewegungen seiner leicht verschiebbaren Moleküle, seine äusseren Umrisse wechseln und formlose Fortsätze (Pseudopodien) ausstrecken kann, welche seine Ortsbewegung und Theilung vermitteln.

Die Annahme der ersten spontanen Entstehung eines Organismus in einer Bildungsflüssigkeit konnte früherhin nur so lange als undenkbar oder doch nur sehr schwer denkbar bezeichnet werden, als man solche einfache structurlose Organismen oder Moneren, wie die eben geschilderten sind, nicht kannte. Gegenwärtig kennen wir die Existenz dieser vollkommen homogenen und structurlosen Organismen, einfacher individualisirter Eiweissklumpen, durch die Beobachtung. Wir kennen die durchaus homogene ***Protamoeba***, einen formlosen gleichartigen Plasmaklumpen ohne alle Differenzirung, welcher kurze, stumpfe, nicht verschmelzende Fortsätze (Pseudopodien) aus seiner eiweissartigen Körpermasse vorstreckt und sich damit bewegt, und welcher sich, wenn er eine bestimmte Grösse durch Wachsthum erreicht hat, durch Theilung vermehrt. Wir kennen den viel grösseren ***Protogenes primordialis*** und den ***Protogenes porrectus*** (***Amoeba porrecta***, Schultze), rhizopodenartige formlose Organismen, deren ganzer Körper ebenfalls eine durchaus homogene Eiweissmasse repräsentirt, deren Peripherie in zahlreiche feine verschmelzende Fäden ausstrahlt, und die sich ebenfalls durch Theilung vermehren. Wir kennen ferner den äusserst wichtigen Rhizopoden-Stamm, die Klassen der Acyttarien und Radiolarien, bei denen ein gleicher, einfacher, vollkommen structurloser Körper im Stande ist, durch Ausscheidung von kohlensaurem Kalk und von Kieselerde die mannichfaltigsten, complicirtesten und zierlichsten Skeletbildungen zu Stande zu bringen. Wir kennen endlich die Amoeben, einfache Protoplasten, welche sich nur durch den Besitz eines Kernes und einer contractilen Blase von den ganz homogenen Protamoeben unterscheiden; und in den Arcelliden haben wir Amoeben, welche trotz dieser Einfachheit im Stande sind, sich eine complicirte Schale zu bilden. Sobald in diesen homogenen Plasmaklumpen, wie sie als Moneren isolirt leben, ein Kern auftritt, so ist aus der Cytode eine Zelle geworden, und wir werden dadurch in das weite Gebiet der zahlreichen einzelligen Organismen hinübergeführt, von denen aus nun die Entwickelung der complicirteren mehrzelligen Organismen auf dem Wege der Differenzirung und der natürlichen Züchtung keine Schwierigkeit mehr hat.

Nach unserer Ansicht muss nothwendig der erste Ursprung, die spontan entstandene Stammform aller Organismen, welche jemals die Erde belebt haben und welche sie noch jetzt beleben, in solchen einfachsten Moneren gesucht werden, formlosen lebenden Eiweissklumpen von durchaus gleichartiger, homogener Beschaffenheit, gleich den Protamoeben und Protogeniden, aus denen sich erst später Zellen durch Differenzirung von innerem Kern und äusserem Plasma entwickelt haben. Wie wir uns aus einem solchen ganz einfachen imbibitionsfähigen Eiweissklümpchen durch Differenzirung von Kern und Plasma und späterhin auch von Membran zunächst eine Urzelle, dann eine Hautzelle hervorgehend denken können, hat bereits Schwann so trefflich gezeigt, dass wir hier einfach auf seine allbekannte Theorie von der spontanen Zellenbildung innerhalb des Cytoblastems verweisen können.

Wir nehmen also an, dass die ältesten, spontan entstandenen Organismen, aus denen sich alle übrigen im Laufe der Zeit durch Differenzirung und natürliche Züchtung im Kampfe um das Dasein entwickelt haben (gleich viel, ob es eins oder mehrere oder viele waren), solche vollkommen homogene, structurlose, formlose Eiweissklumpen oder Moneren, gleich einer *Protamoeba* waren, welche aus dem Urmeere durch Zusammenwirken rein physikalischer und chemischer Bedingungen, durch molekulare Bewegungen der Materie in ganz gleicher Weise entstanden, wie der Krystall in seiner Mutterlauge entsteht. Rein physikalisch-chemische Ursachen mussten die Bildung einer quaternären Kohlenstoffverbindung, durch den Zusammentritt von Kohlenstoff, Sauerstoff, Wasserstoff und Stickstoff (vielleicht auch noch Schwefel) bewirken, und diese Verbindung (welche wir aller Analogie nach als einen Eiweisskörper betrachten müssen) musste sich individualisiren, indem die Cohäsion ihrer imbibitionsfähigen Substanz nur bis zu einer gewissen Grenze das Wachsthum durch Assimilation gleicher Substanz (Ernährung) gestattete; sobald diese Grenze überschritten wurde, bildeten sich in dem durch ein Attractionscentrum zusammen gehaltenen Individuum zwei oder mehrere Attractionscentra, welche nun die Ursache zum Zerfall des einen Individuums in mehrere, zu-Fortpflanzung wurden. Indem der Erblichkeit des Wesens, welche durch diese unmittelbare Continuität der Materie von elterlichem und kindlichem Urorganismus bedingt wurde, andererseits die Einwirkung der äusseren Umgebung als Anpassung entgegen wirkte, indem das Moner im Laufe von Generationen sich demgemäss wirklich anpasste und differenzirte (z. B. eine festere Hülle ausschied, im Innern sich als Kern consolidirte etc.), wurde es entwickelungsfähig. Nachdem erst einmal durch Differenzirung von Plasma und Kern aus dem Moner, aus dem homogenen Cytoden, eine Zelle geworden, war damit zugleich die Möglichkeit der organischen Entwickelung zu den unendlich mannichfaltigen Formen gegeben, von denen uns die empirische Beobachtung noch jetzt handgreiflich zeigt, wie sie aus dem einzelligen Anfangszustande der allermeisten organischen Individuen im Laufe ihrer embryologischen Entwickelung in verhältnissmässig kurzer Zeit hervorgehen.

Wir nehmen mithin ferner an, dass zellige Organismen, sowohl einzellige als mehrzellige, nicht spontan, durch Autogonie, entstanden, sondern vielmehr erst später, durch Differenzirung von Plasma und Kern, aus den wirklich autogonen Moneren sich hervorbildeten, aus den individualisirten formlosen Klumpen einer Eiweissverbindung, deren structurloser Körper noch keine Differenz des äusseren wasserreicheren Plasma und des inneren festeren Kerns zeigte. Viele Generationen von Moneren, gleich den Protamoeben, mögen Jahrtausende lang das Urmeer, welches unsern abgekühlten Erdball (wahrscheinlich als eine vollständige Wasserhülle) umschloss, bevölkert haben, ehe die Differenzirung der äusseren Lebensbedingungen, denen sich diese homogenen Urwesen anpassten, auch eine Differenzirung ihres eigenen gleichartigen Eiweiss-Leibes herbeiführte. Wahrscheinlich bildeten sich zunächst aus den einzelnen Moneren, indem das dichtere Centrum als Kern sich von der weniger dichten Peripherie des dünnflüssigeren Plasma trennte, zunächst nur einzellige Individuen. Vermuthlich erst viel später gingen aus diesen einzelligen Lebensformen mehrzellige hervor, indem die Theilung, durch welche sich die einzelligen Urwesen (Protisten) fortpflanzten, bisweilen unvollständig erfolgte, so dass die beiden oder mehreren Theilproducte des Individuums zusammenblieben, und somit einen ersten Individuenstock (Zellenstock) oder ein einfachstes Individuum zweiter Ordnung bildeten. Indem dann die einzelnen gleichartigen Zellen oder Individuen erster Ordnung, die in einem solchen Stock vereinigt waren (in ähnlicher Weise, wie bei sehr vielen niederen Algen) sich differenzirten, und im Kampfe um das Dasein durch natürliche Züchtung vervollkommnet wurden, entwickelten sich daraus differente Zellenstöcke oder Individuen höherer Ordnung, welche nun ihrerseits wieder zur Bildung von Individuen nach höherer Ordnung zusammentreten konnten. Wie dieser Vorgang sich allmählig gestaltet haben mag, werden wir weiter unten zu erklären versuchen. Theilweis zeigt es uns die Embryologie.

Wir nehmen endlich an, dass alle jetzt lebenden Organismen-Formen und alle, welche jemals die Erde bewohnt haben, die Nachkommen einer geringen Anzahl verschiedener Moneren sind, und dass jede der Hauptgruppen der Organismen-Welt, welche wir unter dem Namen Stamm oder Phylon als eine zusammengehörige genealogische Einheit aufstellen, einer besonderen Moneren-Art ihre Entstehung verdankt. Wir nehmen also z. B. eine bestimmte Moneren-Art als die gemeinsame Stammform aller Wirbelthiere an, eine andere als die gemeinsame Stammform aller Coelenteraten, eine andere als die gemeinsame Stammform aller Diatomeen etc. Nach unserer Ansicht ist es das Wahrscheinlichste, dass jeder dieser Hauptstämme oder Phylen des Thier- und Pflanzenreichs sich aus einer eigenen Moneren-Stammform entwickelt habe, (wofür unten die Gründe angeführt werden sollen), wodurch wir jedoch keineswegs die Möglichkeit ausschliessen wollen, dass alle diese verschiedenen Moneren ihre Verschiedenheit erst durch Differenzirung aus einer einzigen gemeinsamen Ur-Monerenform erlangt haben. Fragen wir nach der Verschiedenheit der verschiedenen Moneren, so kann diese, da wir uns alle Moneren als durchaus homogene und formlose Eiweiss-Individuen (Plasma-Klumpen) vorstellen, nur gefunden werden in leichten Differenzen der chemischen Zusammensetzung, an denen ja gerade die Eiweisskörper, die allen analytischen Bemühungen der Chemiker so standhaft Trotz bieten, so ausserordentlich reich sind. Vielleicht waren es ganz geringe Differenzen in den Mischungsverhältnissen der zusammensetzenden Grundstoffe, und besonders des Kohlenstoffs, vielleicht unbedeutende Beimischungen von Schwefel oder von Phosphor, oder von verschiedenen Salzen (wie wir sie in so räthselhafter und unbestimmter Weise bei so vielen Eiweisskörpern vorfinden), welche die physiologischen Differenzen der verschiedenen Moneren, und damit die Verschiedenheit der aus ihnen sich entwickelnden Stämme bedingten, welche nachher als Stockpflanzen, Diatomeen, Rhizopoden, Coelenteraten, Wirbelthiere etc. so weit aus einandergingen.

Indem wir hier zum ersten Male den gewagten Versuch unternehmen, eine Hypothese der Autogonie in ihren allgemeinsten Grundzügen aufzustellen, sind wir uns der damit verbundenen Gefahren wohl bewusst, und vermeiden es absichtlich, auf diesem noch gänzlich unbetretenen Gebiete der Naturerkenntniss unsere subjectiven Vorstellungen näher zu präcisiren. Wir sind aber zu diesem Versuche ebenso berechtigt als verpflichtet durch die mit unserem Erkenntnissvermögen unzertrennlich verbundene und beständig tief empfundene Nothwendigkeit, die weit klaffende Lücke, welche zwischen der allgemein angenommenen Erdbildungs-Theorie von Kant und

Laplace und der ebenso sicher begründeten Entwickelungstheorie der Organismen von Lamarck und Darwin besteht, durch eine Hypothese auszufüllen, welche wenigstens den ersten Versuch macht, das uns bis jetzt bekannte werthvolle empirische Material in dieser Richtung zu verwerthen.

Vor Allem legen wir hier das grösste Gewicht auf die richtige Verwerthung der einfachen niederen Organismen des Protisten-Reiches, welche noch nicht einmal den Werth einer Zelle erreicht haben, und welche uns in der That entweder, wie *Protogenes* und *Protamoeba* das noch jetzt existirende Bild eines vollkommen homogenen und structurlosen, nicht differenzirten Organismus vor Augen führen, oder, wie die Rhizopoden, das Bild eines Organismus, bei dem entweder der ganze Körper oder doch der grösste Theil desselben aus einem vollkommen homogenen Plasma besteht, und bei welchem trotzdem diese nicht differenzirte Eiweissmasse die Fähigkeit besitzt, die complicirtesten und regelmässigst geformten Skeletbildungen von Kalk- oder Kiesel-Erde auszuscheiden. Offenbar hat uns die Erkenntniss dieser einfachsten Organismen, welche den letzten Decennien angehört, einen ungeheuer grossen Schritt weiter geführt in dem biologischen Verständniss des Natur-Ganzen und speciell in der causal-mechanischen Auffassung derjenigen Vorgänge, welche sich bisher am meisten dieser Auffassung entzogen, der Vorgänge der Selbstzeugung und Entwickelung.

Für unsere subjective Auffassung hat die Annahme, dass sich in einem mit Kohlenstoff, Sauerstoff, Wasserstoff und Stickstoff in verschiedenen Verbindungen (z. B. als kohlensaures Ammoniak) geschwängerten und noch dazu mit Auflösungen verschiedener wichtiger (namentlich schwefelsaurer und salpetersaurer) Salze versetzten Wasser, durch Zusammentreten dieser Verbindungen zu Eiweissmolekülen spontan solche homogene Organismen, wie die Moneren, bilden können, keine Schwierigkeit. Doch wird sich diese Auffassung erst allgemeinere Geltung erwerben, wenn man anfangen wird, sich allgemeiner und eingehender mit diesen einfachsten und unvollkommensten Lebensformen zu beschäftigen, die in so auffallender Weise von allen differenzirten Organismen abweichen und sich in mehrfacher Beziehung mehr den anorganischen Individuen nähern. Wir sind aber bisher immer so ausschliesslich gewöhnt gewesen, nur den höheren und stark differenzirten Organismen unsere Aufmerksamkeit zuzuwenden, dass vor Allem eine allgemeinere und intensivere Erforschung dieser niedersten Lebenskreise, der verschiedenen Protisten-Gruppen etc. erfolgen muss, ehe sich die richtige Auffassung von der nothwendigen allmähligen Entwickelung der Organismen und der Entstehung ihrer Anfänge aus anorganischer Materie Bahn brechen wird.

Jede irgendwie ins Einzelne eingehende Darstellung der Autogonie ist vorläufig schon deshalb gänzlich unstatthaft, weil wir uns durchaus keine irgendwie befriedigende Vorstellung von dem ganz eigenthümlichen Zustande machen können, den unsere Erdoberfläche zur Zeit der ersten Entstehung der Organismen darbot, vielmehr alle sicheren Anhaltspunkte hierfür fehlen. Wahrscheinlich war die Erdoberfläche unseres Erdballes zu der Zeit, als sie soweit erkaltet war, dass sich Organismen auf ihr bilden konnten, ringsum von einem zusammenhängenden uferlosen Meere umgeben, Zonenunterschiede noch nicht vorhanden. Von der Beschaffenheit jenes Urmeeres und der heissen, darüber ausgebreiteten, mit Kohlensäure und Wasserdämpfen gesättigten Atmosphäre können wir uns aber gar keine bestimmte Vorstellung machen, wenn wir bedenken, dass die ungeheuren Mengen von Kohlenstoff, Wasserstoff, Sauerstoff und Stickstoff, die von der Steinkohlenzeit an bis zur Gegenwart und wahrscheinlich schon lange vor der Steinkohlenzeit an den Körper zahlloser Organismen gebunden waren, in jener Urzeit in ganz anderen, einfacheren Verbindungen neben einander existirten, oder ganz frei und ungebunden auf einander wirkten. Die ungeheuren Massen von Kohlensäure, von verschiedenen Kohlenwasserstoffen und von zahllosen anderen Kohlenstoff-Verbindungen, die damals zur Zeit der ersten Entstehung des Lebens theils gasförmig in der Atmosphäre verbreitet, theils in dem Urmeere aufgelöst oder auf dessen Boden niedergeschlagen gewesen sein mussen, gestatten uns durchaus keine sichere hypothetische Vorstellung von den Existenzbedingungen, unter denen sich die ersten einfachsten Organismen in jenem Urmeere bildeten. Nur so viel können wir mit Bestimmtheit sagen, dass die Beschaffenheit des Urmeeres und der Uratmosphäre zu jener Zeit sehr bedeutend verschieden von der jetzigen gewesen sein muss.

Jedenfalls war die ganze, überall von dem Urmeere wie von einer zusammenhängenden Wasserhülle umgebene Erdrinde damals in jeder Beziehung (hinsichtlich der Erhebungen des Meeresbodens, der Temperatur etc.) noch äusserst einförmig beschaffen, und da somit die Existenzbedingungen in den verschiedenen Theilen des Meeres sehr wenig von einander werden verschieden gewesen sein, so ist zu vermuthen, dass, als die Temperatur so weit gesunken war, dass zum ersten Male lebensfähige Kohlenstoff-Verbindungen sich bilden konnten, diese sich auf der ganzen Erde in wenig abweichender Weise bildeten. Zahllose, nicht oder nur wenig verschiedene Moneren, gleich der ***Protamoeba***, mögen damals gleichzeitig entstanden sein; und erst allmählig, als die Lebensbedingungen sich differenzirten, als die Hebungen und Senkungen des Bodens an verschiedenen Stellen des Meeres locale Differenzen höheren Grades eintreten liessen, werden sich mit den Lebensbedingungen auch die einfachsten spontan entstandenen Urorganismen differenzirt und damit ein Kampf um das Dasein zwischen diesen Moneren entwickelt haben.

Da wir uns von der eigenthumlichen Beschaffenheit der jedenfalls von allen jetzt bestehenden sehr verschiedenen Lebensbedingungen, unter denen jene ersten Moneren im Urmeere spontan entstanden, durchaus keine sichere Vorstellung machen können, so lässt sich auch die Frage vorläufig nicht befriedigend erörtern, ob ähnliche Bedingungen auch später noch, bei weiterer Entwickelung der Erdrinde, an gewissen Stellen derselben fortdauern konnten, und ob sie noch heute fortdauern. Wir können also auch nicht auf die Frage antworten, ob eine solche Autogonie, wie sie damals, unter jenen Bedingungen, mit absoluter Nothwendigkeit stattgefunden haben muss, sich lange Zeit fortsetzte und sich später wiederholte, ob sie vielleicht continuirlich fortdauerte und auch jetzt noch stattfindet. Experimente sind in dieser Beziehung noch nicht angestellt, und durch die bisherigen Beobachtungen ist noch nichts bisher darüber erwiesen. Aus der Thatsache, dass solche einfachste, structurlose, homogene Organismen oder Moneren, vom morphologischen Werthe der einfachsten Gymnocytoden, auch jetzt noch lebend vorkommen, dass Massen von äusserst einfach gebildeten Protisten, die jenen am nächsten stehen (Protoplasten, Rhizopoden etc.) unsere Meere bevölkern, könnte man vielleicht schliessen, dass dieselben auch jetzt noch entstehen, oder vielleicht periodisch, unter Eintritt bestimmter Bedingungen, sich autogon erzeugen. Dagegen lässt sich andererseits auch behaupten, dass diese noch lebenden Moneren und die anderen einfachsten Protisten die noch lebenden und wenig oder nicht veränderten Nachkommen einfacher Urwesen sind, die vor sehr langer Zeit sich durch Autogonie gebildet haben. Dass es immer stille einfache Stellen im Naturhaushalte geben muss, in denen auch solche einfachste Lebensformen sich sehr lange Zeit unverändert fortpflanzen können, hat bereits Darwin nachgewiesen. Da wir nicht in der Lage sind, in dieser Beziehung irgend welche sichere Beweisgrunde für oder gegen die Frage beizubringen, ob die Autogonie jetzt noch fortdauert und wie lange sie bestanden haben mag, so lassen wir diese Frage, die ohnehin für uns nur ein untergeordnetes Interesse hat, hier fallen, und begnügen uns mit Constatirung der Nothwendigkeit, dass der Beginn des Lebens auf der Erde, eine Autogonie von Moneren, aus denen erst später Zellen sich entwickelten, irgend einmal stattgefunden haben muss.

Die Anhänger der Generatio aequivoca pflegen gewöhnlich, wenn sie die Natur der elternlos entstehenden Organismen erörtern, zu behaupten, dass dies einzellige Wesen sein müssten. Dagegen halten wir es für viel wahrscheinlicher, dass die einzelligen Wesen sich erst durch Differenzirung von innerem Kern und äusserem Plasma aus den structurlosen Moneren hervorgebildet haben, und dass diese die wirklichen Autogonen sind. Die Gründe hierfür liegen in der Vergleichung, welche wir oben zwischen diesen Moneren und den Krystallen ausgeführt haben, und in welcher wir zu zeigen versuchten, wie die spontane Entstehung solcher homogenen, imbibitionsfähigen Eiweisskörper ganz analog der spontanen Entstehung von Krystallen in der Mutterlauge zu denken sei. Nach unserer Hypothese sind demnach zuerst ausschliesslich vollkommen structurlose und homogene Plasmaklumpen, gleich den Protamoeben, im Urmeere entstanden; in diesen hat sich erst später eine Differenz von festerem Kern und weicherer Hülle gebildet, und noch später erst sind diese einfachen kernhaltigen Zellen zur Bildung mehrzelliger Organismen zusammengetreten, aus denen sich dann alle höheren allmählig durch natürliche Zuchtwahl entwickelt haben.

Die grösste Schwierigkeit in unserer Hypothese der Autogonie liegt darin, dass wir uns von den eigenthümlichen Existenzbedingungen, unter welchen im Urmeere die ersten Moneren entstanden, keine befriedigende Vorstellung machen können, und dass wir die damals stattgehabte spontane, freie Bildung von den zusammengesetzteren Kohlenstoff-Verbindungen und insbesondere von den Eiweisskörpern, welche doch gegenwärtig als die activen Träger der eigentlichen „Lebensthätigkeiten“ im engeren Sinne auftreten, noch nicht beobachtet haben. Alle Eiweisskörper, sowie die meisten anderen verwickelteren Kohlenstoff-Verbindungen sind wir gewohnt, als innerhalb bestehender Organismen entstanden zu betrachten. Doch ist zu erwarten, dass sich unsere Anschauungen in diesem Punkte gewaltig ändern werden. Noch nicht lange ist es her, dass man allgemein behauptete, dass sämmtliche sogenannte „organische“ Verbindungen ausschliesslich innerhalb der Organismen (vermittelst der mystischen „Lebenskraft“) erzeugt würden, und dass wir gänzlich unvermögend seien, dergleichen Kohlenstoff-Verbindungen in unseren Laboratorien kunstlich herzustellen. Als dann später (1828) Wöhler dieses Dogma zuerst widerlegte und aus cyansaurem Ammoniak zum ersten Male Harnstoff darstellte, galt dies lange Zeit für die einzige Ausnahme. Jetzt kennt man solche Ausnahmen in Masse, und man stellt nicht allein einfachere „organische“ oder Kohlenstoff-Verbindungen, sondern auch complicirtere, Alkohol, Ameisensäure etc., in unseren Laboratorien nach Belieben aus den Elementen auf rein „anorganischem“ Wege her.[1])

---

[1]) Wir heben das Schicksal dieses Dogma, welches so lange und allgemein im höchsten Ansehen stand, und die ganze Chemie beherrschte, und welches in Folge der neueren Erfahrungen allgemein verlassen ist, desshalb hier besonders hervor, weil wir dem Dogma von der Unmoglichkeit der Generatio spontanea (von welcher unsere Autogonie nur eine bestimmte Modification ist) mit Sicherheit denselben letalen Ausgang prognosticiren· können. Es wird hier die schon öfter beobachtete Erscheinung eintreten, dass mit dem definitiven Falle des einen Dogma zugleich eine ganze Reihe von anderen zusammenstürzen, die mehr oder minder unlösbar mit ihm verkettet sind. Eine solche Kette von solidarisch verbundenen Dogmen bildeten im vierten und fünften Decennium unseres Jahrhunderts die Lehren von der ausschliesslichen Erzeugung organischer Substanzen innerhalb des Organismus, die Lehre von der Lebenskraft, die Lehre von der Constanz der Species, die Lehre von der Unmöglichkeit der Parthenogenesis, die Lehre von der Unmöglichkeit der Urzeugung und viele Andere von mehr oder minder allgemeiner Bedeutung. Die meisten dieser Dogmen sind schon jetzt entweder vollig umgestossen, oder derart in ihren Fundamenten erschuttert, dass sie über Kurz oder Lang nothwendig zusammenstürzen mussen. Ich personlich bin ein um so entschiedenerer Feind dieser Dogmen und darf mich um so rucksichtsloser dagegen aussprechen, als ich selbst früher in denselben blind befangen war. Als treuer Schüler und aufrichtiger Bewunderer von Johannes Müller war ich von den Lehren meines grossen Meisters so sehr eingenommen, dass ich auch der Macht seiner vitalistischen Vorurtheile mich nicht entziehen konnte, und die damit verbundenen Dogmen von der Constanz der Species, von der Nichtexistenz der Generatio aequivoca, von der zweckmassigen Wirksamkeit der gestaltenden Lebenskraft etc. vollständig theilte, ohne an ihrer Begründung zu zweifeln. In meiner Doctor-Dissertation lautete die erste These, welche ich am 7. März 1857 gegen meinen Freund E. Claparède öffentlich vertheidigte: „Formatio cellularum libera, et physiologica et pathologica, haud minus quam generatio animalium et plantarum spontanea rejicienda est.“ Um so eher wird man es mir verzeihen, wenn ich jetzt, in besserer kritischer Erkenntniss der Wahrheit, die mit jenen vitalistisch-teleologischen Dogmen verbundenen Vorurtheile als solche anerkenne, rücksichtslos bekämpfe und die monistische Naturerkenntniss als die einzig zum Ziele

Wenn die Chemie der Kohlenstoff-Verbindungen oder die sogenannte organische Chemie in demselben colossalen Maassstabe sich weiter entwickelt, wie dies in den letzten drei bis vier Decennien geschehen ist, so dürfen wir hoffen, auch die complicirtesten Kohlenstoff-Verbindungen, und insbesondere die so labilen Eiweisskörper, in unseren Laboratorien auf rein anorganischem Wege künstlich herzustellen; und wenn es dann gelingen sollte, auch individualisirte Eiweissklumpen, gleich den Moneren, herzustellen, welche unter bestimmten Bedingungen sich (z. B. durch Aufnahme von Kohlensäure und Ammoniak) ernähren und sich durch Theilung fortpflanzen können, so würde das Problem der Autogonie experimentell gelöst sein, und wir könnten dann weiter den Versuch machen, aus diesen künstlich dargestellten Moneren durch künstliche Züchtung unter passenden Bedingungen ebenso einzellige Organismen, und später vielleicht selbst mehrzellige herzustellen, als sicher aus den ersten, im Urmeere spontan entstandenen autogonen Moneren allmählig durch natürliche Züchtung einzellige, und später aus diesen mehrzellige Organismen sich entwickelt haben müssen.[1])

---

führende mit aller Kraft vertheidige. Keine Irrthümer kann der nach Wahrheit strebende Mensch so stark und aufrichtig hassen, als diejenigen, in denen er selbst vorher befangen war; und man wird sich hieraus erklären, warum ich die in der organischen Morphologie noch herrschende dualistische Naturauffassung, von welcher ich früher selbst geblendet war, jetzt als überwundenen Standpunkt auf das Entschiedenste bekämpfe.

[1]) Da die monistischen Anschauungen, welche ich in diesem Capitel zu entwickeln versucht habe, mit den hergebrachten dualistischen Vorstellungen über „spontane" organische Formbildung nicht vereinbar sind und zunächst wenig Aussicht auf Beifall haben, so möchte ich zur Unterstützung derselben noch besonders auf die Anatomie und die Entwickelungsgeschichte derjenigen höchst einfachen und unvollkommenen Organismen verweisen, welche wir im nächsten Capitel als Protisten zusammenfassen werden. Eine der wichtigsten, aber am schwierigsten zu begreifenden Erscheinungen, auf welche wir immer wieder zurückkommen müssen, ist die Thatsache, dass ein formloser festflüssiger Eiweissklumpen, offenbar lediglich vermöge seiner specifischen atomistischen Constitution, die complicirtesten und regelmässigsten festen Formen hervorzubringen vermag; und doch können wir uns von dieser Thatsache an vielen Protisten, besonders den Rhizopoden, ganz bestimmt überzeugen. Die verwickelten und bestimmt geformten Kiesel- und Kalk-Skelete der Acyttarien und Radiolarien sind das unmittelbare Product einer vollkommen formlosen Plasma-Masse, von deren festflüssigem Zustande uns das bekannte Phaenomen der Sarcode-Strömung in jedem Augenblick den handgreiflichen Beweis liefert. Diese merkwürdigen Erscheinungen werfen auf die formbildende Function des Plasma und der Plastiden überhaupt das bedeutendste Licht. Vergl. besonders den Abschnitt über das Wachsthum in meiner Monographie der Radiolarien. Berlin 1862.

Siebentes Capitel.

Thiere und Pflanzen.

„Wenn man Pflanzen und Thiere in ihrem unvollkommensten Zustande betrachtet, so sind sie kaum zu unterscheiden. So viel aber können wir sagen, dass die aus einer kaum zu sondernden Verwandtschaft als Pflanzen und Thiere nach und nach hervortretenden Geschöpfe nach zwei entgegengesetzten Seiten sich vervollkommnen, so dass die Pflanze sich zuletzt im Baume dauernd und starr, das Thier im Menschen zur höchsten Beweglichkeit und Freiheit sich verherrlicht."

Goethe (Jena, 1807).

I. Unterscheidung von Thier und Pflanze.

„Der wissenschaftliche Standpunkt unserer Anschauungen von der organischen Natur hat sich in keinem Verhältnisse jedesmal so treu abgespiegelt, als da, wo es sich um Erörterung der Unterschiede handelt, welche zwischen Thier und Pflanze bestehen. Seit jener Zeit, als vor mehr denn hundert Jahren die Thiernatur der pflanzenartig festsitzenden, baumähnlich verästelten und blüthengleiche Individuen tragenden Polypenstöcke kund ward, hat jede neue Forschung in diesem Gebiete neue Theorieen zu Tage gebracht, von denen eine die andere verdrängte."

Diese Worte, mit denen Gegenbaur in seinen ausgezeichneten Grundzügen der vergleichenden Anatomie 1859 seine kritische Erörterung des Verhältnisses der Thiere zu den Pflanzen einleitete, bezeichnen treffend den hohen Werth, den diese Erörterung sowohl in theoretischer als in praktischer Beziehung besitzt. Wir werden uns derselben an diesem Orte um so weniger entziehen können, als die unschätzbare Erweiterung unseres biologischen Gesichtskreises, welche Darwin durch die causale Begründung der Descendenz-Theorie herbeigeführt hat, noch von keinem Biologen zur Lösung jener ebenso schwierigen als interessanten Frage benutzt worden ist. Wenn wir nun hier diese Anwendung versuchen, und wenn wir dadurch auf einen neuen und fruchtbaren Standpunkt in jener Frage hingeleitet werden, so werden wir hierin zugleich einen neuen und werthvollen Beweis für die Wahrheit und die Unentbehrlichkeit der Abstammungslehre finden dürfen. In der That werden wir alsbald gewahr werden, dass in dieser, wie in allen allgemeinen biologischen Fragen, nur der rothe Faden der genealogischen Verwandtschafts-Lehre es ist, der uns gleich dem leitenden Ariadne-Faden durch die labyrinthische Verwickelung der organischen Form-Verhältnisse zu ihrem wissenschaftlichen Verständnisse emporzuführen vermag.

Die uralte Eintheilung der Organismen in die beiden Hauptgruppen oder „Reiche“ der Pflanzen und Thiere ist, gleich der Unterscheidung mehrerer Hauptgruppen des Thierreichs (der Vögel, Fische etc.) nicht auf dem strengen Wege der wissenschaftlichen Untersuchung, Scheidung und Wägung ihrer verschiedenen Eigenschaften erzielt worden, sondern hervorgegangen aus der ersten oberflächlichsten und allgemeinsten Unterscheidung der lebendigen Naturkörper, welche schon der einfache Naturmensch ausübte, sobald er uberhaupt das Bedürfniss fühlte, die wesentlichsten und hervorragendsten Unterschiede der ihn umgebenden Naturkörper mit einem Namen zu bezeichnen. Daher findet sich auch die Eintheilung der Lebewesen in Thiere und Pflanzen, und bestimmte Worte zur Bezeichnung dieser beiden Reiche, bei fast allen Naturvölkern, die überhaupt über die niedrigste Stufe thierischer Rohheit sich erhoben haben. Erst sehr viel später finden wir Versuche einer wissenschaftlichen Bestimmung dieser beiden Begriffe vor. Man schrieb nun den Thieren, welche sich gleich dem Menschen bewegen und empfinden, wie diesem, eine Seele zu, während man den Pflanzen, die der Empfindung und Bewegung zu entbehren scheinen, eine Seele absprach. Doch ist es sehr bemerkenswerth, dass schon der grösste Naturforscher des Alterthums, Aristoteles, in der scharfen Unterscheidung der beseelten Thiere und unbeseelten Pflanzen unübersteigliche Schwierigkeiten fand[1]). Wie in vielen anderen Erkenntnissen, so war auch in dieser der grosse griechische Naturphilosoph der nachfolgenden Welt um mehr als zwei Jahrtausende voraus. Linné, den wir als den formellen Begründer der organischen Systematik feiern, vermochte sich trotz seiner umfassenden systematischen Kenntnisse nicht auf die Höhe jener Aristotelischen Betrachtung zu erheben, hielt vielmehr die Unterschiede zwischen den beseelten Thieren und den seelenlosen Pflanzen für ebenso

[1]) „Die Natur geht allmählig von den Unbeseelten zu den Thieren über, durch solche, die zwar leben, aber nicht Thiere sind, so dass es scheint, dass das Eine sich vom Anderen dadurch, dass sie sich einander nahe stehen, ganz wenig unterscheidet.“ Aristoteles, de partibus anim. IV, 5. 681a. „So steigert sich jenes Princip des Lebens in unmerklichen Stufen bis zur Thierseele hinauf, so dass man in dem Verfolg jener Reihen das Nächstverwandte und das in der Mitte Liegende kaum zu unterscheiden vermag.“ Aristoteles, historia anim. VIII, 1. 588b 10. Vergl. J, B. Meyer: Aristoteles Thierkunde p. 172.

absolute und ohne allmählige Uebergänge bestehende, als die Unterschiede zwischen den „Species“ und zwischen allen übrigen künstlichen Kategorieen seines Systems. Das Wesen der „Seele,“ welche die Thiere von den Pflanzen absolut unterscheiden sollte, setzte er in die Empfindung und die willkührliche Bewegung.[1]) Die Nachfolger Linnés, die meist gedankenlosen und dem Species-Dogma ergebenen Schulen der botanischen und zoologischen Systematiker hielten diese falschen Vorstellungen bis in die neueste Zeit hinein fest. Erheblichere Zweifel gegen dieselben wurden erst laut, als man sich im vierten und fünften Decennium unseres Jahrhunderts mit den sehr verbesserten Mikroskopen eifrig und vielseitig dem Studium jener zahllosen niederen Organismen zuwendete, welche als bewegliche, dem blossen Auge unsichtbare Körperchen alle süssen und salzigen Gewässer bevölkern. Unter diesen fand sich nun bald eine grosse Anzahl, welche in einigen Characteren der Form und der Lebenserscheinungen an die Thiere, in anderen an die Pflanzen sich anschloss; viele derselben vereinigten thierische und pflanzliche Charactere in einer so zweideutigen Weise, dass es geradezu unmöglich wurde, sie mit nur einiger Sicherheit dem einen oder anderen organischen Reiche zuzutheilen. Indem die einen Systematiker dieselben Formen mit Bestimmtheit als Pflanzen betrachteten, welche von Anderen ebenso bestimmt für Thiere erklärt wurden, entspannen sich bei Vielen sehr begründete Zweifel über die Vollgültigkeit der bisher allgemein angenommenen unterscheidenden Charactere. Einige kamen zu der Ueberzeugung, dass es nur darauf ankomme, neue und fester begründete Charactere aufzufinden, um die sicher vorhandene reale Grenze zwischen Pflanzen- und Thier-Reich scharf zu präcisiren, während Andere vielmehr an dieser Grenze selbst irre wurden und behaupteten, dass beide Reiche unmittelbar in einander übergingen, und zusammen ein einziges grosses Reich der Organismen bildeten.

Es wurden nun im Laufe der beiden letzten Decennien, sowohl von Botanikern als von Zoologen zahlreiche Versuche gemacht, theils absolut unterscheidende Kriterien zwischen den Thieren und Pflanzen aufzufinden, theils die Continuität beider Reiche zu beweisen. Wir haben hier weder Raum noch Veranlassung, auf alle diese einzelnen sehr divergenten Ansichten, die meistens gelegentlich bei Besprechung einer zweifelhaften Gruppe geäussert wurden, einzugehen, und begnügen uns, auf diejenigen Arbeiten zu verweisen, welche in den letzten Jahren die Frage am ausführlichsten behandelt haben.[2]) Die Monographen einzelner zweifelhafter Gruppen, z. B. der Schwämme, Myxomyceten, Flagellaten, Diatomeen etc. waren übrigens gewöhnlich vorzugsweise bestrebt, einen einzelnen unterscheidenden Character (insbesondere den der Beseelung, der Empfindung, der

---

[1]) „Vegetabilia vivunt, non sentiunt. Animalia vivunt et sentiunt sponteque se movent.“ Linné, Systema naturae.

[2]) C. Gegenbaur, De animalium plantarumque regni terminis et differentiis. Jenae 1860. E. Haeckel, Monographie der Radiolarien. Berlin 1862 (p. 159—165). C. Claus, Ueber die Grenze des thierischen und pflanzlichen Lebens. Leipzig 1863.

Willensbewegung) als bestimmend für die Natur der Gruppe nachzuweisen; die Consequenzen dieser Anwendung für alle zweifelhaften Mittelformen wurden aber von ihnen nicht gezogen. Theils dieser mangelnden Consequenz, theils der ungenügenden Vergleichung und unkritischen Wägung der unterscheidenden Charactere, theils aber auch den im Gegenstande selbst liegenden Hindernissen ist es zuzuschreiben, dass im gegenwärtigen Zeitpunkt eine Einigung über die Streitfrage nicht im Mindesten erzielt ist, dass vielmehr die Meinungen der einzelnen Systematiker über die Stellung der zweifelhaften Gruppen nicht weniger, als früher aus einander gehen. Nachdem die Unmöglichkeit, die gewöhnlich in erster Linie benutzten physiologischen Kriterien der Empfindung und der willkührlichen Bewegung zu einer absoluten Unterscheidung der Thiere und Pflanzen zu verwerthen, hinreichend dargethan war, versuchte man neuerdings die schärfer zu bestimmenden morphologischen Charactere als entscheidende für die Definition der beiden Reiche zu benutzen. Insbesondere hob zuerst Gegenbaur hervor, dass in der feineren Structur des thierischen und pflanzlichen Leibes allgemeine Unterschiede zu finden seien, welche wenigstens eine scharfe Definition der beiden Reiche gestatten, und wir selbst haben späterhin diese Ansicht noch weiter entwickelt und durch neue Gründe zu stützen gesucht. Indess hat sich unsere Ansicht keine weitere Geltung erringen können, und man hat sie auch insofern missverstanden, als man glaubte, dass wir durch Aufstellung dieses Differentialcharacters eine absolute Differenz zwischen dem Thier- und Pflanzenreiche überhaupt zu begründen suchten, während wir doch nur eine gleiche künstliche Definition der Gruppen zu geben wünschten, wie sie für jede grössere und kleinere Gruppe des Thier- und Pflanzenreichs zur praktischen Unterscheidung, und zur Begriffsbestimmung unentbehrlich ist.[1]) Für letzteren Zweck ist nun gewiss der von uns besonders hervorgehobene Character sehr wichtig, dass bei den Pflanzen die Zelle allgemein eine weit grössere Selbstständigkeit behält, als bei den Thieren.

Wir wollen indess auch auf diese Verhältnisse hier nicht weiter eingehen, da wir inzwischen zu der Ueberzeugung gelangt sind, dass sich die Frage nur von dem Standpunkte der Descendenz-Theorie aus naturgemäss beantworten lässt, und diese Beantwortung ist es, die wir hier zunächst versuchen wollen. Wir werden dabei zunächst die Bedeutung zu erwägen haben, welche die Eintheilung der Organismen in Thiere und Pflanzen, und die weitere Eintheilung derselben in Kreise, Klassen, Ordnungen und andere untergeordnete Systemgruppen überhaupt besitzt.

---

[1]) Sowohl Gegenbaur, als ich selbst, haben ausdrücklich erklärt, dass wir keine absolute Verschiedenheit zwischen Thier- und Pflanzen-Reich anerkennen, und dass wir den Versuch, ein morphologisches Unterscheidungs-Merkmal aufzustellen, in demselben Sinne wie jede systematische Eintheilung, d. h. als eine künstliche, aber praktisch unentbehrliche Grenzbestimmung ansehen und angesehen wissen wollen, so dass uns der mehrfach erhobene Vorwurf nicht trifft, dogmatisch da eine absolute Grenze gesetzt zu haben, wo in der Natur keine vorhanden ist.

II. Bedeutung der Systemgruppen.

Die beiden Hauptgruppen oder „Reiche“ der Organismen, Thiere und Pflanzen, pflegt man allgemein, wie im gewöhnlichen Leben so auch in der biologischen Wissenschaft, als die beiden einzigen obersten, einander coordinirten Hauptgruppen der Lebewesen zu betrachten, und diese Anschauung hat schon seit sehr langer Zeit ihren Ausdruck in dem allgemeinen wissenschaftlichen Bewusstsein dadurch gefunden, dass man Zoologie und Phytologie (Botanik) als die beiden coordinirten Hauptzweige der Biologie betrachtet, sobald man als Eintheilungsprincip der letzteren die Verschiedenheit in der Organisation der Hauptgruppen benutzt.

Es wird nun allgemein in den Systemen der classificirenden Biologen oder der Systematiker jedes der beiden Reiche wieder in Unterreiche oder Kreise (Subregna, Orbes, Typi) eingetheilt; diese zerfallen weiter in mehrere kleinere Abtheilungen, die Klassen; ebenso diese wieder in Ordnungen, die Ordnungen in Familien, die Familien in Gattungen; endlich setzen sich die Gattungen aus den einzelnen Arten (Species), Unterarten (Subspecies), Rassen, Varietäten oder Spielarten zusammen. Alle diese subordinirten Kategorieen des Systems sind künstliche Abstractionen, welche durch den Aehnlichkeitsgrad der verglichenen concreten organischen Individuen bestimmt werden. Mögen nun die künstlichen oder natürlichen Systeme noch so sehr von einander verschieden sein, und mag man in diesen Systemen viele oder wenige von solchen über einander geordneten Gruppen oder Kategorieen unterscheiden, immer stimmen sie doch alle darin überein, dass die allgemeinere und höhere Gruppenstufe oder Kategorie des Systems (z. B. die Klasse, Ordnung) einen entfernteren und weiteren Grad der Aehnlichkeit oder der „natürlichen Verwandtschaft“ der darunter zusammengefassten Organismen bezeichnet, während die niedrigere und beschränktere Gruppenstufe (z. B. Gattung, Art) einen näheren und engeren Grad der „natürlichen Verwandtschaft“ ausdrücken soll.

Was ist nun diese „natürliche Verwandtschaft“ der Lebewesen? Sie ist nichts Anderes und kann nichts Anderes sein, als die wirkliche leibhaftige „Blutsverwandtschaft“, der genealogische Zusammenhang der Organismen. Die Gesammtheit aller grossen Erscheinungsreihen der organischen Natur weisst mit überwältigender Macht darauf hin, und die Descendenz-Theorie, welche dieselben zusammenfasst und aus dem genealogischen Gesichtspunkte einheitlich erklärt, liefert dafür den schlagenden Beweis, wie wir im sechsten Buche zeigen werden. Hier gehen wir von dieser bewiesenen Theorie aus und betrachten also allgemein den systematischen Divergenzgrad zweier Organismen, d. h. den Grad des Abstands, den sie im System von einander haben, als den Maassstab für ihren wirklichen genealogischen Divergenzgrad, d. h. den Grad des Abstandes, den sie von einander hinsichtlich ihrer gemeinsamen Abstammung von den gleichen Stammformen haben. Das natürliche System der Organismen ist für uns ihr natürlicher Stammbaum, ihre genealogische Verwandtschaftstafel. Zur Erkenntniss derselben gelangen wir, wie wir im fünften Buche zeigen werden, durch die Vergleichung der überaus wichtigen dreifachen parallelen Stufenfolge, welche uns überall die palaeontologische, die embryologische und die systematische Entwickelung der Organismen darbietet.

Wie unten bewiesen werden wird, können wir auf diesem sicheren Wege die gemeinsame Entwickelung der divergentesten Organismen aus einer und derselben Stammform bis in die frühesten Zeiten hinauf verfolgen. Wir gelangen so z. B. zu dem äusserst wichtigen Resultate, dass alle Wirbelthiere, den Menschen nicht ausgeschlossen, von einer und derselben gemeinsamen Stammform entsprossen sind; dasselbe gilt von allen Coelenteraten, dasselbe von allen Echinodermen u. s. w. Kurz, wir gelangen auf dem bezeichneten Wege zu der Ueberzeugung, dass alle die unendlich mannichfaltigen organischen Formen, welche zu irgend einer Zeit auf der Erde gelebt haben, die äusserst differenzirte Nachkommenschaft von einer sehr geringen Anzahl von einfachen Stammformen sind; und aus den im vorigen Capitel angeführten Gründen können wir von der Natur dieser letzten einfachsten Urformen jedes Stammes aussagen, dass dieselben Organismen der allereinfachsten Art gewesen sein müssen, homogene, structurlose Urwesen, gleich der *Protamoeba,* und dem *Protogenes*, Moneren, welche durch Autogonie entstanden waren. Dieselben stellten die organischen Individuen erster Ordnung (Plastiden) in der denkbar einfachsten Form dar, da ihr structurloser und formloser, in seiner gesammten Eiweissmasse gleichartiger Plasmakörper noch keinerlei differente Theile besass. Erst ganz allmählig und langsam konnten sich aus diesen ersten Moneren, die sich durch Theilung fortpflanzten, differenzirte, heterogene Formelemente entwickeln, welche sich bald durch Sonderung von festerer Hülle und weicherem Inhalt zu einer Lepocytode (gleich der kernlosen „Fadenzelle“ eines Pilzes), bald durch Differenzirung von festerem Kern und weicherem Zellstoff zu einer Urzelle (gleich einer nackten Schwärmspore oder einer kernhaltigen Amoebe), bald durch Scheidung von Hülle, Kern und Plasma zu einer Hautzelle (gleich einer einzelligen Alge) gestalteten. Aus diesen entwickelte dann weiterhin die natürliche Zuchtwahl im Kampfe um das Dasein die ganze reiche Mannichfaltigkeit der zahllosen Formen, die im Laufe von Milliarden von Jahren so äusserst divergenten Nachkommen den Ursprung gegeben haben.

Wenn diese Theorie wahr ist — und wir können nicht daran zweifeln — so wird nun zunächst mit Bezug auf die genetische Differenz der Thiere und Pflanzen die wichtige Frage entstehen, ob alle Thiere und alle Pflanzen der Erde sich aus einem einzigen oder aus mehreren autogonen Moneren entwickelt haben, und wenn Letzteres der Fall ist, aus wie Vielen? Leider ist nun diese wichtige Frage nur mit einem sehr geringen Grade von Sicherheit hypothetisch zu beantworten. Auch die sorgfältigste Erwägung und Vergleichung aller bekannten Thatsachen liefert uns nur äusserst unvollständige Anhaltspunkte, und es ist überdies nicht die mindeste Hoffnung dazu vorhanden, dass auch die wichtigsten palaeontologischen Entdeckungen, die uns noch vorbehalten sind, das tiefe Dunkel, welches über jener ältesten Periode des Moneren-Lebens auf der Erde schwebt, lichten und uns über dessen primitive Entwickelung irgend etwas Sicheres verkünden werden. Denn es liegt in der äusserst einfachen Natur jener ersten autogonen Moneren, die wahrscheinlich gleich den noch jetzt lebenden Protamoeben mikroskopisch kleine und ganz weiche, höchst zerstörbare Plasmaklumpen gewesen sind, dass weder von ihnen selbst, noch von ihren nächsten Nachkommen irgend welche erkennbaren Spuren oder Reste in dem sich ablagernden Schlamme des Urmeeres erhalten bleiben konnten. Erst nach Ablauf langer Zeiträume können sich aus ihnen allmählig vollkommenere und grössere Organismen mit härteren Theilen entwickelt haben, die im Stande waren, kenntliche Spuren im Sedimentgestein zu hinterlassen.

Die einzigen positiven Erfahrungen, die uns in dieser Beziehung zu Hülfe kommen, sind die allgemeinen Resultate der embryologischen Entwickelung. Wir wissen, dass jeder Organismus während seiner Ontogenie eine Stufenfolge von niederen zu höheren Formen durchläuft, welche der Phylogenie seines Stammes im Ganzen parallel läuft, und wir können also von den ersten Stadien der embryologischen auf die ersten Stadien der palaeontologischen Entwickelung durch Deduction zurückschliessen. Nun zeigt sich allerdings bei der Ontogenie der allermeisten Organismen als die erste Formstufe der individuellen Entwickelung eine einzige einfache Plastide, gewöhnlich kernhaltig (als Zelle), seltener kernlos (als Cytode).[1]) Wir wissen

[1]) Auch als die ersten Stammformen derjenigen (der meisten) Organismen, deren erste Embryonalstufe eine kernhaltige Plastide (Zelle) ist, können wir kernlose Plastiden (Cytoden) ansehen, da aller Wahrscheinlichkeit nach durch Autogonie keine Zellen, sondern bloss structurlose Moneren, also Cytoden entstehen können, aus denen erst später Zellen sich differenziren. Die Erklärung dieser „Abkürzung der Entwickelung" siehe im fünften Buche.

auch, dass diese höchst einfachen Anfänge aller organischen Individuen ungleichartig sind, und dass äusserst geringe Differenzen in ihrer materiellen Zusammensetzung, in der Constitution ihrer Eiweiss-Verbindung genügen, um die folgenden Differenzen ihrer embryonalen Entwickelung zu bewirken. Denn sicher sind es nur äusserst geringe derartige Unterschiede, welche z. B. die erbliche Uebertragung der individuellen väterlichen Eigenschaften durch die minimale Eiweiss-Quantität des Zoosperms auf die Nachkommen vermitteln. Aber auch bei der sorgfältigsten Untersuchung sind wir nicht im Stande, mit unseren äusserst rohen Hülfsmitteln die unendlich feinen Differenzen wirklich zu erkennen, um deren Constatirung es sich hier handelt. Wir können also schon hieraus schliessen, dass es uns, selbst wenn wir die Moneren, aus denen die verschiedenen Stämme des Thier- und Pflanzen-Reiches entsprungen sind, neben einander vor uns hätten, ganz unmöglich sein würde, ihre primitiven Differenzen wahrzunehmen, und zu bestimmen, ob die einfachen Plasmaklumpen, welche den verschiedenen Stämmen des Thier- und Pflanzenreichs ihren Ursprung gegeben haben, ursprünglich gleich oder ungleich, ob sie alle autogon, oder ob sie bereits differenzirte, divergente Nachkommen einer einzigen autogonen Stammform gewesen sind.

Im Ganzen scheint uns bei genauerer Erwägung diese Frage, welche wir nie sicher werden beantworten können, nicht von der grossen Wichtigkeit zu sein, welche sie im ersten Augenblick beanspruchen möchte. Denn es ist unseres Erachtens für die wesentlichen Grundanschauungen der organischen Entwickelung ziemlich gleichgültig, ob in dem Urmeere zu der Zeit, als die erste Autogonie stattfand, an differenten Localitäten zahlreiche ursprünglich verschiedene Moneren oder aber viele gleichartige Moneren entstanden, welche sich erst nachträglich (durch geringe Veränderungen in der atomistischen Zusammensetzung des Eiweisses) differenzirten. Das Wichtigste ist und bleibt für uns die hypothetische Vorstellung, dass alle Organismen ihren ältesten Ursprung auf derartige einfachste, autogon entstandene Urwesen, auf homogene, structurlose Moneren zurückzuführen haben.

III. Ursprung des Thier- und Pflanzen-Reiches.

Die vorstehend berührte hypothetische Frage nach der ursprünglichen Zahl der autogonen Moneren, welche niemals mit Sicherheit zu entscheiden sein wird, hat hier für uns nur insofern ein besonderes Interesse, als man daraus Schlüsse könnte ziehen wollen auf die ursprüngliche Differenz des Thier- und Pflanzenreichs. Es würde sich hier vielleicht zunächst die Auffassung bieten, dass ursprünglich zwei verschiedene Moneren-Arten durch Autogonie entstanden seien, von denen die eine als die älteste gemeinsame Stammform der Thiere, die andere als der gemeinsame Urstamm der Pflanzen zu betrachten sei. Wäre dieses der Fall, so würden Thier- und Pflanzenreich in der That zwei vollkommen selbstständige, von einander gesonderte Hauptgruppen darstellen. Andererseits könnten wir uns denken, dass die ursprüngliche erste Autogonie nur eine einzige Moneren-Form producirt habe, aus welcher sich, wie aus einer gemeinsamen Wurzel, Thier- und Pflanzenreich als zwei verschiedene Stämme nach zwei divergirenden Richtungen hin entwickelt haben. Endlich wäre daneben noch die dritte Möglichkeit übrig, dass mehr als zwei verschiedene autogone Moneren die ursprünglichen Stammformen aller Organismen seien, und in diesem Falle würde der Begriff des Thieres, oder der Pflanze, oder alle beide Begriffe, nicht der Ausdruck einer oder zweier continuirlich zusammenhängender Entwickelungsreihen, sondern ein Collectivbegriff für eine Summe von „ähnlichen" Stämmen sein; es entsteht dann auch die Frage, ob wirklich alle Organismen sich unter einen dieser beiden Begriffe subsumiren lassen, oder ob es daneben noch andere Lebewesen giebt, die wir weder Thiere noch Pflanzen nennen können. Wir müssen alle diese drei möglichen Fälle in Erwägung ziehen. Dabei bringen wir nochmals in Erinnerung, dass wir unter Moneren ausschliesslich die vollkommen homogenen und structurlosen Organismen einfachster Art verstehen, formlose lebende Eiweissklumpen gleich den Protamoeben, welche sich ohne besondere Organe ernähren und durch Selbsttheilung fortpflanzen. Die verschiedenen „Arten" (Species) dieser Moneren können sich demgemäss selbstverständlich einzig und allein durch sehr geringe Differenzen in der chemischen Constitution ihres Eiweisskörpers unterscheiden. Soviel verschiedene Moneren-Arten, soviel verschiedene Eiweiss-Verbindungen, als individuelle Urwesen lebend.

Erster möglicher Fall: Es ist nur eine einzige Moneren-Art durch Autogonie entstanden. Alle Organismen ohne Ausnahme sind die nach verschiedenen Richtungen hin entwickelten Nachkommen dieser einzigen Moneren-Art, sind Bestandtheile eines einzigen Phylon. In diesem Falle würde der Stammbaum aller Lebewesen sich unter dem Bilde eines einzigen grossen Baumes zusammenfassen lassen, aus dessen gemeinsamer Wurzel und Stammbasis zwei verschiedene Stämme oder Hauptzweige (Thier- und Pflanzenreich) nach zwei verschiedenen Richtungen ihre Krone getrieben haben, während die zweifelhaften Zwischenformen den Wurzelschösslingen gleichen würden, welche tief unten aus dem gemeinsamen Stamme ihren Ursprung genommen haben. Die übliche Eintheilung der Lebewesen in Thiere und Pflanzen würde dann eben so einen genealogischen Werth haben, wie jede andere Gruppenbildung des natürlichen Systems; sie würde den weitesten Divergenzgrad der Blutsverwandtschaft bezeichnen. Dieser Fall ist nach unserer Ansicht nicht wahrscheinlich, da wir stärkere Veranlassung haben, eine Autogonie von mehr als einer einzigen Moneren-Art anzunehmen. Indessen ist er immer noch wahrscheinlicher, als der folgende.

Zweiter möglicher Fall: Es sind nur zwei verschiedene Moneren-Arten durch Autogonie entstanden, eine vegetabilische und eine animalische. Alle Pflanzen ohne Ausnahme sind die nach verschiedenen Richtungen hin entwickelten Nachkommen der einen, der vegetabilischen, ebenso alle Thiere ohne Ausnahme die Nachkommen der anderen, der animalischen Moneren-Art. Hiernach würden alle Organismen entweder Thiere oder Pflanzen sein müssen, wie es der in der That herrschenden Anschauung am meisten entsprechen würde. Alle Lebewesen würden demnach Bestandtheile zweier vollkommen selbstständiger Phyla sein, und sich entweder dem einen oder dem andern unterordnen lassen. In diesem Falle würde die Stammtafel aller Organismen uns das Bild von zwei grossen, vollkommen getrennten, und auch an der Wurzel nicht zusammenhängenden Bäumen darbieten, deren jeder sich aus seinem eigenen Samenkorn entwickelt und seine eigene Krone getrieben hat. Die niedrigen zweifelhaften Zwischenformen würden tief unten aus der Wurzel entweder des einen oder des anderen Baumes oder aber beider Bäume hervorgekommen sein. Die gewöhnliche Unterscheidung der Lebewesen in Thiere und Pflanzen würde in diesem Falle vollkommen der Natur entsprechen und die absolute Verschiedenheit der beiden Hauptgruppen richtig bezeichnen. Beide würden von Grund aus und durchweg verschieden sein. Dieser Fall entspricht zwar am meisten der gewöhnlichen Naturauffassung, ist aber, wie wir glauben, der am meisten unwahrscheinliche von allen drei Fällen.

Dritter möglicher Fall: Es sind mehr als zwei verschiedene Moneren-Arten durch Autogonie entstanden, welche mehr als zwei selbstständigen Organismen-Stämmen den Ursprung gegeben haben. Dieser Fall ist nach unserer Ansicht der bei weitem wahrscheinlichste von allen drei möglichen Fällen, und wir müssen daher denselben einer besonders sorgfältigen Erwägung unterziehen. Wir glauben, dass für diesen Fall sowohl a posteriori die thatsächlich herrschenden Differenzen über die Abgrenzung des Pflanzen- und Thier-Reichs, und über die Stellung der zahlreichen zweifelhaften Mittelformen sprechen, als auch die Vorstellungen, welche wir uns auf Grund unserer geologischen Erkenntnisse a priori über die Vorgänge der Autogonie, über die Bedingungen, unter denen die ersten Organismen entstanden, machen können. Fassen wir alle diese Vorstellungen zusammen und vereinigen sie mit den allgemeinsten Resultaten der Morphogonie, so begünstigen sie weit mehr die Annahme, dass eine grössere Anzahl von ursprünglich (wenn auch nur wenig) verschiedenen Moneren-Arten durch Autogonie entstanden sei, als die entgegengesetzte Hypothese, dass alle Organismen nur einer einzigen oder nur zwei ursprünglich verschiedenen autogonen Moneren-Arten ihren Ursprung verdanken.

Wenn wir uns, was allerdings ausserordentlich schwierig, unsicher und dunkel ist, irgend eine Vorstellung über den Zustand unserer Erdrinde zu der Zeit zu bilden versuchen, als die erste Autogonie von Moneren stattfand, so werden doch wohl alle hierüber möglichen Vorstellungen darin übereinstimmen, dass zu jener Zeit bereits an verschiedenen Orten verschiedene physikalisch-chemische Bedingungen für die Autogonie obwalteten, und dass mithin auch an verschiedenen Stellen in Folge dieser Differenzen verschiedene Moneren-Arten entstanden sein werden — Arten, welche, wie bemerkt, sich wahrscheinlich blos durch leichte Abweichungen in der chemischen Constitution ihres Plasmakörpers, ihrer individualisirten Eiweiss-Verbindung unterschieden haben werden. Auch wenn wir uns den einfachsten Zustand der erstarrten Erdrinde zu jener Zeit vorstellen, den Fall nämlich, dass die ganze Erdkugel ringsum gleichmässig von einer heissen Wasserhülle und darüber von einer dichten kohlensäurereichen Dampfhülle umgeben gewesen sei, so hat doch sicher schon die feste, allenthalben von dem Urmeere, wie von einer Wasserschale umgebene Erdrinde in ihrer Oberflächenbildung keine absolute Gleichmässigkeit dargeboten. Die Risse und Sprünge, welche bei der Abkühlung der feurig-flüssigen Erdkugel in ihrer erstarrenden Rinde entstanden, haben vielmehr schon frühzeitig mannichfaltige Unebenheiten und Untiefen auf dem Boden des verschieden tiefen Urmeeres bedingt, Unebenheiten, welche durch das Hervorquellen neuer feurig-flüssiger Gesteinsmassen aus den Spalten der Rinde noch bedeutend vermehrt wurden, und, indem sie sich mehr und mehr steigerten, eine immer grössere Mannichfaltigkeit in der physikalisch-chemischen Beschaffenheit verschiedener Stellen des Urmeeres hervorbrachten. Sehr frühzeitig und vielleicht schon lange vor Eintritt der Autogonie wird die Tiefe des Urmeeres, seine Dichtigkeit, seine Temperatur, sein Salzgehalt, seine Schwängerung mit verschiedenen gelösten Substanzen an vielen Stellen eine sehr verschiedene gewesen sein, und es werden also vielfach verschiedene Bedingungen obgewaltet und auf die Autogonie eingewirkt haben. Wahrscheinlich sind also sehr zahlreiche, verschiedene Moneren-Arten autogon entstanden, alle darin übereinstimmend, dass sie die denkbar einfachste Organismenform repräsentirten, nämlich vollkommen homogene, formlose und structurlose Eiweissklumpen, welche lebten (d. h. sich ernährten und durch Theilung fortpflanzten) und welche nur durch sehr geringe Differenzen in der chemischen Constitution der Eiweiss-Verbindungen sich unterschieden.

Aber selbst in dem Falle, dass nur eine und dieselbe Moneren-Art, d. h. eine und dieselbe Eiweiss-Verbindung in individueller Form, an vielen Stellen des die Erdrinde umhüllenden Urmeeres gleichzeitig entstanden wäre, würden doch alsbald bei der Anpassungs-Fähigkeit der Moneren an die verschiedenen Existenz-Bedingungen zahlreiche Differenzen bei den sich fortpflanzenden autogonen Moneren zu Stande gekommen sein, die zur Bildung vieler sehr verschiedener Moneren-„Arten" geführt haben werden. Zudem ist es höchst wahrscheinlich, dass die Bedingungen, welche für den Eintritt der Autogonie nöthig waren, sehr lange Zeit hindurch ununterbrochen fortdauerten und dass demnach dieser Akt. nicht nur einmal und an einer einzigen Stelle stattfand, sondern lange Perioden hindurch und an vielen Stellen des Urmeeres vor sich ging. Ist ja doch die Möglichkeit nicht ausgeschlossen, dass die Autogonie seit ihrem ersten Eintritt ununterbrochen fortdauerte und auch gegenwärtig noch stattfindet. Wenigstens könnte dafür die fortdauernde Existenz von höchst einfachen Moneren *(Protamoeba, Protogenes)* angeführt werden, die uns die denkbar einfachsten Formen jener Autogonen noch jetzt unmittelbar vor Augen führen.

Alle diese Umstände und die darauf gegründeten Erwägungen bestimmen uns a priori zu der Annahme, dass zahlreiche, verschiedene Moneren-Arten unabhängig von einander im Urmeere entstanden sind, dass aber die meisten derselben im Kampfe um das Dasein nach den von Darwin entwickelten Gesetzen wieder früher oder später untergegangen sein werden, während nur sehr wenige sich zu erhalten und zu formenreichen Phylen durch Differenzirung zu entwickeln vermocht haben. Es werden also jetzt nur noch verhältnissmässig wenige selbstständige, aus verschiedenen Moneren zu verschiedener Höhe entwickelte Stämme oder Phylen neben einander fortexistiren, während der bei weitem grösste Theil derselben schon wieder untergegangen ist. Nun stimmen in der That mit diesen a priori erlangten Annahmen die eigenthümlichen Verhältnisse, welche uns a posteriori die Vergleichung der Thiere und Pflanzen und der zwischen ihnen mitten inne stehenden unbestimmten Organismen aufdeckt, ganz vortrefflich überein. Alle über diesen schwierigen Punkt geführten Streitigkeiten finden ihre Erledigung, sobald wir annehmen, dass die zahlreichen Organismen, welche sich unmöglich ohne offenbaren Zwang entweder dem Thier- oder dem Pflanzenreiche einreihen lassen, mehreren selbstständigen Stämmen von Lebewesen angehören, die sich unabhängig von den Stämmen des Thier- und Pflanzen-Reichs entwickelt haben. Wir finden in den bekannten Thatsachen durchaus keine Nöthigung für die Annahme, dass alle Organismen-Stämme entweder Thiere oder Pflanzen sein müssen. Vielmehr müssen wir die bisher gültige exclusive Zweitheilung in Thier- und Pflanzenreich in dieser Beziehung für nicht begründet erachten. Es ist schon von verschiedenen Seiten darauf aufmerksam gemacht worden, dass es sowohl für die Zoologie als für die Botanik ein grosser Gewinn sein würde, wenn man die vielen zweifelhaften Lebewesen, die weder echte Thiere noch echte Pflanzen sind, in einem besonderen Mittelreiche oder Urwesenreiche vereinigen würde; doch hat unseres Wissens noch Niemand den Versuch gemacht, ein solches neues Reich der Urwesen nach Inhalt und Umfang fest zu bestimmen, und seine Begrenzung wissenschaftlich zu begründen und zu rechtfertigen. Wir wagen hier diesen Versuch auf Grund der obigen Deductionen und schlagen vor, alle diejenigen selbstständigen Organismen-Stämme, welche weder dem Thier- noch dem Pflanzenreiche mit voller Sicherheit und ohne Widerspruch zugerechnet werden können, unter dem Collectivnamen der Protisten,[1]) Erstlinge oder Urwesen, zusammenzufassen.

IV. Stämme der drei Reiche.

Wenn unsere vorhergehenden Betrachtungen richtig sind, und wenn wir mit Recht annehmen, dass die mannichfaltig entwickelten Gruppen der Organismenwelt mehr als zwei verschiedenen autogonen Moneren ihren Ursprung verdanken, und demnach mehr als zwei verschiedene Stämme oder Phylen darstellen; wenn wir ferner mit Recht diese verschiedenen, ganz von einander unabhängigen Phylen auf die drei Hauptgruppen oder Reiche der Thiere, Protisten und Pflanzen vertheilen, so haben wir nun hier weiter die Frage zu beantworten, ob jede dieser drei Hauptgruppen aus einem oder aus mehreren, und im letzteren Falle aus wie vielen Stämmen oder Phylen sie besteht.

Die Betrachtungen, welche wir oben über die Bedingungen der Autogonie angestellt haben, im Verein mit einer allgemeinen Vergleichung der Verwandtschafts-Verhältnisse zwischen den sogenannten „Klassen" der organischen Reiche, scheinen uns zu der Annahme zu berechtigen, dass jedes der drei organischen Reiche aus mehreren Phylen zusammengesetzt ist. Am wenigsten zweifelhaft scheint uns dies für die Protisten zu sein. Dagegen liesse sich einerseits das Thierreich, andererseits das Pflanzenreich (namentlich das letztere) schon mit mehr Wahrscheinlichkeit als ein einziger Stamm auffassen, obwohl wir unsererseits mehr geneigt sind, auch hier mehrere selbstständige Stämme anzunehmen. Denn wenn wir die palaeontologischen und embryologischen Entwickelungs-Reihen aller Organismen vergleichend ins Auge fassen, uns einen umfassenden und allseitigen Ueberblick über alle Organisations-Verhältnisse der drei Reiche zu gewinnen streben, so werden wir ebenso hinsichtlich des Thier-

---

[1]) πρώτιστον, τό; das Allererste, Ursprüngliche.

reichs und des Pflanzenreichs, wie hinsichtlich des Protistenreiches zu der Ansicht hingeführt, dass jedes derselben eine Gruppe von mehreren, aus verschiedenen Moneren autogon entstandenen Stämmen darstelle.

Offenbar ist diese Frage, obwohl bisher noch von Niemand in Angriff genommen, für die vergleichende Morphologie von der grössten Wichtigkeit. Denn es handelt sich dabei um die endgültige Entscheidung, ob die auffallenden Aehnlichkeiten, welche wir zwischen den Stämmen jedes Reiches wahrnehmen (z. B. die Aehnlichkeiten zwischen den Wirbelthieren und Gliederthieren, oder zwischen den Nematophyten und Cormophyten), homologe, durch gemeinsame Abstammung erworbene, oder aber analoge, durch gleiche Anpassung entstanden sind. Wenn alle Organismen jedes der drei Reiche von einem und demselben autogonen Monere abstammen, wenn mithin jedes Reich einen einzigen Stamm darstellt, so können auch zwischen allen Gliedern des Stammes Homologieen existiren d. h. Aehnlichkeiten, welche auf der gemeinsamen Abstammung, auf der Vererbung von der gemeinsamen Stammform beruhen. Wenn dagegen jedes Reich aus mehreren Phylen besteht, die ganz unabhängig von einander aus verschiedenen Moneren entstanden sind, so können auch alle Aehnlichkeiten, welche sich etwa zwischen Gliedern verschiedener Stämme auffinden lassen, nur Analogieen sein, d. h. durch die ähnliche Anpassung an ähnliche Existenzbedingungen erworben. Wenn z. B. alle Thiere Glieder eines einzigen Thier-Phylon sind und ihren gemeinsamen Ursprung auf eine einzige Moneren-Art zurückzuführen haben, so wird die Gliederung der Vertebraten und Articulaten, die Zusammensetzung ihres Rumpfes aus vielen hinter einander liegenden Metameren, auf Homologie beruhen; wenn dagegen das Thierreich aus mehreren Phylen besteht, und wenn Vertebraten und Articulaten zwei getrennte Phylen darstellen, so wird die ähnliche Gliederung ihres Rumpfes nur als Analogie aufzufassen sein. Offenbar ist aber dieser Unterschied für die philosophische Morphologie von der äussersten Wichtigkeit.

Die Hülfsmittel, welche uns zur Lösung dieser eben so wichtigen als schwierigen Frage zu Gebote stehen, sind nun allerdings äusserst unvollkommen und unsicher. Wir können dieselbe, wie die vorhergehenden Fragen, nur mit annähernder Wahrscheinlichkeit entscheiden, durch umsichtige Erwägung der vielfach verwickelten Beziehungen, welche uns die embryologische, palaeontologische und systematische Entwickelung und der lichtvolle Parallelismus dieser drei Entwickelungsreihen an die Hand giebt. Wenn wir nun, wie es im sechsten Buche eingehend geschehen wird, auf Grund dieser Erwägungen möglichst sorgfältig und umsichtig Umfang und Zahl der

Stämme zu bestimmen suchen, so kommen wir zu dem Resultate, dass jedes der drei Reiche aus mehreren Stämmen besteht, deren jeder aus einer eigenthümlichen Moneren-Art sich entwickelt hat. Zwar ist es möglich, dass diese verschiedenen Stämme doch noch an ihrer Wurzel zusammenhängen, d. h. dass die scheinbar selbstständigen Urformen der einzelnen Stämme durch Differenzirung einer einzigen autogonen Moneren-Art entstanden sind; allein wir besitzen keine hinreichenden Garantieen, um dies mit einiger Sicherheit behaupten zu können. Es scheint uns aber für unseren Gegenstand weit erspriesslicher, nur die genügend sicheren Phylen als geschlossene Einheiten hinzustellen, als einen tieferen Zusammenhang derselben, und eine vielleicht nicht begründete Einheit ihrer Wurzel zu behaupten. So können wir also z. B. sämmtliche Wirbelthiere und ebenso sämmtliche Gliederthiere als Glieder eines einzigen Stammes mit aller Sicherheit hinstellen, und von einem Phylon der Vertebraten, einem Phylon der Articulaten sprechen. Wir können aber nicht mit genügender Sicherheit von einem vereinten Phylon der Vertebraten und Articulaten sprechen, obwohl uns ihr primitiver Zusammenhang vielleicht wahrscheinlich ist. Wir müssen daher bei Bestimmung des Umfangs und Inhalts der einzelnen Phylen in dieser Beziehung sehr vorsichtig sein, und ziehen es entschieden vor, lieber eine grössere Anzahl von Phylen anzunehmen, deren jeder uns sicher eine geschlossene Einheit von blutsverwandten Organismen darstellt, als eine geringere Anzahl von Stämmen, von denen vielleicht einer oder der andere selbst erst wieder aus mehreren ursprünglich getrennten Stämmen zusammengesetzt ist.

Da wir im sechsten Buche unsere Auffassung und Begränzung der Organismen-Stämme ausführlich begründen werden, so begnügen wir uns hier mit einer einfachen Aufzählung derselben, und heben dazu nur wiederholt und ausdrücklich folgenden wichtigen Grundsatz hervor: *Jeder Stamm (Phylon) der Organismen-Welt umfasst sämmtliche jetzt noch existirende oder bereits ausgestorbene Lebensformen, welche alle von einer und derselben autogonen Stammform ihre Herkunft ableiten. Diese Stammform (autogones Urwesen) ist stets zu denken als ein vollkommen structurloses und homogenes Moner*, ein einfachstes organisches Individuum, ein lebender Klumpen einer Eiweissverbindung, der sich ernährte und durch Theilung fortpflanzte, und aus welchem erst allmählig in vielen Fällen eine Zelle (durch Differenzirung von Kern und Plasma) und aus dieser (durch Theilung) ein mehrzelliges Lebewesen sich entwickelt hat. Einige Phylen sind auf dem primitiven Urzustande des Moneres stehen geblieben, andere haben sich zu einzelligen, andere zu mehrzelligen Organismen entwickelt.

Wenn wir nun von diesen festen Gesichtspunkten aus die Zahl der Stämme, die in jedem der drei organischen Reiche sich mit einiger Sicherheit unterscheiden lassen, bestimmen, so kommen wir zu folgendem System der Phylen: A. Thierreich: 1) *Vertebrata* (Pachycardia et Leptocardia). 2) *Mollusca* (Cephalota et Acephala). 3) *Articulata* (Arthropoda, Vermes et Infusoria). 4) *Echinodermata.* 5) *Coelenterata.* B. Protistenreich: 1) *Spongiae* (Porifera). 2) *Noctilucae* (Myxocystoda). 3) *Rhizopoda* (Radiolaria, Actinosphaerida et Acyttaria). 4) *Protoplasta* (Arcellida, Amoebida et Gregarinae. 5) *Moneres* (Protamoebae, Protogenida et Vibriones). 6) *Flagellata.* 7) *Diatomea.* 8. *Myxomycetes* (Mycetozoa). C. Pflanzenreich: 1) *Phycophyta* (Algae pro parte). 2) *Characeae.* 3) *Nematophyta* (Fungi et Lichenes). 4) *Cormophyta* (Phanerogamae omnes et Cryptogamae exclusis Nematophytis, Characeis et Phycophytis).

V. Characteristik der Stämme und Reiche.

Da nach unserer Ansicht jedes der drei Organismen-Reiche aus mehreren Phylen besteht, so muss natürlich der systematische Werth, die classificatorische Bedeutung der Reiche gänzlich von der der Stämme verschieden sein. Der Stamm ist eine natürliche Gruppe, eine concrete Einheit, das Reich dagegen eine künstliche Gruppe, eine abstracte Einheit. Alle Glieder und über einander geordneten Kategorieen (Klassen, Ordnungen, Gattungen, Arten etc.) eines Stammes sind innerhalb desselben durch das continuirliche Band der gemeinsamen Abstammung zu einem untrennbaren realen Ganzen verbunden, durch Homologie. Alle Stämme eines Reiches dagegen sind nur künstlich durch gewisse Aehnlichkeiten zu einer idealen Einheit zusammengestellt, durch Analogie. Daher hat denn auch der Versuch einer Characteristik oder differentiellen Diagnostik einen ganz verschiedenen Werth bei den Reichen und bei den Stämmen. Wir werden leichter eine umfassende künstliche Diagnose der drei organischen Reiche, als eine erschöpfende natürliche Characteristik der einzelnen Stämme geben können. Machen wir aber wirklich dazu den Versuch, so finden wir alsbald, dass sowohl jene als diese in absoluter Vollkommenheit nicht zu geben ist.

Eine erschöpfende und alle Glieder (Kategorieen) des Stammes gleichmässig umfassende Characteristik eines Phylon ist ganz unmöglich. Zwar findet man in allen Lehrbüchern solche Definitionen oder Diagnosen der grossen Hauptpruppen, welche im Ganzen unseren Stämmen entsprechen, und diese Diagnosen haben oft den vollen Schein einer abgerundeten Definition. Auch ist es in der That nicht schwer, manche Phylen in dem Umfange, wie wir sie jetzt kennen, vortrefflich durch bestimmte und scharf unterscheidende Merkmale zu characterisiren. So z. B. ist die Diagnose des Wirbelthier-Stammes, des Coelenteraten-Stammes etc. mit voller Schärfe und Sicherheit zu geben. Allein eine solche Diagnose ist nur möglich dadurch, dass man ausschliesslich die vollendeten Formen zusammenstellt und vergleicht, die werdenden und nicht entwickelten dagegen ausschliesst. Dies gilt ganz ebenso von der Definition der Stämme, wie von derjenigen der Gruppen innerhalb der Stämme. Jeder wird uns dies zugeben, wenn er an die embryonale Entwickelung denkt. Es ist z. B. ganz unmöglich, die Embryonen von Vögeln und Reptilien bis zu einer gewissen Zeit ihrer Entwickelung zu unterscheiden, und doch setzt die Definition der vollendeten Formen beide Klassen scharf und vollständig von einander ab. Ebenso ist es ganz unmöglich, die Eier und die ersten Entwickelungszustände (z. B. die maulbeerförmigen Zellenhaufen, die aus der totalen Eifurchung hervorgehen) von Thieren verschiedener Klassen (z. B. Cephalophoren und Lamellibranchien) zu unterscheiden; diese Unterscheidung ist selbst bei Angehörigen ganz verschiedener Stämme (z. B. Echinodermen und Mollusken) oft unmöglich. In noch viel höherem Maasse macht sich aber dieser Umstand geltend, wenn wir an die palaeontologische Entwickelung und an die continuirlich zusammenhängenden Stufenreihen von Formen denken, die aus einer und derselben gemeinsamen Wurzelform nach verschiedenen Richtungen hin sich divergent entwickeln. Da hier überall eine unendliche Menge verbindender Zwischenglieder ganz allmählig von einer Form in die andere hinüberleitet und da auch die höchst entwickelten und scharf ausgebildeten Endglieder der Entwickelungsreihen durch eine ununterbrochene Stufenfolge mit den niedersten und einfachsten Moneren, den gemeinsamen autogonen Stammformen, continuirlich zusammenhängen, so ist es geradezu unmöglich, sowohl die einzelnen Glieder (Kategorieen) eines Stammes durch eine scharfe Definition zu unterscheiden, als auch den ganzen Stamm durch eine auf alle seine Glieder passende und auf kein Glied eines anderen Stammes passende Diagnose zu characterisiren. Wenn dies dennoch häufig möglich zu sein scheint, wenn wir z. B. die drei Klassen der Säuger, Vögel und Reptilien durch scharfe Diagnosen trennen, wenn wir den Stamm der Wirbelthiere scharf characterisiren, so ist dies blos dadurch möglich, dass wir ausschliesslich die höchst entwickelten und ausgebildeten Formen vergleichen und die zahllosen embryologischen und palaeontologischen Entwickelungszustände gänzlich vernachlässigen. So z. B. können wir die drei Ordnungen der Hufthiere (Pachydermen, Pferde und Wiederkäuer) in der Jetztwelt sehr scharf von einander trennen; es ist dies aber ganz unmöglich, wenn wir ihre früheren Embryonal-Zustände, oder auch wenn wir nur ihre ausgestorbenen Blutsverwandten der Tertiärzeit mit in den Kreis der Betrachtung hineinziehen, welche theils die gemeinsamen Stammformen, theils die unmittelbaren Zwischenglieder zwischen denselben darstellen. Nur desshalb können wir scharf den Stamm der Wirbelthiere von den übrigen thierischen Phylen trennen, weil wir von ihnen nur die hoch entwickelten Formen der Fische, Amphibien und der allantoiden Vertebraten kennen, während uns alle ihre einfacher gebauten Vorfahren und die zahllosen niedrigeren Vertebraten, von denen uns blos der einzige *Amphioxus* eine Ahnung zu geben vermag, ganz unbekannt sind. Und doch muss sich auch der Stamm der Wirbelthiere, ebenso wie der der Articulaten, aus einem autogonen, einer *Protamoeba* ähnlichen Monere allmählig entwickelt haben, wie uns schon ihre gemeinsame embryonale Entwickelung aus einem einfachen Eie beweisst. Jeder Stamm muss sich aus einem solchen einfachsten Monere allmählig stufenweis emporgehoben haben, muss also auch zahlreiche, höchst unvollkommene „Species“ innerhalb seines Formenkreises einschliessen, welche nur als einfachste Individuen erster Ordnung, als Plastiden (erst Cytoden, später Zellen) existirt und sich längere Zeit hindurch auch als solche fortgepflanzt haben, ehe sich aus ihnen im Kampfe um das Dasein höhere Organismen entwickelten. Wir können also zu einer differentiellen Diagnose jedes Phylon, zu einer wirklich characteristischen Definition jedes Stammbegriffs nur dadurch künstlich gelangen, dass wir die höchst entwickelten Formen allein berücksichtigen und die unvollkommneren und indifferenten embryonalen und palaeontologischen Entwickelungsformen ausschliessen.

Ganz ebenso unmöglich, als eine scharfe Unterscheidung und eine vollständige Characteristik der einzelnen Stämme, ist auch eine vollkommen scharfe Diagnose und eine alle Glieder jedes Reiches umfassende Definition der drei Reiche, deren jedes wieder aus mehreren Stämmen besteht. Da jedoch der Begriff des Reiches nicht, wie der des Stammes, einer realen Einheit entspricht, sondern blos ein künstlicher Collectivbegriff ist, und sich auf eine Anzahl von Analogieen, von Aehnlichkeiten stützt, die mehrere selbstständige Stämme unter sich zeigen, so brauchen wir in der Diagnose der Reiche bloss diese, allen Stämmen eines Reiches und allen Stämmen der anderen Reiche abgehenden Eigenthümlichkeiten hervorzuheben, um sie von einander künstlich zu unterscheiden. Natürlich werden auch hier nur die ausgebildeteren Formen berücksichtigt werden können, welche jene Unterschiede deutlich zeigen, da wir keine Mittel besitzen, die niedersten und einfachsten Formen, die frühesten embryologischen und palaeontologischen Entwickelungsstufen (ebenso der einzelnen Reiche, wie der einzelnen Stämme) von einander zu unterscheiden. Es wird also auch diese Diagnose der Reiche eine durchaus künstliche und mangelhafte sein, gleich allen anderen Diagnosen des Systems. Da wir aber diese

Diagnosen nicht entbehren können, und da wir in der wissenschaftlichen Praxis überall die einzelnen Gruppen (Klassen, Arten etc.) scharf trennen und durch Namen unterscheiden müssen, obwohl wir wissen, dass sie durch unmerkliche Zwischenformen zusammenhängen, so wollen wir auch hier den schwierigen und gefährlichen vorläufigen Versuch wagen, eine künstliche und möglichst (!) scharfe Characteristik der drei Reiche, unter vorwiegender Berücksichtigung der vollkommeneren, am meisten ausgebildeten Formen aufzustellen.

VI. Character des Thierreiches.

Fünf Stämme des Thierreiches: 1. Vertebrata (Pachycardia et Leptocardia). 2. Mollusca (Cephalota et Acephala). 3. Articulata (Arthropoda, Vermes et Infusoria). 4. Echinodermata. 5. Coelenterata.

VI. A. Chemischer Character des Thierreiches.

Aa. Character der chemischen Substrate der Thiere.

Die wichtigsten Substanzen des Thierkörpers (vor Allen das Plasma oder Protoplasma der Plastiden) sind Eiweiss-Verbindungen (Albuminate), durch deren Thätigkeit die meisten anderen Verbindungen des Thierleibes mittelbar oder unmittelbar erzeugt werden. Die Eiweisskörper der Thiere treten in zahlreichen noch sehr unbekannten Modificationen auf, von denen die wichtigsten das Thiereiweiss (das beim Erhitzen in Flocken gerinnende Albuminat der Eier, des Blutserum, des Muskelsaftes), der Thierfaserstoff (Blutfibrin, Muskelsyntonin etc.) und der Thierkäsestoff (Casein der Milch etc.) sind. Aus den Eiweiss-Verbindungen der Thierkörper gehen stickstoffhaltige, meist sauerstoffreichere und kohlenstoffärmere Eiweiss-Derivate hervor, welche besonders als Zellenausscheidungen, als Cuticularbildungen und als Intercellularsubstanzen, eine grosse Rolle spielen, und welche auch von vielen Protisten, dagegen von den Pflanzen sehr selten, vielleicht nie erzeugt werden: Hornsubstanz (der Epithelialgewebe), leimgebende Substanz (der Bindegewebe), elastische Substanz und die nahverwandte Substanz der Membranen der meisten thierischen Zellen; ferner die vielerlei Modificationen des Chitins und der verwandten Substanzen (Fibroin, Conchiolin etc.). Ebenso sind die Thiere ausgezeichnet durch die Erzeugung von stickstoffhaltigen Säuren (Harnsäure, Hippursäure, Inosinsäure etc.), welche den Pflanzen fehlen, wogegen die stickstofffreien Säuren hier eine sehr viel geringere Verbreitung und Bedeutung, als bei den Pflanzen haben. Die stickstoffhaltigen Basen der Thiere (Harnstoff, Kreatin, Leucin etc.) sind schwach alkalisch und fast von constanter Zusammensetzung, umgekehrt wie bei den Pflanzen. Der wichtigste Farbstoff der Pflanzen, das Chlorophyll, kommt in den Thieren nur sehr selten vor (z. B. bei *Stentor*, bei *Hydra viridis*, einigen Turbellarien, *Bonellia* etc.). Fette kommen in allen Thieren vor. Die stickstofffreien Verbindungen aus der Gruppe der Kohlenhydrate, welche bei den Pflanzen als Cellulose, Stärke, Gummi, Zucker etc. eine so hervorragende Rolle spielen, kommen in den Thieren nur selten vor (Cellulose im Mantel der Tunicaten); nur der Zucker (Milchzucker, Traubenzucker) ist häufig. Während diese Kohlenhydrate, vor Allen die Cellulose, im Pflanzenkörper die eigentlich skeletbildenden Substanzen sind, finden wir dagegen im Körper der meisten Thiere Skelete aus anorganischen, d. h. nicht kohlenstoffhaltigen Verbindungen, gebildet, insbesondere aus Kalksalzen; bei den Wirbelthieren überwiegt der phosphorsaure, bei den Wirbellosen der kohlensaure Kalk, der oft den grössten Theil des Körpers bildet (Anthozoen). Im Allgemeinen treten diese und andere Salze (insbesondere der Alkalien und alkalischen Erden, Kochsalz etc.) im Thierkörper in constanteren Mengenverhältnissen auf und können sich weniger substituiren, als dies bei den Pflanzen der Fall ist.

Ab. Character der chemischen Processe der Thiere.

Der wesentliche Character der chemischen Processe, welche im Thierkörper vor sich gehen, beruht auf Analyse und Oxydation zusammengesetzter Verbindungen, und lässt sich in den wenigen Worten zusammenfassen: Das Thier ist ein Oxydations-Organismus. Das Thierleben im Grossen und Ganzen ist ein Oxydations-Process. Die Thiere bilden aus den verwickelten „organischen" oder Kohlenstoff-Verbindungen (Albuminaten, Fetten etc.), welche sie aus den Pflanzen als Nahrung aufnehmen, durch Analyse und Oxydation die einfacheren „anorganischen" Verbindungen (Kohlensäure, Wasser und Ammoniak), welche wiederum den Pflanzen zur Nahrung dienen. Doch kommen im Einzelnen daneben auch vielfach synthetische und Reductions-Processe vor.

VI. B. Morphologischer Character des Thierreiches.

Ba. Character der thierischen Individualitäten.

Der wesentliche tectologische Character der Thiere liegt sowohl in der verwickelteren Zusammensetzung des Thierleibes aus weit differenzirten Individuen verschiedener Ordnung, als auch besonders in der verschiedenartigsten Ausbildung der Individuen zweiter Ordnung, der Organe, welche viel mannichfaltiger, als bei den Pflanzen und Protisten, differenzirt und polymorph sind. Die Plastiden, die Individuen erster Ordnung, sind bei den Thieren allermeist Zellen, und zwar meistens Nacktzellen (ohne Membran), weniger Hautzellen (mit

Membran). Sehr häufig, und allgemein in den entwickelten Personen, vereinigen sich bei den Thieren mehrere Nacktzellen zur Bildung von Zellstöcken (Nervenfasern, Muskelfasern), was bei den Pflanzen nur bei der Bildung der Milchsaftgefässe und der Spiralgefässe geschieht. Daher verliert bei den Thieren stets wenigstens ein Theil der Zellen ihre individuelle Selbstständigkeit, während sie dieselbe in den Pflanzen meist behalten. Ueberhaupt erreicht die Entwickelung der „Gewebe" durch Differenzirung der Zellen bei den Thieren einen weit höheren Grad, als bei den Protisten und Pflanzen. Bei allen entwickelten Thieren kann man vier Gruppen von Geweben unterscheiden: I. Epithelialgewebe, II. Bindegewebe, III. Muskelgewebe, IV. Nervengewebe. Die Organe der Thiere sind, entsprechend ihren mannichfaltigen Functionen, äusserst mannichfaltig entwickelt. Es lassen sich bei allen entwickelten Thieren in morphologischer Hinsicht zahlreiche verschiedene, und in physiologischer Hinsicht allgemein vier Gruppen von Organen unterscheiden: I. Ernährungs-Organe (Werkzeuge der Verdauung, Circulation, Respiration), II. Fortpflanzungs-Organe (Geschlechts-Werkzeuge), III. Locomotions- oder Bewegungs-Organe (Muskeln), IV. Beziehungs-Organe oder Nerven (Organe der Sinnesempfindung, der Willensbewegung und des Denkens). Die Individualitäten sechster Ordnung, welche bei den Pflanzen als Stöcke (Cormi) so allgemein und hoch entwickelt sind, treten als solche continuirlich zusammenhängende Raumeinheiten nur bei den unvollkommeneren Stämmen der Thiere auf, allermeist nur bei festsitzenden Formen des Thierreichs, da hiermit nicht die freie Bewegung der Individuen fünfter Ordnung, der Personen, verträglich ist, welche bei den Thieren ganz vorwiegend entwickelt sind. Statt dessen finden wir bei den Thieren sehr allgemein Polymorphismus freier Personen, und die Bildung von Staaten (Heerden etc.), welche sich von den realen Einheiten der Stöcke dadurch unterscheiden, dass die einzelnen Personen nur ideal zur Einheit des Ganzen verbunden sind.

Bb. Character der thierischen Grundformen.

Die Thiere zeichnen sich sowohl vor den Protisten als vor den Pflanzen hinsichtlich ihrer Grundformen dadurch aus, dass bei ihnen allgemein die Zeugiten-Form, und zwar gewöhnlich die Eudipleuren-Form, die herrschende ist, die Grundform also der halben amphithecten Pyramide (sogenannte „bilaterale Symmetrie"), welche bei den Pflanzen meist nur in den höheren Formen, bei den Protisten aber überhaupt selten vorkommt. Die physiologischen Individualitäten der Thiere, welche meist durch morphologische Individuen fünfter Ordnung oder Personen repräsentirt werden, zeichnen sich meist durch sehr verwickelte äussere Formen aus, unter denen gewöhnlich die Eudipleuren-Form und andere Grundformen der höchsten, am meisten differenzirten Stufen sehr versteckt sind. Dagegen sind bei ihnen die niedriger stehenden Grundformen, besonders die vollkommen regulären Formen, die bei den Protisten so vorwiegen, im Ganzen selten. Die Grundform der regulären Pyramide, welche bei den Pflanzen (besonders in den Sexual-Individuen) so sehr verbreitet ist, erscheint bei den Thieren viel seltener, allgemeiner nur bei den sogenannten „Strahlthieren", den beiden Stämmen der Echinodermen und Coelenteraten. Die letzteren sind zum grösseren Theil festsitzende Thiere. Bei den frei beweglichen Thieren musste die Eudipleuren-Form schon wegen des offenbaren Vortheils, den sie für die freie Ortsbewegung bietet, im Kampfe um das Dasein den Vortheil über die unpractischere „regulär-radiäre" Form, die Grundform der regulären Pyramide, gewinnen.

VI. C. Physiologischer Character des Thierreiches.

Ca. Character der allgemeinen Lebenserscheinungen bei den Thieren.

Die Ernährung der Thiere zeichnet sich vor derjenigen aller Pflanzen und der meisten Protisten dadurch aus, dass die allermeisten Thiere feste Nahrungsstoffe in besondere Höhlungen ihres Inneren (Darm) aufnehmen, in welchen dieselben verflüssigt (verdaut) und dann durch die Wandungen dieser Höhlen hindurch (mittelst Endosmose) aufgesaugt werden. Doch fehlen solche Höhlungen manchen schmarotzenden Thieren (Cestoden, Acanthocephalen), welche gleich parasitischen Pflanzen bereits zubereitete flüssige Nährstoffe durch ihre Oberfläche (Haut) imbibiren. Die Thiere nehmen allgemein Sauerstoff aus der Atmosphäre auf und ausserdem neben gewissen einfacheren Verbindungen (Wasser, Kochsalz und andere kohlenstofffreie Salze) auch noch sämmtlich als eigentliche Nahrungsstoffe verwickeltere Kohlenstoff-Verbindungen (Albuminate, Fette etc.), welche sie theils unmittelbar aus den Pflanzen, theils aus den pflanzenfressenden Thieren beziehen. Indem sie diese oxydiren, bilden sie Kohlensäure und andere einfache Verbindungen. Daher athmen die Thiere sämmtlich Sauerstoff ein, Kohlensäure aus. Bei den allermeisten Thieren wird der durch die Verdauung gewonnene Ernährungssaft (Chylus, Blut) durch besondere Systeme von communicirenden Röhren (Chylusgefässen, Blutgefässen) den verschiedenen Körpertheilen zugeleitet, und dessen Fortbewegung in denselben entweder durch contractile Wimpern oder durch besondere contractile, rhythmisch pulsirende Behälter (Herzen) geregelt und beschleunigt. Die Fortpflanzung geschieht bei den Thieren allgemein auf geschlechtlichem Wege, und ausserdem bei den meisten niederen Thieren zugleich auf ungeschlechtlichem Wege (durch Theilung, Knospenbildung). Hier wechseln dann diese beiden Formen der Fortpflanzung meist in der Weise mit einander ab, dass ein regelmässiger Generationswechsel besteht. Dieser fehlt den allermeisten höher entwickelten Thieren. Die beiderlei Geschlechter sind bei der grossen Mehrzahl der Thiere getrennt, nur bei vielen niederen Formen in einem Individuum fünfter, selten sechster Ordnung vereinigt.

Bei allen Thieren finden wir diese allgemeinen Lebensthätigkeiten der Ernährung, des Wachsthums und der Fortpflanzung unzertrennlich verbunden mit gewissen molekularen Bewegungserscheinungen und Massebewegungen (mechanischen Leistungen), welche auch allen Pflanzen und Protisten unentbehrlich sind. Auch hier sind es in erster Linie gegenseitige Lageveränderungen der Moleküle des Plasma, welche sich als „Contractionen", als Wachsthum und als Fortpflanzung (Theilung und Knospenbildung) der Plastiden äussern. Auch hier beruhen diese allgemeinen „organischen" Functionen (die man oft unpassend „vegetative" nennt) im Grunde darauf, dass (vielleicht immer unter Wärme-Entwickelung) Spannkräfte in lebendige Kräfte übergeführt werden.

Cb. Character der besonderen thierischen Lebenserscheinungen.

Ausser den oben genannten lebendigen Kräften entwickeln alle Thiere eine Summe von eigenthümlichen Bewegungserscheinungen, welche den Pflanzen grösstentheils abgehen und welche man desshalb wohl als „animale" Functionen im engeren Sinne bezeichnen kann. Diese thierischen Bewegungen beruhen wesentlich auf dem characteristischen Oxydations-Chemismus der Thiere. Indem die Hauptsumme der chemischen Processe in dem Thiere besonders darauf hinausläuft, die verwickelten und lockeren Kohlenstoff-Verbindungen durch Oxydation in die einfachen und festen Verbindungen des Wassers, der Kohlensäure, des Ammoniaks überzuführen, entwickeln sie eine grosse Menge lebendiger Kraft, welche als potentielle oder Spannkraft in jenen complicirten Verbindungen gebunden war. Die Thiere setzen vorzüglich Spannkräfte in lebendige Kräfte um. Die Bewegungen der befreiten lebendigen Kraft äussern sich theils als Wärme („thierische Wärme"), theils als Licht (Leuchten der Seethiere), vorzüglich aber als die eigenthümliche Bewegung gewisser, ausschliesslich thierischer Organe, der Muskeln und Nerven. Die Muskelbewegungen äussern sich in der Verrichtung gröberer mechanischer Arbeit durch besonders differenzirte contractile Zellen oder Zellenstöcke, welche durch ihre Contractionen Ortsbewegungen einzelner Theile des Körpers gegen einander oder gegen die Aussenwelt bewirken. Die Nervenbewegungen, welche das Thier vor Allen characterisiren, sind, vom mechanischen Gesichtspunkt aus betrachtet, wesentlich

„Auslösungen“, d. h. Bewegungen, welche eine gewisse Menge von Spannkraft in lebendige Kraft verwandeln. Das Nervensystem stellt einen zusammenhängenden Regulationsapparat dar, der alle Theile des Körpers unter einander in Verbindung setzt. Es besteht aus einem Centralapparat (Nervencentrum, Ganglienknoten), in welchem die verschiedensten Theile des Nervensystems in mittelbare oder unmittelbare Wechselwirkung treten und in welchem ausserdem selbstständige Regulations-Centra existiren; und aus einem Leitungsapparat (peripherisches Nervensystem, Nervenfasern), welcher theils centrifugal, theils centripetal den nervösen Centralapparat mit den übrigen Körpertheilen in Wechselwirkung setzt. Die centripetalen Leitungsfasern (sensible Nerven) sind Auslösungsketten, welche an verschiedenen Theilen des peripherischen Körpers (insbesondere in den Sinnesorganen) Eindrücke aufnehmen, und diese durch äussere Einflüsse (Licht, Schall, Wärme, Druck etc.) bewirkten Auslösungen auf das Centrum übertragen, wo sie entweder Vorstellungen (Empfindungen) erregen oder unmittelbar auf eine centrifugale Auslösungskette übertragen werden (Reflexbewegungen). Die centrifugalen Leitungsfasern (motorische Nerven) sind dagegen Auslösungsketten, welche entweder unmittelbar (bei den eben erwähnten Reflexbewegungen) Auslösungsbewegungen, die sie von centripetalen Nerven erhalten haben, oder aber Auslösungen (Willens-Vorstellungen), die vom Nervencentrum bewirkt sind, auf die Muskeln übertragen und also mechanische Arbeit auslösen. Diejenigen Auslösungen des Nervensystems, welche vom Centrum aus als Willens-Vorstellungen auf die Muskeln übertragen, und diejenigen, welche von den Sinnes-Organen aus als Empfindungs-Vorstellungen auf das Centrum übertragen werden, sind die für das Thier am meisten characteristischen Bewegungs-Vorgänge. Doch sind dies Functionen, welche nur den höher entwickelten Thieren zukommen und vielen niedrigsten Thieren (ohne selbstständig entwickelte Nervencentra) fehlen. Bei diesen sind dann sämmtliche Nervenbewegungen nur Reflexbewegungen, indem jede centrifugale Auslösung erst durch eine centripetale hervorgerufen werden muss. Diese schliessen sich zunächst an die Protisten und an die höchsten Pflanzen an, bei denen ebenfalls (Mimosa, Dionaea, Centaurea) solche Reflexbewegungen vorkommen. Die eigenthümlichen, im Centralapparate ausgelösten Bewegungserscheinungen, welche vorzüglich die beiden Vorstellungen des Empfindens und Wollens bewirken, pflegt man unter dem Namen des Seelenlebens zusammenzufassen. Bei den höher entwickelten Thieren (aber nicht bei den niederen Thieren) differenzirt sich aus der Wechselwirkung dieser beiden Functionen noch eine dritte, die höchste und vollkommenste aller thierischen Functionen, das Denken. Die äusserst dunkeln und unvollkommen bekannten Molekular-

Bewegungen, welche den Denkprocess bewirken, erwarten, ebenso wie die Wechselwirkung der Seelenthätigkeiten, ihre Erklärung von der Physiologie der Zukunft. Nur soviel steht fest, dass alle diese höchst complicirten Bewegungserscheinungen (Bildung der Begriffe, Urtheile, Schlüsse, Inductionen, Deductionen etc.) unmittelbare Wirkungen (Auslösungen) der Eiweiss-Moleküle in den Nervencentren sind, und dass diese höchsten Leistungen des Organismus also auch mit der Existenz der Molekularbewegungen in jenen höchst verwickelt zusammengesetzten und lockeren Kohlenstoff-Verbindungen stehen und fallen. Keine einzige dieser Bewegungen ist frei (d. h. ohne Ursache) wie gewöhnlich von dem „freien Willen", dem „freien Denken" dichterisch behauptet wird, sondern alle erfolgen mit absoluter Nothwendigkeit aus den complicirten Summen vorhergehender Bewegungen, welche jene Auslösungen (Vorstellungen) in den Nervencentren bewirken. Alle diese höchsten und am meisten characteristischen Leistungen der thierischen Organismen beruhen darauf, dass dieselben beständig Massen von gebundenen oder Spannkräften (durch Oxydation der complicirten Kohlenstoff-Verbindungen) in lebendige Kräfte überführen.

VII. Character des Protistenreiches.

Acht Stämme des Protistenreiches: 1. Spongiae (Porifera). 2. Noctilucae (Myxocystoda). 3. Rhizopoda (Radiolaria, Actinosphaerida et Acyttaria). 4. Protoplasta (Arcellida, Amoebida et Gregarinae). 5. Moneres (Protamoebae, Protogenida et Vibriones). 6. Flagellata. 7. Diatomea. 8. Myxomycetes (Mycetozoa).

VII. A. Chemischer Character des Protistenreiches.

Aa. Character der chemischen Substrate der Protisten.

Die wichtigsten Substanzen des Protistenkörpers (vor Allen das Plasma oder Protoplasma der Plastiden) sind Eiweiss-Verbindungen (Albuminate), durch deren Thätigkeit die meisten anderen Verbindungen des Protistenleibes mittelbar oder unmittelbar erzeugt werden. Die Eiweisskörper der Protisten treten in zahlreichen Modificationen auf, welche uns sämmtlich noch fast ganz unbekannt sind. Aus den Eiweiss-Verbindungen der Protistenkörper gehen bei Vielen stickstoffhaltige Eiweiss-Derivate hervor, welche den von den Thieren erzeugten elastischen, leimgebenden und Hornsubstanzen sehr nahe zu stehen scheinen und gleich diesen oft als Ausscheidungsmassen zwischen den Plastiden eine grosse Rolle spielen, so das Fasergewebe (Fibroin) der Spongien, die Kapseln vieler encystirter und Zellhäute vieler einzelliger und mehrzelliger Protisten. Das Verhalten der meisten dieser

Producte in den Protisten ist noch sehr unbekannt, ebenso das Verhalten der stickstoffhaltigen und stickstofffreien Säuren, ebenso das Verhalten der stickstoffhaltigen Basen. Der wichtigste Pflanzenfarbstoff, das Chlorophyll, kommt auch in einzelnen Protisten verschiedener Abtheilungen vor (Spongillen, Euglenen und andere Flagellaten etc.). Fette scheinen in den meisten Protisten ebenso wie in allen Pflanzen und Thieren vorzukommen. Die stickstofffreien Verbindungen aus der Gruppe der Kohlenhydrate, welche die Pflanzen so auffallend von den Thieren unterscheiden, kommen auch bei manchen Protisten vor; Cellulose wird von vielen Protisten aus den Stämmen der Myxomyceten und Flagellaten ausgeschieden. Anorganische, d. h. nicht kohlenstoffhaltige Verbindungen, insbesondere Chlornatrium etc., kommen in den Protisten eben so allgemein als in den Thieren und Pflanzen vor. Viele Protisten zeichnen sich aber aus durch die ungewöhnliche Menge theils von Kieselsäure, theils von kohlensaurem Kalk, welche sie in Form von festen Skeletbildungen ausscheiden, und wodurch sie sich mehr an die Thiere, als an die Pflanzen anschliessen. Insbesondere sind in dieser Beziehung ausgezeichnet die Kieselschalen der Diatomeen, vieler Flagellaten *(Peridinium)*, die formell höchst entwickelten, theils aus Kieselsäure, theils aus kohlensaurem Kalk gebildeten Stacheln (Spicula) und Gehäuse der Spongien und Rhizopoden, vieler Protoplasten etc.

Ab. Character der chemischen Processe der Protisten.

Der wesentliche Character der chemischen Processe, welche im Protistenkörper vor sich gehen, ist uns noch fast ganz unbekannt. Die einen Protisten scheinen, gleich den Thieren, vorzugsweise Oxydations-Organismen zu sein und vorwiegend Sauerstoff aufzunehmen, Kohlensäure abzugeben (Spongien, Noctiluken, Rhizopoden, ein Theil der Protoplasten). Die anderen Protisten scheinen, gleich den Pflanzen, vorzugsweise Reductions-Organismen zu sein und vorwiegend Kohlensäure aufzunehmen, Sauerstoff abzugeben (ein Theil der Protoplasten, die Moneren, Flagellaten, Diatomeen). Doch sind uns im Ganzen diese wichtigen Verhältnisse noch äusserst wenig bekannt.

VII. B. Morphologischer Character des Protistenreiches.

Ba. Character der protistischen Individualitäten.

Der wesentliche tectologische Character der Protisten liegt in der sehr unvollkommenen Ausbildung und Differenzirung der Individualität überhaupt, insbesondere aber derjenigen zweiter Ordnung, der Organe. Sehr viele Protisten erheben sich niemals über den morphologischen Werth von Individuen erster Ordnung oder Plastiden.

Diese Plastiden, theils einzeln lebend, theils gesellig verbunden, bleiben sehr häufig zeitlebens membranlos (Spongien, Rhizopoden, Protoplasten, Vibrioniden); bei anderen umgeben sie sich zeitweilig oder bleibend mit einer Membran von Kieselerde (Diatomeen, einige Flagellaten), oder von Cellulose (Myxomyceten, einige Flagellaten), oder von einer stickstoffhaltigen Substanz (einige Protoplasten und Flagellaten). Die Plastiden sind sehr häufig kernlos (Cytoden), andere Male kernhaltig (Zellen). Sehr oft kommen Cytoden und Zellen in einem und demselben Protisten combinirt vor. Sehr häufig vereinigen sich die Plastiden der Protisten zu sehr lockeren Verbänden, die leicht wieder in die einzelnen Individuen auseinander fallen. Gewöhnlich erheben sich diese Verbände nicht über den Werth von Zellstöcken oder einfachsten Individuen zweiter Ordnung. Bisweilen gleichen dieselben äusserlich den echten Stöcken oder Individuen sechster Ordnung. Sehr selten sind bei den Protisten die Individuen höherer Ordnung ausgebildet. Von besonderen Organen ist bei den Meisten keine Rede, da alle Functionen noch gleichzeitig von den nicht differenzirten Plastiden besorgt werden. Nur bei den Spongien, Radiolarien und Myxomyceten beginnen sich deutliche Organe zu differenziren. Indessen kann man als allgemeinen Character der Protisten den Mangel höherer Differenzirung überhaupt, besonders aber den Mangel differenter Organe, sowie das Stehenbleiben auf der niedrigsten Stufe individueller Ausbildung bezeichnen, welche bei den Thieren und Pflanzen meistens schnell vorübergeht. Daher finden wir das grosse Gesetz des Polymorphismus oder der Arbeitstheilung, welches bei den höheren Thieren und Pflanzen so vollkommene Organismen hervorbringt, und bei den Individuen aller Ordnungen die Differenzirung bestimmt, bei den Protisten nur in ganz untergeordnetem Grade wirksam.

Bb. Character der protistischen Grundformen.

Die Protisten zeichnen sich grösstentheils vor den Thieren und Pflanzen dadurch aus, dass ihre Grundformen, ebenso wie ihre Individualitäten, obwohl sehr mannichfaltig gebildet, dennoch meistens auf den niedersten Stufen stehen bleiben, und sich sehr selten zu den höheren Stufen erheben, welche bei jenen die herrschenden sind. Insbesondere finden sich unter den Protisten sehr häufig vollkommen formlose Gestalten mit durchaus unbestimmten und oft beständig wechselnden Umrissen, ohne feste geometrische Grundform. Daher ist auch ein Theil derselben als Amorphozoa bezeichnet worden (viele Protoplasten, Spongien, Myxomyceten). Auch in dieser, wie in vielen anderen Beziehungen gleichen viele derselben bleibend den ersten Embryonal-Zuständen von Thieren und Pflanzen. Nächst den vollkommen amorphen Gestalten sind am häufigsten die vollkommen regelmässigen: kugelige, ellipsoide, sphaeroide, cylindrische, regulär polyedrische, prismatische etc. Insbesondere kommt hier die reine Kugelform, der reine Cylinder sehr häufig vor. Die meisten Protisten, welche ein äusseres oder inneres starres Skelet besitzen (Diatomeen, Rhizopoden, viele Flagellaten und andere Protisten) lassen in dessen Bildung meist äusserst deutlich, und nicht selten mathematisch rein ausgeprägt, eine vollkommen regelmässige stereometrische Grundform erkennen, so zwar, dass in vielen Fällen die Gestalt krystallähnlich wird, und dass ebenso, wie bei den Krystallen, eine vollkommen exacte geometrische Ausmessung und Berechnung der organischen Gestalt möglich wird. In dieser Beziehung sind namentlich viele Radiolarien, ferner manche Protoplasten und Diatomeen sehr ausgezeichnet. Die Radiolarien allein schon zeigen eine grössere Anzahl von stereometrischen Grundformen realisirt, als sonst im ganzen Thier- und Pflanzen-Reiche zusammengenommen vorkömmt. Mehr, als irgend sonst wo, kann man hier an eine krystallographische Untersuchung der Organismus-Formen denken.

VII. C. Physiologischer Character des Protistenreiches.

Ca. Character der allgemeinen Lebenserscheinungen bei den Protisten.

Die Ernährung der Protisten ist uns zum grossen Theile noch ganz oder fast ganz unbekannt. Von sehr vielen derselben kennen wir weder die Natur ihrer Nahrungsstoffe, noch den Process der Nahrungsaufnahme, noch die Vorgänge des Stoffwechsels. Viele Protisten scheinen sich in diesen Beziehungen mehr den Pflanzen anzuschliessen (Diatomeen, Flagellaten, Vibrioniden, Myxomyceten, ein Theil der Protoplasten), andere dagegen mehr den Thieren (ein anderer Theil der Protoplasten, Rhizopoden, Noctiluken, Spongien). Besondere Ernährungscanäle, welche den Ernährungssaft aufsammeln und verschiedenen Körpertheilen zuleiten, finden sich blos bei den Spongien. Contractile, zum Theil rhythmisch pulsirende Hohlräume (Blasen, Vacuolen) welche den Ernährungssaft abwechselnd aus dem Plasmakörper aufsaugen und in den letzteren hineinpressen, finden sich besonders bei Protoplasten, Myxomyceten und Flagellaten. Der Athmungsprocess ist bei den meisten Protisten unbekannt. Einige athmen, gleich den meisten Pflanzen, Kohlensäure ein, Sauerstoff aus; andere zeigen den umgekehrten Respirations-Modus der Thiere. Die Fortpflanzung geschieht bei sehr vielen Protisten, wahrscheinlich bei der grossen Mehrzahl, ausschliesslich auf dem einfachsten ungeschlechtlichen Wege (durch Theilung, Knospenbildung). Nur bei verhältnissmässig wenigen Protisten kommt neben der ungeschlechtlichen auch geschlechtliche Fortpflanzung vor, und es sind dann die beiderlei Geschlechter bald in einem Individuum vereinigt, bald getrennt (Spongien, ein Theil der Flagellaten).

Wie bei allen Thieren und Pflanzen, so sind auch bei allen Protisten diese allgemeinen „organischen“ Functionen der Ernährung, des Wachsthums und der Fortpflanzung unmittelbar verbunden mit molekularen Bewegungserscheinungen und Masse-Bewegungen (mechanischen Leistungen). Wir nehmen diese zum Theil wahr in gewissen Lageveränderungen der Moleküle des Plasma, welche sich bei den Protisten namentlich sehr oft äussern als die charakteristischen „Sarcode-strömungen“ (Rhizopoden, Noctiluken, ein Theil der Protoplasten und Myxomyceten) oder „amoeboiden Bewegungen“ (Spongien, ein Theil der Protoplasten, Flagellaten und Myxomyceten); ferner als Wachsthum und als Fortpflanzung (Theilung und Knospenbildung) der einzelnen Plastiden, welche hier gewöhnlich das physiologische Individuum repräsentiren. Auch hier, wie bei den anderen Organismen, sind diese Bewegungen, welche zugleich zur Bildung neuer Formen führen, nur dadurch möglich, dass Kräfte, welche in den verwickelten Kohlenstoff-Verbindungen des Plasma als gebundene oder Spannkräfte vorhanden sind, in lebendige Kräfte übergeführt werden.

Cb. Character der besonderen protistischen Lebenserscheinungen.

Wie uns die Grundlagen der allgemeinen Lebensthätigkeiten der Protisten, und insbesondere ihres Stoffwechsels, zur Zeit noch höchst mangelhaft bekannt sind, und wie wir von den meisten derselben nicht wissen, ob sie sich mehr den Thieren oder mehr den Pflanzen anschliessen, so gilt dasselbe auch von dem Character und den Ursachen ihrer besonderen Lebensthätigkeiten. Nur so viel scheint sich zu ergeben, dass bei den verschiedenen Protisten in dieser Beziehung sehr wesentliche Verschiedenheiten vorkommen, indem die einen sich mehr den Thieren, die anderen mehr den Pflanzen anschliessen. Im Ganzen aber scheinen die Protisten auch in dieser Beziehung zwischen den Thieren und Pflanzen mitten inne zu stehen. In sämmtlichen Organismen aller drei organischen Reiche kommen Reductionsprocesse, durch welche Wärme und andere lebendige Kräfte gebunden (zu Spannkräften) werden, und Oxydationsprocesse, durch welche gebundene Wärme und andere Spannkräfte frei und lebendig werden, neben einander vor. Bei den Thieren überwiegen die letzteren, bei den Pflanzen die ersteren; bei den Protisten scheinen sich Beide im Ganzen das Gleichgewicht zu halten. Doch dürften die meisten Protisten sich mehr durch reichliche Entwickelung lebendiger Kräfte (mechanischer Arbeit, Ortsbewegung der Plastiden) an die Thiere anschliessen, während sie sich von den Pflanzen durch geringe Neigung zur Anhäufung von Spannkräften mehr entfernen. Andererseits fehlen den Protisten allgemein diejenigen complicirteren Molekularbewegungen, welche bei den Thieren als die besonderen Leistungen der Muskeln und Nerven auftreten, und ebenso fehlen natürlich alle diejenigen höheren Functionen des Nervensystems, welche sich in dem Nervencentrum der höheren Thiere zu Vorstellungen (Empfinden, Wollen, Denken) differenziren. Dagegen sind Bewegungen, welche den Reflexbewegungen der Thiere und der höheren Pflanzen (Mimosen etc.) vollkommen entsprechen, bei den Protisten sehr allgemein verbreitet, ohne an differenzirte Muskeln und Nerven-Organe geknüpft zu sein, und treten zum Theil in sehr eigenthümlicher Form auf (Spongien, Rhizopoden, Protoplasten etc.). Die meisten dieser mechanischen Arbeitsleistungen und die anderen besonderen Bewegungen der Protisten (z. B. die sehr eigenthümlichen Bewegungen der Diatomeen, Vibrioniden, vieler Flagellaten, Protoplasten etc.) sind aber noch sehr wenig bekannt. Zwar ist von den meisten derselben anzunehmen, dass sie auf Freiwerden lebendiger Kräfte beruhen; doch könnte von einigen auch behauptet werden, dass sie umgekehrt die Wirkungen der Bindung von Spannkräften sind. In diesen, wie in vielen anderen physiologischen und morphologischen Beziehungen haben wir eine befriedigende Erkenntniss der Protisten erst von ausgedehnteren zukünftigen Untersuchungen zu erwarten.

VIII. Character des Pflanzenreiches.

Vier Stämme des Pflanzenreiches; 1. Phycophyta (Algae pro parte). 2. Characeae. 3. Nematophyta (Fungi et Lichenes). 4. Cormophyta (Phanerogamae omnes et Cryptogamae exclusis Nematophytis, Characeis et Phycophytis).

VIII. A. Chemischer Character der Pflanzenreiches.

Aa. Character der chemischen Substrate der Pflanzen.

Die wichtigsten Substanzen des Pflanzenkörpers (vor Allen das Plasma oder Protoplasma der Plastiden) sind Eiweiss-Verbindungen (Albuminate), durch deren Thätigkeit die meisten anderen Verbindungen des Pflanzenleibes mittelbar oder unmittelbar erzeugt werden. Die Eiweisskörper der Pflanzen treten in zahlreichen noch sehr unbekannten Modificationen auf, von denen die wichtigsten das Pflanzeneiweiss (in sehr vielen Pflanzensäften gelöst), der Pflanzenfaserstoff (Fibrin, der in Alkohol unlösliche Theil des Getreideklebers etc.) und der Pflanzenkäsestoff (Casein der Leguminosenfrüchte, Legumin) sind. Aus den Eiweiss-Verbindungen der Pflanzenkörper gehen sehr selten, vielleicht nie, solche stickstoffhaltige Eiweiss-Derivate hervor, wie sie im Körper der Thiere und vieler Protisten als Zellhäute, Cuticularbildungen und Intercellularsubstanzen, als Hornsubstanz, elastische, leimgebende, Chitin-Substanzen etc. eine sehr grosse Rolle spielen. Ebenso fehlen den Pflanzen die stickstoffhaltigen Säuren (Harnsäure, Hippursäure, Inosinsäure etc.), während die stickstofffreien Säuren eine sehr viel grössere Verbreitung und Bedeutung als bei den Thieren haben. Die stickstoffhaltigen Basen der Pflanzen (Pflanzenalkaloide: Strychnin, Morphin, Nicotin etc.) sind stark alkalisch und von äusserst mannichfaltiger Zusammensetzung, umgekehrt wie bei den Thieren. Der wichtigste Pflanzenfarbstoff ist das Chlorophyll, welches jedoch bloss den Cormophyten fast allgemein zukommt, den meisten Nematophyten und Phycophyten dagegen fehlt. Fette kommen in allen Pflanzen vor. Eine der wichtigsten chemischen Eigenthümlichkeiten aller Pflanzen ist aber die massenhafte und allgemein verbreitete Bildung von stickstofffreien Producten aus der Gruppe der sogenannten Kohlenhydrate, welche theils (Cellulose) von den Plastiden nach aussen abgeschieden werden (wie die Membranen und Intercellularsubstanzen, welche aus Cellulose und ihren Modificationen bestehen), theils als Ablagerungen im Innern der Plastiden abgesetzt werden (Stärke, Dextrin, Gummi, Zucker etc.). Anorganische, d. h. nicht kohlenstoffhaltige Verbindungen, insbesondere phosphorsaure Salze und Chlorverbindungen der Alkalien und alkalischen Erden, kommen allgemein in den Pflanzen vor, aber in viel wechselnderen Mengenverhältnissen, und viel häufiger sich gegenseitig substituirend, als in den Thieren. Kieselsäure und Kalksalze treten in den Pflanzen nur in geringer Menge und niemals so, wie in den Thieren und Protisten, als selbstständige geformte Massen, skeletbildend auf. Der Mangel dieser mineralischen Skelete wird den Pflanzen durch ihr Cellulose-Skelet ersetzt.

Ab. Character der chemischen Processe der Pflanzen.

Der wesentliche Character der chemischen Processe, welche im Pflanzenkörper vor sich gehen, beruht auf Reduction und Synthese einfacher Verbindungen, und lässt sich in den wenigen Worten zusammenfassen: Die Pflanze ist ein Reductions-Organismus. Das Pflanzenleben im Grossen und Ganzen ist ein Reductions-Process. Die Pflanzen bilden aus den einfacheren „anorganischen“ Verbindungen, besonders Kohlensäure, Wasser und Ammoniak, durch Synthese und Reduction die sehr zusammengesetzten „organischen“ oder Kohlenstoff-Verbindungen (Albuminate, Fette etc.), welche nachher dem Thier als Nahrung dienen. Doch kommen daneben allgemein in untergeordnetem Maasse (und auch vielfach im Einzelnen) analytische und Oxydations-Processe vor.

VIII. B. Morphologischer Character des Pflanzenreichs.

Ba. Character der pflanzlichen Individualitäten.

Der wesentliche tectologische Character der Pflanzen liegt in der vorwiegenden Ausbildung und Differenzirung der Individuen erster Ordnung, der Plastiden. Dieselben sind meistens von viel beträchtlicherer Grösse, als bei den Protisten und Thieren. Gewöhnlich sind sie kernhaltig, also Zellen; sehr häufig jedoch auch kernlos, also Cytoden, und bei den Nematophyten und vielen Phycophyten ist der Körper entweder allein oder doch vorwiegend aus Cytoden zusammengesetzt. Die Plastiden der Pflanzen, sowohl die Cytoden als die Zellen, scheiden allermeist schon in sehr früher Zeit eine Membran aus und kapseln sich dadurch ab; selten bleiben sie längere Zeit hindurch nackt (Schwärmsporen); gewöhnlich ist die schichtweise Absetzung der umhüllenden Membranen sehr mächtig; es bleiben aber, da dieselben meist innerhalb der primär abgeschiedenen Membran als innere Verdickungsschichten sich ablagern, die einzelnen Plastiden dabei isolirt und es verschmelzen weder die Individuen selbst zu Plastidenstöcken (ausgenommen die „Gefässe“ der Gefässpflanzen: Milchsaftgefässe, Spiralgefässe), noch die Membranen zu gemeinsamen Intercellularmassen (wie bei den Bindegeweben der Thiere so häufig geschieht). Die Bildung von Zellstöcken (Milchsaftgefässen, Spiralgefässen) ist weit beschränkter, als bei den Thieren. Diese „Gefässe“ sind neben dem einfachen „Parenchym“ die einzige besondere „Gewebsform“ der Pflanzen. Die Individuen zweiter Ordnung, die Organe, sind bei den Pflanzen allgemein weit weniger differenzirt, als bei den Thieren; bei den Phycophyten und Nematophyten sind dieselben sehr wenig entwickelt; bei den Cormophyten sind sie zwar besser entwickelt, lassen sich aber vom morphologischen Gesichtspunkte aus sämmtlich als Modificationen von blos zwei Grundorganen nachweisen, Axorgan und Blattorgan. Vom physiologischen Gesichtspunkte aus betrachtet sind die Organe der Pflanzen ebenfalls weit weniger differenzirt als die der Thiere, meistens entweder Ernährungs- oder Fortpflanzungs-Organe. Sehr allgemein und in höchster Ausbildung treffen wir bei den Pflanzen die Individuen sechster und letzter Ordnung an, die Stöcke (Cormen), was mit der festsitzenden Lebensweise und dem Mangel willkührlicher Bewegung zusammenhängt. Daher fehlt den Pflanzen auch die für viele Thiere characteristische und hier die Stockbildung ersetzende Staatenbildung. Gewöhnlich ist mit der Stockbildung der Pflanzen ein sehr ausgedehnter Polymorphismus der Personen, eine weit gehende Arbeitstheilung der Individuen fünfter Ordnung (Sprosse) verbunden.

Bb. Character der pflanzlichen Grundformen.

Die Pflanzen stehen bezüglich der Ausbildung der stereometrischen Grundformen in der Mitte zwischen den Protisten und den Thieren. Die niederen Pflanzen, insbesondere viele Algen, schliessen sich mehr den ersteren, viele höhere Pflanzen, namentlich Dicotyledonen, mehr den letzteren an. Unter den Algen giebt es zahlreiche Formen, welche die ganz regulären, rein stereometrisch ausgeprägten Formen vieler Protisten theilen (Kugel, Cylinder, Sphäroid, reguläre Polyeder, Prismen etc.). Auch die einzelnen Plastiden, welche bei den Pflanzen viel mehr als bei den Thieren den Rang von selbstständigen Individuen erster Ordnung beibehalten, und welche zugleich durch frühzeitige Einschliessung in eine starre Cellulose-Kapsel sehr bestimmte und scharf umschriebene Formen gewinnen, zeigen im Parenchym der meisten mehrzelligen Pflanzen ähnliche einfache stereometrische Formen sehr rein ausgeprägt. Unter den pflanzlichen Individuen fünfter Ordnung, den Sprossen, besonders den Blüthensprossen der Phanerogamen, ist die reguläre Pyramidenform sehr allgemein herrschend. Doch geht dieselbe hier auch sehr häufig in die Grundform der amphithecten Pyramide über. Dagegen tritt die Eudipleuren-Form („bilaterale Symmetrie“ zum Theil) in den Pflanzen seltener in den Individuen fünfter Ordnung (wo sie bei den höheren Thieren so allgemein ist), als in den Individuen niederer Ordnung (Blättern z. B.) ganz rein auf. Im Ganzen sind die äusseren Formen der Pflanzen schon wegen ihrer starren festen Zellenwände schärfer bestimmt und daher leichter und sicherer auf eine stereometrische Grundform zurückzuführen, als bei den Thieren.

VIII. C. Physiologischer Character des Pflanzenreiches.

Ca. Character der allgemeinen Lebenserscheinungen bei den Pflanzen.

Die Ernährung der Pflanzen unterscheidet sich von derjenigen der allermeisten Thiere und vieler Protisten dadurch, dass die Pflanzen niemals feste Stoffe, wie die Thiere, in ihr Inneres aufnehmen, sondern ausschliesslich tropfbarflüssige und gasförmige Stoffe; diese dringen einfach auf endosmotischem Wege durch die Membranen der Plastiden hindurch in das Innere derselben ein. Es fehlen also den Pflanzen allgemein die besonderen, zur Nahrungs-Aufnahme und Verdauung dienenden Höhlen, welche den allermeisten Thieren zukommen. Die allermeisten Pflanzen nähren sich ausschliesslich von sehr einfachen Verbindungen (Wasser, Kohlensäure, Ammoniak, kohlenstofflose Salzlösungen), aus denen sie, wie bemerkt, durch Reduction zusammengesetzte Kohlenstoff-

Verbindungen bilden. Daher athmen sie vorwiegend Kohlensäure ein, Sauerstoff aus. Doch giebt es auch viele Schmarotzer-Pflanzen (Pilze etc.), deren Athmungsprocess umgekehrt (thierisch) ist, und welche, gleich den Thieren, bereits vorgebildete „organische“ Substanzen (verwickelte Kohlenstoff-Verbindungen) zu ihrer Ernährung brauchen. Besondere den Ernährungssaft führende Röhrensysteme (Blutgefässe, Chylusgefässe), sowie besondere contractile Behälter (Herzen), welche dessen Bewegung in denselben regelmässig beschleunigen, fehlen den Pflanzen allgemein, während sie den meisten Thieren zukommen. Die Fortpflanzung geschieht bei den Pflanzen allgemein auf ungeschlechtlichem Wege (durch Theilung, Knospenbildung), ausserdem bei den allermeisten zugleich auf geschlechtlichem Wege. Bei der grossen Mehrzahl aller Pflanzen wechseln diese beiden Formen der Fortpflanzung in der Weise mit einander ab, dass ein regelmässiger Generationswechsel besteht. Die beiderlei Geschlechter sind bei der grossen Mehrzahl der Pflanzen in einem Individuum fünfter oder sechster Ordnung vereinigt, nur bei einer geringen Zahl getrennt.

Wenn wir die feineren Vorgänge, welche den genannten allgemeinen Lebensthätigkeiten der Pflanzen zu Grunde liegen, aufsuchen, so finden wir dieselben bei allen Pflanzen, wie bei allen Protisten und Thieren, mit einer Anzahl von molekularen Bewegungserscheinungen und einer Anzahl von Massebewegungen (mechanischen Leistungen) unmittelbar verbunden. Wir können diese Bewegungen zum Theil direkt wahrnehmen in den pflanzlichen Individuen erster Ordnung (den Plastiden) als gegenseitige Lageveränderungen der Moleküle des Plasma („Saftströmungen“ oder „Plasmacontractionen“), als Wachsthum (Grössenzunahme) und als Fortpflanzung der Plastiden (Theilung, Knospenbildung der Cytoden und Zellen). Alle diese allgemeinen „organischen“ Molekularbewegungen, welche schliesslich zur Gestaltung ungeformten Stoffes und zur Neubildung individueller Formen führen, und welche häufig (vielleicht immer) mit einer Entwickelung von Wärme verbunden sind, erfordern einen Verbrauch von Spannkräften. Denn alle diese Bewegungen beruhen im Grunde darauf, dass Spannkräfte in lebendige Kräfte übergehen.

Cb. Character der besonderen pflanzlichen Lebenserscheinungen.

Während bei den Thieren der bei weitem grösste und wichtigste Theil ihrer Lebensthätigkeit in einer Entwickelung lebendiger Kräfte besteht, die sich dort vorzüglich als Wärmebildung, Muskelbewegung und Nervenbewegung (Empfinden, Wollen, Denken) äussert, so bildet bei den Pflanzen jene Verwandlung der potentiellen in actuelle Kräfte nur einen sehr geringen Theil ihrer Lebenserscheinungen und der bei weitem grösste Theil ihrer Functionen erzielt gerade das entgegengesetzte Resultat, nämlich die Umsetzung von lebendigen Kräften in Spannkräfte. Diese für die Pflanzen am meisten characteristischen Bewegungen, welche den Thieren grösstentheils abgehen, kann man daher auch als „vegetative Functionen" im engeren Sinne bezeichnen. Dieselben beruhen wesentlich auf dem characteristischen Reductions-Process der Pflanzen. Indem die Hauptsumme der chemischen Processe in den Pflanzen darauf hinausläuft, die einfachen und festen Verbindungen des Wassers, der Kohlensäure und des Ammoniaks durch Zersetzung (Reduction) in die verwickelten und lockeren Kohlenstoff-Verbindungen (Eiweisskörper, Kohlenhydrate, Fette) überzuführen, und indem diese Reduction nur unter Einwirkung des Sonnenlichts (durch Bindung grosser Quantitäten Licht und Wärme) möglich ist, verwandeln sie eine grosse Menge freier oder bewegender Kräfte (Licht, Wärme) in gebundene oder Spannkräfte. Diese letzteren bleiben gebunden in den verwickelten Kohlenstoff-Verbindungen, welche allenthalben in den Pflanzen angehäuft werden. Durch die Bindung von Wärme, welche für die Bildung der letzteren nothwendig ist, und welche theils dem Sonnenlichte, theils der Umgebung entzogen wird, wirken die Pflanzen abkühlend. Sie entwickeln Kälte. In der massenhaften Bildung und Anhäufung dieser verwickelten Kohlenstoff-Verbindungen und der in ihnen locker gebundenen Spannkräfte haben wir den wesentlichsten Character der besonderen pflanzlichen Lebensthätigkeit, des eigenthümlichen „Vegetationsprocesses" zu suchen. Diese Aufspeicherung der Spannkräfte in den Pflanzen ermöglicht allein die besonderen Lebensbewegungen der Thiere, welche auf einer Befreiung derselben, auf ihrer Verwandelung in lebendige Kräfte beruhen. Dadurch entwickeln die Thiere die lebendigen Kräfte, welche sie als thierische Wärme, als Muskelbewegung und Nervenbewegung äussern. Doch fehlen ähnliche Bewegungen, durch lebendige Kräfte hervorgebracht, auch in den Pflanzen nicht ganz. Vielmehr entwickeln auch diese stellenweise und zeitweise Wärme; und bei vielen höheren Pflanzen kommen sogar verwickelte Bewegungen zur Erscheinung, welche der Muskel- und Nervenbewegung sich sehr nahe anschliessen. Vor allen sind hier die ausgezeichneten Erscheinungen der „Reizbarkeit" an den Blättern der Mimosen oder „Sinnpflanzen" und der *Dionaea muscipula,* an den Staubfäden der Centaureen, Berberideen etc. hervorzuheben. Die mechanische Arbeit, welche hier gewisse Theile der Pflanze leisten, ist durchaus der Muskelcontraction analog, und wird sogar oft in gleicher Weise durch Ketten von „Auslösungen" hervorgerufen, wie es bei den Nervenbewegungen der Thiere der Fall ist. In dieser Beziehung sind namentlich die bekannten Bewegungen der „reizbaren" Mimosen äusserst merkwürdig, indem sie durchaus den Reflexbewegungen der Thiere analog sind. Dagegen ist es zweifelhaft, ob bei irgend einer dieser Pflanzen die Reflexbewegungen sich deutlich in die getrennten Functionen des Empfindens und Wollens differenziren, welche in einem Centralorgane als Vorstellungen ausgelöst werden müssten. Wenn diese Differenzirung noch fehlt, so fehlt sie sicher auch vielen echten Thieren (vielen Würmern, Coelenteraten, besonders Anthozoen und Anderen), welche sich auf ganz ähnliche Bewegungen, wie die Mimosen etc. beschränken. Indessen treten doch diese Leistungen mechanischer Arbeit, welche den Reflexbewegungen der Thiere sich unmittelbar anzuschliessen scheinen, und wie diese mit einem Verbrauche von Spannkraft verbunden sind, nur bei wenigen (meist höheren) Pflanzen auf, und im Ganzen bleibt die besondere Lebensthätigkeit der Pflanzen darauf beschränkt, dass sie (durch Reduction und Wärme-Bindung) Massen von lebendigen Kräften in Spannkräfte überführen.

IX. Vergleichung der drei Reiche.

Eine scharfe und vollkommen unterscheidende Characteristik der Organismen-Reiche ist, wie die vorhergehenden Abschnitte zeigen, nur dann möglich, wenn man ausschliesslich die entwickelten und vollkommenen Formen berücksichtigt und von den niederen und einfachen Formen absieht. So wenig wir im Stande sind, eine vollständig scharfe und erschöpfende Diagnose eines Phylon zu geben, welche alle embryologischen und palaeontologischen Entwickelungszustände desselben umfasst, so wenig ist dies von einem der drei organischen Reiche möglich, deren jedes aus mehreren Phylen zu bestehen scheint. Nur dann können wir eine solche differentielle Diagnose aufstellen, wenn wir die am meisten ausgebildeten und characteristischen Hauptformen vorwiegend berücksichtigen und aus den typischen Characteren der Mehrzahl der Formen ein allgemeines Bild des Ganzen in grossen Zügen und skizzenhaften Umrissen entwerfen.

Wenn wir nun ausdrücklich unter dieser Voraussetzung und unter dem besonderen Hinweis darauf, dass jedes Reich nur eine künstliche Collectivgruppe von mehreren selbstständigen, aber analog entwickelten Phylen ist, eine allgemeine Characteristik der drei Reiche vorstehend versucht haben, so glauben wir, dass sich daraus die Vorzüge unserer Dreitheilung vor der bisher gültigen Zweitheilung ergeben haben werden. Die Dreitheilung hat besonders den grossen Vortheil, dass jedes der beiden nach zwei entgegengesetzten Richtungen hin entwickelten grossen Reiche sich weit schärfer, sicherer und vollständiger characterisiren lässt, als es bei der Zweitheilung möglich ist. Denn wir haben in den unzweifelhaften Pflanzen (Cormophyten, Nematophyten, Characeen, Algen) eine Summe von hervortretenden Eigenschaften verbunden, welche uns ein abgerundetes und deutliches Characterbild der Pflanze im Allgemeinen vor Augen führen. Andererseits finden wir ebenso in den unzweifelhaften Thieren (Vertebraten, Mollusken, Articulaten, Echinodermen, Coelenteraten) eine Summe von auszeichnenden Eigenschaften vereinigt, welche uns ein ebenso deutliches und scharfes Characterbild des Thieres im Allgemeinen aufzustellen erlauben. Um den grossen Contrast in den entgegengesetzten Grundzügen dieser beiden divergenten Characterbilder deutlich zu kennzeichnen, stellen wir sie hier nochmals vergleichend einander gegenüber:

I. Pflanzencharacter:

Die fast allgemein bleibende Selbstständigkeit der Individuen erster Ordnung oder Plastiden und die Abschliessung derselben durch eine starre Kapsel aus Kohlenhydraten (Zellmembran); die Differenzirung der Plastiden-Aggregate in höchstens zwei Gewebsformen: Parenchym und Gefässe; die Beschränkung der Individuen zweiter Ordnung (Organe) auf zwei verschiedene Reihen: I. Blattorgane und II. Axorgane; wegen mangelnder Ortsbewegung sehr allgemeine Bildung von Individuen sechster Ordnung (Stöcken), welche meistens das physiologische Individuum repräsentiren. Allgemeines Vorherrschen der niederen oder radiären Grundformen (vorzüglich der regulären Pyramiden). Die Lebensthätigkeit vorzugsweise auf Ueberführung von lebendigen Kräften in Spannkräfte, auf Bindung von Wärme, und auf Anhäufung von verwickelten Kohlenstoff-Verbindungen gerichtet, welche durch Reduction aus den einfachsten „anorganischen“ Verbindungen gewonnen werden.

II. Thiercharacter:

Die allgemeine Verschmelzung eines Theiles der Individuen erster Ordnung (Plastiden) zu complexen Elementartheilen oder Zellstöcken (Muskelfasern, Nervenfasern) unter Aufgabe ihrer ursprünglichen Selbstständigkeit, der sehr allgemeine Mangel einer festen Kapsel (Zellmembran) an ihrer Oberfläche; die Differenzirung der Plastiden-Aggregate in vier verschiedene Gewebs-Formen: Epitelial-, Binde-, Muskel- und Nerven-Gewebe; die Differenzirung der Individuen zweiter Ordnung (Organe) in vier verschiedene Reihen: Organe I. der Ernährung, II. der Fortpflanzung, III. der mechanischen Arbeit oder Locomotion (Muskeln), IV. der Beziehungen, Centralisation und Regulation des Ganzen (Nerven); das physiologische Individuum meistens durch morphologische Individuen fünfter Ordnung (Personen), seltener vierter Ordnung (Metameren) repräsentirt; wegen sehr allgemeiner Ortsbewegung selten Bildung von Individuen sechster Ordnung (Stöcken), dagegen sehr allgemeine Bildung von Gemeinden und Staaten. Allgemeines Vorherrschen der höheren oder bilateralen Grundformen, (Zeugiten, und vorzüglich Eudipleuren). Die Lebensthätigkeit vorzugsweise auf Ueberführung von Spannkräften in lebendige Kräfte (Muskelbewegung, Nervenbewegung und Entwickelung von Wärme), und auf Zersetzung von verwickelten Kohlenstoff-Verbindungen gerichtet, welche durch Oxydation in die einfachsten „anorganischen“ Verbindungen übergeführt werden.

Kein so scharfes und vollständiges Bild vermögen wir von den positiven Characteren der Protisten zu entwerfen. Es ist mehr eine Summe von negativen Eigenthümlichkeiten, welche die verschiedenen Protisten-Stämme zu einem Reiche vereinigt. Dies liegt theils an der unvollkommenen Entwickelungsstufe, welche die Protisten überhaupt erreichen, und wodurch sie den niedersten Entwickelungsstufen des Thierreichs sowohl als des Pflanzenreichs zum Theil sehr nahe stehen; theils an der wirklichen Mischung von thierischen und pflanzlichen Characteren, welche viele Protisten in so auffallender Weise in sich vereinigen, dass es ganz unmöglich ist, sie entweder dem Thierreiche oder dem Pflanzenreiche zuzugesellen, ohne dessen Differential-Character wesentlich zu beeinträchtigen. Zum grossen Theil allerdings liegt die Unmöglichkeit, jetzt schon ein vollständiges Characterbild der Protisten zu entwerfen, an unseren noch ausserordentlich mangelhaften Kenntnissen, besonders ihrer Ernährungsthätigkeit und ihres Stoffwechsels. Indessen ist es immerhin möglich, wenigstens einige gemeinsame Züge aller Protisten in ein skizzenhaftes Characterbild zusammenzufassen:

III. Protistencharacter:

Die allgemeine bleibende Selbstständigkeit der Individuen erster Ordnung (Plastiden), welche sehr häufig einzeln, oder locker zu Plastidenfamilien verbunden, allein das physiologische Individuum repräsentiren; Individuen höherer Ordnung (Organe, Personen etc) entweder gar nicht oder nur höchst unvollkommen entwickelt; ebenso die Plastidenstöcke, wenn vorhanden, meist sehr unvollständig ausgebildet, und nicht differenzirt (keine sogenannten „Gewebe"). Allgemeines Vorherrschen der niedrigsten Grundformen, entweder gar keine bestimmte Formen oder höchst einfache und regelmässige, oft stereometrisch reine und krystallähnliche Formen (Kugel, Cylinder, reguläre Polyeder, krystallähnliche Prismen etc.) Die Lebensthätigkeit grösstentheils unbekannt; der Stoffwechsel, wie es scheint, bei einigen Protisten mehr dem der Pflanzen, bei anderen mehr dem der Thiere sich nähernd, bei noch anderen endlich zwischen Beiden die Mitte haltend.

Wenn man die verschiedenen Protisten-Stämme mit den Stämmen einerseits des Thierreichs, andererseits des Pflanzenreichs vergleicht, so stellt sich allerdings bei den einen eine nähere Beziehung zu jenem, bei den anderen zu diesem heraus, und wenn man die übliche Zweitheilung der Organismen in Thiere und Pflanzen beibehalten will, so muss man jedenfalls das Protisten-Reich in zwei Theile spalten und die eine Hälfte jenem, die andere diesem anreihen. Die Reihe der pflanzenartigen Protisten würde durch die Myxomyceten, Diatomeen und Flagellaten, die Reihe der thierartigen Protisten durch die Spongien, Noctiluken und Rhizopoden gebildet. Aber bei den Protoplasten und den Moneren würden wir vollständig in Zweifel sein, wohin wir sie stellen sollten, und auch für einen Theil der Flagellaten würde dasselbe gelten. Auch würde sich bei allen übrigen Gruppen immer wieder der alte Streit, ob sie Thiere oder Pflanzen seien, erneuern, je nachdem man diese oder jene Seite des Characters für maassgebender hält, und es würden sich immer wieder Naturforscher finden, welche alle oder die meisten Protisten zu den Thieren, und andere, welche sie zu den Pflanzen stellen. So viel lässt sich voraussehen, dass dieser Streit, auch wenn wir die Protisten viel besser kennen würden, als es jetzt der Fall ist, immer fortleben würde, weil Viele von ihnen in zu ausgesprochener Weise thierische und pflanzliche Charaktere vereinigen, und zwar in so verschiedenartiger und verwickelter Weise, dass eben jede scharfe Grenzbestimmung des Thier- und Pflanzen-Reichs verloren geht, wenn wir diese Zweitheilung beibehalten.

Die definitive Entscheidung in solchen schwierigen biologischen Fragen wird immer nur von der Entwickelungsgeschichte, und zwar in diesem Falle nur von der palaeontologischen, gegeben werden können. Leider lässt uns dieselbe aber gerade hier völlig im Stiche, und es bleibt nicht einmal die Hoffnung, dass wir durch eine zukünftige Ergänzung unserer äusserst unvollständigen palaeontologischen Kenntnisse diese empfindliche Lücke werden ausfüllen können. Niemals wird uns die Phylogenie die Entscheidung darüber bringen, ob die verschiedenen Protisten-Stämme (wie es uns das Wahrscheinlichste ist) sich aus eben so vielen oder vielleicht aus noch zahlreicheren autogonen Moneren-Arten hervorgebildet haben, oder ob sie einem gemeinsamen ursprünglichen Stamme angehören, oder ob sie theils mit den Thierstämmen, theils mit den Pflanzenstämmen sich aus gleicher Wurzel entwickelt haben. Die übliche Zweitheilung der Organismen in Thiere und Pflanzen würde nur in dem einen Falle eine vollkommen natürliche sein, wenn beide Reiche, die Protisten mit eingeschlossen, sich aus zwei verschiedenen autogonen Moneren-Arten hervorgebildet hätten, wenn also die eine Moneren-Art allen Thieren und thierähnlichen Protisten, die andere allen Pflanzen und pflanzenähnlichen Protisten den Ursprung gegeben hätte. Indessen ist gerade dieser Fall, wie schon oben bemerkt, von allen möglichen der am wenigsten wahrscheinliche. Es ist also die Beibehaltung der gewöhnlichen Zweitheilung weder real in der Descendenz begründet, noch von irgend welchem praktischen Nutzen.

Wir glauben demgemäss, dass die von uns versuchte Dreitheilung nur praktische Vortheile und keinerlei wissenschaftliche Nachtheile bietet. Es wird dadurch möglich, die beiden divergenten Reiche, Thier- und Pflanzen-Reich, scharf zu trennen und den Begriff des Thieres und der Pflanze scharf zu fixiren. Es wird zugleich, hoffen wir, die Hervorhebung des Protistenreiches als einer besonderen, den beiden anderen Reichen coordinirten, collectiven Hauptgruppe, dazu beitragen, die Aufmerksamkeit und das Interesse der Naturforscher immer mehr auf diese äusserst interessante und bisher von den meisten sehr vernachlässigte Gruppe von Organismen hinzulenken, deren Studium für die allein richtige, d. h. die monistische Erkenntniss, für das mechanisch-causale Verständniss der lebendigen Natur so ungemein lehrreich ist.

X. Wechselwirkung der drei Reiche.

Schon aus der vorhergehenden Characteristik und Vergleichung der drei Reiche wird die innige gegenseitige Wechselwirkung, welche zwischen denselben in vielen biologischen Beziehungen herrscht, klar geworden sein. Doch ist dieselbe von so hohem Interesse und von solcher Wichtigkeit für eine mechanische Erfassung des organischen Naturganzen, dass wir die wichtigsten Punkte dieses Verhältnisses hier nochmals kurz hervorheben wollen.

Zwischen den Thieren und Pflanzen existirt, im Grossen und Ganzen betrachtet, der am meisten durchgreifende Gegensatz zunächst in der Qualität der wichtigsten und allgemeinsten organischen Function, der Ernährung, indem der mit der Ernährung verbundene Stoffwechsel in beiden Reichen geradezu entgegengesetzt ist. Durch diesen „Kreislauf der Stoffe“ ist der beständige Gleichgewichtszustand bedingt, den die organische Natur im Grossen und Ganzen zeigt. Die Pflanzen als Reductions-Organismen produciren durch ihre progressive Stoffmetamorphose die zusammengesetzten Kohlenstoffverbindungen (Albuminate, Fette, Kohlenhydrate), welche die Thiere zu ihrer Ernährung brauchen; und indem die Thiere als Oxydations-Organismen durch ihre regressive Stoffmetamorphose die einfacheren „anorganischen“ Verbindungen herstellen (Wasser, Kohlensäure, Ammoniak), liefern sie wiederum das Nahrungsmaterial für die Pflanzen.

Diesem Gegensatze im Stoffwechsel der beiden Reiche entspricht ein ähnlicher Gegensatz im Kraftwechsel derselben. Indem die Pflanzen durch Bindung von Licht und Wärme, die sie zu ihren Reductionsprocessen bedürfen, lebendige Kräfte in Spannkräfte überführen, liefern sie den Thieren in ihren verwickelten Kohlenstoff-Verbindungen diejenigen Mengen von Spannkräften, welche die Thiere nöthig haben, um lebendige Kräfte entwickeln zu können. Doch ist dieser Kraftwechsel nicht, wie der Stoffwechsel, ein gegenseitiger, sondern nur ein einseitiger, da die lebendigen Kräfte, welche das Thier als thierische Wärme, mechanische Arbeit (Muskelbewegung) und Auslösungsthätigkeit (Nervenbewegung) producirt, nicht in der Form frei werden, in welcher die Pflanze sie brauchen kann. Diese entnimmt vielmehr die für ihr Leben nöthige lebendige Kraft grösstentheils aus dem Sonnenlicht.

Wie sich die Protisten hinsichtlich des Kraft- und Stoffwechsels verhalten, wissen wir von der Mehrzahl derselben nicht. Einige scheinen sich mehr den Pflanzen, andere mehr den Thieren anzuschliessen. Doch ist es wahrscheinlich, dass sich im Ganzen bei den meisten Protisten Reduction und Oxydation, progressive und regressive Metamorphose ihres Plasma-Körpers ziemlich das Gleichgewicht halten wird, da sie weder so beträchtliche Mengen von lebendiger Kraft, wie die Pflanzen, noch so beträchtliche Mengen von Spannkraft, wie die Thiere nöthig haben, um ihre Lebensfunctionen zu vollziehen. Sie halten sich wahrscheinlich auch in dieser Beziehung auf einem mehr indifferenten Standpunkte, und sind daher auch von der übrigen organischen Natur weniger abhängig, als es bei den Thieren und Pflanzen der Fall ist.

Stoffwechsel und Kraftwechsel der Organismen in früheren Perioden der Erdgeschichte werden sich wesentlich verschieden von den jetzigen Verhältnissen gestaltet haben. Denken wir an den Urzustand der Erde zurück, als sie zuerst von Organismen bevölkert wurde, so müssen schon allein die ungeheuren Kohlenstoffmassen, die jetzt im Körper der Organismen gebunden sind, und die damals vermuthlich grösstentheils als Kohlensäure, Kohlenwasserstoffe etc. Urmeer und Uratmosphäre sättigten, gänzlich verschiedene Existenzbedingungen hervorgerufen haben. Es ist daher auch wahrscheinlich, dass zuerst ausschliesslich pflanzliche und protistische Moneren durch Autogonie entstanden sind, d. h. Eiweiss-Verbindungen in individueller Form, welche vorzugsweise oder fast ausschliesslich in progressivem Stoffwechsel Reduction übten und Massen von disponiblen festen und einfachen Kohlenstoff-Verbindungen in die lockeren und verwickelten Kohlenstoff-Verbindungen des Eiweisses, Fettes, der Kohlenhydrate etc. überführten. Erst nach Verlauf langer Zeiträume, nachdem sich eine reiche Pflanzenwelt entwickelt und Massen von Kohlensäure etc. aus der Atmosphäre und dem Urmeere fortgeschafft hatte, werden in dem nunmehr respirablen Medium durch Autogonie thierische Moneren entstanden sein, d. h. Eiweiss-Verbindungen in individueller Form, welche vorzugsweise in regressivem Stoffwechsel Oxydation übten, welche die in den Pflanzen aufgespeicherten Spannkräfte sich zu Nutze machten, und in allmähliger Weiterentwickelung das Wechselverhältniss einleiteten, das gegenwärtig zwischen den organischen Reichen existirt.

Die Differenzirung, welche in dieser oder ähnlicher Weise allmählig stattgefunden hat, lässt sich jedoch auch in der Form denken, dass alle autogonen Moneren pflanzlicher Natur und als Reductions-Organismen thätig waren, und dass aus diesen sich später, bei hinreichender Abnahme der freien Kohlensäure, Plastiden hervorbildeten, welche anfangs nur wenig, in späteren Generationen mehr und mehr, und zuletzt überwiegend als Oxydations-Organismen, als Thiere thätig waren. Wenn man eine Abstammung der ganzen Organismen-Welt von einer einzigen Moneren-Art annimmt, so muss man jedenfalls die Wurzel dieses einzigen organischen Stammbaumes, d. h. seine autogone Moneren-Form und zahllose älteste Reihen von Generationen als pflanzliche, als reducirende, ansehen, aus deren vielfach verzweigter Verwandtschaft sich erst weit später mehr neutrale Protisten und endlich die vorwiegend oxydirenden, thierischen Plastiden differenzirten, deren Nachkommenschaft das Thierreich ist.

XI. Die Seele als Character der Thiere.

Wenn man, wie es für die kurzen Definitionen des Thieres und der Pflanze in den Lehrbüchern erwünscht ist, die am meisten characteristischen und durchgreifenden Unterschiede von Thier und Pflanze mit wenigen Worten ausdrücken will, so wird es immer am natürlichsten sein, die hervorgehobenen Gegensätze des Stoffwechsels und der Ernährung, und des daran geknüpften Kraftwechsels in erster Linie zu betonen, und man kann die drei Reiche dann ungefähr durch folgende Diagnose bezeichnen: 1) Die Pflanzen bilden vorwiegend durch Reduction und Synthese aus ganz einfachen sehr zusammengesetzte Verbindungen, binden dabei Wärme und entwickeln wenig mechanische Arbeit. 2) Die Protisten sind vorwiegend indifferente Organismen, in denen sich Reduction und Oxydation das Gleichgewicht zu halten scheinen, welche bald Wärme binden, bald abgeben, und mehr mechanische Arbeit als die Pflanzen, weniger als die Thiere entwickeln. 3) Die Thiere bilden vorwiegend durch Oxydation und Analyse aus sehr zusammengesetzten ganz einfache Verbindungen, entwickeln dabei Wärme und viel mechanische Arbeit. Jedenfalls ist diese Definition weit zutreffender, als die gewöhnlich in den Lehrbüchern aufgeführte Behauptung, dass sich die Thiere vor den Pflanzen durch den Besitz einer „Seele", d. h. durch die Functionen der „willkührlichen Bewegung" und „Empfindung", auszeichnen. Da auf diesen falschen Satz immer noch so grosses Gewicht gelegt wird, so wollen wir demselben noch einige Worte der Widerlegung widmen.

Unter Seele oder Seelenthätigkeit verstehen wir allgemein eine Summe von verschiedenen, hoch differenzirten Functionen des Centralnervensystems, unter denen der Wille und die Empfindung die wichtigsten sind. Der Wille, welcher der willkührlichen Bewegung zu Grunde liegt, und die Empfindung sind Vorstellungen, welche nur in dem hoch entwickelten Centralnervensystem der höheren Thiere ausschliesslich zu Stande kommen und als complicirte Molekularbewegungen in den Ganglienzellen zu betrachten sind. Es erfordern diese sehr verwickelten Nervenbewegungen eine entsprechend complicirte Structur der Nervencentren, wie sie sich nur bei den vollkommeneren und entwickelteren Thieren vorfindet. Auch diese höchst feinen und zusammengesetzten Structur-Verhältnisse des „Seelen-Organs", sowie die von ihm ausgehende Seelen-Thätigkeit, haben sich, gleich allen höheren Organen und Functionen der vollkommeneren Thiere, erst allmählig durch Differenzirung aus einfachen Verhältnissen hervorgebildet. Bei den niederen Thieren (z. B. bei zahlreichen niederen Entwickelungsstufen der Coelenteraten, Echinodermen, Würmer, Mollusken) finden wir statt deren nur die viel einfacheren Functionen, welche man mit dem Namen der „Reflexbewegungen" belegt hat. Diese Reflex-Functionen der niederen Thiere finden sich auch bei den Protisten und den Pflanzen wieder, welche kein differenzirtes „Nervengewebe" besitzen; sie sind also nicht nothwendig an ein entwickeltes Nervensystem geknüpft, während der Wille und die Empfindung, ebenso wie das mit ihnen verbundene Bewusstsein, immer eines hoch entwickelten und complicirt gebauten Nervencentrums als unentbehrlichen Organes bedürfen. Wenn wir von den einfacheren und niederen Thierformen durch die Reihe der allmählig differenzirten Zwischenstufen zu den höchsten und vollkommensten Thieren (innerhalb eines und desselben Stammes) emporsteigen, und ebenso wenn wir von der Larve oder dem neugeborenen Thiere (z. B. beim Menschen) zu dem reifen und erwachsenen Thiere aufsteigen, so sehen wir aus den Reflex-Functionen der niederen Entwickelungszustände sich allmählig und langsam Nervenbewegungen entwickeln, die sich in die drei getrennten Haupt-Functionen des Seelenlebens: Empfindung, Wille und Gedanken differenziren.

Empfindung und Wille sind Vorstellungen, welche während der Leitung einer Nervenauslösung entstehen, und die unmittelbare Leitung der Reflexbewegungen unterbrechen, gewissermaassen in diese eingeschaltet werden. Wie wir oben (p. 214) gesehen haben, können wir uns die Reflexbewegung einfach vorstellen als eine geschlossene Kette von Auslösungen, welche von der Peripherie des Körpers (vom Sinnesorgan) ausgeht, und zu derselben (zum Bewegungsorgan, dem Muskel) zurückkehrt. Unmittelbar hat hier die Auslösung der centripetalen Nervenfaser diejenige der centrifugalen zur Folge. Die centrale Ganglienzelle oder die Gruppe von Ganglienzellen, welche die

Auslösung von der sensiblen (centripetalen) zur motorischen (centrifugalen) hinüberleiten, erfüllen diese Function, ohne dass in ihnen dadurch die eigenthümliche Molekularbewegung der „Vorstellung“ entsteht. Erst wenn diese „Vorstellung“ in den Eiweissmolekülen der Ganglienzellen erregt wird, können wir von einer „Seele“ des Thieres sprechen, und wir bezeichnen dann diejenige Vorstellung, welche bei der Erregung der Ganglienzellen durch die centripetale Faser erzeugt wird, als Empfindung, diejenige Vorstellung dagegen, welche bei der Erregung der centrifugalen Faser durch die Ganglienzelle erzeugt wird, als Wille. Die am schwierigsten zu begreifende, dunkelste und höchste Function der thierischen Seele ist die Gedankenbildung, welche in Vorstellungen besteht, die in den Ganglienzellen während der Leitung, wahrscheinlich aber immer durch eine höchst complicirte Wechselwirkung zahlreicher centrifugaler und centripetaler Erregungen, erzeugt werden. Mögen wir über diese Vorgänge noch so sehr im Dunkeln sein, so viel ist sicher, dass alle diese differenzirten Nervenbewegungen, welche man unter dem Namen des Seelenlebens zusammenfasst, sich erst allmählig bei den höheren Thieren differenzirt und aus den einfacheren Reflexbewegungen hervorgebildet haben, welche alle niederen Thiere mit den Protisten und Pflanzen theilen.

XII. Zoologie, Protistik, Botanik.

Wenn die von uns vorgeschlagene Dreitheilung der Organismen-Welt, die Aufstellung der drei coordinirten Hauptgruppen oder Reiche: Thiere, Protisten, Pflanzen, naturgemäss ist, wie wir glauben, so muss die Biologie, als die Gesammtwissenschaft von den Organismen, von diesem Gesichtspunkte der Classification aus in drei coordinirte Hauptzweige zerfallen: Zoologie, Protistik, Botanik. Jede dieser drei Wissenschaften hat ihr besonderes Object und hat zur Aufgabe die vollständige Erkenntniss dieses Objects, in allen den verschiedenen Beziehungen, welche wir bereits oben (im zweiten Capitel) erläutert haben. Es muss also jede dieser drei Wissenschaften in die verschiedenen Zweige und Aeste zerfallen, welche oben (p. 21) als die Zweige und Aeste der gesammten Biologie hingestellt worden sind. Wir heben dies hier ausdrücklich hervor, weil Begriff und Aufgabe der Zoologie von den allermeisten Zoologen, Begriff und Aufgabe der Botanik von den allermeisten Botanikern nicht in diesem Sinne aufgefasst werden, vielmehr fast immer nur einzelne grössere oder kleinere Bruchstücke ihres weiten und grossen Wissenschaftsgebiets als die „eigentliche“ Zoologie und die „eigentliche“ Botanik angesehen werden. Natürlich existirt in dieser Beziehung nicht die mindeste Uebereinstimmung zwischen den verschiedenen Biologen, da in der Regel ein Jeder nur den kleinen abgerissenen Fetzen der Wissenschaft als „eigentliche“ Thier- oder Pflanzen-Kunde preist, in welchem er speciell bewandert ist. Da unter diesen Umständen gegenwärtig die grösste Verwirrung und die allgemeinste Unklarheit über die wahre Aufgabe und das eigentliche Ziel der Zoologie und Botanik herrscht, so halten wir es keineswegs für überflüssig, hier nochmals ausdrücklich hervorzuheben, dass Zoologie die Gesammtwissenschaft von den Thieren, Protistik oder Protistologie die Gesammtwissenschaft von den Protisten, Botanik oder Phytologie die Gesammtwissenschaft von den Pflanzen ist; und dass jede dieser drei Wissenschaften die vollständige und allseitige Erkenntniss des ihr zugetheilten Organismen-Reiches zur Aufgabe hat.

Jeder vernünftige und logisch denkende Mensch, der ausserhalb unserer Wissenschaft steht, wird die vorstehenden Sätze so selbstverständlich und natürlich finden, dass es ihm sehr überflüssig erscheinen könnte, dieselben hier doppelt und dreifach hervorzuheben. Jeder unbefangene Naturforscher aber, der mit der unendlichen Divergenz der allgemeinen biologischen Ansichten vertraut ist, und der eine grössere Anzahl von Biologen und von biologischen Schriften über die Aufgaben ihrer Wissenschaft befragt hat, wird umgekehrt die ausdrückliche Betonung jener Sätze für eine fundamentale Nothwendigkeit halten. In der That braucht man bloss ein paar Dutzend der gebräuchlichsten Lehr- und Hand-Bücher der Zoologie und Botanik in die Hand zu nehmen und zu vergleichen, um sich zu überzeugen, dass die meisten Verfasser derselben thatsächlich nicht den ganzen Umfang und vollen Inhalt, und also auch nicht das letzte Ziel und die ganze Aufgabe der Wissenschaft, der sie ihr Leben gewidmet haben, kennen. Die einen halten die Systematik, die anderen die Anatomie, einige die Morphologie, andere die Physiologie für die „eigentliche“ Zoologie oder die „eigentliche“ Botanik. Die allermeisten sogenannten Zoologen und Botaniker beschäftigen sich vorwiegend oder ausschliesslich mit einzelnen Theilen der Morphologie, die einen (Systematiker) mehr mit den äusseren, die anderen (Anatomen) mehr mit den inneren Formverhältnissen der Organismen; jeder von beiden behauptet aber, dass er die „eigentliche“ Zoologie oder Botanik treibe.[1]) Die Physiologie wird von den Meisten als eine be-

[1]) Sehr viele sogenannte Zoologen und Botaniker sind auch jetzt noch nicht über den Standpunkt des alten Boerhaave hinaus, der die Botanik mit folgenden Worten definirte: „Botanica est scientiae naturalis pars, cujus ope felicissime et minimo negotio plantae cognoscuntur et in memoria retinentur.“ Das in Deutschland am meisten verbreitete „Handbuch der Zoologie“ von Wiegmann stellt noch in der neuesten, von Troschel umgearbeiteten Auflage (1864) der Zoologie folgende Aufgabe: „Sie hat die äusseren Formen der Thiere (!), das Wichtigste (!) ihres inneren Baues, ihre Lebensweise und Heimath kennen zu lehren; sie hat die in der Gesammtheit ihres Wesens übereinstimmenden Thierformen in Arten, Gattungen, Familien, Ordnungen und Klassen zusammenzustellen, um so das Vielen Gemeinsame leichter hervorzuheben, und das Erken-

sondere, ganz verschiedene Wissenschaft angesehen, die mit der „eigentlichen“ Zoologie oder Botanik Nichts zu thun hat. Die Entwickelungsgeschichte der Individuen (die Ontogenie oder sogenannte Embryologie) ist zwar neuerdings etwas mehr zu Ehren und Ansehen gekommen und wird wohl von den meisten Botanikern und einigen Zoologen als ein integrirender und höchst wesentlicher Zweig der Biologie anerkannt. Die coordinirte Phylogenie dagegen, die Entwickelungsgeschichte der Stämme, einer der interessantesten und wichtigsten biologischen Wissenschaftszweige, ist den meisten Zoologen und Botanikern, ebenso wie die Palaeontologie, welche ihr das empirische Material liefert, entweder gänzlich unbekannt oder wird doch als eine fremde, weitabliegende Wissenschaft, allenfalls als eine interessante Curiosität betrachtet. Wenn in dieser Weise, und es ist dies Thatsache, die „Versteinerungen,“ die unschätzbaren Reliquien der ausgestorbenen Thiere und Pflanzen, von den meisten Zoologen und Botanikern entweder gar nicht berücksichtigt, oder doch nicht richtig verstanden und gewürdigt werden, so hat dies gerade so viel Sinn, wie wenn die vergleichenden Sprachforscher sich ausschliesslich mit den lebenden Sprachen beschäftigen, und das Studium der ausgestorbenen für ein ganz fremdartiges Curiosum erklären wollten.

Wir sind gewiss weit entfernt davon, den grossen Vortheil zu verkennen, welchen die weit vorgeschrittene Arbeitstheilung den einzelnen Fächern der Biologie gebracht hat. Ihr allein oder doch vorzüglich verdanken wir die ausserordentliche Vermehrung des (freilich meist nicht ordentlich verwertheten) empirischen Kenntniss-Materials, welche in den letzten Decennien eine ganze Reihe von selbstständigen Wissenschafts-Zweigen hervorgerufen hat. Und diese Arbeitstheilung wird und muss auch noch viel weiter gehen, wenn die Riesen-Masse der noch nicht unserer Kenntniss unterworfenen Thatsachen-Welt bewältigt werden soll. Allein wir können nicht umhin, auch auf die grossen Nachtheile aufmerksam zu machen, welche mit jeder solchen weitgehenden Arbeitstheilung verbunden sind, welche aber erst dann die Wissenschaft erheblich beschädigen, wenn man sich, wie es jetzt meist geschieht, ihrer Erkenntniss verschliesst. Hierher gehört vor Allen die blinde Einseitigkeit, mit der sich die meisten Biologen auf ein ganz kleines und beschränktes Wissenschaftsgebiet zurückziehen, ohne sich weiter um das Ganze der Wissenschaft zu bekümmern. Dadurch geht aber nicht nur der erhebende Blick für das wundervolle Ganze der Natur, sondern auch die Fähigkeit für die richtige Erkenntniss des Einzelnen verloren. Es reisst dadurch ferner eine Einseitigkeit in der Untersuchungsmethode und Darstellungsweise jedes einzelnen kleinen Gebietes ein, welche ein gegenseitiges Verständniss erheblich erschwert und Verwirrung in die Literatur bringt. Endlich aber verlieren durch diese ausschliessliche Versenkung in das kleinste Detail die Naturforscher ganz den Blick für die Erkenntniss der Naturgesetze, welche doch das höchste und letzte Ziel der Wissenschaft ist.

---

nen der einzelnen Arten zu erleichtern (!).“ Von Physiologie und Entwickelungsgeschichte, von Palaeontologie etc. ist in diesem, wie in den meisten übrigen Handbüchern Nichts oder nur einzelne beiläufige Bemerkungen zu finden.

Die allgemeine Begriffsverwirrung, welche in den meisten biologischen Disciplinen herrscht, und die merkwürdige Unklarkeit, in welcher sich die meisten Biologen über Inhalt und Umfang der Wissenschaftszweige befinden, in denen sie speciell arbeiten, ist von uns bereits im zweiten und dritten Capitel eingehend gerügt worden. Um sich von der wirklichen Begründung dieser schweren Vorwürfe zu überzeugen, ersuchen wir den Leser, ein paar Dutzend der gebräuchlichsten zoologischen und botanischen Hand- und Lehr-Bücher neben einander zu legen und ihre einleitenden ersten Capitel zu vergleichen. Man wird erstaunen über die unglaublichen Widersprüche und die ausserordentliche Divergenz der Ansichten bei den verschiedenen Autoren, welche sich nicht etwa auf untergeordnete Gegenstände beziehen, sondern auf die wichtigsten Fundamente der Wissenschaft, auf die Bestimmung des Inhalts und Umfangs der einzelnen Naturwissenschaften, welche die einzelnen Zoologen und Botaniker als die Bestandtheile der „eigentlichen" (neuerdings „wissenschaftlichen") Zoologie und Botanik zu bezeichnen belieben. Wenn wir schon oben gezeigt haben, dass die Begriffe der Morphologie und Physiologie, der Anatomie und Systematik, der Organologie und Histologie u. s. w. von den verschiedenen Biologen in einem ganz verschiedenen und willkührlichen Sinne gebraucht werden, so gilt dasselbe in noch höherem Maasse von den Begriffen der Zoologie und Botanik. Es ist daher keineswegs überflüssig, wenn wir hier nochmals ausdrücklich darauf hinweisen, dass jeder biologische Wissenschaftszweig, welcher eine einzelne Organismen-Gruppe behandelt, aus allen denselben Disciplinen zusammengesetzt ist, welche wir oben (p. 21) als integrirende Bestandtheile der gesammten Biologie hingestellt haben.

Wenn wir also als die drei Hauptgruppen oder Reiche der Organismen die Thiere, Protisten und Pflanzen betrachten, und wenn wir unter Zoologie, Protistik und Botanik die gesammte Wissenschaft dieser drei Gruppen verstehen, so muss jede dieser drei Wissenschaften, gleich der gesammten Biologie, zunächst in die drei coordinirten Disciplinen der Morphologie, Chemie und Physiologie zerfallen, oder, wenn wir die statische Chemie mit der ersteren, die dynamische Chemie mit der letzteren vereinigen, in die beiden Hauptfächer der Morphonomie (Morphologie im weiteren Sinne) und der Phoronomie (Physiologie im weiteren Sinne). Die Morphologie spaltet sich wiederum in die beiden Hauptzweige der Anatomie und Entwickelungsgeschichte (Morphogenie). Die Physiologie theilen wir ebenfalls in zwei Disciplinen: I. Die Physiologie der Conservation oder Selbsterhaltung (a. Ernährung, b. Fortpflanzung), II. die Physiologie der Relationen oder Beziehungen (a. Physiologie der Beziehungen der einzelnen Theile des Organismus zu einander (beim Thiere Physiologie der Nerven und Muskeln); b. Oecologie und Geographie des Organismus oder Physiologie der Beziehungen des Organismus zur Aussenwelt). Um die gegenseitigen Beziehungen dieser einzelnen Disciplinen klar zu übersehen, fügen wir als Beispiel die folgende Tabelle über die einzelnen Zweige der Zoologie bei, welche entsprechend auch für die Protistik und Botanik Geltung hat.

ZOOLOGIE ODER THIERKUNDE.

(Gesammtwissenschaft von den Thieren.)

Zoostatik oder thierische Morphonomie.			**Zoochemie** oder thierische Chemie.			**Zoodynamik** oder thierische Phoronomie.	
Thierische Morphologie oder Statische Zoologie.		[**Chemie der thierischen Substrate.** Morphologische Chemie der Thiere.]		[**Chemie der thierischen Processe.** Physiologische Chemie der Thiere.]		**Thierische Physiologie** oder Dynamische Zoologie.	
Thierische Morphologie.				**Thierische Physiologie.**			
Zootomie **oder Anatomie der Thiere** (Vergleichende Anatomie oder wissenschaftliche Zootomie.)		**Zoogenie** **oder Morphogenie der Thiere** (Entwickelungsgeschichte der Thiere im weiteren Sinne.)		**Conservations-Physiologie der Thiere** oder Physiologie der thierischen Selbsterhaltungs-Verrichtungen.		**Relations-Physiologie der Thiere** oder Physiologie der thierischen Beziehungs-Verrichtungen.	
Thierische Tectologie oder Structurlehre der Thiere.	Thierische Promorphologie oder Grundformenlehre der Thiere.	Ontogenie der Thiere. Entwickelungsgeschichte der thierischen Individuen.	Phylogenie der Thiere. Entwickelungsgeschichte der thierischen Stämme.	Physiologie der thierischen Ernährung oder des Stoffwechsels.	Physiologie der thierischen Fortpflanzung oder der Generation.	Physiologie der Beziehungen der einzelnen Theile des Thierkörpers zu einander.	Physiologie der Beziehungen des thierischen Organismus zur Aussenwelt.
(1. Histologie 3. Antimerologie 5. Prosopologie	2. Organologie 4. Metamerologie 6 Cormologie.)	(Embryologie und Metamorphologie der Thiere.)	(Palaeontologie und Genealogie der Thiere.)	(Erhaltung der thierischen Individuen.)	(Erhaltung der thierischen Stämme.)	(Physiologie der Muskeln u. Nerven etc.)	(Oecologie und Geographie der Thiere.)

Drittes Buch.

Erster Theil der allgemeinen Anatomie.

Generelle Tectologie

oder

Allgemeine Structurlehre der Organismen.

(Individualitätslehre der Organismen.)

„Jedes Lebendige ist kein Einzelnes, sondern eine Mehrheit; selbst insofern es uns als Individuum erscheint, bleibt es doch eine Versammlung von lebendigen, selbstständigen Wesen, die der Idee, der Anlage nach gleich sind, in der Erscheinung aber gleich oder ähnlich, ungleich oder unähnlich werden können. Diese Wesen sind theils ursprünglich schon verbunden, theils finden und vereinigen sie sich. Sie entzweien sich und suchen sich wieder, und bewirken so eine unendliche Production auf alle Weise und nach allen Seiten.

„Je unvollkommener das Geschöpf ist, desto mehr sind diese Theile einander gleich oder ähnlich, und desto mehr gleichen sie dem Ganzen. Je vollkommener das Geschöpf wird, desto unähnlicher werden die Theile einander. In jenem Falle ist das Ganze den Theilen mehr oder weniger gleich, in diesem das Ganze den Theilen unähnlich. Je ähnlicher die Theile einander sind, desto weniger sind sie einander subordinirt. Die Subordination der Theile deutet auf ein vollkommneres Geschöpf.

„Dass nun das, was der Idee nach gleich ist, in der Erfahrung entweder als gleich oder als ähnlich, ja sogar als völlig ungleich und unähnlich erscheinen kann, darin besteht eigentlich das bewegliche Leben der Natur, das wir in unseren Blättern zu entwerfen gedenken."

Goethe (Jena, 1807).

Achtes Capitel.

Begriff und Aufgabe der Tectologie.

> **Freuet euch des wahren Scheins,**
> **Euch des ernsten Spieles,**
> **Kein Lebendiges ist Eins,**
> **Immer ist's ein Vieles.**
>
> **Goethe.**

I. Die Tectologie als Lehre von der organischen Individualität.

Die Tectologie oder Structurlehre der Organismen ist die gesammte Wissenschaft von der Individualität der belebten Naturkörper, welche meistens ein Aggregat von Individuen verschiedener Ordnung darstellt. Die Aufgabe der organischen Tectologie ist mithin die Erkenntniss und die Erklärung der organischen Individualität, d. h. die Erkenntniss der bestimmten Naturgesetze, nach denen sich die organische Materie individualisirt, und nach denen die meisten Organismen einen einheitlichen, aus Individuen verschiedener Ordnung zusammengesetzten Formen-Complex bilden.

Begriff und Aufgabe der Tectologie, wie wir sie hier feststellen und bereits oben (p. 30, 46, 49) im Allgemeinen erörtert haben, sind bisher von den meisten Morphologen nicht scharf ins Auge gefasst worden, da man in der Anatomie die Tectologie und Promorphologie stets vermischt zu behandeln pflegt. Wenn nun auch diese Behandlungsweise in der anatomischen Praxis sich gewiss am meisten empfiehlt, und es immer am bequemsten sein wird, bei der Anatomie jedes einzelnen Organismus die gesammte Anatomie (Tectologie und Promorphologie) der einzelnen Individuen verschiedener Ordnung nach einander abzuhandeln (p. 45), so müssen wir dagegen hervorheben, dass es für das theoretische Verständniss des Organismus von der grössten Wichtigkeit ist, die wesentlich verschiedene Aufgabe der beiden anatomischen Hauptzweige scharf getrennt zu erfassen, und Tectologie und Promorphologie als gesonderte coordinirte Wissen schaften neben einander zu begreifen. Für die allgemeine und synthetische Betrachtung einer Organismen-Gruppe wird daher die vollständige Trennung der Tectologie und Promorphologie, wie wir sie hier durchführen, vorzuziehen sein, während für die besondere und analytische Erforschung eines einzelnen Organismus sich mehr die Verschmelzung der beiden anatomischen Hauptzweige und die Eintheilung der gesammten Anatomie in die sechs, oben (p. 45) aufgeführten Disciplinen empfehlen wird.

Der Körper der grossen Mehrzahl aller jetzt lebender Organismen stellt ein verwickeltes Gebäude dar, welches aus gleichartigen und ungleichartigen Theilen oder Organen in sehr complicirter Weise zusammengesetzt ist. Allgemein können wir diese „Partes similares et dissimilares“ derart in verschiedene subordinirte Kategorieen eintheilen, dass jede höhere Kategorie eine in sich abgeschlossene und selbstständige Einheit, zugleich aber auch eine Vielheit von mehreren Einheiten der nächstniederen Kategorie darstellt. Diese Kategorieen betrachten wir als verschiedene Stufen oder Ordnungen von organischen Individuen. Wir können daher auch die Tectologie oder Structurlehre als die „Wissenschaft von der Zusammensetzung der Organismen aus organischen Individuen verschiedener Ordnung“ bezeichnen, wie es oben (p. 30) geschehen ist. Hiergegen ist nur zu erinnern, dass diese verwickelte Zusammensetzung des Organismus aus subordinirten Individualitäten verschiedener Ordnung bei sehr zahlreichen niederen Organismen fehlt, nämlich bei sehr vielen Protisten, einzelligen Algen etc. und überhaupt bei allen Lebewesen, welche zeitlebens auf der niedersten Stufe oder Ordnung der Individualität stehen bleiben und blos den morphologischen Werth einer einzigen Plastide (entweder einer Cytode oder einer Zelle) behalten. Auch ist die Erwägung sehr wichtig, dass alle organischen Individuen ohne Ausnahme, mögen sie auch in ihrer vollendeten Form die höchste Stufe der Complication erreichen, und aus fünf verschiedenen Ordnungen von Individuen, wie die Wirbelthiere, oder aus sechs, wie die meisten Phanerogamen, zusammengesetzt sein, dennoch diesen verwickelten Bau erst durch die Entwickelung erreichen und in ihren ersten Anfängen stets ein einfachstes Individuum erster Ordnung, eine einzelne Plastide, repräsentiren. Da wir nun ausserdem in den homogenen und structurlosen Moneren Organismen kennen, welche überhaupt nicht aus ungleichartigen Theilen, sondern blos aus gleichartigen

Eiweiss-Molekülen zusammengesetzt sind, so erscheint es nicht passend, die Tectologie allgemein als Merologie oder Lehre von den Theilen zu bezeichnen, falls man unter diesen „Theilen" nur die Individuen verschiedener Ordnung verstehen will. Vielmehr würde es vom allgemeinen Gesichtspunkte aus passender erscheinen, falls der Ausdruck der Tectologie oder Structurlehre aus jenem Grunde zu beschränkt erscheinen sollte, diesen Zweig der Anatomie als die „Wissenschaft von der organischen Individualität" oder kurz als die Biontologie[1]) (Individualitäts-Lehre) zu bezeichnen.

Bevor wir die eigentliche Aufgabe der Tectologie oder Biontologie zu lösen und die Gesetze zu erkennen versuchen, nach denen sich die organische Materie individualisirt, erscheint es uns nothwendig, den Begriff des organischen Individuums im Allgemeinen zu erörtern und die sehr verschiedenen Ansichten zu erwägen, welche die verschiedenen Naturforscher sich über die Individualität der Organismen gebildet haben. Erst dann können wir ausführlich unsere eigene Ansicht von den morphologischen und physiologischen Individuen verschiedener Ordnung begründen, welche nach unserem Dafürhalten allgemein unterschieden werden müssen.

II. Begriff des organischen Individuums im Allgemeinen.

Das Wort „Individuum" wird in ausserordentlich vielfacher und verschiedenartiger Bedeutung angewandt. Seinem Wortlaute nach soll dieser Begriff ein Untheilbares bezeichnen. Im strengsten Sinne untheilbar können wir uns aber nur die Massen-Atome vorstellen, aus denen wir uns nach der atomistischen Hypothese die Materie zusammengesetzt denken, und die Atome des expansiven Aethers, welche die attractiven Massen-Atome trennen. „Atom" (ἄτομος) ist ja ursprünglich weiter Nichts, als das griechische Wort für das römische „Individuum", für das deutsche „Untheilbar". In diesem Sinne wurden denn auch von früheren Philosophen die Ausdrücke Atom und Individuum als gleichbedeutend angewandt.

Das Wort Atom hat späterhin diese ursprüngliche Bedeutung des Individuum allein beibehalten und wird jetzt in diesem Sinne ausschliesslich zur Bezeichnung der einfachsten und letzten discreten Grössen, der kleinsten, homogenen und untheilbaren Stofftheilchen verwandt, aus deren Aggregation die atomistische Hypothese die Masse und den zwischen den Masse-Atomen befindlichen Aether construirt. Das Wort Individuum dagegen wird zur Bezeichnung sehr verschiedener Erscheinungsformen der Materie gebraucht, welchen nur die

[1]) βίον, τὸ, das concrete Lebewesen, das physiologische Individuum.

Idee der Einheit als gemeinsames Band zu Grunde liegt. Wenn man von der einheitlichen Erscheinungsform der Individuen absieht, so bleibt für den Begriff des Individuums weiter Nichts übrig.

Hieraus folgt bereits, dass der Begriff des Individuums keiner weiteren Definition fähig ist, dass er keine absolute, sondern nur eine relative Bedeutung besitzt. Streng genommen ist das Individuum eigentlich gar kein Begriff, sondern nur die rein anschauliche Auffassung irgend eines gegebenen Begriffes als Einheit unter einer Vielheit von gleichen Begriffen. So hat schon Schleiden[1]) das Individuum als „die rein anschauliche Auffassung irgend eines wirklichen Gegenstandes unter einem gegebenen Artbegriff" definirt. Erst die Beziehung zu diesem Artbegriff lässt das Individuum als solches erscheinen. Dasjenige, was im gewöhnlichen Leben am häufigsten als Individuum bezeichnet wird, der einzelne Mensch, oder die Person, ist ein Individuum unter dem Artbegriff seiner Nation; die Nation ist ein Individuum unter den übrigen Nationen ihrer Rasse; die Rassen sind Individuen unter der Menschen-Art; die Menschen-Art ist ein Individuum unter den verschiedenen Säugethier-Arten u. s. w. Erst wenn der Artbegriff vollkommen definirt ist, von dessen Individuen man spricht, erhält das Individuum eine bestimmte Bedeutung. Es tritt uns dann die Individualität als eine einheitliche Erscheinung entgegen, welche nicht getheilt werden kann, ohne ihren Character, ihr eigenstes Wesen zu zerstören.

Ueber das gegenseitige Verhältniss der verschiedenartigen Individualitäten, die uns in den concreten Naturkörpern entgegentreten, über ihr coordinirtes und subordinirtes Verhältniss im Allgemeinen existiren noch keine zusammenhängenden Untersuchungen. Desto mehr hat man sich bemüht, bestimmte Erscheinungsformen der Naturkörper *κατ' ἐξοχήν* als „eigentliche" Individuen zu bestimmen. Unter den Anorganen liess sich eine solche absolute Individualität leicht in den Krystallen finden. Unter den Organismen hat man bei den Thieren meistens keine Schwierigkeiten gefunden, indem man als typisches Individuum die sowohl physiologisch als morphologisch vollkommen abgeschlossene und einheitliche Erscheinung auffasste, in welcher der einzelne Mensch und alle übrigen Wirbelthiere, wie die grosse Mehrzahl der höheren Thiere überhaupt, auftreten, und welche wir vorläufig als Person (Prosopon) bezeichnen wollen. Viel schwieriger erschien dagegen die Feststellung eines solchen absoluten Individuums im Pflanzenreiche, woher es sich erklärt, dass die Botaniker am meisten sich mit dieser Frage beschäftigt haben. Als diejenige Einheitsform,

---

[1]) Schleiden, Grundzüge der wissensch. Botan. III. Aufl. 1850. II. p. 4.

welche der thierischen Person aequivalent ist, haben die meisten Botaniker bei den höheren Pflanzen den Spross oder die Knospe anerkannt. Da jedoch neben dieser Anschauung noch eine Anzahl von anderen sehr verschiedenartigen Auffassungen der thierischen und pflanzlichen Individualität sich Geltung verschafft haben, so können wir eine allgemeine Uebersicht derselben hier nicht umgehen; und zwar wollen wir zunächst die verschiedenen Ansichten über das pflanzliche, dann diejenigen über das thierische Individuum neben einander stellen. Es wird sich durch eine vergleichende Betrachtung dieser sich widersprechenden Auffassungen schon die Ansicht vorbereiten, zu der uns die eigene eingehende Untersuchung mit Nothwendigkeit hinführt, dass wir nämlich auf die Aufstellung von absoluten organischen Individuen überhaupt verzichten müssen, und nur dadurch zum Ziele gelangen, dass wir verschiedene Ordnungen oder Kategorieen von relativen Individuen in den organischen Naturkörpern unterscheiden.

III. Verschiedene Auffassungen des pflanzlichen Individuums.

Als pflanzliche Individuen in absolutem Sinne werden von der unmittelbaren und nicht in die Zusammensetzung der Pflanzenformen eindringenden Naturanschauung der Laien diejenigen für die oberflächliche Betrachtung am meisten physiologisch und morphologisch abgeschlossenen Einheiten bezeichnet, welche die Botanik mit einem schärferen Ausdruck als Stock oder zusammengesetzte Pflanze (Cormus) bezeichnet. Der einzelne Baum, der einzelne Strauch, das einzelne Kraut mit seinem Stengel und seiner Wurzel, seinen Aesten und Zweigen, seinen Blättern und Blüthen, scheint auf den ersten Blick dasjenige zu sein, was am nächsten der individuellen Persönlichkeit der höheren Thiere als geschlossene Einheit sich gegenüberstellt. Eine nähere Betrachtung zeigt jedoch bald, dass weder physiologisch noch morphologisch diese Einheit so absolut und selbstständig ist, als sie zunächst erscheint. Benachbarte, scheinbar selbstständige Stöcke hängen unterirdisch durch ihre Wurzelausläufer zusammen, indem entweder, wie z. B. bei den Tannen eines Tannenwaldes, die Wurzelfasern vieler ursprünglich selbstständiger Stöcke in continuirliche Communication treten und zu einem Netze verwachsen; oder indem eine unterirdisch kriechende Axe nach oben viele Knospen absendet, welche über der Erde als scheinbar selbstständige Stöcke auftreten. Aber auch von den oberirdischen vollkommen isolirten Stöcken können die verschiedensten Arten der Sprosse (Aeste, Zweige, Brutknospen etc.) natürlich oder künstlich abgelöst werden und leben als selbstständige Individuen weiter, indem sie sich alsbald wieder verästeln und neue selbstständige Stöcke bilden.

Aus diesem Grunde haben die Botaniker schon seit langer Zeit und mit Recht den Cormus oder Stock als eine zusammengesetzte Pflanze, als ein Aggregat oder eine Colonie von Individuen betrachtet, und dagegen als eigentlich individuelle Pflanze den Spross oder die Knospe (Gemma), den Trieb, aus welchem jeder einzelne Zweig hervorgeht, und welcher stets nur einer einzigen Axe entspricht. Diese Auffassung ist uralt und findet sich schon bei Aristoteles und Hippokrates angedeutet. Sie ist dann später von Linné,[1]) Goethe, Erasmus Darwin (dem Grossvater des Reformators der Descendenz-Theorie) und vielen Anderen mehr oder minder bestimmt ausgesprochen und zuletzt namentlich von Alexander Braun[2]) ausführlich begründet worden. Für die Phanerogamen und die höheren Cryptogamen lässt sich die Richtigkeit dieser Behauptung gar nicht verkennen, sobald man ihre Vegetations- und Fortpflanzungs-Weise, die Art und Weise des Aufbaues ihrer Stöcke, mit den ganz übereinstimmenden Verhältnissen der Stockbildung bei den Coelenteraten, und insbesondere den Hydromedusen, vergleicht. Dass die Sprossen oder Knospen bei den letzteren und bei den ersteren ganz dieselben Verhältnisse zu einander und zum Ganzen zeigen, bedarf keines Beweises, und da bei den Coelenteraten die Individuen-Natur der Sprosse, seien dieselben nun polypoide (hydroide) oder medusoide Formen, von den deutschen Naturforschern wenigstens, allgemein anerkannt ist, selbst bei den Siphonophoren-Stöcken, wo sich einzelne Individuen durch weit gehende Arbeitstheilung sehr weit von dem ausgeprägten Character der typischen Individuen entfernen, so darf man, hierauf gestützt, den Sprossen der Phanerogamen und der höheren Cryptogamen den morphologischen Werth und Rang der thierischen Personen unbedingt zugestehen.

Schwierigkeiten entstehen für diese Auffassung erst bei den niederen Cryptogamen, Flechten, Pilzen und Algen, wo die individuelle Selbstständigkeit der Sprosse in vielen Fällen weder vom morphologischen noch vom physiologischen Standpunkte aus sich nachweisen lässt. Dies ist z. B. dann der Fall, wenn der Spross, eine Seitenaxe, nur als seitlicher Ausläufer einer einzigen Zelle auftritt, deren anderer Theil der Hauptaxe als integrirender Bestandtheil angehört. Die Durchführung des Grundsatzes, dass jeder seitlichen Axe der Rang einer selbstständigen Individualität gebühre, scheint hier zu den seltsamsten Widersprüchen zu führen. Auch könnte man dann daran denken, ebenso jede kleinere seitlich von der Axe ausgehende Bildung, Blätter, Haare etc. als Individuen zu erklären, ebenso auch

[1]) Linné, Philos. botan. § 132: „Gemmae totidem herbae."

[2]) Alexander Braun, Das Individuum der Pflanze in seinem Verhältniss zur Species. Abhandl. der Berl. Akad. 1853.

die einzelnen, oft unter bestimmten Winkeln gegen einander geneigten Glieder (Stengelglieder), in welche die einfache Axe bei vielen Pflanzen abgetheilt ist u. s. w.

Diese letztere Consequenz ist denn auch von vielen Botanikern gezogen worden, und von den beiderlei Organen, aus denen sich der Spross bei den höheren Pflanzen allgemein zusammensetzt, von der Axe und dem Blatte, hat man Jedem die Individualität allein vindiciren wollen. Die Auffassung des Blattes, als des eigentlichen Pflanzen-Individuums, wurde namentlich durch die von Goethe begründete Lehre von der Pflanzen-Metamorphose begünstigt, welche die verschiedensten Pflanzen-Organe, Laubblätter, Blumenblätter, Staubgefässe, Fruchtblätter etc. als differenzirte, durch Arbeitstheilung entstandene Modificationen eines und desselben Grundorganes, des Blattes, nachweist, und wonach die ganze Pflanze lediglich eine Composition aus differenzirten Blättern, gewissermaassen ein Blätterstock ist. Nach dem consequentesten Extrem dieser Auffassung erscheinen die Axengebilde bloss als Aggregate aus den vereinigten Basaltheilen der einzelnen Blätter. So ist nach Ernst Meyer das Stengelglied blos der untere Theil des Blattes.

Ebenso wie das Blatt ist von Anderen das Stengelglied unter dem Namen Phyton (Gaudichaud) als das eigentliche Individuum der Pflanze hingestellt worden, so von Agardh, Engelmann, Steinheil und Anderen. Dann würde der Spross als ein gegliederter Stock, eine Vielheit von Individuen (Stengelgliedern) erscheinen, die wie Stockwerke übereinander gebaut sind. Das Verhältniss des zu jedem Stengelgliede gehörigen Blattes oder Blattquirls hat man dabei so aufgefasst, dass das Blatt bloss der obere Theil des Stengelgliedes sei.

Mag man nun mit den letzteren Botanikern die Sprosse (Gemmae) der Phanerogamen und der höheren Cryptogamen als Colonieen von Stengelgliedern (Phyten) oder mit den ersteren als Stöcke von Blättern ansehen, so wird man in beiden Fällen als die eigentlichen Individuen Theile der Pflanze betrachten, welche nach den vorhergehenden Auffassungen blos als Organe gelten konnten. Man hat sich in beiden Fällen vorzugsweise auf physiologische Gründe gestützt, auf die Fähigkeit einzelner Blätter oder einzelner Stengelglieder, unter bestimmten Verhältnissen die Art fortzupflanzen und neue Sprosse aus sich zu erzeugen. Allein abgesehen von anderen Widersprüchen, zu denen diese physiologische Argumentation führt, kann dieselbe schon darum nicht für ausreichend gelten, weil in vielen Fällen schon einzelne kleine Theile eines Blattes oder eines Stengelgliedes genügen, um einem oder mehreren neuen Sprossen den Ursprung zu geben. So wachsen z. B. bei *Bryophyllum* aus jedem Einschnitte des Blattrandes Sprossen hervor. Die absterbenden Blätter mancher Zwiebelgewächse erzeugen auf ihrer Oberfläche Brutknospen, aus denen neue Stöcke hervorwachsen. In diesen Fällen sind es kleine Zellengruppen von unbestimmter Umgrenzung (vielleicht selbst einzelne Zellen), Anaphyten, wie sie Schultz-Schultzenstein genannt hat, welche das physiologische Individuum repräsentiren, „welche, von der Pflanze getrennt, selbstständig fortleben, keimen und sich weiter entwickeln können.“ Will man hier aber consequent und logisch verfahren und nicht ganz willkührlich die Grenze der Individualität umschreiben, so muss man bis auf die Zellen als auf die eigentlichen und letzten morphologischen Elemente der Pflanze zurückgehen.

Dieser letzte Schritt ist denn auch von bedeutenden Botanikern geschehen und die Zelle als das eigentliche organische Individuum betrachtet worden, aus dem sich durch Aggregation der zusammengesetzte Körper aufbaue. Schon Schleiden und Schwann, die Begründer der neueren Zellenlehre, haben die Zelle in diesem Sinne aufgefasst, und nach ihnen viele Andere. Auch diese Ansicht hat ihre Berechtigung. Sowohl in physiologischer als in morphologischer Hinsicht besitzen die Zellen, und zwar in viel höherem Maasse die pflanzlichen als die thierischen Zellen, einen hohen Grad von Individualität, der ihnen eben ihren bestimmten Character verleiht, und sie als die eigentlichen Elementar-Organe oder auch Elementar-Organismen erscheinen lässt. Als solche sind sie die activen Lebenseinheiten oder Bionten, deren Summe und Product erst der ganze Organismus mit allen seinen Leistungen ist.

Allein so wichtige Gründe auch dafür sprechen mögen, die Zelle als das am meisten selbstständige und absolute Individuum hinzustellen, so begegnen wir doch auch hier unüberwindlichen Schwierigkeiten, die einer Verallgemeinerung dieser Auffassung sich entgegenstellen. Zunächst giebt es eine grosse Anzahl von niederen Organismen, auf welche sich diese Bestimmung der Individualität nicht anwenden lässt, weil sie weder, gleich den höheren, aus Zellen zusammengesetzt sind, noch auch im Ganzen einer einzigen Zelle entsprechen. Zu diesen niedersten Organismen, welche überhaupt keine bestimmte Beziehung zur organischen Zelle erkennen lassen, und die wir desshalb unten als Cytoden den Zellen gegenüber stellen werden, gehören z. B. viele Rhizopoden, gewisse (kernlose) Algen etc. Ferner kennen wir viele Beispiele, in denen auch einzelne Theile einer sogenannten Zelle sich einen hohen Grad von individueller Selbstständigkeit aneignen und neuen Zellen den Ursprung geben können. Unter den einzelligen Pflanzen aus der Algengruppe der Siphoneen giebt es Arten (Bryopsis etc.), bei denen der einzellige Körper ein fast unbegrenztes Wachsthum zeigt, einen Stock mit vielen

Aesten und Zweigen bildet und in eine Masse von unbestimmt begrenzten peripherischen Theilen sich auflöst, deren jeder wieder sofort nach seiner Trennung von der Zelle zu einem einzelligen Individuum sich zu gestalten vermag.

So ist es denn gekommen, dass einige Botaniker in ihrem analytischen Bestreben, die Pflanze als ein zusammengesetztes Aggregat von Individuen nachzuweisen, auch nicht bei der Zelle stehen geblieben sind, sondern nach weiteren Elementen gesucht haben, aus denen die Zellen erst wieder zusammengesetzt seien, und welche die eigentlichen und letzten selbstständigen Individuen der Pflanzen repräsentiren sollten. Schon Turpin sprach die Idee aus, dass diese eigentlichen „Urindividuen" der Pflanze die Kügelchen des Zellinhalts seien, durch deren Aneinanderlegung die Zelle (als Individuum zweiter Ordnung) gebildet werden solle. Ebenso fasst Kützing die Zelle nicht als Elementarform der Pflanze, sondern als eine complicirte Gestalt auf, zusammengesetzt aus einfacheren Körpern, die er als „Molekulargewebe" zusammenfasst, und welche für sich allein gewisse Pflanzen niedersten Ranges bilden sollen. Unger hält zwar die Zelle für das eigentliche Elementar-Organ der Pflanze, unterscheidet aber in ihr als kleinste „individualisirte" Körper noch Bläschen, Fasern, Körner etc. Ebenso erklärt auch Nägeli die Pflanzenzelle für einen complicirten Organismus, der aus individuellen Theilen zusammengesetzt ist, z. B. aus Stärkekörnern u. dergl mehr.[1])

Dass auch diese Auffassung ihre Begründung hat, ist nicht zu bezweifeln. Die Zelle selbst kann in der That als selbstständiger Organismus angesehen werden, und erscheint als solcher wiederum aus Organen zusammengesetzt, aus verschiedenartigen Theilen, welche zum Bestehen des Ganzen zusammenwirken. Mindestens zwei verschiedenartige Theile sind an jeder echten Zelle zu irgend einer Zeit ihres Lebens nachzuweisen, nämlich der innere Kern und das äussere, diesen umschliessende Protoplasma. Diese beiden Fundamental-Organe der Zelle sind aber selbst wieder aus Theilchen zusammengesetzt, und diese letzteren könnten wir als die wirklichen elementaren Individuen der Pflanze bezeichnen. Suchen wir diese näher zu bestimmen, so können wir sie in Nichts Anderem finden, als in den physikalischen

---

[1]) In der seltsamsten Form ist eine ahnliche Idee von dem kürzlich verstorbenen Anatomen Mayer in Bonn ausgesprochen worden, welcher in seinen „Supplementen zur Lehre vom Kreislauf" (1837, p. 49) die kleinsten Körnchen des Zellinhalts (auf Grund ihrer Molecularbewegung) für thierisch-belebte Individuen (Biosphaeren) erklärt, welche die Pflanze als ihre Wohnung aufbauen. „Den Hamadryaden gleich bewohnen diese sinnigen Monaden die geheimen Hallen der Rindenpaläste, welche wir Pflanzen nennen, und feiern hier in stiller Zucht ihre Tanze und ihre Orgien."

Molekülen, welche die Materie des Kerns und des Protoplasma zusammensetzen. Diese Moleküle selbst aber sind wieder aus den chemischen Atomen zusammengesetzt. Somit wären wir denn wieder bei unserem Ausgangspunkt angelangt, nämlich der Identität von Atom und Individuum. Freilich ist hiermit, wie schon Alexander Braun ausgeführt hat, Nichts gewonnen. Denn wir besitzen nicht die Mittel, die supponirten Moleküle und Atome durch die Beobachtung nachzuweisen. Allerdings müssen wir, wenn wir theoretisch dem Wesen des Zellenlebens auf den Grund kommen wollen, annehmen, dass die Thätigkeit der Atome und der durch ihre verschiedenartige Gruppirung gebildeten Moleküle es ist, aus welcher Form und Function der Zelle resultirt. Aber für die uns vorliegende Frage ist durch die Anerkennung der unsichtbaren Atome als Individuen Nichts erreicht. Noch weniger wird aber dadurch gewonnen, dass man die ganz verschiedenartigen festen Körper, welche als sogenannter Zelleninhalt in vielen Zellen sich finden, die Stärke-, Chlorophyll-, Fett-, Pigment-Körner etc. als Individuen betrachtet. Diese sind jedenfalls am wenigsten berechtigt, eine besondere Individualität in Anspruch zu nehmen. Auch sind sie unter sich so verschieden, dass kein anderer gemeinsamer Ausdruck für sie zu finden ist, als: „Geformte Inhaltstheile des Protoplasma.“ In sehr vielen Zellen fehlen sie als besondere, erkennbare Theile völlig.

Werfen wir nun auf die verschiedenen Theile der Pflanze, welche von den verschiedenen Forschern als die „eigentlichen“ oder absoluten pflanzlichen Individuen proclamirt worden sind, einen vergleichenden Rückblick, so sehen wir bald, dass alle diese Theile subordinirte Stufen eines gegliederten Ganzen sind, dass sie verschiedenen Kategorieen oder Ordnungen angehören, von denen jede einzelne eine Vielheit von der darauf folgenden untergeordneten Einheit repräsentirt. Nicht weniger als fünf verschiedene Ordnungen oder über einander geordnete Kategorieen von pflanzlichen Individuen lassen sich gemäss den vorstehend angeführten verschiedenen Ansichten bei den höheren Pflanzen deutlich unterscheiden, nämlich: 1) der Stock (Cormus), 2) der Spross (Gemma), 3) das Stengelglied (Phyton), 4) das Blatt (ein Organ), 5) die Zelle. Jede dieser Individualitäten repräsentirt, für sich betrachtet, sowohl in Form als in Function eine selbstständige Einheit; jede ist aber zugleich eine Vielheit von der nächst niederen Kategorie und als solche kein Individuum mehr. Es folgt hieraus also, dass wir das Suchen nach einem absoluten Individuum aufgeben und uns damit begnügen müssen, die relative Individualität der über einander geordneten Pflanzentheile festzustellen. Diese Wahrheit ist denn auch schon lange von hervorragenden Botanikern anerkannt und darauf die Lehre von der relativen Individualität der Pflanze begründet worden.

Dieser Auffassung gemäss, nach welcher verschiedene Potenzen der individuellen Entwickelung, verschiedene Grade oder Kategorieen (Ordnungen) von Individuen an der Pflanze unterschieden werden müssen, nimmt Decandolle deren fünf verschiedene an, nämlich: 1) die Zelle, 2) die Knospe, 3) der Ableger (nicht von der Knospe wesentlich verschieden, sondern ebenfalls ein Spross), 4) der Stock, 5) der Embryo (Alles, was aus einem einzigen Keim, wenn auch zahlreich durch Theilung vervielfältigt, hervorgeht). Schleiden unterscheidet drei verschiedene Ordnungen von Individuen: 1) die Zelle oder das Elementarorgan, 2) die Einzelpflanze oder Knospe (Planta simplex), 3) der Stock oder die zusammengesetzte Pflanze (Planta composita). Weiter geht die Auffassung von Nägeli, welcher noch mehrere andere Individualitäts-Kategorieen des Pflanzenreichs in seine Betrachtung hineinzieht, und deren sechs unterscheidet, nämlich: 1) die Moleküle der organischen vegetabilischen Substanz, 2) die Zelle, 3) das Organ, 4) die Knospe (das Individuum im engeren Sinne), 5) die Art, 6) das Pflanzenreich.

Wir glauben, dass allein diese Theorie von der relativen Individualität im Stande ist, uns die Tectologie der Pflanzen zu erklären und uns zu einer scharfen Begriffsbestimmung des pflanzlichen Individuums zu verhelfen. Wir müssen, wie es von Decandolle, Schleiden, Naegeli und Anderen schon als nothwendig anerkannt ist, verschiedene subordinirte Kategorieen von pflanzlichen Individuen unterscheiden, von denen jede höhere als Einheit einen Complex von mehreren Einzelwesen niederer Stufe, jede niedere als Einheit einen Bestandtheil eines Einzelwesens höherer Stufe repräsentirt. Den oben bereits unterschiedenen fünf Stufen oder Ordnungen fügen wir noch eine sechste, bisher meist ganz vernachlässigte bei, das Gegenstück oder Antimer. Wir unterscheiden also an den höheren, entwickelteren Pflanzen, von den niederen zu den höheren Stufen aufsteigend, allgemein folgende sechs Ordnungen: 1) die Zelle (Cellula), 2) das Organ (Blattorgan und Axorgan), 3) das Gegenstück oder Antimer, 4) das Stengelglied oder Folgestück (Metamer), 5) den Spross (Gemma), 6) den Stock (Cormus).

IV. Verschiedene Auffassungen des protistischen Individuums.

Der wichtigste und am meisten ausgesprochene morphologische Character der Protisten, wodurch sie sich vorzüglich von den Thieren und Pflanzen unterscheiden, besteht in der höchst unvollkommenen Ausbildung ihrer Individualität und in dem vorherrschenden Stehenbleiben auf den niedersten Stufen derselben, welche von den Thieren und Pflanzen in ihren ersten Entwickelungs-Stadien rasch durchlaufen werden. Bei sehr zahlreichen Protisten giebt die Unvollkommenheit ihrer morphologischen Ausbildung, der Mangel einer eigentlichen organologischen Differenzirung und die trotzdem ausgebildete, wenn auch lockere Verbindung einfachster Individuen zu scheinbaren Colonieen Anlass zu vielfachen Zweifeln über den eigentlichen morphologischen Werth ihrer Individualität. Daher sind denn auch in dem letzten Decennium, welches unsere Kenntniss der Protisten so ausserordentlich erweitert hat, vielfach verschiedene Ansichten über die eigentliche Individualität bei verschiedenen Protisten-Gruppen oder Stämmen laut geworden.

Keinem Zweifel ist der Begriff der protistischen Individualität da unterworfen, wo dieselbe zeitlebens auf der niedrigsten Stufe einer einzelnen Plastide bestehen bleibt, sei dieselbe nun eine kernlose Cytode, wie bei den Moneren und vielen Rhizopoden etc., oder eine kernhaltige Zelle, wie bei den meisten Protoplasten und den einzeln lebenden (solitären) Flagellaten und Diatomeen. Hier fällt jedes Einzelwesen unter den Begriff eines physiologisch sowohl als morphologisch vollkommen abgeschlossenen Individuums. Erhebliche Zweifel und entschiedene Widersprüche über die Begrenzung der Individualität sind dagegen bei denjenigen Protisten laut geworden, deren Einzelwesen eine Vielheit von lockerer oder enger verbundenen Plastiden repräsentiren. Insbesondere sind es hier die Stämme der Rhizopoden und Spongien, bei denen die Individualität von den verschiedenen Beobachtern sehr verschieden beurtheilt worden ist.

Unter den Rhizopoden sind die Acyttarien, insbesondere die Polythalamien, am längsten Gegenstand der Untersuchung gewesen. Die älteren Beobachter sowohl, welche dieselben für Cephalopoden hielten, als die meisten Neueren, welche Dujardins richtige Auffassung ihrer Organisation theilten, namentlich auch Max Schultze, hielten die einzelnen vielkammerigen, oft denen der Cephalopoden so ähnlichen Schalen der Polythalamien für Individuen. Ehrenberg dagegen erklärte sie für Colonieen, die den Bryozoen-Stöcken ganz nahe verwandt seien; und unter den Neueren hat der treffliche Monograph der Acyttarien, Carpenter,[1]) dieselben ebenfalls für Thierstöcke erklärt. Jede einzelne Kammer der Schale mit ihrem Sarcode-Inhalt ist nach ihm ein Individuum, die ganze vielkammerige Schale aber eine Colonie. Diese letztere Auffassung ist nun allerdings dann richtig, wenn man darunter nur Plastiden-Stöcke versteht, nicht aber, wie Carpenter und Ehrenberg, Colonieen, welche den ausgebilde-

[1]) Carpenter, Introduction to the study of the Foraminifera. London 1862.

ten Thierstöcken anderer Stämme (z. B. Anthozoen) analog sind. Derartige echte Colonieen (Cormen) finden sich vor bei der höher entwickelten Rhizopoden-Klasse der Radiolarien, welche theils aus solitären, einzeln lebenden, theils aus socialen, gesellig verbundenen Individuen besteht. Wie wir in unserer Monographie der Radiolarien [1]) gezeigt haben, sind die einzelnen „Centralkapseln" oder „Nester" der letzteren (der Collozoen, Sphaerozoen und Collosphaeren) vom morphologischen Standpunkte aus mehr als Individuen einer socialen Colonie von Polyzoen, vom physiologischen Standpunkte aus dagegen mehr als Organe eines solitären Individuums, eines Polycyttariums aufzufassen (l. c. p. 122). Da nun diese einzelnen Centralkapseln (nebst zugehöriger Schale) die vollständigen morphologischen Aequivalente der vielkammerigen Polythalamien sind, da z. B. die Trematodisciden den Soritiden, die Stichocyriden den Nodosariden unter den Polythalamien vollständig entsprechen, so können die letzteren keine wirklichen Colonieen sein, wie wir schon in der dort angehängten Kritik der Carpenterschen Anschauung gezeigt haben (l. c. p. 568).

Sehr merkwürdig und instructiv für die wichtige Frage von der organischen Individualität sind die Spongien, bei denen dieselbe in sehr verschiedenem Grade entwickelt erscheint. Während die älteren Beobachter jeden zusammenhängenden, einfachen oder verästelten Schwammstock für ein Individuum hielten, waren diejenigen, welche bei den Pflanzen den Spross für das eigentliche Individuum ansahen, mehr geneigt, dieselbe Auffassung auch auf die verästelten Spongien anzuwenden und jeden Zweig, jede Seitenaxe für ein Individuum zu halten. Als man aber in neuerer Zeit die amoeboiden Urzellen kennen lernte, welche das ganze Skelet der Schwammstöcke überziehen und ihre Maschen ausfüllen, glaubte man in diesen Amoeboiden die eigentlichen Individuen finden, und demgemäss die ganzen Schwämme für Colonieen von Rhizopoden halten zu müssen. Gegenüber dieser besonders von Perty vertretenen Ansicht hielten die meisten Neueren, besonders Dujardin, und derjenige Anatom, dem wir die trefflichsten Untersuchungen über die Entwickelung der Poriferen zu verdanken haben, Lieberkühn, die Auffassung fest, dass der ganze (gleichviel ob einfache oder verästelte) Schwammstock ein einziges Individuum repräsentire.[2]) Eine vierte, und wohl die richtigste Ansicht von der unvollständig entwickelten Individualität der Schwämme, ist endlich von dem neuesten Monographen der Poriferen, Oscar Schmidt,[3]) ausgesprochen worden,

---

[1]) E. Haeckel, die Organisation der Radiolarien-Colonieen (Polyzoen oder Polycyttarien?) l. c. p 116—127.

[2]) Lieberkühn in Muller's Archiv für Anatomie und Phys. 1856 p. 512.

[3]) Oscar Schmidt, Supplement zu den Spongien des adriatischen Meeres, 1864, p. 17.

welcher die gesammten Spongien in einfache (solitäre) und in zusammengesetzte (sociale) eintheilt. Die Genera *Sycon, Ute, Dunstervillia, Tethya, Caminus etc.*, kurz alle „diejenigen Schwämme, welche regelmässig nur eine Ausströmungs-Oeffnung besitzen,, sind Einzel-Individuen. Die Concentrirung der Lebenserscheinungen dieser Spongien spricht sich darin aus, dass das Wassergefässsystem, diese für den Spongientypus jedenfalls fundamental wichtige Einrichtung, ein einheitliches ist." *Clathria, Halichondria, Spongilla* dagegen, welche gleich den meisten anderen Schwämmen mehrere oder viele Ausströmungs-Oeffnungen haben, sind Colonieen. „Jeder Theil des Stockes, an welchem sich ein einzelnes Osculum öffnet, vereinigt die Bedingungen und die Kennzeichen der Individualität in sich." Die einzelnen Bezirke der Individuen sind aber in keiner Weise scharf von einander abzugrenzen. Blos die Centra derselben, die Oscula, treten deutlich hervor.

Bei vielen Protisten, wie auch bei niederen Pflanzen (Algen), wird die Individualitäts-Frage noch dadurch in eigenthümlicher Weise complicirt, dass häufig sogenannte Copulation oder Conjugation stattfindet, so namentlich bei den Protoplasten (Gregarinen, Amoeben etc.), bei vielen Flagellaten, einzelnen Rhizopoden (Actinosphaeriden etc.), und bei den Myxomyceten; unter den Algen bei den Conjugaten (Desmidiaceen und Zygnemen) etc. Es verschmelzen hier zwei oder mehrere bisher selbstständige Individuen mit einander vollständig (Copulation) oder theilweise (Conjugation), so dass sie nur noch ein einziges Individuum darstellen.

Die Stockbildungen oder Gesellschaften, welche unter den meisten Protisten-Stämmen so verbreitet sind, können wir nur zum Theil für echte Stöcke oder Cormen, analog denjenigen der Thiere und Pflanzen, halten, nämlich dann, wenn die Individuen, welche sie zusammensetzen, selbst schon differenzirte Organismen sind, wie bei den Polycyttarien und bei den Spongien mit mehrfachen Osculis. Dagegen können wir den sogenannten Stöcken oder Colonieen vieler Diatomeen und Flagellaten (Volvocinen) blos den Werth von Plastidenstöcken, nicht von Cormen zugestehen, da sie blos locker verbundene und nicht differenzirte Aggregate von einfachsten Individuen niederster Ordnung (Plastiden) darstellen. Die verschiedenen Individualitätsstufen, welche wir bei den meisten Pflanzen als Organe, als Antimeren und Metameren, unterscheiden, sind bei den Protisten nur selten entwickelt und daher auch die höhere Individualität des Ganzen nur sehr unvollständig ausgebildet. Bei den allermeisten Protisten repräsentiren die Einzelwesen zeitlebens als Cytoden oder als Zellen nur Individualitäten niederster Stufe, und die lockeren Associationen, welche dieselben in vielen Fällen bilden, verdienen oft nicht den Namen von eigentlichen Personen und von echten Stöcken.

V. Verschiedene Auffassungen des thierischen Individuums.

Bei weitem weniger Schwierigkeiten, als den Botanikern, hat den Zoologen die Feststellung der Individualität verursacht. Diese gingen allgemein aus von der Betrachtung der höheren Thiere, bei welchen durch den Einschluss aller Organe in das Innere eines räumlich scharf begränzten Körpers und durch die ausgeprägte Einheit dieses selbstständigen Körpers in morphologischer und physiologischer Beziehung der individuelle Character sehr deutlich ausgesprochen ist. Daher hielt man in der Zoologie gewöhnlich eine besondere Diskussion über diesen Gegenstand für überflüssig. Erst als man in der neueren Zeit den niederen Thieren und thierähnlichen Protisten ein genaueres Studium zu widmen begann, musste sich denkenden Beobachtern bald die Thatsache aufdrängen, dass hier, je weiter wir hinabsteigen, die Selbstständigkeit und scharfe Umgränzung derjenigen Einheit, die bei den höheren Thieren als vollkommen abgeschlossene Persönlichkeit uns entgegentritt, sich immer mehr verliert. In der That sind hier, namentlich unter den Würmern und Coelenteraten, die Schwierigkeiten der Frage, was man denn eigentlich als Individuum im engeren Sinne (der menschlichen Person, dem pflanzlichen Spross entsprechend) aufzufassen habe, mindestens ebenso gross, und oft noch grösser, als es bei den Pflanzen gewöhnlich der Fall ist.

Ein weiterer Umstand, der das Verständniss der thierischen Individualität bedeutend beeinträchtigte, lag darin, dass man hier von Anfang an entweder ausschliesslich oder doch vorwiegend die physiologische Seite der Frage berücksichtigte und die morphologische ganz oder fast ganz vernachlässigte, während die Botaniker beide Seiten gemischt ins Auge gefasst hatten. Dieser Umstand erklärt sich ganz natürlich aus der mehr äusserlichen Gliederung der Pflanzenform und den weit brauchbareren Angriffspunkten, welche die morphologische Untersuchung der Pflanze gegenüber der viel schwierigeren physiologischen darbot. Auch kommt dabei wesentlich der Umstand mit in Betracht, dass die Centralisation bei dem thierischen Individuum weit grösser, als bei dem pflanzlichen ist, und dass insbesondere die durch das Nervensystem vermittelten innigen Beziehungen der einzelnen thierischen Körpertheile zu einander, welche sich bei den höheren Thieren namentlich in der einheitlichen „Seele" aussprechen, bei den Pflanzen viel weniger oder fast gar nicht entwickelt sind.

Eine eingehende Besprechung der thierischen Individualität von physiologischem Gesichtspunkte aus findet sich in Johannes Müllers Handbuch der Physiologie des Menschen. Im ersten Bande, und zwar in dem zweiten Capitel der Prolegomena, welches „Vom Organismus und vom Leben" handelt, wird die Bildung der Individuen als eine besonders characteristische Eigenthümlichkeit der organischen Materie, gegenüber der anorganischen, bezeichnet. Der Organismus ist ein untheilbares Ganzes, weil er aus integrirenden ungleichartigen Theilen nach einem zweckmässigen Plane zusammengesetzt ist. Diese „praestabilirte Harmonie der Organisation“ unterscheidet die letztere wesentlich von der Krystallisation der Anorgane, welche bloss „Ausdruck der waltenden Kräfte ist.“ Im Krystalle, dem anorganischen Individuum, ist Nichts von der „Zweckmässigkeit der Gestaltung für die Thätigkeit des Ganzen“ zu finden, welche den Organismus auszeichnet. Im zweiten Bande seines Handbuchs geht Johannes Müller ausführlicher auf diese Fragen ein, im ersten Abschnitte des siebenten Buches, welches „von der gleichartigen Fortpflanzung oder ungeschlechtlichen Zeugung“ handelt. Hier wird als characteristische Eigenthümlichkeit aller organischen Wesen, der Thiere, wie der Pflanzen, die „Multiplication durch das Wachsthum“ bezeichnet. Die in jedem organischen Keime enthaltene Kraft der Entwickelung zu einem Individuum wird durch das Wachsthum desselben multiplicirt, und derselbe organische Körper, welcher anfangs ein einziges Individuum war, repräsentirt späterhin eine Vielheit von solchen. „Die entwickelte Pflanze ist ein Multiplum der primitiven Pflanze, ein System von Individuen, die sich bis auf die Blätter reduciren lassen.“ Dasselbe Verhältniss findet sich bei den Thieren wieder, bald ganz so offenbar, wie in den Pflanzen (so bei den Hydren und anderen Polypen), bald versteckter, so jedoch, dass es „sich durch eine Kette von Schlüssen an den Tag ziehen lässt.“ Die Gestaltungsfähigkeit einzelner Theile des Individuums zu neuen Individuen ist bei den verschiedenen Thieren sehr verschieden gross, am ausgedehntesten bei den niedrigsten, die den Pflanzen am nächsten stehen, und nimmt nach oben hin, bei den höheren, stufenweis ab; bei den meisten höheren ist sie bloss auf die Eier beschränkt. In dieser ganzen Exposition, welche, abgesehen von dem grösstentheils teleologisch-dualistischen Standpunkte, viele treffliche Bemerkungen enthält, wird von Johannes Müller fast bloss die physiologische und insbesondere die psychologische Individualität berücksichtigt, und als Kriterium des Individuums einerseits die Reproductionsfähigkeit des Theiles zum Ganzen, andererseits die Einheit seiner psychischen Leistungen, wie sie sich namentlich im einheitlichen Willen äussert, hingestellt.

Den sehr wichtigen Unterschied der physiologischen und morphologischen Individualität des Thieres zu erörtern, fand sich erst Gelegenheit, als man diejenigen Gruppen niederer Thiere näher kennen lernte, bei denen man im Zweifel sein kann, ob man sie als einzelne Individuen oder als Gesellschaften von solchen, gleich den Pflanzenstöcken, auffassen soll. Das ist der Fall insbesondere bei den Cestoden unter den Würmern, und bei den Siphonophoren unter den Coelenteraten, Thiercolonieen, welche man früherhin allgemein für einzelne Individuen hielt, während man die individuellen Bestandtheile der Colonie als Organe ansah. Für die Siphonophoren wurde insbesondere durch Leuckart in seiner Abhandlung „über den Polymorphismus der Individuen oder die Erscheinung der Arbeitstheilung in der Natur“ (1851) der Beweis geführt, dass ihre schwimmenden, von einem einheitlichen Willen beseelten und mit den verschiedenartigsten Anhängen besetzten Körper keine Einzelthiere, sondern Stöcke seien; Colonieen von polymorphen Individuen, welche durch hoch entwickelte Arbeitstheilung in ihrer äusseren Form-Erscheinung weit aus einander gegangen seien. Während sich einerseits durch Vergleichung mit den einfachen polypoiden (hydroiden) und medusoiden Grundformen der Hydromedusen-Klasse leicht der Nachweis führen lässt, dass alle die verschiedenartigen Anhänge des Siphonophoren-Stockes, die Schwimmglocken, Saugröhren, Tastkolben, Fangfäden u. s. w. den ersteren homolog, ihre morphologischen Acquivalente sind, wird doch andererseits die Selbstständigkeit dieser Individuen durch ihre weit gehende Differenzirung so sehr vernichtet, dass die physiologische Einheit des Organismus nur durch den ganzen Stock repräsentirt wird und dieser als das höhere Individuum erscheint.

In dieser vortrefflichen Abhandlung Leuckarts war bereits der doppelte Hinweis darauf gegeben, erstens, dass man auch beim Thiere wie bei der Pflanze, wenn man die Individualität bestimmen wolle, Individuen verschiedener Ordnung: Stöcke, Individuen im engeren Sinne, Organe u. s. w. unterscheiden müsse, und zweitens dass man wohl zwischen morphologischer und physiologischer Individualität zu unterscheiden habe. Leider wurden diese leitenden Gesichtspunkte gänzlich vernachlässigt in derjenigen umfangreichen Abhandlung, welche die Frage von der thierischen Individualität wohl am ausführlichsten, aber auch am verkehrtesten und verworrensten behandelt hat, in Reicherts Schrift „über die monogene Fortpflanzung“ (1852). Es würde uns zu viel Zeit und Raum kosten, aus dieser breiten, seltsamen Schrift hier auch nur einen oberflächlichen Auszug zu geben, da allein schon die Uebertragung der eigenthümlichen Ansichten des Verfassers aus ihrem dunkeln mysteriös-philosophischen Gewande in klares, verständliches Deutsch und eine fassliche Explication der darin versteckten Gedanken einen allzugrossen Raum fortnehmen würde. Auch sind die allgemeinen Anschauungen, aus welchen Reichert seine Deductionen ableitet, so oberflächlich und beschränkt, so unklar und verworren, dass es nicht der Mühe lohnt, sie ernstlich zu widerlegen.[1]) Der maassgebende eigenthümliche Standpunkt des Verfassers in der Individuen-Frage ist grösstentheils ein physiologischer und lässt sich kurz dahin resumiren, dass er alle beliebigen Gewebstheile von Thieren und Pflanzen für Individuen erklärt, aus denen unter Umständen Knospen sich entwickeln können, und Alles für „Individuenstöcke" ausgiebt, was derartige Theile enthält. Aber auch jeder Körpertheil eines individuellen Organismus, der im Laufe der Entwickelung nicht durch Differenzirung einer primitiven Anlage entsteht, sondern durch Hervorwachsen über die äussere Oberfläche, wird für eine Knospe, ein Individuum erklärt, und der Körper aus dem er hervorwächst, demgemäss für einen „Individuen-Stock". Jedes derartige Hervorwachsen ist ein ungeschlechtlicher Zeugungsprocess. In welche Verwirrung und Widersprüche diese ganz willkührliche Art der Naturbetrachtung führt, mögen einige wenige Beispiele zeigen. Da bei der *Hydra* bekanntlich die Fähigkeit fast aller Körpertheile, sich abgelöst vom Thiere sofort wieder zum Individuum zu gestalten, sehr gross ist, so werden „die Arme, die Darmhöhle, der Stiel der einfachen *Hydra* für untergeordnete Individuen-Stöcke eines Hauptstockes" erklärt. Aber auch die verwandten marinen Hydroidpolypen werden wegen dieser ausserordentlichen Reproductionsfähigkeit der ihnen nahestehenden *Hydra* für complicirte Individuen-Stöcke ausgegeben, und zwar nicht nur die ausgebildeten Einzelthiere, sondern sogar ihre infusorienartigen Embryonen! Dasselbe wird dann weiter von den einzelnen Medusen behauptet! „Die *Medusa aurita* ist ein zusammengesetzter und complicirter Individuen-Stock, dessen einzelne Theile strahlenförmig um die centrale Darmhöhle gruppirt sind. Was man daher als Organe der *Medusa aurita* betrachtet, sind nicht die Organe eines einfachen Individuums; es sind vielmehr Organe eines Haupt-Individuen-Stockes, die selbst wieder Individuen-Stöcke darstellen und sich sogar in Haupt- und untergeordnete Theile würden eintheilen lassen." Dieselbe Behauptung wird dann auch von den Würmern, sowohl Turbellarien als Anneliden aufgestellt, ferner sogar

[1]) Wenn Jemand dieses Urtheil zu hart finden sollte, so ersuchen wir ihn sich mit Aufopferung einer beträchtlichen Quantität von Zeit, Geduld und Mühe durch die ganze, 150 Quartseiten breite Schrift hindurchzuarbeiten. Wenn es gelungen ist, aus der dunklen und verworrenen Sprache Reicherts mit einiger Sicherheit zu errathen, was er eigentlich hat sagen wollen, und wenn man dann den ganzen Gedankengang verfolgt, so wird man uber die absurden und unbegründeten Willkührlichkeiten, an denen die ganze Schrift reich ist, erstaunen. Man findet schliesslich, dass in dem anscheinend streng-philosophischen Gewande nur ein ganz hohler und unbrauchbarer, von echter Philosophie weit entfernter Inhalt verborgen liegt.

von den einfachen Individuen der Tunicaten und von den Echinodermen. Von den letzteren sollen nicht allein die fünfstrahligen Individuen, sondern sogar die einzelnen Strahlen derselben complicirte Individuenstöcke sein, durch ungeschlechtliche Knospenzeugung entstanden. Man würde vielleicht hinter diesem dunkeln Gewirre von ineinander laufenden und vielfach widersprechenden Behauptungen dennoch den richtigen tectologischen Grundgedanken entdecken können, dass alle höheren Organismen verwickelte Aggregate von differenzirten Individuen verschiedener Ordnung seien, wenn nicht andererseits ein wesentlicher Unterschied zwischen „Individuen" und „Organen" gemacht würde. Während aber bei den Wirbellosen die ganze Zusammensetzung des Körpers auf durch Knospung entstandene Individuenstöcke zurückgeführt wird, ist bei den Wirbelthieren davon nicht mehr die Rede. Reicherts Anschauungen würden sich noch einigermaassen rechtfertigen lassen, wenn er wenigstens so viel Consequenz besessen hätte, den Menschen und die übrigen Wirbelthiere, so gut als die Wirbellosen, für complicirte Individuenstöcke zu erklären. Nach seiner Auffassung müsste schon der Rumpf des Wirbelthieres immer ein Individuenstock sein, weil die einzelnen Abschnitte der Wirbelsäule durch ungeschlechtliche Zeugung oder Knospenbildung entstehen. Hier wird aber der Individuenstock plötzlich „Organstock" genannt, während die Wirbellosen in den Augen Reicherts keine „Organstöcke" zu besitzen scheinen. Weiter müsste dann, wenn derselbe seine Anschauungen consequent durchgeführt hätte, das Wirbelthier auch desshalb ein complicirter Individuenstock sein, weil vier untergeordnete Individuenstöcke, die Extremitäten, an ihm hervorsprossen, und an jeder dieser letzteren müssten dann die fünf Zehen als die „eigentlichen" Individuen betrachtet werden. Mit welcher Inconsequenz und Willkühr Reichert weiter verfährt, zeigt schon der Umstand, dass er die Fortpflanzung durch Theilung gänzlich leugnet. „Hauptsächlich ist es die künstliche oder natürliche Ablösung von Individuen oder Individuen-Stöcken eines meist durch Knospenbildung per intussusceptionem gebildeten Hauptstockes gewesen, die zu der Theorie von der Zeugung durch Theilung Veranlassung gegeben hat." Mit diesem Schlussworte der seltsamen Schrift schliessen wir unser Urtheil über dieselbe. Einige ihrer hervorragendsten Behauptungen sind schon von Victor Carus in seiner Morphologie widerlegt; die übrigen widerlegen sich für den unbefangenen Leser selbst.

Von weiteren Ansichten über die Bedeutung der thierischen Individualität haben wir nun nur noch zwei sehr verschiedene Auffassungen von V. Carus und von Huxley zu erwähnen. Victor Carus widmet den „thierischen Individuen und ihren verschiedenen Formen" ein besonderes Capitel, das sechste des zweiten Buches, in seinem „System der thierischen Morphologie." Hier findet sich zum ersten Male mit voller Bestimmtheit die wesentlich morphologische Bedeutung der ganzen Frage betont, und deutlich die Ansicht ausgesprochen, „dass man unter dem Begriffe der thierischen Individuen nur materiell abgeschlossene morphologische Facta subsumiren darf," dass man also wohl von verschiedenen Formen der Individuen sprechen, aber nicht einzelne Formzustände eines Körpers als eben so viele Einzelindividuen unter einem die ganze Formenreihe begreifenden Gesammtindividuum begreifen darf, wie es Reichert that. Bestimmt man die Individualität eines Thieres, so ist dasselbe im Momente der Beurtheilung als unveränderlich zu betrachten." Mit diesen Worten ist der allein durchführbare Standpunkt zur Beurtheilung der thierischen Individualität im engeren Sinne des gewöhnlichen Sprachgebrauchs vollkommen richtig bezeichnet und der morphologische Character der Individualitäts-Anschauung gewahrt. Doch ist dieser richtige Gedanke in seinen Consequenzen nicht weiter ausgeführt, und auch die Definition, die Carus von dem Individuum (im engeren Sinne!) giebt,[1]) will uns nicht erschöpfend erscheinen.

Als verschiedene Formen der thierischen Individualität unterscheidet Carus 1. Vollständige Individuen, welche die drei Functionsgruppen (Erhaltung seiner selbst, Erhaltung der Art, Beziehung zur Aussenwelt) in sich vereinen und höchstens die Spaltung des Geschlechtsunterschiedes in zweierlei verschiedenen Geschlechts-Individuen zeigen. 2. Polymorphe selbstständige Individuen, wie die verschiedenen theils geschlechtlich entwickelten, theils nicht geschlechtlich entwickelten Individuen der Insecten-Staaten, welche ohne materiellen Zusammenhang in Gesellschaften beisammen leben, als Soldaten, Arbeiter, Geschlechtsthiere u. s. w. differenzirt. 3. Polymorphe Individuen, gleich den vorigen, theils geschlechtlich entwickelt, theils nicht, sämmtlich aber materiell verbunden durch den Zusammenhang ihres verlängerten Nahrungscanals, (z. B. in den Hydroidencolonieen). 4. Polymorphe Individuen, gleich den vorigen an einem Stock zusammen vereinigt, aber mit so weit entwickelter Arbeitstheilung, dass nicht nur die Function der geschlechtlichen Fortpflanzung, sondern auch die vegetativen und animalen Functionsgruppen auf verschiedene Individuen übertragen sind (Siphonophoren).

[1]) „Unter Individuen verstehen wir die sich in ihrer entwickelten Form an den ihrer Gattung gehörigen morphologischen Typus eng anschliessenden materiellen Einzelgrundlagen des Thierlebens, welche die drei Functionsgruppen des thierischen Lebens entweder einzeln vollständig erfüllen, oder welche sich, und zwar desto mehr je inniger ihre Verbindung zu einem Thierstocke ist, in die Uebernahme einzelner Verrichtungen theilen." V. Carus, System der thierischen Morphologie. 1853. p. 254.

Eine eigenthümliche, genetische und von der vorhergehenden sehr abweichende Auffassung der Frage von der thierischen Individualität, und die letzte, welche wir hier zu erwähnen haben, rührt von einem der hervorragendsten englischen Naturforscher, Th. Huxley, her.[1]) Derselbe unterscheidet zunächst allgemein drei verschiedene Arten (kinds) der Individualität überhaupt: 1. Das subjective oder arbiträre Individuum, lediglich die einheitliche Anschauung eines einzelnen Dinges von einer gegebenen Art bezeichnend, z. B. eine Landschaft, ein Jahrhundert. 2. Das Individuum als Einheit von Theilen, die durch ein Coexistenz-Gesetz verbunden sind, z. B. ein Krystall. 3. Das Individuum als eine Einheit von Zuständen, welche durch ein Successions-Gesetz verbunden sind, also ein Cyclus (z. B. eine Pendelschwingung). Jeder Organismus ist ein solches Individuum der letzteren Art, also eine Einheit von verschiedenen, auf einander folgenden Zuständen, von der Entstehung des Eies an bis zum Tode, so also der Mensch in seiner Entwickelungsreihe als Ei, Embryo, Kind, Mann und Greis. Allgemein bezeichnet ist also das thierische Individuum die Summe der Erscheinungen, welche durch ein Einzelleben nach einander repräsentirt werden, oder mit andern Worten, die Summe aller einzelnen Formen, die aus einem einzigen Ei hervorgehen.

Die sehr verschiedene Art und Weise, in der nach dieser Auffassung das Individuum in verschiedenen Abtheilungen des Thierreiches repräsentirt wird, stellt Huxley in folgender Uebersicht zusammen:

I. Darstellung des Individuums durch successive inseparable Formen.

A. Formen wenig verschieden. Einfaches Wachsthum (z. B. Ascaris).

B. Formen deutlich verschieden. Metamorphose (z. B. Triton).

II. Darstellung des Individuums durch successive separable Formen.

1) Frühere Formen nicht unabhängig von den späteren.

A. Formen wenig verschieden. Wachsthum mit Ecdysis oder Häutung (z. B. Blatta).

B. Formen deutlich verschieden. Wachsthum mit Metamorphose (z. B. Käfer).

2) Frühere Formen theilweis unabhängig vou den späteren (z. B. Seesterne).

III. Darstellung des Individuums durch successive und coexistente separable Formen.

a. Aeussere Knospung. } b. Innere Knospung.

A. Formen wenig verschieden. Alle Formen produciren Eier.

Hydra. Nais. } Gyrodactylus.

B. Formen deutlich verschieden. Bloss die letzten Formen produciren Eier.

Die letzten Formen nicht örtlich (General) erzeugt.

Medusa } Distoma

Die letzten Formen örtlich (Local) erzeugt.

Salpa } Aphis.

---

[1]) Th. Huxley, Upon animal individuality. Proceed. of the royal institution. Nov. ser. Vol. I, 1855. p. 184 ff.

Das Individuum in Huxleys Sinne repräsentirt, wie man sieht, keine anatomische, sondern eine genealogische Einheit. Die Einheit der Entwickelung, oder die Einheit der Abstammung von einem und demselben Keime, und zwar von einem geschlechtlichen Keime (Ei), ist ihm das Kriterium der Individualität, und mithin die geschlechtliche Zeugung die Grenzmarke der gleichen Individuen. Da nun hiernach nur der geschlechtlich erzeugte Keim das Individuum repräsentirt, und alle durch ungeschlechtliche Zeugung, sei es Knospenbildung oder Theilung, entstandenen Formen lediglich Theilstücke jenes ersten sind, so kommen wir mit Huxley consequenter Weise zu dem Schlusse, dass nicht nur alle in einander geschachtelten Generationen von *Gyrodactylus*, nicht nur alle durch Theilung oder Knospung aus einer einzigen geschlechtlich erzeugten *Hydra* oder *Nais* erzeugten Formen, sondern auch alle Hydroidpolypen und deren Stöcke, welche aus einem einzigen Medusen-Ei hervorgehen, ferner alle Salpen, die in einer einzigen Salpenkette vereinigt sind, ja sogar sämmtliche Blattläuse, welche von der ersten geschlechtlich erzeugten Amme durch ungeschlechtliche Zeugung in mehreren (9—11 und mehr) Generationen im Laufe eines Sommers hervorgebracht sind (möglicherweise viele Millionen Blattläuse), alle zusammen nur ein einziges Individuum darstellen, dass sie alle zusammen nur eine Repräsentation des Individuums durch successive und coexistirende separable Formen sind.

Dieselbe genealogische Auffassung, welche Huxley hier von den thierischen Individuen darlegt, war schon vor längerer Zeit von Gallesio in seiner „Teoria della riproduzione vegetale" (1816) hinsichtlich der Pflanzen aufgestellt worden. Auch Gallesio betrachtet sämmtliche durch ungeschlechtliche Zeugung (Knospung oder Theilung) entstandene Individuen, also alle Sprosse und Ableger der Pflanze (Knospen, Knollen, Zweige etc.) nur als Theilstücke eines einzigen Individuums, welches aus dem Ei (dem Samenkorn) hervorgegangen ist. Durch alle verschiedenen Formen der ungeschlechtlichen Zeugung soll das Individuum bloss fortgesetzt, kein neues Individuum erzeugt werden.

So leicht es auch erscheinen muss, nach dieser Auffassung die Grenze der organischen Individualität zu bestimmen, so wenig geeignet erscheint dieselbe dennoch, eine allgemein befriedigende Vorstellung von derjenigen anschaulich leicht aufzufassenden Einheit zu geben, welche man allgemein als „Individuum im engeren Sinne" oder als „absolutes Individuum" bezeichnet. Bei den höheren Thieren allerdings fällt der Begriff der Individualität stets zusammen mit dem Kriterium der geschlechtlichen Zeugung, der Entwickelung aus einem befruchteten Ei. Bei den niederen Thieren dagegen und bei den allermeisten Pflanzen, wo geschlechtliche Generationen vielfach mit ungeschlechtlichen wechseln, kommen wir durch consequente Anwendung dieses Kriteriums alsbald in grosse Verlegenheiten. In vielen Fällen können wir die geschlechtlich erzeugten Individuen absolut nicht von den ungeschlechtlich erzeugten unterscheiden, und jene führen eine eben so selbstständige Existenz, als diese. In manchen Fällen wissen wir positiv, dass zahllose vollkommen selbstständige Individuen oder Individuenstöcke, z. B. alle Trauerweiden Europas, alle Blutbuchen, alle Rosskastanien mit gefüllter Blüthe, durch fortgesetzte ungeschlechtliche Zeugung, Fortpflanzung durch Ableger, Knospen etc. aus einem einzigen Individuum hervorgegangen sind. Sollen wir desshalb alle diese einzelnen, über einen ganzen Erdtheil zerstreuten Bäume für Theilstücke eines einzigen Individuums halten? Sollen wir alle die Millionen von Blattläusen, die von einer einzigen geschlechtlich erzeugten Blattlaus durch fortgesetzte innere Knospung entstanden sind, und die alle dieser letzteren, bis auf den Mangel gewisser Geschlechtstheile, vollkommen gleichen, für abgelöste Stücke derselben erklären? Es widerspricht dies zu sehr der natürlichen Forderung der räumlichen Einheit, welche wir nothwendig von dem Individuum, mögen wir dasselbe nun mehr vom physiologischen oder mehr vom morphologischen Standpunkt aus betrachten, verlangen müssen. Auch kommen wir dadurch in grosse Verlegenheit bezüglich derjenigen niederen Organismen, bei denen eine geschlechtliche Fortpflanzung überhaupt noch nicht nachgewiesen ist, wie z. B. bei zahlreichen Organismen des Protistenreichs, bei den Moneren, Protoplasten, Rhizopoden, Noctiluken, Diatomeen etc. Da diese niedrig stehenden Organismen sich, wenigstens zum grossen Theil, ausschliesslich auf ungeschlechtlichem Wege fortpflanzen, so würde das genealogische Individuum, wie es Gallesio für die Pflanze, Huxley für das Thier bestimmt hat, sich hier überhaupt nicht erkennen lassen. Es bliebe nichts übrig, als die ganze Art, welche sich zahllose Generationen hindurch immer in derselben Weise auf ungeschlechtlichem Wege fortpflanzt, oder vielmehr, da die Art veränderlich ist, den Stamm, welcher sich aus allen verwandten Arten zusammensetzt, als Individuum zu bezeichnen. Allerdings können wir auch diese Individualität als solche gelten lassen; ein solcher Entwickelungs-Cyclus ist auch eine organische Einheit; allein er entspricht nicht dem Begriffe des individuellen Organismus, wie ihn die Tectologie als Theil der Anatomie zu bestimmen hat. Vielmehr fällt diese genealogische Individualität, als eine Entwickelungseinheit, der Entwickelungsgeschichte oder Ontogenie anheim und wir werden sie daher im fünften und sechsten Buche zu erläutern haben.

Blicken wir nochmals vergleichend zurück auf die angeführten verschiedenen Versuche, welche zur Bestimmung der thierischen Individualität gemacht worden sind, so finden wir deren Begriff weit weniger entwickelt und scharf bestimmt, als es bei der pflanzlichen Individualität der Fall ist. Insbesondere sind die verschiedenen Ordnungen von Individualitäten, welche die Botaniker (Decandolle, Schleiden, Nägeli) in verschiedener Weise mehr oder minder scharf als Kategorieen verschiedenen Grades zu bestimmen versucht haben, von den Zoologen bisher nicht erkannt oder doch nicht irgend präcis als solche bezeichnet worden, obwohl der Organismus der höheren Thiere, ganz ebenso wie der der höheren Pflanzen, sich aus subordinirten Individualitäten verschiedener Ordnung zusammensetzt. Allerdings ist in neuerer Zeit mehr und mehr auch in der thierischen Biologie die Zelle als Elementar-Organismus und als Individualität erster Ordnung anerkannt worden, und der ganze Organismus als eine organisirte Gesellschaft, als ein Staat von Zellen. Insbesondere hat das sorgfältige histologische Studium des menschlichen Körpers mehr und mehr die Ansicht befestigt, dass die Zellen als die letzten selbstständigen „Lebensheerde" den ganzen Organismus constituiren, und dass die Lebensthätigkeit des letzteren nichts Anderes ist, als die Summe der Lebensthätigkeiten der einzelnen Zellen. Namentlich haben Brücke u. A. die normalen, Virchow die pathologischen Functionen des menschlichen Organismus in dieser Weise als das Resultat der gesammten Functionen der einzelnen Zellen oder „Elementar-Organismen" nachzuweisen versucht. Da jedoch im thierischen Organismus die einzelnen Zellen weniger selbstständig sind als im pflanzlichen, da ihre Wechselbeziehungen unter einander und zum Ganzen innigere sind, so ist diese richtige Auffassung nicht in der Weise wie bei den Pflanzen, zu allgemeiner Geltung gelangt. Ebenso hat man die Individualitäten höherer Ordnung, welche bei den Pflanzen theilweis schon erkannt worden waren, beim Thiere fast nirgends berücksichtigt. Eine Ausnahme machen hier nur die Individuen höchster Ordnung, die Stöcke (insbesondere die Colonieen der Würmer und Coelenteraten), deren pflanzenstockähnliche Zusammensetzung zu einer analogen Betrachtung auffordert. Hier war es denn auch, wo der Unterschied zwischen physiologischer und morphologischer Individualität mit Recht besonders hervorgehoben und von den Zoologen (besonders Leuckart und V. Carus) schärfer betont wurde, als es bei den Pflanzen geschehen war.

Nach unserer Ansicht findet die Theorie von der relativen Individualität ebenso in der Tectologie der Thiere, wie der Pflanzen, allgemeine Anwendung, und wir können auch bei den Thieren allgemein mehrere über einander geordnete Kategorieen von Individuen unterscheiden, von denen jede höhere zwar eine geschlossene Einheit, aber dennoch zugleich eine Vielheit von subordinirten Individuen niederer Stufe darstellt. Wir werden im Folgenden den Beweis zu führen versuchen, dass diese verschiedenen Stufenfolgen bei den Thieren durchaus analoge, wie bei den Pflanzen sind, und dass wir demgemäss auch hier folgende sechs Ordnungen zu unterscheiden haben: 1) die Zelle (Cellula), 2) das Organ (Rumpf-Organe und Extremitäten-Organe), 3) das Gegenstück oder Antimer, 4) das Rumpfglied (Segment) oder Folgestück (Metamer), 5) die Person (dem pflanzlichen Spross entsprechend), 6) den Stock (Cormus).

VI. Morphologische und physiologische Individualität.

Die vorhergehenden Betrachtungen über die verschiedenartige Entwickelung des Individualitäts-Begriffes bei den Botanikern und bei den Zoologen haben uns zu dem Resultate geführt, dass die ersteren in ihrer anatomischen Analyse des pflanzlichen Organismus sorgfältiger die Individualitäten verschiedener Ordnung unterschieden, die letzteren dagegen bei ihrer biologischen Betrachtung des thierischen Organismus klarer die physiologische und morphologische Individualität aus einander gehalten haben. Hieraus ergeben sich uns bereits die zwei verschiedenen Gesichtspunkte, von denen aus wir in unserer generellen Tectologie die Individualität der Organismen überhaupt werden zu betrachten haben. Wir werden erstens genau und scharf zu unterscheiden haben zwischen der morphologischen und der physiologischen Individualität des Organismus und wir werden zweitens sorgfältig die Individualitäten verschiedener Kategorieen zu sondern haben, aus denen sich der ganze Organismus zusammensetzt.

Morphologisches Individuum oder Form-Individuum oder organische Formeinheit nennen wir allgemein diejenige einheitliche Formerscheinung, welche ein in sich abgeschlossenes und formell continuirlich zusammenhängendes Ganzes bildet; ein Ganzes, von dessen constituirenden Bestandtheilen man keinen hinwegnehmen, und das man überhaupt nicht in Theile auseinander legen kann, ohne das Wesen, den Character der ganzen Form zu vernichten. Das Formindividuum ist demnach eine einfache, zusammenhängende Raumgrösse, die wir im Momente der Beurtheilung als eine unveränderliche Gestalt anzusehen haben.[1])

---

[1]) Passender würde man die morphologische Individualität des Organismus als das anatomische Individuum zu bezeichnen haben, da ja auch das vorher besprochene genealogische Individuum oder die Entwickelungseinheit, welche wir als Keimproduct, als Art und als Stamm im fünften und sechsten Buche zu betrachten haben, unter den Begriff des morphologischen Individuums fällt. Da jedoch bereits die Bezeichnung des anatomischen Individuums als morphologischen (im Gegensatz zum physiologischen) eingeburgert ist, so wollen wir dieselbe ein für allemal beibehalten.

Physiologisches Individuum oder Leistungs-Individuum oder Lebenseinheit nennen wir diejenige einheitliche Formerscheinung, welche vollkommen selbstständig längere oder kürzere Zeit hindurch eine eigene Existenz zu führen vermag; eine Existenz, welche sich in allen Fällen in der Bethätigung der allgemeinsten organischen Function äussert, in der Selbsterhaltung. Das Leistungs-Individuum ist demnach eine einfache, zusammenhängende Raumgrösse, welche wir als solche längere oder kürzere Zeit hindurch leben, d. h. sich ernähren sehen, und welche wir also im Momente der Beurtheilung als veränderlich ansehen. Sehr häufig vermag dieselbe ausserdem sich fortzupflanzen und auch andere Lebens-Functionen zu vollziehen. Der Kürze halber wollen wir die physiologischen Individuen ein für allemal mit dem Namen der Bionten oder Onten belegen.[1])

Die morphologische Individualität zerfällt in sechs verschiedene, subordinirte Kategorieen oder Ordnungen von Individuen, und jede dieser Ordnungen tritt in bestimmten Organismen als physiologische Individualität auf. Für jede Art (Species) ist aber eine bestimmte Ordnung als höchste characteristisch und repräsentirt hier ausnahmslos die eigentliche physiologische Individualität, wenigstens zur Zeit der vollkommenen Reife des Organismus. Die sechs Ordnungen der organischen Individualität sind folgende:

I. Plastiden (Cytoden und Zellen) oder „Elementar-Organismen."

II. Organe (Zellenstöcke oder Zellfusionen, einfache oder homoplastische Organe, zusammengesetzte oder heteroplastische Organe, Organ-Systeme, Organ-Apparate).

III. Antimeren (Gegenstücke oder homotype Theile). „Strahlen" der Strahlthiere, „Hälften" der eudipleuren (bilateral-symmetrischen) Thiere etc.

IV. Metameren (Folgestücke oder homodyname Theile). „Stengelglieder" der Phanerogamen, „Segmente", Ringe oder Zoniten der Gliederthiere und Wirbelthiere etc.

V. Personen (Prosopen). Sprosse oder Gemmae der Pflanzen und Coelenteraten etc. „Individuen" im engsten Sinne bei den höheren Thieren.

VI. Cormen (Stöcke oder Colonieen). Bäume, Sträucher etc. (Zusammengesetzte Pflanzen). Salpenketten, Polypenstöcke etc.

Jedes dieser sechs morphologischen Individuen verschiedener Ordnung vermag als selbstständige Lebenseinheit aufzutreten und das physiologische Individuum zu repräsentiren. Auf der niedersten Stufe der Plastiden bleiben sehr viele Organismen zeitlebens stehen, z. B.

---

[1]) βίον, τὸ (βίοντα, τὰ) das physiologische Individuum als concrete Lebenseinheit, als selbstständiges „Lebewesen."

die meisten Protisten und viele Algen. Die zweite Kategorie des Form-Individuums, das Organ, erscheint als selbstständige Lebenseinheit bei vielen Protisten, Algen und Coelenteraten. Auf der dritten Stufe, dem Antimeren-Zustande, bleibt die Lebenseinheit stehen bei vielen Protisten und einzelnen niederen Pflanzen und Thieren. Die vierte Ordnung, das Metamer, erscheint als Lebenseinheit bei den meisten Mollusken, vielen niederen Würmern, Algen etc. Die fünfte Kategorie, die Person, repräsentirt das physiologische Individuum bei den meisten höheren Thieren, aber nur bei wenigen Pflanzen. Endlich die sechste Ordnung der morphologischen Individuen, der Stock, bildet die physiologische Individualität bei den meisten Pflanzen und Coelenteraten.

Sehr wichtig ist nun die Erwägung, dass alle Organismen ohne Ausnahme, welche als ausgebildete, reife Lebenseinheiten durch morphologische Individuen höherer Ordnung repräsentirt werden, ursprünglich nur der niedersten Ordnung angehören und sich zu den höheren Stufen nur dadurch erheben können, dass sie die niederen alle oder grösstentheils durchlaufen. Der Mensch z. B. und ebenso jedes andere Wirbelthier, ist als Ei ursprünglich ein Form-Individuum erster Ordnung. Es erreicht die zweite Stufe, indem aus der Eifurchung ein Zellenhaufen hervorgeht, der den morphologischen Werth eines Organs besitzt. Mit der Ausbildung der Embryonalanlage und mit dem Auftreten des Primitivstreifes (der Axenplatte) scheidet es sich in zwei Individuen dritter Ordnung oder Antimeren. Mit dem Hervorknospen der Urwirbel beginnt die Gliederung des Rumpfes, der Zerfall in Metameren, und mit deren Differenzirung ist die Ausbildung der Person, des Form-Individuums fünfter Ordnung, vollendet, welches nun als physiologisches Individuum persistirt. Ebenso durchläuft jede geschlechtlich erzeugte phanerogame Pflanze, indem sie aus der einfachen Zelle (dem Keimbläschen, dem eigentlichen Ei) zum Zellenhaufen (Organ) wird, der sich mit dem Auftreten einer Axe in zwei oder mehr Antimeren differenzirt, die drei ersten Stufen der Form-Individualität. Auf der vierten Stufe des Metamers bleibt sie bis zum Beginne der Gliederung der Axe. Aus den differenzirten Stengelgliedern setzt sich der Spross zusammen, der nun aus der fünften zur sechsten Stufe, dem Stocke, sich durch Bildung seitlicher Sprosse erhebt.

Hieraus geht deutlich hervor, dass der eigentliche morphologische Werth der physiologischen Individualität für jede Organismen-Art nur nach erlangter vollständiger Reife, wenn sie „ausgewachsen“ ist, bestimmt werden kann. Man darf daher auch niemals als Kriterium der physiologischen Individualität, wie es vielfach geschehen ist, die Entwickelungsfähigkeit zu einer selbstständigen Lebenseinheit betrachten. Diese haftet ursprünglich stets an den Form-Individuen erster Ordnung, den Plastiden (Cytoden und Zellen), und erst durch die Differenzirung der Zellen, welche bei den höheren Organismen (besonders den Thieren) sehr weit geht, verlieren dieselben jene Fähigkeit, oder vielmehr es bleibt dieselbe auf einzelne bestimmte Plastiden (Eier) beschränkt. Ausnahmsweise (*Hydra*, viele Phanerogamen) behalten auch noch bei höher differenzirten Organismen zahlreiche Plastiden diese Entwickelungsfähigkeit bei. Ebenso wenig als letztere darf man die Reproductionsfähigkeit, das Vermögen eines abgelösten Theils, sich zum Ganzen zu ergänzen (Würmer, Coelenteraten, viele Phanerogamen), als Kriterium der physiologischen Individualität anwenden, da auch hier das eigentlich Wirksame die ursprünglich allen Plastiden eigene Entwickelungsfähigkeit ist. Will man die physiologische Individualität der Organismen dadurch characterisiren, so geht die Schärfe ihres Begriffes vollständig verloren. Diese ist nur dadurch zu erhalten, dass wir die Fähigkeit der Selbsterhaltung als das entscheidende Kriterium hinstellen, sowie es für die morphologische Individualität in der Unfähigkeit der Theilung, in der individuellen Untheilbarkeit liegt. Das Leistungs-Individuum ist der einheitliche Lebensheerd, dessen Existenz mit der Function der Selbsterhaltung erlischt; das Form-Individuum ist die einheitliche Lebensgestalt, deren Existenz mit ihrer Theilung erlischt.

Die vielfach aufgeworfene Frage nach der absoluten Individualität der Organismen ist also dahin zu beantworten, dass dieselbe nicht existirt, und dass alle Organismen, als physiologische Individuen betrachtet, entweder zeitlebens auf der ersten Stufe der morphologischen Individualität, der Plastide, stehen bleiben, oder aber, von dieser ausgehend, sich secundär zu höheren Stufen erheben.

Indem wir nun in den folgenden Capiteln das Verhältniss der verschiedenen Individualitäts-Grade zu einander, welches die eigentliche Grundlage der gesammten Tectologie ist, näher zu bestimmen versuchen, wollen wir zunächst die Begriffe der sechs einzelnen Ordnungen der morphologischen Individualität bestimmt feststellen, und dann nachweisen, wie jede dieser verschiedenen Ordnungen in verschiedenen Organismen die physiologische Individualität zu repräsentiren vermag.

Neuntes Capitel.

Morphologische Individualität der Organismen.

„Die Pflanze erscheint fast nur einen Augenblick als Individuum, und zwar da, wenn sie sich als Samenkorn von der Mutterpflanze loslöst. In dem Verfolg des Keimens erscheint sie schon als ein Vielfaches, an welchem nicht allein ein identischer Theil aus identischen Theilen entspringt, sondern auch diese Theile durch Succession verschieden ausgebildet werden, so dass ein mannichfaltiges, scheinbar verbundenes Ganzes zuletzt vor unseren Augen dasteht. Allein dass dieses scheinbare Ganze aus sehr unabhängigen Theilen bestehe, giebt theils der Augenschein, theils die Erfahrung: denn Pflanzen, in viele Theile getrennt und zerrissen, werden wieder als eben so viele scheinbare Ganze aus der Erde hervorsprossen."

Goethe.

I. Morphologische Individuen erster Ordnung: Plastiden oder Plasmastücke.

I. 1. Unterscheidung von Cytoden und Zellen.

Als morphologische Individuen erster und niedrigster Ordnung würden wir, der gegenwärtig herrschenden Auffassung gemäss, nur eine einzige Art von Körpern, die Zellen (Cellulae) aufzuführen haben. Nach derjenigen Auffassung des thierischen und pflanzlichen Organismus, welche der unsrigen am nächsten steht, ist derselbe entweder eine einzige einfache Zelle oder ein einheitliches Aggregat von mehreren, entweder gleichartigen oder differenzirten Zellen. Die Zelle ist hiernach das allgemeine Form-Element oder das Elementar-Organ aller Organismen und wird als solches jetzt häufig als Elementar-

Organismus bezeichnet. Die Zellen sind entweder selbst die ganzen Organismen (Eier der Pflanzen und Thiere, einzellige Pflanzen etc.), oder sie sind die Individuen, durch deren Verbindung der ganze Organismus, als Zellen-Gesellschaft oder Zellen-Staat, sich constituirt.

Es ist diese Auffassung, welche von Schleiden und Schwann in die Wissenschaft eingeführt wurde, und welche man nach ihnen allgemein als „Zellentheorie" bezeichnet, gegenwärtig in der gesammten Biologie die herrschende Theorie. So richtig dieselbe ohne Zweifel im Grossen und Ganzen ist, und so sehr wir sie für die grosse Mehrzahl aller Organismen als die allein berechtigte anerkennen müssen, so ist es dennoch nicht möglich, sie auf alle Organismen ohne Ausnahme auszudehnen. Vielmehr kennen wir viele Organismen niedersten Ranges, z. B. Polythalamien und andere Rhizopoden, Protogeniden, etc., deren ganzer Körper noch nicht einmal den Werth einer einzigen Zelle besitzt, und einen individuell abgeschlossenen Form-Zustand der lebenden Materie repräsentirt, den wir durch den Namen der Cytode[1]) oder des zellenähnlichen Körpers bezeichnen wollen.

Um unsere Unterscheidung der Elementar-Organismen in Zellen und Cytoden zu begründen, ist es nöthig, auf die Geschichte der Zellentheorie einen flüchtigen Blick zu werfen.

Schleiden, dem das Verdienst gebührt, zuerst auf dem Gebiete der Pflanzenkunde die Zellentheorie begründet und mit scharfer Consequenz durchgeführt zu haben, definirt die Pflanzenzelle (cellula), als „das Elementarorgan, welches vollständig entwickelt eine aus Zellstoff gebildete Wandung nnd eine halbflüssige stickstoffhaltige Auskleidung besitzt, und das einzige wesentliche Formelement aller Pflanzen bildet, ohne welches eine Pflanze nicht besteht." Schwann, der Schleidens Zellentheorie auf die Zusammensetzung des thierischen Körpers anwandte, und nachwies, dass der thierische Organismus nicht minder als der pflanzliche einzig und allein aus Zellen und Zellenderivaten, als letzten Elementartheilen, zusammengesetzt sei, legte ein grösseres Gewicht auf den Zellenkern (Nucleus) und wies nach, dass der Kern in den allermeisten thierischen Zellen, und zu irgend einer Zeit ihres Lebens wahrscheinlich in allen Zellen aufzufinden sei. Nach Schleidens Auffassung ist demnach die Zelle aus zwei wesentlichen Bestandtheilen zusammengesetzt, ein Bläschen, welches in einer festen, ringsum geschlossenen Wandung oder Membran einen flüssigen oder halbflüssigen Inhalt besitzt. Nach Schwann dagegen sind zum Begriffe der Zelle drei wesentlich verschiedene Bestandtheile nothwendig, Membran, Inhalt und Kern. Der letzte Bestandtheil, der Kern, wurde bald so allgemein in den meisten animalen und vegetabilen Zellen, wenigstens in einer gewissen frühesten Periode ihrer Existenz nachgewiesen, dass die Trini-

---

[1]) κύτος, τό, cellula, Zelle; κυτώδης, cellularis, zellenähnlich.

tätslehre der Zelle, wie sie von Schwann aufgestellt war, allgemein herrschend wurde.

So lange man sich vorwiegend mit dem Studium der Pflanzenzellen beschäftigte, die meistens schon in einer sehr frühen Zeit ihres Lebens und fast allgemein deutlich eine Membran erkennen lassen, und so lange man die von ihnen gewonnene Anschauung auf die Betrachtung der thierischen Zellen übertrug, musste die Membran der Zelle als ein eben so wichtiger Bestandtheil derselben wie Kern und Inhalt erscheinen und beinahe zwanzig Jahre hindurch blieb daher die Trinitätslehre der Zelle fast unangefochten. Erst als man die Zellen des thierischen Organismus allgemeiner und eingehender und unabhangig von den pflanzlichen zu betrachten begann, brach sich die Erkenntniss Bahn, dass die Membran der Zelle in sehr vielen Fällen vollkommen fehlt und dass die Zellen dann blos aus zwei wesentlichen Bestandtheilen zusammengesetzt sind, aus dem Kern und der Zellsubstanz oder dem Zellstoff. Mit dem letzteren Namen müssen wir den sogenannten „Zell-Inhalt" bezeichnen, wenn eine Membran und damit der Gegensatz von Hülle und Inhalt fehlt.

Diese sehr wichtige Reform der Zellenlehre wurde von Leydig herbeigeführt, welcher in seinem „Lehrbuch der Histologie des Menschen und der Thiere" (1857) zuerst mit Bestimmtheit aussprach, dass „nicht alle Zellen blasiger Natur sind; nicht immer ist eine vom Inhalt ablösbare Membran zu unterscheiden." Leydig definirt die Zellen „als die kleinsten organischen Körper, welche eine wirksame Mitte besitzen, die alle Theile auf sich selber und ihr Bedürfniss bezieht. — Zum morphologischen Begriff einer Zelle gehört eine mehr oder minder weiche Substanz, ursprünglich der Kugelgestalt sich nähernd, die einen centralen Körper einschliesst, welcher Kern (Nucleus) heisst. Die Zellsubstanz erhärtet häufig zu einer mehr oder minder selbstständigen Grenzschicht oder Membran, und alsdann gliedert sich die Zelle nach den Bezeichnungen der Schule in Membran, Inhalt und Kern."

Dieselbe Lehre ist dann von Max Schultze[1]) ausführlich begründet worden, indem derselbe auf den Mangel der Membran an sehr vielen, und gerade den wichtigsten Zellen (den Nervenzellen, Furchungskugeln und ihren Abkömmlingen, den Embryonalzellen) aufmerksam machte. Max Schultze definirt die Zelle als „ein Klümpchen Protoplasma, in dessen Innerem ein Kern liegt. Der Kern sowohl als das Protoplasma sind Theilproducte der gleichen Bestandtheile einer anderen Zelle. Die Zelle führt ein in sich abgeschlossenes Leben."

Der entscheidende und unwiderlegliche Beweis, dass gewissen Zellen jede Spur einer Membran fehlt, und dass sie blos aus einem Klumpen halbflüssiger schleimartiger Zellsubstanz (Protoplasma) bestehen, welcher einen Kern umschliesst, ist zuerst von mir dadurch geliefert worden, dass ich das Eindringen fester Moleküle in das Innere des Protoplasma und ihre Anhäufung rings um den Kern beobachtete, und dass ich durch ein

---

[1]) Max Schultze, „Ueber Muskelkörperchen und das, was man eine Zelle zu nennen habe." Reicherts und Du Bois-Reymonds Archiv, 1861, p. 11.

einfaches Experiment die amoebenartigen Blutzellen wirbelloser Thiere (Mollusken und Crustaceen) veranlasste, feste Pigamentmoleküle mittelst ihrer amoebenartigen Bewegungen und Formveränderungen in ihr Inneres aufzunehmen.[1]) Diese Experimente sind von Recklinghausen,[2]) Preyer[3]) und Anderen an den farblosen Blutzellen kaltblütiger und von Max Schultze[4]) neuerlichst, an den farblosen Blutzellen warmblütiger Wirbelthiere, des Menschen selbst, mit dem gleichen Erfolge wiederholt worden. Es kann hiernach nicht mehr zweifelhaft sein, dass wirkliche echte Zellen, wofür die farblosen Blutzellen mit Recht allgemein gelten, keine Membran besitzen und bloss aus zwei wesentlichen Bestandtheilen, dem centralen festen Kern (Nucleus) und der peripherischen schleimartigen Zellsubstanz (Protoplasma) bestehen. Die nahe Verwandtschaft dieser Blutzellen mit anderen amoebenartigen Zellen (Embryonalzellen, Bindegewebszellen, Knorpelzellen und indifferenten Zellen niederer Thiere), welche die gleiche Form und Structur und die gleichen Bewegungserscheinungen zeigen, macht es aber sehr wahrscheinlich, dass der Mangel der Membran sehr weit verbreitet und in einer ersten Jugendperiode allen Zellen gemeinsam ist.

Als wesentliche Bestandtheile aller echten Zellen müssen also zwei differente Theile betrachtet werden: I. der innere (centrale oder excentrische) Zellkern (Nucleus, Cytoblastus), welcher entweder ein fester, homogener, oder selbst wieder ein zusammengesetzter (bläschenförmiger) Körper ist; II. der äussere, den Kern umschliessende (peripherische) Zellstoff (Protoplasma, Plasma), welcher aus einem festflüssigen Eiweisskörper besteht. Als dritter, nicht constanter und in der ersten Jugend der Zelle stets oder doch meist fehlender Bestandtheil, kommt dazu in vielen Fällen eine äusserste, den Zellstoffkörper umschliessende Zellhaut (Membrana cellulae) welche entweder nur die verdichtete und als besondere Hautschicht differenzirte äusserste Oberflächenlage des Protoplasma oder aber von diesem in flüssiger Form, als Secret, nach aussen abgeschieden, und in Form einer Cuticula über demselben erstarrt, erhärtet ist.

Wir können demgemäss sämmtliche Zellen des Pflanzen-, Protisten- und Thierreichs in zwei Hauptgruppen bringen, Hautzellen und hautlose Zellen. Die nackten oder hautlosen Zellen oder Urzellen (Cellulae primordiales, Gymnocyta[5]), bestehen bloss aus innerem Kern und äusserem Protoplasma. Dahin gehören viele Eier, die Theilproducte derselben oder Furchungskugeln, die Embryonalzellen, viele Nervenzellen, Bindegewebszellen, die ausgeschlüpften Schwärmsporen vieler Algen etc. Bei den Hautzellen oder Schlauch-

---

[1]) Haeckel, Radiolarien, Berlin 1862, p. 104—106.
[2]) Recklinghausen, Virchow's Archiv Bd. XVIII, p. 184.
[3]) Preyer, Virchow's Archiv Bd. XXX, p. 420.
[4]) Max Schultze, Archiv für mikrosk. Anat. Bd. I, p. 23.
[5]) γυμνός nackt; κύτος (τὸ) Zelle.

zellen (Cellulae membranosae, Lepocyta)[1]) ist das den Kern umschliessende Protoplasma selbst wieder von einer äusseren Membran umgeben oder aber in Intercellularsubstanz eingeschlossen. Hierher gehören die meisten pflanzlichen und viele thierische Zellen.

Die genannten zwei differenten Bestandtheile: Kern (Nucleus) und Zellstoff (Plasma) müssen wir als die beiden integrirenden und zum Begriff nothwendigen Bestandtheile jeder Zelle festhalten; in jeder echten Zelle ist ein Kern innerhalb des Plasma zu irgend einer Zeit ihres Lebens, und zwar constant in der frühesten Zeit, nachzuweisen, wenn er auch späterhin verschwindet. Ein Plasmaklumpen ohne Kern ist keine Zelle mehr. Zwar sind einige Biologen, wie z. B. Brücke in seinem trefflichen Aufsatz über die Elementar-Organismen, noch weiter gegangen und haben auch den Kern für einen unwesentlichen und oft fehlenden Bestandtheil der Zelle erklärt. Sie berufen sich darauf, dass ein Kern in sehr vielen Fällen nicht in der Zelle nachzuweisen ist. Allein entweder ist der Kern hier früher einmal vorhanden gewesen, und dann ist die kernlose Zelle nicht mehr vollständig, oder er ist nie vorhanden gewesen und dann ist der individuelle organische Körper eben keine Zelle, sondern ein Plasmaklumpen, welcher noch nicht in inneren Kern und äusseres Plasma sich differenzirt hat, eine Cytode, wie wir es oben genannt haben. Wenn wir den Kern als integrirenden Bestandtheil des Zellenbegriffs aufgeben, so behalten wir für letzteren nichts übrig, als das individualisirte Protoplasma, einen morphologisch nicht näher bestimmbaren homogenen Eiweisskörper. Die Zelle wird dann zum Lichtenbergischen Messer ohne Griff und Klinge.

Andrerseits müssen wir grosses Gewicht auf die von Brücke und Anderen hervorgehobene Thatsache legen, dass individuelle Elementartheile, und zwar sowohl physiologisch als morphologisch abgeschlossene Einheiten, selbstständige Lebensheerde oder Elementar-Organismen existiren, welche keine Zellen nach unserer Definition sind, indem der Kern ihnen fehlt. Diese kernlosen Elementarorganismen sind es, welche wir als Cytoden bestimmt von den echten (kernhaltigen) Zellen unterscheiden müssen. Sie bestehen nur aus dem einen wesentlichen Bestandtheile der echten Zellen, aus einem Klumpen von Plasma oder Protoplasma, während der andere integrirende Bestandtheil der letzteren, der Kern, ihnen vollständig und zu jeder Zeit ihrer individuellen Existenz abgeht. Es ist dies der Fall bei sehr vielen Organismen niederster Ordnung, welche weder bestimmte thierische noch deutliche pflanzliche Charactere besitzen, und denen wir desshalb in dem Mittelreiche der Protisten den natürlichsten Platz anzuweisen glauben.

---

[1]) λέπος (τὸ) Rinde, Hülle, Schale; κύτος (τὸ) Zelle.

Die Cytoden oder die kernlosen Plasmaklumpen zerfallen gleich den echten kernhaltigen Zellen in zwei Gruppen, je nachdem das weiche, festflüssige Plasma ihres Körpers aussen nackt und hüllenlos oder an der Oberfläche von einer Hülle oder Membran umgeben ist. Diese Haut kann, wie die Zellhaut, entweder die verdichtete, differenzirte Oberflächenschicht des Plasmakörpers selbst, oder aber von der Oberfläche des Plasmakörpers nach aussen als flüssiges Secret abgeschieden und ausserhalb desselben zur Kapsel erhärtet sein. Diese Membran kann ferner entweder den ganzen Plasmakörper ringsum vollständig abschliessen, z. B. bei den Siphoneen und anderen sogenannten einzelligen (aber kernlosen!) Algen; oder die Membran kann unvollständig geschlossen und von einem oder mehreren Löchern oder Oeffnungen durchbrochen sein, aus welchen das eingeschlossene Plasma theilweis hervortreten kann, z. B. bei den Polythalamien.

Beide Arten von Cytoden sind wohl zu unterscheiden. Die nackten oder hautlosen Plasmaklumpen oder Urklumpen (Gymnocytodae, Cytodae primordiales), haben als wesentlichen Bestandtheil bloss ein Stück Plasma. Dahin gehören alle, für unsere jetzigen Hülfsmittel nicht weiter zerlegbaren, homogenen Organismen niederster Ordnung, *(Protogenes, Protamoeba),* viele sogenannte Monaden, Vibrionen etc. Die umhüllten oder häutigen Plasmaklumpen dagegen oder die Hautklumpen (Lepocytodae, Cytodae membranosae) bestehen aus zwei Theilen, dem inneren Plasma und der dasselbe umschliessenden äusseren schlauchartigen Membran, welche in chemischer oder doch in physikalischer Beziehung sich von dem Plasma unterscheidet, und oft mechanisch von demselben abgetrennt werden kann. Hierher gehören viele niederste Organismen von unbestimmter Stellung und zum Theil von sehr indifferenter Natur, die wir in unserem Zwischenreiche der Protisten untergebracht haben, z. B. viele Rhizopoden (Acyttaria); viele sogenannte einzellige Algen (Siphoneen); auch die Sporen („Sommereier") der Aphiden, Daphniden etc.

Die Cytoden, welchen der Kern stets fehlt, und die echten Zellen, welche stets einen Kern zu irgend einer Zeit ihres Lebens besitzen, können unter dem Namen der Plastiden oder Bildnerinnen zusammengefasst werden und stellen als solche die morphologischen Individuen erster Ordnung dar. Diese Bildnerinnen sind in der That die bildenden, plastischen Elemente, welche durch ihr Zusammenwirken die Form-Individuen höherer Ordnung aufbauen, und durch ihre Aggregation die Gewebe, die Organe etc. constituiren. Nach den vorausgehenden Erläuterungen können wir unter den Plastiden allgemein vier Gruppen unterscheiden, welche sich in folgender Uebersicht auf zwei Hauptgruppen von Bildnerinnen (πλάσιιδες) vertheilen:

Uebersicht der verschiedenen morphologischen Individuen erster Ordnung:

Plastides (Plasmastücke oder Klumpen).

I. **Cytodae.** (Cellinae.) Cytoden. Plasmaklumpen ohne Kern.
- I. 1. Gymnocytodae. Urklumpen oder nackte Klumpen. Kernlose Plasmaklumpen ohne Haut oder Schale.
- I. 2. Lepocytodae. Hautklumpen oder Schläuche. Kernlose Plasmaklumpen mit Haut oder Schale.

II. **Cellulae.** (Cyta.) Zellen. Plasmaklumpen mit Kern.
- II. 1. Gymnocyta. Urzellen oder nackte Zellen. Kernhaltige Plasmaklumpen ohne Haut oder Schale.
- II. 2. Lepocyta. Hautzellen oder Kernschläuche. Kernhaltige Plasmaklumpen mit Haut oder Schale.

II. 2. Zusammensetzung der Plastiden (Cytoden und Zellen) aus verschiedenen Formbestandtheilen.

A. Plasma. (Protoplasma.) Zellstoff.

Da wir durch die Eintheilung der Plastiden in Cytoden und Zellen neue Begriffe in die Plastidologie oder die sogenannte Gewebelehre (Histologie) eingeführt haben, deren Gebiet bisher seit Schwann die Zellen als die einzigen und allmächtigen Elementar-Organismen beherrschten, und da uns diese Unterscheidung der Cytoden und Zellen insbesondere für die Vorstellungen von der ersten Entstehung der Organismen die grösste Wichtigkeit zu besitzen scheint, so müssen wir den verschiedenen Structurverhältnissen der Plastiden eine, wenngleich ganz allgemein gehaltene, doch eingehendere Betrachtung widmen, als es bei den Individuen höherer Ordnung gestattet sein wird. Wir werden daher hier besonders die Zusammensetzung der Plastiden (Cytoden und Zellen) aus verschiedenen Formbestandtheilen und die wesentlichen Eigenschaften dieser Formbestandtheile ins Auge zu fassen haben, und betrachten demgemäss zunächst das Plasma oder den Zellstoff, dann den Nucleus oder Zellkern und endlich die verschiedenen (äusseren und inneren) Plasma-Producte.

Als Plasma oder Zellstoff, besser Bildungsstoff, bezeichnen wir nach dem Vorhergehenden alle diejenigen organischen Materien, welche als die wesentlichen und in keinem Falle fehlenden Träger der Lebensbewegung erscheinen, als das active materielle Substrat des Lebens, und welche also gewissermaassen als der „Lebensstoff" oder die „lebende Materie" im engeren Sinne bezeichnet werden könnten. Ueberall, wo wir bisher im Thier-, Protisten- und Pflanzen-Reiche in der Lage waren, die chemische Natur dieses Körpers bestimmen zu können, hat sich derselbe als ein Eiweisskörper oder Albuminat (sogenannte Protein-Verbindung) herausgestellt.

Das Plasma ist mit mehreren verschiedenen Namen belegt worden: *Protoplasma* (Mohl), *Cytoplasma* (Kölliker), *Sarcode* (Dujardin), *Keimsubstanz* oder „*Germinal matter*“ (Beale), *Zellsubstanz*, *Bildungssubstanz*, *Zellstoff* u. s. w. Wir werden es der Kürze halber stets als Bildungsstoff, Zellstoff oder Plasma bezeichnen.[1])

In einer jeden Plastide, sowohl in jeder Cytode als in jeder Zelle, tritt das Plasma als ein zusammenhängender festflüssiger Körper von äusserst verschiedenartiger Form auf, über welche sich im Allgemeinen Nichts aussagen lässt. Die Grösse ist sehr verschieden, von kaum messbarer Feinheit bis zu einem Durchmesser von mehreren Linien, selten mehreren Zollen (z. B. bei Caulerpa und anderen Siphoneen).

Während man früherhin meistens das Plasma, weil es in formeller und häufig auch bedeutend in quantitativer Beziehung hinter die übrigen Bestandtheile der Zelle zurücktritt, sehr vernachlässigte und namentlich bei den Pflanzenzellen vorwiegend die, zunächst allerdings am meisten ins Auge fallende Membran berücksichtigte, ist man neuerdings immer mehr und immer allgemeiner zu der Ueberzeugung gelangt, in dem Plasma den eigentlichen Heerd aller activen Lebensbewegung suchen zu müssen. Seine Stellung unter den Eiweissstoffen ist daher von besonderer Bedeutung.

Die Gruppe der Eiweisskörper, Albuminate oder Proteinstoffe, zu welcher alle verschiedenen Modificationen des activen, lebendigen Plasma gehören, ist bekanntlich in chemischer Beziehung vor allen anderen Stoffen durch zahlreiche und sehr wichtige Eigenthümlichkeiten ausgezeichnet. Durch ihre höchst complicirte Zusammensetzung aus 5 oder 6 Atomarten Kohlenstoff, Wasserstoff, Sauerstoff, Stickstoff, Schwefel und häufig auch Phosphor) stellen sie sich über alle anderen organischen Verbindungen. Gewöhnlich sind die Eiweisskörper von Fetten, Alkalien und Kalksalzen begleitet, zum Theil in sehr eigenthümlicher Weise chemisch mit ihnen verbunden. Daher hat man sie in chemisch reinem Zustande bisher nur äusserst selten oder gar nicht darzustellen vermocht. Ferner zersetzen sie sich ausserordentlich leicht und vermögen die Zersetzungsbewegung katalytisch, als gährungserregende Stoffe, auf andere zersetzungsfähige Körper zu übertragen. Ihre ausserordentliche Neigung zu Umsetzungen erklärt sich vielleicht aus der ebenso lockeren als verwickelten atomistischen Zusammensetzung ihrer Moleküle. Schon der leiseste Anstoss vermag diesen complicirten Atomgruppen-Bau zu zerstören. Ihre quantitative Zusammensetzung ist daher sehr schwierig zu bestimmen, ihre theoretische Constitution noch ganz unbekannt. Mit anderen Verbindungen, Salzen, Säuren und Basen, treten sie in sehr wechselnden Verhältnissen zusammen. Die meisten Eiweisskörper stehen sich in vielen Beziehungen sehr nahe und sind oft sehr schwer zu unterscheiden. Dennoch verleiht ihnen schon der geringste Unterschied in ihrer atomistischen Constitution, der durch chemische Reac-

---

[1]) *τὸ πλάσμα* bedeutet eigentlich allerdings das Gebildete, Geformte, und richtiger würde demnach für unsere bildende Materie der Ausdruck Plasson (*τὸ πλάσσον*), das Bildende, das Formende, sein.

tionen oft gar nicht nachzuweisen ist, ganz verschiedene formbildende Eigenschaften. Endlich kommt ein und derselbe Proteinkörper oft in mehreren Modificationen vor, löslichen und schwerlöslichen oder unlöslichen, und damit im Zusammenhange steht die Leichtigkeit, mit welcher sie den Aggregatzustand wechseln und aus dem flüssigen in den festen übergehen. Hieraus erklärt es sich, dass die Proteinkörper in chemischer Beziehung die unbekanntesten, obwohl die für das Leben wichtigsten von allen Materien sind, wahrscheinlich die einzigen activen Substrate der Lebensbewegung.

Wie diese chemischen Eigenthümlichkeiten die Eiweisskörper in hohem Maasse auszeichnen, so gilt dies auch von ihren physikalischen Eigenschaften, welche bei der histogenetischen Thätigkeit des Plasma nicht minder in Frage kommen. Ausser der schon hervorgehobenen Leichtigkeit, mit welcher dieselben ihren Aggregatzustand wechseln (z. B. der Faserstoff bei seiner Gerinnung an der Luft, das Casein bei Berührung mit Lab etc.), ist hier besonders hervorzuheben, dass sie beim Uebergang aus dem flüssigen in den festen Zustand fast stets amorph, und nur sehr selten krystallinisch auftreten. Dieser auffallende Mangel an Krystallisations-Neigung steht mit ihrem ausgezeichneten Imbibitionsvermögen und mit ihrer Fähigkeit, die abgerundeten Formen der organischen Gewebe zu bilden, im engsten Zusammenhang. Ihre ausserordentlich bedeutende Quellungsfähigkeit ist durch eine enorme Adhäsions-Verwandtschaft der Eiweiss-Moleküle zum Wasser bedingt, mittelst deren sie grosse Quantitäten desselben in ihre Intermolekularräume aufzunehmen und zu condensiren im Stande sind. Durch diese Imbibition wird ihr Volum ebenso vergrössert, als ihre Cohäsion vermindert; auch die grosse Leichtigkeit, mit der die Eiweisskörper unter wenig verschiedenen Verhältnissen ihre Imbibitions-Fähigkeit bedeutend ändern, ist bemerkenswerth und für ihre plastische Thätigkeit von grosser Bedeutung.

Welche unendliche Mannichfaltigkeit in der feineren Zusammensetzung der Eiweissstoffe herrscht, welcher unendlichen Modificationen ihre physikalischen und chemischen Eigenschaften fähig sind, beweist der unerschöpfliche Reichthum verschiedenartiger Gestalten, die in Form von Thieren, Protisten und Pflanzen unsern Erdball bevölkern. Alle diese unendlichen Verschiedenheiten der Organismen in Grösse und Form, gröberer und feinerer Zusammensetzung, Consistenz und Dichtigkeit, Farbe und Glanz, Geschmack und Geruch, kurz alle die unermessliche Mannichfaltigkeit in den verschiedensten sinnlich wahrnehmbaren Eigenschaften der organischen Körper, welche unsere Sinne erregen und ergötzen, ist zurückzuführen auf ebenso unendlich zahlreiche und feine Verschiedenheiten in der atomistischen Constitution der Eiweiss-Verbindungen, welche das Plasma der Plastiden zusammensetzen.

Wenn wir uns einerseits dieser Thatsache nicht verschliessen können, so müssen wir andererseits unsere gänzliche Unfähigkeit eingestehen, dem Plasma auf seinem formbildenden Wege folgen zu können. Die geringe Quantität, in der das Plasma auch in den grössten Zellen auftritt, die Unmöglichkeit, dasselbe rein zu isoliren oder in grösseren Mengen zusammenzuhäufen, haben uns in den meisten Fällen entweder gar keine oder doch nur sehr geringe Differenzen in der chemisch-physikalischen Beschaffenheit des Plasma der verschiedenen Plastiden wirklich wahrnehmen lassen, obwohl ihre verschiedenen physiologischen Fähigkeiten davon beredtes Zeugniss ablegen. Im Allgemeinen lässt sich eben nur aussagen, dass das Plasma gewöhnlich als ein festflüssiger Eiweisskörper von der Consistenz eines zähen, klebrigen, fadenziehenden Schleimes auftritt, der sich im Wasser nicht auflöst und durch den Zutritt von Wasser allein schon in vielen Fällen gerinnt.

B. Nucleus. (Cytoblastus.) Zellkern.

Als derjenige wesentliche Formbestandtheil, welcher die organische Zelle als solche characterisirt und von der Cytode oder kernlosen Plastide unterscheidet, ist der Nucleus oder Zellkern von besonderem Interesse. Gleich dem Plasma aller Plastiden ist auch der Nucleus aller Zellen stets aus einer Eiweiss-Verbindung gebildet, welche durch geringe physikalisch-chemische Differenzen sich von der des Plasma unterscheidet.

Bei den meisten thierischen Zellen ist der Nucleus während der ganzen Zeit ihres Lebens nachzuweisen, während er dagegen bei vielen Pflanzenzellen (z. B. Holz- und Gefässzellen) nur in ihrer Jugend existirt und späterhin verschwindet. Der Kern erscheint in den meisten Zellen als ein scharf umschriebener rundlicher Körper, weniger umfangreich als das Plasma, da ihn dieses gewöhnlich von allen Seiten umschliesst. In selteneren Fällen liegt in gewissen Hautzellen der Kern ganz peripherisch, so dass er nur auf der einen Seite vom Plasma, auf der anderen von der Membran begrenzt wird.

Im Gegensatze zum Plasma, welches durch Anpassung an die Aussenwelt die verschiedenartigsten Formen annehmen kann, zeigt der Kern allermeist eine sehr einfache und scharf umschriebene Form. Gewöhnlich ist er kugelig oder sphäroidal, bald mehr ellipsoid, bald mehr linsenförmig, seltener cylindrisch verlängert oder stäbchenförmig, sehr selten verästelt, sternförmig oder von complicirterer Form. Der Grenzcontour des Kerns gegen das umschliessende Plasma ist meist scharf und deutlich.

Betrachtet man die Zelle in ihren natürlichen Verhältnissen, mit Vermeidung alterirender Flüssigkeiten, so erscheint der Kern sehr häufig homogen und klar, und in seinem Lichtbrechungsvermögen wenig von dem Plasma verschieden. Oft erzeugt aber schon Wasserzusatz, und in den meisten Fällen bewirkt Zusatz von Essigsäure im Nucleus einen feinkörnigen Niederschlag, so dass derselbe sich als dunkel granulirter Körper scharf von dem umgebenden Protoplasma absetzt.

Ueber die Consistenz und den Bau des Zellenkerns findet man bei Botanikern und Zoologen die widersprechendsten Ansichten, die sich wohl grossentheils dadurch erklären werden, dass der Kern in verschiedenen

Zellen eine sehr verschiedene Beschaffenheit besitzt. Während die Meisten dem Kerne eine festere Beschaffenheit als dem Plasma zuschreiben und ihn als einen „leidlich festen", soliden, homogenen Körper ansehen, beschreiben ihn dagegen Andere als ein „Bläschen", aus fester Membran und flüssigem Inhalt gebildet, und in manchen Fällen wird er sogar als ein halbflussiger „Eiweisstropfen" geschildert. In der That scheint der Cohäsionsgrad bei verschiedenen Kernen ausserordentlich verschieden zu sein. In sehr vielen Fallen ist der Nucleus ohne Zweifel weit fester und derber als das Plasma, und eine Differenz von Hülle und Inhalt dann nicht an ihm nachzuweisen, während in anderen Fallen, z. B. bei vielen Eiern, Furchungskugeln, Embryonalzellen, Nervenzellen und anderen Urzellen, der Kern als ein zartes, oft ziemlich dickwandiges und doppelt contourirtes Bläschen einen homogenen, eiweissartigen Inhalt zu umschliessen scheint, dessen Consistenz hinter derjenigen des Plasma zurückbleibt.

Sehr häufig bemerkt man in dem Kern, auch ohne Zusatz alterirender Flüssigkeiten, mehrere feine Körner (oft vielleicht Bläschen?) und ausserdem ein grösseres Korn oder Bläschen, welches sich in der Regel durch stärkere Lichtbrechung auszeichnet. Dieser kleine Körper, welcher entweder im Innern oder an der Peripherie des Nucleus liegt, wird als Nucleolus oder Kernkörperchen beschrieben. Bisweilen ist in diesem centralen Körper nochmals ein vierter scharf umschriebener kleiner Körper eingeschachtelt, der dann Nucleolinus oder Kernpunkt genannt werden kann (z. B. in manchen Eiern, Ganglienzellen etc.).

Die chemische Zusammensetzung des Zellkerns und der in ihm eingeschlossenen Körperchen, Nucleolus und Nucleolinus, ist oft schwierig zu ermitteln und in vielen Fällen unbekannt. Wahrscheinlich besteht derselbe aber immer aus einem vom Plasma etwas verschiedenen Eiweisskörper, sei es in festflüssigem, sei es in festem Aggregatzustande. In allen Fällen wo durch mikrochemische Reaction die chemische Constitution des Kerns zu ermitteln war, hat sich stets eine Eiweiss-Verbindung herausgestellt.

C. Plasma-Producte.

Da wir sämmtliche Plastiden, sowohl Cytoden als Zellen, als selbstständige Elementar-Organismen zu betrachten haben, die mindestens in ihrer Jugendzeit ein mehr oder minder unabhängiges Leben als morphologische Individuen führen, so sind dieselben natürlich der Lebensbewegung und damit einer Reihe von Veränderungen unterworfen, die wir als Functionen der Plastiden anzusehen haben, und die ihre Ernährung, ihre Fortpflanzung, und ihre Beziehungen zur Aussenwelt betreffen. Von diesen verschiedenen Lebensthätigkeiten der Plastiden sind für uns hier diejenigen zunächst von besonderem Interesse, die man gewöhnlich unter dem Namen der Zellmetamorphose zusammenfasst, und die sich auf die Veränderung der Grösse, Form, Consistenz und namentlich auf die Production von Theilen beziehen, welche vom Plasma und dem Kerne verschieden sind. Wir können diese Theile, welche als integrirende morphologische

Bestandtheile der metamorphosirten Plastiden erscheinen, und entweder in ihrem Inneren oder auf ihrer Oberfläche, aber immer mit dem Plasma räumlich verbunden (adhaerent) auftreten, allgemein als Producte des Plasma oder Producte der Plastiden bezeichnen.

Unter Producten der Plastiden oder des Plasma fassen wir demgemäss alle diejenigen Form-Bestandtheile der metamorphosirten Zelle vorhanden, welche von dem Plasma und dem Nucleus verschieden sind, mögen sie nun im Plasma eingeschlossen oder ausserhalb desselben liegen. Demnach gehören hierher alle diejenigen Theile, welche man gewöhnlich in der thierischen und pflanzlichen Zellenlehre mit folgenden Namen zu belegen pflegt: 1. die „Zellenmembranen"; 2. die „Intercellularsubstanzen"; 3. der „Zellsaft"; 4. der „Zellinhalt", und noch verschiedene andere Theile, welche logischer Weise unter eine der erwähnten Kategorieen sich einreihen lassen.

Sämmtliche Producte des Plasma, mögen dieselben innerhalb oder ausserhalb des metamorphosirten Plasma getroffen werden, entstehen entweder durch Differenzirung des Plasma oder durch Ausscheidung des Plasma. Der Unterschied zwischen beiden Entstehungsweisen der Plasmaproducte liegt darin, dass im ersteren Falle die Substanz des Plasma selbst sich verändert und in den neuen Körper übergeht, während im letzteren Falle der Plasmakörper selbst unverändert bleibt und nicht in die Substanz des Productes übergeht. Als eine reine Differenzirung des Plasma würden wir z. B. die Entstehung der quergestreiften aus der homogenen Muskelsubstanz, die Bildung gewisser eiweissartiger Intercellularsubstanzen, und überhaupt allgemein die Entstehung der heterogenen und specifischen Plasmakörper der Epithelzellen, Nervenzellen, Drüsenzellen etc. aus den indifferenten Plasmakörpern der homogenen und indifferenten Embryonal-Zellen aufzufassen haben. Dagegen würden wir als eine Ausscheidung des Plasma z. B. die Bildung der Cuticulae, (der Chitinhäute etc.) der Cellulose-Membranen und eines grossen Theils der Intercellularsubstanzen, ferner im Innern der Plastiden die Bildung vieler nicht eiweissartiger Stoffe, z. B. der Stärkemehlkörner und anderer Concretionen, der Krystalle etc. anzusehen haben.

So scharf sich aber auch der principielle Unterschied der beiderlei Plasma-Producte in der Theorie dahin aussprechen lässt, dass die Differenzirungsproducte aus der Substanz des sich verändernden Plasma selbst, die Ausscheidungsproducte durch Wirkung des Plasma nach aussen, Exsudation etc. entstehen, so schwierig ist es in der Praxis in den meisten Fällen zu sagen, wohin das eine oder das andere Product zu rechnen sei; und im Grunde genommen ist diese Unterscheidung nur eine rohe und oberflächliche, denn eigentlich ist auch jede Ausscheidung mit einer Veränderung, d. h. Differenzirung der Substanz des Plasma, und umgekehrt jede Differenzirung mit einer Trennung bestimmter, weniger veränderter Plasmatheile von anderen mehr veränderten, d. h. Ausscheidung verbunden. In sehr vielen Fällen werden Ausscheidung und Differenzirung gleichmässig bei der Bildung des Productes zusammenwirken, oder in einer Weise verbunden, dass der Antheil des einen und des anderen Processes sehr schwierig zu bestimmen sein wird. Aus diesem Grunde betrachten wir hier die Producte der Differenzirung und Ausscheidung gemeinschaftlich als Plasma-Producte und unterscheiden nur zwischen äusseren, auf der Oberfläche des bleibenden Protaplasma gelegenen und inneren, innerhalb oder zwischen einzelnen Theilen des Plasma gelegenen Plasma-Producten.

Ca. Aeussere Plasma-Producte.
(„Zellenmembranen" und „Intercellularsubstanzen".)

Die übliche Trennung der äusseren Plasma-Producte in Zellenmembranen und Intercellularsubstanzen ist künstlich und nicht ohne Willkühr durchzuführen, wesshalb wir hier beiderlei Producte gemeinsam zu besprechen haben.

Die allgemeine Bedeutung der Membran der Plastiden hat in neuerer Zeit sehr an Wichtigkeit verloren, seitdem, wie oben schon angeführt wurde, der Beweis geführt worden ist, dass wir in allen Fällen, wo eine Plastide von einer Haut umschlossen ist, sowohl bei den kernhaltigen Zellen, als bei den kernlosen Cytoden, die Membran für ein secundäres Product des Plasma zu halten haben, nicht für einen primären und integrirenden Bestandtheil der Plastide als solcher. In der That sind jetzt so sichere und so zahlreiche Beispiele von Cytoden und von Zellen bekannt, die Zeit ihres Lebens nackt und membranlos bleiben, und von anderen Plastiden, die anfangs (bei ihrer Entstehung durch Theilung oder Keimbildung) nackt, später von einer Hülle oder Schale umgeben sind, dass an der Wahrheit der obigen Behauptung nicht mehr gezweifelt werden kann. Für die allgemeine biologische Auffassung der Zelle als Elementar-Organismus ist aber dieser Umstand von der grössten Wichtigkeit. Denn während man früher, wo die allgemeine Anwesenheit der Zellenmembran als eines das Plasma völlig umschliessenden Schlauches oder Sackes als allgemein gültiges Dogma die Zellentheorie beherrschte, der Membran meist eine hohe, oft selbst eine grössere physiologische Bedeutung als dem in ihr enthaltenen Plasma zuschrieb, gewöhnt man sich jetzt richtiger daran, das Plasma als das active, primär wirksame Element des Zellenlebens, und die Membran dagegen als passiven Bestandtheil, als das secundäre Product des ersteren, zu betrachten.

In sehr vielen Fällen existiren die nackten, hautlosen Plastiden sehr lange Zeit hindurch, und zwar gerade in der Jugendzeit, wo sie am thatkräftigsten und leistungsfähigsten sind, ohne alle Hülle, und umgeben sich erst mit einer solchen, wenn sie in den ruhigeren und passiveren Zustand des Alters übergehen. Insbesondere zeigt sich dieser Umstand darin, dass die Membran meist ganz vermisst wird, so lange die Zelle als Ganzes noch wächst und ihr Volum ausdehnt, und so lange sie sich noch durch Theilung vermehrt. Eine Plastide mit Membran (oder Lepoplastide) ist jedenfalls abgeschlossener gegen die Aussenwelt, als eine nackte hüllenlose Plastide ohne Membran (oder Gymnoplastide) deren Oberfläche unmittelbar mit ihrer Umgebung in Berührung steht und demgemäss mit derselben in weit energischere Wechselwirkung treten kann. Dieses Verhältniss ist besonders von Max Schultze betont worden, welcher die von einer Membran umschlossene Zelle sehr passend mit einem encystirten Infusorium vergleicht, und hinzufügt, dass die Bildung einer chemisch differenten Membran auf der Oberfläche des Protoplasma ein Zeichen beginnenden Rückschrittes sei, ein Zeichen herannahender Decrescenz, oder wenigstens eines Stadiums, auf welchem die Zelle in den ihr ursprünglich zukommenden Lebensthätigkeiten bereits eine bedeutende Einschränkung erleidet. (l. c. p. 21).

Die Zellenmembran fällt demnach in unserer Anschauung in eine Ordnung oder Kategorie zusammen mit den übrigen Theilen der Zelle, welche als Producte der Zelle auftreten, und sind namentlich nicht scharf zu trennen von einer anderen Reihe äusserer Plasma-Producte, nämlich von den Intercellular-Substanzen, denen man, besonders in der pflanzlichen Histologie, bei weitem nicht die Bedeutung, wie den Membranen zuerkannt hat. Zwar werden die Zellenmembranen und die Intercellular-Substanzen in der Regel, und namentlich von den Botanikern, als ganz verschiedene Dinge betrachtet; indess ist es in sehr vielen, und namentlich thierischen Geweben mit Sicherheit nachzuweisen, dass die Intercellularsubstanz aus verschmelzenden Membranen benachbarter Zellen hervorgeht. Dass beiderlei Substanzen in vielen Fällen von sehr verschiedener chemischer und physikalischer Beschaffenheit sind, spricht nicht dagegen, da die Zelle fähig ist, in verschiedenen Perioden ihres Lebens sehr verschiedene Stoffe abzuscheiden.

Die Membran der Plastiden, und zwar ebenso die Cytodenmembran, wie die Zellenmembran, entsteht entweder durch Differenzirung der äussersten Plasmaschicht der hautlosen nackten Plastiden, indem diese erhärtet und sich von den tieferen weicheren Schichten ablöst, oder sie entsteht durch Ausscheidung (Exsudation) einer besonderen Substanz, welche alsbald nach ihrem Austritt aus der Oberflache des Plasma erhärtet, nach Art der Cuticularbildungen. Wenn die Cytodenmembran oder Zellenmembran durch blosse Differenzirung der äussersten Plasmaschicht entsteht, kann die Substanz dieselbe chemische Beschaffenheit beibehalten, indem der Eiweissstoff des Plasma, wie dies bei den Proteinkörpern so leicht geschieht, gerinnt, aus dem flüssigen in den festen Aggregatzustand übergeht. Es ist dann also blos eine physikalische, keine chemische Differenz vorhanden, während diese in anderen Fällen mit der ersteren verbunden ist. Wenn dagegen die Membran einer Ausschwitzung des Plasma ihren Ursprung verdankt, die an der Oberfläche desselben sich verdichtet, so ist die Substanz der Membran meist von sehr verschiedener Natur. Bei der Mehrzahl der Pflanzenzellen, und ebenso bei den Mantelzellen der Tunicaten besteht sie dann aus Cellulose, bei vielen thierischen Zellen aus einer sehr consistenten, dem elastischen Gewebsstoff ähnlichen, stickstoffhaltigen Materie u. s. w. Sehr häufig erscheinen Zellenmembranen, welche eine ansehnlichere Dicke erreichen, deutlich aus concentrischen Schichten zusammengesetzt, die einer Periodicität der Exsudation ihren Ursprung verdanken. Dann ist meistens die innerste Schicht die jüngste und sehr häufig bleiben die Schichten von senkrecht darauf stehenden Porencanälen durchsetzt, durch welche eine freie Communication und ein leichter Stoffaustausch zwischen der Oberfläche des Plasma und der Umgebung unterhalten wird.

Von besonderem Interesse sind die **partiellen Membranbildungen**, welche nur einen Theil der Oberfläche des Plasma betreffen, während ein anderer Theil frei bleibt. Schon die letzterwähnte Bildung von Porencanälen gehört hierher, ferner das Offenbleiben eines einzigen grösseren Porencanals, den man dann als Ausführungsgang (bei den einzelligen Drüsen) oder als Einführungsgang, Micropyle (bei den Eiern) bezeichnet. Auch die Schale vieler Rhizopoden (Acyttarien) kann hierher gerechnet werden, indem sie z. B. bei den Polythalamien bald eine Oeffnung, bald mehrere, für den Austritt besonderer Fortsätze (Pseudopodien) des Plasma darbietet. Wenn eine ganze Summe von hautlosen Zellen, die in einer einzigen Schicht neben einander an der Oberfläche liegen, nun an dieser freien Seite eine Membran ausscheiden, so wird diese als **Cuticula** bezeichnet. Diese Cuticularbildungen können ebenso wie die vollständige Zellmembran, in vielfachen Schichten über einander liegen und von Porencanalen durchbohrt sein, wie es z. B. die mächtigen festen Chitindecken der Gliederthiere meistens sind. Aber auch Epithelien, die aus Hautzellen bestehen, können an ihrer Oberflächenseite noch eine besondere Cuticula ausscheiden, und die Substanz dieser Cuticula kann von derjenigen der Zellmembran verschieden sein, wie es z. B. bei den Pflanzen gewöhnlich der Fall ist. Bei den Flimmerzellen bleibt, falls dieselben eine Membran besitzen, die Haut an denjenigen Stellen durchbohrt, an welchen die Cilien, als Fortsätze des Plasma, hervortreten.

Durch diese partiellen Ausscheidungen, die man auch wohl Extracellularsubstanzen genannt hat, werden wir übergeführt zu den **Intercellular-Substanzen**, oder allgemeiner gesagt, den **Interplastidar-Substanzen**, welche in der thierischen Histologie eine so hervorragende Rolle spielen und durch ihre massenhafte Entwickelung namentlich die

Gewebsgruppe der Bindesubstanzen so sehr auszeichnen. Seit man diese Gewebe genauer zu untersuchen begonnen hat, spinnt sich ein endloser und durch die Unklarheit und Verworrenheit, mit der er geführt wird, höchst unerquicklicher Streit darüber fort, ob diese Intercellularsubstanzen, wie sie namentlich im Knochen, Knorpel, Bindegewebe, Schleimgewebe etc. so massig entwickelt sind, als Differenzirungsproducte des Plasma selbst, aus einer Metamorphose desselben hervorgegangen, oder vielmehr als Ausscheidungsproducte desselben, in die die Substanz des Plasma selbst nicht eingeht, zu betrachten sind. Nach dem, was wir oben bereits über die Unmöglichkeit einer scharfen Scheidung der Differenzirung und Secretion gesagt haben, erscheint der grosse Aufwand von Zeit, Mühe und Worten, den man an diese Frage gewendet hat, ziemlich überflüssig vergeudet. Auch das einseitige Bestreben, das hierbei die Meisten zeigten, indem sie entweder alle Intercellularsubstanzen nur als Differenzirungs- oder nur als Secretionsproducte gelten lassen wollten, hat eine einfache und naturgemässe Beantwortung dieser viel ventilirten Frage verhindert. Durch vergleichende Untersuchung der verschiedenen Intercellularsubstanzen bei niederen und höheren Thieren überzeugt man sich leicht, dass dieselben, ganz gleich der Zellmembran, im einen Falle fast nur durch Differenzirung, im andern Falle fast nur durch Ausscheidung aus dem Plasma entstehen, während dazwischen alle möglichen Uebergangsstufen zwischen beiden vorkommen, und oft Auscheidung und Differenzirung der oberflächlichen Plasmaschichten gleichmässig zur Ablagerung der Zwischensubstanz beitragen. Auch für die Lösung dieser Frage war das Dogma von der constanten Anwesenheit und Dauer der Zellmembran sehr hinderlich.

Die Ausscheidung der Intercellularsubstanzen geschieht ganz wie diejenige der geschichteten Zellenmembran, und in vielen Fällen kann man sich, z. B. bei verschiedenen Knorpelformen, davon überzeugen, dass die anfänglich vollkommen deutlich geschichteten und in ablösbare concentrische Schalen zu spaltenden Membranen späterhin in eine vollkommen homogene Zwischensubstanz übergehen. Ebenso können Porencanäle die geschichteten oder später homogenen Zwischensubstanzen ganz ebenso wie die geschichtete isolirbare Membran und die einseitigen geschichteten Cuticularbildungen durchsetzen. Die verästelten Canäle, welche die concentrischen Knochenlamellen durchsetzen und von fadenartigen, nackten Ausläufern des Plasma erfüllt sind, haben dieselbe Entstehung und dieselbe morphologische Bedeutung wie die Porencanäle der Cuticularbildungen, wie dies namentlich von Leydig nachgewiesen worden ist. Während diese Canäle bei den letzteren dem Verkehr des Plasma mit der Aussenwelt (der Perspiration etc.) dienen, vermitteln sie bei den ersteren, indem die Ausläufer und Plasma-Zweige der verschiedenen Zellen sich begegnen und verbinden, den Stoffverkehr der Zellen unter einander.

Wohl die merkwürdigsten von allen äusseren Plasmaproducten sind die äusserst zierlich gestalteten und formenreichen Anhänge, welche in Gestalt von Chitinfortsätzen (Schuppen, Haaren, Stacheln, Pinseln etc.) auf der Chitindecke der Gliederthiere auftreten und gleich dieser selbst Ausschwitzungen des Plasma sind. Sie verdienen desshalb eine besondere Erwähnung, weil sie zeigen, wie ausserordentlich weit die formbildende Kraft der kleinsten Theile der Plastiden, dieser wahrhaften „Bildnerinnen“ der schönsten organischen Formen, reicht. Bekanntlich besitzen diese exsudirten Anhänge die zierlichste und complicirteste Structur, obwohl sie nicht, wie man früher glaubte, aus einzelnen Zellen zusammengesetzt sind.

Cb. Innere Plasma-Producte.
(„Zellsaft und Zellinhalt“.)

Weit mannichfaltiger noch, als die formenreichen und auch chemisch sehr differenten Stoffe, welche die Plastiden nach aussen auf ihre Oberfläche, sei es durch Differenzirung, sei es durch Secretion, oder durch beide Processe vereinigt, abscheiden, sind diejenigen theils formlosen theils geformten Bestandtheile, welche man gewöhnlich als „Zelleninhalt“ bezeichnet, und welche wir, da sie sämmtlich vom Plasma umschlossen sind, als innere Plasma-Producte zusammenfassen.

Wir können diese inneren Ablagerungen in der Substanz der Plastiden in flüssige und feste eintheilen, oder, da sich zwischen diesen beiden Aggregatzuständen gerade hier alle möglichen Uebergänge durch das „Festflüssige“ hindurch finden, in formlose und geformte. Zu den formlosen inneren Plasma-Producten rechnen wir insbesondere den sogenannten „Zellsaft“, ferner das flüssige Fett der Fettzellen etc. Unter den geformten inneren Plasma-Producten sind die Krystalle im Inneren der Plastiden, die Concretionen (z. B. Amylumkörner) die Pigmentkörner etc. oft von grosser Bedeutung.

Unter den formlosen inneren Plasmaproducten ist vor allem wegen seines oft sehr bedeutenden Volumens der sogenannte „Zellsaft“ hervorzuheben, der namentlich in sehr vielen Pflanzenzellen den bei weitem grössten Theil des Zellvolums ausfüllt. Das Verhältniss dieses Zellsaftes zu dem Plasma wurde früherhin gewöhnlich der Art aufgefasst, dass man denselben als den wesentlichsten Theil des Zellinhalts betrachtete und dem Plasma daneben nur eine untergeordnete Bedeutung zuschrieb. Hierzu veranlasste namentlich das eigenthümliche Verhalten des Zellsaftes zu dem Plasma in sehr vielen grossen Pflanzenzellen. Das Plasma scheint hier nur als eine sehr dünne, körnige Schicht, die aber einen geschlossenen Sack darstellt, die Innenfläche der Cellulose-Membran auszukleiden, und diese wandständige Plasmaschicht, der sogenannte „Primordialschlauch“, ist durch viele verzweigte Plasmafäden, welche von ihm ausgehen und den wässerigen Zellsaft durchziehen, verbunden mit einem gleichen, sehr viel kleineren Sacke, der als eine zarte Hülle den Nucleus unmittelbar umschliesst. Untersucht man die so gebildeten Zellen während ihres Lebens, so findet man die zähflüssige schleimartige Substanz des Plasma, die sich mit dem wässerigen Zellsaft nicht mischt, in einer schnelleren oder langsameren strömenden Bewegung, welche der activen Contractilität des Plasma ihren Ursprung verdankt. Als die bekanntesten Beispiele, an denen sich diese „Strömungen" des contractilen Plasma leicht demonstriren lassen, werden gewöhnlich die Zellen der Staubfädenhaare von *Tradescantia* angeführt. Dieselben sind in der gleichen Form an sehr vielen grossen Pflanzenzellen leicht wahrzunehmen, unter den thierischen Zellen besonders an den durch beträchtliche Grösse ausgezeichneten Knorpelzellen (z. B. an den Medusententakeln) und „Blasenzellen" des blasigen Bindegewebes (z. B. der Crustaceen, Schnecken).

Diese eigenthümliche Vertheilung des Plasma, auf die man mit Recht grosses Gewicht gelegt hat, ist zurückzuführen auf die Fähigkeit des Plasma, Vacuolen zu bilden, d. h. wässerige Flüssigkeiten, Salzlösungen etc., mit denen sich seine eigene Substanz nicht mischt, in sein Inneres aufzunehmen und, ohne sich damit zu imbibiren, sie in Form von grösseren und kleineren Tropfen in seiner Substanz zu vertheilen. Dabei kann während des Durchtritts der wässerigen Flüssigkeit durch die äusseren Plasmaschichten hindurch die erstere durch unmittelbare Einwirkung der letzteren verändert werden, so dass nun die Flüssigkeitstropfen oder Vacuolen im Innern bereits als „innere Plasma-Producte" erscheinen. Werden die Vacuolen gross und zahlreich, so fliessen sie im Innern der Plastide zu einem einzigen Körper zusammen, der fast die ganze geräumige Höhlung der Zellenmembran ausfüllt, so dass das Plasma, zurückgedrängt auf die Aussenfläche des Kerns und die Innenfläche der Membran, nur noch durch diese beiden Schichten repräsentirt wird, sowie durch die beide Schichten verbindenden, verästelten Plasmafäden, welche die Reste der ursprünglich die Vacuolen trennenden Plasmahäute sind. Wenn der Nucleus nicht im Innern der Plastide liegen bleibt, sondern sich an deren Peripherie begiebt, so kann zuletzt die ganze Plastide zu einer einzigen grossen blasenförmigen Vacuole ausgedehnt werden, in der nur eine ganz dünne, den Kern an irgend einer Stelle einschliessende Plasmaschicht, gleich einer dünnen Eiweissmembran, den grossen wässerigen Tropfen umgiebt.

Gleichwie die Plastide so durch Vacuolen-Bildung, durch Aufnahme wässeriger Zellflüssigkeit in das Innere des Plasma, zu einer dünnwandigen Plasmablase ausgedehnt werden kann, so kann dasselbe auch durch Production anderer Stoffe im Innern geschehen, z. B. von Fett. Die gewöhnlichen Fettzellen des Bindegewebes der Wirbelthiere sind derartige Plasmablasen, deren ganzes Innere von einer einzigen grossen Fettkugel, gewissermaassen einer Fett-Alveole, ausgefullt wird, während in irgend einer Stelle der das Fett umhüllenden Plasmaschicht, die als eine besondere Membran erscheint, der Kern eingeschlossen bleibt.

Eine weitere Uebersicht aller der unendlich verschiedenartigen Stoffe, die im Innern des Plasma abgelagert werden können, hat für unsere Betrachtung hier weiter kein besonderes Interesse und es sollen blos einige von den wichtigsten derselben kurz namhaft gemacht werden. Unter den geformten inneren Plasma-Producten sind von besonderem Interesse die Krystalle, theils von organischen, theils von anorganischen Salzen, von Fetten, gewissen Eiweissstoffen etc., die nicht selten im Plasma gebildet werden. Sehr wichtig sind ferner die verschiedenartigen Concretionen, welche namentlich in der Pflanzenzelle (z. B. als Amylumkörner) auftreten, und durch ihre deutliche concentrische Schichtung ihre allmählige Entstehung als Absatz um kleine Bildungscentra beweisen. Die meisten der im Plasma eingebetteten geformten Körper, die wir als innere Plasma-Producte bezeichnen können, sind noch sehr wenig bekannt, so z. B. die verschiedenen Pigmente, die eiweissartigen Körner, welche in dem Plasma sehr verbreitet sind etc.

Eine besondere Erwähnung verdienen hier noch die Nesselkapseln, insbesondere der Coelenteraten, welche wohl zu den complicirtesten und künstlichsten Producten gehören dürften, die das Plasma der einzelnen Zellen in seinem Inneren bildet. Dieselben bestehen aus einer im Plasma gelegenen hartwandigen Kapsel, welche an einer Stelle eine Oeffnung hat. An dieser ist ein sehr langer, oft complicirt gebauter und mit Widerhaken versehener Faden befestigt, welcher spiralig im Innern der Kapsel aufgerollt liegt. Das Plasma der Zelle umgiebt die Kapsel als eine dünne Schicht, in welcher an einer Stelle der Kern eingebettet ist. Wird die Nesselzelle berührt, so springt der elastische Faden aus der Kapsel heraus und mit ihm entleert sich die giftige Flüssigkeit, die im Innern der Kapsel eingeschlossen war.

D. Plasma und Nucleus als active Zellsubstanz.

Wir haben im Vorhergehenden die Plasma-Producte lediglich als passive Erzeugnisse des Plasma, ohne Rücksicht auf den Kern betrachtet, und es erscheint dies gerechtfertigt, nach dem, was wir vom Verhältniss des Kerns zum Plasma wissen. Da dieses Verhältniss, obwohl noch sehr dunkel, doch von der grössten Wichtigkeit und namentlich für unsere Betrachtung der Plastiden als morphologischer Individuen von besonderem Interesse ist, so möge es gestattet sein, hier mit wenigen Worten unsere Auffassung desselben zu erläutern.

Im Allgemeinen können wir bei allen Plastiden das Plasma als die active, formende Substanz oder Keimsubstanz (*„germinal matter“* Beale's) und die Plasma-Producte entsprechend als die passive, geformte Substanz (*„formed matter“* Beale's) bezeichnen. Bei den Zellen, wo neben dem Plasma auch noch der Kern als active Materie wirksam ist, haben wir Kern und Plasma zusammen als formende Substanz aufzufassen. Allerdings ist der Kern, seinem ersten Ursprunge nach, als Differenzirungs-Product des Plasma zu betrachten, aber in dem Sinne, dass nunmehr Plasma und Kern als coordinirte Theile, gewissermaassen als verschiedene Organe gleichen Ranges, neben einander stehen, und differente Functionen vollziehen.

Wenn wir, wie späterhin gezeigt werden wird, die Form jedes Organismus als das Product aus zwei verschiedenen Factoren, nämlich aus den ererbten Eigenschaften seiner Materie und aus der Anpassung an die Verhältnisse der Aussenwelt zu betrachten haben, so müssen wir dieses Gesetz auch auf die Beurtheilung der Elementar-

Organismen, der Plastiden anwenden können. Hier scheinen nun die beiden Functionen der Erblichkeit und der Anpassung bei den kernlosen Cytoden noch nicht auf differente Substanzen vertheilt zu sein, sondern der gesammten homogenen Materie des Plasma zu inhäriren, während dieselben bei den kernführenden Zellen in der Weise auf die beiden heterogenen activen Substanzen der Zelle vertheilt sind, dass der innere Kern die Vererbung der erblichen Charactere, das äussere Plasma dagegen die Anpassung, die Accommodation oder Adaptation an die Verhältnisse der Aussenwelt zu besorgen hat.

Für diese Auffassung dürfte auch namentlich die bedeutende Rolle sprechen, welche der Kern allgemein bei der Fortpflanzung der Zellen spielt. Fast immer geht der Theilung des Plasma die Theilung des Zellenkerns vorher und die beiden so entstandenen Kerne wirken nun als selbstständige Attractionscentra, um welche sich die Substanz des Plasma sammelt. Das Plasma dagegen ist von grösserer Bedeutung für die Ernährung der Zelle. Ihm scheint bei der Zellenvermehrung eine mehr passive Rolle zugetheilt zu sein, und seine Hauptaufgabe scheint in der Zuführung des Nahrungs-Materials zum Kerne, und in der Vermittlung des Verkehrs der Zelle mit der Aussenwelt zu liegen. Wenn wir demgemäss das Plasma vorzugsweise als den nutritiven, den Nucleus dagegen vorzugsweise als den reproductiven Bestandtheil der Zelle ansehen können, und wenn wir dazu den im fünften Buche nachgewiesenen Zusammenhang einerseits zwischen der Ernährung und Anpassung, andererseits zwischen der Fortpflanzung und Erblichkeit in Erwägung ziehen, so werden wir mit Recht den Kern der Zellen als das hauptsächliche Organ der Vererbung, das Plasma als das hauptsächliche Organ der Anpassung betrachten können. Bei den Cytoden, wo Kern und Plasma noch nicht differenzirt sind, werden wir das gesammte Plasma als das gemeinsame Organ beider Functionen zu betrachten haben.

Hieraus ergiebt sich, dass der Kern nicht bloss als ein Reservekörper für das Plasma zu betrachten ist, wie diese Auffassung namentlich von Beale neuerdings vertreten worden ist. Gewiss ist es ein grosses Verdienst von Beale, die activen Theile der Gewebe (als *„germinal matter“* oder Keimsubstanz) als die eigentlich lebenden und bildenden Elementar-Organismen, scharf von den passiven Theilen (der *„formed matter“*, oder geformten Substanz) getrennt zu haben. Auch ist es gewiss sehr richtig, wenn er die Zellmembran und die Intercellularsubstanzen lediglich als geformte Substanzen und das Plasma nebst Kern vorzugsweise als bildende Substanz auffasst. Dagegen geht er wohl zu weit, wenn er das Plasma stets in demselben Grade, als es äusserlich durch Bildung anderer Stoffe abgenutzt, aufgebraucht wird, von innen her, durch Auflösung der äussern Kernschichten, ersetzt werden lässt. Plasma und Kern sind mindestens in vielen Fällen doch wohl als wesentlich heterogene Plastiden-Theile zu betrachten und dem Kern vorzugsweise (wenn auch nicht allein) die Fortpflanzung und damit die Vererbung der erblichen Eigenschaften der Zelle, dem Plasma dagegen vorzugsweise die Ernährung und damit zugleich die Anpassung derselben an die Umgebung, zuzuschreiben.

II. Morphologische Individuen zweiter Ordnung: Organe oder Werkstücke.

II. 1. Morphologischer Begriff des Organes.

Die physiologische Individualität des Organismus bleibt bei zahlreichen niederen Organismen, sehr vielen Protisten, den einzelligen Pflanzen, und den einzelligen Stammformen der Thiere auf die morphologische Individualität erster Ordnung, auf die Plastide beschränkt, ohne sich jemals auf eine höhere Stufe zu erheben. Sobald in diesen Fällen eine Vermehrung der Plastiden durch Theilung eintritt, ist damit zugleich eine Vermehrung der physiologischen Individuen gegeben, die als selbstständige Lebenseinheiten eine unabhängige Existenz führen.

Bei der grossen Mehrzahl derjenigen Lebewesen, welche gegenwärtig die Erde bevölkern, erhebt sich die physiologische Individualität über den Rang der einfachen Plastiden, der Form-Individuen erster Ordnung, indem mehrere Plastiden zu einem geselligen Verbande zusammentreten, der nun als eine höhere physiologische Einheit in das Leben tritt. Es entstehen dadurch die verschiedenen morphologischen Individuen höherer Ordnung, welche wir oben als Organe, Antimeren, Metameren, Personen und Stöcke unterschieden haben.

Die wesentlichsten und obersten Gesetze, welche diese Vereinigung der einfachen Form-Individuen erster Ordnung zu zusammengesetzten leiten, sind die Gesetze der Aggregation oder Gemeindebildung und der Differenzirung oder Arbeitstheilung. Zunächst tritt eine Mehrzahl von gleichartigen Plastiden zu einer einfachen, aus homogenen Elementen bestehenden Gesellschaft zusammen. Die Erhöhung der Leistungsfähigkeit, die physiologische Vervollkommnung, welche diese Gemeinde von gleichartigen Plastiden als höhere Einheit auszeichnet, besteht zunächst bloss in einem quantitativen Zuwachs der Kräfte. Mehrere gleiche Individuen vereinigt vermögen mehr Kraft zu entwickeln, als ein einziges allein. Allmählig aber geht aus dieser quantitativen Vervollkommnung durch Aggregation die viel wichtigere qualitative Vervollkommnung durch Differenzirung hervor. Es treten nämlich zunächst sehr geringe, bald aber bedeutendere Unterschiede zwischen den ursprünglich gleichartigen Plastiden auf, welche endlich zu einer vollständigen Arbeitstheilung führen. Indem die einzelnen Cytoden oder Zellen ihre individuelle Selbstständigkeit dadurch mehr oder weniger aufgeben, und in die Dienste der höheren Einheit, des Plastidenstockes, treten, entwickeln sie bestimmte Eigenthümlichkeiten einseitig nach gewissen Richtungen hin und ergänzen und bedingen sich dadurch gegenseitig. Die nähere Erörterung dieser tectologischen Grundgesetze, nach denen aus einer Vielheit von einfachen Formindividuen erster Ordnung durch Aggregation und Differenzirung Individuen höherer Ordnung entstehen, bleibt dem elften Capitel vorbehalten.

Die Bezeichnungen, welche die verschiedenen Autoren diesen mannichfaltigen höheren Form-Individuen beilegen, die noch nicht den Rang der Person (des Individuums im gewöhnlichen, engeren Sinne) erreichen, sind sehr verschieden. Man nennt sie „höhere Elementartheile, Gewebe, Organe, Systeme, Apparate" u. s. w., indem man bald mehr an die morphologische, bald mehr an die physiologische Individualität derselben denkt. Eine consequente Unterscheidung und klare Eintheilung derselben ist aber noch kaum versucht und auch nur sehr schwierig durch die ganze bunte Organismen-Welt hindurch auszuführen. Am meisten haben sich mit dieser Aufgabe die Anthropotomen beschäftigt, denen aber gewöhnlich der Ueberblick über die vielfach verschiedenen einfacheren Organismen zu sehr abgeht, um aus ihrer genauen Kenntniss der organischen Zusammensetzung des menschlichen Körpers eine allgemein anwendbare Classification der Organe verschiedener Ordnung für alle Organismen ableiten zu können. In der Regel findet man die Angabe, dass der menschliche Körper (und überhaupt der Wirbelthier-Organismus) zusammengesetzt sei aus vier verschiedenen, über einander stehenden morphologischen Einheiten, nämlich 1. Apparaten, 2. Systemen, 3. Organen, und diese letzteren endlich 4. aus den höheren und niederen Elementartheilen (Geweben der Zellen). Wir glauben, dass man alle diese verschiedenen Theil-Kategorieen am besten unter dem gemeinsamen Namen der Organe zusammenfasst, und unter diesen Organe verschiedener Ordnungen oder Stufen unterscheidet.

Der Begriff des Organes oder „Werktheiles, Werkzeuges" ist ursprünglich ein rein physiologischer und es bedarf daher einer Rechtfertigung, wenn wir denselben zur Bezeichnung der morphologischen Individualität zweiter Ordnung verwenden. Diese Rechtfertigung liegt zunächst schon darin, dass die Leistungen jedes Werkzeuges nur zum Theile durch chemisch-physikalische Eigenschaften, zum Theile aber zugleich, und sehr oft zum grössten Theile, durch seine Form und durch die der äusseren Form zu Grunde liegende innere Structur oder

Zusammensetzung aus mehreren Formen bedingt ist. Für die Werkzeuge des Lebens, die wir im engeren Sinne „Organe“ nennen, gilt dies um so mehr, da sie meistens ungleich complicirtere Form- und Structur-Verhältnisse zeigen, als die feinsten Organe oder Maschinen, die wir künstlich zu construiren im Stande sind. Auf diese Zusammensetzung des Organs aus einer Mehrzahl von untergeordneten Formeinheiten gründete Victor Carus seine morphologische Characteristik des Organs als einer „Summe bestimmter Elementartheile oder Gewebe in constanter Verbindung und Form.“ Diese Definition ist aber zu allgemein, weil sie eben so gut auf die Form-Individuen dritter bis bis sechster Ordnung passt. Diese letzteren, sowie auch den Begriff des Gewebes müssen wir ausschliessen und den Ausdruck Elementartheil durch den bestimmten morphologischen Begriff der „Plastide“ ersetzen, andererseits den einheitlichen Character des Organs als eines Ganzen hervorheben.

Der morphologische Begriff des Organs im Allgemeinen lässt sich nach dieser unserer Auffassung feststellen als „eine constante einheitliche Raumgrösse von bestimmter Form, welche aus einer Summe von mehreren bestimmten Plastiden (entweder von Cytoden oder von Zellen, oder von Beiden), in constanter Verbindung zusammengesetzt ist, und welche nicht die positiven Charactere der Form-Individuen dritter bis sechster Ordnung erkennen lässt.“ Diese morphologische Definition des Organs mag insbesondere ihres theilweise negativen Inhalts wegen sehr mangelhaft erscheinen, wird aber bei der ausserordentlichen Verschiedenartigkeit der verschiedenen Organe nicht leicht durch eine bessere allgemein anwendbare zu ersetzen sein.

II. 2. Eintheilung der Organe in verschiedene Ordnungen.

Nachdem wir den morphologischen Begriff des Organs festgestellt haben, müssen wir, um wenigstens eine allgemeine Uebersicht über die unendlich mannichfaltige Zusammensetzungs-Weise desselben zu gewinnen, den Versuch wagen, nach dem höheren oder geringeren Grade ihrer Zusammensetzung verschiedene Ordnungen von Organen zu unterscheiden. Allerdings ist dieser Versuch sehr schwierig, da man die morphologischen Einheiten verschiedenen Ranges, welche sich aus Vielheiten von Plastiden zu Organen verschiedener Ordnung aufbauen, in den mannichfaltigen Gruppen der Organismen nach ganz verschiedenen Gesichtspunkten beurtheilt hat. Daher herrscht in den allgemeinen Ansichten, welche hierüber in den Einleitungen zu histologischen und anatomischen Handbüchern gegeben werden, grosse Unklarheit, und es ist bekannt, dass in dem Capitel von der sogenannten „Classification der Gewebe und Organe“ die seltsamsten und widersprechendsten Ansichten zu Tage kommen. Wenn wir unter möglichst allgemeiner Berücksichtigung aller Organismen die Organe nach ihrem geringeren oder höheren Grade von Complication in mehrere Kategorieen zu ordnen versuchen, so können wir folgende fünf Ordnungen von Organen unterscheiden: 1. Zellenfusionen oder Cytocormen. 2. Einfache oder homoplastische Organe. 3. Zusammengesetzte oder heteroplastische Organe. 4. Organ-Systeme. 5. Organ-Apparate.

Gewöhnlich gestaltet sich die Lehre vom Aufbau des Organismus (insbesondere des menschlichen) zu folgendem Satze: Die Zellen gruppiren sich zur Bildung von Geweben, entweder durch einfache Aggregation oder nachdem sie sich bereits zu „höheren Elementartheilen", z. B. Zellnetzen, Muskel- und Nerven-Röhren etc.) vereinigt haben; aus den Geweben setzen sich die Organe zusammen; die Organe treten zur Bildung von Systemen oder von Apparaten zusammen, wobei man unter letzterem Namen meist eine physiologische, unter ersterem eine morphologische Einheit von mehreren Organen versteht. So sagt z. B Kölliker in seinem vielverbreiteten Handbuch der Gewebelehre des Menschen: „Die Elementartheile einfacher und höherer Art sind nicht regellos im Körper zerstreut, sondern nach bestimmten Gesetzen zu den sogenannten Geweben und Organen vereint. Mit dem ersten Namen bezeichnet man jede gesetzmässige, in gleichen Theilen immer in derselben Weise wiederkehrende Anordnung der Elementartheile, mit dem eines Organes dagegen eine gewisse Zahl von Elementartheilen von bestimmter Form und Verrichtung. Vereinen sich mehrere oder viele Organe gleicher oder verschiedener Art zu einer höheren Einheit, so heisst dies ein System." Die Organe werden dann weiter in einfache und zusammengesetzte eingetheilt, je nachdem sie nur aus einem einzigen oder aus mehreren Geweben zusammengesetzt sind.[1])

Am schärfsten sind diese Organe verschiedener Ordnung von Victor Carus unterschieden und characterisirt worden, welcher den zusammengesetzten Organismus sich ebenfalls aus Geweben, Organen und Systemen aufbauen lässt. Er versteht unter Geweben „die an verschiedenen Stellen

[1]) Kölliker (Gewebelehre) unterscheidet vier verschiedene Hauptformen von Geweben: I. Zellengewebe (1. Oberhaut, 2. Aechte Drüsen), II. Gewebe der Bindesubstanz (1. Einfache Bindesubstanz, 2. Knorpel, 3. Faserige Bindesubstanz (Bindegewebe und elastisches Gewebe), 4. Knochen und Zahnbein, III. Muskelgewebe (1. Glatte Muskeln, 2. Quergestreifte Muskeln), IV. Nervengewebe. Die aus diesen Geweben zusammengesetzten Organe werden von Kölliker folgendermaassen classificirt: A. Einfache Organe: I. Organe des Zellengewebes (1. Oberhäute, Haare, Nägel, Linse, 2. Einfache Drüsen ohne Bindegewebshülle). II. Organe der Bindesubstanz (1. Glaskörper, 2. Chorda dorsalis, gefässloser Knorpel, elastischer Knorpel, 3. Sehnen, Bänder, Fascien etc.), B. Zusammengesetzte Organe: III. Organe mit Vorwiegen des Zellengewebes (Grössere ächte Drüsen), IV. Organe mit Vorwiegen der Bindesubstanz (1. Gefässhaltige Bindegewebshäute, 2. Knochen, Zähne. 3. Gefässe, 4. Blutgefässdrüsen), V. Organe mit Vorwiegen des Muskelgewebes (glatte und quergestreifte Muskeln), VI. Organe mit Vorwiegen des Nervengewebes (Ganglien, Nerven, Hirn, Mark), VII. Organe, in denen alle Gewebe vertreten sind (1. die einzelnen Organe des Darmes, der Geschlechtsorgane und der grösseren Drüsen. 2. höhere Sinnesorgane.

des Thierkörpers auftretenden, durch gleiche Form und gleiche Verbindung der in ihre Zusammensetzung eingehenden Elementartheile characterisirten näheren Formbestandtheile der Organe und Systeme", und unterscheidet „einfache Gewebe, welche nicht durch eine Vereinigung mehrerer gebildet sind" und „zusammengesetzte Gewebe, welche ausser eigenthümlichen Elementen noch einzelne oder mehrere der einfachen enthalten (Muskel-, Nerven- und Drüsen-Gewebe)". Nach dieser Definition sind aber die „Gewebe" (ebenso wie nach der von Kölliker gegebenen) nicht von den „Organen" zu unterscheiden, welche nach Carus nur „eine Summe bestimmter Elementartheile oder Gewebe in constanter Verbindung und Form" sind. Carus unterscheidet dann zwar weiter unter den Organen „einfache Organe, welche von einem einzigen Gewebe gebildet werden oder andere Elemente nur mehr zufällig beigemengt enthalten" und „zusammengesetzte Organe", welche aus der Vereinigung mehrerer Gewebe entstehen. Indess ist nicht einzusehen, wodurch sich die „einfachen Organe" von den „einfachen Geweben" dann eigentlich unterscheiden.

Noch weniger allgemein anwendbar, und noch reicher an Widersprüchen und mangelhafter Bestimmung als diese Classification der Gewebe und Organe ist diejenige der „Organ-Complexe" höherer Ordnung, welche man gewöhnlich entweder als „Systeme" oder als „Apparate" zusammenfasst, auch wohl diese beiden Namen häufig, ohne sich etwas Bestimmtes dabei zu denken, vermischt gebraucht. Allerdings kann man den Ausdruck Organ-System zur Bezeichnung eines Organ-Complexes höherer (vierter) Ordnung beibehalten. Er muss dann aber ausschliesslich in seinem ursprünglichen morphologischen Sinne zur Bezeichnung eines continuirlich zusammenhängenden Organcomplexes gebraucht werden, in dem ein einziges Gewebe, d. h. eine einzige Art von Zellen oder von Zellenstöcken ganz vorwiegend als wesentlicher Bestandtheil auftritt, wie dies z. B. beim Nervensystem, beim Muskelsystem, beim System der äusseren Hautdecken und ihrer Anhänge der Fall ist. Anders verhält es sich mit dem Ausdruck Organ-Apparat, welcher ursprünglich und auch gewöhnlich in mehr physiologischem Sinne gebraucht wird, zur Bezeichnung eines (oft sehr verschiedenartig zusammengesetzten, räumlich getrennten und discontinuirlichen) Organcomplexes, der blos durch das gemeinsame Kriterium der gleichen Function verbunden erscheint, wie z. B. der Bewegungs-Apparat, der Ernährungs-Apparat. Freilich werden in dem Begriffe des Organ-Apparates, wie es auch bei den meisten anderen derartigen allgemeinen Begriffsbildungen so oft stattfindet, physiologische und morphologische Vorstellungen in mehr oder weniger unklarer Weise vermischt angewendet, und es gelingt daher nur schwer, befriedigende Definitionen dieser höheren Organ-Einheiten aufzustellen. Jedoch kann man den Begriff des Organ-Apparates auch zur Bezeichnung eines rein morphologischen Organ-Complexes beibehalten, eines solchen einheitlich abgeschlossenen Ganzen nämlich, welches aus mehreren verschiedenen einfachen und zusammengesetzten Organen aufgebaut ist, in welchem aber nicht, wie beim Organ-System, eine einzige Plastiden-Art oder eine einzige Gewebs-Form über die übrigen das volle Uebergewicht hat; z. B. der Bewegungs-Apparat der

Wirbelthiere, bei welchem Knochensystem und Muskelsystem gleichmässig stark betheiligt sind.

Wir würden also als einen höchsten Organ-Complex oder als ein Organ höchster (fünfter) Ordnung den Organ-Apparat, und als einen nächst tieferen Complex (als Organ vierter Ordnung) das Organ-System hinstellen können. Als zwei nächst niedere Ordnungen würden wir ferner zu betrachten haben solche Organe, welche aus mehreren verschiedenen Plastiden-Arten (Geweben), und solche, welche nur aus einer einzigen Plastiden-Art (einem einzigen Gewebe) zusammengesetzt sind. Erstere würden als zusammengesetzte oder heteroplastische Organe eine dritte Ordnung, letztere als einfache oder homoplastische Organe (identisch mit den einfachen Geweben) eine zweite Ordnung von Organen constituiren. Endlich würde die tiefste Stufe oder die erste Ordnung der Organe von den Zellfusionen oder Cytocormen (den sogenannten „höheren Elementartheilen“) gebildet werden.

Was die Gewebe betrifft, so scheinen uns dieselben nicht als besondere morphologische Einheiten aufgeführt werden zu können, welche man, wie es häufig geschieht, zwischen die Plastiden und die Organe einschieben möchte. Vielmehr fällt der Begriff des Gewebes, da wo dasselbe eine bestimmte morphologische Einheit repräsentirt, also einen Plastiden-Complex der eine bestimmt umschriebene Form besitzt, zusammen mit dem Begriff des einfachen Organs. Dies wird alsbald klar, wenn wir die beiden oben angeführten Definitionen vom Gewebe und vom einfachen Organ genau vergleichen. Der Ausdruck „Gewebe“ soll zunächst weiter Nichts bedeuten, als eine Vielheit von gleichen, gesellig verbundenen Plastiden, wobei man gewöhnlich gleichzeitig an die physiologischen Leistungen dieses Zellen-Complexes und an die morphologischen Eigenthümlichkeiten denkt welche durch die Form, Lagerung und Verbindung der constituirenden Gewebs-Elemente bedingt sind. Das Gewebe an sich hat aber keine Form, ist räumlich vollkommen unbegrenzt und kann in keinem Falle als eine morphologische Individualität aufgefasst werden. Sobald ein einfaches, aus Zellen von einerlei Art gebildetes Gewebe als ein einheitlicher Körper von bestimmter Form und Grösse auftritt, wird dasselbe zum „einfachen Organ“, wie z. B. in der Linse, in den Knorpeln, in den Moosblättern etc. Wir können daher den Unterschied zwischen einfachem Gewebe und einfachem Organ nur darin finden, dass das letztere als ein Körper von bestimmter Form und Grösse auftritt, während das erstere lediglich eine Vielheit von eng verbundenen Plastiden von einerlei Art bezeichnet, und die Art und Weise, in welcher diese Plastiden verbunden sind. Wenn wir von der Verschiedenheit der Gewebe sprechen, so meinen wir im Grunde nur die Verschiedenheiten, welche sich in Form, Grösse und Verbindungsweise der einzelnen Plastiden aussprechen und die sogenannte Classification der Gewebe ist dann weiter Nichts als eine Classification der verschiedenen Arten von Plastiden. Das „Gewebe“ ist gewissermaassen die „Species“ der verschiedenen Plastiden-Formen. Wenn wir dagegen die Formen betrachten, welche durch die Verbindung der Plastiden von einerlei Art entstehen, so handeln wir bereits von den einfachen Organen.

Eine eigenthümliche Stellung und eine besondere (erste) Ordnung müssen wir hier noch den sogenannten „höheren Elementartheilen" einräumen, welche man gewöhnlich den „einfachen Zellen" gegenüberstellt. Dieselben werden von Kölliker bezeichnet „als Formen, bei denen eine ganze Summe von Zellen zur Bildung einer höheren Einheit verbunden ist." [1]) Offenbar ist aber auch diese Definition wieder nicht von derjenigen des „einfachen Organs" zu unterscheiden und bedarf einer wesentlichen Beschränkung. Als höhere Elementartheile werden theils wirkliche höhere morphologische Einheiten von einer bestimmten Form und Grösse bezeichnet, die durch innige Verbindung oder sogenannte Verschmelzung von Zellen entstehen, wie z. B. die Muskelprimitivröhren, Nervenprimitivröhren, theils aber auch nur formlose Aggregate von Zellen, deren einzelne Zellen inniger (z. B. netzförmig) verbunden sind, als dies gewöhnlich bei der Gewebsbildung der Fall ist, wie z. B. die Zellnetze des Knochen-Gewebes. Diese letzteren (und es gehört hierher die Mehrzahl der sogenannten höheren Elementartheile) werden wir daher einfach als verschiedene Arten von Plastiden oder Individuen erster Ordnung zu betrachten haben, während dagegen die ersteren als bestimmte morphologische Einheiten bereits unter den Begriff der einfachsten Organe fallen. Es gehören dahin die Muskelprimitivfasern, die Nervenprimitivfasern der Thiere, ferner die sogenannten „Gefässe" der Pflanzen, Milchsaftgefässe und Spiralgefässe, die letzteren allerdings meist sehr bald nach ihrer Entstehung absterbend, indem an die Stelle des verschmolzenen Plasma Luft in die Zellfusionen eintritt. Wir werden diese Zellfusionen, welche bald aus nicht vollständig erfolgter Trennung mehrerer gemeinsam entstandener Zellen (z. B. quergestreifte Muskeln) bald aus wirklicher Verschmelzung mehrerer vorher getrennter Zellen entstehen (z. B. Spiralgefässe der Pflanzen) allgemein als einfachste Organe erster Ordnung den vorher genannten „einfachen Organen" (zweiter Ordnung) voranstellen und demnach im Allgemeinen folgende fünf Kategorieen von Organen verschiedenen Ranges unterscheiden können: Organe erster Ordnung: Zellfusionen (Zellenstöcke oder Cytocormen oder höhere Elementartheile). Organe zweiter Ordnung: Homoplasten (Einfache oder homoplastische Organe). Organe dritter Ordnung: Heteroplasten (Zusammengesetzte oder heteroplastische Organe). Organe vierter Ordnung: Organ-Systeme. Organe fünfter Ordnung: Organ-Apparate.

---

[1]) Die „höheren Elementartheile" werden von Kölliker in zwei Abtheilungen gebracht: I. Höhere Elementartheile, welche die sie zusammensetzenden Zellen noch mehr oder weniger deutlich zeigen: 1. Zellennetze des Zellengewebes, 2. Zellennetze aus dem Gewebe der Bindesubstanzen, 3. Zellennetze aus der Abtheilung des Muskelgewebes, 4. Zellennetze aus dem Gewebe der Nerven. II. Höhere Elementartheile, deren Bildungszellen nicht mehr zu erkennen sind: 5. Kernlose Fasernetze des cytogenen Gewebes, 6. Fasernetze der quergestreiften Muskeln, 7. Fasern und Fasernetze des Nervengewebes, 8. Rohren und Röhrengeflechte der Blut- und Lymph-Capillaren, 9. Röhren und Röhrengeflechte der feinsten Tracheen der Wirbellosen.

A. Organe erster Ordnung:

Zellfusionen. (Zellenstöcke, Cytocormi, höhere Elementartheile.)

Die Organe, welche wir als einfachste morphologische Organe, also als Organe erster Ordnung ansehen, werden nur von einem kleinen Theile der sogenannten „höheren Elementartheile" gebildet, nämlich von den sogenannten Muskelprimitivfasern und Nervenprimitivfasern der Thiere und von denjenigen sogenannten „mehrkernigen Zellen", welche bleibend mehrere Kerne enthalten. Unter den Pflanzen sind entsprechende Bildungen als sogenannte „Gefässe" (Milchsaftgefässe und Spiralgefässe) sehr allgemein verbreitet. Unter den Protisten entstehen Zellfusionen oft durch „Copulation" (z. B. bei den Gregarinen).

Der eigenthümliche Character der Zellfusionen und ihr Unterschied von den einfachen Organen beruht darin, dass die Verbindung von mehreren Zellen einer Art an und für sich schon die Bildung eines einfachsten Organs, d. h. einer bestimmt geformten morphologischen Einheit bedingt. Die Form dieses Organs ist also unabhängig von gröberen morphologischen Verhältnissen des ganzen Organismus und das Organ in seinen Eigenthümlichkeiten wird lediglich durch die specifische Beschaffenheit der innig verbundenen Zellen bedingt.

Es muss hierbei ausdrücklich erinnert werden, dass wir unter einer Zelle nur einen Plasma-Klumpen mit einem Kerne verstehen können. Der häufig gebrauchte Ausdruck einer „mehrkernigen Zelle" ist eine Contradictio in adjecto, da ja eben nur die Einheit des Kerns die individuelle Einheit der Zelle als eines Elementar-Organismus bedingt. Jeder Plasmaklumpen, der mehr als einen Kern umschliesst, möge er nun von einer Membran umhüllt sein oder nicht, ist eine Vielheit von Zellen, und wenn diese Vielheit eine bestimmte einheitliche Form besitzt, so haben wir sie als Zellenstock zu dem Range eines Organes erster Ordnung zu erheben. Die einzelne, d. h. einkernige Zelle, verhält sich zum Zellenstock oder der mehrkernigen Zelle ganz eben so wie ein einzelner Polyp zum ganzen Polypenstock. Und wie bei den letzteren häufig, z. B. bei den Maeandrinen, die einzelnen, aus fortgesetzter Theilung des einfachen Thiers hervorgehenden Polypen, so innig verbunden bleiben, dass die Grenzen der einzelnen Individuen nicht zu bestimmen sind, so ist dies auch oft bei den Zellenstöcken der Fall, welche entweder aus einer fortgesetzten unvollständigen Theilung einer einfachen Zelle oder aber aus einer wirklichen Verschmelzung vorher getrennter Zellen entstehen. Diese beiden verschiedenen Entstehungsweisen der Zellfusionen sind oft sehr schwer zu unterscheiden, z. B. bei vielen Primitivfasern oder Primitivröhren der Muskeln und Nerven, den Milchsaftgefässen der Pflanzen etc.

Aus dem Vorhergehenden ergiebt sich bereits, dass wir „höhere Elementartheile" nur von Zellen, d. h. von kernführenden Plastiden, nicht aber von Cytoden oder kernlosen Plastiden gebildet, wahrnehmen können. Denn wenn wir auch wirklich grössere Cytoden durch Verschmelzung mehrerer kleinerer entstehen sehen, (wie es z. B. bei den Plasmodien der Myxomyceten der Fall ist), so besitzen wir durchaus kein morphologisches Kriterium, um diesen Cytodencomplex als solchen erkennen und von den ursprünglich einfachen Cytoden derselben Art unterscheiden zu können. Bei den Zellstöcken dagegen, welche durch Verschmelzung mehrerer Zellen entstehen, ist ihr Ursprung so lange erkennbar, als die Kerne der verschmolzenen Zellen noch persistiren. Denn der Kern der Zelle bestimmt ihre Individualität.

Die häufigste Form, in welcher die Zellfusionen oder Zellenstöcke auftreten, ist die langgestreckte Form einer cylindrischen oder bandförmig abgeplatteten Röhre oder Faser. Solche Röhren oder Fasern sind die sogenannten Muskelprimitivbündel der quergestreiften Muskeln, welche besser als Muskelprimitivröhren oder Muskelprimitivfasern bezeichnet werden. Der Zellenstock bildet hier ein sehr langgestrecktes, an beiden Enden zugespitztes cylindrisches Rohr, dessen zarte Hülle, das Sarcolemma oder die Primitivscheide, eine Ausscheidung der innig verbundenen membranlosen Zellen ist, welche dies Rohr ausfüllen. Das Plasma der verschmolzenen Zellen ist grossentheils zu der sogenannten „quergestreiften Masse" contractiler Substanz differenzirt, d. h. in eine Menge von kubischen Körperchen (Muskelwürfeln) zerfallen, welche durch zwei verschiedene Zwischensubstanzen (Quer- und Längs-Bindemittel) der Quere nach zu „Discs", der Länge nach zu „Fibrillen" vereinigt werden.[1]) Die nicht differenzirten Reste des Protoplasma finden sich als eine feinkörnige weichere Masse theils zwischen den Würfeln, theils an der Innenfläche der von ihm ausgeschiedenen Primitivröhren, theils (und oft besonders reichlich) um die einzelnen Kerne angehäuft, welche als die Centralheerde der differenzirten Zellen persistiren. Die Zahl dieser Kerne bezeichnet die Zahl der Zellen, welche in der Bildung des Zellenstockes aufgegangen sind. Ganz ähnlich den Muskelprimitivröhren verhalten sich die Nervenprimitivröhren, deren Primitivscheide ebenfalls als Ausscheidung des Plasma der vereinigten Zellen zu betrachten ist. Das Plasma hat sich bei den dunkeln oder markhaltigen Nervenfasern in eine äussere (fettige) Markscheide und einen inneren (albuminosen) Axencylinder differenzirt. Die Kerne der vereinigten Zellen liegen meist an der Innenseite der Primitivscheide, zwischen ihr und dem Plasma. In diesen Fällen bleiben also die einzelnen Zellen des Stockes membranlos, während der ganze Stock oder die Fusion ein Membran (Primitivscheide) absondert.

---

[1]) Ueber die Verbindung der Muskelwürfel oder „sarcous elements" durch zweierlei verschiedene Zwischensubstanzen (Quer- und Längs-Bindemittel) vergl. meinen Aufsatz über die Gewebe des Flusskrebses (Müllers Archiv 1857.)

Die einzigen Zellfusionen oder Zellstöcke, welche im Pflanzenreiche vorkommen und den Primitivröhren der zusammengesetzten thierischen Muskeln und Nerven entsprechen, sind (abgesehen von den bei niederen Pflanzen häufigen Copulationen von Zellen) die sogenannten „Gefasse“ der höheren oder Gefässpflanzen (Gefäss-Cryptogamen und alle Phanerogamen). Sie zerfallen allgemein in „Milchsaftgefasse“ und „Spiralgefässe“, von denen die ersteren bleibend mit einem milchigen Safte, die letzteren bald nach ihrer Entstehung nur noch mit Luft gefüllt sind. Die Spiralgefässe der Pflanzen entstehen dadurch, dass an einer Reihe hinter einander gelegener Zellen die trennenden Zwischenwände resorbirt werden, so dass das Plasma der verschmolzenen Zellen unmittelbar sich vereinigt.

B. Organe zweiter Ordnung:

Einfache oder homoplastische Organe.

(Gleichartige Plastiden-Gemeinden oder homogene Plastiden-Complexe.)

Homoplasten. „Gewebe“ im engsten Sinne.

Als eine zweite Ordnung von Organen betrachten wir diejenigen, welche von Vielen als einfache Gewebe, oder selbst als „Gewebe“ schlechtweg, besser als „einfache Organe“ bezeichnet werden, und welche man noch bestimmter „homoplastische Organe“ nennen kann. Diese stimmen mit denen der ersten Ordnung, den Zellenstöcken darin überein, dass sie nur aus Plastiden von einerlei Art oder, wie man gewöhnlich sagt, aus einem einzigen Gewebe gebildet werden. Sie unterscheiden sich aber von den Cytocormen darin, dass die Form des Organs hier nicht zunächst durch die Verbindung der Plastiden selbst bedingt wird, sondern scheinbar unabhängig davon durch die Bau-Verhältnisse des ganzen Organismus, den sogenannten „Bauplan.“ Es können daher diese homoplastischen Organe in der verschiedensten Form auftreten, obgleich sie aus einer und derselben Zellenart gebildet sind, wie z. B. die verschiedenen Knorpel, die verschiedenen Moosblätter einer und derselben Species, — während die Cytocormen, die aus einerlei Art Zellen bestehen, allein schon wegen ihrer constanten Verbindungsweise bei einer und derselben Species an den verschiedensten Orten meist in einer und derselben Form auftreten, z. B. Muskel- und Nervenfasern. Bei diesen Organen erster Ordnung wird also die äussere Form des Organs an und für sich schon durch die Verbindungsweise der verschmelzenden Zellen bedingt, während sie bei den Organen zweiter Ordnung von dieser Verbindungsweise unabhängig ist und durch die gröberen Structur-Verhältnisse des ganzen Organismus bedingt wird.

Die Plastiden, welche homoplastische Organe zusammensetzen, können sowohl kernlose (Cytoden) als kernhaltige (Zellen) sein, wobei die innigere Verbindung der Elemente, welche durch den Mangel der Membran bedingt wird, für die Formbildung des homoplastischen Organs an sich ohne besondere Bedeutung ist. Die letztere erfolgt ohne Rücksicht darauf, ob die einzelnen Zellen, wie bei den Cytocormen, hautlos und innig verschmolzen, oder ob sie durch Membranen oder Intercellularsubstanzen getrennt und also relativ selbstständig sind.

Als solche einfache oder homoplastische Organe lassen sich bei Wirbelthieren anführen die gesammte Oberhaut (Epidermis) sammt ihren Anhängen (Haare, Nägel, Schuppen, Drüsen etc.) die Krystalllinse (Epidermis-Product), Knorpel (Chorda dorsalis, viele Arten von hyalinem und faserigem Knorpel), und manche andere, gefässlose und nervenlose Formen der Bindesubstanz, z. B. das Schleimgewebe der Whartonschen Sulze des Nabelstranges. Unter den Pflanzen sind gleiche einfache oder homoplastische Organe insbesondere auf den niederen Stufen sehr verbreitet, und es gehören dahin alle diejenigen Blattorgane und Axenorgane, welche nur aus einer einzigen Art von Plastiden (aus einem einzigen Gewebe) zusammengesetzt sind (z. B. der Thallus vieler Cryptogamen, die Blätter vieler Zellencryptogamen etc.)

C. Organe dritter Ordnung:

Zusammengesetzte oder heteroplastische Organe.

(Ungleichartige Plastiden-Gemeinden oder heterogene Plastiden-Complexe.)

Heteroplasten. „Organe" im engsten Sinne.

Die bei weitem grösste Mehrzahl aller Organe besteht bei den höheren Organismen, sowohl Thieren als Pflanzen, nicht aus einer einzigen, sondern aus mehreren Arten von Zellen oder Geweben, indem mehrere verschieden differenzirte Zellcomplexe, seien es Organe erster oder zweiter Ordnung, sich vereinigen, um ein Organ dritter Ordnung, ein zusammengesetztes oder heteroplastisches Organ zu bilden. Die zwischen den anfänglich gleichartigen Zellen eingetretene Arbeitstheilung befähigt dieselben in ihrer Verbindung zu einem einheitlichen Ganzen zu höheren Leistungen.

Bei der grossen Mehrzahl der Thiere ist die Zusammensetzung der meisten Organe aus mehreren Geweben, aus mehr als einer Art von Zellen, schon dadurch bedingt, dass in sehr früher Zeit des Lebens eine, später immer weiter gehende Differenzirung der anfangs gleichartigen Plastiden eintritt, und dass aus dieser Gewebs-Differenzirung einerseits sehr verschiedenartig zusammengesetzte Organe hervorgehen, andererseits eigenthümliche Relations-Organe oder Centralisations-Organe, welche die verschiedenen anderen Organe in mehr oder weniger nahe Verbindung unter einander und mit den Central-Organen bringen. Ein solches Beziehungs-Organ des Thierleibes ist das Nervensystem, ein anderes das ernährende Gefässsystem. Ferner wird eine räumliche Verbindung und zugleich Sonderung der benachbarten Organe durch die verschiedenen Gewebe der Bindegewebsgruppe herbeigeführt. Alle diese den ganzen Körper der höheren Thiere durchziehenden Organe senden ihre Zweige und Ausläufer in das Innere der meisten übrigen Organe hinein, wo sie sich zwischen deren constituirenden Geweben ausbreiten. In gleicher Weise wird bei den höheren Pflanzen der ganze Körper von den „Gefässen" durchzogen, welche überall in die von einfachen Gewebsformen (Parenchym, Prosenchym, Merenchym) constituirten Axorgane und Blattorgane eindringen und so deren Natur als heteroplastische Organe bedingen.

Die grosse Mehrzahl der Organe, wenigstens bei den höheren Thieren und Pflanzen, ist also insofern zusammengesetzt, als sie nicht allein aus den Plastiden der specifischen Gewebsform zusammengesetzt sind, welche ihre eigenthümlichen Leistungen vermitteln, sondern auch noch Aeste des Nervensystems oder Aeste der Gefässbündel erhalten, welche sie mit dem übrigen Organismus in Beziehung setzen, Aeste des Gefässsystems, welches sie ernährt, Aeste, Scheiden und Hüllen des Bindegewebssystems, welches sie stützt, umschliesst und mit den benachbarten verbindet. In dieser Weise zusammengesetzte Organe sind bei den Thieren die einzelnen Muskeln, die einzelnen Nerven, die einzelnen Knochen, Blutgefässe, Drüsen, Schleimhäute etc.; bei den höheren Pflanzen die einzelnen Blätter und die verschiedenen Axorgane.

Eine allgemeine Uebersicht der heteroplastischen oder zusammengesetzten Organe (welche eigentlich den Begriff des „Organs" κατ' ἐξοχήν im engsten morphologischen Sinne repräsentiren), ist hier nicht am Orte und würde viel zu weit führen, zumal die Art und Weise, in welcher sich die Cytocormen (Muskeln, Nerven etc.) und die verschiedenen Plastiden-Arten oder Gewebe (Bindegewebe, Deckengewebe etc.) zu zusammengesetzten Organen verbinden, in den verschiedenen Abtheilungen des Thierreichs äusserst verschiedenartig und bei den höheren Thieren sehr verwickelt ist. Einfacher ist dies Verhältniss bei den höheren Pflanzen, wo sich alle verschiedenen heteroplastischen Organe als Modificationen von nur zwei verschiedenen Grundorganen nachweisen lassen: Axorgane und Blattorgane. Wollte man die äusserst mannichfaltigen zusammengesetzten Organe der Thiere in ähnlicher Weise auf einige wenige Fundamentalorgane reduciren, so könnte man allgemein höchstens Rumpforgane und Extremitäten unterscheiden. Da die thierischen Rumpforgane als axiale Theile gewissermaassen den pflanzlichen Axorganen, und die Extremitäten als seitliche Theile den pflanzlichen Blattorganen entsprechen, so könnte man allgemein bei den Organismen zwei Reihen von zusammengesetzten oder heteroplastischen Organen unterscheiden: I. Axial-Organe (Rumpftheile, Stengeltheile etc.); II. Lateral-Organe (Extremitäten, Blätter etc.).

D. Organe vierter Ordnung:

Organ-Systeme.

Der Unterschied zwischen denjenigen zusammengesetzten Organ-Complexen, welche man Systeme, und denjenigen, welche man Apparate nennt, beruht, wie schon oben erörtert wurde, wesentlich darauf, dass der ersteren Benennung eine morphologische, der letzteren eine physiologische Vorstellung zu Grunde liegt. Bei einem Organ-System hat man die Einheit der Form seiner wesentlichen constituirenden Form-Elemente, bei einem Apparat die Einheit der Leistungen dieser Elemente im Auge. Dennoch lässt sich auch der Begriff des Apparates in morphologischem Sinne auffassen und zur Bezeichnung eines Organ-Complexes höchster Ordnung verwerthen, wie wir oben gezeigt haben.

Jedes einzelne Organ-System bildet also eine morphologische Einheit, welche aus einer Vielheit von zusammengesetzten Organen besteht, in welche aber ausserdem auch einfache Organe und Zellenstöcke als constituirende Elemente eintreten können. Eine einzige Plastiden-Art, eine einzige Gewebs Form ist aber stets in jedem Organ-Systeme überwiegend, und die übrigen Gewebe, die ausserdem noch dasselbe constituiren helfen, sind diesem Character-Gewebe des Systems sowohl in morphologischer als physiologischer Beziehung untergeordnet: Hierin liegt ein wesentlicher Unterschied von den Apparaten, bei denen mehrere Systeme als coordinirte Constituentien des Ganzen neben einander auftreten können, ohne dass ein einzelnes derselben irgend eine Praeponderanz hat.

Als Organ-Systeme in diesem Sinne können wir beim Menschen und bei den Wirbelthieren überhaupt betrachten: 1) das Deckensystem (System der Hautdecken) mit Oberhaut, Lederhaut und sämmtlichen Anhängen dieser Theile (Haare, Nägel, Hautdrüsen, Tastkörper etc.), 2) das Skeletsystem (mit Knochen, Knorpeln, Bändern, Gelenkkapseln und verbindender Bindesubstanz), 3) das Muskelsystem (mit Muskeln, Sehnen, Fascien, Schleimbeuteln etc.), 4) das Nervensystem (mit Gehirn und Rückenmark, peripherischen Ganglien, Nervenfäden und Sinnesorganen), 5) das Gefässsystem (mit Herz, Blutgefässen, Lymphgefässen, Lymphdrüsen, Milz), 6) das Darmsystem (Darmcanal nebst den Drüsen, die aus ihm hervorwuchern, Speicheldrüsen, Leber, Pancreas, Lungen, Nieren etc.), 7) das Genitalsystem, dessen wesentlichste Bestandtheile sich aus den Primordialnieren und ihren Adnexis entwickeln.

Im Allgemeinen sind die Organ-Systeme bei den Thieren weit vollkommener entwickelt und differenzirt, als bei den Pflanzen. Je weiter die Centralisation der Personen geht, desto schärfer ist die Trennung der einzelnen Organ-Systeme, desto einheitlicher der Zusammenhang jedes Systems. Bei den höheren Pflanzen könnte man als derartige zusammenhängende Systeme vielleicht unterscheiden: 1) das Decken-System (mit Oberhaut, Haaren, Rinde etc.), 2) das Parenchym-System, 3) das Gefässsystem (Gefässbündel etc.).

E. Organe fünfter Ordnung:

Organ-Apparate.

Obgleich dem Begriffe des Apparates, wie schon bemerkt, wesentlich eine physiologische Vorstellung zu Grunde liegt, und man also gewöhnlich unter einem Apparate einen Complex von einfachen und zusammengesetzten Organen versteht, die zu einem einheitlichen Ganzen behufs einer einzigen gemeinsamen Function verbunden sind, so können wir dennoch, wie oben gezeigt wurde, dem Begriffe des Apparates auch eine morphologische Bedeutung beilegen. Wir verstehen dann darunter einen einheitlich abgeschlossenen Complex von mehreren verschiedenartigen untergeordneten Organen (verschiedenen Systemen und Geweben angehörig), in welchen mehrere coordinirte Gewebe der Art verbunden sind, dass keins allein eine vorwiegende Bedeutung vor allen anderen beanspruchen kann.

Wir dürfen diese Apparate um so eher als eine Ordnung von Organen höchsten Ranges anführen, als die morphologische Einheit des Ganzen in denselben meist nicht minder deutlich, oft sogar augenfälliger hervortritt, als in den einzelnen Systemen. Die Form-Einheit des Apparates beruht aber nicht, wie bei dem Systeme, auf dem ausschliesslichen Vorwiegen einer einzigen Gewebs-Form, sondern vielmehr auf einer räumlichen Sonderung, die schon bei der gröbsten Betrachtung des Organismus ins Auge springt. So befindet sich der Ernährungsapparat fast ganz auf die Pleuroperitonealhöhle des Wirbelthieres beschränkt, der Gesichtsapparat auf den Inhalt der Augenhöhle, der Geruchsapparat auf die Nasenhöhle etc.

Da nun ausser der räumlichen Sonderung und Einheit auch die morphologische Zusammensetzung jedes Apparates aus coordinirten und subordinirten Organen und Systemtheilen dem Ganzen ein einheitliches Gepräge giebt, so können wir, gestützt auf den innigen Zusammenhang und die Wechselwirkung von Form und Function, ebenso, wie es bei dem Begriffe des Organes im Allgemeinen bereits geschehen ist, die morphologische Einheit des Apparates von der physiologischen sondern und die erstere als Organ fünfter Ordnung hier in Betracht ziehen.

Die sämmtlichen Organ-Apparate, welche man weiter in niedere oder besondere und in höhere oder allgemeinere gruppiren kann, lassen sich auf drei Hauptgruppen vertheilen, entsprechend den drei Haupt-Functionsgruppen, welche der Organismus besitzt: Erhaltung seiner selbst, Erhaltung der Art und Erhaltung der Beziehungen zur Aussenwelt. Hiernach werden wir beim Menschen und den Wirbelthieren überhaupt folgende Gruppen von Apparaten unterscheiden können: I. Apparate zur Erhaltung des Individuums (der Person): Ernährungs-Apparat (und als untergeordnete Apparate: Verdauungs-, Circulations-, Respirations- und Secretions-Apparate); II. Apparat zur Erhaltung der Art: Fortpflanzungs-Apparat (Genitalien); III. Apparate zur Erhaltung des Verkehrs mit der Aussenwelt: Relations-Apparate: A. Bewegungs-Apparat (aus Muskelsystem oder activen und Knochensystem oder passiven Locomotions-Organen zusammengesetzt). B. Seelen-Apparat (aus Nervensystem und Sinnesorganen zusammengesetzt, unter letzteren als einzelne Sinnes-Apparate die geschlossenen Einheiten der fünf Sinne: Auge (Gesicht), Ohr (Gehör), Nase (Geruch), Zunge (Geschmack), Hautdecke (Gefühl). Bei den Pflanzen werden wir ebenso allgemein Ernährungs-Apparate, Fortpflanzungsapparate und Relationsapparate unterscheiden können.

III. Morphologische Individuen dritter Ordnung:

Antimeren oder Gegenstücke.

(Homotypische Theile.)

Die vorhergehende Betrachtung der morphologischen Individuen erster und zweiter Ordnung, der Plastiden und der Organe, hat uns mit Ueberwindung grosser Schwierigkeiten in das verwickelte Labyrinth von coordinirten und subordinirten Theilen eingeführt, aus welchen der ganze Organismus der höheren Thiere und Pflanzen als höhere Einheit zusammengesetzt wird. Eine genauere Betrachtung der höchst complicirten und kunstvollen Art und Weise, auf welche diese Zusammensetzung erfolgt, lässt uns alsbald erkennen, dass die stufenweise emporsteigende Complication des organischen Baues, wenigstens bei den höheren Pflanzen und Thieren, nicht allein nach den grossen Gesetzen der Aggregation und der Differenzirung (oder des Polymorphismus) erfolgt, sondern dass die verschiedenen coordinirten und subordinirten Theile sich derartig im Ganzen verflechten, gegenseitig räumlich durchwachsen und verbinden, und in so verwickelter Weise in einander eingreifen, dass wir zur Aufstellung ganz verschiedener morphologischer Einheiten gelangen, je nachdem wir unseren Standpunkt auf verschiedenen Seiten nehmen und von diesem oder jenem gemeinsamen Tertium aus zwei Einheiten vergleichen. So kann also derselbe Nerv, derselbe Muskel als ein Complex von einfachen Organen erster und zweiter Ordnung, oder als ein heteroplastisches Organ, oder als ein Theil eines Organ-Systems, oder als ein Theil eines Organ-Apparates aufgefasst werden, und von jedem dieser verschiedenen Gesichtspunkte aus wird er eine verschiedene Beurtheilung erfahren.

Schon hieraus geht hervor, dass die Organe (und ebenso die morphologischen Individuen niederer Ordnung überhaupt) sich nicht allein durch stufenweis fortgesetzte Aggregation und Arbeitstheilung zu den Individualitäten höherer Ordnung zusammenfügen, sondern dass hier complicirte Gesetze der Formbildung walten, um deren Erkenntniss man sich bisher noch kaum bemüht hat. Wie wenig auf diesem wichtigen und interessanten Gebiete der allgemeinen Morphologie noch geschehen ist, geht aber weiter namentlich daraus hervor, dass man die höheren Individualitäten, welche zunächst aus dem Zusammentreten der verschiedenen Organe hervorgehen, und die wir im Folgenden als Antimeren und Metameren untersuchen werden, überhaupt noch keiner eingehenden Untersuchung und allgemeinen Vergleichung, ja häufig nicht einmal einer Erwähnung gewürdigt hat. Mindestens sind sie als besondere morphologische Individualitäten bisher nur selten oder nie anerkannt worden.

Die Theile des Organismus, welche wir hier als Antimeren oder Gegenstücke, und Metameren oder Folgestücke unterscheiden, sind scharf ausgeprägte morphologische Individualitäten, welche einen Rang über den Organen einnehmen, während sie den höheren morphologischen Einheiten fünfter und sechster Ordnung beständig untergeordnet sind. In der bei weitem grössten Mehrzahl der Organismen-Arten ist das einzelne physiologische Individuum nicht ein blosses Aggregat von Organen, sondern eine Einheit von mehreren Metameren und Antimeren. Für die Gesammtform des Organismus sind diese Theilstücke, welche als scharf ausgeprägte Formeinheiten in Vielzahl neben und hinter einander auftreten, von der allergrössten Bedeutung, und dennoch hat man sie bisher fast gar keiner Betrachtung gewürdigt; ja es existirt für die beiden wesentlich verschiedenen Individualitäten des Antimeres oder Metameres nicht einmal ein besonderer einfacher Name. Wo man sie bisher im concreten Falle der Verständigung halber hat erwähnen müssen, hat man Beide zusammen mit dem nichtssagenden oder doch vieldeutigen Ausdrucke des Segments oder Theilstücks oder Gliedes (Articulum), oder auch wohl des „homologen oder homonomen Theils" belegt. Die Metameren, als welche wir z. B. die einzelnen gleichartigen hinter einander gelegenen Abschnitte des Wirbelthier- und des Gliederthier-Rumpfes, die einzelnen Stielglieder der Crinoideen-Stengel, die Stengelglieder der Phanerogamen ansehen, hat man insbesondere häufig „Glieder" und bei den Gliederthieren und Würmern „Ringe“ oder Zoniten genannt. Die Antimeren, die neben einander gelegenen Hauptabschnitte dagegen hat man, wenn ihrer nur zwei zugegen sind, wie bei den Wirbel-, Glieder- und Weich-Thieren, als „Körperhälften“, wenn ihrer drei, vier, fünf oder mehr sind, wie bei den „Strahlthieren“ und Phanerogamen-Blüthen, als „Strahlen“ oder „Radialsegmente“, oft aber ebenfalls als „Glieder“ bezeichnet.

Der einzige Naturforscher, welcher bisher diese beiderlei Theile vom allgemeineren Gesichtspunkte aus untersucht und auf die hohe Bedeutung derselben für die Gesetze der organischen Formbildung hingewiesen hat, ist der verdienstvolle Bronn, welcher in seinen trefflichen „morphologischen Studien“ (1858) diejenigen neben einander gelegenen Hauptabschnitte, welche wir Antimeren nennen, als homotypische Theile, diejenigen hinter einander liegenden Abschnitte dagegen, welche wir Metameren nennen, als homonyme Theile bezeichnet hat. In dem Capitel, in welchem er das wichtige von ihm entdeckte „Gesetz der Zahlen-Reduction gleichnamiger Theile“ behandelt, fasst er beiderlei Abschnitte als „gleichgesetzliche“ oder „homonome“ Körpertheile zusammen und giebt von Beiden eine kurze Definition, welche jedoch weder erschöpfend, noch hinreichend klar und genau ist. Wir werden diese Definition in dem nächsten Abschnitte, welcher von den Metameren handelt, wörtlich anführen und näher beleuchten, und wenden uns hier sogleich zur näheren Betrachtung derjenigen Formeinheiten des Organismus, welche wir allgemein als Antimeren bezeichnen wollen.

Unter Antimeren oder Gegenstücken (den homotypischen Organen Bronn's) verstehen wir diejenigen neben (nicht hinter) einander liegenden, als deutlich geschlossene Einheiten auftretenden Körperabschnitte oder „Segmente“, welche als gleichwerthige Organcomplexe alle oder fast alle wesentlichen Körpertheile der Species (alle typischen Organe) in der Art zusammengesetzt enthalten, dass jedes Antimer die wesentlichsten Eigenschaften der Species als Organ-Complex repräsentirt, und dass nur noch die Zahl der Antimeren als das die Species-Form bestimmende Element hinzutritt. Bei den meisten höheren, sogenannten „bilateral-symmetrischen“ Thieren (Wirbel-, Glieder-, Weich-Thieren) besteht der Körper demgemäss nur aus zwei Antimeren, den beiden Körperhälften nämlich, welche in der Medianebene verwachsen sind. Bei den sogenannten „Strahlthieren“, sowie bei den allermeisten Geschlechts-Individuen (Blüthen) der Phanerogamen, ist dagegen der Körper aus so vielen Antimeren zusammengesetzt, als „Strahlen“, d. h. Kreuzaxen, vorhanden sind, also drei bei den meisten Monocotyledonen und vielen Radiolarien, vier bei den meisten Medusen, den Rugosen und Cereanthiden, ferner auch bei den meisten Würmern und bei sehr vielen Dicotyledonen, fünf bei den meisten Echinodermen und Dicotyledonen, sechs bei den meisten Anthozoen (Enallonemen, die Rugosen ausgenommen, und Antipathiden) und bei einigen Medusen (Carmariniden). Sehr selten im Ganzen genommen ist der Körper aus mehr als sechs Antimeren zusammengesetzt. Sieben kommen nur ausnahmsweise vor, z. B. bei *Luidia Savignyi* unter den Seesternen, bei *Trientalis europaea* unter den Phanerogamen. Acht Antimeren finden sich bei allen Ctenophoren und Octactinien (Alcyonarien), dagegen sehr selten bei den Phanerogamen (*Mimusops* unter den Sapotaceen). Ebenfalls selten treten neun, zehn, zwölf und zwanzig oder mehr Antimeren zur Bildung des Körpers zusammen. In der Regel sind die niedrigeren Zahlen der Antimeren innerhalb der Species constant. Sobald aber mehr als sechs Antimeren auftreten, wird die Grundzahl (acht ausgenommen) innerhalb der Species schwankend und um so unbeständiger, je höher die Zahl steigt. Dasselbe Verhältniss zeigt sich auch bei den Metameren, z. B. wenn man die Insecten (mit wenigen, neun bis dreizehn Ringen) und die Myriapoden und Arachniden (mit sehr zahlreichen Metameren) vergleicht. Dies Verhältniss ist sehr wichtig für die Begründung des Bronn'schen Gesetzes der Zahlenreduction gleichnamiger Theile.

So unwesentlich es vom physiologischen Standpunkte aus erscheinen mag, ob der ganze Körper (die Person) aus zwei, drei, vier, fünf oder mehr gleichen Körpertheilen zusammengesetzt ist, von denen jeder sämmtliche wesentliche Organ-Complexe oder typischen Organe des Körpers in der gleichen Zahl, Form, Structur und Lagerung enthält, und also für sich schon die Species repräsentiren könnte, so ausserordentlich wichtig ist die homotypische Grundzahl, wie wir mit Bronn die specifische Antimeren-Zahl nennen können, für die morphologische Betrachtung des Körpers als Ganzen. Insbesondere wird durch die Antimeren jene Summe von Form-Eigenthümlichkeiten bedingt, welche man gewöhnlich als Habitus bezeichnet, und welche oft eben so schwer zu definiren und näher zu bestimmen ist, als sie dem geübten Auge characterbestimmend, als physiognomisches Moment entgegentritt.

Freilich ist uns der Causal-Nexus zwischen dem typischen Organisationscharacter und der homotypischen Grundzahl der Organismen zur Zeit noch vollständig unbekannt. Dass er aber vorhanden ist, beweist die auffallende Constanz, welche die Antimeren-Zahl innerhalb der grossen Hauptabtheilungen des Thier- und Pflanzenreiches zeigt. Ohne Ausnahme sind die Wirbelthiere und Weichthiere nur aus zwei, die Ctenophoren und Octactinien aus acht Antimeren zusammengesetzt und ganz vorherrschend ist unter den Echinodermen die Antimerenzahl fünf, unter den Monocotyledonen die Zahl drei. Diese Umstände sind sicher nicht bedeutungslos, und sie veranlassen uns, hier noch etwas näher auf das gegenseitige Verhältniss der Antimeren zu einander und zum Ganzen einzugehen.

In letzterer Beziehung ist zunächst als besonders bestimmend für den Habitus des Organismus hervorzuheben, dass die Antimeren entweder einander ganz gleich, oder nur ähnlich, und im ersteren Falle entweder symmetrisch gleich oder congruent sein können. Aehnlich nennen wir dieselben, wenn sie zwar in allen oder doch den meisten wesentlichen Formbeziehungen übereinstimmen und dieselbe Zahl von grösseren Organen in derselben relativen Lagerung verbunden besitzen, aber doch in untergeordneten Beziehungen, in der Grösse, der geringeren oder stärkeren Entwickelung, der äusseren Oberflächen-Gestaltung etc. mehr oder minder verschieden sind, so dass auch die Anzahl der kleinsten heterogenen Theilchen, welche sie zusammensetzen, auffallend ungleich ist. Aehnlich sind z. B. die beiden Hälften eines *Pleuronectes;* ähnlich ist der unpaare Strahl der symmetrischen Echinodermen den vier anderen Strahlen. Gleich dagegen sind zwei homotypische Theile, wenn sie nicht bloss in jenen wesentlichen, sondern auch in diesen untergeordneten Beziehungen (der Grösse, Entwickelungsstärke und Flächenbegränzung etc.) vollkommen übereinstimmen, so dass die Zahl der kleinsten heterogenen Theilchen in beiden Antimeren nicht merklich verschieden ist.

Gleiche Antimeren sind entweder symmetrisch oder congruent. Symmetrisch sind zwei gleiche Antimeren, wenn die Lagerung der kleinsten heterogenen Theilchen in beiden zwar relativ dieselbe, aber absolut entgegengesetzt ist, so dass sich die beiden Gegenstücke wie das Spiegelbild eines Körpers, oder wie Rechts und Links verhalten, und niemals sich wirklich decken und ersetzen können. Congruent dagegen sind zwei gleiche Antimeren, wenn die Lagerung der kleinsten heterogenen Theilchen in beiden nicht bloss relativ, sondern auch absolut dieselbe ist, so dass sich die beiden Gegenstücke vollständig decken und sich gegenseitig ersetzen können. Congruent sind z. B. die vier Antimeren der Medusen, die sechs Antimeren der Antipathiden, die fünf Radialsegmente der sogenannten „regulären" fünfzähligen Blüthen (z. B. Primulaceen, *Oxalis, Nicandra* etc.). Symmetrisch sind die beiden Hälften der Wirbelthiere und der Gliederthiere; je zwei von den vier paarigen Antimeren der symmetrischen Echinodermen (*Clypeaster* etc.), je zwei von den vier paarigen Gegenstücken der sogenannten „irregulären" fünfzähligen Blüthen (z. B. der Papilionaceen, Veilchen etc.).

Streng genommen kann eine analoge Differenz, wie sie zwischen congruenten und symmetrisch gleichen Antimeren stattfindet, auch bei ähnlichen Antimeren nachgewiesen werden und wir können danach positiv ähnliche und negativ ähnliche Antimeren unterscheiden. Positiv ähnlich können solche Antimeren genannt werden, bei welchen diejenigen Organe und Organtheile, die in beiden Antimeren gleicherweise vorhanden sind, auch die gleiche relative und absolute Verbindung, das gleiche Lagerungs-Verhältniss zur Mittelebene oder Mittellinie des Körpers zeigen. Negativ ähnlich dagegen (oder symmetrisch-ähnlich) würden diejenigen ähnlichen Antimeren heissen, bei denen auch dieses Lagerungs-Verhältniss absolut entgegengesetzt ist. Beispiele hierfür liefern die symmetrischen Seeigel (Clypeastriden, Spatangiden etc.). Bei diesen Echiniden sind die fünf Antimeren (Radien), welche bei den Cidariden congruent sind, sämmtlich nicht congruent, aber paarweise symmetrisch, so dass man zwei Paare von Radien und einen unpaaren Radius unterscheiden kann. Der ganze Körper kann in einen dorsalen und einen ventralen Abschnitt zerlegt werden. Der dorsale (gewöhnlich sogenannte vordere) Abschnitt wird Trivium genannt, weil er den unpaaren Radius und das dorsale (vordere) Paar der paarigen Radien enthält, während der ventrale, das Bivium, das ventrale (hintere) Paar der Antimeren oder Radien enthält. Bezeichnen wir nun den unpaaren Radius mit A, die beiderseits an denselben angrenzenden Radien mit B und C, und die beiden (ventralen) Radien des Bivium mit D und E, so dass die linke Seite aus $\frac{A}{2}$, C und E, die rechte aus $\frac{A}{2}$, B und D gebildet wird, so sind B und C unter sich symmetrisch gleich, ebenso D und E unter sich symmetrisch gleich; dagegen B und D positiv ähnlich, B und E negativ ähnlich, ebenso C und E positiv ähnlich, C und D negativ ähnlich. Genau dieselben gegenseitigen Formbeziehungen, wie diese fünf Antimeren der bilateralen Seeigel, zeigen die fünf Antimeren der sogenannten „irregulären“ fünfzähligen Geschlechts-Individuen (Blüthen) der Papilionaceen und Labiaten, der Veilchen, der „strahlenden“ Randblüthen vieler Umbelliferen, Compositen etc.

Vollständiger Mangel einer Antimeren-Zusammensetzung des Körpers findet sich nur bei sehr wenigen Organcomplexen, nämlich bei den absolut regulären und den absolut irregulären. Es giebt nur einen einzigen absolut regulären Körper und das ist die Kugel, welche in geometrisch reiner Form den Körper gewisser Radiolarien bildet (Thalassicolliden, Sphaerozoiden). Hier können wir die Antimerenzahl $= \infty$ setzen. Umgekehrt wird dieselbe $= 0$ bei sehr vielen Spongien, deren vollkommen unregelmässiger oder „amorpher“ Körper durchaus keine Abtheilung in gleichartige Organcomplexe zeigt, die man als Antimeren betrachten könnte. Dasselbe gilt von sehr vielen cryptogamen Pflanzen.

Die verschiedene Art und Weise, in welcher die Antimeren zur Bildung des ganzen Körpers zusammentreten, ist für den characteristischen Habitus, den man mit den Ausdrücken des „bilateralen" und des „strahligen" Typus bezeichnet, von der grössten Wichtigkeit. Bei den echten Bilateralthieren, den Dipleuren, deren Körper nur aus zwei Antimeren („symmetrischen Körperhälften") besteht (Wirbel-, Glieder- und Weich-Thieren), legen sich die beiden Gegenstücke mit zwei einander zugekehrten Flächen, in einer Ebene (Mittelebene) an einander. Bei den echten „Strahlthieren" dagegen, sowohl ganz regulären (Medusen, Asteriden) als bilateral symmetrischen (Ctenophoren, Spatangiden), bei denen mehr als zwei Antimeren („Radial-Segmente" oder „Strahlen") zum Körper zusammentreten, berühren sich dieselben in einer Linie, der Haupt- oder Längsaxe und haben also sämmtlich eine Kante gemeinsam. Selten nur, z. B. bei vielen Radiolarien, deren Grundform die Kugel oder ein reguläres oder ein endosphärisches Polyeder ist, berühren sich die Antimeren nur in einem einzigen Punkte und haben demgemäss nur diesen Punkt gemeinsam.

Eigenthümliche Verschiedenheiten bezüglich der Antimeren-Zusammensetzung der Person oder des Form-Individuums im engeren Sinne zeigen unter den phanerogamen Pflanzen häufig die geschlechtslosen Personen (Blattsprosse etc.) und die Geschlechts-Individuen (Blüthen-Sprosse). Die letzteren, als die morphologisch höher entwickelten und differenzirten, weisen uns meistens ganz dieselbe regelmässige und leicht erkennbare Zusammensetzung aus Antimeren auf, wie die allermeisten Thier-Personen. Es entsprechen z. B. in dieser Beziehung vollkommen die „regulären" Echinodermen (Asteriden etc.) den regelmässigen fünfzähligen Blüthen (Primulaceen, Oxalideen etc.), die „irregulären" Echinodermen (Spatangiden etc.) den unregelmässigen fünfzähligen Blüthen (Papilionaceen, Labiaten, Umbelliferen etc.). Auch ist die Mannichfaltigkeit in der Art dieser Zusammensetzung, welche die characteristische Physiognomie der Blumen bestimmt, nicht minder gross, als bei den Thieren. Bei den Blattsprossen dagegen, den geschlechtslosen Individuen der Phanerogamen, sind diese Compositions-Verhältnisse, welche sich in der Blattstellung aussprechen, im Ganzen seltener eben so einfach, regelmässig und deutlich, wie bei den Blüthen. Es ist dies der Fall bei den Axorganen mit zweizeiliger, gegenständiger, kreuzständiger und wirtelständiger (quirliger) Blattstellung. Sehr häufig treten hier aber statt dessen sehr complicirte Verhältnisse auf, welche schwierig auf die einfache Zusammensetzung des geschlechtslosen Sprosses aus gegenständigen Antimeren zurückzuführen sind. Insbesondere wird die letztere häufig dadurch versteckt, dass die Blattorgane in einer enger oder weiter gewundenen Spirale an der Axe heraufsteigen. Man pflegt gewöhnlich die Spiraltendenz in der Blattstellung der Phanerogamen u. s. w. als eine primitive Eigenthümlichkeit derselben zu betrachten und die vorher angeführten Fälle von zweizeiliger, gegenständiger, kreuzständiger und wirtelständiger (quirliger) Blattstellung als abgeleitete Formen, welche durch secundären Zerfall laufender, continuirlicher Spiralen in abgesetzte, geschlossene Ringe entstanden seien. Indessen ist es vielleicht richtiger, umgekehrt die letzteren als die eigentlichen ursprünglichen Grundformen zu betrachten, welche aus einer gesetzmässigen Verbindung von Antimeren und Metameren (in ähnlicher Weise wie bei den „Strahlthieren“ z. B. den Echinodermen) gebildet sind. Die Blattstellungs-Spiralen würden dann als abgeleitete Formen zu betrachten sein, secundär entstanden durch besondere Wachsthums-Verhältnisse der sich streckenden Metameren, welche in besonderen Beziehungen zu den Antimeren der benachbarten Metameren stehen. Wir glauben, dass für eine richtige Auffassung dieser schwierigen und verwickelten Verhältnisse die Vergleichung der analogen einfacheren Verbindung von Antimeren und Metameren bei den Strahlthieren sehr wichtig ist. Bei den meisten Echinodermen insbesondere finden wir in ganz analoger Weise, wie bei den meisten phanerogamen Personen, mehrere Antimeren (gewöhnlich fünf) und zahlreiche Metameren (hinter einanderliegende Abschnitte der Hauptaxe, Stengelglieder etc.) zu einer complicirt gebauten Person verbunden. Das ursprüngliche, homotypische Verhältniss bei den Echinodermen ist aber immer die reguläre Zusammensetzung aus fünf Antimeren, deren Stücke in geschlossene, hinter einander liegende Kreise geordnet sind, wie bei den meisten Geschlechts-Personen (Blüthen) der Phanerogamen; und nur ausnahmsweise, und offenbar erst in Folge secundärer Entwickelung, laufen diese Kreise in einander, indem sie sich zu continuirlichen Spiralen verbinden, z. B. bei den spiraligen Reihen von Stachelhöckern vieler Echiniden, von Kelchtafeln vieler Crinoiden etc. Ebenso dürften vielleicht die Spiralen der Blattstellungen bei den meisten geschlechtslosen Personen (Blattsprossen) der Phanerogamen zu erklären sein.

Wir führen die Antimeren oder Gegenstücke als morphologische Individuen dritter Ordnung auf, weil die echten, eigentlichen Antimeren in allen Fällen Organ-Complexe darstellen, also Einheiten, welche aus einer Vielheit von Form-Individuen zweiter Ordnung bestehen. Vielleicht dürfte es in mehrfacher Beziehung richtiger erscheinen, die Rangordnung der beiden Individualitäten zu wechseln und die Antimeren als die morphologischen Individuen zweiter, die Organe als die morphologischen Individuen dritter Ordnung aufzustellen. Hierfür könnte namentlich angeführt werden, dass auch bei vielen Organismen, welche noch keine distincten Organe besitzen, dennoch der Körper (eine einfache Plastide) bereits aus Antimeren zusammengesetzt erscheint, wie z. B. bei den Desmidiaceen, Diatomeen und vielen anderen Protisten; ferner, dass auch jedes einzelne Organ aus mehreren Antimeren zusammengesetzt scheinen kann, z. B. ein einfaches Blatt aus zwei, ein handförmiges (in drei, vier, fünf gleiche Lappen gespaltenes Blatt) aus drei, vier, fünf Antimeren etc. Indessen würde, streng genommen, diese Auffassung dazu führen, das Antimer sogar als morphologisches Individuum erster Ordnung hinzustellen, da ja die meisten einzelligen Organismen bereits deutlich aus zwei oder mehreren Antimeren zusammengesetzt erscheinen, mithin eine einzelne Plastide eine Einheit repräsentirt, welche aus einer Vielheit von Antimeren bestehen würde. Hier, wie auch sonst in vielen Fällen, scheint eine strenge Rangordnung der morphologischen Individualitäten nicht durchführbar zu sein, zumal wenn dieselben, wie es so oft geschieht, in verwickelter Weise in einander greifen. Wir können diese Rangordnung aber auch im vorliegenden Falle bestimmt dadurch feststellen, dass wir die Subordination der einzelnen Kategorieen in allen Organismen untersuchen und hieraus das allgemeine Gesetz ableiten; und auf dieser empirischen Grundlage erscheint uns die von uns gewählte Rangordnung als die richtigste. Der scheinbare Widerspruch löst sich, sobald wir scharf zwischen Antimeren und Parameren (Gegenstücken und Nebenstücken) unterscheiden.

In sehr vielen Fällen sehen wir, dass untergeordnete Theile, z. B. einzelne Organe, die Gesammtform sowohl als die characteristische Zusammensetzung des ganzen Organismus wiederholen. So wiederholt sich z. B. bei den Arthropoden die Gliederung des Rumpfes in derjenigen der Extremitäten, bei den Mimosen die Stengelgliederung in derjenigen der gefiederten Blätter. Ebenso sehen wir, dass die homotypische Zusammensetzung des ganzen Organismus sich häufig in einer analogen Zusammensetzung einzelner Theile oder Organe wiederholt. Letztere erscheinen oft in so regelmässiger und constanter Weise aus homotypischen Theilen zusammengesetzt, wie die ganze Person, z. B. die einfachen Blätter der Phanerogamen (also Organe!) aus zwei symmetrischen Hälften. Um nun jede Verwechselung dieser untergeordneten Gegenstücke mit den Antimeren des ganzen Organismus auszuschliessen, wollen wir die ersteren allgemein als homonome Theile, Nebenstücke oder Parameren bezeichnen. Solche sind also z. B. die beiden Hälften der dipleuren Blätter, die drei Blättchen von dreizähligen Blättern (z. B. vom Kleeblatt), die drei Arme der dreiarmigen Pedicellarien der Echinodermen, die fünf Zehen des menschlichen Fusses und des Wirbelthierfusses überhaupt.

Parameren oder Nebenstücke (homonome Theile) sind also allgemein entsprechende Theile, welche um eine Kreuzaxe oder Breitenaxe des Körpers (oder um die Hauptaxe eines einzelnen Körpertheils) herum neben einander liegen. Antimeren oder Gegenstücke dagegen sind entsprechende Theile, welche um die Hauptaxe (Längsaxe) des Körpers herum neben einander liegen. Parameren sind stets untergeordnete Theile eines Form-Individuums erster oder zweiter, Antimeren dagegen stets vierter oder fünfter Ordnung. Die Parameren verhalten sich demnach zu den Antimeren ganz analog, wie die sogleich zu besprechenden Epimeren zu den Metameren.

IV. Morphologische Individuen vierter Ordnung:

Metameren oder Folgestücke.

(Homodyname Theile oder allgemein homologe Theile.)

Mehr Aufmerksamkeit, als den Antimeren, hat man bisher den Metameren geschenkt, obwohl dieselben gewöhnlich nicht in so constanter Zahl und in so begrenzter Form als gestaltbestimmende Einheiten zu einer Mehrheit zusammentreten, wie es bei jenen der Fall ist. Da dieselben aber häufiger als die Antimeren die Rolle von physiologischen Individuen spielen, und ausserdem in der Axe der Phanerogamen als Stengelglieder, im Rumpfe der Vertebraten und Articulaten, (dort innerlich als „Wirbelsegmente", hier äusserlich als Ringe oder Zoniten) sehr auffallend hervortreten, so hat man ihnen immerhin eingehendere Betrachtungen in einzelnen Stämmen gewidmet.

Das Verhältniss der Metameren zu den Antimeren ist bisher unseres Wissens nur von dem trefflichen Bronn näher zu bestimmen versucht worden, welcher sich in seinen morphologischen Studien (p. 410) folgendermaassen über diese beiderlei wesentlichen Formeinheiten ausspricht: „Man hat Homologie genannt die vollkommene Uebereinstimmung der Theile verschiedener Pflanzen und Thiere in ihrer relativen ursprünglichen Lage, anderen Theilen gegenüber, ohne alle Rücksicht auf ihre Form. So sind die Vorderbeine aller Wirbelthiere homolog, mögen es nun Flossen, Flügel, Grab-Apparate, Gehfüsse oder Arme mit Händen sein. Wir haben früher (1850) Theile eines und desselben Thieres homonom (gleichgesetzlich) genannt, welche von einerlei Art oder nach einerlei Gesetz oder Plan gebildet sind, müssen aber jetzt der Deutlichkeit wegen noch genauer unterscheiden. Wir nennen homotypische solche Organe, welche nach der Grundform des Typus oder System-Kreises, wozu sie gehören, eine ganz identische Stelle im Individuum einnehmen und daher auch ihrer Zahl nach fest bestimmt sind. Sie werden daher in ihrer Lage in Bezug zur Hauptaxe des Organismus so weit übereinstimmen, dass sie den zwei Polen einer beliebigen Queraxe oder zweier gleicher Radien desselben entsprechen. Dann wird es also bei jedem höheren Thiere nur zwei homotypische Beine, Finger, Rippen, Zähne, und bei den Strahlthieren nur je vier, fünf, sechs homotypische Strahlen, Arme, Fühlergänge, Strahlenleisten und dgl.

geben können. Wir wählen dagegen den Ausdruck homonym (gleichnamig) für solche Formbestandtheile eines und des nämlichen Thieres oder Vegetabils, die, auch im gewöhnlichen Leben unter einerlei Namen zusammenbegriffen, und nach einerlei Plane gebildet, doch immer insofern in der Lage von einander abweichen, als sie an einer Haupt- oder Strahlen-Axe hinter, oder in dem Pole einer Quer-Axe neben einander liegen. Zu den ersten gehören alle Ringel eines Kerbthieres, alle successiven Fuss-, Zahn- und Rippen-Paare eines Thieres, die successiven Paare oder alternirenden Individuen von Gliedern, Fiederästen, Pedicellen und Ranken am Arme eines Crinoiden etc. Zu den letzten gehören alle Finger und Zehen einer Hand und eines Fusses, dahin auch die successiv verschiedenen Cyclen von Strahlenleisten in einem Korallenbecher u. s. w. Die homotype Grundzahl ist bei den Strahlthieren 6, 5, 4, 3, bei den höheren Thieren 2. Für die homonymen Organe aber giebt es keine andere Grundzahl, als das Paar oder die Einheit."

Das Verhältniss zwischen gewissen, durch ähnliche Lagerung sich entsprechenden Theilen, welches Bronn als Homonymie bezeichnet, ist auch von Andern nach R. Owen „Allgemeine Homologie" oder „Homologie der Reihe" genannt. Owen unterscheidet drei verschiedene Arten der Homologie: 1. Homologie der Reihe, wenn gleichartig gebildete und aufeinander folgende Organe oder Theile des Körpers eines und desselben Thieres unter einander verglichen werden, also z. B. das Verhältniss der verschiedenen hinter einander liegenden Segmente eines Gliederthieres zu einander oder der verschiedenen Abschnitte der Wirbelsäule eines Wirbelthieres zu einander. 2. Allgemeine Homologie, wenn ein Theil oder eine Reihenfolge von Theilen auf den gemeinsamen Grundtypus bezogen wird, und deren Erscheinung einen Begriff jenes Grundtypus in sich birgt, auf welchen eine Thiergruppe aufgebaut ist, so z. B. das Verhältniss der Schädelwirbel oder der Kreuzwirbel zum Grundtypus des Wirbels. 3. Specielle Homologie, wenn zwei (oder mehrere) correspondirende, durch bestimmte Lage und Verhältniss zum Ganzen übereinstimmende Theile von zwei (oder mehreren) verschiedenen Thieren mit einander verglichen und auf den gleichen Grundtypus reducirt werden, z. B. der Flügel eines Vogels und die Brustflosse eines Fisches.

Versucht man sich die etwas dunkeln Definitionen, die Owen von seinen drei Arten der Homologie giebt, aufzuklären und durch Beispiele zu erläutern, so stellt sich alsbald heraus, dass die allgemeine Homologie und die Homologie der Reihe nicht zu unterscheiden sind, und dass die versuchte Unterscheidung beider nur darauf beruht, dass die gegenseitigen Beziehungen der beiden zu vergleichenden Theile in der letzteren beschränkter, weniger klar und allgemein aufgefasst sind, als in der ersteren. Die Homologie der Reihe begnügt sich mit einer unvollständigen und unklaren Erkenntniss, indem sie die beiden zu vergleichende Theile nur unter einander und ohne Hervorhebung des gemeinsamen Grundtypus vergleicht, während die allgemeine Homologie das gegenseitige Verhältniss schärfer und mit besonderer Beziehung zum gemeinsamen Grundtypus vergleicht. Es bleiben mithin nur zwei verchiedene Arten der

Homologie übrig, allgemeine und specielle Homologie. Von diesen fällt die allgemeine Homologie zusammen mit dem, was Bronn Homonymie nennt, während die specielle Homologie diejenige Beziehung zweier zu vergleichender Theile bezeichnet, welche die vergleichende Anatomie kurzweg Homologie nennt. Beide Ausdrücke sind rein morphologischer Natur und vergleichen lediglich die Form der beiden entsprechenden Theile, während diejenige physiologische Art der Vergleichung, welche sich auf die Function zweier correspondirender Theile bezieht, allgemein Analogie genannt wird.[1]) Die Homonymie vergleicht zwei correspondirende Theile eines und desselben Thieres, während die Homologie zwei entsprechende Theile von zwei verschiedenen Thieren in Vergleichung zieht.

Wollen wir den viel gebrauchten, aber auch viel missbrauchten Begriff der Homologie fernerhin mit Vortheil anwenden, so ist es nothwendig, ihn bestimmt zu präcisiren und stets nur in dem zuletzt erwähnten Sinne (von Owens „specieller Homologie") anzuwenden, indem wir zwei oder mehrere entsprechende Theile von zwei oder mehreren verschiedenen Organismen in Bezug auf ihre gemeinsame Grundform vergleichend betrachten. Hierbei können wir schon im Voraus darauf hinweisen (was im sechsten Buche näher erläutert werden wird), dass eine solche wahre Homologie nur stattfinden kann zwischen zwei Theilen, welche aus der gleichen ursprünglichen Anlage entstanden sind und sich erst im Laufe der Zeit durch Differenzirung von einander entfernt haben. Demgemäss können auch nur zwei Theile homolog sein, welche zwei Thieren eines und desselben Stammes (oder Kreises, Phylon) angehören (z. B. zwei Wirbelthieren, oder zwei Gliederthieren); niemals kann aber eine wahre Homologie stattfinden zwischen zwei Theilen, welche zwei Thierformen von zwei verschiedenen Stämmen angehören, z. B. zwischen zwei Theilen eines Wirbelthiers und eines Gliederthiers, mögen dieselben auch noch so ähnlich zu sein scheinen.

Auch den Begriff der Homonymie Bronn's (der mit Owen's

---

[1]) Obgleich der Unterschied der Homologie und Analogie ein so klarer und bestimmter ist, werden beide Ausdrücke dennoch sehr häufig verwechselt und durch die Vermischung beider Begriffe grosse Verwirrung angerichtet. Es mag daher hier nochmals scharf hervorgehoben werden, dass beide Begriffe nur durch das gemeinsame Tertium der Vergleichung mit einander zusammenhängen, dass sie zwei verschiedene Arten der Vergleichung sind. Die Analogie oder die physiologische Vergleichung kann nur die entsprechende Function zweier Theile betreffen, während die Homologie oder die morphologische Vergleichung stets nur die correspondirende Form zweier Theile betreffen kann. Analog sind z. B. die Kiemen der Fische und die Lungen der Säugethiere, während homolog die Schwimmblasen der Fische und die Lungen der Säugethiere sind.

allgemeiner Homologie und Homologie der Reihe zusammenfällt) werden wir noch näher zu bestimmen und in zwei verschiedene Begriffe zu zerlegen haben. In Bronn's oben mitgetheiltem Sinne bezeichnet derselbe ganz allgemein die Beziehung zwischen zwei ähnlichen Theilen, die, „nach einerlei Plan gebildet, doch immer insofern in der Lage von einander abweichen, als sie an einer Haupt- oder Strahlen-Axe hinter, oder in dem Pole einer Quer-Axe neben einander liegen." In dieser Definition sind schon wesentliche Differenzen der als „homonym" zusammengefassten Theile angedeutet. Denn es ist klar, dass wir nicht ohne Weiteres derartige hinter oder neben einander gelegene Abschnitte mit einander vergleichen können, gleichviel, ob sie in einer Haupt- (Längs-) Axe oder in einer Quer-Axe hinter einander oder neben einander liegen. Wir werden z. B. nicht die einzelnen Segmente des Gliederthier-Rumpfes (einer Hauptaxe) und diejenigen seiner Extremitäten (Seitenaxen) direct als einander gleichwerthig betrachten dürfen.

Um uns über diese eben so schwierigen als wichtigen, bisher aber noch keiner scharfen Erörterung unterzogenen Verhältnisse der Formen-Zusammensetzung zu verständigen, ist es nöthig, aus dem vierten Buche einige Bestimmungen über die allgemeine Bezeichnung der wesentlichsten Axen vorauszunehmen; die Begründung derselben ist dort nachzusehen. Wir unterscheiden an den sogenannten bilateral-symmetrischen Thieren (Wirbel- Glieder-, Weichthieren), deren Grundform wir unten als Dipleure näher bestimmen werden, drei auf einander senkrechte Axen, welche den drei Dimensionen des Raumes entsprechen. Die erste oder Längsaxe (Axis longitudinalis), welche gewöhnlich von vorn nach hinten geht, betrachten wir als die Hauptaxe; ihr einer Pol ist der Mundpol (Polus oralis, Peristomii), ihr anderer der Gegenmundpol (Polus aboralis, Antistomii). Die zweite Axe, welche vom Rücken zum Bauch geht, nennen wir Dickenaxe (Axis dorsoventralis); ihr einer Pol ist der Rückenpol (Polus dorsalis), ihr anderer der Bauchpol (Polus ventralis). Die dritte Axe, welche von Rechts nach Links geht, ist unsere Breitenaxe (Axis lateralis); ihr einer Pol ist der rechte, ihr anderer der linke Pol. Bei den sogenannten „Strahlthieren" oder Radiaten, welche man auch oft als reguläre bezeichnet, ebenso bei den meisten Geschlechts-Individuen (Blüthensprossen) der Phanerogamen sind die bezeichneten drei Axen bald zu unterscheiden (wenn sie zur Formgruppe der Centrepipeden gehören), bald nicht. Im letztern Falle (bei den vollkommen „regulären" Strahlthieren und Blüthen) ist bloss die Längendimension durch eine Axe bestimmt und diese Hauptaxe ist die Längsaxe, welche vom Mundpol zum Gegenmundpol geht (z. B. beim Seestern vom Mund zum After, bei der Meduse vom Mund zur Mitte der Glockenwölbung, bei der regulären trichterförmigen Blüthe von der Mündung zum Grunde (Ansatz) der Blüthe. Die anderen Axen, welche durch die Zahl der „Strahlen" bestimmt werden, in der Mitte dieser „Strahlenabschnitte" verlaufen und sich in der Hauptaxe kreuzen, fünf bei den Echinodermen und den meisten Dicotyledonen-Blüthen, vier bei den meisten Medusen und vielen Dicotyledonen, drei bei vielen Radiolarien und den meisten Monocyletodonen-Blüthen) nennen wir Kreuzaxen (Stauri).

Eine der häufigsten Erscheinungen, welche der Organismus der höheren Thiere bezüglich seines Aufbaues aus untergeordneten Theilen darbietet, ist die Gliederung oder Segmentirung desselben, d. h. die Bildung von hinter einander in einer Axe gelegenen Abschnitten, deren jeder im Wesentlichen dieselbe Anzahl von Organen in gleicher oder ähnlicher Lagerung, Zusammensetzung, Form etc. wiederholt. Diese Gliederung, wie sie am ausgesprochensten bei den Wirbelthieren, Gliederthieren und Echinodermen auftritt (während sie den Weichthieren in sehr characteristischer Weise abgeht), kann sowohl den Stamm (in der Längsaxe) als die seitlichen Anhänge des Stammes betreffen, welche entweder in der Breitenaxe (bei den Gliederthieren) oder in den Kreuzaxen (bei den Strahlthieren) hinter einander liegen. In beiden Fällen werden die Segmente von Bronn als homonyme Theile bezeichnet. Ganz denselben allgemeinen morphologischen Werth, wie den einzelnen Segmenten oder Zoniten des Wirbel- und Glieder-Thier-Rumpfes, müssen wir auch den einzelnen Stengelgliedern der Phanerogamen zugestehen. Auch diese sind Wiederholungen homonymer Theile in der Hauptaxe. Und ebenso tragen wir kein Bedenken, die Gliederung, die sich in Seitentheilen (Blattorganen) der Phanerogamen ausspricht, z. B. in den gefiederten Blättern, der Gliederung der Seitenanhänge (Extremitäten) bei den Wirbel- und Gliederthieren gleichzusetzen.

Für die richtige Werthschätzung der Rangstufe der subordinirten Formgruppen, aus denen sich der ganze Leib jener gegliederten Thiere und Pflanzen aufbaut, ist es aber durchaus nothwendig, diese beiden Fälle wohl zu unterscheiden. Wir werden daher den von Bronn eingeführten Namen der Homonymie auf das Verhältniss der hinter einander liegenden Segmente beschränken, welche durch Gliederung eines nicht in der Hauptaxe liegenden Seitentheils entstehen, welcher also einer Breitenaxe oder Kreuzaxe entspricht; während wir dagegen die wechselseitige Beziehung derjenigen Segmente, welche durch Gliederung des Rumpfes selbst in der Hauptaxe (Längsaxe) entstehen, als Homodynamie zu bezeichnen vorschlagen. Ferner werden wir der Kürze und Bequemlichkeit halber die Segmente der Hauptaxen oder die homodynamen Theile Metameren, die Segmente der Kreuzaxen (oder Breitenaxen) oder die homonymen Theile Epimeren nennen.

Homonyme Organe in unserem Sinne oder Epimeren sind also z. B. die Extremitäten-Abschnitte (z. B. Oberarm, Vorderarm, Carpus, Metacarpus, Phalangen der vorderen Extremität) der Wirbelthiere, ferner die sogenannten Glieder oder Segmente der Extremitäten (z. B. coxa, trochanter, femur, tibia, tarsus) der Gliederthiere, ferner die einzelnen Abschnitte der Armzweige (Pinnulae etc.) bei den Crinoiden, die einzelnen Nesselringe an den Tentakeln der Medusen u. s. w. Im Pflanzenreiche haben wir dem entsprechend als Epimeren oder homonyme Theile alle ähnlichen Gliederbildungen an den Blättern zu betrachten, z. B. die Fiedern der gefiederten Blätter etc.

Homodyname Organe oder Metameren sind dagegen: bei den Wirbelthieren die einzelnen Abschnitte des Rumpfes, deren jeder einem Urwirbel, und am ausgebildeten Thiere einem Wirbel nebst zugehörigen Organen entspricht (einem Rippenpaar, einem Ganglienpaar des Sympathicus, einem Paar austretender Intercostal-Nerven und Gefässe etc.; bei den Gliederthieren ebenso die hinter einander liegenden Segmente oder Glieder des Rumpfes, die bei den Gliederfüssern schon weit differenzirt (heteronom), bei den Würmern dagegen noch sehr gleichartig (homonom) sind, so dass in jedem Stücke dieselben Organe sich wiederholen. Ebenso stark entwickelt wie bei den Wirbel- und Glieder-Thieren ist die Homodynamie oder Metameren-Bildung auch bei den Echinodermen; hier haben wir als Metameren zu betrachten: bei den Echiniden die hinter einander liegenden Plattenpaare jedes Ambulacrums, nebst entsprechendem Segmente des Ambulacralsystems, Nervensystems etc., bei den Asteriden die sogenannten Wirbelstücke oder Pseudovertebrae der Arme, [1]) bei den Crinoiden die Stengelglieder des Stiels etc. Vollkommen diesen entsprechende Metameren sind im Pflanzenreiche die Stengelglieder der Phanerogamen. Die Metameren sind also subordinirte Theile (Glieder) eines Form-Individuums fünfter, die Epimeren dagegen erster, zweiter oder dritter Ordnung.

Die Metameren oder homodynamen Körperabschnitte haben als Gliederungen der Hauptaxe (Längsaxe) natürlich einen weit höheren morphologischen Werth als die Epimeren, welche nur als Gliederungen der Nebenaxen (Breitenaxe oder Kreuzaxen) auftreten. Auch werden wir unten sehen, dass die letzteren im Thierreiche niemals oder nur sehr selten der physiologischen Individualisation fähig sind, welche die ersteren sehr leicht und häufig erlangen. Die Metameren sind bei den niederen Formen des Thierstammes, in welchem sie auftreten, lediglich Multiplicationen der specifischen Form der betreffenden Art, Wiederholungen, welche ursprünglich so unabhängig sind, dass sie

---

[1]) Auf den ersten Blick könnte man mehr geneigt sein, diese Theile der Echinodermen als Epimeren, als homonyme Theile zu betrachten. Indessen lehrt eine tiefere Erfassung der schwierigen Echinodermen-Homologien, dass wir dieselben mit grösserem Rechte als Metameren oder homonyme Theile auffassen. Vergl. hierüber das VI. Buch.

sehr leicht sich von einander abtrennen und dass alsdann jedes einzelne Metamer jene Species-Form mehr oder weniger vollständig repräsentirt. Die Epimeren dagegen vermögen niemals in ähnlicher Weise die Species-Form zu vertreten, da sie eben nicht Wiederholungen des ganzen Organismus, sondern nur Multiplicationen von einzelnen seitlichen Theilen desselben, von Organen verschiedener Ordnung sind. Die Epimeren verhalten sich zu den Metameren ganz analog, wie die Parameren zu den Antimeren.

Die sogenannte Gliederung oder homodyname Zusammensetzung des ganzen Organismus (dessen physiologische Individualität in Form der Person auftritt), wie sie bei den Wirbelthieren, den meisten Gliederthieren, Echinodermen und den meisten Phanerogamen stattfindet, bekundet einen bedeutenden Fortschritt in der Organisation und wir können daher allgemein diese Organismen als höher und vollkommener bezeichnen, im Vergleich zu jenen, bei denen die Metameren-Bildung fehlt, und bei denen mithin das physiologische Individuum selbst nur den Werth eines Metameres erreicht, wie bei den niederen Würmern, den Mollusken etc. Besonders lehrreich für die richtige Auffassung der Homodynamie oder der Metameren-Bildung ist die allmählige Uebergangsreihe von ungegliederten zu gegliederten Formen, wie sie uns die niederen Würmer (besonders Cestoden) zeigen; hier zeigt sich auf das Klarste, wie dieselben Theile (Metameren), die in den niederen Formen als physiologische Individuen auftreten, in den höheren Formen nur den Rang von homodynamen Theilen haben. (Vergl. den IV. Abschnitt des zehnten Capitels).

V. Morphologische Individuen fünfter Ordnung:

Personen oder Prosopen.

(Sprosse oder Blasti.)

Wir gelangen nunmehr im aufsteigenden Stufengange unserer Betrachtung zu derjenigen höheren organischen Formeinheit, welche sowohl der gewöhnliche Sprachgebrauch der Laien, als auch die in der Zoologie (nicht aber in der Botanik!) allgemein herrschende Anschauungsweise als das Individuum *κατ' ἐξοχὴν* oder als das „eigentliche" Individuum aufzufassen pflegt. Obwohl eine unbefangene und tiefer eingehende Betrachtung der organischen Individualität zeigt, dass auch diese „eigentlichen" oder absoluten Individuen in der That nur relative sind, und auf keine andere individuelle Geltung Anspruch machen können, als sie auch dem Metamer und allen anderen, vorher aufgeführten Individuen niederen Ranges zukommt, und obwohl diese „eigentlichen" Individuen bei den meisten höheren Pflanzen und

Coelenteraten nur als subordinirte Bestandtheile einer noch höher stehenden Einheit, des Stockes erscheinen, so ist dennoch, ausgehend von der Individualität des Menschen und der höheren Thiere, die irrthümliche Auffassung der morphologischen Individuen fünfter Ordnung als der „eigentlichen" organischen Individuen eine so allgemeine geworden, und hat sich so fest in dem wissenschaftlichen sowohl als im Volks-Bewusstsein eingenistet, dass wir sie als die Hauptquelle der zahlreichen verschiedenartigen Auffassungen und Streitigkeiten, die in Betreff der organischen Individualität herrschen, bezeichnen müssen.

Um diese „eigentliche" Individualität, welche sich durch bestimmte morphologische Eigenschaften mit voller Sicherheit als ein „morphologisches Individuum fünfter Ordnung" scharf characterisiren lässt, ein für allemal von allen anderen organischen Individualitäts-Formen zu unterscheiden, wollen wir für dieselbe beständig die Bezeichnung der Person oder des Prosopon[1]) beibehalten. Mit diesem Ausdrucke lehnen wir uns unmittelbar an den bestehenden Sprachgebrauch an, welcher ja insbesondere das menschliche Individuum sehr allgemein als „Person" bezeichnet. Die Botaniker gebrauchen zur Bezeichnung derselben morphologischen Individualität fünfter Ordnung den Ausdruck Spross oder Blastus, welcher sehr häufig irrthümlich durch den keineswegs gleichbedeutenden Ausdruck der Knospe (Gemma) ersetzt wird. Wir machen daher ausdrücklich darauf aufmerksam, dass im Sinne der besten Botaniker, und namentlich im Sinne derjenigen, welche die Individualität der Sprosse am eingehendsten und klarsten behandelt haben, wie Alexander Braun, der Ausdruck Spross oder Blastus ausschliesslich in dem hier beibehaltenen Sinne für das morphologische Pflanzen-Individuum fünfter Ordnung gebraucht wird. Der Ausdruck Knospe oder Gemma, welcher so oft damit verwechselt wird, ist dagegen, wenn er einen scharf bestimmten Begriff bezeichnen soll, nur für diejenige rein physiologische Individualität irgend einer Ordnung anzuwenden, welche durch den bestimmten ungeschlechtlichen Fortpflanzungs-Modus der Knospenbildung (Gemmatio) entsteht. Wie wir im siebzehnten Capitel noch näher ausführen werden, ist dieser wichtige Spaltungs-Process durch Gemmation bei organischen Individuen aller Ordnungen weit verbreitet, und es entstehen nicht bloss viele Sprosse durch Knospung, sondern auch viele Zellen, Organe, Metameren und Stöcke. Knospe oder Gemma bedeutet also in diesem correcten und fortan stets festzuhaltenden Sinne ausschliesslich ein durch Knospenbildung erzeugtes Individuum irgend einer Ordnung. Spross oder Blastus dagegen nennen wir mit Alexander Braun u. A. ausschliesslich das echte

---

[1]) *πρόςωπον, τό; Persona. βλαστός, ὁ*; der Spross.

morphologische Individuum fünfter Ordnung. Der pflanzliche Spross, Blastos, ist also mit der thierischen Person, dem Prosopon, identisch und es könnte demnach die erstere Bezeichnung überflüssig erscheinen. Man kann sie aber mit Vortheil beibehalten für diejenigen Personen, welche nicht frei als Bionten leben, sondern als untergeordnete Bestandtheile der höheren Einheit, des Stockes (Cormus) auftreten. Wir werden also fernerhin die morphologischen Individuen fünfter Ordnung nur dann als Sprosse (Blasti) bezeichnen, wenn sie integrirende Bestandtheile eines Individuums sechster Ordnung (Cormus) sind, wie bei den meisten Phanerogamen und Coelenteraten; dagegen als Personen (Prosopa), wenn sie frei als selbstständige Bionten existiren, wie bei den Wirbelthieren, Arthropoden, und bei der sogenannten „einfachen Pflanze" d. h. einer Phanerogamen mit ganz einfacher gegliederter Axe, ohne alle Nebenaxen (Zweige, Ausläufer etc.).

Wenn wir nun in diesem Sinne die Bezeichnung der Person und des Sprosses fest beibehalten, so lässt sich deren Begriff als morphologisches Individuum fünfter Ordnung vollkommen scharf und bestimmt feststellen. Es besteht nämlich das echte Prosopon und der echte Blastos in allen Fällen aus einer Vielheit von untergeordneten Individuen der ersten bis vierten Ordnung. Jedes einzelne morphologische Individuum fünfter Ordnung ist also zusammengesetzt aus mindestens zwei Metameren, mindestens zwei Antimeren und ebenso stets aus einer Vielheit von Organen und einer Vielheit von Plastiden. Eine jede physiologische Individualität, welche diesem Begriffe nicht entspricht, wie z. B. die meisten Mollusken, welche nicht aus Metameren zusammengesetzt, sondern selbst ein Metamer sind, können wir nicht als Person anerkennen.

Die Person oder das Prosopon in diesem Sinne ist das morphologische Substrat der physiologischen Individualität bei allen Vertebraten und Arthropoden, allen „gegliederten Thieren" überhaupt (also auch den gegliederten Würmern (Anneliden, Cestoden). Als Spross setzt dieselbe die Stöcke der meisten Coelenteraten und Phanerogamen und der höheren Cryptogamen zusammen.

Da das richtige Verständniss dieser wesentlichen Zusammensetzung des Sprosses aus Vielheiten von Individuen aller vier subordinirten Ordnungen von sehr grosser Bedeutung ist, wollen wir dasselbe an einigen Beispielen erläutern. Nehmen wir zunächst das Wirbelthier heraus, und als concreten Typus das am besten bekannte Wirbelthier, den Menschen selbst. Der menschliche Körper besteht zunachst aus zwei Antimeren, einer rechten und linken Hälfte; er lässt sich ferner zerlegen in eine Anzahl hinter einander gelegener homodynamer Abschnitte oder Metameren, die Reihe der einzelnen Wirbelsegmente, mit deren jedem sich zugleich ein Nervenpaar, ein Gefässpaar, ein gewisser Muskel- und Knochen-Apparat in der ganzen Ausdehnung der Längsaxe (der Wirbelsäule) wiederholt. Jedes Metamer und jedes Antimer ist wieder zusammengesetzt aus einem Organcomplexe verschiedener Ordnungen. Die höchsten Organcomplexe, die Apparate, lassen sich zerlegen in Theile von Organsystemen, diese wiederum in heteroplastische Organe, welche ihrerseits theils aus homoplastischen Organen, theils aus Zellfusionen zusammengesetzt sind. In letzter Instanz zeigen sich endlich alle Organe, gleich den letzteren, aus einfachen Zellen aufgebaut. Wir können also das Individuum des ganzen menschlichen Körpers, dessen morphologische und physiologische, vollkommen abgeschlossene und begrenzte Einheit unbestritten ist, nachweisen als eine höchst verwickelte Summe von morphologischen Individuen erster, zweiter, dritter und vierter Ordnung, welche auf die kunstvollste Weise zu einem harmonischen Ganzen, eines Form-Individuum fünfter Ordnung, verbunden sind.

Wesentlich dieselbe Architectonik wie die Wirbelthiere, zeigen uns die Articulaten, bei denen nur die Zusammensetzung der Person aus den Metameren wegen ihrer äusserlichen Gliederung schon auf den ersten Blick viel auffallender erscheint als bei den innerlich gegliederten Vertebraten. Nur auf den niedersten Stufen des Articulaten-Kreises, bei den Infusorien und den nächstverwandten Turbellarien, Trematoden und solitären Cestoden (Caryophyllaeus), bei den Nematoden, Gephyreen und bei einigen anderen, nicht gegliederten Wurmgruppen erhebt sich das Bion nur zum vierten morphologischen Individualitäts-Range, zum Metamer. Bei den übrigen Würmern, sowie bei allen Arthropoden tritt eine Vielheit von solchen Metameren zur Bildung der Person zusammen. Der bald dipleure, bald tetrapleure Körper besteht hier allgemein aus zwei oder vier Antimeren, und einer Kette hinter einander gelegener Metameren, deren jedes einen verwickelt gebauten Complex von Organen darstellt, die ihrerseits wieder aus einem Vielheit von Plastiden zusammengesetzt sind.

Dieselbe tectologische Composition finden wir bei allen Echinodermen wieder, wo jedes Antimer (deren gewöhnlich fünf sind) deutlich aus einer Kette hinter einander gelegenen Metameren zusammengesetzt ist. Diese Zusammensetzung ist bei den Holothurien oft nur innerlich (wie bei den Vertebraten), dagegen bei den Echiniden, Asteriden und Crinoiden innerlich und äusserlich scharf ausgesprochen.

Weniger leicht ist die Gliederung der Personen bei den meisten Coelenteraten zu erkennen, insbesondere bei vielen Anthozoen und Hydroidpolypen. Bei den Anthozoen, die gewöhnlich nicht für gegliedert gelten, wird die Zusammensetzung der Metameren theils durch äussere ringförmige Einkerbung (viele Actinien), theils durch äussere und innere scharfe Gliederung (z. B. sehr deutlich bei den Isidinen), theils durch Bildung horizontaler (auf der Längsaxe des Körpers senkrechter) Scheidewände (Dissepimenta) angedeutet. Die letzteren sind bald vollständig durchgehende Platten, welche die Person deutlich in eine Anzahl über (oder hinter) einander gelegener Metameren (Kammern, Stockwerke) scheiden (Tabulae, Planchers, Böden), bald unregelmässigere und theilweis unterbrochene Septa, welche innerhalb oder ausserhalb des „Kelches" (der Person) die Gliederung andeuten (Dissepimenta endothecalia und exothecalia). Bei den Stöcken der Hydroidpolypen sind die Grenzen der Metameren meistens an den Ringelungen oder Gliederungen der Hauptsprossen und Seitensprossen (Personen) zu erkennen, welche die Stöcke zusammensetzen, bei den meisten Siphonophoren an der regelmässigen Wiederholung der Metameren („Individuen") an den primären und secundaren Sprossen der Stöcke.

Durch die Coelenteraten, und insbesondere die Hydromedusen, werden wir unmittelbar zu den Pflanzen hinübergeführt, unter denen uns die Phanerogamen und höheren Cryptogamen wesentlich dieselbe tectologische Zusammensetzung erkennen lassen. Diejenige Individualitat, welche wir bei den Coelenteraten-Stöcken mit Recht als „Einzelthier" betrachten und der Person der Articulaten und Vertebraten an die Seite stellen, wird hier bei den höheren Pflanzen durch den Spross oder Blastus vertreten, d. h. durch diejenigen Theile des Pflanzenstockes, welche als eigene „Axen" oder „Seitenaxen," als selbstständige, aus einem Axenorgan (Stengel) und Blättern (Blattorganen) zusammengesetzten Theile, von der „Hauptaxe" der ursprünglichen Einzelpflanze seitlich abgehen. Mit seltenen Ausnahmen (Viscum) ist jeder dieser seitlichen Sprosse ebenso aus einer Anzahl von hinter einander gelegenen Metameren (Stengelgliedern, Internodia) zusammengesetzt, wie bei den meisten Coelenteraten und Articulaten und bei allen Vertebraten. Auch die verschiedene Art und Weise, in welcher diese gegliederten Sprosse zu der höheren Individualitat des Stockes zusammengesetzt sind, erscheint bei den Phanerogamen durchaus analog, wie bei den Coelenteraten, bei den Anthozoen und Hydromedusen.

In der That ist es überraschend, dieselbe wesentliche Zusammensetzung der Person in der ganzen Organismen-Welt, vom Moose bis zum Baume, vom Bandwurm bis zum Menschen uberall wieder zu finden. Stets ist das morphologische Individuum fünfter Ordnung, welches eine so grosse physiologische Rolle spielt, aus einer Vielheit von Metameren und Antimeren zusammengesetzt, deren jedes wieder aus einem Organ-Complex besteht. Niemand hat vielleicht dieser grossen Wahrheit sich mehr genähert als Goethe, dessen klarer Blick das innere Wesen der „organischen Naturen" ohne Mikroskop richtiger erkannte, als das mit dem Mikroskop bewaffnete Auge der gedankenlosen Naturforscher von Fach.[1])

---

[1]) Ausser der p. 240 angeführten Stelle, in welcher Goethe die fundamentalen Gesetze der Aggregation und Differenzirung (Arbeitstheilung) lange vor Bronn und Milne Edwards ausspricht, und einzelnen anderen Stellen in der „Metamorphose der Pflanze" ist besonders nachfolgender, von Eckermann (Gespräche mit Göthe, 1837, Vol. II, p. 65) verzeichneter Ausspruch Göthe's sehr merkwürdig: „Grosse Geheimnisse liegen noch verborgen, manches weiss ich, von vielem habe ich eine Ahnung. Etwas will ich Ihnen vertrauen und mich wunderlich dabei ausdrücken. Die Pflanze geht von Knoten zu Knoten, und schliesst zuletzt ab mit der Blüthe und dem Samen. In der Thierwelt ist es nicht anders. Die Raupe, der Bandwurm geht von Knoten zu Knoten und bildet zuletzt einen Kopf; bei den höher stehenden Thieren und Menschen sind es die Wirbelknochen, die sich anfügen und anfügen, und mit dem Kopfe abschliessen, in welchem sich die Kräfte concentriren. Was so bei Einzelnen geschieht, ge-

In allen angeführten Fällen, also bei der grossen Mehrzahl aller Thiere und Pflanzen, und insbesondere bei fast allen vollkommeneren Formen beider Reiche, sehen wir die Person oder den Spross durch seine Gliederung oder Articulation characterisirt, d. h. dadurch, dass eine Anzahl homodynamer Theile (Metameren) in der Hauptaxe (Längsaxe) des aus Antimeren zusammengesetzten Körpers hinter einander liegen. Gewöhnlich kömmt diese Gliederung dadurch zu Stande, dass ein ursprünglich einfaches Metamer eine Kette von Terminalknospen treibt, welche durch unvollständige Scheidewände (Knoten, Nodi) getrennt werden und vereinigt bleiben. Wir können also diese ganz characteristische, typische Form der Person, welche bei den meisten höheren Thieren als Bion, bei den meisten Coelenteraten und Pflanzen als Theil des Stockes erscheint, definiren als eine Kette von hinter einander gelegenen Metameren, durch Terminalknospung entstanden. (Vergl. das siebzehnte Capitel).

Nun existiren aber ausser diesen Metameren-Complexen, welche alle in ihrer gegliederten Kettenform übereinstimmen, noch andere Metameren-Colonieen, welche sich wesentlich durch den gänzlichen Mangel der Terminalknospung von den ersteren unterscheiden und dadurch ein so verschiedenes Ansehen erhalten, dass man dieselben allgemein mit den Form-Individuen sechster Ordnung, den echten Stöcken oder Cormen vereinigt hat. Es gehören hierher alle jene stockähnlichen Synusieen oder Colonieen, welche nicht aus gegliederten Personen, sondern aus ungegliederten Metameren zusammengesetzt sind. Dies ist der Fall nur bei sehr wenigen Pflanzen, z. B. bei *Viscum*, dagegen bei sehr zahlreichen Thieren, nämlich den meisten stockbildenden Mollusken. Gleich den echten Stöcken oder Cormen, mit denen sie allgemein (aber nicht mit Recht!) zusammengestellt werden, entstehen diese Pseudo-Cormen, welche insbesondere bei den Tunicaten und Bryozoen eine so mannichfaltige Entwickelung erreichen, durch laterale Knospenbildung. Die Knospen sind aber keine echten Sprosse, gleich den gegliederten Sprossen oder Blasten der meisten Pflanzen und Coelenteraten, sondern einfache ungegliederte Metameren, über deren morphologische Aequivalenz mit den frei lebenden „Einzelthieren" der höheren Mollusken kein Zweifel bestehen kann. Gleich diesen sind sie aus zwei Antimeren und aus vielen Organen und Plastiden zusammengesetzt,

---

schieht auch bei ganzen Corporationen. Die Bienen, auch eine Reihe von Einzelheiten, die sich an einander schliessen, bringen als Gesammtheit etwas hervor, das auch den Schluss macht und als Kopf des Ganzen anzusehen ist, die Bienenkönigin. Wie dieses geschieht, ist geheimnissvoll, schwer auszusprechen; aber ich könnte sagen, dass ich darüber meine Gedanken habe. So bringt ein Volk seine Helden hervor, die gleich Halbgöttern zu Schutz und Heil an der Spitze stehen."

ohne dass eine Reihe homodynamer Theile in ihrer Längsaxe auf einander folgt, können also nur als einfache Metameren, als Form-Individuen vierter Ordnung aufgefasst werden.

Da nun der morphologische Character der Person wesentlich in ihrer Zusammensetzung aus Metameren liegt, da jede einzelne Person eine Vielheit von eng verbundenen Folgestücken ist, so werden wir diese sogenannten „Mollusken-Stöcke" der Tunicaten und Bryozoen, sowie die aequivalenten Pseudo-Cormen von *Viscum* und anderen „einfachen Pflanzenstöcken ohne Stengelglieder" nicht als echte Stöcke oder Cormen betrachten dürfen, sondern als einfache Personen. Die Richtigkeit dieser Auffassung, welche vielleicht Manchem paradox erscheinen könnte, wird durch den Vergleich mit den ähnlichen Coelenteraten-Colonieen vollkommen bestätigt, besonders aber durch die unbefangene Betrachtung derjenigen Mollusken-Stöcke, welche nicht durch die gewöhnliche Form der äusseren Lateral-Knospenbildung entstehen, sondern durch eine davon verschiedene Spaltungs-Art, theils durch eine innere Knospung, welche sich der terminalen Knospenbildung nähert (Salpen) theils durch Strahltheilung oder Diradiation (Ascidiae compositae, Botryllida). Bei den Salpen (ausgenommen *Salpella pinnata* etc.), bei welchen die an dem Knospenstock (Blastorganon) innerlich stattfindende Gemmation mehr oder weniger sich der terminalen nähert, entstehen Ketten, welche den niedersten Metameren-Ketten bei den Würmern (Cestoden) sehr ähnlich sind und gleich diesen deutlich eine einzige Person darstellen. Noch merkwürdiger aber sind die echten Personen derjenigen Tunicaten, bei welchen die Metameren (hier ebenfalls unrichtig „Einzelthiere" genannt) sich fast nach Art der Antimeren strahlig um ein gemeinsames Centralorgan (Kloake) zusammenstellen. Dies ist bei den Botrylliden oder zusammengesetzten Ascidien der Fall, an welche sich *Salpella pinnata* unmittelbar anschliesst. Ein solches sogenanntes „System" von Einzelthieren ist offenbar nur eine einzige Person, und es wird dies dadurch noch bestimmter bewiesen, dass dieselben meistens noch zur Bildung echter Stöcke (Cormen) zusammentreten. Aber auch die verzweigten Personen der Bryozoen unterscheiden sich demnach nur dadurch von den vorher aufgeführten Personen der meisten Pflanzen und höheren Thiere, dass die Metameren-Colonie im letzteren Falle durch terminale, im ersteren durch laterale Knospenbildung aus einem einfachen Metamere entsteht. Daher werden die Metameren-Synusieen hier nicht zu gegliederten Ketten, sondern zu verzweigten Büschen, ähnlich den echten Büschen oder Frutices der Phanerogamen, wie man die von unten auf verästelten Cormen mit rudimentärem Hauptstamme zu nennen pflegt. Immerhin ist der äussere Formunterschied dieser Metameren-Büsche von den Metameren-Ketten so bedeutend, dass es nicht überflüssig erscheint, dieselben als zwei verschiedene Arten von Form-Individuen fünften Ranges neben einander zu stellen; die letzteren kann man Prosopa catenata, die ersteren Prosopa fruticosa nennen.

Wollte man die bisherige Auffassung der Tunicaten- und Bryozoen-Stöcke und der analogen gliederlosen Pflanzenstöcke (*Viscum* etc.) als echte Stöcke oder Cormen beibehalten, so würde dadurch sowohl der festbestimmte morphologische Character der Person als einer Vielheit von verbundenen Metameren, als auch der festbestimmte morphologische Character des Cormus als einer Vielheit von verbundenen Personen vernichtet werden, und wir würden uns ganz ausser Stande sehen, denselben durch irgend eine andere, klare und bestimmte Definition zu ersetzen. Es ist allerdings richtig, dass die sogenannten Stöcke der Mollusken, von *Viscum* etc., äusserlich den echten Stöcken der meisten Phanerogamen und der meisten Coelenteraten weit mehr gleichen, als den einfachen Sprossen derselben und den Personen der Articulaten und Vertebraten. Allein diese äussere Aehnlichkeit ist lediglich durch die gleiche Entstehungsweise, durch die laterale Knospung bedingt, und muss zurücktreten hinter der viel wichtigeren morphologischen Aequivalenz aller Personen als Complexen von Metameren. In den Ketten-Personen ist in der Regel der Zusammenhang der einzelnen Metameren (Zoniten, Internodien) ein viel innigerer als in den Busch-Personen, wo die einzelnen Metameren weit selbstständiger erscheinen. Allein bei den niederen Würmern und insbesondere bei den Cestoden wird auch die physiologische Selbstständigkeit der Internodien so gross, dass man dieselben desshalb irrig als Einzelthier, äquivalent eine Person, aufgefasst hat. Dieser Umstand zeigt deutlich wie allein schon die grössere physiologische Selbstständigkeit eines organischen Individuums dazu verleiten kann, demselben einen höheren morphologischen Rang zuzuschreiben, als dasselbe wirklich besitzt.

Wir können demnach allgemein zwei verschiedene Formen der morphologischen Individualität fünfter Ordnung unterscheiden:

I. Ketten-Personen (Prosopa catenata), entstanden durch terminale Knospenbildung der Metameren: „Eigentliche Individuen" oder Personen der Wirbelthiere, der meisten Gliederthiere (aller Arthropoden, Anneliden und vieler niederer Würmer, Bandwurmketten etc.), aller Echinodermen und der meisten Coelenteraten; gegliederte (aus Internodien zusammengesetzte) Sprosse der Pflanzen (der meisten Phanerogamen und höheren Cryptogamen).

II. Busch-Personen (Prosopa fruticosa), entstanden durch laterale Knospenbildung der Metameren: Sogenannte Stöcke (Pseudo-Cormen) der Mollusken (Tunicaten, Bryozoen), vieler Coelenteraten (ohne Rumpfgliederung) und einzelner Phanerogamen (ohne Stengelgliederung) *Viscum* etc., sowie vieler Cryptogamen.

VI. Morphologische Individuen sechster Ordnung:

Stöcke oder Cormen.

Den höchsten Grad morphologischer Vollendung in der Zusammensetzung aus verschiedenen Individualitäten finden wir bei denjenigen Organismen, bei welchen eine Vielheit von Personen oder Sprossen sich zu der höheren Einheit des Stockes oder Cormus verbindet. Es ist dies die sechste und letzte Stufe, welche der Organismus in seiner fortschreitenden Structur-Verwickelung erreicht.

Unter Stock oder Cormus verstehen wir ausschliesslich diejenige organische Formeinheit, welche aus einer Vielheit von Personen oder Form-Individuen fünfter Ordnung zusammengesetzt ist. In dieser ihrer Eigenschaft als untergeordnete Bestandtheile eines Stockes bezeichnen wir die Personen mit dem Namen der Sprosse oder Blasten. Wir schliessen also aus dem morphologischen Begriffe des Cormus alle diejenigen stockähnlichen Bildungen aus, welche sowohl in der Botanik als in der Zoologie sehr oft als Stöcke bezeichnet werden, ohne wirkliche Cormen zu sein. Als solche Pseudo-Cormen haben wir im vorigen Abschnitt die sogenannten Stöcke der meisten Tunicaten und Bryozoen kennen gelernt, welche bloss den Rang der Personen besitzen. Solche falsche Stöcke sind ferner die sogenannten Stöcke vieler niederer Pflanzen und Protisten, bei welchen die Componenten des stockähnlichen Gebildes nicht Individuen fünfter, sondern erster Ordnung sind, einfache Cytoden oder Zellen (z. B. die Stöcke der Diatomeen, Volvocinen und vieler Thallophyten, besonders Algen). Alle diese Scheinstöcke oder Pseudocormen stimmen nur darin mit den echten Stöcken oder Cormen überein, dass sie (meistens ziemlich lockere) Verbindungen von Individuen einer subordinirten Ordnung darstellen, niemals aber von echten Individuen fünfter Ordnung. Es ist also lediglich die Zusammensetzung aus untergeordneten Individualitäten, meistens noch verstärkt durch eine äussere Aehnlichkeit, welche zu der allgemeinen Verwechselung der echten mit den Scheinstöcken geführt hat. Besonders die Art der äusseren Spaltung, nämlich die laterale Knospenbildung, welche Beiden gemeinsam ist, scheint jenen Mangel einer sehr wichtigen Unterscheidung bewirkt zu haben. Bei vielen Scheinstöcken von Diatomeen, Flagellaten, Algen und Nematophyten sind es einzelne Plastiden, bei den vorher besprochenen Scheinstöcken von *Viscum*, von den Bryozoen und Tunicaten sind es einzelne Metameren, welche durch fortgesetzte lat rale Knospenbildung ganz ähnliche verzweigte Bildungen produciren, wie die stockbildenden Personen. Es ist aber für die allgemeine Morphologie von der grössten Wichtigkeit, den wesentlichen Unterschied zwischen diesen echten Stöcken sechster Ordnung und jenen falschen Scheinstöcken fünfter Ordnung (Personen) oder zweiter Ordnung (Organen) zu erkennen. Der Ausdruck Colonie oder Gemeinde (Synusie) lässt sich auf alle diese stockartigen Verbindungen gemeinsam anwenden und bedeutet nichts als die Vereinigung einer Vielheit von Individuen niederer Ordnung zu einer morphologischen Einheit höherer Ordnung. Der echte Stock oder Cormus aber ist eine ganz bestimmte Art dieser Colonieen, nämlich nur diejenige, höchste und vollkommenste Art, welche aus Individuen fünfter Ordnung oder Personen zusammengesetzt ist.

Da der Cormus die höchste und letzte von allen sechs Individualitäts-Ordnungen ist, so kann er niemals als integrirender Bestandtheil einer höheren Ordnung auftreten, wie alle fünf untergeordneten Individualitäten und es fällt daher in gewissem Sinne stets die morphologische und physiologische Individualität in ihm zusammen. Da der morphologische Character der Person oder des Sprosses, wie wir vorher sahen, ein ganz bestimmter ist, so muss auch gleicherweise derjenige des Stockes, welcher stets eine Vielheit von Sprossen ist, vollkommen fest bestimmt sein. Jeder Stock besteht demnach nicht allein aus einer Mehrheit von Personen, sondern auch natürlich aus einer Mehrheit von Metameren, Antimeren, Organen und Plastiden, weil ja jeder einzelne Spross allein schon eine Vielheit von diesen vier untergeordneten Individualitäten repräsentirt.

Die echten Stöcke oder Cormen erreichen ihre höchste Entwickelung und weiteste Verbreitung im Pflanzenreiche, wo die allermeisten Phanerogamen und höheren Cryptogamen sich zu festsitzenden Stöcken entwickeln. Nur sehr wenige Phanerogamen bleiben auf einer niedrigeren Stufe der Individualität stehen, wie z. B. *Viscum* (als Busch-Person) und die „einfachen" (nicht verästelten) Pflanzen (als Ketten-Personen) auf der Stufe der Person. Ausnahmsweise kommen solche ganz einfache Personen (astlose Hauptsprosse mit einer einzigen einfachen Blüthe) auch bei solchen Species vor, die gewöhnlich einen verzweigten Stock bilden, z. B. *Radiola millegrana, Erythraea pulchella, Saxifraga tridactylites.* Constant auf der Stufe des Metameres (oder selbst des Antimeres?) bleibt das actuelle Bion bei *Lemna* stehen.

Im Protistenreiche scheinen echte Stockbildungen im Ganzen sehr selten zu sein. Es lassen sich, wie oben bemerkt wurde, nur die Colonieen der Radiolarien (Polycyttarien) und der Spongien mit vielen Osculis (*Clathria, Halichondria* etc.) dahin rechnen. Jedoch verharrt auch hier, wie bei den meisten Protisten, die Individualität überhaupt auf einer so niederen Stufe der Differenzirung, dass man selbst gegen jene Deutung erhebliche Zweifel geltend machen könnte. Die meisten sogenannten Stöcke der Protisten (z. B. Diatomeen, Flagellaten) sind falsche Stöcke, die nur den morphologischen Rang von Individuen zweiter Ordnung (Organen) beanspruchen können.

Viel weniger ausgedehnt und entwickelt, als bei den Pflanzen, ist die echte Stockbildung im Thierreiche, wo dieselbe ausschliesslich auf wenige Formen des Mollusken-Stammes und auf viele Thiere des Coelenteraten-Phylum beschränkt bleibt. Gänzlich fehlt dieselbe im Stamme der Wirbelthiere und Gliederthiere. Was man bei den niedersten Gruppen der letzteren, bei den niederen Anneliden und den socialen Cestoden als Stöcke bezeichnet hat, sind in der That nur Ketten-Personen, (gleich den Arthropoden und Vertebraten) und was man „eigentliche Individuen" (äquivalent den Personen) genannt hat (Proglottiden oder Glieder) sind Metameren. Nur einige Anneliden stellen vorübergehend das Bild von echten Stöcken dar, so lange nämlich als mehrere durch terminale Knospung hinter einander entstandene Personen (Metameren-Ketten) mit einander vereinigt bleiben. Da dieselben sich jedoch nach ihrer vollständigen Ausbildung alle vom elterlichen Thiere ablösen, bleiben sie niemals dauernd in dieser eigenthümlichen Bildung eines „Ketten-Stockes" vereinigt. Was man bei dem Stamme der Mollusken, in den Klassen der Tunicaten und Bryozoen als Stockbildung bezeichnet hat, sind grösstentheils falsche Stöcke vom Range der Personen, und zwar gewöhnlich Busch-Personen (die meisten Bryozoen und Tunicaten), seltener Ketten-Personen (Salpen). Die sogenannten „solitären" Tunicaten (*Doliolum*, solitäre Generation von *Salpa, Phallusia* etc.) sind Bionten vom Formen-Werthe der Metameren, wie alle höheren Mollusken. Echte Stöcke giebt es nur bei sehr wenigen niederen Mollusken, nämlich bei den Botrylliden oder „Ascidiae compositae," und bei den gegliederten Bryozoen. Bei den Botrylliden sind die Cormen aus den sogenannten „Systemen" zusammengesetzt. Jedes System ist ein morphologisches Individuum fünfter Ordnung, eine Person, zusammengesetzt aus mehreren (meist 5—10, oft aber auch über hundert) Metameren, welche hier aber nicht longitudinal, sondern radial, Antimeren ähnlich, um eine einzige gemeinsame Egestionsöffnung (Kloake) gruppirt sind. Gewöhnlich werden dieselben als „eigentliche" Individuen oder Einzelthiere betrachtet, verdienen aber vielmehr, wie vorher gezeigt wurde, als Metameren aufgefasst zu werden. Man könnte vielleicht geneigt sein, dieselben wegen ihrer radialen Zusammenordnung lieber nur als Antimeren aufzufassen. Allein offenbar ist hier diese Anordnung nicht von maassgebender Bedeutung, da auch bei *Salpa pinnata* (und den ähnlichen Salpellen) die Metameren in einem Kreise um eine Längsaxe stehen, während sie bei den übrigen Salpen bald schief, bald ganz quer in regelmässig gegliederte Ketten gestellt sind. Die „Bryozoa articulata" aus der Gruppe der Chilostomen (Catenicelliden, Cellulariden und

Salicornariden) zeichnen sich vor den übrigen Bryozoen dadurch aus, dass alle einzelne Zweige (Personen) des Stockes deutlich gegliedert, aus Metameren zusammengesetzt und mithin der Stock ein echter Cormus ist. Dasselbe gilt auch von der Mehrzahl der Coelenteraten-Stöcke, wo die Gliederung der Personen, ihre Zusammensetzung aus Metameren, sowohl bei den Anthozoen als Hydroidpolypen meist deutlich ausgesprochen ist. Doch kommen daneben auch vielfach falsche Scheinstöcke ohne Gliederbildung vor, zusammengesetzt aus Bionten vom Werthe der Metameren, welche sich zu Busch-Personen vereinigt haben. Die Echinodermen gelten gewöhnlich sämmtlich für „einfache Individuen", d. h. Personen und man nimmt an, dass ihnen Stockbildung gänzlich fehlt. Indessen ist es uns, wie wir im sechsten Buche näher zeigen werden, höchst wahrscheinlich, dass alle Echinodermen echte Cormen sind, nämlich Articulaten-Stöcke, entstanden durch radiale Verbindung von (meistens fünf) gegliederten Würmern, welche sich in ähnlicher Weise eine gemeinsame Ingestionsöffnung bildeten, wie die Botrylliden unter den zusammengesetzten Ascidien sich eine gemeinsame Egestionsöffnung (Kloake) gebildet haben. Diese Hypothese scheint uns sowohl in der anatomischen Verwandtschaft der Echinodermen und Würmer, als besonders in ihrer Entwickelungsgeschichte begründet zu sein. Es würden in diesem Falle die Echinodermen für die vollkommensten von allen Thierstöcken zu halten sein, bei denen die Centralisation des Cormus, die einheitliche Ausbildung des ganzen Stockes ihren höchsten Grad erreicht hat.

Die allermeisten Cormen entstehen, wie wir im achtzehnten Capitel sehen werden, durch laterale Knospenbildung von Personen und bleibende Vereinigung dieser Sprosse. Dahin gehören die allermeisten Stöcke der Phanerogamen und der Hydroidpolypen. Auch sehr viele Anthozoenstöcke entstehen durch diesen Spaltungs-Modus. Andere Anthozoen, und zwar vorzugsweise die Astraeiden, entstehen durch unvollständige Längstheilung und Diradiation von Personen. Viel seltener, und bei den Phanerogamen, wie es scheint, nur als Monstrosität, findet sich die Selbsttheilung von Personen im Pflanzenreiche vor, wo sie zu der eigenthümlichen Stockform führt, welche man Fasciation nennt (sehr eigenthümlich z. B. bei der Hahnenkammpflanze, *Celosia cristata*, und bei einigen monströsen Cacteen, *Mammillaria* etc.).

Die verschiedenen Formen der Stöcke sind ausserordentlich mannichfaltig und bieten in den beiden Stämmen der Cormophyten und Coelenteraten zahlreiche und oft sehr auffallende Analogieen dar. Hauptsächlich ist hierbei bestimmend die Eigenthümlichkeit der ersten Person (Hauptspross, Blastus primarius) von welcher die Knospenbildung ausgeht, und ihr Verhältniss zu den übrigen Sprossen oder Seitensprossen (Blasti secundarii). Je stärker sich die Hauptaxe im Verhältniss zu den Seitensprossen entwickelt, je mehr sie über diese das Uebergewicht behält, desto entschiedener tritt der individuelle Character des Cormus hervor; je weniger dies der Fall ist, desto mehr erscheint der ganze Stock nur als ein Aggregat von coordinirten Personen (Sympodium).

Je nach der unterirdischen oder oberirdischen Entwickelung des Hauptsprosses (Blastus primarius) und je nach dem gegenseitigen Verhalten des Hauptsprosses zu den Seitensprossen (Blasti secundarii), sowie nach der Differenzirung der letzteren in geschlechtslose und geschlechtlich entwickelte, lassen sich bei den Pflanzenstöcken zahlreiche, mit sehr verschiedenen Namen benannte Stockformen unterscheiden. Zunächst kann man als zwei Hauptgruppen allgemein einfache und zusammengesetzte Stöcke trennen. Einfache Stöcke (Cormi simplices) nennen wir solche, bei denen entweder alle Sprosse sexuell sind, oder bloss der Hauptspross geschlechtslos, alle Nebensprosse aber geschlechtlich entwickelt sind, z. B. alle unverästelten einjährigen Gräser, jede einjährige verästelte Pflanze, bei welcher alle Aeste terminale Blüthen tragen, einfache Pflanzen mit einer einzigen Doldenblüthe, z. B. *Androsace maxima,* einfache, unverästelte, einjährige Compositen mit einem einzigen Blüthenköpfchen. Letztere finden sich z. B. bei *Arnoseris pusilla, Anacyclus officinalis* und ausnahmsweise bei *Erigeron canadense, Chrysanthemum segetum* etc. Zusammengesetzte Stöcke (Cormi compositi) dagegen sind solche, bei denen nicht bloss der Hauptspross, sondern auch ein Theil der Nebensprosse geschlechtslos, der übrige Theil der Nebensprosse geschlechtlich differenzirt ist, wie dies bei den allermeisten Phanerogamen der Fall ist. Unter diesen unterscheiden die Botaniker dann weiter einjährige Stöcke oder Stengel (Caules) und mehrjährige zusammengesetzte Stöcke oder Stämme (Trunci). Ferner nennen dieselben solche Pflanzen, welche unterirdische Stämme und oberirdische Stengel haben, Stauden (Suffrutices), sodann Stämme, welche von unten auf verästelt sind, ohne Vorherrschen des Hauptstammes, Büsche (Frutices), und endlich Stämme, deren untere Aeste bald absterben, so dass die oberen eine Krone bilden, Bäume (Arbores).

Ganz ähnliche Unterschiede in der Stockbildung, wie diese bei den Phanerogamen eingeführten, liessen sich dann auch bei den Coelenteraten machen, welche echte Stöcke bilden, bei den Anthozoen und Hydromedusen. Indessen sind hier auch verschiedene andere, namentlich die durch longitudinale Theilung entstandenen Stockformen zu berücksichtigen, welche im Pflanzenreiche entweder gar nicht oder nur bei den Thallophyten vorkommen. Ferner würde man hier insbesondere zu unterscheiden haben zwischen solchen Stöcken, welche gleich den meisten Phanerogamen aus Ketten-Personen, zusammengesetzt sind, und solchen, welche bloss aus Busch-Personen bestehen. Zu letzteren, die man Busch-Stöcke (Cormi fruticosi) nennen kann, gehören die Mollusken-Stöcke der Botrylliden und vieler Bryozoen, zu ersteren, die man Glieder-Stöcke (Cormi articulati) nennen kann, die meisten Coelenteraten-Stöcke. Da jedoch dieselben sehr schwierig zu classificiren und bisher nicht mit genügender Logik untersucht sind, so können wir auf eine Aufzählung derselben hier verzichten.

Für eine naturgemässe Erkenntniss der echten Stöcke und ihres Verhältnisses zu den untergeordneten Form-Individuen, sowie für eine richtige tectologische Beurtheilung des Verhältnisses der sechs Individualitäts-Ordnungen zu einander ist keine Thiergruppe von solcher hohen Bedeutung, wie die der Coelenteraten, und insbesondere die Abtheilungen der Siphonophoren und der stockbildenden Corallenthiere (Anthozoen). Die vollkommene morphologische Parallele derselben mit den Phanerogamen lässt sich durch alle sechs Ordnungen der morphologischen Individualität und sogar durch ihre untergeordneten Neben-Kategorieen hindurchführen. Als zusammengesetzter Stock entspricht der blühende Baum vollständig dem geschlechtsreifen Corallenstock. Beide sind aus einer Vielheit vom geschlechtlichen und ungeschlechtlichen Personen aufgebaut. Jede Person, jeder Blüthenspross des Baums, jeder „Polyp" des Corallenstocks, besteht wiederum aus einer Vielheit von Metameren oder Stengelgliedern (Blattkreise der Blüthe, Stockwerke der Polypen), und aus einer Vielheit von Antimeren („Strahlstücken.") Jedes Metamer und jedes Antimer ist eine Vielheit von Organen verschiedener Ordnung, von Epimeren (Glieder der einzelnen Blätter, der einzelnen Tentakeln) und von Parameren (Hälften der eudipleuren Blätter und Tentakeln). Endlich ist zuletzt jede dieser morphologischen Einheiten eine Vielheit oder Synusie von mehreren verbundenen Form-Individuen erster Ordnung oder Plastiden.

Zehntes Capitel.

Physiologische Individualität der Organismen.

„Das Anerkennen eines Neben-, Mit- und Ineinanderseins und Wirkens verwandter lebendiger Wesen leitet uns bei jeder Betrachtung des Organismus und erleuchtet den Stufenweg vom Unvollkommenen zum Vollkommenen."

Goethe.

I. Die Plastiden als Bionten.

Physiologische Individuen erster Ordnung.

Jede der sechs wesentlich verschiedenen Formeinheiten, welche wir im vorigen Capitel als sechs verschiedene Ordnungen der morphologischen Individualität unterschieden haben, tritt bei gewissen Organismen-Arten als physiologisches Individuum oder Bion auf. Wir haben mit diesem Ausdruck diejenige einheitliche Raumgrösse bezeichnet, welche als lebendiger Organismus, als centralisirte Lebenseinheit, vollkommen selbstständig längere oder kürzere Zeit hindurch eine eigene Existenz zu führen vermag; eine Existenz, welche sich in allen Fällen in der Bethätigung der allgemeinsten organischen Function äussert, in der Selbsterhaltung durch Stoffwechsel. Auch andere Lebensfunctionen, die Fortpflanzung oder die Erhaltung der Art, sowie die Vermittelung ihrer Beziehungen zur Aussenwelt, z. B. durch Ortsbewegungen, vermag das physiologische Individuum zu verrichten, ohne dass jedoch die Verrichtung dieser Functionen als nothwendig zum Begriffe des Bion betrachtet werden müsste. Das Bion oder Functions-Individuum ist demnach keineswegs, wie das morphologische Individuum, eine untheilbare Raumgrösse, die wir im Momente der Beurtheilung als unveränderlich anzusehen haben (untheilbar in dem Sinne, dass wir keinen Theil von ihr wegnehmen können, ohne ihren Character als Form-Individuum zu vernichten). Vielmehr ist das physiologische Individuum eine einheitliche, zusammenhängende Raumgrösse, welche wir als solche längere oder kürzere Zeit hindurch leben, d. h. sich in der allgemeinen Lebensbewegung, im Stoffwechsel, erhalten sehen, und welche wir also im Momente der Beurtheilung als veränderlich ansehen; auch können sich Theile von dem Functions-Individuum ablösen, ohne dass seine Individualität, d. h. sein Fortbestehen als selbstständige Lebenseinheit dadurch gefährdet wird, und wenn das Bion sich fortpflanzt, geschieht sogar diese Ablösung von Theilen, die sich zu neuen Bionten zu entwickeln vermögen, regelmässig. Wir können demnach den wichtigen Unterschied zwischen der morphologischen und physiologischen Individualität kurz dahin zusammenfassen: *Das physiologische Individuum (Bion) ist eine einzelne organische Raumgrösse, welche als centralisirte Lebenseinheit der Selbsterhaltung fähig und zugleich theilbar ist, und welche wegen der mit diesen Functionen verbundenen Bewegungen nur als eine in verschiedenen Zeitmomenten veränderliche erkannt werden kann. Das morphologische Individuum (erster bis sechster Ordnung) dagegen ist eine einzelne organische Raumgrösse, welche als vollkommen abgeschlossene Formeinheit untheilbar ist, und welche in diesem ihren Wesen nur als eine in einem bestimmten Zeitmomente unveränderliche erkannt werden kann.*

Wie wir bereits oben zeigten (p. 266) vermag jede der sechs morphologischen Individualitäten verschiedener Ordnung, welche im vorigen Capitel characterisirt wurden, die physiologische Individualität zu repräsentiren, und jedes Bion, welches als der reife Repräsentant der Species einen höheren morphologischen Individualitäts-Grad besitzt, muss, falls es sich aus einem befruchteten Ei oder einer unbefruchteten Plastide (Spore) entwickelt, während seines Entwickelungs-Cyclus alle vorhergehenden niederen Individualitäts-Grade durchlaufen haben. Dieses wichtige Verhältniss wird im siebzehnten Capitel näher erläutert werden, woselbst auch das physiologische Individuum als die Einheit des individuellen Entwickelungs-Kreises eingehender wird gewürdigt werden. Hier ist unsere Aufgabe nur, nachzuweisen, dass in der That jede der sechs morphologischen Individualitäts-Stufen als Bion fungiren kann. Es wird jedoch, bevor wir in dieser Beziehung die sechs verschiedenen Ordnungen organischer Form-Einheiten durchgehen, nothwendig sein, zu unterscheiden zwischen drei wesentlich verschiedenen Erscheinungsweisen oder Arten der physiologischen Individualität, welche allgemein als das actuelle Bion (oder das Bion im engeren Sinne), das virtuelle oder potentielle Bion und das partielle oder scheinbare Bion bezeichnet werden können.

I. Actuelles Bion oder physiologisches Individuum im engeren Sinne ist jedes vollständig entwickelte organische Individuum, welches den höchsten Grad morphologischer Individualität erreicht hat, der ihm als reifen, ausgewachsenen Repräsentanten der Species zukommt. Dieser Grad ist für jede organische Species ein bestimmter. Es ist also z. B. das actuelle Bion bei den Phanerogamen ein morphologisches Individuum sechster, bei den Wirbelthieren fünfter, bei den meisten Mollusken vierter, bei den Spongien (?) dritter, bei den Volvocinen zweiter, bei den einzelligen Algen erster Ordnung.

II. Virtuelles Bion oder potentielles physiologisches Individuum ist jedes unentwickelte organische Individuum, so lange es noch nicht den höchsten Grad morphologischer Individualität erreicht hat, welcher ihm als reifen, ausgewachsenen Repräsentanten der Species zukommt, und zu welchem es sich entwickeln kann. Dieser Grad ist zu verschiedenen Zeiten, in verschiedenen Stadien oder Perioden der individuellen Entwickelung ein verschiedener. Es ist also z. B. beim Menschen und bei den Wirbelthieren überhaupt das virtuelle Bion zuerst ein morphologisches Individuum erster (Ei), dann zweiter (Blastoderma), dann dritter (Embryonal-Anlage ohne Primitivstreif), dann vierter (Embryo mit Primitivstreif), dann endlich fünfter Ordnung (Embryo mit Primitivrinne und Urwirbelkette). Bei den Anthozoen, welche Stöcke bilden, z. B. den Astraeiden, ist das virtuelle Bion im ersten Stadium der Entwickelung (als einfaches Ei) ein morphologisches Individuum erster, dann (als kugeliger Zellenhaufen) zweiter, dann (als protaxonier, noch nicht diradiirter Körper) dritter, darauf (als diradiirter Körper mit sechs Antimeren) vierter, dann (als Polyp mit gegliederter Hauptaxe, nachdem die horizontalen Böden, Tabulae, ausgebildet sind) fünfter, endlich (nachdem die Stockbildung durch Theilung oder Knospenbildung begonnen hat) sechster Ordnung. Bei den Phanerogamen lassen sich die gleichen sechs Stufen oder Ordnungen der morphologischen Individualität, welche das virtuelle Bion während seiner Entwickelung bis zum actuellen durchläuft, folgendermaassen ordnen: erste Stufe: Embryobläschen (Ei); zweite Stufe: Vorkeim (Proembryo); dritte Stufe: Keim (Embryo) ohne Cotyledonen; vierte Stufe: Keim (Embryo) mit Cotyledonen; fünfte Stufe: Keim (Embryo) mit Cotyledonen und Plumula (Internodien); nach dem Keimen: junge einfache Pflanze; sechste Stufe: verzweigte Pflanze (Stock). Jeder Organismus also, welcher als actuelles Bion ein morphologisches Individuum zweiter oder höherer Ordnung ist, muss vorher die vorhergehenden Individualitäts-Stufen als virtuelles Bion durchlaufen haben. Hier tritt mithin das virtuelle Bion als regulärer, in periodischem Cyclus sich wiederholender Entwickelungszustand auf und ist zuerst, als Ei oder Spore, eine einfache Plastide, ein Form-Individuum erster Ordnung, welches einen abgelösten Bestandtheil des actuellen elterlichen Bion bildete. Es kann aber auch bei vielen Organismen jeder einzelne Körpertheil unter Umständen als virtuelles Bion auftreten, d. h. sich zum actuellen Bion entwickeln, wie es bei der *Hydra* der Fall ist und bei zahlreichen Pflanzenarten, wo viele einzelne Zellen oder Zellgruppen des Körpers eine so ausgezeichnete Reproductions-Fähigkeit besitzen, dass sie sich, losgelöst vom elterlichen Organismus, vom actuellen Bion, selbst wieder zu einem solchen ergänzen und heranbilden können.

III. Partielles Bion oder scheinbares physiologisches Individuum ist jeder Theil eines organischen Individuums welcher die Fähigkeit besitzt, nach seiner Ablösung von dem potentiellen oder a tuellen Bion längere oder kürzere Zeit sich selbst zu erhalten und als scheinbares selbstständiges Bion seine Existenz unabhängig fortzuführen, ohne sich jedoch zum actuellen Bion entwickeln zu können. Das scheinbare oder partielle Bion vermag niemals, wie das virtuelle, sich zum Ganzen zu reproduciren und zum actuellen Bion durch selbstständiges Wachsthum allmählich sich auszubilden. Vielmehr geht es zu Grunde, nachdem es eine Zeit lang sich erhalten, und bisweilen während dieser Zeit eine bestimmte Function (z. B. die Fortpflanzung) ausgeübt hat. So ist es z. B. mit dem Hectocotylus der Cephalopoden (einem Organ), mit der Proglottis der Cestoden (einem Metamer), mit dem männlichen Blüthen-Spross der *Vallisneria* (einer Person), welche sich von einem actuellen Bion höherer Ordnung abgelöst haben. Wie man sieht, ist der Begriff dieses partiellen oder scheinbaren Bion ein sehr weiter und unbestimmter, und es kommt ihm bei weitem nicht die hohe Bedeutung zu, wie dem wesentlich verschiedenen virtuellen und actuellen Bion. Doch haben die meisten früheren Versuche, die organische Individualität zu bestimmen, gerade auf das partielle Bion einen ausserordentlich hohen Werth gelegt, und es ist deshalb wohl nicht überflüssig, dasselbe als eine dritte Erscheinungsweise der physiologischen Individualität neben dem virtuellen und actuellen Bion aufzuführen.

Wenn wir oben wiederholt den wichtigen Satz hervorhoben, dass jede der sechs morphologischen Individualitäten als Bion oder physiologisches Individuum auftreten kann, so gilt dies von allen drei Erscheinungsformen des letzteren. Sowohl das actuelle, als das virtuelle, als endlich auch das partielle Bion kann durch jede der sechs morphologischen Individualitäts-Formen repräsentirt werden. Wir bekommen so achtzehn mögliche organische Lebenseinheiten, welche wir jetzt nach einander in aufsteigender Linie betrachten wollen. Wir werden zuerst von jeder morphologischen Individualitätsstufe das actuelle Bion als das wichtigste, nächstdem das virtuelle Bion und zuletzt das partielle Bion in Betracht ziehen. Wir beginnen mit dem morphologischen Individuum erster Ordnung, der Plastide.

I. A. Die Plastiden als actuelle Bionten.

Die Cytoden und Zellen, welche wir oben als Plastiden oder Form-Individuen erster Ordnung zusammengefasst haben, sind von allen sechs Individualitätsstufen die bei weitem am meisten verbreitete, insofern alle Organismen, welche sich aus Eiern (Zellen) oder Sporen (Keimplastiden) entwickeln, in ihrem ersten Jugendzustande als virtuelle Bionten den Formwerth einfacher Plastiden besessen haben. Aber auch als actuelle Bionten sind die Cytoden und Zellen von sehr grosser Bedeutung, und es gehören hierher alle jene monoplastiden Organismen, welche man gewöhnlich als „einzellige" zu bezeichnen pflegt. Gegen diesen Ausdruck ist aber zu erinnern, dass es sowohl einfache Zellen, als auch einfache Cytoden giebt, welche selbstständige Species repräsentiren, und also den wirklichen Werth von actuellen Bionten besitzen.

Die Zellen und Cytoden, als die beiden Hauptgruppen aller Plastiden-Formen, haben wir oben in je zwei untergeordnete Gruppen geschieden, je nachdem sie eine Membran (Schale) besitzen, oder nicht (p. 275). Wir erhielten so die vier Kategorieen der Gymnocytoden, Lepocytoden, Gymnocyten und Lepocyten. Alle vier Plastiden-Arten kommen als actuelle Bionten vor, besonders häufig im Protistenreiche, seltener im Pflanzenreiche.

Einfache Gymnocytoden oder Urklumpen, also einfache Plasmaklumpen ohne Kern und ohne Schale oder Membran, finden sich als actuelle Bionten in dem Stamme der Moneren, wo die Protamoeben, Protogeniden und Vibrionen zeitlebens auf dieser niedrigsten Individualitätsstufe stehen bleiben. Wahrscheinlich gehört auch *Actinophrys sol* hierher, deren einfacher nackter Sarcode-Körper keine Kerne einschliesst.

Weit zahlreicher und mannichfaltiger erscheinen die Lepocytoden oder Hautklumpen entwickelt, welche als actuelle Bionten zahlreiche Species des Protistenreiches und der niederen Pflanzen-Stämme, besonders der Algen bilden. Wir rechnen hierher alle sogenannten

„einzelligen“ Pflanzen und Protisten, welche keinen Kern besitzen, also in Wahrheit noch keine Zelle, sondern bloss eine Cytode darstellen, einen Plasmaklumpen, welcher von einer Schale oder Membran total oder partiell umschlossen ist. Zu den merkwürdigsten der hierher gehörigen niederen Pflanzen sind diejenigen colossalen Siphoneen zu rechnen (*Caulerpa, Bryopsis* etc.), welche vollständig die differenzirten Formen höherer Pflanzen mit Wurzeln, Stengel, Aesten und Blättern nachahmen, aber dennoch trotz ihrer beträchtlichen Grösse nur aus einer einzigen, sehr grossen Lepocytode bestehen, einem kernlosen Plasmaschlauche, welcher von Cellulose-Haut umgeben ist und verschiedene „innere Plasmaproducte“ einschliesst. Nicht minder merkwürdig sind die unendlich mannichfaltigen und zum Theil höchst complicirt gebauten Formen der Polythalamien und vieler anderen Rhizopoden, deren ganzer weicher Körper nur aus einem einzigen homogenen Plasmaklumpen ohne Kern besteht, und bei dem die Membran durch eine gewöhnlich kalkige Schale von äusserst verwickelter Structur ersetzt wird. Man pflegt zwar meistens diese Acyttarien, und namentlich die Polythalamien, nicht als monoplastide Organismen aufzufassen, sondern als „vielzellige“, und sagt, dass ihr nicht differenzirter weicher Protoplasmakörper „aus verschmolzenen Zellen“ zusammengesetzt sei. Richtiger wäre aber wohl zu sagen, dass derselbe „noch nicht in Zellen differenzirt“ sei, da bisher noch zu keiner Zeit des Lebens echte Zellkerne in dem Protoplasma-Leibe der meisten Acyttarien nachgewiesen sind. Einzelne Ausnahmen *(Gromia)* können sich immerhin trotzdem zu wirklicher Zellen-Differenzirung erheben, indem Kerne in dem Plasma auftreten. Diese sind dann schon Form-Individuen zweiter Ordnung.

Unter den Gymnocyten oder Urzellen, den einfachen nackten Zellen, welche als actuelle Bionten auftreten, sind vor Allen die echten Amoeben höchst bemerkenswerth, die merkwürdigen, in allen Gewässern so verbreiteten Formen, welche uns als selbstständige Species dauernd einen Form-Zustand repräsentiren, den wir bei vielen höheren Organismen nur als vorübergehenden Embryonal-Zustand (virtuelles Bion) oder als integrirenden Bestandtheil (partielles Bion) von Geweben (Blut, Lymphe) kennen. Neuerdings ist man zwar sehr geneigt, alle Amoeben als solche virtuelle oder partielle Bionten zu betrachten, und es ist in der That sehr schwierig, durch irgend welche Mittel den bestimmten Beweis zu liefern, dass nicht alle Amoeben blosse frei gewordene Gewebsbestandtheile oder Entwickelungszustände anderer Organismen sind; aber eben so schwer oder vielmehr unmöglich ist der Beweis des Gegentheils, und daher scheint uns immer noch die Annahme sicherer und hinlänglich gerechtfertigt, dass es wirklich auch Amoeben als selbstständige „Species“, d. h. als actuelle Bionten giebt.

Insbesondere dürften hierher diejenigen Amoeben gehören, welche durch besondere constante und characteristische Structur-Verhältnisse ausgezeichnet sind, wie z. B. die *Amoeba quadrilineata* von Carter.

Weit häufiger und verschiedenartiger als die Urzellen, sind die Hautzellen oder Lepocyten, welche als actuelle Bionten im Reiche der Protisten und der niederen Pflanzen auftreten. Es gehören hierher alle echt „einzelligen" Organismen mit Schale oder Membran, d. h. alle jene, bei welchen die reife ausgebildete Species den Form-Werth einer einzigen einfachen und vollkommen selbstständigen, von einer Membran umgebenen Zelle hat. Jeder Organismus, welcher als actuelles Bion eine Hautzelle darstellt, muss also als solche aus drei wesentlichen Bestandtheilen zusammengesetzt sein, aus einem inneren Kern, einem diesen umschliessenden Plasmaklumpen und einer äusseren Membran. Dies ist der Fall bei vielen Protisten verschiedener Stämme, z. B. allen einkernigen Protoplasten (einzelligen Arcelliden und Gregarinen), vielen solitären Flagellaten (Cryptomonaden, Astasiaeen, Peridinien), allen solitären Diatomeen (z. B. *Coscinodiscus, Navicula* etc.). Aus dem Pflanzenreiche gehören hierher alle echten (d. h. kernhaltigen) einzelligen Algen, welche nicht zu Colonieen vereinigt, sondern solitär leben, z. B. *Hydrocytium*, und alle Desmidiaceen, welche als actuelle Bionten eine einzige Zelle mit einem einzigen Kerne bilden. Die Membran, welche den Character der Lepocyten ausspricht, kann entweder vollständig geschlossen sein, wie bei den letzterwähnten Algen und bei den Gregarinen, oder theilweise unvollständig, so dass das eingeschlossene Plasma aus den Spalten oder Löchern hervortreten kann, wie bei den Diatomeen (nach Max Schultze's neuesten Beobachtungen), Flagellaten (wo die Geissel aus einem Schalenspalt vortritt) und Arcelliden (wo die Pseudopodien aus der Schalenmündung vortreten). Die Membran oder Schale besteht bei den Diatomeen und vielen Peridinien aus Kieselerde, bei vielen Flagellaten aus Cellulose, bei anderen aus einer stickstoffhaltigen organischen Substanz.

I. B. Die Plastiden als virtuelle Bionten.

Der Fall, dass die potentielle physiologische Individualität durch Plastiden oder Form-Individuen erster Ordnung repräsentirt wird, ist, wie vorher bemerkt, der häufigste von allen, insofern nicht allein sämmtliche so eben aufgezählte Organismen, welche als actuelle Bionten den Formwerth einer Plastide haben, diesen während der ganzen Zeitdauer ihrer Existenz besitzen, sondern auch alle höheren Organismen (zweiter bis sechster morphologischer Ordnung), welche sich aus einem einfachen Ei (Zelle) oder Spore (Keimplastide) entwickeln, in dieser ersten Zeit ihrer Existenz als einfache Plastiden, also als virtuelle

Bionten erster Ordnung auftreten. Alle diese Keime von dem Formwerthe einer einfachen Plastide vermögen sich unmittelbar zu einem Organismus zu entwickeln, der als reifes Bion den morphologischen Werth eines Plastiden-Complexes besitzt.

Solche virtuelle Bionten erster Ordnung sind also alle wirklich einzelligen Eier der Thiere (mithin die mehrzelligen Insecten-Eier ausgenommen?), ferner die Embryobläschen oder Keimbläschen (oder echten Eier) der Phanerogamen, die Archegonium-Centralzellen und die einfachen (monoplastiden) Sporen oder Keimplastiden der Cryptogamen und vieler Protisten etc. Aber ausser diesen regulären Fortpflanzungszellen, welche auf dem ordinären Wege der Zeugungskreise die Erhaltung der Art bewirken, müssen auch alle jene einfachen Plastiden hierher gerechnet werden, welche, von irgend welchen Theilen eines actuellen Bion abgelöst, die Fähigkeit besitzen, sich unmittelbar wieder zu einem, dem elterlichen gleichen Bion zu entwickeln, wie dies von einzelnen abgelösten Plastiden vieler Protisten und niederer Cryptogamen (selbst einzelner höherer Pflanzen, z. B. *Bryophyllum*) bekannt ist; ferner von der *Hydra* und anderen niederen Thieren.

Die Plastiden, welche als virtuelle Bionten auftreten, sind bald echte (kernhaltige) Zellen (z. B. die echten Eier), bald kernlose Cytoden (z. B. viele Sporen und sogenannte „Sommer-Eier"). Meistens sind sie von einer Membran umgeben, selten hüllenlos. Nackte Eier finden sich z. B. bei vielen Medusen (*Lizzia, Oceania* etc.). Auch die ihren Hüllen entschlüpften Schwärmsporen sind nackt.

I. C. Die Plastiden als partielle Bionten.

Sehr viele Cytoden und Zellen, welche nicht, gleich den vorher erwähnten Plastiden, die Fähigkeit besitzen, losgelöst vom elterlichen Organismus, sich weiter zu entwickeln und zu einem actuellen Bion zu ergänzen, vermögen dennoch sich nach ihrer Ablösung vom zugehörigen Organismus längere oder kürzere Zeit am Leben zu erhalten, und dieselben Functionen, welche sie vorher, im Zusammenhang mit dem Ganzen ausübten, auch jetzt noch isolirt weiter zu führen. Viele Plastiden oder selbst Plastidentheile vermögen sogar ihre specielle Function erst nach der Ablösung vom actuellen Bion zu erfüllen, wie die Zoospermien. Alle diese morphologischen Individuen erster Ordnung würden wir hier als partielle oder scheinbare Bionten aufzuführen haben.

Wir finden diese Erscheinung vorzüglich bei nackten, amoebenartigen Plastiden, welche sich durch ihre characteristischen Bewegungen auszeichnen, z. B. bei den farblosen Blutzellen der Thiere, den Zellen der Spongien etc. Diese vermögen oft tagelang nach ihrer Ablösung aus dem zugehörigen Organismus ihre Bewegungen fortzusetzen, und nach den neuesten Versuchen von Recklinghausen scheint es selbst, dass die Blutzellen höherer Thiere unter gewissen günstigen Bedingungen ausserhalb des Organismus sich nicht allein zu erhalten, sondern auch fortzupflanzen und bestimmte Veränderungen einzugehen fähig sind. Ebenso vermögen viele Flimmerzellen, besonders von niederen Thieren, noch lange Zeit, nachdem sie sich von dem zugehörigen Organismus abgelöst haben, ausserhalb desselben zu erhalten und ihre beständigen Bewegungen unvermindert fortzusetzen. Auch einzelne Pflanzenzellen, aus dem Zusammenhange des Parenchyms ausgelöst, vermögen unter Umständen sich lange Zeit lebensfähig zu conserviren, und nicht allein sich selbst zu erhalten, sondern auch durch Theilung sich zu vervielfältigen, ohne dass sie jedoch die Fähigkeit besässen, sich vollständig zu einem actuellen Bion zu entwickeln. Unter den isolirten Zellen der Phanerogamen scheinen besonders viele Pollenkörner einen hohen Grad von physiologischer Individualität zu besitzen. In noch auffallenderem Maasse findet sich dieselbe aber bei den beweglichen Zoospermien der Cryptogamen und der Thiere vor, welche sogar erst nach ihrer Ablösung vom actuellen Bion ihre eigentliche Function zu erfüllen beginnen.

II. Die Organe als Bionten.

Physiologische Individuen zweiter Ordnung.

Während die Plastiden als morphologische Individuen erster Ordnung sehr häufig zugleich die physiologische Individualität repräsentiren, so ist dies bei den Organen, als Form-Individuen zweiter Ordnung, ungleich seltener der Fall. Doch sind immerhin die Fälle, welche als solche sicher betrachtet werden können, viel häufiger, als es wohl beim ersten Gedanken an ihre Möglichkeit scheinen könnte. Es ist in dieser Beziehung vor Allem sehr wichtig, sich an die rein morphologische Bedeutung zu erinnern, in welcher wir oben den Begriff des Organes festgestellt haben (p. 291). Wir verstanden darunter allgemein „jede constante einheitliche Raumgrösse von bestimmter Form, welche aus einer bestimmten Summe von mehreren Plastiden in constanter Verbindung zusammengesetzt ist, und welche nicht die positiven Charactere der Form-Individuen dritter bis sechster Ordnung erkennen lässt.“ Von der einfachen Plastide unterscheidet sich das Organ durch seine Zusammensetzung aus mehreren Plastiden, von den Antimeren und den anderen höheren Individualitäten durch den Mangel derjenigen characteristischen Eigenschaften, welche diese bestimmt kennzeichnen. Bei der unendlichen Mannichfaltigkeit in äusserer Form und innerer Zusammensetzung ist es nicht möglich, diese allerdings wesentlich negative Begriffsbestimmung durch eine allgemein gültige positive zu ersetzen. Vielmehr müssen wir jeden Plastiden-Complex, also jede aus zwei oder mehr Plastiden zusammengesetzte Formeinheit von bestimmter Grösse und Zusammensetzung ein Organ nennen, sobald dieselbe nicht den bestimmten Form-Character eines Individuums dritter oder höherer Ordnung trägt.

In jedem Organismus, welcher einer höheren Ordnung angehört, ist es leicht, die untergeordneten Individualitäten als solche zu erkennen, die Metameren, Antimeren und Plastiden zu bestimmen. Organe werden wir hier also alle diejenigen einheitlichen Gestalterscheinungen nennen, welche keiner der fünf anderen Individualitäts-Ordnungen angehören. In den tectologisch so bestimmt differenzirten Phanerogamen, Wirbelthieren, Articulaten etc. werden wir daher niemals in Zweifel sein, welche Theile wir als Organe zu betrachten haben, und welche nicht. Schwieriger wird diese Unterscheidung aber bei vielen niederen Formen beider Reiche, besonders den Cryptogamen, und kaum möglich erscheint sie oft bei den Protisten. Hier kommt nun Alles darauf an, den morphologischen und den physiologischen Begriff des Organs scharf zu sondern. Lediglich der erstere giebt uns das Form-Individuum zweiter Ordnung.

Das Organ als physiologische Einheit kann ein integrirender Bestandtheil von Form-Individuen aller sechs Ordnungen sein, und bedeutet weiter nichts als einen Körpertheil, welcher eine bestimmte Verrichtung leistet. So ist z B. an einer Flimmerzelle das Flimmerhaar ein Organ der Plastide, und ebenso an einer Nesselzelle die Nesselkapsel und der Nesselfaden. An jedem zusammengesetzten Organe sind die untergeordneten Theile, welche Plastiden-Complexe sind, zugleich „Organe des Organs.“ (Hierauf beruht die oben angeführte Unterscheidung der Organe von fünf verschiedenen Ordnungen). Jedes Antimer ist aus mehreren Organen zusammengesetzt, kann aber selbst als „Organ“ einer Person erscheinen (z. B. die Arme der Seesterne). Ebenso kann man die Metameren vom physiologischen Gesichtspunkte aus als „Organe der Person“, und die Personen als „Organe des Stockes“ bezeichnen, wie z. B. ersteres bei den Gliederwürmern, letzteres bei den Siphonophoren sehr häufig geschieht. In allen diesen Fällen leitet beim Gebrauche des Wortes Organ die Vorstellung von der physiologischen Leistung, welche dasselbe als integrirender Bestandtheil eines anderen Körpers ausführt.

Ganz anders verhält es sich mit dem morphologischen Begriffe des Organs. Dieser bedeutet stets nur eine solche untheilbare Formeinheit von constanter Grösse und Zusammensetzung, welche eine Mehrheit von Plastiden umfasst, und welche weder als Antimer, noch als Metamer, weder als Person, noch als Stock betrachtet werden kann. Solche Formeinheiten kommen nun in der That nicht nur ganz allgemein als constituirende Bestandtheile aller morphologischen Individuen dritter bis sechster Ordnung vor, sondern dieselben treten auch als physiologische Individuen vollkommen selbstständig auf, seltener freilich als actuelle, sehr allgemein aber als virtuelle und bisweilen in sehr auffallender Form als partielle Bionten.

Von den fünf verschiedenen Stufen oder Ordnungen der Organe, welche wir oben unterschieden haben, treten am häufigsten die Organe erster und zweiter Ordnung, Zellfusionen und einfache Organe, seltener diejenigen dritter Ordnung (zusammengesetzte Organe) als Bionten auf. Niemals können dagegen, ihrer Natur nach, die Organe vierter und fünfter Stufe, die Organsysteme und Organ-Apparate, den Werth von physiologischen Individuen erhalten.

II. A. Die Organe als actuelle Bionten.

Sobald man die ganz verschiedene physiologische und morphologische Bedeutung des Organbegriffs gemischt gebraucht, wie dies gewöhnlich geschieht, so wird man zu keiner klaren Anschauung über die wichtige Thatsache gelangen, dass auch morphologische Organe den Werth von actuellen Bionten besitzen, und als solche die reifen Formen selbstständiger Species repräsentiren können. Es ist dies nach unserer Ansicht bei allen denjenigen niederen Organismen der Fall, welche als reife Species-Form einen Plastiden-Complex darstellen, an welchem sich weder Antimeren noch Metameren unterscheiden lassen, und welche demgemäss weder Personen noch echte Stöcke (Cormen) sein können. Hierher gehören sehr viele Protisten und niedere Pflanzen, namentlich aber alle sogenannten „Colonieen von einzelligen Organismen". Uebrigens können als actuelle Bionten, wie bemerkt, nur Organe erster, zweiter und dritter Ordnung fungiren. Organe vierter und fünfter Stufe (Organ-Systeme und Organ-Apparate), wie wir deren Begriff oben morphologisch festgestellt haben, können ihrer Natur nach niemals die reife Species-Form repräsentiren.

a. Organe erster Ordnung oder Zellfusionen, also Plastiden-Complexe, welche aus mehreren verschmolzenen Zellen bestehen (sogenannte „vielkernige Zellen"), treten als actuelle Bionten verhältnissmässig selten auf, z. B. unter den Protisten bei denjenigen Rhizopoden *(Gromia)* und Protoplasten (Arcelliden), deren homogener Sarcode-Körper eine Mehrzahl von Kernen einschliesst.

b. Organe zweiter Ordnung oder einfache (homoplastische) Organe, also Plastiden-Complexe, welche aus einem Aggregate von mehreren gleichartigen, mehr oder weniger vollständig getrennten Plastiden (Cytoden oder Zellen) bestehen (sogenannte „Colonieen einzelliger Organismen"), sind als actuelle Bionten unter den Protisten und niederen Pflanzen sehr verbreitet. Die Plastiden, welche das Bion vom morphologischen Werthe eines einfachen Organs constituiren, sind bald Cytoden, bald Zellen. Cytoden-Colonieen dieser Art bilden viele niedere Algen und Nematophyten und einige Flagellaten. Zellen-Colonieen dagegen werden vorzüglich von den socialen Protisten, von den coloniebildenden Diatomeen *(Cocconema, Gompho-*

nema etc.) und vielen Flagellaten-Stöcken (Dinobryinen, Volvocinen, Hydromorinen etc.) gebildet. Gewöhnlich werden alle diese Synusieen als echte Stöcke betrachtet. Da jedoch ihre constituirenden, unter sich nicht verschiedenen „Einzelthiere“ nur den Werth von Plastiden besitzen, können wir dieselben nur als einfache Organe betrachten.

c. Organe dritter Ordnung oder zusammengesetzte (heteroplastische) Organe, also Plastiden-Complexe, welche aus einem Aggregate von mehreren ungleichartigen, differenzirten Plastiden bestehen, und welche nicht die positiven morphologischen Charactere der Antimeren oder anderer Form-Individuen höherer Ordnung zeigen, kommen ebenfalls unter den niederen Pflanzen und Protisten nicht selten vor. Wir können als solche viele Thallophyten (sowohl Algen als Nematophyten) von ganz unregelmässiger Gesammtform betrachten, welche aus ungleichartigen Zellen zusammengesetzt sind. Ferner können die meisten Myxomyceten, einige Rhizopoden (z. B. die Actinosphaeriden) und viele Spongien hierher gerechnet werden.

II. B. Die Organe als virtuelle Bionten.

Als virtuelle Bionten zweiter Ordnung, welche also unter den morphologischen Begriff des Organs fallen, betrachten wir alle diejenigen selbstständig lebenden Plastiden-Complexe, welche nicht die positiven Charactere der Form-Individuen dritter bis sechster Ordnung besitzen, welche aber fähig sind, sich zu einer dieser Individualitäts-Ordnungen zu entwickeln. Diese Zustände glauben wir in allen denjenigen polyplastiden Entwickelungszuständen höherer Organismen zu finden, welche noch nicht in Antimeren sich differenzirt haben, wie z. B. in der ersten Embryonal-Anlage der Vertebraten, im Proembryo der Phanerogamen etc. Aber bei vielen niederen Organismen sind es auch einzelne, aus dem Zusammenhang des Ganzen entfernte Plastiden-Complexe von unbestimmter Begrenzung (sogenannte „parenchymatische Individuen“), welche sich zur actuellen Form der Species zu entwickeln vermögen. Solche sind z. B. viele Zellengruppen aus dem Leibe der *Hydra* und anderer Hydroidpolypen, einzelne Parenchymstücke aus den Blättern vieler Phanerogamen etc. Gleichwie die Functionen der actuellen, so können auch diejenigen der virtuellen Bionten durch Organe erster, zweiter und dritter Ordnung ausgeübt werden.

a. Organe erster Ordnung oder Zellfusionen treten als virtuelle Bionten verhältnissmässig sehr selten auf. Wir müssen als solche alle sogenannten „mehrkernigen Zellen“ betrachten, welche, aus dem Parenchym-Verbande des Organismus ausgelöst, die Fähigkeit besitzen, sich zum Ganzen zu entwickeln. Solche „Brutzellen“, Mutterzellen, welche eine Mehrheit von Kernen, also von Tochterzellen einschliessen, treten theils mehr regelmässig, theils mehr zufällig aus dem Verbande des Ganzen zu Zeiten hervor, um sich selbstständig zu einem vollkommenen actuellen Bionten auszubilden. Dahin können wir z. B. die Gemmulae der Spongien rechnen. Auch andere Polysporen (mehrkernige Keimzellen) können hierher gerechnet werden. Unter den Protisten und Thallophyten gilt dasselbe von manchen „Brutzellen“.

b. Organe zweiter Ordnung oder einfache Organe (Homoplasten) als virtuelle Bionten finden sich allgemein als vorübergehende Entwickelungsstadien bei allen höheren Organismen, welche sich aus einer Zelle (Ei oder Spore) entwickeln. Wir müssen als solche virtuelle Bionten vom Formen-Werthe eines Organs zweiter Ordnung alle noch nicht differenzirten Furchungskugeln betrachten, welche aus der fortgesetzten Eitheilung entstanden sind, ferner alle „Embryonal-Anlagen“ und „Proembryonen“, auch Embryonen, so lange ihre Zellenmasse noch aus lauter gleichartigen Furchungsproducten besteht. Ebenso müssen wir hierher alle abgelösten Parenchymstücke von Organismen dritter bis sechster Ordnung rechnen, welche aus lauter gleichartigen Zellen bestehen und fähig sind, sich zum actuellen Ganzen zu entwickeln, z. B. eine Gruppe gleichartiger Zellen von *Hydra*.

c. Organe dritter Ordnung oder zusammengesetzte Organe (Heteroplasten) finden sich als virtuelle Bionten ebenfalls bei allen höheren Organismen, welche sich aus einer Plastide (Ei oder Spore) entwickeln. Es gilt dies von denjenigen vorübergehenden Entwickelungszuständen, welche differenzirte Plastidencomplexe darstellen, die sich aber noch nicht in Antimeren oder Metameren differenzirt haben. Als solche sind z. B. die Wirbelthier-Embryonen zu betrachten, wenn zwar die drei Keimblätter in der Embryonal-Anlage differenzirt, aber die Antimeren noch nicht durch die Bildung des Primitivstreifens angedeutet sind. Auch der Phanerogamen-Embryo gehört hierher, so lange die homotypische Zusammensetzung noch nicht durch das Hervorknospen der Cotyledonen bestimmt ist. Ferner können wir alle durch Knospung entstehenden Metameren, Sprossen u. s. w. so lange als virtuelle Bionten vom Formwerthe eines Organs dritter Ordnung betrachten, als ihre differenzirte Zellenmasse noch nicht die homotypische Zusammensetzung des Ganzen erkennen lässt. Endlich rechnen wir hierher alle aus einem höheren Organismus ausgelösten Parenchymstücke, welche aus ungleichartigen Plastiden bestehen und fähig sind, sich zum actuellen Ganzen zu entwickeln (z. B. Blattstücke mit Gefässbündeln, Parenchym und Oberhaut von *Bryophyllum* etc.).

II. C. Die Organe als partielle Bionten.

Als partielle Bionten zweiter Ordnung betrachten wir alle Plastiden-Complexe vom morphologischen Werthe eines Organes, welche selbstständig, abgelöst vom zugehörigen Organismus, längere oder kürzere Zeit zu leben vermögen, ohne sich zum actuellen Ganzen entwickeln zu können. Es gehören also hierher alle selbstständig existirenden sogenannten „individualisirten Organe". Solche kommen ebenfalls unter allen drei niederen Ordnungen der Organe vor.

a. Organe erster Ordnung oder Zellfusionen vermögen verhältnissmässig selten als partielle Bionten sich zu erhalten, z. B. manche mehrkernige Brutzellen von Protisten, welche zwar abgelöst fortwuchern können, aber ohne sich weiter zu entwickeln.

b. Organe zweiter Ordnung oder einfache Organe (Homoplasten) müssen als partielle Bionten betrachtet werden, wenn sie als abgelöste Parenchymgruppen, welche aus gleichartigen Plastiden zusammengesetzt sind, ihre Existenz unabhängig vom zugehörigen Ganzen zu fristen vermögen, ohne sich zu einem solchen zu entwickeln. Es ist dies der Fall bei vielen zufällig abgelösten homoplastischen Parenchymstücken von niederen Thieren und Pflanzen. Solche unregelmässige Zellengruppen können oft nach ihrer Ablösung lange Zeit fortexistiren, und selbst sich durch Wachsthum vergrössern, ohne zu einer wirklichen Entwickelung zu gelangen.

c. Organe dritter Ordnung oder zusammengesetzte Organe (Heteroplasten) bieten die am meisten ausgezeichneten Fälle von „individualisirten Organen" dar, Fälle, welche nicht wie die der beiden vorigen Reihen, mehr zufällig und bedeutungslos, sondern regelmässig, und selbst durch specielle physiologische Beziehungen zu hoher Bedeutung erhoben, bei Organismen der verschiedensten (und auch höher stehender) Gruppen sich finden. Es lösen sich also in diesem Falle bestimmte Organe dritter Ordnung, welche aus differenzirten Zellen zusammengesetzt sind, vom actuellen Bion ab, um eine selbstständige Existenz, unabhängig von ersterem, weiter zu führen, wobei sie bisweilen noch bestimmte und selbst höchst wichtige Functionen für das Bion vollziehen. Unzweifelhaft den merkwürdigsten Fall von solchen hoch individualisirten Organen bieten uns die berühmten Hectocotylen der hectocotyliferen Cephalopoden dar *(Argonauta, Philonexis, Tremoctopus).* Bekanntlich ist der Hectocotylus, welcher anfangs für einen Parasiten, später für das rudimentäre Männchen der betreffenden Dintenfische gehalten wurde, Nichts als ein abgelöster Arm des kleinen Männchens, welcher selbstständig umherkriechend vollkommen das Bild eines actuellen Bion vorspiegelt und als solches selbst die wichtige Function der Begattung ausübt.

Nicht weniger vollständig als die frei umherschwimmenden Hectocotylen erscheinen die seltsamen beweglichen Hautlappen auf dem Rücken von Thetis individualisirt, welche sich so leicht vom Thiere ablösen und tagelang scheinbar selbstständig umher kriechen, dass sie früher ebenfalls als Epizoen *(Vertumnus thetidicola)* beschrieben wurden. Ebenso unvollkommen sind ferner die Pedicellarien der Echinodermen individualisirt, die auf beweglichen Stielen festsitzenden mehrklappigen Greifzangen, welche auch auf dem todten Thiere noch lange ihre automatischen Bewegungen fortsetzen. In eine Reihe mit diesen sind dann vielleicht auch die vogelkopfartigen Greiforgane (Avicularien) und die pendelnden Wedelorgane oder Vibracula, und die anderen ähnlichen, automatisch beweglichen Anhänge zu stellen, welche auf vielen Bryozoen-Stöcken sich finden, und ebenfalls unabhängig von den entwickelten Thieren, noch lange nach deren Tode ihre monotonen Bewegungen fortsetzen. Doch werden diese Anhänge von Anderen als rudimentäre Individuen betrachtet, die durch weit gehenden Polymorphismus stark degenerirt sind. Die definitive Entscheidung, ob derartige, mehr oder weniger unabhängige Anhänge von Colonieen mehr als polymorphe Individuen oder als individualisirte Organe aufzufassen sind, ist in diesen, wie in manchen anderen Fällen, ebenso für die allgemeine Morphologie wichtig, als ohne genaueste biologische Kenntniss der ganzen Species und ihrer vollständigen Entwickelungsgeschichte nicht zu geben.

Viel seltener, als solche äussere Organe zeigen bisweilen isolirte innere Organe, welche aus dem actuellen Bion durch natürliche oder künstliche Einflüsse entfernt sind, Lebenserscheinungen, welche ihnen in auffallendem Maasse den Character der partiellen physiologischen Individualität verleihen. Dahin gehören z. B. die inneren Kiemen (sogenannten Wasserlungen) der Holothurien, der Schlundkopf der Planarien, das Herz vieler Amphibien und Reptilien, und viele andere contractile zusammengesetzte Organe niederer Thiere, welche noch tagelang nach ihrem Austritt aus dem Körper ihre automatischen Bewegungen selbstständig fortsetzen können.

Sehr verbreitet scheint ferner die partielle Individualisation von Organen in dem Hydromedusen-Stamm zu sein. Man findet hier in verschiedenen Abtheilungen eine grosse Selbstständigkeit einzelner Körpertheile, welche, abgelöst vom Ganzen, entweder als virtuelle Bionten sich sogleich zum Ganzen entwickeln, oder doch als partielle Bionten längere Zeit hindurch sich isolirt zu erhalten und ihre Lebensbewegung fortzusetzen vermögen. So findet man z. B. im Meere sehr oft einzelne abgerissene Tentakeln von Ctenophoren und Hydromedusen, abgelöste Magenschläuche der letzteren, isolirte Wimperorgane (Schwimmplättchen) der ersteren, welche noch Tage lang ihre characteristischen Bewegungen mit unverminderter Kraft fortsetzen können. Einen hohen Grad individueller Selbstständigkeit erreichen ferner auch bei vielen Hydromedusen die Geschlechtsorgane, welche in manchen Familien (z. B. Tubulariden) die vollständigste Uebergangsreihe von einfachen und sehr unvollkommenen Organen zu sehr hoch organisirten und ganz selbstständigen Medusen zeigen. Da jedoch diese individualisirten Geschlechtskapseln, welche als Medusen sich ablösen und frei umherschwimmen, durch ihre weitgehende tectologische Differenzirung bereits den morphologischen Werth von Metameren erlangt haben, und nicht bloss aus Parameren, sondern auch aus Antimeren zusammengesetzt sind, so können wir dieselben vom streng morphologischen Gesichtspunkte aus nicht mehr als Organe betrachten.

III. Die Antimeren als Bionten.

Physiologische Individuen dritter Ordnung.

In noch höherem Grade als bei den Organen muss es bei den Antimeren seltsam und befremdend erscheinen, dass sie als physiologische Individuen eine selbstständige Existenz führen können. In der That sind auch hier die wirklich unzweifelhaften Fälle von physiologischer Individualisation weit seltener, und von den actuellen Bionten ist es selbst zweifelhaft, ob dieselben jemals durch Antimeren repräsentirt werden können. Sehr ausgedehnt findet sich aber unter den Antimeren die virtuelle, und bei manchen Organismen auch die partielle Individualisation vor.

III. A. Die Antimeren als actuelle Bionten.

Wenn man im Gedächtniss behält, dass die Antimeren oder Gegenstücke als Form-Individuen dritter Ordnung eigentlich nur durch ihr gegenseitiges Verhältniss zu einander, und zu dem Form-Individuum vierter oder fünfter Ordnung, welches sie zusammensetzen, bestimmt characterisirt werden, so muss es von vornherein sehr zweifelhaft erscheinen, ob dieselben jemals als actuelle Bionten auftreten können. In der That ist uns in allen drei organischen Reichen kein einziger sicherer Fall bekannt, dass die reife Form einer Species durch ein Form-Individuum repräsentirt wird, welches unzweifelhaft den Formwerth eines einzigen Antimeres hätte. Die allermeisten reifen Species-Repräsentanten sind entweder aus zwei Antimeren („Körperhälften“) oder aus drei oder mehr Antimeren („Strahlstücken“) zusammengesetzt. Diejenigen Plastiden-Complexe aber, welche als actuelle Bionten ein Aggregat aus differenzirten Zellen darstellen, ohne aus zwei oder mehr Antimeren zusammengesetzt zu erscheinen, werden wir mit grösserem Rechte für Bionten zweiter, als für Bionten dritter Ordnung halten müssen. So haben wir denn auch die Spongien, die Myxomyceten, viele Thallophyten etc., bei denen jener Fall eintritt, als actuelle Bionten vom morphologischen Werthe eines Heteroplasten oder zusammengesetzten Organs, und nicht eines Antimeres betrachtet. Nur dann könnten wir actuellen Bionten den Formwerth eines einzigen Metameres zuschreiben, wenn sie vollkommene morphologische Aequivalente von Theilen wären, welche bei verwandten Arten als unzweifelhafte Antimeren eines Metameres oder einer Person auftreten. Vielleicht wären gewisse Arten von *Lemna* als actuelle Antimeren zu betrachten.

III. B. Die Antimeren als virtuelle Bionten.

Während die actuellen Bionten vielleicht nie, die partiellen Bionten nur selten durch Antimeren repräsentirt werden, so ist dies dagegen bei den virtuellen oder potentiellen Bionten sehr häufig der Fall. Es müssen nämlich hierher alle Fälle von Fortpflanzung durch spontane Selbsttheilung und durch künstliche (zufällige) Theilung gerechnet werden, bei welchen die Theilungsebene den Körper eines actuellen Bion in seine Antimeren zerlegt, und wo die einzelnen Antimeren sich unmittelbar wieder durch Reproduction der übrigen Antimeren zu vollständigen Bionten ergänzen. Bei den eudipleuren Thieren, welche sich durch Längstheilung fortpflanzen (Infusorien) stellt also jede der beiden Körperhälften nach vollendeter Spaltung ein einziges Antimer dar, welches sich als virtuelles Bion zu einem vollständigen actuellen Bion durch Reproduction der anderen Hälfte zu ergänzen vermag.[1]) Ebenso müssen wir bei den „Strahlthieren“, bei den Coelenteraten und Echinodermen, jeden Strahl, d. h. jedes Antimer, als virtuelles Bion betrachten, wenn dasselbe, durch künstliche oder natürliche Spaltung abgelöst, unabhängig von den anderen sich zu einem actuellen physiologischen Individuum auszubilden vermag. Die interessanten Fälle von virtueller Individualisation der Antimeren, welche bei den Echinodermen vorkommen, sind um so merkwürdiger, als der Organismus gerade dieser „Strahlthiere“ sonst in so hohem Grade die

---

[1]) Ganz dieselbe Fortpflanzung durch einfache Längstheilung finden wir bei sehr vielen Protisten (Diatomeen, Protoplasten etc.) und niederen Pflanzen (Desmidiaceen, Euastrum etc.) wieder, bei denen ebenfalls jede Hälfte des Bion sich sofort nach vollendeter Spaltung wieder durch Wachsthum zum actuellen Bion ergänzt. Da aber hier das Bion nur den Werth einer einzigen Plastide (Zelle) besitzt, so können wir hier die Körperhälften, welche als virtuelle Bionten auftreten, nicht als Antimeren ansehen, sondern müssen sie als Parameren bezeichnen (s. oben p. 311).

bestimmte Neigung zeigt, nur auf dem Wege geschlechtlicher Zeugung sich zu der bestimmten Form der Person oder des Form-Individuums fünfter Ordnung zu entwickeln. Es betreffen diese Fälle einige wenige Arten von Seesternen, welche einigen sonst nicht gerade besonders ausgezeichneten Gattungen angehören.

Dasjenige Asterid, bei welchem am häufigsten ein Antimer sich zu individualisiren scheint, ist Ophidiaster multiforis M. et Tr., welcher im rothen und im indischen Meere vorkommt. Es ist dies ein kleiner, schlanker, Ophiuren ähnlicher Seestern mit kleiner Scheibe (Scheibenradius zum Armradius = 1 : 10 — 12) und sehr schlanken, cylindrischen, nach dem Ende zu verdünnten Armen (neunmal so lang wie breit). Die grosse Mehrzahl der Individuen hat 5 Arme; aber auch solche mit 4 und 6 Armen sind nicht selten; bisweilen steigt die Armzahl auf sieben. Die Madreporenplatte ist bei Individuen mit 4—5 Armen gewöhnlich doppelt, bei solchen mit 6—7 Armen gewöhnlich dreifach vorhanden. Gewöhnlich liegen die Madreporenplatten in benachbarten Interbrachialräumen. Die Arme sind selten von nahezu gleicher Länge, gewöhnlich 2—3 benachbarte länger, als die andern. Gar nicht selten aber findet man Individuen, bei denen 4 ganz kleine Arme am Ende eines einzigen sehr grossen sich befinden, und bei denen eine eigentliche Mittelscheibe kaum existirt.[1]) Diese Fälle liefern uns evidente Beweise von der virtuellen Individualisation eines einzelnen Antimeres, welches sich durch Reproduction der vier übrigen Antimeren zu dem actuellen Bion vom morphologischen Werthe einer pentactinoten Person zu entwickeln vermag. Durch welchen Vorgang hier das einzelne Antimer zur Ablösung vom Ganzen und zur individuellen Entwickelung veranlasst wird, ist unbekannt, und wir wissen insbesondere nicht, ob die Ablösung Folge eines inneren Wachsthumsprocesses, also spontane Radialtheilung (wie bei dem gleich zu erwähnenden Stomobrachium) oder Folge zufälliger, von aussen einwirkender Gewalt, also künstliche Theilung ist. Die verhältnissmässig grosse Anzahl der Exemplare von Ophidiaster multiforis, welche dieses ausgezeichnete Verhalten zeigen, lässt die Vermuthung einer natürlichen, spontanen Radialtheilung gerechtfertigt erscheinen. Andererseits ist es leicht denkbar, dass die langen dünnen Arme von der kleinen Mittelscheibe leicht zufällig abreissen, und vermöge ausgezeichneter Reproductionskraft die ganze Scheibe reproduciren. Während bei den andern Seesternen die verstümmelte Scheibe die Arme wieder zu ersetzen vermag, kann also hier jeder einzelne Arm die ganze Scheibe sammt den andern Armen aus sich regeneriren. Es würde von

[1]) Bei einem solchen Individuum, welches wir vor uns haben, ist der grosse Arm 34^{mm} lang und an der Basis 4^{mm} breit. Von den 4 kleinen Armen sind die beiden zunächst den grossen umgebenden 6^{mm} lang, an der Basis 2^{mm} breit und die beiden dem grossen gegenüberstehenden 5^{mm} lang, an der Basis ebenfalls 2^{mm} breit. Eine Madreporenplatte ist nicht sichtbar, ebenso ein After nicht deutlich; dagegen auf der Ambulacralseite eine sehr kleine Mundöffnung, in welcher die 5 Ambulacralfurchen zusammenstossen.

hohem Interesse sein, diese merkwürdigen Fälle von potentieller Individualisation eines Antimeres näher zu untersuchen, und insbesondere durch Experimente am lebenden Thiere zu bestimmen, ob der Arm nur regenerationsfähig ist, wenn er noch ein zugehöriges Scheibenstück besitzt, oder ob auch der abgerissene Arm allein, ohne jede Theilnahme der Scheibe, diese Regeneration ausführen kann. Im letzteren Falle würde sich, streng genommen, nur ein Organ, im ersteren Falle das ganze Antimer, zum actuellen physiologischen Individuum gestalten.

Ein zweiter Seestern, bei welchem der gleiche Fall häufig vorzukommen scheint, ist Asteracanthion tenuispinus, eine im Mittelmeer nicht seltene Art, von welcher wir zahlreiche Exemplare im Hafen von Messina gesammelt haben. Sie hat 5—10, meistens 6 - 8 Arme, und wie der vorige Seestern, eine sehr kleine Scheibe, (Scheibenradius zum Armradius = 1:4—7). Madreporenplatten sind gewöhnlich 2—3 vorhanden. Auch bei diesem Seestern fällt die grosse Zahl der Individuen auf, deren Arme von sehr ungleicher Länge sind. Doch fanden wir nur zwei Exemplare mit einem einzigen colossalen Arme, während die übrigen (in einem Fall 6, im andern 7) Arme noch ganz klein und offenbar eben erst hervorgesprosst waren. Drei Exemplare zeigten einerseits zwei starke und lange Arme neben einander, andererseits diesen gegenüber fünf sehr kurze Arme, in zwei Fällen ungefähr $\frac{1}{4}$, im dritten nur $\frac{1}{8}$ so lang, als die beiden unter sich fast gleich langen grossen Arme. Ein Exemplar hatte 3 grosse Arme neben einander, diesen gegenüber 7 noch nicht halb so lange unter sich fast gleiche Arme. Nicht weniger als sieben Exemplare hatten einerseits 4 lange und dicke, andererseits 3—6 kurze und dünne Arme. Die übrigen beobachteten Exemplare, 11 an der Zahl, hatten 6—9 ziemlich gleich lange Arme, oder nur 1—3 kleine, offenbar in Regeneration begriffene Stummel zwischen den grösseren. Vergleicht man diese Fälle, so würden strenggenommen nur die beiden ersterwähnten neben die von Ophidiaster multiforis erwähnten Fälle zu stellen, und als Antimeren, die sich zu actuellen physiologischen Individuen mittelst Regeneration zu gestalten begannen, zu betrachten sein. In den anderen Fällen, wo offenbar ebenfalls gespaltene Personen vorlagen, die den verloren gegangenen, meist grösseren Theil der Scheibe regenerirten, haben wir es nicht mehr mit einem einzelnen, sondern bereits mit einer Mehrzahl von Antimeren zu thun, die gemeinsam ein physiologisches Individuum repräsentiren. Die grosse Anzahl der Fälle, in denen der ganze Seestern aus 2 sehr ungleichen Hälften, der einen mit 4 grossen, der anderen mit 3—6 kleinen Armen zusammengesetzt ist, lässt die Vermuthung aufkommen, dass es sich hier um einen Akt freiwilliger Halbirung (Dimidiatio spontanea), mit nachheriger Regeneration des Ganzen von jeder Hälfte aus handle. Indessen wird, angesichts des Mangels anderweitiger Beispiele spontaner Selbsttheilung bei den Echinodermen, sowohl hier bei Asteracanthion tenuispinus, als dort bei Ophidiaster multiforis, die Annahme vielleicht mehr Wahrscheinlichkeit für sich haben, dass die virtuellen Bionten, welche sich zu actuellen zu ergänzen vermögen, nicht einem natürlichen Selbsttheilungs-Acte in Folge innerer Wachsthumsverhältnisse, sondern einer künstlichen Spaltung durch zufällige äussere Einflüsse

(Verstümmelung) ihren Ursprung verdanken. Ob auch die merkwürdige Fähigkeit niederer Echinodermen (Synapta), sich selbst freiwillig in zahlreiche Stücke zu zerbrechen, mit diesen Vorgängen bei Seesternen zusammenzustellen sei, ist nicht zu entscheiden, da man nicht weiss, ob die einzelnen Stücke der Synapta das Vermögen besitzen, als virtuelle Bionten sich zu einer vollständigen Person zu ergänzen. Wäre Dieses aber auch der Fall, so würden diese Theilstücke nicht den Formwerth von Antimeren, sondern von Metameren, oder von Metameren-Gruppen besitzen.

Unter den Coelenteraten scheint einen ausgezeichneten Fall von virtueller Individualisation der Antimeren das Stomobrachium mirabile darzubieten, eine Meduse, welche nach Kölliker durch wiederholte Strahltheilung in einzelne Strahlstücke zerfallen soll, die sich zur actuellen Medusen-Form zu ergänzen vermögen. Doch ist dieser merkwürdige Selbsttheilungs-Process in seinen einzelnen Beziehungen noch nicht näher untersucht, und es ist noch fraglich, ob die kleinsten Strahlstücke, welche durch fortgesetzte Diradiation entstehen, wirklich einzelne Antimeren, oder nicht vielmehr Antimeren-Gruppen sind.

III. C. Die Antimeren als partielle Bionten.

Einzelne Theilstücke höherer Organismen, welche, abgelöst vom Ganzen, selbstständig fortzuleben vermögen, ohne sich zum actuellen Bion zu ergänzen, treten, wie wir vorher sahen, häufig in Gestalt von Organen, aber wohl nur selten in Gestalt von Antimeren auf. Man kann als solche partielle Bionten vom Formwerthe einzelner Antimeren z. B. einzelne abgerissene Seestern-Arme nebst zugehörigem Scheibenstücke betrachten, welche unter Umständen längere Zeit sich selbstständig zu erhalten fähig sind, ohne doch zu einem actuellen Bion sich vollständig entwickeln zu können. Doch sind diese Fälle selten und von keiner grossen Bedeutung. Auch bei einigen Hydromedusen kommen dergleichen vor.

IV. Die Metameren als Bionten.

Physiologische Individuen vierter Ordnung.

Weit häufiger und allgemeiner, als die Antimeren, erhalten die Metameren oder Folgestücke den physiologischen Werth eines selbstständigen Bion. Es vermögen häufig isolirte Metameren als partielle Bionten ihre Existenz zu fristen (z. B. die Proglottiden der Bandwürmer). Ferner finden sich Metameren als virtuelle Bionten im Entwickelungskreise aller höheren Thiere und Pflanzen vor. Endlich giebt es grosse Abtheilungen des Thierreichs, z. B. die Mollusken, welche als actuelle Bionten fast allgemein nur den Formwerth von Metameren erhalten.

IV. A. Die Metameren als actuelle Bionten.

Dass in ansehnlichen Abtheilungen des Thierreichs das physiologische Individuum nicht, wie bei den meisten Thieren, den morphologischen Werth der Person, sondern den des Metameres, also nicht den Formwerth fünfter, sondern nur vierter Ordnung besitzt, ist bisher gänzlich übersehen, oder doch bei der herrschenden allgemeinen Unklarheit über den Individualitäts-Begriff nicht richtig erkannt worden. In der That erhebt sich aber die reife Species-Form als actuelles Bion sehr oft nicht zu derselben tectologischen Stufe, zur Höhe der Person, welche sie bei den Wirbelthieren, Arthropoden und Echinodermen erreicht, bleibt vielmehr vorher eine Stufe niedriger, auf der Metameren-Form, stehen. Es ist dies der Fall bei den meisten Thieren, welche als actuelle Bionten nicht selbst aus Metameren zusammengesetzt sind, also z. B. bei den allermeisten Mollusken (allen höheren und den „solitären" niederen Formen), bei vielen niederen Würmern (Trematoden etc.) und bei vielen Coelenteraten (einem Theile der Hydromedusen, Ctenophoren etc.).

Um diese neue Auffassung zu rechtfertigen, müssen wir von der Betrachtung des Articulaten-Stammes ausgehen, in welchem die niederen Formen auf der Metameren-Stufe stehen bleiben, während die höheren Formen durch Aggregation von Metameren, die hinter einander liegen, Metameren-Ketten, d. h. Personen bilden. Bei allen Arthropoden und bei allen, unmittelbar sich an sie anschliessenden, gegliederten Würmern (Anneliden, Cestoden) kann kein Zweifel sein, dass sie als reife Species-Repräsentanten (actuelle Bionten) den morphologischen Werth der Person, des Form-Individuums fünfter Ordnung, besitzen, ebenso gut wie die einzelnen Wirbelthiere. Wie bei letzteren, besteht ihr individueller Körper aus einer Kette hintereinander gelegener Metameren, deren jedes aus zwei seitlichen Antimeren zusammengesetzt ist. Jedes Antimer ist wiederum aus einer Summe von zusammengesetzten und einfachen Organen construirt, und diese Organe selbst sind wieder Mehrheiten von Plastiden. Es besteht also bei allen Wirbelthieren und höheren Articulaten (Arthropoden und gegliederten Würmern) der ganze Körper des actuellen Bion aus einer Summe von subordinirten Form-Individuen erster bis vierter Ordnung, und ist mithin selbst ein Form-Individuum fünfter Ordnung, eine Person. Der einzige Unterschied zwischen den Wirbelthieren und Arthropoden einerseits, und den gegliederten Würmern andererseits, besteht darin, dass die Metameren bei letzteren unter einander sehr gleichartig und daher von einander sehr unabhängig, dagegen bei ersteren sehr ungleichartig (differenzirt) und daher vom Ganzen und von einander sehr abhängig sind.

Wenden wir uns nun von den höheren Articulaten zu den niederen, so treffen wir hier wesentlich verschiedene Verhältnisse an. Bei allen Infusorien (die wir für eine Ausgangsgruppe der Articulaten halten), bei den ihnen nächstverwandten Turbellarien, bei den Trematoden und Nematoden ist der Körper des actuellen Bion weder äusserlich noch innerlich gegliedert und es beweist die gesammte Structur desselben hinreichend, dass er nicht einem ganzen Anneliden-Bion, sondern nur einem einzelnen Metamere desselben morphologisch aequivalent, mithin nicht ein Individuum fünfter, sondern vierter Ordnung ist. Diese Auffassung wird aufs Bestimmteste bestätigt durch die interessante Gruppe der Bandwürmer, bei denen die höheren Formen den gegliederten Anneliden, die niederen den ungegliederten Trematoden morphologisch äquivalent sind. Die meisten Cestoden, insbesondere die meisten Taeniaden, Tetraphyllideen und viele Pseudophyllideen erscheinen als eine scharf gegliederte Kette von „Segmenten" oder „Einzelthieren." Jedes der letzteren (Proglottis) ist zweifelsohne einerseits einem einzelnen „Segmente" eines Anneliden, andererseits einem ganzen ungegliederten Trematoden morphologisch gleichwerthig. Das letztere wird namentlich durch die merkwürdigen einfachen, ungegliederten oder solitären Bandwürmer der Caryophyllideen - Familie bewiesen, welche auch als actuelle Bionten nur den Werth einer einzelnen Proglottis und eines einzelnen Trematoden besitzen. Ebenso wie bei *Caryophyllaeus* entwickelt sich bei einigen Tetraphyllideen (*Echeneibothrium minimum*) jede Proglottis selbstständig zu einem actuellen Bion, indem sie sich frühzeitig vom Scolex ablöst und isolirt zur Geschlechtsreife heranwächst. Die ganze Bandwurmkette (Strobila) der socialen Cestoden ist mithin einem ganzen Annelid morphologisch vollkommen aequivalent, also ein Form-Individuum fünfter Ordnung. Die gewöhnliche Ansicht, dass der „ganze Bandwurm" (z. B. von *Taenia, Bothriocephalus*) ein echter Stock, d. h. ein Form-Individuum sechster Ordnung sei, ist falsch, und dadurch bedingt, dass man niemals gehörig die ganz verschiedenen Ordnnngen der morphologischen Individualität unterschieden hat. Das letztere ist hier allerdings zum Theil auch dadurch erschwert worden, dass die Zusammensetzung des gegliederten Körpers aus Metameren bei vielen Würmern sehr undeutlich wird, z. B. bei vielen Pseudophyllideen unter den Cestoden, bei den meisten Acanthocephalen (wo jedoch *Echinorhynchus agilis* und *E. moniliformis* sehr deutlich gegliedert ist), bei den meisten Nemertinen (wo die Zusammensetzung aus einer Metamerenkette aber auch bisweilen äusserlich durch ringförmige Einschnürungen oder Zeichnungen und stets innerlich durch die Wiederholung der hinter einander gelegenen Darmtaschen und Genitaldrüsen sehr deutlich ausgesprochen ist), und bei den Hirudineen (wo sie durch das gegliederte Bauchmark und die Wiederholung der Schleifencanäle etc. ebenfalls unzweifelhaft dargethan ist). Wir können demgemäss allgemein unter den Würmern hinsichtlich ihrer tectologischen Ausbildung zwei Stufen unterscheiden, nämlich solche, bei denen das actuelle Bion ein Metamer und solche, bei denen es eine Person ist. Unter letzteren können als zwei Untergruppen solche Würmer unterschieden werden, bei welchen der Zusammenhang der Metameren ein sehr lockerer und solche, bei welchen er ein inniger ist. Es wird dies durch folgende Zusammenstellung übersichtlich werden:

Erste Gruppe der Würmer: Ungegliederte Würmer: das actuelle Bion ist ein einziges Metamer, also ein Form-Individuum vierter Ordnung: die solitären Bandwürmer: *Caryophyllaeus*, *Echeneibothrium*, alle Trematoden und Turbellarien (nach Ausschluss der Nemertinen), alle Nematoden (?) und Gephyreen (?)

Zweite Gruppe der Wurmer: Gegliederte Würmer: das actuelle Bion ist eine Kette von Metameren, also ein Form-Individuum fünfter Ordnung, eine Person. Erste Abtheilung: die durch terminale Knospung entstandenen Metameren bleiben innig verbunden und sind oft äusserlich nicht zu unterscheiden: Undeutlich gegliederte Würmer: Sociale Bandwürmer aus der Pseudophyllideen-Familie *(Ligula, Triaenophorus)*, Nemertinen, Acanthocephalen (?), Hirudineen, Sagitta (mit zwei Metameren). Zweite Abtheilung: die durch terminale Knospung entstandenen Metameren trennen sich schärfer von einander, und sind auch äusserlich deutlich zu unterscheiden: Deutlich gegliederte Würmer: Sociale Bandwurmer aus den Familien der Taeniaden und Tetraphyllideen, einige Acanthocephalen (*Echinorhynchusagilis* und *E moniliformis*), die meisten Anneliden.

Unzweifelhaft ist also bei den gegliederten Würmern das actuelle Bion, wie bei den Wirbelthieren und Arthropoden, eine Person, ein morphologisches Individuum fünfter Ordnung, bei den ungegliederten Würmern dagegen ein Metamer, ein Form-Individuum vierter Ordnung. Das letztere gilt nun auch von allen Mollusken, mit Ausnahme der socialen „stockbildenden“ Tunicaten und Bryozoen. Ueberall fehlt hier gänzlich die Gliederung, die Zusammensetzung aus einer Kette hinter einander gelegener Metameren, und es bleibt also das sogenannte Einzelthier, welches aus zwei Antimeren zusammengesetzt ist, stets auf der vierten Individualitätsstufe stehen, bildet selbst ein einziges Metamer. Es wird dies sofort klar, wenn wir die Mollusken mit den ungegliederten Würmern vergleichen, an die sie sich unmittelbar anreihen. Bekanntlich sind einige Schnecken (Gasteropoden) den niederen Würmern sehr nahe verwandt, und insbesondere schliessen sich die niedersten Opisthobranchien unmittelbar an die Turbellarien an, von denen sie oft *(Rhodope)* kaum zu unterscheiden sind. Die Tectologie der actuellen Bionten ist hier wesentlich die gleiche, wie dort. Ganz so verhalten sich aber auch in der Zusammensetzung des Körpers aus zwei Antimeren und dem gänzlichen Mangel jeder Gliederung alle anderen, nicht „stockbildenden“ Mollusken, nämlich erstens alle Cephaloten oder kopftragenden Mollusken (Cephalopoden, Cochleen) und zweitens alle „Einzelthiere“ unter den kopflosen Mollusken oder Acephalen (alle Lamellibranchien und Brachiopoden, und unter den Tunicaten die Ascidiae simplices, die Appendicularien, *Doliolum* und die solitären Generationen der Salpen. Alle diese Mollusken haben als ausgebildete reife Species-Repräsentanten nur den morphologischen Rang eines Metameres.

Dasselbe gilt endlich auch von allen actuellen Bionten unter den Coelenteraten, welche nicht aus Metameren zusammengesetzt sind, also von allen Ctenophoren, allen Medusen und allen denjenigen

Polypen (Hydroidpolypen sowohl als Anthozoen), welche nicht gegliedert, d. h. nicht mit Böden oder Dissepimenten versehen, oder äusserlich wenigstens geringelt sind. Alle diese ungegliederten „Einzelthiere“ der Coelenteraten, mögen sie nun aus vier Antimeren bestehen, wie die meisten Medusen, oder aus acht, wie alle Ctenophoren und Alcyonarien (Octactinien), oder aus sechs, wie die Zoantharien, haben als actuelle Bionten nur den morphologischen Werth eines einzigen Metameres, und sind also, gleich den Mollusken, Trematoden und Proglottiden, nicht „eigentliche Individuen“ (d. h. Personen), wofür man sie gewöhnlich anzusehen pflegt.

Unter den Pflanzen erreichen zahlreiche Cryptogamen als actuelle Bionten nur den Metameren-Werth, nämlich alle diejenigen, welche nur aus mehreren Antimeren, nicht aus mehreren Metameren zusammengesetzt sind, wie das bei vielen Thallophyten der Fall ist. Selten dagegen findet sich dieser Fall bei den Phanerogamen, wo nur die „einfachen Pflanzen ohne Stengelglieder“ dahin gerechnet werden können, z. B. *Lemna*. Auch diese ist als actuelles Bion ein einfaches Metamer, falls man nicht wenigstens gewisse Formen derselben richtiger als actuelle Antimeren betrachten muss.

IV. B. Die Metameren als virtuelle Bionten.

Nicht minder grosse Bedeutung als die actuelle, besitzt die virtuelle Individualität der Metameren. Wir müssen nämlich nach den oben angeführten Grundsätzen alle Entwickelungszustände von Personen oder Sprossen für virtuelle Metameren halten, welche bereits aus zwei oder mehreren Antimeren, aber noch nicht aus Metameren zusammengesetzt sind. Demgemäss ist z. B. der Wirbelthier-Embryo ein virtuelles Bion in Metameren-Form von dem Momente an, wo durch Auftreten des Primitivstreifens die Sonderung in zwei Antimeren eintritt, bis zu dem Momente, wo durch Erscheinen der Urwirbel die Sonderung in eine Kette von mehreren Metameren geschieht. Ebenso ist der Arthropoden-Embryo so lange ein einfaches Metamer, als nicht die Gliederung oder Segmentirung erscheint. Der Bandwurm-Scolex aus den Familien der Taeniaden, Tetraphyllideen etc. ist so lange ein virtuelles Metamer, als er nicht Proglottiden erzeugt. Gleicherweise ist der Phanerogamen-Embryo so lange ein Metamer, als nicht durch Gliederung der Plumula die Anlage einer Metameren-Kette gebildet wird. In allen diesen Fällen ist der vorübergehende Entwickelungszustand der Person ein virtuelles Bion vom morphologischen Werthe eines einfachen Metameres, von dem Momente an, wo das Bion aus zwei oder mehreren Antimeren zusammengesetzt erscheint, bis zu dem Momente, wo dasselbe durch Knospung (Gliederung) zu einer Metameren-Kette, d. h. zu einer Person wird.

Weiterhin müssen wir dann aber auch als virtuelle oder potentielle Bionten alle diejenigen einzelnen Metameren, z. B. bei vielen Anneliden, betrachten, welche fähig sind, sich von der Kette des actuellen Bion abzulösen und selbstständig (durch terminale Knospung) zu einer Metameren-Kette (Person) zu ergänzen.

IV. C. Die Metameren als partielle Bionten.

Wie für die allgemeine Unterscheidung der actuellen und virtuellen, so liefern auch für das Verständniss der partiellen Bionten die Metameren als physiologische Individuen vierter Ordnung ausgezeichnet klare und treffende Beispiele. Wir können diese eben so wichtigen, als schwierigen, und bisher gänzlich vernachlässigten Verhältnisse der physiologischen Individualität nicht besser erläutern, als durch wiederholten Hinweis auf den Articulaten-Stamm, und insbesondere auf die Würmer, deren niedere Formen uns aufs klarste den Unterschied zwischen der actuellen, virtuellen und partiellen Erscheinung der physiologischen Individualität zeigen. Wie wir unter der Bandwürmer-Gruppe in dem ausgebildeten *Caryophyllaeus* und *Echeneibothrium* die besten Beispiele für die actuelle, in dem Scolex der Taeniaden für die virtuelle, so finden wir daselbst in den freien Proglottiden die klarsten Beispiele für die partielle Erscheinungsweise der physiologischen Individualität in der Form des Metameres. Die freien Proglottiden der Taenien, welche gewöhnlich irrthümlich für „eigentliche Individuen", d. h. für Personen, gehalten werden, sind lediglich einzelne Metameren, welche bei vielen Cestoden-Arten (*Taenia mediocanellata* etc.) in ausgezeichneter Weise als partielle Bionten eine selbstständige Existenz zu fristen vermögen. Als scheinbar selbstständige physiologische Individuen vermögen sich diese abgelösten Folgestücke der Strobila (des actuellen Bion) längere oder kürzere Zeit zu erhalten und umher zu bewegen, ohne doch der Entwickelung zum actuellen Bion fähig zu sein. Sie leisten hier als individualisirte Metameren dasselbe, wie die Hectocotylen als individualisirte Organe, wie die männlichen Vallisnerien als individualisirte Personen. Wir können kein besseres Beispiel für den Character des partiellen Bion überhaupt anführen. Weniger vollständig als bei den Cestoden ist die Individualisation der Metameren als partieller Bionten bei vielen anderen Würmern (z. B. Anneliden), bei denen ebenfalls einzelne Segmente (Metameren) sich ablösen und längere oder kürzere Zeit selbstständig fortleben können, ohne doch die Fähigkeit zu besitzen, sich durch terminale Knospung zu einer Metameren-Kette, d. h. einer Person, zu ergänzen.

V. Die Personen als Bionten.

Physiologische Individuen fünfter Ordnung.

Die Person oder das Prosopon ist von allen morphologischen Individualitäten, wie wir oben gesehen haben, insofern die hervorragendste, als sie bei der grossen Mehrzahl aller Thiere und Pflanzen als physiologisches Individuum auftritt, und zwar bei den meisten Thieren als actuelles, bei den meisten Pflanzen als virtuelles und als partielles Bion. Da der Mensch, gleich allen anderen Wirbelthieren, im reifen Zustande (als actuelles Bion) den Formwerth eines morphologischen Individuums fünfter Ordnung hat, so wurde von ihm aus der Begriff des „Individuums“ auf die übrigen Organismen übertragen, und somit in der oben schon erläuterten Weise der Grund zu der allgemeinen Verwirrung gelegt, in welcher sich die Individualitätslehre bisher fand. Sobald wir einerseits scharf unterscheiden zwischen morphologischem und physiologischem Individuum, andererseits zwischen den verschiedenen Ordnungen der morphologischen Individualität, so lichtet sich dieses verworrene Dunkel, und es zeigt sich, dass die Person als Bion bei Weitem nicht die übermässige Bedeutung und Ausdehnung besitzt, welche man, von der beschränkten subjectiven Betrachtung des Menschen ausgehend, ihr allgemein zugeschrieben hat. Dadurch wird jedoch die hohe Bedeutung der Person, welche sie als die allgemeine Darstellungsform der physiologischen Individualität bei allen höheren Thieren besitzt, keineswegs gemindert.

Wir haben oben (p. 325) als zwei wesentlich verschiedene Formen der Person die Ketten-Person (Prosopon catenatum) und die Busch-Person (Prosopon fruticosum) unterschieden, erstere durch terminale, letztere durch laterale Knospenbildung von Metameren entstanden. Sowohl jene als diese können als actuelle, virtuelle und partielle Bionten zur Erscheinung kommen.

V. A. Die Personen als actuelle Bionten.

Die grösste Wichtigkeit als actuelle Bionten besitzen die Personen im Thierreiche, da die reife ausgebildete Repräsentativform der Species bei der grossen Mehrzahl aller Thiere durch morphologische Individuen fünfter Ordnung gebildet wird. Es ist dies der Fall beim Menschen und allen übrigen Wirbelthieren, bei allen Arthropoden, allen „gegliederten“ Würmern (Anneliden, Nemertinen, den meisten Cestoden etc.), ferner bei allen Echinodermen und allen denjenigen Polypen (sowohl Anthozoen als Hydroidpolypen), welche keine echten „Stöcke“ bilden, sondern als Einzelthiere leben, die durch horizontale (auf der Längsaxe senkrechte) Scheidewände oder Böden (Tabulae,

Dissepimenta), oder auch nur durch entsprechende ringförmige äussere Einschnürungen, in eine Reihe von über (hinter) einander liegenden Stockwerken oder Gliedern eingetheilt sind, z. B. viele Actinien, die unverästelten Personen einzelner Isidinen. Auch die Ketten der echten Salpen können hierher gerechnet werden.

Bei allen diesen Thieren sind die actuellen Bionten entschiedene Ketten-Personen, d. h. aus einer Vielheit von Metameren zusammengesetzt, welche in einer einzigen Reihe in der Längsaxe des Körpers hinter einander liegen und durch terminale Knospung entstehen. Eben solche Prosopa catenata sind im Pflanzenreiche die meisten sogenannten „einfachen Pflanzen" der Phanerogamen und Gefäss-Cryptogamen, d. h. aus mehreren Stengelgliedern zusammengesetzte Sprosse, welche keine Zweige (Seitensprosse) und nur eine einzige, einfache terminale Blüthe tragen, also keine echten Stöcke bilden. Unter den Phanerogamen sind es nur sehr wenige Species, deren actuelle Bionten constant als solche ganz einfache Personen auftreten, da die allermeisten Species entweder verzweigte (aus secundären geschlechtslosen Sprossen zusammengesetzte) Stöcke bilden, oder doch einen zusammengesetzten Blüthenstand (einen aus sexuellen Sprossen zusammengesetzten Stock) tragen. Dagegen kommen solche ganz einfache actuelle Personen häufiger als Ausnahme bei solchen Species vor, die gewöhnlich Stöcke bilden (z. B. *Radiola linoides, Erythraea pulchella, Saxifraga tridactylites* etc.).

Viel seltener, als diese gegliederten Ketten-Personen, welche man auch Personen im engeren Sinne nennen kann, treten die Personen der anderen Hauptform, die Busch-Personen (Prosopa fruticosa) als actuelle Bionten auf. Es ist hier, wie wir oben sahen, jede einzelne Person aus einer Vielheit von Metameren zusammengesetzt, welche niemals in einer Reihe (in der Hauptaxe) hinter einander, sondern in verschiedenen Höhen oder in gleicher Höhe neben einander liegen, und durch laterale Knospung eines Metameres entstehen. Dies ist verhältnissmässig häufig bei niederen Pflanzen (Thallophyten), aber nur sehr selten bei höheren Pflanzen der Fall, nämlich bei verzweigten Phanerogamen ohne Sprossgliederung (z. B. *Viscum*). Viel häufiger finden sich solche Busch-Personen als actuelle Bionten im Thierreiche, besonders bei den Mollusken, wo die meisten Bryozoen und eine Anzahl Tunicaten (viele zusammengesetzte Ascidien) hierher gehören, auch die Ketten der Salpellen (*Salpa pinnata* etc.) Ferner müssen wir als solche auch alle diejenigen falschen Coelenteraten-Stöcke betrachten, deren Hauptspross und deren Seitensprossen nicht gegliedert (geringelt oder tabulirt) sind, z. B. viele Coryniden unter den Hydroidpolypen und Perforaten unter den Anthozoen.

V. B. Die Personen als virtuelle Bionten.

Wie die morphologischen Individuen fünfter Ordnung bei den meisten Thieren als actuelle, so treten sie bei den meisten Pflanzen als virtuelle Bionten auf. Wir nennen dieselben dann Sprosse oder Blasti. Bei den allermeisten Phanerogamen erscheint der Embryo, welcher die Eihüllen durchbricht, zunächst als eine einfache, gegliederte Pflanze, d. h. als eine Person, welche fähig ist, durch laterale Knospung Seitensprosse (ebenfalls Personen) zu treiben, und so einen echten Stock (Cormus) zu bilden. Da also bei den meisten Phanerogamen der Cormus das actuelle Bion ist, so kann die Person oder der Spross, aus deren Vielheit erstere besteht, nur das virtuelle Bion sein, und also nicht das „eigentliche Individuum", wie oft behauptet wurde. Die virtuelle Individualität der Pflanzen-Sprosse zeigt sich auch darin, dass die geschlechtslosen Personen, d. h. die „Blattsprosse", fast immer die Fähigkeit besitzen, abgelöst vom Stocke, sich wiederum zu einem neuen Stocke zu entwickeln, indem sie durch laterale Knospung neue gegliederte Sprosse treiben, die zu einem Cormus vereinigt bleiben. Diese virtuelle Individualität der Sprosse ist für die künstliche Cultur der Pflanzen äusserst wichtig, weil auf derselben die so allgemein benutzte Möglichkeit beruht, die Pflanzen willkürlich auf ungeschlechtlichem Wege durch Ableger, Absenker etc. zu vermehren und durch Pfropfen, Oculiren etc. zu veredeln.

Ganz in derselben Weise, wie bei den meisten Phanerogamen, treten die Personen als virtuelle Bionten bei sehr vielen Coelenteraten auf, nämlich bei fast allen denjenigen, welche echte Stöcke bilden, d. h. Colonieen von gegliederten Personen. Auch hier sind, wie bei den Pflanzen, gewöhnlich die einzelnen abgelösten Sprosse fähig, sich durch Bildung von Seitensprossen alsbald wieder zu neuen Cormen zu entwickeln.

In den allermeisten Fällen sind die Personen, welche als virtuelle Bionten auftreten, Ketten-Personen. Aber auch Buschpersonen können dieselbe Function übernehmen. Es ist dies z. B. bei vielen Tunicaten, Bryozoen und diesen ähnlichen Coelenteraten-Colonieen der Fall, deren Pseudo-Cormen oder Buschpersonen sich zur Bildung echter Stöcke zu vervielfältigen vermögen, wie z. B. bei den Botrylliden. Bei diesen zusammengesetzten Ascidien vermag jede Buschperson („System von Einzelthieren") sich zu einem zusammengesetzten Stocke zu entwickeln. Auch bei Thallophyten kommt dieser Fall vor.

V. C. Die Personen als partielle Bionten.

Weit geringere Bedeutung als die actuelle und virtuelle, hat für die Personen die partielle Individualität. Die Fälle, dass Personen eines Stockes sich spontan von diesem ablösen und ihre selbstständige

Existenz fortführen, ohne sich selbst wieder zu einem Stocke zu entwickeln, sind verhältnissmässig selten. Gewöhnlich finden wir vielmehr, dass Personen (Sprosse), welche künstlich oder natürlich von einem Stocke abgelöst werden, virtuelle, und nicht bloss partielle Bionten sind. Ein ausgezeichnetes Beispiel von partieller Individualität bietet uns die merkwürdige Wasserpflanze *Vallisneria spiralis*, bei welcher die kurzgestielten männlichen Personen (Blüthensprosse) sich zur Blüthezeit vom Stocke trennen, um an die Oberfläche des Wassers zu gelangen und dort schwimmend die langgestielten weiblichen Personen zu befruchten. Dieser interessante Fall bietet die merkwürdigste Analogie mit den Medusen, den Proglottiden der Taenien und den Hectocotylen der Cephalopoden. In allen drei Fällen lösen sich geschlechtsreife Theile vom actuellen Bion ab, um als partielle Bionten selbstständig zu erscheinen. Bei *Vallisneria* sind es morphologische Individuen fünfter, bei den Medusen und den Proglottiden vierter, beim Hectocotylus zweiter Ordnung, welche diese scheinbare Selbstständigkeit erlangen. Einen geringeren Grad partieller Individualität zeigen uns die reifen Früchte der Phanerogamen (während die darin eingeschlossenen Samen virtuelle Bionten sind). Selbst die abgerissenen Einzelblüthen der Phanerogamen (Geschlechts-Personen), welche, in Wasser gesteckt, fortblühen, können hier aufgeführt werden. Dasselbe gilt auch von vielen Personen der Coelenteraten, welche abgelöst vom Stocke, noch eine Zeit lang fort vegetiren, ohne sich zu dem actuellen Bion des Stockes ergänzen zu können.

VI. Die Stöcke als Bionten.

Physiologische Individuen sechster Ordnung.

Da die Stöcke oder Cormen die morphologischen Individuen der letzten und höchsten Ordnung sind, so könnte es zunächst scheinen, als ob in allen Fällen, wo echte, aus einem Complex von mehreren Personen bestehende Stöcke überhaupt vorkommen, dieselben gleichzeitig auch physiologische Individuen sein müssten, und es ist dies in gewissem Sinne richtig. Denn da keine höhere morphologische Individualität über dem Stocke steht, so kann derselbe auch niemals als subordinirtes Form-Individuum einer solchen eingefügt sein. Indessen lässt sich doch bei den verschiedenen Cormus-Arten, und insbesondere bei den verschiedenen Formen der zusammengesetzten Stöcke insofern ein Unterschied hinsichtlich ihrer Fähigkeit zur physiologischen Individualisation nachweisen, als nicht alle einfachen Stöcke, welche an jedem zusammengesetzten Cormus vereinigt sind, in gleichem Maasse als Bionten erscheinen können. Es wird dies sofort klar, sobald man sich erinnert, dass auch die Blüthenstände der Phanerogamen als besondere Stöcke (als sexuelle Cormen) aufgefasst und von den geschlechtslosen Cormen (verzweigten blüthenlosen Aesten) unterschieden werden müssen. In Beiden verhält sich die physiologische Individualität verschieden. Es sind nicht alle Stöcke in gleichem Maasse fähig, als actuelle, virtuelle und partielle Bionten aufzutreten.

VI. A. Die Stöcke als actuelle Bionten.

Bei allen Arten von Organismen, welche überhaupt zur Stockbildung gelangen, wird die reife, ausgebildete und fortpflanzungsfähige Species-Form durch das morphologische Individuum sechster Ordnung repräsentirt. Es ist also hier jedes entwickelte und vollkommen ausgebildete Bion ein echter Stock (Cormus) in dem Sinne, wie wir diesen morphologischen Begriff oben festgestellt haben. Dies ist der Fall bei der grossen Mehrzahl aller Phanerogamen und bei sehr vielen Cryptogamen, unter den Thieren aber nur bei einer grossen Anzahl von Coelenteraten (vielen Hydromedusen und Anthozoen) und bei einer geringen Anzahl von Mollusken (Botrylliden und gegliederten Bryozoen). Alle verschiedenen Formen der Stöcke, welche wir oben unterschieden haben, kommen hier vor. Die einfachen Stöcke (Cormi simplices) sind jedoch im Ganzen viel seltener, als die zusammengesetzten (Cormi compositi). Die grösste Mannichfaltigkeit in der Ausbildung der Cormen als actueller Individuen wird einerseits durch das mehr oder minder bedeutende Uebergewicht des Hauptsprosses (Blastus primarius) über die Nebensprosse (Blasti secundarii) bedingt, andererseits durch die ausserordentlich verschiedenartig entwickelte Arbeitstheilung unter den Sprossen, welche den Cormus zusammensetzen. Unter den thierischen Cormen schliessen sich den Phanerogamen in dieser Beziehung am engsten die Siphonophoren-Stöcke an.

Der höchst complicirte Aufbau der zusammengesetzten Phanerogamen-Stöcke aus zahlreichen über einander geordneten Generationen von einfachen Stöcken führt zur Bildung der colossalsten und gewaltigsten Bionten, welche die organische Natur hervorbringt. Dahin gehören die riesigen Coniferen, welche die grössteAusdehnung der organischen Längsaxe unter allen Landbewohnern zeigen, und unter denen z. B. *Pinus trigona, P. strobus, Araucaria excelsa* etc. Stämme von gegen 300 Fuss Länge bilden; diese werden nur noch von den meerbewohnenden Algenriesen, der *Macrocystis pyrifera* etc. übertroffen, deren Hauptsprosse länger als 400 Fuss werden. Das Gewaltigste in der Entwickelung der Kreuzaxen leisten die imposanten Adansonien mit Stämmen von 30 Fuss Durchmesser. Als die Grossartigsten aller physiologischen Individuen müssen wir aber die Manglebäume *(Rhizophora)* und die indischen Feigenbäume *(Ficus indica)* betrachten, bei welchen durch bleibenden Zusammenhang zahlreicher zusammengesetzter Stöcke, die aus einem einzigen hervorgehen, diese alle zusammen ein einziges Bion darstellen, oft unter der Form eines ganzen Waldes. Die colossalen Stämme und Kronen dieser Riesenbäume lassen als höchst zusammengesetzte Stöcke an Volum und Masse Alles weit hinter sich, was je einzelne Personen (z. B. Walfische) leisten können. In dieser Beziehung zeigt sich die höhere physiologische Ausbildungsstufe, welche durch Zusammensetzung der Personen zu Cormen erreicht wird, sehr deutlich.

Das Thierreich bringt nur im niedersten Stamme, bei den Coelenteraten, ausserdem nur noch bei einigen Mollusken (bei den Botrylliden und gegliederten Bryozoen), actuelle Bionten von echter Cormus-Form hervor und steht also in dieser Beziehung eine Stufe tiefer, als das Pflanzenreich. Doch übertreffen auch hier die echten stockbildenden Formen durch colossale Massenentwickelung bei weitem alle einzelnen Personen, wie schon die Anthozoen-Stöcke der Südsee zeigen, die ungeheuren inselbildenden Corallen-Riffe. Der quantitative Nachtheil, den die physiologische Individualität der höheren Thiere durch mangelnde Stockbildung erleidet, wird aber aufgewogen, ja weit überwogen durch den qualitativen Vortheil der freieren Beweglichkeit der Personen, welche bei allen höheren Thieren als actuelle Bionten fungiren. Ausserdem tritt dann hier noch an die Stelle der gebundenen Stockbildung die freiere Gemeinden- und Staaten-Bildung. Die Arbeitstheilung entwickelt sich hier in nicht minderem Maasse als dort, und die nothwendige Wechselwirkung der thierischen Personen, die in Heerden, Familien, Gemeinden, Staaten beisammen leben, ist nicht weniger innig, als diejenige, welche zwischen Personen eines und desselben Stockes stattfinden muss. Der einzige Unterschied ist, dass hier ein materielles und continuirliches, dort ein ideelles und contiguirliches Band die Vielheit der Personen zur Einheit der Gemeinde zusammenhält. Wenn wir demgemäss auch die freien Staaten der Menschen und der anderen höheren Thiere niemals als morphologische Individualitäten auffassen können, so werden sie dennoch als actuelle Bionten in weiterem Sinne zu betrachten sein.

Die mehr oder minder innigen Vereinigungen von vielen Personen, welche die actuelle physiologische Individualität der Gemeinde und des Staates bilden, sind bisher nicht näher von tectologischem Standpuncte aus als ideelle Aequivalente der Cormen, der Form-Individuen sechster Ordnung, untersucht worden. Die Bildungs-Gesetze sind hier wie dort dieselben. Die Staaten der Menschen sind ebenso wie diejenigen der anderen Thiere nach den Gesetzen der Aggregation und des Polymorphismus gebildet. Auch die verschiedenen Staatsformen wiederholen sich bei den verschiedensten Thiergruppen. Viele Thiere, namentlich Arthropoden, und unter diesen besonders die Ameisen, übertreffen viele menschliche Staaten durch die reine Entwickelung der republicanischen Staatsform, der höchsten und vollkommensten Synusie, welche grösste Freiheit mit vernünftigster Einheit verbindet.

VI. B. Die Stöcke als virtuelle Bionten.

Da alle selbstständigen echten Stöcke zur Zeit der vollständigen Reife eo ipso auch actuelle Bionten sind, so können wir als potentielle oder virtuelle Bionten alle jene Stöcke betrachten, welche noch nicht zur vollständigen Reife, die sie später erreichen, gelangt sind, also alle Pflanzenstöcke, welche noch nicht geblüht, alle Polypenstöcke, welche noch nicht Geschlechtsproducte erzeugt haben. Ueberhaupt können alle einfachen Stöcke, welche sich zu zusammengesetzten zu entwickeln vermögen, als potentielle Bionten gelten. Ausserdem werden wir aber auch alle einfachen geschlechtslosen Stöcke, welche sich im Verbande zusammengesetzter Stöcke vorfinden, z. B. alle verzweigten blüthenlosen Aeste als virtuelle Bionten betrachten können, insofern sie, losgelöst vom Ganzen, fähig sind, sich selbstständig wieder zu einem zusammengesetzten Stock zu entwickeln. Ausgeschlossen sind hiervon die geschlechtlich differenzirten Stöcke (Inflorescentien oder Blüthenstände) der Phanerogamen, welche sich niemals zu einem zusammengesetzten Stocke als actuellem Bion ergänzen können.

VI. C. Die Stöcke als partielle Bionten.

Als scheinbare oder partielle Bionten können wir nur diejenigen Stöcke betrachten, welche, abgelöst von actuellen zusammengesetzten Stöcken, nicht, gleich den so eben erwähnten, fähig sind, sich wieder durch Wachsthum zu ergänzen und zu einem vollständigen zusammengesetzten Cormus zu entwickeln, sondern nur längere oder kürzere Zeit nach ihrer Ablösung noch eine selbstständige Existenz zu fristen vermögen. Es ist dies der Fall z. B. bei den einfachen Stöcken, welche die zusammengesetzten Cormen der Siphonophoren bilden. Erstere vermögen sich von letzteren abzulösen und als partielle (aber nicht virtuelle) Bionten weiter zu leben. Ferner gehören hierher die geschlechtlich differenzirten Stöcke oder die sogenannten Blüthenstände (Inflorescentien) der Phanerogamen, welche, künstlich oder zufällig abgelöst vom Hauptstock, ebenso wie Einzelblüthen (Personen) noch eine Zeit lang weiter blühen, aber nicht wieder zum actuellen Bionten sich ergänzen können. Dieselben stehen dadurch in einem bemerkenswerthen Gegensatze zu den geschlechtslosen Personen der Phanerogamen (Blattsprossen), welche gerade umgekehrt die virtuelle Individualität in hohem Maasse und sehr allgemein besitzen.

Elftes Capitel.

Tectologische Thesen.

„Eine Erfahrung, die aus mehreren anderen besteht, ist offenbar von einer höheren Art. Auf solche Erfahrungen der höheren Art loszuarbeiten halte ich für höchste Pflicht des Naturforschers, und dahin weist uns das Exempel der vorzüglichsten Männer, die in diesem Fache gearbeitet haben."

Goethe.

I. Thesen von der Fundamental-Structur der Organismen.

1. Alle morphologischen Eigenschaften der Organismen, sowohl ihre anatomischen, als ihre Entwickelungs-Erscheinungen, und von den anatomischen Eigenschaften sowohl die tectologischen als die promorphologischen Verhältnisse, sind die nothwendigen Folgen mechanischer wirkender Ursachen.[1])

---

[1]) Indem wir am Schlusse dieses dritten Buches und der folgenden drei Bücher eine Anzahl von allgemeinen Grundsätzen der organischen Morphologie in Form von „Thesen" aussprechen, wollen wir damit nicht sowohl eine „Gesetzsammlung der organischen Morphologie" begründen, als vielmehr einen Anstoss und Fingerzeig zu einer solchen Begründung geben. Es liegt auf der Hand, dass wir gegenwärtig noch in keiner Weise befähigt sind, eine continuirliche Kette von morphologischen Gesetzen zu entwickeln, die nur einigermaassen auf unbedingte mathematische Gültigkeit und Anerkennung rechnen und sich eine lange Lebensdauer versprechen könnte. Eine Wissenschaft, die noch so sehr in primis cunabulis liegt wie die Morphologie der Organismen, muss noch bedeutende Metamorphosen durchmachen, ehe sie es wagen kann, für ihre allgemeinen Sätze den Rang von unbedingten ausnahmslos wirkenden Naturge-

2. Jeder Organismus oder belebte Naturkörper ist eine materielle Raumgrösse (Masseneinheit), welche als solche aus einer Summe von Massen-Atomen und zwischen denselben befindlichen Aether-Atomen zusammengesetzt ist.

3. Die Massen-Atome, welche jeden Organismus zusammensetzen, gehören mindestens vier verschiedenen Atom-Arten (chemischen Elementen oder Urstoffen) an, welche zu sehr verwickelten Verbindungen in demselben vereinigt sind.

4. Die chemischen Verbindungen, aus welchen jeder Organismus zusammengesetzt ist, sind theils constante, welche allen Organismen gemeinsam zukommen, theils inconstante, welche einem Theile der Organismen besonders zukommen.

5. Die constanten, allen Organismen ohne Ausnahme zukommenden chemischen Verbindungen sind Kohlenstoff-Verbindungen aus der Gruppe der Eiweisskörper (Albuminate, Protein-Verbindungen), welche alle mindestens aus vier verschiedenen Atom-Arten: Kohlenstoff, Sauerstoff, Wasserstoff und Stickstoff zusammengesetzt sind; meistens zugleich noch aus Schwefel und oft aus Phosphor.

6. Die inconstanten, nur einem Theile der Organismen zukommenden chemischen Verbindungen sind theils organische (kohlenstoffhaltige) Verbindungen (Fette, Kohlenhydrate etc.), theils anorganische (kohlenstofffreie) Verbindungen (Alkali-Salze, Kalk-Salze, Kiesel-Verbindungen etc.).

7. Von den chemischen Verbindungen, welche das materielle Substrat jedes Organismus bilden, befindet sich immer wenigstens ein Theil (und zwar ausnahmslos ein Theil der constanten Eiweiss-Verbindungen) im festflüssigen Aggregatzustande (Imbibitions-Zustande).

8. Alle Eigenschaften der Organismen sind die unmittelbaren oder mittelbaren Wirkungen der chemischen Verbindungen, aus denen sie zusammengesetzt sind, und in letzter Linie der Massen-Atome und Aether-Atome, aus welchen jene chemischen Verbindungen zusammengesetzt sind.

9. Alle Eigenschaften der Organismen sind entweder physiologische

---

setzen in Anspruch zu nehmen. Eine Anzahl solcher Gesetze glauben wir allerdings gefunden und in dem vorliegenden Werke begrundet zu haben. Wir sind aber nicht im Stande, mit der erforderlichen Sicherheit zu sagen, welche von den hier formulirten allgemeinen Wahrheiten wirkliche Gesetze, welche bloss Regeln sind, welche davon eine ganz allgemeine, welche eine beschränktere Gültigkeit haben. Statt daher das Schlusscapitel jedes unserer vier morphologischen Bücher mit dem mehr versprechenden als leistenden Titel: „Theorieen und Gesetze“ zu schmücken, ziehen wir es vor, die Primordien derselben, gemischt mit einigen allgemeinen Regeln, als „Thesen“ zusammenzufassen, deren weitere Entwickelung zu Gesetzen wir von unsern Nachfolgern hoffen.

(Bewegungs-Erscheinungen der Massen-Atome und der aus ihnen zusammengesetzten Moleküle) oder morphologische (Lagerungs-Verhältnisse der Massen-Atome und der aus ihnen zusammengesetzten Moleküle).

10. Die Leistungen oder Functionen der Organismen (physiologische Eigensehaften oder Lebenserscheinungen) sind als Bewegungen (Anziehungen und Abstossungen) der Atome und Moleküle nur in einer Reihe von Zeitmomenten erkennbar und als solche Object der Physiologie (Biodynamik).

11. Die Formen oder Morphen der Organismen (morphologische Eigenschaften oder Lebensbildungen) sind als Ruhezustände (Gleichgewichtszustände) der Atome und Moleküle nur in einem einzigen Zeitmomente erkennbar und als solche Object der Morphologie (Biostatik).

12. Die Massen-Bewegungen (Anziehungen und Abstossungen der Atome und Moleküle in den organischen Verbindungen), welche wir Lebens-Erscheinungen nennen, erfolgen innerhalb jedes Organismus nach denselben ewigen und unabänderlichen Gesetzen der die gesammte Natur beherrschenden Nothwendigkeit, wie alle Bewegungs-Erscheinungen in der anorganischen Natur; alle sind mithin die nothwendigen Folgen wirkender Ursachen (nach dem allgemeinen Causal-Gesetz).

13. Die Ruhezustände (Gleichgewichts-Zustände) der Atome und Moleküle in den organischen Verbindungen, welche wir Lebens-Formen nennen, werden durch dieselben ewigen und unabänderlichen Gesetze der absoluten Nothwendigkeit bedingt, wie alle gesetzmässigen Formen in der anorganischen Natur (Krystalle); alle sind mithin die nothwendigen Folgen wirkender Ursachen (nach dem allgemeinen Causal-Gesetz).

14. Die Masse-Bewegungen der organischen Atome und Moleküle, deren Endresultat die Lebens-Formen sind, gehen immer aus von den niemals fehlenden, sehr beweglichen und veränderlichen Eiweiss-Verbindungen, welche die „active“ organische Materie oder den „Lebensstoff“ im engeren Sinne bilden.

II. Thesen von der organischen Individualität.

15. Jeder einzelne Organismus als lebendige Masseneinheit erscheint in der Form einer einheitlich abgeschlossenen und selbstständigen Raumgrösse, welche ganz oder theilweise von festflüssiger organischer Materie gebildet wird und eine einheitliche Summe von Leistungen (Lebens-Erscheinungen) ausführt.

16. Jeder einzelne Organismus, vom morphologischen Standpunkte aus betrachtet und bloss hinsichtlich seiner formellen Individualität als Einheit untersucht, erscheint als ein morphologisches Individuum.

17. Jeder einzelne Organismus, vom physiologischen Standpunkte aus betrachtet und bloss hinsichtlich seiner functionellen Individualität als Lebens-Einheit untersucht, erscheint als physiologisches Individuum oder Bion.[1])

18. Das Bion oder das physiologische Individuum als Lebenseinheit ist an ein materielles Substrat gebunden, welches entweder ein einziges einfaches morphologisches Individuum oder ein einheitlicher Complex (Synusie, Colonie) von zwei oder mehreren, innig verbundenen einfachen morphologischen Individuen ist.

19. Jeder einheitliche Complex (Synusie oder Colonie) von zwei oder mehreren, innig verbundenen einfachen morphologischen Individuen, welcher ein natürliches Ganze, eine selbstständige Formeinheit bildet, ist als ein morphologisches Individuum zweiter oder höherer Ordnung zu betrachten.

20. Alle morphologischen Individuen, welche im Thierreiche, im Protistenreiche und im Pflanzenreiche als materielle Substrate der Bionten, als Träger der einheitlichen Lebens-Erscheinung auftreten, lassen sich in sechs subordinirte Stufen oder Ordnungen gruppiren, welche wir, von unten nach oben aufsteigend, mit folgenden morphologisch bestimmten Ausdrücken bezeichnen: 1) das Plasmastück (Plastis); 2) das Werkstück (Organon); 3) das Gegenstück (Antimeros); 4) das Folgestück (Metameros); 5) die Person (Prosopon); 6) der Stock (Cormos).

21. Jede einzelne Form-Einheit höherer Ordnung ist eine Vielheit (Synusie oder Colonie) von mehreren vereinigten Formeinheiten der vorhergehenden niederen Ordnungen.

22. Nur die Plastide (entweder Cytode oder Zelle) als das morphologische Individuum erster und niederster Ordnung ist demnach ein wirklich einfaches Form-Individuum; alle übrigen morphologischen Individuen (zweiter bis sechster Ordnung) sind stets zusammengesetzte Individuen oder Colonieen (Synusieen, Complexe).

---

[1]) Um den schleppenden und vielsylbigen Ausdruck des „physiologischen Individuums" zu vermeiden, haben wir denselben durch den kurzen und bezeichnenden Ausdruck des Bion ersetzt, (ὁ βίος, τὸ ὄν). Entsprechend würde sich das morphologische Individuum kurz als Morphon bezeichnen lassen (ἡ μορφή, τὸ ὄν). Wir haben indessen den Gebrauch dieser Bezeichnung hier vermieden, um nicht allzuviele neue Kunstausdrucke (deren wir ohnehin schon eine grosse Anzahl zur Bezeichnung neuer Begriffe bedürfen) in die organische Morphologie einzuführen. Da jede der sechs verschiedenen morphologischen Individualitäten ihre eigene bestimmte Bezeichnung besitzt, so kommt der Ausdruck „morphologisches Individuum" überhaupt viel seltener zur Anwendung.

III. Thesen von den einfachen organischen Individuen.

23. Die Plastide oder das Plasmastück, als das einzige einfache organische Individuum, ist das allgemeine Form-Element aller Organismen, die gemeinsame Grundlage aller Thiere, Protisten und Pflanzen ohne Ausnahme.

24. Jede lebende Plastide ohne Ausnahme besteht aus einem zusammenhängenden Stücke einer festflüssigen Eiweiss-Verbindung (Plasma), welche den eigentlich activen Lebensstoff repräsentirt, indem sie in beständiger chemischer Umsetzung begriffen ist, und dadurch die Lebens-Bewegungen veranlasst.

25. Alle die endlos mannichfaltigen und verschiedenartigen morphologischen und physiologischen Eigenschaften der Organismen sind lediglich die unmittelbaren oder mittelbaren Wirkungen der endlos mannichfaltigen und verschiedenartigen atomistischen Zusammensetzung der Eiweiss-Verbindungen, welche als individuelle Plasmaklumpen das Plasma der Plastiden bilden.

26. In allen Plastiden ist das Plasma entweder der einzige active Bestandtheil (das „Lebenselement“), oder es hat sich im Innern des Plasma ein zweiter activer Bestandtheil aus demselben differenzirt, der Kern oder Nucleus, welcher aus einer von dem Plasma verschiedenen Eiweiss-Verbindung besteht.

27. Die Zellen, als Plastiden mit Plasma und Kern, sind demnach als eine höhere Entwickelungsstufe, von den unvollkommeneren Cytoden, den einfachen Plasmaklumpen ohne Kern zu unterscheiden.

28. Alle Formbestandtheile der Plastiden, und also der Organismen überhaupt (als einfacher Plastiden oder Plastiden-Complexe), welche nicht actives Plasma oder activer Kern sind, werden als passive oder secundäre von jenen activen oder primären Plastiden-Theilen gebildet, entweder äusserlich (Zellenmembranen und Intercellular-Substanzen) oder innerlich (innere Plasma-Producte).

IV. Thesen von den zusammengesetzten organischen Individuen.

29. Alle morphologischen und physiologischen Eigenschaften der zusammengesetzten organischen Individuen (zweiter bis sechster Ordnung) sind die nothwendige Wirkung der sie constituirenden einfachen Individuen (Plastiden) und zwar in letzter Instanz ihrer activen Bestandtheile (Plasma und Kern).

30. Die Composition der zusammengesetzten Individuen aus Aggregaten von einfachen Individuen erfolgt in den Organismen aller drei Reiche (Thieren, Protisten und Pflanzen) nach denselben einfachen Gesetzen.

31. Das Organ (in rein morphologischem Sinne, als das morphologische Individuum zweiter Ordnung) ist ein Complex von zwei oder mehreren vereinigten Plastiden (Cytoden oder Zellen).

32. Das Antimer oder der homotype Stücktheil ist ein Complex von zwei oder mehreren vereinigten Organen.

33. Das Metamer oder der homodyname Stücktheil ist ein Complex von zwei oder mehreren vereinigten Antimeren.

34. Die Person oder das Prosopon ist ein Complex von zwei oder mehreren vereinigten Metameren.

35. Der Stock oder Cormus ist ein Complex von zwei oder mehreren vereinigten Personen.

V. Thesen von der physiologischen Individualität.

36. Jede bestehende Art oder Species von Organismen ist aus allen physiologischen Individuen zusammengesetzt, welche unter nahezu gleichen Verhältnissen oder doch unter sehr ähnlichen Existenz-Bedingungen eine nahezu gleiche oder doch sehr ähnliche Formenreihe während ihrer individuellen Entwickelung durchlaufen.

37. Für jede Art oder Species von Organismen ist die Stufe der morphologischen Individualität, welche das vollständig reife und ausgebildete physiologische Individuum repräsentirt, eine constante, welche wir mit dem Ausdruck des actuellen Bion bezeichnen.

38. Wirklich einfache Organismen-Species können bloss die Monoplastiden genannt werden, d. h. diejenigen Arten, bei welchen das actuelle Bion sowohl, als alle Entwickelungsstadien desselben, den Formen-Werth einer einzigen Plastide (entweder einer Cytode oder einer Zelle) besitzen.[1])

39. Alle Organismen-Arten, welche als actuelle Bionten aus zwei oder mehreren Plastiden zusammengesetzt sind, und demgemäss den Form-Werth eines morphologischen Individuums zweiter bis sechster Ordnung haben, können als zusammengesetzte Organismen-Species oder Polyplastiden bezeichnet werden.

40. Alle Organismen, welche als actuelle Bionten durch morphologische Individuen zweiter bis sechster Ordnung dargestellt werden (also alle zusammengesetzte Organismen-Species), durchlaufen während ihrer individuellen Entwickelung die vorhergehenden niederen Individualitätsstufen, von der ersten an.

---

[1]) Monoplastiden sind also sowohl alle echt „einzelligen" (monocyten) Organismen (z. B. die solitären Diatomeen), als auch alle „kernlosen einzelligen" (also monocytoden) Organismen, z. B. *Caulerpa* und andere kernlose Siphoneen.

41. So lange das Bion sich auf einer morphologischen Individualitätsstufe befindet, welche niedriger ist, als diejenige, welche es später als actuelles Bion erreicht, muss dasselbe entweder als virtuelles oder als partielles bezeichnet werden.

42. Als virtuelles oder potentielles Bion muss das physiologische Individuum unterschieden werden, wenn dasselbe die Fähigkeit besitzt, sich zu der höheren morphologischen Individualitätsstufe zu entwickeln, welche dem actuellen Bion seiner Species eigenthümlich ist.

43. Als partielles oder scheinbares Bion dagegen muss das physiologische Individuum angesehen werden, wenn es zwar die Fähigkeit besitzt, als selbstständige Lebenseinheit längere oder kürzere Zeit zu existiren, nicht aber sich zu der morphologischen Individualitätsstufe zu entwickeln, welche dem actuellen Bion seiner Species eigenthümlich ist.

44. Sowohl die actuellen, als die virtuellen, als die partiellen Bionten können als materielles Substrat jede der sechs morphologischen Individualitäts-Ordnungen haben.

45. Alle physiologischen Individuen, gleichviel welche morphologische Individualitäts-Ordnung ihr materielles Substrat bildet, sind in allen ihren Leistungen und Form-Verhältnissen auf die morphologischen Individuen erster Ordnung, die Plastiden (Cytoden und Zellen) als „Elementar-Organismen“ zurückzuführen, da jedes Bion entweder selbst eine einfache Plastide (Monoplastis) oder ein Aggregat (Synusie, Colonie, Complex) von mehreren Plastiden ist (Polyplastis).

46. Sämmtliche physiologische und morphologische Eigenschaften eines jeden polyplastiden Organismus erscheinen mithin als das nothwendige Gesammtresultat aus den physiologischen und morphologischen Eigenschaften aller Plastiden, welche denselben zusammensetzen.

VI. Thesen von der tectologischen Differenzirung und Centralisation.

47. Die Structur oder der Bau (die innere Form) der Organismen ist das Verhältniss der einzelnen constituirenden Bestandtheile der Organismen zu einander und zum Ganzen.

48. Bei den monoplastiden Organismen, welche als actuelle Bionten stets auf der ersten morphologischen Individualitätsstufe stehen bleiben, ist demnach die Structur durch das Verhältniss der (activen) constituirenden Plasma-Moleküle und der von ihnen producirten anderen (passiven) Stoff-Moleküle zu einander und zum Ganzen bestimmt.

49. Bei den polyplastiden Organismen hingegen, welche als actuelle Bionten die zweite oder eine noch höhere morphologische Individualitätsstufe erreichen, ist die Structur durch das Verhältniss bestimmt, welches die constituirenden morphologischen Individuen von

allen untergeordneten, und in letzter Instanz von der ersten Individualitäts-Stufe zu einander und zum Ganzen einnehmen.

50. Die verschiedenen Grade der morphologischen Vollkommenheit, welche die verschiedenen Organismen-Arten zeigen, sind theils durch ihre tectologischen, theils durch ihre promorphologischen Eigenschaften bedingt,. also weder allein durch die Structur, noch allein durch die Grundform.[1])

51. Die verschiedenen Grade der Vollkommenheit der Organismen sind, insofern sie unmittelbar auf den Structur-Verhältnissen beruhen, durch mehrere verschiedene tectologische Momente bestimmt, welche wesentlich auf dem gegenseitigen Verhältniss der aggregirten morphologischen Individuen verschiedener Ordnung zu einander und zum Ganzen beruhen.

52. Der Organismus ist um so vollkommener, je höher der morphologische Individualitäts-Grad ist, zu welchem er sich erhebt, je grösser also die Zahl der untergeordneten Individualitätsstufen ist, welche ihn zusammensetzen.

53. Der Organismus ist, falls er aus gleichartigen Plastiden zusammengesetzt ist, um so vollkommener, je grösser die Anzahl der constituirenden Plastiden ist.

---

[1]) Wir haben es im Vorhergehenden vermieden, die verwickelte Frage von der „Vollkommenheit und Unvollkommenheit, der höheren und niederen Stellung, der zusammengesetzten und einfachen Natur“ der verschiedenen Organismen-Arten speciell zu erörtern, deren Behandlung bei den verschiedenen Autoren das klarste Bild von der chaotischen Verwirrung und dem Mangel fester Begriffsbestimmungen in der organischen Morphologie liefert. Nicht allein hat man fast allgemein versäumt, die ganz verschiedene Art der Vollkommenheit oder Ausbildungsstufe zu unterscheiden, welche durch die Differenzirung der Structur, und diejenige, welche durch die Differenzirung der Grundform bedingt ist; sondern man hat oft selbst nicht zwischen physiologischer und morphologischer Vervollkommnung unterschieden. Ferner hat in dieser schwierigen Frage der Umstand sehr verhängnissvoll die Verwirrung vermehrt, dass man nicht allein in jeder kleineren, sondern auch in den grosseren Organismen-Gruppen bestrebt war, alle existirenden Formen in einer einzigen aufsteigenden Stufenleiter der Vollkommenheit hinter einander zu ordnen. Diese Vorstellung ist aber grundfalsch, da wegen der allgemeinen „Divergenz der Charactere“ überall die verwandten Formen und Formengruppen in das baumförmige Schema von coordinirten und subordinirten, niemals in das leiterförmige Schema von bloss subordinirten Ausbildungsstufen geordnet werden müssen. Allein schon aus diesem Umstande, der im sechsten Buche näher erläutert wird, ist es sehr wichtig, die verschiedenen Arten oder Modi der Vollkommenheit, des zusammengesetzteren und einfachen Baues, der höheren und niederen Stellung, scharf zu unterscheiden. Das Wichtigste ist hierbei zunächst die Trennung der wesentlich verschiedenen tectologischen und promorphologischen Differenzirung, des Ausbildungsgrades der Structur und der Grundform.

54. Der Organismus ist, falls er aus ungleichartigen Plastiden zusammengesetzt ist, um so vollkommener, je ungleichartiger die constituirenden Plastiden sind (Gesetz der Differenzirung der Plastiden).

55. Jede morphologische Individualität irgend einer Ordnung ist um so vollkommener, je ungleichartiger die in Mehrzahl vorhandenen Individuen der nächst tieferen Ordnung sind, welche sie constituiren, je grösser also deren Polymorphismus (Arbeitstheilung, Differenzirung) ist.

56. Der Organismus ist um so vollkommener, je abhängiger die gleichartigen Individualitäten, welche ihn zusammensetzen, von einander und vom Ganzen sind, und je mehr also der ganze Organismus centralisirt ist, und alle subordinirten Individualitäten beherrscht (Gesetz der Centralisation).

57. Jedes einzelne Form - Individuum irgend einer Ordnung ist dagegen um so vollkommener, je unabhängiger dasselbe von seinen coordinirten Genossen (den anderen Form-Individuen derselben Ordnung) und je unabhängiger es zugleich von dem übergeordneten Ganzen ist (Gesetz der individuellen Autonomie).

58. Der Organismus ist um so vollkommener, je höher zwischen allen untergeordneten Individualitäten, welche ihn zusammensetzen, der Grad der Arbeitstheilung und der Grad der Wechselwirkung ist, je grösser mithin die Differenzirung und die Centralisation des ganzen Organismus ist.

VII. Thesen von der Vollkommenheit der verschiedenen Individualitäten.

59. Die Form-Individuen erster Ordnung, die Plastiden (Cytoden und Zellen), sind allgemein um so vollkommener, je grösser die Anzahl der constituirenden Plasmamoleküle ist, je differenter ihre atomistische Zusammensetzung und folglich ihre physiologische Function ist, je abhängiger mithin dieselben von einander und von der ganzen Plastide sind, und je mehr die ganze Plastide centralisirt und von dem etwa übergeordneten Organe unabhängig ist.

60. Die Form-Individuen zweiter Ordnung, die Organe, sind allgemein um so vollkommener, je grösser die Anzahl ihrer constituirenden Plastiden ist, je differenter deren chemische Zusammensetzung und folglich auch ihre physiologische Function ist, je abhängiger mithin die Plastiden von einander und vom ganzen Organ sind, und je mehr das ganze Organ centralisirt und von dem etwa übergeordneten Antimer unabhängig ist.

61. Die Form-Individuen dritter Ordnung oder Antimeren sind allgemein um so vollkommener, je grösser die Anzahl der constituirenden Organe, je differenter deren histologische Zusammensetzung, und

folglich auch ihre physiologische Function ist, je abhängiger mithin die Organe von einander und vom ganzen Antimer sind, und je mehr das ganze Antimer centralisirt und von dem etwa übergeordneten Metamer unabhängig ist.[1])

62. Die Form-Individuen vierter Ordnung, die Metameren oder Folgestücke, sind allgemein um so vollkommener, je differenzirter, je ungleichartiger ihre homotypische, organologische und histologische Zusammensetzung, und folglich auch je vielseitiger ihre physiologische Function ist, je abhängiger mithin die constituirenden Plastiden, Organe und Antimeren von einander und vom ganzen Metamer sind, und je mehr das ganze Metamer centralisirt und von der etwa übergeordneten Person unabhängig ist.

63. Die Form-Individuen fünfter Ordnung, die Personen oder Prosopen, sind allgemein um so vollkommener, je differenzirter, je ungleichartiger ihre homodyname, homotypische, organologische und histologische Zusammensetzung, und folglich auch je vielseitiger ihre physiologische Function ist, je abhängiger mithin die constituirenden Plastiden, Organe, Antimeren und Metameren von einander und vom ganzen Prosopon sind, und je stärker die ganze Person centralisirt und von dem etwa übergeordneten Stocke unabhängig ist.

---

[1]) Die vielfachen tectologischen Schwierigkeiten, welche bei den höheren Organismen dadurch entstehen, dass die verschiedenen morphologischen Individualitäten sich auf das Vielfältigste durch einander weben und oft in der verwickeltsten Weise verbinden, sind zum Theil von uns schon in den vorhergehenden Capiteln besprochen worden. Besonders leicht können in dieser Hinsicht Täuschungen durch die gegenseitige Durchflechtung der Metameren und Antimeren, sowie der Organe, welche als Epimeren und Parameren in ihrer gegenseitigen relativen Lagerung ähnliche Complicationen zeigen, hervorgerufen werden (vgl. p. 311, 316). Zum Theil liegt auch hierin der Grund, dass die homotypen und homodynamen Verhältnisse bisher überhaupt so wenig berücksichtigt und nicht gehörig aufgeklärt worden sind. Was das wichtige tectologische Verhältniss der Antimeren zu den Metameren betrifft, so wollen wir hier schliesslich noch ausdrücklich hervorheben, dass wir bei der Tectologie der Personen, insofern sie deren Zusammensetzung aus Antimeren betrifft, stets die Zahl der Antimeren, ebenso wie bei den Metameren, und unabhängig von der Anzahl der letzteren bestimmen, weil diese hierbei ohne Einfluss ist. Strenggenommen müssten wir einem Wirbelthier, welches aus vierzig Metameren besteht, achtzig Antimeren zuschreiben, weil jedes Metamer aus zwei Antimeren besteht. Wir schreiben aber der ganzen Person hier nur zwei Antimeren zu, weil die gleiche homotype Zusammensetzung sich in allen homodynamen Abschnitten wiederholt. Ebenso schreiben wir einer fünfstrahligen Blüthe mit sechs fünfgliederigen Blattkreisen (Metameren) oder einem fünfarmigen Crinoid mit sechs Metameren nicht dreissig, sondern fünf Antimeren zu. Die Beachtung dieser Bestimmung ist besonders von grosser Bedeutung für die richtige Erkenntniss der Grundformen.

64. Die Form-Individuen sechster Ordnung, die Stöcke oder Cormen, sind allgemein um so vollkommener, je differenzirter, je ungleichartiger ihre prosopologische, homodyname, homotypische, organologische und histologische Zusammensetzung, und folglich auch je vielseitiger ihre physiologische Function ist, je abhängiger mithin die constituirenden Plastiden, Organe, Antimeren, Metameren und Personen (Sprosse) von einander und vom ganzen Stocke sind, und je stärker also der ganze Stock centralisirt ist.

Viertes Buch.

Zweiter Theil der allgemeinen Anatomie.

Generelle Promorphologie

oder

Allgemeine Grundformenlehre der Organismen.

(Stereometrie der Organismen.)

„Freudig war seit vielen Jahren
Eifrig so der Geist bestrebt,
Zu erforschen, zu erfahren,
Wie Natur im Schaffen lebt.
Und es ist das ewig Eine,
Das sich vielfach offenbart;
Klein das Grosse, gross das Kleine,
Alles nach der eignen Art,
Immer wechselnd, fest sich haltend,
Nah und fern, und fern und nah
So gestaltend, umgestaltend —
Zum Erstaunen bin ich da.“

Goethe.

Zwölftes Capitel.

Begriff und Aufgabe der Promorphologie.

„Was man an der Natur Geheimnissvolles pries,
Das wagen wir verständig zu probiren,
Und was sie sonst organisiren liess,
Das lassen wir krystallisiren."

Goethe.

I. Die Promorphologie als Lehre von den organischen Grundformen.

Die Promorphologie oder Grundformenlehre der Organismen ist die gesammte Wissenschaft von der äusseren Form der organischen Individuen, und von der stereometrischen Grundform, welche derselben zu Grunde liegt, und auf deren Erkenntniss durch Abstraction sich jede wissenschaftliche Darstellung einer organischen Form stützen muss. Die Aufgabe der organischen Promorphologie ist mithin die Erkenntniss und die Erklärung der organischen individuellen Gesammtform durch ihre stereometrische Grundform d. h. die Bestimmung der idealen Grundform durch Abstraction aus der realen organischen Form, und die Erkenntniss der bestimmten Naturgesetze, nach denen die organische Materie die äussere Gesammtform der organischen Individuen bildet.

Begriff und Aufgabe der organischen Promorphologie, wie wir sie hier feststellen und bereits oben (p. 30, 46, 49) im Allgemeinen erörtert haben, sind bisher noch nicht Gegenstand von eingehenden morphologischen Untersuchungen gewesen. Die Vorwürfe, welche die meisten Zoologen und Botaniker hinsichtlich der allgemeinen Vernachlässigung der Tectologie verdienen, gelten in noch höherem Maasse hinsichtlich der Promorphologie. Nur sehr wenige Naturforscher haben versucht, in der scheinbar gesetzlosen und ganz unberechenbaren Formenmannichfaltigkeit des Thier- und Pflanzenreichs nach der Erkenntniss allgemeiner Gesetze zu streben, nach denen diese Formen gebildet sind. Nur Einzelne haben den wenig berücksichtigten Versuch gemacht, mathematisch bestimmbare Grundformen aufzufinden, welche die nothwendige Gesetzlichkeit auch in den complicirtesten Bildungen der organischen Naturkörper verrathen; aber auch diese sind meistens bald vor den grossen Schwierigkeiten zurückgeschreckt, welche einer mathematischen Erkenntniss der organischen Formen entgegenstehen, und welche bei jedem tieferen Eindringen in das Räthsel ihrer höchst complicirten Bildungen die erstere unmöglich erscheinen lassen.

Die anorganische Morphologie ist in dieser Beziehung der organischen unendlich voraus. Derjenige Wissenschaftszweig, welcher dort der organischen Promorphologie entspricht, ist die Krystallographie, und es ist bekannt, welchen hohen Grad wissenschaftlicher Vollendung, vorzüglich durch strenge Anwendung der rein mathematischen Methode, diese „Promorphologie der Anorgane" erlangt hat. Von der Krystallographie lernen wir, dass die Erkenntniss des Wesens der Form nicht durch die blosse Beschreibung der realen Form des Individuums, sondern durch die Construction seiner idealen Grundform gewonnen wird. Der wissenschaftlichen Mineralogie genügt nicht die genaueste äusserliche Beschreibung eines individuellen Krystalles, wenn nicht das Verhältniss seiner verschiedenen Axen und deren Pole zu einander erörtert und daraus die ideale stereometrische Grundform des Krystalles, sein „System" erkannt ist. Bei den Organismen dagegen begnügt man sich fast allgemein mit der blossen Beschreibung entweder der äusseren Oberflächen oder der inneren Structur, und vernachlässigt die ideale stereometrische Grundform, welche auch hier unter der verwickelten individuellen Form verborgen liegt, entweder gänzlich, oder glaubt genug gethan zu haben, wenn man sie entweder als „bilateral-symmetrische" oder als „radial-reguläre" bezeichnet.

Wir befinden uns also hier beim Eintritt in die Promorphologie in der seltsamen Lage, die Wissenschaft, deren Grundzüge wir darstellen wollen, nicht allein in den ersten embryonalen Anfängen schlummernd, sondern sogar nicht einmal als selbstständige individuelle Disciplin anerkannt zu finden. Die Promorphologie der Organismen, welche nach unserer Ueberzeugung ein so wichtiger Bestandtheil der organischen Morphologie ist, dass wir ihn sogar der Tectologie als anderen ebenbürtigen Hauptzweig der Anatomie gegenüberstellen, ist in der That als solcher bisher noch von keinem Naturforscher anerkannt, und selbst von den wenigen denkenden Männern, welche ihm ihre Aufmerksamkeit zuwandten, nicht in gehörigem Maasse cultivirt und hervorgehoben worden.

Wenn wir daher im Folgenden die Fundamente der organischen Promorphologie für die gesammte Formenwelt der drei organischen Reiche festzustellen versuchen, so haben wir nicht allein mit der grossen Schwierigkeit des Gegenstandes an sich zu kämpfen, sondern in noch höherem Maasse mit den Vorurtheilen der Zeitgenossen, welche grösstentheils diesem ersten Versuche einer „organischen Stereometrie“ in erhöhtem Maasse die Ungunst der Beurtheilung zuwenden werden, die unsere morphologischen Reformversuche überhaupt zu erwarten haben. Es erscheint desshalb nothwendig, ehe wir die bisher unternommenen promorphologischen Versuche überblicken, den Begriff der organischen Grundform selbst, wie er uns persönlich vorschwebt und im Folgenden speciell untersucht ist, in seiner allgemeinen Bedeutung kurz zu erörtern und festzustellen.

II. Begriff der organischen Grundform im Allgemeinen.

Unter organischer Grundform oder Promorphe verstehen wir allgemein denjenigen mathematischen Körper, welcher der äusseren Form jedes organischen Individuums erster bis sechster Ordnung zu Grunde liegt, und welcher mit dieser letzteren in allen wesentlichen Verhältnissen der formbestimmenden Körperaxen und ihrer beiden Pole übereinstimmt. Die ideale stereometrische Grundform sowohl als die reale Form des organischen Individuums, in welcher die erstere verkörpert ist, sind also lediglich durch ihre fest bestimmten Axen und deren beide Pole erkennbar und einer mathematischen Bestimmung fähig. Mithin sind nur diejenigen organischen Individuen von dieser stereometrischen Erkenntniss ausgeschlossen, bei denen wegen absoluten Mangels jeder bestimmten Axe auch eine stereometrische Grundform nicht ausgesprochen ist, nämlich die absolut unregelmässigen oder amorphen Gestalten, welche wir in der Formengruppe der Axenlosen (Anaxonia) zusammenfassen. Diese „axenlosen“ organischen Individuen verhalten sich zu der grossen Mehrzahl der „axenfesten“ oder Axonien ebenso, wie die amorphen Anorgane zu den Krystallen. Doch lässt sich auch für die Anaxonien eine stereometrische Behandlungsweise finden, wie im ersten Abschnitt des dreizehnten Capitels gezeigt werden wird.

Die ideale stereometrische Grundform, welche wir in jedem realen organischen Form-Individuum erster bis sechster Ordnung verkörpert finden, ist eine absolut bestimmte, eine vollkommen constante und daher gesetzmässige. In dieser Constanz der idealen stereometrischen Grundform, d. h. in ihrem nothwendigen causalen Zusammenhange mit den formbildenden Ursachen der realen organischen Form, kurz in ihrer Gesetzmässigkeit, liegt der hohe Werth, den dieselbe für eine wissenschaftliche Erkenntniss und Darstellung der realen organischen Formen besitzt. Es wird nämlich dadurch möglich, alle wesentlichen Form-Verhältnisse jedes organischen Körpers durch den einfachsten Ausdruck mit mathematischer Sicherheit zu bezeichnen. Die einfache Angabe der stereometrischen Grundform jedes morphologischen Individuums genügt vollkommen, um alle characteristischen Form-Eigenschaften desselben mit einem einzigen Wort zu bezeichnen, an welches dann die Beschreibung der äusseren Einzelheiten sich ohne Mühe anschliessen lässt. In dieser Beziehung ist die Promorphologie der wahre mathematische Grundstein der mechanischen Morphologie der Organismen im Allgemeinen und der descriptiven Morphographie im Besonderen.

Die Form jedes Körpers, als die Summe aller äusseren Grenzflächen, Grenzlinien und Grenzwinkel desselben, ist im Allgemeinen nichts Anderes als das Lagerungsverhältniss der constituirenden Bestandtheile des Körpers, oder, genauer ausgedrückt, das Resultat aus der Zahl und Grösse, der gegenseitigen Lagerung und Verbindung, der Gleichheit oder Ungleichheit aller constituirenden Bestandtheile des Körpers. Wenn wir nun diese allgemeine Definition der Form jedes Körpers auf die ideale organische Grundform übertragen, welche einem morphologischen Individuum bestimmter Ordnung zu Grunde liegt, so zeigt sich auch diese wesentlich als das nothwendige Resultat der Zahl und Grösse, Lagerung und Verbindung, Gleichheit oder Ungleichheit der constituirenden Formbestandtheile, d. h. zunächst der morphologischen Individuen der nächst niederen Ordnung. Schon hieraus ist klar, dass die stereometrische Grundform jedes morphologischen Individuums nicht bloss aus der Oberflächen-Betrachtung seines Aeusseren erkannt werden kann, dass vielmehr dazu eine vollständige Erkenntniss seiner inneren Zusammensetzung aus den subordinirten Formindividuen niederer Ordnung unentbehrlich ist. Obgleich also die Promorphologie wesentlich die Aufgabe hat, die äussere Form jedes gegebenen morphologischen Individuums geometrisch zu erklären, kann sie diese Aufgabe doch nur lösen durch die vorhergegangene tectologische Erkenntniss seiner inneren Form, seiner Structur. Aus diesem Grunde muss also stets die tectologische Erkenntniss jedes organischen Form-Individuums seiner promorphologischen vorausgehen.[1])

[1]) Wie wichtig die tectologische Erkenntniss der inneren Structur fur das

Die organische Grundform ist also keineswegs eine willkührliche Abstraction, welche wir durch beliebige Hervorhebung oder willkührliche Ergänzung einzelner Begrenzungs-Flächen, Linien oder Winkel des organischen Körpers erhalten, sondern sie ist der nothwendige und unveränderliche Ausdruck des constanten Lagerungs-Verhältnisses aller constituirenden Bestandtheile der organischen Form zu einander und zum Ganzen. Jedes organische Form-Individuum besitzt also in jedem gegebenen Zeitmomente nur eine einzige constante geometrische Grundform.

III. Verschiedene Ansichten über die organischen Grundformen.

Die allgemeine Existenz constanter stereometrischer Grundformen in allen realen morphologischen Individuen ist bisher nicht in dem Sinne, wie wir sie so eben bestimmt haben, anerkannt worden. Zwar haben einige wenige denkende Morphologen, unter denen namentlich Bronn, Johannes Müller, Burmeister, G. Jäger hervorzuheben sind, versucht, die verwickelten Thierformen auf einfache geometrische Grundformen zurückzuführen. Indessen galt es doch bei der Mehrzahl der organischen Morphologen, und zwar bei den Botanikern noch mehr, als bei den Zoologen, als feststehendes Dogma, dass eine solche Reduction entweder gar nicht oder nur in höchst beschränktem Maasse möglich sei. Vergleicht man in dieser Beziehung die einleitenden Bemerkungen, welche selbst die besseren zoologischen und botanischen Lehrbücher über die allgemeine Form der Thiere und Pflanzen geben, so wird man meistens weiter Nichts finden, als die kurze Angabe, dass der Körper der Organismen, sowohl der Thiere als der Pflanzen, von höchst complicirten gekrümmten Flächen und krummen Linien begrenzt werde, während die reinen Formen der anorganischen Naturkörper, der Krystalle, sich durch ebene Flächen und grade Linien scharf unterscheiden sollen. Es wird sogar diese Differenz als eine der wesentlichsten aufgeführt, welche die beiden grossen Hauptabtheilungen der Naturkörper, organische und anorganische, trennen; auch wird oft noch hinzugefügt, dass eine mathematische Bestimmung der Form, eine Reduction auf einfache geometrische Grundformen, wie sie bei den Krystallen so leicht durchzuführen, und Aufgabe der

promorphologische Verständniss der ausseren Form ist, mag das Beispiel der Ctenophoren zeigen. Vielfach wird als deren Grundform das Ei oder das Ellipsoid angegeben, welches aber nur die Grundform der Hautdecken ist; die Promorphe des Ganzen ist vielmehr die achtseitige amphithecte Pyramide. Ebenso ist bei den Cidariden (den regulären Seeigeln) die Grundform nicht die Kugel (diese ist bloss die Grundform der Schale!), sondern die fünfseitige reguläre Pyramide.

Krystallographie sei, bei den Thieren und Pflanzen auf unüberwindliche Hindernisse stosse. Entweder sollen geometrisch reine Formen, wie die meisten Krystalle (aber auch nur annähernd!) darstellen, im Organismus gar nicht vorkommen, oder ihre Regelmässigkeit soll sich darauf beschränken, dass die eine Gruppe der Formen symmetrisch oder bilateral, d. h. aus zwei gleichen Hälften zusammengesetzt, die andere Gruppe dagegen regulär oder radial, d. h. aus mehr als zwei gleichen Stücken zusammengesetzt sei. Dem entsprechend werden sämmtliche organische Formen von den meisten Morphologen in drei grosse Gruppen gebracht: I. absolut unregelmässige Formen (nicht halbirbar); II. regelmässige (oder strahlige) Formen (in zwei oder mehreren Richtungen halbirbar); III. symmetrische (oder zweiseitige) Formen (nur in einer einzigen Richtung halbirbar).

Am wenigsten hat bisher die Frage nach der stereometrischen Grundform des Organismus die Botaniker beschäftigt, obschon in vielen Pflanzen dieselbe überraschend rein und scharf ausgesprochen ist, allerdings mehr in einzelnen Theilen (z. B. symmetrischen Blättern, pyramidalen Früchten, tetraedrischen und dodecandrischen Pollen-Zellen), als in ganzen Pflanzen höherer Form-Ordnung. Schleiden sagt bloss: „Regelmässig nennt man bei der Pflanze solche Formen, die sich mit vielen Schnitten durch eine angenommene Axe in zwei gleiche Theile theilen lassen, symmetrisch dagegen solche, die nur durch einen einzigen Schnitt in zwei gleiche Theile, die sich dann wie rechte und linke Hand verhalten, getheilt werden können.“ E. Meyer nennt die ersteren (die regulären Formen) concentrische, die letzteren ebenfalls symmetrische, und unterscheidet als eine dritte Form die diaphorischen (unseren Dysdipleura entsprechend), bei welcher rechte und linke Hälfte einen organischen Gegensatz (durch ungleiches Wachsthum) bildet, durch welchen ihre Symmetrie theilweis wieder aufgehoben wird. Auch Hugo von Mohl hat in seiner Dissertation „über die Symmetrie der Pflanzen“ (1836) nur diese drei verschiedenen Grundformen betrachtet und mit besonderer Rücksicht auf ihre Beziehungen zum Wachsthume und zur Differenzirung (besonders bei den niederen Pflanzen) erläutert, obwohl seine schönen Untersuchungen über den Pollen (1834) ihn hätten veranlassen können, die Frage auch von einem weiteren Gesichtspunkte aus zu behandeln und namentlich die rein stereometrische Grundform vieler Zellen hervorzuheben. Er behandelt aber nur die Symmetrie des Thallus, des Stengels und Blattes und die allmähligen Uebergänge der symmetrischen einerseits in die regulären („concentrischen“) andererseits in die diaphorischen (asymmetrischen, unsere dysdipleuren) Formen.

Weit allgemeiner und eingehender, als die Botaniker, haben sich die Zoologen mit den organischen Grundformen hinsichtlich ihrer Eintheilung in irreguläre, reguläre und symmetrische beschäftigt. Hier ist sogar vielfach die Ansicht verbreitet, dass man symmetrische oder Bilateral-Thiere und reguläre oder Strahl-Thiere als zwei Hauptgrundformen des Thierreiches unterscheiden könne. Zu den bilateralen oder symmetrischen Thieren, bei denen der Körper aus zwei gleichen oder ähnlichen Theilhälften besteht, werden von den meisten Zoologen die drei Stämme der Vertebraten, Articulaten und Mollusken gerechnet, zu den regulären oder strahligen Thieren dagegen, bei denen der Körper aus drei oder mehr gleichen Theilen besteht, die beiden Stämme der Echinodermen und Coelenteraten. Einige Autoren stellen zu den Strahlthieren als einen dritten Stamm auch noch die bunte Collectivgruppe der „Protozoen", während Andere die Gruppe der Strahlthiere auf die Echinodermen und Coelenteraten beschränken und die Protozoen als eine dritte, unregelmässige oder unsymmetrische Gruppe des Thierreiches aufstellen, bei welcher gleiche Theile überhaupt nicht zu unterscheiden seien. Eine weitere Unterscheidung von thierischen Grundformen, als diese zwei oder drei, ist gewöhnlich nicht zu finden, ebenso wenig eine ausführlichere Erörterung der wichtigen Unterschiede, welche diese Differenzen im ganzen Körperbau bedingen. Von den meisten Zoologen wird diese Frage, welche die wichtigsten Grundsätze der allgemeinen Morphologie berührt, und die ganze Auffassung der organischen Form wissenschaftlich reguliren muss, vielmehr als eine gleichgültige Nebensache vernachlässigt.

Derjenige Naturforscher, welcher sich mit diesen morphologischen Grundfragen am eingehendsten beschäftigt hat, ist Bronn, auf dessen treffliche Arbeiten wir nachher zurückkommen. Ausserdem sind Burmeister und G. Jäger unter den wenigen Zoologen hervorzuheben, welche auf diese Verhältnisse mehr Gewicht gelegt und darauf sogar eine Eintheilung des ganzen Thierreiches basirt haben. Die „Strahlform" der Radiaten hat neuerdings Agassiz besonders betont. Burmeister[1]) theilt das ganze Thierreich nach der dreifach verschiedenen Grundform in drei verschiedene Hauptabtheilungen: I. Irreguläre, II. Reguläre, III. Symmetrische Thiere, und definirt dieselben folgendermaassen: I. Irreguläre Thiere (1. Infusorien. 2. Rhizopoden). Nicht halbirbar. „Die Oberfläche ist in ihrem Abstande vom Mittelpunkt ohne alles bestimmte Gesetz; d. h. die verschiedenen Punkte der Oberfläche verhalten sich in ihren Distanzen vom Mittelpunkt verschieden, sie folgen absolut keiner angebbaren Regel." II. Reguläre Thiere (1 Polypina, 2. Medusina, 3. Radiata). Nach mehr als einer einzigen Richtung halbirbar. „Die Oberfläche verhält sich zum Mittelpunkt gesetzlich, aber das Gesetz ist nicht für alle Punkte dasselbe, sondern nur für gewisse, nach endlichem Zahlenwerthe bestimmbare. Alle natürlichen Formen dieser Kategorie lassen sich nicht nach un-

[1]) Burmeister, Zoonomische Briefe, 1856, I. Bd., p. 26—36.

endlich vielen, sondern nur nach einer beschränkten Zahl von Richtungen in zwei gleiche Hälften theilen, und die Zahl dieser Richtungen hängt ab von der Anzahl der gleichen Abstände ihrer äusseren Oberflächenbestandtheile vom Mittelpunkt." III. Symmetrische Thiere (1. Mollusca, 2. Arthrozoa. 3. Vertebrata.) Nur nach einer einzigen Richtung halbirbar. „Die erste und wichtigste Eigenthümlichkeit derselben besteht darin, dass sie keinen blossen Mittelpunkt haben, wonach die Distanzen der Oberfläche sich bestimmen, sondern statt des Punktes eine Linie, eine sogenannte Axe. Gegen diese Axe stellen sich die Oberflächenpunkte stets paarig weit ab, so dass sie von ihr nach entgegengesetzten Seiten hin in gleichen Entfernungen sich befinden Beide Hälften der symmetrischen Körper verhalten sich wie die Hälften unseres Leibes, die linke und die rechte."

Diesen Ansichten Burmeisters (1856) schliesst sich im Wesentlichen ein Aufsatz von Gustav Jäger „Ueber Symmetrie und Regularität als Eintheilungs-Principien des Thierreichs" an[1]), worin derselbe die Erscheinungsweisen der „regulären" und „symmetrischen" Thiere näher zu erklären und zu definiren versucht. Jäger adoptirt Burmeisters Eintheilung des Thierreichs in drei grosse Hauptgruppen; die irregulären Thiere (Infusorien, Rhizopoden) nennt er axenlose, die regulären oder radiären (Polypen, Medusen, Echinodermen) einaxige, die symmetrischen oder bilateralen (Weich-, Glieder-, Wirbel-Thiere) zweiaxige Thiere. Diese Hervorhebung der Axen des Thierkörpers, auf welche zuerst Bronn hingewiesen hatte, ist von wesentlicher Bedeutung; doch ist die weitere daran geknüpfte Erörterung und die darauf gegründete Benennungsweise keine glückliche. Jäger unterscheidet drei Paare von Flächen am Thierkörper, entsprechend den drei Dimensionen des Raumes. Die gleichen Flächen bezeichnet er als parallele, die verschiedenen als polare. Demnach ist „ein symmetrischer Körper ein solcher, der zwei Polpaare und ein Parallelenpaar hat. Ein regulärer Körper ist ein solcher, der ein Polpaar und zwei Parallelenpaare hat." Das einaxige, reguläre oder radiäre Thier „hat nur ein unpaares sogenanntes Axen-Organ und alle anderen Organe sind in der Mehrzahl in einer zur Axe senkrechten Ebene." Bei dem zweiaxigen, symmetrischen oder bilateralen Thiere dagegen „sind alle Organe, die in der Axenebene liegen und alle aus einem solchen Organe in der Richtung der Axenebene sich secundär entwickelnden Organe unpaar. Dagegen muss die Zahl aller, nicht in der Axenebene liegenden Organe durch zwei dividirbar sein." Wenngleich manche fundamentale Unterschiede zwischen den radialen und bilateralen Thieren hiermit ganz richtig bezeichnet sind, so ist doch die weitere Erörterung derselben und namentlich ihre embryologische Begründung wenig glücklich, ebenso wenig die Behauptung, dass diese drei Hauptgruppen des Thierreiches in ihrer Grundform den drei Hauptabtheilungen des Pflanzenreiches entsprechen, indem die Cryptogamen

---

[1]) Sitzungsberichte der mathematisch-naturwissenschaftlichen Klasse der Wiener Akademie. 1857. Bd. XXIV, p. 338.

mit den axenlosen Irregulärthieren, die Monocotylen mit den einaxigen Regulärthieren und die Dicotylen mit den festsitzenden symmetrischen Thieren und namentlich mit den Brachiopoden zusammenstimmen sollen. Doch ist andererseits als ein Verdienst Jägers hervorzuheben, dass er, namentlich den Behauptungen derjenigen Autoren gegenüber, welche alle Echinodermen und Polypen als bilateral-symmetrische Thiere betrachtet wissen wollten, die radial-reguläre Grundform dieser Thiere aufrecht erhält.

Weit umfassender und eingehender als Burmeister und Jäger, und mit weit tieferem Verständniss für die wirklichen maassgebenden Hauptunterschiede der Grundformen hat der verdienstvolle Bronn die vorliegenden Fragen behandelt, und das Wichtigste darüber schon 15 Jahre früher (1841) festgestellt. Wie Bronn zu den wenigen Zoologen unserer Zeit gehörte, welche über dem Einzelnen das Ganze nicht vergessen und neben dem Unterscheidenden auch das Gemeinsame der Naturgestalten zu erkennen streben, so war er durch seine umfassenden allgemeinen Kenntnisse und durch seine denkende und vergleichende Betrachtungsweise der Natur vorzugsweise zur Lösung der vorliegenden Aufgaben befähigt. Doch ist er hierbei im Einzelnen, und namentlich in dem Versuche, einfache geometrische Grundformen für die verschiedenen Thiergestalten aufzustellen, nicht so weit gekommen, als es der richtige Weg, den er einschlug, hätte vermuthen lassen sollen. Die Grundzüge von Bronns allgemeinen morphologischen Anschauungen sind schon in seiner trefflichen „Geschichte der Natur" (1841)[1]) niedergelegt, ausführlich erörtert dagegen in den „morphologischen Studien"[2]) und mit besonderem Scharfsinn bezüglich der Strahlthiere weiter ausgeführt in dem zweiten Bande seiner Klassen und Ordnungen des Thierreichs (Actinozoen, 1860), insbesondere in den „Rückblicken auf die neun Strahlthierklassen" (p. 413—423). Bronn adoptirt zwar ebenfalls die übliche Eintheilung der Thierformen in die oben genannten drei Hauptgruppen, welche er als Amorphozoen, Actinozoen und Hemisphenozoen bezeichnet, erörtert jedoch die wesentlichen Unterschiede und characteristischen Eigenschaften derselben weit eingehender, als es je von anderer Seite geschehen ist. Am wenigsten zutreffend erscheint die allgemeine Auffassung der Grundformen der Protozoen, oder der irregulären (axenlosen) Thiere, von denen er vier Klassen (1. Spongiae, 2. Polycystina, 3. Rhizopoda, 4. Infusoria) unterscheidet, und die er als formlose Thiere, Amorphozoa bezeichnet, ein Ausdruck, der nur in dem Sinne zugelassen werden kann, dass „deren Form sich auf keinen gemeinsamen Grundausdruck zurückführen lässt." Vortrefflich dagegen sind Bronns Erörterungen über die Grundform der Actinozoen oder der regulären (einaxigen) Strahlthiere (Coelenteraten und Echinodermen) und deren verschiedene Modificationen.

Die Grundform der radialen oder regulären Actinozoen ist nach Bronn, wie bei der grossen Mehrzahl aller Pflanzenformen, ein Ei oder ein Kegel (Ooid oder Conoid), als diejenige einfachste geometrische Grundform, welche

[1]) H. Bronn, Geschichte der Natur, I. Bd. 1841, p. 4; II. Bd. 1843, p. 2, 5.
[2]) Heinrich Georg Bronn, Morphologische Studien über die Gestaltungsgesetze der Naturkörper. Leipzig. 1858, p. 39—80.

sich von allen anderen unterscheidet durch eine einzige, mit zwei verschiedenen Polen versehene Hauptaxe „während alle möglichen wagerechten (in einer und derselben Ebene liegenden) Axen, die wir uns rechtwinklig zur vorigen liegend vorstellen können, unter sich gleich und gleichpolig sein würden. Denken wir uns in verschiedenen Höhen über einander ganze Wirtel von solchen gleichen und gleichpoligen Queraxen, so werden die oberen Wirtel um so mehr an den Eigenschaften des positiven Poles der ungleichpoligen Hauptaxe theilnehmen, je näher sie ihm sind; und die unteren Wirtel mehr den Eigenschaften des negativen Poles entsprechen." Als wesentlicher Unterschied der Ooid- (oder Conoid-)Formen der Pflanzen von denjenigen der Strahlthiere wird dann hervorgehoben, dass bei den ersteren die Entwickelung der regelmässig um die Hauptaxe gruppirten Theile in Spirallinien, bei den letzteren dagegen in concentrischen Parallelkreisen (oder in Meridianlinien) fortschreitet. Die spiral entwickelte Ooid-Form der Pflanzen, wie sie sich z. B. sehr rein ausgeprägt am Coniferen-Zapfen (Strobilus) zeigt, wird daher als Zapfen-Ei oder Strobiloid-Form bezeichnet, die concentrisch oder radial entwickelte Ooid-Form der Strahlthiere dagegen, wie sie sich z. B. in *Actinia* zeigt, als Strahlen-Ei oder Actinioid-Form. „Die Actinioid-Form der Actinozoen (Coelenteraten und Echinodermen) geht mit vollkommen werdendem Locomotions-Vermögen allmählig in die hemisphenoide über, welche aber keineswegs mit solcher fortschreitenden Vervollkommnung gleichen Schritt hält." Als Hemisphenoid-Form oder Halbkeil bezeichnet Bronn die bilateral-symmetrische Grundform der zweiaxigen Thiere oder der Weich-, Kerb- und Wirbel-Thiere. „Die Grundform dieser drei oberen Thierkreise ist also vorn und hinten verschieden, unten und oben verschieden, rechts und links gleich. Man kann sie wie in den meisten Krystallen, auf drei unter rechtem Winkel sich schneidende Axen beziehen, welche aber nicht, wie dort gewöhnlich, gleichpolig sind, sondern wovon die zwei wichtigsten, die Längen- und die Höhen-Axe, verschiedene und nur die Quer-Axe gleiche Pole besitzen. Sehen wir uns nach einer geometrischen Form um, welche die genannten Eigenschaften in sich vereinigt, so finden wir den passenden Ausdruck dafür etwa in einem der Länge nach halbirten Keile, einem solchen nämlich, der auf wagerechter Grundfläche ruhend, oben rückwärts ansteigt, mithin unten und oben, hinten und vorn verschieden, und nur rechts und links gleichseitig ist." (Morpholog. Stud. p. 70).

Die wichtigsten Erörterungen über diesen Gegenstand, welche wir nun ausser Bronns Arbeiten noch anzuführen haben, welche jedoch nur einen einzelnen Theil desselben behandeln, sind die geistvollen Untersuchungen von Johannes Müller „über den allgemeinen Typus der Echinodermen"[1]) und von Fritz Müller „über die angebliche Bilateralsymmetrie der Rippenquallen"[2]). Diese vortrefflichen Arbeiten beziehen sich gerade auf die

---

[1]) Johannes Müller, über den Bau der Echinodermen. Berlin 1854 (Abh. der Berl. Akad.)

[2]) Fritz Müller, Archiv für Naturgesch. XXVII. Jahrg. Bd. I, p. 320.

Grundformen derjenigen Thiere — einerseits der bilateral-radialen Echinodermen, andererseits der symmetrisch-regulären Coelenteraten — welche einer allgemeinen Unterscheidung der radialen und der bilateralen Thiere die grössten Schwierigkeiten entgegensetzen, indem sie von den einen Zoologen zu jenen, von den anderen zu diesen gerechnet werden. So viel Scharfsinn aber auch in jenen Arbeiten zu einer präciseren Bestimmung dieser zweifelhaften Mittelformen aufgewendet erscheint, so kann das Resultat derselben doch nicht als befriedigende Lösung der schwierigen Frage bezeichnet werden. Der Grund dieser Erscheinung ist vorzugsweise darin zu suchen, dass die Betrachtung von den Flächen des Thierkörpers ausgegangen ist und auf diese das meiste Gewicht gelegt hat, statt vor Allem die Axen und deren Pole aufzusuchen, welche die maassgebenden Grundzüge der Thiergestalt bestimmen und welche die Flächenbeschaffenheit selbst erst bedingen. Auch sind hier so wenig als in den meisten anderen promorphologischen Versuchen die Antimeren gehörig berücksichtigt, deren Zahl und Verbindung, Gleichheit oder Ungleichheit vor Allem die Grundform constituirt. Fritz Müller kommt daher zu dem irrthümlichen Resultate, dass die Grundform der Ctenophoren zweistrahlig sei. Johannes Müller stellt als ideale Grundform der Echinodermen eine Kugel auf, welche eine bestimmte Axe mit zwei verschiedenen Polen und eine bestimmte Meridianebene besitzt, durch welche sie in zwei symmetrisch gleiche Theile zerfällt, sowie fünf Radialfelder, durch welche ihre Oberfläche in ein Bivium und ein Trivium zerfällt. Eine solche Kugel ist aber in Wahrheit keine Kugel, sondern eine halbe zehnseitige amphithecte Pyramide.

Immerhin sind die trefflichen Bemerkungen von Fritz Müller über die Grundformen der Rippenquallen und von Johannes Müller über die Grundformen und die Homologieen der Echinodermen sehr zu beachten, schon allein desshalb, weil sie das nothwendige Ziel einer scharfen stereometrischen Erkenntniss der organischen Formen richtig erkannten und dasselbe in der festen Bestimmung einer allgemeinen Grundform suchten, wenn sie es auch nicht erreichten. Es ist dies um so mehr anzuerkennen, als sich die meisten Morphologen bisher der Erkenntniss dieses Zieles verschlossen, und statt danach zu streben, die organischen Formen mit der grössten Willkührlichkeit bezeichnet haben.

IV. Die Promorphologie als organische Stereometrie.

Die Forderung, dass die organische Morphologie die allein absolut sichere Methode der mathematisch-philosophischen Erkenntniss einzuschlagen und dass sie insbesondere auch die Betrachtung der organischen „Form an sich“ nach dieser stereometrischen Methode zu beginnen habe, ist schon wiederholt und mit Recht von denkenden Naturforschern gestellt und von den vorher genannten auch zu erfüllen versucht worden. Insbesondere hat die neuere Physiologie, seitdem sie den allein möglichen mechanisch-causalen Weg bei Erforschung der dynamischen Lebens-Processe eingeschlagen hat, wiederholt die Nothwendigkeit ausgesprochen, dass auch die organische Morphologie bei Untersuchung der statischen Lebens-Substrate, der organischen Formen, denselben Weg verfolgen müsse. Indessen erschien diese Forderung immer eben so leicht ausgesprochen, als schwer zu erfüllen. Der theoretischen Nothwendigkeit schien sich stets die praktische Unmöglichkeit gegenüber zu stellen.

Der Grund dieser Erscheinung liegt nach unserer Ansicht wesentlich darin, dass man meistens nicht nach einer Erkenntniss der stereometrischen Grundform, sondern nach einer absoluten mathematischen Erkenntniss der gesammten äusseren Form des Organismus, nach einer genauen Ausmessung und Berechnung aller Einzelnheiten seiner Oberfläche strebte. Diese ist aber in der That entweder (in den meisten Fällen) ganz unmöglich, oder da, wo sie ausführbar ist, von ganz untergeordnetem Werthe. Die Gründe dafür haben wir bereits oben (p. 26, p. 139) erörtert. Sie liegen theils in der absoluten und unbegrenzten Variabilität der Organismen, theils in ihrem festflüssigen Aggregatzustande. Wollte man dennoch eine sorgfältige stereometrische Ausmessung und Berechnung aller der unendlich verwickelten und vielfältig gekrümmten Flächen, Linien und Winkel versuchen, welche auch die meisten einfacheren, festflüssigen organischen Formen begrenzen, so würde eine derartige geometrische Bestimmung weder von theoretischem Interesse noch von praktischer Bedeutnng sein. Auf eine solche absolute mathematische Bestimmung der Oberflächen-Formen können wir daher, namentlich auch angesichts der individuellen Ungleichheit und Variabilität aller Organismen vollständig verzichten.

Anders verhält sich die theoretische Bedeutung und der praktische Werth der stereometrischen Grundform, deren Erkenntniss für den organischen Morphologen dieselbe Wichtigkeit, wie für den anorganischen Krystallographen besitzt. Diese ist wesentlich unabhängig von allen Einzelheiten der Oberflächen-Begrenzung und richtet ihr Augenmerk vor Allen auf die formbestimmenden Axen des Körpers und deren Pole. Die Methode der Krystallographie zeigt uns hier den allein möglichen und richtigen Weg. Kein Krystallograph würde jemals zu der Aufstellung von einigen wenigen geometrischen Grundformen für die mannichfaltigen vielflächigen Krystallkörper der Mineralien gelangt sein, wenn er bei der Betrachtung der Krystallflächen stehen geblieben wäre und sich mit der, wenn auch noch so sorgfältigen Ausmessung derselben begnügt hätte. Zur Entdeckung der einfachen Grundform des Krystalles oder seines „Systems“ gelangt vielmehr der Mineralog nur dadurch, dass er die idealen Axen des Krystallkörpers aufsucht, mit Bezug auf welche sämmtliche Theilchen desselben eine bestimmte Lagerung einnehmen, und dass er die gleiche oder verschiedene Beschaffenheit dieser Axen und ihrer Pole erwägt.

Ganz ebenso muss auch der Morpholog zu Werke gehen, der einfache geometrische Grundformen für die unendliche Mannichfaltigkeit der Thier- und Pflanzengestalten auffinden will, und gerade in dieser vorwiegenden Berücksichtigung der Axen des organischen Naturkörpers und seiner Pole ist das Verdienst der bahnbrechenden Arbeiten von Bronn und der späteren von Jäger zu suchen. Wie die nachfolgenden Untersuchungen beweisen werden, führt eine scharfe Erfassung der Axen und ihrer Pole nicht allein sicher, sondern auch einfach und leicht zu der Entdeckung der einfachen geometrischen Grundform, der Urgestalt oder des Modells, des organisirten Krystalls gewissermaassen, welcher der augenscheinlich ganz unberechenbaren Gestalt der allermeisten Thier-, Protisten- und Pflanzen-Gestalten zu Grunde liegt. Erst wenn diese mathematisch bestimmte Grundform, dieses constante „Krystallsystem" des organischen Individuums gefunden ist, welches mit einem einzigen Worte alle wesentlichen Grundverhältnisse der Gestalt ausspricht, kann sich daran die wissenschaftliche Darstellung der individuellen Einzelheiten der Form anschliessen. Man misst dann zunächst die Länge der verschiedenen Axen und den Abstand der einzelnen Oberflächentheile von denselben und von ihren Polen, und kann so erforderlichenfalls eine mathematisch genaue Beschreibung des Ganzen entwerfen.

Als eines der wichtigsten Ergebnisse, welche uns diese stereometrische Betrachtungsweise der organischen individuellen Form geliefert hat, ist schon oben hervorgehoben worden, dass die herrschende Ansicht von der fundamentalen morphologischen Differenz der anorganischen und organischen Naturkörper ein unbegründetes Dogma ist (p. 137—139). Wenn in den meisten Handbüchern die Grundformen der mineralischen Krystalle einerseits, die der Thiere und Pflanzen andrerseits als vollkommen und im Grunde verschieden bezeichnet werden, so ist dies ganz irrig. Es giebt Organismen, insbesondere unter den Rhizopoden, welche zwar nicht in der Flächen-Ausbildung, wohl aber in der die Flächenform bestimmenden Axenbildung von regulären Krystallen gar nicht zu unterscheiden sind. Ja es lassen sich sogar unter den Radiolarien viele Thierformen nachweisen, deren ganzes Skelet gewissermassen weiter nichts als ein System von verkörperten Krystallaxen ist, und zwar gehören diese organisirten Krystallformen den verschiedenen Systemen an, welche auch der Mineralog unterscheidet. So finden wir z. B. in *Haliomma hexacanthum* und *Actinomma drymodes* das reguläre Hexaeder des tesseralen Krystallsystems, in *Acanthostaurus hastatus* und *Astromma Aristotelis* das Quadrat-Octaeder des tetragonalen Krystallsystems, in *Tetrapyle octa-*

cantha und *Stephanastrum rhombus* das Rhomben-Octaeder des rhombischen Krystallsystems vollkommen regulär verkörpert. Man braucht bloss die Spitzen der betreffenden Axen durch Linien zu verbinden und durch je zwei benachbarte Linien eine Fläche zu legen, um in der That die entsprechenden Octaeder-Formen zu erhalten.

Wie wir nun in diesen Fällen unmittelbar durch die objective Betrachtung in der organischen Gestalt eine einfache stereometrische Grundform erkennen, welche nicht von derjenigen eines Krystallsystems zu unterscheiden ist, so finden wir auch in den andern concreten Gestalten der organischen Individuen (bloss die amorphen Anaxonien ausgenommen) unmittelbar eine einfache stereometrische Form als ideale Grundform durch die constanten Beziehungen der Axen und ihrer Pole constant ausgesprochen, und wir können demnach in der That die Promorphologie als Stereometrie der Organismen ansehen. Die detaillirte Beschreibung jeder organischen Form muss zunächst diese Grundform aufsuchen, die Maassverhältnisse ihrer Axen bestimmen und an dieses mathematische Skelet der Form die Darstellung der Einzelnheiten überall anfügen.

V. Grundformen aller Individualitäten.

Alle bisherigen Versuche, die organischen Grundformen zu bestimmen, hatten entweder ganz ausschliesslich oder doch vorwiegend die actuellen Bionten als die concreten Repräsentanten der Species im Auge, welche durch morphologische Individuen aller sechs Ordnungen repräsentirt werden können. Wie man aber diese sechs Ordnungen selbst, als subordinirte Kategorieen von Individualitäten meist nicht gehörig unterschieden hat, so hat man auch meistens nicht daran gedacht, die Grundform der subordinirten Individualitäten zu bestimmen, welche als constituirende Bestandtheile von Form-Individuen höherer Ordnung auftreten. Und doch ist diese stereometrische Bestimmung der einzelnen Theile für jede scharfe Erkenntniss der organischen Form ebenso unerlässlich wie diejenige des Ganzen. Während man also z. B. bei den „Strahlthieren“ (Echinodermen, Coelenteraten) bestrebt war, die strahlige (reguläre) oder bilaterale (symmetrische) Grundform oder den Uebergang der ersteren in die letztere an der realen Form des ganzen Thieres (des actuellen Bion) zu erkennen, hat man sich nicht um die ideale Grundform der constituirenden Metameren, Antimeren, Organe und Plastiden bekümmert, und doch hat jede dieser Individualitäten so gut ihre constante Grundform, wie das ganze actuelle Bion, welches bei den Echinodermen ein Form-Individuum fünfter Ordnung, eine Person ist. Wir werden also bei jeder genauen Beschreibung einer organischen Form, die vollständig sein soll, die stereometrische Grundform nicht allein des ganzen Form-Individuums höherer Ordnung, welches das actuelle Bion repräsentirt, sondern auch aller subordinirten Individuen, welche dasselbe constituiren, aufzusuchen und dann erst die Beschreibung der Einzelnheiten der äusseren Form jedes Individuums anzuschliessen haben.

Ebenso werden wir dann nicht allein, wie es bisher geschehen ist, bloss die Grundform des ausgebildeten actuellen Bion, sondern auch diejenige seiner individuellen Entwickelungsstufen aufzusuchen haben. Erst dadurch wird der volle Einblick in die mathematische Gesetzlichkeit der organischen Form-Entwickelung gewonnen. Dieselben Species, welche als actuelle Bionten eine sehr differenzirte und vollkommene Grundform besitzen, zeigen auf ihren früheren Entwickelungs-Zuständen meist eine Reihe von niederen und unvollkommenen Grundformen. Die Erkenntniss dieser auf einander folgenden Stufenleiter von allmählig sich differenzirenden Formen, ist für das Verständniss der Promorphologie nicht minder lehrreich, als für das der Embryologie und der Ontogenie überhaupt. So finden wir z. B., dass die sogenannten „bilateralen" Seeigel, welche als actuelle Bionten die bilaterale Strahlform (Amphipleuren-Form) besitzen, in früherer Zeit die vollkommen reguläre Strahlform (Homostauren-Form) zeigen, während ihre Larven (Ammen) sich durch die sehr wesentlich verschiedene rein bilateral-symmetrische Form (Zygopleuren-Form) auszeichnen. Offenbar ist hier das volle Verständniss der Grundform nur dann möglich, wenn man dieselbe durch alle Entwickelungs-Zustände hindurch verfolgt.

Am leichtesten erkennbar und am deutlichsten ausgesprochen ist die stereometrische Grundform der Organismen allerdings meistens in den Personen, den Form-Individuen fünfter Ordnung, welche bei den meisten Thieren als materielles Substrat für das actuelle Bion dienen und bei den meisten Pflanzen den Stock zusammensetzen. Wir werden daher diese auch in dem dreizehnten Capitel, welches die stereometrischen Grundformen systematisch, gleich den Krystallsystemen, zu ordnen versucht, vorzugsweise berücksichtigen. Doch ist es sehr wichtig, auch alle anderen Individualitäts-Ordnungen promorphologisch zu untersuchen, wie dies im vierzehnten Capitel geschehen wird, und es wird sich dann zeigen, dass die wesentlichen tectologischen Unterschiede, durch welche wir die sechs Ordnungen der morphologischen Individuen von einander trennen, auch in promorphologischer Beziehung begründet sind. Die tectologische Stufenreihe der organischen Vollkommenheit ist übrigens von der promorphologischen Scala wohl zu unterscheiden.

VI. Promorphologische Bedeutung der Antimeren.

Wenn von allen morphologischen Individualitäten vorzugsweise diejenigen fünfter Ordnung, die Personen, und demnächst die Metameren, zur ersten übersichtlichen Erkenntniss der Grundformen geeignet erscheinen, so liegt dies besonders daran, dass bei ihnen in besonderem Maasse die Gesammtform des Ganzen als das nothwendige Resultat der Zusammensetzung aus den integrirenden Bestandtheilen, nämlich den Form-Individuen dritter Ordnung oder den Antimeren erscheint. Indem die Antimeren, als die neben einander liegenden Bestandtheile, welche das Metamer und die Person constituiren, eine bestimmte Mitte, entweder einen Mittelpunkt (Centrostigmen) oder eine Mittellinie (Centraxonien) oder eine Mittelebene (Centrepipeden) gemein haben, in welcher sie sich berühren, bestimmen sie hierdurch und durch ihre Zahl zunächst die Axen, von denen die Grundform des Ganzen abhängig ist. Ferner bestimmen die zusammengehörigen Antimeren, welche neben einander um die gemeinsame Mitte des Metameres oder der Person herumliegen, durch ihre Gleichheit (Congruenz und Symmetrie) oder Ungleichheit (positive und negative Aehnlichkeit, vergl. p. 308), sowie durch ihre eigene stereometrische Grundform, die Beschaffenheit (Gleichheit oder Ungleichheit) der beiden Pole der constanten Axen, welche die Grundformen des Metamers oder der Person bedingen. In dieser Beziehung besitzen also die Antimeren eine ganz hervorragende Bedeutung; ihr vollkommenes Verständniss muss der promorphologischen Erkenntniss des Ganzen vorausgehen.

Nehmen wir z. B. eine vollkommen regelmässige vierstrahlige Meduse her, deren Grundform bei bloss oberflächlicher Betrachtung eine Halbkugel oder ein Kugelsegment zu sein scheint (z. A. *Aurelia, Thaumantias*), so finden wir durch sorgfältige tectologische Untersuchung ihrer Antimeren, dass ihre Grundform (ebenso wie bei den regulären „vierzähligen" Blüthen (z. B. von *Paris, Erica*) eine reguläre vierseitige Pyramide ist. Zunächst wird erstens durch die Nebeneinanderlagerung der vier Antimeren um eine gemeinsame Hauptaxe (Längsaxe) die Centraxonform und zwar die Stauraxonform des Metameres (der ganzen Meduse) bestimmt, sodann zweitens durch die eudipleure Grundform der Antimeren die Heteropolie der Hauptaxe, und somit die einfache Pyramidenform der Meduse, ferner drittens durch die Congruenz der vier Antimeren die Gleichheit der Kreuzaxen und somit die reguläre Pyramidenform des Ganzen (Homostaurie) und endlich viertens durch die Anzahl der Antimeren, durch die homotypische Grundzahl Vier, die Grundform der Meduse als eine vierseitige reguläre Pyramide (Tetractinoten-

Form). Nach dem bisherigen morphologischen Verfahren bedurfte es einer zeilenlangen Beschreibung, um diese allgemeine Grundform (noch dazu meist ganz unvollständig) zu eruiren, während jetzt nach unserer promorphologischen, auf das Antimeren-Verständniss gegründeten Darstellungs-Methode durch das einzige Wort „Tetractinot" alle wesentlichen formellen Eigenschaften der Meduse, ihre gesammte typische Grundform ausgedrückt ist, an welche sich unmittelbar die detaillirte Darstellung der formellen Einzelnheiten anlehnen kann. Die promorphologische, auf die Tectologie gegründete Erkenntniss der Grundform liefert uns so das mathematisch bestimmte und klare ideale Skelet der organischen Form, welches wir mit dem realen Fleische der concreten Detail-Schilderung zu überkleiden haben.

Jedes andere Beispiel zeigt eben so treffend wie das angeführte den hohen Werth, welchen unsere tectologische und promorphologische Analyse des organischen Individuums für das wahre philosophisch-anatomische Verständniss desselben besitzt. Dieses gründet sich wesentlich auf die Erkenntniss der Zusammensetzung der individuellen Form aus den homotypischen Theilen, welche durch ihre Zahl, Gleichheit, Grundform etc. die Beschaffenheit der maassgebenden Axen des Ganzen und ihrer Pole bedingen. Hieraus ergiebt sich auch, warum alle bisherigen promorphologischen Versuche zu keinem erspriesslichen Resultate gelangen konnten. Da sie die Antimeren selbst entweder gar nicht oder doch nicht genügend berücksichtigten, so konnte auch von der Grundform kein klares Verständniss erreicht werden.

Ganz denselben hohen Werth, welchen die Antimeren als die die Grundform bestimmenden Theile für die morphologischen Individuen vierter und fünfter Ordnung (Metameren und Personen) haben, besitzen die Parameren für die Form-Individuen erster und zweiter Ordnung (Plastiden und Organe). Wir haben oben alle jene Theile von einzelnen Organen oder von einzelnen Plastiden als Parameren oder Nebenstücke bezeichnet (p. 311), welche in analoger Weise um eine gemeinsame Mitte dieser Form-Individuen zweiter und erster Ordnung herum liegen, wie die Antimeren oder Gegenstücke um die Mitte der Metameren und Personen. Dieselbe Grundform, welche die letzteren zeigen, besitzen auch die ersteren, und es ist hier wie dort die Beschaffenheit der homotypischen und homonomen Theile, welche die maassgebenden Axen und deren Pole bestimmt. So wird z. B. die eudipleure Form der meisten pflanzlichen Blätter (Organe) durch die Zahl, Gleichheit und Grundform der beiden constituirenden Parameren, der symmetrisch gleichen, dysdipleuren Blatthälften bedingt. Ebenso wird die octopleure Allostauren-Form (Rhomben-Octaeder), welche die Grundform von *Stephanastrum,* von vielen Pollen-Zellen etc. ist, durch die Zahl, Gleichheit und Grundform der vier constituirenden

Parameren, der vier congruenten Quadranten der vierseitigen Doppelpyramide bestimmt.

Die wesentlichen Momente, welche sowohl bei den Parameren als bei den Antimeren die Axen und Pole, und somit die Grundform der aus ihnen zusammengesetzten höheren Formeinheit bestimmen, sind also: 1) die Zahl der Antimeren (homotype Zahl) oder Parameren (homonome Zahl); 2) die Gleichheit (Congruenz oder Symmetrie) oder Ungleichheit (positive oder negative Aehnlichkeit) der Antimeren oder Parameren; 3) die gegenseitige Lagerung und Verbindung der Antimeren oder Parameren; 4) die stereometrische Grundform der Antimeren oder Parameren selbst. Da mithin die Parameren als die für die Grundform bestimmenden Bestandtheile der Plastiden und der Organe (sowie auch der Antimeren selbst), durchaus dieselbe promorphologische Bedeutung haben, wie die Antimeren, welche die Promorphe der Metameren und Personen bestimmen, so gilt Alles, was wir im folgenden Capitel von den Antimeren anführen, ganz ebenso auch von den Parameren. Wir heben dies ausdrücklich hervor, da wir bei unserer systematisch-promorphologischen Untersuchung immer nur die Antimeren in dieser Beziehung erörtern werden. Die Grundform der Stöcke oder Cormen, als der Form-Individuen sechster und höchster Ordnung, wird ebenso durch die Zahl, Gleichheit, Lagerung und Grundform der Personen oder Sprosse bestimmt, wie die Promorphe der Metameren und Personen durch die entsprechenden Verhältnisse der Antimeren.

VII. Systematische Bedeutung der Grundformen.

Ein Grundfehler aller bisherigen Untersuchungen der zoologischen Grundformen liegt in der falschen Voraussetzung, dass die verschiedenen Grundformen, welche sich aus der realen Form der actuellen thierischen Bionten ableiten lassen, vollkommen einigen wenigen grossen Hauptabtheilungen des Thierreiches entsprechen. So entstand die vielfach angenommene Eintheilung des Thierreiches in die drei Grundformen der irregulären Amorphozoen, der regulären Strahlthiere und der symmetrischen Bilateralthiere. Nun ist aber, wie schon die so verschieden aufgefassten Abtheilungen der bilateralen Echinodermen und der Ctenophoren lehren, diese Voraussetzung eine ganz unberechtigte. Weder alle sogenannten bilateral-symmetrischen Thiere, noch alle radial-regulären besitzen eine gemeinsame stereometrische Grundform. Schon ein Blick auf die verschiedene Höhe ihrer systematischen Entwickelung und die entsprechend verschiedene Ausbildung der Grundform in verschiedenen Lebensaltern genügt, um diesen Irrthum zu widerlegen. Aber selbst wenn man nur die actuellen Bionten berücksichtigt, finden wir hier in einem und demselben Stamme, z. B. bei den Coelenteraten, eine ganze Reihe von verschiedenen Grundformen neben einander vor.

In noch weit höherem Grade wird dies durch die Protisten bewiesen. Unter diesen und insbesondere unter dem gestaltenreichen Stamme der Rhizopoden kommen die verschiedensten Grundformen neben einander, und zwar bei sonst nächstverwandten Thierarten vor, die einer und derselben Familie, oft selbst einer und derselben Gattung angehören. Die vielgestaltige Classe der Radiolarien umfasst mehr verschiedene organische Grundformen, als sonst im ganzen Thierreiche überhaupt vorkommen. Der Name Amorphozoen, mit dem ziemlich häufig die Protozoen, und insbesondere die Rhizopoden und Infusorien bezeichnet werden, konnte in dieser Beziehung nicht unpassender gewählt werden. Nichts ist irriger, als die gebräuchliche Angabe, dass die Grundform der Rhizopoden und der Protozoen überhaupt nicht zu bestimmen, ohne bestimmte Grundlage oder ganz unregelmässig sei. Gerade unter diesen niedersten Protisten begegnen wir reineren und weit leichter auf geometrische Formen zu reducirenden Gestalten, diese sind regelmässiger, fester, von schärferen Linien und einfacheren Flächen begrenzt, als es in den meisten höheren Thierklassen der Fall ist. Wollte man die Protozoen, und die Rhizopoden insbesondere, ihrer Grundform nach bezeichnen, so wäre der Ausdruck Myriomorpha oder Polymorphozoa weit besser als der Name Amorphozoa. Es sind nicht die formlosesten, sondern die formreichsten Körper der gesammten Organismen-Welt.

Wenn man diesen letzteren Umstand gehörig würdigt, gelangt man auch zur Einsicht in eine andere wesentliche Ursache, welche bisher eine selbstständige Entwickelung der Promorphologie verhindert hat. Offenbar liegt diese darin, dass die bisherigen Morphologen viel zu wenig die Organismen der niedrigsten Stufen berücksichtigt und fast ausschliesslich die höher organisirten Formen, einerseits Coelenteraten und Echinodermen, andererseits Mollusken, Würmer, Gliederfüsser und Wirbelthiere in den Kreis der Betrachtung gezogen haben. Hätte man, statt die Rhizopoden, Infusorien und übrigen Protozoen unter dem Collectivbegriff der „formlosen“ Thiere zusammenzufassen, die einzelnen, meist so auffallenden Formen derselben etwas genauer betrachtet, und was gerade hier eben so leicht als lohnend ist, die geometrische Grundform derselben zu abstrahiren versucht, man würde sicher schon längst zu ganz anderen Einblicken in die vielfältigen Grundformen des Thierreiches gelangt sein, als sie durch die ganz schematische Scheidung in axenlose irreguläre, einaxige reguläre und zweiaxige symmetrische Thiere gewährt werden. Schon allein die sehr regelmässigeu und scharf umschriebenen Formen der

Acyttarien, insbesondere der Polythalamien, hätten auf diesen Weg hinführen können. Keine Abtheilung des Thier- und Pflanzen-Reiches ist aber in dieser Beziehung instructiver, an Formen reicher und leichter auf ganz bestimmte stereometrische Grundformen reducirbar, als diejenige der Radiolarien. Der eingehenden Beschäftigung mit dieser gestaltenreichsten aller Organismen-Gruppen verdanken wir es hauptsächlich, dass wir zur Unterscheidung der im Folgenden aufgestellten Grundformen geführt wurden. Diese Grundformen sind hier zum grossen Theil in solcher Reinheit verkörpert und mit so mathematischer Strenge ausgeführt, dass ein einziger Blick auf eine naturgetreue Abbildung genügt, um sich von dem unzweifelhaften Character der bestimmten stereometrischen Grundform sofort zu überzeugen. Da die Radiolarienklasse in dieser Beziehung die lehrreichste von allen Organismen-Gruppen, zugleich aber noch sehr wenig in weiteren Kreisen bekannt ist, so erlauben wir uns hier, speciell auf die naturgetreuen Abbildungen zu verweisen, welche von den verschiedensten Radiolarien-Formen durch Ehrenberg, Johannes Müller und uns selbst gegeben worden sind.[1])

VIII. Promorphologie und Orismologie.

Der hohe Werth, welchen wir einer scharfen stereometrischen Bestimmung der organischen Grundformen zuschreiben müssen, und welcher uns bewegt, die Promorphologie als selbstständige coordinirte Wissenschaft der Tectologie an die Seite zu stellen, ist unseres Erachtens vorzüglich in der theoretischen Wichtigkeit der damit verbundenen monistischen Erkenntniss begründet, dass die äusseren Formen der Organismen nicht willkührliche Phantasiegebilde eines anthropomorphen Schöpfers, sondern mechanische Producte einer Summe von wirkenden Ursachen sind, und dass dieselben ebenso mit absoluter Nothwendigkeit aus der tectologischen Zusammensetzung ihrer constituirenden Bestandtheile folgen, wie die anorganische Krystallform aus der atomistischen Zusammensetzung der krystallisirenden Materie und deren Wechselwirkung mit ihrer Umgebung. Insbesondere sind

[1]) Ehrenberg, Mikrogeologie. Leipzig 1854. Johannes Müller, Abhandlungen der Berliner Akademie. 1858. E. Haeckel, Monographie der Radiolarien. Berlin 1862. Die Abbildungen von Radiolarien aller Familien, welche ich in dem Atlas von 35 Kupfertafeln gegeben habe, der meine Monographie begleitet, sind mittelst der Camera lucida nach der Natur entworfen und liefern concrete Beispiele für fast alle Grundformen, welche ich im System des folgenden Capitels anführen werde. Ich habe daher dieselben in Klammern (Rad.) citirt.

es die morphologischen Individuen erster Ordnung, die Plastiden, welche sich in dieser Beziehung den Krystallen vollkommen gleich verhalten. Die einzigen Form-Unterschiede, welche sich zwischen den Krystallen und den Plastiden zeigen, sind durch den festflüssigen Aggregatzustand der letzteren und ihre „ererbten" Eigenschaften bedingt, wie wir im fünften Capitel gezeigt haben. Bei den morphologischen Individuen zweiter und höherer Ordnung ist die Grundform wiederum das nothwendige Resultat ihrer Zusammensetzung aus den subordinirten Individualitäten. Dieses wichtige Gesetz müssen wir als das monistische Grundgesetz der organischen Promorphologie betrachten.

Ausser dieser hohen theoretischen Bedeutung besitzt aber unserer Ansicht nach die Promorphologie noch einen sehr bedeutenden praktischen Werth. Wir finden diesen vorzüglich darin, dass von ihr eine gründliche Reform der descriptiven Morphologie, der systematischen Morphographie ausgehen wird, und dass namentlich die in der letzteren gebräuchliche Orismologie dadurch eine philosophische Läuterung erfahren wird. Jeder Morphologe muss oder könnte bei einigem Nachdenken wissen, in welchem traurigen Zustande sich gegenwärtig die gesammte organische Orismologie oder Terminologie (wie sie gewöhnlich mit einer Vox hybrida bezeichnet wird) befindet. Dies gilt vorzüglich von dem allgemeinen Theile derselben, welcher die Gesammtform der organischen Individuen und die Beziehungen ihrer verschiedenen Theile zur Aussenwelt zu bezeichnen hat. Dass hier nicht allein zwischen allen verschiedenen systematischen Gebieten die grösste Discrepanz, sondern auch auf einem und demselben Gebiete die grösste Uneinigkeit zwischen den verschiedenen Autoren herrscht, ist allbekannt; wir brauchen bloss an die Coelenteraten zu erinnern. Diese chaotische Verwirrung erklärt sich aber ganz natürlich aus der mangelhaften Bestimmung der stereometrischen Grundform und der unvollkommenen Unterscheidung der Form-Individuen verschiedener Ordnung, vorzüglich der Antimeren. Sobald man diese scharf unterscheidet und ihre constanten Beziehungen stets im Auge behält, so ergiebt sich leicht eine strenge und allgemein anwendbare Bezeichnung der verschiedenen Körpertheile und Körperregionen.

Ein Hauptfehler der gegenwärtig noch herrschenden Orismologie oder Terminologie auf dem descriptiven Gebiete der Morphologie liegt darin, dass man überall morphologische und physiologische Bezeichnungen bunt durch einander gebraucht, und ohne sich bewusst zu werden, dass derselbe Begriff einen wesentlich verschiedenen Inhalt und Umfang besitzt, je nachdem man bloss an seine morphologische oder bloss an seine physiologische Bedeutung denkt. Die meisten Bezeichnungen sind weder das Eine noch das Andere, sondern ein willkührliches Gemisch von Beiden, und daher entspringt die allgemeine Confusion und die auffallenden Widersprüche, welche gegenwärtig selbst über die wichtigsten und alltäglichen morphologischen Begriffe herrschen. Man denke nur an die „Wasserlungen" der Holothurien! So ist es nicht allein mit den einzelnen Organen, sondern auch mit den Regionen des Körpers und mit den Seiten, welche seine Oberflächen begrenzen.

Nichts hat in dieser Beziehung die klaren promorphologischen Grundverhältnisse mehr verhüllt, als die mangelhafte Unterscheidung der Axen und ihrer Pole und eine willkührlich wechselnde Benennung derselben. Die Ausdrücke Vorn und Hinten, Oben und Unten z. B. werden hier sehr allgemein statt der Bezeichnungen Oral und Aboral, Dorsal und Ventral gebraucht. Ebenso bedient man sich oft der Ausdrücke horizontale und verticale Axe statt longitudinale und dorsoventrale Axe. Die ersteren Bezeichnungen sind aber aus der allgemeinen Morphologie ganz zu verbannen, da sie physiologischen Ursprungs sind und sich wesentlich auf die Bewegungsrichtung des Organismus oder auf die Stellung, welche derselbe zur Erdaxe oder zum Horizont gewöhnlich einnimmt, beziehen. Diese ist eben bei verschiedenen Arten eine ganz verschiedene, und selbst bei einem und demselben Individuum zu verschiedenen Zeiten seines Lebens ganz entgegengesetzt, während die morphologischen Beziehungen der Körpertheile zu einander constant sind, und also allein als Basis der Orismologie dienen können. So z. B. ist dieselbe Axe (Hauptaxe oder Längsaxe), welche beim Menschen, beim Pinguin, bei den Seeigeln und Seesternen, bei den festsitzenden Mollusken und Strahlthieren vertical steht, umgekehrt horizontal bei den meisten frei beweglichen Thieren und den kriechenden Pflanzen. Der erste Pol dieser Axe, der orale oder Mundpol (Peristomium), liegt vorn bei den meisten frei beweglichen, hinten bei den rückwärts kriechenden Thieren, oben bei den meisten festsitzenden Thieren und Pflanzen, unten bei den kriechenden Cephalopoden, Seeigeln, Seesternen etc. Bei den Holothurien, welche zuerst auf der Mundseite mit verticaler Hauptaxe, später auf der Bauchseite mit horizontaler Hauptaxe kriechen, ist die Peristomseite, welche anfangs die untere ist, nachher die vordere, und die Antistomseite, welche zuerst die obere ist, später die hintere. Bei den Cephalopoden ist der Kopf unten und die Hauptaxe vertical, wenn sie kriechen, dagegen der Kopf hinten und die Hauptaxe horizontal, wenn sie schwimmen.

Diese wenigen Beispiele mögen genügen, um zu zeigen, dass es wirklich ganz unmöglich ist, die physiologischen Bezeichnungen Vorn und Hinten, Oben und Unten etc. in der Weise, wie es noch jetzt allgemein in der Morphologie geschieht, beizubehalten, ohne die vorhandene Confusion noch mehr zu steigern, und dass es vielmehr durchaus nothwendig ist, statt deren die ganz bestimmten, unzweifelhaften und constanten Bezeichnungen einzuführen, welche die generelle Promorphologie von den constanten und bei allen Organismen fest bestimmten Verhältnissen der Axen und ihrer Pole entnimmt. Durch diese rein morphologische, mathematisch-philosophische und auf die generelle Promorphologie gegründete Orismologie wird es allein möglich werden, ein gegenseitiges Verständniss der Naturforscher auf allen Gebietstheilen der organischen Morphologie herbeizuführen, und den grossen Uebelstand aufzuheben, dass gegenwärtig jeder Specialforscher in seinem beschränkten Gebiete ganz beliebig identische Theile bei verschiedenen Organismen mit verschiedenen Ausdrücken, und verschiedene Theile mit identischen Ausdrücken belegt. Jede strenge Orismologie oder Terminologie der Organismen kann sich nur auf die morphologische Erkenntniss der Homologieen, nicht auf die physiologische Erkenntniss der Analogieen gründen, und in dieser Beziehung ist unsere einzig feste Basis für die Bezeichnung der verschiedenen Körperregionen und für eine generelle Topographie der Organismen die Promorphologie.

Dreizehntes Capitel.

System der organischen Grundformen.

„Dich im Unendlichen zu finden,
Musst unterscheiden und dann verbinden."
Goethe.

Erste Klasse der organischen Grundformen.

Axenlose. Anaxonia.

(*Acentra. Organische Formen ohne constante Mitte*).

Realer Typus: Spongilla.

Sämmtliche individuelle Formen der Organismen zerfallen hinsichtlich ihrer stereometrischen Grundform zunächst in zwei grosse Hauptgruppen: Axenlose (Anaxonia) und Axenfeste (Axonia). Die Axenlosen lassen durchaus keine feste bestimmbare Grundform erkennen und sind absolut unregelmässig, während die Axenfesten irgend eine deutliche, bezeichnungsfähige stereometrische Grundform bestimmen lassen. Bei den Axonien ist eine bestimmte ideale Mitte des Körpers vorhanden, eine centrale Raumgrösse, zu welcher die übrigen Körpertheile eine bestimmte Beziehung zeigen. Diese Mitte (Centrum) kann ein Punkt (bei den Homaxonien und Polyaxonien) oder eine Linie (bei den Protaxonien mit Ausnahme der allopolen Heterostauren), oder eine Ebene (bei den allopolen Heterostauren) sein. Bei den Anaxonien fehlt eine solche Mitte vollständig. Man kann daher die Axonien oder Axenfesten auch als Centromorpha bezeichnen, als Gestalten mit einer bestimmten Mitte, und die Anaxonien als Acentra, als Gestalten, bei denen eine solche Mitte nicht bestimmbar ist. Dieser fundamentale Unterschied der beiden obersten und allgemeinsten Hauptgruppen von Formen der organisirten Materie ist derselbe, der auch die beiden zunächst unterscheidbaren und wichtigsten Hauptabtheilungen von Formen der nicht organisirten Materie characterisirt; auch diese letztere erscheint entweder amorph oder in einer bestimmten Form, die je nach dem Aggregatzustande verschieden ist. Das tropfbar flüssige Abion oder Anorgan nimmt im vollkommenen Gleichgewichtszustande die Form des kugeligen Tropfens, der Kugel an; geht dasselbe aber durch Krystallisation aus dem tropfbaren in den festen Aggregatzustand über, so nimmt es die regelmässige, stereometrisch bestimmbare Gestalt des Krystalls an. Es entsprechen mithin die Axonien oder Centromorphen der organischen Körperwelt den Kugeln, Sphaeroidalformen, Krystalloiden und Krystallen der anorganischen Körperwelt, wie die Anaxonien oder Acentren der ersteren den Amorphen der letzteren vergleichbar sind. Man hat daher auch wohl die anaxonien Organismen, welche auf den niedersten Organisationsstufen sehr verbreitet sind, insbesondere bei den Protisten (Protozoen) als „Gestaltlose" oder Amorphozoa bezeichnet. Doch ist dieser an sich richtige Name desshalb schlecht verwendbar, weil man darunter in der Regel nicht allein wirklich formlose Organismen, wie die Amoeben und Halisarcen, sondern auch eine Menge bestimmt geformter Species begriffen hat. Gewöhnlich wird der Begriff Amorphozoa als gleichbedeutend mit Protozoa gebraucht und umfasst als solcher die Spongien, Rhizopoden, Infusorien und Protoplasten. Und doch enthalten gerade diese Thierklassen eine grössere Anzahl und Mannichfaltigkeit von geometrisch bestimmbaren Grundformen, als alle übrigen Abtheilungen des Thierreichs zusammen genommen. (Vergl. p. 395).

Die organischen Grundformen, welche wir als wirklich echte Anaxonien oder Acentren im eigentlichen Sinne des Wortes bezeichnen müssen, sind im Ganzen viel seltener, als man gewöhnlich annimmt. Die Personen, Metameren und Antimeren, also die Form-Individuen fünfter, vierter und dritter Ordnung sind selten oder eigentlich niemals wirklich acentrisch oder anaxon, da schon durch ihre tectologische Qualität bestimmte Axen in ihnen ausgesprochen sind. Häufig sind dagegen vollkommen anaxonie Formen bei den Form-Individuen erster und zweiter Ordnung, den Plastiden und Organen, ferner bei denen sechster Ordnung, den Stöcken (z. B. vielen Corallenstöcken). Meist sind die anaxonien Plastiden und Organe integrirende Bestandtheile von Form-Individuen dritter und höherer Ordnung. Sehr viele Zellen und Cytoden im pflanzlichen und thierischen Parenchym sind ebenso vollkommen acentrisch, wie viele innere Organe der Thiere und äussere Organe der Pflanzen. Viel seltener sind dagegen wirklich anaxonie Formen als materielles Substrat von actuellen Bionten zu finden, so bei den erwähnten Stöcken, ausserdem fast nur im Protistenreiche, bei denjenigen Stämmen der Organismenwelt, die auch in anderer Beziehung auf der tiefsten Stufe der Organisation stehen. Vor Allem sind hier die einfachsten Anfänge des Protistenreiches, *Protogenes* und *Protamoeba* zu nennen, die höchst wichtigen und interessanten Moneren, welche als vollkommen structurlose und homogene, nackte Plasmaklumpen jeder bestimmten Form entbehren, und vermöge der Fähigkeit der Moleküle ihres festflüssigen Eiweisskörpers, nach allen Richtungen hin ihre gegenseitige Lage frei zu ändern, alle möglichen unbestimmbaren Formen zeitweise annehmen können (vergl. p. 133, 134). An diese vollkommen formlosen Moneren schliessen sich unmittelbar die echten Amoeben (mit Kern und contractiler Blase) an, deren stets sich verändernde Körperform ebenfalls absolut unregelmässig ist, ferner einige nah verwandte Protoplasten mit formlosem Panzer *(Cyphidium)*, einige Flagellaten und Myxomyceten und einige beschalte Rhizopoden niedersten Ranges, die Gattung *Squamulina* und *Acervulina* unter den kalkschaligen Polythalamien (wenigstens die typische Art derselben, *A. acinosa*). Die mannichfaltigste Entwickelung der Anaxonform im Grossen findet sich in der Klasse der Spongien, die zum grössten Theile dieser Grundform angehören dürfte.

Will man einen concreten Ausdruck für die acentre oder anaxonie Körperform haben, so mag man sie als Klumpen (Bolus) bezeichnen. Eine Zerlegung derselben in correspondirende Theile, welche eine bestimmte Beziehung auf eine gemeinsame Mitte haben, ist niemals möglich, da ja diese Mitte selbst fehlt, und weder ein Mittelpunkt, noch eine Mittellinie (Axe), noch eine Mittelebene jemals erkennbar ist. Doch lässt sich eine streng geometrische Ausmessung auch dieser amorphen Formen, falls dieselbe erforderlich ist, leicht dadurch herbeiführen, dass man einen willkührlich im Innern des anaxonien Körpers angenommenen Mittelpunkt durch gerade Linien mit allen Punkten der Oberfläche verbindet, welche ungefähr den Ecken von polygonalen Grenzflächen entsprechen. Dadurch zerfällt der ganze Körper in eine Anzahl von irregulären Pyramiden, welche sich geometrisch untersuchen lassen.

Zweite Klasse der organischen Grundformen.

Axenfeste. Axonia.

(*Centromorpha. Stereometrisch bestimmbare organische Formen mit einer constanten Mitte.*)

Alle organischen Formen, welche nicht absolut unregelmässig sind, lassen stets eine feste Mitte, ein Centrum, erkennen, in welchem bestimmte Axen zusammentreffen oder durch welches mindestens eine bestimmte Axe geht. Wir nennen sie deshalb allgemein Axenfeste (Axonien) oder Mittenfeste (Centromorphen). Sämmtliche Theile des Körpers nehmen gegen diese Mitte und gegen diese Axen eine bestimmte Lage ein, so dass die ganze Gestalt niemals absolut irregulär, sondern stets entweder regulär (einaxig, Jäger), oder symmetrisch (zweiaxig, Jäger) im weitesten Sinne des Wortes ist. Es kann also stets mindestens eine Halbirungs-Ebene durch den Körper gelegt werden, welche denselben in zwei congruente oder symmetrisch gleiche oder doch symmetrisch ähnliche Hälften theilt. Die Mitte, auf welche sich alle Körpertheile beziehen, kann entweder ein Punkt (Stigma), oder eine Linie (Axon), oder eine Fläche (Epiphania) sein; letztere ist gewöhnlich eine Ebene (Epipedum). Nach diesem Verhalten können wir alle Axenformen in drei wesentlich verschiedene Hauptgruppen zusammenstellen: I. Centrostigma; die Mitte ist ein Punkt; alle Axen gehen durch diesen Mittelpunkt (Stigma centrale); dies ist der Fall bei allen Homaxonien und bei allen Polyaxonien. II. Centraxonia; die Mitte ist eine Linie, und zwar gewöhnlich eine gerade Linie; diese Linie ist die Hauptaxe (Axon principalis); alle übrigen Axen müssen durch diese Hauptaxe gehen; dies findet statt bei allen Protaxonien, mit Ausnahme der Zeugiten oder allopolen Heterostauren; es gehören also hierher alle Monaxonien, alle homopolen Stauraxonien und von den heteropolen Stauraxonien alle Homostauren und die autopolen Heterostauren. III. Centrepipeda; die Mitte ist eine Fläche und zwar gewöhnlich eine ebene Fläche oder Ebene. Diese Ebene ist die Medianebene (Superficies sagittalis) und in derselben liegt die Hauptaxe und eine der beiden darauf senkrechten Richtaxen, während die andere zugleich auf der Medianebene senkrecht steht. Es ist dies der Fall bei sämmtlichen Zeugiten oder allopolen Heterostauren, die man desshalb auch Centrepipeda nennen kann; dahin gehören alle amphipleuren und zygopleuren Formen (bilateral-symmetrische im Sinne der meisten Autoren).

Wenn wir diejenigen durch den Körper gelegten Ebenen, die denselben entweder in zwei congruente oder in zwei symmetrisch gleiche oder in zwei symmetrisch ähnliche Hälften zerlegen, Halbirungsebenen nennen, so ist bei den Centrepipeden nur eine einzige Halbirungsebene vorhanden und diese ist identisch mit der Medianebene. Der Körper besteht hier aus zwei symmetrisch gleichen oder zwei symmetrisch ähnlichen, aber niemals aus zwei congruenten Theilstücken. Bei den Centraxonien sind mehrere, mindestens zwei Halbirungsebenen vorhanden, welche aber sämmtlich durch die Hauptaxe gehen müssen, und welche diese Mittellinie gemeinsam haben. Der Körper besteht hier stets entweder aus zwei congruenten Theilstücken oder aus mehr als zwei Theilstücken, von denen mindestens zwei und zwei congruent sind. Bei den Centrostigmen endlich sind mehrere, mindestens drei Halbirungsebenen vorhanden, welche alle nur einen Punkt, den Mittelpunkt, gemeinsam haben, sonst aber in allen möglichen Richtungen des Raumes liegen können. Der Körper besteht hier stets aus mehreren, mindestens aus vier congruenten oder doch nahezu congruenten, seltener bloss ähnlichen Theilstücken.

Nach diesen fundamentalen und sehr wichtigen Unterschieden in den Beziehungen aller Körpertheile zu einer gemeinsamen Mitte zerfallen also die sämmtlichen Centromorphen oder Axonien in die drei principalen Formengruppen der Centrostigmen, Centraxonien und Centrepipeden (Zeugiten). Wenn wir nun die weiteren Unterschiede der zahlreichen Grundformen, die hierher gehören, richtig erkennen und würdigen wollen, so müssen wir zunächst die Eigenschaften der Axen ihres Körpers und demnächst der Pole dieser Axen näher bestimmen. In dieser Beziehung lassen sich nun sämmtliche Axonien oder Centromorphen in zwei Hauptgruppen vertheilen, in Gleichaxige (Homaxonia) und in Ungleichaxige (Heteraxonia). Bei den ersteren sind alle Axen, die sich durch die Mitte des Körpers legen lassen, absolut gleich, bei den letzteren dagegen ungleich. Die Zahl der gleichen Axen, die durch die Mitte gelegt werden können, ist zugleich bei ersteren unendlich gross, bei letzteren beschränkt. Die Homaxonform kann nur eine einzige sein, die Kugel, während die Heteraxonform äusserst mannichfaltig differenzirt ist. Die Homaxonien und die Heteraxonien, als die beiden ursprünglichsten und allgemeinsten Formarten der organisirten centromorphen Materie, entsprechen zugleich den beiden ursprünglichsten und allgemeinsten Gestaltungsweisen, in welchen der nicht organisirte geformte Stoff im flüssigen und im festen Aggregatzustande auftreten kann, der Kugel und dem Krystall. Die Kugelform, welche das Anorgan im tropfbar flüssigen Aggregatzustande und im vollkommenen Gleichgewicht als Tropfen zeigt, ist dieselbe, welche der homaxonie Organismus insbesondere auf der ersten Formstufe als festflüssige Plastide so oft annimmt. Die Heteraxonform der Organismen lässt sich stets auf gewisse einfache geometrische Grundformen zurückführen, welche den Krystallformen der festen Mineralien entsprechen und zum Theil sogar mit diesen identisch sind.

Erste Unterklasse der Axonien oder Centromorphen.

Gleichaxige. Homaxonia.

Stereometrische Grundform: Kugel.

Realer Typus: Sphaerozoum (oder Volvox).

Die Eigenschaften der Kugel, welche die einzig mögliche Homaxonform und zugleich der einzige absolut reguläre Körper ist, sind so bekannt, dass dieselben hier nicht erörtert zu werden brauchen. Da alle Punkte der Oberfläche gleich weit vom Mittelpunkte entfernt sind, so ist eine Unterscheidung bestimmter Axen nicht möglich. Die unendlich vielen Axen, welche sich durch den Mittelpunkt der Kugel legen lassen, sind sämmtlich absolut gleich. Die rein geometrische Kugelform ist in der Organismenwelt vielfach verkörpert, vorzüglich in den Form-Individuen erster Ordnung, den Plastiden (sowohl Cytoden als Zellen). Bei sehr vielen Thieren, Protisten und Pflanzen ist diejenige Plastide, welche als virtuelles Bion das ganze physiologische Individuum potentia repräsentirt, das Ei oder die Spore, eine vollkommen reguläre Kugel. Aber auch im entwickelten Organismus behalten viele Zellen, als Individuen erster Ordnung, die geometrische Kugelform bei, so z. B. viele Blut-Zellen, Pollen-Zellen etc. Ferner stellen viele Organe oder Form-Individuen zweiter Ordnung die Kugelform ganz regelmässig dar, so z. B. die Centralkapseln vieler Radiolarien, die Sporangien vieler Cryptogamen etc. Selbst actuelle Bionten vom Formwerth eines Organs behalten bisweilen die reine Kugelform bei, so die Colonieen vieler frei im Wasser schwimmender oder schwebender Organismen, z. B. *Sphaerozoum*, *Volvox*, *Pandorina* etc. Sehr selten nur ist die reine Kugelform in Individuen vierter, fünfter und sechster Ordnung verkörpert. Unter den Radiolarien gehören dahin die meisten Colliden, namentlich die Thalassicolliden (*Thalassicolla*, *Thalassolampe*) und die Thalassosphaeriden (*Physematium*, *Thalassosphaera*, *Thalassoplancta*) (Rad. Taf. I—III), ferner die kugeligen Individuen der meisten Radiolarien-Colonieen, namentlich der Sphaerozoiden (*Collozoum*, *Sphaerozoum*, *Rhaphidozoum*), bei denen überdies oft noch die Colonieen selbst, sowie alle einzelnen Formelemente innerhalb der sphärischen Centralkapsel die Kugelform rein bewahren (Haeckel, Monographie der Radiolarien, Taf. XXXII—XXXV.) Die Sphaerozoiden dürften demgemäss am passendsten als die concreten Repräsentanten der Homaxonform bezeichnet werden.

Zweite Unterklasse der Axonien oder Centromorphen.

Ungleichaxige. Heteraxonia.

Heteraxonien oder ungleichaxige Centromorphen nennen wir alle diejenigen organischen Formen, welche eine endliche Anzahl von bestimmten Axen unterscheiden lassen, die von allen übrigen, durch das Centrum gelegten Axen verschieden sind. Hierher gehören alle diejenigen Gestalten der organisirten Materie, die im Allgemeinen den Krystallformen des nicht organisirten Mineralstoffes vergleichbar und in der That zum Theil von ihnen nicht zu unterscheiden sind. Wie bei den Krystallen geschieht, werden wir der Betrachtung der Oberflächen und ihrer Beziehungen nur einen secundären Werth beilegen können und in erster Linie, um die Grundformen der verschiedenen Heteraxonien zu bestimmen, die Axen. des Körpers und deren Pole aufsuchen und ihre Gleichheit oder Ungleichheit (Differenzirung) berücksichtigen müssen.

In dieser Beziehung zerfällt nun die ganze Masse der ungleichaxigen Organismen abermals in zwei grosse Lager. Bei den Einen ist eine bestimmte Hauptaxe des Körpers erkennbar, welche von allen Axen bestimmte Verschiedenheiten zeigt; bei den Anderen dagegen sind alle bestimmbaren Axen von gleichem Werthe oder es sind wenigstens mehrere (mindestens drei) Hauptaxen vorhanden, die vor den übrigen, unbedeutenderen Axen sich auszeichnen, unter sich aber nicht verschieden sind. Die letzteren, die Heteraxonien mit zwei oder mehreren Hauptaxen, nennen wir Vielaxige, Polyaxonia, wogegen die ersteren, die Ungleichaxigen mit einer einzigen Hauptaxe, am passendsten als Hauptaxige, Protaxonia, bezeichnet werden. Bei den Polyaxonien ist, wie bei den Homaxonien, die Mitte des Körpers noch ein Punkt, während dieselbe bei den Protaxonien eine Linie, oder (bei den allopolen Heterostauren) eine Ebene ist.

Erste Ordnung der Heteraxonien:

Vielaxige. Polyaxonia.

Stereometrische Grundform: Endosphaerisches Polyeder.

Die allgemeine Grundform der Polyaxonien ist ein endosphärisches Polyeder, d. h. ein Polyeder, dessen Ecken sämmtlich eine einzige Kugelfläche berühren. Das Centrum dieser Kugel ist zugleich der Mittelpunkt des Polyeders, und die Axen des Polyeders erhalten wir dadurch, dass wir alle Ecken desselben mit dem Centrum durch gerade Linien verbinden. Keine einzelne von diesen Axen ist vor den übrigen so ausgezeichnet, dass sie als Hauptaxe bezeichnet werden könnte. Es schliesst sich diese vielaxige Grundform offenbar zunächst an die absolut regelmässige Kugelform an und unter den Radiolarien giebt es eine Anzahl von Bionten, welche eben so gut den Einen wie den Anderen zugerechnet werden könnten. Unter den Plastiden zeigen insbesondere viele Pollen Körner diese Grundform sehr rein. Form-Individuen vierter Ordnung bildet dieselbe sehr häufig in der Radiolarienklasse, und zwar bei actuellen Bionten. Ausserdem scheint die Polyaxon-Gestalt nur sehr selten als Grundform der Organismen aufzutreten.

Wie in der Stereometrie die Polyeder in reguläre und irreguläre eingetheilt werden, so können wir diese Eintheilung auch auf diejenigen

Organismen anwenden, in denen die Polyaxonform realisirt ist. Dabei halten wir für das reguläre Polyeder die geometrische Definition fest, dass sämmtliche dasselbe begrenzende Flächen reguläre und congruente Polygone sind. Bekanntlich beweist die Stereometrie, dass nur fünf Arten von absolut regulären Polyedern möglich sind, nämlich: 1) das Tetraeder; 2) das Octaeder; 3) das Icosaeder; 4) das Hexaeder; 5) das Dodecaeder. Alle übrigen Polyeder sind als irreguläre zu bezeichnen. Die unregelmässigen endosphaerischen Polyeder oder die Polyaxonia arrhythma sind unter den Radiolarien-Bionten und unter den Pollen-Zellen weit zahlreicher verkörpert, als die regelmässigen Polyeder oder die Polyaxonia rhythmica. Doch kommen auch alle Arten der letzteren bisweilen in geometrisch reiner Form realisirt in organischen Individuen vor.

Erste Unterordnung der Polyaxonien:

Irreguläre Vielaxige. Polyaxonia arrhythma.

Stereometrische Grundform: Irreguläres endosphaerisches Polyeder.

Zu den arrhythmen Polyaxonien müssen wir alle diejenigen endosphärischen Polyeder rechnen, deren Grenzflächen theilweis ungleich, nicht sämmtlich reguläre und congruente Polygone sind. Es gehören hierher sehr zahlreiche Pollenkörner, auch einige kugelige Sporen und Eier mit irregulär netzförmiger Oberfläche, ferner von den Radiolarien die meisten Species aus den formenreichen Familien der Ethmosphaeriden, Aulosphaeriden, Cladococciden, Ommatiden, Collosphaeriden, und viele einzelne Formen aus anderen Radiolarien-Familien. Bei allen diesen polyaxonien Radiolarien besteht der geformte Theil des Körpers aus einer weichen kugeligen Centralkapsel und aus einer kugeligen Kieselschale, welche die erstere concentrisch umschliesst und welche sich häufig als ein System von mehreren concentrischen, durch Radialstäbe verbundenen, kugeligen Kieselschalen innerhalb oder ausserhalb der Centralkapsel wiederholt. Da die Kugeln meistentheils ganz regelmässig gebildet, genau concentrisch um den gemeinsamen Mittelpunkt geordnet und durch regelmässige Radialstäbe verbunden sind, so könnte man vielleicht geneigter sein, diese Formen noch den Homaxonien zuzuzählen. Doch sind die Kieselschalen stets von Gitterlöchern durchbrochen, die meistens sehr regelmässig vertheilt und von gleicher oder fast gleicher Grösse sind. Durch die Mittelpunkte dieser Gitterlöcher und das Centrum der Kugel lassen sich Axen legen, die verschieden sind von denjenigen, welche durch das Centrum und durch die Knotenpunkte des Kieselnetzwerks zwischen den Gitterlöchern gelegt werden können. Auch sind sehr häufig diese letzteren Axen in Form radialer Kieselstacheln verkörpert und oft sehr mächtig entwickelt. Man braucht bloss die Spitzen dieser Kieselradien durch Linien zu verbinden, und durch die benachbarten Linien Flächen zu legen, um ein endosphärisches Polyeder zu erhalten. Ausserdem ist oft schon durch die Form der Gitterlöcher oder durch die Verbindungsweise der sie begrenzenden Zwischenbalken, oft auch durch besondere Sculptur der Gitterschale die Grundform des arrhythmen endosphärischen Polyeders deutlich genug ausgesprochen. Die Zahl und Form seiner Grenzflächen ist so mannichfaltig und verschiedenartig, dass sich im Allgemeinen nichts Bestimmtes darüber sagen lässt.

Die merkwürdigste Formähnlichkeit mit diesen polyaxonien Radiolarien zeigen zahlreiche Pollen-Körner von Phanerogamen, oft in einer so überraschenden Weise, dass man beide gänzlich verschiedene Objecte verwechseln könnte. Insbesondere ist es der Pollen von Malvaceen, welcher kaum von den Kieselschalen gewisser Ethmosphaeriden und Collosphaeriden zu unterscheiden ist. Die Pollenzellen von *Sida abutilon* und *Phlox undulata* besitzen genau dieselbe complicirte Sculptur, wie die Schale von *Ethmosphaera, Heliosphaera* etc.

Die grosse Menge verschiedener, meist durch grosse Zierlichkeit und Schönheit der Architectur ausgezeichneter Formen, welche die arrhythmen polyaxonien Radiolarien aufzuweisen haben, können wir im Allgemeinen in zwei verschiedene Gruppen ordnen. Bei den Einen sind die polygonalen Grenzflächen des endosphärischen Polyeders alle von einerlei Art, d. h. alle von der gleichen Anzahl von Seiten und Winkeln begrenzt; bald sind alle Flächen des Polyeders dreieckig, bald sechseckig u. s. w.; diese können daher Isopolygona heissen. Bei den Anderen sind dagegen die Grenzflächen des Polyeders sämmtlich oder doch theilweis nicht von einerlei Art; die Zahl der Seiten und Winkel ist wenigstens bei einigen polygonalen Grenzflächen verschieden von der der andern. Diese im Allgemeinen unregelmässigeren Formen können als Allopolygona bezeichnet werden.

Erste Gattung der arrhythmen Polyaxonien.

Ungleichvieleckige. Allopolygona.

Stereometrische Grundform: Irreguläres endosphaerisches Polyeder mit ungleichvieleckigen Seiten.

Realer Typus: Rhizosphaera (Taf. II, Fig. 15).

Diejenigen endosphärischen Polyeder, deren Seitenflächen nicht alle ein und dieselbe Anzahl von Seiten und Winkeln haben, und welche wir hier als Allopolygone zusammenfassen, bilden die Grundform der Bionten bei zahlreichen Radiolarien aus verschiedenen Familien. Es gehören dahin die Gattungen *Cyrtidosphaera* und *Arach-*

nosphaera von den Ethmosphaeriden (Rad. Taf. X, Fig. 2, 3, Taf. XI, Fig. 2—4), ein Theil der Cladococciden (Taf. XIII, XIV), *Actinelius* von den Acanthometriden, ferner viele Ommatiden, z. B. *Haliomma capillaceum*, *H. erinaceus* (Taf. XXIII, Fig. 2—4), ferner von den Sponguriden die Gattungen *Rhizosphaera* (Taf. XXV), *Spongodictyum* (Taf. XXVI, Fig. 4—6), dann die Polycyttarien-Gattung *Collosphaera* (Taf. XXXIV) und viele andere subsphärische Radiolarien. Dieselbe Form, oft kaum zu unterscheiden, zeigen viele Zellen des pflanzlichen Pollens. Wo bei diesen Formen die endosphärische Polyeder-Form nicht schon in der Gitterbildung der Schale deutlich ausgesprochen ist, da wird sie sofort klar, sobald man die Spitzen der benachbarten Radialstacheln durch Linien verbindet und durch je zwei benachbarte Linien eine Fläche legt.

Zweite Gattung der arrhythmen Polyaxonien.

Gleichvieleckige. Isopolygona.

Stereometrische Grundform: Irreguläres endosphaerisches Polyeder mit gleichvieleckigen Seiten.

Realer Typus: Ethmosphaera (Taf. II, Fig. 16).

Noch deutlicher und bestimmter, als bei den Allopolygonen, tritt die endosphärische Polyeder-Form bei denjenigen Grundformen auf, die wir Isopolygone nennen, weil die Anzahl der Seiten und Winkel, welche ihre Seitenflächen begrenzen, bei allen Flächen dieselbe ist. Viele von diesen nähern sich schon sehr dem regulären Polyeder, indem die Mehrzahl ihrer Grenzflächen aus ganz ähnlichen oder theilweis selbst congruenten (oder doch fast congruenten) regulären Polygonen gebildet wird, und nur die wenigen Grenzflächen, welche zwischen die congruenten zur Vervollständigung der Kugelform nothwendig eingeschaltet werden müssen, um ein Weniges von jenen verschieden sind. Die Zahl der Seiten und Winkel ist in allen Polygonen stets die gleiche. Je nachdem die Polygone Dreiecke, Vierecke, Sechsecke u. s. w. sind, liesse sich hier eine Anzahl von untergeordneten Grundformen unterscheiden (trigonale, tetragonale, hexagonale Arten der Isopolygone). In höchst ausgezeichneter Weise tritt die Isopolygon-Form in vielen Pollen-Körnern und in den Kieselschalen vieler Radiolarien mit kugeliger Centralkapsel auf. Unter den letzteren ist besonders die zierliche *Aulosphaera* hervorzuheben, die eine besondere, sehr merkwürdige Familie der Radiolarien bildet (Rad. Taf. X, Fig. 4, 5; Taf. XI, Fig. 5). Die kugelige Gitterschale, von 1—2^{mm} Durchmesser, ist hier aus lauter dreieckigen Maschen zusammengesetzt, die grösstentheils congruente gleichseitige Dreiecke sind; nur einzelne sind ein wenig grösser oder kleiner, als die übrigen. In jedem Knotenpunkt steht ein radialer Stachel. Verbindet man die Spitzen aller Stacheln, die sämmtlich gleich lang sind, durch Linien und legt durch diese Linien Ebenen, so erhält man ein zweites grösseres endosphärisches Polyeder, welches dem inneren kleineren concentrisch ist und dessen Maschen ebenfalls sämmtlich annähernd gleichseitige und congruente Dreiecke sind. Bisweilen scheint sich die Zahl der congruenten Dreiecke auf zwanzig zu beschränken und dann geht die Form in die des regulären Icosaeders über. Bei vielen Radiolarien ist die isopolygone Gitterkugel aus einer grossen Anzahl von Sechsecken zusammengesetzt, die ebenfalls grösstentheils regulär und congruent oder doch wenigstens subregulär sind, so bei *Ethmosphaera, Heliosphaera inermis, H. tenuissima* (Taf. IX, Fig. 1, 2; Taf. XI, Fig. 1), ferner bei vielen Cladococciden (Taf. XIII, XIV), vielen Ommatiden (Taf. XXIV, Fig. 1, 4, 5) etc. Ganz dieselbe ausgezeichnet zierliche und regelmässige Form findet sich bei vielen Pollenzellen, namentlich von Malvaceen. Besonders ist der Pollen von *Phlox undulata* und *Sida abutilon* durch seine merkwürdige Aehnlichkeit mit der Kieselschale von *Ethmosphaera* überraschend. Ferner ist unter den Radiolarien sehr ausgezeichnet die merkwürdige *Diplosphaera gracilis*, deren Kieselskelet aus zwei concentrischen endosphaerischen Polyedern besteht, einem inneren mit subregulären sechseckigen und einem äusseren mit subregulären quadratischen und rechteckigen Grenzflächen (Taf. X, Fig. 1). Doch muss diese, wie viele andere ähnliche arrhythme Polyaxonformen aus verschiedenen Radiolarien-Familien, wegen der zwanzig nach Müller's Gesetz vertheilten radialen Hauptstacheln vielmehr zu den Isostauren (homopolen Stauraxonien) gerechnet werden, welche die Grundform des Quadrat-Octaeders haben.

Zweite Unterordnung der Polyaxonien.

Reguläre Vielaxige. Polyaxonia rhythmica.

Stereometrische Grundform: Reguläres endosphärisches Polyeder.

Viel seltener als die arrhythmen oder irregulären sind die rhythmischen oder regulären Polyaxonien in organischen Individuen zu finden. Sie verdienen aber desshalb ein besonderes Interesse, weil sie nächst der Kugel die regelmässigsten aller Körper sind. Solche vollkommen regelmässige, in geometrischem Sinne reguläre Polyeder, die unter den Mineralformen als Krystalle des regulären oder tesseralen Systems sehr häufig vorkommen, sind uns aus der Organismen-Welt nur bekannt von den Pollen-Körnern vieler Phanerogamen, von den Antheridien der Characeen und von den Kieselschalen einiger

Radiolarien. Unter letzteren finden sie sich ganz scharf und klar ausgebildet bloss in der Familie der Ommatiden, in einzelnen Arten der Gattungen *Haliomma* und *Actinomma,* ferner bei *Aulosphaera* und in der Spicula einiger Sphaerozoiden. Alle fünf Arten von regulären Polyedern, welche die Geometrie als die einzig möglichen absolut regulären Polyeder nachweist, sind in gewissen organischen Formen realisirt, nämlich: 1) das Icosaeder; 2) das Dodecaeder; 3) das Octaeder; 4) das Hexaeder; 5) das Tetraeder.

Erste Art der rhythmischen Polyaxonien.

Regelmässige Zwanzigflächner. Icosaedra regularia.

Stereometrische Grundform: Reguläres Polyeder mit zwanzig dreieckigen Seiten.

Realer Typus: Aulosphaera icosaedra (Taf. II, Fig. 17).

Das reguläre Icosaeder, dessen Grenzflächen zwanzig gleichseitige und congruente Dreiecke sind, ist von allen regulären Polyedern am seltensten in organischen Formen verkörpert, nämlich, so viel uns bekannt, nur in einem einzigen Radiolar, in *Aulosphaera icosaedra*[1]) und vielleicht auch in einigen Pollenkörnern, deren kugelige Schale von zwanzig kreisrunden Poren durchbohrt ist, welche die Mitte von ebenso vielen gleichseitig dreieckigen Feldern bilden. Die zwanzig Antimeren, welche das reguläre Icosaeder zusammensetzen, sind zwanzig congruente gleichseitig dreieckige Pyramiden, deren Kanten bei *Aulosphaera* in sehr zierlicher Weise durch die feinen radialen Sarcodefäden angedeutet werden, welche von der Oberfläche der kugeligen Centralkapsel nach den Knotenpunkten der Gitterschale gehen und sich in die zwanzig radialen Stacheln hinein fortsetzen. Die Seiten der Basis sind von drei gleichen tangentialen Kieselröhren gebildet. Wir haben *Aulosphaera* bereits vorher unter den Isopolygonen aufgeführt, weil bei den beiden uns genauer bekannten Arten, *A. trigonopa* und *A. elegantissima,* die kugelige Gitterschale gewöhnlich eine weit grössere Anzahl von subregulären congruenten Dreiecken zeigt, als zwanzig. Doch ist es wohl möglich, dass auch diese beiden Arten im Jugendzustande vorübergehend die Icosaeder-Form mit zwanzig Maschen zeigen, welche *A. icosaedra* vielleicht permanent besitzt (vergl. Rad. p. 357, Taf. X, Fig. 4, 5; Taf. XI, Fig. 5, 6).

---

[1]) Die Form, welche ich hier als *Aulosphaera icosaedra* bezeichne, kann ich leider nicht mit voller Sicherheit als eine selbstständige „gute Art" aufführen, da ich nur ein vollständiges Exemplar derselben beobachtet habe. Abgesehen von der geringen Grösse und den zwanzig Netzmaschen war dieses zierliche Wesen nicht von den gewöhnlichen Exemplaren der *Aulosphaera trigonopa,* die viel zahlreichere Maschen besitzen, verschieden, ist also vielleicht nur ein Jugendzustand derselben.

Zweite Art der rhythmischen Polyaxonien.

Regelmässige Zwölfflächner. Dodecaedra regularia.

Stereometrische Grundform: Regulares Polyeder mit zwölf funfeckigen Seiten.

Realer Typus: Pollen von Bucholzia maritima, (Taf. II, Fig. 18).

Das reguläre Dodecaeder oder das Pentagonal-Dodecaeder, dessen Grenzflächen zwölf gleichseitige und congruente Fünfecke sind, findet sich in stereometrisch reiner Form in den Pollenkörnern vieler Phanerogamen verkörpert, so namentlich von *Bucholzia maritima, Rivina brasiliensis, Banisteria versicolor, Fumaria spicata, Polygonum amphibium* etc. Die zwölf fünfeckigen Seitenflächen sind bisweilen vollkommen eben, nur von einem centralen kreisrunden Loche durchbohrt, und dann ist die reine geometrische Form so vollkommen in diesen zierlichen Zellen verkörpert, als man es nur erwarten kann. Die Kanten sind bisweilen durch einen erhöhten Rand ausgezeichnet. Das andere Mal ist die ganze Pollenzelle kugelig und das Pentagonal-Dodecaeder als Grundform nur durch eine sehr zarte und vollkommen regelmässige Linienzeichnung der Kugeloberfläche angedeutet. Bisweilen entsteht dann ein reales Dodecaeder durch Eintrocknen des Pollenkorns. Die idealen zwölf Parameren der dodecaedrischen Plastide sind 12 congruente fünfseitige reguläre Pyramiden, welche man dadurch erhält, dass man die Ecken mit dem gemeinsamen Mittelpunkt durch Linien verbindet. Das Pentagonal-Dodecaeder ist als organische Grundform auch desshalb von Interesse, weil es zugleich eine hemiedrische Form des tesseralen oder regulären Krystallsystems ist.

Dritte Art der rhythmischen Polyaxonien.

Regelmässige Achtflächner. Octaedra regularia.

Stereometrische Grundform: Regulares Polyeder mit acht dreieckigen Seiten.

Realer Typus: Antheridien von Chara (Taf. II, Fig. 19).

Das reguläre Octaeder, dessen Grenzflächen acht gleichseitige und congruente Dreiecke sind, bildet viel seltener, als das Pentagonal-Dodecaeder, die Grundform organischer Gestalten; auch viel seltener, als die folgende Form, der Würfel, obgleich es mit diesem die gleichen Axen-Verhältnisse theilt. Wir kennen das reguläre Octaeder als stereometrische Grundform nur bei einigen wenigen pflanzlichen Plastiden, bei einzelnen Parenchymzellen, einigen Pollenkörnern, und am deutlichsten bei den Antheridien von *Chara*, obwohl auch hier nicht so rein, als die vorige und die folgende Grundform. Von besonderem Interesse ist aber das reguläre Octaeder desshalb, weil es zugleich die Grundform des regelmässigsten und einfachsten Krystallsystems ist, des tesseralen oder regulären Systems, in welchem u. A. Kochsalz und Alaun krystallisiren. Sein wesentlicher Charakter wird bestimmt durch drei auf einander senkrechte Axen, welche alle drei gleich und gleichpolig sind, so dass keine von ihnen als Hauptaxe unterschieden werden kann; entsprechend können auch die sechs Pole nicht verschieden sein. Das reguläre Octaeder nähert sich am meisten von allen Lipostauren den Stauraxonien, indem wir bloss eine der drei Axen nach beiden Seiten gleichmässig zu verlängern oder zu verkürzen brauchen, um daraus das Quadrat-Octaeder (die Grundform der octopleuren Isostauren) zu erhalten. Wenn alle drei Axen des regulären Octaeders ungleich lang werden, aber gleichpolig bleiben, geht dasselbe in die Grundform des Rhomben-Octaeders (der octopleuren Allostauren) über.

Von dem regulären Würfel, mit welchem das reguläre Octaeder die gleichen Axenverhältnisse theilt, unterscheidet sich dasselbe als organische Grundform wesentlich dadurch, dass der erstere aus sechs, das letztere dagegen aus acht Antimeren oder Parameren zusammengesetzt ist. Diese acht congruenten Antimeren finden sich an den Antheridien von *Chara* auf die zierlichste Weise in acht gleichseitig dreieckigen platten tafelförmigen Zellen verkörpert, welche ganz gleich den acht Seitenflächen des regelmässigen Octaeders zusammengefügt sind. Ihre gezackten Ränder, welche nach Art einer Knochennaht in einander greifen, bezeichnen die zwölf Kanten des Octaeders. Die dreieckigen Seitenflächen sind so stark hervorgewölbt, dass das ganze Organ eine rothe Kugel bildet. Von dem Umkreis der am stärksten gewölbten Mitte jedes Dreiecks laufen äusserst zierliche Strahlenfurchen nach den drei gezackten Rändern hin. Uebrigens dürfen wir, streng genommen, an den Antheridien von Chara bloss der achtzelligen Schale die reguläre Octaeder-Form vindiciren; das ganze Organ, mit Rücksicht auf seinen Inhalt, ist als Quadrat-Octaeder zu betrachten, da eine Hauptaxe durch die Structur des Inhalts ausgesprochen ist.

Vierte Art der rhythmischen Polyaxonien

Regelmässige Würfel. Hexaedra regularia.

Stereometrische Grundform. ***Regulares Polyeder mit sechs quadratischen Seiten.***

Realer Typus: Actinomma drymodes (Taf. II, Fig. 20).

Das reguläre Hexaeder oder der Würfel (Cubus, Tessera), dessen Grenzflächen sechs congruente Quadrate sind, bildet die stereometrische Grundform von vielen freien Plastiden; er erscheint sehr rein z. B. bei vielen Pollen-Zellen *(Basella alba),* aber auch bei zahlreichen

Parenchymzellen (z. B. kubischen Epithelialzellen). Seltener ist der Würfel die Grundform von ganzen actuellen Bionten, welche den Formwerth von Metameren haben, nämlich von mehreren sechsstacheligen Radiolarien aus der Ommatiden-Familie. Als geometrische Grundform von organischen Individuen ist der Würfel in mehrfacher Beziehung von besonderem Interesse, besonders auch desshalb, weil er zugleich die einfachste abgeleitete Form des regulären oder tesseralen Krystallsystems ist. Gleich der Grundform desselben, dem regulären Octaeder, besitzt der Würfel drei auf einander senkrechte Axen, welche alle drei unter sich gleich und gleichpolig sind. Sie verbinden die Mittelpunkte je zweier gegenüber liegender Quadratflächen. Keine dieser drei maassgebenden Axen kann demnach als Hauptaxe (Längsaxe), Sagittalaxe (Dickenaxe) oder Lateralaxe (Breitenaxe) unterschieden werden. Ebenso sind ihre sechs Pole nicht verschieden. Die drei idealen Richtaxen oder Euthynen, welche den Grundcharacter der wichtigsten organischen Formengruppe, der Zeugiten, bestimmen, erscheinen hier zum ersten Male angedeutet, aber noch nicht differenzirt.

Obgleich das reguläre Octaeder und das reguläre Hexaeder in allen Axen-Verhältnissen völlig übereinstimmen, so dass sie beide als Grundform des regulären Krystallsystems betrachtet werden können, müssen wir doch Beide in der organischen Promorphologie mindestens insofern als verschiedene Unterarten einer und derselben rhythmischen Polyaxonien-Art unterscheiden, als das Antimeren-Verhältniss in Beiden ein verschiedenes ist. Die organischen Individuen mit Würfelform erscheinen aus sechs tetractinoten Antimeren (oder Parameren) zusammengesetzt, deren jedes eine reguläre vierseitige Pyramide darstellt. (Bei den cubischen Radiolarien ist die Hauptaxe (Längsaxe) jedes tetractinoten Antimeres durch einen starken radialen Kieselstachel verkörpert.) Dagegen erscheinen die organischen Individuen, welche das reguläre Octaeder als Grundform haben, aus acht triactinoten Antimeren (oder Parameren) zusammengesetzt, deren jedes die Form einer regulären dreiseitigen Pyramide besitzt. Dieser wichtige promorphologische Unterschied ist hinreichend, um alle regulär-polyedrischen organischen Individuen, welche aus sechs tetractinoten Antimeren (oder Parameren) bestehen, als hexaedrische von denjenigen, welche aus acht triactinoten Antimeren (oder Parameren) bestehen, als octaedrischen, zu trennen.

Ausser den rein cubischen Pollenzellen (z. B. von *Basella alba*) und den rein cubischen Epithelialzellen finden wir das reguläre Hexaeder besonders ausgezeichnet verkörpert in mehreren äusserst zierlichen Gitterpanzern von kieselschaligen Radiolarien aus der Ommatiden-Familie. Es gehören hierher zwei Arten der Gattung

Actinomma (A drymodes, Rad. Taf. XXIV, Fig. 9 und *A. asteracanthion,* Rad. Taf. XXIII, Fig. 5, 6), ferner wahrscheinlich viele Arten der Gattung *Haliomma* (mit Sicherheit jedoch nur *H. hexacanthum* bekannt, J. Müller, Abhandl. Taf: IV, Fig. 5). Bei allen diesen Ommatiden besteht der ganze Körper aus mehreren concentrischen regulären Gitterkugeln, welche durch sechs sehr starke und grosse Radialstacheln verbunden sind, die von der innersten Kugel ausgehen und über die Oberfläche der äussersten mindestens noch um die Länge ihres Radius vorragen. Diese sechs mächtigen, sehr regelmässig gebildeten und am Ende zugespitzten Kieselstacheln, welche unter einander völlig gleich sind, liegen in drei auf einander senkrechten Kugeldurchmessern, welche den drei gleichen Axen des regulären Octaeders oder den drei gleichen Flächenaxen des Würfels entsprechen. Verbindet man die Spitzen der sechs Stacheln durch gerade Linien und legt durch je zwei benachbarte Linien eine Ebene, so sind die acht so entstehenden Ebenen gleichseitige und congruente Dreiecke und der ganze Körper ist ein reguläres Octaeder. Legt man dagegen durch die sechs Stachelspitzen Ebenen, auf denen die Radialstacheln senkrecht stehen, so sind die so entstehenden Ebenen congruente Quadrate und der ganze Körper ist ein Würfel. Durch die feinere Sculptur des Kieselskelets wird diese absolut reguläre Grundform ebenso wenig gestört, als durch die Form der Weichtheile; diese letzteren bestehen nur aus der kugeligen (den Kieselkugeln concentrischen) Centralkapsel, welche unterhalb der äusseren Gitterkugel liegt, und aus der formlosen Schleimhülle der Sarcode, welche die Centralkapsel umgiebt. Mit Rücksicht auf die höchst ausgezeichnete und vollkommen reguläre Grundform dieser merkwürdigen Radiolarien wird man es vielleicht vorziehen, dieselben als besondere Gattung *(Hexaedromma)* von den übrigen Ommatiden abzutrennen.

Fünfte Art der rhythmischen Polyaxonien.

Regelmässige Vierflächner. Tetraedra regularia.

Stereometrische Grundform: Regulares Polyeder mit vier dreieckigen Seiten.

Realer Typus: Pollen von Corydalis sempervirens.

(Taf. II, Fig. 21, 22).

Das reguläre Tetraeder, dessen Grenzflächen vier gleichseitige und congruente Dreiecke sind, und welches die wichtigste hemiedrische Form des tesseralen Krystallsystems ist, bildet zwar bei keinem uns bekannten Organismus die Grundform eines actuellen Bionten, gleich dem Würfel; dagegen erscheint das Tetraeder sehr häufig und stereometrisch rein als Grundform einfacher Plastiden, besonders wieder bei vielen Pollen-Zellen. Als Beispiel kann der Pollen vieler Arten von *Corydalis* angeführt werden, namentlich *C. sempervirens*, (Taf. II, Fig. 21). Hier ist jedes einzelne Pollenkorn ein reguläres Tetraeder. Anderemale verbinden sich vier Pollen-Zellen zur geometrischen Tetraeder-Form, z. B. bei *Erica multiflora, Drimys Winteri* etc. Das Tetraeder ist stets aus vier congruenten Antimeren oder Parameren zusammengesetzt, deren jedes eine reguläre dreiseitige Pyramide bildet (Triactinoten-Form). Die Hauptaxe (Längsaxe) jeder Pyramide ist zugleich eine Flächenaxe des Tetraeders. Diese vier Flächenaxen finden sich in höchst merkwürdiger Weise rein verkörpert in den anorganischen Skeletbildungen einiger Protisten, den seltsamen Kiesel-Spicula nämlich, welche als Hülle von schützenden Stacheln die Centralkapseln mehrerer Sphaerozoiden umgeben. Die Grundform des regulären Tetraeders ist hier schon von Johannes Müller in den vierschenkeligen Nadeln mehrerer Sphaerozoen erkannt worden (Abhandl. p. 54, Taf. VIII, Fig. 2, 3). Bei *Rhaphidozoum acuferum* findet sich zwischen den einfachen linearen Nadeln „eine zweite Art der Spicula, eine vierschenkelige Nadel, deren Schenkel unter gleichen Winkeln in einem Punkt zusammentreffen, gleich den Flächenaxen eines einzigen Tetraeders.“ (Rad. Taf. XXXII, Fig. 9—11). Bei *Sphaerozoum punctatum* und *S. ovodimare* „bestehen die Spicula aus einem Mittelbalken, dessen entgegengesetzte Enden in drei divergirende Schenkel auslaufen, welche sowie der Mittelbalken gleich den Flächenaxen eines Tetraeders gestellt sind. Stellt man sich zwei Tetraeder mit einer der Flächen vereinigt vor, so haben sie eine der Flächenaxen gemeinsam, die anderen Flächenaxen frei auslaufend. Genau so sind die Schenkel der Spicula gestellt. Die Spicula gleichen also den Flächenaxen zweier vereinigter Tetraeder.“ (Rad. Taf. XXXIII, Fig. 6, 7.) Man braucht in der That bei diesen Sphaerozoiden bloss die Spitzen der Spicula-Schenkel durch Linien zu verbinden, und durch diese Linien Flächen zu legen, um das regulär Tetraeder zu erhalten. Es sind also hier beim Tetraeder, wie beim Hexaeder von *Actinomma,* nicht die Grenzflächen oder Kanten, sondern die Axen des regulären Polyeder, welche als reguläre zusammengestellte Kieselnadeln die rhythmische Polyaxonform unverkennbar bezeichnen. (Vergl. Taf. II, Fig. 20 und 22).

Zweite Ordnung der Heteraxonien:
Hauptaxige. Protaxonia.
Organische Formen mit einer constanten Hauptaxe.

Der kleinen Gruppe der Polyaxonien steht als andere, ungleich mannichfaltigere und wichtigere Hauptabtheilung der Heteraxonien die grosse gestaltenreiche Gruppe der Protaxonien gegenüber, die sich durch die Differenzirung einer einzigen irgendwie ausgezeichneten

Hauptaxe bestimmt von den Polyaxonien unterscheiden. Sämmtliche Polyaxonien, wie verschieden auch die Zahl und Gestalt der Grenzflächen des Polyeders sein mag, stimmen doch darin überein, dass dies Polyeder ein endosphaerisches ist, dass also sämmtliche Ecken der Grenzflächen stets eine einzige Kugelfläche berühren, und dass das Centrum dieser Kugel die Mitte des Polyeders ist. Es sind daher auch alle Hauptaxen, deren mindestens drei vorhanden sein müssen, von gleicher Länge. Dadurch und durch die Eigenschaft, dass ihre Mitte ein Punkt ist, schliessen sich die Polyaxonien den Homaxonien unmittelbar an. Bei den Protaxonien dagegen kann die Grundform niemals ein endosphaerisches Polyeder, ebenso wenig als eine Kugel sein. Wenn die Grundform der Protaxonien ein reguläres oder irreguläres Polyeder ist, so liegen die Ecken desselhen niemals in einer Kugelfläche; wenn die Grundform von einer gekrümmten Fläche begränzt wird, so ist diese niemals eine ganze Kugel, sondern nur ein Theil einer Kugel (Kugelsegment, Halbkugel), oder ein Sphaeroid (Ellipsoid, Linse), oder ein Ei u. s. w. Bei allen Protaxonien ist die Mitte des Körpers nicht mehr ein Punkt, sondern eine Linie oder (bei den allopolen Heterostauren) eine Ebene. Diese Linie oder Ebene ist gänzlich verschieden von allen anderen Linien oder Ebenen, welche wir durch den Körper legen können; alle Theile des Körpers nehmen gegen diese Mittellinie oder Mittelebene eine bestimmte characteristische Lage ein, und alle Halbirungs-Ebenen des Körpers müssen durch diese mediane Linie oder Ebene hindurchgehen. Bei den Protaxonien mit Mittellinie (Centraxonia) sind mehrere, mindestens zwei Halbirungs-Ebenen des Körpers vorhanden; bei den Protaxonien mit Mittelebene (Centrepipeda oder Heterostaura allopola) ist nur eine einzige Halbirungsebene vorhanden und diese fällt mit der Mittelebene zusammen.

Die Hauptaxe (Axon principalis), welche die Protaxonien als solche characterisirt und von allen bisher betrachteten Grundformen trennt, ist bei den Centraxonien mit der Mittellinie identisch und liegt bei den Centrepipeden in der Mittelebene. Obgleich es schwer ist, die Hauptaxe für alle Protaxonien im Allgemeinen näher zu characterisiren, da sie in den einzelnen Abtheilungen dieser Formenklasse sehr verschiedene Eigenschaften zeigt, so ist es doch in jedem einzelnen Falle immer möglich, und meistens sehr leicht, dieselbe zu bestimmen. Wo überhaupt nur eine einzige Körperaxe bestimmt ausgeprägt ist, wie bei den Monaxien, da ist diese einzige Axe natürlich zugleich die Hauptaxe. Wo der Körper aus mehr als zwei congruenten Antimeren besteht, wie bei allen homopolen Stauraxonien und bei den homostauren Heteropolen, da ist die Hauptaxe stets diejenige Linie, welche allen Antimeren gemeinsam ist und in welcher sie sich berühren. Wo man durch den Körper drei verschiedene auf einander senkrechte ideale Kreuzaxen legen kann, wie bei den Heterostauren, da ist die Hauptaxe eine von diesen drei Axen, die den drei Dimensionen des Raumes entsprechen. In diesem letzteren Falle ist es stets die Längendimension, welche durch die Hauptaxe bestimmt wird und wir können sie daher auch Längsaxe (Axon longitudinalis) nennen. Meistens ist die Längsaxe länger, als alle anderen Axen, nicht selten aber auch bedeutend kürzer, so dass wir sie nicht allgemein als die längste aller Axen characterisiren dürfen.

Auch die Beschaffenheit ihrer beiden Pole erlaubt keine allgemeine Bestimmung der Hauptaxe. Bei der grossen Mehrzahl aller Protaxonien unter den Thieren ist ein Kopf oder doch ein Kopfende vom Körper abgegliedert und der eine Pol der Hauptaxe liegt dann in diesem Kopfende. Bei der grossen Mehrzahl der übrigen, den kopflosen Protaxonien, ist am einen Ende des Körpers oder doch in dessen Nähe ein Mund vorhanden und dann liegt der eine Pol der Hauptaxe im Munde (bei den Homostauren im Mittelpunkt des Mundes) oder doch in dessen Nähe. Auch bei vielen mundlosen Protaxonien, z. B. den meisten protaxonien Radiolarien, ist doch eine Mündung des Gehäuses vorhanden, welche in mehrfacher Beziehung die Stelle des Mundes vertritt. Diesem Pole entspricht bei den Blüthensprossen der Pflanzen die offene Mündung der Blüthe, und also allgemein bei allen festsitzenden protaxonien Pflanzen-Individuen der freie, nicht angewachsene Theil. Kein anderes Organ geht so constant, als die Mündung durch die ganze Protaxonien-Reihe hindurch und es ist desshalb das Passendste, den ersten Pol der Hauptaxe als Mundpol (Polus peristomius s. polus oralis) und die Körperseite, in der er liegt, als Mundseite (Peristomium, Superficies oralis) zu bezeichnen. Für den entgegengesetzten zweiten Pol der Hauptaxe ist es weniger leicht, eine allgemein passende positive Bezeichnung zu finden. Bei der grossen Mehrzahl der protaxonien Thiere liegt der After in demselben oder doch in dessen Nähe, und man könnte ihn danach Afterpol nennen. Da jedoch bei sehr Vielen der After ganz fehlt, oder weit vom zweiten Axenpol entfernt, oft näher dem Mundpol, liegt, da ferner bei den festsitzenden protaxonien Pflanzen-Individuen das dem Mundpole entgegengesetzte Ende das angewachsene, basale ist (beim Hauptspross die Wurzel), so dürfte der andere Pol der Hauptaxe am zweckmässigsten als Gegenmundpol (Polus antistomius s. polus aboralis) und die Körperseite, in der er liegt, als Gegenmundseite (Antistomium, Superficies aboralis) bezeichnet werden.

Die sehr zahlreichen und verschiedenartigen Grundformen, welche in der umfangreichen Gruppe der Protaxonien vereinigt sind, lassen sich sämmtlich in zwei grosse Hauptabtheilungen zusammenstellen, in einaxige und kreuzaxige Grundformen, Monaxonien und Stauraxonien. Wenn wir die auf der Hauptaxe senkrechten Ebenen, welche wir durch den Körper aller Protaxonien legen können, als Querebenen (Plana transversalia) und sämmtliche gerade Linien, welche in diesen Ebenen durch die Hauptaxe gelegt werden können, als Queraxen (Axones transversales) bezeichnen, so sind bei den Monaxonien sämmtliche Queraxen, die in einer und derselben Querebene liegen, gleich, während bei den Stauraxonien (entweder in einigen oder in allen Querebenen) ein Theil der Queraxen von den übrigen, die mit ihnen in einer und derselben Ebene liegen, verschieden ist. Von diesen differenzirten Queraxen bezeichnen wir diejenigen, welche characteristisch ausgeprägt sind, und gegen welche die benachbarten ungleichen Queraxen eine bestimmte symmetrische Lage einnehmen, als Kreuzaxen (Stauri). Bei den einaxigen Protaxonien sind sämmtliche Querebenen Kreise, während bei den kreuzaxigen mindestens ein Theil der Querebenen keine Kreise, sondern Vielecke oder Ellipsen oder noch complicirtere Formen sind. Wenn wir diejenigen Ebenen, die sich durch die Hauptaxe legen lassen, allgemein als Meridianebenen (Plana meridiana) bezeichnen, so finden wir bei den Monaxonien alle Meridianebenen gleich, bei den Stauraxonien dagegen einen Theil der Meridianebenen von den übrigen verschieden. Diejenigen Meridianebenen der Stauraxonien, welche durch die Kreuzaxen gehen und diesen entsprechend besonders ausgezeichnet sind, nennen wir Kreuzebenen (Plana staurota).

Bei den Stauraxonien ist der Körper stets aus einer bestimmten Anzahl von Antimeren oder Parameren zusammengesetzt, welche sich in der Hauptaxe berühren, während bei den Monaxonien deren Zahl unendlich ist. Die Zahl der Kreuzaxen bestimmt die Zahl der Antimeren, indem wir als Kreuzaxen sowohl diejenigen Queraxen bezeichnen müssen, welche in den Medianebenen der einzelnen Antimeren, als auch diejenigen, welche in den Grenzebenen je zweier benachbarter Antimeren liegen. [1])

---

[1]) Bei allen Stauraxonien nennen wir diejenige Hälfte einer Kreuzaxe, welche in der Medianebene eines Antimeres liegt, Strahl, Radius; diejenige Hälfte einer Kreuzaxe, welche in der Grenzebene zweier Antimeren liegt, Zwischenstrahl, Interradius. Diejenigen Meridianebenen, in denen 2 Strahlen liegen, und welche mithin zugleich die Meridianebenen zweier Antimeren sind, werden mit Vortheil (z. B. bei der Anatomie der Coelenteraten etc.) als Strahlenebenen (Plana radialia) bezeichnet, diejenigen Meridianebenen dagegen, in welchen zwei Zwischenstrahlen liegen, und welche mithin zugleich die Grenzflächen zweier Antimeren-Paare sind, als Zwischenstrahlenebenen (Plana interradialia). Eine dritte Art der Meridianebenen sind diejenigen, in denen

Erste Unterordnung der Protaxonien.

Einaxige. Monaxonia.

(*Protaxonien ohne Kreuzaxen.*)

Die Unterordnung der einaxigen Protaxonien umfasst nur solche Grundformen, welche bei einer deutlich ausgeprägten graden Längsaxe oder Hauptaxe ohne jede Andeutung einer bestimmten Kreuzaxe sind, bei denen mithin alle Queraxen einer jeden Querebene gleich, und also alle Querebenen Kreise sind. Da nun in solchen Körpern auch sämmtliche Meridianebenen gleich sein müssen, so kann man sie sich aus unendlich vielen congruenten Antimeren zusammengesetzt denken, die alle nur eine grade Grenzlinie, die Hauptaxe, gemein haben. Die Grenzflächen der monaxonien Formen müssen entweder sämmtlich gekrümmte Flächen sein, oder es können nur diejenigen Grenzflächen, welche senkrecht auf der Hauptaxe stehen, und welche also den Querebenen parallel laufen, Ebenen sein. Da wir nur 2 Pole

---

ein Strahl und ein Zwischenstrahl liegt, und welche Halbstrahlenebenen (Plana semiradialia) heissen mögen. Die Kreuzaxen, welche in den Semiradialebenen liegen, sind weder radial, noch interradial, sondern semiradial, indem die eine Hälfte der Kreuzaxe ein Strahl, die andere ein Zwischenstrahl bildet.

Die Zahl der Antimeren muss nun bei den Stauraxonien stets gleich der Zahl der Kreuzaxen oder der Kreuzebenen sein. Es gilt dies Gesetz für alle Stauraxonien, obwohl dasselbe als Resultat aus verschiedenen Factoren folgt, je nachdem die homotypische Grundzahl grade oder ungrade ist. Wenn die Antimeren-Zahl grade ist, (4, 6, 8 und allgemein $= 2n$), wie z. B. bei den Coelenteraten, so wird jede Kreuzaxe entweder von 2 Radien oder von 2 Interradien gebildet und es sind daher stets 2 Arten von Kreuzebenen vorhanden, welche regelmässig mit einander abwechseln, so dass zwischen je 2 radialen eine interradiale liegt. So haben wir z. B. bei den vierzähligen Dicotyledonen-Blüthen und ebenso bei den gewöhnlichen Medusen 2 auf einander senkrechte Radialebenen, welche bei letzteren durch die Mittellinien zweier benachbarter Radialcanäle, und 2 ebenfalls rechtwinkelig gekreuzte Interradialebenen, welche durch die in der Mitte zwischen jenen liegenden Interradiallinien bestimmt werden und welche die ersteren unter Winkeln von 45° kreuzen. Es sind also zusammen 4 Kreuzebenen vorhanden und dem entsprechend auch 4 Antimeren. Wenn dagegen die Antimeren-Zahl ungrade ist (3, 5 und allgemein $= 2n - 1$), z. B. bei den Echinodermen, den fünfzähligen Dicotyledonen-Blüthen, so wird jede Kreuzaxe zur Hälfte von einem Radius, zur Hälfte von einem Interradius gebildet, und es sind daher alle Kreuzebenen von einerlei Art, semiradial; jede einzelne ist halb radial, halb interradial. So fällt also z. B. bei den Echinodermen die Fünfzahl der Kreuzebenen, deren jede zur Hälfte radial, zur Hälfte interradial ist, zusammen mit der Fünfzahl der Antimeren, aus denen der Körper zusammengesetzt ist. Wir werden unten, bei der allgemeinen Betrachtung der Stauraxoniendieses Verhältniss noch näher erörtern.

der Hauptaxe haben, so können auch nur 2 ebene Grenzflächen an den Monaxonien vorkommen. Diese Ebenen, welche Kreise sein müssen, kann man als Grundflächen oder Polebenen bezeichnen (Plana polaria). Die eine polare Grenzfläche ist die orale oder Peristomfläche; die andere die aborale oder Antistomfläche. Die zusammenhängende gekrümmte Grenzfläche der Monaxonform bezeichnen wir allgemein als Mantel (Pallium).

Es sind nun im Allgemeinen in Bezug auf die Flächenbegrenzung der Monaxonien nur 3 Fälle möglich. Es wird nämlich I, die ganze Oberfläche des Monaxons nur von dem Mantel begrenzt; es ist keine ebene Grenzfläche (Polebene) vorhanden. Dies ist der Fall bei den Sphaeroidformen (Ellipsoid, Linse, Doppelkegel, Ei). II. Das Monaxon wird von dem Mantel und einer Polebene begrenzt; diese letztere entspricht stets dem ersten (oralen) Pol der Hauptaxe, ist also die Peristomfläche und wird allgemein als Basis bezeichnet; ihr gegenüber liegt am zweiten (aboralen) Pol der Hauptaxe der Scheitel oder die Spitze (Apex) des Monaxons. Zu dieser Monaxonform gehört das Hemisphäroid, sowie jedes durch eine Querebene geschnittene Sphaeroid (Ellipsoid, Linse), ferner der Kegel und das abgestutzte Ei. III. Das Monaxon wird vom Mantel und von zwei Polebenen begrenzt; von diesen letzteren wird auch hier die am Oralpol gelegene oder die Peristomfläche als Basis, die am Aboralpol gelegene oder die Antistomfläche als abgestutzte Spitze (Apex) oder genauer als Apicalebene bezeichnet. Es gehört hierher vor Allem der Cylinder, dann diejenigen Formen, welche aus den Monaxonformen der zweiten Gruppe durch Abstumpfung entstehen (dadurch, dass durch den Apex eine der Basis parallele Ebene gelegt wird), also der Kegelstumpf (abgestumpfte, abgestutzte oder abgekürzte Kegel), das an beiden Polen abgestumpfte Sphaeroid etc.

Die organisirten Formen, welche zur Monaxonform gerechnet werden müssen, sind im Thier-, Protisten- und Pflanzenreiche weit verbreitet als sphäroide (ellipsoide und linsenförmige), eiförmige, halbkugelige, kegelförmige und doppelkegelförmige, ferner als abgestumpft kegelförmige und cylindrische Gestalten. Doch gehört die grosse Mehrzahl der so gebildeten Formen nicht zu den selbstständigen Bionten, sondern zu morphologischen Individuen niederer Ordnungen, welche einem Bion untergeordnet sind. Bei den höheren Thieren und Pflanzen, deren Bionten den Rang von Personen oder Stöcken haben, sind es vorzugsweise Plastiden (Cytoden und Zellen) und demnächst Organe, welche das Monaxon zur Grundform haben. Niemals sind Antimeren aus der Monaxon-Form gebildet, verhältnissmässig selten nur Metameren und Personen. Dagegen giebt es viele Stöcke (z. B. Bäume und Corallenstöcke, welche sehr deutlich diese Grundform zeigen. Als Grundform selbstständiger Bionten erscheint das Monaxon in den letztgenannten Fällen, eben so aber auch bei niederen Form-Individuen in einzelnen Klassen sehr häufig, so namentlich unter den Rhizopoden, insbesondere kalkschaligen Monothalamien und Polythalamien und kieselschaligen Radiolarien (Cyrtiden, Disciden, Ommatiden) und bei vielen niederen Pflanzen (Algen und Pilzen).

Wenn wir bei der Eintheilung der Monaxonien zunächst von dem schon erörterten dreifachen Verhältnisse der Oberflächen-Begrenzung absehen und uns in erster Linie wieder an die Axen und ihre Pole wenden, so tritt uns als das einfachste und naturgemässeste Eintheilungs-Princip die Gleichheit oder Verschiedenheit der beiden Pole der Hauptaxen entgegen. Bei den Gleichpoligen oder Einfachpoligen (Monaxonia haplopola) sind die beiden Pole der Hauptaxe und die ihnen entsprechenden Polflächen gleich, bei den Ungleichpoligen oder Zweifachpoligen (Monaxonia diplopola) verschieden. Zu den ersteren gehören die Sphaeroidformen (Ellipsoid, Linse), der Doppelkegel und der Cylinder, zu den letzteren die Hemisphaeroidformen und überhaupt die abgestutzten Sphaeroidformen, ferner der Kegel und das Ei. Von Wichtigkeit ist für die Betrachtung der Monaxonien diejenige Querebene, welche durch den Halbirungspunkt der Hauptaxe geht, und welche wir allgemein als Aequatorialebene (Planum aequatoriale) bezeichnen; die Queraxen, welche in der Aequatorialebene liegen, heissen Aequatorialaxen. Durch die Aequatorialebene wird der Körper der haplopolen Monaxonien in 2 congruente, derjenige der diplopolen dagegen in 2 ungleiche Stücke zerlegt. Die einfachste stereometrische Grundform der Haplopolen ist der Cylinder, diejenige der Diplopolen der Kegel.

Erste Familie der Monaxonien.

Gleichpolige Einaxige. Haplopola.

Stereometrische Grundformen: Sphaeroid, Doppelkegel, Cylinder.

Die Formengruppe der gleichpoligen Einaxigen, oder der Haplopolen, wie wir sie kurz nennen wollen, deren Körper durch die Aequatorialebene und ebenso durch jede Meridianebene in 2 congruente Hälften getheilt wird, ist nur selten zu der Bildung von morphologischen Individuen höherer, sehr häufig dagegen zur Bildung von Individuen niederer Ordnung (Plastiden und Organen verschiedener Stufen) verwendet. Als untergeordnete Modificationen dieser Grundform können wir 2 Formengruppen unterscheiden, je nachdem die Oberfläche des Körpers bloss von einer gekrümmten Fläche (Mantel) oder zugleich von 2 gleichen Ebenen (Grundflächen) begrenzt wird. Formen mit nur einer Ebene als Grenzfläche können hier nicht vorkommen, da hierdurch allein schon die Verschiedenheit der beiden Pole bedingt ist; diese gehören alle zu den Diplopolen. Die Haplopol-Formen ohne ebene Grenzfläche (Anepipeda) werden durch die verschiedenen Arten des Sphaeroids (Ellipsoid, Linse etc.) und durch den basalen Doppelkegel vertreten. Die Homopolformen mit 2 ebenen Grenzflächen (Amphepipeda) werden durch den graden Cylinder und die davon abgeleiteten Formen, den apicalen Doppelkegel u. s. w. repräsentirt.

Erste Unterfamilie der haplopolen Monaxonien:

Gleichpolige Einaxige ohne Grenzebene. Haplopola anepipeda.

Stereometrische Grundform: Sphaeroid.

Realer Typus: Coccodiscus.

Die anepipeden Haplopolen treten in 2 verschiedenen Hauptformen auf, nämlich in der einfacheren Form des basalen geraden Doppelkegels und in der complicirteren Form des Sphaeroids. Unter geradem basalem Doppelkegel verstehen wir diejenige stereometrische Form, welche aus 2 congruenten mit ihrer Basis vereinigten geraden Kegeln zusammengesetzt ist. Jede Meridianebene dieses Körpers ist ein Rhombus. Von der Grundform des basalen geraden Doppelkegels können, wie von der des einfachen geraden Kegels, 3 verschiedene Arten unterschieden werden, je nachdem die Hauptaxe eben so lang, länger oder kürzer, als die Aequatorialaxe ist. Bei den rechtwinkeligen geraden basalen Doppelkegeln ist die Hauptaxe ebenso lang, bei den spitzwinkeligen länger und bei den stumpfwinkeligen kürzer als die Aequatorialaxe. Daher ist beim Diploconus rectus basalis orthogonius jede Meridianebene ein Quadrat, beim oxygonius ein Rhombus mit spitzen, und beim amblygonius ein Rhombus mit stumpfen Apicalwinkeln oder Polarwinkeln.

Die Grundform des geraden basalen Doppelkegels findet sich nur selten in organischen Formen realisirt vor, und tritt selbst bei den Form-Individuen niederster Ordnungen (Plastiden und Organen) nur in wenigen Fällen deutlich erkennbar hervor. Um so häufiger findet sich die andere Hauptform der anepipeden Homopolen, das Sphaeroid, im Organismus verkörpert. Die Sphaeroid-Form gehört zu den einfachsten organischen Grundformen und ist am nächsten der Homaxonform der Kugel verwandt, aus der wir sie dadurch ableiten, dass wir eine einzige Axe der Kugel sich nach beiden Polen hin gleichmässig verlängern oder verkürzen lassen, so dass beide Pole dieser Hauptaxe gleich weit vom Mittelpunkt entfernt bleiben, und dass die Aequatorialebene den ganzen Körper in zwei congruente Hemisphaeroide theilt. Wenn die Hauptaxe des Sphaeroids länger ist als die Aequatorialaxe, so nennen wir dasselbe Ellipsoid, wenn sie kürzer ist, Linse. Wenn der abgerundete Aequatorialrand der Linse sich zuschärft, so wird dadurch der Uebergang zur Form des basalen graden Doppelkegels bedingt. Die Meridianebene des Sphäroids ist eine Ellipse.

Die Verwendung der Sphaeroidform zur Bildung von morphologischen Individuen erster und zweiter Ordnung, Plastiden und Organen, ist so allgemein verbreitet und mannichfaltig, dass es nicht nöthig ist, besondere Beispiele anzuführen. Auch die virtuellen Bionten höherer Organismen, z. B. die Jugendzustände der Personen, treten häufig als ellipsoide oder linsenförmige Embryonen auf. Selten dagegen ist die reine Sphaeroidform in erwachsenen Individuen (actuellen Bionten) verkörpert, am meisten wiederum bei den Radiolarien, und namentlich unter den Ommatiden, Disciden und Sponguriden; so als Ellipsoid z. B. bei *Haliomma ovatum*, bei *Haliommatidium Mülleri* und *H. fenestratum* (wenn man von den 20 radialen Stacheln absieht), ferner in *Perichlamydium*, *Chilomma Saturnus* (?), *Coccodiscus Darwinii* (Rad. Taf. XXVIII. Fig. 11.)

Zweite Unterfamilie der haplopolen Monaxonien.

Gleichpolige Einaxige mit zwei Grenzebenen. Haplopola amphepipeda.

Stereometrische Grundform: Cylinder.

Realer Typus: Pyrosoma.

Die gleichpoligen Einaxigen mit zwei Grenzebenen sind entweder in der einfachen stereometrischen Grundform des geraden Cylinders oder in complicirteren, durch gleichpolige Modification des Cylinders entstehenden Formen verkörpert.

Der gerade Cylinder der Geometrie, dessen Meridianebene ein Rechteck ist, und dessen Axe (Hauptaxe) senkrecht im Mittelpunkt der beiden congruenten und parallelen kreisrunden Grundflächen steht, ist äusserst häufig in ganz reiner Form im Organismus realisirt, selten allerdings als das materielle Substrat von actuellen Bionten, um so häufiger dagegen von Individuen niederer Kategorieen, welche ein höheres actuelles Bion zusammensetzen, besonders Plastiden und Organen. Unter den Cytoden und Zellen finden wir die reine Cylinderform bei sehr vielen langgestreckten Protisten (Diatomeen), einzelligen Algen und den einzelnen Fadenzellen der Nematophyten; ebenso auch vielfältig im Parenchym höherer Organismen. Unter den Zellfusionen ist die Cylinderform besonders häufig, so bei den Nervenprimitivröhren und Capillarröhren der Thiere, den Spiralgefässen der Pflanzen. Von den Organen sind es besonders die einfachen, selten die zusammengesetzten Organe (z. B. Tentakeln und Extremitäten), die mehr oder minder rein die Cylinderform zeigen. Auch bei höheren Thieren erscheint bisweilen der gesammte Körper, genauer ausgedrückt, die Hautbedeckung, cylindrisch geformt, so z. B. unter vielen Tunicaten (Salpen und am reinsten in *Doliolum*), in den *Doliolum* ähnlichen Gehäusen der *Phronima* etc. Ferner sind ganze Colonieen bisweilen mehr oder minder cylindrisch, z. B. von einigen Pyrosomen. Sehr allgemein ist der reine Cylinder die Grundform der Metameren, z. B. bei den Stengelgliedern der Phanerogamen und Anthozoen. Unter den Rhizopoden findet sich auch die reine Cylinderform in actuellen Bionten nicht selten verkörpert, z. B. unter den kalkschaligen Polythalamien in vielen Soritiden *(Cyclolina, Orbitulites, Sorites, Amphisorus)*, unter den kieselschaligen Radiolarien in vielen Disciden und Sponguriden z. B. *Trematodiscus, Spongodiscus, Spongocyclia cycloides* etc. (Rad. Taf. XII, Fig. 14, 15; Taf. XXIX, Fig. 1—3). Will man der bequemeren Bezeichnung halber verschiedene Arten von graden Cylindern unterscheiden, so wird man als Maassstab das Längen-Verhältniss der Hauptaxe zur Aequatorialaxe (die hier dem Durchmesser der Grundflächen gleich ist) benutzen müssen und wird im Allgemeinen drei Arten unterscheiden können: 1. Quadratcylinder, deren Hauptaxe der Aequatorialaxe gleich und deren Meridianebene folglich ein Quadrat ist; 2. Verlängerte Cylinder, deren Hauptaxe länger, und 3. Verkürzte Cylinder, deren Hauptaxe kürzer als die Aequatorialaxe ist.

Modificirte gerade Cylinder, an denen die beiden sich polar entsprechenden Hälften in gleicher Weise verändert sind, am häufigsten durch Krümmungen der Mantelfläche, Einschnürungen beiderseits der Aequatorialebene u. s. w. finden sich im Organismus und namentlich unter den Individuen erster Ordnung, den Zellen, noch ungleich häufiger vor, als die geometrisch reinen geraden Cylinder. Es gehören dahin alle unter den anepipeden Haplopolen aufgeführten Formen, sobald man ihre beiden Spitzen (Apicalpole) durch zwei gleiche Querebenen abstumpft, die gleich weit von der Aequatorialebene entfernt sind. Die meisten hierher gehörigen Formen, deren Mannichfaltigkeit unendlich gross ist, dürften der genaueren geometrischen Bestimmung sehr grosse und zum Theil unüberwindliche Schwierigkeiten entgegensetzen. Als eine der einfachsten hierher gehörigen Formen, wollen wir hier nur den geraden apicalen Doppelkegel anführen, welcher sich von dem vorhin erläuterten basalen dadurch unterscheidet, dass die beiden congruenten geraden Kegel nicht mit ihrer Basis, sondern mit ihren Spitzen vereinigt sind; die Axen bei der Kegel liegen in einer Geraden. In fast geometrisch reiner Form ist der gerade apicale Doppelkegel in manchen Fischwirbeln, ferner im Kieselmantel von *Diploconus fasces* verkörpert (Rad. Taf. XX, Fig. 7). Wie verschieden auch die Krümmungen der Mantelflächen bei dem „modificirten geraden Cylinder“ sich gestalten mögen, so stimmen doch alle hierher zu zählenden Formen darin mit dem geraden Cylinder überein, dass der Körper durch die Aequatorialebene in zwei congruente Hälften getheilt wird.

Zweite Familie der Monaxonien.

Ungleichpolige Einaxige: Diplopola.

Stereometrische Grundformen: Halbkugel, Kegel, abgestumpfter Kegel.

Die Formengruppe der Diplopolen oder der ungleichpoligen Einaxigen, deren einfachste geometrische Grundform der Kegel ist, findet sich häufiger, als diejenige der Haplopolen, zur Bildung höherer Form Individuen (Stöcke und Personen), ausserdem aber auch vorzugsweise zur Bildung von Form-Individuen niederer Ordnung, Plastiden und Organen, verwendet. Da die beiden Pole der Hauptaxe hier stets verschieden sind, so wird der Körper durch die Aequatorialebene niemals in zwei congruente Hälften getheilt, und es lassen sich die beiden Polflächen, die bei den Homopolen noch congruent waren, zum ersten Male unterscheiden: Der Mundpol ist der Mittelpunkt des Peristoms oder der Area oralis, der Gegenmundpol das Centrum des Antistoms oder der Area aboralis. Die verschiedenen Formen der heteropolen Monaxonien lassen sich in drei Gruppen bringen, je nachdem der Körper bloss von der gekrümmten Mantelfläche, oder zugleich noch von einer oder von zwei ebenen Flächen (Grundflächen, Polebenen) begrenzt wird. Die einfachste Grundform der Gestalten ohne ebene Grenzfläche (Anepipeda) ist das Ei, diejenige der Monepipeden (mit einer Polebene) der einfache gerade Kegel, diejenige der Amphepipeden endlich (mit zwei Grenzebenen) der gerade abgestumpfte Kegel.

Erste Unterfamilie der diplopolen Monaxonien.

Ungleichpolige Einaxige ohne Grenzebene. Diplopola anepipeda.

Stereometrische Grundform: Ei.

Realer Typus. Ovulina.

Der einfachste regelmässige Körper, welcher nur von einer einzigen gekrümmten Fläche umschlossen ist und eine einzige Axe mit zwei differenten Polen besitzt, ist das Ei. Der Grad der Krümmung des Mantels kann ein höchst verschiedener sein; immer aber ist derselbe dadurch beschränkt, dass jede Querebene des Körpers ein Kreis bleiben muss; daher müssen auch stets alle Meridian-Ebenen des Eies congruent sein. Die Individuen niederster Ordnung, die Zellen und Cytoden, stellen so häufig die reine Eiform dar, dass wir von einer speciellen Anführung von Beispielen absehen können. Ebenso sind auch Organe und Colonieen sehr häufig eiförmig. In actuellen Bionten ist die Eiform sehr häufig unter den Rhizopoden verkörpert; in der Klasse der kalkschaligen Acyttarien sind es die artenreichen Gattungen *Ovulina, Phialina, Amphorina* unter den Monothalamien, die Gattung *Glandulina* und andere Nodosariden unter den Polythalamien, welche mannichfaltige Eiformen repräsentiren; in der Klasse der kieselschaligen Radiolarien gilt dasselbe von der den letzteren entsprechenden Familie der Cyrtiden, namentlich den Monocyrtiden (*Carpocanium* etc.); im Protoplasten-Stamme wiederholt sie sich in *Difflugia proteiformis, D. oblonga* u. A. Sehr wichtig ist die Eiform ferner als die Promorphe sehr vieler Pflanzenstöcke, aller derjenigen nämlich, bei welchen die Zweige eines starken Hauptsprosses so ungleichmässig um denselben herumstehen, dass daraus keine Pyramidenform sich ableiten lässt. Man kann sich die Eiform dadurch entstanden denken, dass auf beiden Seiten einer Kreisebene (Aequatorialebene) unendlich viele Kreisebenen, welche der ersteren concentrisch und parallel, aber von ungleicher Grösse sind, über einander gelegt werden. Die Linie, welche die sämmtlichen Mittelpunkte verbindet, giebt die Hauptaxe, deren beide Pole gleich weit von der Aequatorialebene entfernt sind. Bei der reinen regulären Eiform nimmt der Durchmesser (die Queraxe) der einzelnen parallelen Kreisebenen nach jedem der beiden Pole hin allmählig ab und wird in demselben gleich Null. Die Abnahme des Durchmessers ist aber nach den verschiedenen Polen hin verschieden und wächst in verschiedenem Grade beiderseits einer Querebene, welche der Aequatorialebene parallel auf einer Seite derselben liegt. Die abgeleiteten Eiformen oder die Modificationen der Eiform, welche in den Organismen ebenfalls sehr häufig verkörpert sind, unterscheiden sich von der reinen geometrischen Eiform dadurch, dass die Abnahme des Durchmessers der parallelen Kreisebenen nach jedem Pole hin nicht gleichmässig, sondern ungleichmässig erfolgt. Es können daher hier auf der äusseren Oberfläche des Eies abwechselnde ringförmige Einschnürungen und Wülste auftreten.

Will man verschiedene Arten der Eiform unterscheiden, so wird man als drei Hauptgruppen von Eiern aufstellen können: 1) Sphaeroide Eier, deren Hauptaxe gleich der Aequatorialaxe ist; 2) Verlängerte Eier, deren Hauptaxe länger, und 3) Verkürzte Eier, deren Hauptaxe kürzer, als die Aequatorialaxe ist. Alle drei Eiformen kommen in Plastiden und Organen sehr häufig vor, am häufigsten aber das verlängerte Ei.

Zweite Unterfamilie der diplopolen Monaxonien:

Ungleichpolige Einaxige mit einer Grenzebene. Diplopola monepipeda.

Stereometrische Grundform: Kegel, Halbkugel.

Realer Typus: Conulina.

Eine derjenigen Grundformen, welche am häufigsten zur Bildung von Plastiden und Organen, aber auch von Stöcken verwendet wird, ist diejenige reguläre Diplopolen-Form, deren Oberfläche von einer gekrümmten und von einer ebenen Fläche begrenzt wird. Als einfachste geometrische Form dieser Gruppe kann man entweder den geraden Kegel oder die Halbkugel bezeichnen. Bei beiden ist die Ebene, welche dem Mundpol entspricht, und welche wir daher Area oralis nennen, ein Kreis. Die Meridianebene des geraden Kegels ist das gleichschenkelige Dreieck, diejenige der Halbkugel der Halbkreis.

Der gerade Kegel (Conus) ist als Grundform von Plastiden und Organen äusserst häufig. Auch echte Stöcke zeigen die Kegelform oft mehr oder minder rein, wie dieselbe z. B. in einem sehr grossen Theil der phanerogamen Pflanzenstöcke (sehr rein in vielen Coniferen) nicht zu verkennen ist. Im letzteren Falle ist die Kegelform das materielle Substrat des actuellen Bion, ebenso auch bei vielen Rhizopoden, namentlich bei den Nodosariden (*Conulina* u. m. a.) unter den Polythalamien, bei den Cyrtiden (*Cornutella, Eucecryphalus* u. A.) unter den Radiolarien. Die äussere Körperform, bedingt durch die Bildung des Mantels (der Hautdecke), spiegelt die gerade Kegelform auch da sehr häufig vor (z. B. bei vielen Coelenteraten und Echinodermen), wo durch die innere Zusammensetzung des Körpers (aus einer bestimmten Zahl congruenter Antimeren) die homostaure Stauraxonform (reguläre Pyramide) angezeigt wird.

Alle verschiedenen Formen, die in die Gruppe des geraden Kegels gehören, lassen sich auf eine der drei Arten des geraden Kegels zurückführen, die auch in der Geometrie nach dem Längenverhältniss der Höhe des Kegels zum Durchmesser der Grundfläche bestimmt werden. Diese drei Arten sind: I. der rechtwinkelige gerade Kegel (Conus orthogonius), dessen Axe (Hauptaxe) gleich dem Durchmesser der Grundfläche (Area oralis) ist; II. der spitzwinkelige (Conus oxygonius), dessen Axe länger, und III. der stumpfwinkelige gerade Kegel (Conus amblygonius), dessen Axe kürzer als der Durchmesser der Grundfläche ist.

Die Halbkugel (Hemisphaera) ist weniger häufig als der Kegel in rein geometrischer Form verkörpert. Um so häufiger ist die

Form des Hemisphaeroids, wenn wir darunter einestheils alle Kugelsegmente verstehen, die kleiner oder grösser als eine Halbkugel sind, andererseits alle Formen, welche wir aus dem Sphaeroid (Ellipsoid, Linse) oder aus dem Ei dadurch erhalten, dass wir dasselbe durch eine Querebene (eine der Aequatorialebene parallele Ebene) schneiden. Die äussere Gestalt des Mantels der meisten Hydromedusen und Ctenophoren (abgesehen von der pyramidalen Grundform, die dem ganzen Bion vermöge seiner radialen Zusammensetzung aus Antimeren zukommt) dürfte auf solche höchst mannichfaltige Hemisphaeroid-Bildungen, zum Theil auch auf reine Hemisphären, zurückzuführen sein. Wenn man verschiedene Arten des Hemisphaeroids (den Ausdruck im allgemeinsten Sinne genommen) unterscheiden will, so dürften folgende aufzuführen sein: 1) das hohe Kugelsegment (grösser als die Halbkugel); 2) das flache Kugelsegment (kleiner als die Halbkugel); 3) das Hemiellipsoid (das Ellipsoid halbirt); 4) das abgestumpfte Ellipsoid (das Ellipsoid durch eine der Aequatorialebene parallele Ebene (Querebene) geschnitten); 5) die halbe Linse (Hemiphacoid); 6) die abgestumpfte Linse (die Linse durch eine Querebene geschnitten, welche der Aequatorialebene parallel läuft); 7) das Halbei oder Hemiooid (das Ei durch die Aequatorialebene halbirt); 8) das abgestumpfte Ei (das Ei durch eine Querebene geschnitten, welche der Aequatorialebene parallel läuft).

Dritte Unterfamilie der diplopolen Monaxonien.

Ungleichpolige Einaxige mit zwei Grenzebenen. Diplopola amphepipeda.

Stereometrische Grundform: Kegelstumpf.

Realer Typus: Nodosaria.

Die am höchsten differenzirte Monaxonform wird von denjenigen heteropolen Monaxonien dargestellt, die ausser der gekrümmten Fläche (Mantel) von zwei verschiedenen ebenen Flächen (Grundflächen) umschlossen sind. Die einfachste geometrische Grundform dieser amphepipeden Diplopolen ist der gerade Kegelstumpf oder der abgestumpfte gerade Kegel, also ein gerader Kegel, dessen Spitze durch eine der Grundfläche (Area oralis) parallele Ebene (Area aboralis) abgeschnitten ist. Die Schnittebene oder Antistomfläche ist bei den meisten hierher gehörigen Formen ein kleinerer Kreis, als die ihr parallele Basalebene oder Peristomfläche.

Ausser dem geraden abgestumpften Kegel und den Formen, welche man durch Vertiefung oder Hervorwölbung seiner Mantelfläche davon ableiten kann, sind hierher auch diejenigen doppelt abgestumpften Sphaeroidformen zu rechnen, welche man dadurch erhält, dass man die verschiedenen Modificationen des Sphaeroids (Ellipsoid, Phacoid), ebenso auch das Ei gegen beide Pole hin durch zwei Ebenen schneidet (abstumpft), welche ungleichen Abstand von der ihnen parallelen Aequatorialebene haben. Auch diese Formen sind ebenso wie der gerade Kegelstumpf in den Gestalten der Form-Individuen erster, zweiter und sechster Ordnung, bei den Plastiden, Organen und Stöcken (namentlich Anthozoen-Stöcken und Pflanzen-Stöcken) sehr häufig nachzuweisen. Wie bei den letzteren, so bilden sie die Grundform von actuellen Bionten auch einigen Arten von Nodosaria und Difflugia, vielen Flagellaten und anderen Protisten. Eine nähere Betrachtung ihrer unendlich vielen Modificationen hat kein besonderes Interesse.

Zweite Unterordnung der Protaxonien:

Kreuzaxige. Stauraxonia.

Stereometrische Grundformen: Doppelpyramiden oder Pyramiden.

(Protaxonien mit Kreuzaxen.)

Die kreuzaxigen Grundformen oder Stauraxonien, welche die andere Hauptabtheilung der Protaxonien bilden, sind ungleich wichtiger und interessanter als die Monaxonien, schon durch die unendliche Mannichfaltigkeit verschiedener Formen, welche den verschiedenen Differenzirungsmöglichkeiten bestimmter Kreuzaxen ihren Ursprung verdanken. Der Gestalten-Reichthum aller bisher untersuchten Grundformen ist unbedeutend gegenüber den ausserordentlich mannichfaltigen Thier- und Pflanzen-Formen, die der Stauraxonien-Gruppe angehören. Mit der zunehmenden Möglichkeit der Formbeugung in den verschiedensten Richtungen wächst freilich auch die Schwierigkeit der Erkenntniss ihrer Grundform, woraus sich erklärt, dass bisher die geometrische Grundform, welche allen Stauraxonien zu Grunde liegt, nicht erkannt worden ist.

Die Stauraxonien unterscheiden sich von den Monaxonien, wie wir schon oben bei der allgemeinen Characteristik der Protaxonien und ihrer beiden Hauptabtheilungen erörtert haben, vor Allem dadurch, dass neben der Hauptaxe, welche Beiden gemeinsam ist, auch noch andere bestimmt differenzirte Körperaxen hervortreten, welche auf der ersteren senkrecht stehen und welche verschieden sind von den zwischen ihnen in derselben Querebene liegenden indifferenten Axen (Queraxen). Die Zahl dieser differenten Axen, welche wir Kreuzaxen (Stauri) genannt haben, ist stets gleich der Zahl der Parameren oder der Antimeren, die hier ein beschränktes

Maass hat, während sie bei den Monaxonien = ∞ war. Es ist oben auch bereits nachgewiesen worden, warum dieser Satz allgemeine Gültigkeit hat, obwohl die Kreuzaxen und die durch sie gelegten Meridian-Ebenen (Kreuzebenen) von zweierlei oder eigentlich von dreierlei Art sind, je nachdem die Antimerenzahl gerade oder ungerade ist. Bei der grossen Wichtigkeit, welche dieses bisher noch nicht beachtete Verhältniss für das Verständniss der Stauraxonform hat, müssen wir dasselbe ausführlich begründen. Wir halten uns dabei ausschliesslich an die Antimeren, welche als morphologische Individuen dritter Ordnung die Metameren und Personen zusammensetzen. Dasselbe, was von den Antimeren, gilt aber auch von den Parameren, welche eine entsprechende Rolle bei den Form-Individuen zweiter und erster Ordnung (Organen und Plastiden) spielen.

Die Kreuzaxen der Stauraxonien liegen entweder erstens in der Medianebene eines Antimeres (einer halben Radialebene), oder zweitens in der Grenzebene zwischen zwei benachbarten Antimeren (einer halben Interradialebene), oder endlich drittens, halb in einer radialen, halb in einer interradialen Kreuzebene. Um das Verhältniss der Kreuzaxen zu den Antimeren näher zu bestimmen, ist es nöthig, die in sehr verschiedenem Sinn gebrauchten Begriffe des Radius und Interradius festzustellen. (Vergl. Taf. I nebst Erklärung).

Strahl (Radius) nennen wir diejenige Hälfte einer Kreuzaxe, welche in der Medianebene eines Antimeres liegt; Zwischenstrahl (Interradius) dagegen diejenige Hälfte einer Kreuzaxe, welche in der Grenzebene zweier Antimeren liegt. In jedem einzelnen Falle construirt man den Radius des Antimeres einfach dadurch, dass man in der Medianebene des Antimeres (in der Meridianebene, die man durch die Mittellinie des Antimeres und durch die Hauptaxe des Metameres oder der Person gelegt hat) ein Perpendikel auf dem Halbirungspunkte der Hauptaxe errichtet, den Interradius dagegen dadurch, dass man auf demselben Punkte ein Perpendikel in der Grenzebene je zweier Antimeren errichtet. Die Medianebene jedes Antimeres ist daher die Hälfte einer radialen, die Grenzebene zweier Antimeren dagegen die Hälfte einer interradialen Meridianebene.

Es können nun die Kreuzaxen (Stauri) und die durch sie gelegten Meridianebenen, die wir Kreuzebenen (Plana cruciata s. staurota) genannt haben, von dreierlei Art sein: I. die strahlige Kreuzaxe (Staurus radialis) oder die Strahlaxe ist aus zwei diametral gegenüberliegenden Radien gebildet; II. die zwischenstrahlige Kreuzaxe (Staurus interradialis) oder die Zwischenstrahlaxe wird aus zwei diametral gegenüberliegenden Interradien gebildet; III. die halbstrahlige Kreuzaxe (Staurus semiradialis) oder die Halbstrahlaxe ist aus einem Radius und einem diametral gegenüberliegenden Interradius zusammengesetzt. Diesen drei Formen der Kreuzaxen entsprechend können wir auch die drei Arten von Kreuzebenen (Meridianebenen, die durch die Kreuzaxen gelegt werden können) unterscheiden: 1) die Strahlebene (strahlige oder radiale Kreuzebene), Planum radiale, ist aus den Medianebenen zweier diametral gegenüberliegender Antimeren zusammengesetzt; 2) die Zwischenstrahlebene (zwischenstrahlige oder interradiale Kreuzebene), Planum interradiale, besteht aus den diametral entgegengesetzten Grenzebenen zweier Antimeren-Paare; 3) die Halbstrahlebene (halbstrahlige oder semiradiale Kreuzebene), Planum semiradiale, ist aus der Medianebene eines Antimeres und aus der diametral gegenüberliegenden Grenzebene eines Antimeren-Paares zusammengesetzt. (Vergl. Taf. I nebst Erklärung).

Wenn wir diese wesentlichen Unterschiede der drei Arten von Kreuzaxen und der ihnen entsprechenden drei Arten von Kreuzebenen festhalten und nun die Zahl derselben mit der Zahl der Antimeren vergleichen, so ergiebt sich ohne Weiteres in allen Fällen das allgemeine Gesetz: die Zahl der Antimeren (oder die homotypische Grundzahl) ist gleich der Zahl der Kreuzaxen (oder der Kreuzebenen), gleichviel ob diese Zahl gerade (2n) oder ungerade (2n—1) ist. Wenn die Antimeren-Zahl gerade ist (= 2 n), wie bei den meisten Coelenteraten, so sind die Kreuzaxen von zweierlei Art, und es ist die Hälfte der Kreuzaxen (und Kreuzebenen) radial, die Hälfte interradial, so dass strahlige und zwischenstrahlige alterniren. So sind z. B. bei den Carmariniden (den sechsstrahligen Geryoniden) drei radiale Kreuzebenen vorhanden, in denen die sechs Radialcanäle und die sechs radialen Randbläschen liegen, und drei interradiale Kreuzebenen, in denen die sechs interradialen Randbläschen und Mantelspangen liegen; zusammen also sechs Kreuzebenen, gleich der Antimeren-Zahl. (Taf. I, Fig. 1). Ebenso finden wir bei den hexactinoten Anthozoen drei radiale Kreuzebenen, in denen die sechs primären Fächer der perigastrischen Höhle, und drei interradiale, in denen die sechs primären Septa der Leibeswand liegen, die jene trennen. Wenn die homotypische Grundzahl dagegen ungerade (2n—1) ist, wie bei den meisten Echinodermen, so sind alle Kreuzebenen von einerlei Art, nämlich semiradial, und es ist die Hälfte jeder Kreuzaxe ein Radius, die Hälfte ein Interradius (Taf. I, Fig. 6). So sind z. B. bei allen Seesternen mit fünf Antimeren fünf Kreuzebenen vorhanden, deren jede zur Hälfte aus der Medianebene eines Armes, zur Hälfte aus der Grenzebene zweier Arme gebildet wird.

Als Zusatz müssen wir diesem wichtigen Gesetze hinzufügen, dass bei einem sehr kleinen Theile der Stauraxonien, und zwar nur bei einem kleinen Theile der Centrepipeden oder der allopolen Heterostauren, namentlich bei einem Theile der Pentamphipleuren (z. B. den irregulären Echinodermen (Spatangiden etc.) eine scheinbare Ausnahme darin besteht, dass, streng genommen, die Zahl der Kreuzebenen doppelt so gross wird, als die Zahl der Antimeren, indem die Radien nicht genau diametral den Interradien gegenüberstehen, sondern einen stumpfen Winkel mit ihnen bilden. Indessen scheint es passender, diese an sich unbedeutende Abweichung dadurch auszudrücken, dass man sagt, es seien die Kreuzebenen in diesem Falle aus zwei unter einem stumpfen Winkel zusammenstossenden Hälften zusammengesetzt, oder sie seien in einem Winkel geknickt. Für die allgemeine Morphologie der Stauraxonien ist diese unbedeutende Ausnahme von keinem Werthe.

Bei der Eintheilung der Stauraxonien in untergeordnete Formengruppen muss die Gleichheit oder Verschiedenheit der Kreuzaxen und ihrer Pole, sowie weiterhin die Zahl der Kreuzaxen, als maassgebende Richtschnur benutzt werden. Wichtiger aber noch als diese Verhältnisse ist die gleiche oder ungleiche Beschaffenheit beider Pole der Hauptaxe und wir können demgemäss bei den Stauraxonien zunächst, wie bei den Monaxonien, zwei coordinirte Hauptgruppen von Formen bilden, homopole mit gleichen, und heteropole mit verschiedenen Polen und Polflächen der Hauptaxe. Bei den homopolen Stauraxonien, welche den haplopolen Monaxonien entsprechen, sind Peristom- und Antistomfläche gleich, bei den heteropolen (entsprechend den diplopolen) ungleich. Bei den ersteren wird der Körper durch die Aequatorialebene (die Querebene, welche senkrecht auf der Hauptaxe durch deren Halbirungspunkt gelegt ist) in zwei congruente Hälften getheilt; bei den heteropolen Stauraxonien dagegen in zwei ungleiche Stücke.

Wenn wir nach dieser Erörterung der allgemeinen characteristischen Eigenschaften der S t a u r a x o n i e n uns im Gebiete der Stereometrie nach dem einfachsten Körper umsehen, der alle diese Eigenschaften besitzt, so finden wir denselben in der g e r a d e n P y r a m i d e und zwar müssen wir als die geometrische Grundform der h e t e r o p o l e n Stauraxonien die e i n f a c h e g e r a d e P y r a m i d e, als diejenige der h o m o p o l e n d i e g e r a d e D o p p e l p y r a m i d e bezeichnen. Wir begegnen also auch hier demselben allgemeinen Formgesetze, wie bei den Monaxonien, dass die weniger differenzirten homopolen und haplolen Formen (Doppelkegel, Sphaeroid) zusammengesetzt erscheinen aus zwei congruenten und mit einer Polebene vereinigten Individuen der entsprechenden heteropolen und diplopolen Form (Kegel, Hemisphaeroid). Die Hauptaxe der Stauraxonien ist identisch mit derjenigen Linie, die in der Stereometrie kurzweg als Axe der geraden Pyramide bezeichnet wird; es ist dies das Perpendikel, welches von der Spitze der Pyramide auf die Grundfläche gefällt wird und welches in den Mittelpunkt der Grundfläche trifft.

Die Grundfläche der meisten Stauraxonien ist entweder ein reguläres oder ein amphithectes Polygon. Unter regulärem Vieleck verstehen wir, wie in der Geometrie, ein solches, dessen Seiten sämmtlich gleich sind und gleiche Winkel mit einander bilden. Amphithectes[1]) Polygon nennen wir ein Vieleck mit gerader Seitenzahl, welches durch zwei auf einander senkrechte ungleiche Durchmesser, die sich gegenseitig halbiren, in vier congruente Polygone zerlegt wird, und in welchem daher je vier Seiten und ebenso je vier Winkel unter einander gleich sind. Alle Diagonalen des amphithecten Polygons kreuzen sich in dem Mittelpunkte desselben; die an beiden Enden jeder Diagonale gelegenen Seiten sind paarweise gleich und parallel, daher auch die beiden Winkel, deren Scheitel durch die Diagonale verbunden werden, gleich sind. Genau betrachtet sind von den vier congruenten Polygonen, aus denen jedes amphithecte Polygon besteht, nur je zwei gegenüberliegende absolut congruent, dagegen je zwei benachbarte symmetrisch congruent, d. h. sie müssen umgeklappt (Rechts in Links verwandelt) werden, um sich vollständig zu decken. Die beiden ungleichen, sich gegenseitig halbirenden und rechtwinkelig gekreuzten Durchmesser des amphithecten Polygons, welche dasselbe in congruente Polygone zerlegen, bezeichnen wir aus später zu erörternden Gründen als Richtdurchmesser, oder Richtaxen (Euthyni), oder ideale Kreuzaxen desselben. Diese verbinden entweder die Halbirungspunkte zweier Gegenseiten oder als Diagonalen die Scheitel zweier Gegenwinkel. (Vgl. Taf. I, Fig. 2, Fig. 8 nebst Erklärung).

Diejenigen geraden Pyramiden, deren Grundflächen amphithecte Polygone sind, nennen wir amphithecte Pyramiden. Die Betrachtung dieser Pyramiden ist von grosser Wichtigkeit, da diese Grundform weit verbreitet ist. Eine achtseitige amphithecte Pyramide ist z. B. die Grundform der Ctenophoren (Fig. 8), eine sechsseitige die Grundform der Madreporen (Fig. 2). Die Hauptaxe dieser Stauraxonien ist diejenige Linie, die auch in der Stereometrie kurzweg als „Axe der Pyramide“ bezeichnet wird, d. h. diejenige Linie, welche die Spitze mit dem Mittelpunkt der Grundfläche verbindet. Die Spitze der Pyramide ist ihr aboraler, die Grundfläche ihr oraler Pol. Die beiden, auf einander senkrechten Meridianebenen, welche sich durch die Hauptaxe

---

[1]) ἀμφίθηκτος, von zwei Seiten her geschärft, zweischneidig. Man könnte das amphithecte Polygon auch bilateral oder symmetrisch im weitesten Sinne des Wortes nennen, wenn nicht diese Begriffe in so verschiedenem Sinne gebraucht würden, dass sie alle Bedeutung verloren haben.

der amphithecten Pyramide und durch die beiden Richtdurchmesser oder idealen Kreuzdurchmesser ihrer Basis legen lassen, nennen wir die Richtebenen (Plana euthyphora) oder idealen Kreuzebenen, im Gegensatze zu den realen Kreuzebenen, die durch die Kanten der Pyramide und durch die Hauptaxe gelegt werden können. Die beiden rechtwinkelig gekreuzten Perpendikel, welche wir auf der Hauptaxe in deren Halbirungspunkten errichten können und welche in den beiden idealen Kreuzebenen der amphithecten Pyramide liegen, sind ihre beiden Richtaxen (Euthyni) oder idealen Kreuzaxen, während die realen Kreuzaxen (oder Kreuzaxen im engeren Sinne) diejenigen im Halbirungspunkte der Hauptaxe auf derselben errichteten Perpendikel sind, die in den realen Kreuzebenen liegen und durch die Kanten der Pyramide gehen. Die drei verschiedenen, auf einander senkrechten Axen, von denen eine (die Hauptaxe) ungleichpolig, jede der beiden anderen (der idealen Kreuzaxen) gleichpolig ist, sind die drei Axen, welche den Character der amphithecten Pyramide bestimmen. Dieselben entsprechen den drei Dimensionen des Raumes, und zwar betrachten wir die Hauptaxe ein für allemal als Längsaxe, ihren Apicalpol als aboralen, ihren Basalpol als oralen Pol, während wir die beiden idealen Kreuzaxen als Dickenaxe (Dorsoventralaxe) und Breitenaxe (Lateralaxe) unterscheiden. Durch die beiden idealen Kreuzebenen wird die amphithecte Pyramide in vier gleiche rechtwinkelige Pyramiden zerlegt, von denen je zwei gegenüberliegende congruent, je zwei benachbarte symmetrisch gleich sind (Vergl. Taf. I, Fig. 2, Fig. 8).

Die reguläre Pyramide, die einem Theile der Stauraxonien zu Grunde liegt, ist, wie die Geometrie erklärt, eine Pyramide, deren Grundfläche ein reguläres Vieleck und deren Seitenflächen sämmtlich gleichschenkelige und congruente Dreiecke sind. Die reguläre Pyramide mit gerader Seitenzahl kann als eine amphithecte Pyramide betrachtet werden, deren beide ideale Kreuzaxen gleich geworden sind, und die folglich durch die beiden idealen Kreuzebenen in vier absolut congruente rechtwinkelige Pyramiden zerlegt wird.

Die vorhergehenden Erörterungen über die wichtigsten Theile der regulären und der amphithecten Pyramide, als der allgemeinen Grundform der Stauraxonien, gelten sowohl von der einfachen Pyramide der heteropolen, als von der doppelten Pyramide der homopolen Stauraxonien; die letztere können wir in allen Fällen betrachten als ein Aggregat von zwei congruenten und mit ihren Grundflächen vereinigten geraden Pyramiden. Sowohl unter den einfachen (heteropolen) als unter den doppelten (homopolen) geraden Pyramiden giebt es reguläre und amphithecte Formen, die ersteren mit gleichen, die letzteren mit ungleichen idealen Kreuzaxen.

Erste Familie der Stauraxonien:

Gleichpolige Kreuzaxige. Homopola.

Stereometrische Grundform: Doppelpyramide.

Die gleichpoligen Kreuzaxigen bilden nur eine kleine Formengruppe gegenüber der grossen Mehrzahl der heteropolen Stauraxonien. Es gehört hierher eine ziemlich grosse Anzahl von Protisten, insbesondere Diatomeen und Radiolarien (viele Acanthometriden, Ommatiden und Disciden), die wegen der geometrisch reinen Ausprägung der Grundform und wegen ihrer Uebereinstimmung mit gewissen Krystallformen von besonderem Interesse sind. Die Grundform ist eine gerade, entweder reguläre oder amphithecte Doppelpyramide, von sehr verschiedener Seitenzahl. Demgemäss ist auch die Zahl der Antimeren sehr verschieden. Wenn diese Zahl Vier ist, so ist die Grundform ein Octaeder. Die Hauptaxe, deren beide Pole und Polarflächen stets gleich sind, ist bald grösser, bald kleiner als die Kreuzaxen.

Die homopolen Stauraxonien zerfallen in zwei Gruppen, Isostaura und Allostaura, je nachdem die beiden idealen Kreuzaxen gleich oder ungleich sind. Die Grundform der Isostauren (mit gleichen idealen Kreuzaxen) ist die reguläre Doppelpyramide, die Grundform der Allostauren dagegen (mit ungleichen idealen Kreuzaxen) die amphithecte Doppelpyramide. Die gemeinsame Grundfläche der beiden vereinigten congruenten Pyramiden, aus denen der Körper der homopolen Stauraxonien zusammengesetzt wird, ist bei den ersteren ein reguläres, bei den letzteren ein amphithectes Polygon.

Wenn wir von den realen Kreuzaxen und der ihnen entsprechenden Antimeren-Zahl der homopolen Stauraxonien absehen und bloss ihre idealen Kreuzaxen ins Auge fassen, so werden wir überrascht durch die Uebereinstimmung ihrer Grundform mit derjenigen von gewissen Krystallen. Wir brauchen bloss die Pole der Hauptaxe und der beiden idealen Kreuzaxen durch Linien zu verbinden und durch je zwei benachbarte Verbindungslinien eine Fläche zu legen, um die Krystallform des Octaeders zu erhalten, welche durch drei auf einander senkrechte und sich halbirende gleichpolige Axen bestimmt wird. Wenn alle drei Axen verschieden sind, wie bei den Allostauren, so ist die Aequatorialebene ein Rhombus und die Grundform das Rhomben-Octaeder des rhombischen Krystallsystems. Wenn die beiden idealen Kreuzaxen gleich sind, und bloss die Hauptaxe verschieden, wie bei den Isostauren, so ist die Aequatorialebene ein Quadrat und die Grundform das Quadrat-Octaeder des tetragonalen Krystallsystems. Wenn endlich alle drei Axen gleich sind, so ist die Grundform das reguläre Octaeder des tesseralen Systems; diese Form gehört aber nicht mehr hierher, da die Hauptaxe hier nicht differenzirt ist; wir haben sie daher oben bei den rhythmischen Polyaxonien betrachtet; sie soll hier nur nochmals erwähnt werden, um die nahe Berührung dieser verschiedenen Grundformen in ihren extremsten Ausläufern, dem absolut regulären Polyaxon und dem beinahe absolut regulären Stauraxon, zu zeigen. Das Quadrat-Octaeder der homopolen Stauraxonform könnten wir aus dem regulären Octaeder der rhythmischen Polyaxonform ganz einfach dadurch entstehen lassen, dass wir eine der drei gleichen Axen des letzteren nach beiden Polen hin gleichmässig ein wenig verlängern und dadurch zur Hauptaxe erheben.

Wie wir bei den genannten Krystallsystemen ebensowohl wie das Octaeder, auch die gerade prismatische Säule als Grundform ansehen dürfen, so kann dies auch bei den ihnen entsprechenden homopolen Stauraxonformen geschehen. Es würde dann die Grundform der Isostauren, welche dem Tetragonalsystem entspricht, die quadratische Säule sein, ein rechtwinkeliges Parallel-Epipedum mit quadratischer Basis. Die Grundform der Allostauren, welche dem rhombischen System entspricht, würde die rhombische Säule sein, ein gerades Parallel-Epipedum mit rhombischer Basis. In der That finden wir auch diese beiden prismatischen Formen in gewissen Radiolarien vollkommen rein verkörpert.

Während die heteropolen Stauraxonien bisher fast allein Object promorphologischer Betrachtungen gewesen sind, hat man die homopolen noch fast gar nicht berücksichtigt; und doch gehören sie aus den angeführten Gründen zweifelsohne zu den merkwürdigsten und lehrreichsten organischen Grundformen.

Erste Unterfamilie der homopolen Stauraxonien:

Gleichpolige Gleichkreuzaxige. Isostaura.

Stereometrische Grundform: Reguläre Doppelpyramide.

Die homopolen Stauraxonien mit gleichen Kreuzaxen oder Isostauren haben zur Grundform die reguläre Doppelpyramide, oder wenn man bloss die beiden idealen Kreuzaxen berücksichtigt und von den realen absieht, das Quadrat-Octaeder. Es entspricht also diese Formengruppe im Ganzen den Krystallformen des tetragonalen oder quadratischen Krystallsystems, in welchem unter Anderen Zinnerz, Rutil, Blutlaugensalz, schwefelsaures Nickeloxyd u. s. w. krystallisiren.

Wir können die Isostauren naturgemäss in zwei Gruppen bringen; je nachdem die homotypische Grundzahl Vier oder eine andere Zahl ist. Bei den octopleuren Isostauren oder den achtseitigen regulären Doppelpyramiden (mit vier Antimeren), die also das verkörperte Quadrat-Octaeder sind, fallen die beiden gleichen radialen realen Kreuzaxen mit den beiden idealen Kreuzaxen zusammen und schneiden sich unter rechten Winkeln, wesshalb man sie auch Orthogonien nennen könnte. Bei den polypleuren Isostauren oder den vielseitigen regulären Doppelpyramiden (mit drei, fünf, sechs oder mehr Antimeren) schneiden sich die (drei, fünf, sechs oder mehr) radialen oder semiradialen realen Kreuzaxen unter spitzen Winkeln und es fällt daher wenigstens ein Theil von ihnen nicht mit den beiden idealen Kreuzaxen zusammen; sie könnten den Orthogonien als Oxygonien gegenübergestellt werden.

Erste Gattung der isostauren Stauraxonien:

Vielseitige reguläre Doppelpyramiden. Isostaura polypleura.

Stereometrische Grundform: Reguläre Doppelpyramide mit 6 *oder* 8 + 2n *Seiten.*

Realer Typus: Heliodiscus (Taf. II, Fig. 23, 24).

Die homopolen Stauraxonien, welche der Gruppe der polypleuren oder oxygonien Isostauren angehören, haben als Grundform eine reguläre Doppelpyramide mit sechs, zehn, zwölf oder mehr (allgemein 8 + 2n) congruenten Seitenflächen. Die Antimeren-Zahl muss demnach drei, fünf, sechs oder mehr sein. Ebenso gross ist die Zahl der realen Kreuzaxen (3,5 oder 5 + n), welche entweder gar nicht oder nur zum Theil mit den beiden idealen Kreuzaxen zusammenfallen und daher stets unter spitzen Winkeln sich kreuzen (Oxygonia). Es gehören hierher also alle regulären Doppelpyramiden mit Ausschluss der achtseitigen. Ebenso gut als die reguläre Doppelpyramide könnten wir auch das reguläre Prisma als Grundform der polypleuren Isostauren betrachten, also ein Prisma, dessen Seitenflächen Rechtecke und dessen Grundflächen reguläre Vielecke sind. Auch hier würde das vierseitige reguläre Prisma (die quadratische Säule), welches die Grundform der octopleuren Isostauren ist, auszuschliessen sein. Es würde also die Zahl der Seitenflächen des regulären Prisma mindestens drei, nächstdem fünf, sechs oder mehr betragen müssen.

Als eine besonders merkwürdige Art der polypleuren Isostauren könnte die zwölfseitige reguläre Doppelpyramide oder das Hexagonal-Dodecaeder hervorgehoben werden, weil dieselbe zugleich die Grundform des hexagonalen Krystallsystems ist, welches durch drei gleiche unter 60° sich schneidende Kreuzaxen characterisirt ist, die senkrecht auf dem Mittelpunkt der Hauptaxe stehen. Diese Form ist sehr rein in gewissen Pollen-Zellen verkörpert, z. B. von *Passiflora angustifolia, Heliotropium grandiflorum* etc. (Vgl. Taf. II, Fig. 23).

Von allen Organismen sind es wiederum vorzüglich die Radiolarien, dann die Diatomeen und sehr viele Pollenkörner, welche die polypleure Isostauren-Form rein ausgeprägt zeigen, bald als reguläre Doppelpyramide, bald als reguläres Prisma; bald kann ebensogut die eine als die andere Grundform daraus abgeleitet werden. Diejenigen Radiolarien, bei denen die Doppelpyramide deutlicher hervortritt, gehören meistens den Familien der Ommatiden, Disciden und Sponguriden an. Die radialen oder semiradialen Kreuzaxen, welche von dem Halbirungspunkte der Hauptaxe zu den Ecken der vereinigten regulär-polygonalen Grundflächen der beiden congruenten Pyramiden gehen und die mithin in dieser Grundfläche (der Aequatorialebene) selbst liegen, sind hier gewöhnlich in Form starker und langer radialer Kieselstacheln verkörpert, die sich im Centrum unter gleichen spitzen Winkeln schneiden. Der Mittelkörper, von dessen Aequator diese Radien ausgehen, ist bald eine biconvexe Linse *(Heliodiscus)*, bald ein verkörperter gerader Cylinder *(Stylodictya, Stylospongia)*. Um die reguläre Doppelpyramide rein zu erhalten, braucht man bloss die Spitzen der Radialstacheln mit den beiden Polen der Hauptaxe durch gerade Linien zu verbinden, welche den Mantel des cylindrischen oder sphaeroiden linsenförmigen Mittelkörpers berühren. Die regulären Doppelpyramiden in der Form vieler Pollenkörner sind sehr leicht zu erkennen und haben eine sehr verschiedene Seitenzahl, z. B. 16 bei *Collomia grandiflora*, 30 bei *Monnina xalapensis*, 32 *bei Poligala chamaebuxus*.

Die Zahl der Stachelradien, welche die homotypische Grundzahl bestimmt und halb so gross ist, als die Zahl der congruenten Seitenflächen der Doppelpyramide, scheint bei den meisten hierher gehörigen Radiolarien-Species constant zu sein. In der schönen Gattung *Heliodiscus* (zur Ommatiden-Familie gehörig) finden wir *H. phacodiscus* mit 12 Radien (Rad Taf. XVII, Fig. 5—7), *H. Humboldtii* mit 18 Radien (Ehrenberg, Microgeol. Taf. XXXVI, Fig. 27); bei *H. sol* scheinen deren 24 und bei *H. amphidiscus* 16 vorhanden zu sein. *Stylospongia Huxleyi* ist durch 10 Radien ausgezeichnet (Rad. Taf. XXVIII, Fig. 7). In anderen Fällen variirt die Antimeren-Zahl innerhalb der Species, oder nimmt mit dem Alter und Wachsthum des Thieres zu, so bei *Stylodictya multispina* (Rad. Taf. XXIX, Fig. 5), wo zwischen 24 und 40, gewöhnlich 28, und bei *Stylodictya arachnia* (J. Müller, Abhandl. Taf. I, Fig. 8), wo zwischen 8 und 16, gewöhnlich 12 Radien und ebenso viele Antimeren vorhanden sind.

Nächst den Radiolarien finden wir die vielseitige reguläre Doppelpyramide als Grundform vieler Diatomeen und Desmidiaceen, ferner sehr zahlreicher Pollenkörner wieder. Unter letzteren ist besonders häufig die sechsseitige (z. B. Pollen von *Caryocar brasiliense*, *Scorzonera pratensis*). Zehnseitig ist der Pollen vieler Violen, zwanzigseitig von *Symphytum*.

Als Radiolarien, in denen das reguläre Prisma rein verkörpert ist, sind hier vor Allen 3 höchst merkwürdige Formen zu nennen, und zwar ist bei allen drei das reguläre Prisma ein dreiseitiges, die Grundflächen also gleichseitige Dreiecke. Das zur Familie der Acanthodesmiden gehörige *Prismatium tripleurum* (Taf. II, Fig. 24) zeigt diese stereometrische Form so rein verkörpert, dass wir auf die von uns gegebene Beschreibung und Abbildung dieses seltsamen Protisten speciell verweisen müssen (Rad. p. 270, Taf. IV, Fig. 6). Das Kieselskelet desselben besteht lediglich aus 9 dünnen Stäben, welche in ihrer Lagerung und Verbindung in der That vollkommen den 9 Kanten des regulären dreiseitigen Prisma entsprechen. Weniger in die Augen fallend, aber eben so rein, tritt uns das reguläre dreiseitige Prisma in einigen Sponguriden und Disciden entgegen, nämlich in *Dictyocoryne euchitonia* (Rad. p. 468), und in mehreren, mit 3 gleichen Armen versehenen Arten von *Euchitonia*, so namentlich *E. Leydigii* und *E. Köllikeri* (Rad. p. 510, 511; Taf. XXXI, Fig. 4—7). Für die erste oberflächliche Betrachtung scheinen die Kieselskelete dieser Thiere dünne gleichseitig-dreieckige Scheiben zu sein. Sobald man sie aber auch von dem schmalen Rande her betrachtet, erkennt man, dass es reguläre dreiseitige Prismen mit sehr verkürzter Hauptaxe sind. Die radialen Mittellinien der 3 gleichen, unter gleichen Winkeln von dem cylindrischen Mittelkörper abstehenden Arme, und die interradialen Verlängerungen dieser 3 Mittellinien, die sich unter Winkeln von 60° schneiden, sind die semiradialen Kreuzaxen des regulären dreiseitigen Prisma. Endlich scheint dieselbe Grundform auch in dem höchst merkwürdigen *Coelodendrum* erkennbar zu sein, dessen Gestalt jedoch nicht hinlänglich genau bekannt ist (vergl. Rad. p. 360—364, Taf. XIII, Fig. 1, 2, Taf. XXXII, Fig. 1).

Zweite Gattung der isostauren Stauraxonien.

Quadrat-Octaeder. Isostaura octopleura.

Stereometrische Grundform: Reguläre Doppelpyramide mit 8 Seiten.

Realer Typus: Acanthostaurus (Taf. II, Fig. 25, 26).

Unter allen Arten der Doppelpyramiden ist es diejenige mit acht gleichen Seitenflächen, welche die einfachsten Verhältnisse darbietet und sich unmittelbar an das reguläre Octaeder der rhythmischen Polyaxonform anschliesst. Die Grundform dieser octopleuren Isostauren ist das Quadrat-Octaeder des quadratischen oder tetragonalen Krystallsystems. Die beiden radialen realen Kreuzaxen fallen mit den beiden gleichen idealen Kreuzaxen zusammen und schneiden sich unter rechten Winkeln, daher man diese Formen auch Orthogonia nennen kann. Diese Kreuzaxen sind die Diagonalen des Quadrates, welches die Aequatorialebene des Octaeders bildet. Die Hauptaxe ist bei den hierher gehörigen Thierformen sehr verschieden entwickelt, bald länger, bald bedeutend kürzer als die beiden unter einander gleichen radialen Kreuzaxen.

Die Organismen, welche die Grundform des Quadrat-Octaeders

deutlich ausgeprägt zeigen, und also unmittelbar an die Krystallformen des tetragonalen Systems sich anschliessen, gehören grösstentheils wieder der Radiolarien-Klasse an. Gewöhnlich ist bei denselben die reine stereometrische Krystallform des Organismus desshalb so klar ausgesprochen, weil sie radiale, sehr entwickelte Kieselstacheln besitzen, die durch ihre Lagerung vollkommen den Axen des Quadrat-Octaeders entsprechen, und die man geradezu als verkörperte Krystallaxen ansehen darf. Auch unter den Diatomeen und Desmidiaceen (Taf. II, Fig. 25) ist das Quadrat-Octaeder sehr verbreitet (z. B. *Staurastrum dilatatum)*, ferner bei vielen Pollenkörnern (z. B. *Annona tripetala, Phyllidrum lanuginosum)*. Vor Allen merkwürdig und höchst wichtig für die Frage von der Formenverwandtschaft der Krystalle und der Organismen sind hier aber diejenigen Radiolarien, welche zwanzig nach Müller's Gesetze symmetrisch vertheilte Radialstacheln besitzen. (Taf. II, Fig. 26). Wir haben dieses höchst interessante Stellungsgesetz, welches zuerst von Johannes Müller entdeckt wurde, und welches wir ihm zu Ehren benannt haben, in unserer Monographie der Radiolarien weitläufig erörtert und als ein in dieser Thierklasse sehr weit verbreitetes nachgewiesen (l. c. p. 40—45) und müssen hier auf die dort gegebenen ausführlichen Erläuterungen und zahlreichen Abbildungen verweisen (z. B. Taf. IX, X, XV—XXIV).

Müller's Gesetz von der Stellung der 20 symmetrisch vertheilten Radialstacheln der Radiolarien lässt sich am kürzesten folgendermaassen formuliren: „Zwischen 2 stachellosen Polen stehen 5 Gürtel von je 4 radialen Stacheln; die 4 Stacheln jedes Gürtels sind gleich weit von einander und auch gleich weit von demselben Pole entfernt, und alterniren so mit denen der benachbarten Gürtel, dass alle 20 zusammen in 4 Meridian-Ebenen liegen.“ Zur Bezeichnung der einzelnen Stachelgürtel haben wir nach Müller's Vorgange das Bild des Erdglobus gewählt und die stachellose Axe der Erdaxe gleichgesetzt, die beiden stachellosen Pole dieser Hauptaxe den beiden Polen der Erdaxe. Es fällt dann der mittlere, unpaare von den 5 Stachelgürteln in die Aequatorialebene und demgemäss sind die 4 Stacheln, welche in dieser liegen und 2 rechtwinklig gekreuzte aequatoriale Durchmesser darstellen, als Aequatorialstacheln zu bezeichnen. In denselben beiden (auf einander senkrechten) Meridian-Ebenen, wie die 4 aequatorialen, liegen auch die 8 Radialstacheln, welche zu je Vieren die beiden Pole umgeben, und deren Spitzen in die Polarkreise des fingirten Erdglobus fallen würden; sie heissen desshalb Polarstacheln. Zwischen den beiden Zonen der 8 polaren und der unpaaren Zone der 4 aequatorialen Stacheln liegen die beiden mit ihnen alternirenden Zonen der 8 Tropenstacheln, in zwei senkrecht gekreuzten (interradialen) Meridianebenen, welche zwischen den beiden ersten (radialen) Meridianebenen in der Mitte liegen; die Spitzen von je 4 Tropenstacheln fallen in einen Wendekreis. Um eine allgemein gültige Bezeichnung für die 20 nach diesem merkwürdigen Gesetz vertheilten Stacheln durchzuführen, haben wir die 5 Gürtel mit folgenden Buchstaben bezeichnet: die 4 Stacheln des nördlichen Polarkreises mit a, die 4 Stacheln des südlichen mit e, die 4 aequatorialen Stacheln mit c, die 4 Stacheln des nördlichen Wendekreises mit b, die 4 Stacheln des südlichen mit d. Ferner haben wir die 4 Stacheln eines jeden Gürtels der Reihe nach (bei einem Umgang von Osten nach Westen) mit den Zahlen 1, 2, 3, 4 bezeichnet.

Wenn wir diese allgemein gültigen Bezeichnungen festhalten, so liegen I. in der ersten Radialebene (ersten Meridianebene) a1 c1 e1 e3 c3 a3; II. in der ersten Interradialebene (zweiten Meridianebene) b1 d1 d3 b3; III. in der zweiten Radialebene (dritten Meridianebene) a2 c2 e2 e4 c4 a4; IV. in der zweiten Interradialebene (vierten Meridianebene) b2 d2 d4 b4. Die zahlreichen weiteren merkwürdigen Modificationen der Körperbildung, welche dieses Gesetz namentlich auch in der Architectur der gitterschaaligen Ommatiden nach sich zieht, haben wir in unserer Monographie der Radiolarien ausführlich erörtert und durch genaue Abbildungen erläutert, namentlich an *Acanthometra bulbosa, A. Mülleri, A fragilis* (Taf. XV, Fig. 2, 3, 4), *Xiphacantha spinulosa* (Taf. XVII, Fig. 4), *Acanthostaurus hastatus* (Taf. XIX, Fig. 5), *Dorataspis bipennis, D. polyancistra* (Taf. XXI, Fig. 1, 2) und vielen Anderen. Indem wir auf die Beschreibung dieser Arten verweisen, wollen wir hier nur dasjenige nachtragen, was auf die octaedrische Grundform Bezug hat und was dort nur beiläufig erwähnt wurde. (Vgl. auch Taf. II, Fig. 26 nebst Erklärung.)

Es ist klar dass für unsere Frage vor Allen die 4 unter rechten Winkeln zusammenstossenden Aequatorialstacheln von Interesse sind, welche als Verkörperungen der Richtaxen, der beiden auf einander senkrechten Durchmesser der Aequatorialebene (Diagonalen der quadratischen Grundfläche der Pyramiden) anzusehen sind und als solche die Orientirung des übrigen Körpers bestimmen. Da diese beiden Axen bei den einen Radiolarien gleich, bei den andern ungleich sind, so dürfen wir sie als ideale Kreuzaxen (Dicken- und Breiten-Durchmesser) ansehen, während die stachellose Hauptaxe, die constant von jenen Beiden verschieden ist, als Längsaxe oder eigentliche Hauptaxe zu betrachten ist.

Bei allen Radiolarien, welche 20 nach Müller's Gesetze symmetrisch vertheilte Radialstacheln tragen, lässt sich die octaedrische Grundform ganz einfach und bestimmt dadurch nachweisen, dass man die Spitzen der benachbarten polaren und aequatorialen Stacheln durch Linien verbindet und durch diese Linien Flächen legt. Sind die beiden radialen Kreuzaxen (Aequatorial-Stachel-Paare) gleich, so entsteht dadurch das Quadrat-Octaeder der Isostauren, die Grundform des tetragonalen Krystallsystems; sind die beiden radialen Kreuzaxen ungleich, so entsteht das rhombische Octaeder der Allostauren, die Grundform des rhombischen Krystallsystems. Im letzteren Falle haben wir von den beiden ungleichen Kreuzaxen (Aequatorial-Durchmessern) in unserer Monographie die längere und stärkere (oft auch durch besondere Bildung ausgezeichnete) als verticale (oder longitudinale), dagegen die kürzere und schwächere als horizontale (oder transversale) bezeichnet. Doch ziehen wir es jetzt vor, um Uebereinstimmung mit der hier consequent durchgeführten Nomenclatur zu gewinnen, die eine, (und zwar die verticale) als Dickenaxe (Dorsoventral-Durchmesser), die andere (die horizontale) als Breitenaxe (Lateral-Durchmesser) zu bezeichnen. Bestimmend für diese Wahl ist insbesondere, dass bei einer merkwürdigen Acanthostauride, der *Amphilonche anomala* (Taf. XVI, Fig. 8), die beiden Pole der längeren oder Dickenaxe ungleich werden, so dass sich Rücken- und Bauchseite differenzirt, während die beiden Pole der schwächeren oder Breitenaxe (Rechts und Links) gleich bleiben. Das Quadrat-Octaeder des tetragonalen Krystallsystems ist als organische Grundform am weitesten verbreitet unter denjenigen Radiolarien, welche der umfangreichen Familie der Acanthometriden angehören. Hier ist dasselbe für die ganzen Unterfamilien der Astrolithiden und Acanthostauriden (mit Ausnahme der Gattung *Amphilonche*), die bestimmende Grundform (Rad. Taf. XV — XX). Vorzüglich scharf tritt seine Grundform da hervor, wo die beiden gleichen Kreuzaxen besonders ausgezeichnet sind, wie bei den Gattungen *Acanthostaurus* (Taf. XIX, Fig. 1—5), *Lithoptera* und *Staurolithium* (Taf. XX, Fig. 1, 6). Ebenso ist unter den Ommatiden die Grundform des Quadrat-Octaeders leicht nachzuweisen bei allen Arten von *Dorataspis* (Taf. XXI, XXII, Fig. 1), bei *Aspidomma hystrix* und mehreren Arten von *Haliommatidium*, von *Haliomma* und von *Actinomma*. Dasselbe gilt endlich auch von vielen Radiolarien mit 20 nach Müller's Gesetz vertheilten Radialstacheln aus der Familie der Ethmosphaeriden, so z. B. von *Diplosphaera gracilis* (Taf. X, Fig. 1), *Heliosphaera actinota*, *H. echinoides*, *H. elegans* (Taf. IX, Fig. 3—5) und vielen Anderen.

Wir haben im Vorhergehenden den Beweis, dass das Quadrat-Octaeder die Grundform derjenigen Radiolarien sei, welche 20 nach Müller's Gesetz vertheilte gleiche Radialstacheln besitzen, einfach dadurch geführt, dass wir die Spitzen der 4 Aequatorialstacheln unter einander und mit der Spitze der (in den entsprechenden Meridianebenen liegenden) 8 Polarstacheln durch Linien verbanden und durch je 2 benachbarte Verbindungslinien eine Ebene legten. So entstand das reine Quadrat-Octaeder ohne jede Hülfsconstruction. Wir haben aber dabei die 8 Tropenstacheln, welche in den beiden interradialen Meridianebenen liegen, vernachlässigt und über deren Bedeutung für die Grundform der Isostauren ist hier noch einiges nachzutragen.

Es muss hier unterschieden werden zwischen denjenigen Radiolarien mit 20 nach Müller's Gesetz vertheilten Radialstacheln, bei denen diese sämmtlich gleich, und denjenigen, bei denen entweder eines oder beide Paare der Aequatorialstacheln (Radialaxen) durch besondere Grösse oder Form ausgezeichnet ist. Diejenigen, bei denen jene Auszeichnung bloss das eine Paar (die verticalen Stacheln der Dorsoventralaxe) trifft, während die übrigen 18 unter sich gleich sind, werden wir sogleich unter den Allostauren näher betrachten. Diejenigen Radiolarien dagegen, bei denen jene Auszeichnung beide Paare betrifft, verdienen hier noch besondere Berücksichtigung. (Vergl. Taf. II, Fig. 26).

Wir finden in diesem Falle 16 unter sich gleiche, kleinere Stacheln (8 Polar- und 8 Tropenstacheln), und 4 unter sich gleiche, grössere Stacheln (4 Aequatorialstacheln), die letzteren liegen in den beiden radialen Kreuzaxen, die mit den beiden idealen Kreuzaxen zusammenfallen. Die Radiolarien, die sich durch diese Differenzirung der Aequatorialstacheln auszeichnen, gehören fast alle der gestaltenreichen Familie der Acanthometriden an, und zwar den beiden Subfamilien der Acanthostauriden und Astrolithiden. Bloss durch bedeutendere Grösse (Länge, Dicke und Breite) sind die 4 Aequatorialstacheln von den 16 übrigen verschieden bei den Gattungen *Acanthostaurus* (Rad. Taf. XIX, Fig. 1—4) und *Staurolithium* (Rad. Taf. XIX, Fig. 6); dagegen zeichnen sie sich zugleich durch besondere Form vor den anderen 16 aus bei den Gattungen *Lonchostaurus* (Taf. XIX, Fig. 5) und *Lithoptera* (Taf. XX, Fig. 1, 2). Bei allen diesen Acanthometriden ist die Hauptaxe des Quadrat-Octaeders kürzer als jede der beiden radialen Kreuzaxen und es erreicht die Spitze der Tropenstacheln nicht die Seitenflächen des Octaeders. Die Tropenstacheln sind kürzer, als die Flächenaxen des Octaeders (die Perpendikel, welche vom Mittelpunkt auf die Seitenflächen gefällt werden). Es kann demnach kein Zweifel sein, dass diese Formen als die reinsten Repräsentanten der Octopleuren zu betrachten sind.

Anders verhält es sich, genau genommen, bei denjenigen Radiolarien, wo die 20 nach Müllers Gesetz vertheilten Radialstacheln sämmtlich gleich, weder durch Grösse noch durch Form verschieden sind. Es ist dies der Fall bei allen Arten von *Acanthometra* (Rad. Taf. XV), *Xiphacantha* (Taf. XVII, Fig. 3, 4), *Dorataspis* (Taf. XXI), *Asthrolithium* (Taf. XX, Fig. 3—5) *Haliommatidium*, *Aspidomma*, bei vielen Arten von *Haliomma* und *Actinomma* aus der Familie der Ommatiden, von *Heliosphaera* (Taf. IX, Fig. 3—5) und *Diplosphaera* (Taf X, Fig. 1) aus der Familie der Ethmosphaeriden und bei vielen anderen Radiolarien. Hier ist die Hauptaxe des Quadrat-Octaeders länger als jede der beiden radialen Kreuzaxen und es ragt die Spitze der Tropenstacheln weit über die Seitenflächen des Octaeders hinaus. Die Tropenstacheln sind also länger, als die Flächenaxen des Octaeders oder die vom Mittelpunkt auf die Seitenflächen gefällten Perpendikel.

Wenn wir nun hier, nachdem wir durch Verbindung der Spitzen der aequatorialen und polaren Stacheln das Quadrat - Octaeder construirt haben, auch die Spitzen der Tropenstacheln mit den beiden Polen der Hauptaxe des Octaeders durch gerade Linien verbinden und durch diese Verbindungslinien und die benachbarten Octaeder-Kanten Ebenen legen, so erhalten wir eine sechzehnseitige Doppelpyramide, deren 16 Seitenflächen ungleichseitige Dreiecke sind! Von diesen 16 Dreiecken sind 8 unter sich absolut congruente und diese sind den übrigen 8, welche ebenfalls unter sich absolut congruent sind, symmetrisch gleich, d. h. man muss sie umklappen, Rechts und Links vertauschen, damit sie sich decken können. In jeder achtseitigen Hälfte der Doppelpyramide sind je 2 anstossende Seitenflächen symmetrisch-gleich, je 2 alternirende und eben so je 2 gegenüber liegende dagegen congruent. Wir können diese Form als sechzehnseitige regulär - amphithecte Doppelpyramide bezeichnen, da sie in der That ein vollkommenes Mittelding zwischen der regulären und der amphithecten Doppelpyramide ist. Wenn wir die eine der beiden idealen Kreuzaxen (die mit den radialen realen Kreuzaxen zusammenfallen) ein wenig verlängern oder verkürzen, so erhalten wir die reine amphithecte, wenn wir dagegen die beiden interradialen Kreuzaxen den radialen Kreuzaxen gleich lang machen, die reine reguläre sechszehnseitige Doppelpyramide. Die Aequatorialebene der regulär-amphithecten Doppel-Pyramide (die Grundfläche der Einzeln-Pyramide) ist das regulär-amphithecte Polygon, d. h. das (2nseitige) Polygon, dessen sämmtliche Seiten gleich, dessen sämmtliche Winkel aber nur paarweise (alternirend) gleich, paarweise (je 2 benachbarte) ungleich sind. Vom regulären Polygon unterscheidet sich das regulär-amphithecte Vieleck durch die Ungleichheit der Winkel, vom amphithecten Polygon durch die Gleichheit der Seiten.

Es entsteht nun die Frage: Ist die eigentliche Grundform der Radiolarien, welche 20 gleiche, nach Müllers Gesetz vertheilte Radialstacheln besitzen, das Quadrat-Octaeder, oder die sechszehnseitige regulär-amphithecte Doppelpyramide? Im ersteren Falle würde der Körper aus vier congruenten Antimeren, im letzteren aus acht Antimeren bestehen, von denen je zwei anstossende symmetrisch-gleich, je zwei alternirende congruent sind. Für beide Ansichten liessen sich Beweise beibringen. Vergleicht man aber diese Formen mit den nächst verwandten, deren 4 Aequatorialstacheln sich durch besondere Entwickelung vor den 16 schwächeren Radialstacheln auszeichnen (*Acanthostaurus*, *Lithoptera* etc.) und erwägt man die übrigen die homotypische Grundzahl bestimmenden Gründe, so erscheint es bei weitem passender, das Quadrat-Octaeder als die eigentliche Grundform in allen diesen Fällen zu betrachten und als die Antimeren-Zahl Vier zu bestimmen. Es kann nur als ein Umstand von secundärer Bedeutung betrachtet werden, dass die 4 Antimeren im einen Falle (bei *Lithoptera*, *Lonchostaurus* etc., mit 16 kleineren und 4 grösseren Stacheln) aus 2 congruenten, im anderen Falle dagegen (bei *Acanthometra*, *Dorataspis* etc., mit 20 gleichen Stacheln) aus 2 symmetrisch gleichen Hälften zusammengesetzt sind. Die realen Kreuzaxen, welche durch die Meridianebenen der Tropenstacheln gehen, können nur die Bedeutung von interradialen, nicht aber von radialen Kreuzaxen beanspruchen.

Den octopleuren Isostauren mit 20 nach Müllers Gesetz vertheilten Radialstacheln, bei denen wir durch die einfachste geometrische Construction das Quadrat-Octaeder des tetragonalen Krystallsystems als Grundform nachweisen können, schliessen sich noch einige andere, sehr merkwürdige Radiolarien an, bei denen dieselbe Grundform in einer anderen Modification oder einer abgeleiteten Form, insbesondere der quadratischen Säule, (dem regulären vierseitigen Prisma) ebenso unverkennbar ausgeprägt ist. Es ist dies der Fall bei dem von Ehrenberg beschriebenen Sponguriden *Dictyo coryne tetras* (Rad. p. 469) und bei dem schönen, von ihm abgebildeten Disciden *Astromma Aristotelis* (Microgeologie, Taf. XXXVI, Fig. 32.) Die aus kieseligem Schwammwerk gebildeten quadratischen Scheiben dieser Radiolarien sind in der That Nichts anderes, als vierseitige reguläre Prismen mit sehr verkürzter Hauptaxe. Die beiden auf einander senkrechten Ebenen, welche man durch die verkürzte Hauptaxe und die Mittellinien der 4 rechtwinkelig gekreuzten Arme von *Astromma Aristotelis* legen kann, sind die beiden radialen Kreuzebenen, welche die quadratische Säule in 4 congruente Antimeren (rechtwinkelige dreiseitige Prismen) zerlegen. Die Mittellinien der 4 Arme selbst fallen mit den beiden idealen Kreuzaxen zusammen. In *Dictyocoryne tetras* ist ebenso das vierseitige, wie in *D. euchitonia* das dreiseitige reguläre Prisma unverkennbar. Dieselbe Grundform ist endlich auch, wenngleich sehr versteckt, noch in dem merkwürdigen *Zygostephanus Mulleri* zu erkennen (Rad. Taf. XII, Fig. 2). Bei diesem kleinen Acanthodesmiden besteht das Kieselskelet aus 2 gleichen elliptischen Kieselringen, die senkrecht auf einander stehen und sich in ihren beiden Berührungsstellen gegenseitig halbiren. Die langsten Durchmesser der beiden gleichen Ellipsen sind die beiden gleichen idealen (radialen) Kreuzaxen; der kürzeste Durchmesser, in dem die beiden gleichen Ellipsen sich schneiden, und der also beiden gemeinsam ist, stellt die Hauptaxe dar. Auch hier also haben wir 3 aufeinander senkrechte gleichpolige Axen ausgesprochen, von denen 2 gleich, die dritte ungleich ist, mithin die Grundform des quadratischen Krystallsystems.

Endlich ist zu erwähnen, dass die quadratische Säule auch die Grundform von zahlreichen einzelnen Plastiden bildet, insbesondere einzelner Desmidiaceen (z. B. *Staurastrum dilatatum Desmidium quadrangulare*) und Diatomeen, sowie vieler Pollenzellen (sehr rein z. B. von *Viola tricolor*).

Zweite Unterfamilie der homopolen Stauraxonien:

Gleichpolige Ungleichkreuzaxige. Allostaura.

Stereometrische Grundform: Amphithecte Doppelpyramide.

. Die homopolen Stauraxonien mit ungleichen Kreuzaxen, welche wir kurz Allostauren nennen wollen, haben als bestimmte Grundform die amphithecte Doppelpyramide, oder, wenn man bloss die beiden idealen Kreuzaxen berücksichtigt und von den realen absieht, das Rhomben-Octaeder. Es entspricht mithin diese Gruppe von Organismen-Formen im Ganzen den Krystallformen des rhombischen Systems, in welchem unter Anderen Jod, Schwefel, Arragonit, Salpeter etc. krystallisiren.

Die Allostauren zerfallen, je nachdem die homotypische Grundzahl Vier oder eine andere Zahl ist, in zwei Gruppen, welche den beiden Abtheilungen der Isostauren vollkommen entsprechen. Bei den octopleuren Allostauren oder den achtseitigen amphithecten Doppelpyramiden (mit 4 Antimeren), die also Rhomben-Octaeder sind, fallen die beiden ungleichen Strahlaxen (die beiden radialen realen Kreuzaxen) mit den beiden idealen Kreuzaxen zusammen und schneiden sich unter rechten Winkeln (daher sie auch Orthogonia heissen können). Bei den polypleuren Allostauren oder den vielseitigen amphithecten Doppelpyramiden, die den letzteren als Oxygonien gegenüberstehen, schneiden sich die Strahlenaxen (die radialen realen Kreuzaxen) unter spitzen Winkeln, da die Zahl derselben mindestens drei beträgt und sie demgemäss gar nicht oder nur zum Theil mit den beiden idealen Kreuzaxen zusammenfallen können. Da die homotypische Grundzahl hier stets eine gerade sein muss (2n), so ist die Hälfte der realen Kreuzaxen radial, die Hälfte interradial, Das Minimum der Antimeren-Zahl ist daher sechs, demnächst acht, zehn, zwölf u. s. w. (2n). Wie bei den Isostauren können wir auch bei den Allostauren die octopleuren als eine specielle Form der polypleuren auffassen und zwar als die einfachste und dem regulären Polyeder am nächsten stehende Form derselben.

Erste Gattung der allostauren Stauraxonien.

Vielseitige amphithecte Doppelpyramiden. Allostaura polypleura.

Stereometrische Grundform: Amphithecte Doppelpyramide mit **8 + 4 n** *Seiten.*

Realer Typus: Amphilonche (Taf. II, Fig. 27, 28).

Die homopolen Stauraxonien, welche die Abtheilung der polypleuren (oder oxygonien) Allostauren repräsentiren, haben zur Grundform die vielseitige amphithecte Doppelpyramide, deren allgemeine Eigenschaften wir oben bereits erläutert haben. Da die achtseitige amphithecte Doppelpyramide oder das Rhomben-Octaeder als die specielle einfachste Form, welche die besondere Gruppe der octopleuren Allostauren bildet, ausgeschlossen ist, und da die Antimerenzahl der amphithecten Doppelpyramide stets eine gerade sein muss, so muss dieselbe mindestens aus sechs, demnächst aus acht, zehn, zwölf und allgemein aus 4+2n Antimeren zusammengesetzt sein. Die Zahl der Seitenflächen, doppelt so gross als die der Antimeren, muss mindestens zwölf, demnächst sechszehn, zwanzig u. s. w., kurz im Allgemeinen 8+4n betragen. Da mindestens drei radiale Kreuzaxen vorhanden sein müssen, so können dieselben entweder gar nicht oder nur zum Theil mit den beiden idealen Kreuzaxen zusammenfallen und müssen sich unter spitzen Winkeln schneiden (Taf. II, Fig. 27, 28).

Die polypleure Allostauren-Form ist unter allen homopolen Stauraxonien die seltenste und findet sich nur in wenigen Formen von Pollenkörnern und in wenigen Radiolarien deutlich verkörpert. Wahrscheinlich dürfte hierher der merkwürdige *Diploconus fasces* zu ziehen sein, unter dessen Doppelkegelform [1]), durch die Vertheilung

---

[1]) *Diploconus fasces*, eines der seltsamsten und in promorphologischer Beziehung räthselhaftesten Radiolarien, welches in unserer Monographie (p. 404, Taf. XX, Fig. 7, 8) ausführlich erläutert ist, haben wir zwar oben wegen der reinen apicalen Doppelkegelform seines Kieselmantels bei den amphepipeden homopolen Monaxonien erwähnt. Allein durch die symmetrische Vertheilung der radialen Stacheln wird doch die Grundform der amphithecten und zwar der

der radialen Stacheln angedeutet, die Grundform der zwölfseitigen amphithecten Doppelpyramide versteckt zu sein scheint. Viel deutlicher jedoch erscheint die Grundform der amphithecten Doppelpyramide, und zwar der sechzehnseitigen, bei denjenigen Radiolarien ausgeprägt, bei welchen zwanzig nach Müller's Gesetz symmetrisch vertheilte Radialstacheln vorhanden sind, und bei welchen achtzehn von diesen Stacheln gleich, zwei aber (die beiden gegenständigen Stacheln der einen Aequatorialaxe) durch viel bedeutendere Grösse *(Amphilonche)* und oft auch durch besondere Gestalt *(Amphibelone)* vor den übrigen achtzehn ausgezeichnet sind (Rad. Taf. XVI). Es sind diese Radiolarien wesentlich verschieden von denjenigen oben unter den octopleuren Isostauren betrachteten Formen, welche ebenfalls zwanzig nach Müller's Gesetz vertheilte Stachelradien besitzen, bei denen aber alle zwanzig gleich sind, oder die vier Stacheln der beiden aequatorialen Kreuzaxen von den übrigen sechzehn verschieden, unter sich aber gleich sind. Bei diesen allen sind die beiden radialen Kreuzaxen, welche mit den beiden idealen zusammenfallen, gleich; dagegen sind sie bei *Amphilonche, Amphibelone* und den anderen Radiolarien, die wir als amphithecte Doppelpyramiden ansehen müssen,

---

zwölfseitigen Doppelpyramide (mit 6 Antimeren) bestimmt angedeutet. Wenn wir das gewaltige Stachelpaar, welches die verkörperte Axe des Doppelkegels bildet, als Hauptaxe auffassen, so wird die eine radiale reale Kreuzaxe, welche mit der einen idealen zusammenfällt, durch 2 gegenständige kurze radiale Cylinderstäbe repräsentirt, welche senkrecht auf der Hauptaxe in deren Halbirungspunkte stehen (in der vereinigten Spitze der beiden congruenten Kegel). Diese beiden Radialstäbe, welche die erste Kreuzaxe bilden, liegen mithin in der Aequatorialebene. Die andere ideale Kreuzaxe, die auf der ersten senkrecht steht, ist stachellos. Beiderseits der Aequatorialebene sind 8 kurze cylindrische Radialstäbe symmetrisch vertheilt, die in 2 auf einander senkrechten Meridianebenen liegen, und zwar bilden diese 8 Radien jederseits der Aequatorialebene einen Gürtel von 4 Radialstäben, deren Enden gleich weit von einander und gleich weit von jedem Pole der Hauptaxe entfernt sind. Die beiden rechtwinkelig gekreuzten Meridianebenen, in deren jeder 4 von diesen Radien liegen, sind als 2 radiale Kreuzebenen (zweite und dritte) zu betrachten, während die erste radiale Kreuzebene diejenige Meridianebene ist, welche durch die Hauptaxe und die erste Kreuzaxe gelegt wird. Diese erste Radialebene bildet mit jeder der beiden anderen einen Winkel von 45°. Als zweite und dritte radiale (reale) Kreuzaxen sind die Durchschnittslinien der zweiten und dritten Meridianebene mit der Aequatorialebene aufzufassen. Die zwölfseitige amphithecte Doppelpyramide erhalten wir nun einfach dadurch, dass wir die beiden Pole der Hauptaxe mit den 6 Polen der 3 radialen Kreuzaxen durch grade Linien verbinden, und durch je zwei benachbarte Verbindungslinien eine Ebene legen Diese Doppelpyramide wird durch die 3 radialen Kreuzebenen in 6 Antimeren zerlegt. deren jedes aus 2 gleichen, mit der Basis vereinigten dreiseitigen Pyramiden zusammengesetzt ist. Die Basis der beiden gegenständigen Doppelpyramiden, die

ungleich. Diejenige Kreuzaxe, welche durch die grösseren und oft besonders geformten beiden Stachelradien besonders ausgezeichnet ist, wird am besten als dorsoventrale oder Dickenaxe, die andere darauf senkrechte Kreuzaxe, deren beide Stachelradien nicht von den sechszehn übrigen verschieden sind, als laterale oder Breitenaxe angesehen.[1]) Die eigentliche Hauptaxe, um welche sich der ganze Stachelcomplex bilateral gruppirt, und welche die Axe der amphithecten Doppelpyramide darstellt, ist auch hier stachellos, und daher kürzer als die beiden radialen Kreuzaxen.

Ausser den genannten artenreichen Acanthometriden-Gattungen (*Amphilonche* und *Amphibelone*, Rad. Taf. XVI. gehören hierher auch einige nächstverwandte Ommatiden - Arten, namentlich *Haliommatidium Mülleri* und *H. fenestratum* (Rad. Taf. XXII, Fig. 10—12). Bei allen diesen Radiolarien

---

durch die zweite (stachellose) ideale Kreuzaxe halbirt werden, ist ein gleichschenkeliges Dreieck, die Basis der 4 anderen ein ungleichseitiges Dreieck. Von diesen 4 Doppelpyramiden, deren Basen von den 3 realen radialen Kreuzaxen begrenzt werden, sind je 2 anstossende symmetrisch gleich, je 2 gegenständige congruent. Die Aequatorialebene der zwölfseitigen amphithecten Doppelpyramide ist demgemäss ein Sechseck, in welchem je 2 Gegenseiten gleich und parallel und von den 3 Diagonalen, welche die gleichen Gegenwinkel verbinden, 2 gleich, die dritte von diesen verschieden ist. Ausserdem sind die beiden anstossenden Seiten, welche den Winkel am Ende der ungleichen Diagonale einschliessen, gleich, dagegen die beiden anstossenden Seiten, welche den Winkel am Ende jeder gleichen Diagonale einschliessen, ungleich. In unserer Monographie der Radiolarien haben wir eine andere Deutung der merkwürdigen Gestalt des *Diploconus fasces* versucht, indem wir bemüht waren, eine Homologie mit gewissen Acanthometriden (namentlich *Amphilonche heteracantha*) nachzuweisen und dadurch die Verbindung mit den übrigen Radiolarien herzustellen, von denen dieses seltsame Wesen sonst so bedeutend abweicht. Wir haben dort das grosse Stachelpaar, welches die Axe des Doppelkegels bildet, nicht als Hauptaxe, sondern als dorso-ventrale Kreuzaxe betrachtet und als Hauptaxe, wie bei *Amphilonche*, die stachellose Axe, welche auf jener und auf der lateralen Kreuzaxe senkrecht steht. Als Aequatorialebene musste daher dort diejenige Ebene bezeichnet werden, die wir hier als erste radiale Kreuzebene betrachtet haben. Es würde nach dieser Deutung als die eigentliche Grundform des *Diploconus fasces* nicht die zwölfseitige amphithecte Doppelpyramide mit 6 Antimeren, sondern die sechszehnseitige mit 8 Antimeren, gleichwie bei *Amphilonche*, anzusehen sein. Indess will uns jetzt jene frühere Deutung als die gezwungenere und die hier gegebene als die natürliche erscheinen.

[1]) Die stärkere dorsoventrale Kreuzaxe habe ich in meiner Monographie der Radiolarien als verticale (oder longitudinale) Hauptaxe, die schwächere laterale Kreuzaxe als horizontale (oder transversale) Hauptaxe bezeichnet. Diese Bezeichnungen können nicht mit Vortheil beibehalten werden. Als Longitudinalaxe können wir nur die stachellose Hauptaxe bezeichnen, obwohl dieselbe hier, wie auch sonst oft, bedeutend kürzer, als die beiden idealen Kreuzaxen ist.

wird die Grundform des Körpers durch 3 auf einander senkrechte ungleiche, aber gleichpolige Axen bestimmt, die stachellose Hauptaxe und die beiden mit verschiedenen Stachelradien versehenen radialen Kreuzaxen. Wenn wir die Pole dieser 3 ungleichen Axen, die sich alle gegenseitig unter rechten Winkeln halbiren, durch Linien verbinden und dann durch je 2 benachbarte Linien Ebenen lagen, so erhalten wir die stereometrisch reine Form des Rhomben-Octaeders, die Grundform des rhombischen Krystallsystems. Wenn wir aber die Pole jener 3 Axen nicht unter einander, sondern mit den Spitzen der nächstliegenden Tropenstacheln durch grade Linien verbinden und durch je 2 benachbarte Verbindungslinien Ebenen legen, so erhalten wir eine sechszehnseitige amphithecte Doppelpyramide (Taf. II, Fig. 27).

Es könnte demnach auch hier wieder zweifelhaft erscheinen, ob wir als die eigentliche Grundform jener Radiolarien eine amphithecte Doppelpyramide mit 8 Antimeren und 16 Seitenflächen, oder eine solche mit 4 Antimeren und 8 Seitenflächen (die specielle Art des Rhomben-Octaeders) zu betrachten haben. Auch in diesem Falle (wie oben im analogen Falle der Isostauren mit 20 Stachelradien), dürfte die letztere Auffassung mehr ansprechen, sobald man den realen Kreuzaxen, welche durch die beiden Meridianebenen der Tropenstacheln gehen, nur die Bedeutung von interradialen, nicht von radialen Kreuzaxen zugesteht. Unter den wenigen Pollenkörnern, welche die polypleure Allostauren-Form besitzen, sind besonders diejenigen einiger Labiaten hervorzuheben, welche sehr deutlich die zwölfseitige amphithecte Doppelpyramide ausgeprägt zeigen, z. B. von *Satureja rupestris, Salvia glutinosa* (Faf. II, Fig. 28).

Zweite Gattung der allostauren Stauraxonien.

Rhomben-Octaeder. Allostaura octopleura.

Stereometrische Grundform: Amphithecte Doppelpyramide mit acht Seiten.

Realer Typus: Stephanastrum (Taf. II, Fig. 29, 30).

Die achtseitigen amphithecten Doppelpyramiden, welche die specielle Form des Rhomben-Octaeders repräsentiren, verhalten sich zu den allgemeineren Formen, den polypleuren (mit mindestens zwölf und überhaupt mit 8+4n Seitenflächen), ganz ebenso, wie die octopleuren Isostauren zu den polypleuren. In beiden Fällen, bei den Isostauren, wie bei den Allostauren, liegt eine wesentliche Differenz der octopleuren und der polypleuren Formen darin, dass bei den octopleuren nur zwei radiale Kreuzaxen vorhanden sind, die sich unter rechten Winkeln schneiden und mit den beiden idealen Kreuzaxen zusammenfallen, während bei den polypleuren mehr als zwei radiale (oder semiradiale) Kreuzaxen existiren, die sich unter spitzen Winkeln schneiden.

Wie die Organismen, welche zu den octopleuren Isostauren gehören, in der Grundform nicht von den Krystallen des quadratischen

Systems, so sind diejenigen, welche den octopleuren Allostauren zuzurechnen sind, nicht von den Krystallen des rhombischen Systems verschieden. Es sind daher die Organismen, deren Grundform das Rhomben-Octaeder der letzteren ist, von besonderem Interesse. Wir finden das Rhomben-Octaeder als organische Grundform vor Allen bei sehr zahlreichen Diatomeen, sodann bei vielen Pollen-Zellen (z. B. bei dem Pollen von *Beloperone oblongata, Barleria longifolia)* und endlich bei sehr zahlreichen Desmidiaceen (z. B. *Euastrum*, Taf. II. Fig. 29). In ausgezeichneter Weise finden wir das rhombische Krystallsystem ferner bei mehreren Radiolarien ausgebildet. Von diesen zeichnen sich die meisten hierher gehörigen Formen wiederum durch sehr starke Verkürzung der Hauptaxe aus, so dass von den drei auf einander senkrechten bestimmten Axen die Hauptaxe (Längsaxe) die kürzeste, die dorsoventrale Kreuzaxe (Dickenaxe) die längste ist und die laterale Kreuzaxe (Breitenaxe) zwischen Beiden in der Mitte steht.

Von mehreren Acanthometriden und einigen Ommatiden (*Haliommatidium Mülleri, H. fenestratum*) ist so eben bereits nachgewiesen worden, dass ihre Grundform, strenggenommen, nicht die sechszehnseitige, sondern die achtseitige amphithecte Doppelpyramide ist. Die anderen Radiolarien, welche die Grundform des rhombischen Krystallsystems sehr rein und deutlich ausgeprägt besitzen, und welche grösstentheils den Familien der Ommatiden, Disciden und Sponguriden angehören, zeigen dieselbe theils mehr als reines Rhomben-Octaeder, theils als rhombische Säule (gerades Prisma mit rhombischen Grundflächen), theils als rectanguläre Säule (gerades Prisma mit rechteckigen Grundflächen).

Die rhombische Säule, ein vierseitiges Prisma, dessen Seitenflächen 4 congruente Rechtecke, die Grundflächen Rhomben sind, ist in höchst ausgezeichneter Weise in dem merkwürdigen *Stephanastrum rhombus* verkörpert, einem fossilen Discid aus dem Radiolarien-Mergel von Barbados, welches Ehrenberg in seiner Microgeologie (Taf. XXXVI, Fig. 33) abgebildet hat. In diesem zierlichen Organismus, einer der interessantesten Rhizopodengestalten, sind nicht allein die rectangulären Seitenflächen der rhombischen Säule, sondern auch die rechtwinkelig gekreuzten ungleichen Diagonalen ihrer rhombischen Grundflächen und sogar die beiden, durch diese Diagonalen zu legenden Kreuzebenen (welche mit den idealen zusammenfallen) durch schwammig-gekammerte Kieselbalken in stereometrisch reiner Form verkörpert. Die Aequatorialebene dieses Protisten liefert zugleich das geometrisch reine Bild der Aequatorialebene des Rhomben-Octaeders und ihrer Diagonalen (Vergl. Taf. II, Fig. 30, nebst Erklärung).

Die rectanguläre Säule, ein vierseitiges Prisma, dessen Seitenflächen ebenso wohl als die Grundflächen Rechtecke sind, also ein von 6 Rechtecken begrenzter Körper, in welchem je 2 gegenüberstehende Rechtecke congruent, je 2 anstossende ungleich sind, findet sich ebenfalls unter den Radiolarien in geometrisch reiner Form verkörpert, so in der merkwürdigen *Spongocyclia orthogona* (Rad. Taf. XXVIII, Fig. 3). Auch die seltsame

Tetrapyle octacantha, ein Ommatid, welchem Johannes Müller eine ganze Tafel seiner Radiolarien-Abhandlung gewidmet hat (Taf. II, Fig. 12, 13; Taf. III) zeigt dieselbe Grundform. Ueber *Spongocyclia elliptica* (Rad. Taf. XXVIII, Fig. 2) kann ebenso wohl die rectanguläre, als die rhombische Säule construirt werden.

Endlich sind die drei ungleichen gleichpoligen Axen, welche sich gegenseitig unter rechten Winkeln halbiren und welche den Character des rhombischen Krystallsystems bestimmen, auch in einigen Radiolarien vorhanden, welche scheinbar sehr eigenthümliche Formen bilden, so namentlich in *Didymocyrtis* und *Ommatospyris* (Rad. p. 439, p. 444; Taf. XXII, Fig. 14—16).

Zweite Familie der Stauraxonien.

Ungleichpolige Kreuzaxige. Heteropola.

Stereometrische Grundform: Pyramide (Taf. I).

Obgleich die im vorigen Abschnitt betrachteten homopolen Stauraxonien von hohem morphologischem Interesse sind wegen der unzweifelhaften Identität ihrer Grundform mit derjenigen zweier Krystallsysteme, so sind sie dennoch, gleich allen anderen im Vorhergehenden untersuchten Grundformen, bisher gar nicht oder doch fast gar nicht beachtet werden, weil sie gewöhnlich nur bei morphologischen Individuen niederster (erster und zweiter) Ordnung vorkommen, und weil sie als materielles Substrat von actuellen Bionten nur auf eine verhältnissmässig kleine Reihe von niederen Organismen, insbesondere Radiolarien, beschränkt sind. Die bisherigen Untersuchungen über die allgemeinen Grundformen der Organismen haben sich vielmehr ausschliesslich mit solchen Gestalten beschäftigt, welche der Formengruppe der heteropolen Stauraxonien angehören, die wir kurz die Heteropolen nennen wollen. Allerdings ist diese Formengruppe, zu deren Betrachtung wir jetzt übergehen, insofern von überwiegender Wichtigkeit, als sie die Grundformen für die actuellen Bionten aller höheren Thiere und Pflanzen liefert, und mithin auch die grössten und am meisten auffallenden Formen der ganzen Organismen-Welt. Indessen wird doch durch den Umstand, dass die Metameren und Personen fast sämmtlicher Wirbelthiere, Arthropoden, Würmer, Mollusken, Echinodermen und Coelenteraten, sowie fast aller Phanerogamen und höheren Cryptogamen der heteropolen Stauraxonform angehören, eine besondere Dignität dieser Grundform an sich noch keineswegs bedingt. Vielmehr hoffen wir durch die vorhergehenden Untersuchungen den Beweis geliefert zu haben, dass die bisher ganz vernachlässigten Grundformen der homopolen Stauraxonien, der Monaxonien, Polyaxonien u. s. w. für die allgemeine Morphologie von mindestens eben so grosser Bedeutung sind, und es wird sich weiterhin auch zeigen, dass eine intensive Untersuchung dieser niederen und einfacheren Formen hier, wie überall, das Verständniss der höheren und complicirteren Verhältnisse wesentlich erleichtert und oft allein eröffnet. Gewiss dürfen wir die Thatsache nicht gering anschlagen, dass die Grundformen der grossen Mehrzahl aller morphologischen Individuen erster und zweiter Ordnung (Plastiden und Organe) den im Vorhergehenden untersuchten niederen und einfacheren Promorphen-Gruppen angehören. Sind ja doch alle Form-Individuen dritter und höherer Ordnung erst aus jenen aufgebaut. Aber selbst insofern müssen jene ein besonderes und ihnen bisher versagtes Interesse fordern, als es unter allen vorstehend aufgeführten Promorphen nur sehr wenige, vielleicht keine einzige giebt, welche nicht bei gewissen (wenn auch oft nur wenigen) Organismen-Arten das materielle Substrat für das actuelle Bion bildet.

Wenn wir in dieser Beziehung die Resultate unserer vorhergehenden Untersuchungen mit den bisher über die Grundformen der niederen Organismen, und namentlich der Rhizopoden, herrschenden Ansichten vergleichen, so kommen wir zu dem überraschenden Resultat, dass die Natur fast alle möglichen regelmässigen Grundformen, welche durch die verschiedene Zahl und Differenzirung der möglichen Form-Axen und ihrer Pole entstehen können, in den actuellen Bionten bestimmter organischer Species verkörpert hat, und dass gerade diejenigen Protisten-Gruppen die ausgesprochensten und regelmässigsten stereometrischen Grundformen in eben so grosser Reinheit als Mannichfaltigkeit zeigen, welche bisher unter dem negativen Collectivbegriff der „Gestaltlosen“ oder Amorphozoen zusammengefasst wurden. Dieser Collectivgruppe stellte man bisher allgemein nur zwei andere Grundformgruppen gegenüber, die der regulären oder Strahlformen und die der symmetrischen oder Bilateralformen. Als Radiaten oder reguläre Thiere fassten die Zoologen gewöhnlich alle Coelenteraten und Echinodermen zusammen, als Bilateralien oder symmetrische Thiere dagegen die Würmer, Glieder-, Weich- und Wirbelthiere. Ebenso unterschieden die Botaniker allgemein nur „regelmässige (radiale) Formen, die sich mit vielen Schnitten durch eine angenommene Axe in zwei gleiche Theile theilen lassen und symmetrische (bilaterale), die nur durch einen einzigen Schnitt in zwei gleiche Theile (die sich dann wie rechte und linke Hand verhalten) getheilt werden können“ (Schleiden). Alle diese regulären und symmetrischen Formen zusammen, welche bisher fast allgemein für die beiden einzigen unterscheidbaren Grundformen der Organismen gehalten wurden, bilden unsere Formengruppe der heteropolen Stauraxonien.

Der einzige Naturforscher, welcher neuerdings den ernstlichen

Versuch gemacht hat, die Thierformen auf geometrische Gestalten zurückzuführen, Bronn, hat für die Grundform der regulären oder radialen Thiere und der meisten Pflanzen das Ei oder den Kegel (Ooid oder Conoid, auch Actinioid), also unsere diplopole Monaxonform, erklärt, für die Grundform der symmetrischen oder bilateralen Thiere eine besondere Art des Keiles oder einen Halbkeil (Sphenoid, Hemisphenoid). Wir werden im Folgenden den Nachweis liefern (und haben ihn zum Theil schon oben geliefert), dass die gemeinsame Grundform beider Hauptgruppen die einfache Pyramide ist, und zwar lässt sich als die Grundform der wirklich regulären Strahlformen die reguläre Pyramide, als die Grundform der irregulären Strahlformen und der sämmtlichen bilateral-symmetrischen Formen theils die ganze, theils die halbe amphithecte Pyramide näher definiren.

Die allgemeinen Eigenschaften der Pyramide sind aus der Stereometrie bekannt. Sie ist ein Polyeder, welches über einem Vieleck als Grundfläche (Basis) von lauter Dreiecken als Seitenflächen (Pleura) dergestalt umschlossen wird, dass dieselben in einem einzigen Punkte, der Spitze (Apex), zusammenlaufen. Für die nachfolgenden Betrachtungen ist es in mancher Hinsicht bequemer und anschaulicher, statt der ganzen Pyramide als die allgemeine Grundform der heteropolen Stauraxonien die abgestumpfte Pyramide aufzustellen, d. h. eine Pyramide, deren Spitzentheil durch eine Ebene abgeschnitten ist, die der Basis parallel läuft. Da jedoch durch die Pyramidenform wesentlich nur die Differenzirung mehrerer Kreuzaxen und die Verschiedenheit beider Pole der Hauptaxe des Körpers ausgedrückt werden soll, so ist es für die nachfolgenden Untersuchungen ganz gleichgültig, ob wir unter Apex oder Apicalfläche die wirkliche Spitze der ganzen Pyramide oder die Schnittfläche der abgestumpften Pyramide (die der Basis parallele Ebene des abstumpfenden Schnittes) verstehen. Wir werden diesen letzteren Theil, die Apicalfläche oder den Apex ein für allemal als die Gegenmundseite (Area aboralis, Antistomium), die Grundfläche oder Basis der Pyramide dagegen als die Mundseite (Area oralis, Peristomium) betrachten, und ferner die Axe der Pyramide oder das von der Spitze auf die Grundfläche gefällte Loth als die Hauptaxe oder Längsaxe (Axis longitudinalis, Axon principalis) des Körpers ansehen.

Die Zahl der Seitenflächen der Pyramide ist gleich der Zahl der Antimeren, aus denen der Körper der heteropolen Stauraxonien zusammengesetzt ist, und diese homotypische Grundzahl ist wieder gleich der Zahl der Kreuzaxen, welche sich in der Mitte begegnen. Wenn die homotypische Grundzahl gerade ist (2n), wie bei den Coelenteraten, bei den vierzähligen Blüthensprossen der Phanerogamen, so ist die Hälfte der

Kreuzaxen (n) radial, die Hälfte (n) interradial. Wenn dagegen die homotypische Grundzahl ungerade ist (2n—1), wie bei den Echinodermen, bei den dreizähligen und fünfzähligen Blüthensprossen der Phanerogamen, so sind sämmtliche Kreuzaxen (2n—1) zur Hälfte radial, zur Hälfte interradial. Diesen drei Arten der Kreuzaxen entsprechen die drei Arten der Meridianebenen, welche man durch die Kreuzaxen und die Hauptaxen legen kann; die radialen, interradialen und semiradialen Kreuzebenen, die wir bereits oben erläutert haben (p. 432). Dort ist auch die Construction der Kreuzaxen bereits ausgeführt; die Strahlaxe (Radius) erhalten wir einfach dadurch, dass wir in der Medianebene eines Antimeres, die Zwischenstrahlaxe (Interradius) dadurch, dass wir in der Grenzebene zweier Antimeren ein Perpendikel auf der Hauptaxe in deren Halbirungspunkt errichten. Die Halbstrahlaxe (Semiradius) wird aus einem Radius und dem gegenüber liegenden Interradius gebildet. Die Mittellinien der Antimeren sind bei den heteropolen Stauraxonien, wie bei den homopolen, scharf durch die Pyramidenkanten bezeichnet; die Grenzlinien der Antimeren dagegen liegen in den Seitenflächen der Pyramide. Als Strahlfläche (Area radialis) lässt sich bei vielen heteropolen Stauraxonien ein bestimmter Theil zweier zusammenstossender Pyramidenseiten (beiderseits der Kante) bezeichnen (z. B. die Ambulacra petaloidea der Echinodermen, die Blumenblätter (Petala) der polypetalen Phanerogamen). Ihr steht gegenüber die Zwischenstrahlfläche (Area interradialis), welche den Raum zwischen je zwei Strahlflächen (in einer Pyramidenseite) ausfüllt (z. B. die Interambulacra der Echinodermen, die mit den Blumenblättern alternirenden Kelchblätter (Sepala) und Staubblätter (Antheren) der polypetalen Phanerogamen).

Wenn wir demnach bei der besonderen praktischen Wichtigkeit der heteropolen Stauraxonform sämmtliche allgemein unterscheidbaren Körpertheile ihrer stereometrischen Grundform, der Pyramide (und zwar am anschaulichsten der abgestumpften Pyramide) als solcher nochmals zusammenfassen und mit bestimmten Ausdrücken scharf bezeichnen, so ergiebt sich folgende Uebersicht:

I. Der Körper aller heteropolen Stauraxonien wird begrenzt von 4+n Flächen, welche den Flächen einer einfachen, geraden, abgestumpften Pyramide entsprechen, nämlich: 1) der Oralfläche oder Peristomseite (Basis der Pyramide); 2) der Aboralfläche oder Antistomseite (der Basis parallele Schnittfläche der abgestumpften Pyramide oder Apicalfläche); 3) 2+n Seitenflächen (Paralleltrapezen der abgestumpften Pyramide). An jeder Seitenfläche kann ein mittlerer interradialer und zwei seitliche radiale Theile unterschieden werden. II. Die Antimeren sind allgemein vierseitige (abgestutzte) Pyramiden, welche sämmtlich eine Kante (die Hauptaxe) gemein haben. Jedes der Antimeren wird begrenzt von sechs Flächen, nämlich: 1) dem zwischen zwei Interradialebenen befindlichen Stück der Peristomseite; 2) dem entsprechenden Stück der Antistomseite; 3) und 4) einer Area radialis und zwei halben, die letztere beiderseits begrenzenden Areae interradiales (also einer Kante und den dieselbe einschliessenden zwei halben Seiten der ganzen Pyramide); 5) und 6) zwei benachbarten halben Interradialebenen. Die Medianebene des Antimeres ist die zwischen letzteren liegende halbe Radialebene. III. Im Inneren der Pyramide haben wir zur Orientirung folgende Linien; 1) die Hauptaxe (Längsaxe, Axon), welche die Mitte des Apex mit der Mitte der Basis verbindet; 2) den Basalpol derselben (Peristompol); 3) den Apicalpol derselben (Antistompol); 4) die realen Kreuzaxen (Stauri), welche vom Halbirungspunkt der Hauptaxe, auf der sie senkrecht stehen, ausgehen und entweder a) radial, oder b) interradial, oder c) semiradial sind, je nachdem entweder a) beide Pole der realen Kreuzaxe auf die Mittellinie eines Antimeres (Pyramidenkante), oder b) beide Pole auf die Grenzlinie zweier Antimeren (Pyramidenseite) treffen, oder endlich c) der eine Pol auf eine Mittellinie, der andere auf eine Grenzlinie trifft; 5) die (realen) Kreuzebenen, welche durch die Hauptaxe und jede der Kreuzaxen gelegt werden und demgemäss auch entweder a) radial, oder b) interradial, oder c) semiradial sind; 6) die Aequatorialebene, in welcher die sämmtlichen Kreuzaxen liegen und welche demgemäss die senkrecht auf ihr stehende Hauptaxe halbirt. Sie läuft parallel der Basis und theilt den ganzen Körper in ein orales oder Peristomstück und ein aborales oder Antistomstück.

Der Zerfall der Pyramidenformen oder heteropolen Stauraxonien in zwei Hauptgruppen von Grundformen wird durch dasselbe maassgebende Verhältniss, wie bei den Doppelpyramiden der homopolen Stauraxonien, bedingt, nämlich durch die Gleichheit oder Ungleichheit der radialen oder semiradialen Kreuzaxen. Bei den Homostauren sind sämmtliche radiale oder semiradiale Kreuzaxen gleich, während bei den Heterostauren entweder alle oder ein Theil derselben verschieden sind. Die Grundform der ersteren ist daher die reguläre Pyramide, diejenige der letzteren die irreguläre, und zwar meistens die amphithecte Pyramide, bald die ganze, bald die halbe. Wie wir die heteropolen Stauraxonien aus den homopolen einfach dadurch ableiten können, dass wir die letzteren durch einen in der Aequatorialebene liegenden Schnitt halbiren, so gilt dasselbe auch von den entsprechenden beiden Hauptabtheilungen der beiden Gruppen. In der That sind die isostauren Homopolen (als reguläre Doppelpyramiden) nichts Anderes als zwei congruente, mit den Basen vereinigte homostaure Heteropolen (reguläre Pyramiden) und ebenso kann man die allostauren Homopolen (als amphithecte Doppelpyramiden) ansehen als eine Zwillingsform von zwei congruenten heterostauren Heteropolen; doch ist der letztere Vergleich dahin näher zu bestimmen, dass bloss die Grundform der autopolen Heterostauren eine ganze, diejenige der allopolen dagegen eine halbe amphithecte Pyramide ist; wir müssten daher die ersteren nochmals halbiren, um aus ihnen die Grundform der letzteren zu erhalten. Der Parallelismus der beiden Hauptabtheilungen in beiden Formgruppen spricht sich weiterhin namentlich auch darin aus, dass bei den Heterostauren (Heteropolen) wie bei den Allostauren (Homopolen) durch die Differenzirung der realen Kreuzaxen zugleich auch die beiden idealen Kreuzaxen (dorsoventrale und laterale), bestimmt werden, während diese bei den Homostauren (Heteropolen) noch nicht differenzirt, und so wenig als bei den Isostauren (Homopolen) irgendwie zu bestimmen sind.

Unsere Homostauren entsprechen den gewöhnlich sogenannten „regulären Strahlthieren", also absolut regulären Radiaten mit congruenten Antimeren, z. B. den meisten Medusen, Anthozoen, Asteriden etc. Dagegen umfassen unsere Heterostauren theils die überwiegende Mehrheit der sogenannten „bilateral-symmetrischen" Thiere (mit Ausschluss der Allostauren), theils die sogenannten „irregulären oder symmetrischen Strahlthiere" (z. B. die Spatangiden, Zaphrentinen), theils endlich die sogenannten „zweistrahligen Thiere" (Ctenophoren und Verwandte).

Wie im Thierreiche, so gehört auch im Pflanzenreiche die grosse Mehrzahl aller Form-Individuen dritter und fünfter Ordnung (Antimeren und Personen) der heteropolen Stauraxon-Form an. Die meisten Phanerogamen - Personen, sowohl die geschlechtlich differenzirten (Blüthensprosse) als die geschlechtslosen (Blattsprosse), ebenso die meisten Thier-Personen lassen sich ohne Schwierigkeit auf die Grundform der Pyramide reduciren. Dasselbe gilt von den meisten Antimeren, welche diese Personen zusammensetzen. Dagegen ist die heteropole Stauraxonform weniger verbreitet unter den Form-Individuen vierter und sechster, und am wenigsten unter denen erster und zweiter Ordnung. Daher ist sie auch unter den Protisten selten.

Die Erkenntniss, dass in der That die Pyramide als die stereometrische Grundform aller Heteropolen betrachtet werden muss, und dass demgemäss die überwiegende Mehrzahl aller thierischen und pflanzlichen Personen und Antimeren sich auf eine Pyramide als gemeinsame Promorphe zurückführen lässt, ist eben so wichtig, als sie in vielen Fällen schwer zu gewinnen, und daher auch bis jetzt allgemein nicht gewonnen ist. Verhältnissmässig am leichtesten und sichersten gelangt man zu dieser werthvollen Ueberzeugung, welche die schwierigsten Formverhältnisse erklärt, durch die promorphologische

Untersuchung der Strahlthier-Personen, sowohl der Echinodermen als der Coelenteraten. Und doch ist selbst hier den trefflichsten Morphologen die pyramidale Grundform verborgen geblieben.

Nichts ist vielleicht in dieser Beziehung bezeichnender, als die kritische Betrachtung der andauernden Bemühungen des grossen Johannes Müller, die Grundformen und die Homologieen der Echinodermen zu verstehen. Trotz seiner unübertroffenen Kenntniss dieser ebenso interessanten als schwierigen Thiergruppe, trotz seiner extensiv und intensiv bewundernswürdigen Anstrengungen, das morphologische Verständniss derselben zu begründen, und eine wahre „Philosophie der Echinodermen“ zu gewinnen, gelang es ihm dennoch nicht, den Schlüssel zur Lösung des Räthsels zu finden. Dieser Schlüssel liegt eben in der Erkenntniss, dass die Grundform der regulären Echinodermen eine fünfseitige reguläre Pyramide, diejenige der „bilateral-symmetrischen“ Echinodermen dagegen die Hälfte einer zehnseitigen amphithecten Pyramide ist.[1] Sobald man von dieser Erkenntniss ausgeht, so lösen sich die schwierigen Homologieen der Echinodermen in einer ebenso klaren als überraschend einfachen Weise, wie wir an einem anderen Orte ausführlich zeigen werden.

Das Wichtigste und Erste muss auch hier, wie bei allen promorphologischen Untersuchungen, die Erkenntniss der maassgebenden Axen und ihrer Pole sein, und dann die Untersuchung der Differenzirungs-Verhältnisse zwischen den verschiedenen Axen und ihren Polen, woraus sich dann die Construction der Pyramiden-Seiten von selbst ergiebt. Nichts ist aber gefährlicher und weniger erspriesslich, als von der Oberflächen-Betrachtung auszugehen und diese, ohne Rücksicht auf die Axen und ihre Pole, zur Basis der promorphologischen Reduction zu machen. Sucht man die Grundform von Personen oder Metameren (Form-Individuen fünfter oder vierter Ordnung) auf, so ist zunächst das Wichtigste die Erkenntniss ihrer Zusammensetzung aus Antimeren, und dann deren Differenzirung. Ist dagegen ein Antimer selbst das promorphologische Object, so müssen zunächst die Epimeren und Parameren, welche dasselbe constituiren, erkannt werden. Das letztere gilt auch, wenn es sich um Form-Individuen zweiter und erster Ordnung (Organe und Plastiden) handelt.

---

[1]) Johannes Müller stellte statt der fünfseitigen regulären Pyramide, die er nicht erkannte, als Grundform der Echinodermen eine Kugel mit einer bestimmten Axe auf, deren beide Pole (Mundpol und Apical-Pol) verschieden sind, und von deren Mundpol fünf Radien ausstrahlen, die als mehr oder minder vollständige Meridiane zum Apical-Pol verlaufen. Eine solche „Kugel“ ist aber in der That nichts Anderes als eine fünfseitige reguläre Pyramide, und die fünf „Meridiane“ oder Oberflächen-Radien (Ambulacra) sind die fünf Kanten der Pyramide.

Ebenso klar und deutlich, wie bei den Personen der meisten Echinodermen und Coelenteraten, ist die Pyramide als heteropole Stauraxon-Grundform bei den meisten Geschlechts-Personen (Blüthen-Sprossen) der Phanerogamen ausgeprägt, und durch die Zahl der „Glieder der Blüthenblattkreise" (d. h. der Antimeren) leicht zu bestimmen. Viel schwieriger ist dagegen diese Erkenntniss bei den geschlechtslosen Personen der Phanerogamen, den Blattknospen. Wenn hier der Stengel deutlich dreikantig oder vierkantig ist, oder wenn die Blätter deutlich in drei oder vier Meridianebenen (Kreuzebenen) über einander stehen, z. B. bei regelmässig gegenständigen, wechselständigen und kreuzständigen Blättern, so lässt sich auch hier leicht die Zusammensetzung aus drei oder vier Antimeren nachweisen. Es ist dies aber sehr häufig nicht der Fall, indem die einzelnen Blattkreise an den verlängerten Stengelgliedern des Blattsprosses nicht, wie bei den Blüthensprossen mit verkürzten Stengelgliedern, so über einander stehen, dass die entsprechenden Blätter in Meridianebenen fallen, sondern vielmehr Spiralen bilden.[1]) In diesen Fällen sind die Kreuzaxen, welche dort durch die einzelnen Blätter der geschlossenen Blattkreise bezeichnet werden, oft sehr schwer wahrzunehmen. Vielleicht werden dieselben in manchen Fällen durch die Zahl der Markstrahlen und der mit ihnen alternirenden Gefässbündel des Stengels bestimmt, welche bei vielen Phanerogamen den Stengel sehr regelmässig in Antimeren zu zerlegen scheinen; deren finden sich z. B. bei *Clematis* sechs, bei Sapindaceen fünf, bei Bignoniaceen vier vor. Es würde also der Spross im ersten Falle als eine sechsseitige, im zweiten als eine fünfseitige, im dritten als eine vierseitige reguläre Pyramide zu betrachten sein.

Erste Unterfamilie der heteropolen Stauraxonien.

Ungleichpolige Gleichkreuzaxige. Homostaura.

(Strahlformen, reguläre Formen der meisten Autoren.)

Stereometrische Grundform: Regulare Pyramide (Taf. I, Fig. 1, 4, 6, 9).

Die wichtige Formengruppe der homostauren heteropolen Stauraxonien, welche wir ein für alle Mal kurz die Homostauren nennen wollen, umfasst die überwiegende Mehrzahl der sogenannten „Strahl-

---

[1]) Gewöhnlich wird für alle Blattstellungen der Phanerogamen die Spirale als das Ursprüngliche angesehen und die geschlossenen Blattkreise als ringförmig zusammengezogene einzelne Umläufe der Spirale. Indessen dürfte die Entwickelungsgeschichte vielleicht umgekehrt zeigen, dass die geschlossenen Blattkreise das primäre und die Spiralen das secundär daraus abgeleitete Verhältniss darstellen, wie es bei sehr vielen Blüthensprossen deutlich zu sehen ist.

formen oder regulären Formen" in dem Sinne wenigstens, in welchem die meisten Morphologen diesen vieldeutigen unb vielfach missbrauchten Ausdruck verstehen. Die reguläre einfache Pyramide, welche die stereometrische Grundform aller Homostauren ist, bildet mehr oder minder rein ausgesprochen die Promorphe vorzüglich in den Form-Individuen fünfter Ordnung, den Personen (Sprossen), bei der Mehrzahl der sogenannten „Strahlthiere" und der Phanerogamen. Es gehört hierher also die Majorität der Personen unter den sogenannten „Strahlthieren" oder Radiaten, nämlich der bei weitem grösste Theil aller Coelenteraten, und ein sehr grosser Theil der Echinodermen. Jedoch können nur die streng „regulären" Strahlthiere hierher gerechnet werden. Daher sind ausgeschlossen und zu den Heterostauren zu stellen die sogenannten „irregulären" oder bilateral-symmetrischen Echinodermen, und von den Coelenteraten alle Ctenophoren, der grösste Theil der Siphonophoren und ein kleiner Theil der Anthozoen und Hydromedusen. Aus dem Protistenreiche gehört hierher ein Theil der Strahlrhizopoden oder Radiolarien, sowie viele einzelne Formen aus anderen Stämmen. Aus dem Pflanzenreiche endlich müssen wir wohl die Mehrzahl der Sprosse (Personen) der Phanerogamen und viele Cryptogamen-Formen zu den Homostauren rechnen, obwohl hier sehr häufig eine scheinbar homostaure Stauraxonform sich bei genauerer Untersuchung als heterostaure ausweist.

Die allgemeinen Eigenschaften der regulären Pyramide sind aus der Stereometrie so bekannt und auch zum Theil schon im Vorhergehenden speciell erörtert, dass wir hier nur die wichtigsten Eigenthümlichkeiten dieser Grundform mit Bezug auf ihre Construction im Thier- und Pflanzen-Organismus kurz zu wiederholen brauchen und die Art ihrer Anwendung zu bestimmen haben. Als die Basis oder Grundfläche (Area basalis) der regulären Pyramide, welche hier stets ein reguläres Polygon bildet, haben wir bei den homostauren Thier-Formen die Mundseite oder Peristomfläche des Körpers (Area oralis, Peristomium) zu betrachten, bei den regulären Echinodermen und Coelenteraten also diejenige Seite, in welcher sich der Mund, bei den homostauren Radiolarien (Cyrtiden) diejenige Seite, in welcher sich die Mündung des Kieselgehäuses befindet. Bei den Phanerogamen-Blüthen entspricht der Pyramiden-Basis ebenfalls die Mündung der Blüthe, die meist glockenartig geöffnet ist, bei den Frucht-Individuen der Cryptogamen (z. B. Mooskapseln) die Mündung der Frucht, aus der die Sporen hervortreten. Bei den Sprossen (Personen) aller Pflanzen überhaupt werden wir also stets den freien terminalen Pol (Vegetationsspitze), beim Stock mithin das der Wurzel entgegengesetzte Ende als basale oder orale Seite (Peristomium) zu betrachten haben. Als der Apex oder die Spitzenfläche (Area apicalis) dagegen, d. h. als die Spitze der ganzen oder die (der Basis parallele) Schnittfläche der abgestumpften regulären Pyramide stellt sich bei den homostauren Thier-Formen die der Mundseite entgegengesetzte Körperseite dar, welche wir allgemein als Gegenmundseite oder Antistomfläche (Area aboralis, Antistomium) bezeichnet haben; bei den homostauren Radiolarien (Cyrtiden) ist dies die Spitze des Gehäuses, bei den Echinodermen der sogenannte Scheitel oder das Apicalfeld, in welchem häufig der After liegt; bei den festsitzenden Coelenteraten ist es die angewachsene Körperfläche, bei den frei schwimmenden die fast immer nach oben gekehrte gewölbte Scheitelfläche, die in der Regel fälschlich Rücken genannt wird. Bei denjenigen Phanerogamen-Blüthen und Cryptogamen-Sporangien, welche die reguläre Pyramide zur Grundform haben, ist es allgemein die angewachsene oder mittelst eines Stieles festsitzende Seite, welche der Mündung gegenüber liegt und der Aboralfläche oder dem Apex entspricht. Bei den Sprossen (Personen) der Pflanzen überhaupt werden wir demnach stets den festsitzenden Pol des Axenorgans als apicale oder aborale Seite (Pyramidenspitze) zu betrachten haben, beim einfachen Spross und beim Hauptspross der Stöcke die Wurzel, bei den Seitensprossen das Ende, welches am Hauptspross befestigt ist. (Ueber die Pyramiden-Basis vergl. Taf. I, Fig. 1, 4, 6, 9).

Durch die Zahl der Seiten des regulären Polygons, welches die Basis bildet, oder durch die gleiche Zahl der Seitenflächen der regulären Pyramide wird die homotypische Grundzahl der Homostauren bestimmt, welche drei oder mehr sein kann. Die Seitenflächen sind sämmtlich congruente gleichschenkelige Dreiecke. Die Kreuzaxen sind entweder (bei ungerader Grundzahl) sämmtlich gleich (semiradiale) oder (bei gerader Grundzahl) alternirend gleich (radiale und interradiale). Wenn wir als Grundform die abgestumpfte reguläre Pyramide annehmen, so ist die Hauptaxe (in der Geometrie einfach die „Axe" der regulären Pyramide genannt) die Linie, welche die Mittelpunkte der basalen und apicalen Ebene verbindet; wenn wir dagegen als Grundform die ganze reguläre Pyramide betrachten, so ist die Hauptaxe das Perpendikel, welches von der Spitze auf die Grundfläche gefällt wird und in deren Mittelpunkt trifft. Die Antimeren sind im ersteren Falle abgestumpfte, im letzteren ganze vierseitige Pyramiden, deren Basis ein Trapez ist, das durch jede der beiden Diagonalen in zwei ungleiche gleichschenkelige Dreiecke zerlegt wird. Die Kanten der regulären Pyramide sehen wir ein für alle Mal als die Mittellinien der Antimeren-Oberfläche an, als welche sie in der That bei den meisten hierher gehörigen Thier- und Pflanzenformen vorspringen. Die Grenzlinien der Antimeren-Oberfläche dagegen entsprechen den Mittellinien, welche die Seitenflächen der regulären Pyramide halbiren und in zwei congruente rechtwinkelige Dreiecke zerlegen.

Die Formengruppe der Homostauren zerfällt in so viele Formen-Arten, als die Zahl der Pyramiden-Seiten (und also die homotypische Grundzahl) betragen kann. Diese Zahl ist zwar a priori unbegränzt, in der That aber findet sich nur eine sehr geringe Menge von Grundzahlen in der Natur verwirklicht vor. Bei der übergrossen Mehrzahl aller Homostauren, sowohl im Thier- als im Pflanzenreich, sind nur drei, vier, fünf oder ein niederes Multiplum, meist nur das Doppelte dieser Grundzahlen, namentlich sechs und acht, seltener zehn Antimeren vorhanden Weit seltener, und nur ausnahmsweise, ist eine andere Grundzahl nachweisbar, z. B. sieben bei einigen Phanerogamen (*Trientalis, Septas*), elf bei einigen Seesternen. In diesen Fällen ist aber meistens entweder die Grundzahl innerhalb der Species schwankend, wie bei einigen Seesternen, oder es lässt sich, wie bei einigen Phanerogamen, aus der Entwickelungsgeschichte oder der Verwandtschaft mit nächststehenden Blüthen von anderer Grundzahl (meistens fünf) der Nachweis führen, dass die Siebenzahl oder die andere Zahl, welche nicht auf drei, vier oder fünf durch Division zurückführbar ist, nicht die primitive Grundzahl, sondern erst secundär durch Variation und Anpassung aus den letztgenannten entstanden ist. Wo scheinbar höhere Grundzahlen vorkommen, lassen sie sich entweder aus dem letztgenannten Verhältnisse, oder aus einer Multiplication von drei, vier oder fünf ableiten. Wir dürfen es daher als ein wichtiges Gesetz der allgemeinen Promorphologie aussprechen, dass die homotypische Grundzahl oder die Antimeren-Zahl der Homostauren (die Seitenzahl der regulären Pyramide) stets drei, vier oder fünf, oder ein Multiplum (meist nur das Duplum) von diesen drei Grundzahlen beträgt, und dass, wo andere Primzahlen als Grundzahlen vorkommen, wie die Sieben bei *Septas, Trientalis* etc. der Nachweis entweder der Inconstanz dieser Grundzahl, oder aber ihrer secundären Entstehung durch Abortus aus einer jener drei Grundzahlen fast immer geführt werden kann.

Bei sehr vielen Homostauren, wo die Antimeren-Zahl ein Multiplum von drei, vier oder fünf zu sein scheint, lässt sich aus der Entwickelungsgeschichte oder aus der Zahl einzelner (namentlich innerer) Organe der Nachweis führen, dass doch die ursprüngliche Grundzahl, die einfache, drei, vier oder fünf ist, und dass erst später eine Multiplication derselben (meistens nur eine Duplication) eingetreten ist. Dies ist z. B. der Fall bei sehr vielen Phanerogamen-Blüthen, wo häufig in einer und derselben Blüthe ein Blätterkreis die einfache Grundzahl zeigt, während andere Blätterkreise derselben ein verschiedenes Multiplum dieser Zahl repräsentiren. So sind z. B.

bei *Butomus* sechs Kronenblätter, sechs Griffel, sechs Fruchtkapseln, aber 9 Staubfäden und drei Kelchblätter vorhanden. Bei *Paris* finden sich vier Kelchblätter, vier Kronenblätter, vier Griffel, vier Fruchtknoten und acht Staubfäden. Ebenso lassen sich von homostauren Thieren viele ähnliche Fälle anführen. Bei vielen Medusen sind vier Radialcanäle, vier Mundlappen, acht Randbläschen und zwölf oder vierundzwanzig, bisweilen auch achtzehn Tentakeln vorhanden. In allen diesen Fällen ist die niedrigste Zahl offenbar als Grundzahl und die Multipla derselben als secundäre Vervielfältigungen zu betrachten. Bei den sechszähligen polycyclischen Anthozoen lässt sich der Beweis dafür durch die Entwickelungsgeschichte führen, indem erst sechs, dann zwölf, vierundzwanzig u. s. w. Scheidewände und Leibesabtheilungen nach einander auftreten.

Wohl zu unterscheiden von diesen sind diejenigen Fälle, wo ein Multiplum von drei, vier oder fünf die ursprüngliche homotypische Grundzahl bildet, die entweder zeitlebens einfach bleibt oder ebenfalls wieder multiplicirt werden kann. Auch dieser Fall ist im Thier- und Pflanzen-Reiche sehr häufig. Wahrscheinlich ist es aber stets nur das Duplum, niemals das Triplum oder ein höheres Multiplum von drei, vier oder fünf, welches als ursprüngliche primitive Antimeren-Zahl auftritt. Sechs Antimeren finden sich schon in ursprünglicher Anlage bei den Madreporarien, acht bei den Alcyonarien, zehn bei einigen Radiolarien und Phanerogamen-Blüthen. Da hier schon die erste Anlage des Körpers als ein Aggregat von sechs, acht, zehn Antimeren erscheint, so können wir als homotypische Grundzahl hier nicht drei, vier, fünf, sondern nur das Duplum derselben ansehen.

Die Erkenntniss der homotypischen Grundzahl bei den Homostauren wird in vielen Fällen dadurch mehr oder minder erschwert, dass diese Zahl in verschiedenen Metameren einer Person (z. B. in verschiedenen Blattkreisen eines Sprosses) eine verschiedene zu sein scheint. Aeusserst häufig ist dieser Fall bei den phanerogamen Blüthen, wo nur in seltenen Fällen alle Blattkreise der Blüthe dieselbe Grundzahl zeigen, und wo namentlich die weiblichen Genitalien in der Regel von einer grösseren oder geringeren Reduction betroffen werden. Solche Fälle, wo die Zahl der Kelchblätter, der Blumenblätter, der Staubfäden, der Stengel, der Fruchtblätter ganz dieselbe ist, finden sich z. B. bei *Triplaris, Lechea* unter den dreizähligen, bei *Ilex*, *Potamogeton* unter den vierzähligen, bei *Linum*, *Crassula* unter den fünfzähligen Blüthen. In der Regel zeigt die Zahl der Kronen- und der Kelchblätter die homotypische Grundzahl am sichersten an, während die Zahl der weiblichen Genitalien (Stempel, Fruchtblätter) meistens vermindert, die Zahl der männlichen (Staubfäden) dagegen umgekehrt multiplicirt ist. Ganz entgegengesetzt den homostauren Pflanzen verhalten sich in dieser Beziehung die homostauren Thiere, bei denen in der Regel in sämmtlichen Organkreisen dieselbe Grundzahl oder ein Multiplum derselben ausgeprägt ist. Zahl-Reductionen in einzelnen Kreisen sind hier seltene Ausnahmen und fast immer mit Uebergang der homostauren in die heterostaure Grundform verbunden. So finden sich z. B. bei den dreizähligen Cyrtiden einzelne, wo die Kieselschale aus drei, die Centralkapsel aus vier Antimeren besteht, während in der Regel auch die letztere drei Antimeren zeigt. Es ist von hohem Interesse, dass es auch bei den Thieren vorzugsweise die Genitalien sind, die zuerst von der Reduction betroffen werden, so dass sich z. B. unter den fünfzähligen Echinodermen bei den Holothurien nur ein einziges, bei vielen Seeigeln nur vier Geschlechtsorgane finden, während die übrigen Organkreise sämmtlich die Fünfzahl zeigen.

Angesichts der im Vorhergehenden erörterten Verhältnisse werden wir die verschiedenen Arten der Homostauren-Form, deren Anzahl durch die Anzahl der verschiedenen homotypischen Grundzahlen bedingt und demnach a priori unbeschränkt ist, in Wirklichkeit auf einige wenige Fälle zurückführen können. Von den vielen möglichen Grundzahlen werden nur drei, vier, fünf, sechs, acht, zehn als wirklich angewandte übrig bleiben, und als seltene Ausnahmen sieben und neun. Die seltenen Fälle, wo eine höhere Grundzahl sls zehn auftritt, werden wir zusammenfassen können, da in diesen Fällen die Grundzahl innerhalb der Species selbst eine schwankende ist.

Es lassen sich diese verschiedenen Arten der Homostauren-Form naturgemäss in zwei Formen-Gattungen gruppiren, solche nämlich mit mit gerader und solche mit ungerader Grundzahl. Es ist dieses Verhältniss, welches an sich unbedeutend erscheinen könnte, desshalb von grosser Bedeutung, weil mit der geraden oder ungeraden Antimeren-Zahl gewisse sehr wichtige Unterschiede in den Axen-Verhältnissen verbunden sind, die auf die Bildung der ganzen Gestalt den grössten Einfluss üben. Es mag hier vorläufig nur daran erinnert werden, dass die Homostauren mit ungerader Grundzahl, z. B. drei, fünf, weit häufiger und entschiedener in die Heterostauren-Form übergehen und sich differenziren, als die Homostauren mit gerader Grundzahl (z. B. vier, sechs). Unter den Thieren sind es die dreizähligen Radiolarien (Cyrtiden), die fünfzähligen Echinodermen (Psolus, Spatangus etc.) unter den Pflanzen die dreizähligen Gramineen und Orchideen, die fünfzähligen Leguminosen, Umbelliferen, Labiaten, Violaceen und viele Andere, welche eine Reihe der merkwürdigsten Uebergänge von der reinsten Homostaurie (radialen Regularität) zur vollkommensten Heterostaurie (bilateralen Symmetrie) sehr deutlich ausgeprägt zeigen.

Die Homostauren mit gerader Grundzahl (2n) nennen wir Isopolen, weil bei ihnen die beiden Pole jeder Kreuzaxe gleich sind; beide Pole treffen entweder auf die Mittellinie zweier gegenüber liegender Antimeren oder auf die Grenzlinie zweier gegenständiger Antimeren-Paare. Daher sind hier, wie schon oben ausgeführt wurde, zweierlei Kreuzaxen und Kreuzebenen vorhanden, die mit einander regelmässig abwechseln, n radiale und n interradiale. Jede radiale Kreuzebene ist die Medianebene zweier diametral gegenüberstehender Antimeren, deren jedes durch sie in zwei symmetrisch gleiche dreiseitige Pyramiden zerfällt. Jede interradiale Kreuzebene ist die Grenzebene von zwei congruenten Antimeren-Paaren. Am häufigsten von den hierher gehörenden homotypischen Grundzahlen ist vier, demnächst sechs, dann acht, sehr selten zehn oder mehr (10 + 2n).

Die Homostauren mit ungerader Grundzahl (2n — 1) können wir im Gegensatz zu den Isopolen passend als Allopolen bezeichnen, weil bei ihnen die beiden Pole jeder Kreuzaxe ungleich sind; der eine Pol trifft auf die Mittellinie eines Antimers, der andere auf die Grenzlinie des gegenüber liegenden Antimeren-Paares. Daher sind hier alle (2n — 1) Kreuzaxen und Kreuzebenen von einerlei Art, jede einzelne halb radial, halb interradial. Jede einzelne semiradiale Kreuzebene ist zur Hälfte die Medianebene eines Antimeres, zur Hälfte die Grenzebene des gegenüberliegenden Antimeren-Paares. Am häufigsten kommt hier als homotypische Grundzahl fünf vor, demnächst drei, sehr selten sieben, neun oder mehr (9 + 2n).

Erste Gattung der homostauren Stauraxonien:

Geradzahlige reguläre Pyramiden. Isopola.

Stereometrische Grundform: Reguläre Pyramide mit 2 n Seiten.

Die allgemeine Promorphe aller isopolen Homostauren ist die reguläre Pyramide mit gerader Seitenzahl, wie nach den vorausgehenden Erörterungen keines weiteren Beweises bedarf. Die characteristischen Axen-Verhältnisse dieser Formengattung lassen sich kurz dahin recapituliren, dass wenn die homotypische Grundzahl = 2n ist, n unter sich gleiche radiale Kreuzaxen (und Kreuzebenen) mit n davon verschiedenen, aber unter sich ebenfalls gleichen, interradialen Kreuzaxen (und Kreuzebenen) alterniren. Jedes der 2 n Antimeren ist eine (ganze oder abgestumpfte) rechtwinkelige vierseitige Pyramide, deren Basis ein doppelt gleichschenkeliges Trapez ist (ein Trapez, das durch die eine Diagonale in zwei gleichschenkelige ungleiche Dreiecke zerlegt wird). Von den vier Seitenflächen des Antimeres sind je zwei anstossende symmetrisch-congruent. Jede der vier

Seitenflächen enthält einen rechten Winkel. Die beiden äusseren Seitenflächen sind die Hälften zweier anstossender Seiten der regulären Pyramide; die beiden inneren Seitenflächen sind die Hälften von zwei benachbarten interradialen Kreuzebenen. Wir zerfällen die Formen-Gattung der isopolen Homostauren in fünf Formenspecies, je nachdem die Grundzahl vier, sechs, acht, zehn, oder mehr (10 + 2 n) beträgt. Je geringer die Grundzahl, desto vollkommener ist im Allgemeinen die Organisation, desto höher die Stellung des Organismus.

Erste Art der isopolen Homostauren:

Geradzahlige Vielstrahler. Myriactinota.

Stereometrische Grundform: Reguläre Pyramide mit 10 + 2 n Seiten.

Realer Typus: Aequorea.

Wir fassen unter dem Namen der Myriactinoten alle diejenigen isopolen Homostauren zusammen, deren gerade Grundzahl mehr als zehn, also mindestens zwölf, vierzehn, sechszehn u. s. w., allgemein 10 + 2 n, beträgt. Es rechtfertigt sich diese Zusammenstellung einerseits dadurch, dass mehr als zehn Antimeren bei Homostauren überhaupt selten sind, und dass auch da, wo sie vorkommen, die homotypische Grundzahl innerhalb der Species meistens schwankend und nur selten constant ist. Dazu kommt noch, dass in vielen dieser Fälle die einen Individuen der Species eine gerade, die anderen eine ungerade Antimeren-Zahl zeigen. Es findet also in der Myriactinoten- und Polyactinoten-Form eine unmittelbare Berührung der Isopolen- und Anisopolen-Form statt.

Aus dem Pflanzenreiche sind uns sichere Beispiele myriactinoter Formen nicht bekannt. Dagegen finden sich dieselben bei einer Anzahl von Seesternen, von niederen Hydromedusen und von Radiolarien aus der Cyrtiden-Familie. Von den letzteren ist namentlich das merkwürdige *Litharachnium tentorium* (Rad. Taf. IV, Fig. 7—10) mit zwanzig Antimeren zu nennen, welches die Grundform einer regulären zwanzigseitigen Pyramide mit ausgehöhlten Seitenflächen in zierlichster Ausführung zeigt. Unter den Seesternen findet sich die höchste Antimeren-Zahl bei *Asteracanthion helianthus* mit zwanzig bis dreissig und selbst mit vierzig Strahlen; an ihn schliesst sich *Echinaster solaris* mit vierzehn bis zwanzig (bisweilen aber auch mit einundzwanzig) Armen. Zwölf bis vierzehn Antimeren (oft aber auch nur zehn bis elf) finden sich bei *Solaster papposus*, zwölf bei *Asteracanthion aster.* Viel häufiger ist die isopole Polyactinoten-Form bei den niederen Hydromedusen, wo nicht allein viele Hydroidpolypen, sondern auch viele craspedote Medusen, namentlich aus den Familien der Aequoriden und Aeginiden, eine sehr hohe Antimerenzahl besitzen, die freilich meist inconstant ist und häufig innerhalb der Species mit ungeraden Zahlen wechselt. Die meisten Aequoriden haben eine sehr hohe Grundzahl (hundert oder einige hundert); bei *Rhegmatodes tenuis* finden sich dreissig, bei *R. floridanus* sechszehn bis vierundzwanzig, bei *Aequorea globosa* dreissig bis zweiunddreissig, bei *A. mucilaginosa* stets vierundzwanzig Antimeren. Die auffallendsten Zahlenverhältnisse bietet die am niedrigsten organisirte Medusen-Familie der Aeginiden, wo nur bei wenigen Arten die Grundzahl eine niedere und constante (meist acht) ist. Es beträgt die Antimeren-Zahl dreissig bei *Aegineta corona,* achtzehn bei *A. sol maris,* sechszehn bei *A. gemmifera, A. prolifera* u. v. a., ebenso sechszehn bei *Cunina rhododactyla, C. albescens* (vierzehn bis sechszehn), *C. complanata* u. A.; ferner vierzehn bei *Aegineta flavescens,* zwölf bei *A. rosea, A. dodecagona* und Anderen. Bei *Cunina Köllikeri* findet sich der merkwürdige Umstand, dass die eine Generation acht, die andere, welche im Magen der ersteren durch Knospung entsteht, zwölf Antimeren besitzt; ebenso hat *Cunina rubiginosa (Eurystoma rubiginosum)* zehn, seine Knospenbrut *(Stenogaster complanatus)* sechszehn Antimeren.

Zweite Art der isopolen Homostauren:

Zehnstrahler. Decactinota.

Stereometrische Grundform: Zehnseitige reguläre Pyramide.

Realer Typus: Aegineta globosa.

Die zehnseitige reguläre Pyramide, als die Grundform der isopolen Homostauren mit zehn Antimeren, ist im Ganzen sehr selten, und noch weniger als die Polyactinoten-Form, im Organismus ausgeführt. Die wenigen Repräsentanten der Decactinoten-Form gehören meistens der Hydromedusen-Klasse und namentlich der Aeginiden-Familie an, so die zuletzt erwähnte *Cunina rubiginosa,* ferner *C. globosa, C. lativentris* (zehn bis zwölf), *Aegineta globosa* und einige Andere. Bisweilen kommen auch unter den Seesternen mit variabler Antimeren-Zahl einzelne Exemplare mit zehn Strahlen vor, so bei *Solaster papposus, S. endeca* u. e. a.

Unter den phanerogamen Blüthen und Früchten sind uns keine unzweifelhaften Repräsentanten der Decactinoten-Form bekannt, da die allermeisten, und vielleicht alle scheinbar zehnstrahligen Formen, in der That fünfstrahlige sind, bei denen nur einer oder der andere Blätterkreis (namentlich die Staubfäden, seltener, bei *Phytolacca* z. B., auch die Staubwege) verdoppelt sind; dies gilt z. B. von den meisten Caryophyllinen und allen anderen Phanerogamen, welche Linné's Klasse der Decandria bilden.

Dritte Art der isopolen Homostauren:

Achtstrahler. Octactinota.

Stereometrische Grundform: Achtseitige reguläre Pyramide.

Realer Typus: Alcyonium (oder Mimusops).

Die Grundform der isopolen Homostauren mit acht Antimeren ist weit häufiger und constanter, als die Decactinoten-Form und ist namentlich als die gemeinsame Grundform aller Alcyonarien oder octactinien Polypen von Wichtigkeit. Diese formenreiche, von Bronn als Monocyclia octactinia bezeichnete Ordnung der Anthozoen, welche aus den drei grossen Familien der Alcyoniden, Gorgoniden und Pennatuliden zusammengesetzt ist, hat stets acht vollkommen gleiche Tentakeln, welche den Mund in einem einfachen regelmässigen Kreise umgeben, und acht denselben entsprechende Kammern der perigastrischen Höhle, welche durch acht gleiche und gleichweit von einander entfernte Septa getrennt sind. Hier ist also die Octactinoten-Form ganz rein überall ausgeprägt und nicht auf die Tetractinoten-Form zurückführbar. Alle acht Antimeren werden als solche getrennt angelegt, und sind von Anfang an einander gleichwerthig. Dasselbe gilt auch von einigen wenigen Medusen aus der Aeginiden-Familie, z. B. *Aegineta hemisphaerica, Cunina discoidalis,* auch von einigen Seesternen mit variabler Antimeren-Zahl, unter denen achtstrahlige Exemplare nicht selten sind, so von *Asteriscus australis, Solaster endeca* (acht bis zehn) und *Asteracanthion tenuispinus* (sechs bis acht Strahlen). Dagegen lassen sich zahlreiche Hydromedusen, die auf den ersten Blick aus acht Antimeren zusammengesetzt zu sein scheinen, auf die Grundform der Tetractinoten zurückführen und durch Duplication einzelner Organkreise aus diesen ableiten. Es geht dies schon daraus hervor, dass hier je zwei anstossende Antimeren nur symmetrisch-gleich und nur je zwei alternirende congruent sind, während bei den echten Octactinoten alle 8 Antimeren vollkommen congruent sein müssen. Diese Bemerkung gilt auch von den meisten, wenn nicht von allen phanerogamen Blüthen, die durch die Achtzahl der Staubfäden (Octandria) zu den Octactinoten zu gehören scheinen. Die meisten derselben lassen als ursprüngliche Grundzahl vier oder fünf nachweisen. Nur *Chlora* unter den Gentianeen, *Mimusops* unter den Sapotaceen, und einige wenige Andere dürften wirklich aus acht Antimeren zusammengesetzt sein. Bei den meisten regulären Blüthen mit acht Staubfäden sind nur vier Blumenblätter und vier Kelchblätter vorhanden, ursprünglich also offenbar nur vier Antimeren. Die scheinbaren acht Antimeren, durch den doppelten Antherenkreis angedeutet, sind in der That nur Parameren, von denen je zwei ein Antimer bilden.

Vierte Art der isopolen Homostauren:

Sechsstrahler. Hexactinota.

Stereometrische Grundform: Sechsseitige reguläre Pyramide.

Realer Typus: Carmarina (oder Achras). Taf. I, Fig. 1.

Die Grundform der regulären sechsseitigen Pyramide ist noch viel weiter als die der achtseitigen verbreitet. Es ist diese Grundform allgemein nachzuweisen bei der grossen Mehrzahl der Anthozoen (Polypen), nämlich bei den Antipatharien oder Antipathiden (Bronn's Monocyclia hexactinia), bei den Malacodermen (mit Ausschluss der Paranemata oder Cereanthiden, also bei den Actiniden im weiteren Sinne), endlich bei den allermeisten Sclerodermen (mit Ausschluss der Rugosen, also bei den Eporosen, Perforaten, Tubulosen und Tabulaten). Bei allen diesen Anthozoen ist die ursprüngliche einfache Antimeren-Zahl sechs; in einem späteren Lebensstadium wird sie (mit Ausnahme der stets einfach bleibenden Antipatharien) oft scheinbar (!) verdoppelt oder höher multiplicirt, indem zwischen die sechs primären Septa mehrere Systeme von secundären, tertiären etc. Septis eingeschaltet werden. Ausser den meisten Anthozoen ist die homotypische Sechszahl auch noch bei einigen anderen Coelenteraten ausgeprägt, nämlich bei den Carmariniden *(Carmarina, Geryonia, Leuckartia)* aus der Familie der Rüsselquallen, bei *Willia* aus der Familie der Oceaniden und bei einigen Aeginiden *(Aegineta paupercula)*. Endlich sind auch einige wenige Seestern-Arten (darunter mehrere, wie es scheint, constant) durch sechs Strahlen ausgezeichnet, so *Asteracanthion gelatinosus, A. polaris, Echinaster eridanella* u. e. a.

Von den phanerogamen Blüthen dürfte auf den ersten Blick die grosse Mehrzahl der Hexandria Linné's und ein grosser Theil anderer Monocotyledonen zu den Hexactinoten zu gehören scheinen. Indessen lehrt hier eine genauere Vergleichung, dass die eigentliche Antimeren-Zahl derselben drei ist. Nur einige wenige Dicotyledonen, namentlich *Achras, Canarina, Loranthus* (?), einige Arten von *Lythrum* und *Sedum* etc. dürfen als echte Hexactinoten betrachtet werden, weil in allen Blattkreisen der Blüthe die Sechszahl wiederkehrt.

Fünfte Art der isopolen Homostauren:

Vierstrahler. Tetractinota.

Stereometrische Grundform: Vierseitige reguläre Pyramide oder Quadrat-Pyramide.

Realer Typus: Aurelia (oder Paris). Taf. I, Fig. 9.

Die Quadratpyramide oder das halbe gleichseitige Octaeder, die Grundform der isopolen Homostauren mit vier Antimeren, ist von allen Formarten der isopolen Homostauren die am meisten verbreitete.

Es ist dies die Grundform der grossen Hydromedusen-Klasse, namentlich aller höheren Medusen (Acraspeden) und auch der meisten niederen (Craspedoten), von denen nur ein Theil der Siphonophoren-Ordnung, sowie die im Vorhergehenden einzeln aufgeführten Medusen, namentlich Aequoriden, Carmariniden und Aeginiden, ferner viele Hydroidpolypen, Ausnahmen bilden. Dann gehört auch noch ein anderer Theil der Coelenteraten hierher, nämlich die gewöhnlich zur Anthozoen-Klasse gestellten Calycozoen (Lucernarien) und Rugosen (Cystiphylliden, Stauriden, Cyathaxoniden und Cyathophylliden, letztere mit Ausnahme der Zaphrentinen), endlich auch die meist zu den Malacodermen-Polypen gestellten Paranemata (Cereanthiden).

Als sehr wichtig ist hier aber besonders hervorzuheben, dass auch schon unter den Würmern einzelne Formen vorkommen, die ebenso aus vier absolut congruenten Antimeren zusammengesetzt sind, wie die Medusen, und die desshalb streng genommen ebenfalls zu den Tetractinoten gerechnet werden müssen. Es sind dies diejenigen Bandwürmer, besonders aus der Gruppe der Tetraphyllideen (Phyllobothriden, Phyllacanthiden, Phyllorhynchiden) und auch die Scolex-Metameren vieler anderer Cestoden, bei denen nicht nur die vier Saugnäpfe oder Hakenrüssel, die den Peristompol gleich vertheilt umgeben, congruent sind, sondern auch der Excretionsapparat durch vier (oder acht) ganz gleiche Hauptstämme vertreten ist.

Unter den phanerogamen Blüthen ist die Tetractinoten-Form ebenfalls sehr weit verbreitet und es dürfte wohl die Mehrzahl der Dicotyledonen mit vierspaltigem oder vierblättrigem Kelche und mit vierspaltiger oder vierblättriger Blumenkrone hierher zu rechnen sein, mag nun die Staubfädenzahl vier (Tetrandria) oder acht (Octandria) betragen. Als Beispiele von sehr reiner Ausbildung der Tetractinoten-Form mögen hier *Paris quadrifolia, Epimedium, Erica* und verschiedene andere Ericeen, und aus der (gewöhnlich dreizähligen) Monocotyledonen-Gruppe die streng vierzählige *Aspidistra* angeführt werden. Unter den Cryptogamen scheint die vierseitige reguläre Pyramide die Grundform von sehr vielen Früchten zu sein, so z. B. von den Vierlingsfrüchten vieler Algen etc.

Die Aequatorialebene dieser Grundform ist das Quadrat. Die durch die Diagonalen des Quadrats bestimmten beiden radialen Kreuzebenen, welche sich rechtwinkelig schneiden, können den beiden Richtebenen der orthostauren Autopolen und insbesondere der Tetraphragmen verglichen werden, mit welchen letzteren diese einfachste Form der isopolen Homostauren durch vielfache Uebergänge allmählig verbunden ist. Sobald, wie es bei einigen Medusen *(Saphenia, Stomotoca)* geschieht, zwei 'gegenständige Antimeren sich durch Entwickelung irgend eines besonderen Organes vor den beiden mit ihnen alternirenden auszeichnen, oder (wie bei den Cruciferen) durch mangelhaftere Entwickelung hinter letzteren zurückbleiben, so ist der Uebergang aus der Quadrat-Pyramide der Tetractinoten in die Rhomben-Pyramide der Tetraphragmen bewerkstelligt.

Zweite Gattung der homostauren Stauraxonien:

Ungeradzahlige reguläre Pyramiden. Anisopola.

Stereometrische Grundform: Reguläre Pyramide mit 2n — 1 Seiten.

Die Grundform der anisopolen Homostauren oder der heteropolen Stauraxonien mit ungerader Antimerenzahl ist die reguläre Pyramide mit ungerader Seitenzahl, wie schon oben erörtert worden ist. Die Axenverhältnisse dieser Formgattung sind dadurch characterisirt, dass, wenn die homotypische Grundzahl = 2n — 1 ist, eben so viele unter sich gleiche Kreuzaxen vorhanden sind, und dass jede von diesen 2n — 1 Kreuzaxen zur Hälfte aus einem Radius, zur Hälfte aus einem Interradius besteht. Jedes der 2n — 1 Antimeren ist eine (ganze oder abgestumpfte) rechtwinkelige vierseitige Pyramide, deren Basis ein doppelt-gleichschenkeliges Trapez ist (ein Trapez, dessen beide Diagonalen senkrecht aufeinander stehen, und von denen die eine die andere halbirt, ohne von dieser selbst halbirt zu werden). Von den vier Seitenflächen jedes Antimeres, deren jede einen rechten Winkel enthält, sind je zwei anstossende symmetrisch-congruent. Die beiden äusseren Seitenflächen sind die Hälften zweier anstossenden Seiten der regulären Pyramide; die beiden inneren Seitenflächen sind die interradialen Hälften von zwei benachbarten semiradialen Kreuzebenen. Das Formen-Genus der allopolen Homostauren zerfällt in fünf Formen-Species, je nachdem die Grundzahl 9 + 2n oder neun, sieben, fünf, drei beträgt. Je niedriger die homotypische Grundzahl, desto vollkommener ist die Grundform.

Erste Art der anisopolen Homostauren:

Ungeradzahlige Vielstrahler. Polyactinota.

Stereometrische Grundform: Reguläre Pyramide mit 9 + 2 n Seiten.

Realer Typus: Brisinga.

In der Gruppe der Polyactinoten fassen wir alle diejenigen anisopolen Homostauren zusammen, deren ungerade Grundzahl mehr als neun, also mindestens elf, dreizehn, fünfzehn u. s. w., allgemein 9 + 2n beträgt. Es sind diese Homostauren von den Myriactinoten nicht scharf zu trennen, da bei vielen hierher gehörigen Species die Grundzahl variabel, bald gerade, bald ungerade ist. Selten ist eine höhere Grundzahl als neun bei allen Individuen einer Species constant. Ueberhaupt sind im Ganzen höhere ungerade Zahlen sehr sêlten, und noch seltener als höhere gerade Grundzahlen. Aus dem Pflanzenreiche sind uns solche nicht bekannt. Im Thierreiche finden sie sich bei denselben Strahlthiergruppen, die wir schon unter den isopolen Myriactinoten hervorgehoben haben, einerseits bei einigen Seesternen, andererseits bei einigen Medusen aus den Familien der Aeginiden und Aequoriden. Es sind hier dieselben Arten von Aequoriden und Aeginiden hervorzuheben, die überhaupt eine höhere und dabei variable Antimerenzahl besitzen und daher ebensowohl häufig eine gerade als eine ungerade Grundzahl zeigen. Abgesehen hiervon aber scheinen einzelne Species sich durch eine constante ungerade Grundzahl, die höher als neun ist, auszuzeichnen. So sollen mehrere Arten von *Mesonema* constant aus siebzehn Antimeren zusammengesetzt sein, *Phorcynia striata* aus dreizehn, *Cunina lativentris* aus elf (bisweilen jedoch auch aus zehn oder zwölf), *C. vitrea* aus neun bis elf Strahlstücken u. s. w. Unter den Seesternen zeichnet sich *Asteriscus rosaceus* durch die constante Zusammensetzung aus fünfzehn Antimeren aus. Ebenso ist die merkwürdige *Brisinga endecacnemos*, welche den Uebergang von den Asterien zu den Ophiuren bildet, durch den constanten Besitz von elf Armen ausgezeichnet. Einundzwanzig Strahlen finden sich bisweilen bei *Echinaster solaris*, der meist vierzehn bis zwanzig besitzt.

Zweite Art der anisopolen Homostauren:

Neunstrahler. Enneactinota.

Stereometrische Grundform: Neunseitige reguläre Pyramide

Realer Typus: Luidia senegalensis.

Von allen homotypischen Grundzahlen unter zwölf scheint neun am seltensten realisirt zu sein. Constant oder doch fast constant finden sich neun Antimeren bei einigen Seestern-Arten vor, so namentlich bei *Luidia senegalensis M. Tr.* und *Luidia maculata M. Tr.* Ebenso finden sich bei *Solaster endeca* fast immer neun (selten acht oder zehn) Strahlenarme. Neun Strahlen kommen auch bei *Asteriscus australis* vor, welcher deren gewöhnlich acht hat.

Dritte Art der anisopolen Homostauren:

Siebenstrahler. Heptactinota.

Stereometrische Grundform: Siebenseitige reguläre Pyramide

Realer Typus: Trientalis (oder Luidia Savignyi).

Wie schon oben bemerkt wurde, sind die Grundzahlen neun und sieben von allen niederen Zahlen am seltensten in organischen Formen ausgeprägt. Die siebenseitige reguläre Pyramide findet sich daher als Grundform von Personen sowohl im Thier- als im Pflanzenreiche nur selten deutlich ausgebildet vor. Von den Thieren ist uns nur ein einziges Beispiel von constanter Siebenzahl bekannt, der schöne siebenstrahlige Seestern *Luidia Savignyi*. Auch unter den Pflanzen ist sieben als constante homotypische Grundzahl sehr selten und nur bei einigen wenigen Phanerogamenblüthen rein durchgebildet, z. B. bei einigen Species von *Sempervivum* und bei der naheverwandten Crassulaceen-Gattung *Septas*, die einen siebentheiligen Kelch, sieben Blumenblätter, sieben Staubfäden, sieben Griffel und sieben Fruchtblätter besitzt. Von den deutschen Phanerogamen gehört nur eine einzige Art hierher, die *Trientalis europaea*, welche ebenfalls sieben Kelchblätter, eine siebentheilige Krone und sieben Staubfäden (nur einen Griffel und eine Beere) hat, bei der aber bisweilen die Blüthe auch fünf bis acht Antimeren besitzt. Die übrigen Phanerogamen, welche wegen sieben Staubfäden zu den Heptandria gestellt werden, haben meist die homotypische Grundzahl fünf (z. B. *Aesculus*) oder vier (z. B. *Saururus*) und es ist hier die Siebenzahl durch theilweises Fehlschlagen des verdoppelten Staubblattkreises bedingt.

Vierte Art der anisopolen Homostauren:

Fünfstrahler. Pentactinota.

Stereometrische Grundform: Fünfseitige reguläre Pyramide.

Realer Typus: Ophiura (oder Primula) Taf. I, Fig. 6.

Die Pentactinoten-Form, die Grundform der anisopolen Homostauren mit fünf Antimeren, ist von allen regulären Pyramiden mit ungerader Seitenzahl bei weitem die häufigste. Nicht nur ist der ganze umfangreiche Stamm der Echinodermen fast constant aus fünf Antimeren zusammengesetzt; sondern es gilt dies auch für die bei weitem überwiegende Mehrzahl aller Dicotyledonen-Blüthen. Doch geht allerdings bei einem sehr grossen Theile beider Abtheilungen die streng reguläre Form vielfach in die bilateral-symmetrische (amphipleure) bis zu deren vollkommenster Ausbildung über, so dass es oft sehr schwierig ist, die Grenze zwischen der fünfseitigen regulären und der halben amphithecten Pyramide zu bestimmen.

Als streng reguläre fünfseitige Pyramiden haben wir von den Thieren nur einen Theil des Echinodermen-Stammes zu betrachten, und zwar 1) einen sehr kleinen Theil der Crinoiden-Klasse und zwar nur aus der Subclasse der Brachiaten, z. B. *Eucalyptocrinus, Cupressocrinus* etc.; 2) die grosse Mehrzahl der Asteriden, namentlich sämmtliche Ophiuren und Euryalen, und die Mehrzahl der Asterien; 3) einen sehr kleinen Theil der Echiniden (die Palaechiniden und einige Cidariden). Diesen absolut regulären Echinodermen schliesst sich eine sehr grosse Anzahl von „subregulären" an, bei denen die fünf Antimeren congruent sind, wenn man von einem, an sich unbedeutenden Merkmale (z. B. einem unpaaren Genitalporus oder dem excentrischen After) absieht, welches einen unpaaren Radius und Interradius den vier übrigen gegenüber auszeichnet. Zu diesen gehören 1) die allermeisten Crinoiden; 2) alle fünfzähligen, nicht absolut regulären Asteriden; 3) die sogenannten regulären Echiniden; 4) die sogenannten regulären („nicht sohligen") Holothurien (*Pentacta, Synapta* etc.). Bei den Coelenteraten scheint die Pentactinotenform nicht vorzukommen. Zwar hat man früher eine Anthozoen-Gruppe als Pentactinia unterschieden. Indess sind bei diesen in der That sechs Antimeren vorhanden, und nur bisweilen das Eine davon etwas verkümmert.

Von den phanerogamen Blüthen ist eine grosse Anzahl der Dicotyledonen hierher zu rechnen, nämlich alle diejenigen, bei denen fünf congruente Blätter oder Multipla von fünf in jedem Blattkreise, und namentlich in dem Blattkreise des Kelches und der Krone vorhanden sind, wobei die Zahl der Staubfäden häufig stark multiplicirt, und die Zahl der Fruchtblätter häufig um ein, zwei, drei oder vier reducirt ist. Dies gilt z. B. von den meisten Primulaceen, Solaneen, Campanulaceen, Umbelliferen, Crassulaceen etc. Als Beispiele von reinster Ausbildung der pentactinoten Grundform sind hier insbesondere viele Primulaceen, viele Arten von *Sedum, Oxalis, Nicandra, Campanula* etc. hervorzuheben.

Streng genommen würden allerdings nur diejenigen fünfzähligen Blüthen hierher zu rechnen sein, bei denen fünf congruente Blätter in jedem Blattkreise der Blüthe vollkommen regulär ausgebildet sind, und bei denen also auch die weiblichen Genitalien entweder fünfzählig oder einfach (central in der Pyramiden-Axe) vorhanden sind. Indessen ist bei der grossen Mehrzahl der fünfzähligen Blüthen die im Uebrigen ganz regulär sind, die Anlage zur bilateralen Symmetrie dadurch bestimmt, dass nur vier oder drei oder zwei oder ein Griffel oder Stempel ausgebildet sind.

Fünfte Art der anisopolen Homostauren:

Dreistrahler. Triactinota.

Stereometrische Grundform: Dreiseitige reguläre Pyramide.

Realer Typus: Iris (oder Lychnocanium) Taf. I, Fig. 4.

Den einfachsten Fall unter allen anisopolen Homostauren bietet uns die dreiseitige reguläre Pyramide dar, wie sie sich sehr häufig im Pflanzenreiche, dagegen aber bei keiner uns bekannten Thier-Person ausgebildet findet. Als Grundform von Organen kommt sie auch hier vor, so z. B. bei den dreiklappigen Pedicellarien der Seeigel. Unter den Protisten finden wir dieselbe als Form actueller Bionten bei vielen Rhizopoden, unter denen besonders eine Anzahl von Cyrtiden-Arten aus der Radiolarien-Klasse hervorzuheben ist, und zwar aus den beiden Unterfamilien der Dicyrtiden und Stichocyrtiden. Nicht selten ist hier die geometrische Grundform sehr rein in der Bildung des zierlichen Kieselgehäuses ausgesprochen, so bei vielen Arten von *Lithomelissa, Lithornithium, Rhopalocanium, Podocyrtis;* besonders regelmässige dreiseitige Pyramiden sind die Kieselschalen von *Lychnocanium lucerna, Dictyophimus gracilipes, Rhopalocanium ornatum* und *Dictyopodium trilobum.*

Unter den Phanerogamen-Pflanzen ist die Dreizahl ebenso characteristisch für die Blüthensprosse bei der grossen Mehrzahl der Monocotyledonen, wie die Fünfzahl (seltener die Vierzahl) für die Blüthensprosse bei den allermeisten Dicotyledonen. Wie bei den letzteren, so geht auch bei den ersteren die homostaure vielfach in die heterostaure (amphipleure) Form über. Dies ist z. B. bei den grossen Abtheilungen der Orchideen, Gramineen und Cyperaceen der Fall. Dagegen ist die reguläre dreiseitige Pyramide die unverkennbare Grundform der Blüthe in der umfangreichen Gruppe der Coronarien (Liliaceen, Smilaceen, Irideen, Amaryllideen etc.), bei den Juncaceen und vielen anderen Monocotyledonen. Viel seltener finden wir die reine Triactinoten-Form bei den Dicotyledonen, so z. B. bei einigen Laurineen, einigen Arten von *Elatine, Tillaea, Cneorum* etc.

Zweite Unterfamilie der heteropolen Stauraxonien:

Ungleichpolige Ungleichkreuzaxige. Heterostaura.

(„Bilateral-symmetrische" Formen der Autoren in der ersten (weitesten) Bedeutung des Begriffes).

Stereometrische Grundform: Irreguläre Pyramide.

Die heterostauren heteropolen Stauraxonien oder die Heterostauren, wie wir sie kurz nennen wollen, bilden eine höchst wichtige und umfangreiche Formenreihe; es ist dies die am weitesten verbreitete und am meisten differenzirte von allen Hauptgruppen, in welche wir die Grundformen der Organismen vertheilt haben. Die grosse Mehrzahl aller Personen des Thierreichs, sehr zahlreiche Personen des Pflanzenreichs und sehr viele Antimeren, Metameren, Organe und Zellen, lassen diese Grundform erkennen. Der einfachste geometrische Ausdruck derselben ist die irreguläre, und zwar meistens die amphithecte Pyramide, (entweder die ganze oder die halbe, selten die geviertheilte amphithecte Pyramide).

Den Character und die allgemeinen Eigenschaften der amphithecten oder zweischneidigen Pyramide haben wir bereits oben bestimmt und erläutert; es ist eine gerade Pyramide mit gerader Seitenzahl, deren Basis ein amphithectes (zweischneidiges) Polygon ist (p. 434). Die Seitenzahl kann sehr verschieden sein, muss aber stets gerade (2n) sein. Als Beispiel für die achtseitige amphithecte Pyramide mögen hier vorläufig die Ctenophoren, für die sechsseitige die Madreporen, für die vierseitige die Zygocyrtiden (auch viele Siphonophoren, ferner die Cruciferen-Blüthen, *Circaea* u. A.) hervorgehoben werden. Der hervorstechendste und wichtigste Characterzug der zweischneidigen Pyramide besteht darin, dass sie durch zwei auf einander senkrechte Ebenen, deren Schnittlinie die Hauptaxe ist, in vier rechtwinkelige Pyramiden zerlegt wird, von denen je zwei benachbarte symmetrisch-gleich, je zwei gegenüberliegende aber congruent sind. Die beiden ungleichen, sich gegenseitig halbirenden Meridianebenen, welche auf diese Weise den Character der amphithecten Pyramide bestimmen, haben wir oben als Richtebenen (Plana euthyphora) oder ideale Kreuzebenen bezeichnet. Die beiden Queraxen, welche auf der Hauptaxe in deren Mittelpunkt senkrecht stehen, und in den beiden Richtebenen liegen, sind die Richtaxen (Euthyni) oder die idealen Kreuzaxen. Mindestens die eine und meistens auch die andere von diesen beiden Richtaxen fällt mit einer realen Kreuzaxe, entweder einer radialen oder einer interradialen, nie mit einer semiradialen zusammen. Die eine der beiden Richtebenen, die wir die Lateralebene oder Breitenebene nennen, theilt die amphithecte Pyramide in zwei congruente Hälften, welche der Rücken- und Bauchhälfte des Thieres entsprechen; die in der Lateralebene liegende Richtaxe ist die Lateralaxe oder Breitenaxe, deren beide Pole wir als rechten und linken unterscheiden. Die andere Richtebene, welche die amphithecte Pyramide ebenfalls in zwei congruente Hälften, und zwar in eine rechte und linke Hälfte, theilt, ist die Längenebene oder Medianebene, und die in derselben liegende Richtaxe ist die Dorsoventralaxe oder Dickenaxe, deren beide Pole wir als Rücken- und Bauch-Pol unterscheiden. Diejenige Ebene endlich, welche durch die beiden Richtaxen bestimmt ist, entspricht der Aequatorialebene der bisher betrachteten Protaxonien, und wird am besten als Dorsoventralebene oder Dickenebene unterschieden. Durch sie wird die ganze amphithecte Pyramide in zwei ungleiche Stücke getheilt, ein Apicalstück und ein Basalstück. Vergl. Taf. I., Fig. 2, 8 nebst Erklärung.

Wir haben demnach an der einfachen amphithecten Pyramide, ganz abgesehen von den realen Kreuzaxen und den durch ihre Zahl bestimmten Seiten, die allgemein $2n+2$ ist, (bei den Ctenophoren acht.

bei den Madreporen sechs, bei den Cruciferen vier), folgende allgemein bestimmende Punkte, Linien und Ebenen zu unterscheiden:

I. Drei auf einander senkrechte und sich gegenseitig halbirende Axen, welche den drei Dimensionen des Raumes entsprechen und von denen eine ungleichpolig ist, während die beiden anderen gleichpolig sind. Diese drei Axen sind: 1) die ungleichpolige Hauptaxe oder Längsaxe (Axis principalis, longitudinalis). A. Erster Pol oder Mundpol (Polus oralis, Peristomium, Basis der Pyramide). B. Zweiter Pol oder Gegenmundpol (Polus aboralis, Antistomium, Apex der Pyramide). 2) Die gleichpolige erste Richtaxe (Dickenaxe oder Rückenbauchaxe (Axis dorsoventralis, sagittalis). A. Erster Pol oder Rückenpol (Polus dorsalis). B. Zweiter Pol oder Bauchpol (Polus ventralis). 3) Die gleichpolige zweite Richtaxe, Breitenaxe oder Seitenaxe (Axis lateralis, dextrosinistra). A. Erster oder rechter Pol (Polus dexter. B. Zweiter oder linker Pol (Polus sinister).

II. Drei auf einander senkrechte Ebenen, welche durch je zwei von den eben bestimmten drei Axen gelegt werden können und von denen die eine (die Medianebene) jede der beiden anderen halbirt. Diese drei Ebenen sind: 1) die Medianebene, Sagittalebene oder Längs-Dicken-Ebene (Planum medianum), durch die Hauptaxe und die Dorsoventralaxe bestimmt; 2) die Lateralebene oder Längs-Breiten-Ebene (Planum laterale), durch die Hauptaxe und die Lateralaxe gelegt; 3) die Aequatorialebene oder Breiten-Dicken-Ebene (Planum aequatoriale s. dorsoventrale), durch die beiden Richtaxen bestimmt. Die letztere ist ein amphithectes Polygon von $2n+2$ Seiten; die beiden ersteren sind gleichschenkelige Dreiecke, oder, wenn man die abgestumpfte amphithecte Pyramide betrachtet, gleichschenkelige Paralleltrapeze (Antiparallelogramme).

III. Die Kreuzaxen (Stauri), welche auf dem Mittelpunkte der Hauptaxe senkrecht stehen und durch sie halbirt werden, so wie die Kreuzebenen (Plana cruciata) oder die Meridianebenen, welche durch die Hauptaxe und jede der Kreuzaxen sich legen lassen, können bei den ganzen amphithecten Pyramiden niemals semiradial sein, da die homotypische Grundzahl niemals eine ungerade sein kann. Da die letztere stets $2n+2$ ist, so müssen die Kreuzaxen und Kreuzebenen stets von zweierlei Art, abwechselnd radial und interradial sein. Die Kreuzaxen und die durch sie und die Hauptaxe gelegten Kreuzebenen können ferner niemals alle gleich sein, da erst durch die Ungleichheit derselben die Differenzirung der beiden ungleichen Richtaxen und Richtebenen bedingt wird, welche den Character der amphithecten Pyramide bestimmt.

Wie die meisten vorstehend angeführten Grundformen, so ist

auch die ganze und halbe amphithecte Pyramide, welche die gemeinsame Grundform der meisten Heterostauren ist, von den Morphologen bisher nicht erkannt worden, da man die bestimmenden Axen und deren Pole entweder gar nicht oder doch nicht gehörig berücksichtigt hat. Vielmehr hat man alle hierher gehörigen Formen als „Bilateral-Symmetrische" im weitesten Sinne des Wortes betrachtet. Der Einzige, der wenigstens den Unterschied der ganzen und halben amphithecten Pyramide, wenn auch nicht erkannt, so doch gefühlt und unbestimmt ausgedrückt hat, ist Bronn; er nennt diejenigen Heterostauren, welche der ganzen amphithecten Pyramide entsprechen, Sagittalformen oder Keile (Sphenoide), diejenigen, welche nur eine halbe repräsentiren, Halbkeile (Hemisphenoide).

Die äusserst umfangreiche und vielgestaltige Formengruppe der Heterostauren zerfällt zunächst in zwei Hauptabtheilungen, autopole und allopole, je nachdem jede der beiden Richtaxen (oder idealen Kreuzaxen) gleichpolig ist, oder wenigstens die eine derselben (selten auch die andere) ungleichpolig ist. Die autopolen Heterostauren, bei denen die beiden Pole an jeder der beiden Richtaxen gleich sind, werden durch jede der beiden Richtebenen in zwei congruente Stücke zerlegt. Die allopolen Heterostauren, bei denen die beiden Pole der einen Richtaxe (selten auch die der anderen) ungleich sind, werden durch die eine Richtebene in zwei ungleiche, durch die andere in zwei symmetrisch-gleiche Stücke zerlegt (oder, wenn beide Richtaxen ungleichpolig sind, in zwei symmetrisch-ähnliche). Zwischen diesen beiden Hauptabtheilungen besteht der sehr wichtige Unterschied, dass bei den Autopolen, wie bei allen bisher betrachteten Protaxonien, die Mitte des Körpers eine Linie ist, während dieselbe bei den Allopolen zur Ebene wird. Wenn man auf dieses, die Körperform in hohem Maasse bestimmende Verhältniss das Hauptgewicht legt, so muss man die Autopolen als die letzte und höchst differenzirte Abtheilung der Centraxonien (Protaxonien, mit Ausschluss der Allopolen) betrachten und diesen die Allopolen als Centrepipeden entgegen stellen. Die geometrische Grundform der autopolen Heterostauren ist die ganze, diejenige der allopolen die halbe amphithecte Pyramide (selten, wenn nämlich beide Richtaxen ungleichpolig sind, die geviertheilte). Bei den Autopolen ist rechte und linke Hälfte congruent, bei den Allopolen symmetrisch-gleich (selten bloss symmetrisch-ähnlich); bei den ersteren ist Rücken- und Bauchhälfte congruent, bei den letzteren ungleich.

Die kleinere, aber morphologisch besonders interessante Abtheilung der autopolen Heterostauren bildet die Grundform bei den Bionten der Ctenophoren und Madreporen, vieler Siphonophoren, einiger niederer Würmer, der Zygocyrtiden und mehrerer Dicotyledonen-

Familien (Cruciferen u. a). Weit wichtiger und umfangreicher ist die Abtheilung der allopolen Heterostauren, deren Grundform das materielle Substrat der actuellen Bionten bei den meisten höheren und vielen niederen Thieren und Pflanzen bildet. Es gehören hierher sämmtliche Wirbelthiere, Arthropoden und Mollusken, die meisten Würmer, die irregulären Echinodermen, die Zaphrentinen, viele Siphonophoren und eine kleine Anzahl von Rhizopoden, sowie von den Monocotyledonen die Gräser, Cyperaceen, Orchideen etc. und von den Dicotyledonen die umfangreichen Familien der Compositen, Umbelliferen, Leguminosen, Violarien und viele Andere.

Erste Gattung der heterostauren Stauraxonien:

Amphithect-pyramidale Grundformen. Autopola.

(Toxopleura. Sagittalia, Sphenoide, Bronn.)

Stereometrische Grundform: Amphithecte Pyramide (Taf. I, Fig. 2, 8).

Die Abtheilung der autopolen Heterostauren ist für die allgemeine Morphologie von besonderem Interesse, wie schon daraus hervorgeht, dass man bei einer hierher gehörigen Thierklasse, den Ctenophoren nämlich, im letzten Jahrzehnt schon mehrfach bemüht gewesen ist, die allgemeine Grundform zu erkennen. Da man bei der Mehrzahl der Organismen diese Frage überhaupt noch nicht aufgeworfen oder doch nur in der oberflächlichsten Weise beantwortet hat, so dürfen sich die Ctenophoren in dieser Beziehung schon eines besonderen Vorzuges rühmen. Freilich zeigt Nichts so deutlich, wie sehr dieser Theil der Morphologie die unentbehrliche Grundlage der scharfen philosophischen Begriffsbestimmung vernachlässigt hat, als die unklare und verworrene Weise, in der man die Frage von der Grundform der Ctenophoren zu lösen versucht, und die zu den seltsamsten Widersprüchen geführt hat. Während die einen Morphologen dieselben als „rein bilateral-symmetrische Thiere", die anderen als „Uebergänge vom bilaterals-ymmetrischen zum radial-regulären Typus" deuteten, haben sie wieder andere als reine „Strahlthiere" aufgefasst und zwar bald als „achtstrahlige", bald als „zweistrahlige" Thiere. Und doch ist die eigenthümliche Grundform der autopolen Heterostauren in allen Ctenophoren so rein und so ohne Uebergangsbildungen, weder zur wirklichen „Bilateralsymmetrie", noch zur wirklichen „Radialregularität" ausgesprochen, dass die einfachste Untersuchung der Axen und ihrer Pole, sobald man einmal die Begriffe der Grundformen festgestellt hat, sofort zum einzig möglichen Resultate führt. Von den anderen Thieren, die neben den Ctenophoren eine Stellung in der Gruppe der autopolen Heterostauren beanspruchen, sind die sechsstrahligen Madreporen noch gar nicht, die viertheiligen niederen

Würmer nur von Bronn kurz beachtet worden. Auch in den hierher gehörigen Pflanzen, den Blüthensprossen der Cruciferen nämlich und einiger anderer Phanerogamen, ist die stereometrische Grundform nicht erkannt worden.

Die Grundform der autopolen Heterostauren ist die amphithecte Pyramide, deren Character wir im Vorhergehenden (p. 434) genügend festgestellt und erörtert haben. Als das sicherste Kriterium derselben, welches sie in allen Fällen characterisirt und sie von allen übrigen Pyramiden bestimmt unterscheidet, soll hier nur nochmals hervorgehoben werden, dass die amphithecte Pyramide durch zwei auf einander senkrechte ungleiche Ebenen (Richtebenen), deren Schnittlinie die Pyramidenaxe (Hauptaxe) ist (und nur durch diese beiden Ebenen!) in vier rechtwinkelige Pyramiden zerlegt wird, von denen je zwei anstossende symmetrisch-gleich, je zwei gegenständige aber congruent sind. Diese Eigenschaft ist dadurch bedingt, dass die beiden, in jenen Richtebenen liegenden Richtaxen (Euthynen oder idealen Kreuzaxen), welche sich gegenseitig und die ungleichpolige Hauptaxe unter rechten Winkeln halbiren, ungleich sind, während die beiden Pole (und Polflächen) jeder Richtaxe gleich sind.

Die autopolen Heterostauren unterscheiden sich einerseits von allen bisher untersuchten heteropolen Stauraxonien, also von den Homostauren, durch die ungleiche Länge und Beschaffenheit der radialen Kreuzaxen, während sie durch die gleiche Beschaffenheit der beiden Pole jeder Kreuzaxe mit denselben übereinstimmen. Andererseits sind sie von den allopolen Heterostauren, mit denen sie die Ungleichheit der Kreuzaxen gemein haben, durch die Gleichheit ihrer Pole verschieden. Wie sie durch diese Eigenschaften zwischen den beiden genannten Gruppen in der Mitte stehen, so ist es auch der Fall mit Bezug auf die Körpermitte (Centrum). Während diese bei den allopolen Heterostauren zur Ebene wird (Centrepipeden), so bleibt sie bei den autopolen noch eine Linie, wie bei den Homostauren; allein durch die Differenzirung der beiden Richtebenen, die bei den letzteren stets gleich, also als solche eigentlich nicht vorhanden sind, tritt dennoch eine Annäherung der Autopolen an die Allopolen ein, indem gewissermaassen zwei Medianebenen durch die beiden Richtebenen gegeben sind. Da aber jede derselben durch die andere in zwei gleiche Hälften getheilt wird, so fehlt wiederum der wesentliche Character der allopolen Medianebene, die Zusammensetzung aus zwei ungleichen Hälften, Rücken- und Bauch-Hälfte. Daher können wir an der Autopolen-Form an und für sich, ohne Vergleichung mit verwandten Allopolen, niemals bestimmen, welche der beiden ungleichen Richtaxen und Richtebenen die dorsoventrale, welche die laterale ist.

Der Rücken ist vom Bauche ebenso wenig als das Rechts vom Links verschieden. Nur die Hauptaxe ist ungleichpolig.

Wie wir die autopole Heterostauren-Form aus der allostauren homopolen Stauraxon-Form einfach dadurch erhalten, dass wir die amphithecte Doppelpyramide der letzteren mittelst eines durch die Aequatorialebene gelegten Schnittes halbiren, so können wir auch zwei Unterabtheilungen der ersteren dadurch erhalten, dass wir sie auf gleiche Weise aus den beiden, oben geschilderten Formengruppen der letzteren ableiten. Wir werden so oxystaure Autopolen erhalten, bei denen mehr als zwei radiale Kreuzaxen vorhanden sind, die sich unter spitzen Winkeln schneiden, und orthostaure, bei denen nur zwei radiale Kreuzaxen ausgebildet, die sich unter rechten Winkeln schneiden, und demgemäss mit den beiden idealen Kreuzaxen oder Richtaxen zusammenfallen. Die orthostauren Autopolen entsprechen den orthogonien oder octopleuren Allostauren, deren Hälften sie darstellen, und sind gleich diesen aus vier Antimeren zusammengesetzt. Die oxystauren Allopolen dagegen können als Hälften der oxygonien oder polypleuren Allostauren betrachtet werden und sind gleich diesen allgemein aus $4+2n$ Antimeren (mindestens aus sechs, acht, zehn u. s. w.) gebildet. Wie es oben bei der homopolen amphithecten Doppelpyramide geschah, so kann auch hier bei der heteropolen amphithecten Einzelpyramide die viertheilige, orthostaure oder orthogonie Form (mit vier Antimeren) als eine besondere Art und zwar als die einfachste und regelmässigste Art der vieltheiligen, oxystauren oder oxygonien Form (mit $4+2n$ Antimeren) betrachtet werden. Diese speciellste Form der letzteren ist das halbe Rhomben-Octaeder oder die rhombische Pyramide.

Erste Untergattung der autopolen Heterostauren.

Vielseitige amphithecte Pyramiden. Oxystaura.

Stereometrische Grundform: Amphithecte Pyramide mit $4+2n$ Seiten.

Als oxystaure Autopolen fassen wir hier alle diejenigen autopolen Heterostauren zusammen, welche aus sechs, acht und mehr (allgemein aus $4+2n$) Antimeren zusammengesetzt sind. Da also sechs das Minimum der Antimerenzahl bei allen hierher gehörigen Formen ist, so muss die Zahl der radialen Kreuzaxen demgemäss mindestens drei betragen und diese können sich nur unter spitzen Winkeln schneiden (daher Oxystaura). Es fallen mithin mindestens zwei radiale und zwei interradiale Kreuzebenen nicht mit den beiden Richtebenen zusammen. Die stereometrische Grundform der Oxystauren ist eine gerade Pyramide, deren Basis ein amphithectes Polygon von mindestens sechs oder acht Seiten (allgemein von $4+2n$ Seiten) bildet. Von hierher gehörigen Formen sind uns nur zwei Arten bekannt, die achtseitige und die sechsseitige amphithecte Pyramide, von denen die erstere die Grundform der Ctenophoren, die letztere die der Madreporen und einiger anderer sechszähliger Anthozoen bildet. Oxystaure Autopolen mit zehn, zwölf oder 12 + 2n Antimeren, die ebenfalls besondere Arten bilden würden, scheinen in rein ausgeprägter Form nicht vorzukommen.

Erste Art der oxystauren Autopolen:

Achtreifige. Octophragma.

(Achtstrahlige gleichpolige Bilateralformen.)

Stereometrische Grundform: Achtseitige amphithecte Pyramide.

Realer Typus: Eucharis (Taf. I, Fig. 8).

Die sehr characteristische Octophragmen-Form ist von besonderem Interesse als die allgemeine und ausschliessliche Grundform sämmtlicher Ctenophoren. Wie mannichfaltig auch durch die zierlichste Architectonik das Aeussere dieser schönen und gestaltenreichen Thierklasse modificirt erscheinen mag, stets lässt es sich auf dieselbe einfache Grundform zurückführen. Die augenfälligen Abweichungen, welche die Grundform der Ctenophoren von der „regulären" Strahlthierform der nächstverwandten Hydromedusen und Anthozoen zeigt, haben, wie erwähnt, in neuerer Zeit zu lebhaften Erörterungen geführt, die jedoch, ohne ein positives Resultat zu haben, die klare Auffassung derselben eher noch mehr erschwert haben. Nachdem man früher die Ctenophoren bald als rein bilateral-symmetrische Thiere, bald als Uebergangsformen von der bilateralen Symmetrie zur radialen Regularität betrachtet hatte, während sie wieder von Anderen als echte Strahlthiere, und zwar bald als achtstrahlige, bald als vierstrahlige angesehen wurden, erschien vor wenigen Jahren ein diese Frage ausführlicher behandelnder Aufsatz von Fritz Müller „über die angebliche Bilateralsymmetrie der Rippenquallen,"[1]) worin dieser ausgezeichnete Naturforscher den Nachweis zu führen versuchte, dass die Ctenophoren „zweistrahlige Thiere" seien. Obgleich dieser Arbeit jedenfalls das Verdienst gebührt, die Irrthümer und Widersprüche der früheren Betrachtungsweise schlagend nachgewiesen zu haben, so kann doch die versuchte Lösung der anscheinend so verwickelten Frage nicht als eine glückliche bezeichnet werden. Vielmehr wird sich aus einer einfachen und unbefangenen Betrachtung der Axenverhältnisse ergeben, dass die Ctenophoren die bestimmte eigenthümliche Grundform der octophragmen Oxystauren, die

---

[1]) Archiv für Naturgeschichte, 1861, XXVII, 1; pag. 320—325.

wir zu den autopolen Heterostauren stellen müssen, besitzen und dass sie also ebenso weit vom echten radialen als vom echten symmetrischen Typus entfernt sind.

Der Körper aller Ctenophoren ist aus acht Antimeren zusammengesetzt, deren jedes einen Nerven, ein Chylusgefäss, eine Reihe von Wimperblättern und eine Doppelreihe von Geschlechtsorganen (eine männliche und eine weibliche Reihe) enthält. Es sind also die wesentlichen Organe des Körpers in Achtzahl vorhanden und in der Weise vollkommen regulär auf 8 Strahlen vertheilt, dass an dem wirklich „achtstrahligen" Bau, d. h. an der wirklichen Zusammensetzung des Körpers aus acht radialen Antimeren nicht gezweifelt werden kann. Diejenigen Organe, welche nicht in Achtzahl vorhanden sind, liegen entweder als einfache unpaare Organe in der Hauptaxe des Körpers, wie Mund, Magen, Sinnesorgan, oder sie sind paarig vorhanden, und liegen dann entweder in der einen oder in der anderen von den beiden auf einander senkrechten Meridianebenen (Richtebenen), welche man durch die Hauptaxe und durch die beiden idealen auf einander senkrechten Kreuzaxen (Richtaxen) legen kann. Beide Richtebenen sind interradiale Kreuzebenen; daher theilen sie den ganzen Körper in 4 Stücke (Quadranten), deren jedes aus 2 ähnlichen Antimeren besteht. Je 2 benachbarte Quadranten sind symmetrisch-gleich, je 2 gegenständige congruent; die beiden Antimeren jedes Quadranten aber sind weder congruent, noch symmetrisch-gleich, sondern bloss ähnlich. (Vgl. Taf. I, Fig. 8 nebst Erklärung.) Jede der beiden Richtebenen, die wir als die sagittale (i_1 i_5) und laterale (i_3 i_7) unterscheiden, ist durch den Besitz besonderer Organe, durch Grösse, Form u. s. w. von der anderen unterschieden. Da jedoch sowohl die beiden Körperhälften, welche durch die Sagittalebene getrennt werden, unter sich congruent sind, als auch die beiden Körperhälften, welche durch die Lateral-Ebene geschieden werden, so könnte es zunächst willkührlich erscheinen, welche der beiden Richtebenen als Median-, welche als Breiten-Ebene aufzufassen sei. Immerhin lassen mehrere Homologieen diejenige Deutung als die passendere erscheinen, welche die beiden stets nur paarig vorhandenen Tentakeln als laterale Organe auffasst und danach das Rechts und Links bestimmt, so dass die beiden terminalen Gabeläste der Trichterhöhle nach Rücken- und Bauch-Seite gerichtet sein und die Median-Ebene bestimmen würden. Von den paarig vorhandenen Organen liegen dann in der Lateral-Ebene (Rechts und Links), die beiden Tentakeln (Fig. 8, i_3 i_7), die beiden Canäle, welche rechts und links an den breiten Magenseiten herablaufen (Magengefässe) und die beiden Hauptstämme des Gastrovascularsystems (K_1, K_2), welche von der Trichterhöhle seitlich abgehen und durch deren wiederholte Bifurcation die 8 Radialcanäle entstehen. In der Sagittal-Ebene dagegen (auf der Rücken- und auf der Bauchseite) liegen die beiden terminalen Gabeläste der Trichterhöhle, welche sich hinten nach aussen öffnen, und die beiden grossen Mundlappen (Ober- und Unterlippe, L_1, L_2), welche bei den Calymmiden so entwickelt sind, ferner die colossalen bandförmigen Ausläufer, welche die Hauptmasse des Körpers von *Cestum* bilden. Der sehr stark seitlich zusammengedrückte Magen ist ebenfalls in der Median-Ebene ausgedehnt, so dass also sein längerer Kreuzdurchmesser und ebenso die Länge der schmalen Mundspalte von Oben nach Unten, vom Rücken zum Bauch verläuft. Nur ist nicht zu vergessen, dass bei allen Ctenophoren die Rücken- von der Bauch-Seite ebenso wenig verschieden ist, als die rechte von der linken.

Da alle diejenigen Organe der Ctenophoren, welche unpaar vorhanden sind (Mund, Magen, Sinnesorgan) und ebenso alle diejenigen Organe, welche paarig vorhanden sind, in einer der beiden interradialen Richtebenen liegen, so ergiebt sich, dass alle 4 Quadranten genau dieselbe Anzahl von Organen und Organtheilen enthalten, und mithin vollkommen gleich sind, nur mit der Differenz, dass je 2 anstossende Quadranten symmetrisch-gleich, je 2 gegenständige congruent sind. Jeder Quadrant aber besteht aus zwei ungleichen Antimeren, von denen zwar jedes einen radialen Nerven, ein radiales Chylusgefäss, eine radiale Wimperrippe, eine radiale Doppelreihe von Genitalien besitzt, von denen aber das eine (laterale) durch einen halben interradialen Senkfaden, ein halbes interradiales Magengefäss und Hauptstammgefäss u. s. w. an seiner lateralen (die Breiten-Richtebene bildenden) Grenzebene ausgezeichnet ist, während das andere (dorsale oder ventrale) einen halben interradialen Mundlappen, ein halbes interradiales Trichtergefäss u. s. w. an seiner sagittalen (die Median-Richtebene bildenden) Grenzebene besitzt.

Es zeigt sich also bei genauerer Betrachtung der Ctenophoren-Körper in der Weise aus 4 Antimeren-Paaren zusammengesetzt, dass sämmtliche Organe des Körpers in jedem Antimeren-Paare oder Quadranten entweder doppelt oder einfach oder halb oder geviertheilt vorhanden sind, während jedes einzelne Antimer, für sich betrachtet, unvollständig erscheint. Es könnte mithin die Frage aufgeworfen werden, ob wir die Ctenophoren nicht vielmehr, gleich den Hydromedusen, als vierzählige Thiere ansehen sollen, bei denen aber, wie es schon bei den Saphenien, Stomotoken etc. angedeutet ist, durch Differenzirung der Kreuzaxen aus 4 congruenten Antimeren 2 congruente Paare von je 2 symmetrisch-gleichen Antimeren entstanden sind. Dem steht aber einerseits der Umstand entgegen, dass die Ctenophoren den achtstrahligen Alcyonarien durch ihren Bau näher verwandt sind, als den vierstrahligen Hydromedusen, und andererseits die Differenz, dass bei den heterostauren Medusen (***Saphenia***, ***Stomotoca*** etc.) die beiden Richtebenen durch die beiden radialen, bei den Ctenophoren dagegen durch 2 interradiale Kreuzebenen gebildet werden. Wenigstens scheint der sicherste Anhaltpunkt dafür, dass die in den Richtebenen der Ctenophoren angebrachten paarigen oder unpaaren (centralen) Organe interradial sind, in den zwischen ihnen liegenden Chyluscanälen und den sie begleitenden Organen, Nerven, Genitalien etc. gegeben zu sein, die wir allgemein bei den Coelenteraten als „radiale“ anzusehen berechtigt sind. Wollte man die Richtebenen der Ctenophoren als „radiale“ Kreuzebenen auffassen, gleich denen der Hydromedusen, so müsste man annehmen, dass die 4 Radialcanäle und die sie begleitenden Organe sich derart gabelspaltig getheilt hätten, dass die beiden Aeste jeder Gabel weit von der Mittellinie des Antimeres sich entfernt hätten, während die übrigen radialen Organe (die paarig vorhandenen) in der Mittelebene des Antimeres zurückgeblieben seien und sich paarweis differenzirt hätten. Die Verästelung der Hauptgefässstämme und gewisse Homologieen werden diese Auffassung vielleicht später als die richtige erscheinen lassen, und es werden dann die Ctenophoren zu den Tetraphragmen gestellt werden müssen, weil jeder Quadrant (den wir hier als Antimeren-Paar betrachten) dann den Werth eines einzelnen Antimeres erhalten würde.

Mag man nun mit Rücksicht auf die Ungleichheit der paarweise zu einem Quadranten verbundenen Antimeren die Ctenophoren als Tetraphragmen, aus 4 Antimeren zusammengesetzt, betrachten, oder sie, wie es wohl passender ist, mit Rücksicht auf die Achtzahl der wichtigsten Organe, als Octophragmen, mit 8 Antimeren, ansehen, so wird sich auf keinen Fall die von Fritz Müller aufgestellte und vertheidigte Ansicht rechtfertigen lassen, dass dieselben „zweistrahlige Thiere“ (Diphragma) sind. Es wird dies sofort klar, wenn man sie mit den wirklich diphragmen Autopolen, und mit denjenigen tetraphragmen zusammenhält, die aus den Tetractinoten durch Differenzirung der Kreuzaxen entstanden sind.

Zweite Art der oxystauren Autopolen:

Sechsreifige. Hexaphragma.

(Sechsstrahlige gleichpolige Bilateralformen).

Stereometrische Grundform: Sechsseitige amphithecte Pyramide.

Realer Typus: Flabellum (Taf. I, Fig. 2).

Die Hexaphragmen-Form findet sich nicht selten unter den aus 6 Antimeren zusammengesetzten Anthozoen, bei den Polypen der Madreporarien-Gruppe, sowohl bei Perforaten, als bei Eporosen und bei einigen anderen sechszähligen Anthozoen. Obwohl bei diesen „sechsstrahligen“ Polypen der characteristische Typus der autopolen Heterostauren mindestens ebenso auffallend, als bei den „achtstrahligen“ Ctenophoren ausgeprägt ist, so ist dieses Verhältniss dennoch den Zoologen bisher gänzlich entgangen und es hat noch Niemand daran gedacht, bei den ersteren so, wie bei den letzteren, von „bilateraler Symmetrie“ zu sprechen. Die oxystauren Anthozoen, welche die Grundform der sechsseitigen amphithecten Pyramide sehr rein zeigen, gehören meistens der Ordnung der Madreporarien oder der Sclerodermen-Zoantharien an und scheinen in allen sechsstrahligen Hauptabtheilungen derselben vorzukommen, am meisten ausgebildet jedoch in der Eporosen-Familie der Turbinoliden (als *Flabellum, Sphenotrochus* etc.), seltener der Astraeiden *(Peplosmilia)*, und in der Perforaten-Familie der Madreporiden, (*Madrepora* selbst). Während die übrigen nächstverwandten Madreporarien die Hexactinoten-Form der regulären sechsseitigen Pyramide mehr oder minder rein ausgeprägt zeigen, indem alle 6 Antimeren gleichmässig stark entwickelt sind, finden wir bei den erstgenannten 2 gegenständige Antimeren viel schwächer, als die 4 übrigen (unter sich gleichen) entwickelt, so dass die ausgezeichnete Form der amphithecten Pyramide sofort in die Augen springt. Das primär bedingende Moment dieser Formdifferenz liegt in einem überwiegenden Wachsthum der vier stärkeren Antimeren und der beiden entgegengesetzten primären Sternleisten (Septa interradialia) welche jene trennen. (Fig. 2, a_1, a_4.) Hinter letzteren bleiben die vier anderen primären Septa im Wachsthum bedeutend zurück und entsprechend auch die beiden entgegengesetzten Kelchwände, denen sie ansitzen. Dadurch wird denn weiterhin die ganze Kelchform zweischneidig zusammengedrückt (amphithect) und die runde Mundöffnung nimmt die Form eines länglichen schmalen Spaltes, der cylindrische Magenschlauch die Form einer platten Tasche an. Da wir bei den nächstverwandten Ctenophoren dieselbe Differenzirung zweier Kreuzaxen zu Richtaxen antreffen und hier die längere Magendimension und die Längsrichtung des Mundspalts als dorsoventrale bezeichnet haben, so müssen wir auch bei den Madreporarien diese Bezeichnung beibehalten. Es ist demnach die kürzere (radiale) von den beiden Richtaxen als laterale, die längere (interradiale) dagegen, welche durch die beiden stärkeren Primär-Septa oder Hauptsepta bestimmt wird, als dorsoventrale zu bezeichnen. Je grösser die Differenz zwischen beiden Richtaxen wird, desto auffallender tritt die Grundform der amphithecten sechsseitigen Pyramide hervor.

Am deutlichsten und schärfsten ist die hexaphragme Oxystauren-Form bei den Turbinoliden, besonders ***Flabellum*** und ***Sphenotrochus*** ausgeprägt, wo der ganze Kelch fast blattförmig von zwei Seiten (von Rechts und Links) her zusammengedrückt erscheint. In diesem Falle hat der Durchschnitt des Kelches einen schmal lanzettförmigen Umriss. Elliptisch erscheint dieser dagegen bei ***Peplosmilia*** unter den Astraeiden und bei ***Madrepora***, bei der die beiden Hauptsepta völlig in der Mitte des Kelches zusammentreffen und verwachsen. In geringerem Grade, jedoch ebenfalls unverkennbar, findet sich die Differenzirung zweier Richtaxen (einer radialen und einer interradialen) und dadurch der Uebergang der sechsseitigen regulären in die amphithecte Pyramide bei mehreren Arten von ***Dasmia***, ***Caryophyllia*** und anderen Eporosen aus der Turbinoliden-Familie, ***Lophosmilia*** aus der Astraeiden-Familie, ferner bei vielen Arten von ***Pocillopora***, ***Seriatopora*** und Anderen aus der Tabulaten-Gruppe, und bei manchen anderen Madreporarien aus verschiedenen Familien. Oft ist dieselbe nur durch einen schmalen und langen spaltenförmigen Mund angedeutet, welcher den übrigens regulären hexactinoten Kelch in eine dorsale und ventrale Hälfte spaltet; so bei ***Fungia***, auch bei vielen Malacodermen (Actinien etc). Sehr auffallend ist die Hexaphragmen-Form bei der elliptischen ***Fungia Ehrenbergii***, ***F. echinata*** etc.

Bei allen oxystauren Madreporarien lässt die **sechsseitige amphithecte Pyramide** folgende characteristische Eigenschaften erkennen: der Körper ist aus sechs Antimeren zusammengesetzt, von denen die beiden am schwächsten entwickelten Antimeren (rechtes und linkes), welche in der Lateralebene liegen, congruent sind, während die 4 übrigen, welche paarweise beiderseits der Sagittalebene liegen, paarweise (nämlich 2 gegenständige) congruent, paarweise (nämlich 2 benachbarte) symmetrisch-gleich sind. Die grössere von den beiden Richtebenen, die Medianebene (Fig. 2, i_1 i_4), welche dem grössten Kelchdurchmesser und der Längsrichtung des Mundspaltes entspricht, fällt mit einer interradialen Kreuzebene zusammen, nämlich mit der Grenzebene der beiden stärkeren Antimerenpaare. Die kleinere Richtebene oder die Lateralebene, welche dem kleinsten Durchmesser des Mundspaltes und des Kelches entspricht, fällt dagegen mit einer radialen Kreuzebene zusammen, nämlich mit der Medianebene der beiden schwächeren Antimeren, des rechten (r_2) und linken (r_5). Wir finden also, dass, wie es bei den sechsseitigen amphithecten Pyramiden stets der Fall sein muss, die eine Richtebene (sagittale) mit einer interradialen, die andere (laterale) mit einer radialen Kreuzebene identisch ist. Die 4 anderen realen Kreuzebenen, 2 radiale und 2 interradiale, schneiden sich und die ersteren unter spitzen Winkeln.

Von den 4 Quadranten des Personen-Körpers der oxystauren Madreporarien, von denen je 2 anstossende symmetrisch-gleich, je 2 gegenständige congruent sind, ist jeder zusammengesetzt aus einem halben schwächeren und einem ganzen stärkeren Antimer. Die Hälften der beiden schwächeren Antimeren sind symmetrisch gleich, die Hälften jedes der 4 stärkeren Antimeren dagegen symmetrisch ähnlich. Wenn wir in der Aequatorialebene oder an der Pyramiden-Basis (Taf. I, Fig. 2) einen Umgang um die Hauptaxe in der Richtung von Links nach Rechts halten, so treffen wir folgende Reihenfolge der 6 Antimeren: I. Das linke Stück (erstes schwächeres Antimer, $ci_5r_5i_6$). II. Das linke Dorsalstück, $ci_5r_4i_4$, (darauf den Dorsalpol der Dickenaxe, i_4). III. Das rechte Dorsalstück, $ci_4r_3i_3$. IV. Das rechte Stück (zweites schwächeres Antimer, $ci_3r_2i_2$). V. Das rechte Ventralstück $ci_2r_1i_1$ (darauf den Ventralpol der Dickenaxe, i_1). VI. Das linke Ventralstück $ci_1r_6i_6$, welches wiederum an das erste (linke) Stück anstösst.

Von diesen sechs Antimeren der Hexaphragmen gehören zwei (rechtes und linkes) der eudipleuren, die vier übrigen der dysdipleuren Grundform an. Rechtes und linkes Stück (I und IV) sind congruent. Die beiden dorsalen Stücke (II uud III) sind unter sich symmetrisch-gleich, ebenso die beiden ventralen (V und VI). Dagegen ist das linke Rückenstück (II) dem rechten Bauchstück (V) congruent, und ebenso das rechte Rückenstück (III) dem linken Bauchstück (VI).

Am deutlichsten ist die Hexaphragmen-Form bei denjenigen oben genannten Madreporarien zu erkennen, bei welchen die sechs primären, interradialen Kelchsepta (Fig. 2, a_1—a_6) dauernd stärker bleiben, als die nachfolgenden secundären (Fig. 2, s_1 – s_6), tertiären etc. Scheidewände. Doch verräth sie sich oft auch allein schon durch den elliptischen oder lanzettförmigen Umriss des bilateral comprimirten Polypenkelches.

Zweite Untergattung der autopolen Heterostauren.

Rhomben-Pyramiden. Orthostaura.

Stereometrische Grundform: Amphithecte Pyramide mit 4 Seiten.

Die geometrische Grundform der orthostauren oder tetrapleuren Autopolen ist die vierseitige amphithecte Pyramide, also eine gerade Pyramide, deren Basis das vierseitige amphithecte Polygon oder der Rhombus ist, und die wir demgemäss kurz als Rhomben-Pyramide bezeichnen können. Die Antimeren-Zahl ist hier beschränkt, entweder Zwei oder Vier, und es können demnach nur eine oder zwei radiale Kreuzebenen vorhanden sein, die mit einer oder mit beiden Richtebenen zusammenfallen und sich im letzteren Falle rechtwinkelig kreuzen müssen. Radiale Kreuzebenen, welche sich unter spitzen Winkeln schneiden und nicht mit den Richtebenen zusammenfallen, können bei dieser Abtheilung nicht vorkommen.

Da die vierseitige Rhomben-Pyramide der orthostauren Allopolen nichts Anderes ist, als die einfachste und speciellste Form der amphithecten Pyramide, welche mit $4 + 2n$ Seiten die Grundform der oxystauren Autopolen darstellt, so verhält sich die erstere zur letzteren ganz ebenso wie unter den homopolen Stauraxonien die specielle Form des Rhomben-Octaeders (orthogone oder octopleure Allostauren) zur allgemeinen Form der amphithecten Doppelpyramide (oxygone oder polypleure Allostauren). Wie wir aus der letztgenannten die einfache amphithecte Pyramide der oxystauren Autopolen durch Halbirung ableiteten, so können wir auch die Rhomben-Pyramide der orthostauren Autopolen durch Halbirung des Rhomben-Octaeders der octopleuren Allostauren erhalten.

Die orthostauren Autopolen scheinen zunächst nur eine einzige Formengruppe zu bilden, da der Character der geraden rhombischen Pyramide, ihrer Grundform, stets derselbe bleiben muss. Wollte man verschiedene Arten derselben unterscheiden, so könnte man dazu allenfalls als Eintheilungs-Princip das wechselnde Längen-Verhältniss der Hauptaxe zu den beiden Richtaxen benutzen und danach hohe und niedere Rhomben-Pyramiden u. s. w. unterscheiden. Doch sind diese Unterscheidungen von gar keinem Interesse.

Viel wichtiger dagegen und von besonderem Werthe, freilich nicht für die Grundform an und für sich, aber wohl für die theoretische Auffassung derselben, ist der Umstand, dass bei den einen hierher gehörigen Formen der Körper aus vier, bei den anderen aus zwei Antimeren zusammengesetzt ist. Da die Form der Rhomben-Pyramide und ihre Axenverhältnisse in beiden Fällen ganz dieselben sind, so kann die Entscheidung darüber, ob der eine oder andere Fall vorliegt, nur aus untergeordneten Form-Verhältnissen oder aus dem Zusammenhange der betreffenden Thiere mit anderen nächstverwandten, die verschiedenen Grundformen angehören, entnommen werden. So werden wir also z. B. als Orthostaure mit vier Antimeren, die wir Tetraphragmen nennen, die Saphenien, die Proglottiden der Taenien, ferner viele Phanerogamen-Blüthen (z. B. der grossen Cruciferen-Familie) aufzufassen haben, während als unzweifelhaft zweizählige, als Orthostauren mit zwei Antimeren oder Diphragmen die Zygocyrtiden, *Circaea* u. A. aufzufassen sind.

Der wichtige theoretische Unterschied der beiden Gruppen, der freilich von keiner practischen Bedeutung für die Bildung der Grundform selbst ist, liegt darin, dass bei den Tetraphragmen zwei radiale Kreuzebenen vorhanden sind, die mit den beiden Richtebenen zusammenfallen, während die zwei interradialen Kreuzebenen zwischen letzteren liegen. Bei den Diphragmen dagegen ist nur eine radiale und eine interradiale Kreuzebene vorhanden, die sich unter rechten Winkeln schneiden, und es muss demnach die eine (und zwar die laterale) Richtebene mit der radialen, die andere (sagittale) Richtebene mit der interradialen Kreuzebene zusammenfallen.

Erste Art der orthostauren Autopolen:

Vierreifige. Tetraphragma.

(Vierstrahlige gleichpolige Bilateralformen.)

Stereometrische Grundform: Rhomben-Pyramide mit vier Antimeren.

Realer Typus: Saphenia (oder Draba) Taf. I, Fig. 10.

Die rhombische Pyramide, welche aus vier Antimeren zusammengesetzt ist und bei der mithin jeder Quadrant ein ganzes Antimer ist, bildet die Grundform vieler Siphonophoren-Stücke, einiger Medusen, einiger Cestoden, und ebenso der Blüthen einiger Dicotyledonen-Familien, namentlich der sehr umfangreichen Cruciferen-Familie. Bei den hierher gehörigen Siphonophoren und Medusen wird die Zusammensetzung der Rhomben-Pyramide aus vier Antimeren auf das Bestimmteste durch die Stufenreihe von allmähligen Uebergängen dargethan, durch welche die betreffenden vierzähligen Medusoide einerseits mit den unzweifelhaft vierzähligen regulären Medusen (regulären vierseitigen Pyramiden oder Tetractinoten), andererseits mit den tetrapleuren (d. h. ganz in die Zygopleuren-Form übergegangenen) Siphonophoren und Zaphrentiden verbunden sind. Bei den Cestoden wird dieser Beweis durch die 4 longitudinalen Gefässstämme und den Zusammenhang mit den tetractinoten Tetrarhynchen und den tetrapleuren Würmern geliefert; bei den Cruciferen-Blüthen dadurch, dass jeder Blattkreis der Blüthe (also jedes Metamer), mit einziger Ausnahme des äusseren Staubfäden- und des Fruchtblatt-Kreises, aus vier Blättern besteht.

Die rhombische Pyramide der Tetraphragmen entsteht aus der quadratischen Pyramide der Tetractinoten einfach dadurch, dass von den 4 ursprünglich gleichmässig angelegten und nicht zu unterscheidenden Antimeren im Laufe der Entwickelung zwei gegenständige sich von den beiden mit ihnen alternirenden Antimeren differenziren. Dies geschieht entweder dadurch, dass sie besondere Organe entwickeln, welche den anderen ganz fehlen (z. B. die beiden Haupttentakeln der Saphenien), oder dadurch, dass sie hinter den anderen in der Entwickelung zurückbleiben, und dieselben Organe schwächer ausbilden oder verlieren, die bei den anderen beiden stärker werden (z. B. die Staubfäden der Cruciferen, von denen 2 gegenständige des äusseren Kreises abortiren). Es werden also die beiden auf einander senkrechten Radialebenen, welche bei den Tetractinoten gleich sind, bei den Tetraphragmen ungleich, und differenziren sich eben dadurch zu den beiden Richtebenen, der medianen oder sagittalen und der lateralen Ebene. (Vgl. Taf. I, Fig. 10 nebst Erklärung).

Die gestaltenreiche Klasse der Hydromedusen, und unter ihnen vorzugsweise die Ordnung der Hydroiden und Siphonophoren, zeigen uns die characteristische Tetraphragmen-Form am deutlichsten entwickelt, und zwar sind hier immer zugleich einerseits alle möglichen Uebergänge zur Tetractinoten-Form zu finden, welche die Entstehung der rhombischen aus der quadratischen Pyramide erläutern, während andererseits durch Differenzirung der Dickenaxen-Pole die autopole in die allopole Heterostauren-Form und zwar zunächst in die Eutetapleuren-, weiterhin auch in die Dystetrapleuren-Form übergeht.

Unter den Craspedoten oder cryptocarpen Medusen sind es nur einzelne Gattungen, welche die Grundform der Rhomben-Pyramide deutlich zeigen. Es wird dieselbe hier dadurch bezeichnet, dass an 2 entgegengesetzten Radien des vierstrahligen Glockenkörpers, und zwar an der Einmündungsstelle zweier gegenständiger Radialcanäle in den Ringcanal, sich zwei mächtige Tentakeln entwickeln, welche den beiden zwischenliegenden (dorso-ventralen) Radien fehlen. Bald sind diese beiden starken gegenständigen Randfäden (rechter und linker) die einzigen Tentakeln, bald sind ausser ihnen noch 4 schwächere vorhanden, die an allen 4 Radien gleichmässig vertheilt sind. Von der Familie der Cytaeiden ist die Gattung *Cybogaster*, von den Oceaniden *Stomotoca* (*Saphenia* Forbes), von den Geryonopsiden *Saphenia* (Eschscholtz) oder *Plancia* (Forbes) durch einen rechten und linken Haupttentakel ausgezeichnet (Fig. 10). In der Familie der Geryoniden macht sich dasselbe Verhaltniss im Entwickelungscyclus der vierzähligen Liriopiden (*Liriope*, *Glossocodon*) dadurch geltend, dass alle Randorgane und also auch die Tentakeln paarweise hervorsprossen, zuerst ein gegenständiges Paar, und dann erst später das andere, damit alternirende Paar.

Unter den Siphonophoren ist die Tetraphragmen-Form besonders in der Familie der Physophoriden zu finden, so bei verschiedenen Arten der Gattungen *Agalma*, *Agalmopsis*, *Stephanomia*, wo namentlich die Schwimmglocken (Nectocalyces), seltener die Deckstücke (Hydrophyllia) die Rhomben-Pyramide deutlich erkennen lassen. Doch ist sie hier seltener als die Tetrapleuren-Form.

Von ganz besonderem morphologischen Interesse scheint uns das Auftreten der Tetraphragmen - Form bei den Metameren (Proglottiden) vieler Bandwürmer zu sein, weil durch dasselbe auf nahe morphologische Beziehungen derselben zu den Hydromedusen und dadurch auf einen möglichen Zusammenhang des Würmer- und Coelenteraten-Stammes hingedeutet wird, der auch aus anderen Gründen nicht unwahrscheinlich ist (Vgl. das VI. Buch).[1] Wir finden bei den Cestoden - Proglottiden meistens 4 Längsgefässe des Excretionsapparates (ein dorsales, ein ventrales und zwei laterale), welche am hinteren (in der That aber oralen!) Rande der Proglottide durch ein Ringgefäss zusammenhängen. Letzteres entspricht nach unserer Ansicht dem Ringgefäss (Cirkel-Canal) der Hydromedusen, erstere dagegen den Radialcanälen. Während nun die tetractinoten Scolices, den homostauren Medusen entsprechend, alle 4 Antimeren gleich stark entwickelt zeigen, wird bei den heterostauren Proglottiden, welche den Saphenien etc. entsprechen, die Orthostauren-Form durch die paarigen Genitalien (rechtes und linkes) bestimmt.

Weit verbreiteter als im Thierreich ist die Tetraphragmen - Form im Pflanzenreich, wo namentlich die Blüthensprosse in der umfangreichen Familie der Cruciferen (Linnés Klasse der *Tetradynamia*) die Rhomben-Pyramide sehr ausgesprochen zeigen. Es ist hier die Blüthe ursprünglich vierzählig angelegt, mit 5 viergliederigen Blattkreisen. Von diesen sind in der Regel vollzählig ausgebildet 4 Kelchblätter, 4 Blumenblätter und 4 Staubfäden des inneren Kreises. Dagegen sind von den 4 Staubfäden des äusseren Kreises und ebenso von den 4 Fruchtblättern fast immer nur 2 gegenständige (das laterale Paar) ausgebildet, die beiden mit ihnen alternirenden aber (das dorsoventrale Paar) fehlgeschlagen. Nur ausnahmsweise, wie bei *Lepidium virginicum*, sind auch die beiden dorsoventralen Staubfäden des äusseren Kreises entwickelt (also 8 vorhanden) und bisweilen, wie bei *Lepidium ruderale*, sind diese allein entwickelt, die 6 übrigen abortirt. Auch bei anderen Dicotyledonen geht die Blüthe, welche als Quadrat - Pyramide (Tetractinote) angelegt ist, dadurch in die Form der Rhomben - Pyramide (Tetraphragme) über, dass von je 4 Antimeren eines oder mehrerer Blattkreise 2 gegenständige (dorso-ventrale) verkümmern und die beiden damit alternirenden (lateralen) allein sich ausbilden. Am häufig-

---

[1]) Wenn der von uns für wahrscheinlich gehaltene genealogische Zusammenhang der Cestoden und Hydromedusen wirklich existirt (wie er u. A. auch durch die vollkommene Homologie des Generationswechsels bei den Cestoden und Acraspeden (Strobila!) wahrscheinlich gemacht wird, so könnte der „Excretionsapparat“ der ersteren (oder das „Wassergefässsystem“) dem Gastrovascularsystem der Coelenteraten homolog erscheinen. Doch ist dies sehr zweifelhaft.

sten trifft diese Reduction die weiblichen Genitalien (so z. B. bei *Buffonia, Hamamelis, Hypecoum* etc); bei Anderen zugleich die männlichen Geschlechtstheile (so bei *Syringa, Olea, Phyllirea, Ligustrum* und anderen Oleaceen). Es ist also im ersten Falle der Breitendurchmesser durch die beiden Fruchtblätter ausgezeichnet, welche der Dickenaxe fehlen, im letzteren zugleich durch die beiden allein entwickelten Staubfäden.

Zweite Art der orthostauren Autopolen:

Zweireihige. Diphragma.

(Zweistrahlige gleichpolige Bilateralformen.)

Stereometrische Grundform: Rhomben-Pyramide mit zwei Antimeren.

Realer Typus: Petalospyris (oder Circaea) Taf. I, Fig. 13.

Die geometrische Grundform der Diphragmen ist, ebenso wie die der Tetraphragmen, die rhombische Pyramide. An und für sich betrachtet ist zwischen beiden Formen kein Unterschied vorhanden. Sobald man sie aber mit den nächsten Verwandten vergleicht, welche anderen Grundformen angehören, wird man gewahr, dass bei den Diphragmen der Körper bloss aus 2 congruenten Antimeren, bei den Tetraphragmen dagegen aus 4 kreuzweise stehenden Antimeren zusammengesetzt ist, von denen je 2 gegenständige congruent, je 2 benachbarte bloss ähnlich sind. Während ferner bei den Tetraphragmen 2 Paare von Kreuzebenen (2 radiale und 2 interradiale) ausgebildet sind, kann man bei den Diphragmen nur eine radiale und eine interradiale unterscheiden, von denen die erstere mit der lateralen, die letztere mit der sagittalen Richtebene zusammenfällt. Die beiden Antimeren müssen natürlich stets congruent sein, da die Rücken- von der Bauchseite ebenso wenig zu unterscheiden ist, als die Rechte von der Linken.

Die diphragme Orthostauren-Form findet sich als Grundform von morphologischen Individuen höherer Ordnung nur selten vor. Häufiger ist sie als Grundform von Organen, wie denn z. B. im Pflanzenreiche sehr viele „zweiklappige, zweifächerige" Früchte (Schoten oder Siliquae der Cruciferen etc.) hierher zu rechnen sind. Als Promorphe von Sprossen ist sie hier häufiger bei geschlechtslosen (zweizeilig beblätterten) als bei Geschlechts-Sprossen (z. B. Blüthen von *Circaea*). Unter den Protisten erscheint sie in höchst ausgezeichneter Weise vor Allen bei den Zygocyrtiden (*Petalospyris*, Rad. Taf. XII, Fig. 7, *Dictyospyris, Cladospyris* etc.) einer characteristisch gebildeten Radiolarien-Familie, ferner auch bei einigen anderen Rhizopoden derselben Classe (z. B. *Spyridobotrys* unter den Polycyrtiden). Ferner findet sie sich bei einigen niederen Würmern (Acanthocephalen) und bei einigen Coelenteraten (Siphonophoren).

Die Zygocyrtiden (welche den grössten Theil von Ehrenberg's „Spyridinen“ enthalten) bilden eine besondere, sehr zierlich geformte Familie der Cyrtiden oder Korb-Radiolarien. Bei allen Zygocyrtiden besteht das Kieselskelet aus 2 durch eine tiefe Strictur getrennten Hälften, die vollkommen congruent sind. Die Strictur ist longitudinal oder genauer „sagittal“, d. h. sie wird durch eine Ebene (die Sagittalebene) gebildet, deren Mittellinie die Längsaxe (Hauptaxe) ist, und in welcher die Dickenaxe (Dorsoventralaxe) liegt. Da beide Pole der Dickenaxe gleich sind, so kann man die beiden Antimeren (rechtes und linkes) nicht unterscheiden. Oft sind die beiden Richtaxen durch besondere, in den Richtebenen liegende Anhänge („Stacheln“) der Kieselschale noch besonders deutlich bezeichnet, so namentlich bei *Petalospyris* (Rad. Taf. XII, Fig. 7; Ehrenberg, Mikrogeologie, Taf. XXXVI, Fig. 12, Fig. 25.) An die Zygocyrtiden schliessen sich dann noch einige andere Radiolarien aus der Cyrtiden-Familie an, und zwar aus der Subfamilie der Polycyrtiden, so namentlich *Spyridobotrys* (Rad. Taf. XII, Fig. 8, 9), wo ebenfalls die Schale aus 2 congruenten Antimeren besteht und durch jede der beiden Richtebenen (und allein durch diese!) in 2 congruente Hälften zerlegt wird.

Unter den Coelenteraten ist die Diphragmen-Form viel seltener, und erst aus der Tetraphragmen-Form durch vollständigen Abortus zweier gegenständigen Antimeren entstanden. Obgleich hier ursprünglich 4 Antimeren angelegt sind, bleibt schliesslich der Körper bloss noch aus den beiden lateralen Antimeren zusammengesetzt. Es ist dies der Fall bei den Schwimmglocken und namentlich bei den Deckstücken einzelner Siphonophoren, besonders aus der Abtheilung der Physophoriden (bei einigen Arten von *Agalma*, *Agalmopsis*, *Stephanomia* und Anderen). Jedoch können nur diejenigen Schwimmglocken (auch die Genitalglocken einiger Arten) hierhergestellt werden, bei denen in der That bloss 2 gegenständige Radialcanäle oder 2 gegenständige Ausstülpungen des Schwimmsackes gleichmässig ausgebildet sind und die beiden alternirenden fehlen oder ganz gleichmässig auf ein Minimum reducirt sind. Ebenso können von den Deckstücken (Hydrophyllien) nur diejenigen hierher zählen, bei denen die Mittelrippe des Deckblattes dasselbe in 2 völlig congruente Stücke theilt, deren jedes nur einem (aus 2 symmetrisch gleichen Hälften zusammengesetzten) Antimer entspricht..

Wie bei den Coelenteraten, so ist auch bei den Würmern die Diphragmen-Form seltener als die Tetraphragme, und wohl immer erst secundär aus letzterer hervorgebildet. Wir rechnen hierher eine Anzahl parasitischer darmloser Würmer, Acanthocephalen und Cestoden. Man pflegt die sämmtlichen Würmer, gleich allen Gliederfussern, Mollusken und Wirbelthieren allgemein als „bilateral-symmetrische“ zusammenzufassen. Es ist aber sehr bemerkenswerth, dass eine sehr grosse Anzahl von Würmern, und selbst höher stehende (Anneliden) sehr deutlich den Körper nicht aus zwei, sondern aus vier Antimeren zusammengesetzt zeigen. Ferner ist hervorzuheben, dass die unvollkommensten Thiere dieser grossen Abtheilung sich durch die mangelnde Differenz der Rücken- und Bauchseite noch unmittelbar den orthostauren Hydromedusen anreihen und daher nicht den echten, allopolen Zygopleuren zugerechnet werden dürfen. Der einzige Zoologe, der dies Verhältniss bisher gewürdigt hat, ist Bronn, der in seinen morphologischen Studien diese „mit einem Pfeile vergleichbaren“ Formen zwar zu den Hemisphenoiden (Dipleuren) stellte, aber doch die ganzen Keile oder Pfeile (Sphenoide oder Sagittale) als eine besondere Modification von den Halbkeilen (Hemisphenoiden) unterschied. In der That ist es bei den Acanthocephalen und bei den meisten Cestoden ganz unmöglich, durch ein inneres oder äusseres Merkmal die Rückenseite von der Bauchseite zu unterscheiden. Diese beiden, durch die Lateralebene getrennten Hälften sind vielmehr ebenso absolut congruent, als die durch die Medianebene getrennte rechte und linke Hälfte. Bei den Acanthocephalen sind die Lateralflächen (Rechts und Links) durch das in der Lateralebene liegende Paar der Lemnisken und ausserdem auch öfter durch die paarigen Hoden und Samenleiter scharf bestimmt, bei den Cestoden durch den rechts und links symmetrisch vertheilten Genitalapparat, und vielleicht auch durch den paarigen lateralen Nervenstamm. Bei den meisten Cestoden kommt dazu noch die äussere unpaare Genitalöffnung, welche bei den einzelnen auf einander folgenden Proglottiden abwechselnd rechts und links liegt. Erst bei denjenigen Cestoden, wo die unpaare Genitalöffnung auf die Bauchfläche rückt, wie bei *Bothriocephalus*, tritt eine Differenz zwischen Rücken- und Bauchfläche ein und es ist damit der Uebergang von der Diphragmen- zu der Eudipleuren-Form gegeben. Als echte Diphragmen können wir also nur diejenigen Bandwürmer auffassen, bei denen (wie bei *Taenia solium* und *T. mediocanellata*) wegen der seitlichen Lage der Genitalöffnungen (bald rechts, bald links) noch keine Differenz von Rücken und Bauch (ebenso wenig als von Rechts und Links) gegeben ist, und bei denen nur zwei Längsgefässstämme vorhanden und mithin nur 2 Antimeren (das laterale Paar) vorhanden, die beiden anderen (dorsales und ventrales) verkümmert sind. Diese sind eben so unzweifelhaft zweizählig, wie alle Acanthocephalen. Dagegen müssen wir die orthostauren Cestoden mit 4 Längsgefässstämmen zu den Tetraphragmen stellen, wie oben geschehen ist. Als reguläre (homostaure) Tetractinoten endlich sind jene Cestoden-Scolices zu betrachten, bei denen nicht allein die beiden Polhälften jeder Kreuzaxe unter sich congruent, sondern auch die beiden Kreuzaxen selbst gleich sind, so dass der ganze Körper in 4 congruente Stücke zerlegt werden kann: die meisten Tetraphyllideen, Phyllobothriden (*Echeneibothrium*), Phyllacanthiden (*Acanthobothrium*) und Phyllorhynchiden (*Tetrarhynchus*). Bei diesen und vielen anderen Bandwürmern ist der Scolex mit 4 gleichen Saugnäpfen oder Hakenrüsseln versehen, und die inneren Apparate, die zu jedem Saugnapfe (oder Hakenrüssel) gehören, Muskeln, Nerven, Scheiden etc. sowie namentlich die 4 Längsstämme des Excretionsapparates sind als vier absolut gleiche Stücke vollkommen radial um die Längsaxe vertheilt. Die vollkommene Uebereinstimmung in der Grundform dieser rein tetractinoten Bandwürmer und der regulären vierstrahligen Hydromedusen, auf welche wir schon oben aufmerksam machten, wird dann noch dadurch vervollständigt, dass in den Hakenkränzen der Scolices die einzelnen Haken ebenso regulär als Radien in einen vollständigen Kreis gestellt sind, wie die (homologen?) Tentakeln der Hydromedusen.

Die merkwürdige Gruppe der Bandwürmer bietet so nicht nur ein besonderes morphologisches Interesse hinsichtlich ihrer Tectologie (vergl. oben p. 353), sondern auch bezüglich ihrer Promorphologie. Sie deutet durch die reine „Strahlthier-Form“ ihrer niedersten Stufen, die von der Tetractinoten-Form der Hydromedusen promorphologisch nicht verschieden ist, auf die nahen und vielleicht genealogischen Beziehungen der Würmer zu den Coelenteraten hin. Sie zeigt uns aber auch aufs Klarste die allmählige Hervorbildung höherer („symmetrischer“) aus niederen („regulären“) Grundformen. Ausgehend von der regulären vierseitigen Pyramide der Tetractinoten (*Tetrabothrium*, *Tetrarhynchus*, Scolex der Taeniaden) erhebt sie sich durch Differenzirung der beiden gleichen Kreuzaxen zur Rhomben-Pyramide der tetraphragmen Orthostauren (Proglottiden mit vier Längsgefässen), geht dann durch Reduction des einen (dorsoventralen) Antimeren-Paares in die diphragme Orthostauren-Form über (Proglottiden mit zwei Längsgefässen) und erhebt sich schliesslich durch Differenzirung von Rücken- und Bauchseite (*Bothriocephalus*) zur halben Rhomben-Pyramide der Eudipleuren, der höchsten Form der Zeugiten.

Zweite Gattung der heterostauren Stauraxonien:

Halb-amphithect-pyramidale Grundformen: Allopola.

Centrepipeda. Zeugita.

Organische Grundformen mit Centralebene.

(Bilateral-symmetrische Formen der Autoren in der zweiten (weiteren) Bedeutung des Begriffes).

(Halbkeile oder Hemisphenoide, Bronn).

Stereometrische Grundform: Halbe amphithecte Pyramide.

Die Formengruppe der Zeugiten oder allopolen Heterostauren ist die letzte und am meisten differenzirte, zugleich aber auch die wichtigste und gestaltenreichste von allen Haupt-Formengruppen, die wir durch Untersuchung der Axen der organischen Formen und ihrer Pole ermittelt haben. Es gehören hierher aus dem Thierreiche die meisten sogenannten bilateral-symmetrischen Thiere im dritten Sinne dieses Ausdrucks, nämlich sämmtliche Wirbelthiere, Gliederfüsser Weichthiere und die meisten Würmer, ferner eine sehr grosse Anzahl von Echinodermen (die sogenannten irregulären), viele Coelenteraten (z. B. die Zaphrentiden und viele Siphonophoren) und eine Anzahl von Rhizopoden. Ebenso häufig ist diese Grundform im Pflanzenreiche, wo die meisten sogenannten „irregulären Blüthen“, z. B. von den Gräsern, Orchideen, Leguminosen, Umbelliferen, Compositen, Labiaten und viele andere hierher zu ziehen sind. Die grösste Wichtigkeit erlangt hier überall die allopole Heterostaurenform als die allgemeine Grundform der meisten höher organisirten Personen und Metameren. Aber auch der Form der Antimeren und Organe liegt sie sehr allgemein zu Grunde, seltener der Form der Plastiden und Cormen. So können wir denn wohl diese Grundform als die wichtigste und der grössten Anwendung fähige vor allen Grundformen auszeichnen.

Der auszeichnende Character, der alle zu den allopolen Heterostauren gehörigen Formen auf den ersten Blick erkennen lässt, besteht darin, dass der Körper durch eine mittlere Theilungsebene (Centralebene) und nur durch diese! in zwei symmetrisch gleiche Hälften zerlegt werden kann, von denen die eine das Spiegelbild der anderen ist. Es ist also Mundseite und Gegenmundseite (welche gewöhnlich dem Vorn und Hinten entsprechen) verschieden, ebenso Rückenseite und Bauchseite (die meistens dem Oben und Unten entsprechen) verschieden, die beiden Lateralseiten dagegen, Rechts und Links, symmetrisch-gleich (oder ähnlich), aber nicht congruent. Während wir daher bei den autopolen Heterostauren den Körper noch durch zwei auf einander senkrechte Ebenen, nämlich durch jede der beiden Richtebenen, in zwei congruente Stücke zerlegen konnten, ist der Körper der allopolen überhaupt nicht in zwei congruente Stücke zerlegbar. Es beruht diese Eigenschaft darauf, dass die beiden Richtebenen, welche als zwei auf einander senkrechte ungleiche Meridianebenen alle Heterostauren als solche auszeichnen (siehe oben p. 477), bei den autopolen sich gegenseitig halbiren, während bei den allopolen bloss die eine oder gar keine von der anderen halbirt wird. Wir drücken diesen Gegensatz kurz dadurch aus, dass wir sagen: „Bei den autopolen Heterostauren oder Toxomorphen (Sagittalien) sind die beiden Pole (Polflächen oder Polstücke) jeder der beiden Richtaxen gleich, bei den allopolen dagegen sind die beiden Pole nur der einen Richtaxe (Lateralaxe), oder gar keiner von beiden, gleich.

Die Centralebene, welche die einzige Halbirungsebene der allopolen Heterostauren ist, fällt zusammen mit der allen Heterostauren gemeinsamen Medianebene, die durch die Hauptaxe und die eine Richtaxe (Dorsoventralaxe) gelegt wird. Bei den Autopolen (Toxomorphen) theilt die Medianebene ihre Fähigkeit, den Körper zu halbiren, mit der Lateralebene und es sind also hier gewissermassen zwei Centralebenen vorhanden. Die eigentliche Körpermitte bleibt daher hier immer noch eine Linie, nämlich die Schnittlinie der beiden rechtwinkelig gekreuzten Centralebenen oder die Hauptaxe. Bei den allopolen Heterostauren allein wird die Mitte des Körpers zur Ebene. Will man diese characteristische Eigenschaft der allopolen Heterostauren durch ihre Benennung ausdrücken, so kann man ihnen ganz passend den Namen der Centrepipeda beilegen, im Gegensatz zu den bisher betrachteten Formen, bei denen die Mitte entweder durch eine gerade Linie (Centraxonia) oder durch einen Punkt (Centrostigma) gegeben war. Für diesen bezeichnenden Character der Centrepipeden, ihre Halbirbarkeit in nur einer einzigen Richtung, ist es gleichgültig, ob der Körper dieser Thiere aus zwei oder aus mehr als zwei Antimeren zusammengesetzt ist. Schon hieraus ergiebt sich die Unrichtigkeit des Systems von Burmeister, der zwar diesen Hauptcharacter der Bilateralthiere, seiner symmetrischen Thiere, ganz richtig erfasste, aber trotzdem die bilateralen Echinodermen, welche diesen Character so deutlich ausgesprochen tragen, zu den regulären Strahlthieren stellte, in der That also die Zahl der Antimeren, und nicht die Symmetrie, als oberstes Eintheilungs-Princip gelten liess. Da die Ausdrücke „Centrepipeden“ oder „allopole Heterostauren“, obwohl sie den Character der hierher gehörigen Formen vollkommen bezeichnen, doch etwas schleppend sind, der Ausdruck „Bilateral-Symmetrische“ aber ganz ohne bestimmte Bedeutung ist, so wird es vielleicht am passendsten erscheinen, alle hierher gehörigen Formen kurz als Zeugiten[1]) zu bezeichnen.

Die allgemeinen morphologischen Eigenschaften der Zeugiten oder Centrepipeden sind sehr bestimmte, so dass, wenn man dieselben nur einigermaassen scharf ins Auge fasst, ihre Unterschiede von den autopolen Heterostauren oder Toxomorphen, mit denen sie oft verwechselt worden sind, sehr deutlich hervortreten. Bei allen Zeugiten sind die beiden Körperhälften, welche durch die Medianebene getrennt werden, symmetrisch-gleich oder ähnlich, aber niemals congruent. Die eine Hälfte ist das Spiegelbild der anderen, kann sie aber niemals decken oder ersetzen. Bei der grossen Mehrzahl aller Centrepipeden sind diese beiden Hälften, welche wir als Rechte und Linke zu unterscheiden gewohnt sind, symmetrisch-gleich; es wiederholen sich also die sämmtlichen Theilchen jeder Körperhälfte in der gleichen Zahl und Grösse und der gleichen relativen, aber der entgegengesetzten absoluten Lagerung ebenso auf der entgegengesetzten Körperhälfte; wesentlich ist nur der Unterschied, dass die gleiche Entfernung der Theilchen von der gemeinsamen Medianebene in beiden Hälften nach entgegengesetzten Richtungen erfolgt. Bei einem anderen Theile der Centrepipeden dagegen, wie bei den Pleuronectiden, den Paguriden, den spiralig aufgerollten Gasteropoden etc. sind die beiden Körperhälften nur symmetrisch-ähnlich; insofern durch etwas stärkere einseitige Entwickelung die eine Hälfte das Uebergewicht über die andere erhält, und sie durch Grösse oder Theilchen-Zahl übertrifft,

[1]) ζευγίτες, das paarweis Verbundene.

während doch dieselben wesentlichen Organe bei Beiden in derselben Zahl und Verbindung angelegt sind; die *Linke* wird also dann der *Rechten* nicht nur *entgegengesetzt*, sondern auch *ungleich*, bleibt ihr aber dennoch mehr oder weniger vollkommen *ähnlich*. Nach diesem wichtigen Unterschiede können wir unter den allopolen Heterostauren zwei Gruppen unterscheiden, indem wir die *symmetrisch-gleichen* Formen als *Homopleura*, die *symmetrisch-ähnlichen*, aber ungleichen, als *Heteropleura* bezeichnen.

Die letzterwähnte Differenz lässt sich wiederum sehr einfach darauf zurückführen, dass bei der einen Abtheilung, den *Homopleuren*, bloss die beiden Pole der *einen* (dorsoventralen) Richtaxe ungleich werden, während diejenigen der anderen (lateralen) Richtaxe gleich bleiben; bei den *Heteropleuren* dagegen werden die beiden Pole beider Richtaxen ungleich, oft in so hohem Grade, dass die Centrepipedie dadurch stark gestört wird, wie bei den Pleuronectiden, den spiral aufgerollten Gasteropoden, vielen Siphonophoren, Cyrtiden u. s. w. Die *homopleuren Zeugiten* oder die „streng bilateral-symmetrischen Thiere“ unterscheiden sich demnach von allen anderen Heterostauren dadurch, dass von den drei auf einander senkrechten ungleichen Euthynen *eine* (die Lateralaxe) *gleichpolig*, die *beiden anderen* (Dorsoventral- und Hauptaxe) *ungleichpolig* sind, während bei den *heteropleuren Zeugiten*, bei denen auch Rechte und Linke sich differenziren, *alle drei Richtaxen ungleichpolig* sind.

So wichtig die Unterscheidung der homopleuren und heteropleuren Zeugiten im Princip erscheinen könnte, so unwichtig und ohne tiefere Bedeutung für das Wesen der Grundform stellt sie sich doch in der praktischen Morphologie heraus, indem die Differenzirung der rechten und linken Körperhälfte oder der beiden Pole der Lateralaxe niemals diejenige Bedeutung für die Form gewinnt, welche die Differenzirung der beiden Pole der Dorsoventralaxe und der Hauptaxe allgemein besitzt. Ganz streng genommen ist die Heteropleurie unter den Zeugiten sehr weit verbreitet, indem nur selten rechte und linke Hälfte ganz genau bis in die kleinsten Einzelheiten der Form und Grösse übereinstimmen. Trotzdem werden diese feineren Differenzen mit Recht bei der gewöhnlichen allgemeinen Formbetrachtung nicht berücksichtigt und nur solche Formen als echte Heteropleuren betrachtet, bei denen die Ungleichheit der symmetrisch-ähnlichen rechten und linken Seitenhälfte augenfällig hervortritt, wie die Pleuronectiden, die spiralig aufgerollten Gasteropoden, die Pleuroconchen unter den Acephalen, die Abyliden unter den Siphonophoren u. s. w.

Die Antimeren-Zahl hat bei der bisherigen Betrachtung der Zeugiten, indem man sie alle als bilateral-symmetrische Formen zusammenfasset, gar keine Berücksichtigung gefunden, und doch ist es von der grössten Wichtigkeit für die Beurtheilung und Unterscheidung der verschiedenen Zeugiten-Formen, ob dieselben aus zwei Antimeren bestehen, wie bei den Wirbel-, Weich- und Gliederthieren, oder aus vier, wie bei den meisten Würmern; aus drei Antimeren, wie bei den Orchideen, oder aus fünf, wie bei den irregulären Echinodermen, den Leguminosen und vielen Anderen. Wir werden auf Grund dieser Verschiedenheiten zunächst die Formengruppe der allopolen Heterostauren in zwei Abtheilungen zu zerfällen haben, die den beiden Abtheilungen der autopolen entsprechen. Den orthostauren Autopolen mit zwei oder vier Antimeren correspondiren die zygopleuren Zeugiten mit zwei oder vier Antimeren, bei denen nur eine oder zwei radiale und eben so viele interradiale Kreuzebenen vorhanden sind; den oxystauren Autopolen mit sechs, acht oder mehr Antimeren entsprechen die amphipleuren Zeugiten mit drei, fünf oder mehr Antimeren, bei denen mindestens drei radiale oder semiradiale Kreuzebenen ausgesprochen sind. In jeder dieser Abtheilungen können homopleure und heteropleure Formen vorkommen. Jedoch sind die Heteropleuren unter den Amphipleuren sehr selten.

Die geometrische Grundform der Zeugiten oder allopolen Heterostauren ist die halbe amphithecte Pyramide; wir erhalten sie also dadurch, dass wir die Grundform der autopolen Heterostauren mittelst eines Schnittes halbiren, welcher durch eine der beiden Richtebenen geht. Dasselbe gilt auch von den beiden correspondirenden Abtheilungen der beiden Formengruppen; die allgemeine Grundform der Zygopleuren ist demnach die Hälfte einer amphithecten Pyramide mit vier Seiten oder die halbe Rhomben-Pyramide. Die Grundform der Amphipleuren ist die Hälfte einer amphithecten Pyramide von $4+2n$ Seiten. Doch gelten diese Gesetze, welche sich den oben berührten promorphologischen Hemiedrie-Gesetzen anschliessen, streng genommen nur für die Homopleuren in beiden Abtheilungen, da die Ungleichheit der beiden Seitenhälften, welche bei den Heteropleuren hervortritt, die scharfe Bestimmung einer allgemeinen geometrischen Grundform sehr erschwert. Zunächst scheinen sich diese höchst differenzirten Grundformen durch die so hervortretende Unregelmässigkeit unmittelbar wieder den am tiefsten stehenden, den Amorphen oder Anaxonien anzuschliessen. Zum Theil sind sie auch, gleich den letzteren, als vollkommen „irreguläre“ oder „asymmetrische“ Formen angesehen worden. Indessen ist nicht zu vergessen, dass trotz der starken Differenzirung der ungleichen Antimeren, und dadurch auch der Seitenhälften, doch die Pyramidalform durch die Zahl der Antimeren und das Verhältniss der ungleichpoligen Hauptaxe zu den Kreuzaxen bestimmt bleibt. Die allgemeine Grundform der Heteropleuren ist demnach die irreguläre Pyramide.

Erste Untergattung der Zeugiten:

Schienige Grundformen. Amphipleura.

(Heterostaura allopola amphipleura.)

(Strahlige ungleichpolige Bilateralformen.)

(Sogenannte „bilateral-symmetrische Strahlformen.“)

Stereometrische Grundform: Halbe amphithecte Pyramide von 4 + 2 n Seiten.

Die Abtheilung der amphipleuren Zeugiten oder der Amphipleuren, wie wir sie kurzweg nennen wollen, steht zwar an Ausdehnung weit hinter derjenigen der Zygopleuren zurück, umfasst aber eine Reihe von höchst interessanten und wichtigen Grundformen, die den bisherigen Betrachtungs-Versuchen, welche bloss von der äusseren Form ausgingen und die Axen vernachlässigten, unübersteigliche Hindernisse bereiteten. Die Grundform aller Amphipleuren ist die Hälfte einer amphithecten Pyramide von 4 + 2 n Seiten, und zwar muss die Seitenzahl dieser Pyramide stets doppelt so gross sein, als die Zahl der Antimeren. Es ist also die Grundform der dreizähligen Amphipleuren die Hälfte einer sechsseitigen, die Grundform der fünfzähligen Amphipleuren die Hälfte einer zehnseitigen amphithecten Pyramide u. s. w.

Da die homotypische Grundzahl, welche bei den Amphipleuren demgemäss drei, fünf, sechs oder mehr (n) ist, stets der Zahl der radialen oder semiradialen Kreuzebenen gleich sein muss, so müssen sich hier mindestens drei semiradiale oder radiale Kreuzebenen finden, welche sich unter spitzen Winkeln schneiden.

Von den zahlreichen Arten der Amphipleuren, die nach der verschiedenen Antimerenzahl (drei, fünf, sechs oder mehr) möglich wären, finden sich, ebenso wie von den amphithecten Pyramiden, nur sehr wenige in der Natur verkörpert, nämlich vier verschiedene Arten, siebenzählige, sechszählige, fünfzählige und dreizählige. Von diesen sind die beiden ersten Arten im Ganzen selten, die beiden letzten dagegen in sehr grosser Ausdehnung und Mannichfaltigkeit entwickelt. Zu den dreizähligen oder Triamphipleuren gehören nur sehr wenige Protisten, nämlich eine Anzahl von Radiolarien aus der Cyrtiden-Familie, dagegen eine sehr grosse Zahl von Pflanzen-Blüthen, nämlich die meisten sogenannten unregelmässigen Monocotyledonen-Blüthen, von den Orchideen, Gramineen, Cyperaceen etc. Die fünfzähligen oder Pentamphipleuren sind im Thierreiche sehr zahlreich vertreten durch die sogenannten irregulären oder bilateral-symmetrischen Echinodermen, aber auch unter den Dicotyledonen im Pflanzenreiche äusserst zahlreich; es gehören dahin die grossen Familien der Leguminosen, Compositen, Umbelliferen, Labiatifloren und sehr viele Andere.

Erste Art der Amphipleuren:

Siebenschienige. Heptamphipleura.

Siebenstrahlige ungleichpolige Bilateralformen.

Stereometrische Grundform: Halbe vierzehnseitige amphithecte. Pyramide.

Realer Typus: Disandra.

Die siebenstrahlige Amphipleurenform ist, wie alle siebenzähligen Grundformen, sehr selten, findet sich jedoch sehr deutlich in den Blüthensprossen einiger dicotyledonen Phanerogamen ausgesprochen, namentlich in der Veroniceen-Gattung *Disandra* (Subgenus von *Sibthorpia*, Familie der Scrophularineen). Die meisten Blüthentheile sind hier in Siebenzahl vorhanden, der Kelch siebenblättrig, die Krone siebentheilig, mit sieben Staubfäden. Die sieben Antimeren sind aber in der Art ungleich und zweiseitig geordnet, dass die ganze Blüthe deutlich in zwei symmetrisch gleiche Seitenhälften zerfällt. Auch die Frucht ist zweifächerig (eudipleurisch). Weniger deutlich ausgesprochen findet sich die Heptamphipleurie bei einigen anderen Blüthen, z. B. einigen Arten der Rosskastanien (*Aesculus*). Die allgemeine Grundform aller dieser bilateralen Siebenschienigen ist die Hälfte einer amphithecten Pyramide von vierzehn Seiten.

Zweite Art der Amphipleuren:

Sechsschienige. Hexamphipleura.

(Sechsstrahlige ungleichpolige Bilateralformen.)

Stereometrische Grundform: Halbe zwölfseitige amphithecte Pyramide.

Realer Typus: Oculina (Taf. I, Fig. 3).

Zu den zahlreichen interessanten Grundformen, welche man bisher noch gar nicht beachtet, sondern unter dem nichtssagenden Collectivbegriff der „Unregelmässigen" zusammengeworfen hat, gehört auch eine Anzahl von Corallenpolypen oder Anthozoen. Man pflegt allgemein die Glieder dieser Klasse sämmtlich als „reguläre Strahlthiere" (also als Homostauren) zu betrachten; mit demselben Rechte könnte man aber auch alle dicotyledonen Blüthen als solche erklären, wenn man nämlich die zahlreichen Ausnahmen nicht berücksichtigt. Allein schon in der Abtheilung der Sclerodermen kommen viele Ausnahmen von der herrschenden Homostauren-Form vor. Wir werden solche aus der Rugosen-Gruppe in den Zaphrentiden kennen lernen (Eutetrapleuren), aus der Perforaten-Ordnung in den Madreporen (Hexaphragmen); in der Eporosen-Ordnung gehört dahin die Familie der Oculiniden. Dieselbe zerfällt in zwei Subfamilien, die Stylasteraceen und Oculinaceen; erstere zeigen die reguläre Hexactinoten-Form, letztere dagegen eine sehr ausgezeichnete Modification derselben, welche wir hier als Hexamphipleuren aufstellen müssen. Diese eigenthümliche sechsstrahlige Bilateralform findet sich auch bei einigen Phanerogamen-Blüthen, z. B. bei mehreren Lythraceen *(Cuphea* und gewissen Blüthen von *Lythrum)*. Die Grundform derselben ist die Hälfte einer amphithecten Pyramide von zwölf Seiten. Es sind nämlich bei diesen Lythraceen ebenso wie bei den Oculinaceen die sechs Antimeren in der Art differenzirt, dass wir drei verschiedene Paare derselben unterscheiden können, ein dorsales, ein laterales und ein ventrales Antimeren-Paar (vergl. z. B. *Oculina virginea*, *Lophelia prolifera*, *Amphelia oculata* etc.). Die beiden Antimeren jedes Paares sind unter sich symmetrisch gleich, dagegen nicht zwei Antimeren congruent, wie es bei den Hexactinoten alle sechs sind. Die zwei dorsalen Antimeren sind am stärksten, die zwei ventralen am schwächsten entwickelt; die zwei lateralen zeigen einen mittleren Entwickelungsgrad. Der ganze Kelch der Oculinaceen (oder der Einzelpolyp) zerfällt also durch eine Medianebene in zwei symmetrisch gleiche Hälften, deren Rückentheil viel stärker ausgebildet ist, als der Bauchtheil (Taf. I, Fig. 3). Es zeigt sich dies am Skelet meistens sehr deutlich darin ausgesprochen, dass das unpaare mediane Septum dorsale (a_4), welches die beiden Rücken-Antimeren trennt, viel stärker, dagegen das unpaare mediane Septum ventrale (a_1), welches die beiden Bauch-Antimeren trennt, viel schwächer entwickelt ist, als die vier übrigen, lateralen Septa. Unter den letzteren sind wiederum die beiden Septa dorso-lateralia (welche das dorsale und laterale Antimeren-Paar scheiden) oft stärker entwickelt, als die beiden Septa ventro-lateralia (welche das ventrale und laterale Antimeren-Paar scheiden). Bei vielen Oculinaceen ist ausserdem der Kelch sehr stark in der Richtung der Lateralaxe verkürzt (zusammengedrückt), in der Richtung der Dorsoventralaxe dagegen entsprechend verlängert.

Dritte Art der Amphipleuren:

Fünfschienige. Pentamphipleura.

(Fünfstrahlige ungleichpolige Bilateralformen.)

Stereometrische Grundform: Halbe zehnseitige amphithecte Pyramide.

Realer Typus: Spatangus (oder Viola) Taf. I, Fig. 7.

Von allen organischen Grundformen hat vielleicht die Pentamphipleuren-Form die meisten Schwierigkeiten der Deutung veranlasst. Bei ihrer weiten Ausbreitung im Thierreiche, wo die sogenannten bilateralen oder irregulären Echinodermen, und im Pflanzenreiche, wo die irregulären oder symmetrischen Blüthen der fünfzähligen Dicotyledonen nach dieser Grundform gebaut sind, ist sie schon vielfach Gegenstand der Untersuchung gewesen, aber wegen mangelnder oder ungenügender Berücksichtigung der Axen und ihrer Pole niemals in ihrem Wesen richtig erkannt worden. Und doch ist gerade das Verständniss dieser Grundform, sobald man letztere gehörig berücksichtigt und die Antimeren-Differenzirung ins Auge fasst, ebenso leicht als interessant. (Vergl. Taf. I, Fig. 7, nebst Erklärung).

Die allgemeine stereometrische Grundform der fünfstrahligen Amphipleuren ist die Hälfte einer zehnseitigen amphithecten Pyramide. Es ist diese Form stets aus fünf ungleichen Antimeren zusammengesetzt, die sich so beiderseits der Medianebene gruppiren, dass der Körper aus zwei symmetrisch gleichen Hälften zusammengesetzt erscheint. Die Antimeren vertheilen sich auf zwei hinter einander liegende Paare und ein vor ihnen in der Mitte liegendes unpaares Stück. Wenn wir von der Betrachtung der Echinodermen ausgehen, so gewinnen wir feste Bezeichnungen für jedes der fünf Antimeren, die wir dann auf die entsprechenden Stücke der Dicotyledonen-Blüthen übertragen können.[1])

Dasjenige Antimer, welches den vier anderen paarigen als unpaares gegenübersteht, liegt bei den amphipleuren Echinodermen in der Mitte der Bauchseite und kann daher als ventrales bezeichnet werden (Fig. 7, $ci_1 r_1 i_2$). Die zunächst an dieses anstossenden beiden mittleren Antimeren (r_2 und r_5) werden dann passend als laterales Paar, und endlich die beiden folgenden, dem unpaaren gerade gegenüberstehenden als dorsales Paar bezeichnet (r_3 und r_4). An jedem der beiden Paare kann dann weiter ein rechtes und linkes Stück unterschieden werden. Die Summe des ventralen und der beiden lateralen Antimeren wird bei den Echinodermen als Trivium, das dorsale Paar im Gegensatz dazu als Bivium bezeichnet.

Das unpaare oder ventrale Antimer ist, für sich allein betrachtet, eudipleurisch, während jedes der vier anderen in der Regel dysdipleurisch ist. Die beiden Stücke jedes Paares sind unter sich symmetrisch gleich. Jedes Stück eines Paares ist ähnlich jedem des anderen und zwar positiv ähnlich dem auf derselben, negativ ähnlich dem auf der entgegengesetzten Seite liegenden Antimer des anderen Paares. Das ventrale Antimer ist meist sehr auffallend von den vier

---

[1]) Ueber die Begründung der im Folgenden angewandten, hier als festgestellt vorausgesetzten Auffassung und anatomischen Deutung der Echinodermen-Theile, sowie über ihre allgemeine Topographie und Orismologie ist mein Aufsatz über die Grundformen der Echinodermen nachzusehen.

anderen verschieden. Die Medianebene des ventralen Antimeres fällt mit der Medianebene des ganzen Körpers zusammen, während die Medianebenen der vier anderen Antimeren damit spitze Winkel bilden. Die Grenze des Bivium und Trivium in Fig. 7 ist i_3ci_5.

Die meisten Pentamphipleuren sind rein homopleurisch, mit symmetrisch gleicher rechter und linker Seitenhälfte; sehr selten sind letztere auffallend ungleich, so z. B. bei einigen heteropleuren Arten von *Saxifraga (S. sarmentosa* u. A.).

Die vergleichende Morphologie der amphipleuren Echinodermen ist mit grossen Schwierigkeiten verbunden, da in den verschiedenen Klassen dieses Stammes die verschiedensten Uebergänge von der reinen fünfseitigen regulären Pyramide der Pentactinoten bis zur extremsten Ausbildung der halben zehnseitigen amphithecten Pyramide vorkommen. Unzweifelhafte und meist sehr ausgeprägte pentamphipleure Echinodermen sind: 1) die amphipleuren oder sohligen Holothurien (*Thelenota, Psolus, Lepidopsolus* etc.), 2) die meisten sogenannten exocyclischen oder irregulären Seeigel, 3) ein kleiner Theil der Crinoiden, namentlich *Eleutherocrinus* von den Blastoideen und viele Cystideen. An diese schliessen sich dann die „subregulären" Echinodermen an, die bei oberflächlicher Betrachtung regulär (pentactinot) erscheinen, bei denen aber durch irgend ein untergeordnetes Merkmal, z. B. die excentrische Lage des Afters oder die besondere Ausbildung oder den Mangel eines der 5 Genitalporen das unpaare ventrale Antimer dennoch deutlich bezeichnet ist; dahin gehören 1) die sogenannten regulären oder „nicht sohligen" Holothurien; 2) die sogenannten regulären Echiniden; 3) die Seesterne mit excentrischem After; 4) die allermeisten Crinoiden. Nicht selten finden sich hier, namentlich unter den Spatangiden, Uebergänge zur Eutetrapleuren-Form, indem das unpaare Antimer sehr reducirt wird.

Unter den Dicotyledonen gehören zu den Pentamphipleuren die Geschlechtspersonen oder Blüthensprosse von vielen der vollkommensten, umfangreichsten und mannichfaltigsten aller Pflanzenfamilien, so namentlich die Compositen, Umbelliferen, Labiaten, Leguminosen, Violaceen etc. Auch hier kommt es aber vor, dass zwischen der extremsten Amphipleurie und der reinsten Pentactinoten-Form alle Uebergänge, oft in einer und derselben Blüthen-Gesellschaft, existiren, so z. B. zwischen den centralen und peripherischen (Strahlen-)Blüthen der Compositen und Umbelliferen. Die Pentamphipleurie tritt bei Vielen dieser Blüthen nicht minder auffallend hervor, als bei den Spatangen. Besonders ausgezeichnet sind die Leguminosen (Fig. 7); das Blumenblatt des ventralen unpaaren Antimeres bildet hier die grosse Fahne (Vexillum); die Petala der beiden lateralen Antimeren sind die sogenannten Alae oder Flügel; die Blumenblätter der beiden dorsalen Antimeren sind zu dem Kiel (Carina) verwachsen. Bei den strahlenden Umbelliferen-Blüthen und den Zungenblüthen der Compositen ist entweder bloss das Blumenblatt des ventralen unpaaren Antimeres, oder die 3 Petala des ganzen Trivium bedeutend stärker entwickelt, als das dorsale Bivium. Dies gilt auch von den Labiaten, bei denen die „Unterlippe" der Lippenblüthe aus dem unpaaren ventralen und dem Paar der lateralen Stücke, die

„Oberlippe" dagegen aus den beiden dorsalen Antimeren gebildet wird. Seltener sind die letzteren stärker, als die ersteren. Bisweilen geht das ventrale Antimer ganz oder fast ganz verloren, wie bei vielen Labiatifloren; dann ist sowohl die Unterlippe als die Oberlippe zweilappig oder zweizähnig. Ausser diesen auffallend amphipleuren Blüthen sind, strenggenommen, auch noch sehr viele andere fünfzählige Blüthen zu den Pentamphipleuren zu ziehen, welche scheinbar pentactinot sind, aber dennoch, wie die subregulären Echinodermen, mehr oder minder deutliche Abweichungen von der vollkommen regulären fünfseitigen Pyramide zeigen. Dahin gehören insbesondere viele Blüthen, bei denen durch Abortus einzelner Glieder eines oder mehrerer Blattkreise (Metameren) die Centralebene der Zeugiten ausgeprägt wird. Hier ist dann zwar im Ganzen die „Blumenkrone regelmässig", aber dennoch dadurch bilateral, dass ein oder mehrere Antimeren in Bezug auf andere Blattkreise der Blüthe unvollständig sind, wie z. B. die 4 Nüsse der fünfzähligen Asperifolien, die 8 Staubfäden des fünfzähligen Ahorn, die 3 Griffel der fünfzähligen *Staphylea* u. s. w

Vierte Art der Amphipleuren:

Dreischienige. Triamphipleura.

(Dreistrahlige ungleichpolige Bilateralformen.)

Stereometrische Grundform: Halbe sechsseitige amphithecte Pyramide.

Realer Typus: Orchis (oder Dictyophimus) Taf. I, Fig. 5.

Die Triamphipleuren-Form besitzt eine grosse Bedeutung für das Pflanzenreich, indem eine grosse Anzahl von Monocotyledonen-Blüthen hierher gehört. Dagegen kommt sie im Thierreiche nur selten vor und ist im Protistenreiche auf einige Radiolarien beschränkt. Von den drei Antimeren der Triamphipleuren kann das unpaare, welches selbst gewöhnlich eudipleurisch ist, wie bei den Pentamphipleuren als ventrales bezeichnet werden, und die beiden paarigen, welche meist dysdipleurisch sind, können diesem dann, wie bei den ersteren, als dorsale gegenübergestellt werden. Bei den meisten Triamphipleuren ist der Körper streng homopleurisch und dann sind die beiden dorsalen Antimeren unter einander symmetrisch gleich.

Im Protistenreiche wird die Grundform der dreistrahligen Amphipleuren durch eine Gruppe von morphologisch sehr interessanten, wenn auch nicht zahlreichen Radiolarien aus der Cyrtiden-Familie vertreten, welche den Subfamilien der Dicyrtiden und Stichocyrtiden angehören. Es schliessen sich diese Formen, welche zugleich dreistrahlig und zweiseitig symmetrisch sind, den Triactinoten (Homostaura anisopola triactinota) unmittelbar an, unterscheiden sich aber durch die Ungleichheit der drei Kreuzaxen, von denen entweder zwei gleich, die dritte ungleich, oder aber alle drei ungleich sind. Nur im ersteren Falle (Homopleura) tritt die bilaterale Symmetrie deutlich hervor und lässt sich eine Medianebene feststellen, welche den Körper in zwei symmetrisch gleiche Hälften trennt, so dass wir zwei paarige dorsale und einen unpaaren ventralen Radius unterscheiden können und dass auf jede Körperhälfte ein paariges und die Hälfte des unpaaren Antimeres kömmt. Rechte und linke Seite sind dann symmetrisch gleich, dorsale und ventrale verschieden. Sehr deutlich tritt dies Verhältniss bei *Dictyophimus tripus* (Rad. Taf. VI, Fig. 1) und bei *Podocyrtis charybdea* entgegen. Die Grundfläche der dreiseitigen rechtwinkeligen Pyramide, die wir uns dann aus den Axen construiren können, ist ein gleichschenkeliges Dreieck. Sind dagegen alle drei Kreuzaxen ungleich und alle drei Antimeren nur ähnlich, aber weder symmetrisch noch congruent, so wird die Grundfläche der Grundform ein ungleichseitiges Dreieck, und es tritt die heteropleure Triamphipleuren-Form hervor; dann sind ebenso rechte und linke, wie dorsale und ventrale Seite verschieden, so bei *Lithomelissa thoracites*, *Eucyrtidium anomalum* und *Dictyoceras Virchowii* (Rad. Taf. VI, Fig. 2—8; Taf. VII, Fig. 11—13; Taf. VIII, Fig. 1—5). Diese letzteren Formen, bei denen es oft sehr schwierig ist, das unpaare ventrale Antimer unter den drei ungleichen herauszufinden, würden streng genommen als Heteropleuren von den ersteren, rein symmetrischen als Homopleuren zu trennen sein.

Im Pflanzenreiche ist die Triamphipleuren-Form ungleich verbreiteter. Es gehört hierher wohl die grosse Mehrzahl der Monocotyledonen-Blüthen, der Orchideen, Gramineen, Cyperaceen etc. Auch hier ist bald die homopleure, bald die heteropleure Form vorherrschend. Bei den Orchideen, die meist die homopleure Triamphipleuren-Form sehr schön und rein zeigen, ist die Blüthenhülle (Perianthium) der dreistrahligen Blüthe aus zwei Blattkreisen gebildet (Taf. I, Fig. 5). Die drei Blätter des äusseren Kreises sind meist gleich, und also dieses Metamer eigentlich triactinot. Von den drei Blättern des inneren Kreises dagegen ist das unpaare ventrale sehr auffallend gestaltet und in die sogenannte Honiglippe (Labellum) umgewandelt; gewöhnlich ist diese bedeutend grösser, als die ihr gegenüberstehenden beiden Blätter der zwei dorsalen Antimeren. Die Medianebene geht mitten zwischen den beiden letzteren und durch die Mittellinie der Honiglippe hindurch. In der dreizähligen und bilateralen Blüthe der Gramineen ist gewöhnlich nur das Metamer, welches die drei Staubblätter trägt, vollständig entwickelt. Von den drei ursprünglich gleichmässig angelegten Blättern der Blüthenhülle (Perianthium) bildet sich das eine (äussere Deckspelze oder Bauchblatt, Palea ventralis, inferior, externa) übermässig aus, während die beiden anderen zu der inneren, zweinervigen Deckspelze oder dem Rückenblatt verwachsen (Palea dorsalis, binervis, superior, interna). Von den drei Blättchen der

Nebenkrone (Schüppchen oder Squamulae), die ebenfalls ursprünglich gleichmässig angelegt sind, kommt die innere, die Squamula dorsalis, nicht zur Entwickelung, und auch die beiden äusseren, die Squamulae ventrales, bleiben meist sehr klein. Ebenso kommt von den drei Griffeln der dorsale nicht zur Entwickelung. Die sagittale oder mediane Ebene (Centralebene), welche die dreistrahlige Gramineenblüthe in zwei vollkommen symmetrische Seitenhälften theilt, geht also hier durch die Verwachsungslinie der beiden dorsalen Paleen, durch die Mittellinie der ventralen Palea und durch die fehlgeschlagene dorsale Squamula hindurch.

Bei den meisten Orchideen, Gramineen, Cyperaceen und überhaupt bei den meisten triamphipleuren Monocotyledonen-Blüthen sind die beiden Seitenhälften der dreistrahligen Blüthen symmetrisch gleich. Diesen homopleuren Blüthen stehen nur wenige heteropleure gegenüber, bei denen die beiden Seitenhälften (rechte und linke) sich differenziren, und also alle drei Antimeren ungleich werden, so z. B. unter den Orchideen *Goodyera discolor*, und in sehr ausgezeichneter Weise *Canna*, welche durch den Gonochorismus der Antimeren in einem hermaphroditischen Metamere merkwürdig ist.

Zweite Untergattung der Zeugiten:

Jochpaarige Grundformen. Zygopleura.

(Heterostaura allopola zygopleura.)

„Bilateral-Symmetrische" Formen der Autoren in der dritten (mittleren) Bedeutung des Begriffes.

Stereometrische Grundform: Halbe Rhombenpyramide (Gleichschenkelige Pyramide)

Die wichtige und umfangreiche Abtheilung der zygopleuren Zeugiten, die wir kurz Zygopleuren nennen, verhält sich zu den amphipleuren ebenso, wie unter den Toxomorphen die Orthostauren zu den Oxystauren. Während bei den Amphipleuren, wie bei den Oxystauren, die Antimerenzahl drei, fünf, sechs oder mehr beträgt und also mindestens drei radiale oder semiradiale Kreuzebenen vorhanden sind, die sich demgemäss unter spitzen Winkeln schneiden müssen, so finden wir bei den Zygopleuren, wie bei den Orthostauren, nur zwei oder vier Antimeren und demgemäss entweder nur eine einzige oder nur zwei radiale Kreuzebenen. Doch besteht ein Unterschied zwischen den Zygopleuren und Orthostauren darin, dass die beiden radialen Kreuzebenen bei den letzteren sich stets rechtwinkelig kreuzen müssen, während dies bei den ersteren nicht der Fall zu sein braucht.

Wie wir als Grundform der Amphipleuren die Hälfte einer amphithecten Pyramide von $4+2n$ Seiten erkannt haben, so finden wir, wenn wir die allgemeine Grundform der Zygopleuren zu bestimmen suchen, diese in der Hälfte einer amphithecten Pyramide von vier Seiten, also in einer halben Rhomben-Pyramide. Demgemäss erhalten wir die Zygopleuren-Form ebenso durch Halbirung der Orthostauren, wie die Amphipleuren-Form durch Halbirung der Oxystauren.

Die halbe Rhomben-Pyramide ist eine gerade Pyramide, deren Basis ein halber Rhombus, also ein gleichschenkeliges Dreieck ist. Dieser einfache stereometrische Körper besitzt alle wesentlichen Eigenschaften, welche den Character der Zygopleuren bestimmen. Die halbe Rhomben-Pyramide wird nur durch eine einzige Ebene in zwei symmetrisch gleiche Hälften zerlegt. Diese Halbirungsebene (Centralebene) ist die Medianebene, welche durch die Hauptaxe (Pyramidenaxe) und durch die Mittellinie der Basis (das Loth von der Spitze des gleichschenkeligen Dreiecks auf die Grundlinie) gelegt werden kann. Von den drei Seitenflächen der gleichschenkeligen Pyramide, wie wir die halbe Rhomben-Pyramide nach Beschaffenheit ihrer Basis auch nennen können, sind zwei Seitenflächen congruente ungleichschenkelige Dreiecke, die sich in der Bauchkante berühren und in Bezug auf ihre entgegengesetzte Lage zu dieser als symmetrisch congruent bezeichnet werden müssen. Diese beiden Seiten entsprechen der rechten und linken Körperfläche der Zygopleuren. Die dritte Seitenfläche der gleichschenkeligen Pyramide ist ein dreischenkeliges Dreieck, welches die Grundlinie der Basis ebenfalls zur Grundlinie hat. Da diese der Bauchkante gegenüberliegt, so müssen wir sie als Rückenseite bezeichnen. Die Spitze der gleichschenkligen Pyramide betrachten wir, wie es bei allen heteropolen Stauraxonien geschehen ist, als Aboralseite oder Antistomium, die Basis als Oralseite oder Peristomium.

Wie wir bei den Orthostauren als zwei besondere Formen-Arten die Tetraphragmen mit vier, und die Diphragmen mit zwei Antimeren unterscheiden mussten, so müssen wir auch bei den Zygopleuren dieselben beiden Arten im Princip theoretisch von einander trennen, obwohl in Wirklichkeit die Grundform in beiden Fällen wesentlich, nämlich bezüglich der Verhältnisse der Axen und ihrer Pole nicht verschieden ist. Den vierzähligen Orthostauren oder Tetraphragmen entsprechen die aus vier Antimeren zusammengesetzten Zygopleuren, nämlich die Mehrzahl aller Würmer, die Zaphrentiden, einige Medusen (*Steenstrupia, Euphysa*), viele Siphonophoren und unter den Pflanzen z. B. die Blüthen von *Iberis, Reseda, Betula* u. s. w. Diese vierzähligen Zygopleuren nennen wir Tetrazygopleura oder kurz Tetrapleura. Den zweizähligen Orthostauren oder Diphragmen correspondiren die aus zwei Antimeren zusammengesetzten Zygopleuren, die Personen der Wirbelthiere, Arthropoden, Weich-Thiere und viele morphologische Individuen niederer Ordnung. Diese zweizähligen Zygopleuren können im Gegensatz zu den vierzähligen als Dizygopleura oder kurz als Dipleura bezeichnet werden.

Genau genommen können wir die gleichschenkelige Pyramide oder die halbe Rhomben-Pyramide nur als die Grundform der zweizähligen Zygopleuren, nicht als diejenige der vierzähligen betrachten, da sie nur aus zwei Antimeren zusammengesetzt ist. Wollten wir einen besonderen geometrischen Ausdruck für die Tetrapleuren suchen, so würden wir ihn entweder in der halben achtseitigen amphithecten Pyramide oder in einer doppelt gleichschenkeligen Pyramide finden, d. h. in einer Pyramide, welche aus zwei ungleichen gleichschenkeligen Pyramiden zusammengesetzt ist, deren congruente Rückenflächen zusammenfallen (d. h. also, deren Rückenflächen congruent sind und die mit diesen congruenten Rückenflächen verwachsen sind). Die Basis dieser doppelt gleichschenkeligen Pyramide ist ein doppelt gleichschenkeliges Trapez, d. h. ein Trapez, welches aus zwei ungleichen gleichschenkeligen Dreiecken zusammengesetzt ist, die über derselben Grundlinie in entgegengesetzten Richtungen errichtet sind (die also mit dieser gleichen Grundlinie sich berühren; vergl. Taf. I, Fig. 11, $r_2 r_1 r_4$ und $r_2 r_3 r_4$). Von den vier Seitenflächen der doppelt gleichschenkeligen Pyramide sind je zwei gegenüberliegende ungleich, dagegen die beiden in der Rückenkante zusammenstossenden dorsalen unter sich (symmetrisch) congruent und ebenso die beiden in der Bauchkante zusammentretenden ventralen unter sich (symmetrisch) congruent. Die beiden rechten Seiten (dorsale und ventrale) sind unter sich ebenso verschieden, wie die beiden linken. Die Ebenen, welche man durch die Axe der doppelt gleichschenkeligen Pyramide (Hauptaxe) und jede der beiden rechtwinkelig gekreuzten Diagonalen ihrer Grundfläche legen kann, sind die beiden Richtebenen, von denen die eine die andere halbirt, ohne von ihr halbirt zu werden. Durch die (nicht halbirte) Sagittalebene ($r_1 r_3$) wird der Körper in zwei symmetrisch gleiche, durch die (halbirte) Lateralebene ($r_2 r_4$) in zwei symmetrisch ähnliche oder ungleiche Stücke zerlegt. Von den vier Antimeren, in welche der Tetrazygopleuren-Körper durch die beiden Richtebenen zerfällt, sind die beiden dorsalen unter sich symmetrisch gleich, und ebenso die beiden ventralen. Dagegen sind die beiden linken Antimeren (dorsales und ventrales) unter sich nur positiv ähnlich und ebenso die beiden rechten. Das linke ventrale ist dem rechten dorsalen negativ ähnlich und ebenso das rechte ventrale dem linken dorsalen (Vergl. Taf. I, Fig. 11 und 12).

Für die Verhältnisse der Kreuzaxen und der durch sie gelegten Kreuzebenen hat dieser Unterschied der Tetrapleuren und Dipleuren ebenfalls Bedeutung, indem bei den ersteren nur eine einzige radiale Kreuzebene vorhanden ist, die mit der Lateralebene zusammenfällt, während die entsprechende darauf senkrechte Interradialebene mit der Medianebene identisch ist. Bei den Tetrapleuren dagegen sind zwei radiale und zwei entsprechende interradiale Kreuzebenen vorhanden und es fallen hier entweder die beiden radialen oder die beiden interradialen Kreuzebenen mit den beiden idealen Richtebenen zusammen.

Obgleich aus dieser Betrachtung der doppelt-gleichschenkeligen Pyramide hervorgeht, dass diese die eigentliche Grundform der vierzähligen Zygopleuren ist, so können wir dieselbe doch nur als eine untergeordnete Modification der einfachen gleichschenkeligen Pyramide betrachten, da die Verhältnisse der idealen Axen und ihrer Pole in beiden Fällen ganz dieselben sind. Bei der einen wie bei der anderen sind von den drei auf einander senkrechten ungleichen Euthynen des Heterostauren-Körpers zwei ungleichpolig (die Hauptaxe und die Dorsoventralaxe), die dritte gleichpolig (die Lateralaxe). Als gemeinsame Grundform aller Zygopleuren können wir demnach die gleichschenkelige Pyramide festhalten und ein Gewicht auf die Unterscheidung der einfach- und der doppelt-gleichschenkeligen nur insofern legen, als durch die erstere die homotypische Zweizahl der Dipleuren, durch die letztere die homotypische Vierzahl der Tetrapleuren bezeichnet wird.

Wichtigere Modificationen der gemeinsamen Grundform, als durch die Antimeren-Zahl Zwei oder Vier, werden dadurch bedingt, dass unter den Zygopleuren weit häufiger, als unter den Amphipleuren die Heteropleurie auftritt, also Ungleichheit der beiden Pole der Lateralaxen, bedingt entweder durch ursprünglich ungleiche Anlage oder durch späteres ungleiches Wachsthum der beiden Seitenhälften, oder durch besondere Einflüsse, welche auf die Differenzirung der Rechten und Linken bedingend einwirken. Insbesondere unter den Dipleuren sind diese Heterozygopleuren-Formen sehr häufig und bedingen dort z. B. die Spiraldrehung der Gasteropoden, die characteristische Form der Pleuronectiden u. s. w. Viel seltener sind die Heteropleuren unter den Tetrapleuren, z. B. *Abyla*. Eine bestimmte geometrische Grundform für alle Heterozygopleuren lässt sich kaum allgemein feststellen, da der augenfällige Character, welcher die Homozygopleuren auszeichnet, die symmetrische Gleichheit der beiden Seitenhälften, hier verloren geht. Ganz allgemein könnte man als Grundform der Heterozygopleuren allenfalls eine ungleich dreiseitige Pyramide aufstellen, oder genauer noch als Promorphe der heteropleuren Tetrapleuren eine ungleich vierseitige, als Promorphe der heteropleuren Dipleuren eine ungleich dreiseitige Pyramide. Da jedoch die Heterozygopleuren ihre nahe Verwandtschaft mit den nächststehenden Homozygopleuren niemals verleugnen und namentlich die Erkenntniss der drei ungleichen Euthynen, der Hauptaxe und der beiden Richtaxen, obwohl alle drei ungleichpolig sind, keinen Schwierigkeiten unterliegt, so können wir die einzelnen Seiten, Axen und Pole der Heteropleuren stets durch Vergleichung mit den nächstverwandten Homopleuren bestimmen und benennen.

Wir können also, indem wir auch hier von der Betrachtung der homopleuren Zygopleuren ausgehen müssen, allgemein als die Grundform der Zygopleuren die gleichschenkelige Pyramide oder halbe Rhomben-Pyramide festhalten und deuten ein für allemal die einzelnen Theile derselben in folgender Weise: 1) die Basis der gleichschenkeligen Pyramide ist die Mundseite oder Peristomfläche des Zygopleuren-Körpers; 2) die Spitze der Pyramide (Apex) und ihre Umgebung ist die Gegenmundseite oder Antistomfläche; 3 und 4) die (paarigen) beiden symmetrisch-congruenten Seiten der Pyramide sind die rechte und linke Seite; 5) die (unpaare) gleichschenkelig dreieckige Seite der Pyramide ist die Rückenfläche (Dorsum); 6) die dem Dorsum gegenüberliegende (unpaare) Kante der Pyramide, in welcher rechte und linke Seite zusammenstossen, ist die Bauchfläche (Venter) des Zygopleuren-Körpers (Vergl. Taf. I, Fig. 11, 12, 14).

Erste Art der Zygopleuren:

Zweipaarige. Tetrapleura.

(Tetrazygopleura. Zygopleura tetramera.)

Paarige Bilateralformen mit zwei Paar Antimeren.

Stereometrische Grundform: Doppelt-gleichschenkelige Pyramide.

(*Halbe Rhomben-Pyramide mit vier Antimeren.*) Taf. I, Fig. 11, 12.

Die zahlreichen Thierformen, welche wir nach den vorhergehenden Untersuchungen zu den Tetrapleuren rechnen müssen, haben bisher noch nirgends Berücksichtigung gefunden, obschon dieselben ebenso sehr als die Ctenophoren, eine besondere Abtheilung in dem Aggregat der sogenannten bilateral-symmetrischen Thiere zu bilden beanspruchen. Es gehört hierher der grosse formenreiche Kreis der Würmer (zum grössten Theil!), ferner eine ziemliche Anzahl von Coelenteraten, und zwar sowohl Hydromedusen (namentlich Siphonophoren) als Anthozoen (die Zaphrentiden); endlich eine Reihe von vierzähligen Dicotyledonen-Blüthen, welche diesen völlig entsprechen, z. B. von *Iberis*, *Reseda*, *Betula* etc.).

Der wesentliche Unterschied dieser vierzähligen Zygopleuren von den zweizähligen (oder den „bilateral-symmetrischen“ Formen im vierten Sinne des Wortes) beruht darin, dass ihr Körper aus vier, und nicht aus zwei Antimeren zusammengesetzt ist. Doch bleibt diese Differenz, wie schon im Vorhergehenden auseinandergesetzt wurde, insofern ohne wesentliche Bedeutung, als die Verhältnisse der drei idealen Axen und ihrer Pole in beiden Fällen dieselben sind; in beiden ist die Lateralaxe gleichpolig, die beiden anderen (Dorsoventralaxe und Hauptaxe) ungleichpolig. Dagegen äussert sich der Unterschied zwischen Beiden schärfer in den Verhältnissen der realen Kreuzaxen und der durch sie gelegten realen Kreuzebenen, indem bei den Dipleuren deren nur zwei, eine radiale und eine interradiale Kreuzebene, vorhanden sind, von denen die erstere mit der lateralen, die letztere mit der medianen Ebene zusammenfällt, während bei den Tetrapleuren deren vier, zwei radiale und zwei interradiale Kreuzebenen, vorhanden sind, von denen bald die beiden ersteren, bald die beiden letzteren, mit den beiden Richtebenen oder idealen Kreuzebenen (lateraler und medianer) zusammenfallen.

Wenn wir die vier realen Kreuzaxen und die (durch sie und die Hauptaxen gelegten) vier realen Kreuzebenen der Tetrapleuren und ihr Verhältniss zu den beiden idealen (lateraler und medianer) noch einen Augenblick näher ins Auge fassen, und zwar bei denjenigen Tetrapleuren, welche wir im folgenden Abschnitt als interradiale Eutetrapleuren unterscheiden werden (wie z. B. bei den Zaphrentiden), so ergiebt sich, dass bei diesen Formen nur die eine Interradialebene (die sagittale) mit der einen idealen Kreuzebene (der medianen) stets zusammenfällt, während dagegen die andere Interradialebene, welche sich aus rechtem und linkem Interradial-Septum zusammensetzt, oft nicht mit der anderen idealen Kreuzebene (der lateralen) zusammenfällt. Vielmehr bilden die beiden Hälften der lateralen Interradialebene, das linke und rechte interradiale Septum, welche bei den Zaphrentiden häufig als Septalgruben ausgebildet sind, mit der idealen Lateralebene, da, wo sie in der Hauptaxe mit ihr zusammenstossen, oft einen spitzen Winkel, der auf beiden Seiten gleich ist. Nur wenn dieser Winkel ein rechter wird, wie bei manchen Anneliden, fällt die reale und ideale Lateralebene zusammen. Weitere Unterschiede in den Verhältnissen der realen zu den idealen Kreuzaxen veranlassen uns, die Gruppe der Eutetrapleuren in die beiden Abtheilungen der radialen und interradialen Eutetrapleuren zu spalten (Taf. I, Fig. 11 und 12).

Die Heteropleurie, die Ungleichheit der rechten und linken Seitenhälfte, ist bei den Tetrapleuren weit seltener als bei den Dipleuren, bildet jedoch da, wo sie vorkommt, wie bei den Siphonophoren, so ausgezeichnete Formen, dass wir die Betrachtung der heteropleuren von derjenigen der homopleuren trennen müssen. Die ersteren nennen wir kurz Eutetrapleura, die letzteren Dystetrapleura.

Erste Unterart der Tetrapleuren:

Gleichhälftige Zweipaarige. Eutetrapleura.

(Tetrapleura homopleura.)

Stereometrische Grundform: Doppeltgleichschenkelige Pyramide mit zwei symmetrisch-gleichen Seitenhälften (oder Antiparallelogramm-Pyramide).

Zu der Abtheilung der tetrapleuren Zygopleuren mit symmetrisch-gleicher rechter und linker Seitenhälfte rechnen wir erstens den grössten Theil des umfangreichen Würmer-Kreises, und zweitens eine grosse Anzahl von Coelenteraten, nämlich aus der Klasse der Hydromedusen viele Siphonophoren, und aus der Anthozoen-Klasse viele Rugosen, insbesondere die Zaphrentiden. Von den Dicotyledonen-Blüthen gehören dahin die Blüthen einiger Cruciferen (z. B. *Iberis)* und Dipsaceen (z. B. *Scabiosa)*, ferner von *Reseda, Betula* etc.

Wir können unter den Eutetrapleuren zwei untergeordnete Formengruppen unterscheiden, solche nämlich, bei denen die Medianebene mit einer radialen und solche, bei denen sie mit einer interradialen Kreuzebene zusammenfällt. Die ersteren können wir radiale, die letzteren interradiale nennen. Bei den radialen Eutetrapleuren (z. B. bei vielen Siphonophoren, vielen Dipsaceen etc.) finden wir ein unpaares dorsales und ein unpaares ventrales Antimer, dazwischen zwei paarige laterale, rechtes und linkes. Bei den interradialen Eutetrapleuren dagegen finden wir (z. B. bei den Zaphrentiden, Iberis und anderen Cruciferen), ein dorsales und ein ventrales Antimeren-Paar, jedes aus einem rechten und einem linken Antimer zusammengesetzt.

Erste Abtheilung der gleichhälftigen Zweipaarigen:

Eutetrapleura radialia.

Eutetrapleuren mit radialer Medianebene und mit drei verschiedenen Antimeren-Formen.

Realer Typus: Praya (oder Reseda) Taf. I, Fig. 11.

Bei den radialen Eutetrapleuren besteht jede Körperhälfte, rechte und linke, aus einem ganzen (lateralen) und aus zwei halben Antimeren (der Hälfte des dorsalen und der Hälfte des ventralen). Die Medianebene wird durch eine radiale Kreuzebene gebildet. Es ist dies der Fall bei vielen Siphonophoren, einigen Craspedoten und bei den Blüthen von *Reseda, Betula,* einigen *Dipsaceen* etc.

Unter den Siphonophoren sind ausgesprochene radiale Eutetrapleuren-Bildungen nicht selten, und namentlich oft in den Schwimmglocken, seltener in den Deckstücken und Geschlechtsglocken, sehr rein entwickelt. Als ausgezeichnete Beispiele mögen die Schwimmstücke vieler Diphyiden und Prayiden, ferner sehr vieler Physophoriden, bezeichnet werden, so z. B. von *Diphyes quadrivalvis, D. gracilis, Voglia pentacantha* etc. Nicht so häufig als in den Locomotiven bleibt die radiale Eutetrapleuren-Form in den Deckstücken erhalten, sehr deutlich bei einigen Prayiden und Diphyiden, z. B. in dem cubischen Deckstück der Einzelthiere von *Abyla pentagona.* Häufiger geht bei den Deckstücken die Eutetrapleuren-Form in die Eudipleuren-Form über. Ebenso findet sie sich selten in den Geschlechtsglocken, da diese in der Regel Tetractinoten sind; eine sehr auffallende Ausnahme bilden z. B. die Genitalglocken von *Praya maxima,* wo die Medianebene durch die diametral gegenüberstehenden beiden ungleichen Flügel der Glocke sehr scharf bestimmt ist. Das dorsale Antimer ist hier durch einen breiten, das ventrale Antimer durch einen schmalen Flügel ausgezeichnet, während die beiden symmetrisch-gleichen lateralen Antimeren (rechtes und linkes) flügellos sind.[1] Aus der Hydromedusen-Klasse sind ausser den genannten Siphonophoren auch noch einige craspedote Medusen der Eutetrapleuren-Form zuzuzählen, diejenigen Oceaniden nämlich, *Steenstrupia, Euphysa* und einige andere, bei denen nur ein einziger entwickelter Radialtentakel vorhanden ist, der als dorsaler den dorsalen Radius und dadurch die Medianebene bestimmt. Von den drei übrigen Radien, welche gar keine oder nur unvollständig entwickelte Radialtentakeln zeigen, ist der mittlere unpaare, welcher den dorsalen gegenübersteht, als ventraler, und die beiden anderen paarigen als rechter und linker zu bezeichnen.

Von den Dicotyledonen-Sprossen sind zu der radialen Eutetrapleuren-Form die Blüthen von *Reseda, Betula* und von vielen Dipsaceen, namentlich Scabiosen zu rechnen (z. B. *Succisa pratensis, Knautia arvensis).* Die vier Blumenblätter dieser Tetrapleuren sind in der Weise ungleich ausgebildet, dass einem besonders entwickelten (ventralen) Blumenblatt ein verschieden gebildetes (dorsales) unpaar gegenübersteht, während sich beiderseits derselben rechtes und linkes Blumenblatt symmetrisch - gleich ordnen. Als dorsales Blumenblatt können wir hier allgemein dasjenige bezeichnen, welches der Hauptaxe des Stockes zugekehrt, als ventrales dasjenige, welches von ihr

[1]) Da bei den Siphonophoren die Eutetrapleuren-Form auf das Vielfältigste durch allmählige Uebergänge einerseits mit der Tetractinoten- und Tetrarithmen-, andererseits mit der Eudipleuren-, Dystetrapleuren- und Dysdipleuren-Form verbunden ist, so erscheint es im einzelnen Falle oft sehr schwierig zu bestimmen, welcher dieser 5 Grundformen das vorliegende Siphonophoren - Individuum angehört. Als radiale Eutetrapleure dürfen nur diejenigen angesehen werden, bei denen die 4 Antimeren entweder durch 4 Kanten oder durch die 4 Radialcanäle noch deutlich bezeichnet werden, und bei denen von diesen 4 Antimeren 2 gegenüberliegende (rechts und links), symmetrisch-gleich, die beiden dazwischen liegenden (dorsales und ventrales) dagegen ungleich (ähnlich) sind.

abgewandt ist. Bei *Reseda* (Taf. I, Fig. 11) z. B. ist das (obere) dorsale Blumenblatt das grösste, in fünf bis sieben lineale Zipfel gespalten, das entgegengesetzte (untere) ventrale Blumenblatt das kleinste, tief zweispaltig; die beiden seitlichen, symmetrisch-gleichen (rechtes und linkes) sind flach dreispaltig. Bei den tetrapleuren Dipsaceen-Blüthen ist umgekehrt das untere (ventrale) Blumenblatt das grösste.

Zweite Abtheilung der gleichhälftigen Zweipaarigen:

Eutetrapleura interradialia.

Eutetrapleuren mit interradialer Medianebene und mit zwei verschiedenen Antimeren-Formen.

Realer Typus: Nereïs (oder Iberis) Taf. I, Fig. 12.

Bei den interradialen Eutetrapleuren besteht jede Körperhälfte (rechte und linke) aus zwei ganzen Antimeren oder aus einem Antimeren-Paare, und jedes Paar wiederum aus zwei ungleichen, einem dorsalen und einem ventralen Antimer. Die Medianebene wird durch eine interradiale Kreuzebene gebildet. Die interradialen Eutetrapleuren unterscheiden sich demgemäss von den radialen dadurch sehr wesentlich, dass der Körper der ersteren aus zwei Paaren symmetrisch-gleicher Antimeren zusammengesetzt ist, während bei den letzteren derselbe aus einem Paare symmetrisch-gleicher und aus einem Paare ähnlicher oder ganz ungleicher Antimeren besteht. Auch die Antimeren selbst sind bei beiden verschieden. Bei den interradialen Eutetrapleuren besteht jedes Antimer aus zwei ungleichen (ähnlichen) Hälften und besitzt daher selbst die Dysdipleuren-Form, während dies bei den radialen Eutetrapleuren nur mit dem lateralen Antimeren-Paar der Fall ist, das dorsale Antimer dagegen und ebenso das ventrale aus zwei symmetrisch gleichen Hälften besteht und die Eudipleuren-Form besitzt. Als interradiale Eutetrapleuren müssen wir die grosse Mehrzahl aller Würmer betrachten, ferner die Zaphrentiden unter den Anthozoen, und von den Dicotyledonen eine Anzahl Cruciferen-Blüthen *(Iberis)* und einige Andere.

Die Vertreter der interradialen Eutetrapleuren-Form im Coelenteraten-Stamme sind die Zaphrentiden, eine umfangreiche Familie aus der Ordnung der fossilen Rugosen, die man bisher meistens, und wohl mit Recht, zu den Anthozoen, neuerdings aber auch zu den Hydromedusen gerechnet hat. Sämmtliche Rugosen stimmen mit der Mehrzahl der Hydromedusen durch die homotypische Vierzahl überein, während sie durch die interradialen Septa der perigastrischen Höhle sich den sechszähligen Madreporarien unmittelbar anschliessen. Bei den meisten Rugosen-Familien, den Cystiphylliden, Cyathophylliden und Stauriden, sind die 4 Antimeren vollkommen congruent und also die Tetractinoten-Form so rein, wie bei den Medusen ausgebildet. Die Grenze zwischen den 4 Antimeren ist ganz scharf durch das rechtwinkelige Kreuz der 4 primaeren interradialen Septa (Leisten oder

Sternleisten) ausgesprochen. Schon bei den Cyathaxoniden tritt aber in dem sonst regulären Kelche eine Differenzirung dadurch ein, dass an einem (ventralen) Pole der Dorsoventralaxe das eine Septum schwächer entwickelt ist, und an seiner Stelle eine Septalgrube auftritt. Bei den Zaphrentiden nimmt diese ventrale Septalgrube so sehr an Ausdehnung zu, und zugleich entwickelt sich das gegenüberstehende dorsale Septum so stark, dass die beiden lateralen Septa rechts und links dahinter zurückbleiben und sich symmetrisch-gleich zu beiden Seiten der Medianebene, welche durch die ventrale Septalgrube und das gegenüberstehende unpaare (dorsale) Septum bestimmt ist, ordnen. Der Winkel, den das rechte und linke Septum mit dem stärker entwickelten dorsalen Septum bilden, ist meist spitz, und wird um so spitzer, je stärker sich das dorsale auf Kosten des ventralen Septum (der Septalgrube) ausbildet. Die Sternleisten niederer Ordnung, die secundären, tertiären Septa u. s. w., welche zwischen den 4 primären Interradialleisten stehen, ordnen sich zugleich so zwischen diesen, dass der ganze Kelch regelmässig gefiedert erscheint. Unter den Siphonophoren scheinen interradiale Tetrapleuren, welche in der Grundform ganz mit den Zaphrentiden übereinstimmen, ebenfalls vorzukommen, wenn auch nur selten, so z. B. die Schwimmglocken von *Apolemia*

Von besonderer Wichtigkeit ist die interradiale Eutetrapleuren-Form desshalb, weil wir die grosse Mehrzahl aller Würmer hierher rechnen müssen. Man hat bisher die sämmtlichen Würmer ohne Unterschied mit den Wirbelthieren, Arthropoden und Weichthieren als Bilateral-Symmetrische zusammengestellt. Nur Bronn hat, wie oben angeführt wurde, die Acanthocephalen und Cestoden als „Sagittalformen“ von ihnen getrennt; diese gehören in der That meistens zu den Toxomorphen und zwar theils zu den Tetraphragmen, theils zu den Diphragmen. Allein auch den grössten Theil der übrigen Würmer können wir nicht mit jenen anderen „Hemisphenoid-Formen“ vereinigt lassen, da sie sich von ihnen wesentlich durch die Zusammensetzung des Körpers aus vier Antimeren unterscheiden. Dies gilt insbesondere von den meisten Anneliden, Chaetognathen (*Sagitta*), Nemertinen, Nematoden etc. Wie der Querschnitt jedes Annelides (Taf. I, Fig. 12) und der meisten anderen Würmer lehrt, wiederholen sich in jedem der vier Metameren-Quadranten, welche durch die Medianebene und die darauf senkrechte Lateralebene geschieden werden, dieselben wesentlichen Organe in derselben gegenseitigen Lagerung, Zahl u. s. w., und wir dürfen diese Quadranten somit wirklich als Antimeren betrachten. Bei denjenigen Anneliden, welche die Eutetrapleuren-Form am reinsten zeigen, besitzt jeder Quadrant eines Metamers (also jedes einzelne Antimer) einen Fussstummel (Parapodium) nebst zugehörigen Theilen, ein Längsgefäss, ein Muskelfeld etc. Ebenso deutlich zeigen die eutetrapleure Grundform auch die meisten Echinodermen-Ammen, welche man gleichfalls gewöhnlich als „bilateral-symmetrische“ betrachtet, und wir finden hierin einen neuen Beweis für ihren genealogischen Zusammenhang mit den Würmern.

Es ist sehr bemerkenswerth, dass in der höchststehenden Würmerklasse, bei den Anneliden, die interradiale Eutetrapleuren-Form am schärfsten ausgeprägt erscheint (Fig. 12). Wie bei den Zaphrentiden, besteht jede der beiden symmetrisch gleichen Körperhälften (rechte und linke) aus zwei ganzen Antimeren, einem dorsalen und einem ventralen. Je mehr diese sich differenziren, je mehr zugleich jede Körperhälfte sich dadurch centralisirt, desto mehr geht die eutetrapleure in die eudipleure Form über; je weniger die beiden Antimeren jeder Seitenhälfte verschieden sind, desto mehr nähert sie sich der Tetrarithmen-Form, welche in den Proglottiden vieler Taenien sehr rein ausgebildet ist und in den „regulären“ Scolices zur tetractinoten Grundform wird. Dieser schon oben (p. 494) hervorgehobene Zusammenhang der verschiedenen tetrameren Grundformen erscheint uns von sehr grosser Bedeutung für die Vorstellung von der Entstehung derselben und insbesondere von der Entwickelung der höheren aus den niederen Formen. Besonders möchten wir dabei noch auf den möglichen genealogischen Zusammenhang der Wirbelthiere mit den Würmern hinweisen, wie er im sechsten Buche erläutert werden soll. Auch die niederen Wirbelthiere zeigen noch sehr deutlich ihre ursprüngliche tetrapleure Zusammensetzung aus 4 Antimeren, so z. B. im Schwanze der Fische und Amphibien. Höchst wahrscheinlich ist auch hier die höhere dipleure Form, welche alle ausgebildeten Wirbelthiere zeigen, erst secundär aus der tetrapleuren hervorgegangen, wie dies bei den Arthropoden unzweifelhaft der Fall ist.

Unter den Dicotyledonen-Blüthen finden wir die interradiale Eutetrapleuren-Form in *Iberis* und einigen anderen Cruciferen mit sogenannten „strahlenden Blüthen“ eben so rein und vollständig, als in den Würmern und den Zaphrentiden ausgesprochen. Die beiden grösseren („äusseren“) von dem Hauptspross abgewandten Blumenblätter, welche symmetrisch-gleich sind, entsprechen dem ventralen Antimeren-Paar; die beiden kleineren („inneren“) dem Hauptspross zugewandten Blumenblätter, welche ebenfalls unter sich symmetrisch gleich sind, dem dorsalen Antimeren-Paar. Die beiden kleineren von den 6 Staubfäden (das entwickelte Paar des äusseren Kreises) liegen in der lateralen Richtebene, die beiden abortirten Staubfäden des äusseren Kreises (dorsaler und ventraler) in der Medianebene.

Wir haben hier die interradiale Eutetrapleuren-Form nach der radialen aufgeführt, weil uns die erstere im Ganzen genommen die höhere und vollkommenere zu sein scheint Es geht dies namentlich daraus hervor, dass dieselbe sich unmittelbar an die Eudipleuren-Form anschliesst. Bei Beiden fällt die Medianebene mit einer interradialen Kreuzebene zusammen. Sobald sich die beiden Antimeren jeder Seitenhälfte einer interradialen Eutetrapleuren-Form stark differenziren und eine straffere Centralisation aller vier Antimeren eintritt, geht dieselbe unmittelbar in die Eudipleuren-Form über (Arthropoden, Vertebraten). Auch stimmt die interradiale Eutetrapleuren-Form darin mit der Eudipleuren-Form überein, dass die Grundform jedes einzelnen Antimeres die dysdipleure ist (Vgl. Taf. I, Fig. 11 und 12).

Andererseits müssen wir jedoch schliesslich hervorheben, dass die radiale Eutetrapleuren-Form uns in einer Beziehung wenigstens vollkommener und höher als die interradiale erscheint. Es ist nämlich thatsächlich die radiale Eutetrapleuren-Form meist aus drei verschiedenen Arten von Antimeren zusammengesetzt, einer dorsalen, einer ventralen und einer lateralen Form (letztere die beiden seitlichen Gegenstücke bildend). Dagegen finden wir die interradiale Eutetrapleuren-Form stets aus zwei verschiedenen Arten von Antimeren zusammengesetzt, einer dorsalen und einer ventralen Form, von denen jede zwei seitliche Gegenstücke bildet.

Zweite Unterart der Tetrapleuren:

Ungleichhälftige Zweipaarige. Dystetrapleura.

(Tetrapleura heteropleura.)

Stereometrische Grundform: Doppeltgleichschenkelige Pyramide mit zwei ungleichen Seitenhälften (oder ungleich-vierseitige Pyramide).

Realer Typus: Abyla.

Weit seltener als die Tetrapleuren mit symmetrisch-gleichen Seitenhälften oder die (homopleuren) Eutetrapleuren sind diejenigen mit ungleichen (oder negativ ähnlichen) Seitenhälften, die heteropleuren, welche wir als Dystetrapleuren bezeichnen wollen. Es ist diese Form in sehr ausgezeichneter Weise durch mehrere Siphonophoren repräsentirt.

Bei den Dystetrapleuren finden wir, wie bei den Dysdipleuren (Pleuronectiden, spiraligen Gasteropoden etc.), drei ungleiche und ungleichpolige auf einander senkrechte ideale Axen. Dem entsprechend sind auch die sämmtlichen realen Kreuzaxen, radiale sowohl als interradiale, ungleich und ungleichpolig. Die vier Antimeren, durch welche sich die Dystetrapleuren von den aus zwei Antimeren gebauten Dysdipleuren unterscheiden, sind oft so sehr verschieden, dass es kaum noch möglich erscheint, sie als Antimeren zu erkennen, während sie andererseits oft so wenig verschieden sind, dass die Dystetrapleuren-Form sich der Eutetrapleuren- oder selbst der Tetraphragmen- und Tetractinoten-Form nähert. Oft sind an einem einzigen Siphonophoren-Stock alle Uebergänge zwischen diesen verschiedenen Grundformen nachzuweisen. Die Siphonophoren-Individuen, in denen die Dystetrapleuren-Form zur höchsten Entwickelung gelangt, sind meistens Schwimmglocken, namentlich aus den Familien der Physophoriden und Diphyiden. Die ausgezeichnetsten Formen der Art liefern die Abyliden, bei denen die vier Antimeren oft so ungleich werden, dass der Körper aus drei, fünf oder mehr Stücken zusammengesetzt erscheint. Als typische Repräsentanten dieser am meisten differenzirten von allen tetrameren Formen mögen hier namentlich die hinteren Schwimmstücke von *Abyla trigona* und von *Abyla pentagona* hervorgehoben werden.

Zweite Art der Zygopleuren:

Einpaarige. Dipleura.

(Dizygopleura. Zygopleura dimera.)

Paarige Bilateralformen mit einem Paar Antimeren.

(„Bilateral-symmetrische" Formen der Autoren in der vierten (engeren) Bedeutung des Begriffes.)

Stereometrische Grundform: Einfach-gleichschenkelige Pyramide.

(Halbe Rhomben-Pyramide mit zwei Antimeren) Taf. I, Fig. 14.

Wir sind nun im Laufe unserer promorphologischen Untersuchung endlich bei denjenigen Formen angelangt, auf welche die vieldeutige Bezeichnung der „bilateralen Symmetrie" am häufigsten angewandt wird, weil die Mehrzahl der gewöhnlich sogenannten bilateral-symmetrischen Thiere hierher gehört, nämlich die meisten Wirbelthiere, Gliederfüsser und Weich-Thiere, nebst vielen niederen organischen Formen. Es sind dies diejenigen Formen, welche von Bronn als „reine Halbkeile oder Hemisphenoid-Formen" betrachtet wurden.

Die allgemeinen Eigenschaften dieser zweizähligen Zygopleuren, die wir allgemein als Dizygopleuren oder kürzer als Dipleuren bezeichnen wollen, sind so bekannt und aus der Anschauung unseres eigenen Körpers Jedem so geläufig, dass wir nur das Wichtigste hier kurz hervorheben wollen (Vergl. Taf. I, Fig. 14).

Der Körper aller Dipleuren besteht nur aus zwei Antimeren, einem rechten und einem linken, welche in der Mittelebene des Körpers (Planum medianum), die hier auch häufig als Sagittalebene[1]) bezeichnet wird, vereinigt sind. Diese Medianebene haben wir als die einzige Interradialebene des Dipleuren-Körpers aufzufassen, während die einzige Radialebene desselben durch die gemeinsame Medianebene der beiden Antimeren gegeben wird, die mit der Lateralebene des ganzen Körpers zusammenfällt.

Wie unter den Tetrapleuren, so müssen wir auch unter den Dipleuren zwei verschiedene Grundformen als Unterarten unterscheiden, solche nämlich, wo die beiden Antimeren symmetrisch-gleich sind, und solche, wo die eine (rechte) Körperhälfte mehr oder weniger von der anderen (linken) verschieden (also ihr nur symmetrisch-ähnlich) ist. Die Letzteren oder die heteropleuren Dipleuren nennen wir kurz Dysdipleura; die Ersteren oder die homopleuren Dipleuren können entsprechend Eudipleura genannt werden.

Streng genommen dürfte die grosse Mehrzahl von allen Dipleuren zu den Heteropleuren gerechnet werden müssen, da in der That nur sehr selten die beiden Körperhälften vollkommen symmetrisch-gleich

---

[1]) Die Bezeichnung der Medianebene oder Mittelebene als „Sagittalebene" wird insbesondere haufig von den Anthropotomen angewandt, abgeleitet von dem Verlaufe der Pfeilnaht (Sutura sagittalis) des menschlichen Schädels.

im Sinne der Geometrie sind. Es ist aber allgemein hergebracht und mit Recht gebräuchlich, dass man nur diejenigen Dipleuren als „Asymmetrische“, d. h. als Dysdipleure auffasst, bei denen die Ungleichheit der beiden Antimeren mehr oder minder auffallend in der äusseren Körperbildung hervortritt, wie bei den Pleuronectiden, spiralen Gasteropoden u. s. w. Wir schliessen also auch, der hergebrachten Anschauung folgend, diejenigen Dipleuren von den heteropleuren aus, und betrachten sie als homopleure, bei welchen zwar die inneren Organe („Eingeweide“) stark asymmetrisch, dagegen die äusseren Organe und die Gesammtform symmetrisch entwickelt ist (z. B. die meisten Vertebraten. Die strengste Eudipleurie im Inneren und Aeusseren zeigen die Arthropoden.

Bei allen Dipleuren sind nur zwei reale Kreuzaxen (resp. Kreuzebenen) vorhanden und diese fallen mit den beiden idealen oder Richtaxen (resp. Richtebenen) zusammen. Die eine reale Kreuzebene ist die radiale, welche mit der Medianebene der beiden Antimeren oder der Lateralebene identisch ist. Die andere reale Kreuzebene ist die interradiale, welche mit der Grenzebene der beiden Antimeren oder der Medianebene des Körpers zusammenfällt. Von den drei ungleichen idealen Körperaxen sind bei den Eudipleuren zwei (die Hauptaxe oder Längsaxe und die Dorsoventralaxe oder Dickenaxe) ungleichpolig, die dritte dagegen (die Lateralaxe oder Breitenaxe) gleichpolig, während bei den Dysdipleuren alle drei Axen ungleichpolig sind (Vergl. Taf. I, Fig. 14).

Als die geometrische Grundform der Eudipleuren haben wir bereits oben die halbe Rhomben-Pyramide oder die einfache gleichschenkelige Pyramide festgestellt, d. h. eine gerade dreiseitige Pyramide, deren Basis ein gleichschenkeliges Dreieck ist. Wir haben dort ein für allemal die Deutung ihrer einzelnen Theile dahin festgestellt, dass die Basis der oralen, die Spitze der aboralen Körperseite entspricht, während von den drei Seitenflächen die unpaare gleichschenkelig-dreieckige als Dorsalseite, die beiden paarigen (welche zwei ungleichseitige unter einander symmetrisch-congruente Dreiecke sind) als rechte und linke Lateralfläche aufzufassen sind; die Mittellinie der Bauchseite bildet dann diejenige Kante der Pyramide, welche der Dorsalfläche gegenüberliegt.

Die Dysdipleuren, welche sämmtlich ursprünglich als Eudipleuren angelegt sind und erst durch Differenzirung der beiden Seitenhälften aus ihnen hervorgehen, lassen keine scharfbestimmte stereometrische Grundform mehr erkennen. Höchstens könnte man als solche, wie oben bereits bemerkt wurde, eine ungleich-dreiseitige Pyramide aufstellen, d. h. eine dreiseitige Pyramide, deren Basis ein ungleichseitiges Dreieck ist.

Erste Unterart der Dipleuren:

Gleichhälftige Einpaarige. Eudipleura.

(Dipleura homopleura.)

(Bilateral-symmetrische Formen in der fünften (engsten) Bedeutung des Begriffes.)

Stereometrische Grundform: Einfach-gleichschenkelige Pyramide (mit zwei symmetrisch-gleichen Seitenhälften).

Realer Typus: Homo (oder Fumaria) Taf. I, Fig. 14.

Die Eudipleuren oder die vollkommen symmetrisch-gleichseitigen und zweizähligen Formen dürfen als die vollkommensten aller organischen Formen angesehen werden. Offenbar sind mit der Zusammensetzung des Körpers aus nur zwei Antimeren, die symmetrisch-gleich sind, eine Menge Vortheile verbunden, die jeder anderen Form abgehen. Diese Vortheile sind grösstentheils mechanischer Natur und kommen namentlich der freien und allseitigen Bewegung des Körpers sehr zu Statten. Sehen wir doch nicht allein, dass die meisten freibeweglichen, vollkommeneren Organismen und namentlich alle höheren Thiere, welche sich auf dem Festlande bewegen, fast ohne Ausnahme nach der Eudipleuren-Form gebaut sind, (besonders die meisten Wirbelthiere, Gliederfüsser und Weichthiere), sondern dass auch alle vollkommeneren und selbst die unvollkommeneren Maschinen, welche der Mensch zum Zwecke der Ortsbewegung erfunden und gebaut hat, unbewusst nach demselben Princip construirt sind. Alle unsere Bewegungsmaschinen zu Wasser und zu Lande, die Locomotiven, Wagen und alle Art Fuhrwerke, die Schiffe, Nachen u. s. w., ebenso sehr viele andere mechanisch wirkende Instrumente sind nach diesem Grundprincip gebaut. Vor Allem wird die Vorwärtsbewegung in einer bestimmten Richtung, mit einem constanten Körperende voran, durch keine andere mögliche Grundform so sicher bewerkstelligt, als durch die Eudipleuren-Form.

Daher hat sich die Eudipleuren-Form in dem bei weitem grössten Theile aller Thier-Personen mehr oder minder vollkommen rein ausgebildet, obwohl häufig einerseits in die dysdipleure, andererseits in die eutetrapleure und selbst in die tetrarithme Grundform übergehend (Cestoden!). Wenn wir von geringeren (besonders im inneren Bau hervortretenden) Differenzen der rechten und linken Seitenhälfte absehen, so finden wir die Eudipleuren-Form bei den Personen der allermeisten Wirbelthiere, Arthropoden und Mollusken, bei den höchststehenden Würmern, einzelnen Echinodermen-Ammen und Coelenteraten (Siphonophoren). Ausgenommen sind von den Wirbelthieren die dysdipleuren Pleuronectiden, von den Arthropoden einige schmarotzende oder an bestimmte Wohnorte angepasste Formen *(Pagurus)*, von den

Weichthieren alle diejenigen, bei welchen durch ein ungleiches Wachsthum beider Hälften die Hauptaxe eine spiralige Drehung erfahren hat (die meisten Gasteropoden), oder wo durch Anwachsen mit einer Seite diese besonders angepasst ist (Pleuroconchae). Unter den Siphonophoren müssen wir als Eudipleure solche betrachten, bei denen das dorsale und ventrale Antimer gänzlich verkümmert und bloss die beiden lateralen übrig geblieben sind, wie namentlich in den Deckstücken und Fangfäden sehr vieler Physophoriden etc. Unter den Würmern, deren allgemein herrschende Grundform die eutetrapleure ist, gehen diejenigen in die eudipleure über, bei denen die beiden Antimeren jeder Seitenhälfte sich so stark differenziren und zugleich die ganze Person sich so centralisirt, dass man nur noch zwei laterale Antimeren, ein rechtes und ein linkes, an derselben unterscheiden kann. Wir finden dies insbesondere bei den höchststehenden Chaetopoden (Aphroditeen), bei den meisten Hirudineen und Gephyreen und vielen Platyelminthen. Ebenso geht bei vielen Echinodermen-Ammen die ursprüngliche eutetrapleure Grundform auf diese Weise in die eudipleure über.

In sehr vielen Fällen der letzteren Art ist es, besonders bei den Würmern, sehr schwer, zu entscheiden, ob die Grundform eigentlich die eutetrapleure oder die eudipleure ist, weil man nicht mit Sicherheit mehr sagen kann, ob jede Körperhälfte nur aus einem einzigen oder aus zwei Antimeren besteht. Dies gilt selbst für die niederen Wirbelthiere. So z. B. zeigt uns bei den Fischen und selbst noch bei den geschwänzten Amphibien jeder Querschnitt des Schwanzes ganz offenbar die tetrapleure Form mit 4 Antimeren, dagegen jeder Querschnitt des vorderen Körpertheiles eben so deutlich die dipleure Form mit 2 Antimeren. Es bestätigt uns dies lediglich in unserer Ansicht, dass die Eudipleuren-Form bei den Wirbelthieren ebenso wie bei den Arthropoden erst eine secundär erworbene, und aus der ursprünglichen Eutetrapleuren-Form hervorgebildet ist; wahrscheinlich stammen die ersteren eben so wohl wie die letzteren von eutetrapleuren Würmern ab. Vergleichen wir den Querschnitt eines Fischschwanzes mit dem Querschnitt eines Annelids *(Nereis)* Fig. 12, so finden wir in der That viel grössere promorphologische Uebereinstimmung, als mit dem Querschnitt der vorderen Rumpfhälfte desselben Fisches (Fig. 14). Die vier grossen Seitenrumpfmuskeln *(Musculi laterales)* zeigen unzweifelhaft die ursprüngliche Zusammensetzung aus vier Antimeren an, ebenso wie die vier longitudinalen Muskelfelder der Würmer. Die beiden dorsalen Seitenmuskeln der Fische werden von den beiden ventralen durch eine sehnige Membran getrennt, welche in der interradialen Lateralebene des Körpers, senkrecht auf der Medianebene liegt.

Jedenfalls beweist uns deutlich die ganz vorwiegende Ausbildung der reinen Eudipleuren-Form bei der grossen Mehrzahl der actuellen Personen in den beiden höchsten Thiergruppen, dass diese Grundform die vollendetste von allen ist. Natürlich müssen hier überall die Metameren, welche die Person zusammensetzen, ebenso eudipleure sein, wie die ganze Person, obwohl einzelne Metameren aus der ganzen Kette stark dysdipleure werden können. Aber nicht allein zur Bildung von Metameren und Personen ist die Eudipleuren-Form im Thierreiche vor allen Anderen verwandt, sondern auch eine sehr grosse Menge von Antimeren und Organen ist nach demselben Princip gebaut, so z. B. die Antimeren aller sogenannten regulären Thiere, (homostaure Echinodermen und Coelenteraten), ferner sehr viele Organe (in allen Thierklassen). Seltener ist diese Form im Thierreiche zur Bildung von morphologischen Individuen höchster und niedrigster Ordnung (Stöcken und Plastiden) verwandt. Ein ausgezeichnet eudipleurer Stock ist z. B. der von *Pennatula*.

Umgekehrt wie bei den Thieren, bildet die Eudipleuren-Form bei den Pflanzen nur sehr selten die Grundform höherer, dagegen sehr allgemein diejenige niederer Ordnungen der morphologischen Individualität. Echte eudipleure Personen sind uns aus dem Pflanzenreiche nur wenige bekannt, so z. B. die Blüthen von *Corydalis* und *Fumaria*. Sehr allgemein dagegen finden wir die Blatt-Organe nach der Eudipleuren-Form gebildet, sowohl die Blüthenblätter als die Fruchtblätter, die Laubblätter und die Niederblätter. Auch hier geht die eudipleure oft in die dysdipleure Grundform über.

Während so im Pflanzen- und Thierreiche die gleichschenkelige Pyramide als Grundform der Eudipleuren eine ausserordentliche Bedeutung besitzt, finden wir dieselbe im Protistenreiche nur verhältnissmässig selten realisirt, und auch hierin bekundet sich der niedere Bildungsgrad dieses Reiches.

Wenn man das vieldeutige Wort „bilaterale Symmetrie" noch ferner gebrauchen will, so muss es auf die Eudipleuren-Form beschränkt bleiben, welche in der That die bilateral-symmetrische Form im engsten Sinne des Wortes ist. Es sind also auszuscheiden die 4 anderen weiteren Begriffe, die man mit diesem Ausdruck verbunden hat, indem man ihn zur Bezeichnung von 4 weiteren Formgruppen benutzte, nämlich den Dipleuren, Zygopleuren, Centrepipeden und Heterostauren. Wie wesentlich sich die Eudipleuren-Form von diesen weiteren Grundformen, von denen sie nur die speciellste Art darstellt, abhebt, ist im Vorhergehenden genugsam auseinandergesetzt, ebenso dass die allgemeine stereometrische Grundform der Eudipleuren die halbe Rhomben-Pyramide oder die einfach-gleichschenkelige Pyramide ist (Vergl. Taf. I, Fig. 14 nebst Erklärung).

Zweite Unterart der Dipleuren:

Ungleichhälftige Einpaarige. Dysdipleura.

(Dipleura heteropleura.)

(„Asymmetrische Formen“ der meisten Autoren.)

***Stereometrische Grundform:* Ungleich-dreiseitige Pyramide.**

(*Einfach-gleichschenkelige Pyramide mit zwei symmetrisch-ähnlichen Seitenhälften.*)

Realer Typus: Pleuronectes.

Die Dysdipleuren oder die ungleichhälftigen zweizähligen Formen könnten im Princip als die vollkommensten aller organischen Formen gelten, indem offenbar bei ihnen die Differenzirung der Axen und Pole am weitesten vorgeschritten ist. Nebst den Diarithmen und Eudipleuren sind die Dysdipleuren die einzigen Formen, die bloss aus zwei Antimeren zusammengesetzt sind. Diese drei Grundformen haben ausser der homotypischen Zweizahl auch die Ungleichheit der drei idealen Axen (Hauptaxe und beide Richtaxen) und die Ungleichheit beider Pole der Hauptaxe gemeinsam. Während sich nun die Eudipleuren weit dadurch über die Diarithmen erheben, dass bei ihnen auch die beiden Pole der einen (dorsoventralen) Richtaxe differenzirt werden, gehen die Dysdipleuren noch einen Schritt weiter, indem bei ihnen auch noch die beiden Pole der anderen (lateralen) Richtaxe sich differenziren. Die Dysdipleuren sind die einzigen zweizähligen Formen, die durch drei auf einander senkrechte ungleiche und ungleichpolige Idealaxen ausgezeichnet sind. Der orale Pol der Längenaxe ist verschieden vom aboralen; der dorsale Pol der Dickenaxe ist verschieden vom ventralen; der linke Pol der Breitenaxe ist verschieden vom rechten Pole.

Allein während so, im Princip betrachtet, die Dysdipleuren als die vollkommensten aller organischen Formen gelten könnten, sehen wir doch andererseits bald, dass mit der sie auszeichnenden Ungleichheit der beiden Seitenhälften nothwendig der Verlust der grossen, namentlich für die freie und bestimmte Ortsbewegung höchst werthvollen Vortheile verbunden ist, welche die Eudipleuren-Form als die practisch vollkommenste von Allen erscheinen lassen. Daher finden wir sie denn auch nur in solchen Personen verkörpert, bei denen die eine Körperhälfte, entweder die rechte oder die linke, zu einer bestimmten Function dient, zu welcher die andere niemals benutzt wird, oder bei denen die heteropleure Entwickelung der beiden Antimeren durch specielle Anpassungen bedingt und mit wesentlicher Beeinträchtigung der schnellen Bewegungsfähigkeit verbunden ist.

Dass die bestimmte stereometrische Grundform der gleichschenkeligen Pyramide, welche den Eudipleuren zu Grunde liegt, nicht in mathematisch strengem Sinne in den Dysdipleuren nachgewiesen werden kann, haben wir schon oben gezeigt, und es könnte demnach scheinen, als ob eine stereometrische Grundform bei dieser letzten höchst differenzirten Formen-Gruppe überhaupt nicht zu finden wäre. Vielmehr scheint sich dieselbe an den ersten und unvollkommensten Ausgangspunkt der ganzen organischen Formenreihe, an die Anaxonien oder die absolut unregelmässigen Körper zunächst anzuschliessen. Doch ist hier nochmals hervorzuheben, dass alle Dysdipleuren ursprünglich eudipleurisch angelegt sind, und erst nachträglich heteropleurisch werden; und dass sie daher die Grundform der halben Rhomben-Pyramide oder der gleichschenkeligen Pyramide während einer bestimmten (längeren oder kürzeren) Zeit ihres Lebens deutlich ausgeprägt zeigen. Die asymmetrische oder dysdipleure Bildung tritt immer erst secundär hervor, sobald die Ungleichheit im Wachsthum der beiden Antimeren beginnt. Wir sind demnach wohl berechtigt, die gleichschenkelige Pyramide als gemeinsame Grundform aller Dipleuren, auch der Dysdipleuren aufzustellen, und ihren Unterschied von der vollkommen symmetrischen Eudipleuren-Form dadurch auszudrücken, dass wir ihre beiden Seitenhälften, rechte und linke, nicht als symmetrisch-gleich, sondern nur als symmetrisch-ähnlich bezeichnen. Wollte man in streng mathematischem Sinne eine stereometrische Promorphe für die Dysdipleuren aufstellen, so würde man als solche nur die vollkommen irreguläre dreiseitige Pyramide, oder das absolut irreguläre Tetraeder bezeichnen können, als diejenige einfachste geometrische Form, in welcher drei auf einander senkrechte ungleiche und ungleichpolige Axen ausgesprochen sind. Wir würden aber dadurch nicht die Zusammensetzung des Körpers aus zwei ähnlichen Antimeren ausdrücken, durch welche sich die Dysdipleuren wesentlich von den Anaxonien unterscheiden.

Es ist schon oben hervorgehoben worden, das in streng mathematischem Sinne eigentlich wohl die grosse Mehrzahl der Dipleuren hierher gezogen werden müsste, weil nur selten die beiden Antimeren des Dipleuren-Körpers vollkommen symmetrisch gleich sind. Es braucht z. B. bloss an die Ungleichheit der beiden Gesichtshälften des Menschen erinnert zu werden, die hier deutlicher als an anderen Körpertheilen in die Augen springt. Indessen sind solche geringe Abweichungen, wie sie namentlich in der Ungleichheit der beiden Schädelhälften (viel auffallender z. B. bei vielen Delphinen und Affen), ferner bisweilen in der einseitigen Lage des Afters (bei *Lepidosiren*, *Amphioxus)*, ferner in der einseitigen Ausbildung des Geruchsorgans (bei *Amphioxus* u. s. w.) hervortreten, von keinem bestimmenden Einfluss auf die gesammte Grundform. Wir werden daher nur solche dipleure Formen als entschieden dysdipleure betrachten, bei welchen äusserlich die Ungleichheit der rechten und linken Körperhälfte in solcher Weise hervortritt, dass die Gesammtform dadurch „unsymmetrisch“ erscheint. Wir sagen absichtlich „äusserlich“, denn im inneren Baue finden sich Differenzen) und oft sehr beträchtliche Differenzen!) zwischen rechter und linker Hälfte bei den allermeisten Eudipleuren vor. Insbesondere sind es bei den höheren Thieren, und namentlich bei den Wirbelthieren, die in inneren Höhlen eingeschlossenen „Eingeweide“, welche meistens in ihren unpaar vorhandenen Theilen eine äusserst unsymmetrische Lagerung und Vertheilung auf beide Hälften zeigen, so namentlich Herz, Magen Leber, Milz und Pancreas bei den Wirbelthieren, Kiemen, Herz, Niere und Geschlechtsorgane bei den Schnecken u. s. w. Nicht selten kommt auch von ursprünglich paarig angelegten Theilen der eine gar nicht zur Entwickelung, wie z. B. der rechte Eierstock der Vögel und des *Ornithorhynchus,* die eine von den beiden Lungen der Schlangen etc. Da jedoch diese innere Asymmetrie auf die äussere Erscheinung der gesammten dipleuren Körperform gar keinen Einfluss ausübt, so können wir hier vollständig von derselben absehen.

Wenn wir demnach als Dysdipleure im engeren Sinne nur solche dipleure organische Formen ansehen, bei welchen die Ungleichheit der beiden Körperhälften in so auffallender Weise äusserlich hervortritt, dass dadurch die Gesammtform asymmetrisch wird, so finden wir dieselben fast überall nur als einzelne Ausnahmen in solchen Gruppen von Organismen vor, deren allgemeine Grundform die eudipleure ist. Von den Personen des Thierreichs sind hier vor Allen zu erwähnen unter den Wirbelthieren die merkwürdige Fisch-Familie der Pleuronectiden, bei denen der Rumpf zwar ganz eudipleurisch, der Kopf aber so schief entwickelt ist, dass beide Augen auf einer Seite, bald rechts, bald links liegen; ferner unter den Säugethieren der Narwal-Delphin *(Monodon monoceros),* bei welchem nur der linke Schneidezahn zum mächtigen Stosszahn entwickelt, der rechte dagegen ganz verkümmert ist. Unter den Gliederfüssern sind besonders viele Crustaceen dysdipleurisch, namentlich parasitische Formen, ferner die Eremiten-Krebse *(Pagurus)* deren weiches Abdomen sich dadurch unsymmetrisch entwickelt hat, dass sie sich angewöhnt haben, dasselbe in einer spiral gewundenen Schneckenschale zu verbergen; entsprechend sind auch die beiden Scheeren sehr ungleich entwickelt (doch findet sich constant sehr ungleiche Grösse der beiden Scheeren auch bei anderen Decapoden, höchst auffallend bei *Gelasimus).* Am meisten zur Dysdipleuren-Entwickelung ist von allen Thiergruppen der Mollusken-Stamm geneigt; selbst unter den höchst entwickelten Cephalopoden spricht sie sich hier darin aus, dass immer nur ein Arm einer Seite hectocotylisirt ist. Unter den Schnecken gehören hierher alle, welche ein spiralig gewundenes Gehäuse bilden; bei den meisten ist die linke

Körperhälfte im Wachsthum bevorzugt, und dem entsprechend das Gehäuse links gewunden; seltener ist es umgekehrt rechts gewunden *(Clausilia, Physa).* Unter den Lamellibranchien zeigt sich die Dysdipleurie höchst auffallend bei den meisten Muscheln, welche mit einer Schalenklappe festgewachsen sind (Pleuroconchae); die angewachsene Schale ist meistens grösser und tiefer, bei *Ostrea* meistens die linke, bei *Spondylus* die rechte; am meisten ausgezeichnet sind durch gänzlich verschiedene Ausbildung beider Hälften die Rudisten; doch spricht sich ein geringerer Grad von Differenz bei den meisten Muscheln in dem Unterschied der rechten und linken Schlosshälfte aus.

Unter den Pflanzen sind es insbesondere die eudipleuren Organe, welche in sehr vielen Fällen in die dysdipleure Form mehr oder minder auffallend übergehen. So finden wir namentlich unter den Blättern (Blumenblättern, Fruchtblättern, Laubblättern etc.) deren allgemeine Grundform die eudipleure ist, sehr häufig mehr oder weniger ausgezeichnete dysdipleure vor, so z. B. die Laubblätter von *Ulmus* und vor Allen von *Begonia* (dem „Schiefblatt"), ferner die spiralig gedrehten Blumenblätter vieler Orchideen, die asymmetrischen Carpelle vieler Früchte etc. Bei der allgemeinen Neigung zu spiraligem Wachsthum in dem Pflanzenreiche müssen hier dysdipleure Formen überall da zu Stande kommen, wo dasselbe eudipleurisch angelegte Theile betrifft.

In allen diesen Fällen zeigt uns entweder die embryologische oder die palaeontologische Entwickelungsgeschichte, dass die beiden ungleichen Hälften des dysdipleuren Körpers ursprünglich eudipleurisch angelegt waren, und dass demnach die Dysdipleurie sich erst secundär aus der reinen Eudipleurie hervorgebildet hat. Bald ist es die rechte, bald die linke Seite, welche (anfänglich der anderen Hälfte aequivalent) ein überwiegendes Wachsthum gewinnt und dadurch sich zu Ungunsten der anderen, schwächeren entwickelt. Daher kommen auch in allen Species, wo regelmässig die rechte Hälfte die stärkere ist, ausnahmsweise Fälle vor, in denen die linke überwiegt, und ebenso umgekehrt. So kennt man z. B. unter den spiralig gewundenen Schnecken mehr als fünfzig Species, welche gewöhnlich links, in einzelnen Fällen aber auch rechts gedreht sind (*Helix, Pupa, Bulimus, Fusus* etc.) Dass dies ganz vom Zufall, d. h. von verhältnissmässig unbedeutendem, mechanisch auf die Entwickelung einwirkenden Ursachen (Anpassungs-Bedingungen) abhängt, zeigen am deutlichsten die dysdipleuren Pleuronectiden, bei denen dieselbe Art, welche die Augen gewöhnlich rechts hat, sie bisweilen auch links trägt, und in seltenen Fällen sogar vollkommen symmetrisch vorkommt, z. B. *Pleuronectes maximus.*

Vierzehntes Capitel.

Grundformen der sechs Individualitäts-Ordnungen.

> „Wäre die Natur in ihren leblosen Anfängen nicht so gründlich stereometrisch, wie wollte sie zuletzt zum unberechenbaren und unermesslichen Leben gelangen?"
> Goethe.

I. Grundformen der Plastiden.

Promorphen der morphologischen Individuen erster Ordnung.

Die Plastiden oder Plasmastücke bilden als die morphologischen Individuen erster Ordnung die Bausteine, aus deren Aggregation sich der Körper aller Organismen aufbaut, die nicht selbst zeitlebens den Formwerth einer einzigen Plastide beibehalten. Als solche sind sie von eben so grosser promorphologischer wie tectologischer Bedeutung. Die Grundformen aller Form-Individuen zweiter und höherer Ordnung resultiren in letzter Instanz ebenso aus der Grundform, Zahl, Lagerungs- und Verbindungs-Weise der constituirenden Plastiden, wie deren Grundform selbst durch die Zahl, Lagerungs- und Verbindungs-Weise ihrer constituirenden Moleküle bedingt ist. Entsprechend nun dem unerschöpflichen Formenreichthum, der sich hierbei offenbart, zeigen uns auch die Grundformen der Plastiden, sowohl der kernfreien Cytoden, als der kernhaltigen Zellen, die grösstmögliche Mannichfaltigkeit und es ist keine stereometrische Grundform denkbar, welche nicht in irgend einer organischen Plastide ihre reale Verkörperung finden könnte. Sowohl im Protistenreiche als im Pflanzenreiche und Thierreiche können wir hie und da fast jede einzelne der im vorigen Capitel aufgezählten Grundformen verkörpert finden; von den niedersten und einfachsten, den Anaxonien und Homaxonien, bis zu den höchsten und vollkommensten, den Amphipleuren und Zygopleuren. Diese ausnehmende Mannichfaltigkeit der Grundform, welche die Form-Individuen erster Ordnung vor denen der übrigen Ordnungen auszeichnet, ist vorzüglich durch zwei Umstände bedingt, erstens dadurch, dass die ersteren in weit höherem Maasse als die letzteren den allerverschiedensten und endlos mannichfaltigen Anpassungs-Verhältnissen sich fügen müssen, und zweitens dadurch, dass die meisten Plastiden, welche sich zu höherer Grundform erheben, während ihrer individuellen Entwickelung eine Reihe von niederen Grundformen durchlaufen müssen.

Nächst der unbeschränkten Mannichfaltigkeit der Grundformen liegt ein zweiter promorphologischer Character der Plastiden, und ein sehr wichtiger, in dem allgemeinen Vorherrschen der niederen Grundformen. Obschon auch alle höheren, ja selbst die höchsten und vollkommensten Promorphen in gewissen Plastiden verkörpert sind, treten diese doch im Ganzen zurück gegen die vorwiegend ausgebildeten niederen und einfachen Formen. Nur diejenigen Cytoden und Zellen, welche als freie und isolirte Lebenseinheiten das materielle Substrat von actuellen Bionten bilden, zeigen im Allgemeinen einen grösseren Reichthum von höheren Grundformen, während die grosse Mehrzahl aller übrigen Plastiden, die in dem geselligen Verbande der Synusie Organe und überhaupt Form-Individuen höherer Ordnung constituiren, allermeist niedere Promorphen beibehalten.

Wenn man alle gegenwärtig existirenden Cytoden und Zellen neben einander hinsichtlich ihrer Grundform vergleichen und statistisch ordnen könnte, so würde sich wahrscheinlich das Resultat ergeben, dass die Mehrzahl aller Plastiden entweder die vollkommen amorphe Grundform der Anaxonien besitzt, oder die absolut regelmässige Gestalt der Kugel und der sich an diese zunächst anschliessenden Monaxonien. Ferner würde sich dabei wahrscheinlich zeigen, dass die Kugelform bei denjenigen Plastiden überwiegt, welche ihre Gestalt, unbehindert von äusserem Druck frei nach allen Richtungen des Raumes entwickeln können, wie z. B. diejenigen, welche frei in einer Flüssigkeit leben (Blutzellen), während dagegen die Monaxonform und die Anaxonform bei denjenigen Plastiden vorherrscht, welche sich in ihrem allseitigen Wachsthum den äusseren Beschränkungen fügen müssen, die ihnen die Raumverhältnisse der umgebenden Plastiden auferlegen. Man hat aus diesem Grunde auch die Kugel als die ursprüngliche gemeinsame Grundform aller Zellen angesehen, und diese Anschauung könnte gerechtfertigt erscheinen, wenn wir an die Verhältnisse der Autogonie denken. Offenbar ist der denkbar einfachste und natürlichste Fall der Autogonie der, dass ein Plasmamolekül, welches auf andere benachbarte Moleküle derselben Eiweissverbindung anziehend wirkt (wie ein Kernkrystall in der Mutterlauge) diese Massenattraction nach allen Seiten gleichmässig ausübt; und wenn so eine einfache Plastide autogon entsteht, so wird dieselbe die reine Kugelform besitzen müssen, deren vollständige Ausbildung obenein noch durch den festflüssigen Aggregatzustand des Plasma begünstigt wird. Indessen darf hierbei doch nicht vergessen werden, dass erstens schon ursprüngliche Verschiedenheiten in der autogonen Grundform durch die verschiedene atomistische Zusammensetzung des Plasma bedingt sein können (in ähnlicher Weise wie die bestimmten Grundformen der Krystalle durch die verschiedene chemische Constitution der krystallisirenden Materie gegeben sind). Zweitens aber werden sich die autogonen Plastiden, ebenso wie die sich selbst bildenden Krystalle niemals absolut frei bilden, d. h. niemals vollkommen unabhängig von störenden Einflüssen (Massen-Anziehungen) der umgebenden Naturkörper, und auch hierdurch kann die Kugelgestalt schon während ihrer Entstehung modificirt werden.

Vollkommen rein finden wir die Kugelform ausgeprägt vorzüglich in denjenigen Plastiden, welche in Flüssigkeiten ganz unbehindert sich frei nach allen Richtungen entwickeln können (Blutzellen, Eiterzellen, Schleimzellen vieler Thiere) und dann besonders in denjenigen, welche als virtuelle oder partielle Bionten bei der Fortpflanzung der Organismen thätig sind; unter den ersteren sind hier namentlich sehr zahlreiche Eier und Sporen, unter den letzteren viele Pollenkörner hervorzuheben.

Als die regelmässigsten Grundformen, welche sich zunächst an die Kugel anschliessen, haben wir im vorigen Capitel die Polyaxonien hervorgehoben, die irregulären und regulären endosphärischen Polyeder. Auch diese finden sich sehr häufig in Plastiden rein verkörpert vor, insbesondere wieder in den letzterwähnten virtuellen und partiellen Bionten, den Eiern und Sporen, und den Pollenkörnern.

Aus der grossen Formengruppe der Protaxonien sind es vor allen die Monaxonien, welche die Grundform sehr zahlreicher Zellen und Cytoden bilden, und zwar ebenso wohl die homopolen als die heteropolen. Unter den homopolen Monaxonien ist theils die anepipede Form des Sphäroids und Ellipsoids, theils die amphepipede Form des Cylinders in sehr zahlreichen Plastiden aller Organismen-Gruppen ausgesprochen, sehr oft in stereometrisch reiner Form. Dasselbe gilt von den heteropolen Monaxonien, und zwar ebenso von der anepipeden Form des Eies, als von der monepipeden Form des Kegels und der Halbkugel, und von der amphepipeden Form des abgestumpften Kegels. Massenhafte Beispiele hierfür liefern die Epithelialzellen der Thiere, die jugendlichen Zellen des Pflanzen-Parenchyms, die wenig ausgebildeten Plastiden vieler Protisten.

Seltener als die reine Monaxon-Form, welche sich unmittelbar durch leichte Modificationen aus der Homaxonform ableiten lässt, finden wir die Stauraxonform in Plastiden verkörpert. Häufiger ist hier noch die homopole Form der Doppelpyramide, (z. B. in sehr vielen Pollenzellen, Diatomeen und Desmidiaceen sehr rein), als die heteropole Form der einfachen Pyramide. Unter den letzteren bilden wieder die homostauren oder regulären Pyramiden viel häufiger die Grundform von isolirten, solitären, die heterostauren oder irregulären Pyramiden dagegen von gesellig verbundenen, socialen Plastiden. Die am meisten differenzirte Heterostaurenform, und zwar sowohl die autopole, ganze, als die allopole, halbe amphithecte Pyramide, ist zwar mit allen ihren verschiedenen Modificationen in einzelnen Cytoden und Zellen sehr rein ausgeprägt, tritt aber doch ganz zurück gegen die vorwiegenden einfachen und regulären Grundformen, so wie gegen die absolut irregulären Anaxonien, welche in den Form-Individuen erster Ordnung die herrschenden Promorphen sind.

II. Grundformen der Organe.

Promorphen der morphologischen Individuen zweiter Ordnung.

Die Organe oder Werkstücke, in dem rein morphologischen Sinne, wie wir sie oben als Form-Individuen zweiter Ordnung näher bestimmt haben (p. 289), schliessen sich in promorphologischer Beziehung unmittelbar an die Plastiden an, sowohl durch die unbeschränkte Mannichfaltigkeit ihrer Formen, in welchen sich fast alle möglichen stereometrischen Grundformen realisirt nachweisen lassen, als durch das Vorherrschen der niederen und einfachen Promorphen, und vor allen der Anaxonien. Doch kommen daneben in den vollkommneren Organen auch höhere Grundformen sehr allgemein verbreitet vor, wie denn z. B. die höchste von Allen, die Dipleuren-Form, als die allgemeine Grundform der pflanzlichen Blätter und der thierischen Extremitäten bezeichnet werden kann.

Die ausserordentliche Mannichfaltigkeit in der Bildung der Grundform erklärt sich bei den Organen ebenso wie bei den Plastiden daraus, dass die Anpassungs-Verhältnisse dieser morphologischen Individualität absolut mannichfaltig sind, und dass keine Schranke die Ausbildung des Organs wie der Plastide nach den verschiedensten Richtungen behindert. Dazu kommt noch, dass die verwickelte Zusammensetzung der höheren Organe aus Complexen von niederen, die höchst complicirte Verflechtung von Zellfusionen, einfachen Organen, zusammengesetzten Organen, Organ-Systemen und Organ-Apparaten, alle möglichen Grundformen zu verwirklichen im Stande ist.

Die Mehrzahl der thierischen Organe gehört vielleicht, wie die

Mehrzahl aller Plastiden, der amorphen Grundform der Anaxonien an; nächstdem sind die niederen Polyaxonien und vorzüglich die Monaxonien sehr weit verbreitet; sowohl die homopolen als die heteropolen Monaxonien bilden die Grundform sehr zahlreicher Organe, und zwar in allen fünf Ordnungen von Organen, welche wir oben unterschieden haben. Aber auch die Stauraxonien, und zwar sowohl die homopolen Doppelpyramiden, als die heteropolen einfachen Pyramiden, finden sich in vielen Organen bei den verschiedenen Stämmen aller drei Reiche oft sehr deutlich ausgeprägt. Im Allgemeinen lässt sich von dem Vorherrschen bestimmter Grundformen in bestimmten Organen kaum etwas sagen, da die Verschiedenheiten der Anpassungs-Verhältnisse und der dadurch modificirten Grundformen im Allgemeinen zu unendlich mannichfaltig sind. Nur darauf kann aufmerksam gemacht werden, dass sich die lateralen zusammengesetzten Organe (die Blätter der Pflanzen, die Extremitäten der Thiere) im Allgemeinen durch Vorherrschen der Dipleuren-Form auszeichnen, und dass bei den pflanzlichen Blättern die eudipleure, bei den thierischen Extremitäten die dysdipleure Grundform vorherrschend ist. Am wenigsten scheint eine bestimmte stereometrische Grundform bei denjenigen verwickelten Organ-Complexen erkennbar zu sein, welche wir oben (p. 301, 302) als Organ-Systeme und Organ-Apparate unterschieden haben; doch ist dieselbe hier oft durch die Promorphe des ganzen Körpers ausgesprochen.

Diejenigen Organe, welche sich frei auf Oberflächen des Körpers entwickeln, zeigen meistens ausgeprägte Monaxon-Formen, wie z. B. die meisten Haare, Stacheln; oft jedoch auch entschiedene Eudipleuren-Form, wie die Federn, Schuppen. Die Organe, welche wir oben (p. 311) als Nebenstücke oder Parameren bezeichnet haben, und welche in ihrer Nebeneinander-Lagerung den Antimeren entsprechen, gleichen diesen auch stets in ihrer Grundform, welche in allen Fällen eine einfache Pyramide ist, und zwar meistens eine dreiseitige Pyramide. Gewöhnlich ist diese ungleichdreiseitig (dysdipleure), seltener gleichschenkelig (eudipleure). Dysdipleure sind z. B. die beiden Parameren, aus denen jedes eudipleure Blatt, jede Wirbelthierzehe zusammengesetzt ist. Eudipleure dagegen sind die Parameren, welche als drei Klappen die dreiarmigen Pedicellarien oder Greif-Organe der Seeigel zusammensetzen. Wie die Parameren in Grundform und Lagerung den Antimeren entsprechen, so zeigen auch diejenigen Organe, welche wir oben (p. 316) als Reihenstücke oder Epimeren bezeichnet haben, und welche in ihrer Hintereinander-Lagerung den Metameren entsprechen, gewöhnlich die Grundform der letzteren, nämlich meistens entweder die homostaure oder die heterostaure Promorphe (reguläre oder irreguläre Pyramide).

III. Grundformen der Antimeren.

Promorphen der morphologischen Individuen dritter Ordnung.

Die Antimeren oder Gegenstücke, als die Form-Individuen dritter Ordnung, zeigen hinsichtlich ihrer Grundform einen sehr auffallenden Gegensatz zu denjenigen erster und zweiter Ordnung. Gegenüber der unbeschränkten promorphologischen Mannichfaltigkeit der Organe und Plastiden findet sich bei den Antimeren (und ebenso auch bei den Parameren) nur eine sehr geringe Anzahl von stereometrischen Grundformen realisirt. Dieser Umstand ist unmittelbar bedingt durch die bestimmten Beziehungen, welche die Form-Individuen dritter Ordnung stets zu denjenigen vierter Ordnung, und ganz besonders zu ihres gleichen haben. Da der Körper aller höheren Form-Individuen (vierter und fünfter Ordnung) aus zwei oder mehr Antimeren zusammengesetzt ist, da die specifische Zahl derselben (die homotypische Grundzahl), und ebenso ihre Verbindung, in den einzelnen Species eine sehr constante ist, und da durch diese Verbindung die Grundform des Metameres und der Person bestimmt wird, so muss nothwendig auch die Grundform des Antimeres selbst eine sehr bestimmte und kann nur eine sehr einförmige sein. Alle Antimeren, welche ein Metamer oder eine Person zusammensetzen, müssen sich in bestimmten Ebenen berühren, und sie müssen ferner bestimmte gemeinsame Lagerungs-Beziehungen zu dem Centrum haben, welches ihnen allen gemeinsam ist. Je nachdem dieses Centrum ein Punkt, eine Linie oder eine Ebene ist, wird die stereometrische Grundform der Antimeren wesentliche Verschiedenheiten darbieten und werden dem entsprechend allgemeine Differenzen der Grundform bei den Antimeren der Centrostigmen, Centraxonien und Centrepipeden sich vorfinden. Wegen der hervorragenden Bedeutung, welche die Antimeren als die wichtigsten Factoren der Grundformen der Individuen vierter und fünfter Ordnung besitzen, ist es von Interesse, diese drei Fälle näher zu betrachten. (Vergl. Taf. I und II).

A. Die Formengruppe der Centrostigmen, ausgezeichnet dadurch, dass die Mitte des Körpers ein Punkt ist, zerfällt in die beiden Abtheilungen der Homaxonien (Kugeln) und der Polyaxonien (endosphärische Polyeder). Da bei den Kugeln keine Antimeren zu unterscheiden sind, so kommen hier ausschliesslich die endosphaerischen Polyeder in Betracht. Bei diesen ist allgemein jedes Antimer eine Pyramide, und zwar bei den rhythmischen eine reguläre, bei den arrhythmen entweder eine reguläre oder eine irreguläre Pyramide. Wenn das Polygon der Polyeder-Oberfläche, welches die Basis des Antimeres bildet, ein Dreieck ist, so ist die Grundform des letzteren die dreiseitige Pyramide, wenn das Polygon vier oder fünf Seiten hat, eine vierseitige oder fünfseitige Pyramide u. s. w. Die Grundform aller Antimeren (und ebenso aller Parameren) bei den Polyaxonien ist also die heteropole Stauraxonform, die einfache Pyramide.

B. Die Formengruppe der Centraxonien, ausgezeichnet dadurch, dass die Mitte des Körpers eine Linie (entweder die einzige Axe oder die Hauptaxe, Längsaxe) ist, zerfällt in die vier Abtheilungen der Monaxonien, homopolen Stauraxonien, homostauren Heteropolen und autopolen Heterostauren. Von diesen kommen nur die drei letzteren in Betracht, da bei den Monaxonien (ohne Kreuzaxen, bloss mit einer Hauptaxe) keine Antimeren zu unterscheiden sind. Die Grundform der homopolen Stauraxonien ist die Doppelpyramide. Alle diese Formen sind also zu betrachten als zusammengesetzt aus zwei congruenten Pyramiden, (zwei Metameren), und jede dieser letzteren ist aus mindestens drei Antimeren zusammengesetzt. Diese müssen selbst wieder Pyramiden sein, und zwar dreiseitige. Bei den Isostauren (regulären Doppelpyramiden) ist jedes Antimer eine gleichschenkelige Pyramide (halbe Rhomben-Pyramide), bei den Allostauren dagegen (amphithecten Doppelpyramiden) entweder eine gleichschenkelige oder eine ungleichseitige dreikantige Pyramide. Bei den homostauren Heteropolen, deren Grundform die einfache reguläre Pyramide ist (z. B. allen sogenannten regulären Strahlthieren und wirklich regelmässigen Blüthen), muss jedes einzelne Antimer eine gleichschenkelige Pyramide (halbe Rhomben-Pyramide) sein. Bei den autopolen Heterostauren endlich, der höchststehenden Formengruppe unter den Centraxonien, deren Grundform die einfache amphithecte Pyramide ist (z. B. Ctenophoren und Madreporen), muss jedes einzelne Antimer entweder eine gleichschenkelige Pyramide sein (z. B. die beiden lateralen Antimeren der Madreporen, rechtes und linkes), oder eine ungleichseitig-dreikantige Pyramide (z. B. die beiden dorsalen und die beiden ventralen Antimeren der Madreporen). Mithin ist bei allen Centraxonien ohne Ausnahme die allgemeine Promorphe der Antimeren (und ebenso der Parameren) die dreiseitige Pyramide, entweder die halbe Rhomben-Pyramide (Eudipleuren-Form) oder die ungleich-dreiseitige Pyramide (Dysdipleuren-Form).

C. Die Formengruppe der Centrepipeden oder Zeugiten (allopolen Heterostauren), ausgezeichnet dadurch, dass die Mitte des Körpers eine Ebene (die Medianebene oder Sagittalebene) ist, zerfällt in die beiden Abtheilungen der Amphipleuren und Zygopleuren. Bei den ersteren besteht der Körper aus drei, fünf oder mehr, bei den letzteren aus zwei oder vier Antimeren. Bei den Amphipleuren ist die Grundform jedes Antimeres entweder die gleichschenkelige Pyramide (z. B. das ventrale Antimer der pentamphipleuren Echinodermen) oder eine ungleichdreiseitige Pyramide (die vier übrigen Antimeren der letzteren). Bei den Zygopleuren sind die Antimeren fast immer ungleichdreiseitige Pyramiden; die einzige Ausnahme bildet das dorsale und das ventrale Antimer bei den radialen Eutetrapleuren (z. B. die Blüthen von *Reseda, Betula, Scabiosa),* welche beide gleichschenkelige Pyramiden sind. Bei der eudipleuren Grundform, der wichtigsten von allen Promorphen, besitzt jede der beiden symmetrisch-gleichen Körperhälften die dysdipleure Grundform. Es ist also auch bei allen Centrepipeden die Grundform der Antimeren (und ebenso der Parameren) entweder die gleichschenkelige Pyramide (Eudipleuren-Form) oder die ungleichdreiseitige Pyramide (Dysdipleuren-Form).

Wir erhalten somit das wichtige promorphologische Gesetz, dass die allgemeine stereometrische Grundform aller Antimeren ohne Ausnahme (und ebenso aller Parameren) eine einfache Pyramide ist, und zwar allermeist die dreiseitige (Dipleuren-Form), selten (nur bei einigen Centrostigmen) die vielseitige Pyramide. Gewöhnlich ist die dreiseitige Pyramide ungleichseitig (dysdipleure), seltener gleichschenkelig (eudipleure Grundform); im ersteren Falle ist ihre Basis ein ungleichseitiges, im letzteren ein gleichschenkeliges Dreieck.

Niemals kann demnach ein Paramer oder ein Antimer folgende Grundformen besitzen: 1. Anaxonie (Amorphe). 2. Homaxonie (Kugel). 3. Polyaxonie (endosphaerisches Polyeder). 4. Monaxonie (mit einer einzigen Axe). 5. Homopole Stauraxonie (Doppelpyramide).

IV. Grundformen der Metameren.

Promorphen der morphologischen Individuen vierter Ordnung.

Die Metameren oder Folgestücke zeigen ein ziemlich verschiedenes morphologisches Verhalten, je nachdem sie als actuelle Bionten sich isolirt entwickeln oder aber nur als morphologische Individuen vierter Ordnung subordinirte Theile einer Person bilden. Im ersteren Falle ist ihre Formen-Mannichfaltigkeit sehr gross, im letzteren mehr beschränkt.

Wenn die Metameren als actuelle Bionten auftreten, wie es bei allen höheren Mollusken, den niederen Würmern (Trematoden, Nematoden, Gephyreen, Infusorien), sehr vielen Protisten und vielen Cryptogamen der Fall ist, so können dieselben, je nach der Zahl und Verbindung der constituirenden Antimeren, entweder (wie bei allen genannten Thiergruppen) vorwiegend die Eudipleuren-Form annehmen, oder aber zu den verschiedensten Grundformen sich ausbilden, wie es z. B. bei vielen Protisten (Radiolarien) der Fall ist. Ausgeschlossen sind hier nur (schon wegen der nothwendigen Zusammensetzung des Metamers aus zwei oder mehreren Antimeren) die Anaxonien, Homaxonien und Monaxonien. In allen Fällen muss die Grundform der Metameren zu den Heteraxonien gehören, und unter diesen ist nur die

Monaxonform und die homopole Stauraxon-Form ausgeschlossen, weil diese (als Doppelpyramide) selbst stets aus zwei congruenten Metameren (Pyramiden) zusammengesetzt ist.

Wenn dagegen die Metameren als subordinirte Bestandtheile eines Form-Individuums fünfter Ordnung, einer Person erscheinen, wie es bei allen Wirbelthieren, Arthropoden und Echinodermen, bei den meisten Würmern, Coelenteraten und Phanerogamen der Fall ist, so finden wir die Zahl der Grundformen, welche in ihnen realisirt sind, viel beschränkter. Es ist dann meistens die Grundform des Metameres dieselbe, wie diejenige der Person, zu der sie gehört, also bei den gegliederten „regulären" Strahlthieren und den regelmässigen Phanerogamen-Blüthen die Homostauren-Form (reguläre Pyramide), bei den „bilateral-symmetrischen" Thieren und Pflanzen-Sprossen im weiteren Sinne die Heterostauren-Form, (irreguläre Pyramide). Jedoch kommen auch oft Abweichungen von dieser Regel vor, wie z. B. in den verschiedenen Metameren („Blattkreisen") einer einzelnen Phanerogamen-Blüthe, deren Grundform häufig verschieden ist. So ist z. B. oft bei den fünfzähligen „symmetrischen" Blüthen der Papilionaceen, Labiaten etc. das Metamer des Kelches eine fünfseitige reguläre Pyramide (Homostaure), die übrigen Metameren der Blüthe dagegen halbe zehnseitige amphithecte Pyramiden (Pentamphipleuren). Ebenso sind bei vielen Anneliden die meisten Metameren Eutetrapleure, die vordersten dagegen, und namentlich der Kopf, Eudipleure; bei *Taenia* ist umgekehrt der Kopf tetractinot, die folgenden Metameren (Proglottiden) diphragmisch. In diesen Fällen, wo verschiedene Metameren einer und derselben Person verschiedene Grundformen haben, gilt immer die am höchsten differenzirte Grundform als diejenige der ganzen Person. Da die Grundform der Metameren, ebenso wie diejenige der Personen, zu verschiedenen Lebenszeiten oft eine verschiedene ist, so muss das betreffende Entwickelungs-Stadium bei der promorphologischen Bestimmung angegeben werden.

Bei der grossen Mehrzahl aller Metameren, sowohl im Thierreich, als im Pflanzenreich, ist die Grundform die halbe amphithecte Pyramide (Zeugiten-Form) und zwar allermeistens die gleichschenkelige Pyramide (Tetrapleura und Dipleura); nächstdem am häufigsten die halbe amphithecte Pyramide mit 3, 5 oder mehr Seiten (Amphipleura) und dann die reguläre Pyramide (Homostaura).

Alles, was von der Grundform der Metameren gesagt ist, welche die Personen zusammensetzen, dasselbe gilt auch von der Grundform der Epimeren, welche in ähnlicher Weise (als hinter einander liegende Theile) Organe und Plastiden constituiren. Wie die Metameren gewöhnlich die Grundform der Personen, so theilen die Epimeren diejenige der Organe und Plastiden, welche sie zusammensetzen.

V. Grundformen der Personen.

Promorphen der morphologischen Individuen fünfter Ordnung.

Die Personen oder Sprossen, sowohl die solitären, welche isolirt als einzelne Bionten leben, als auch die socialen, welche als Form-Individuen fünfter Ordnung solche sechster Ordnung (Stöcke) zusammensetzen, stimmen in ihrer Grundform gewöhnlich mit den Metameren überein, aus denen sie aufgebaut sind, und zeigen eine weit grössere promorphologische Mannichfaltigkeit, als die Antimeren. In den verschiedenen Klassen und Stämmen der drei Reiche ist die Grundform der Personen eine äusserst verschiedenartige; wir können hier aber auf deren Aufzählung völlig verzichten, da wir bei dem System der stereometrischen Grundformen, das wir im vorigen Capitel entwickelten, stets vorzugsweise die Person im Auge hatten, und fast bei allen einzelnen Grundformen Beispiele von Personen anführten.

Nur im Allgemeinen mag also daran erinnert werden, dass bei allen höheren Thieren (allen Wirbelthieren, Arthropoden und höheren Würmern) die Zygopleuren-Form (die gleichschenkelige Pyramide) die allgemein maassgebende Grundform ist, und zwar bei den am meisten entwickelten die dipleure, bei den tiefer stehenden die tetrapleure. Bei den Strahlthieren dagegen (Echinodermen und Coelenteraten) wie bei den Phanerogamen, ist die Grundform der Amphipleuren, der autopolen Heterostauren und der homostauren Heteropolen die vorherrschende. Die übrigen Grundformen, in denen die Person noch auftreten kann, finden sich grösstentheils bei Protisten und niederen Pflanzen verkörpert.

Dass sehr oft die Grundform der verschiedenen Metameren bei einer und derselben Person eine verschiedene ist (z. B. bei den verschiedenen Blattkreisen einer Blüthe), wurde schon vorher erwähnt, und hinzugefügt, dass in diesen Fällen immer die vollkommenste, am meisten differenzirte Grundform als diejenige der Person angesehen werden muss. Hier ist nun noch zu bemerken, dass auch sehr oft die Grundform einer und derselben Person in verschiedenen Lebensaltern eine verschiedene sein kann, je nachdem das eine oder das andere Metamer mit seiner maassgebenden Grundform vorwiegend oder allein entwickelt ist. So hat namentlich die Phanerogamen-Blüthe (Geschlechts-Person) sehr häufig eine wesentlich andere Grundform, als die Frucht, welche sich daraus entwickelt. Bei den Cruciferen z. B. ist die Promorphe der Blüthe die Tetraphragme, der Frucht die Diphragme, bei den Papilionaceen die Form der Blüthe Pentamphipleure, die der Frucht Eudipleure. Hier muss dann bestimmt das Entwickelungs-Stadium der Person angegeben werden, wenn ihre Promorphe bestimmt werden soll.

VI. Grundformen der Stöcke.

Promorphen der morphologischen Individuen sechster Ordnung.

Die Stöcke oder Cormen, welche als Form-Individuen sechster Ordnung stets eine Vielheit von Personen (Sprossen) darstellen, werden in ihrer Grundform wesentlich durch die Anordnung bestimmt, in welcher die letzteren zusammentreten. Bei den regelmässig verästelten Pflanzenstöcken wird die Stellung der Sprossen, welche seitlich aus dem Hauptspross entspringen und den Cormus zusammensetzen, durch die verwickelten Gesetze der Blattstellung bedingt, insofern die Sprossen als Axillarknospen aus den Blattwinkeln hervortreten. Dieselbe stereometrische Grundform des Hauptsprosses, welche durch die Blattstellung bedingt wird, ist dann natürlich auch zugleich die Promorphe des Stockes. Bei den einfachen, seltener bei den zusammengesetzten Stöcken, ist dieselbe oft scharf zu bestimmen, und zeigt sich dann meistens deutlich als eine einfache Pyramide (heteropole Stauraxonie) und zwar bald als reguläre Pyramide (Homostaure), (z. B. bei den Cruciaten, vielen Nadelbäumen), bald als irreguläre Pyramide (Heterostaure). Unter den regulären Pyramiden als Grundform des Stockes scheint besonders die dreiseitige und vierseitige häufig zu sein. Sehr häufig sind aber auch an dem einfachen Stocke, wie es bei den meisten zusammengesetzten der Fall ist, die Kreuzaxen nicht scharf oder gar nicht zu bestimmen, und dann müssen wir als Grundform die diplopole Monaxonform betrachten, das Ei oder den Kegel oder den abgestumpften Kegel. Als vollkommen unregelmässige oder anaxonie Stöcke, wie sie im Thierreich so verbreitet sind, können wir nur diejenigen Pflanzenstöcke betrachten, bei denen gar keine Axe bestimmt ausgesprochen ist, indem z. B. der Hauptspross sich nicht entwickelt und Seitensprosse nach allen Richtungen hin unregelmässig hervorwachsen.

Die grosse Mehrzahl der echten Thierstöcke (wohin wir nach den Erläuterungen des neunten Capitels nur die meisten Stöcke der Coelenteraten und eine Anzahl von Molluskenstöcken rechnen können), lassen ebenfalls, wie die meisten Pflanzenstöcke ihre stereometrische Grundform nur schwer erkennen, viele gar nicht deutlich. Sehr viele thierische Stöcke (Anthozoen, Hydroiden, Tunicaten, Bryozoen) erscheinen vollständig unregelmässig und formlos (Anaxonia). Die meisten übrigen lassen gewöhnlich nur die heteropole Monaxon-Form deutlich erkennen (Ei, Kegel, abgestumpfter Kegel). Viel seltener sind heteropole Stauraxonformen (Pyramiden), und unter diesen am seltensten vollkommen reguläre Pyramiden, wie sie bei einigen Siphonophoren deutlich vorkommen *(Porpita, Athorybia, Angela, Stephanomia, Forskalia)*. Besonders bestimmend erscheint hier die Zahl und Lagerung der Schwimmglocken oder die radiale Composition des Stammes. Die Zahl der radialen Personen, die in einer Ebene um das Centrum liegen (z. B. bei *Athorybia* die Deckstücke), oder die Zahl der parallelen Längsreihen der Schwimmglocken entspricht der Zahl der Kanten der Pyramide. Ausnahmsweise kommen hier auch höhere Grundformen bei einzelnen Arten vor. So lässt sich z. B. die Grundform von *Velella* als Diphragme, von *Physalia* als Dysdipleure auffassen. Auch die Stöcke mit zweizeiligen Schwimmsäulen von mehreren Physophoriden *(Apolemia)* und Calycophoriden *(Hippopodius)* können als Diphragme betrachtet werden, wogegen die meisten Stöcke der Diphyiden Eudipleure oder Dysdipleure sind.

Die Eudipleuren-Form als die höchste und vollkommenste Grundform ist sonst bei den Cormen sehr selten, und namentlich selten so rein ausgebildet, wie es bei der federförmigen *Pennatula* und anderen Pennatuliden (der nierenförmigen *Renilla*, der zweizeiligen *Virgularia)* unter den Anthozoen der Fall ist. Offenbar ist auch hier wieder das Moment der freien Ortsbewegung, für welche immer die Eudipleuren-Form die passendste ist, maassgebend. Freilich kommen ähnliche eudipleure Stöcke auch bei festsitzenden Hydroidpolypen nicht selten vor. Doch ist hier, besonders bei den Sertularien (bei *Halecium, Plumularia* etc.) viel häufiger und reiner die Diphragmen-Form.

Im Ganzen genommen erscheinen jedoch diese Fälle von diphragmen und eudipleuren Grundformen bei den thierischen Cormen, und ebenso von homostauren Heteropolen bei den Pflanzenstöcken, als seltene Ausnahmen gegenüber der grossen Mehrzahl derjenigen Cormen, bei welchen entweder die diplopole Monaxonform oder aber gar keine bestimmte Grundform ausgeprägt ist, so dass wir sie zu den Anaxonien rechnen müssen. Es zeigen mithin die Stöcke, als die morphologischen Individuen sechster und höchster Ordnung keineswegs einen entsprechenden Reichthum verschiedener Promorphen oder auch nur ein Vorherrschen der höheren Formen; vielmehr stehen sie in beiden Beziehungen weit hinter den Form-Individuen fünfter und vierter Ordnung zurück, und schliessen sich eher den niedersten Individualitäts-Formen an, den Plastiden.

Fünfzehntes Capitel.

Promorphologische Thesen.

„Alles, was den Raum erfüllt, nimmt, insofern es solidescirt, sogleich eine Gestalt an, diese regelt sich mehr oder weniger und hat gegen die Umgebung gleiche Bezüge mit anderen gleichgestalteten Wesen."

Goethe.

I. Thesen von der Fundamental-Form der Organismen.

1. Die äussere Form jedes Organismus ist ebenso wie seine innere Structur der Ausdruck des Lagerungs-Verhältnisses der im Ruhestand (Gleichgewichtstand) befindlichen Massen-Atome und der aus ihnen zusammengesetzten Moleküle, welche seine Masse constituiren.[1])

2. Die äusseren Formen der Organismen sind bedingt durch ihre innere Structur, und daher, gleich dieser selbst, als Ruhezustände (Gleichgewichtszustände) der organischen Materie nur in einem einzigen Zeitmomente erkennbar.

3. Die Ruhezustände (Gleichgewichtszustände) der Massen-Atome und der aus ihnen zusammengesetzten Moleküle, welche in der äusseren Form des Organismus sich ausdrücken, werden durch dieselben ewigen und unabänderlichen Gesetze der absoluten Nothwendigkeit bedingt, wie alle äusseren Formen in der anorganischen Natur (Krystalle); alle sind mithin die nothwendigen Folgen wirkender Ursachen (nach dem allgemeinen Causalgesetz).

---

[1]) Ueber die „Thesen" vergl. p. 364, Anmerk.

4. Die äussere Form jedes organischen Individuums ist mithin immer ebenso gesetzmässig, wie diejenige jedes anorganischen Individuums und daher einer mathematischen Erkenntniss (Ausmessung und Berechnung) zugänglich; jedoch lassen sich in dieser Beziehung bei den organischen ebenso wie bei den anorganischen Individuen zwei Hauptgruppen von Formen unterscheiden, individuelle Formen nämlich mit und ohne feste, stereometrisch bestimmte Grundform.

5. Diejenigen individuellen Naturkörper, welche eine mathematisch bestimmbare Fundamentalform besitzen, können wir allgemein als Axenfeste (Axonia) bezeichnen, weil diese Fundamentalform, die Promorphe oder stereometrische Grundform, bestimmt wird durch das gesetzmässige Verhältniss der einzelnen Körpertheile zu einer oder mehreren festen Axen und deren beiden Polen.

6. Diejenigen individuellen Naturkörper, welche eine solche feste, mathematisch bestimmbare Fundamental-Form oder Promorphe nicht erkennen lassen, können im Gegensatz zu den Axenfesten als Axenlose oder Anaxonien bezeichnet werden.

7. Die axenfesten Anorgane werden theils als Sphaeroide, theils als Krystalle bezeichnet, die axenfesten organischen Individuen dagegen theils als symmetrische, theils als reguläre Formen; doch sind diese letzteren Ausdrücke von keiner constanten Bedeutung.

8. Die axenlosen Individuen, sowohl die anorganischen als die organischen, werden als Amorphe oder Irreguläre bezeichnet; doch hat man auch viele reguläre und symmetrische Formen häufig als irreguläre und asymmetrische („Amorphozoa“ z. B.) bezeichnet.

9. Die Promorphe oder die stereometrische Grundform der Axenfesten ist nur sehr selten mathematisch rein in den axonien Individuen realisirt; gewöhnlich ist sie unter mehr oder weniger bedeutenden individuellen Formeigenthümlichkeiten und insbesondere unter verschiedenen Anpassungs-Modificationen der Oberfläche versteckt.

II. Thesen von dem Verhältniss der organischen zu den anorganischen Grundformen.

10. Die axenfesten oder axonien Formen der organischen Individuen sind ebenso wie diejenigen der anorganischen Individuen das nothwendige Resultat der gesetzmässigen Lagerung entsprechender Körpertheile um eine bestimmte Mitte (Centrum), durch welche eine oder mehrere Axen gehen.

11. Die Zahl der bestimmenden Axen sowie die Differenzirung dieser Axen und ihrer Pole ist bei den organischen Individuen (Morphonten) ungleich mannichfaltiger als bei den anorganischen Individuen

(Krystallen), daher auch die Zahl der verschiedenen Grundformen bei ersteren beträchtlich grösser, als bei letzteren.

12. Die meisten (aber nicht alle!) organischen Individuen zeigen ihre stereometrische Grundform nicht so unmittelbar deutlich und scharf, wie die meisten (aber nicht alle!) Krystalle, was theils durch den festflüssigen Aggregatzustand, theils durch die Variabilität, theils durch die zusammengesetzte Individualität der meisten Organismen bedingt ist.

13. Durch den festflüssigen Aggregatzustand der organischen Materie werden die gekrümmten Flächen, gebogenen Linien und unmessbaren Winkel bedingt, welche die meisten äusseren Formen der Organismen begrenzen, und welche nicht so unmittelbar einer strengen geometrischen Ausmessung und Berechnung zugänglich sind, wie die ebenen Flächen, geraden Linien und messbaren festen Winkel, welche die im festen Aggregatzustande befindlichen Krystalle begrenzen.

14. Durch den festflüssigen Aggregatzustand der organischen Materie wird die Anpassungsfähigkeit und dadurch die Veränderlichkeit (Variabilität) bedingt, welche die geformten Organismen von den geformten Anorganen unterscheidet, und welche eine absolut strenge stereometrische Erkenntniss der specifischen organischen Formen schon wegen ihrer Inconstanz unmöglich macht.

15. Da die meisten organischen Individuen sich von den meisten anorganischen durch ihre zusammengesetzte Individualität unterscheiden, da der Körper bei den ersteren meist aus heterogenen, bei den letzteren meist aus homogenen Bestandtheilen zusammengesetzt ist, so wird auch hierdurch die Erkenntniss der stereometrischen Grundform bei den ersteren bedeutend erschwert und complicirt.

16. Da die meisten Organismen sich entwickeln, d. h. während ihrer individuellen Existenz als Bionten eine Reihe von Form-Veränderungen durchlaufen, so ist auch aus diesem Grunde eine absolute stereometrische Erkenntniss ihrer individuellen äusseren Form (wie bei den Krystallen) nicht möglich.

17. Obgleich aus den angeführten Gründen, insbesondere also wegen des festflüssigen Aggregatzustandes aller Organismen, wegen ihrer tectologischen Zusammensetzung, wegen ihrer unbegrenzten Fähigkeit zur Anpassung und Abänderung, und wegen des Formenwechsels im Laufe der individuellen Entwickelung, eine absolute stereometrische Erkenntniss der organischen Formen (wie sie die Krystallographie erreicht) in den meisten Fällen nicht unmittelbar möglich ist, so ist dennoch eine ganz ähnliche mathematische Betrachtung derselben durch die Erkenntniss der idealen stereometrischen Grundform möglich, welche denselben ebenso wie den Krystallen zu Grunde liegt.

18. In den organischen Individuen ebenso wie in den Krystallen spricht sich diese stereometrische Grundform unverkennbar mit mathematischer Bestimmtheit aus in den gegenseitigen Verhältnissen der Axen, nach welchen die constituirenden Bestandtheile des Individuums geordnet erscheinen, und der beiden Pole, welche an jeder Axe zu unterscheiden sind.

19. Durch die Zahl dieser idealen (und oft zugleich realen, körperlichen) Axen, sowie durch das Verhältniss der Gleichheit oder Ungleichheit der Axen sowohl als ihrer beiden Pole, werden gewisse einfache stereometrische Grundformen mit mathematischer Sicherheit bestimmt, auf welche sich die nicht direct messbaren und berechenbaren organischen Formen ebenso wie diejenigen der Krystall-Individuen zurückführen lassen.

20. Die stereometrische Grundform oder die Promorphe jedes organischen Individuums drückt alle wesentlichen und die allgemeine Gestalt bestimmenden Lagerungs-Verhältnisse ihrer constituirenden Bestandtheile mit mathematischer Sicherheit ganz ebenso wie bei den individuellen Krystallen aus.

21. Jede wissenschaftliche Darstellung einer individuellen organischen Form hat zunächst die Aufgabe der Erkenntniss ihrer stereometrischen Grundform, an welche sich dann die detaillirte Beschreibung, Ausmessung und Berechnung, ebenso wie dies bei den Krystall-Individuen geschieht, anzuschliessen hat. [1])

22. Auf dieser sicheren promorphologischen Grundlage ist eine mathematische Erkenntniss der organischen Individuen ganz ebenso wie bei den Krystallen möglich.

III. Thesen von der Constitution der individuellen Grundformen.

23. Die Promorphe oder die stereometrische Grundform, welche jeder axenfesten organischen Form zu Grunde liegt, ist unmittelbar mit mathematischer Nothwendigkeit bedingt durch die Zahl und Grösse, die Lagerung und Verbindung, die Gleichheit oder Ungleichheit (Differenzirung) der constituirenden Form-Bestandtheile.

24. Bei den einfachen Organismen, d. h. denjenigen, welche ein einziges Individuum erster Ordnung, eine einzelne Plastide darstellen,

[1]) In allen Fallen, in denen eine wissenschaftlich genaue Darstellung einer individuellen organischen Form gefordert wird, müssen demnach zunächst die bestimmenden Axen aufgesucht, unterschieden und gemessen werden. Dann ist der Abstand der einzelnen Theile von den Axen und von ihren beiden Polen zu messen, und erst an diese mathematisch sichere Grundlage kann sich die detaillirte Beschreibung der besonderen Einzelheiten der Form, wie an ihr festes Skelet, anlehnen. Die eventuelle Ausmessung und Berechnung der Oberflächen-Verhältnisse hat sich stets unmittelbar auf die Abstände der Oberflächenpunkte von den Axen und ihren Polen zu beziehen.

ist daher die Grundform unmittelbar bedingt durch die Zahl und Grösse, die Lagerung und Verbindung, die Gleichheit oder Ungleichheit (Differenzirung) der constituirenden Moleküle, welche aus allen Massen-Atomen und Aether-Atomen des organischen Körpers zusammengesetzt sind.

25. Bei den zusammengesetzten Organismen dagegen, d. h. denjenigen, welche ein Aggregat oder einen Complex von zwei oder mehreren Individuen erster Ordnung (eine Colonie oder Synusie von zwei oder mehr Plastiden) darstellen (mithin bei allen Individuen zweiter oder höherer Ordnung) ist die Grundform unmittelbar bedingt durch die Zahl, Lagerung und Verbindung der constituirenden Individuen der nächst niederen Individualitäts-Ordnung.

26. Die Grundform der Organe oder der Form-Individuen zweiter Ordnung ist daher bedingt durch die Zahl, Lagerung und Differenzirung der constituirenden Plastiden (Cytoden und Zellen), und insbesondere durch die Zahl und Lagerung der Plastiden-Gruppen, welche als Parameren um eine gemeinsame Mitte herum liegen.

27. Die Grundform der Antimeren oder der Form-Individuen dritter Ordnung ist ebenso bedingt durch die Zahl, Lagerung und Differenzirung der constituirenden Organe, besonders der Parameren.

28. Die Grundform der Metameren oder der Form - Individuen vierter Ordnung ist bedingt durch die Zahl, Lagerung und Differenzirung der constituirenden Antimeren.

29. Die Grundform der Personen oder der Form-Individuen fünfter Ordnung ist bedingt durch die Zahl, Lagerung und Differenzirung der constituirenden Metameren (und dadurch natürlich zugleich der Antimeren).

30. Die Grundform der Stöcke (Cormen) oder der Form-Individuen sechster Ordnung ist bedingt durch die Zahl, Lagerung und Differenzirung der constituirenden Sprosse (Personen).

IV. Thesen von den Mitten-Differenzen der Grundformen.

31. Alle stereometrischen Grundformen der axenfesten organischen Individuen lassen sich bezüglich der Beschaffenheit ihrer natürlichen Mitte in drei Hauptgruppen bringen, welche wir Centrostigmen, Centraxonien und Centrepipeden nennen.

32. Bei den Centrostigmen, den stereometrischen Grundformen mit einem Mittelpunkte, ist die natürliche Mitte der Form, d. h. der planimetrische Körper, gegen welchen alle übrigen Theile des Körpers eine bestimmte gesetzmässige Lagerungs-, (Entfernungs- und Richtungs-) Beziehung haben, ein Punkt; dies ist der Fall bei der Kugel und beim endosphärischen Polyeder.

33. Bei den Centraxonien, den stereometrischen Grundformen mit einer Mittellinie (Axe), ist die natürliche Mitte der Form eine Linie (Hauptaxe oder Längsaxe); dies ist der Fall bei der Formengruppe der Monaxonien (Sphaeroid, Doppelkegel, Ellipsoid, Cylinder, Ei, Kegel, Hemisphaeroid, abgestumpfter Kegel); bei den Doppelpyramiden, den regulären Pyramiden und den amphithecten Pyramiden.

34. Bei den Centrepipeden, den stereometrischen Grundformen mit einer Mittelebene, ist die natürliche Mitte der Form einer Ebene (Medianebene oder Sagittalebene). Dies ist der Fall bei der Formengruppe der Zeugiten oder allopolen Heterostauren, deren allgemeine Grundform die halbe amphithecte Pyramide ist.

35. Die Centrostigmen sind die niedersten und unvollkommensten, die Centrepipeden die höchsten und vollkommensten organischen Grundformen: zwischen Beiden in der Mitte stehen die Centraxonien.

36. Alle verschiedene Grundformen, welche als untergeordnete Formarten dieser drei Hauptgruppen auftreten, lassen sich je nach der fortschreitenden Differenzirung ihrer Axen und deren Pole in eine aufsteigende Stufenleiter ordnen, deren Stufenordnung zugleich die stufenweis fortschreitende Vollkommenheit der Form bezeichnet.

37. Es existirt also ein promorphologischer Vollkommenheits-Grad jedes Organismus, welcher lediglich durch die Differenzirungsstufe seiner Grundform bedingt, und zunächst unabhängig von seinem tectologischen Vollkommenheits-Grade ist.

V. Thesen von den lipostauren Grundformen.

38. In Bezug auf die allgemeinen Verhältnisse der Axen zerfallen alle organischen Grundformen in zwei grosse Gruppen, nämlich Formen mit Kreuzaxen (Stauraxonia) und Formen ohne Kreuzaxen (Lipostaura).

39. Die Lipostauren oder Grundformen ohne Kreuzaxen stehen im Allgemeinen weit niedriger als die Stauraxonien oder Grundformen mit Kreuzaxen. Erstere kommen vorzugsweise nur bei den niederen und unvollkommeneren, letztere bei den höheren und vollkommeneren organischen Individuen vor.

40. Die lipostauren Grundformen haben entweder gar keine bestimmten Axen (Anaxonia) oder lauter gleiche Axen (Homaxonien, Kugeln) oder eine bestimmte Anzahl von constanten Axen, die aber alle gleich sind (Polyaxonien) oder endlich nur eine einzige constante Axe (Monaxonien); auf alle diese Formen ist weder die Bezeichnung regulär oder strahlig, noch die Bezeichnung bilateral oder symmetrisch nach dem gewöhnlichen Sprachgebrauche der organischen Morphologie

anwendbar; daher sind diese Formen bisher auch nicht von derselben berücksichtigt worden.[1])

41. Alle lipostauren Formen sind ausgezeichnet durch den Mangel einer bestimmten Anzahl von Meridian-Ebenen, welche sich in einer einzigen Hauptaxe schneiden, und durch welche der Körper in eine bestimmte Anzahl von gleichen oder ähnlichen Theilen getheilt wird.

42. Allen lipostauren Grundformen fehlen daher bestimmte Antimeren (Parameren) und Metameren (Epimeren), wenn man darunter in der strengeren Bedeutung des Begriffes nur diejenigen entsprechenden Theile versteht, welche entweder neben einander, rings um die Hauptaxe, oder hinter einander, in der Hauptaxe selbst liegen.

43. Bei einem Theile der Lipostauren, nämlich bei den Anaxonien (Klumpen), bei den Homaxonien (Kugeln) und bei den Monaxonien (mit einer einzigen Axe) sind correspondirende Theile, welche den Antimeren und Metameren entsprechen, überhaupt nicht vorhanden, da hier die ganze Form eine untheilbare Einheit darstellt.[2])

44. Bei dem anderen Theile der Lipostauren, nämlich den Polyaxonien, ist zwar der Körper stets aus mehreren correspondirenden Theilen zusammengesetzt, welche ein gleiches oder ähnliches Verhältniss gegen den gemeinsamen Mittelpunkt zeigen; da hier aber alle constanten Axen gleichwerthig sind, und keine derselben als Hauptaxe aufgefasst werden kann, so können die entsprechenden Theile eben so wohl als Antimeren (Parameren), wie als Metameren (Epimeren) angesehen werden.

45. Unter Berücksichtigung der Form-Verhältnisse, welche die Antimeren und Metameren im Allgemeinen bei den Stauraxonien zeigen, scheint es am Angemessensten, die correspondirenden (stets pyramidalen) Theile der Polyaxonien ein für allemal als Antimeren (oder Parameren) aufzufassen, (nicht als Metameren oder Epimeren); falls man dieselben nicht lieber mit dem neutralen Ausdruck „Perimeren" belegen will.

---

[1]) In der That kann kein stärkerer Beweis für die bisherige allgemeine Vernachlässigung der Promorphologie geliefert werden, als die Thatsache, dass man gewöhnlich die meisten Lipostauren, und überhaupt alle Formen, welche nicht entweder „radial" oder „bilateral" waren, als „irreguläre" oder „amorphe" zusammengeworfen hat. Und doch sind gerade unter den Lipostauren vorwiegend sehr regelmässige, ja sogar die regelmässigsten von allen Grundformen, die Homaxonien und rhythmischen Polyaxonien. In der Botanik, welche überhaupt diese wichtigen Form-Verhältnisse bisher noch mehr als die Zoologie vernachlässigt hat, werden nebst den Lipostauren auch noch die meisten Heterostauren als „irreguläre" bezeichnet.

[2]) Nur der Doppelkegel der Haplopolen könnte hier ausgenommen werden, wenn man denselben aus zwei Metameren oder Epimeren zusammengesetzt ansehen will.

VI. Thesen von den stauraxonien Grundformen.

46. Alle Stauraxonien oder Grundformen mit Kreuzaxen sind höhere und vollkommenere Grundformen, als alle Lipostauren, weil durch die Anwesenheit bestimmter Kreuzaxen, die sich in der Hauptaxe schneiden, eine grössere Mannichfaltigkeit und Differenzirungs-Möglichkeit gegeben ist, als bei irgend einer lipostauren Grundform.

47. Die gemeinsame stereometrische Grundform aller Stauraxonien ist die Pyramide, und zwar entweder die Doppelpyramide (Homopolen) oder die einfache Pyramide (Heteropolen).

48. Fast alle Formen, welche bisher von den Botanikern und Zoologen als „reguläre oder radiale", und als „symmetrische oder bilaterale" unterschieden wurden, sind Stauraxonien.

49. Die Bezeichnung „reguläre oder strahlige Formen", falls dieselbe beibehalten werden sollte, ist zu beschränken auf die beiden Formengruppen der Isostauren (regulären Doppelpyramiden) und Homostauren (regulären Pyramiden).[1])

50. Die Bezeichnung „symmetrische oder bilaterale Formen," falls dieselbe beibehalten werden sollte, ist zu beschränken auf die Formengruppe der Zeugiten oder Centrepipeden (allopole Heterostauren).[2])

51. Alle Stauraxonien sind ausgezeichnet (und wesentlich von den Lipostauren verschieden) durch den Besitz einer bestimmten Anzahl von Meridianebenen, welche sich in einer einzigen Hauptaxe schneiden, und durch welche der Körper in eine bestimmte Anzahl von gleichen oder ähnlichen Theilen getheilt wird.

---

[1]) Am besten ist die Bezeichnung „regulär oder regelmässig" und die meistens damit identisch gebrauchte „radial oder strahlig", gänzlich aus der Promorphologie zu eliminiren, da die verschiedenen Autoren eine Menge von gänzlich verschiedenen Grundformen darunter verstehen. Ausser den regulären Pyramiden und Doppel-Pyramiden, auf welche wir diesen Begriff beschränken, hat man auch alle Formen, welche aus mehr als zwei Antimeren oder Parameren zusammengesetzt sind, darunter verstanden, also von den Stauraxonien auch noch sämmtliche Allostauren, Autopolen und Amphipleuren. Ebenso liessen sich auch sämmtliche oder doch die meisten Lipostauren (nach Ausschluss der Anaxonien) so bezeichnen; und vor Allen verdienten von diesen die rhythmischen Polyaxonien regulär im engsten Sinne genannt zu werden.

[2]) Auch die Bezeichnung „symmetrische oder hälftige" und die meistens als gleichbedeutend gebrauchte Bezeichnung „bilaterale oder zweiseitige" Formen ist am besten ganz aus der Promorphologie zu verbannen, da man ausser den Zeugiten, auf welche wir diesen Begriff beschränken, noch vier verschiedene andere Formgruppen, theils von weiterem, theils von engerem Umfang darunter begriffen hat, nämlich I. alle Heterostauren (autopole und allopole); II. die Zygopleuren (im Gegensatz zu den Amphipleuren); III. die Dipleuren, und endlich IV. im engsten Sinne die Eudipleuren (im Gegensatz zu den „asymmetrischen" Dysdipleuren).

52. Die correspondirenden Theilstücke des Stauraxonien-Körpers, welche durch ihre Anzahl, Lagerung und Differenzirung (Gleichheit oder Ungleichheit) die Grundform des stauraxonien Individuums näher bestimmen, sind entweder Parameren (bei den Form-Individuen erster bis dritter Ordnung) oder Antimeren (bei den Metameren und den Ketten-Personen), oder Metameren (bei den Busch-Personen) oder Personen (bei den Stöcken); die grösste promorphologische Bedeutung haben im Allgemeinen die Antimeren, nächstdem die Parameren; ihre Grundform ist stets pyramidal.

53. Alle Stauraxonien zerfallen in zwei Hauptgruppen, je nachdem die Körpermitte entweder eine der Meridianebenen ist (Zeugiten) oder aber die Hauptaxe, in welcher sich alle Meridianebenen schneiden (centraxonie Stauraxonien).

54. Die centraxonien Stauraxonien, bei denen die Körpermitte eine Linie (die Hauptaxe) ist, sind entweder I. reguläre Doppel-Pyramiden (Isostauren); oder II. reguläre Pyramiden (Homostauren); oder III. amphithecte Doppelpyramiden (Allostauren) oder IV. amphithecte Pyramiden (Autopolen); bei allen diesen Formen sind die beiden Pole sämmtlicher Kreuzaxen gleichpolig; es ist also niemals die rechte Seite von der linken verschieden, und ebenso niemals die Rückenseite von der Bauchseite; jene sowohl als diese sind unter sich congruent.

55. Die centrepipeden Stauraxonien oder die Zeugiten, bei denen die Körpermitte eine Ebene (die Medianebene) ist, sind entweder I. halbe amphithecte Pyramiden, oder II. irreguläre Pyramiden (heteropleure Zeugiten); hier ist stets mindestens eine Kreuzaxe ungleichpolig; es ist also stets die dorsale von der ventralen Seite verschieden, und die rechte von der linken, welche hier niemals congruent sind.

VII. Thesen von den zeugiten Grundformen.

56. Die Formengruppe der Zeugiten oder Centrepipeden (allopolen Heterostauren) oder der bilateral-symmetrischen Formen in der zweiten Bedeutung des Begriffes, bildet als halbe amphithecte Pyramide die höchste und am meisten differenzirte Grundform der Organismen.

57. Die Zeugiten oder Centrepipeden sind vor allen übrigen organischen Formen ausgezeichnet durch den Besitz von drei ungleichen idealen Axen (Richtaxen, Euthyni), von denen entweder zwei ungleichpolig sind, die dritte gleichpolig, oder aber alle drei ungleichpolig.

58. Die drei Richtaxen der Zeugiten halbiren sich gegenseitig, stehen auf einander senkrecht und entsprechen den drei Dimensionen

des Raumes; sie können dem entsprechend als Längenaxe (Axis longitudinalis), Dickenaxe (Axis sagittalis) und Breitenaxe (Axis lateralis) bezeichnet werden.

59. Die beiden Pole der Längenaxe oder Hauptaxe sind allgemein in der Promorphologie als Mundpol (Polus oralis) oder Peristompol und als Gegenmundpol (Polus aboralis) oder Antistompol zu bezeichnen, gleichviel ob sie oben oder unten, vorn oder hinten liegen.

60. Die beiden Pole der Dickenaxe oder Dorsoventralaxe sind allgemein in der Promorphologie als Rückenpol (Polus dorsalis) und als Bauchpol (Polus ventralis) zu bezeichnen, gleichviel ob sie oben oder unten, vorn oder hinten liegen.

61. Die beiden Pole der Breitenaxe oder Lateralaxe sind allgemein in der Promorphologie als rechter Pol (Polus dexter) und linker Pol (Polus sinister) zu bezeichnen, gleichviel ob sie beide einander gleich oder ungleich sind.

62. Durch die drei auf einander senkrechten und sich gegenseitig halbirenden idealen Axen, welche den drei Dimensionen des Raumes entsprechen, werden drei auf einander senkrechte Ebenen, die Richtebenen (Plana euthyphora) bestimmt, welche von der grössten promorphologischen Bedeutung sind.

63. Die erste Richtebene ist die Medianebene oder Hauptebene (Planum medianum, Sagittalebene, Halbirungsebene), welche den ganzen Körper der Centrepipeden oder Zeugiten in zwei symmetrisch-gleiche Stücke, rechte und linke Hälfte theilt (pars dextra und pars sinistra) sie wird bestimmt durch die Längenaxe und die Dickenaxe.

64. Die zweite Richtebene ist die Lateralebene oder Breitenebene (Planum laterale) welche den ganzen Zeugitenkörper in zwei ungleiche Stücke theilt, Rücken- und Bauchhälfte (pars dorsalis und pars ventralis); sie wird bestimmt durch die Längenaxe und die Breitenaxe.

65. Die dritte Richtebene ist die Aequatorialebene oder Dickenebene (Planum aequatoriale), welche den ganzen Zeugitenkörper in zwei ungleiche Stücke, orale und aborale Hälfte theilt (pars oralis und pars aboralis); sie wird bestimmt durch die Breitenaxe und die Dickenaxe.

66. Die physiologischen, von der Locomotion der frei beweglichen und von der Anheftung der festsitzenden Zeugiten und ihrer relativen Richtung gegen die Erdaxe und den Horizont entnommenen Bezeichnungen: Vordere und hintere Seite, obere und untere Seite, horizontale und verticale Axe sind zu verbannen und durch die vorher bestimmten, rein morphologischen Bezeichnungen zu ersetzen. [1])

---

[1]) Die vollständige Elimination der topographisch-physiologischen Bezeichnungen Vorn und Hinten, Oben und Unten, Horizontal und Vertical — aus der

VIII. Thesen von der Vollkommenheit der organischen Grundformen.

67. Die Grundform der organischen Individuen ist um so vollkommener, je ungleichartiger ihre constanten Axen sind.

68. Die Grundform ist um so vollkommener, je grösser die Zahl der ungleichartigen Axen, je geringer die Zahl der gleichartigen Axen ist.

69. Die Grundform ist um so vollkommener, je ungleichartiger die beiden Pole ihrer Axen sind.

70. Die Grundform ist um so vollkommener, je grösser die Zahl der ungleichartigen Pole und je geringer die Zahl der gleichartigen Pole ihrer Axen ist.

---

gesammten Morphologie halten wir für sehr wichtig, weil sie hauptsächlich an der ausserordentlichen Verwirrung schuld ist, welche in der topographischen Bezeichnung der Körperregionen bei Thieren und Pflanzen, oft bei nächstverwandten Arten, eingerissen ist. Alle drei Richtaxen können jede mögliche Lage gegen den Horizont haben, ebenso ihre Pole.

Die Hauptaxe oder Längsaxe (Axis longitudinalis) kann jede mögliche Lage haben. Sie steht entweder senkrecht (z. B. Mensch, Pinguin, kriechende Cephalopoden, allopole aufrechte Pflanzensprosse) oder wagerecht (die meisten kriechenden Thiere, die kriechenden Pflanzensprosse) oder unter irgend einem Winkel gegen den Horizont geneigt (die allopolen Seitensprossen der Pflanzen und Coelenteraten-Stöcke. Der Mundpol oder erste Pol der Hauptaxe (Peristomium) ist bald oben (die meisten festsitzenden Thiere, z. B. Bryozoen, Anthozoen, die aufrechten Pflanzensprosse) bald unten (z. B. Seesterne, Cidariden, Medusen, hängende und nickende Blüthensprosse) bald vorn (z. B. die meisten kriechenden Thiere und die kriechenden Pflanzensprosse), bald hinten (die rückwärts kriechenden Thiere, z. B. Crustaceen); ebenso hat der entgegengesetzte zweite Pol der Hauptaxe oder Gegenmundpol (Antistomium) jede mögliche Lage, oben oder unten, vorn oder hinten.

Die Dorsoventralaxe oder Dickenaxe (Axis sagittalis) kann ebenfalls jede mögliche Lage haben. Sie steht horizontal (Mensch, Pinguin, kriechende Cephalopoden) oder vertical (die meisten kriechenden Thiere) oder unter irgend einem Winkel gegen den Horizont geneigt (die zeugiten Pflanzensprosse als Aeste und Zweige der Stöcke etc.). Der Dorsalpol oder erste Pol der Dickenaxe befindet sich bald oben (die meisten kriechenden Thiere), bald unten (die Heteropoden und andere auf dem Rucken schwimmende Thiere), bald hinten (Mensch, Pinguin etc.), bald vorn (rückwärts kriechende Thiere mit verticaler Hauptaxe); ebenso hat der entgegengesetzte zweite Pol der Dickenaxe oder der Ventralpol jede mögliche Lage, unten oder oben, vorn oder hinten.

Die Lateralaxe oder Breitenaxe (Axis lateralis) liegt zwar bei den allermeisten Zeugiten horizontal; allein bei vielen festgewachsenen zeugiten Thieren, sowie bei den Pleuronectiden und anderen Dysdipleuren steht auch oft der eine (linke) Pol derselben unten, der andere (rechte) oben (oder umgekehrt), die Breitenaxe mithin vertical, oder unter irgend einem Winkel gegen den Horizont geneigt, z. B. bei den festgewachsenen Muscheln, Austern etc.

71. Der Vollkommenheits-Grad der Grundform (also auch der ganzen äusseren Form) oder die promorphologische Stufenhöhe ist im Allgemeinen (aber nicht durchgängig!) verbunden mit dem Vollkommenheits-Grad der Structur (also der inneren Form) oder der tectologischen Stufenhöhe.

72. Indem der Organismus während seiner individuellen Entwickelung im Allgemeinen (aber nicht durchgängig!) an tectologischer Vollkommenheit (Differenzirung der inneren Structur) zunimmt, wächst derselbe zugleich im Allgemeinen (aber nicht durchgängig!) an promorphologischer Vollkommenheit (Differenzirung der äusseren Form und ihrer stereometrischen Grundform).

IX. Thesen von der Hemiedrie der organischen Grundformen.

73. In der aufsteigenden Stufenleiter der Grundformen sind zahlreiche höhere oder vollkommenere Formen die Hälften der nächstverwandten niederen oder unvollkommeneren Formen und verhalten sich zu diesen ganz ähnlich, wie die hemiedrischen Krystalle zu den holoedrischen Krystallen.

74. Der Vervollkommnungs-Process, durch welchen hemiedrische organische Grundformen aus holoedrischen hervorgehen, ist wesentlich eine Differenzirung beider Pole einer Axe.

75. Die Diplopol-Form (Kegel, Hemisphaeroid) ist die hemiedrische Differenzirungsform der Haplopol-Form (Doppelkegel, Sphäroid).

76. Die Heteropol-Form (Pyramide) ist die hemiedrische Differenzirungs-Form der Homopol-Form (der Doppel-Pyramide).

77. Die Homostauren-Form (Reguläre Pyramide) ist die hemiedrische Differenzirungs-Form der Isostauren-Form (der regulären Doppelpyramide).

78. Die Autopolen-Form (Amphithecte Pyramide) ist die hemiedrische Differenzirungs-Form der Allostauren-Form (der amphithecten Doppelpyramide).

79. Die Tetractinoten-Form (Reguläre vierseitige Pyramide oder Quadrat-Pyramide) ist die hemiedrische Differenzirungs-Form der octopleuren Isostauren-Form (des Quadrat-Octaeders).

80. Die Orthostauren-Form (Amphithecte vierseitige Pyramide oder Rhomben-Pyramide) ist die hemiedrische Differenzirungs-Form der octopleuren Allostauren-Form (des Rhomben-Octaeders).

81. Die Allopolen-Form oder Zeugiten-Form (halbe ampithecte Pyramide) ist die hemiedrische Differenzirungs-Form der Autopolen-Form (der amphithecten Pyramide).

82. Die Amphipleuren-Form (halbe amphithecte Pyramide, von $\frac{4+2n}{2}$ Seiten) ist die hemiedrische Differenzirungs-Form der Oxystauren-Form (der amphithecten Pyramide von 4+2nSeiten).

83. Die Zygopleuren-Form (Gleichschenkelige Pyramide) ist die hemiedrische Differenzirungs-Form der Orthostauren-Form (der Rhomben-Pyramide).

84. Die Dysdipleuren-Form (Ungleichdreiseitige Pyramide ist die hemiedrische Differenzirungs-Form der Eudipleuren-Form (der halben Rhomben-Pyramide).

X. Thesen von der Krystallform organischer Individuen.

85. Alle einfachen und regelmässigen stereometrischen Körper, welche als Grundformen der anorganischen Krystallsysteme vorkommen, finden sich eben so vollkommen auch in gewissen organischen Formen verkörpert.

86. Der Würfel und das Octaeder, die Grundformen des tesseralen oder regulären Krystallsystems, finden sich in den organischen hexaedrischen und octaedrischen Formen der rhythmischen Polyaxonien realisirt.

87. Das Quadrat-Octaeder, die Grundform des tetragonalen oder quadratischen Krystallsystems, findet sich in den organischen Formen der octopleuren Isostauren realisirt.

88. Das Rhomben-Octaeder, die Grundform des rhombischen Krystallsystems, findet sich in den organischen Formen der octopleuren Allostauren realisirt.

89. Das Hexagonal-Dodecaeder, die Grundform des hexagonalen Krystallsystems, findet sich in den organischen Formen der hexapleuren Isostauren realisirt.

IX. Thesen von den Grundformen der sechs Individualitäts-Ordnungen.

90. Die Form-Individuen erster Ordnung, die Plastiden (Cytoden und Zellen) können alle möglichen Grundformen haben, zeigen jedoch vorzugsweise die niederen Grundformen, insbesondere die monaxonien (haplopolen und diplopolen).

91. Die Form-Individuen zweiter Ordnung, die Organe, können ebenfalls alle möglichen Grundformen haben, zeigen jedoch vorzugsweise einerseits die niedersten (anaxonien, homaxonien, monaxonien), andererseits die höchsten (eudipleuren und dysdipleuren).

92. Die Form-Individuen dritter Ordnung, die Antimeren, zeigen ausschliesslich die Heteropolen-Form (einfache Pyramide), und zwar

seltener die homostaure (reguläre Pyramide), häufiger die heterostaure Form (irreguläre Pyramide); die letztere ist am häufigsten die dysdipleure, nächstdem die eudipleure Form.

93. Die Form-Individuen vierter Ordnung, die Metameren, besitzen meistens, gleich den Antimeren und den Personen, die heteropole Grundform (einfache Pyramide); und zwar häufiger die Zeugiten-Form (halbe amphithecte Pyramide), seltener die Homostauren-Form (reguläre Pyramide). Unter der ersteren ist am häufigsten die eudipleure Form.

94. Die Form - Individuen fünfter Ordnung, die Personen, besitzen ebenfalls vorwiegend die heteropole Grundform (einfache Pyramide) und zwar die sogenannten „regulären oder radialen" Personen die homostaure, die sogenannten „symmetrischen oder bilateralen" Personen die allopole (Zeugiten-Form); die letztere ist entweder die amphipleure oder die zygopleure Form.

95. Die Form - Individuen sechster Ordnung, die Stöcke, zeigen nur selten höhere, meistentheils niedere Grundformen, entweder anaxonie und homaxonie, oder monaxonie (haplopole und am meisten diplopole); die diplopole Monaxonform scheint hier die häufigste Grundform zu sein.

Anhang zum vierten Buche.

I. Das promorphologische System als generelles Formen-System.

Das System der Grundformen, welches von uns im dreizehnten Capitel construirt und entwickelt worden ist, haben wir zunächst aufgestellt, um dadurch eine geordnete Uebersicht über die unendliche Fülle der gesetzmässig gebildeten organischen Formen zu gewinnen. Indem wir am Schlusse des vierten Buches, in diesem Anhange, die wichtigsten Kategorieen jener organischen Grundformen nochmals, nach verschiedenen Gesichtspunkten geordnet, übersichtlich zusammenstellen, wollen wir nicht unterlassen, den Hinweis darauf vorauszuschicken, dass unser Formen-System auch noch einer weiteren Anwendung fähig ist. Wie wir bereits die Krystallformen und die characteristischen Formen gewisser menschlicher Kunst-Producte (p. 521) als ebenfalls innerhalb des Formenkreises unseres Systems fallend nachgewiesen haben, wie auch die Sphaeroid-Form der Weltkörper sich der (anepipeden) Haplopolen-Form unterordnet, so werden wir bei allgemeinerer Betrachtung desselben finden, dass überhaupt alle verschiedenen Körperformen, welche in der Natur, und ebenso auch die verschiedenen Formen der Kunst-Producte, welche in der Sphäre menschlicher Kunstthätigkeit entstehen, sich demselben einordnen lassen. Die Erkenntniss der formbestimmenden Axen und ihrer Pole wird uns auch hier überall als erklärende Leuchte in dem unendlichen Chaos der realen Formen dienen. So erkennen wir z. B. in den meisten Bewegungswerkzeugen zu Wasser und zu Lande die Eudipleuren-Form, in den meisten Waffen (Gewehren etc.) die Dysdipleuren-Form, in den meisten Vasen die Diphragmen-Form, in den meisten Bechern, Schüsseln, Glasgefässen, Luftballons etc. entweder die homostaure oder die diplopole Grundform wieder. Der innige mechanische Zusammenhang zwischen Form und Function ist hier ebenso wie bei den organischen Formen in der Natur unverkennbar. Es wird daher unser promorphologisches System nur weniger Ergänzungen bedürfen, um als erklärender Führer bei der geordneten vergleichenden Betrachtung sämmtlicher Körperformen überhaupt gute Dienste leisten zu können. Wir hoffen, damit die Grundlage eines generellen Formen-Systems gegeben zu haben.

II. Uebersicht der wichtigsten stereometrischen Grundformen nach ihrem verschiedenen Verhalten zur Körpermitte.

I. Organische Grundformen ohne geometrische Mitte. Acentra.

1. Anaxonia. *Spongilla-Form.* Klumpen (Absolut irreguläre Form).

II. Organische Grundformen mit einem Mittelpunct. Centrostigma.

1. Homaxonia. *Sphaerozoum-Form.* Kugel.
2. Allopolygona. *Rizosphaera-Form.* Endosphärisches Polyeder mit ungleichvieleckigen Seiten.
3. Isopolygona. *Ethmosphaera-Form.* Endosphärisches Polyeder mit gleichvieleckigen Seiten.
4. Icosaedra. *Aulosphaera-icosoaedra-Form.* Reguläres Icosaeder.
5. Dodecaedra. *Bucholzia-Pollen-Form* (Bucholzia maritima etc.). Reguläres Dodecaeder.
6. Octaedra. *Chara-Antheridien-Form.* Reguläres Octaeder.
7. Hexaedra. *Hexaedromma-Form* (Actinomma drymodes). Reguläres Hexaeder.
8. Tetraedra. *Corydalis-Pollen-Form* (Corydalis sempervirens etc.) Reguläres Taetraeder.

III. Organische Grundformen mit einer Mittellinie (Axe). Centraxonia.

1. Haplopola anepipeda. *Coccodiscus-Form.* Sphäroid.
2. Haplopola amphepipeda. *Pyrosoma-Form.* Cylinder.
3. Diplopola anepipeda. *Ovulina-Form.* Ei.
4. Diplopola monepipeda. *Conulina-Form.* Kegel.
5. Diplopola amphepipeda. *Nodosaria-Form.* Kegelstumpf.
6. Isostaura polypleura. *Heliodiscus-Form.* Reguläre Doppelpyramide.
7. Isostaura octopleura. *Acanthostaurus-Form.* Quadrat-Octaeder.
8. Allostaura polypleura. *Amphilonche-Form.* Amphithecte Doppel-Pramide.
9. Allostaura octopleura. *Stephanastrum-Form.* Rhomben-Octaeder.
10. Homostaura. *Aequorea-Form.* Reguläre Pyramide.
11. Tetractinota. *Aurelia-Form.* Quadrat-Pyramide.
12. Oxystaura. *Eucharis-Form.* Amphithecte Pyramide.
13. Orthostaura. *Saphenia-Form.* Rhomben-Pyramide.

IV. Organische Grundformen mit einer Mittelebene. Centrepipeda.

1. Amphipleura. *Spatangus-Form.* Halbe amphithecte Pyramide.
2. Eutetrapleura radialia. *Praya-Form.* Doppeltgleichschenkelige Pyramide.
3. Eutetrapleura interradialia. *Nereis-Form.* Antiparallelogramm-Pyramide.
4. Dystetrapleura. *Abyla-Form.* Ungleichvierseitige Pyramide.
5. Eudipleura. *Homo-Form.* Gleichschenkelige Pyramide.
6. Dysdipleura. *Pleuronectes-Form.* Ungleichdreiseitige Pyramide.

I. Organische Grundformen ohne Kreuzaxen. Lipostaura.

				Promorphologische Kategorie.
Keine constante Axe		Alle Axen ungleich.	Absolut Irreguläre	1. *Anaxonia*
		Alle Axen gleich.	Absolut Reguläre	2. *Homaxonia*
Eine oder mehrere constante (vor allen übrigen ausgezeichnete) Axen; aber keine Kreuzaxen.	Mehrere (mehr als zwei) constante Axen *Polyaxonia*	Nicht alle Antimeren congruent *Polyaxonia arrhythma*	Grenzflächen ungleichvielseitig	3. *Allopolygona*
			Grenzflächen gleichvielseitig	4. *Isopolygona*
		Alle Antimeren congruent *Polyaxonia rhythmica*	20 congruente Antimeren	5. *Icosaedra*
			12 congruente Antimeren	6. *Dodecaedra*
			8 congruente Antimeren	7. *Octaedra*
			6 congruente Antimeren	8. *Hexaedra*
			4 congruente Antimeren	9. *Tetraedra*
	Eine einzige constante Axe (Längsaxe) *Monaxonia*	Axe gleichpolig *Haplopola*	Keine Grenzebene	10. *Haplopola anepipeda*
			Zwei Grenzebenen	11. *Haplopola amphepipeda*
		Axe ungleichpolig *Diplopola*	Keine Grenzebene	12. *Diplopola anepipeda*
			Eine Grenzebene	13. *Diplopola monepipeda*
			Zwei Grenzebenen	14. *Diplopola amphepipeda*

II. Organische Grundformen mit Kreuzaxen. Stauraxonia.

Längsaxe gleichpolig. Doppelpyramiden. *Homopola*	Alle radialen oder alle semiradialen Kreuzaxen gleich *Isostaura*.				3,5 oder 5+n Antimeren	15. *Isostaura polypleura*
					Nur 4 Antimeren	16. *Isostaura octopleura*
	Nicht alle radialen oder semiradialen Kreuzaxen gleich *Allostaura*.				4 + 2 n Antimeren	17. *Allostaura polypleura*
					Nur 4 Antimeren	18. *Allostaura octopleura*
Längsaxe oder Hauptaxe ungleichpolig. Pyramiden. *Heteropola.*	Alle radialen oder alle semiradialen Kreuzaxen unter einander gléich *Homostaura*		Kreuzaxen gleichpolig, halb radial, halb interradial. *Isopola*		10 + 2 n Antimeren	19. *Myriactinota*
					10 Antimeren	20. *Decactinota*
					8 Antimeren	21. *Octactinota*
					6 Antimeren	22. *Hexactinota*
					4 Antimeren	23. *Tetractinota*
			Kreuzaxen ungleichpolig, alle semiradial. *Anisopola.*		9 + 2 n Antimeren	24. *Polyactinota*
					9 Antimeren	25. *Enneactinota*
					7 Antimeren	26. *Heptactinota*
					5 Antimeren	27. *Pentactinota*
					3 Antimeren	28. *Triactinota*
	Nicht alle radialen oder alle semiradialen Kreuzaxen gleich *Heterostaura*	Dorsoventralaxe gleichpolig *Autopola*	3 oder 3 + n radiale Kreuzaxen. *Oxystaura*		8 Antimeren	29. *Octophragma*
					6 Antimeren	30. *Hexaphragma*
			2 oder eine radiale Kreuzaxe. *Orthostaura*		4 Antimeren	31. *Tetraphragma*
					2 Antimeren	32. *Diphragma*
		Dorsoventralaxe ungleichpolig *Zeugita* (Centrepipeda). *Allopola*	3 oder 5 oder 5 + n Kreuzaxen *Amphipleura*		7 Antimeren	33. *Heptamphipleura*
					6 Antimeren	34. *Hexamphipleura*
					5 Antimeren	35. *Pentamphipleura*
					3 Antimeren	36. *Triamphipleura*
			4 od. 2 Kreuzaxen *Zygopleura*	4 Antimeren *Tetrapleura*	Lateralaxe gleichpolig	37. I. *Eutetrapleura radialia* 37. II. *Eutetrapleura interr.*
					Lateralaxe ungleichpol.	38. *Dystetrapleura*
				2 Antimeren *Dipleura*	Lateralaxe gleichpolig.	39. *Eudipleura*
					Lateralaxe ungleichpol.	40. *Dysdipleura*

I. Lipostaure Grundformen.	Realer Typus.	Deutsche Bezeichnung.
1. Klumpen (Bolus)	*Spongilla*	Klumpen
2. Kugel (Sphaera)	*Sphaerozoum* (Volvox)	Kugelformen
3. Endosphaer. Polyeder mit ungleichvieleckigen Seiten	*Rhizosphaera*	Ungleichvieleckige
4. Endosphaer. Polyeder mit gleichvieleckigen Seiten	*Ethmosphaera*	Gleichvieleckige
5. Reguläres Icosaeder	*Aulosphaera icosaedra*	Zwanziggleichflächner
6. Reguläres Dodecaeder	*Bucholzia* (Pollen)	Zwölfgleichflächner
7. Reguläres Octaeder	*Chara* (Antheridien).	Achtgleichflächner
8. Reguläres Hexaeder	*Actinomma drymodes*	Würfel
9. Reguläres Tetraeder	*Corydalis* (Pollen)	Viergleichflächner
10. Sphäroid (Ellipsoid)	*Coccodiscus*	Sphäroidformen
11. Cylinder	*Pyrosoma*	Cylinderformen
12. Ei	*Ovulina*	Eiformen
13. Kegel	*Conulina*	Kegelformen
14. Kegelstumpf	*Nodosaria*	Kegelstumpfformen
II. Diplopyramidale oder pyramidale Grundformen.		
15. Reguläre Doppel-Pyramide mit 6, 10, 10+12n Seiten	*Heliodiscus*	Reguläre diplopyramidale
16. Quadrat-Octaeder	*Acanthostaurus*	Quadrat-octaedrische
17. Amphithecte Doppel-Pyramide mit 8+4n Seiten	*Amphilonche*	Amphithecte diplopyramidale
18. Rhomben-Octaeder	*Stephanastrum*	Rhomben-octaedrische
19. Reguläre Pyramide mit 10+2n Seiten	*Aequorea*	Gradzahlige Vielstrahlige
20. Zehnseitige reguläre Pyramide	*Aegineta globosa*	Zehnstrahlige
21. Achtseitige reguläre Pyramide	*Alcyonium* (Mimusops)	Achtstrahlige
22. Sechsseitige reguläre Pyramide	*Carmarina* (Achras).	Sechsstrahlige
23. Vierseitige reguläre Pyramide	*Aurelia* (Paris)	Vierstrahlige
24. Reguläre Pyramide mit 9+2n Seiten	*Brisinga*	Ungradzahlige Vielstrahlige
25. Neunseitige reguläre Pyramide	*Luidia senegalensis.*	Neunstrahlige
26. Siebenseitige reguläre Pyramide	*Trientalis*	Siebenstrahlige
27. Fünfseitige reguläre Pyramide	*Ophiura* (Primula)	Fünfstrahlige
28. Dreiseitige reguläre Pyramide	*Iris* (Lychnocanium)	Dreistrahlige
29. Achtseitige amphithecte Pyramide	*Eucharis*	Achtreifige
30. Sechsseitige amphithecte Pyramide	*Flabellum*	Sechsreifige
31. Vierstückige Rhomben-Pyramide	*Saphenia* (Draba)	Vierreifige
32. Doppelstückige Rhomben-Pyramide	*Petalospyris* (Circaea)	Zweireifige
33. Halbe vierzehnseitige amphithecte Pyramide	*Disandra*	Siebenschienige
34. Halbe zwölfseitige amphithecte Pyramide	*Oculina* (Cuphea)	Sechsschienige
35. Halbe zehnseitige amphithecte Pyramide	*Spatangus* (Viola)	Fünfschienige
36. Halbe sechsseitige amphithecte Pyramide	*Orchis* (Dictyophimus)	Dreischienige
37. I. Doppelt-gleichschenkelige Pyramide	37, I. *Praya* (Reseda	Gleichhälftige
37. II. Antiparallelogramm-Pyramide	37, II. *Nereis* (Iberis)	Zweipaarige
38. Ungleichvierseitige Pyramide	*Abyla*	Ungleichhälftige Zweipaarige
39. Gleichschenkelige Pyramide	*Homo* (Fumaria)	Gleichhälftige Einpaarige
40. Ungleichdreiseitige Pyramide	*Pleuronectes*	Ungleichh. Einpaarige

V. Tabelle über die promorphologischen Kategorieen.

I. **Anaxonia.** Axenlose Formen. Klumpen. Absolut irreguläre Formen.
II. **Axonia.** Axenfeste Grundformen.
II, 1. **Homaxonia.** Kugeln. Absolut reguläre Formen. Alle Axen gleich.
II, 2. **Heteraxonia.** Grundformen mit einer oder mehreren constanten Axen.
2, A. ***Polyaxonia.*** Grundformen mit mehreren constanten Axen (ohne Kreuzaxen!).
A, a. **Arrhythma.** Irreguläre Polyeder.
a, I. ***Allopolygona.*** Irreguläre Polyeder mit ungleichvieleckigen Seiten.
a, II. ***Isopolygona.*** Irreguläre Polyeder mit gleichvieleck. Seiten.
A, b. **Rhythmica.** Reguläre Polyeder.
b, I. ***Icosaedra.*** Reguläre Icosaeder.
b, II. ***Dodecaedra.*** Reguläre Dodecaeder.
b, III. ***Octaedra.*** Reguläre Octaeder.
b, IV. ***Hexaedra.*** Reguläre Hexaeder.
b, V. ***Tetraedra.*** Reguläre Tetraeder.
2, B. ***Protaxonia.*** Grundformen mit einer constanten Axe oder Hauptaxe (mit oder ohne Kreuzaxen).
B, a. **Monaxonia.** Grundformen mit einer einzigen Axe (ohne Kreuzaxen).
a, I. ***Haplopola.*** Einaxige Grundformen mit gleichpoliger Axe.
I, 1. ***Haplopola anepepida.*** Sphäroide.
I, 2. ***Haplopola amphepipeda.*** Cylinder.
a, II. ***Diplopola.*** Einaxige Grundformen mit ungleichpoliger Axe.
II, 1. ***Diplopola anepipeda.*** Eier.
II, 2. ***Diplopola monepipeda.*** Kegel.
II, 3. ***Diplopola amphepipeda.*** Kegelstumpfe.
B, b. **Stauraxonia.** Doppel-Pyramiden oder Pyramiden (Grundformen mit einer Hauptaxe und mit Kreuzaxen).
b, I. ***Homopola.*** Doppel-Pyramiden.
I, 1. ***Isostaura.*** Reguläre Doppel-Pyramiden.
1, A. ***Isostaura polypleura.*** Reguläre Doppel-Pyramiden. von 6, 10, 10 + 2 n Seiten.
1, B. ***Isostaura octopleura.*** Quadrat-Octaeder.
I, 2. ***Allostaura.*** Amphithecte Doppel-Pyramiden.
2. A. ***Allostaura polypleura.*** Amphithecte Doppel-Pyramiden von 8 + 4 n Seiten.
2, B. ***Allostaura octopleura.*** Rhomben-Octaeder.
b, II. ***Heteropola.*** Pyramiden.
II. 1. ***Homostaura.*** Reguläre Pyramiden.
1, A. ***Isopola.*** Reguläre Pyramiden von 2 n Seiten.
1, B. ***Anisopola.*** Reguläre Pyramiden von 2 n — 1 Seiten.
II, 2. ***Heterostaura.*** Irreguläre Pyramiden.
2, A. ***Autopola.*** Amphithecte Pyramiden.
A, a. ***Oxystaura*** Amph. Pyram. von 4 + 2 n Seiten
A, b. ***Orthostaura.*** Rhomben-Pyramiden.
2, B. ***Allopola.*** Halbe amphithecte Pyramiden.
B, a. ***Amphipleura.*** H. a. P. von 4 + 2 n Seiten.
B. b. ***Zygopleura.*** Halbe Rhomben-Pyramiden.

Erklärung der Tafeln.

Taf. I.

Heteropole Grundformen.

(Basen von Pyramiden.)

Tafel I stellt schematische Grundrisse verschiedener Arten von Stauraxonien oder kreuzaxigen organischen Grundformen dar, und zwar nur von Heteropolen. Die Grundform aller heteropolen Stauraxonien ist die einfache gerade Pyramide. Sämmtliche Figuren stellen bloss die Basis der betreffenden Pyramiden-Arten dar. Um die ganze Pyramide zu erhalten, braucht man bloss in dem Mittelpunkte jeder Pyramiden-Basis, wo sich ihre Kreuzaxen kreuzen, ein Perpendikel zu errichten und dessen Endpunkt mit den sämmtlichen Ecken der polygonalen Basis zu verbinden. Die Tafel ist hauptsächlich bestimmt, um das Verhältniss der radialen, interradialen und semiradialen Kreuzaxen zu einander zu erläutern, sowie die Zusammensetzung der Pyramiden aus einer bestimmten Anzahl pyramidaler Antimeren, und die Zusammensetzung jedes Antimers aus zwei Parameren. Um diese verwickelten Verhältnisse deutlich hervorzuheben, sind die Umrisse der stereometrischen Grundform (der Pyramiden-Basis) durch einfach punktirte Linien (.......) angedeutet, während die realen Umrisse der organischen Form durch einfache Linien angegeben sind. Durch einfach punktirte Linien sind ferner auch die radialen Kreuzaxen unterschieden, während die interradialen durch gestrichelte Linien (— — — —) ausgezeichnet sind. Der Mittelpunkt ist allgemein mit c, die interradialen Kreuzaxen mit ci, die radialen mit cr bezeichnet.

I. Pyramidale Grundformen mit sechs Antimeren oder Parameren.

(Promorphae heteropolae hexarithmae).

Fig. 1. Carmarina-Form, Typus der Hexactinoten, erläutert durch den Grundriss einer *Carmarina*-Larve (Craspedote Meduse aus der Geryoniden-Familie). *Stereometrische Grundform:* Sechsseitige reguläre Pyramide. (vgl. p. 469). In der Mitte (c) ist der sechseckige Mund, von dem wulstigen Lippenrand umgeben, zugleich der Eingang in den Magen. Von diesem strahlen die sechs Radialcanäle aus, deren weiterer Verlauf bis zum Rande aussen durch das kreisrunde Velum verdeckt wird. Das reguläre Sechseck, welches die Basis der Pyramide bildet, und dessen Ecken durch r_1—r_6 bezeichnet sind, ist sehr deutlich durch den sechseckigen Cirkelcanal ausgesprochen, dessen 6 Ecken sich in die radialen Larvententakeln (d_1—d_6) ausziehen. In der Mitte zwischen je zweien der letzteren sitzt ein interradialer (secundärer) Larvententakel, welcher auf den Rücken der Medusenglocke zurückgekrümmt ist (t_1—t_6). Die sechs congruenten Antimeren, welche den Medusenkörper zusammensetzen, sind doppelt-gleichschenkelige (eutetrapleure) Pyramiden. Im hexagonalen Grundriss der Basis ist jedes Antimer durch ein Trapez angedeutet, welches aus 2 mit der Basis vereinigten gleichschenkeligen ungleichen Dreiecken besteht (I, $ci_1r_1i_2$—VI, $ci_6r_6i_1$).

Fig. 2. Flabellum-Form, Typus der Hexaphragmen, erläutert durch den Grundriss einer jungen *Madrepora*. *Stereometrische Grundform*: Sechsseitige amphithecte Pyramide. (vergl. p. 485.) Es sind bloss die sechs primären interradialen Septa (ai) und die sechs mit ihnen alternirenden secundären radialen Septa (sr) angedeutet, durch welche der perigastrische Raum in 12 Kammern zerfällt. Alle sechs Kreuzaxen sind gleichpolig. Die interradiale Dorsoventralaxe (i_1 i_4) ist bedeutend länger, als die beiden lateralen, unter sich gleichen interradialen Kreuzaxen (i_2 i_5 und i_3 i_6). Entsprechend ist die radiale Lateralaxe (r_2 r_5) bedeutend kürzer, als die beiden anderen radialen Kreuzaxen (r_1 r_4 und r_6 r_3). Durch jede der beiden Richtaxen, sowohl durch die dorsoventrale (i_1 i_4) als durch die laterale (r_2 r_5) zerfällt der Körper in 2 congruente Hälften, durch beide zusammen aber in 4 Quadranten, von denen je 2 benachbarte symmetrisch-gleich, je 2 gegenüberliegende congruent sind. Von den 6 Antimeren des Körpers sind die beiden gegenständigen lateralen, das rechte Antimer (ci_2 r_2 i_3) und das linke Antimer (ci_5 r_5 i_6) eudipleure und unter sich congruent; jedes der beiden ist aus 2 symmetrisch-gleichen Parameren zusammengesetzt. Von den 4 übrigen Antimeren sind je 2 entgegengesetzte congruent, je 2 benachbarte symmetrisch-gleich. Es ist also das rechte dorsale Antimer (ci_3 r_3 i_4) congruent dem linken ventralen (ci_6 r_6 i_1) und ebenso ist das linke dorsale Antimer (ci_4 r_4 i_5) congruent dem rechten ventralen (ci_1 r_1 i_2). Dagegen sind die beiden dorsalen Antimeren unter sich symmetrisch-gleich, nicht congruent, und ebenso die beiden ventralen. Sowohl die beiden dorsalen als die beiden ventralen Antimeren sind dysdipleure; jedes ist aus zwei negativ ähnlichen Parameren zusammengesetzt. Das sechsseitige amphithecte Polygon, welches die Basis der Flabellum-Form bildet, erhalten wir bei unserer Madrepora dadurch, dass wir die freien Innenränder der secundären (radialen) Septa durch Linien verbinden (s_1—s_6).

Fig. 3. Oculina-Form, Typus der Hexamphipleuren, erläutert durch den Grundriss einer jungen *Lophelia* (vergl. p. 501). *Stereometrische Grundform*: Hälfte einer zwölfseitigen amphithecten Pyramide (m n deutet ihre Halbirungsebene an). Es sind bloss die sechs primären interradialen Septa (a i) und die sechs mit ihnen alternirenden secundären radialen Septa (sr) angedeutet, durch welche der perigastrische Raum in 12 Kammern zerfällt. Alle Kreuzaxen sind ungleichpolig. Die interradiale Dorsoventralaxe ist länger als die ideale Lateralaxe. Von allen Kreuzaxen ist nur immer je ein correspondirendes Paar (rechte und linke) gleich. Durch keine Meridianebene zerfällt der Körper in 2 congruente Stücke und bloss durch die Sagittalebene (i_1 i_4) in 2 symmetrisch gleiche Hälften. Die sechs Antimeren sind paarweise unter sich symmetrisch gleich, die 3 Antimeren jeder Seitenhälfte (rechter und linker) aber unter sich ungleich, und bloss ähnlich. Alle 6 Antimeren sind dysdipleure, aus zwei ungleichen (ähnlichen) Parameren zusammengesetzt. Das rechte ventrale Antimer ($ci_1 r_1 i_2$) ist symmetrisch-gleich den linken ventralen ($ci_1 r_6 i_6$); das rechte laterale Antimer ($ci_2 r_2 i_3$) ist symmetrisch-gleich dem linken lateralen ($ci_6 r_5 i_5$); ebenso ist endlich das rechte dorsale Antimer ($ci_3 r_3 i_4$) symmetrisch-gleich dem linken dorsalen ($ci_4 r_4 i_5$). Von den 6 primären, interradialen Septen, welche den perigastrischen Raum zunächst in 6 Kammern theilen, ist das dorsale Septum (i_4) weit stärker entwickelt, als das ventrale (i_1), und bedingt hierdurch die Amphipleurie der Oculinen-Form. Die Hälfte des zwölfseitigen amphithecten Polygons, welches die Basis derselben bildet, erhalten wir dadurch, dass wir die an die Kelchwand angewachsenen Aussenränder der secundären radialen Septa durch Linien verbinden.

II. Pyramidale Grundformen mit drei Antimeren oder Parameren.

(Promorphae heteropolae triarithmae.)

Fig. 4. Iris-Form, Typus der Triactinoten, erläutert durch den Grundriss einer regulären hexandrischen Monocotyledonen-Blüthe (z. B. einer Liliacee). *Stereometrische Grundform:* Dreiseitige reguläre Pyramide (vergl. p. 474). Es sind die Blattorgane von fünf Metameren (Blattkreisen der Blüthe) dargestellt, deren jedes einem unentwickelten Stengelgliede mit drei congruenten Blättern entspricht. In den interradialen Hälften der drei semiradialen Kreuzebenen (ci) liegen die Blätter von drei Metameren, nämlich I. zu innerst die drei Carpelle, II. die drei Antheren des äusseren Staubfadenkreises, III. die drei äusseren Perigonblätter, entsprechend den Kelchblättern der Dichlamydeen (ci_1, ci_2, ci_3). In den radialen Hälften der drei semiradialen Kreuzebenen dagegen liegen die Blätter von zwei mit jenen alternirenden Metameren, nämlich I. innen die drei Antheren des inneren Staubfadenkreises, und II. aussen die drei inneren Perigonblätter, entsprechend den Kronenblättern der Dichlamydeen (cr_1 cr_2, cr_3). Die drei congruenten Antimeren, welche die homostaure Blüthe der dreizähligen Monocotyledonen mit „regulärer Blüthe" zusammensetzen, sind gleichschenkelige Pyramiden (I. $ci_1 r_1 i_2$; II. $ci_2 r_2 i_3$; III. $ci_3 r_3 i_1$). Jedes eudipleure Antimer ist aus zwei congruenten dysdipleuren Parameren zusammengesetzt. Das reguläre Dreieck, welches die Basis der Triactinoten-Form bildet, erhalten wir dadurch, dass wir die sechs Endpunkte entweder der radialen oder der interradialen Kreuzaxen durch Linien verbinden.

Fig. 5. Orchis-Form, Typus der Triamphipleuren, erläutert durch den Grundriss einer dorsoventral zusammengelegten Orchideenblüthe. *Stereometrische Grundform:* Hälfte einer sechsseitigen amphithecten Pyramide (vergl. p. 505). Es sind bloss die Umrisse der sechs Blüthenhüllblätter und der Geschlechtssäule angegeben, und die Blüthe ist derart von der Rückenseite nach der Bauchseite zusammengeklappt, dass die Spitze der halben amphithecten Pyramide noch an derselben Stelle steht, wie bei der ganzen, nicht halbirten, geraden Pyramide, m n ist die Halbirungsebene. Alle Kreuzaxen sind ungleichpolig. Die dorsoventrale semiradiale Kreuzaxe ist länger, als die beiden unter sich gleichen lateralen semiradialen Kreuzaxen. In der Meridianebene, entsprechend der unpaaren, längeren, dorsoventralen Kreuzaxe liegt I. die eudipleure Honiglippe oder das eigenthümlich differenzirte, ventrale Perigonblatt der Orchideenblüthe, das unpaare Blatt des inneren Blattkreises des Perigons, häufig durch besondere Grösse und Form ausgezeichnet, hier in drei Lappen gespalten (cr_1); II. das ihr entgegen gesetzte dorsale unpaare Blatt des äusseren Blüthenhüllblattkreises (ci_3); III. zwischen diesen beiden in der Mitte die Geschlechtssäule (cg), gebildet aus dem Griffel, welcher mit dem einzigen entwickelten Staubgefässe verwachsen ist; die beiden lateralen Staubgefässe sind gewöhnlich verkümmert. In den radialen Hälften der beiden lateralen semiradialen Kreuzaxen liegen die beiden unter sich symmetrisch-gleichen lateral-dorsalen Blätter des inneren Perigonblattkreises (cr_2 und cr_3). In den interradialen Hälften derselben liegen die beiden, unter sich symmetrisch-gleichen, lateral-ventralen Blätter des äusseren Blattkreises der Blüthenhülle (ci_2 und ci_1). Es besteht also das äussere (untere) Metamer des Perigons aus drei interradialen, das innere (obere) Metamer desselben aus drei radialen Blättern. Von den drei Antimeren, aus denen die Orchis-Blüthe besteht, ist das unpaare ventrale Antimer ($ci_1 i_2$ und $cr_1 i_2$) eudipleurisch, und besteht aus zwei symmetrisch-gleichen Parameren ($ci_1 r_1$ und $cr_1 i_2$). Dagegen sind die beiden dorsalen Antimeren dysdipleure, aus zwei negativ-ähnlichen Parameren zusammengesetzt. Das rechte dorsale Antimer ($ci_2 r_2 m$) ist symmetrisch-gleich dem linken dorsalen Antimer ($ci_1 r_3 n$). Die Hälfte des sechsseitigen amphithecten Polygons, welches die Basis der Orchis-Form bildet, ist $n r_3 r_1 r_2 m$. Wir erhalten dieselbe sowohl an der zusammengeklappten Orchideenblüthe (wie in der Figur) als an der geöffneten Blüthe dadurch, dass wir die Endpunkte der radialen Kreuzaxenhälften unter einander und mit den beiden Polen der idealen Lateralaxe (mn) durch Linien verbinden.

III. Pyramidale Grundformen mit fünf Antimeren oder Parameren.

(Promorphae heteropolae pentarithmae).

Fig. 6. Ophiura-Form, Typus der Pentactinoten, erläutert durch den Grundriss einer regulären pentandrischen Dicotyledonen-Blüthe (z. B. einer Primulacee oder Silenee). *Stereometrische Grundform:* Fünfseitige reguläre Pyramide (vergl. p. 473). Es sind die differenzirten Blattorgane von vier Metameren (Blattkreisen der Blüthe) dargestellt, deren jedes einem unentwickelten Stengelgliede mit fünf congruenten Blättern entspricht. In den interradialen Hälften der fünf semiradialen Kreuzebenen (ci) liegen die Blätter von zwei Metameren: nämlich I. aussen von den Kelchblättern, II. innen von den Fruchtblättern (ci_1—ci_5). In den radialen Hälften der semiradialen Kreuzebenen dagegen (cr) liegen die Blätter der beiden mit jenen alternirenden Metameren, nämlich I. aussen von den zweispaltigen Kronenblättern, und II. innen von den Staubblättern (cr_1—cr_5). Die 5 congruenten Antimeren, welche die homostaure Blüthe der fünfzähligen Dicotyledonen mit „regulärer Blüthe" znsammensetzen, sind gleichschenkelige Pyramiden (I. $ci_1 r_1 i_2$ — V. $ci_5 r_5 i_1$). Jedes eudipleure Antimer ist aus zwei congruenten dysdipleuren Parameren zusammengesetzt. Das reguläre Fünfeck, welches die Basis der Pentactinoten-Pyramide bildet, erhalten wir dadurch, dass wir die zehn Endpunkte entweder der radialen oder der interradialen Kreuzaxen durch Linien verbinden.

Fig. 7. Spatangus-Form, Typus der Pentamphipleuren, erläutert durch den Grundriss eines *Clypeaster* (obere Hälfte der Figur) und einer Schmetterlingsblüthe (untere Hälfte der Figur). *Stereometrische Grundform:* Hälfte einer zehnseitigen amphithecten Pyramide (vergl. p. 502). Die beiden Grundformen sind so zusammengelegt, dass ihre Medianebenen zusammenfallen, und dass beide zusammen die Basis der ganzen zehnseitigen amphithecten Pyramide vor Augen stellen. Die Dorsoventralaxe derselben ist cr_1, die gemeinschaftliche Halbirungsebene m n. Die entsprechenden, gegenständigen und congruenten Ecken sind in beiden Hälften durch die gleichen Buchstaben (r_1—r_5) bezeichnet. In der unteren Hälfte der Figur ist die Leguminosen-Blüthe (wie die Orchideenblüthe iu Fig. 5) derartig dorsoventral zusammengedrückt, dass die Grundform noch die ursprüngliche Halbirungsform der zehnseitigen amphithecten Pyramide darstellt. Die Pyramidenspitze steht also hier noch senkrecht über der Mitte der Basis. In der oberen Hälfte der Figur dagegen ist die Clypeaster-Form ebenso dargestellt wie die Oculina-Form in Fig. 3, d. h. die ursprüngliche Spitze der halbirten zehnseitigen amphithecten Pyramide ist nach der Mitte der Pyramiden-Hälfte gerückt, so dass sie nicht mehr senkrecht über der Mitte der Basis steht. Die gegenseitigen Verhältnisse der Pole und Axen werden durch diese Fortbewegung der Pyramiden-Spitze und der Hauptaxe in der Medianebene nicht verändert, bleiben vielmehr in beiden Fällen dieselben, und gerade zur Erläuterung dieses Verhältnisses soll die Figur dienen. Wir können also an der halbirten amphithecten Pyramide die Hauptaxe (Längsaxe) in der Medianebene nach dem Rückenpole oder nach dem Bauchpole der Dorsoventralaxe ($r_1 i_4$) verschieben, ohne dass der bestimmende promorphologische Character der Grundform dadurch geändert wird. Die Leguminosenblüthe, welche in der untern Hälfte der Figur zusammengeklappt ist, würde auseinander gelegt dieselben Verhältnisse wie der Clypeaster in der obern Hälfte der Figur zeigen. In beiden Fällen ist der pentamphipleure Körper aus fünf Antimeren zusammengesetzt, von denen das mittlere unpaare und ventrale ($r_1 i_4$) eudipleurisch und aus zwei symmetrisch-gleichen dysdipleuren Parameren zusammengesetzt ist, während die beiden lateralen Antimeren-Paare dysdipleure sind, und unter sich paarweise symmetrisch-gleich. Das ventrale unpaare Blumenblatt der Papilionacee, welches gewöhnlich viel grösser ist, als die 4 anderen, wird hier die Fahne (vexillum) genannt, und entspricht dem ventralen (sogenannten „vorderen") Ambulacrum des Clypeaster ($c r_1$). Die beiden lateralen Blumenblätter der ersteren, ($c r_2$ und $c r_5$), welche den beiden seitlichen Ambulacren des letzteren entsprechen, heissen Flügel (alae). Endlich sind die beiden dorsalen Blumenblätter der Leguminose, welche den dorsalen (sogenannten hinteren) Ambulacren des Clypeaster correspondiren, und welche hier seitlich auseinander gelegt sind ($c r_3$ und $c r_4$) gewöhnlich in der Mitte zu dem sogenannten Kiel oder Kahn (carina) verwachsen. In den fünf Interradien ($c i_1$—$c i_5$) liegen bei den Clypeastern und Spatangen die fünf Nähte zwischen den interambulacralen paarigen Plattenreihen, bei den Blüthen der Leguminosen, Violaceen etc. dagegen die fünf Kelchblätter. Es ist mithin von den fünf Antimeren des pentamphipleuren Körpers bloss das unpaare ventrale eudipleurisch ($c i_1 r_1 i_2$). Das rechte laterale Antimer ($c i_2 r_2 i_3$) ist symmetrisch-gleich dem linken ($c i_1 r_5 i_5$) und das rechte dorsale Antimer ($c i_3 r_3 i_4$) ist gleich dem linken dorsalen ($c i_5 r_4 i_4$. Die beiden letzteren stossen in der dorsalen Mittellinie zusammen ($c i_4$). Nur durch die Medianebene wird der Körper in zwei symmetrisch-gleiche Hälften zerlegt. Dass die Grundform der Pentamphipleuren in der That die Hälfte der zehnseitigen amphithecten Pyramide ist, würde noch deutlicher hervortreten, wenn statt des Clypeaster in der oberen Hälfte der Figur die Leguminosen-Blüthe der unteren Hälfte wiederholt wäre. Dasselbe wird klar, wenn man zwei gleiche Clypeaster mit ihren dorsalen (und zugleich analen) Enden vereinigt.

IV. Pyramidale Grundformen mit acht Antimeren oder Parameren.

(Promorphae heteropolae octarithmae.)

Fig. 8. Eucharis-Form, Typus der Octaphragmen, erläutert durch den Grundriss einer Ctenophore. *Stereometrische Grundform:* Achtseitige amphithecte Pyramide (vergl, p. 482). Der ganze Körper besteht aus acht dysdipleuren Antimeren, von denen je 2 gegenüberstehende congruent sind. Alle acht Kreuzaxen sind gleichpolig, zur Hälfte radial, zur Hälfte interradial. Ebenso sind die beiden idealen Kreuzaxen oder Richtaxen gleichpolig, unter sich aber beide verschieden. Beide fallen bei den Ctenophoren allgemein mit 2 interradialen Kreuzebenen zusammen. In der interradialen Dorsoventralebene oder der Sagittalebene ($i_1 i_5$) liegt der lange spaltenförmige Mund. In der interradialen Lateralebene ($i_3 i_7$) liegen die beiden Tentakeln oder Senkfäden und die Taschen, in welche dieselben zurückgezogen werden können, ferner auch die beiden Hauptstämme des Gastrovascularsystems, welche sich alsbald jederseits in 4 Canäle spalten, die zu den 8 Wimperrippen oder Meridianreihen von Wimperblättern gehen. Diese liegen in den 4 radialen Kreuzebenen. Wir können mithin allgemein die sehr characteristische und instructive Topographie des Ctenophoren-Körpers folgendermaassen feststellen: I. der Mund, am Oralpol der Längsaxe gelegen, ist ein langer und schmaler, dorsoventraler Spalt, mit einem ventralen (i_1) und einem dorsalen (i_5) Winkel, einer rechten und linken Wandfläche. Von den beiden Mundlappen oder Mundschirmen ist der eine dorsal (L_2), der andere ventral (L_1). II. Der Trichter, am Aboralpol der Längsaxe gelegen, ist ebenso wie der Mund lateral comprimirt; seine eine Ausmündungsöffnung liegt auf der Bauchseite, seine andere auf der Rückenseite. III. Die beiden Hauptstämme des Gastrovascularsystems, ein rechter (K_1) und ein linker (K_2) verlaufen in der Lateralebene ($i_3 i_7$). IV. Die beiden Tentakeln oder Senkfäden und ihre Taschen, ein rechter und ein linker, verlaufen ebenfalls in der Lateralebene; der eine Tentakel tritt am rechten (i_3), der andere am linken Pol hervor (i_7). V. Die acht Radialcanäle und die acht Wimperrippen, welche in den 4 radialen Kreuzebenen liegen, unterscheiden wir folgendermaassen: 1. der rechte Ventralcanal (cr_1). 2. Der rechte Ventrolateralcanal (cr_2). 3. Der rechte Dorsolateralcanal (cr_3). 4. Der rechte Dorsalcanal (cr_4). 5. Der linke Dorsalcanal (cr_5). 6. Der linke Dorsolateralcanal (sr_6). 7. Der linke Dorsoventralcanal (cr_7). 8. Der linke Ventralcanal (cr_8). Von den acht Antimeren des octaphragmen Ctenophorenkörpers ist das rechte ventrale Antimer ($ci_1 r_1 i_2$) congruent dem linken dorsalen ($ci_5 r_5 i_6$) und ebenso das linke ventrale ($ci_1 r_8 i_8$) congruent dem rechten dorsalen ($ci_5 r_4 i_4$). Die beiden ventralen Antimeren sind unter sich symmetrisch-gleich, und ebenso die beiden dorsalen. Das rechte ventrolaterale Antimer ($ci_2 r_2 i_3$) ist congruent dem linken dorsolateralen ($ci_6 r_6 i_7$), und ebenso das linke ventrolaterale ($ci_8 r_7 i_7$) congruent dem rechten dorsolateralen ($ci_4 r_3 i_3$). Die beiden lateralen Antimeren jeder Seite sind unter sich symmetrisch-gleich.

V. Pyramidale Grundformen mit vier Antimeren oder Parameren.

(Promorphae heteropolae tetrarithmae).

Fig. 9. Aurelia-Form, Typus der Tetractinoten, erläutert durch den Grundriss einer acraspeden Meduse. (Ebenso verhalten sich auch die absolut regulären vierzähligen Blüthen, z. B. von *Paris*). *Stereometrische Grundform:* Vierseitige reguläre Pyramide. (Vergl. p. 469). Am Rande des halbkugeligen Medusenschirms, längs dessen der Ringcanal verläuft, liegen die acht Sinnesorgane in 8 Einschnitten des Randes, 4 radiale (r_1-r_4) und 4 interradiale (t_1-t_4). In den beiden radialen Kreuzebenen ($r_1 r_3$ und $r_2 r_4$) liegen die vier Radialcanäle und Radialnerven, welche von der Peripherie des centralen Magens ausgehen. Zwischen diesen liegen die 4 dreieckigen taschenförmigen Geschlechtsorgane, welche durch die beiden interradialen Kreuzebenen halbirt werden ($i_1 i_3$ und $i_2 i_4$). Die vier congruenten Antimeren, welche die Tetractinoten-Form der meisten Medusen zusammensetzen, sind gleichschenkelige Pyramiden (I. $c i_1 r_1 i_2$ — IV. $c i_4 r_4 i_1$). Jedes Antimer ist aus zwei congruenten, dysdipleuren Parameren zusammengesetzt. Das Quadrat, welches die Basis der tetractinoten Pyramide bildet, erhalten wir, wenn wir die 4 Endpunkte entweder der radialen oder der interradialen Kreuzaxen durch Linien verbinden.

Fig. 10. Saphenia-Form, Typus der Tetraphragmen, erläutert durch den Grundriss einer dinemen Meduse (*Saphenia dinema*, *Stomotoca dinema*, *Plancia dinema* etc.). ***Stereometrische Grundform***: Rhomben-Pyramide mit vier Antimeren (Vergl. p. 489). Dieselbe Grundform ist auch in der Cruciferen-Blüthe ausgesprochen. Alle 4 Kreuzaxen sind gleichpolig. Die beiden radialen Kreuzaxen, in welchen die 4 Radialcanäle verlaufen, sind in eine dorsoventrale und eine laterale Richtaxe differenzirt, indem an den Polen der letzteren zwei lange Tentakeln, ein rechter (r_2) und ein linker (r_4) entwickelt sind, welche dem ventralen Pole (r_1) und dem dorsalen Pole (r_3) der sagittalen Richtaxe fehlen. Nur durch diese beiden Tentakeln (bei den Cruciferenblüthen durch die beiden allein entwickelten Staubfäden des äusseren Staubblattkreises und durch die beiden Carpelle) wird die Tetraphragmen-Form bestimmt, welche im Uebrigen völlig tetractinot sein kann. Die 4 Genitalien liegen bei den craspedoten Medusen radial (bei der Oceanide Saphenia in den 4 Magenwänden (das Kreuz in der Mitte bildend), während sie bei den Acraspeden, (Fig. 9) interradial liegen. Durch jede der beiden Richtebenen zerfällt der Tetraphragmen-Körper in zwei congruente Hälften. Die 4 Antimeren des Körpers sind eudipleure, jedes aus 2 dysdipleuren Parameren zusammengesetzt. Das ventrale Antimer ($c i_1 r_1 i_2$) ist congruent dem dorsalen ($c i_3 r_3 i_4$); ebenso ist das rechte Antimer ($c i_2 r_2 i_3$) congruent dem linken ($c i_4 r_4 i_1$). Die Basis der tetraphragmen Pyramide ist der Rhombus ($r_1 r_2 r_3 r_4$).

Fig. 11. Praya-Form, Typus der radialen Eutetrapleuren, erläutert durch den Grundriss einer *Reseda*-Blüthe. ***Stereometrische Grundform***: Doppeltgleichschenkelige Pyramide (vergl. p. 513). Dieselbe Grundform ist in den genitalen Schwimmglocken von *Praya maxima* und den Schwimmglocken anderer Diphyiden verkörpert. Die beiden Richtebenen oder idealen Kreuzebenen fallen mit zwei radialen Kreuzebenen zusammen ($r_1 r_3$ und $r_2 r_4$). Nur die laterale radiale Kreuzaxe ($r_2 r_4$) ist gleichpolig. Die 3 anderen Kreuzaxen sind ungleichpolig. In der Medianebene ($r_1 r_3$) liegt I. das ventrale Blumenblatt, klein und zweispaltig ($c r_1$) und II. ihr gegenüber das dorsale Blumenblatt, gross und sechsspaltig ($c r_3$). Diese beiden sind eudipleure. In der Lateralebene dagegen ($r_2 r_4$) liegen die beiden dysdipleuren, unter sich symmetrisch-gleichen, dreispaltigen lateralen Blumenblätter, das rechte ($c r_2$) und das linke ($c r_4$). In den beiden interradialen Kreuzebenen ($i_1 i_3$ und $i_2 i_4$) liegen die 4 Kelchblätter und die 4 Fruchtblätter. Von diesen sind die beiden kleineren ventralen unter sich symmetrisch-gleich, und ebenso die beiden grösseren dorsalen; dagegen sind die beiden rechten unter sich bloss positiv ähnlich, und ebenso die beiden linken. Das rechte dorsale ($c i_3$) ist dem linken ventralen ($c i_1$) negativ ähnlich, und ebenso das linke dorsale ($c i_4$) dem rechten ventralen ($c i_2$). Von den 4 Antimeren ist das ventrale ($c i_2 r_1 i_2$) dem dorsalen ($c i_3 r_3 i_4$) bloss ähnlich. Dagegen ist das rechte Antimer ($c i_2 r_2 i_3$) dem linken ($c i_1 r_4 i_4$) symmetrisch-gleich. Die Grundform der radialen Eutetrapleuren ist die doppeltgleichschenkelige Pyramide, d. h. eine vierseitige Pyramide, deren Basis ($r_1 r_2 r_3 r_4$) aus zwei mit den Grundlinien vereinigten ungleichen gleichschenkeligen Dreiecken zusammengesetzt ist ($r_4 r_1 r_2$ und $r_4 r_3 r_2$). Wir erhalten dieselbe dadurch, dass wir die Endpunkte der beiden radialen Kreuzaxen durch Linien verbinden. Wenn wir dagegen die Endpunkte der beiden interradialen Kreuzaxen durch Linien verbinden, erhalten wir ein Antiparallelogramm ($i_1 i_2 i_3 i_4$), die Basis der interradialen Eutetrapleuren-Form (ebenso auch durch die Construction von r_2 m n r_4).

Fig. 12. Nereis-Form, Typus der interradialen Eutetrapleuren, erläutert durch den Grundriss (Querschnitt) eines Annelids. *Stereometrische Grundform:* Antiparellelogramm-Pyramide (vgl. p. 515). Dieselbe Grundform ist in den Blüthen von *Iberis* ausgesprochen. Die beiden Richtebenen oder idealen Kreuzebenen fallen mit zwei interradialen Kreuzebenen zusammen ($i_1 i_3$ und $i_2 i_4$). Von den vier Kreuzaxen sind drei ungleichpolig. Die Medianebene ($i_1 i_3$) theilt den Körper in 2 symmetrisch-gleiche, die Lateralebene ($i_2 i_4$) dagegen in 2 ungleiche Hälften. In der ersteren liegt bei den Anneliden ventral das Bauchgefäss, dorsal das Rückengefäss; in der letzteren liegen die beiden Seitengefässe (rechtes und linkes). Die Querschnitte dieser 4 longitudinalen Blutgefässstämme sind in der Figur durch vier kleine Rhomben angedeutet, welche unmittelbar den vier interradialen Längsfurchen des centralen, weiten (auf dem (Querschnitt rundlichen) Darmcanals anliegen. Bei den Blüthen von *Iberis* liegen in den vier interradialen Ebenen die vier Kelchblätter. In jedem der vier Antimeren wiederholen sich dieselben Theile, nämlich bei den Anneliden ein Fussstummel (pes, parapodium) nebst zugehörigen Theilen, einer Nadel und einem Borstenbündel und zwei Cirren, ferner zwei Muskelgruppen und zwei halbe Gefässsegmente. Bei den Iberis-Blüthen kommt auf jedes Antimer ein Blumenblatt und 1½ Staubgefässe. Von den vier Antimeren sind die beiden ventralen unter sich symmetrisch-gleich, und ebenso die beiden dorsalen. Dagegen sind die beiden rechten unter sich bloss positiv ähnlich, und ebenso die beiden linken. Das rechte ventrale Antimer ($c i_1 r_1 i_2$) ist negativ ähnlich dem linken dorsalen ($c i_3 r_3 i_4$), und ebenso das linke ventrale Antimer ($c i_1 r_4 i_4$) dem rechten dorsalen ($c i_2 r_2 i_3$). Die Grundform der interradialen Eutetrapleuren ist die Antiparallelogramm-Pyramide, d. h. eine vierseitige Pyramide, deren Basis ein Antiparallelogramm ist ($r_4 r_1 r_2 r_3$). Wir erhalten dieselbe dadurch, dass wir die Endpunkte der beiden radialen Kreuzaxen durch Linien verbinden. Wenn wir dagegen die Endpunkte der beiden interradialen Kreuzaxen durch Linien verbinden ($i_1 i_2 i_3 i_4$), erhalten wir ein doppelt-gleichschenkeliges Trapez, die Basis der radialen Eutetrapleuren-Form.

VI. Pyramidale Grundformen mit zwei Antimeren oder Parameren.

(Promorphae heteropolae diarithmae.)

Fig. 13. Petalospyris-Form, Typus der Diphragmen, erläutert durch den Grundriss der Blüthe von *Circaea*. *Stereometrische Grundform:* Rhomben-Pyramide mit zwei Antimeren. (Vergl. p. 492.) Dieselbe Grundform zeigen auch alle Zygocyrtiden unter den Radiolarien, z. B. *Petalospyris*. Obgleich die geometrische Grundform bei den Diphragmen eben so wie bei den Tetraphragmen die Rhomben-Pyramide ist, liegt doch ein wesentlicher Unterschied zwischen Beiden darin, dass der Körper bei den letzteren aus vier, bei den ersteren dagegen nur aus zwei Antimeren oder Parameren zusammengesetzt ist. Es sind daher bei den Diphragmen nur zwei Kreuzaxen vorhanden, eine interradiale ($i_1 i_2$) und eine radiale ($r_1 r_2$), von denen die erstere mit der medianen, die letztere mit der lateralen Kreuzaxe zusammenfällt. Beide Kreuzaxen sind gleichpolig. Desshalb ist nicht allein das rechte Antimer ($i_1 r_1 i_2$) dem linken ($i_1 r_2 i_2$) congruent, sondern auch die ventrale Körperhälfte ($r_1 i_1 r_2$) der dorsalen ($r_1 i_2 r_2$). Sowohl die beiden lateralen Hälften (Antimeren), als auch die dorsale und ventrale Hälfte sind eudipleure; jede Hälfte ist aus zwei symmetrisch-gleichen Parameren zusammengesetzt, deren Grundform eine rechtwinkelige dreiseitige Pyramide ist. Ferner ist das linke ventrale Paramer ($c i_1 r_2$) congruent dem rechten dorsalen ($c i_2 r_1$), und ebenso das rechte ventrale Paramer ($c i_1 r_1$) congruent dem linken dorsalen ($c i_2 r_2$). Wir erhalten den Rhombus, welcher die Basis der diphragmen Rhomben-Pyramide bildet, einfach dadurch, dass wir den ventralen (i_1) und dorsalen Pol (i_2) der Dorsoventralaxe mit dem rechten (r_1) und dem linken Pol (r_2) der Lateralaxe verbinden.

Fig. 14. H o m o - F o r m, T y p u s d e r E u d i p l e u r e n, erläutert durch den idealen Grundriss (Querschnitt) eines Wirbelthierrumpfes. ***Stereometrische Grundform:*** G l e i c h s c h e n k e l i g e P y r a m i d e. (Vgl. p. 521.) Dieselbe Grundform findet sich bei den meisten Blättern der Pflanzen, einigen Blüthen (***Fumaria***, ***Corydalis***), den Körpern der Gliederthiere, vieler Mollusken etc. Der Körper besteht aus zwei Antimeren oder Parameren, welche aber nur symmetrisch-gleich sind, und nicht congruent, wie bei den Diphragmen. Von den beiden Kreuzaxen ist bloss die radiale ($r_1 r_2$) gleichpolig, dagegen die interradiale ($i_1 i_2$) ungleichpolig. Die erstere fällt mit der lateralen, die letztere mit der dorsoventralen Richtaxe zusammen. Durch die Medianebene wird der Körper in zwei symmetrisch-gleiche Hälften zerlegt, ein rechtes Antimer ($i_1 m i_2$) und ein linkes Antimer ($i_1 n i_2$). An beiden sind die Ansätze der rechten (r_1) und der linken (r_2) Extremität angedeutet. Durch die Lateralebene wird der Körper in zwei ungleiche Hälften zerlegt, eine Bauchhälfte ($r_2 i_1 r_1$) und eine Rückenhälfte ($r_1 m n r_2$). Die Längsaxe (senkrecht in dem Kreuzungspunkt von $r_1 r_2$ und $i_1 i_2$ stehend, ist ungleichpolig, wie die Dorsoventralaxe; ihr einer Pol (Basis der gleichschenkeligen Pyramide) ist der Mundpol, ihr anderer (Spitze der Pyramide oder Stumpffläche des Pyramidenstumpfes) der Gegenmundpol. Im Ganzen wird also die gleichschenkelige Pyramide durch drei auf einander senkrechte Axen bestimmt, von denen eine (die Lateralaxe $r_1 r_2$) gleichpolig ist, die beiden anderen (Dorsoventralaxe $i_1 i_2$ und Hauptaxe) ungleichpolig sind. Strenggenommen gehört übrigens der Mensch, wie alle anderen Wirbelthiere und die meisten Mollusken, der Dysdipleuren-Form an, wegen der ungleichen Vertheilung der Eingeweide auf beide Hälften. Streng eudipleure sind viele Arthropoden und die Blätter der meisten Phanerogamen. Auch das Skelet der meisten Wirbelthiere zeigt die reine Eudipleuren-Form. Die Axe des Skelets ist in Fig. 14 durch den Wirbelkörper c angedeutet, und den davon ausgehenden Wirbelbogen, welcher das Rückenmark s umschliesst. Durch D_1 und D_2 sind die beiden dorsalen Seitenrumpfmuskeln, durch B_1 und B_2 die rechte und linke Hälfte der Pleuroperitoneal-Höhle angedeutet.

Taf. II.

Polyaxonie und homopole Grundformen.

(Endosphaerische Polyeder und Doppel-Pyramiden).

Tafel II. stellt Ansichten von polyaxonien Grundformen (endosphaerischen Polyedern) und von homopolen Grundformen (Doppel-Pyramiden) dar, theils im Grundriss, theils in geometrischer Perspective. Die Tafel soll, wie die vorige, hauptsächlich das Verhältniss der radialen, interradialen und semiradialen Kreuzaxen zu einander und zu der dadurch bestimmten stereometrischen Grundform erläutern. Die maassgebenden Axen (Hauptaxe und Kreuzaxen) sind durch gestrichelte Linien angedeutet.

A. Polyaxonie Grundformen.

(Endosphär-polyedrische Promorphen.)

Fig. 15. Rhizosphaera-Form, Typus der Allopolygone, erläutert durch die Oberflächenansicht einer *Rhizosphaera* (Monographie der Radiolarien, Taf. XXV). *Stereometrische Grundform*: Irreguläres endosphärisches Polyeder mit ungleichvieleckigen Seiten (vergl. p. 408). Es ist bloss die obere, dem Beobachter zugewandte Fläche der kieseligen Gitterkugel dargestellt. Die allopolygone arrhythme Polyaxon-Form der endosphaerischen Kieselschaale ist schon aus der irregulären Beschaffenheit der ungleichen polygonalen Gittermaschen ersichtlich, tritt aber noch deutlicher hervor, wenn man die Spitzen der radialen, gleich langen Kieselstacheln durch Linien verbindet, und durch diese Linien Ebenen legt.

Fig. 16. Ethmosphaera-Form, Typus der Isopolygone, erläutert durch die Oberflächen-Ansicht der *Ethmosphaera siphonophora* (Radiolarien, Taf. XI, Fig. 1). *Stereometrische Grundform*: Irreguläres endosphärisches Polyeder mit gleichvieleckigen Seiten (vergl. p. 409). Es ist bloss die obere, dem Beobachter zugewandte Fläche der kieseligen Gitterkugel dargestellt. Die isopolygone arrhythme Polyaxon-Form der endosphaerischen Kieselschaale ist sehr rein ausgesprochen in dem regelmässigen zierlichen Netze von regulären oder subregulären, gleichen oder fast gleichen Sechsecken, welche durch die Grenzlinien der sich berührenden trichterförmigen (abgestutzt kegelförmigen) Mündungsröhren gebildet werden, die die kreisrunden gleichen Löcher der Kieselschaale umschliessen.

Fig. 17. Aulosphaera-icosaedra-Form, Typus der regulären Icosaeder, erläutert durch die Ansicht des Schaalengitters von *Aulosphaera icosaedra*. *Stereometrische Grundform:* Reguläres Icosaeder (vergl. p. 411). Die obere Fläche der kieseligen Gitterkugel ist durch volle, die untere durch punktirte Linien angedeutet. Die zwölf gleich langen radialen Stacheln, welche von den zwölf Ecken oder Knotenpunkten der endosphaerischen Kieselschaale ausgehen, sind weggelassen, und nur durch einfache Linien die dreissig gleich langen, kieseligen, cylindrischen Röhren angedeutet, welche, zu zwanzig gleichen und gleichseitigen Dreiecken verbunden, vollkommen den dreissig Kanten des regulären Icosaeders entsprechen.

Fig. 18. Bucholzia-Pollen-Form, Typus der regulären Dodecaeder, erläutert durch die Ansicht eines Pollen-Kornes von *Bucholzia maritima*. *Stereometrische Grundform:* Reguläres Dodecaeder oder Pentagonal-Dodecaeder (vergl. p. 412). Diese Pollen-Zellen zeigen ebenso, wie diejenigen vieler anderer Phanerogamen, die stereometrische Form des Pentagonal-Dodecaeders vollkommen rein verkörpert, indem die zwölf ebenen Grenzflächen der Zellen congruente und reguläre Fünfecke sind, welche in dreissig gleichen Kanten und zwanzig congruenten Ecken zusammenstossen. In der Mitte jeder Grenzfläche befindet sich bei den Pollen-Zellen von Bucholzia maritima ein kreisrundes Loch, welches in der Figur weggelassen ist.

Fig. 19. Chara-Antheridien-Form, Typus der regulären Octaeder, erläutert durch die Ansicht der Schaale eines Antheridium von *Chara*. *Stereometrische Grundform:* Reguläres Octaeder, die Grundform des regulären Krystallsystems (vergl. p. 412). Die reguläre Octaeder-Form ist klar ausgesprochen durch die acht congruenten, gleichseitig-dreieckigen Tafelzellen, welche die rothe Hülle des kugeligen oder subsphaerischen Antheridiums bilden, und welche in zwölf gleichen Kanten und in sechs congruenten Ecken (a, b, d. e, f, g) zusammenstossen. Verbindet man je zwei Gegenecken durch eine gerade Linie, so erhält man drei gleiche, auf einander senkrechte Durchmesser oder Hauptaxen (a b = d e = f g), welche sich in dem Mittelpunkte (c) des Octaeders gegenseitig halbiren. Legt man durch die paarweis gegenüberstehenden Kanten Ebenen, so erhält man drei gleiche, auf einander senkrechte quadratische Ebenen (a d b e = a f b g = d f e g), welche durch die entsprechenden drei Hauptaxen halbirt werden und welche die ganze Schaale des Antheridium in acht congruente Antimeren theilen. Jedes Antimer ist eine reguläre dreiseitige Pyramide, deren drei congruente Seitenflächen rechtwinkelige gleichschenkelige Dreiecke sind (z. B. a c e ≅ e c f ≅ f c a). Strenggenommen ist übrigens das reguläre Octaeder bloss die Grundform der Antheridien-Schaale. Die Grundform des ganzen Antheridiums ist das Quadrat-Octaeder, oder noch richtiger, die Quadrat-Pyramide, da durch den Inhalt desselben eine ungleichpolige Hauptaxe bestimmt ist.

Fig. 20. Actinomma-drymodes-Form, Typus der regulären Hexaeder, erläutert durch die Ansicht der Kieselschaale von *Actinomma drymodes* oder *A. asteracanthion* (Rad. Taf. XXIV, Fig. 9, Taf. XXIII, Fig. 5, 6). *Stereometrische Grundform*: Reguläres Hexaeder oder Würfel (vergl. p. 413). Von der kugeligen Kieselschaale, welche aus drei concentrischen, in einander geschachtelten und durch sechs radiale Stäbe verbundenen Gitterschaalen zusammengesetzt ist, zeigt die Figur bloss den Umriss der äusseren (Rinden-)Schaale, und die äusseren Verlängerungen der sechs Radialstäbe, welche in Form von sechs gleichen, sehr langen und starken Radialstacheln hervortreten. Diese liegen in drei gleichen, auf einander senkrechten Durchmessern oder Hauptaxen (a b = d e = f g), welche vollkommen den drei Flächenaxen eines Würfels entsprechen und sich in dem Mittelpunkte (c) desselben gegenseitig halbiren. Legt man durch die Spitzen der sechs Radialstacheln Ebenen, welche senkrecht auf diesen stehen, so erhält man in den Linien, in welchen sich diese sechs Ebenen schneiden, die zwölf gleichen Kanten des Würfels, welche in acht congruenten Ecken zusammenstossen (h, i, k, l, m, n, o, p). Durch die vier gleichen Diagonalen des Würfels (oder Eckenaxen), welche je zwei Gegenecken verbinden (h p = i m = k n = l o) und durch die vier gleichen rechteckigen Diagonal-Ebenen, welche man durch jene Diagonalen legen kann, wird der ganze Würfel-Körper in sechs congruente Antimeren zerlegt, deren jedes eine Quadrat-Pyramide bildet (z. B. c k l m p).

Fig. 21. Corydalis-Pollen-Form, Typus der regulären Tetraeder, erläutert durch die Ansicht eines Pollenkorns von *Corydalis lutea*. *Stereometrische Grundform*: Reguläres Tetraeder (vgl. p. 415). Die rundliche Pollenzelle ist durch sechs scharfe Falten eingeschnürt, welche vollkommen den sechs gleichen Kanten des regulären Tetraeders entsprechen, und welche in vier congruenten Ecken zusammenstossen. Wenn man die Halbirungspunkte der sechs Falten mit den gegenüber liegenden Berührungspunkten je dreier Falten verbindet, so erhält man vier gleiche Axen (a b = d e = f g = c c), welche den vier Ecken-Axen des Tetraeders entsprechen (den Perpendikeln, die von jeder Ecke auf das Centrum der gegenständigen Fläche gefällt werden können). Die Figur zeigt die gleichseitig-dreieckige Fläche (d f b) des Tetraeders, welches hierdurch bestimmt wird Die vier congruenten Parameren, welche durch die sechs Falten äusserlich abgegränzt werden, und welche im Centrum (c) zusammenstossen, sind reguläre dreiseitige Pyramiden.

Fig. 22. Rhaphidozoum-Spicula-Form, ebenfalls der Grundform des regulären Tetraeders angehörig, erläutert durch die Ansicht einer vierschenkeligen Kieselnadel von *Rhaphidozoum acuferum* (Rad. Taf. XXXII, Fig. 9—11). (Vergl. p. 416). Die vier gleichen Schenkel, welche diese Kieselnadeln zusammensetzen (c a = c b = c d = c e), und welche in einem Punkte (c) unter gleichen Winkeln zusammenstossen, entsprechen vollständig den Flächenaxen des regulären Tetraeders (den Perpendikeln, die vom Mittelpunkt des Tetraeders auf das Centrum jeder Fläche gefällt werden können). Wenn man durch die Spitzen der vier Kieselschenkel Ebenen legt, welche auf diesen senkrecht stehen, so entsprechen die sechs gleichen Linien, in denen sich diese Ebenen schneiden, den sechs gleichen Kanten des regulären Tetraeders (f g = f h = g h = g i = h i = i f).

B. Homopole Grundformen.

(Diplo-pyramidale Promorphen.)

Fig. 23—26. *Isostaure Grundformen.*

(Reguläre Doppel-Pyramiden).

Fig. 23. Heliodiscus-Form, Typus der polypleuren Isostauren, erläutert durch die Ansicht eines Pollenkorns von einer *Passiflora*. *Stereometrische Grundform:* Reguläre Doppelpyramide mit 6 oder 8+2n Seiten (vergl. p. 438). Die Pollenzelle von *Passiflora* zeigt die specielle Isostauren-Form der zwölfseitigen regulären Doppelpyramide. Das Pollenkorn ist ellipsoidisch an den beiden Polen der gleichpoligen Hauptaxe (m n) nabelförmig vertieft und von sechs gleichen, gleich weit von einander abstehenden Längsfurchen durchzogen, welche wie Meridiane von einem Pol zum anderen ziehen. In der (aequatorialen) Mitte jeder Längsfurche befindet sich ein grosses lanzettförmiges Operculum. Wenn man die Mittelpunkte der Opercula je zweier gegenüberliegender Furchen durch grade Linien verbindet, so erhält man drei gleiche, unter Winkeln von 60° im Centrum des Pollenkorns (c) sich schneidende Kreuzaxen, welche sich gegenseitig halbiren und zugleich senkrecht auf dem Halbirungspunkte der Hauptaxe stehen (d e = f g = h i). In Fig. 23 sind sowohl die drei gleichen Kreuzaxen als auch die Hauptaxe nach beiden Polen hin gleichmässig verlängert, der Deutlichkeit halber. Wenn man die benachbarten Pole der Kreuzaxen durch Linien verbindet, so erhält man ein reguläres Sechseck (d f h e g i), und wenn man dessen Ecken mit beiden Polen der Hauptaxe (a b) verbindet, erhält man die zwölfseitige reguläre Doppelpyramide oder das Hexagonal-Dodecaeder, welches zugleich die Grundform des hexagonalen Krystallsystems ist (Isostaura dodecapleura).

Fig. 24. Heliodiscus-Form, Typus der polypleuren Isostauren, erläutert durch die Ansicht des Kieselskelets von *Prismatium tripleurum* (Rad. Taf. IV, Fig. 16). *Stereometrische Grundform:* Reguläre Doppelpyramide mit 6 oder 8+2n Seiten (vgl. p. 438). Dieses Radiolar zeigt die specielle Isostauren-Form der sechsseitigen regulären Doppelpyramide, welche auch unter den Pollenzellen verbreitet ist. Die neun Kieselstäbe, welche das Skelet zusammensetzen, sind so mit einander verbunden, dass sie den neun Kanten des dreiseitigen regulären Prisma entsprechen. Von jeder der sechs Ecken desselben geht ein kurzer radialer Stachel aus. Wenn man die Halbirungs-Punkte der drei Prisma-Kanten durch Linien verbindet und durch diese eine Ebene legt, so ist diese Aequatorial-Ebene ein gleichseitiges Dreieck (d g h), gleich den beiden parallelen Grundflächen des Prisma. Die drei Kreuzaxen (d e, g f, h i), welche sich im Mittelpunkt (c) unter Winkeln von 60° schneiden, gehen vom Mittelpunkt jeder Prismakante zum Centrum der Gegenseite. Wenn man die Halbirungspunkte der Prismakanten mit den beiden gleichen Polen der gleichmässig nach beiden Polen hin verlängerten Hauptaxe (a b) verbindet und durch diese Verbindungslinien Ebenen legt, erhält man die sechsseitige reguläre Doppel-Pyramide (Isostaura hexapleura).

Fig. 25. Acanthostaurus-Form, Typus der octopleuren Isostauren, erläutert durch den Grundriss von *Desmidium quodrangulatum*. *Stereometrische Grundform:* Quadrat-Octaeder (vergl. p. 440). Die Figur zeigt ein einzelnes Individuum (Plastide) der Desmidium-Kette, von der Fläche gesehen. Diese Fläche ist auf beiden Seiten gleich, da die sehr verkürzte Hauptaxe gleichpolig ist. Sie entspricht zugleich der Ansicht der Aequatorialebene. Diese ist ein reguläres Quadrat (a d b e). Die beiden gleichen und gleichpoligen Kreuzaxen (a b = d e), welche sich im Centrum (c) unter rechten Winkeln schneiden, entsprechen den beiden Diagonalen des Quadrats. Da sie verschieden von der gleichpoligen Hauptaxe sind, ist die Grundform des Ganzen, das Quadrat-Octaeder, welches zugleich die Grundform des tetragonalen Krystallsystems ist.

Fig. 26. Acanthostaurus - Form, Typus der octopleuren Isostauren, erläutert durch die schräge Ansicht des Kieselskelets von *Acanthostaurus hastatus* (Rad. Taf. XIX, Fig. 5). *Stereometrische Grundform:* Quadrat-Octaeder (vergl. p. 440). Die dem Beobachter schräg zugekehrte Ecke des Quadrat-Octaeders ist der eine Pol der stachellosen Hauptaxe (m n). Die Ansicht geht schräg von oben und rechts nach unten und links. Die zwanzig radialen Stacheln sind nach J. Müller's Stellungs-Gesetze vertheilt (vergl. p. 441—445). Die vier Aequatorial-Stacheln sind mit c, die acht Tropenstacheln mit b und d (b die nördlichen, d die südlichen), die acht Polarstacheln mit a und e (a die nördlichen, e die südlichen) bezeichnet. m ist der nördliche, n der südliche Pol der stachellosen Hauptaxe, z deren Halbirungspunkt. Die vier starken Hauptstacheln (z c) entsprechen den beiden Diagonalen des Quadrats $c_1 c_2 c_3 c_4$), welches die Aequatorialebene des Quadrat-Octaeders bildet; diese ist die gemeinsame Grundfläche der beiden congruenten Quadrat - Pyramiden, welche dasselbe zusammensetzen. Man braucht bloss die Spitzen der vier (äquatorialen) Hauptstacheln (c) mit den Spitzen der benachbarten Polarstacheln (a und e) zu verbinden und durch je zwei Verbindungslinien eine Ebene zu legen, um die reine Form des Quadrat-Octaeders zu erhalten. Die acht Tropenstacheln (b und d) entsprechen den Flächenaxen desselben.

Fig. 27—29. *Allostaure Grundformen.*

(Amphithecte Doppelpyramiden.)

Fig. 27. Amphilonche-Form, Typus der polypleuren Allostauren, erläutert durch die schräge Ansicht des Kieselskelets von *Amphilonche complanata* (Rad. Taf. XVI, Fig. 3). *Stereometrische Grundform:* Amphithecte Doppelpyramide mit sechs oder 8+2nSeiten (vergl. p. 447). Das Kieselskelet von *Amphilonche* zeigt die specielle Allostauren-Form der sechszehnseitigen amphithecten Doppelpyramide. Man erhält dieselbe einfach dadurch, dass man die Spitzen der zwanzig kieseligen Radialstacheln durch Linien mit einander verbindet und durch je zwei Verbindungslinien eine Ebene legt. Die acht Polarstacheln, welche mit den vier äquatorialen Hauptstacheln in denselben beiden Meridian-Ebenen liegen, sind weggelassen, um die schwierigen Formverhältnisse der Figur nicht noch mehr zu compliciren. Die stachellose Hauptaxe (a b), um welche die zwanzig Radialstacheln nach J. Müller's Stellungsgesetze gruppirt sind, steht in der Figur fast vertical, doch so geneigt, dass die Ansicht schräg von oben und rechts nach unten und links geht. Die dem Beobachter schräg zugekehrte Ecke (f) ist der eine Pol der Lateralaxe (f g), welche durch den rechten (c f) und linken (c g) Aequatorialstachel bestimmt ist. Diese beiden Stacheln sind nicht von den sechszehn kleineren Stacheln verschieden. Dagegen ist die Sagittalaxe (d e) durch zwei viel grössere und stärkere Stacheln ausgezeichnet, den dorsalen (c d) und den ventralen (ce). Diese sind oft auch durch ihre Form wesentlich von den 18 kleineren Stacheln verschieden. Das amphithecte Polygon, welches die gemeinsame Basis der beiden congruenten amphithecten Pyramiden bildet, ist achtseitig (d h f k e i g l). Von den vier radialen (realen) Kreuzebenen fallen zwei mit den beiden idealen Kreuzebenen (Richtebenen) zusammen. Die erste radiale Kreuzebene (a d b e), welche mit der Meridianebene oder der sagittalen Richtebene zusammenfällt, wird durch die stachellose Hauptaxe (a b) und die Dorsoventralaxe (d e) bestimmt; die zweite radiale Kreuzebene (a f b g), welche mit der lateralen Richtebene zusammenfällt, durch die Hauptaxe (a b) und die Lateralaxe (g f). Die dritte radiale Kreuzebene (a h b i) wird durch die vier Tropenstacheln des rechten dorsalen (c n und c m) und linken ventralen (c s und c t) Körperquadranten bestimmt; die vierte radiale Kreuzebene (a l b k) durch die vier Tropenstacheln des linken dorsalen (c r und c o) und rechten ventralen (c q und c p) Körperquadranten. Von den vier Quadranten des Körpers, welche durch die beiden auf einander senkrechten Richtaxen geschieden werden, ist der rechte dorsale Quadrant (a b f h d) congruent dem linken ventralen (a b e i g), und ebenso ist der linke dorsale Quadrant (a b d l g) congruent dem rechten ventralen (a b e k f). Die beiden linken Quadranten sind unter sich symmetrisch-gleich und ebenso die beiden rechten.

Fig. 28. Amphilonche-Form, Typus der polypleuren Allostauren, erläutert durch die schräge Ansicht eines Pollenkorns einer Labiate (*Satureja*). *Stereometrische Grundform:* Amphithecte Doppelpyramide mit sechs oder 8+2nSeiten (vergl. p. 447). Das Pollenkorn der Satureja, wie vieler anderer Labiaten, zeigt die specielle Allostauren-Form der zwölfseitigen amphithecten Doppelpyramide. Dasselbe ist elliptisch, mit sechs Längsfurchen versehen, welche von einem Pole der Hauptaxe (a b) zum anderen herablaufen. Zugleich ist es von zwei entgegengesetzten Seiten her zusammengedrückt, so dass zwei ungleiche Richtaxen deutlich hervortreten. Mithin sind drei auf einander senkrechte, ungleiche, aber gleichpolige Axen, leicht erkennbar. Die eine Richtebene (a d b e) ist radial und fällt mit der ersten realen Kreuzebene zusammen. Die andere Richtebene dagegen ist interradial und fällt zwischen die beiden anderen realen Kreuzebenen (a f b g und a h b i) mitten hinein. Die beiden realen radialen Kreuzaxen (f g und h i), welche durch die interradiale ideale Kreuzaxe geschieden werden, sind unter sich gleich, aber verschieden von der dritten realen radialen Kreuzaxe, (d e) welche mit der radialen idealen Kreuzaxe zusammenfällt. Das sechsseitige amphithecte Polygon, welches für die beiden congruenten sechsseitigen amphithecten Pyramiden die gemeinschaftliche Basis bildet, fällt mit der Aequatorialebene des Pollenkorns zusammen. Von den sechs Parameren der Pollenzellen sind die vier kleineren unter sich gleich, aber verschieden von den beiden grösseren, unter sich congruenten, welche durch die radiale Richtebene halbirt werden (a d b i f $\cong$ a e b h g).

Fig. 29. Stephanastrum-Form, Typus der octopleuren Allostauren, erläutert durch den Grundriss eines *Euastrum*. *Stereometrische Grundform*: Rhomben-Octaeder (vergl. p. 450). Die Figur zeigt ein einfaches *Euastrum*, von der Fläche gesehen. Diese Fläche ist auf beiden Seiten gleich, da die sehr verkürzte Hauptaxe gleichpolig ist. Sie entspricht zugleich der Ansicht der Aequatorialebene. Diese ist ein Rhombus (a d b e). Die beiden Diagonalen des Rhombus (a b und d e), welche sich im Centrum (c) unter rechten Winkeln schneiden, sind die beiden ungleichen, gleichpoligen Richtaxen.

Fig. 30. Stephanastrum - Form, Typus der octopleuren Allostauren, erläutert durch die schräge Ansicht von ***Stephanastrum rhombus*** (vgl. Haeckel, Monographie der Radiolarien p. 502). ***Stereometrische Grundform***: Rhomben-Octaeder (vgl. p. 451). Das Kieselskelet dieses Radiolars, welches die Figur darstellt, besteht aus zwei rechtwinkelig gekreuzten, ungleich langen Stäben von kieseligem Schwammwerke (a b und d e), welche sich gegenseitig halbiren und den beiden Diagonalen eines Rhombus entsprechen. Die vier Seiten des Rhombus (a d = d b = b e = e a) sind durch vier ähnliche Stäbe dargestellt, welche die vier Spitzen jener verbinden. Wenn man die sehr verkürzte Hauptaxe f g) gleichmässig nach beiden Polen hin verlängert und ihre Pole mit denen der beiden Richtaxen (a b und d e) verbindet, so erhält man das Rhomben-Octaeder, die Grundform des rhombischen Krystallsystems.

E. Haeckel del. A. Schütze in Stein gest.

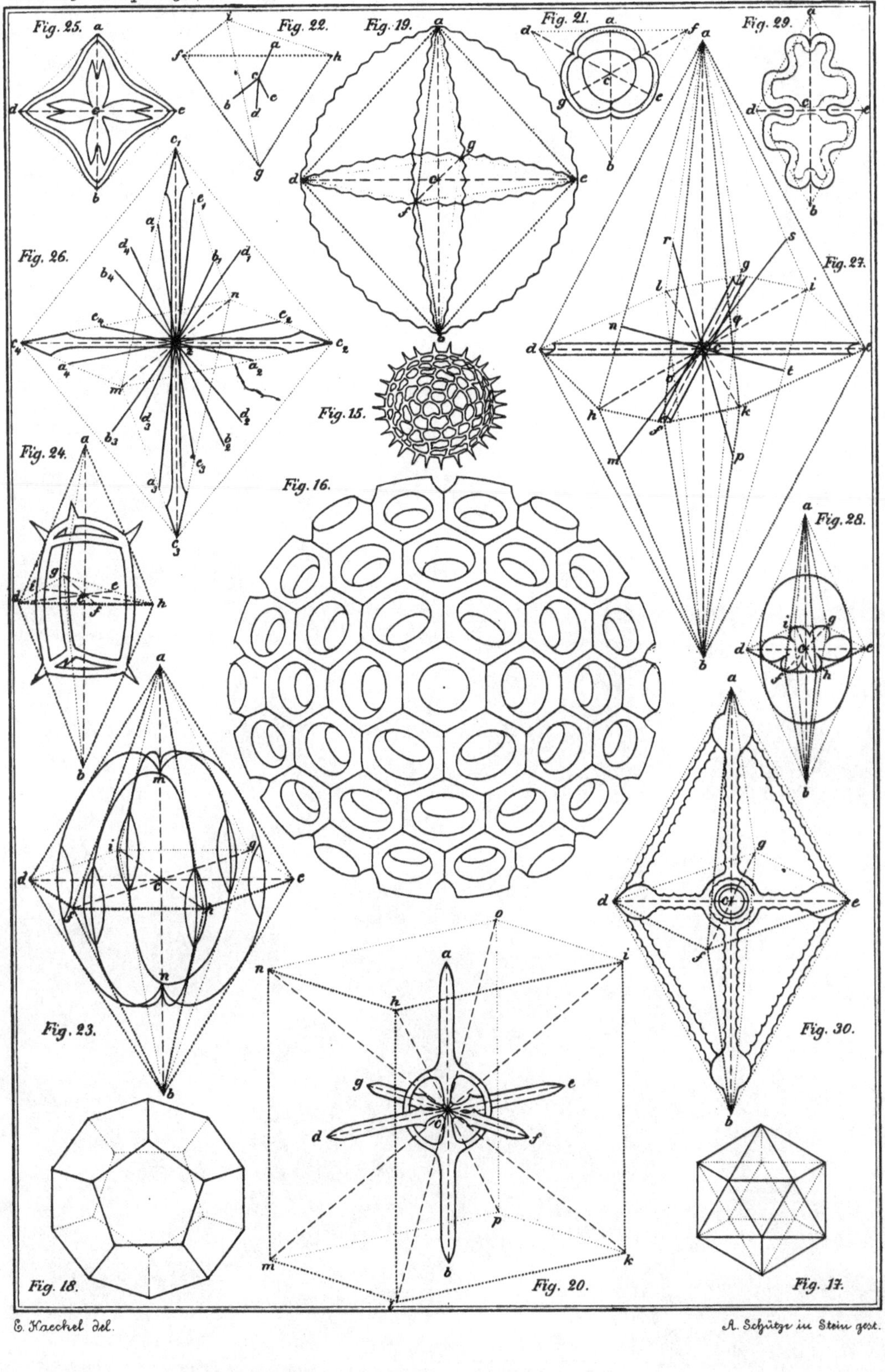

E. Haeckel del. *A. Schütze in Stein gest.*

Kolibri 360 GmbH
Ferdinand-Jühlke-Straße 7
99095 Erfurt, Deutschland
produktsicherheit@kolibri360.de